Duden

BASISWISSEN SCHULE

CHEMIE

ABITUR

5., überarbeitete und aktualisierte Auflage

Dudenverlag
Berlin

Herausgeber
Prof. Dr. Erhard Kemnitz, Dr. Rüdiger Simon

Autoren
Arno Fischedick, Dr. Lutz Grubert, Dr. Annett Hartmann, Dr. Horst Hennig, Dr. Bernd Kaiser, Dr. Günter Kauschka, Prof. Dr. Erhard Kemnitz, Frank Liebner, Ute Lilienthal, Prof. Dr. Andreas Link, Dr. Gabriele Mederow, Prof. Dr. Sabine Müller, Dr. Cordula Riederer, Dr. Ullrich Riederer, Dr. Sven Scheurell, Dr. Martin Schönherr †, Dr. Rüdiger Simon, Dr. Hartmut Vogt

Bibliografische Information der Deutschen Nationalbibliothek
Die Deutsche Nationalbibliothek verzeichnet diese Publikation in der Deutschen Nationalbibliografie; detaillierte bibliografische Daten sind im Internet über http://dnb.dnb.de abrufbar.

E D C
Bibliographisches Institut GmbH, Mecklenburgische Straße 53, 14197 Berlin

Redaktionelle Leitung David Harvie
Redaktion Claudia Fahlbusch, Dr. Angelika Fallert-Müller, Michael Venhoff

Herstellung Uwe Pahnke
Layout Britta Scharffenberg
Umschlaggestaltung Büroecco, Augsburg
Satz LemmeDESIGN, Berlin
Druck und Bindung Livonia Print, SIA, Riga

Printed in Latvia

ISBN 978-3-411-04595-2

PEFC
PEFC/12-31-006

PEFC zertifiziert
Dieses Produkt stammt aus nachhaltig bewirtschafteten Wäldern und kontrollierten Quellen.

www.pefc.de

Inhaltsverzeichnis

Die Chemie – eine Naturwissenschaft

1

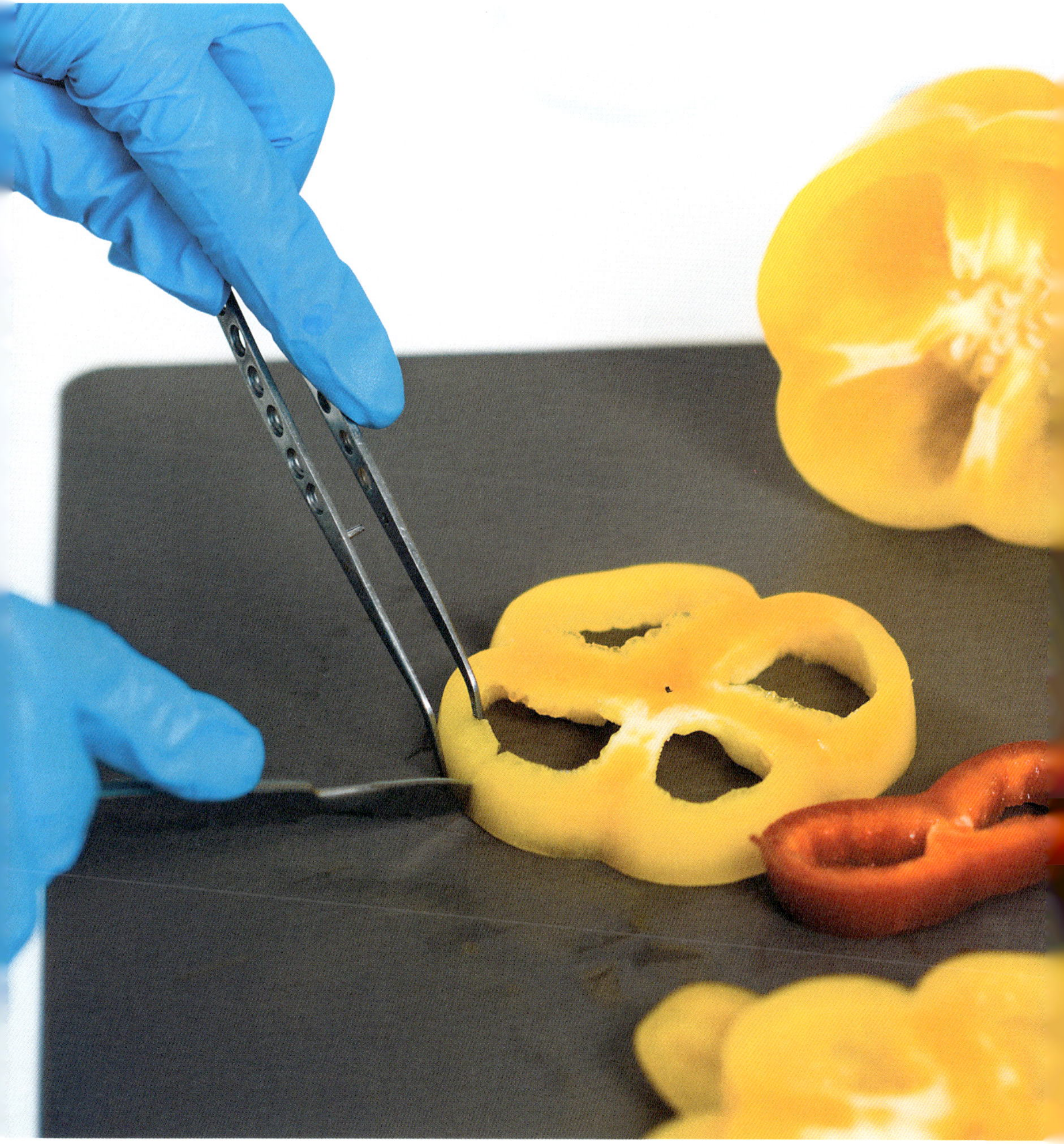

1.1 Die Chemie im Kanon der Naturwissenschaften

Bereits ein flüchtiger Blick auf unsere Umgebung zeigt uns die alltägliche Gegenwart chemischer Prozesse und Strukturen: Fast alle Gegenstände, die uns umgeben, sind in ihrer Entstehung an chemische Vorgänge geknüpft, seien es metallische Objekte, Kunststoffe, Farben oder ganze Bauwerke. Müssen wir nach Medikamenten greifen, so ist deren Herstellung und Wirkungsweise an chemische Strukturen und Reaktionen gebunden (↗ S. 419 ff.). Nutzen wir ein Transportmittel, so wird hier in den meisten Fällen chemische Energie in mechanische umgewandelt. Treibstoffe müssen in chemischen Prozessen synthetisiert und in Motoren effektiv verbrannt werden. Die entstandenen Abgase werden zu einer chemischen Belastung unserer Umwelt.

Auch unser Planet Erde ist in seiner heutigen Erscheinungsform das Ergebnis des Zusammenwirkens physikalischer, chemischer und biologischer Prozesse. Eine wesentliche Grundlage für die Entstehung der Erde war die kosmologische Entwicklung der chemischen Elemente durch kernchemische Reaktionen (↗ S. 44 ff.). Wir befinden uns hier in einem Grenzgebiet, das von der Kosmologie, der **Physik** und der **Chemie** beschrieben wird.

Die chemischen Elemente mit ihrer Eigenschaft, Verbindungen einzugehen, bilden die Grundlage chemischer Vorgänge. Solche Vorgänge der Stoffumwandlung, bei denen chemische Bindungen (↗ S. 78 ff.) zwischen Teilchen gelöst und neu gebildet werden, bezeichnet man als chemische Reaktionen.

Bereits beim Erkalten der Erdoberfläche fanden unzählige **chemische Reaktionen** statt, die u. a. zu verschiedenen Gesteinen, Oxiden, Salzen, Wasser und zur Ausbildung einer Gashülle führten.

Einige im Urozean gelöste Substanzen wurden mithilfe der Sonnenenergie, von Gewitterentladungen und anderen natürlichen Energieformen zu komplexeren chemischen Strukturen umgewandelt, die schließlich die Fähigkeit zur Selbstreproduktion erlangten. Aus den anfangs primitiven Lebensformen entwickelten sich höhere – bis schließlich zum Menschen. Die Entstehung und Entwicklung des Lebens ist an biochemische Prozesse wie die Bildung von Aminosäuren und Kohlenhydraten (↗ S. 329 ff.), die Speicherung der Erbinformation in der DNA oder die Herausbildung der Fotosynthese (↗ S. 355) gebunden.

Jede Nahrung, die wir aufnehmen, besteht aus unterschiedlichen chemischen Verbindungen oder Stoffgemischen; in unserem Körper laufen **biochemische Reaktionen** ab, ohne die wir nicht lebensfähig wären. Selbst das Lesen dieses Texts ist ohne chemische Veränderungen im Auge und innerhalb des Gehirns nicht möglich.

Das komplexe **Zusammenwirken chemischer Reaktionen und biologischer Vorgänge** ist die Grundlage des Lebens.

Die modernen Naturwissenschaften erforschen und beschreiben häufig gleiche Objekte aus unterschiedlichem Blickwinkel. Zur Natur zählen alle materiellen Gegenstände, Strukturen und Prozesse in der unendlichen Mannigfaltigkeit ihrer Erscheinungsformen. Aus dieser Tatsache ergeben sich zwei wichtige Hinweise: Erstens ist eine absolute Abgrenzung der Naturwissenschaften voneinander nicht möglich; zweitens bedarf es für die Erforschung eines Objekts häufig des kooperativen Zusammenwirkens verschiedener Wissenschaften. Dennoch hat jede Wissenschaft ihre Spezifik – so auch die Chemie.

> Die Naturwissenschaft **Chemie** untersucht den Aufbau, die Eigenschaften und die Umwandlung von Stoffen, insbesondere die stofflichen und energetischen Veränderungen, die mit der Lösung und Neubildung chemischer Bindungen einhergehen.

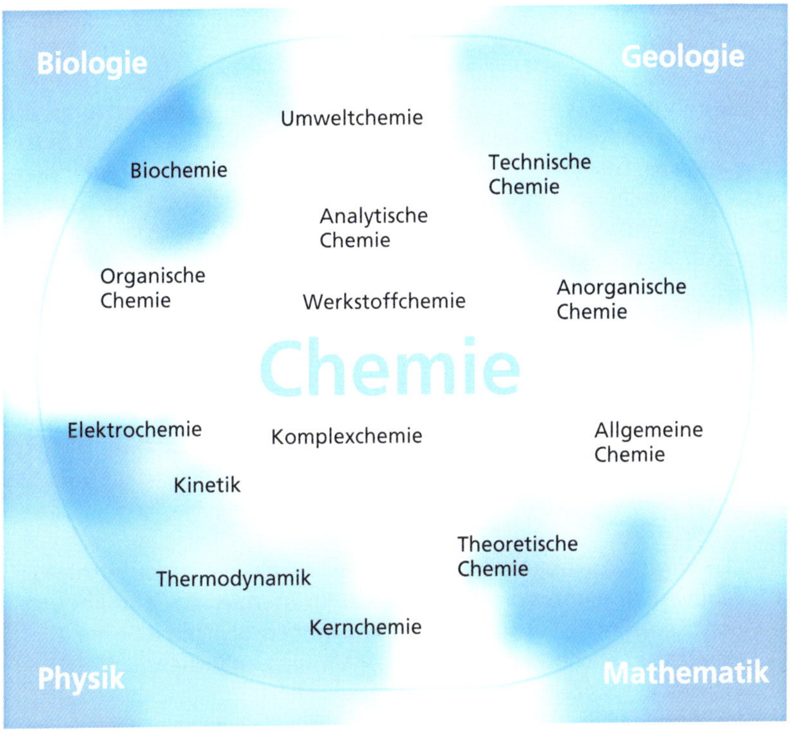

Im Laufe der Zeit kristallisierten sich unterschiedliche **Teilgebiete der Chemie** heraus. Eine strikte Abgrenzung zwischen den verwandten Disziplinen ist jedoch ebenso wenig möglich wie die strikte Trennung der Chemie von den anderen Naturwissenschaften. Die Disziplinen Thermodynamik, Kinetik, Elektrochemie, theoretische und Kernchemie werden auch unter dem Oberbegriff physikalische Chemie zusammengefasst.

Die historische **Entwicklung der Chemie als Wissenschaft** begann mit den Naturphilosophen in der Antike. Auf sie gehen noch heute genutzte Begriffe wie Atom, **Element** oder Verbindung zurück.

Physikalische, chemische und biologische Vorgänge laufen seit Urzeiten in der Natur ab, lange bevor es Menschen und die von ihnen hervorgebrachten Wissenschaften gab. Mit ihrer Hilfe erkannte der Mensch die Naturzusammenhänge und vermochte in zunehmendem Maße, chemische Prozesse zur Verbesserung seiner Lebensgrundlagen zu nutzen.
Man denke dabei an das Feuer, die Herstellung von Keramiken und Metallen oder die chemischen Veränderungen von Naturstoffen zu Wein (↗ Abb. oben), Essig u. a. m. Dabei nutzte man *empirisches* oder *Erfahrungswissen,* ohne die theoretischen Ursachen bzw. den Ablauf der chemischen Prozesse wirklich zu kennen.

Erst vor ca. 2 500 Jahren stellten sich einzelne Menschen die Frage nach den Ursachen der natürlichen Zusammenhänge. Hier liegt die eigentliche Wiege der Wissenschaften. Weitere Meilensteine der Herausbildung der Chemie waren die mittelalterliche Alchemie, die im 19. Jahrhundert von der klassischen Chemie revolutioniert wurde. Diese lieferte die Basis für die Entwicklung der modernen, heutigen Chemie.
Die mit dem Fortschritt der Naturwissenschaften einhergehende Entwicklung der Menschheit hat jedoch ihren Preis. Durch die zunehmende Industrialisierung wurden die Ressourcen der Natur in immer stärkerem Maße ausgebeutet. Außerdem wurden durch chemische Industrie, Energieerzeuger und Fahrzeugverkehr riesige Mengen an Schadstoffen freigesetzt, die unsere Umwelt nachhaltig belasten.

Auch die Erschließung alternativer Energiequellen ist ohne die Entwicklung geeigneter Materialien durch die Chemie nicht möglich.

Überdüngung der Böden in der Landwirtschaft und die Nutzung von Phosphaten als Komplexbildner in Waschmitteln führten z. B. zur Eutrophierung der Gewässer (↗ S. 451). Verbindungen wie Fluorchlorkohlenwasserstoffe, die als Kühlmittel oder Treibgas verwendet wurden, verursachen das Ozonloch über den Polkappen der Erde (↗ S. 448).
Chemiker sind zweifellos mitverantwortlich für diese Umweltschäden. Das Beispiel der Schwefeldioxidemissionen zeigt aber auch, dass die Folgen industrieller Umweltschäden nur mithilfe der Naturwissenschaften wieder minimiert werden können. So wurde durch die Entwicklung effektiver Abgasreinigungs- und Erdölentschwefelungsanlagen die Emission von Schwefeldioxid in Deutschland von mehr als 6 Mio. Tonnen im Jahr 1970 auf ca. 600 000 Tonnen im Jahr 2006 zurückgedrängt. Die ökologischen Folgen wie der saure Regen (↗ S. 446) und der Smog in Ballungsgebieten wurden deutlich reduziert.

> Die Verantwortung der Chemiker liegt darin, ihren Beitrag zur effektiven Nutzung von Rohstoffen und Energie, zur Entwicklung von Recyclingverfahren und geschlossenen Stoffkreisläufen und damit zum nachhaltigen Schutz der Umwelt zu leisten.

1.2 Denk- und Arbeitsweisen in der Chemie

1.2.1 Begriffe und Größen

Begriffe in der Chemie

Ein Ziel der Chemie besteht darin, Zusammenhänge in der Natur zu erkennen, Naturerscheinungen zu erklären und ihre Ursachen zu finden. Dazu werden chemische Prozesse beobachtet und Experimente durchgeführt, über deren Ergebnisse sich die Chemiker untereinander verständigen. Zu diesem Zweck hat die Chemie in ihrem Entwicklungsverlauf ein spezifisches Begriffssystem herausgebildet.

▶ Manchmal wird ein und derselbe chemische Begriff durch verschiedene Wörter, sogenannte Synonyme, bezeichnet.

> Ein **Begriff** ist die gedankliche Widerspiegelung einer Klasse von Objekten (Stoffe, Vorgänge, Erscheinungen usw.) auf der Grundlage gemeinsamer, festgelegter Merkmale.

Merkmale sind hervorgehobene und damit festgelegte Eigenschaften. Auf der Grundlage gemeinsamer, invarianter Merkmale werden naturwissenschaftliche Begriffe eindeutig *definiert* und so von anderen Begriffen unterschieden.
Die einzelnen Fachbegriffe sind in ihrer inhaltlichen Aussage aufeinander abgestimmt und bilden in ihrer Gesamtheit ein wissenschaftliches Begriffssystem, welches die Grundlage für die Fachsprache einer Naturwissenschaft darstellt. Fachbegriffe knüpfen häufig an Alltagsbegriffe an. Die fachliche Definition ist aber exakter und unterscheidet sich oft von der Bedeutung, die Fachbegriffe im Alltag haben.
Die **Definition** eines Begriffs erfolgt in den einzelnen Wissenschaften danach, welches gemeinsame Merkmal von Objekten als wesentlich festgelegt wird. Deshalb können Fachbegriffe in den verschiedenen Naturwissenschaften durchaus unterschiedlich definiert werden.

- **Moleküle** sind Teilchen, die aus mindestens zwei gleichen oder unterschiedlichen Atomen aufgebaut sind. Die Atome sind durch kovalente Bindungen (Atombindungen) miteinander verknüpft.
  Oberbegriff: Teilchen
  Merkmale: Art der Teilchen und der chemischen Bindung
  Die **Summenformel** ist eine chemische Formel, die die Art und die Anzahl der Atome in einem Molekül angibt, jedoch keine Angaben über die Bindung zwischen den Atomen enthält.
  Oberbegriff: chemische Formel
  Merkmale: Art und Anzahl der Atome pro Molekül

Glucosemolekül

$C_6H_{12}O_6$ Summenformel

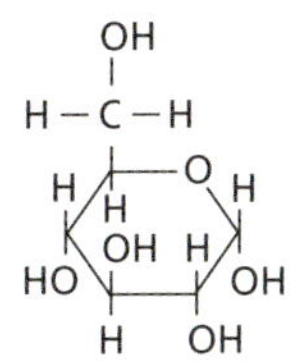

Strukturformel

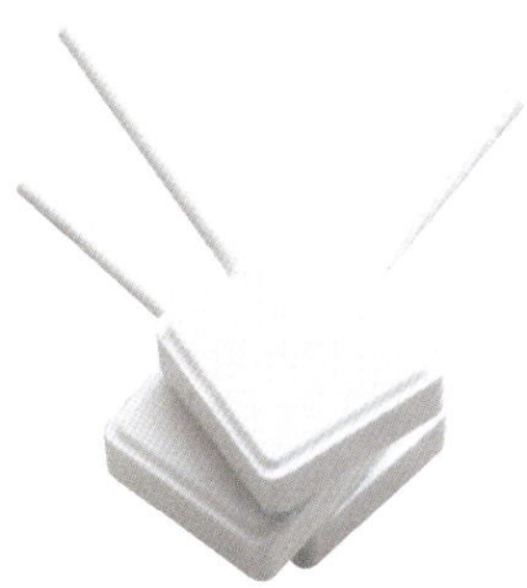

▶ Die Summenformel enthält im Gegensatz zur Strukturformel keine Aussagen zur Struktur eines Moleküls. Glucose kann in unterschiedlichen Strukturen vorkommen (↗ S. 330).

1

Quantitativ (lat.: *quantitas* – Größe, Anzahl) bedeutet mengenmäßig bzw. zahlenmäßig.

Größen in der Chemie

Einen Teil der naturwissenschaftlichen Begriffe bezeichnet man als Größen. Dabei handelt es sich um Begriffe, deren Merkmale quantitativ erfasst werden können.

> Eine **Größe** beschreibt ein quantitativ bestimmbares Merkmal einer Klasse von Objekten, Zuständen oder Vorgängen.

Die meisten wichtigen **Größen in der Chemie** beschreiben physikalische Eigenschaften von Stoffen und werden deshalb als physikalische Größen bezeichnet.

Wie jeder Begriff ist auch eine Größe durch ihre Bedeutung gekennzeichnet. Die *Bedeutung einer Größe* gibt an, welche Eigenschaft von Objekten beschrieben wird.
Der Grad der Ausprägung dieser Eigenschaft wird quantitativ durch den *Wert der Größe* beschrieben. Um den Wert einer Größe anzugeben, muss eine Einheit festgelegt werden. Der Wert einer Einheit ist das Produkt aus Zahlenwert und Einheit.
Für jede Größe ist ein (in einigen Fällen auch mehrere) Formelzeichen festgelegt, mit dem man naturwissenschaftliche Gesetze mathematisch formulieren und handhaben kann.

Größe	Formelzeichen	wichtige Einheiten		Beziehungen zwischen Größen und Einheiten
Masse	m	Kilogramm Gramm	[kg] [g]	1 kg = 1 000 g
Stoffmenge	n	Mol	[mol]	1 mol ≈ $6{,}022 \cdot 10^{23}$ Teilchen
molare Masse	M	Gramm pro Mol	[$g \cdot mol^{-1}$]	$M = \frac{m}{n}$
Volumen	V	Liter Kubikmeter	[l] [m^3]	$V = a \cdot b \cdot c$ 1 m^3 = 1 000 l
molares Volumen	V_m	Liter pro Mol	[$l \cdot mol^{-1}$]	$V_m = 22{,}4\ l \cdot mol^{-1}$ (bei 0 °C und 101,3 kPa)
Dichte	ρ	Kilogramm je Kubikmeter	[$kg \cdot m^{-3}$]	$\rho = \frac{m}{V}$
Druck	p	Pascal Bar	[Pa] [bar]	1 Pa = 1 $N \cdot m^{-2}$ 1 bar = 101 325 Pa
Temperatur	T ϑ	Kelvin Grad Celsius	[K] [°C]	0 °C = 273,15 K
Stoffmengenkonzentration	c	Mol pro Liter	[$mol \cdot l^{-1}$]	$c = \frac{n}{V}$
Frequenz	ν, f	Hertz	[Hz]	1 Hz = 1 s^{-1}
Energie	E	Joule Newtonmeter Wattsekunde	[J] [Nm] [Ws]	$E = h \cdot \nu$ h – plancksches Wirkungsquantum 1 J = 1 $kg \cdot m^2 \cdot s^{-2}$
Arbeit	W	Joule Newtonmeter Wattsekunde	[J] [Nm] [Ws]	$W = F \cdot s$ $W = p \cdot \Delta V$ 1 J = 1 Nm = 1 Ws

In der Chemie werden die Größen nach verschiedenen Gesichtspunkten unterteilt. So ist ein Teil der Größen unabhängig von der Menge der Stoffportion, deren Eigenschaft beschrieben wird. Diese Größen nennt man **intensive Größen.**

▶ Im **Internationalen Einheitensystem** sind sieben Basiseinheiten festgelegt, aus denen sich fast alle anderen Einheiten ableiten lassen.

■ Temperatur und Dichte sind intensive Größen. Ihr Wert bleibt gleich, unabhängig davon, ob man z.B. den ganzen Bodensee mit 48,5 km^3 Wasser betrachtet oder nur eine Probe von 10 ml, die man daraus entnommen hat.

Die **extensiven Größen** nehmen dagegen mit dem Betrag der betrachteten Stoffportion zu bzw. ab. Bildet man den Quotienten aus zwei extensiven Größen, erhält man wieder eine intensive Größe.

■ Masse, Stoffmenge und Volumen sind extensive Größen. Der Quotient aus Masse und Volumen ist die Dichte, der Quotient aus Masse und Stoffmenge ist die molare Masse. Sowohl die Dichte als auch die molare Masse sind intensive Größen.

Normalerweise benutzen Naturwissenschaftler **absolute Größen** mit den bekannten Einheiten wie kg, Pa usw. Diese geben den Wert in Bezug auf einen Nullpunkt an. Um die Eigenschaften von Objekten besser vergleichen zu können, werden jedoch in einigen Fällen **relative Größen** eingeführt. Diese sind Quotienten aus einer absoluten Größe und einer willkürlich gewählten, geeigneten Bezugsgröße. Die Einheit einer relativen Größe beträgt immer 1.

■ Da die betrachteten Teilchen in der Physik und in der Chemie sehr klein sind, müsste man beim Vergleich der absoluten Atommassen m_A mit extrem kleinen Zahlenwerten arbeiten. Aus diesem Grund wurde die relative Atommasse A_r als Größe eingeführt, die sich auf die atomare Masseeinheit u (engl. *unit*) bezieht. Wie beim Helium kann man die relative Atommasse jedes Elements berechnen. Die relativen Atommassen der Elemente können im Periodensystem der Elemente (↗ S. 484) verglichen werden.

$$A_r(\text{He}) = \frac{m_A(\text{He})}{u}$$

$$A_r(\text{He}) = \frac{6{,}642 \cdot 10^{-24}\,\text{g}}{1{,}66 \cdot 10^{-24}\,\text{g}}$$

$$\underline{A_r(\text{He}) = 4{,}00}$$

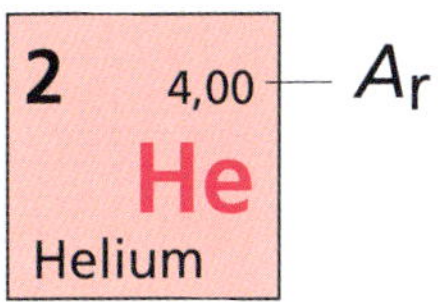

▶ Absolute Atommassen liegen im Bereich von 10^{-24} bis 10^{-21} g. Als Bezugsgröße für die relative Atommasse A_r wurde $\frac{1}{12}$ der absoluten Masse des Kohlenstoffisotops ^{12}C festgelegt.

$$u = \frac{1}{12} \cdot m_A(^{12}_{6}\text{C})$$

$$u = 1{,}66 \cdot 10^{-24}\,\text{g}$$

In der physikalischen Chemie unterteilt man die Größen danach, ob sie den Zustand eines Systems oder einen Vorgang bzw. Prozess beschreiben (↗ S. 115). **Zustandsgrößen** kennzeichnen den Zustand, in dem sich ein System bzw. ein Stoff befindet. **Prozessgrößen** charakterisieren den Vorgang der Änderung zwischen zwei Zuständen.

■ Temperatur, Dichte und Energie sind Zustandsgrößen. Wärme und Arbeit sind dagegen Prozessgrößen. Durch Zufuhr von Wärme kann sich die Temperatur eines Stoffs erhöhen.

1

1.2.2 Gesetze, Modelle und Theorien in der Chemie

Gesetze

Naturgesetze unterscheiden sich von juristischen Gesetzen dadurch, dass sie unabhängig vom Willen des Menschen existieren und wirken. Juristische **Gesetze** sind vom Menschen willkürlich gesetzte, veränderbare Normen.

Wenn sich Zusammenhänge in der Natur unter gleichen Voraussetzungen immer wieder einstellen und damit für eine Gruppe von Objekten gelten, dann spricht man von gesetzmäßigen Zusammenhängen.

Ein naturwissenschaftliches **Gesetz** spiegelt einen wesentlichen Zusammenhang wider, der unter gleichen Bedingungen immer wieder zu gleichen Ergebnissen führt.

■ Ein stets wirkender Zusammenhang bei chemischen Reaktionen besteht darin, dass die Summe der Massen der Ausgangsstoffe gleich der Summe der Massen der Reaktionsprodukte ist. Dieser Zusammenhang wird als **Gesetz von der Erhaltung der Masse** bezeichnet.

Weitere **Gasgesetze** wurden von **J. L. GAY-LUSSAC** (1778–1850) entdeckt. Er wies nach, dass bei idealen Gasen der Druck und das Volumen proportional zur Temperatur sind:

1. $\frac{V}{T}$ = konstant bei p = konstant

2. $\frac{p}{T}$ = konstant bei V = konstant

Wissenschaftliche Gesetze bestehen in den meisten Fällen aus Bedingungs- und Gesetzesaussagen. Die Bedingungen, unter denen ein Zusammenhang stets wirkt, nennt man Gültigkeitsbedingungen.

■ **R. BOYLE** und **E. MARIOTTE** fanden bei Untersuchungen von Gasen heraus, dass das Produkt aus Druck und Volumen konstant ist. Das **Gesetz von BOYLE und MARIOTTE** gilt jedoch nur, wenn sich das Gas wie ein ideales Gas verhält und die Temperatur ebenfalls konstant ist.

$p \cdot V$ = konstant, wenn T = konstant

Da Gesetze für eine Klasse von Objekten gelten, werden zu ihrer Formulierung naturwissenschaftliche Fachbegriffe und Größen benutzt. Wenn die Zusammenhänge zwischen den Größen quantitativ darstellbar sind, dann werden die Gesetze in mathematischer Form erfasst.

■ 1. Aus den Gesetzen von GAY-LUSSAC sowie von BOYLE und MARIOTTE lässt sich die **Zustandsgleichung der idealen Gase** ableiten.

$p \cdot V = n \cdot R \cdot T$ R – universelle Gaskonstante (↗ S. 28)

2. Mithilfe der **Gesetze der multiplen und konstanten Proportionen** und des Gesetzes von der Erhaltung der Masse lassen sich Reaktionsgleichungen aufstellen und die Stoffumsätze während der Reaktion quantitativ berechnen (↗ S. 31).

Dem Naturgesetz nahestehend sind **Regeln,** die ebenfalls wesentliche Zusammenhänge wiedergeben, aber nicht die strikte Gültigkeit von Gesetzen haben.

So sagt die RGT-Regel (↗ S. 135), dass sich die Reaktionsgeschwindigkeit bei einer Temperaturerhöhung um 10 K verdoppelt bis verdreifacht. Diese Regel trifft jedoch nicht auf alle Reaktionen und nur auf bestimmte Temperaturintervalle zu.

Modelle

Der Chemiker kann mit seinen Sinnesorganen bestimmte Erscheinungen erfassen, nicht jedoch die diesen Erscheinungen zugrunde liegenden Vorgänge, die auf submikroskopischer Ebene ablaufen. Das Lösen und Knüpfen chemischer Bindungen bleiben der unmittelbaren Beobachtung auch mit modernen technischen Geräten verborgen.

Als Modelle in der Chemie können sowohl materielle (gegenständliche) Objekte als auch ideelle (gedankliche) Vorstellungen dienen.

Um dennoch Zusammenhänge erklären zu können, hat man Ersatzobjekte geschaffen, die ausgewählte Eigenschaften des real existierenden Originals widerspiegeln. Diese Hilfsmittel dienen der Veranschaulichung von Vorgängen in der Natur, Gesetzen und Theorien, sind aber nur vereinfachte Darstellungen der Wirklichkeit.

> Ein **Modell** ist ein Ersatzobjekt zur Darstellung eines Originals, das nur ausgewählte Eigenschaften und Zusammenhänge des Originals adäquat widerspiegelt. Von den übrigen Merkmalen des realen Objekts wird abgesehen.

Da ein Modell eine Vereinfachung ist, die nicht alle Eigenschaften des Originals erfassen kann, werden häufig verschiedene Modelle zum gleichen Objekt, z. B. zur Darstellung eines Moleküls, geschaffen.
Je mehr Eigenschaften des Originals richtig dargestellt werden, umso leistungsfähiger, aber auch umso komplizierter sind die Modelle. Man nutzt daher in der Naturwissenschaft immer das Modell, welches sich für die Erklärung eines Zusammenhangs am besten eignet.

Modelle sind nur innerhalb bestimmter Grenzen gültig und zur Erklärung ausgewählter Zusammenhänge geeignet.

Modell	Beispiel Methan	Aussage	Anwendung
Summenformel	CH_4	– atomare Zusammensetzung der Molekülverbindung	– Reaktionsgleichungen und stöchiometrische Berechnungen
Lewis-Formel	H │ H – C – H │ H	– Anzahl und Art der Bindungen zwischen den Atomen	– Reaktionsschemata und Darstellung von Reaktionsmechanismen
Kugel-Stab-Modell	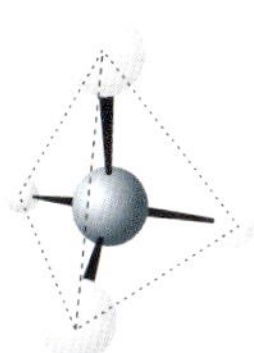	– stark vereinfachte räumliche Struktur des Moleküls (Bindungsabstand, Bindungswinkel)	– Darstellung der räumlichen Anordnung der Atome in Molekülen und Festkörperstrukturen
Kalottenmodell		– raumfüllende Struktur unter Berücksichtigung der Elektronendichte der chemischen Bindung	– Darstellung des Raumbedarfs des Moleküls und der Größenverhältnisse der Atome

1

Theorien

Naturwissenschaftliche Theorien bauen oftmals aufeinander auf und sind dadurch miteinander verbunden, dass wichtige Gesetze Bestandteil mehrerer Theorien sind.

Ein System wissenschaftlich gesicherter Aussagen zu einem ausgewählten Teilbereich der Chemie bezeichnet man als Theorie. Ein solches System beinhaltet verbale und mathematische Aussagen ebenso wie Definitionen, Gesetze und Modelle. Die Theorie muss entweder durch experimentelle Beobachtungen bestätigt oder durch andere bekannte Theorien begründet werden.

Die Theorie der **chemischen Bindung** enthält Aussagen über das Zustandekommen der jeweiligen Bindungsart. Zur Veranschaulichung der Atombindung, Ionenbindung bzw. Metallbindung werden unterschiedliche Modelle benutzt. Zur Erklärung der Atombindung stehen heute drei Modelle (↗ S. 79 ff.) zur Verfügung, die die Wirklichkeit in verschiedener Weise widerspiegeln.
Die Bindungstheorie basiert z. B. auf dem gesetzmäßigen Bestreben der Materie nach einem stabilen energetischen Zustand, dem Energieerhaltungssatz und den quantentheoretischen Gesetzen zum Aufbau der Atomhülle.
Die Theorie ist durch das empirische Wissen über Struktur-Eigenschafts-Beziehungen chemischer Substanzen bestätigt. Aus der Bindungstheorie lassen sich Voraussagen über das Reaktionsverhalten und den praktischen Umgang mit Verbindungen ableiten.

Wissenschaftliche Methoden sind Wege des Erkennens.

Eine **Theorie** ist ein weitgehend gesichertes System von Gesetzen, Modellen und anderen wissenschaftlich begründeten Aussagen zu einem ausgewählten Teilbereich einer Naturwissenschaft.

Theorien stellen zu einem historischen Zeitpunkt zwar ein weitgehend gesichertes Wissen dar, können sich aber aufgrund neuerer wissenschaftlicher Erkenntnisse zumindest teilweise als falsch herausstellen.

1.2.3 Erkenntnisgewinn in der Chemie

Die Wahl der geeigneten Methode ist von entscheidender Bedeutung im Erkenntnisprozess. In der modernen Chemie steht ein umfangreiches Arsenal experimenteller und theoretischer Methoden zur Verfügung.

Das hauptsächliche Ziel des Erkenntnisgewinns besteht darin, Erscheinungen in der Natur theoretisch zu verstehen und die Theorie zum Nutzen des Menschen anzuwenden. Die Entwicklung einer geschlossenen Theorie zu einem Teilgebiet der Chemie ist ein komplexer und oft langwieriger Prozess.
Durch Analysieren beobachteter Erscheinungen leitet man eine Fragestellung ab. Diese kann mithilfe der **theoretischen Methode,** z. B. durch Recherchieren in der wissenschaftlichen Literatur oder in anderen Wissensgebieten, beantwortet werden.
In den Naturwissenschaften führt die Erkenntnis jedoch in erster Linie über das **Experiment,** mit dem wissenschaftliche Annahmen – die Hypothesen – überprüft werden. Wird die Hypothese experimentell bestätigt, kann daraus eine neue Erkenntnis abgeleitet werden. Aber auch wenn sich die Annahme als nicht zutreffend herausstellt, wird aus dem Experiment eine Erkenntnis gewonnen.

Eine **Hypothese** ist ein wissenschaftlich begründetes System von Aussagen über Objekte, Prozesse und Zusammenhänge, die noch nicht direkt beobachtet oder experimentell bestätigt werden konnten. Eine Hypothese unterscheidet sich von einer Theorie durch den noch ausstehenden wissenschaftlichen Beweis.

Wissenschaftliches Begründen heißt, sich auf relativ gesichertes Wissen, d. h. empirische Erkenntnisse, bekannte Gesetze, Modelle und Theorien, zu beziehen.

- Eine falsche chemische Hypothese war die alchemistische „Phlogistontheorie". Gestützt auf die Beobachtung, dass nicht alle Stoffe brennbar sind, wurde die Annahme aufgestellt, dass nur solche Stoffe verbrennen, die „Phlogiston" enthalten. Diese Hypothese wurde experimentell durch A. DE LAVOISIER (↗S. 208) widerlegt. LAVOISIER wies mithilfe der Waage nach, dass die Masse der Feststoffe bei der Verbrennung durch Aufnahme von Sauerstoff während der Oxidation zunimmt.

Erkenntnisgewinn in der Chemie

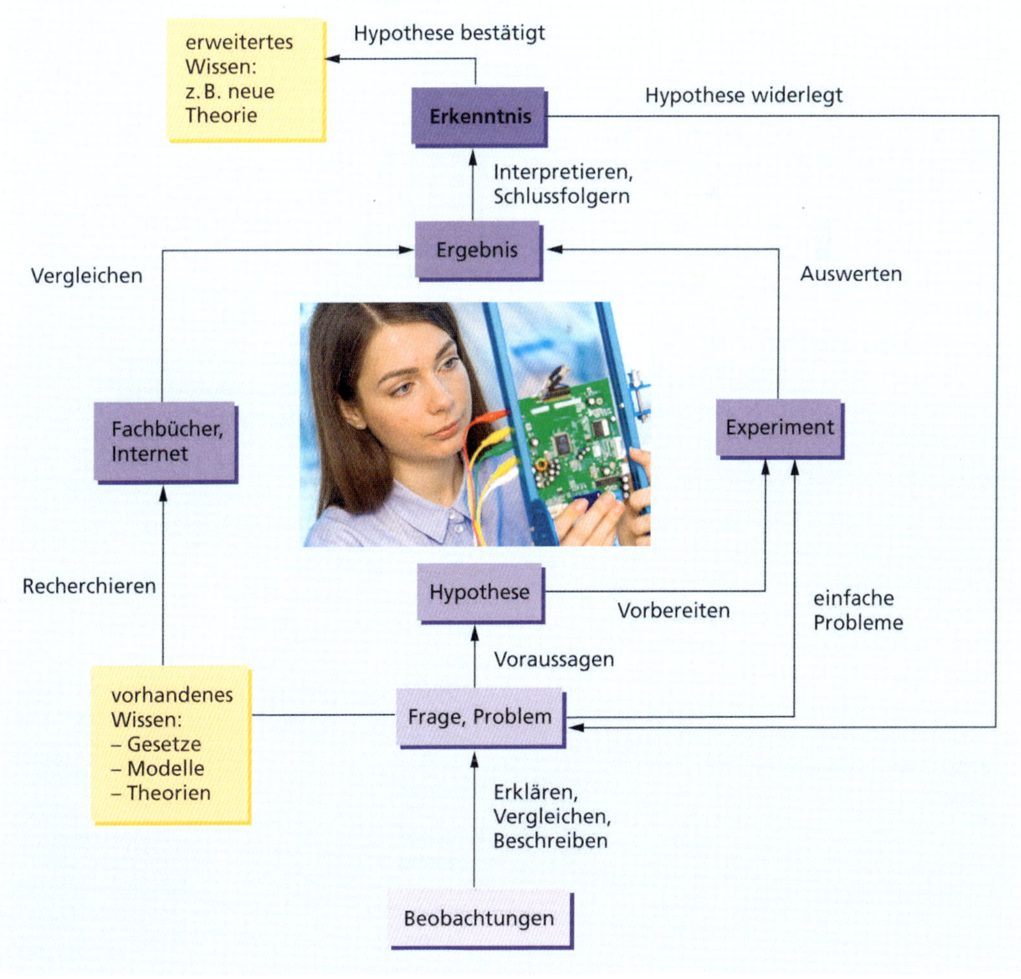

Basiskonzepte in der Chemie

Das Verständnis der Chemie ist nicht immer leicht und wird durch die Vernetzung mit den anderen Naturwissenschaften nicht einfacher. Deshalb haben Pädagogen versucht, die naturwissenschaftlichen Zusammenhänge auf wenige Grundprinzipien zurückzuführen, die **Basiskonzepte** genannt werden.
Wegen ihrer zentralen Bedeutung sind die in der Tabelle aufgeführten fünf Basiskonzepte der Chemie auch in den „Einheitlichen Prüfungsanforderungen in der Abiturprüfung für das Fach Chemie" verankert.

Basiskonzept	Anwendungsbeispiel
Stoff-Teilchen-Konzept	
– Alle Stoffe sind aus submikroskopisch kleinen Teilchen (Atome, Ionen, Moleküle) aufgebaut. – Diese bilden in der Regel chemische Bindungen untereinander aus und lagern sich zu Teilchenverbänden mit spezifischen Stoffeigenschaften zusammen. – Die Vielfalt der Stoffe ergibt sich aus den vielen Kombinationsmöglichkeiten einer relativ kleinen Anzahl von Elementen. – Das Stoff-Teilchen-Konzept überschneidet sich teilweise mit dem Struktur-Eigenschafts-Konzept. Beim Stoff-Teilchen-Konzept wird bewusst zwischen den erfahrbaren Eigenschaften auf Stoffebene und deren Deutung auf Teilchenebene unterschieden.	Die Eigenschaften der Goldatome bedingen die Stoffeigenschaften des Edelmetalls.  **Stoffebene** (sichtbarer Bereich) Stoff Gold – elektrisch leitfähig – glänzend – fest – chemisch beständig **Teilchenebene** (nicht sichtbarer Bereich) Goldatome (Teilchen) – besitzen 79 Protonen und 79 Elektronen – sind elektrisch neutral – geben Elektronen ab – bilden regelmäßiges Atomgitter
Struktur-Eigenschafts-Konzept	
– Die Eigenschaften der Stoffe sind abhängig von der Art der Teilchen, ihrer Anordnung und den Wechselwirkungen zwischen ihnen. – Die chemische Bindung und die daraus resultierende Struktur der Teilchenverbände bedingen die Stoffeigenschaften und damit auch die Anwendungsmöglichkeiten aller Stoffe.	Struktur und Eigenschaften von Salzen **Ionenkristall** 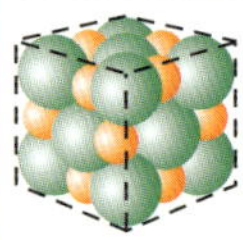 positiv und negativ geladene Ionen starke elektrostatische Anziehungskräfte zwischen Anionen und Kationen regelmäßige Anordnung der Ionen in dreidimensionalen Gittern Salze sind kristalline Feststoffe. Salze sind hart, spröde und nicht verbrennbar. Lösungen und Schmelzen von Salzen leiten den elektrischen Strom.

Basiskonzept | **Anwendungsbeispiel**

Energie-Konzept

- Energie ist in unterschiedlicher Form in allen Stoffen gespeichert. Das Maß der gespeicherten chemischen Energie ist eine charakteristische Stoffgröße.
- Bei chemischen Reaktionen laufen die Stoffumwandlung und Energieumwandlung gleichzeitig ab. Dabei kann Energie, z. B. Wärme, an die Umgebung abgegeben oder von ihr aufgenommen werden.
- Im Allgemeinen streben Teilchen und Stoffe danach, einen Zustand minimaler Energie und maximaler Entropie zu erreichen.

Energieumwandlung bei exothermen Reaktionen

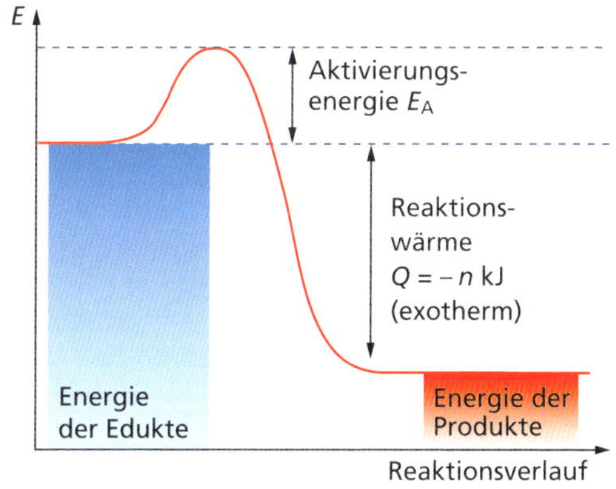

Konzept der Reaktionsgeschwindigkeit und des chemischen Gleichgewichts

- Chemische Reaktionen laufen in unterschiedlicher Geschwindigkeit ab. Diese hängt u. a. von der Art und Anzahl der Teilchen sowie den Bedingungen der Reaktion ab.
- Der Austausch von Teilchen und Energie ist prinzipiell immer möglich, sodass chemische Reaktionen grundsätzlich umkehrbar sind.
- Unter bestimmten Voraussetzungen stellt sich nach einiger Zeit ein definiertes Konzentrationsverhältnis ein, das charakteristisch für das chemische Gleichgewicht ist.

Reaktionsgeschwindigkeits-Zeit-Diagramm bei Gleichgewichtsreaktionen

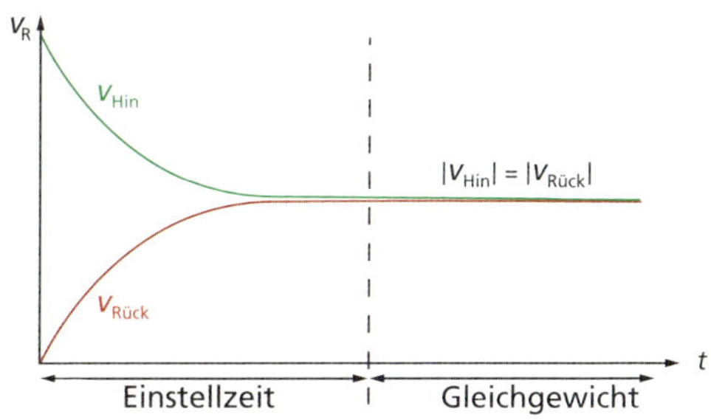

Donator-Akzeptor-Konzept

- Bei allen chemischen Reaktionen erfolgt eine Umgruppierung der Teilchen oder ein Übergang von Elementarteilchen, z. B. Elektronen oder Protonen.
- Teilchen oder Energie, die von einem Partner, dem Donator (lat.: *donator* – Geber), abgegeben werden, nimmt der andere Partner, der Akzeptor (lat.: *acceptor* – Empfänger), auf.

Säure-Base-Reaktionen als Donator-Akzeptor-Reaktionen

- Säuren sind Protonendonatoren (D). Sie geben Protonen ab, die von Basen (Protonenakzeptoren, A) aufgenommen werden.

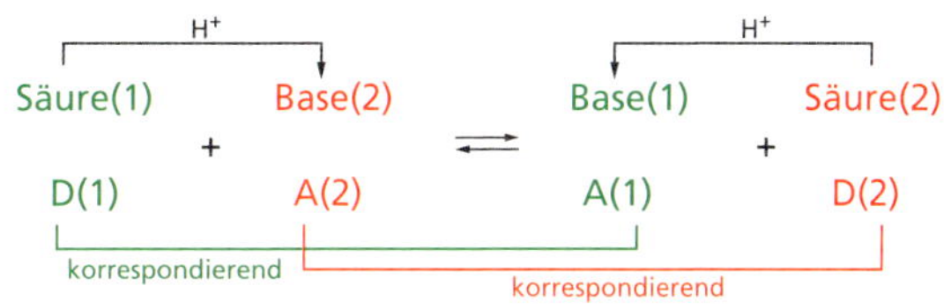

- Bei Säure-Base-Reaktionen stehen immer zwei korrepondierende Säure-Base-Paare miteinander im Gleichgewicht.

Naturwissenschaftliche Tätigkeiten und Operatoren

Im chemischen Erkenntnisprozess spielen sowohl experimentelle als auch geistige Tätigkeiten eine wichtige Rolle. Viele der **geistigen Tätigkeiten** dienen nicht nur in der Chemie zur Gewinnung, Vertiefung und Weitergabe von Erkenntnissen.
Diese Methoden werden auch als **Operatoren** bezeichnet und sind in allen Naturwissenschaften in ähnlicher Weise anzuwenden. Sie sind von zentraler Bedeutung für die Beantwortung von Klausuraufgaben und für die Abiturvorbereitung in Chemie, Biologie und Physik.

Operator	Beschreibung der Tätigkeit
Anwenden	Beziehen Sie eine bekannte Methode, eine bekannte Theorie, ein Basiskonzept oder ein Gesetz auf einen neuen bzw. anderen Sachverhalt.
Auswerten	Betrachten Sie Daten, Messergebnisse, experimentelle Beobachtungen oder andere Elemente im Zusammenhang. Führen Sie diese gegebenenfalls zu einer Gesamtaussage zusammen bzw. leiten Sie eine allgemeine Schlussfolgerung ab.
Begründen	Weisen Sie nach, dass eine Aussage richtig oder falsch ist. Legen Sie Ihre Argumente (Beobachtungen, Theorien, Gesetze usw.) in logischer Reihenfolge dar. Stellen Sie kausale Zusammenhänge von Ursache und Wirkung her.
Beobachten	Ermitteln Sie mithilfe Ihrer Sinnesorgane oder geeigneter Hilfsmittel (Lupe, Indikatoren, Messgeräte usw.) Eigenschaften von und Beziehungen zwischen Objekten bzw. Merkmale und Abfolgen von Prozessen.
Beschreiben	Stellen Sie mit sprachlichen Mitteln zusammenhängend und geordnet dar, welche Beobachtungen Sie gemacht haben, wie ein Gerät funktioniert oder wie ein Prozess abläuft. Geben Sie Strukturen, Sachverhalte und Zusammenhänge fachsprachlich korrekt mit eigenen Worten wieder.
Beurteilen	Formulieren Sie zu einem Sachverhalt eine selbstständige Einschätzung. Begründen Sie diese mithilfe Ihres Fachwissens bzw. geeigneter Fachmethoden.
Bewerten	Betrachten Sie einen Sachverhalt kritisch anhand ausgewiesener Kriterien und unter Nutzung Ihres chemischen Fach- und Methodenwissens. Wägen Sie Pro- und Kontra-Argumente sorgfältig gegeneinander ab und leiten Sie ein begründetes subjektives Werturteil ab.
Darstellen	Geben Sie Sachverhalte, Zusammenhänge, Methoden und Bezüge sprachlich, grafisch oder in anderen in der Aufgabe geforderten Kommunikationsformen wieder.
Definieren	Bestimmen Sie einen Begriff durch die Angabe wesentlicher Merkmale eindeutig. Sie können den Begriff beispielsweise von anderen unterscheiden, indem Sie einen Oberbegriff suchen und artbildende Merkmale zum Begriff angeben, der definiert werden soll.

Operator	Beschreibung der Tätigkeit
Diskutieren	Betrachten Sie Sachverhalte, Aussagen oder Thesen im fachlichen Zusammenhang. Stellen Sie unterschiedliche Positionen, Pro- und Kontra-Argumente oder Vor- und Nachteile einander gegenüber, und wägen Sie sie gegeneinander ab.
Entwickeln	Verknüpfen Sie Sachverhalte und Methoden logisch und zielgerichtet miteinander. Erstellen Sie schrittweise eine Hypothese, zeichnen Sie eine Skizze, bauen Sie ein Modell aus oder stellen Sie eine chemische Reaktionsgleichung auf.
Erklären	Stellen Sie einen Sachverhalt oder eine naturwissenschaftliche Erscheinung zusammenhängend, logisch und nachvollziehbar dar. Führen Sie diese auf relevante Gesetze, Regeln und Beziehungen zurück. Für die Darstellung können Sie Modelle oder Grafiken benutzen.
Erläutern	Veranschaulichen Sie einen Sachverhalt anhand eines Beispiels oder mithilfe von Zusatzinformationen, wenn möglich mithilfe chemischer Formeln bzw. Reaktionsgleichungen.
Interpretieren	Geben Sie einer verbalen Aussage, einem Zeichensystem (z.B. einer Reaktionsgleichung) oder einer grafischen Darstellung (z.B. einem Diagramm) eine auf die Natur oder die Gesellschaft bezogene inhaltliche Bedeutung. Leiten Sie abschließend eine allgemeine Schlussfolgerung ab.
Klassifizieren/ Ordnen	Teilen Sie Objekte (Dinge, Lebewesen, Begriffe usw.) nach ausgewählten gemeinsamen Merkmalen ein. Achten Sie gegebenenfalls auf Haupt- und Unterkategorien oder geben Sie eine Reihenfolge an.
Nennen/ Angeben	Zählen Sie Elemente, Sachverhalte, Begriffe, Daten und andere geforderte Objekte ohne weitere Erläuterungen auf.
Prüfen/ Überprüfen	Messen Sie Sachverhalte oder Aussagen an Fakten oder an ihrer inneren Logik. Decken Sie gegebenenfalls Widersprüche auf oder zeigen Sie, dass die Aussage bzw. der Sachverhalt richtig ist.
Schlussfolgern	Leiten Sie aus einem konkreten Beispiel auf der Grundlage von Beobachtungen, Gesetzen oder Modellen allgemeine Aussagen zu ähnlichen Sachverhalten ab. Umgekehrt lassen sich auch aus allgemeinen Gesetzmäßigkeiten oder Zusammenhängen Aussagen zu konkreten Erscheinungen oder Sachverhalten ableiten.
Skizzieren	Reduzieren Sie Sachverhalte, Strukturen oder Fließtexte auf das Wesentliche. Stellen Sie die wesentlichen Aussagen grafisch oder in kurzer Textform übersichtlich dar.
Vergleichen	Geben Sie gemeinsame und unterschiedliche Merkmale von zwei oder mehreren Vergleichsobjekten an. Wählen Sie die Merkmale nach dem beabsichtigten Zweck des Vergleichs aus. Leiten Sie gegebenenfalls eine Schlussfolgerung ab.
Voraussagen	Formulieren Sie auf der Grundlage von Fakten, Erkenntnissen, Gesetzen und Modellen eine Aussage über ein wahrscheinlich eintretendes Ereignis, einen Zustand oder eine Entwicklung. Berücksichtigen Sie dabei die konkreten Bedingungen.

1

1.2.4 Vorbereitung, Durchführung und Auswertung chemischer Experimente

Oft dient das **Experiment** zur Beantwortung einfacher Fragen, z. B. der Bestimmung des pH-Werts einer Säurelösung.

Das **Experimentieren** ist eine sehr komplexe Tätigkeit mit dem Ziel, eine an die Natur gestellte Frage zu beantworten. Dazu wird eine naturwissenschaftliche Erscheinung unter ausgewählten, kontrollierten und veränderbaren Bedingungen beobachtet und ausgewertet. Das gesamte Experiment muss unter den gewählten Bedingungen reproduzierbar sein.

Bevor ein Experiment durchgeführt wird, muss zuerst eine *Fragestellung* entwickelt werden. Diese kann sich beispielsweise auf das Vorhandensein eines bestimmten Elements in einer Verbindung oder die Konzentration einer wässrigen Salzlösung beziehen.
Die Antwort erhält der Chemiker durch Anwendung qualitativer oder quantitativer Analyseverfahren. Solchen Experimenten gehen – ebenso wie der einfachen Laborsynthese bekannter Verbindungen wie Essigsäureethylester – keine hypothetischen Überlegungen voraus.

qualitativ: lat. *qualitas* – Beschaffenheit, Eigenschaft
quantitativ: lat. *quantitas* – Größe, Anzahl

Eine *Hypothese* ist immer dann zu entwickeln, wenn ein Problem vorliegt, dessen Lösungsweg noch unbekannt ist. Das Aufstellen von Hypothesen und daraus abgeleiteten Fragestellungen sowie die Planung von Experimenten zur Beantwortung dieser Fragen setzen ein hohes kreatives Potenzial des Chemikers voraus.
Die experimentelle Überprüfung von Hypothesen spielt eine zentrale Rolle im Erkenntnisprozess, sowohl im Chemieunterricht als auch in der chemischen Forschung.

Qualitative Fragestellung	Quantitative Fragestellung	Überprüfen von Hypothesen
1. Nachweis von Sulfat-Ionen in wässrigen Lösungen durch Fällung mit Barium-Ionen	1. Bestimmung des Gehalts an Oxonium-Ionen H_3O^+ in einer Gewässerprobe durch Säure-Base-Titration oder potenziometrische Messung des pH-Werts	1. Überprüfen des aromatischen Charakters cyclischer Kohlenwasserstoffe wie Cyclohexan, Pyridin und Toluen durch Untersuchung der Reaktionen mit Brom
2. Synthese von 1,3-Dinitrobenzen als Beispiel für den Verlauf der elektrophilen Substitution S_EAr an aromatischen Verbindungen	2. Ermitteln der molaren Masse von Harnstoff durch quantitative organische Elementaranalyse und Bestimmung der Schmelzpunkterniedrigung	2. Überprüfen der Voraussage, dass die Energiebilanz des Lösungsvorgangs von Ammoniumnitrat und festem Kaliumhydroxid in Wasser unterschiedlich ist
3. Analyse der Struktur chemischer Verbindungen mithilfe der Massenspektroskopie oder der Röntgenkristallstrukturanalyse	3. Bestimmung der Neutralisationsenthalpie der Säure-Base-Reaktion zwischen Schwefelsäure und Natronlauge	3. Überprüfen, ob ein Eisennagel in einer Salzlösung schneller rostet als an trockener Luft

Vorbereiten des Experiments

Um beim Experimentieren das Ziel zu erreichen und eine richtige Antwort auf eine experimentelle Fragestellung zu erhalten, muss das Experiment wohlüberlegt vorbereitet werden.
Von besonderer Wichtigkeit ist schon bei der **Vorbereitung chemischer Experimente** der Sicherheitsaspekt, da häufig mit gefährlichen oder gesundheitsschädigenden Stoffen gearbeitet werden muss. Um Unfällen durch unsachgemäßen Umgang mit Chemikalien vorzubeugen, sind die Gefahrenhinweise und Gefahrstoffkennzeichnungen nach dem international einheitlichen **Globally Harmonised System of Classification and Labelling of Chemicals (GHS)** unbedingt zu beachten.

Auch die Entsorgung der Chemikalien ist gesetzlich streng geregelt.

Vorbereiten eines Experiments	Beispiel: Säure-Base-Titration
1. Vorbetrachtungen Zuerst ist die Experimentieranleitung zu lesen und zu überlegen: – Was beinhaltet die Aufgabenstellung? – Auf welchen theoretischen Grundlagen (Gesetze, chemische Reaktionen usw.) basiert das geplante Experiment? – Welche Größen sind bekannt und welche sind zu bestimmen? – Welche Fehler können auftreten und wie sind sie zu vermeiden?	*Bestimmen Sie die Stoffmengenkonzentration einer Natronlauge durch Säure-Base-Titration mit Salzsäure einer Konzentration von 0,1 mol · l^{-1}.* $NaOH + HCl \longrightarrow NaCl + H_2O$ Bei der Reaktion handelt es sich um eine Neutralisation, deren Endpunkt mithilfe eines Indikators, z. B. Phenolphthalein, bestimmt werden kann. Die Stoffmengenkonzentration c_1 der Natronlauge kann aus dem bei der Titration verbrauchten Volumen und der Stoffmengenkonzentration der Salzsäure ($c_2 = 0{,}1\ mol \cdot l^{-1}$) ermittelt werden.
2. Experimentieranordnung Als Nächstes ist ein Versuchsaufbau zu planen, mit dem die notwendigen Beobachtungen gemacht werden können, um die Aufgabe zu lösen. Dazu ist eine Liste der benötigten Geräte und Chemikalien zu erstellen und diese sind zu beschaffen.	*Geräte:* – Bürette ($V = 50$ ml) – Pipette ($V = 10$ ml) – Pipettierhilfe – 3 Erlenmeyerkolben ($V = 250$ ml) – Stativ und Bürettenhalter *Chemikalien:* – Salzsäure ($c_2 = 0{,}1\ mol \cdot l^{-1}$) – Natronlauge – Phenolphthaleinlösung (ethanolisch, $\omega \approx 0{,}1$ %) – destilliertes Wasser 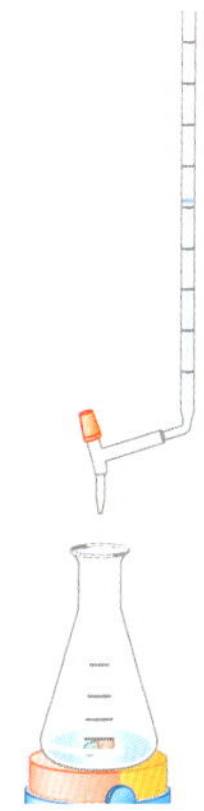
3. Arbeitssicherheit Bei der Planung des Experiments ist auf maximale Sicherheit zu achten und zu prüfen, welche Gefahren von den verwendeten Chemikalien ausgehen. Außerdem ist der Versuchsaufbau vor Beginn des Experiments durch die Lehrkraft abnehmen zu lassen.	Natronlauge und Salzsäure sind ätzende Stoffe. Es muss mit Schutzbrille gearbeitet werden. Bei Hautkontakt müssen die Chemikalien gründlich abgewaschen werden. Die ethanolische Indikatorlösung ist entzündlich. Die Konzentration aller Lösungen ist jedoch so gering, dass sie über das Abwasser entsorgt werden können.

Durchführung und Auswertung des Experiments

Bei der **Durchführung des Experiments** sind die Experimentieranleitung und die Sicherheitsbestimmungen genau einzuhalten. Das Experiment kann nur dann erfolgreich sein, wenn mit sauberen Chemikalien und Glasgeräten gearbeitet wird.
Alle auftretenden Veränderungen sind zu beobachten und zu notieren. Messwerte werden in ein Messprotokoll eingetragen. Nach Beendigung der chemischen Reaktion wird die Apparatur stillgelegt, die Reaktionsprodukte werden vorschriftsgemäß entsorgt und die Geräte gereinigt. Anschließend erfolgt die Auswertung des Experiments im Protokoll (↗ S. 26).

Durchführen eines Experiments	Beispiel: Säure-Base-Titration
4. Versuchsaufbau – Aufbauen der geplanten Experimentieranordnung – Reinigen aller Glasgeräte – Kontrollieren der verwendeten Chemikalien – Abnahme der Experimentieranordnung durch die Lehrkraft – Funktionstest der Geräte – Vorbereiten der Proben	*Aufbau:* Die sauberen Glasgeräte werden bereitgestellt und ca. 100 ml destilliertes Wasser in die Erlenmeyerkolben gegeben. Die Bürette wird aufgebaut und mit destilliertem Wasser ihre Dichtheit getestet. Salzsäure, Natronlauge und Indikatorlösung werden auf sichtbare Verunreinigungen überprüft. Danach kann die Bürette mit Salzsäure gespült und bis zur Nullmarke gefüllt werden. Mit der Pipette werden genau 10,0 ml der Natronlauge in den Erlenmeyerkolben gegeben und einige Tropfen Indikatorlösung dazugefügt.
5. Durchführung und Beobachtung – schrittweises Abarbeiten der Experimentieranleitung – Beobachten und Protokollieren von Veränderungen – Erfassen der Messwerte im Messprotokoll – Stilllegen der Apparatur und Reinigen der Glasgeräte – vorschriftsgemäßes Entsorgen der Reaktionsprodukte 	*Titration:* Unter leichtem Schwenken des Erlenmeyerkolbens wird aus der Bürette Salzsäure in kleinen Intervallen von maximal 0,3 ml zugegeben. Wenn die Farbe der Lösung von Rotviolett nach farblos umschlägt, ist die Titration beendet. Das verbrauchte Volumen wird im Messprotokoll notiert. Das Experiment wird noch zweimal durchgeführt, wobei bei diesen Proben die Zugabe der Salzsäure in der Nähe des Umschlagpunkts nur tropfenweise erfolgt. *Messprotokoll:* (siehe Tabelle unten) *Beobachtung:* Der Farbumschlag der Titration erfolgte bei allen drei Versuchen innerhalb eines sehr kleinen Volumenintervalls von wenigen Tropfen.

Messprotokoll:

Messung	1	2	3
***V*(HCl)**	23,3 ml	23,1 ml	23,2 ml

Auswertung eines Experiments	Beispiel: Säure-Base-Titration
6. Auswertung – Analysieren der Messwerte und Beobachtungen – Aufstellen der chemischen Reaktionsgleichungen – Durchführen von Berechnungen und gegebenenfalls Anfertigen von Diagrammen – Formulieren eines Ergebnisses in Bezug auf die Aufgabenstellung	Durch den plötzlichen Farbumschlag kann der Endpunkt der Titration genau bestimmt werden. Die drei Analysenwerte weichen nur wenig voneinander ab. Der Mittelwert des Volumens kann mit folgender Gleichung berechnet werden nach: $\overline{V} = \frac{\Sigma V(\mathrm{HCl})}{3} = 23{,}2\,\mathrm{ml}$ Reaktionsgleichung und Berechnung: $\underset{n_1}{\mathrm{NaOH}} + \underset{n_2}{\mathrm{HCl}} \longrightarrow \mathrm{NaCl} + \mathrm{H_2O}$ $n_1 = n_2$ $c_1 \cdot V_1 = c_2 \cdot V_2$ $V_2 = \overline{V}$ $c_1 = \frac{c_2 \cdot \overline{V}}{V_1}$ $c_1 = \frac{0{,}1\,\mathrm{mol} \cdot \mathrm{l}^{-1} \cdot 23{,}2\,\mathrm{ml}}{10{,}0\,\mathrm{ml}}$ $\underline{c_1 = 0{,}232\,\mathrm{mol} \cdot \mathrm{l}^{-1}}$ *Ergebnis:* Die Stoffmengenkonzentration der analysierten Natronlauge beträgt $0{,}232\,\mathrm{mol} \cdot \mathrm{l}^{-1}$.
7. Fehlerbetrachtung Zur Fehlerbetrachtung ist zunächst zu überprüfen, welche Fehler während des Experiments aufgetreten sein können. Danach wird abgeschätzt, ob und wie das Messergebnis durch diese Fehler beeinflusst wurde. Anhand dieser Abschätzung lässt sich das experimentelle Ergebnis bewerten.	*Fehlerbetrachtung:* Folgende Fehler können das Messergebnis beeinflusst haben: – eine fehlerhafte Konzentrationsangabe der zur Titration benutzten Salzsäure – die zu schnelle Zugabe von Natronlauge am Umschlagpunkt, das sogenannte „Übertitrieren" – Fehler beim Ablesen und Dosieren der Volumina an der Bürette bzw. der Pipette – unsaubere oder defekte Glasgeräte Die Messwerte der drei Titrationen liegen sehr dicht beieinander, sodass ein einmaliges „Übertitrieren" ausgeschlossen werden kann. Da die Glasgeräte vor Beginn des Experiments gründlich gereinigt wurden und die Natronlauge für die Titration frisch zubereitet wurde, sollte das Ergebnis nur durch geringfügige Ablesefehler beeinflusst worden sein. Die Genauigkeit der Analyse kann daher als „gut" bewertet werden.

Musterprotokoll eines Experiments

Name: *Leon Laborartist* **Kurs:** 11/1 **Datum:** 11.11.2019

Aufgabe:
Entwickeln Sie ein Experiment zur kontrollierten vollständigen Verbrennung eines Alkohols. Weisen Sie die Reaktionsprodukte der Verbrennung nach.

Vorbereitung
Vorüberlegungen: Alkohole verbrennen vollständig zu Kohlenstoffdioxid und Wasser. Kohlenstoffdioxid lässt sich durch Fällung mit Kalkwasser als schwer lösliches Carbonat nachweisen. Wasser kann mit entwässertem Kupfer(II)-sulfat bzw. mit Watesmopapier nachgewiesen werden.
Da viele Alkohole leicht entzündlich (GHS02) oder zumindest gesundheitsschädlich (GHS07) sind, sollten aus Sicherheitsgründen nur kleine Mengen in einem geschlossenen Gefäß verbrannt werden. Die Produkte der Verbrennung sind keine Gefahrstoffe, das Nachweisreagenz Kupfer(II)-sulfat (GHS07/09) allerdings schon. Kalkwasser ist schwach alkalisch. Die Reste der bei den Nachweisreaktionen anfallenden Lösungen müssen daher im Sammelbehälter (Wassernachweis) oder im Behälter für Abwasser (Kohlenstoffdioxidnachweis) entsorgt werden.
Geräte: Erlenmeyerkolben, Verbrennungslöffel mit passendem Stopfen, Holzspan
Chemikalien: Ethan-1,2-diol (Glykol, GHS07), entwässertes Kupfer(II)-sulfat (GHS07/09) oder Watesmopapier, Kalkwasser

Durchführung
Entzünden Sie ca. 3 ml Glykol auf einem Verbrennungslöffel und führen Sie ihn in den Erlenmeyerkolben ein. Verschließen Sie den Kolben sofort und beobachten Sie die Verbrennung. Testen Sie nach dem Erlöschen der Flamme die an der Innenwand des Kolbens kondensierte Flüssigkeit mit entwässertem Kupfer(II)-sulfat oder Watesmopapier.
Verbrennen Sie noch einmal ca. 3 ml Glykol im verschlossenen Erlenmeyerkolben. Geben Sie nach Beendigung der Reaktion ca. 5 ml Kalkwasser in den Kolben, verschließen Sie ihn sofort wieder und schütteln Sie das Gemisch.

Beobachtung und Auswertung
Der Alkohol verbrennt mit blauer Flamme. Dabei kondensiert an der Innenwand des Erlenmeyerkolbens eine farblose Flüssigkeit. Es handelt sich um Wasser, das wasserfreies Kupfer(II)-sulfat und Watesmopapier blau färbt, weil sich wasserhaltiges Kupfer(II)-sulfat-Pentahydrat bildet.

$$CuSO_4 + 5\,H_2O \rightleftharpoons CuSO_4 \cdot 5\,H_2O$$

Bei der Verbrennung entsteht zudem ein farbloses Gas. Die Bildung des weißen Niederschlags von Calciumcarbonat mit Kalkwasser zeigt, dass das zweite Verbrennungsprodukt Kohlenstoffdioxid ist.

$$Ca^{2+} + 2\,OH^- + CO_2 \longrightarrow CaCO_3\downarrow + H_2O$$

Ethan-1,2-diol (Glykol) verbrennt wie alle Alkohole vollständig zu Kohlenstoffdioxid und Wasser:

$$2\,CH_2OH{-}CH_2OH + 5\,O_2 \longrightarrow 4\,CO_2 + 6\,H_2O$$

1.3 Stöchiometrie

1.3.1 Molare und Zusammensetzungsgrößen

Die **Stöchiometrie** ist die Lehre von der Berechnung der Zusammensetzung chemischer Verbindungen sowie von den Massen-, Volumen- und Ladungsverhältnissen chemischer Reaktionen.

Die Eigenschaften von Stoffen und der Verlauf von Reaktionen hängen nicht nur von der Art der Stoffe, sondern auch von der Anzahl der Teilchen im System ab. Die absoluten Massen von Atomen und Molekülen liegen zwischen 10^{-24} und 10^{-20} g und können mit der Waage nicht bestimmt werden. Folglich enthalten schon kleine Stoffportionen wie 1 g Kohlenstoff oder 10 ml Wasser eine enorm große Anzahl von Teilchen.

Um in der Stöchiometrie nicht mit extremen Zahlenwerten rechnen zu müssen, wurde die **Stoffmenge** als Größe eingeführt. Die Konstante N_A trägt den Namen des italienischen Chemikers A. AVOGADRO (1776–1856).

Die **Stoffmenge *n*** ist ein Maß für die Teilchenzahl in einer Stoffprobe. Die Einheit der Stoffmenge ist mol. Die Teilchenanzahl, die ein Mol eines jeden Stoffs enthält, entspricht der **Avogadro-Konstanten** $N_A = 6{,}022 \cdot 10^{23}\ \text{mol}^{-1}$.

Bei der Angabe der Stoffmenge müssen die Teilchen, auf die sich die Angabe bezieht, immer benannt werden, z. B. 1 mol H_2 bedeutet 1 mol Wasserstoffmoleküle. Die Stoffmenge bzw. die Objektmenge ist die wichtigste Größe für die quantitative Beschreibung chemischer Systeme. Das Verhältnis der Stoffmengen chemischer Reaktionspartner wird durch die Reaktionsgleichung wiedergegeben.

Die molare Masse von Verbindungen kann mithilfe des PSE aus den relativen Atommassen der Elemente berechnet werden, aus denen die Verbindung aufgebaut ist:

$$|M| = |\Sigma A_r| = |F_r|$$

A_r – relative Atommasse
F_r – relative Formelmasse

Experimentell kann die Stoffmenge nicht direkt bestimmt werden, sondern nur die Masse oder das Volumen von Stoffportionen. Der Zusammenhang zwischen der Stoffmenge und diesen extensiven Größen wird über die **molare Masse** bzw. das **molare Volumen** hergestellt.
Die molaren Größen sind stoffspezifische Konstanten, die aus Tabellen direkt entnommen oder berechnet werden können. Mit ihrer Hilfe können die einfach messbaren Massen und Volumina von Stoffen ineinander umgerechnet werden.

Größe	Berechnung	Beispiele
Stoffmenge *n*	$n = \frac{N}{N_A}$	n(B) = 2 mol bedeutet: 2 mol Boratome. $n(H_2O)$ = 3 mol bedeutet: 3 mol Wassermoleküle.
molare Masse *M*	$M = \frac{m}{n}$	M(NaCl) = 58,5 g · mol^{-1}; die stoffspezifische molare Masse von Natriumchlorid beträgt immer 58,5 g · mol^{-1}, unabhängig von der Größe der Stoffportion.
molares Volumen V_m	$V_m = \frac{V}{n}$	$V_m(N_2)$ = 22,4 l · mol^{-1} heißt, dass 1 mol Stickstoff ein Volumen von 22,4 l einnimmt (bei einer Temperatur von 273,15 K und einem Druck von 101,325 kPa).

1

Zusammensetzungsgrößen

Aus den verschiedenen **Zusammensetzungsgrößen** können mithilfe der molaren Größen wieder die Stoffmengen berechnet werden.

Häufig bestehen chemische Systeme aus mehreren Stoffen, z. B. eine wässrige Lösung von Natronlauge oder Gasgemische wie Luft. Die Reaktivität der Natronlauge wird durch ihren Gehalt an Natriumhydroxid bestimmt, während die oxidierende Wirkung von Luft von ihrem Sauerstoff- und Ozongehalt abhängt.
Die Zusammensetzung von Stoffgemischen wird durch **Zusammensetzungsgrößen** angegeben. Dabei benutzt man für Feststoffe und Gasgemische meist Anteilsgrößen, da die Masse von Feststoffen und der Druck oder das Volumen von Gasen sehr einfach gemessen werden können.

Größe	Berechnung	Beispiele
Massenanteil ω(i)	$\omega(\mathrm{i}) = \frac{m(\mathrm{i})}{m_{\mathrm{gesamt}}}$	Der Massenanteil an Natriumchlorid in einem Gemisch aus 10 g NaCl und 90 g $PbCl_2$ beträgt 0,1 bzw. 10 Gew.-%.
Stoffmengenanteil x(i)	$x(\mathrm{i}) = \frac{n(\mathrm{i})}{n_{\mathrm{gesamt}}}$	Der Stoffmengenanteil an Natriumchlorid in diesem Gemisch (0,171 mol NaCl und 0,324 mol $PbCl_2$) beträgt 0,35 bzw. 35 mol-%.
Volumenanteil φ(i)	$\varphi(\mathrm{i}) = \frac{V(\mathrm{i})}{V_{\mathrm{gesamt}}}$	Der Volumenanteil von Stickstoff in einem Gemisch aus 7,9 l N_2 und 2,1 l O_2 beträgt 0,79 oder 79 Vol.-%.
Partialdruck p(i)	$p(\mathrm{i}) = x(\mathrm{i}) \cdot p_{\mathrm{gesamt}}$	In diesem idealen Gasgemisch ist $\varphi(\mathrm{i}) = x(\mathrm{i})$, sodass der Partialdruck des Stickstoffs 79 kPa beträgt, wenn der Gesamtdruck 100 kPa ist.

In einem idealen Gasgemisch von N_2 und O_2 beträgt der Volumenanteil des O_2 bei 101,3 kPa und 298 K $\varphi(O_2) = 21{,}0$ Vol.-%.
Wie groß sind der Stoffmengen- und Massenanteil von O_2?

Analyse:
Bei $\varphi(O_2) = 0{,}21$ enthalten 100 Liter Gas 21 Liter O_2 und 79 Liter N_2. Die Stoffmengen können aus den Volumina mit der idealen Gasgleichung berechnet werden. Aus den Stoffmengen erhält man die Massen mithilfe der molaren Massen von O_2 und N_2.

Ideale Gasgleichung:
$p \cdot V = n \cdot R \cdot T$

R – universelle Gaskonstante
$R = 8{,}314\ \mathrm{J \cdot K^{-1} \cdot mol^{-1}}$

Gesucht: $x(O_2)$ und $\omega(O_2)$

Gegeben:
$p = 101{,}3$ kPa, $T = 298$ K
$M(O_2) = 32\ \mathrm{g \cdot mol^{-1}}$, $M(N_2) = 28\ \mathrm{g \cdot mol^{-1}}$
$V(O_2) = 21$ l, $V(N_2) = 79$ l

Lösung:
$n(O_2) = \frac{p \cdot V(O_2)}{R \cdot T}$ $\quad n(N_2) = \frac{p \cdot V(N_2)}{R \cdot T}$

$n(O_2) = 0{,}859$ mol $\quad n(N_2) = 3{,}23$ mol
$m(O_2) = M(O_2) \cdot n(O_2)$ $\quad m(N_2) = M(N_2) \cdot n(N_2)$
$m(O_2) = 27{,}5$ g $\quad m(N_2) = 90{,}5$ g

$$x(O_2) = \frac{0{,}859\ \text{mol}}{(0{,}859 + 3{,}23)\ \text{mol}} = \underline{0{,}21}$$

$$\omega(O_2) = \frac{27{,}5\ \text{g}}{(27{,}5 + 90{,}5)\ \text{g}} = \underline{0{,}233}$$

Ergebnis:
Der Stoffmengenanteil $x(O_2)$ des idealen Gasgemischs beträgt 21,0 Vol.-% und ist gleich dem Volumenanteil. Der Massenanteil des schwereren Sauerstoffs, $\omega(O_2)$ = 23,3 Gew.-%, ist größer als der Stoffmengenanteil.

Wenn Chemiker von der Konzentration einer Lösung sprechen, ist damit fast immer die Stoffmengenkonzentration gemeint.

Für Lösungen ist die gebräuchlichste Zusammensetzungsgröße die **Stoffmengenkonzentration,** weil aus dieser Größe die Stoffmenge eines gelösten Stoffs direkt aus dem Volumen der Lösung ermittelt werden kann. Der Gehalt des gelösten Stoffs kann aber auch als **Massenanteil** oder **Massenkonzentration** angegeben werden.

Größe	Berechnung	Beispiele
Stoffmengenkonzentration c(i)	$c(\text{i}) = \frac{n(\text{i})}{V_{\text{Lösung}}}$	■ Eine Natronlauge einer Konzentration von 2 mol · l^{-1} enthält 0,2 mol NaOH in 100 ml Lösung.
Massenkonzentration β(i)	$\beta(\text{i}) = \frac{m(\text{i})}{V_{\text{Lösung}}}$	Dies entspricht einer Massenkonzentration von 80 g NaOH pro Liter Natronlauge.
Massenanteil ω(i)	$\omega(\text{i}) = \frac{m(\text{i})}{m_{\text{Lösung}}}$	Der Massenanteil von NaOH beträgt 7,4 Gew.-% bei einer Dichte der Lösung von ρ = 1,079 g · cm^{-3}.

■ Für eine Titration werden 100 ml einer Natronlauge mit einer Konzentration von $c(\text{NaOH})$ = 0,1 mol · l^{-1} benötigt.
Berechnen Sie, wie viel festes Natriumhydroxid zur Herstellung der Lösung eingewogen werden müssen.

Analyse:
Zur Lösung nutzt man die Gleichungen zur Berechnung der Stoffmengenkonzentration und der molaren Masse. Beide Gleichungen werden nach der Stoffmenge umgestellt und gleichgesetzt.

Gesucht: $m(\text{NaOH})$
Gegeben: $c(\text{NaOH}) = 0{,}1\ \text{mol} \cdot \text{l}^{-1}$
$V(\text{Lösung}) = 100\ \text{ml}$
$M(\text{NaOH}) = 40{,}0\ \text{g} \cdot \text{mol}^{-1}$

Lösung:

$$n(\text{NaOH}) = \frac{m(\text{NaOH})}{M(\text{NaOH})} = c(\text{NaOH}) \cdot V(\text{NaOH})$$

$$m(\text{NaOH}) = M(\text{NaOH}) \cdot c(\text{NaOH}) \cdot V(\text{NaOH})$$

$$m(\text{NaOH}) = 40{,}0\ \text{g} \cdot \text{mol}^{-1} \cdot 0{,}1\ \text{mol} \cdot \text{l}^{-1} \cdot 100\ \text{ml}$$

$$\underline{m(\text{NaOH}) = 400\ \text{mg}}$$

Der gelöste Stoff besitzt immer ein eigenes Volumen. Deshalb dürfen nicht einfach 100 ml Wasser zur Herstellung von 100 ml Lösung verwendet werden, sondern es muss vorsichtig mit Wasser auf das Gesamtvolumen der Lösung aufgefüllt werden.

Ergebnis:
Um 100 ml einer 0,1 molaren Natronlauge herzustellen, müssen genau 400 mg festes Natriumhydroxid eingewogen werden.

1

Mischungsrechnen

Das Mischen von Lösungen unterschiedlicher Konzentrationen oder das Verdünnen hoch konzentrierter Lösungen sind alltägliche Aufgaben, z. B. in der chemischen Analytik oder in der chemischen Industrie (Chloralkali-Elektrolyse, ↗ S. 430).

Den Gesamtgehalt $\omega(\mathrm{i})$ eines Stoffs in einer Mischung oder das Massenverhältnis $m_1 : m_2$, in dem die Teillösungen gemischt werden müssen, werden mit der Mischungsgleichung berechnet.

Mischungsgleichung für ein Gemisch aus zwei Lösungen:

$$m_1 \cdot \omega_1(\mathrm{i}) + m_2 \cdot \omega_2(\mathrm{i}) = (m_1 + m_2) \cdot \omega(\mathrm{i})$$

m_1, m_2 – Masse der Lösungen 1 und 2
$\omega_1(\mathrm{i}), \omega_2(\mathrm{i})$ – Massenanteile der Komponente i in den Teillösungen
$\omega(\mathrm{i})$ – Massenanteil der Komponente i in der Mischung

Handelsübliche konzentrierte Salzsäure enthält 37 Gew.-% Chlorwasserstoff. Mit destilliertem Wasser soll daraus 1 kg Salzsäure mit einem Massenanteil von 5 Gew.-% hergestellt werden.
Wie kann man diese 5%ige Salzsäure herstellen?

Um anstelle des Massenverhältnisses der Lösungen das Volumenverhältnis zu erhalten, muss man die Massen mithilfe der Dichten in die Volumina umrechnen.

Analyse:
Die Summe der Massen Salzsäure m_1 und Wasser m_2 beträgt 1 kg. Die Beziehung $m_2 = 1\,\mathrm{kg} - m_1$ setzt man in die Mischungsgleichung ein und stellt nach m_1 um. Da Wasser kein Chlorwasserstoff enthält, beträgt $\omega_2(\mathrm{HCl}) = 0$. Dementsprechend vereinfacht sich die Rechnung mit der Mischungsgleichung.

Gesucht: $m_1 : m_2$

Gegeben: $\omega_1(\mathrm{HCl}) = 0{,}37$ $\quad \omega_2(\mathrm{HCl}) = 0$
$\omega(\mathrm{HCl}) = 0{,}05$ $\quad m_1 + m_2 = 1\,\mathrm{kg}$

Lösung:
$$m_2 = 1\,\mathrm{kg} - m_1$$
$$m_1 \cdot \omega_1(\mathrm{i}) + (1\,\mathrm{kg} - m_1) \cdot \omega_2(\mathrm{i}) = 1\,\mathrm{kg} \cdot \omega(\mathrm{i})$$
$$m_1 = \frac{1\,\mathrm{kg} \cdot \omega(\mathrm{i}) - 1\,\mathrm{kg} \cdot \omega_2(\mathrm{i})}{\omega_1(\mathrm{i}) - \omega_2(\mathrm{i})}$$
$$m_1 = \frac{1\,\mathrm{kg} \cdot 0{,}05 - 0}{0{,}37 - 0} = \frac{0{,}05\,\mathrm{kg}}{0{,}37}$$
$$\underline{m_1 = 135\,\mathrm{g}}$$
$$\underline{m_2 = 1\,\mathrm{kg} - m_1 = 865\,\mathrm{g}}$$

Beim **Mischungsrechnen** kann auch das Mischungskreuz benutzt werden:

$$\frac{m_1}{m_2} = \frac{\omega(\mathrm{i}) - \omega_2(\mathrm{i})}{\omega_1(\mathrm{i}) - \omega(\mathrm{i})}$$

Beide Rechenwege führen zum gleichen Ergebnis.

Ergebnis:
Um eine 5 %ige Salzsäure herzustellen, gibt man 865 g Wasser in ein Becherglas und fügt vorsichtig 135 g konzentrierte Salzsäure mit einem Massenanteil von 37 % dazu.

1.3.2 Berechnungen zu chemischen Reaktionen

Bei chemischen Reaktionen reagieren die beteiligten Stoffe in bestimmten, festen Stoffmengenverhältnissen miteinander:

$$n_1 \sim n_2 \qquad \text{bzw.} \qquad \frac{n_1}{n_2} = \text{konstant}$$

Das Verhältnis der Stoffmengen zueinander ergibt sich aus den Wertigkeiten der Reaktionspartner und wird in Form der **Stöchiometriezahlen** bzw. Stöchiometriefaktoren in der Reaktionsgleichung angegeben.
Auf der Basis dieser **konstanten Proportionen der Stoffmengen** können unter Verwendung der molaren Größen (M und V_m) Verhältnisgleichungen aufgestellt werden, mit deren Hilfe sich die Massen und Volumina aller an einer Reaktion beteiligten Stoffe berechnen lassen.

Das Gesetz der konstanten Proportionen bildet zusammen mit dem Gesetz von der Erhaltung der Masse (↗ S. 14) die Grundlage für das **Aufstellen chemischer Reaktionsgleichungen** und damit für alle stöchiometrischen Berechnungen zu chemischen Reaktionen.

Schrittfolge für stöchiometrische Berechnungen mithilfe von Verhältnisgleichungen	**Beispiel:** Berechnen Sie das Volumen an Kohlenstoffdioxid, das bei der vollständigen Verbrennung von 1 g Glucose unter Standardbedingungen (25 °C, 101,3 kPa) entsteht.
1. Analyse der Aufgabe	– Glucose verbrennt mit Sauerstoff vollständig zu CO_2 und H_2O. – Molare Massen sind aus Tabellen zu ermitteln. – $V_m(CO_2)$ beträgt unter Standardbedingungen $24{,}5\ \text{l} \cdot \text{mol}^{-1}$.
2. Aufstellen der Reaktionsgleichung	$C_6H_{12}O_6 + 6\,O_2 \longrightarrow 6\,CO_2 + 6\,H_2O$
3. Zusammenstellen der gegebenen und gesuchten Größen unter Nutzung von Tabellen und Tafelwerken	*Ges.:* $V(CO_2)$ *Geg.:* $m(C_6H_{12}O_6) = 1\ \text{g}$ $M(C_6H_{12}O_6) = 180\ \text{g} \cdot \text{mol}^{-1}$ $V_m(CO_2) = 24{,}5\ \text{l} \cdot \text{mol}^{-1}$
4. Eintragen gegebener und gesuchter Größen über und unter der Reaktionsgleichung	$\overset{1\ \text{g}}{\underbrace{C_6H_{12}O_6 + 6\,O_2}_{1 \cdot 180\ \text{g} \cdot \text{mol}^{-1}}} \longrightarrow \overset{V(CO_2)}{\underbrace{6\,CO_2 + 6\,H_2O}_{6 \cdot 24{,}5\ \text{l} \cdot \text{mol}^{-1}}}$
5. Aufstellen der Verhältnisgleichungen	$\frac{1\ \text{g}}{1 \cdot 180\ \text{g} \cdot \text{mol}^{-1}} = \frac{V(CO_2)}{6 \cdot 24{,}5\ \text{l} \cdot \text{mol}^{-1}}$
6. Umstellen der Gleichung und Berechnen der gesuchten Größe	$V(CO_2) = \frac{1\ \text{g} \cdot 6 \cdot 22{,}4\ \text{l} \cdot \text{mol}^{-1}}{1 \cdot 180\ \text{g} \cdot \text{mol}^{-1}} = \underline{0{,}817\ \text{l}}$
7. Formulieren des Ergebnisses	Bei der vollständigen Verbrennung von 1 g Glucose unter Standardbedingungen entstehen 0,817 l Kohlenstoffdioxid.

Bei komplexeren stöchiometrischen Aufgaben ist das Aufstellen von Verhältnisgleichungen für jede einzelne Reaktion sehr zeitaufwendig. Solche Aufgaben löst man mit dem leistungsfähigeren Molkonzept.

Im Nenner der Verhältnisgleichung steht das Produkt aus Stöchiometriezahl und molarer Größe des Stoffs.

Ausbeute chemischer Reaktionen

Bei stöchiometrischen Berechnungen geht man davon aus, dass die Ausgangsstoffe vollständig zu den Reaktionsprodukten umgesetzt werden. In der Praxis erhält man jedoch häufig eine geringere Produktmenge als nach der Reaktionsgleichung theoretisch möglich wäre.

$$\eta = \frac{\text{reale Produktmenge}}{\text{theoretische Produktmenge}} \cdot 100\,\%$$

Die **Ausbeute** (η) eines Reaktionsprodukts wird in Prozent angegeben und kann sowohl aus den Stoffmengen als auch aus den Massen der Produkte berechnet werden.

Die Ausbeute chemischer Reaktionen darf nicht mit dem Umsatz verwechselt werden. Die *Ausbeute* bezieht sich immer auf die *Reaktionsprodukte*. Der *Umsatz* gibt an, welche Menge an *Ausgangsstoffen* tatsächlich zu Reaktionsprodukten umgesetzt worden ist.

Aus 100 g reinem Silicium soll durch Überleiten von Chlor Silicium(IV)-chlorid hergestellt werden.
Wie viel Silicium(IV)-chlorid erhält man, wenn die Ausbeute der Reaktion 90 % beträgt?

Analyse:
Die stöchiometrische Berechnung der Masse $SiCl_4$ mit der Verhältnisgleichung liefert die theoretische Produktmenge. Aufgrund der 90%igen Ausbeute der Chlorierung ist die tatsächlich erhaltene Masse an $SiCl_4$ kleiner.

Gesucht: reale Masse Silicium(IV)-chlorid $\Longrightarrow m(SiCl_4)$

Gegeben: $m(Si) = 100\,g$; $M(Si) = 28{,}1\,g \cdot mol^{-1}$; $\eta = 0{,}90$; $M(SiCl_4) = 169{,}9\,g \cdot mol^{-1}$

Lösung:

$$\underbrace{\overset{100\,g}{Si}}_{1 \cdot 28{,}1\,g \cdot mol^{-1}} + 2\,Cl_2 \longrightarrow \underbrace{\overset{m_{theor.}}{SiCl_4}}_{1 \cdot 169{,}9\,g \cdot mol^{-1}}$$

$$\frac{100\,g}{28{,}1\,g \cdot mol^{-1}} = \frac{m_{theor.}}{169{,}9\,g \cdot mol^{-1}}$$

$$m_{theor.} = \frac{100\,g \cdot 169{,}9\,g \cdot mol^{-1}}{28{,}1\,g \cdot mol^{-1}} = 604{,}6\,g$$

$$m_{real} = \eta \cdot m_{theor.} = 0{,}90 \cdot 604{,}6\,g$$

$$\underline{m_{real} = 544{,}2\,g}$$

Ergebnis:
Bei einer 90%igen Ausbeute der Reaktion mit Chlor erhält man aus 100 g Silicium 544,2 g Silicium(IV)-chlorid.

Berechnungen zu Ausbeute und Umsatz chemischer Reaktionen stellt man insbesondere bei industriellen Syntheseverfahren an.

In der Stöchiometrie werden ausschließlich Berechnungen zur Zusammensetzung von Stoffen oder zur Stoffumwandlung während der chemischen Reaktion angestellt. Weiterführende chemische Berechnungen werden in der Thermodynamik (↗ S. 118 ff.) oder bei verschiedenen Anwendungen des Massenwirkungsgesetzes (↗ S. 171 ff.) durchgeführt.

Kernchemie und Entstehung der Elemente

2

2

2.1 Kernchemie

2.1.1 Kernbausteine – Nukleonen

Elementarteilchen wie Protonen, Neutronen und Elektronen sind kleinste Bausteine der Materie.

Nach dem **rutherfordschen Atommodell** (↗S. 51) bestehen Atome aus dem Masse enthaltenden Kern und einer nahezu masselosen Elektronenhülle. Die experimentell ermittelten Radien von Atomkernen liegen im Bereich von 10^{-14} bis 10^{-15} m. Im Vergleich dazu liegen die Atomdurchmesser bei 10^{-10} m.
Atomkerne sind aus positiv geladenen **Protonen** und neutralen **Neutronen** aufgebaut. Diese Kernbestandteile werden als **Nukleonen** bezeichnet. Sie gehören gleichzeitig zu den Elementarteilchen.

Die Anzahl der Protonen im Atomkern bestimmt die **Kernladungszahl *Z*** des Atoms. Die Kernladungszahl ist identisch mit der **Ordnungszahl** eines Elements im Periodensystem der Elemente. Die **Massenzahl *A*** eines Atoms ergibt sich aus der Summe der Protonen- und Neutronenzahl im Atomkern.

Anzahl der Protonen	=	Ladung des Kerns	=	Ordnungszahl
$x\,p^+$		$+x$		x

Anzahl der Protonen	+	Anzahl der Neutronen	=	Massenzahl des Atoms
Z		N		A

Die **Atome** eines Elements enthalten zwar immer die gleiche **Protonenanzahl,** aber häufig nicht die gleiche Anzahl von Neutronen im Kern. Dadurch können die Massenzahlen der Atome eines Elements variieren.

Die chemischen Eigenschaften der **Elemente** sind jedoch kaum von der Anzahl der Nukleonen im Kern, sondern hauptsächlich von der Verteilung der Elektronen in der Atomhülle abhängig.

Eine Atomsorte mit definierter Protonenzahl und Neutronenzahl wird als **Nuklid** bezeichnet. Nuklide gleicher Protonenzahl, aber unterschiedlicher Neutronenzahl nennt man **Isotope.**

Viele chemische Elemente sind Gemische aus mehreren Isotopen. Man kennzeichnet die Isotope, indem die Massenzahl als Exponent und die Kernladungszahl als Index vor dem chemischen Symbol des betreffenden Elements angegeben werden. Die Verteilung der Isotope ist sehr unterschiedlich und der Grund für gebrochene Atommassenzahlen bei den Elementen im PSE (↗S. 484), die aus mehreren Isotopen bestehen.

- ${}^{1}_{1}H$: Kernladungszahl des Wasserstoffs 1, Massenzahl des Isotops 1, d. h. ein Proton, kein Neutron im Kern
- ${}^{2}_{1}H$: Kernladungszahl des Wasserstoffs 1, Massenzahl des Isotops 2, d. h. ein Proton, ein Neutron im Kern
- ${}^{3}_{1}H$: Kernladungszahl des Wasserstoffs 1, Massenzahl des Isotops 3, d. h. ein Proton, zwei Neutronen im Kern

2.1.2 Stabilität von Atomkernen und Kernreaktionen

Kernkräfte

Die Kraft, die die Kernbausteine, die Nukleonen, zusammenhält, wird als **starke Kernkraft** bezeichnet.

Die Kernkraft hat eine stärkere Wirkung als die elektrostatische Abstoßung zwischen den gleich geladenen Protonen, wirkt jedoch über eine deutlich kleinere Entfernung als diese Abstoßungskräfte. Daraus folgt, dass mit größer werdendem Kern und zunehmender Zahl von Nukleonen Energie durch die starke Kernkraft gewonnen wird.
Da die starke Kernkraft aber nur zwischen dicht beieinander liegenden Nukleonen wirkt, wird der Effekt der Abstoßung zwischen den Protonen mit steigender Protonenzahl immer größer. Deshalb kann ein Atomkern nicht beliebig groß werden, sondern erreicht ein Optimum der Stabilität, in dem diese beiden gegenläufigen Kräfte „ausbalanciert" sind. Die Konsequenz dessen ist, dass alle Atomkerne, die mehr als 84 Protonen besitzen, instabil sind.
Generell sind Kerne mit geraden Protonenzahlen und geraden Neutronenzahlen stabiler als solche mit ungeraden Protonen- und Neutronenzahlen. Die Neutronen bewirken höchstwahrscheinlich den Zusammenhalt der Protonen im Kern.
Trägt man die Neutronen- und Protonenzahlen stabiler Nuklide gegeneinander auf, wird deutlich, dass mit zunehmender Kernladungszahl Z die notwendige Zahl der Neutronen zur Kernstabilisierung schnell ansteigt. Der punktiert dargestellte Bereich wird als **Zone der Stabilität** bezeichnet. Innerhalb dieser Zone befinden sich alle bekannten stabilen Atomkerne. Das Verhältnis zwischen Neutronen- und Protonenzahl bestimmt wesentlich die Art des radioaktiven Zerfalls eines Nuklids (↗ S. 38).

Die Energieumsätze bei Kernreaktionen sind bedeutend höher als bei chemischen Reaktionen. Sie sind z. B. mehr als 100 000-mal größer als die Energie von 285 kJ · mol^{-1}, die bei der Bildung von Wasser aus Wasserstoff und Sauerstoff freigesetzt wird.

Häufigkeit stabiler Nuklide

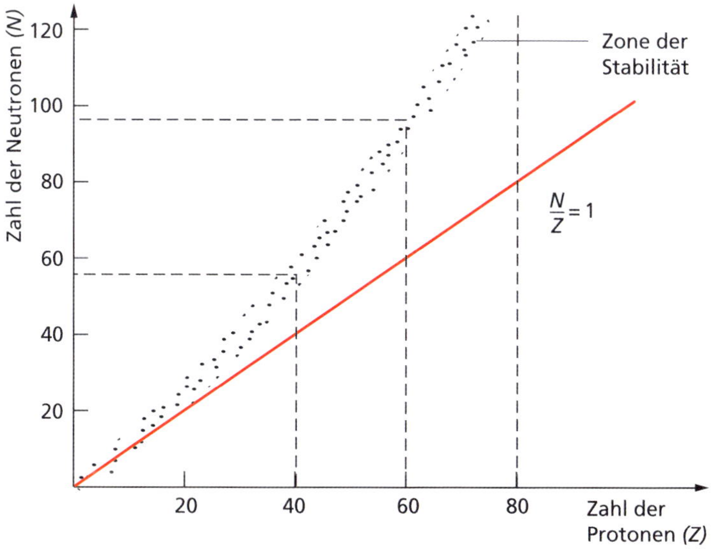

Experimentell hat man nachgewiesen, dass Nuklide der Massenzahlen 2, 8, 20, 50, 82 und 126 besonders stabil sind. Deshalb werden sie magische Zahlen genannt.

2

Radioaktiver Zerfall und künstliche Kernumwandlung

Kernreaktionen laufen unter Beteiligung von Elementarteilchen ab. So werden z.B. Protonen und Neutronen ineinander umgewandelt oder andere Elementarteilchen wie Elektronen als energiereiche Strahlung an die Umgebung abgegeben.

An Kernreaktionen beteiligte Teilchen

Teilchen	Neutron	Proton	Elektron	α-Teilchen	β-Teilchen	Positron
Symbol	$^{1}_{0}n$	$^{1}_{1}p$ oder $^{1}_{1}H$	$^{0}_{-1}e$	$^{4}_{2}He$ oder $^{4}_{2}\alpha$	$^{0}_{-1}e$ oder $^{0}_{-1}\beta^-$	$^{0}_{1}e$ oder $^{0}_{1}\beta^+$
Ladung	0	+1	−1	+2	−1	+1
relative Masse	1	1	$5{,}4 \cdot 10^{-4}$	4	$5{,}4 \cdot 10^{-4}$	$5{,}4 \cdot 10^{-4}$

Radioaktiver Zerfall

Beim **radioaktiven Zerfall** wandeln sich Kerne, die außerhalb der Zone stabiler Nuklide (↗ S. 35) liegen, freiwillig bzw. spontan durch Aussenden einer **radioaktiven Strahlung** in einen stabileren Kern mit niedrigerem Energieinhalt um.

Die Abgabe von Elementarteilchen bzw. das Aussenden radioaktiver Strahlung bezeichnet man auch als Emission.

Je nach Art der beim **spontanen Zerfall** von Atomkernen ausgesendeten Strahlung unterscheidet man zwischen drei grundlegenden Zerfallsarten. Beim α-Zerfall entstehen α-Teilchen $^{4}_{2}He$. Beim **β-Zerfall** werden β-Teilchen, entweder Elektronen $^{0}_{-1}e$ oder Positronen $^{0}_{1}e$ an die Umgebung abgegeben.

Bei den Elektroneneinfangreaktionen nimmt ein Proton im Kern ein Elektron aus der inneren Schale der Atomhülle auf und wird dadurch in ein Neutron umgewandelt. Dabei werden keine Teilchen, sondern radioaktive **γ-Strahlen** ausgesendet, die sowohl bei Elektroneneinfangreaktionen als auch beim α- und β-Zerfall auftreten.

γ-Strahlen sind energiereiche elektromagnetische Wellen hoher Frequenz.

Der radioaktive Zerfall ist eine Reaktion 1. Ordnung (↗ S. 131), die nach folgendem Geschwindigkeitsgesetz beschrieben wird:

$$X \longrightarrow Y + \text{Strahlung} \qquad -\frac{dN(X)}{dt} = k \cdot N(X)$$

Bei Kernreaktionen entstehen oft Nuklide, die selbst radioaktiv sind und so lange weiter zerfallen, bis stabile Nuklide entstanden sind. Solche Folgen kernchemischer Reaktionen nennt man **radioaktive Zerfallsreihen.**

$N(X)$ ist die Anzahl der radioaktiven Kerne in der Substanz, $(dN(X)/dt)$ gibt die Änderung dieser Zahl im Zeitintervall dt an und k ist die Geschwindigkeitskonstante der Zerfallsreaktion. Durch Integration und Einführung der sogenannten **Halbwertszeit** erhält man schließlich die folgenden Gleichungen:

$$t = \frac{1}{k} \cdot \ln\frac{N_0}{N} \qquad \text{und} \qquad t_{1/2} = \frac{\ln 2}{k} = \frac{0{,}0693}{k}$$

Darin definiert die Halbwertszeit $t_{1/2}$ die Zeit, nach der die Hälfte der ursprünglich vorhandenen radioaktiven Nuklide zerfallen ist ($N = N_0/2$).

Zur Altersbestimmung bzw. Datierung fossiler Funde, die das Isotop Kohlenstoff-14 enthalten, nutzt man die **Radiokarbonmethode.** Durch Zusammenstoßen von Luftstickstoff mit Neutronen aus kosmischer Strahlung gelangt ein kleiner, aber konstanter Anteil des radioaktiven Isotops $^{14}_{6}C$ in das Kohlenstoffdioxid (CO_2) der Luft.

$$^{14}_{7}N + ^{1}_{0}n \longrightarrow ^{14}_{6}C + ^{1}_{1}p$$

$$^{14}_{6}C + O_2 \longrightarrow ^{14}_{6}CO_2$$

$^{14}_{6}CO_2$ aus der Luft wird von Pflanzen während der Fotosynthese aufgenommen, womit $^{14}_{6}C$ ins pflanzliche Gewebe und über die Nahrungskette auch in tierisches Gewebe eingebaut wird. Das Nuklid $^{14}_{6}C$ zerfällt mit einer Halbwertszeit von 5730 Jahren unter Emission von β^--Strahlung.

$$^{14}_{6}C \longrightarrow ^{14}_{7}N + ^{0}_{-1}e$$

Sowohl die radioaktive Zerfallskonstante k als auch die **Halbwertszeit** $t_{1/2}$ sind charakteristische Größen für ein bestimmtes radioaktives Nuklid.

Da ein Gleichgewicht zwischen Bildung und Zerfall von Kohlenstoff-14 besteht, ist das Mengenverhältnis der Isotope $^{14}_{6}C$ und $^{12}_{6}C$ in den zurückliegenden 50 000 Jahren in der Atmosphäre weitgehend konstant. Das Verhältnis von $^{14}_{6}C$ zu $^{12}_{6}C$ ist im lebenden Organismus dasselbe wie in der Luft. Stirbt jedoch die Pflanze oder das Lebewesen, wird kein $^{14}_{6}C$ mehr zugeführt, weshalb sein Gehalt kontinuierlich abnimmt.

Aus dem Anteil an $^{14}_{6}C$ im Kohlenstoff des toten Gewebes im Vergleich zum $^{14}_{6}C$-Anteil in lebenden Organismen sowie der Berücksichtigung der Halbwertzeit des $^{14}_{6}C$ kann der Zeitpunkt berechnet werden, an dem die Pflanze oder das Lebewesen gestorben ist.

- An einem Beispiel soll das Prinzip dieser Methode zur Bestimmung des Alters fossiler Funde demonstriert werden.
  In einem archäologischen Fund ist eine Aktivität von 10 $^{14}_{6}C$-Zerfällen pro Minute und Gramm Kohlenstoff gemessen worden. Mithilfe der Halbwertszeit des Nuklids $^{14}_{6}C$ von 5730 Jahren kann die Zerfallskonstante folgendermaßen berechnet werden:

  $$k = \frac{\ln 2}{t_{1/2}} = \frac{0{,}693}{5730\ \text{a}} = 1{,}21 \cdot 10^{-4}\ \text{a}^{-1}$$

  In frisch geschnittenem Holz werden N_0 = 15 Zerfallsschritte pro Minute und Gramm Kohlenstoff festgestellt. Mit N = 10 Zerfallsschritten pro Minute und Gramm Kohlenstoff für die archäologische Probe ergibt sich durch Einsetzen:

  $$\ln \frac{N_0}{N} = k \cdot t$$

  $$\ln \frac{N_0}{N} = \frac{15\,\text{min}^{-1}\,\text{g}^{-1}}{10\,\text{min}^{-1}\,\text{g}^{-1}} = 1{,}21 \cdot 10^{-4}\ \text{a}^{-1} \cdot t$$

  $$\underline{t \approx 1{,}24 \cdot 10^4\ \text{Jahre}}$$

  Folglich ist dieser fossile Fund ca. 12 400 Jahre alt. Die Radiokarbonmethode ist jedoch nicht mehr auf Objekte anwendbar, die älter als ca. 20 000 Jahre sind, weil der Gehalt an radioaktivem Kohlenstoff-14 dann zu klein wird und nicht mehr genau bestimmt werden kann.

Zerfallsart	Merkmale	Beispiele
α-Zerfall 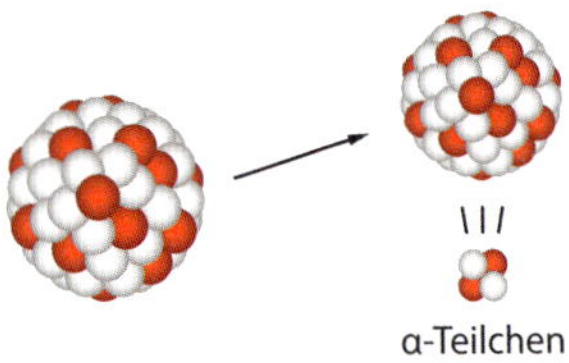	– Kernumwandlung unter Aussendung von α-Teilchen, ${}^{4}_{2}He$ – Abnahme der Massenzahl *A* um 4 und der Kernladungszahl *Z* um 2 Einheiten – typisch für radioaktive Elemente mit *A* > 209 und *Z* > 83	${}^{238}_{92}U \longrightarrow {}^{234}_{90}Th + {}^{4}_{2}He$ ${}^{232}_{90}Th \longrightarrow {}^{228}_{88}Ra + {}^{4}_{2}He$ ${}^{226}_{88}Ra \longrightarrow {}^{222}_{86}Rn + {}^{4}_{2}He$ ${}^{212}_{84}Po \longrightarrow {}^{208}_{82}Pb + {}^{4}_{2}He$
β^--Zerfall 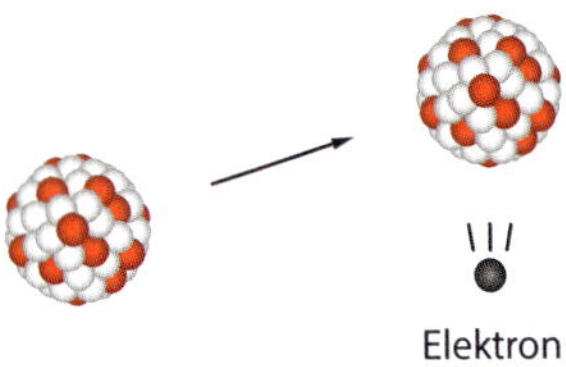	– Kernumwandlung unter Abstrahlung von Elektronen, ${}^{0}_{-1}e$ – Umwandlung eines Neutrons in ein Proton und ein Elektron ${}^{1}_{0}n \longrightarrow {}^{1}_{1}p + {}^{0}_{-1}e$ – Zunahme der Kernladungszahl *Z* um 1 Einheit bei konstanter Massenzahl *A* – typisch für radioaktive Elemente mit *N*/*Z* oberhalb der Zone der Stabilität (↗S. 35)	${}^{131}_{53}I \longrightarrow {}^{131}_{54}Xe + {}^{0}_{-1}e$ ${}^{186}_{73}Ta \longrightarrow {}^{186}_{74}W + {}^{0}_{-1}e$ ${}^{82}_{35}Br \longrightarrow {}^{82}_{36}Kr + {}^{0}_{-1}e$ ${}^{27}_{12}Mg \longrightarrow {}^{27}_{13}Al + {}^{0}_{-1}e$
β^+-Zerfall 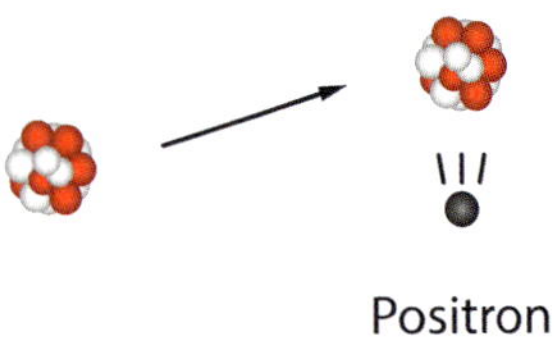	– Kernumwandlung unter Emission von Positronen, ${}^{0}_{1}e$ – Umwandlung eines Protons in ein Neutron und ein Positron ${}^{1}_{1}p \longrightarrow {}^{1}_{0}n + {}^{0}_{1}e$ – Abnahme der Kernladungszahl *Z* um 1 Einheit bei konstanter Massenzahl *A* – typisch für radioaktive Elemente mit *N*/*Z* unterhalb der Zone der Stabilität (↗S. 35)	${}^{11}_{6}C \longrightarrow {}^{11}_{5}B + {}^{0}_{1}e$ ${}^{38}_{19}K \longrightarrow {}^{38}_{18}Ar + {}^{0}_{1}e$ ${}^{23}_{12}Mg \longrightarrow {}^{23}_{11}Na + {}^{0}_{1}e$ ${}^{15}_{8}O \longrightarrow {}^{15}_{7}N + {}^{0}_{1}e$
γ-Zerfall 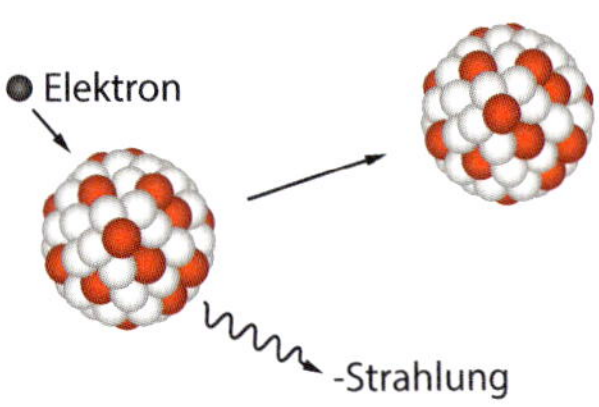	– Umwandlung eines Protons durch ein Elektron einer inneren Elektronenschale in ein Neutron ${}^{1}_{1}p + {}^{0}_{-1}e \longrightarrow {}^{1}_{0}n$ – Kernumwandlung unter Abstrahlung energiereicher Photonen, der γ-Strahlung – typisch für fast alle radioaktiven Elemente	${}^{0}_{-1}e + {}^{81}_{37}Rb \longrightarrow {}^{81}_{36}Kr + {}^{0}_{0}\gamma$ ${}^{0}_{-1}e + {}^{37}_{18}Ar \longrightarrow {}^{37}_{17}Cl + {}^{0}_{0}\gamma$ ${}^{0}_{-1}e + {}^{7}_{4}Be \longrightarrow {}^{7}_{3}Li + {}^{0}_{0}\gamma$ Bei allen Elektroneneinfangreaktionen wird γ-Strahlung frei.

Künstliche Kernumwandlung

Im Unterschied zum spontanen radioaktiven Zerfall können **Kernumwandlungen** auch durch Beschuss von Atomkernen mit Elementarteilchen künstlich erzwungen werden.

ERNEST RUTHERFORD war der Erste, der 1919 über die Umwandlung von Stickstoff zu Sauerstoff berichtete. Durch Beschuss des Stickstoff-14 ($^{14}_{7}N$) mit α-Teilchen, die RUTHERFORD aus dem Zerfall von $^{214}_{84}Po$ erhielt, wurde die erste **künstliche Kernumwandlung** möglich:

$$^{14}_{7}N + ^{4}_{2}He \longrightarrow ^{17}_{8}O + ^{1}_{1}H$$

In der Folgezeit wurden Tausende weitere Kernumwandlungen untersucht. Bei diesen Reaktionen wird das Projektil, z. B. ein α-Teilchen, von dem beschossenen Kern aufgenommen und kurz danach ein $^{1}_{1}H$-Kern emittiert. Anstelle von α-Teilchen können derartige Kernumwandlungen auch durch andere Teilchen wie Neutronen, Deuteronen ($^{2}_{1}H$-Kerne), Protonen oder Ionen ausgelöst werden.

ERNEST RUTHERFORD (1871–1937) war ein britischer Physiker. Für die Erklärung der Radioaktivität (Zerfallstheorie) erhielt er 1908 den Nobelpreis für Chemie.

Masse und Energie – die Kernbindungsenergie

Bei jeder freiwillig ablaufenden Kernreaktion ist die Gesamtmasse der neu gebildeten Kerne kleiner als die Gesamtmasse der Ausgangskomponenten. Diese Massendifferenz Δm wird als **Massendefekt** bezeichnet. Mithilfe der **Einstein-Gleichung** kann der Energiegewinn berechnet werden, der sich aus dem Massendefekt bei Kernreaktionen ergibt.

$$\Delta E = \Delta m \cdot c^2$$

Demnach ist die Massenänderung eines Körpers seiner Energieänderung direkt proportional. Da die Lichtgeschwindigkeit c sehr groß ist, bewirkt eine kleine Massenänderung bereits eine verhältnismäßig große Änderung der Energie eines Körpers. Dieser Zusammenhang ist die Grundlage der Energiegewinnung bei der Kernfusion (↗ S. 43).

Die Massenänderung Δm bei chemischen Reaktionen ist so klein, dass man sie nicht messen kann. Deshalb ist auch das „Gesetz von der Erhaltung der Masse" im Prinzip richtig. Da bei Kernreaktionen jedoch wesentlich höhere Energiebeträge umgesetzt werden, sind Massenänderungen hierbei nicht mehr vernachlässigbar.

- Die molare Masse eines $^{4}_{2}He$-Kerns beträgt $4{,}001\,50\,g \cdot mol^{-1}$. Die Summe der Einzelmassen von je zwei Protonen (je Proton = $1{,}007\,28\,g \cdot mol^{-1}$) und Neutronen (je Neutron = $1{,}00867\,g \cdot mol^{-1}$) ergibt $4{,}031\,90\,g \cdot mol^{-1}$. Die Differenz zwischen der Summe der Einzelmassen zweier Neutronen und Protonen sowie der Masse des $^{4}_{2}He$-Kerns beträgt also $0{,}030\,40\,g \cdot mol^{-1}$. Rechnet man diese vermeintlich geringe Massendifferenz nach der Einstein-Gleichung in Energie um, so stellt man fest, dass dieser Massendifferenz ein enormes Energieäquivalent entspricht.

$$\Delta E = \Delta m \cdot c^2 = 0{,}0304 \cdot 10^{-3}\,kg \cdot mol^{-1} \cdot (3{,}00 \cdot 10^{8}\,m \cdot s^{-1})^2$$

$$\Delta E = 2{,}74 \cdot 10^{12}\,kg \cdot m^2 \cdot s^{-2} \cdot mol^{-1}$$

$$\underline{\Delta E = 2{,}74 \cdot 10^{9}\,kJ \cdot mol^{-1}}$$

2

Eine hohe Stabilität eines Isotops ist immer mit einem niedrigen Energieniveau desselben verbunden. Zur Spaltung stabiler Kerne ist sehr viel Energie erforderlich.

Die **Kernbindungsenergie** ist die Energie, die bei der Zerlegung eines Kerns in seine einzelnen Nukleonen, d. h. Protonen und Neutronen, aufgebracht werden muss.

Es gibt zwei prinzipielle Möglichkeiten, die Kernbindungsenergie und damit die Stabilität von Atomkernen auszudrücken: entweder durch die molare Kernbindungsenergie *bezogen auf den Atomkern* oder die molare Kernbindungsenergie *bezogen auf ein Nukleon.*
Die Kernbindungsenergie von Atomkernen wächst mit steigender Atommasse, d. h. mit steigender Anzahl an Nukleonen. Einen besseren Eindruck von den energetischen Verhältnissen vermittelt jedoch die molare Kernbindungsenergie eines Nukleons. Man errechnet diese mittels Division der molaren Kernbindungsenergie eines Isotops durch die Zahl seiner Nukleonen.

Aus den Daten der Tabelle wird deutlich, dass der Eisen-56-Kern und Kerne mit ähnlichen Massenzahlen – bezogen auf ein einzelnes Nukleon – am stabilsten sind.

Kernbindungsenergien für verschiedene Atome

Nuklid	$^{4}_{2}He$	$^{56}_{26}Fe$	$^{238}_{92}U$
molare Kernbindungsenergie in J · mol⁻¹	$0{,}272 \cdot 10^{13}$	$4{,}75 \cdot 10^{13}$	$17{,}4 \cdot 10^{13}$
molare Kernbindungsenergie pro Nukleon in J · mol⁻¹	$6{,}80 \cdot 10^{11}$	$8{,}49 \cdot 10^{11}$	$7{,}34 \cdot 10^{11}$

Sowohl die Spaltung großer Atomkerne als auch die Fusion kleiner Atomkerne sind exotherm. Das bedeutet, dass Isotope, die schwerer sind als Eisen-56, sich durch Spaltung ihrer Atomkerne unter Bildung leichterer Kerne stabilisieren können, weil sie dabei Energie abgeben.
Andererseits nimmt der Energiegewinn bei der Bildung von Kernen aus Protonen und Neutronen bis zur Bildung des Eisen-56-Kerns ständig zu und erreicht hier sein Maximum. Diese beiden Tendenzen sind die Grundlage für die Vorgänge der Kernspaltung oder Kernfusion.

Kernbindungsenergie eines Nukleons in Abhängigkeit von der Massenzahl

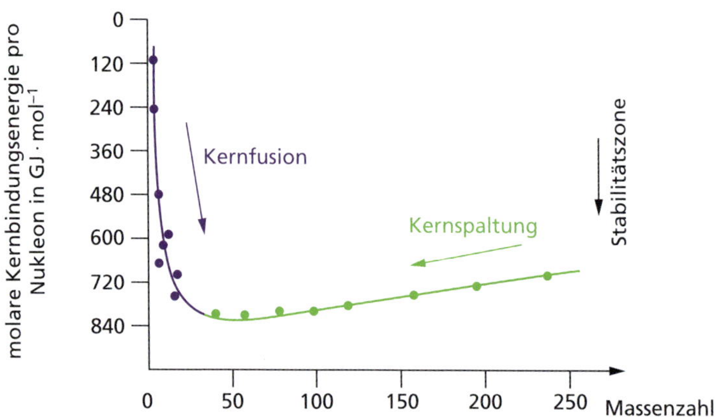

Kernspaltung und Kernfusion

Eine neue Kernreaktion wurde 1938 durch OTTO HAHN und FRITZ STRASSMANN beim Beschuss von Uran mit langsamen Neutronen entdeckt. Sie fanden heraus, dass ein Atomkern durch Zufuhr einer geeigneten Energie von außen in kleinere Teilchen gespalten werden kann, ähnlich dem Zerbrechen einer Glasscheibe.

Als **Kernspaltung** wird die Zerlegung schwerer Atomkerne in leichtere bezeichnet. Dabei wird Energie freigesetzt.

Der allgemeine Verlauf der Kernspaltung soll am Beispiel der Spaltungsreaktionen des Uran-235-Kerns illustriert werden.

OTTO HAHN (1879–1968) und FRITZ STRASSMANN (1902–1980) wiesen Barium und Lanthan in den Bestrahlungsprodukten des Urans nach. 1939 veröffentlichten sie ihre gemeinsame Abhandlung „Über das Zerplatzen des Urankerns durch langsame Neutronen".

Kernspaltung von Uran

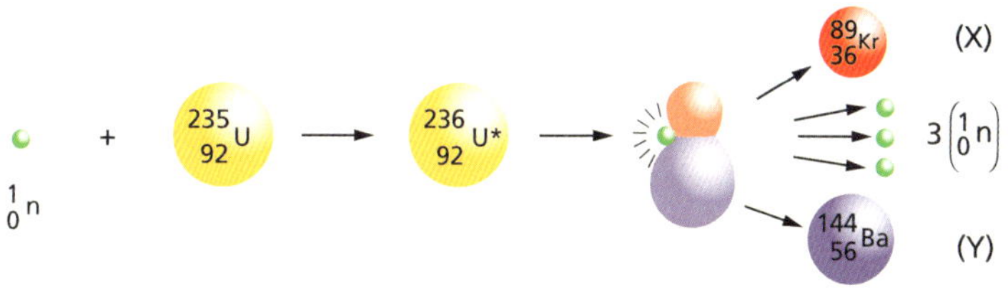

$$n + {}^{235}_{92}U \longrightarrow {}^{236}_{92}U^* \longrightarrow X + Y + 1 \text{ bis } 3n + 173\ \text{MeV}$$

Durch Einfangen eines Neutrons entsteht aus dem Uran-235 ein instabiler Zwischenkern ${}^{236}_{92}U^*$, der unter Abgabe einer relativ großen Energiemenge in zwei kleinere Kerne X, Y und ein bis drei Neutronen zerfällt. Als Spaltprodukte des Uran-235 werden nicht nur ${}^{89}_{36}Kr$ und ${}^{144}_{56}Ba$, sondern über 200 verschiedene Isotope von 35 Elementen isoliert. Dabei werden durchschnittlich 2,4 Neutronen freigesetzt.

Geht man beispielsweise davon aus, dass bei einer Kernspaltung zwei Neutronen freigesetzt werden, so kann jedes dieser zwei Neutronen einen weiteren Atomkern spalten, wobei vier neue Neutronen entstehen. Diese vier Neutronen können nunmehr wiederum vier weitere Kerne spalten usw., sodass die Reaktion sich sehr schnell fortpflanzen kann. Die Zahl der Kernspaltungen steigt schnell an, wobei entsprechend viel Energie freigesetzt wird. Dies kann bei unkontrolliertem Ablauf zu einer gewaltigen Explosion führen.

Eine Reaktionsfolge, bei der sich ein Reaktionspartner immer wieder neu bildet, sodass die einmal in Gang gesetzte Reaktion von selbst weiterläuft, nennt man **Kettenreaktion.**

Das Neutron als Elementarteilchen wurde vom britischen Physiker J. CHADWICK (1891–1974) entdeckt, der damit den Weg für die Kernspaltung und den Bau von Atomreaktoren ebnete. Interessante Informationen dazu findet man z. B. unter *www. kernenergie.de.*

Nur wenn eine Mindestmenge an spaltbarer Substanz vorhanden ist, kann eine Kettenreaktion ablaufen. Andernfalls verlassen die Neutronen das System ohne Zusammenstoß und die Kettenreaktion bricht ab.

Bei der ungesteuerten Kettenreaktion führt im Durchschnitt mehr als eines der bei der Kernspaltung gebildeten Neutronen zu einer neuen Kernspaltung. Dadurch wächst die Zahl der Kernspaltungen lawinenartig an. Der Multiplikationsfaktor k gibt die durchschnittlich pro Spaltung gebildeten Neutronen an. Durch diese werden neue Kernspaltungen ausgelöst. Bei ungesteuerten Kernreaktionen, z. B. einer Kernschmelze wie bei der Reaktorkatastrophe in Fukushima 2011, ist $k > 1$.

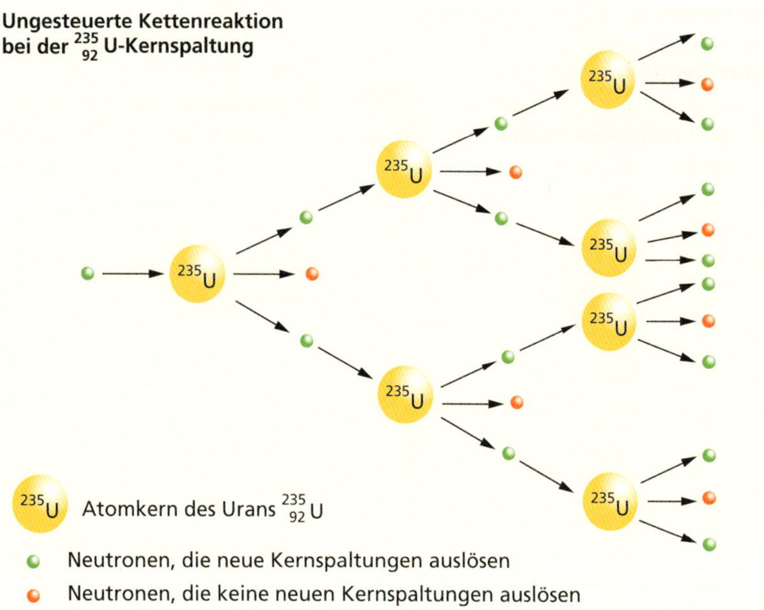

Die erforderliche Mindestmenge an spaltbarem Material, mit der eine Kettenreaktion in Gang gesetzt und aufrechterhalten werden kann, wird **kritische Masse** genannt.

Die kritische Masse von ^{235}U beträgt 15 kg und von ^{239}Pu 4 kg.

In **Atomreaktoren** wird das Prinzip der gesteuerten Kettenreaktion zur Energiegewinnung angewendet. Der Brennstoff im Kernreaktorprozess ist dabei eine spaltbare Substanz wie Uran-235, das in langen zylindrischen **Brennstäben** (↗ Abb.) enthalten ist. Jeder einzelne Brennstab enthält nur eine unterkritische Masse an spaltbarem Material.

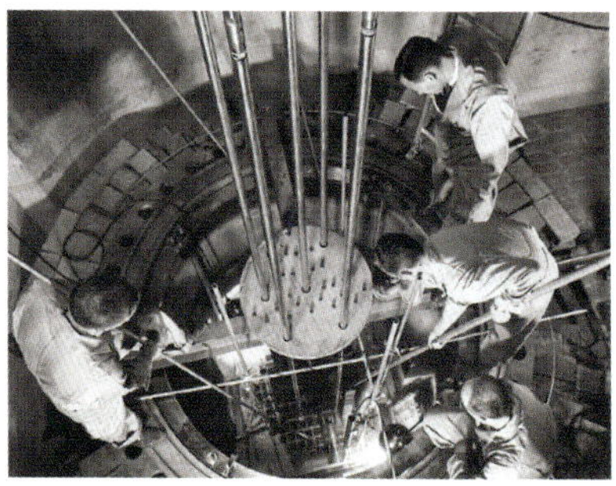

Bei gesteuerten Kettenreaktionen muss $k = 1$ sein. Dadurch läuft die Kernspaltung mit konstanter Geschwindigkeit und somit kontrolliert ab. Ist $k < 1$, so kommt die Kettenreaktion zum Stillstand.

Der Reaktor wird mit Brennstäben so beladen, dass diese zusammen eine überkritische Masse bilden. Die Brennstäbe sind von einem Moderator umgeben, der die bei der Kernspaltung entstehenden Neutronen abbremst, damit sie von den ^{235}U-Atomen eingefangen werden können. Als Moderatoren dienen Wasser oder Grafit.
Um die Kettenreaktion zu steuern, benutzt man Regelstäbe aus Bor oder Cadmium, die die Neutronen absorbieren. Durch Hinein- und Herausfahren der Regelstäbe wird die Neutronenzahl annähernd konstant gehalten und die Kettenreaktion so kontrolliert. Die frei werdende Energie wird als Wärmeenergie durch Kühlmittel nach außen transportiert. Außerhalb des Reaktors treibt das überhitzte Kühlmittel Turbinen an, mit denen über Generatoren Elektroenergie gewonnen wird.

Kernenergie kann nicht nur durch die Spaltung schwerer Kerne, sondern auch durch die Verschmelzung sehr leichter Kerne, die Kernfusion, erzeugt werden.

> **Kernfusion** ist die Verschmelzung leichterer Atomkerne zu schwereren. Dabei wird Energie freigesetzt.

Bei der Verschmelzung eines Deuteriumkerns ${}^{2}_{1}H$ mit einem Tritiumkern ${}^{3}_{1}H$ entsteht Helium ${}^{4}_{2}He$. Diese Vorgänge finden (vereinfacht) im Innern der Sonne statt.

Als Deuterium bezeichnet man Wasserstoff mit einem Neutron und als Tritium Wasserstoff mit zwei Neutronen im Kern.

Kernfusion von Deuterium mit Tritium

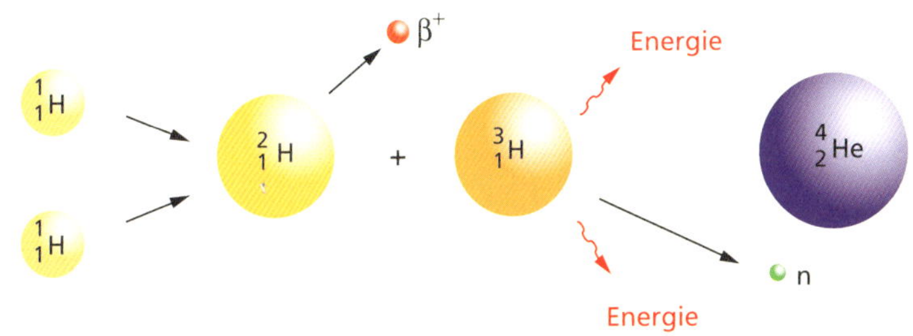

$$\text{vereinfacht:}\quad {}^{2}_{1}H + {}^{3}_{1}H \longrightarrow {}^{4}_{2}He + n$$

Betrachtet man die Abhängigkeit der Kernbindungsenergie eines Nukleons von der Massenzahl des Atomkerns (↗ S. 35), so erkennt man, dass sich bei dieser Fusion die Kernbindungsenergie erhöht und somit Energie abgegeben wird. Diese Fusionsprozesse sind aber nur möglich, wenn sehr hohe Temperaturen zwischen 10 bis 100 Mio. Grad erzeugt werden können. Deshalb bezeichnet man diese Reaktionen auch als thermonukleare Reaktionen.

Prinzipiell sind Kernfusionsreaktionen zur Energiegewinnung aus verschiedenen Gründen interessant. Der mögliche Energiegewinn pro mol des eingesetzten Stoffs ist größer als bei Kernspaltungsreaktionen. Im Gegensatz zu spaltbarem Material sind die Rohstoffe für Fusionsprozesse in beliebiger Menge vorhanden, z. B. Wasserstoff, Helium. Ein weiterer Vorteil ist, dass die entstehenden Produkte nicht radioaktiv sind, d. h., das Problem der Beseitigung radioaktiver Abfälle existiert nicht. Allerdings sind Fusionsprozesse wegen der notwendigen hohen Temperaturen bisher technisch nicht beherrschbar.

Kernwaffentests stellen nicht nur eine militärische, sondern auch eine ökologische Gefahr dar, da sie die Umwelt langfristig radioaktiv verseuchen.

Praktisch ist die Kernfusion erstmals 1952 in der Wasserstoffbombe erprobt worden. Dabei wird eine Mischung aus Deuterium und Tritium mit einer Atombombe, die nach dem Prinzip der Kernspaltung funktioniert, umkleidet. Diese äußere Atombombe wird zuerst gezündet und liefert die für die Kernfusion notwendigen hohen Temperaturen, wodurch im zweiten Schritt die eigentliche Wasserstoffbombe gezündet wird.

2.2 Entstehung der Elemente

2.2.1 Kernsynthese der Elemente

Entstehung des Universums

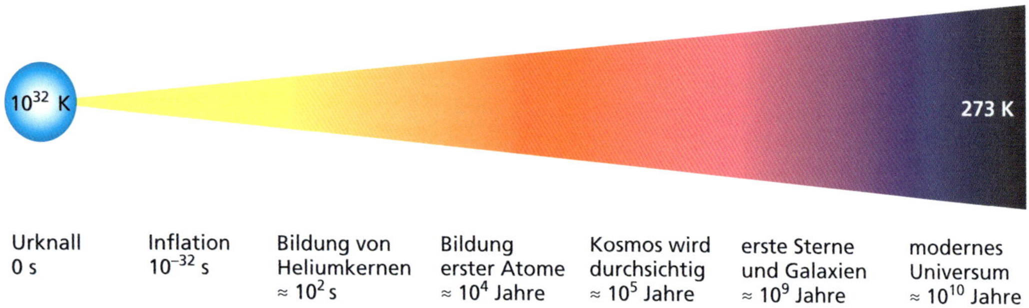

Man nimmt heute an, dass die gesamte Masse des Universums ursprünglich in einem Kern enormer Dichte (10^{96} g · cm^{-3}) und Temperatur (10^{32} K) zusammengeballt vorgelegen hat. Bei einer als **Urknall** bezeichneten Explosion, die vor maximal 15 Mrd. Jahren stattfand, bildeten sich während der kosmischen Verteilung der Materie in wenigen Minuten zu ca. 90 % Wasserstoff und zu ca. 10 % Helium.

Bildung der Elemente

▶ Von den beiden Theorien zur **Entstehung des Universums** wird die Urknalltheorie gegenüber der Steady-State-Theorie als die zutreffende angesehen.

Sterne entstehen durch Kondensation von Wasserstoff- und Heliumatomen. Im Ergebnis dieser Verdichtung steigt die Gravitationskraft des Sterns bei gleichzeitigem Anstieg seiner Dichte und der Temperatur im Innern. Bei genügend hohen Temperaturen (10 bis 20 Mio. Grad) setzt als erster Prozess das sogenannte Wasserstoffbrennen ein.

$$4\,{}^{1}\text{H} \longrightarrow {}^{4}\text{He} \quad + \quad \text{Energie}$$

> **Wasserstoffbrennen** ist die Vereinigung von vier Wasserstoffkernen zu einem Heliumkern unter Freisetzung von Energie.

▶ Ein Stern ist eine selbstleuchtende Gaskugel hoher Temperatur. Die in Sternen freigesetze Energie stammt aus Kernfusionen.

Wenn das Universum ursprünglich überwiegend aus Wasserstoff und etwas Helium bestand, wo kommen dann die schwereren Elemente her? Schwerere Elemente als Wasserstoff und Helium werden nur bei extrem hohen Temperaturen im Innern von Sternen, z. B. unserer Sonne, durch verschiedene Kernfusionsprozesse (↗ S. 43) gebildet.
Sie entstehen erst in nennenswertem Umfang, wenn das Wasserstoffbrennen beendet ist, denn Heliumkerne vereinigen sich nicht mit Wasserstoffkernen zu Lithium oder Beryllium. Die Fusionsprozesse beginnen bei allen Sternen im Zentrum und breiten sich langsam zum äußeren Bereich aus. Erst wenn dieser Prozess abgeschlossen ist und genügend Energie im Innern gespeichert wurde, kann der nächste Fusionsprozess bei noch höheren Temperaturen gestartet werden.

Bei Temperaturen um 100 bis 200 Mio. Grad kann dann ein neuer Fusionsprozess einsetzen, das Heliumbrennen.

$$3\,{}^{4}He \longrightarrow {}^{12}C \quad + \quad \text{Energie}$$

Heliumbrennen ist die Vereinigung von drei Heliumkernen zu einem Kohlenstoffkern unter Freisetzung von Energie.

Die minimale Größe eines Sterns für das Heliumbrennen liegt im Bereich von 0,7 Sonnenmassen (0,7 M_a), weil nur Sterne von dieser Größe die für den Start dieser Fusion nötige Energie in ihrem Innern speichern können.

Wenn sich drei Heliumkerne zu einem Kohlenstoffkern vereinigen, wird mehr Energie freigesetzt als beim Wasserstoffbrennen. Bei etwa 200 Mio. Grad kann dann bereits die Fusion eines Heliumkerns mit einem Kohlenstoffkern erfolgen, wobei wiederum große Energiemengen freigesetzt werden.

$${}^{12}C \quad + \quad {}^{4}He \longrightarrow {}^{16}O \quad + \quad \text{Energie}$$

In Sternen, die etwa fünf Sonnenmassen entsprechen, können Temperaturen im Bereich von 500 bis 1 000 Mio. Grad erreicht werden. Hier werden die nächstfolgenden Kernfusionen, das Kohlenstoffbrennen und das Sauerstoffbrennen ausgelöst:

Allgemein gilt: Je größer ein Stern ist, desto mehr Energie kann er speichern und umso höhere Temperaturen werden erreicht.

$$2\,{}^{12}C \longrightarrow {}^{20}Ne + {}^{4}He + \text{Energie}$$
$$2\,{}^{12}C \longrightarrow {}^{24}Mg + \text{Energie}$$
$$2\,{}^{16}O \longrightarrow {}^{28}Si + {}^{4}He + \text{Energie}$$
$$2\,{}^{16}O \longrightarrow {}^{32}S + \text{Energie}$$

In diesem Temperaturbereich können untergeordnet weitere komplizierte Fusionsreaktionen – vor allem katalysiert durch Kohlenstoff – ablaufen. Unter den zuvor gebildeten Produkten ist ${}^{28}Si$ ein besonders stabiler Kern, der deshalb angereichert wird. Aufgrund seiner Stabilität reagiert ${}^{28}Si$ erst beim Erreichen von etwa 2 000 Mio. Grad mit Heliumkernen in einer komplizierten Reihe von Fusionsprozessen nach der allgemeinen Reaktionsgleichung:

$${}^{28}Si \quad + \quad x\,{}^{4}He \longrightarrow {}^{(28+4x)}\text{Element} \quad + \quad \text{Energie}$$

Brennen von Elementen in Sternen

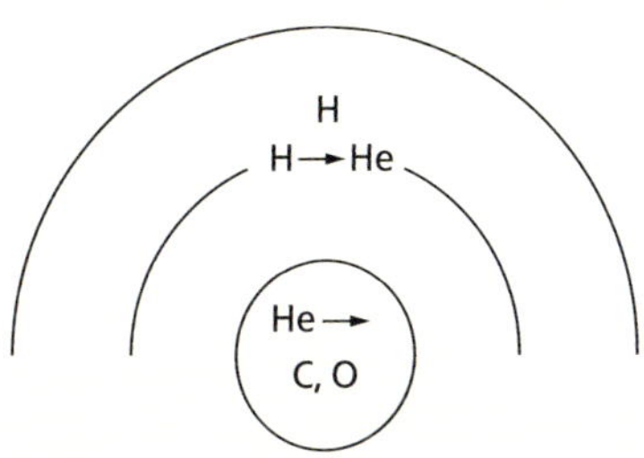

Schalenbrennen in einem massearmen Stern (ca. 1 M_a)

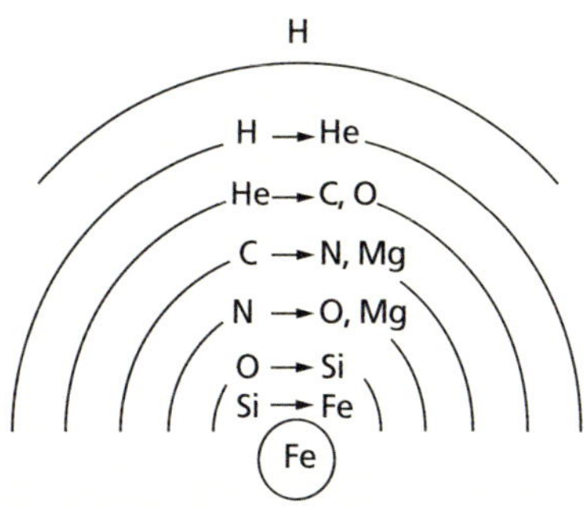

Schalenbrennen in einem massereichen Stern (ca. 12 M_a)

Im Zentrum des Sterns ist die Temperatur jeweils am höchsten. Deshalb startet jeder neue Fusionsprozess zunächst dort und breitet sich dann vom Zentrum nach außen aus. Als Ergebnis steigt die Temperatur im Innern weiter, sodass der nächste Fusionsprozess starten kann.

Die **Entwicklung von Sternen** lässt sich über mehrere Sternengenerationen anhand der beschriebenen Fusionsprozesse nachvollziehen.

Dabei werden bis zum stabilsten aller Kerne, dem ^{56}Fe, verschiedene geradzahlige Kerne gebildet. Nur wenn ein Stern groß genug ist, um die dafür notwendigen Temperaturen zu speichern (etwa 30 Sonnenmassen), kann die gesamte Elementskala entstehen.
Die große Häufigkeit des Eisens im Universum und auf der Erde ist dadurch begründet, dass es den stabilsten aller Atomkerne aufweist.

2.2.2 Häufigkeit der Elemente

Die Zusammensetzung, d.h. die **Elementverteilung des Universums** spiegelt eindrucksvoll die Lebensgeschichte eines Sterns als „Elementfabrik" wider. Wasserstoff (ca. 90 %) und Helium (ca. 10 %) als Produkte der „Urknallsynthese" kommen im Universum am häufigsten vor. Die aus diesen in nachfolgenden Kernreaktionen gebildeten Elemente machen zusammen gerade 0,10 % der Elemente aus.
Betrachtet man die natürliche Häufigkeit dieser Elemente, fällt eine Lücke zwischen Helium und Kohlenstoff auf, die sich anhand der Elementsynthese in den Sternen erklären lässt.

Beim Heliumbrennen vereinigen sich drei Heliumkerne zu einem Kohlenstoffkern. Das heißt, die dazwischen liegenden Atome Lithium, Beryllium und Bor werden erst später durch Folgereaktionen gebildet und sind deshalb im Vergleich zu Elementen der direkten Kernsynthese eher selten.

Kosmische Häufigkeitsverteilung der Elemente

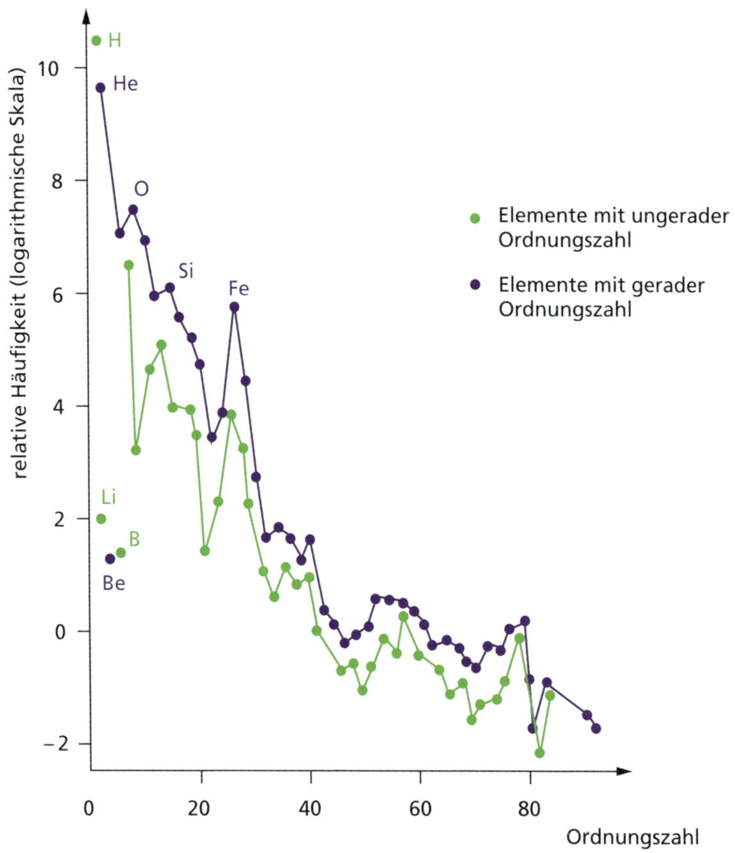

Alternierende Häufigkeit von Elementen mit gerader bzw. ungerader Ordnungszahl

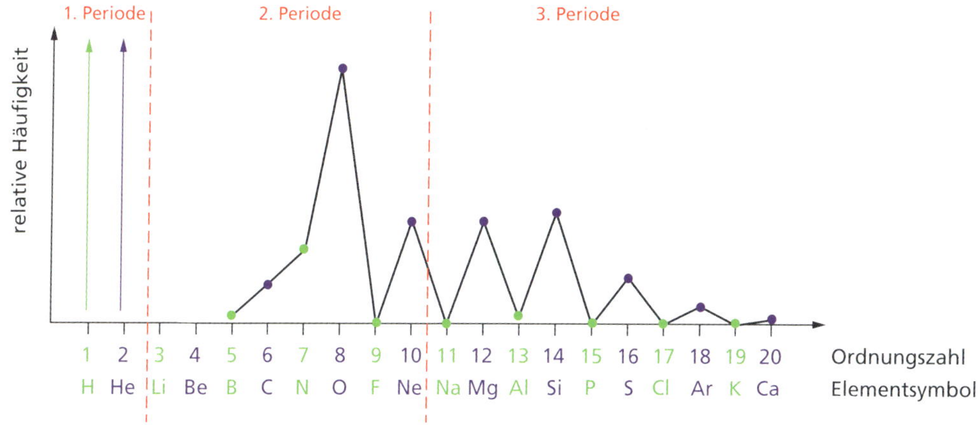

Bei einem genaueren Blick auf die Gleichungen zur Bildung der Elemente (↗S. 44) erkennt man, dass neben Wasserstoff ausschließlich Kerne mit gerader Ordnungszahl miteinander fusionieren. Aus diesem Grund führt die direkte Kernsynthese immer wieder zur Bildung neuer Kerne mit gerader Ordnungszahl. Die dargestellte Häufigkeitsverteilung der Elemente der ersten drei Perioden des PSE (↗S. 484) ist in erster Linie das Ergebnis der Synthese der Elemente mit gerader Ordnungszahl durch wiederholte Anlagerung von α-Teilchen $^{4}_{2}He$ an leichtere Kerne mit ebenfalls gerader Kernladungszahl. Nuklide mit ungerader Ordnungszahl werden dagegen immer nur durch nachgelagerte Kernzerfallsreaktionen gebildet, bei denen aus einem großen Kern unterschiedlich kleine Kerne entstehen. Deshalb kommen ungeradzahlige Nuklide seltener vor als Nuklide mit gerader Ordnungszahl.

Unsere **Erde** entstand aus den Trümmern einer Supernova-Explosion und spiegelt somit die dort herausgebildete Elementverteilung wider. Die Energie der zusammenstoßenden Sternentrümmer und radioaktiven Zerfallsreaktionen ließ das im Erdinnern angesammelte Eisen schmelzen. Die Gravitationskraft der Erde reichte jedoch nicht aus, um seine ursprüngliche Gasatmosphäre festzuhalten. Deshalb ist die Erdatmosphäre arm an Wasserstoff und Edelgasen wie Helium und Neon, die im Universum nicht selten anzutreffen sind. Nur solche Gase, die reaktiv genug waren, um mit anderen Elementen zu reagieren und stabile Verbindungen zu bilden, sind in vielen Stoffen chemisch gebunden worden. Die Erde hat insgesamt eine Zusammensetzung, die grob als Eisenkern plus $FeMg(SiO_4)$ beschrieben werden kann. Die unterschiedliche Anreicherung der Elemente in verschiedenen Bereichen der Erde lässt sich wiederum auf der Grundlage der Entwicklungsgeschichte der Erde erklären.

▸ Eine Supernova ist die gebündelte Energiefreisetzung eines Sterns der ersten Generation als Ergebnis des gleichzeitigen Auslösens mehrerer Kernfusionsarten, die so viel Energie freisetzt, wie von unserer Sonne in 10–100 Mio. Jahren abgegeben wird!

2

Bau des Atomkerns und Kernumwandlungen

Atomkerne

- besitzen einen Durchmesser von ungefähr 10^{-15} m,
- enthalten ungefähr 99 % der Atommasse,
- sind aus **Protonen** und **Neutronen** aufgebaut und positiv geladen.

Kernbausteine (Nukleonen)				
Teilchen	Symbol	Ladung	absolute Masse	relative Masse
Proton	${}^{1}_{1}\mathrm{p}$	+1	$m_\mathrm{p} = 1{,}673 \cdot 10^{-27}$ kg	1
Neutron	${}^{1}_{0}\mathrm{n}$	0	$m_\mathrm{n} = 1{,}675 \cdot 10^{-27}$ kg	1
Z = Protonenzahl = Kernladungszahl = Ordnungszahl; N = Neutronenzahl; A = Massenzahl				

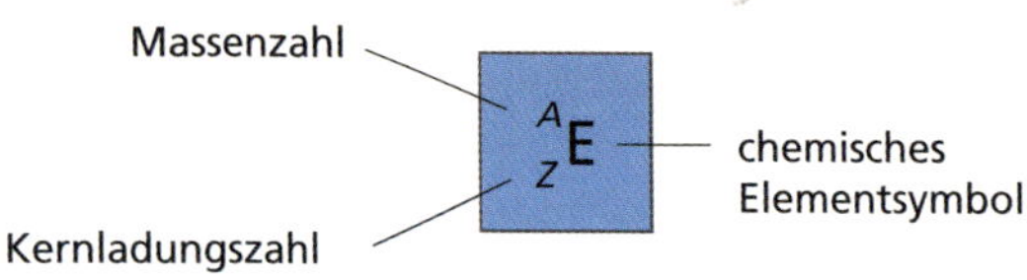

Nuklid: Atomsorte mit definierter Protonen- und Neutronenzahl
Isotope: Nuklide eines Elements mit gleicher Protonenzahl aber unterschiedlicher Neutronenzahl

- Nur bestimmte Kombinationen von Protonen und Neutronen ergeben stabile Nuklide. Diese gehören zu den häufig vorkommenden chemischen Elementen und liegen innerhalb der **Zone der Stabilität.** Instabile Atomkerne wandeln sich spontan in stabilere Kerne unter Aussenden **radioaktiver Strahlung** um.

Strahlungsart	**α-Strahlung**	**β-Strahlung**		**γ-Strahlung**
Symbol	${}^{4}_{2}\mathrm{He}$ oder ${}^{4}_{2}\alpha$	${}^{0}_{-1}\mathrm{e}$ oder ${}^{0}_{-1}\beta^{-}$	${}^{0}_{1}\mathrm{e}$ oder ${}^{0}_{1}\beta^{+}$	energiereiche elektromagnetische Wellen hoher Frequenz
Ladung	+2	−1	+1	
relative Masse	4	$5{,}4 \cdot 10^{-4}$	$5{,}4 \cdot 10^{-4}$	

- Die Geschwindigkeit des radioaktiven Zerfalls eines Elements ist durch seine **Halbwertszeit $t_{1/2}$,** die für jedes Nuklid eine spezifische Konstante ist, charakterisiert. Sie kann zur Altersbestimmung von Fossilien (Radiokarbonmethode) bzw. Mineralien (radiometrische Methode) genutzt werden.

- Durch Beschuss von Atomkernen mit Elementarteilchen können künstliche Kernumwandlungen erzwungen werden. Dazu gehört die **Kernspaltung,** bei der schwere Nuklide in leichtere zerlegt werden. Die **Kernfusion** ist dagegen die Verschmelzung leichter zu stabileren schweren Atomkernen. Bei beiden Kernreaktionen wird Energie freigesetzt.

Wissenstest 2

3 Atombau und Periodensystem

3.1 Atombau

3.1.1 Historische Entwicklung des Atommodells

Die Entwicklung der Aussagen über die atomare Struktur der Materie lässt sich in zwei bedeutende Phasen gliedern: in die der antiken Philosophen wie **DEMOKRIT** und in die naturwissenschaftlich begründete Entwicklung des Atommodells.

Vor etwa 2500 Jahren stellten antike Philosophen allgemeine Überlegungen zum Aufbau der Materie an. Kernpunkt dieser Überlegungen war die Annahme kleinster, unteilbarer Körper, die sie **Atome** (griech.: *atomos* – das Unteilbare) nannten. Dieser in den Ursprüngen philosophische Begriff wurde von den sich wesentlich später entwickelnden Naturwissenschaften beibehalten und mit neuem Inhalt erfüllt.

Die wesentlichsten Aussagen der antiken Atomisten	
LEUKIPP VON MILET (ca. 500–440 v. Chr.)	Die Wirklichkeit besteht aus Materie und dem Leeren.
DEMOKRIT (450–370 v. Chr.)	Die Materie setzt sich aus unteilbaren Teilchen – *atomos* – zusammen. Die Atome unterscheiden sich nach Form und Größe und sie erklären die Unterschiede in den Materieformen.
EPIKUR (341–271 v. Chr.)	Die Umwandlung von Stoffen erklärt sich durch das Verbinden und Trennen von Atomen.

Die ersten naturwissenschaftlich begründeten Atommodelle

J. DALTON bestimmte als Erster die Masse von Atomen und erkannte, dass diese mit chemischen Mitteln nicht weiter zerlegt werden können. Außerdem entdeckte er, dass Elemente aus gleichartigen Atomen bestehen und im Verhältnis kleiner ganzer Zahlen zu Verbindungen reagieren. Auf der Basis dieser empirischen Erkenntnisse entwickelte J. DALTON 1808 das erste wissenschaftlich begründete Atommodell, das folgende Grundaussagen beinhaltet:

- Chemische Elemente bestehen aus festen unteilbaren Atomen, die weder geschaffen noch vernichtet werden können.
- Atome eines Elements sind identisch und besitzen die gleiche Masse.
- Es gibt so viele Atomsorten wie Elemente.
- Eine Verbindung entsteht aus Atomen mehrerer Elemente, die im Verhältnis kleiner ganzer Zahlen miteinander reagieren.

Die Modelle von **J. DALTON** (1766–1844) und **J. J. THOMSON** (1856–1940) wurden in der Folgezeit Schritt für Schritt weiterentwickelt und präzisiert.

Den ersten Beweis, dass die Atome doch aus noch kleineren Teilchen aufgebaut sind, lieferte **J. J. THOMSON** Ende des 19. Jh. Bei Experimenten mit Katodenstrahlen fand er heraus, dass diese aus negativen Teilchen bestehen, die aus dem Innern der Atome stammen müssen. Aus dieser Erkenntnis leitete er ein Atommodell ab, bei dem negative Elektronen in eine gleichmäßig positive Grundmaterie eingebettet sind.

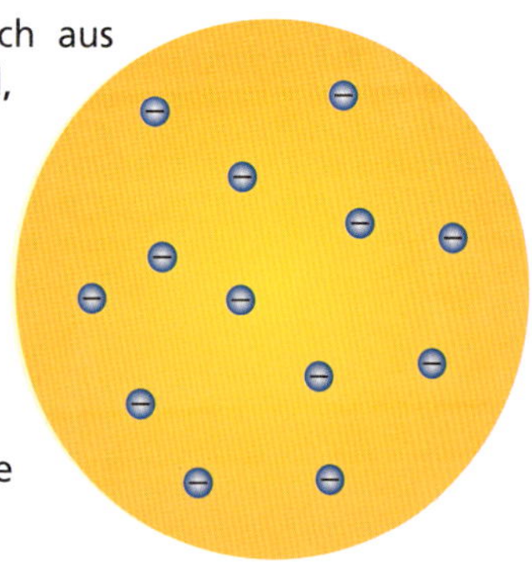

Das rutherfordsche Atommodell

Die Entdeckung der Radioaktivität durch H. BECQUEREL 1896 gab den Anstoß, die bisherigen Vorstellungen über die Struktur der Atome durch neue Modelle zu ersetzen. Wesentliche neue Erkenntnisse brachten die Streuversuche, die durch **E. RUTHERFORD** und seine Mitarbeiter im Jahr 1909 ausgeführt wurden.

Beim rutherfordschen Streuversuch wurde eine Goldfolie in einer evakuierten Apparatur mit α-Strahlen, also $^{4}_{2}He^{2+}$-Ionen, beschossen. Hinter der Folie befand sich ein Szintillationsschirm als Detektor, auf dem bei jedem Auftreffen eines α-Teilchens ein kleiner Lichtblitz zu beobachten war. 99 % der Heliumkerne durchdrangen die 500 nm dicke Goldfolie ohne Ablenkung, nur einige α-Teilchen wurden abgelenkt und wenige reflektiert.

Für die Erklärung der Radioaktivität erhielt der englische Physiker **E. RUTHERFORD** (1871–1937) im Jahr 1908 den Nobelpreis für Chemie.

Rutherfordscher Streuversuch

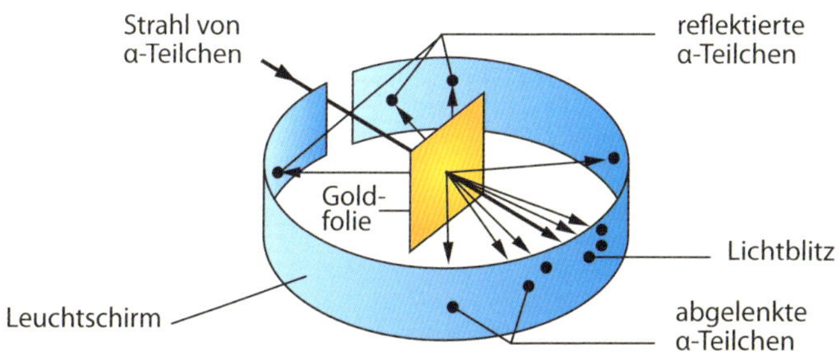

Der große Anteil der ungehindert durchgehenden α-Teilchen lässt sich dadurch erklären, dass die Masse der Atome auf einen sehr kleinen Raum begrenzt sein muss. Die Streuung der $^{4}_{2}He^{2+}$-Teilchen erklärte RUTHERFORD anhand einer Gleichung, aus der hervorgeht, dass das massereiche Objekt, an dem die wenigen α-Teilchen abgelenkt werden, positiv geladen ist. Auf Basis dieses Experiments entwickelte er ein neues Atommodell.

Die Träger der positiven Kernladung sind die Protonen. Die Existenz der Neutronen im Kern wurde erst 1932 durch **J. CHADWICK** (1891–1974) nachgewiesen.

> Nach dem **rutherfordschen Atommodell** besteht das Atom aus einem punktförmigen, massereichen, positiv geladenen Kern und einer viel größeren kugelförmigen, gleichförmig negativ geladenen Hülle, die die positive Kernladung kompensiert.

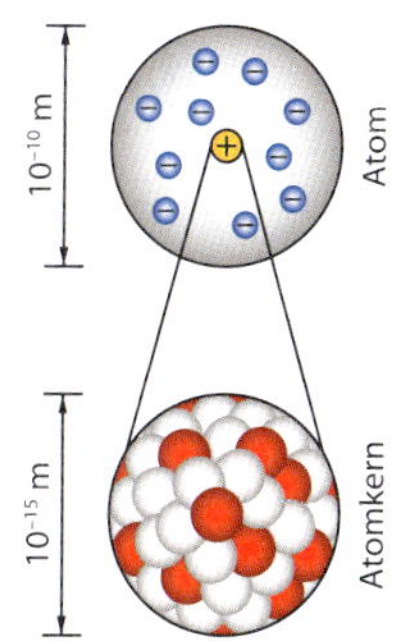

Denkt man sich ein Senfkorn von 2 mm Durchmesser als Atomkern, dann hätte die Elektronenhülle im Verhältnis dazu einen Durchmesser von 200 m.

Für den massereichen Atomkern wurde ein Radius von ca. $1 \cdot 10^{-15}$ m ermittelt. Er wird von einer sehr viel größeren Hülle ($r \approx 1 \cdot 10^{-10}$ m) umgeben, in der negativ geladene Elektronen gleichmäßig verteilt sind. Der Radius der Elektronenhülle entspricht dem Radius des Atoms.

Das erste Kern-Elektronen-Modell stand im Widerspruch zur klassischen Elektrodynamik. Danach sollten die in einem Feld kreisenden Elektronen Energie abstrahlen. Das Atom könnte demnach nicht existieren, da es permanent Energie abgeben würde. RUTHERFORD blieb jedoch aufgrund seiner experimentellen Befunde bei seinem Modell und vermutete, dass die elektromagnetischen Gesetze zu revidieren wären.

3.1.2 Das Atommodell nach Bohr und Sommerfeld

▶ Die Abgabe von Strahlung oder von Materie nennt man Emission. Der umgekehrte Prozess wird als Absorption bezeichnet.

Seit 1860 gab es die Möglichkeit, Elemente mithilfe der von KIRCHHOFF und BUNSEN entwickelten **Spektralanalyse** zu untersuchen. Dabei stellte man fest, dass Atome nach Aufnahme von thermischer Energie diese in Form von elektromagnetischer Strahlung wieder abgeben. Sie emittieren diese Strahlung als Linienspektrum, d. h. als Licht einer oder mehrerer wohl definierter Wellenlängen. So beobachtete im Jahr 1884 **J. J. BALMER** für Wasserstoff ein Linienspektrum im sichtbaren Bereich.

Linienspektrum des Wasserstoffatoms

▶ Die Energiegleichung geht auf Untersuchungen des Physikers **M. PLANCK** (1858–1947) zurück.

$E = h \cdot \nu$
ν – Frequenz,
h – plancksches Wirkungsquantum
$h = 6{,}63 \cdot 10^{-34}\ \text{J} \cdot \text{s}$

Dieses Linienspektrum stand jedoch im Widerspruch zur Elektronenhülle im rutherfordschen Atommodell, in dem sich die Elektronen gleichmäßig im kugelförmigen Raum bewegen sollten.
Auf der Basis der experimentellen Ergebnisse der Spektralanalyse und unter Nutzung der planckschen Energiegleichung entwickelte **NIELS BOHR**, ein Schüler RUTHERFORDS, 1913 ein neues, leistungsfähigeres Atommodell. BOHR trennte sich von den Vorstellungen der klassischen Physik und formulierte folgende Postulate:

1. Elektronen umkreisen den Kern auf bestimmten Bahnen, wobei keine Energieabgabe erfolgt.
2. Jede Elektronenbahn (Elektronenschale) entspricht einem bestimmten Energieniveau E der Elektronen. Beim Übergang des Elektrons von einem höheren in ein niedrigeres Niveau wird die definierte Energie $\Delta E = h \cdot \nu$ abgegeben.
3. Das Elektronensystem ist nur in bestimmten, sogenannten stationären Zuständen stabil, wobei gilt:

$$2\pi \cdot r \cdot m \cdot v = n \cdot h$$

r – Radius der Elektronenbahn
m – Masse des Elektrons
v – Geschwindigkeit des Elektrons
h – plancksches Wirkungsquantum
n – Nummer der Bahn

▶ Die Elektronenbahnen bezeichnete **N. BOHR** (1885–1962) als Elektronenschalen, die er mit den Buchstaben K, L, M, N usw. benannte.

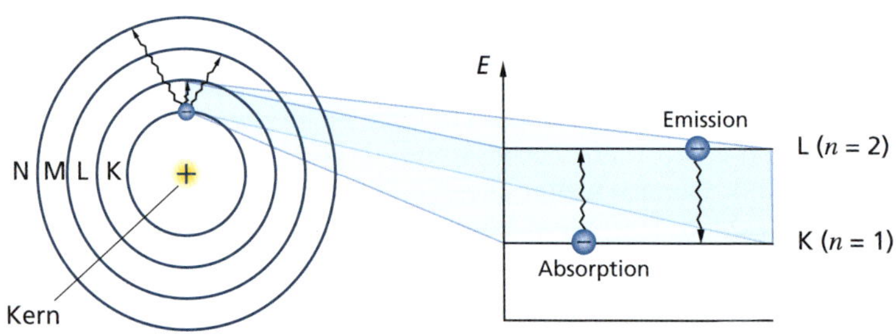

Mit dem anschaulichen Schalenmodell ließen sich die Spektren von Wasserstoff widerspruchsfrei interpretieren. Im **Grundzustand** des Wasserstoffatoms befindet sich das Elektron auf einer Kreisbahn ($n = 1$), die auch als K-Niveau bezeichnet wird. Durch Aufnahme einer ganz bestimmten Energie wird das Elektron angeregt, d. h., es springt auf eine Bahn mit einer höheren Energie ($n > 1$). Das Wasserstoffatom befindet sich dann im **angeregten Zustand.** Wird die Anregungsenergie ganz oder teilweise wieder abgegeben, so geht das Elektron in einen niedrigeren Energiezustand (Bahn) oder in den Grundzustand über, wobei Strahlung einer bestimmten Frequenz emittiert wird ($E_a - E_1 = h \cdot \nu$).

Der Übergang eines Elektrons in einem Atom von einem stationären Zustand höherer (E_a) zu einem Zustand niederer Energie (E_1) entspricht einer Linie im Emissionsspektrum.

Eine Elektronenschale entspricht einem ganz bestimmten Energiezustand, den man als **diskretes Energieniveau** bezeichnet.

Der Beweis der Existenz diskreter Energiezustände der Elektronen im Atom und damit die Bestätigung der bohrschen Vorstellungen gelang J. FRANCK und G. HERTZ im Jahr 1914. Sie regten Quecksilberatome durch Beschuss mit beschleunigten Elektronen an. Nur bei einer ganz bestimmten Beschleunigungsspannung von $U = 4{,}9\,V$ konnten Elektronen des Quecksilberatoms zum Übergang in ein höheres Energieniveau angeregt werden. Die aufgenommene Energie wurde als Strahlung mit der klar definierten Frequenz $\nu = 1{,}18 \cdot 10^{-15}\ s^{-1}$ wieder abgegeben.

Die Energie der emittierten Strahlung ($\Delta E = E_a - E_1$) entspricht exakt der Anregungsenergie ($\Delta E = U \cdot e$).

U – Beschleunigungsspannung der Elektronen

e – Elementarladung
$e = 1{,}602 \cdot 10^{-19}\ A \cdot s$

Anregung:

$$E_a - E_1 = U \cdot e$$
$$E_a - E_1 = 4{,}9\ V \cdot 1{,}602 \cdot 10^{-19}\ A \cdot s$$
$$\underline{E_a - E_1 = 7{,}8 \cdot 10^{-19}\ J}$$

Emission:

$$E_a - E_1 = h \cdot \nu$$
$$\nu = \frac{7{,}8 \cdot 10^{-19}\ J}{6{,}63 \cdot 10^{-34}\ J \cdot s}$$
$$\underline{\nu = 1{,}18 \cdot 10^{15}\ s^{-1}}$$

Wenn man die Elektronenschalen mit kleinen ganzen Zahlen $n = 1, 2, 3$ usw. benennt, kann man auch den Zusammenhang zwischen dem Aufbau des Periodensystems der Elemente (PSE, ↗ S. 65 ff.) und der Struktur der Elektronenhülle herstellen.

N. BOHR (1885 bis 1962) konnte aus dem Radius der Elektronenbahn ($n = 1$) den Atomradius des Wasserstoffatoms ($r = 52{,}9$ pm) ableiten. Dieser Wert wurde experimentell bestätigt und ist heute als bohrscher Atomradius bekannt.

Die Anzahl der Elektronen pro Schale beträgt maximal $2n^2$ und entspricht der Anzahl der Elemente in einer Periode des PSE.

Aufgrund der Arbeiten von BOHR war die Spektroskopie die wichtigste Informationsquelle über die Atomhülle geworden, denn es stellte sich schnell heraus, dass jedes thermisch angeregte Atom ein charakteristisches Linienspektrum emittierte. Schon bei Atomen mit 2 Elektronen wie dem Heliumatom wurden jedoch Grenzen des bohrschen Modells sichtbar, da diese Atome kompliziertere Spektren emittieren, die nicht ohne Korrekturen interpretierbar waren.

Die Besetzung der einzelnen Energieniveaus nach **A. SOMMERFELD** (1868–1951) bildet die Grundlage für die Elektronenkonfiguration von Atomen.

Das Schalenmodell wurde daraufhin von **A. SOMMERFELD** verfeinert, der im Modell auch elliptische Bahnen zuließ. Aus physikalischen Berechnungen ergaben sich für elliptische Elektronenbahnen nicht nur ein, sondern mehrere diskrete Energiezustände, die SOMMERFELD Unterniveaus nannte und mit kleinen Buchstaben (s-, p-, d-, f-Niveau usw.) bzw. ebenfalls kleinen natürlichen Zahlen (s = 0, p = 1, d = 2, f = 3 usw.) kennzeichnete.

Die definierten „Energiepakete" bzw. Energiemengen, die beim Übergang eines Elektrons zwischen den diskreten Energieniveaus aufgenommen bzw. abgegeben werden, nennt man einem Vorschlag M. PLANCKS folgend Energiequanten. SOMMERFELD übernahm diese Bezeichnung für die Zahlen, die die Energieniveaus charakterisierten, und führte dafür den Begriff **Quantenzahlen** ein.

> Die **Hauptquantenzahl** n kennzeichnet das Hauptenergieniveau eines Elektrons. Die von SOMMERFELD eingeführten Unterniveaus werden durch die **Nebenquantenzahl** l charakterisiert. Dabei muss l mindestens um den Wert eins niedriger sein als die entsprechende Hauptquantenzahl n, d. h. $l \leq (n - 1)$.

Auch zur Bildung einer Atombindung durch zwei jeweils negativ geladene Elektronen sind mit diesem Modell keine Aussagen möglich.

Mithilfe des relativ einfachen Schalenmodells nach BOHR und SOMMERFELD kann man viele Eigenschaften von Elementen anhand ihres Atombaus bzw. ihrer Elektronenkonfiguration (↗S. 62) erklären. Allerdings steht auch dieses Modell im Widerspruch zu den Gesetzen der klassischen Physik, da beispielsweise negativ geladene Teilchen im positiven Feld des Kerns nicht stabil sein sollten.
Trotz seiner Grenzen wird das Atommodell nach BOHR und SOMMERFELD jedoch heute noch vielfach zur Erklärung von Sachverhalten auf Teilchenebene herangezogen.

Leistungen und Grenzen des Atommodells von BOHR und SOMMERFELD

Aussagen, Leistungen	Grenzen
Elektronen können sich nur auf bestimmten Bahnen aufhalten. Jeder dieser Bahnen entspricht ein diskretes Energieniveau.	Die Bewegung der negativen Elektronen auf Bahnen um den positiven Kern widerspricht den Gesetzen der klassischen Physik.
Aufstellen von Elektronenkonfigurationen von Atomen und Ionen	Die chemische Bindung kann mit diesem Atommodell nicht erklärt werden.
Herstellen eines Zusammenhangs zwischen der Elektronenkonfiguration und den Eigenschaften der Elemente im Periodensystem (PSE, ↗S. 65 ff.)	Ab der 3. Periode des PSE entspricht die Anzahl der Elemente in der Periode nicht mehr der maximalen Anzahl der Elektronen nach der Formel $2n^2$.
Erklärung des Linienspektrums von Wasserstoff und Bestätigung der Spektralanalyse als experimentelle Methode zur Untersuchung des Aufbaus der Atomhülle	Die unterschiedliche Intensität der emittierten Strahlung und die viel größere Anzahl von Linien in Spektren von Atomen mit mehr als zwei Elektronen können nicht begründet werden.

3.1.3 Das moderne quantenmechanische Atommodell

Der Welle-Teilchen-Dualismus

Es schien so, als wären die Gesetze der klassischen Physik im submikroskopischen Maßstab der Atome nicht oder nur eingeschränkt gültig. Durch theoretische Überlegungen und Experimente wurde jedoch zu Beginn des 20. Jh. bewiesen, dass Elementarteilchen wie Elektronen besondere Eigenschaften aufweisen.
1924 legte **L. DE BROGLIE** Überlegungen vor, dass kleine, schnell bewegte Teilchen Wellencharakter haben. Er kombinierte die Grundgleichungen von M. PLANCK und A. EINSTEIN und berechnete daraus die Wellenlänge einer Strahlung, die Elementarteilchen aussenden, wenn sie sich mit hoher Geschwindigkeit bewegen.

M. PLANCK:	$E = h \cdot \nu$	h – plancksches Wirkungsquantum ν – Frequenz der Strahlung
A. EINSTEIN:	$E = m \cdot c^2$	m – Masse des bewegten Teilchens c – Lichtgeschwindigkeit
	$c = \nu \cdot \lambda$	λ – Wellenlänge der Strahlung

Durch Gleichsetzung der beiden Energien und Umstellen erhielt DE BROGLIE die **Materiewellenlänge** λ für Teilchen, die sich mit einer hohen Geschwindigkeit v nahe der Lichtgeschwindigkeit c bewegen.

$$\lambda = \frac{h}{m \cdot c} \quad \text{bzw.} \quad \lambda = \frac{h}{m \cdot v} \quad \text{für } v \approx c$$

Bestätigt wurden diese Überlegungen durch Experimente, bei denen Elektronen beim Durchgang durch ein Metallgitter Interferenzen aufweisen, also Welleneigenschaften zeigen.

Elementarteilchen können – je nach Untersuchungsbedingungen – als Korpuskel (Teilchen) oder als Welle wirken. Diese Eigenschaft nennt man **Welle-Teilchen-Dualismus.**

Eine weitere Besonderheit entdeckte W. HEISENBERG mit seiner Unbestimmtheitsbeziehung. Bei Untersuchungen von Elementarteilchen fand er, dass sich Ort und Impuls p ($p = m \cdot v$) eines Elektrons nicht gleichzeitig genau bestimmen lassen. Um jedoch eine klassische Bahnkurve berechnen zu können, benötigt man sowohl die Ortskoordinaten (x, y, z) als auch die Geschwindigkeit der Elektronen. Die wichtigste Schlussfolgerung aus der **heisenbergschen Unschärferelation** lautet:

Elektronen können nicht durch klassische physikalische Bahnkurven beschrieben werden. Sie bewegen sich nur mit einer bestimmten Wahrscheinlichkeit im Raum. Diese Wahrscheinlichkeit muss mit aufwendigen mathematischen Verfahren berechnet werden.

Der französische Physiker L. DE BROGLIE (1892–1987) begründete den Welle-Teilchen-Dualismus von Elementarteilchen theoretisch.

Elektronen, die sich mit $v = 2 \cdot 10^6\ \text{m} \cdot \text{s}^{-1}$ bewegen, haben eine Materiewellenlänge von $\lambda = 333\ \text{pm}$.

Auch der von **A. EINSTEIN** (1879 bis 1955) gefundene **äußere lichtelektrische Effekt** beweist den Welle-Teilchen-Charakter. Licht als elektromagnetische Strahlung besteht aus Photonen, also kleinsten Teilchen.

W. HEISENBERG (1901–1976) erhielt für die Begründung der Quantenmechanik 1932 den Nobelpreis für Physik.

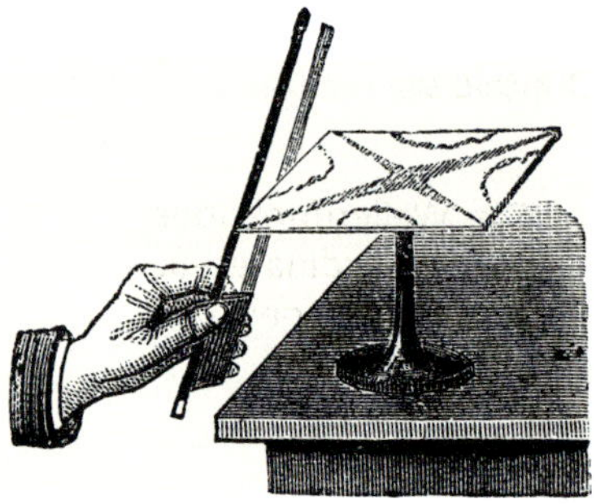

Die mathematische Lösung der von **E. SCHRÖDINGER** (1892–1987) entwickelten Gleichung $E(\Psi) = H(\Psi)$ ist kompliziert und für das schulische Verständnis des Atombaus nicht von Bedeutung.

Ein grundlegend neues Modell wurde von **E. SCHRÖDINGER** entwickelt, der den Wellencharakter der Elektronen ebenfalls erkannt hatte. Wir kennen eindimensionale Wellen, z. B. eine schwingende Gitarrensaite, und zweidimensionale Wellen, die durch Werfen eines Steins ins Wasser oder durch Klangfiguren auf einer schwingenden Metallplatte sichtbar gemacht werden können. Die Elektronen im Atom werden als dreidimensionale stehende Wellen betrachtet.
SCHRÖDINGER entwickelte eine Differenzialgleichung, die den Zusammenhang zwischen den Schwingungen des Elektrons im atomaren Raum – der Wellenfunktion Ψ – und seiner Energie E deutlich machte. Die wichtigste Schlussfolgerung aus der Schrödinger-Gleichung lautet:

Elektronen können durch eine **Wellenfunktion Ψ** bzw. Eigenfunktion beschrieben werden. Zu jeder Wellenfunktion gehört ein Energiewert, der dem **Energieniveau** des Elektrons entspricht.

Auch die Wahrscheinlichkeit, mit der sich die Elektronen in einem bestimmten Bereich der Elektronenhülle aufhalten, kann mittels dieser Wellenfunktion berechnet werden.

Das Quadrat der Wellenfunktion (Ψ^2) lässt eine Aussage darüber zu, mit welcher Wahrscheinlichkeit das zu untersuchende Elektron in einem kleinen Raumelement der Elektronenhülle zu finden ist. Ψ^2 ist ein Maß für die **Aufenthaltswahrscheinlichkeit** des Elektrons bzw. für die eng damit zusammenhängende **Elektronendichte.**

Der Begriff der Aufenthaltswahrscheinlichkeit Ψ^2 bzw. Elektronendichte wurde von **M. BORN** (1882–1970) eingeführt.

Im Gegensatz zum bohrschen Modell mit exakten Ortsangaben (Bahnen) werden beim **modernen quantenmechanischen Atommodell** Aussagen zur Wahrscheinlichkeit gemacht. Dem Elektron oder der Welle, die dem Elektron entspricht, steht ein bestimmter Raum zur Verfügung, in dem es sich mit einer bestimmten Wahrscheinlichkeit aufhält.

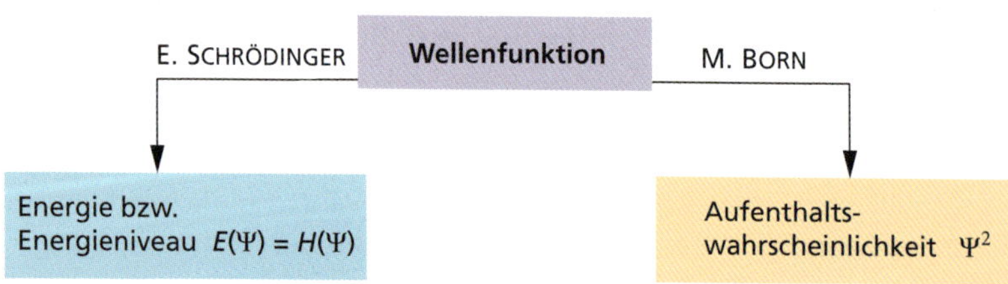

Orbitale und Quantenzahlen

> Die Wellenfunktionen eines Elektrons in Abhängigkeit von den Raumkoordinaten (x, y, z) nennt man auch **Orbitale.** Die Orbitale beschreiben den Raum, in dem sich ein Elektron mit einer 90 %igen Wahrscheinlichkeit aufhält.

Orbitale (lat.: *orbis* – Umkreis) sind das quantenmechanische Äquivalent zu den Elektronenschalen des bohrschen Atommodells. Sie entsprechen nach der Schrödinger-Gleichung diskreten Energieniveaus und werden durch Quantenzahlen charakterisiert. Im dreidimensionalen Raum werden jedoch drei Quantenzahlen zur Lösung der Schrödinger-Gleichung benötigt. Außerdem fand man heraus, dass jedes Orbital von zwei Elektronen besetzt werden kann, die anhand einer vierten Quantenzahl unterschieden werden müssen.
Deshalb werden beim modernen quantenmechanischen Atommodell zusätzlich die **Magnetquantenzahl** m und die **Spinquantenzahl** s eingeführt, um den Zustand des Elektrons eindeutig beschreiben zu können.

In einem Magnetfeld werden auch die Orbitale mit gleicher Nebenquantenzahl aufgespalten. Dieser Effekt wurde durch P. ZEEMAN (1865 bis 1943) spektralanalytisch nachgewiesen und führte zur Benennung der Magnetquantenzahl m.

Quantenzahl	Werte	Bedeutung
Hauptquantenzahl	$n = 1, 2, 3, 4 \ldots$	Sie bestimmt die Größe des Orbitals und ist entscheidend für die Orbitalenergie. Je größer n ist, desto größer ist der Raum, der einem Elektron zur Verfügung steht, und desto geringer ist die Elektronendichte.
Nebenquantenzahl	$l = 0, 1, 2, 3 \ldots$ $l \leq (n - 1)$	Diese Quantenzahl sagt etwas über die Gestalt des Orbitals aus. Orbitale können beispielsweise kugelförmig (s-Orbitale) oder hantelförmig (p-Orbitale) sein.
Magnetquantenzahl	$m = -l \ldots -1, 0, 1 \ldots l$ $-l \leq m \leq l$	Sie bestimmt die Orientierung des Orbitals im Raum. So liegen die drei 2p-Orbitale, die mit p_x, p_y und p_z bezeichnet werden, genau auf den entsprechenden Achsen des kartesischen Raumkoordinatensystems.
Spinquantenzahl	$s = +½$ oder $s = -½$	Elektronen verfügen über die Eigenschaft des Spins, der nur die Werte –½ oder +½ annehmen kann.

Die Orbitale lassen sich als Aufenthaltsräume jedoch bei Weitem nicht so einfach veranschaulichen wie die klassischen Elektronenbahnen. Das Hauptproblem besteht darin, dass man eine Wellenfunktion, die von drei Variablen (x, y, z) abhängt, in einem vierdimensionalen Raum grafisch darstellen müsste, der nur in der Theorie existiert. Anstelle der kartesischen Koordinaten x, y und z können aber auch Polarkoordinaten für eine exakte Ortsangabe verwendet werden. Diese geben einen Abstand (r) und zwei Winkel (υ, φ) zum Koordinatenursprung an.

Die Variablen x, y, z im kartesischen Koordinatensystem werden im Polarkoordinatensystem durch den Abstand r und die beiden Raumwinkel υ und φ ersetzt.

Der Vorteil besteht darin, dass im Polarkoordinatensystem die Wellenfunktion in zwei Teile zerlegt werden kann, einen radialabhängigen Teil $R_{n,l}(r)$ und einen winkelabhängigen Teil $\Psi_{l,m}(\upsilon, \varphi)$. Durch diese Vereinfachung ist die Gesamtfunktion bzw. das Quadrat der Gesamtfunktion in zwei Diagrammen grafisch auf dem Papier darstellbar.

▶ Grundsätzlich handelt es sich bei Orbitaldarstellungen um Einelektronendarstellungen. Die Abbildungen zeigen das Wasserstoffelektron in den Zuständen 1s und 2s.

> Aus der Darstellung $\Psi^2 = R^2(r)$ ist die Wahrscheinlichkeit zu entnehmen, das Elektron in einer Kugelschale mit dem Radius r anzutreffen. Sie beschreibt die Änderung der Elektronendichte mit steigendem Abstand zum Kern und hängt von den Quantenzahlen n und l ab.

Darstellung des radialabhängigen Teils von Ψ^2

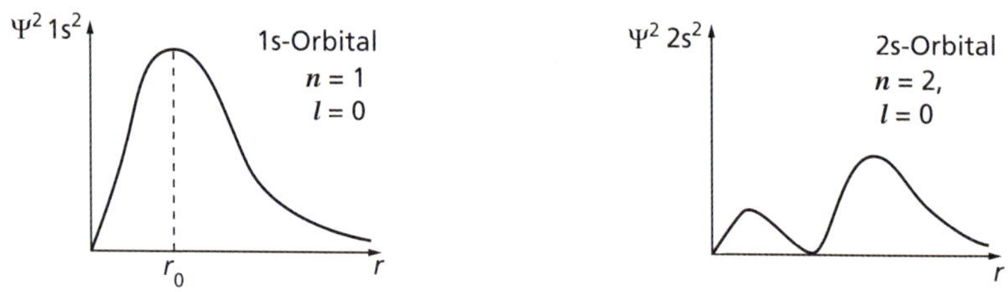

▶ Wenn von der Gestalt oder der Geometrie der Orbitale die Rede ist, spricht man immer vom winkelabhängigen Teil der Wellenfunktion.

Im 1s-Orbital hat das Wasserstoffelektron einen Bereich hoher Aufenthaltswahrscheinlichkeit, dessen Maximum dem von BOHR ermittelten Atomradius des Wasserstoffatoms entspricht (↗ S. 53). Im angeregten 2s-Zustand gibt es zwei Bereiche hoher Elektronendichte.
Da bei der Ausbildung der chemischen Bindung zwischen zwei Atomen (↗ S. 84) die Richtungsabhängkeit der Elektronendichte, insbesondere ihre Lage im Raum, sehr wichtig ist, wird in den meisten Fällen der winkelabhängige Teil der Wellenfunktion betrachtet.

> Aus der winkelabhängigen Darstellung $\Psi^2 = Y^2(\upsilon, \varphi)$ ist die Gestalt des Raums zu entnehmen, in dem sich das Elektron aufhält. Sie beschreibt die Geometrie der Orbitale und ihre Ausrichtung im Raum in Abhängigkeit von den Quantenzahlen l und m.

Darstellung des winkelabhängigen Teils von Ψ^2

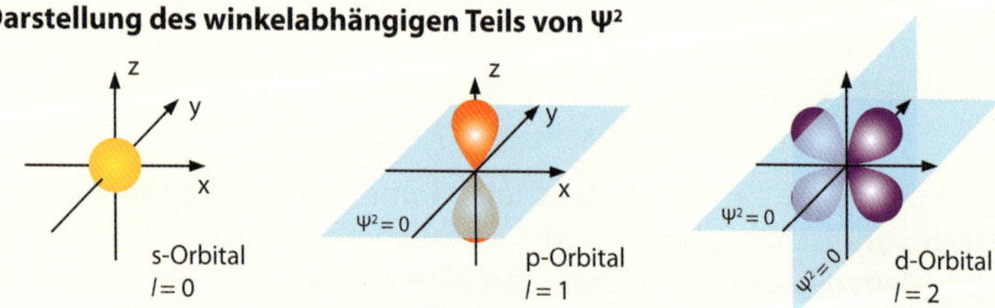

▶ Die farbigen Ebenen nennt man Knotenflächen des Orbitals. In diesen Bereichen des Orbitals ist die Aufenthaltswahrscheinlichkeit des Elektrons null.

Die Gestalt der Orbitale wird hauptsächlich durch die Nebenquantenzahl l bestimmt: s-Orbitale ($l = 0$) sind kugelförmig, p-Orbitale ($l = 1$) sind hantelförmig und d-Orbitale ($l = 2$) bestehen meist aus zwei Hanteln, sie haben die Form einer Rosette.

Ausrichtung der p-Orbitale ($\Psi = Y_{l,m}$)

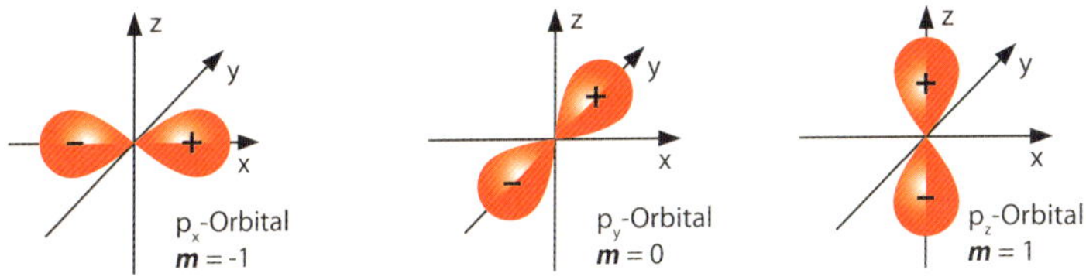

Die Ausrichtung der Orbitale im Raum hängt von der Magnetquantenzahl m ab und ist besonders bei p- und d-Orbitalen sehr wichtig. Bei s-Orbitalen sind l und m immer null, sodass es nur eine Möglichkeit der Ausrichtung im Raum gibt, die einer Kugelgeometrie entspricht.

Die Schrödinger-Gleichung hat immer zwei Lösungen. Dies wird durch das Vorzeichen der Orbitale angegeben und muss bei der Bildung von Atombindungen berücksichtigt werden.

Die Quantenzahlen bestimmen auch die Energie der Orbitale. In erster Linie hängt die Energie von der Hauptquantenzahl n ab, d.h. dem Abstand der negativen Elektronen vom positiv geladenen Atomkern.

In **Einelektronensystemen** (H-Atom, He^+-Ion) gibt es mehrere Lösungen der Schrödinger-Gleichung mit gleicher Hauptquantenzahl, die den gleichen Energieeigenwert besitzen. Die entsprechenden Orbitale werden als entartet bezeichnet, man spricht von **entarteten Systemen.**
Alle Atome mit der Ordnungszahl >1 verfügen jedoch über mehrere Elektronen. Diese beeinflussen sich gegenseitig (↗ S. 60), sodass in solchen **Mehrelektronensystemen** die Orbitale gleicher Hauptquantenzahl geringfügig unterschiedliche Energiewerte haben. Die Energieniveaus werden aufgespalten in die Niveaus mit gleicher Nebenquantenzahl. In Mehrelektronensystemen ist die Entartung aufgehoben.
Die gegenseitige Beeinflussung der Elektronen in Mehrelektronensystemen führt dazu, dass die Darstellungen für diese Elektronen nur näherungsweise mit denen des Wasserstoffelektrons in angeregten Zuständen übereinstimmen. Trotzdem kann der winkelabhängige Teil der Elektronendichte auch zur qualitativen Beschreibung von Mehrelektronensystemen herangezogen werden.

Aufspaltung der Energieniveaus im Mehrelektronensystem

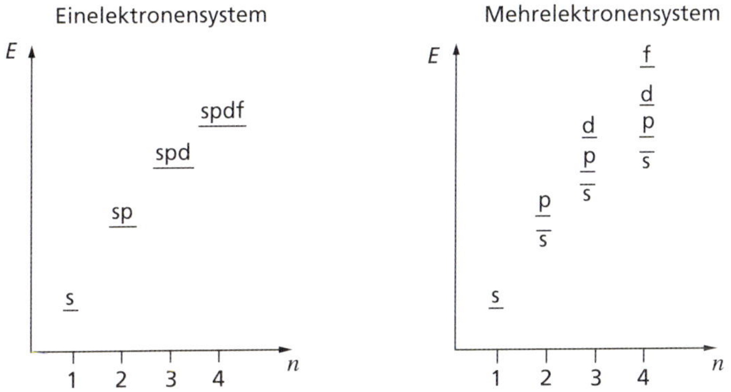

Mit dem modernen quantenmechanischen Atommodell, das die Energie und die räumliche Lage der Orbitale berücksichtigt, kann im Gegensatz zu anderen Atommodellen die Bildung von Bindungen zwischen Atomen erklärt werden.

3

Die Elektronenkonfiguration von Mehrelektronensystemen

Die Hauptquantenzahl n ist aus der bohrschen Schalenbezeichnung hervorgegangen. Die maximale Anzahl von Elektronen gleicher Hauptquantenzahl beträgt $2n^2$.

Schale	n	$2n^2$
K	1	2
L	2	8
M	3	18
N	4	32

Fast alle Atome bzw. Ionen besitzen mehr als ein Elektron und sind Mehrelektronensysteme. Die Verteilung der Elektronen in den Orbitalen ist die **Elektronenkonfiguration.**

Die Anzahl der Elektronen in den Energieniveaus ist durch die Quantenzahlen eindeutig festgelegt. Schon BOHR hatte erkannt, dass ein Energieniveau einer **Hauptquantenzahl** n maximal $2n^2$ Elektronen aufnehmen kann. Die maximale Anzahl der Atomorbitale N_l ergibt sich aus der **Nebenquantenzahl** l. Zu jedem Unterniveau gibt es $2l+1$ Orbitale mit unterschiedlicher **Magnetquantenzahl** m. Demnach gibt es mit der Hauptquantenzahl 3 ein s-, drei p- und fünf d-Orbitale. Jedes Orbital kann von zwei Elektronen mit unterschiedlichem Spin besetzt werden, sodass dieses Niveau insgesamt von 18 Elektronen besetzt werden kann.

Elektronenverteilung für Energieniveaus mit n = 1 bis 3

n	l	$2l+1$	m	Orbitale	s	Elektronen
1	0	1	0	1s	±½	2
2	0	1	0	2s	±½	2
	1	3	1 0 −1	2p	±½ ±½ ±½	6
3	0	1	0	3s	±½	2
	1	3	1 0 −1	3p	±½ ±½ ±½	6
	2	5	2 1 0 −1 −2	3d	±½ ±½ ±½ ±½ ±½	10

Die Hauptquantenzahl kann auch größere Werte als $n = 3$ annehmen. So verfügen die schwersten Elemente des PSE (↗ S. 484) über besetzte 7s-Orbitale.

Die Verteilung der Elektronen auf die **Atomorbitale** (AOs) erfolgt immer in dem Bestreben, einen energetisch stabilen Zustand zu erreichen. Am stabilsten ist der Zustand minimaler Energie.

Die Energie der Atomorbitale nimmt mit steigender Hauptquantenzahl, d. h. mit ihrer Entfernung zum positiv geladenen Atomkern, zu. Je weiter die Energieniveaus vom Atomkern entfernt sind, umso geringer wird der Energieunterschied zwischen den Orbitalen. Das liegt daran, dass die Wirkung der Kernladung auf die äußeren Niveaus durch die inneren Niveaus abgeschirmt wird. Die effektiv auf die Orbitale wirkende Kernladung nimmt mit der Entfernung zum Kern ab.

Die Ladung des Atomkerns wird durch die Zahl der Protonen im Kern bestimmt (↗ S. 34).

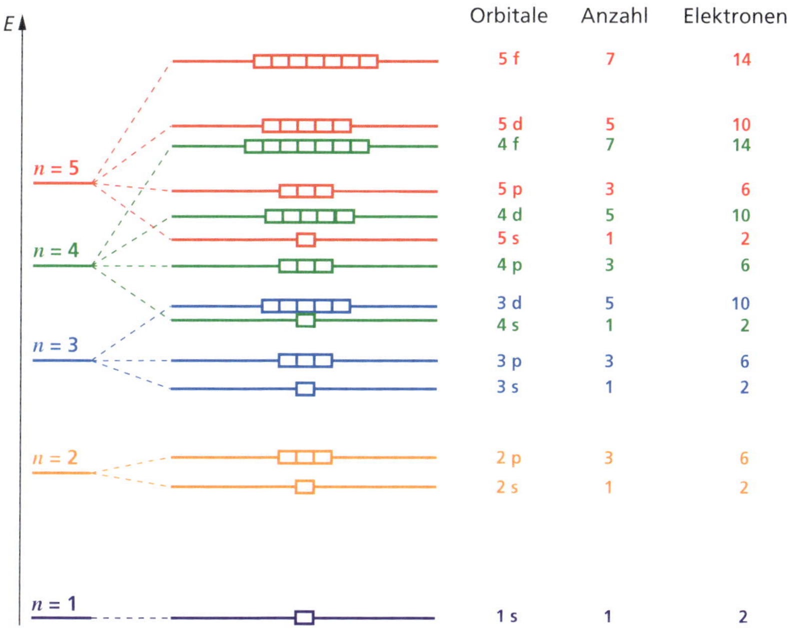

Die Energieunterschiede zwischen den Orbitalen nehmen mit der Entfernung zum Kern ab und sind bei den höheren Energieniveaus oft sehr gering.

Nach dem **Aufbauprinzip** werden die Elektronen so in die Atome eingefügt, dass zunächst die kernnächsten, energetisch stabilsten Niveaus mit Elektronen besetzt werden. Erst danach werden entsprechend der energetischen Reihenfolge der **Energieniveaus** schrittweise die weiteren Orbitale besetzt.

Die bei gleicher Hauptquantenzahl n in der Nähe des Atomkerns anzutreffenden s-Elektronen sind energetisch am stabilsten. Um sie anzuregen, ist eine hohe Energie erforderlich. Die d-Elektronen sind dagegen leichter anzuregen, da sie ebenfalls von den inneren s- und p-Elektronen abgeschirmt werden.

Die daraus resultierende Aufspaltung der Atomorbitale in Mehrelektronensystemen kann dazu führen, dass Elektronen schon das energetisch niedrigere 4s-Orbital besetzen, obwohl die 3d-Orbitale noch unbesetzt sind, z. B. bei den Nebengruppenelementen (↗ S. 73).

Bei der Besetzung der Energieniveaus gelten neben dem Aufbauprinzip zwei weitere grundlegende Prinzipien, aus denen folgt, dass sich die in einem Atom vorhandenen Elektronen mindestens in einer der vier Quantenzahlen n, l, m oder s unterscheiden müssen (↗ Tab. auf S. 57).

Der Physiker F. HUND (1896 bis 1997) war einer der Mitbegründer des modernen quantenmechanischen Atommodells. W. PAULI (1900 –1958) erhielt für die Formulierung des Pauli-Prinzips 1945 den Nobelpreis für Physik.

1. Die **hundsche Regel** verlangt, dass energiegleiche Orbitale zunächst jeweils mit einem Elektron und erst danach unter Spinpaarung schrittweise mit zwei Elektronen besetzt werden.
2. Das **Pauli-Prinzip** besagt, dass ein durch die drei Quantenzahlen n, l und m charakterisiertes Orbital maximal mit zwei Elektronen mit entgegengesetztem Spin ($s = +½$, $s = -½$) besetzt werden kann.

Die Besetzung der Orbitale mit Elektronen nach dem Aufbauprinzip, der hundschen Regel und dem Pauli-Prinzip führt zur Elektronenkonfiguration von Atomen und Ionen.

Elektronenkonfigurationen können auf unterschiedliche Weise formuliert werden. Nach dem älteren quantenmechanischen Modell genügt es, die Anzahl der Elektronen pro Orbital durch hochgestellte Ziffern anzugeben, wobei diese einfache Schreibweise als „eins s zwei" ($1s^2$) oder „zwei p drei" ($2p^3$) ausgesprochen wird und nicht als „eins s Quadrat" oder „zwei p hoch drei" ausgedrückt wird.

- Elektronenkonfiguration von Atomen
  Siliciumatom (14 Elektronen): $1s^2\ 2s^2\ 2p^6\ 3s^2\ 3p^2$
  Bromatom (35 Elektronen): $1s^2\ 2s^2\ 2p^6\ 3s^2\ 3p^6\ 4s^2\ 3d^{10}\ 4p^5$

Der Kästchenschreibweise kann man nicht nur den Spin entnehmen, sondern man kann auch die unterschiedliche Energie der Orbitale andeuten.

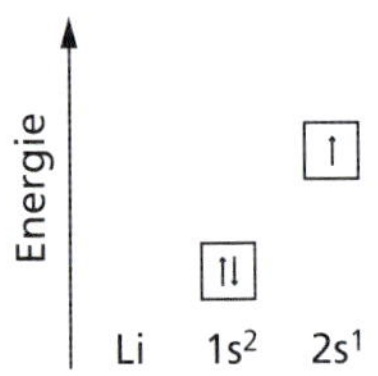

Zusätzliche Informationen liefert die Symbolik nach L. PAULING, die sogenannte **Kästchenschreibweise.** Ein durch die Quantenzahlen n, l und m charakterisiertes Orbital wird als ein kleines Kästchen dargestellt, das mit zwei durch Pfeile (↑ und ↓) symbolisierte Elektronen besetzt werden kann. Die Richtung des Pfeils kennzeichnet den unterschiedlichen Elektronenspin.

- Elektronenkonfiguration des Phosphoratoms

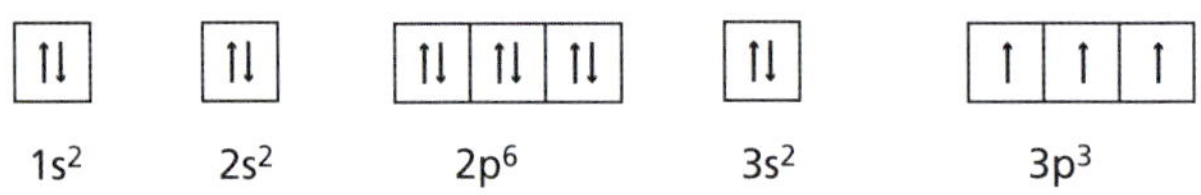

Die detaillierte Angabe aller Elektronen in einem Atom ist bei den schwereren Elementen sehr aufwendig. Die vollständige Besetzung der inneren, kernnahen Niveaus bleibt dabei immer gleich. Diese inneren Elektronen, die sogenannten **Rumpfelektronen,** beeinflussen die Eigenschaften der Atome nur gering.
Dagegen bestimmen die Elektronen der meist unvollständig besetzten äußeren Energieniveaus maßgeblich das chemische Verhalten der Atome, insbesondere bei der Bindungsbildung (↗ S. 80 ff.). Sie werden als **Valenzelektronen** bezeichnet und stellen den wichtigsten Teil der Elektronenkonfiguration dar.

In der Regel gibt man nur die Besetzung der Orbitale, die zusätzlich zur vorhergehenden Edelgaskonfiguration mit Elektronen besetzt sind, d.h. die **Valenzelektronenkonfiguration,** ausführlich an. Die Rumpfelektronen werden dann durch das in eckigen Klammern stehende Elementsymbol des vorhergehenden Edelgases symbolisiert.

Der Begriff Valenz (lat.: *valens* – wirksam, wert sein) wird auch als Synonym für die Wertigkeit benutzt.

- Elektronenkonfiguration des Iodatoms: [Kr] $5s^2\ 4d^{10}\ 5p^5$
  Elektronenkonfiguration des Uranatoms: [Rn] $7s^2\ 6d^1\ 5f^4$

3

Der Bau der Atomhülle

- Im Laufe der Zeit wurden unterschiedliche **Atommodelle** entwickelt, um die Struktur der Materie zu verstehen. In der modernen Chemie werden besonders das Schalenmodell von BOHR und SOMMERFELD sowie das moderne quantenmechanische Atommodell zur Erklärung von Zusammenhängen genutzt.

- **Schalenmodell von BOHR und SOMMERFELD**
Negativ geladene Elektronen bewegen sich auf stabilen Bahnen strahlungslos um einen ruhenden, positiv geladenen Kern.
Diese Elektronenschalen entsprechen diskreten Energieniveaus und können maximal mit $2n^2$ Elektronen besetzt werden. Die Besetzung der Haupt- und Unterniveaus führt zur Elektronenkonfiguration von Atomen und Ionen.

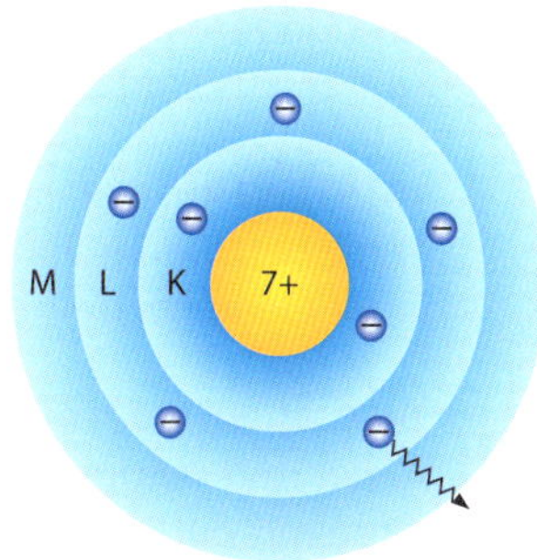

Schalenmodell des Stickstoffatoms

- **Modernes quantenmechanisches Atommodell**
Auf der Grundlage des Welle-Teilchen-Dualismus können die Zustände der Elektronen im Atom durch dreidimensionale Wellenfunktionen Ψ beschrieben werden.
Das Quadrat der Wellenfunktion $\Psi^2(r, \upsilon, \varphi)$ entspricht der Wahrscheinlichkeit, mit der sich ein Elektron am Ort $P(r, \upsilon, \varphi)$ aufhält. Zu jeder Wellenfunktion bzw. zu jedem **Orbital** gehört ein Energiezustand bzw. ein Energieniveau.

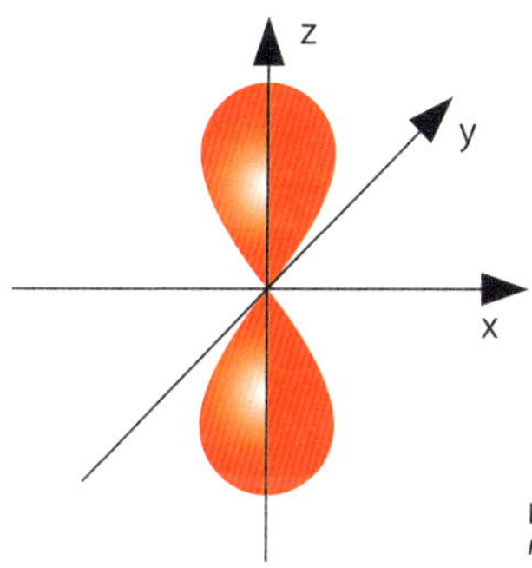

pz-Orbital
$m = 1$

Die Zustände der Elektronen lassen sich durch die vier **Quantenzahlen** (n, l, m, s) charakterisieren.

Hauptquantenzahl n:	Aussage zur Energie des Zustands
Nebenquantenzahl l:	Aussage zur Gestalt der Wellenfunktion
Magnetquantenzahl m:	Aussage zur Orientierung der Funktion im Raum
Spinquantenzahl s:	Aussage über den Eigendrehimpuls des Elektrons

Ein **Atomorbital** wird durch n, l und m charakterisiert. Bei der schrittweisen Besetzung der Orbitale eines Atoms **(Elektronenkonfiguration)** gelten folgende Regeln:

Aufbauprinzip	Die Besetzung der Orbitale erfolgt in energetischer Reihenfolge.
hundsche Regel	Energiegleiche Orbitale gleicher Nebenquantenzahl werden zunächst nur mit je einem Elektron gleichen Spinmoments besetzt.
Pauli-Prinzip	In einem Atom gibt es nicht zwei Elektronen, die durch den gleichen Satz von 4 Quantenzahlen charakterisiert sind.

3.2 Das Periodensystem der Elemente

3.2.1 Historie

In der Mitte des 19. Jh. waren etwa 50 Elemente und ihre wichtigsten Eigenschaften bekannt. Die relativen Atommassen A_r (↗ S. 13) waren mit der damals möglichen Genauigkeit bestimmt und es gab zunehmend Bestrebungen, aus den zu dieser Zeit noch als Atomgewichte bezeichneten Zahlen Zusammenhänge zwischen den einzelnen Elementen abzuleiten.

▶ Beispiele für die von **J. W. DÖBEREINER** (1780–1849) gefundenen Triaden sind:
- Ca-Sr-Ba oder
- Cl-Br-I.

1816: **J. W. DÖBEREINER** formulierte Triaden von Elementen mit chemisch ähnlichen Eigenschaften und stellte fest, dass das Atomgewicht des mittleren Elements dem Mittel der beiden äußeren Elemente entspricht.

1850: **M. VON PETTENKOFER** prägte für die Elemente Stickstoff, Phosphor, Arsen und Antimon den Begriff einer natürlichen Gruppe und verglich diese mit den homologen Reihen organischer Verbindungen.

1863–1866: **J. A. NEWLANDS** stellte fest, dass sich bei der Aufreihung der Elemente nach ihrer relativen Atommasse die Eigenschaften nach jedem 7. Element in abgewandelter Form wiederholen. Die Edelgase konnte NEWLANDS nicht in seine Betrachtungen einbeziehen, da diese erst Ende des 19. Jh. entdeckt wurden.

1869: **D. I. MENDELEJEW** erkannte, dass sich viele Eigenschaften der Elemente periodisch mit der Atommasse ändern, und ordnete die Elemente konsequent in Gruppen mit ähnlichen Eigenschaften (↗ Abb. unten). Dabei blieben Lücken in MENDELEJEWs Periodensystem, denn zu dieser Zeit waren viele Elemente noch nicht entdeckt. Die fehlenden Elemente Gallium (Eka-Aluminium), Scandium (Eka-Bor) und Germanium (Eka-Silicium) konnte MENDELEJEW dadurch voraussagen, dass er die Eigenschaften der anderen Elemente innerhalb der Perioden und innerhalb der Gruppen verglich.
Unabhängig von MENDELEJEW formulierte **L. MEYER** im Dezember 1869 ein sehr ähnliches Periodensystem, das er aus Zusammenhängen zwischen den Atommassen und physikalischen Eigenschaften, z. B. dem Atomvolumen und der Dichte, ableitete.

▶ Trotz der Größe ihrer Leistungen blieb **D. I. MENDELEJEW** (1834–1907) und **L. MEYER** (1830 bis 1895) der Zusammenhang zwischen dem inneren Aufbau der Atome und den von ihnen aufgestellten Periodensystemen verborgen.

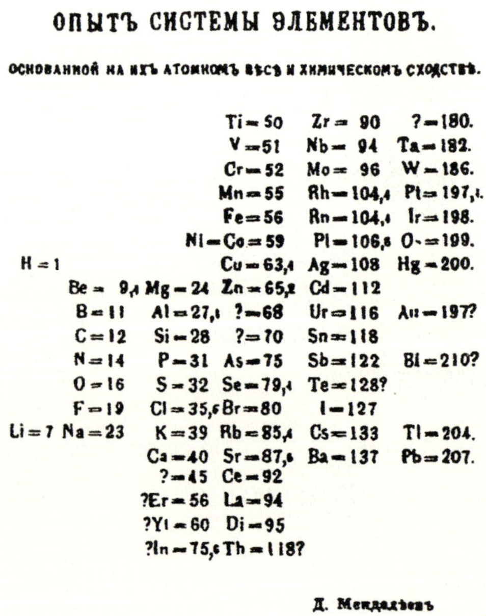

ОПЫТЪ СИСТЕМЫ ЭЛЕМЕНТОВЪ.

ОСНОВАННОЙ НА ИХЪ АТОМНОМЪ ВѢСѢ И ХИМИЧЕСКОМЪ СХОДСТВѢ.

			Ti=50	Zr=90	?=180.
			V=51	Nb=94	Ta=182.
			Cr=52	Mo=96	W=186.
			Mn=55	Rh=104,4	Pt=197,4.
			Fe=56	Rn=104,4	Ir=198.
			Ni=Co=59	Pl=106,6	O-=199.
H=1			Cu=63,4	Ag=108	Hg=200.
	Be=9,4	Mg=24	Zn=65,2	Cd=112	
	B=11	Al=27,4	?=68	Ur=116	Au=197?
	C=12	Si=28	?=70	Sn=118	
	N=14	P=31	As=75	Sb=122	Bi=210?
	O=16	S=32	Se=79,4	Te=128?	
	F=19	Cl=35,5	Br=80	I=127	
Li=7	Na=23	K=39	Rb=85,4	Cs=133	Tl=204.
		Ca=40	Sr=87,6	Ba=137	Pb=207.
		?=45	Ce=92		
		?Er=56	La=94		
		?Yt=60	Di=95		
		?In=75,6	Th=118?		

Д. Менделѣевъ

3.2.2 Ordnungsprinzip im Periodensystem

Die Reihenfolge der Atomgewichte musste jedoch an einigen Stellen durchbrochen werden. So ist z.B. Tellur (A_r = 127,6) schwerer als Iod (A_r = 126,9), obwohl es im Periodensystem davor steht. Dieses Problem wurde 1913 durch H. G. MOSELEY gelöst. Dieser wies nach, dass die Elemente bei Anregung kernnaher Elektronen Röntgenstrahlen emittieren, deren Frequenz direkt mit der Kernladungszahl zusammenhängt.

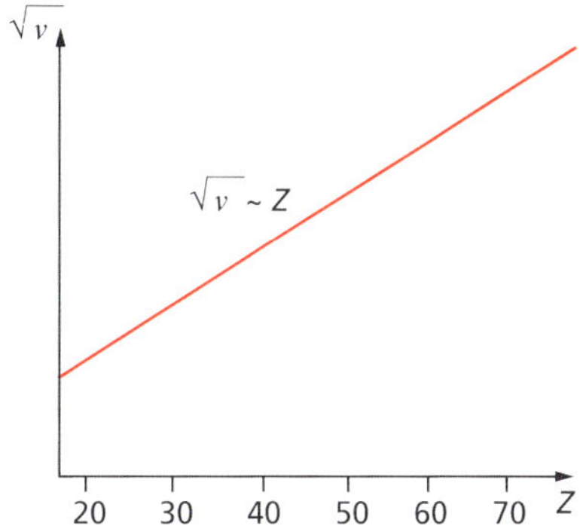

Er schlussfolgerte daraus, dass das Ordnungsprinzip der Elemente im Periodensystem nicht auf den relativen Atommassen, sondern der Anzahl der Protonen im Atomkern beruht, die der Ordnungszahl entspricht.

▶ Das Element Iod besteht aus leichteren **Isotopen,** die weniger Neutronen im Kern enthalten als die Isotope des **Tellurs.** Deshalb ist **Iod** trotz höherer Ordnungszahl leichter.

Das **Periodensystem der Elemente** (PSE) ist eine Anordnung der chemischen Elemente nach steigender Kernladungszahl. Diese ist bei neutralen Atomen gleich der Zahl der Elektronen in der Atomhülle. Die Anordnung der Elemente in waagerechten Perioden und senkrechten Gruppen spiegelt die Elektronenbesetzung der Atomorbitale nach dem Aufbauprinzip wider.

▶ Ein chemisches **Element** ist ein Stoff, dessen Atome die gleiche Anzahl von Protonen im Kern enthalten.

s-Block-Elemente | d-Block-Elemente | p-Block-Elemente

Hauptgruppe I	Hauptgruppe II	Nebengruppe III	IV	V	VI	VII	VIII	VIII	VIII	I	II	Hauptgruppe III	IV	V	VI	VII	VIII
1 H																	2 He
3 Li	4 Be											5 B	6 C	7 N	8 O	9 F	10 Ne
11 Na	12 Mg											13 Al	14 Si	15 P	16 S	17 Cl	18 Ar
19 K	20 Ca	21 Sc	22 Ti	23 V	24 Cr	25 Mn	26 Fe	27 Co	28 Ni	29 Cu	30 Zn	31 Ga	32 Ge	33 As	34 Se	35 Br	36 Kr
37 Rb	38 Sr	39 Y	40 Zr	41 Nb	42 Mo	43 Tc*	44 Ru	45 Rh	46 Pd	47 Ag	48 Cd	49 In	50 Sn	51 Sb	52 Te	53 I	54 Xe
55 Cs	56 Ba	57–71	72 Hf	73 Ta	74 W	75 Re	76 Os	77 Ir	78 Pt	79 Au	80 Hg	81 Tl	82 Pb	83 Bi	84 Po*	85 At*	86 Rn*
87 Fr*	88 Ra*	89–103	104 Rf*	105 Db*	106 Sg*	107 Bh*	108 Hs*	109 Mt*	110 Ds*	111 Rg*	112 Cn*	113 Nh*	114 Fl*	115 Mc*	116 Lv*	117 Ts*	118 Og*
1.	2.	3.	4.	5.	6.	7.	8.	9.	10.	11.	12.	13.	14.	15.	16.	17.	18.

Gruppe

f-Block-Elemente

Lanthanoide	57 La	58 Ce	59 Pr	60 Nd	61 Pm*	62 Sm	63 Eu	64 Gd	65 Tb	66 Dy	67 Ho	68 Er	69 Tm	70 Yb	71 Lu
Actinoide	89 Ac*	90 Th*	91 Pa*	92 U*	93 Np*	94 Pu*	95 Am*	96 Cm*	97 Bk*	98 Cf*	99 Es*	100 Fm*	101 Md*	102 No*	103 Lr*

Wasserstoff nimmt eine Sonderstellung im PSE ein, da es nur über ein einziges Atomorbital verfügt, das mit einem Elektron besetzt ist. Es könnte auch in die VII. Hauptgruppe eingeordnet werden, da es auch durch Aufnahme eines Elektrons eine Edelgaskonfiguration erreichen kann.

> In einer Gruppe sind die Elemente mit gleicher Anzahl an Valenzelektronen zusammengefasst. Elemente einer Gruppe zeigen untereinander eine nahe chemische Verwandtschaft. Man unterscheidet zwischen **Hauptgruppen** und **Nebengruppen.**

Die Hauptgruppenelemente bzw. s- und p-Block-Elemente (↗S. 220 ff.) verfügen ausschließlich über s- und p-Elektronen als Valenzelektronen. Die chemischen Eigenschaften der Nebengruppenelemente (d-Block-Elemente, ↗S. 233 ff.) werden hauptsächlich durch die Elektronenbesetzung der d-Orbitale geprägt und unterscheiden sich weniger stark voneinander als die Hauptgruppenelemente.

Aufbauend auf dem PSE von MENDELEJEW versuchte man lange Zeit, Haupt- und Nebengruppen in jeweils acht Gruppen aufzuteilen, die mit römischen Zahlen bezeichnet werden. Dieses **Kurzperiodensystem** hat den Nachteil, dass die Ähnlichkeiten zwischen gleichzahligen Haupt- und Nebengruppen teilweise sehr gering sind. Außerdem können die d-Niveaus (l = 2) 10 Elektronen aufnehmen, sodass in der VIII. Nebengruppe drei Gruppen zusammengefasst werden.

Die **Elemente der VII. Hauptgruppe** sind typische Nichtmetalle, während die VII. Nebengruppe ausschließlich **Metalle** beherbergt.

Deshalb hat sich im Lauf der Zeit das **Langperiodensystem** (↗S. 484) durchgesetzt, das die d-Block-Elemente konsequent entsprechend der Besetzung der Atomorbitale zwischen die s-Block- und die p-Block-Elemente einordnet. Die Gruppenbezeichnung mit römischen Ziffern kann auch im Langperiodensystem beibehalten werden. Logischer und in der modernen Chemie gebräuchlicher ist jedoch die Nummerierung der Gruppen mit arabischen Zahlen von 1 bis 18.

> In einer **Periode** des Periodensystems sind die Elemente nach steigender Anzahl an Valenzelektronen angeordnet, beginnend mit der Valenzelektronenkonfiguration s^1 und endend mit der Edelgaskonfiguration.

Eine besondere Stellung haben die Elemente der 2. Periode innerhalb ihrer Gruppen. Sie verfügen über maximal vier Orbitale (ein 2s- und drei 2p-Orbitale, jedoch keine d-Orbitale) für die Ausbildung chemischer Bindungen. Sie sind wesentlich kleiner als die anderen Elemente in ihren Gruppen und bilden viele stabile Verbindungen (↗S. 224 ff.).

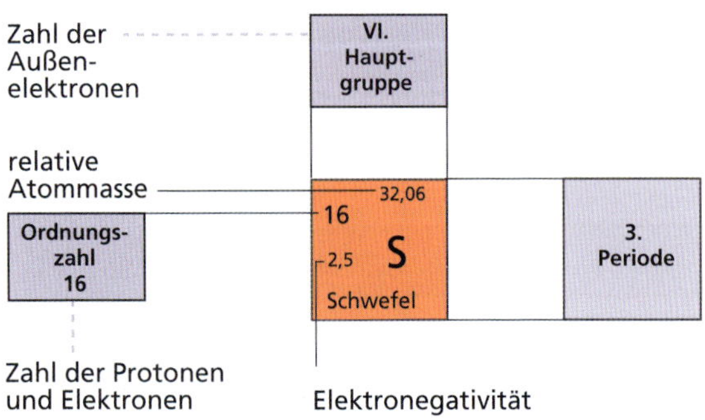

Das PSE gibt den Zusammenhang zwischen dem Aufbau der Atome und den Eigenschaften der Elemente wieder. Neben dem Symbol des Elements und der Ordnungszahl sind in den Feldern oft noch weitere Informationen angegeben, die sich direkt aus dem Atombau des Elements ergeben, z. B. die relative Atommasse oder die Elektronegativität (↗S. 69).

3.2.3 Periodizität der Eigenschaften

Periodische Eigenschaften der s- und p-Block-Elemente
Aus der regelmäßigen Wiederholung ähnlicher Eigenschaften der Elemente leitete MENDELEJEW 1869 das Gesetz der Periodizität ab. Heute weiß man, dass diese **Periodizität** in der inneren Struktur der Atome, insbesondere dem Aufbau der Atomhülle, begründet liegt.

Nicht alle Eigenschaften der Elemente ändern sich periodisch (griech.: *periodos* – Rundreise, wiederkehrend). Die Atommasse nimmt z. B. kontinuierlich zu.

Atomradien
Die Festlegung eines diskreten Radius für Atome und Ionen ist nicht so einfach, da die realen Teilchen keine starren Kugeln sind. Ihre Größe wird durch den Aufenthaltsraum der äußeren Elektronen bestimmt, den diese mit einer bestimmten Wahrscheinlichkeit einnehmen. Dieser hängt von den Wechselwirkungen der Atome und Ionen mit den sie umgebenden Teilchen ab, also letztlich von der chemischen Bindung.

> Als **Atomradius r_A** eines Elements wird der halbe Abstand zwischen den Kernen zweier benachbarter gleichartiger Atome bezeichnet.
> Die Atomradien der Hauptgruppenelemente nehmen innerhalb einer Periode ab und innerhalb einer Gruppe von den leichteren zu den schwereren Elementen zu.

Die Hauptursache für den Anstieg der Atomradien innerhalb einer Gruppe ist die zunehmende Zahl besetzter Energieniveaus (Schalen), deren Abstand zum Kern mit der Hauptquantenzahl wächst. Die zunehmende Kernladung wird durch die Elektronen der voll besetzten inneren Niveaus abgeschirmt, sodass auf die Außenelektronen nur eine verringerte **effektive Kernladung** wirkt.
Werden die Elektronen aber auf gleichen Energieniveaus (Schalen) eingebaut, dann bleibt die Abschirmung durch die inneren Niveaus konstant. Deshalb steigt mit zunehmender Protonenzahl innerhalb einer Periode die effektiv auf die Außenelektronen wirkende Kernladung. Daraus ergibt sich eine stärkere Anziehung und ein innerhalb einer Periode mit der Ordnungszahl abnehmender Atomradius.
Bei der Überführung von Atomen in Ionen ändert sich der Radius ebenfalls. Kationen sind kleiner, Anionen sind größer als die Ausgangsatome.

Ionenradien hängen neben der Besetzung der Energieniveaus noch von weiteren Faktoren ab, z. B. dem Betrag der Ionenladung. So sind Cu^{2+}-Ionen kleiner als Cu^{+}-Ionen.

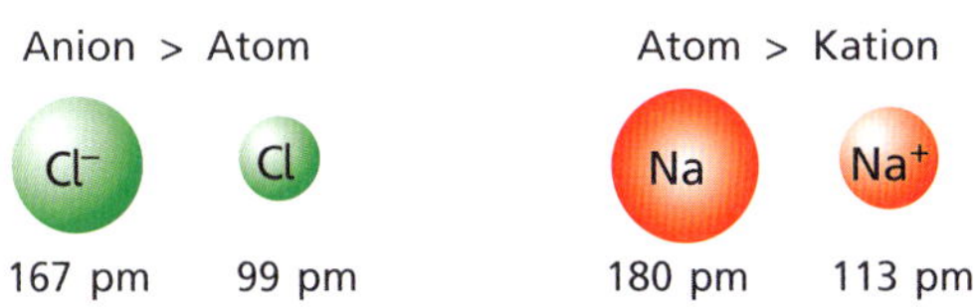

Der Radius der Atome in Molekülverbindungen (kovalenter Atomradius) hängt in hohem Maß von der Oxidationszahl (OZ) des Atoms ab.

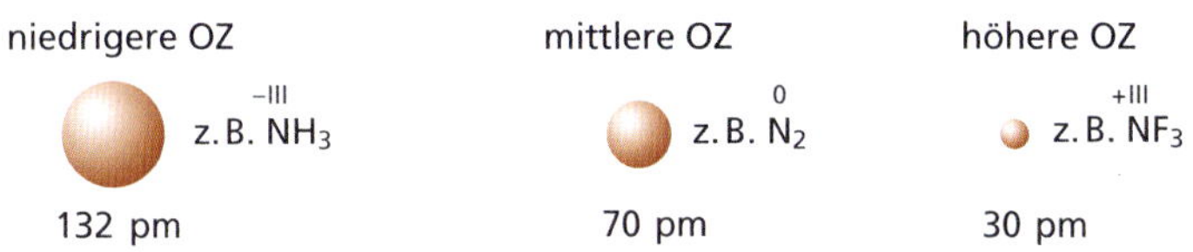

Es können immer nur Teilchenradien miteinander verglichen werden, die sich vom gleichen Modell der chemischen Bindung ableiten.

▶ Bei der ersten Ionisierung entsteht ein einfach geladenes Kation, z. B.:

$Na_{(g)} \longrightarrow Na^{+}_{(g)} + e^{-}$
$Ca_{(g)} \longrightarrow Ca^{+}_{(g)} + e^{-}$

Ionisierungsenergie

Die 1. Ionisierungsenergie ist die Energie, die erforderlich ist, um aus einem Atom im Gaszustand ein Elektron zu entfernen. Die **Ionisierungsenergie ΔI_E** steigt innerhalb einer Periode und sinkt innerhalb einer Gruppe.

$$A_{(g)} \longrightarrow A^{+}_{(g)} + e^{-} \qquad \Delta E = \Delta I_E$$

Die Ionisierungsenergie ist eine typische periodische Eigenschaft und weist bei den s- und p-Block-Elementen ihre Minima bei den Alkalimetallen und ihre Maxima bei den Edelgasen auf. Der Grund besteht darin, dass die Elektronenkonfiguration der Edelgase einen energetisch sehr stabilen Zustand beschreibt. Da alle Orbitale vollständig besetzt sind, ist das Bestreben der Edelgasatome, ein Elektron abzugeben, sehr gering.

Umgekehrt verhält es sich bei den Elementen der I. Hauptgruppe. Diese erreichen durch Abgabe eines Elektrons eine stabile **Edelgaskonfiguration,** sodass für die Ionisierung nur ein geringer Energiebetrag aufgewendet werden muss.

▶ Beim Einfügen eines Elektrons in ein einfach besetztes Orbital muss die Spinpaarungsenergie aufgebracht werden.

Innerhalb einer Periode steigt die 1. Ionisierungsenergie nicht gleichmäßig an, weil z. B. durch die vollständige Besetzung des s-Niveaus (s^2) eine verhältnismäßig stabile Konfiguration entsteht und deshalb die Atome der III. Hauptgruppe das erste Elektron relativ leicht abgeben.
Ein weiterer energetisch relativ stabiler Zustand ist die **Halbbesetzung** der Orbitale. Wenn nach der hundschen Regel (↗ S. 61) die drei energiegleichen p-Orbitale mit je einem Elektron besetzt sind (s^2 p^3), muss das nächste Elektron in ein Orbital eingebaut werden, das bereits ein Elektron enthält. Da die beiden Elektronen sich abstoßen, muss dazu die **Spinpaarungsenergie** aufgebracht werden. Diese wird bei der Ionisierung, z. B. der Abgabe des 4. p-Elektrons, wieder frei.

▶ Die Abschirmung der Kernladung nimmt mit der Zahl der Schalen (Niveaus) zu, sodass innerhalb einer Gruppe die Elektronen mit steigender Ordnungszahl leichter abgegeben werden.

1. Ionisierungsenergie und Valenzelektronenkonfiguration der Atome

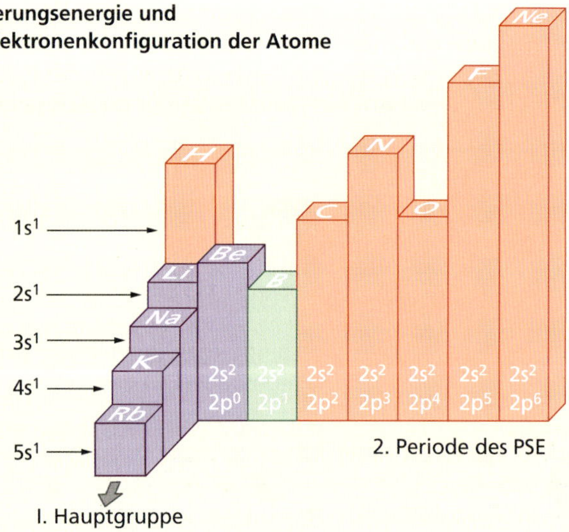

Elektronenaffinität und Elektronegativität

Der Energiebetrag, der bei der Aufnahme eines Elektrons durch ein gasförmiges Atom oder Ion abgegeben oder verbraucht wird, ist die **Elektronenaffinität ΔA_E**.

$$A_{(g)} + e^- \longrightarrow A^-_{(g)} \qquad \Delta E = \Delta A_E$$

Die Elektronenaffinität ist ein Maß dafür, wie stark ein zusätzliches Elektron von einem Atom gebunden werden kann. Wird mit der Aufnahme des Elektrons eine stabile Edelgaskonfiguration erreicht wie bei den Elementen der VII. Hauptgruppe, dann wird ein hoher Energiebetrag freigesetzt.
Atome mit halb gefüllten (z. B. Stickstoffatome: s^2 p^3) oder vollständig besetzten Niveaus (Edelgasatome: s^2 p^6) sind dagegen wenig bestrebt, Elektronen aufzunehmen, sodass zur Bildung des Anions Energie zugeführt werden muss.

▶ Die vom Betrag her höchste Elektronenaffinität hat das Chloratom.

In der allgemeinen Tendenz nimmt der Betrag der Elektronenaffinität im PSE innerhalb einer Periode bis zur VII. Hauptgruppe zu, während er innerhalb der Gruppe mit der Atomgröße abnimmt. Anders als die Ionisierungsenergie kann die Elektronenaffinität positiv oder negativ sein.

Elektronenaffinitäten einiger Elemente

Element	ΔA_E in eV	Element	ΔA_E in eV
H	−0,76	O	−1,46
Li	−0,62	F	−3,40
Be	+0,50	Ne	+0,35
B	−0,23	Cl	−3,60
C	−1,26	Br	−3,35
N	+0,07	I	−3,10

▶ Die Elektronenaffinität wird wie die Ionisierungsenergie in eV oder in $kJ \cdot mol^{-1}$ angegeben. Die Angabe in eV erfolgt für einzelne Atome. Sie kann durch Multiplikation mit der Avogadro-Konstanten N_A in die molare Elektronenaffinität umgerechnet werden:

$1\ eV = 1{,}602 \cdot 10^{-19}\ J$

$1\ eV \cdot N_A = 96{,}47\ kJ \cdot mol^{-1}$

Um mehrfach geladene Anionen zu erzeugen, muss immer Energie aufgewendet werden, da die 2. und 3. Elektronenaffinität sehr stark positiv ist. Alle mehrfach geladenen Anionen sind daher instabil und müssen wie Oxid-Ionen O^{2-} durch zusätzliche Energien, z. B. die Gitterenergie in einem ionischen Kristallgitter, stabilisiert werden.

$$O_{(g)} + e^- \longrightarrow O^-_{(g)} \qquad \Delta A_E = -1{,}46\ eV$$
$$O^-_{(g)} + e^- \longrightarrow O^{2-}_{(g)} \qquad \Delta A_E = +8{,}1\ eV$$

Die Elektronenaffinität darf nicht verwechselt werden mit einer anderen wichtigen periodischen Eigenschaft der Elemente, der Elektronegativität (*EN* oder χ).

Die **Elektronegativität** ist ein Maß für das Bestreben eines Atoms, das bindende Elektronenpaar in einer Atombindung (kovalente Bindung ↗ S. 81 ff.) anzuziehen.

Partialladungen sind spezielle Ladungen von Teilchen, die durch die Verschiebung der Elektronendichte in Molekülen entstehen. Partialladungen sind keine Ionenladungen!

Das Bindungselektronenpaar einer Bindung zwischen zwei gleichen Atomen liegt symmetrisch zwischen den beiden Partnern.
Wird die Bindung aber zwischen zwei verschiedenen Atomen geknüpft, so sind die Atome aufgrund ihrer effektiven Kernladung unterschiedlich bestrebt, das Elektronenpaar zu sich heranzuziehen. Die Elektronendichte wird zu dem Atom mit der größeren effektiven Kernladung verschoben, das dadurch eine negative **Partialladung** erhält. Es liegt eine polare Atombindung vor.

unpolare Atombindung | polare Atombindung

Innerhalb einer Periode wächst die Elektronegativität aufgrund der mit der Protonenzahl zunehmenden effektiven Kernladung. Innerhalb der Gruppen nimmt die effektive Kernladung infolge der Abschirmung durch die inneren Orbitale ab, sodass auch die Elektronegativität sinkt. Die höchste Elektronegativität besitzt demnach das Fluoratom ($EN = 4{,}0$), die niedrigste das Caesiumatom ($EN = 0{,}7$).

Elektronegativitäten können auf unterschiedliche Weise ermittelt werden. L. PAULING (1901 bis 1994) berechnete EN-Werte aus Bindungsdissoziationsenergien. Er ordnete dem elektronegativsten Element **Fluor** den höchsten Wert von 4,0 zu und bezog alle anderen Elemente auf diesen Fixpunkt.

> Die Elektronegativitätsdifferenz zweier Bindungspartner gilt als Maß für die Bindungspolarität und ermöglicht abzuschätzen, wie hoch der Ionenanteil einer Bindung ist.

Einem Vorschlag von L. PAULING folgend, wurde eine Elektronegativitätsdifferenz von 1,7 als Grenzwert für die Unterscheidung zwischen ionischer und Atombindung (↗ S. 101) angenommen. Die unten stehende Tabelle zeigt jedoch, dass die Grenzen zwischen den Bindungsarten fließend sind und nicht so strikt festgelegt werden sollten.

Elektronegativitätsdifferenz und Bindungsart

Differenz der EN-Werte	< 0,2	0,2–1,5	1,5 –2,0	> 2,0
ionischer Bindungsanteil	< 1 %	1–43 %	43–63 %	> 63 %
Bezeichnung der Bindung	unpolare Atombindung	polare Atombindung	stark polare Atombindung	Ionenbindung
Beispiele	N_2, O_3, S_8	CO_2, NH_3	$AlCl_3$, SiO_2	NaF, CaO

Unterschiedliche Elektronegativitäten von Atomen in ähnlichen Verbindungen führen zu unterschiedlichen Reaktionsabläufen, z. B. bei der Hydrolyse von Stickstoff-Halogen-Verbindungen:

$$\overset{\delta^+\,\delta^-}{NF_3} + 2\,H_2O \longrightarrow HNO_2 + 3\,HF$$

$$\overset{\delta^+\,\delta^-}{NCl_3} + 3\,H_2O \longrightarrow 3\,HOCl + NH_3$$

Wertigkeit

Die **Wertigkeit (Bindungswertigkeit)** gibt an, wie viele Fluor- bzw. Wasserstoffatome ein Atom oder Ion eines Elements theoretisch binden oder ersetzen kann. Die Wertigkeit wird hauptsächlich von der Valenzelektronenkonfiguration der Elemente bestimmt und auch als **Valenz** bezeichnet.

Fluor und **Wasserstoff** sind in Verbindungen immer einwertig.

Mit jedem Valenzelektron kann ein Atom theoretisch eine Elektronenpaarbindung zu einem anderen Atom ausbilden (↗S. 79 ff.). Alternativ können die Außenelektronen abgegeben oder Elektronen anderer Atome aufgenommen werden, wobei Ionen entstehen. Um die Ionenladung zu neutralisieren, muss eine entsprechende Anzahl entgegengesetzt geladener Ionen gebunden werden (↗S. 96 ff.). Die Anzahl der Bindungspartner wird somit von der Anzahl der Außenelektronen eines Atoms bestimmt.
Von der I. bis zur VIII. Hauptgruppe steigt die Zahl der Außenelektronen in den s- und p-Niveaus kontinuierlich von 1 auf 8 an. Dieser Prozess wiederholt sich innerhalb jeder Periode, sodass die maximale Wertigkeit der Nummer der Hauptgruppe des Elements entspricht.

Diese Regel gilt für die maximale Wertigkeit gegenüber Sauerstoff und Fluor mit einer Einschränkung. Die Elemente der 2. Periode verfügen nur über vier Atomorbitale und können deshalb maximal vier Bindungen ausbilden.

Eine der Wertigkeit verwandte Größe ist die **Oxidationszahl** (↗S. 210). Sie unterscheidet sich jedoch insbesondere bei organischen Verbindungen von der Wertigkeit, sodass die Größen nicht identisch sind.

- Maximale Wertigkeit der s- und p-Block-Elemente der 5. Periode

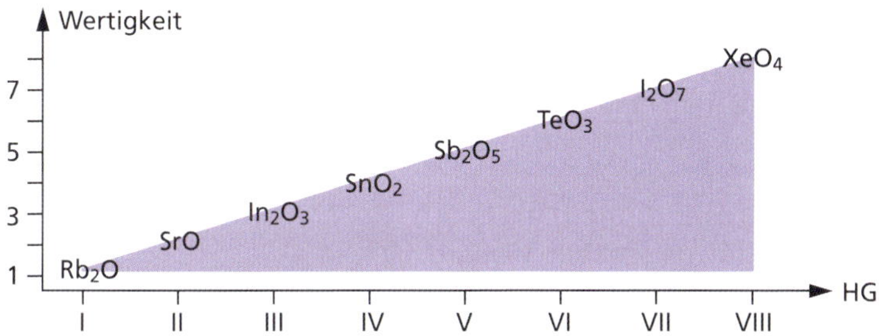

- Die Wertigkeit der Hauptgruppenelemente gegenüber Wasserstoff steigt bis zur IV. Hauptgruppe an und nimmt dann wieder ab, d. h., man beobachtet einen sogenannten „Dacheffekt".

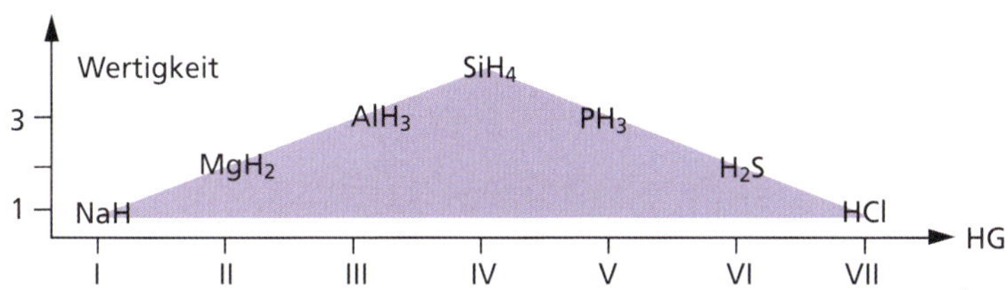

Es existieren viele Beschreibungen zur Wertigkeit der Elemente. Die Ionenwertigkeit entspricht der Ladung eines Ions. Die Bindigkeit gibt dagegen die Zahl der Atombindungen an.

3

Metall- und Nichtmetallcharakter

> **Metalle** sind Elemente mit niedriger Ionisierungsenergie, die eine hohe Tendenz zur Bildung von Kationen aufweisen und deren Oxide mit Wasser basische Lösungen bilden.

Nichtmetalle sind schlechte elektrische und Wärmeleiter.

In der Regel besitzen Metalle eine hohe elektrische und Wärmeleitfähigkeit. Diese ergibt sich aus der hohen Zahl benachbarter Atome in den dicht gepackten Metallgittern. Durch die Kombination vieler Atomorbitale werden sogenannte Bänder gebildet, die teilweise mit Elektronen besetzt sind und die hohe Leitfähigkeit mit den Elektronen als Ladungsträgern erklären (↗S. 102).
Innerhalb einer Periode nimmt der Metallcharakter von rechts nach links und innerhalb einer Gruppe von oben nach unten zu. Rechts einer durch die Elemente Bor, Silicium, Arsen, Tellur und Astat gebildeten Linie stehen bei den s- und p-Elementen im PSE die Nichtmetalle, links davon findet man die Metalle (↗S. 484).

> **Nichtmetalle** sind Hauptgruppenelemente mit relativ hoher Elektronegativität, die bevorzugt Anionen oder Molekülverbindungen bilden. Die Oxide der Nichtmetalle reagieren in Wasser sauer.

Modifikationen sind Formen von **Elementen** oder Verbindungen gleicher chemischer Zusammensetzung, aber unterschiedlicher Struktur und Eigenschaften.

Den Übergang bilden Elemente, die sowohl metallische als auch nichtmetallische Modifikationen aufweisen, die ineinander umgewandelt werden können. Diese **Halbmetalle** wie Bor oder Silicium bilden selbst mit den elektronegativen Halogenen eher Atombindungen, z. B. in BCl_3 oder $SiCl_4$, als ionische Bindungen aus. Die amphoteren Oxide der Halbmetalle können entweder als Säuren oder als Basen fungieren (↗S. 197).

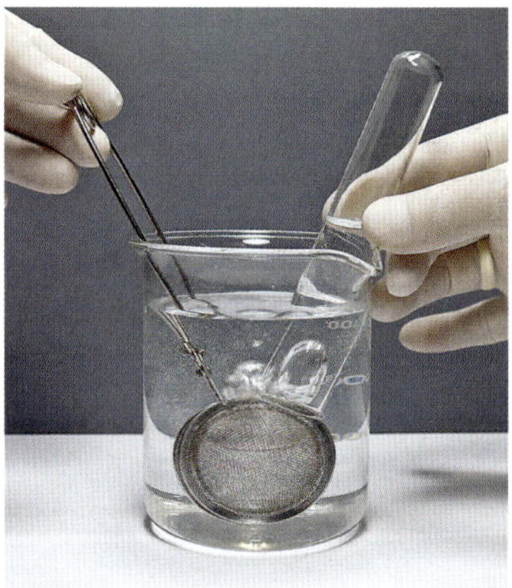

Bei Raumtemperatur reagieren die unedlen Metalle der I. und II. Hauptgruppe teilweise heftig mit Wasser. Dabei entsteht neben den entsprechenden Metallhydroxiden auch Wasserstoff (↗Abb. rechts). Die **Reaktivität gegenüber Wasser** nimmt mit dem Metallcharakter der Elemente tendenziell zu. Die meisten Halbmetalle und Nichtmetalle sind gegen Wasser beständig. Eine Ausnahme sind die Halogene Fluor, Chlor und Brom, die im Ergebnis einer Redoxreaktion mit Wasser saure Lösungen bilden.

Zahlreiche Halbmetalle haben Halbleitereigenschaften, d. h., sie weisen eine mittlere elektrische Leitfähigkeit auf, die mit steigender Temperatur wächst.

■ Beispiele für Redoxreaktionen von s- und p-Elementen mit Wasser:

$$2\,\overset{0}{Na} + 2\,\overset{I}{H}_2O \longrightarrow 2\,Na\overset{I}{O}H + \overset{0}{H}_2$$

$$\overset{0}{Cl}_2 + H_2O \longrightarrow H\overset{-I}{Cl} + H\overset{I}{Cl}O$$

Atombau und Eigenschaften von d-Block-Elementen

Energieniveaus gleicher Hauptquantenzahl n werden immer in der Reihenfolge s, p, d, f mit Elektronen besetzt. Infolge der Abschirmung der Kernladung durch die besetzten inneren Orbitale werden die Energieunterschiede zwischen den höheren Energieniveaus jedoch mit wachsendem Kernabstand immer geringer. Die Aufspaltung dieser Niveaus kann dazu führen, dass ein s-Orbital höherer Hauptquantenzahl energetisch niedriger liegt als d- oder f-Orbitale mit kleinerer Hauptquantenzahl. Die Besetzung der Energieniveaus erfolgt nach dem Aufbauprinzip (↗S. 61), d. h. nach der energetischen Reihenfolge. Deshalb wird nach Argon ([Ne] $3s^2$ $3p^6$) das folgende Elektron nicht in die dritte Schale eingebaut, obwohl diese insgesamt $2n^2$ = 18 Elektronen aufnehmen kann. Stattdessen erfolgt der Einbau beim Kalium in das energetisch günstigere 4s-Niveau. Erst nachdem dieses mit zwei Elektronen besetzt ist (Calcium), werden Elektronen von den energetisch höher liegenden entarteten 3d-Niveaus aufgenommen. Den gleichen Effekt beobachtet man bei allen Energieniveaus der Hauptquantenzahl $n > 3$, sodass man in der 4. bis 7. Periode des PSE die **d-Block- bzw. Nebengruppenelemente** findet, die sich nur in der Besetzung der d-Orbitale unterscheiden.

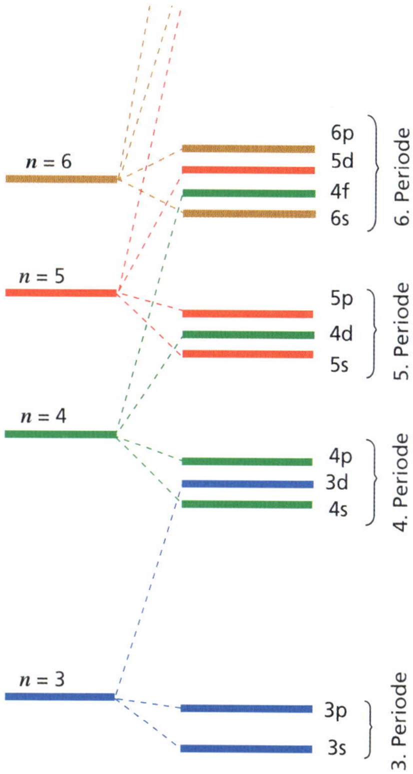

Der Einbau der Elektronen erfolgt entsprechend der hundschen Regel (↗S. 61) zunächst bis zur Halbbesetzung mit parallelem Spin und erst danach unter Spinpaarung, wobei die Spinpaarungsenergie aufgebracht werden muss. Entsprechend ihrer Nebenquantenzahl l = 2 können die fünf d-Orbitale maximal $2(2l + 1)$ = 10 Elektronen aufnehmen, sodass in jeder Periode 10 Nebengruppenelemente vertreten sind.

Besonders stabil sind die Vollbesetzung nd^{10} (Edelgaskonfiguration) der d-Orbitale und die Halbbesetzung nd^5 aufgrund der für das sechste Elektron aufzuwendenden Spinpaarungsenergie.

■ Das führt bei Elementen der 6. und der 11. Gruppe zu Abweichungen bei der Valenzelektronenkonfiguration der Atome.

Chrom: [Ar] $4s^1$ $3d^5$ Kupfer: [Ar] $4s^1$ $3d^{10}$

▶ Nebengruppen- bzw. d-Block-Elemente findet man nur in der 4. bis 7. Periode des PSE.

▶ Die d-Block-Elemente werden in die Nebengruppen des PSE eingeordnet. Diese bezeichnet man in modernen Lehrbüchern fortlaufend mit arabischen Zahlen, die genau die Anzahl ihrer Außenelektronen wiedergeben:

3. Gruppe: s^2 d^1
…
6. Gruppe: s^1 d^5
…
10. Gruppe: s^2 d^8
…
12. Gruppe: s^2 d^{10}

3

Die Besetzung der d-Orbitale, die den Charakter innerer Niveaus besitzen, führt dazu, dass die Eigenschaftsunterschiede innerhalb der d-Block-Elemente deutlich geringer sind als bei den s- und p-Block-Elementen und dass die Periodizität der Eigenschaften weniger ausgeprägt ist.

Bei Haupt- und Nebengruppenelementen mit gleicher Zahl an Valenzelektronen sind auch chemische Ähnlichkeiten (↗S. 245) zu erkennen

Al: $3s^2\ 3p^1$
Sc: $4s^2\ 3d^1$

So weisen die Atomradien und die Ionisierungsenergien mit steigender Ordnungszahl keine ausgeprägte Periodizität auf. Die Ionisierungsenergien sind vergleichsweise niedrig. Da die Valenzelektronen relativ leicht abgegeben werden können, sind alle d-Block-Elemente Metalle. Durch den Einbau der 3d-Elektronen werden die 4s-Elektronen stärker gegen den Atomkern abgeschirmt, sodass letztere bei der Ionisierung zuerst abgegeben werden. Das erklärt auch die häufig bei den Nebengruppenelementen zu beobachtende Zweiwertigkeit.

■ Mn^{2+}: $[Ar]\ 3d^5\ 4s^0$ Co^{2+}: $[Ar]\ 3d^7\ 4s^0$

Zn^{2+}: $[Ar]\ 3d^{10}\ 4s^0$ Pt^{2+}: $[Xe]\ 5d^8\ 6s^0$

Die Elemente Chrom und Mangan treten in ihren Verbindungen in 9 bzw. 11 unterschiedlichen Oxidationsstufen auf.

Infolge der geringen Energieunterschiede zwischen den 4s- und den 3d-Niveaus werden die Elektronen beider Niveaus als Valenzelektronen genutzt, was dazu führt, dass zahlreiche d-Block-Elemente eine hohe Variabilität von Oxidationsstufen in ihren Verbindungen aufweisen.

Die maximale Oxidationsstufe steigt innerhalb einer Periode von III (Yttrium) auf VIII (Ruthenium), um dann wieder auf II (Cadmium) zu sinken, und entspricht vielfach der Nummer der Nebengruppe. Die hohen Oxidationsstufen sind jedoch nicht so stabil, sodass z. B. Mangan(VII)- und Chrom(VI)-Verbindungen starke Oxidationsmittel sind. Ab der 8. Gruppe werden statt der hohen Oxidationsstufen bevorzugt maximal dreifach geladene Kationen, z. B. Fe^{3+} oder Cu^{2+}, gebildet.
Der Energieunterschied zwischen den höchsten besetzten und den niedrigsten unbesetzten Niveaus entspricht bei vielen d-Block-Elementen der Energie des sichtbaren Lichts. Bei Raumtemperatur werden durch Sonnenlicht Elektronenübergänge angeregt, in deren Ergebnis die meisten Verbindungen der Nebengruppenelemente eine große Farbenvielfalt aufweisen.

Die Energieunterschiede zwischen den ns, $(n-1)$d- und np-Niveaus sind nur gering. Die leeren Orbitale können durch Elektronenpaare geeigneter Partner (Liganden) besetzt werden, was zu der für die Nebengruppenelemente typischen Komplexchemie (↗S. 246 ff.) führt.

Nur beim Säure-Base-Verhalten der Oxide der d-Block-Elemente ist eine Periodizität ersichtlich. Basische Oxide finden wir bei den Elementen der 11. und 12. Gruppe mit großem Radius (Ag_2O, HgO), saure Oxide bei denen mit kleinem Radius in der 6. und 7. Gruppe (CrO_3, Mn_2O_7).

■ $$Ag_2O + H_2O \longrightarrow 2\,Ag^+ + 2\,OH^-$$

$$CrO_3 + 3\,H_2O \longrightarrow 2\,H_3O^+ + CrO_4^{2-}$$

Periodische Eigenschaften der f-Block-Elemente

Die **f-Block-Elemente** haben die allgemeine Valenzelektronenkonfiguration ns^2, $(n-1)d^1$, $(n-2)f^1$ bis f^{14}. Sie folgen den Elementen Lanthan bzw. Actinium in der 6. bzw. 7. Periode des PSE und werden **Lanthanoide** oder **Actinoide** genannt.

Da die äußeren Energieniveaus höherer Hauptquantenzahl bereits mit Elektronen besetzt sind, werden f-Block-Elemente auch als innere Nebengruppenelemente bezeichnet. Ihre Eigenschaften ähneln sich noch weitaus stärker als die der d-Block-Elemente. Die Lanthanoide sind Metalle und bilden Ln^{3+}-Ionen mit der Valenzelektronenkonfiguration [Xe] $4f^x\ 5d^0\ 6s^0$ (x = 1 – 14). Die Actinoide verhalten sich ähnlich.

Die große Ähnlichkeit der 4d- und 5d-Elemente der gleichen Nebengruppe (z. B. Zr/Hf, Nb/Ta) ist auf die Lanthanoidenkontraktion zurückzuführen.

Der Einbau von Elektronen in innere Niveaus gleicher Haupt- und Nebenquantenzahl bedeutet bei schrittweiser Erhöhung der Kernladungszahl, dass die effektive Kernladung zunimmt. Dadurch werden die äußeren Elektronen stärker angezogen und die Atom- und Ionenradien der f-Block-Elemente sinken. Im Ergebnis dieser **Lanthanoidenkontraktion** besitzen die auf die 4f-Elemente folgenden 5d-Elemente nahezu die gleichen Atom- und Ionenradien wie die homologen 4d-Elemente.

Ionenradien der Lanthanoiden

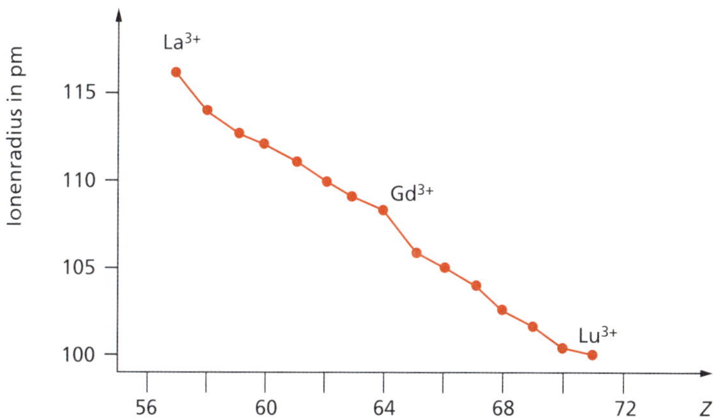

Periodische Eigenschaftsänderungen werden beim Vergleich der 4f- mit den 5f-Elementen deutlich. Innerhalb dieser Reihen sinkt z. B. mit dem Ionenradius die Basizität der Oxide.
Eine Periodizität ist auch bei den Wertigkeiten zu beobachten. Alle die Lanthanoide, die vier oder fünf Elektronen über der Xenon-Konfiguration oder ein bzw. zwei Elektronen über der Halbbesetzung des 4f-Niveaus ($4f^7$) aufweisen, bilden auch höher geladene Ionen (Ce^{4+}, Tb^{4+}). Fehlen diese Elektronen zur Halbbesetzung oder zum abgeschlossenen Niveau, so werden auch zweifach positive Ionen (Sm^{2+}, Yb^{2+}) gebildet, um diese stabilen Anordnungen zu erreichen.

Homologe der d-Block-Elemente sind die in den letzten Jahrzehnten entdeckten künstlichen Nuklide mit den Ordnungszahlen 104 bis 118, die 6d-Elemente wie Copernicium.

3

Das Periodensystem der Elemente

■ Das **Periodensystem der Elemente** ergibt sich aus dem **inneren Aufbau der Atome.**

1. Die Elemente sind nach steigender Kernladungszahl bzw. Ordnungszahl geordnet.
2. Die Perioden entsprechen der Zahl der Elektronenschalen nach dem bohrschen Atommodell.
3. Die Gruppen des PSE enthalten Elemente mit gleicher Anzahl an Außenelektronen.

Schalenmodell des Kohlenstoffatoms

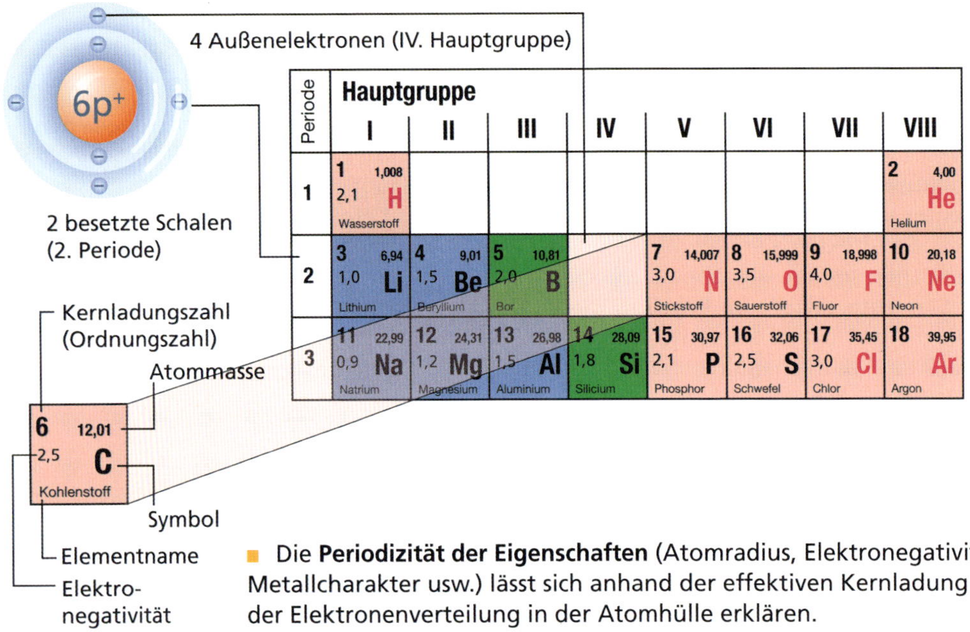

■ Die **Periodizität der Eigenschaften** (Atomradius, Elektronegativität, Metallcharakter usw.) lässt sich anhand der effektiven Kernladung und der Elektronenverteilung in der Atomhülle erklären.

Periodische Eigenschaft	Definition	Änderung mit steigender Ordnungszahl der Elemente
Atomradius r_A	– halber Abstand zwischen zwei benachbarten gleichartigen Atomen eines Elements	– nimmt bei Hauptgruppenelementen innerhalb einer Periode ab – nimmt innerhalb einer Hauptgruppe zu
Ionisierungsenergie I_E	– Energie, die erforderlich ist, um aus einem Atom ein Elektron zu entfernen	– steigt tendenziell innerhalb einer Periode – sinkt innerhalb einer Gruppe
Elektronegativität *EN*	– Fähigkeit eines Elements, das bindende Elektronenpaar in einer kovalenten Bindung anzuziehen	– nimmt innerhalb einer Periode zu – nimmt innerhalb einer Gruppe ab

Wissenstest 3B

Chemische Bindung 4

4.1 Hauptbindungsarten

4.1.1 Überblick

Von den mehr als hundert Elementen des Periodensystems kommen nur sehr wenige ungebunden in der Natur vor, z. B. Edelgase und Gold; die meisten liegen in chemischen Verbindungen vor.
Ein wichtiger Untersuchungsgegenstand der chemischen Wissenschaft ist die Klärung der Frage, wie die Bindungen, d. h. der Zusammenhalt zwischen den Atomen, Molekülen oder Ionen, zustande kommen. Je genauer das Wissen darüber ist, umso besser lassen sich eine Reihe physikalischer und chemischer Eigenschaften der jeweils betrachteten Stoffe verstehen und voraussagen.

Erste Schritte auf dem Weg zur Aufklärung der Natur der chemischen Bindung waren die im 17. und 18. Jh. experimentell ermittelten Feststellungen über unterschiedliche Affinitäten zwischen den reagierenden Stoffen. Man führte das spekulativ auf Liebe und Hass zwischen ihnen zurück.

chemische Bindung
Art und Stärke der Wechselwirkungen zwischen Teilchen

→

chemische Struktur
Art (Atome, Ionen, Moleküle) und räumliche Anordnung der Teilchen

→

Eigenschaften
chemisches Reaktionsverhalten und physikalische Eigenschaften

Als Affinität (lat.: *affinitas* – Verwandtschaft) bezeichnet man die chemische Triebkraft, mit der sich Elemente oder Verbindungen zu neuen Stoffen verbinden.

Diese noch einer wissenschaftlichen Grundlage entbehrende Auffassung wurde erstmals 1808 von **JOHN DALTON** mit seiner wissenschaftlichen Hypothese über den atomaren Aufbau der Stoffe durchbrochen (↗ S. 50).
Seine Beschreibung, wonach Elemente aus gleichartigen Atomen bestehen und Verbindungen gleicher oder unterschiedlicher Elemente zu Molekülen führen, gab noch keine Antwort zu den Ursachen der Bindungen zwischen den Atomen.

Eine wissenschaftliche **Hypothese** ist eine nicht bewiesene Aussage, die sich aber auf weitgehend gesichertes Wissen stützt.

FRIEDRICH AUGUST KEKULÉ VON STRADONITZ folgerte bereits 1858 aus den Gesetzen der konstanten und multiplen Proportionen, dass jedes Atom zur Bindung einer bestimmten Anzahl anderer Atome befähigt ist. Als Symbol wurde der Bindestrich eingeführt, der jedoch noch nicht die Bedeutung zur Widerspiegelung eines Elektronenpaars hatte.
Die vier Bindestriche, z. B. in der Formel des Methanmoleküls, sagten zu jener Zeit nur aus, dass ein Kohlenstoffatom mit vier Wasserstoffatomen verbunden ist. Wie aber der Zusammenhalt zwischen den Elementen Kohlenstoff und Wasserstoff und die räumliche Struktur des Moleküls zustande kommen, blieb noch absolut im Dunkeln.

Ein wichtiger Fortschritt war die Entdeckung der Ionen. Auf dieser Basis entwickelte **SVANTE ARRHENIUS** die Hypothese zu den Bindungsverhältnissen in salzartigen Stoffen.
So konnte beispielsweise das Kochsalzgitter, bestehend aus positiv geladenen Natrium- und negativ geladenen Chlorid-Ionen, die sich elektrostatisch anziehen, plausibel erklärt werden.
Die Struktur und das Reaktionsverhalten von Molekülverbindungen wie Methan oder Wasserstoff konnten mithilfe der Vorstellungen von ARRHENIUS nicht beschrieben werden. Auch um die besonderen Eigenschaften der Metalle, z.B. die hohe Leitfähigkeit, zu verstehen, müssen weiterführende Modelle der chemischen Bindung herangezogen werden.
Wie alle Modelle beschreiben Bindungsmodelle die Realität in vereinfachter Form und gelten daher nur innerhalb bestimmter Grenzen (↗S. 15), z.B. für bestimmte Stoff- oder Verbindungsklassen.

SVANTE ARRHENIUS (1859–1927) entwickelte die Theorie der elektrolytischen Dissoziation.

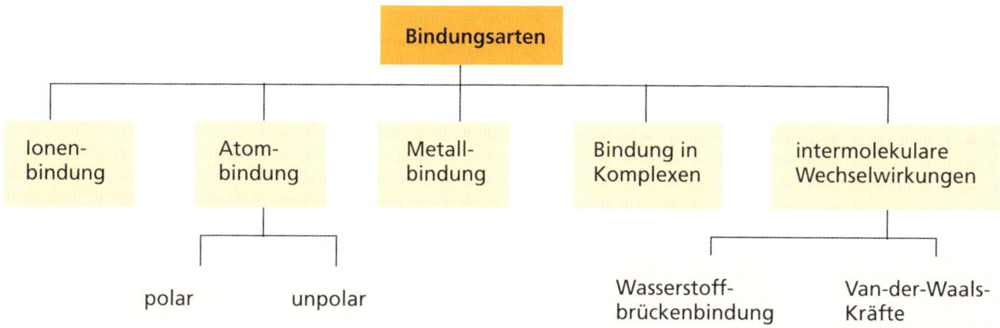

4.1.2 Atombindung

Das Lewis-Modell der kovalenten Bindung

Bereits zu Beginn des 20. Jh. war bekannt, dass die Elektronenkonfiguration der reaktionsträgen Edelgase einen sehr stabilen, energiearmen Zustand darstellt. **GILBERT NEWTON LEWIS** erkannte, dass dieser Zustand erreicht werden kann, indem Elektronen der äußeren, nicht vollständig besetzten Schalen von zwei Atomen gemeinsam genutzt werden. Aus diesem Grund wird die Atombindung auch als **Elektronenpaarbindung** oder **kovalente Bindung** bezeichnet.
Durch die Bildung der erforderlichen Anzahl der gemeinsamen, bindenden Elektronenpaare erhalten die Atome im Molekül eine stabile Konfiguration von 8 Außenelektronen **(Oktettregel).** Eine Ausnahme bildet Wasserstoff, der als Element der 1. Periode maximal zwei Elektronen aufnehmen kann und damit die **Edelgaskonfiguration** des Heliums erreicht.

GILBERT NEWTON LEWIS (1875–1946) war ein amerikanischer Physikochemiker.

> Die Entstehung von Molekülen aus Atomen beruht auf der Bildung von gemeinsamen, bindenden Elektronenpaaren in dem Bestreben der Atome, eine energetisch stabile Anordnung der Elektronen (Edelgaskonfiguration) zu erreichen.

Kovalenz (lat.) bedeutet zusammenwertig; gemeint sind hier gemeinsame, an der Bindung beteiligte Elektronenpaare.

Der Bindestrich zwischen den Atomen erhielt damit die Bedeutung eines bindenden Elektronenpaars. Das 1916 entwickelte Lewis-Modell wird auch heute noch dazu genutzt, um die **Valenzstrichformeln bzw. Lewis-Formeln** von Molekülen und Molekül-Ionen zu ermitteln. Dazu bestimmt man die Gesamtzahl der Außenelektronen aller Atome in einer Molekülverbindung und verteilt diese nach der **Oktettregel** (bei Wasserstoff nur ein Elektronenpaar).

Die gewinkelte Form des Wassermoleküls war zu Beginn des 20. Jh. noch nicht bekannt.

Lewis-Formeln von Molekülen

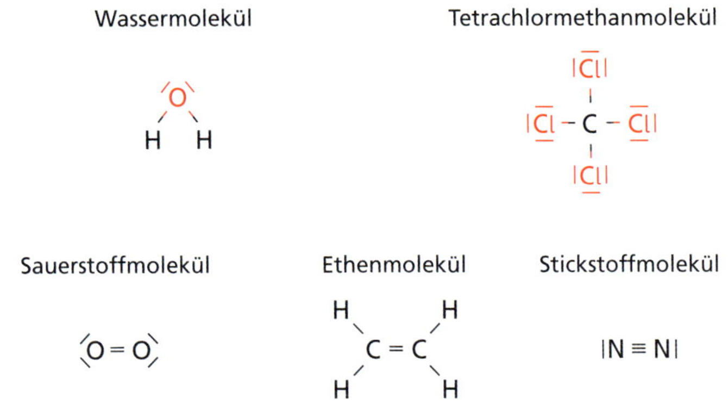

Um ein Elektronenoktett zu erreichen, müssen in vielen Fällen zwei oder sogar drei bindende Elektronenpaare zwischen den Atomen ausgebildet werden. Elektronen, die nicht an der kovalenten Bindung beteiligt sind, werden den Atomen als freie Elektronenpaare zugeordnet.

Einige Moleküle und Ionen lassen sich durch eine einzige Lewis-Formel nicht ausreichend darstellen. So ergeben sich z. B. für das Distickstoffmonooxid oder das Carbonat-Ion mehrere Möglichkeiten. Die tatsächliche Elektronenverteilung in den Molekülverbindungen wird von keiner dieser Lewis-Formeln korrekt wiedergegeben, sondern liegt dazwischen. Man spricht hier von **mesomeren Grenzformeln** (↗ S. 263), die nur einen möglichen Grenzzustand der Moleküle bzw. Molekül-Ionen beschreiben und durch einen Mesomeriepfeil (↔) voneinander getrennt sind.

Formalladungen und Ionenladungen sind unterschiedliche Ladungen von Teilchen. Für neutrale Moleküle (N_2O) beträgt die Summe der Formalladungen null, bei Molekül-Ionen (CO_3^{2-}) entspricht sie der Ionenladung.

Die an den Atomen angegebenen Ladungen sind **Formalladungen.** Diese ergeben sich aus der Differenz zwischen der Anzahl der Valenzelektronen des Atoms entsprechend der Stellung des Elements im PSE (↗ S. 484) und der Anzahl der dem Atom (nach formal homolytischer Bindungsspaltung) zugeordneten Außenelektronen in der Lewis-Formel.

Mesomere Grenzstrukturen nach Lewis

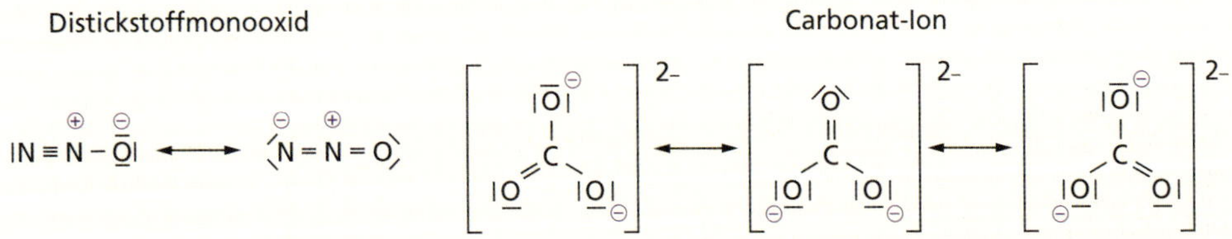

Quantenmechanische Modelle der Atombindung

Die Lewis-Theorie der Elektronenpaarbindung lässt die Frage offen, wie zwei negativ geladene Elektronen den Zusammenhalt zwischen den Atomkernen bewirken. Schwierigkeiten entstehen auch bei der Anwendung der Oktettregel auf Atome jenseits der zweiten Periode des PSE, z. B. Nebengruppenelemente (↗ S. 248), die mehr als 8 Valenzelektronen aufnehmen können. Außerdem liefert das Lewis-Modell keine Hinweise auf die **räumliche Struktur** von Molekülen, also zum Abstand der Atome und ihrer relativen Lage im Raum.

Die räumliche Struktur von Molekülen und damit deren Eigenschaften ergeben sich daraus, dass die Atombindung anders als die Ionenbindung (↗ S. 96) eine *gerichtete Wechselwirkung* zwischen Teilchen ist.

Diese Fragen lassen sich nur auf der Grundlage quantenchemischer Betrachtungen der kovalenten Bindung beantworten. Dabei wird das Verhalten der Elektronen in Molekülen – ähnlich wie in Atomen – mithilfe der Schrödinger-Gleichung (↗ S. 56) als Wellenfunktion Ψ beschrieben.

Diese mathematische Gleichung lässt sich jedoch auch mit der modernen Computertechnik nur für sehr einfache Moleküle mit wenigen Valenzelektronen (z. B. H_2) exakt lösen. Man benutzt zwei verschiedene Näherungsverfahren zur Erklärung der Atombindung: die **Molekülorbitaltheorie** (MO-Theorie) und die **Valenzbindungstheorie** (Valence-Bond- oder VB-Theorie).
Bei beiden Modellen werden unterschiedliche Vereinfachungen getroffen, um die kovalente Bindung leicht verständlich darzustellen. Deshalb liefern beide Modelle auch Aussagen zu verschiedenen Eigenschaften von Molekülverbindungen.
So erklärt die VB-Theorie besonders anschaulich die räumliche Struktur von Molekülen, während man mit der MO-Theorie die Bindungsstärke leichter beurteilen kann. Welches der beiden Modelle man zur Beschreibung der Bindung in Molekülen benutzt, hängt davon ab, welche Informationen man benötigt.

Modelle zur kovalenten Bindung

Lewis-Modell	MO-Theorie	VB-Theorie
– Ausbildung bindender und nicht bindender Elektronenpaare – Anzahl der Bindungspartner eines Atoms – Einfach- und Mehrfachbindungen (Oktettregel) – Formalladungen von Atomen und mesomere Grenzstrukturen von Molekülen – keine Aussagen zur räumlichen Struktur – Oktettregel gilt streng nur für die 2. Periode des PSE	– Ausbildung bindender und antibindender Molekülorbitale – Anzahl und Stärke der Bindungen, Bindungsenergien – Erklärung vieler Stoffeigenschaften (Farbigkeit, Magnetismus, Mesomeriestabilisierung usw.) – keine räumliche Darstellung der Moleküle – für große Elektronensysteme zunehmend komplizierter	– Bindungsbildung durch Überlappung geeigneter Atomorbitale – Anzahl der Bindungen, Überlappung als Maß der Bindungsstärke – verdeutlicht am besten die kovalente Bindung als gerichtete Wechselwirkung zwischen Atomen – räumliche Struktur von Molekülverbindungen (Bindungslängen und Bindungswinkel)

4

Die Molekülorbitaltheorie

Die MO-Theorie geht von einem einheitlichen Elektronensystem für das Molekül aus. Die Elektronen der Atome befinden sich in Molekülorbitalen (MOs), die sich über das gesamte Molekül erstrecken, und stehen mit mehreren Atomkernen in Wechselwirkung.

Die Anzahl der gebildeten MOs ist immer gleich der Anzahl der miteinander kombinierten AOs.

Das am einfachsten aufgebaute Molekül besteht aus zwei Wasserstoffatomen. Man formuliert die MOs näherungsweise, indem man die Wellenfunktionen Ψ der Elektronen aus den beiden 1s-Orbitalen der Atome addiert bzw. subtrahiert. Dieses Verfahren nennt man lineare Kombination der Atomorbitale (LCAO-Methode).

Bildung von Ψ1s-MO

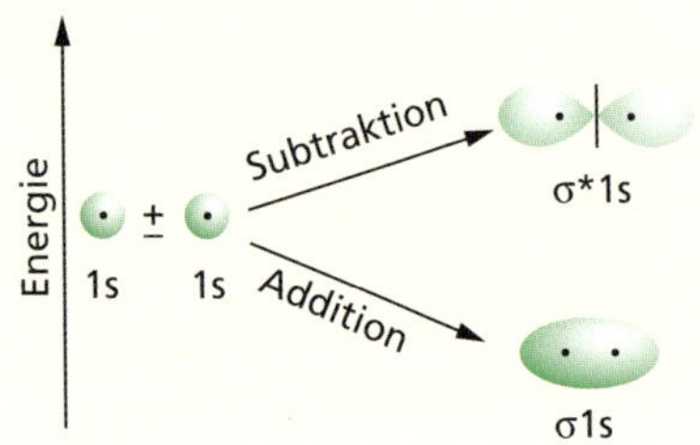

Bei der Addition der beiden 1s-Orbitale der Wasserstoffatome erhält man ein MO, in dem sich die Elektronen bevorzugt zwischen den beiden Atomkernen aufhalten. Dieses MO bezeichnet man als **bindendes Molekülorbital** oder σ1s-MO.
Durch die Subtraktion der Atomorbitale (AOs) entsteht ein MO mit sehr geringer Elektronendichte zwischen den Atomkernen. Daraus resultiert eine verstärkte elektrostatische Abstoßung zwischen den positiven Kernen, sodass dieses **antibindende Molekülorbital** (σ*1s-MO) energetisch höher liegt als die beiden Atomorbitale.

Jedes MO ist durch Quantenzahlen charakterisiert, die seine Form und Energie bestimmen.

Die Molekülorbitale besetzt man unter Beachtung des Aufbauprinzips und der hundschen Regel (↗ S. 61) mit jeweils zwei Elektronen mit entgegengesetztem Spin. Für das Wasserstoffmolekül erhält man so ein Elektronenpaar im bindenden MO, während das antibindende MO unbesetzt bleibt. Daraus ergibt sich ein Energiegewinn gegenüber dem Zustand der freien Wasserstoffatome, der der theoretischen Bindungsenergie des Wasserstoffmoleküls entspricht. Das Elektronenpaar im bindenden MO symbolisiert die beiden Elektronen, die sich mit hoher Wahrscheinlichkeit zwischen den beiden Atomkernen aufhalten und so die Ausbildung der kovalenten Bindung bewirken.

MO-Schema von Wasserstoff und Helium

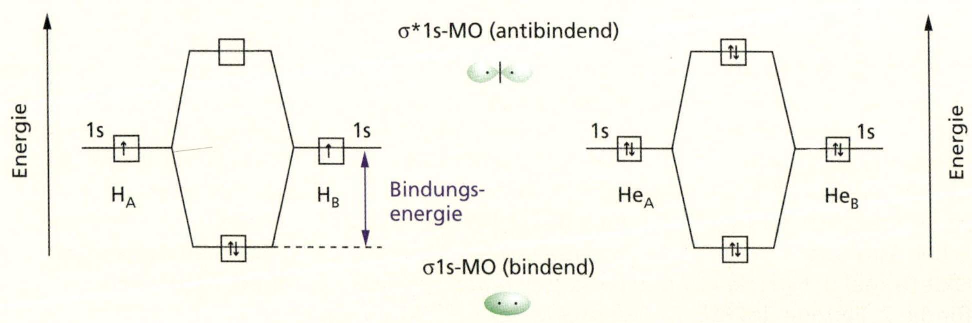

Der Versuch, die zwei Atomorbitale von Heliumatomen mit jeweils voll besetzter Elektronenschale zu kombinieren, führt zur vollen Besetzung der beiden Molekülorbitale σ1s und σ*1s. Aus dieser Kombination resultiert keine Bindung, weil der Energiegewinn durch die Besetzung des bindenden MOs durch die ebenfalls volle Besetzung des antibindenden MOs kompensiert wird. Heliumatome bilden daher kein Molekül.

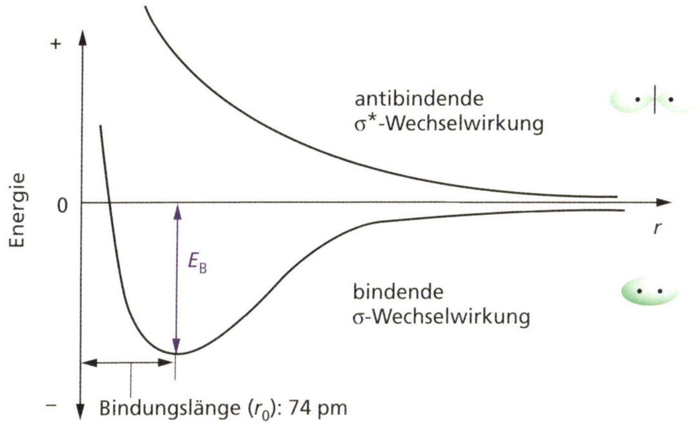

Bei der Bildung von 1 mol H_2-Molekülen wird die Bindungsenergie von 436 $kJ \cdot mol^{-1}$ frei. Diese Energie müsste für die Spaltung der Moleküle in Atome wieder aufgewendet werden.

Welcher Effekt führt nun zur Energiefreisetzung bei der Besetzung des bindenden σ1s-MOs? Bei der Annäherung zweier weit voneinander entfernter Wasserstoffatome kommt es zur Durchdringung der Elektronenwolken, aus der eine höhere Elektronendichte zwischen den Kernen resultiert. Dadurch verringert sich die elektrostatische Abstoßung zwischen den positiven Atomkernen, es kommt zu einer Energieabsenkung und deshalb zu einer bindenden Wechselwirkung.
Bei zu großer Annäherung der Atome werden die Abstoßungskräfte zwischen den Kernen jedoch wieder stärker, sodass bei einem Atomabstand von 74 pm ein Energieminimum erreicht wird. Dieser Abstand entspricht der Bindungslänge im Wasserstoffmolekül.
Im Fall der antibindenden σ*-Wechselwirkung stoßen sich die Elektronenwolken gegenseitig ab und die Elektronendichte zwischen den Kernen geht gegen null. Bei der Annäherung der Atome steigt die Energie wegen der zunehmenden Kernabstoßung exponenziell an.
Die Durchdringung oder Überlappung der zwei 1s-Orbitale des Wasserstoffs führt zu einer **s-s-σ-Bindung.**

Ob sich bei der Überlappung der Elektronenwolken eine Bindung ausbildet, hängt von der Geometrie und Energie der beteiligten Atomorbitale ab. Dieser Aspekt der kovalenten Bindung wird aber wesentlich besser durch die VB-Theorie beschrieben.

s-s-σ-Bindung zwischen zwei Wasserstoffatomen

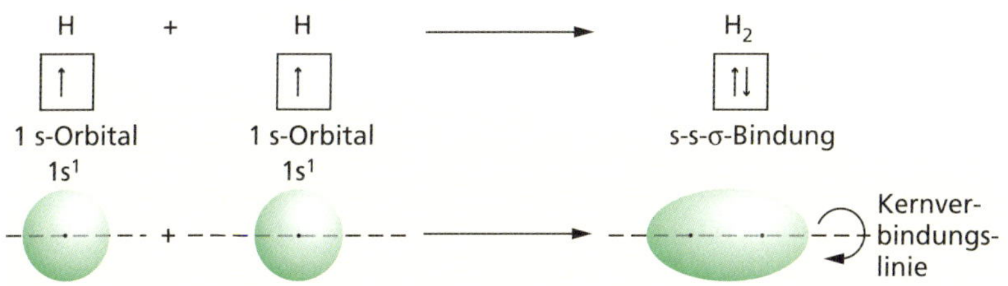

4

Das Valence-Bond-Modell der kovalenten Bindung

Bei der **Valence-Bond-Theorie** geht man von den einzelnen Atomen mit ihren Orbitalen aus und betrachtet deren Wechselwirkungen bei der Annäherung der Atome. Die VB-Theorie berücksichtigt die Geometrie bzw. Symmetrie der Atomorbitale und führt dadurch – anders als das MO-Schema – zur **räumlichen Struktur** der Molekülverbindungen.

Die Form der Atomorbitale wird entscheidend durch die Nebenquantenzahl l bestimmt. Neben der Form müssen auch die Ausrichtung der Orbitale im Raum und die Vorzeichen der Orbitallappen (↗ S. 59) bei der Annäherung der Atome beachtet werden. Bei positiver **Überlappung** entsteht ein zu beiden Atomen gehörendes, gemeinsames Orbital, das von zwei ungepaarten Elektronen der beteiligten Atome besetzt wird.

▶ Die s-Orbitale sind kugelförmig, p-Orbitale hantelförmig und d-Orbitale ähneln einer Rosette.

Möglichkeiten der Überlappung von Atomorbitalen

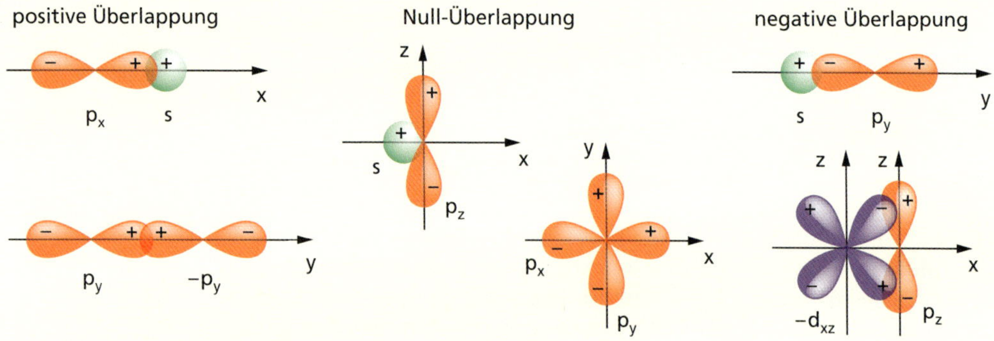

Nur die **positive Überlappung** der Orbitale führt zu einer höheren Elektronendichte zwischen den Atomkernen. Die Bindung kommt durch die Anziehung zwischen den positiv geladenen Kernen und der negativ geladenen Elektronenwolke zustande. Je mehr die Atomorbitale überlappen, umso stärker ist die kovalente Bindung.

▶ Die Besetzung der Orbitale eines Atoms kann mittels Kästchenschreibweise (↗ S. 62) dargestellt werden.

Elektronenbesetzung im Fluoratom

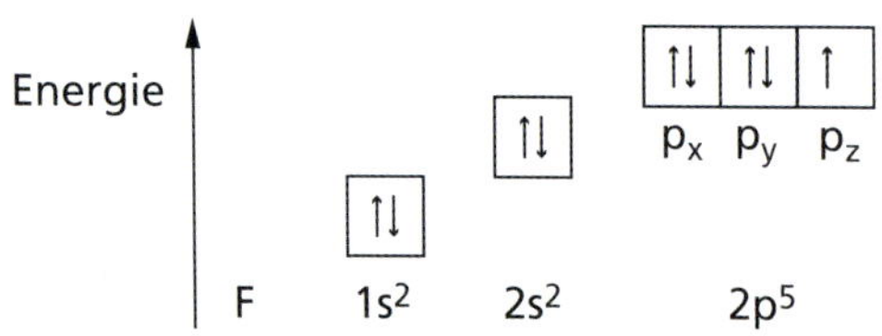

Bei der Bildung des Fluormoleküls (F_2) erfolgt die Überlappung zwischen den $2p_z$-Orbitalen, die im Grundzustand der Atome mit ungepaarten Elektronen besetzt sind. Die Elektronenwolken überlappen entlang der gestrichelt gezeichneten Verbindungslinie zwischen den Atomkernen. Dabei lassen sich die p-Orbitale ungehindert um die Kernverbindungslinie drehen, ohne dass die Überlappung verändert wird.

Eine solche frei drehbare oder **rotationssymmetrische Bindung** aus zwei p-Orbitalen nennt man **p-p-σ-Bindung.**

Orbitaldarstellung der Reaktion von zwei Fluoratomen

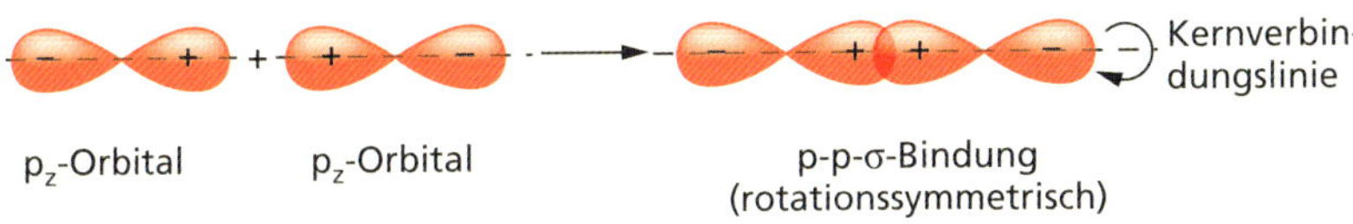

F + F ⟶ F_2

▶ Bei der Bildung des Fluorwasserstoffmoleküls ergibt sich eine ebenfalls rotationssymmetrische s-p-σ-Bindung.

Das Valence-Bond-Modell des Methanmoleküls
Das Kohlenstoffatom hat die Elektronenkonfiguration $1s^2\ 2s^2\ 2p^2$. Würden die einfach besetzten p-Orbitale des Kohlenstoffs mit den s-Orbitalen des Wasserstoffs überlappen, könnte nur ein energiereiches, instabiles CH_2-Molekül mit 6 Valenzelektronen am Kohlenstoffatom entstehen. Weder die Summenformel noch die räumliche Struktur des Methanmoleküls würden richtig wiedergegeben.

▶ Der amerikanische Chemiker **LINUS PAULING** (1901–1994) trug maßgeblich zur Entwicklung der VB-Theorie bei.

■ **Elektronenbesetzung im Kohlenstoffatom (Grundzustand)**

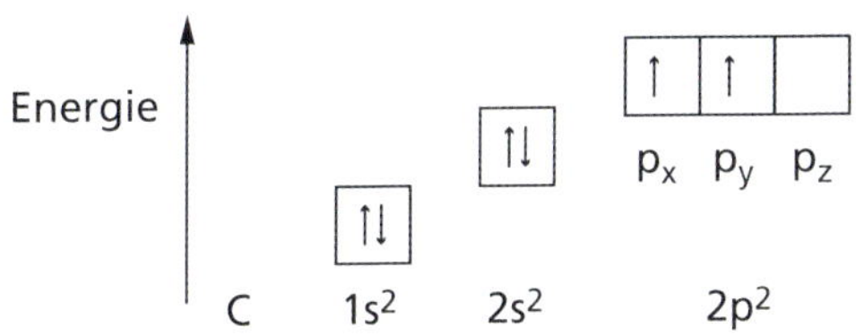

Voraussetzung für die Ausbildung von vier Bindungen zwischen Kohlenstoffatom und Wasserstoffatomen ist im ersten Schritt die energetische Anregung des Kohlenstoffatoms. Dabei wird formal ein Elektron aus dem 2s-Orbital auf das leere 2p-Niveau angehoben. Diesen Vorgang bezeichnet man als **Promotion** des Elektrons.

■ **Elektronenbesetzung im Kohlenstoffatom (angeregter Zustand)**

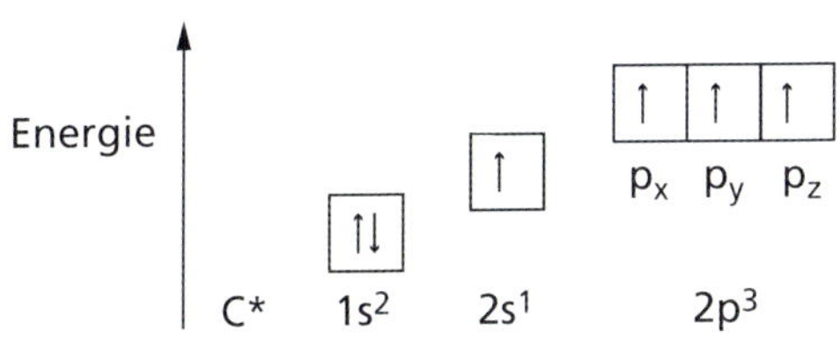

▶ Die für die Promotion notwendige Energie wird durch den Energiegewinn aufgebracht, der bei der Ausbildung der Bindungen anfällt.

Auf diesem Wege sind vier ungepaarte Elektronen des Kohlenstoffs entstanden. Würden das eine 2s- und die drei 2p-Orbitale nun mit je einem s-Orbital des Wasserstoffs überlappen, so müsste ein Wasserstoffatom fester als die übrigen drei gebunden sein, denn s-s-σ-Bindungen sind fester als s-p-σ-Bindungen. Die Winkel zwischen den Bindungen müssten 90° betragen, da p-Orbitale senkrecht aufeinander stehen (↗ S. 59).

▶ In räumlicher Darstellung lassen sich modellhaft der Grundzustand (A), der angeregte Zustand (B) und der sp^3-Hybridzustand (C) abbilden.

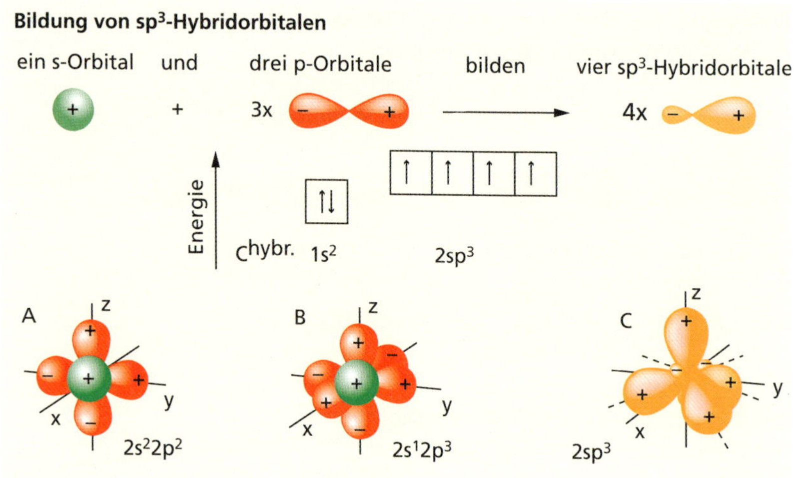

Die Voraussetzung für vier gleiche Bindungen sind vier gleichwertige Orbitale des Kohlenstoffatoms. Nach dem Konzept von L. PAULING entstehen diese durch die Kombination des 2s-Orbitals mit den drei 2p-Orbitalen. Infolge der mathematischen „Durchmischung" erhält man vier verzerrt hantelförmige **Hybridorbitale** mit ¼ s- und ¾ p-Charakter. Diesen Vorgang nennt man **Hybridisierung.**

Aufgrund der wechselseitigen Abstoßung der Elektronen haben alle Orbitale das Bestreben, einen maximalen Abstand zueinander einzunehmen. Bei vier sp^3-Hybridorbitalen ergibt sich daraus die Struktur eines Tetraeders, die Orbitale bilden untereinander einen Winkel von ca. 109° **(Tetraederwinkel).**

Überlappt nun ein 1s-Orbital des Wasserstoffatoms mit einem sp^3-Hybridorbital des Kohlenstoffatoms, entsteht eine **s-sp^3-σ-Bindung.**

Für das Methanmolekül ergibt sich daraus eine räumliche Struktur, die sehr gut mit den experimentellen Daten zum Aufbau dieses Moleküls übereinstimmt.

▶ Hybridisierung heißt wörtlich Kreuzung. Je nach Anzahl der Bindungspartner kann der Kohlenstoff auch eine sp^2- oder sp-Hybridisierung eingehen.

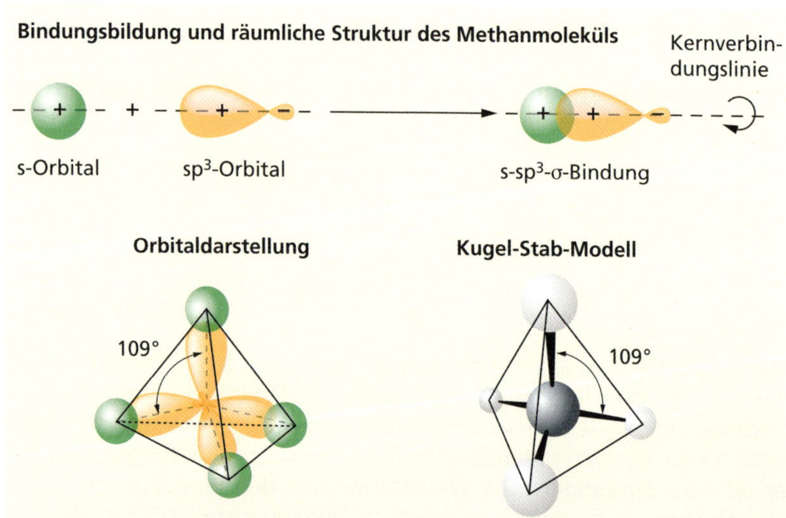

▶ Neben der Orbitaldarstellung und dem Kugel-Stab-Modell gibt es noch weitere Modelle zur räumlichen Darstellung von Molekülverbindungen (↗S. 15).

Bindungen in Molekülen mit mehreren Kohlenstoffatomen

Entfernt man gedanklich von zwei Methanmolekülen je ein Wasserstoffatom, so entstehen zwei Methylradikale ($CH_3\cdot$). Diese können eine **sp^3-sp^3-σ-Bindung** bilden; es entsteht ein Ethanmolekül.

Bei der Substitution eines Wasserstoffatoms durch ein Chloratom bildet sich eine sp^3-p-σ-Bindung aus (↗ S. 91).

Orbitaldarstellung des Ethanmoleküls

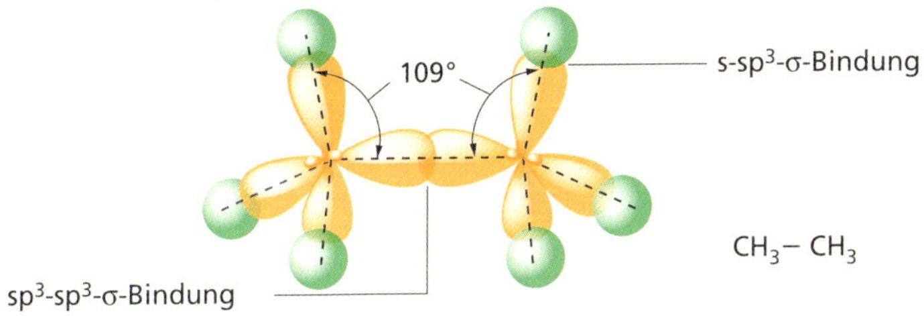

Die σ-Bindung zwischen den Kohlenstoffatomen ist ebenfalls frei drehbar. Bei den Alkanen (↗ S. 292 ff.) liegen alle Kohlenstoffatome sp^3-hybridisiert vor. Deshalb bilden auch die C–C-Bindungen einen Tetraederwinkel von 109°, sodass sich für höhere Alkane wie n-Butan die Struktur einer gewinkelten Kette ergibt.

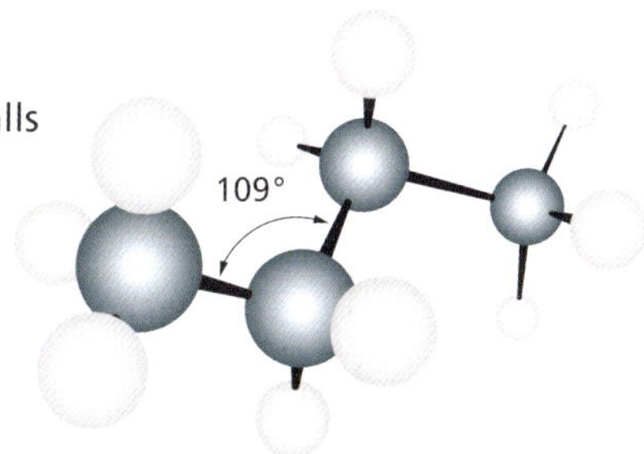

Kugel-Stab-Modell von n-Butan

Ausbildung von Mehrfachbindungen

Wenn dem Kohlenstoffatom für die Absättigung der vier Bindungen nicht ausreichend Bindungspartner zur Verfügung stehen, können sich ungesättigte Verbindungen bilden, da beim Kohlenstoffatom verschiedene Hybridisierungsmöglichkeiten bestehen. So führt die Hybridisierung zwischen einem 2s-Orbital und zwei 2p-Orbitalen zu drei **sp^2-Hybridorbitalen.** Die Form der sp^2-Hybridorbitale ist der Form der sp^3-Hybridorbitale ähnlich. Aufgrund des höheren s-Anteils ist die „verschobene" Hantelform der sp^2-Hybridorbitale nicht ganz so stark gestreckt.

Die drei sp^2-Hybridorbitale bilden einen Winkel von 120° in der Ebene. Man bezeichnet das auch als trigonal-planaren Zustand des Kohlenstoffatoms.

Bildung von sp^2-Hybridorbitalen

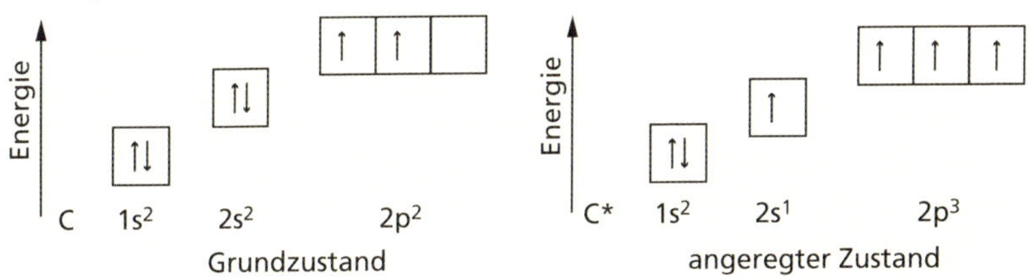

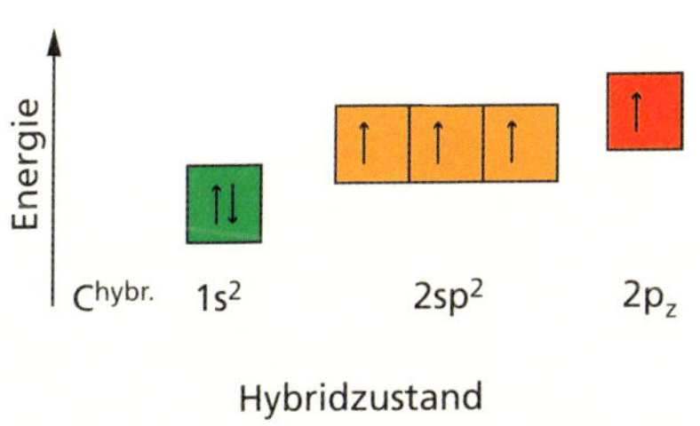

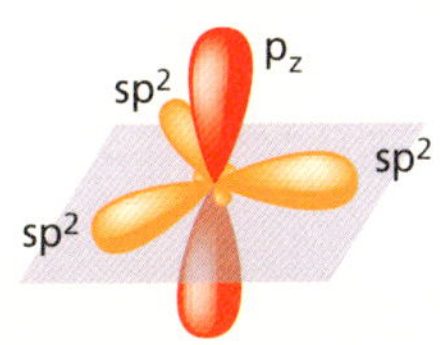

räumliche Darstellung des sp^2-Hybridzustands

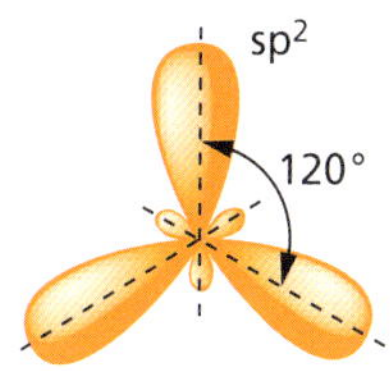

C=C-Doppelbindungen sind wesentlich stärker und kürzer als C–C-Einfachbindungen.

Im Gegensatz zu sp^3-Hybridorbitalen liegen sp^2-Hybridorbitale in einer Ebene mit je einem Bindungswinkel von 120°. Senkrecht zur Ebene der drei sp^2-Hybridorbitale befindet sich das in der Gestalt und Energie unveränderte $2p_z$-Orbital.
Die **Kohlenstoff-Kohlenstoff-Doppelbindung** im Ethenmolekül resultiert zum einen aus der Überlappung von zwei sp^2-Hybridorbitalen und zum anderen daraus, dass sich die beiden p_z-Orbitale der Kohlenstoffatome durchdringen. Das für die Doppelbindung notwendige p_z-Orbital wird nicht hybridisiert.

Bildung einer Doppelbindung im Ethenmolekül

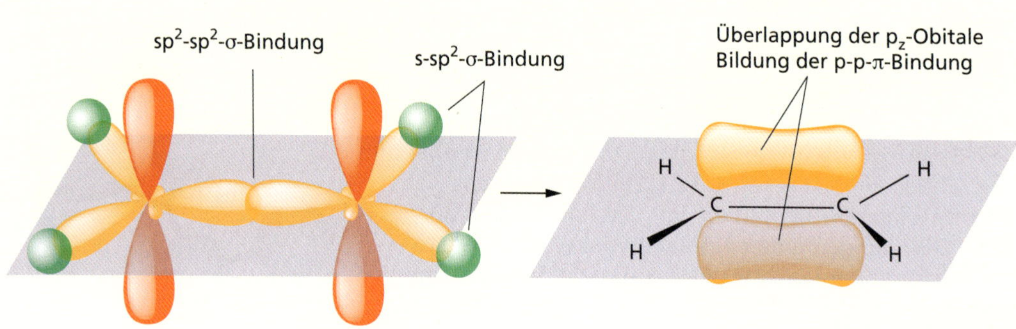

> Doppelbindungen zwischen zwei Kohlenstoffatomen entstehen aus einer **sp^2-sp^2-σ-Bindung** und einer **p-p-π-Bindung.**

Aus dem Modell wird ersichtlich, dass beim Versuch der Drehung um die C–C-Achse die Doppelbindung aufgebrochen werden müsste. Damit ist die freie Drehbarkeit nicht mehr gegeben, woraus folgt, dass die **π-Bindungen** – anders als σ-Bindungen – nicht rotationssymmetrisch, sondern nur **flächensymmetrisch** sind.

Kumulierte Doppelbindungen treten gehäuft auf, isolierte vereinzelt. Konjugierte Doppelbindungen wechseln mit Einfachbindungen.

Kumulierte und konjugierte Doppelbindungen

In Kohlenwasserstoffmolekülen mit mehreren Doppelbindungen können diese direkt benachbart oder im Wechsel mit Einfachbindungen auftreten. Im letzteren Fall, z.B. beim Buta-1,3-dien, spricht man von **konjugierten Doppelbindungen.** Anders als beim Buta-1,2-dien liegen hier alle Kohlenstoffatome im gleichen Hybridisierungszustand, nämlich sp^2-hybridisiert mit einem senkrecht dazu stehenden p_z-Orbital, vor.

Kumulierte und konjugierte Doppelbindungen

Buta-1,2-dien
kumulierte Doppelbindung

Buta-1,3-dien
konjugierte Doppelbindung

$2p_z$-Atomorbitale und delokalisiertes π-Elektronensystem im Buta-1,3-dienmolekül

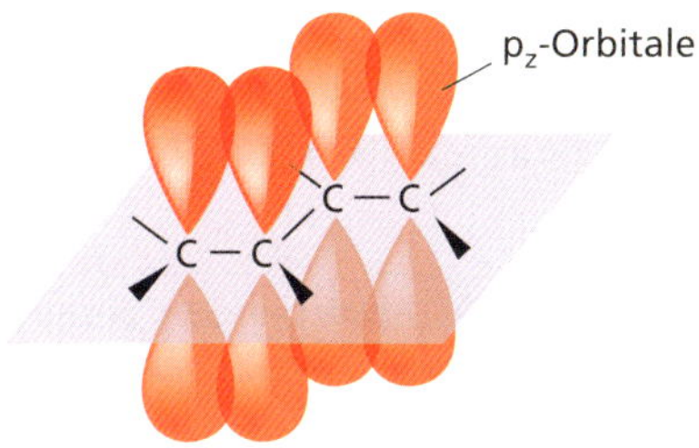

$2p_z$-Atomorbitale (Bindungswinkel der Kohlenstoffkette = 120°)

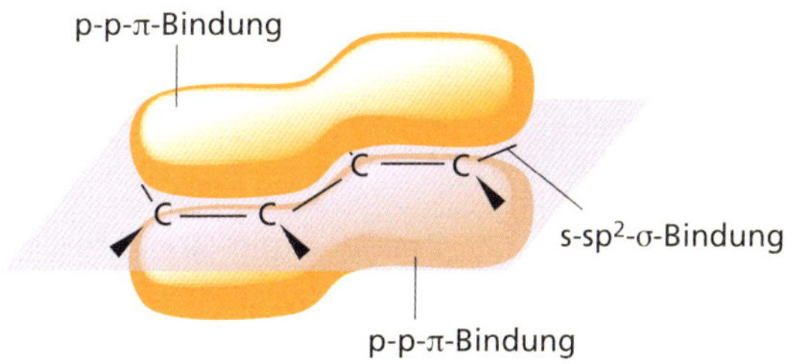

delokalisiertes π-Elektronensystem

Experimentell wurde gefunden, dass die Bindungslängen zwischen allen Kohlenstoffatomen beim Buta-1,3-dien gleich sind. Daraus folgt, dass die p_z-Orbitale nicht nur zwischen dem ersten und zweiten sowie zwischen dem dritten und vierten Kohlenstoffatom überlappen, sondern auch zwischen dem zweiten und dritten.
Die vier p_z-Elektronen bilden somit zwei durchgängige Ladungswolken oberhalb und unterhalb der Kohlenstoffkette, in denen sie frei beweglich sind. Man bezeichnet diesen Zustand als **konjugiertes oder delokalisiertes π-Elektronensystem** (↗ S. 298 f.).

Bindungsverhältnisse im Ethinmolekül

Im Ethinmolekül sind die beiden Kohlenstoffatome sp-hybridisiert. Der Winkel zwischen beiden sp-Hybridorbitalen beträgt 180°.
Die beiden nicht hybridisierten p-Orbitale der Kohlenstoffatome bilden bei ihrer Überlappung zwei p-p-π-Bindungen, die flächensymmetrisch in einem Winkel von 90° zueinander stehen.

Es gibt auch Verbindungen mit mehr als einer Dreifachbindung im Molekül. Moleküle mit zwei Dreifachbindungen heißen z. B. Diine.

> **Dreifachbindungen** zwischen zwei Kohlenstoffatomen entstehen aus einer **sp-sp-σ-Bindung** und zwei **p-p-π-Bindungen.**
> Auch im Ethinmolekül ist die freie Drehbarkeit der C ≡ C-Bindung nicht gegeben.

Bildung von sp-Hybridorbitalen des Kohlenstoffatoms

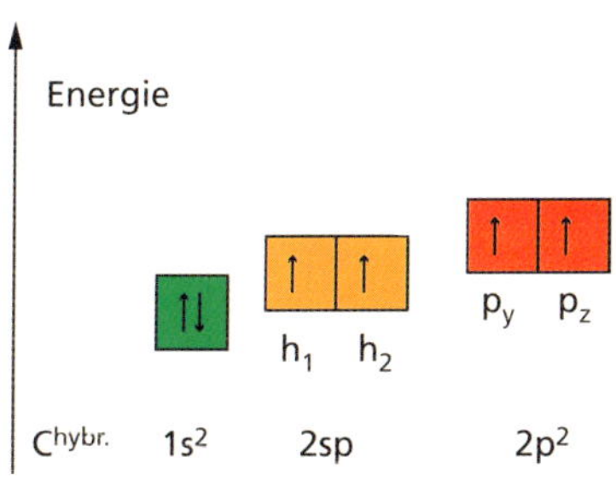

Lage der π- und σ-Bindungen im Ethinmolekül

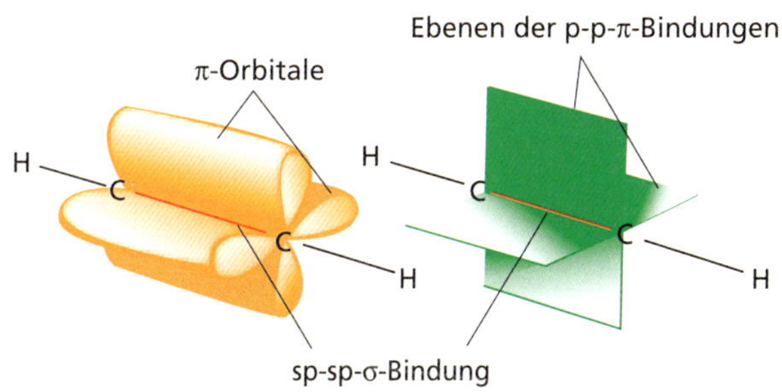

4

Chemische Bindung im elementaren Kohlenstoff

Elementarer **Kohlenstoff** liegt kovalent gebunden vor. Die Verknüpfung der Atome kann auf verschiedene Weise erfolgen, sodass Kohlenstoff in mehreren **Modifikationen** auftritt.

Eine weitere Modifikation des **Kohlenstoffs** sind die Fullerene, für deren Entdeckung **RICHARD SMALLEY** (1943–2005) 1996 den **Nobelpreis** für Chemie erhielt.

Diamant und **Grafit** setzen sich aus großen Atomverbänden zusammen und bilden jeweils ein **Atomgitter.** Aufgrund der unterschiedlichen Hybridisierung der Kohlenstoffatome im Gitter ergeben sich für die Modifikationen des gleichen Elements durchaus verschiedene Eigenschaften.

Im Diamantgitter ist jedes Kohlenstoffatom sp^3-hybridisiert. Daraus ergibt sich, dass jedes Atom tetraedrisch von vier weiteren Atomen umgeben ist. Die von einem Kohlenstoffatom ausgehenden vier sp^3-sp^3-σ-Bindungen zeigen in die Ecken eines Tetraeders, ihre Bindungslängen und ihre Bindungsenergien sind gleich groß. Daraus resultiert ein sehr regelmäßiges, dreidimensionales stabiles Atomgitter mit einer außerordentlichen Härte.

Diamantstruktur

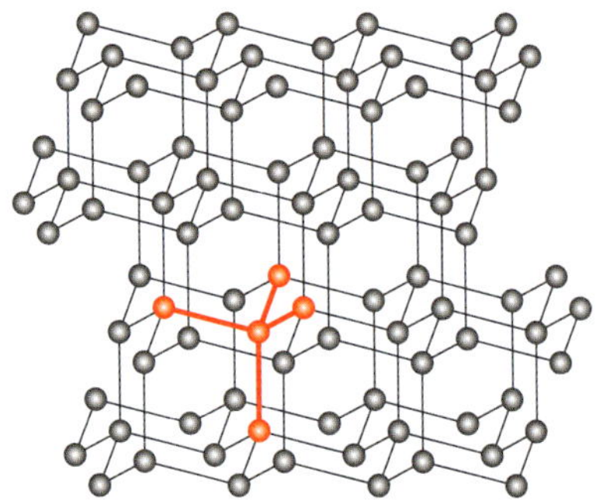

Aus der leichten Verschiebbarkeit der Kohlenstoffschichten des Grafits resultiert die Anwendung als festes Schmiermittel.

Grafitstruktur

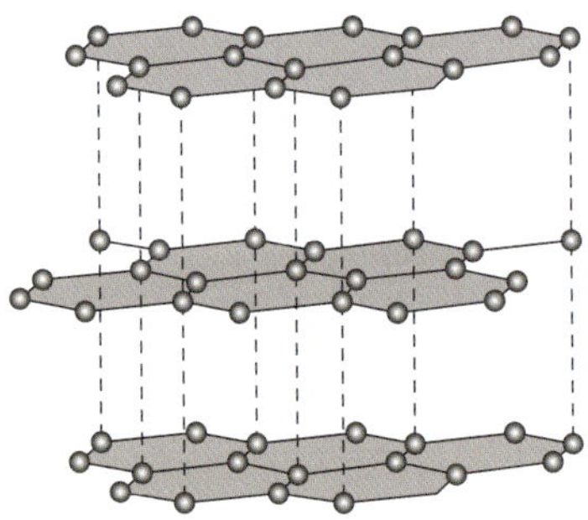

Das Grafitgitter setzt sich aus sp^2-hybridisierten Kohlenstoffatomen zusammen.
Das Gitter besteht aus ebenen Schichten, in denen ein Kohlenstoffatom mit drei weiteren über sp^2-sp^2-σ-Bindungen zu regelmäßigen Sechsecken verknüpft ist. Das neben der sp^2-Hybridisierung ebenfalls vorhandene p-Orbital steht senkrecht zur Ebene der drei sp^2-sp^2-σ-Bindungen.

Eine weitere Erscheinungsform des Kohlenstoffs sind die erst im Jahr 2000 entdeckten **Nanotubes.**

Die experimentelle Bestimmung der Bindungslängen zwischen den Kohlenstoffatomen zweier Kohlenstoffschichten zeigt, dass die p-Orbitale kaum überlappen. Wäre das der Fall, müsste die Bindungslänge geringer sein. Die Elektronen der p-Orbitale können nicht einzelnen Bindungen bzw. Atomen zugeordnet werden. Man spricht deshalb von delokalisierten Elektronen, die sich in einem elektrischen Feld zwischen den Schichten der Kohlenstoffgitter bewegen können. Diese Modellvorstellung erklärt die elektrische Leitfähigkeit des Grafits ebenso wie die schwarze Farbe und den metallischen Glanz.
Im Diamant liegen dagegen alle Elektronen des Kohlenstoffs lokalisiert in starken Bindungen vor. Deshalb ist diese Kohlenstoffmodifikation viel härter als Grafit und ein guter Isolator.

Polare Atombindungen

Polare Atombindungen entstehen durch die unterschiedliche Fähigkeit der Atome, bindende Elektronenpaare anzuziehen. Quantitativ wird diese Fähigkeit durch die **Elektronegativität** beschrieben.

Die Polarität von Atombindungen kann auf verschiedene Weise gekennzeichnet werden:

1. H → |C̄l|
2. δ^+ H – |C̄l| δ^-

Modellhaft kann die Verschiebung der Elektronendichte zum elektronegativeren Atom hin mit der asymmetrischen Lage der gemeinsamen Elektronenpaare zwischen den Atomkernen der Bindungspartner veranschaulicht werden.
Dadurch entstehen Ladungsschwerpunkte in den Molekülen, die durch sogenannte **Partialladungen** δ^- am elektronegativeren bzw. δ^+ am elektropositiveren Atom einer Bindung gekennzeichnet werden.

Polarität der Moleküle (polare Atombindungen)

Im **Chlorwasserstoffmolekül** sind über eine s-p-σ-Bindung zwei Atomarten mit einer relativ großen Differenz der Elektronegativitätswerte linear miteinander verbunden, das Wasserstoffatom mit 2,1 und das Chloratom mit 3,0. Durch die Verschiebung der Elektronendichte zum Chloratom ist dieses etwas negativer geladen als das Wasserstoffatom. Das Ergebnis ist ein **permanenter Dipol** (↗ S. 105), d. h. ein Molekül, das dauerhaft und nicht nur kurzzeitig polar ist.
Auch bei der Halogenierung der Kohlenwasserstoffe (↗ S. 308) können Dipole infolge der Ausbildung der polaren sp^3-p-σ-Bindung zwischen Kohlenstoff und Chlor z. B. beim Monochlormethan entstehen.

sp^3-p-σ-Bindung beim Monochlormethan

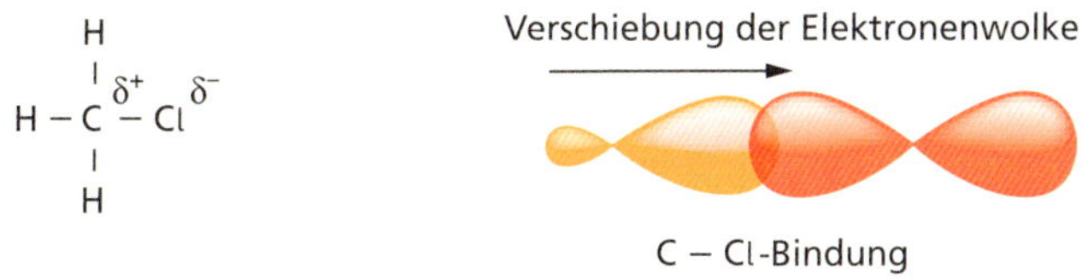

Dennoch kann nicht in jedem Fall bei einem Halogenderivat von einem polaren Molekül ausgegangen werden. Trotz der Polarität der vier Bindungen zwischen Chlor- und Kohlenstoffatomen ist das Tetrachlormethanmolekül unpolar.
Da die Chloratome völlig symmetrisch um das zentrale Kohlenstoffatom angeordnet sind, fallen der positive und der negative Ladungsschwerpunkt im Zentrum des Moleküls zusammen. In solchen Fällen kompensieren sich die positiven und negativen Partialladungen und das Molekül ist kein permanenter Dipol.

Tetrachlormethan

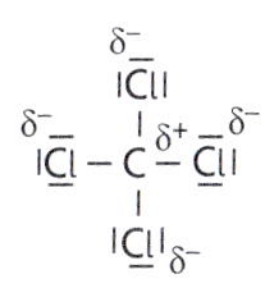

Das Valence-Bond-Modell lässt sich ebenfalls für die Erklärung der Strukturen und Eigenschaften von Aromaten (↗ S. 298) und Komplexverbindungen (↗ S. 248) erfolgreich nutzen.

Bindungsverhältnisse im Wassermolekül

Das Sauerstoffatom hat im Grundzustand die folgende Elektronenkonfiguration: $1s^2\ 2s^2\ 2p^4$. Bei der Hybridisierung entstehen aus den 2s- und 2p-Orbitalen vier sp^3-Hybridorbitale.

Elektronenkonfiguration des Sauerstoffatoms

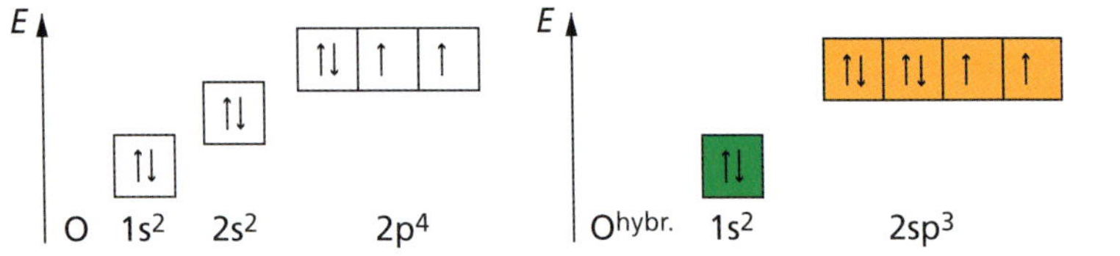

Sauerstoffatom im Grundzustand Sauerstoffatom im Hybridzustand

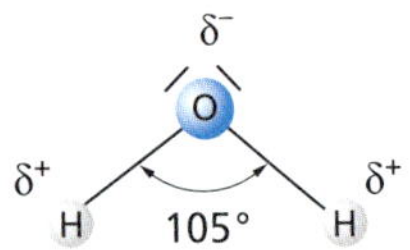

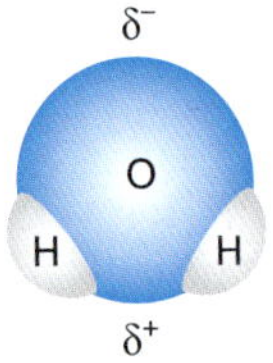

Das hybridisierte Sauerstoffatom weist zwei doppelt besetzte und zwei einfach besetzte Hybridorbitale auf, die in die Ecken eines Tetraeders weisen. Die nichtbindenden, doppelt besetzten Hybridorbitale haben einen etwas größeren Raumbedarf als die bindenden Orbitale und liegen dichter am Kern. Dadurch kommt es zu einer verzerrten Tetraederanordnung der Hybridorbitale. Überlappen nun beide Wasserstoffatome mit je einem einfach besetzten Hybridorbital des Sauerstoffs zur sp^3-s-σ-Bindung, so bilden sie einen Winkel von annähernd 105°.

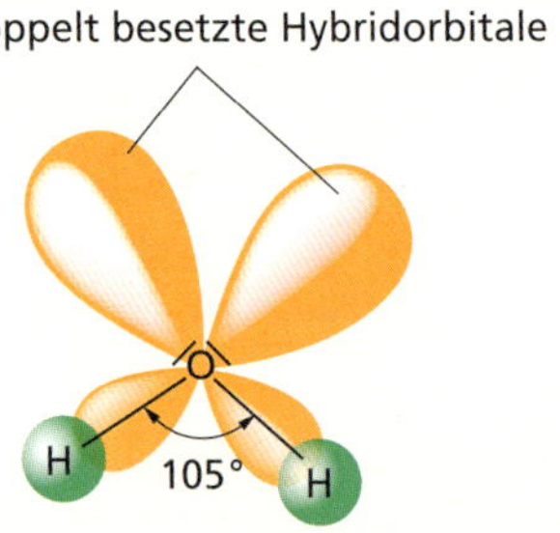

Die gewinkelte Form ist die Ursache für den Dipolcharakter des **Wassermoleküls.** Wäre das Molekül linear aufgebaut (H – O – H), so würden sich die positiven und negativen Ladungsschwerpunkte in einem Punkt treffen. Wasser wäre kein Dipolmolekül und es wäre bei Zimmertemperatur gasförmig (↗ S. 107).

Die räumliche Struktur von Molekülen kann ohne direkte Zuhilfenahme quantenmechanischer Vorstellungen auch mit dem **Elektronenpaarabstoßungsmodell** bzw. VSEPR-Modell (↗ S. 93 ff.) ermittelt werden.

Bindungsverhältnisse im Ammoniakmolekül

Das Stickstoffatom hat folgende Elektronenkonfiguration: $1s^2\ 2s^2\ 2p^3$. Experimentell gesichert ist die ungefähre Orientierung der Valenzorbitale in die Ecken eines Tetraeders, was die sp^3-Hybridisierung der s- und p-Elektronen beweist.

Das eine doppelt besetzte Orbital beansprucht mehr Raum als die übrigen und ist die Ursache für die leichte Tetraederdeformation, die zu einem Bindungswinkel von annähernd 107° führt.

Da nur ein doppelt besetztes Orbital beim Ammoniakmolekül vorliegt, ist die Deformierung geringer als beim Wassermolekül.

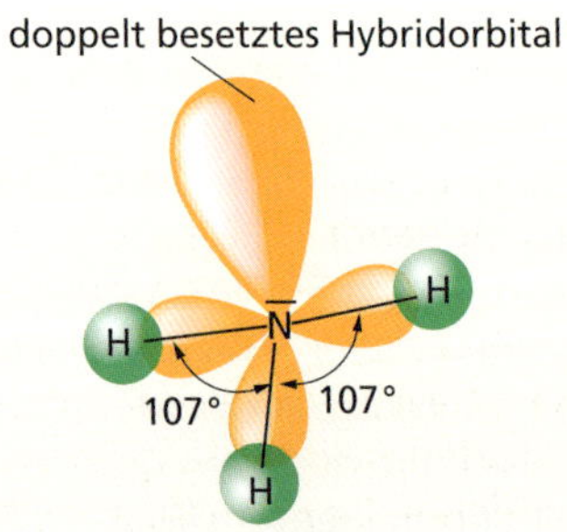

Das Elektronenpaarabstoßungsmodell

> Das **Elektronenpaarabstoßungsmodell** (EPA- bzw. VSEPR-Modell) ist ein einfaches Hilfsmittel zur qualitativen Beschreibung der **räumlichen Struktur von Molekülen,** insbesondere der Winkel zwischen den kovalent gebundenen Atomen.

VSEPR-Modell ist die englische Abkürzung für *valence shell electron pair repulsion*. Das Modell wurde von den Chemikern R. GILLESPIE (*1924) und R. NYHOLM (1917–971) entwickelt.

Das Elektronenpaarabstoßungsmodell gilt für mehratomige Moleküle des Typs AB_x mit x = 1 bis 6. Man betrachtet dabei die Lewis-Formel des Moleküls und unterscheidet zwischen den **bindenden und nicht bindenden Valenzelektronenpaaren** am Zentralatom. Alle Valenzelektronenpaare nehmen aufgrund ihrer wechselseitigen Abstoßungen einen größtmöglichen Abstand zueinander ein, d. h., sie bilden den größtmöglichen Winkel untereinander aus.
Bei zwei Elektronenpaaren beträgt dieser Winkel 180° (lineare Konfiguration), bei drei Elektronenpaaren 120° (trigonal-planare Konfiguration), bei vier Elektronenpaaren ca. 109° (tetraedrische Konfiguration), bei sechs Elektronenpaaren 90° (oktaedrische Konfiguration).

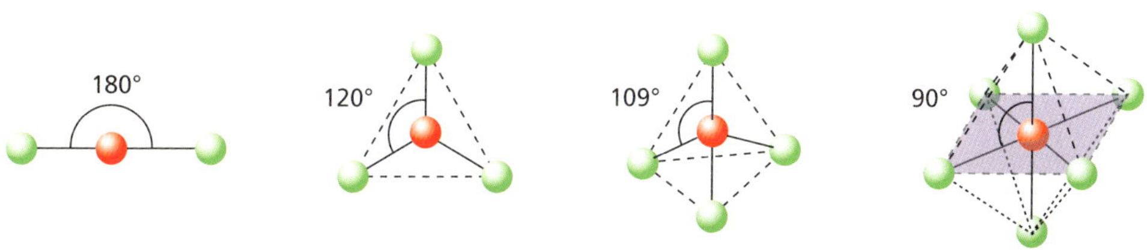

linear | trigonal-planar | tetraedrisch | oktaedrisch

Diese Geometrie entspricht aber nur der Raumstruktur des Moleküls, wenn alle Elektronenpaare tatsächlich Bindungen zu anderen Atomen ausbilden. Sind nicht bindende Elektronenpaare (E) am Zentralatom (A) vorhanden, dann werden deren Positionen in der ideal geometrischen Anordnung nicht von Atomen besetzt. Trotzdem beeinflussen die nicht bindenden Elektronenpaare die **Bindungswinkel** zwischen den am Zentralatom gebundenen Atomen (B), weil sie andere Elektronenpaare abstoßen und ebenfalls Platz am Zentralatom „beanspruchen".

Bei fünf Elektronenpaaren gibt es zwei mögliche Konfigurationen: trigonal-bipyramidal oder quadratisch-pyramidal (↗ S. 95).

Der Platzbedarf der einzelnen Elektronenpaare in einem Molekül vom Typ AB_xE_y lässt sich nach folgenden Regeln abschätzen:
1. Die Elektronenpaare (B und E) werden so am Zentralatom A angeordnet, dass der Abstand bzw. Winkel zwischen ihnen so groß wie möglich ist.
2. Nicht bindende Elektronenpaare E nehmen etwas mehr Platz ein als bindende Elektronenpaare. Dadurch vergrößern sich die Winkel E–A–E und E–A–B, während sich der Winkel B–A–B verkleinert.
3. Mehrfachbindungen werden formal betrachtet wie Einfachbindungen, beanspruchen aber mehr Platz.
4. Einzelne Elektronen in Radikalen werden formal betrachtet wie nicht bindende Elektronenpaare, beanspruchen aber weniger Platz.

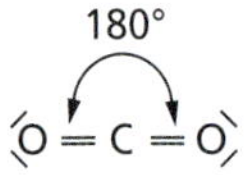

linear

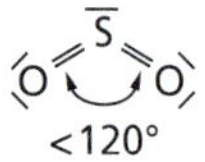

gewinkelt

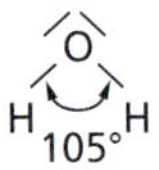

Der „Molekültyp" wird manchmal auch „Pseudostruktur" genannt.

Im CO_2-Molekül gibt es zwei gebundene Atome und kein nicht bindendes Elektronenpaar. Damit entspricht es dem „Molkültyp" AB_2 (↗Tab.). Folglich bilden die C=O-Bindungen den größtmöglichen Winkel von 180° und das Molekül ist linear.
Im SO_2-Molekül sind ebenfalls zwei Atome an das Zentralatom gebunden, dazu kommt ein freies Elektronenpaar am Schwefelatom. Daher ist es dem „Molekültyp" AB_2E zuzuordnen, der eigentlich eine trigonal-planare Konfiguration besitzt. Das freie Elektronenpaar ist in der realen Struktur aber nicht zu sehen, sodass das SO_2-Molekül gewinkelt ist. Der Bindungswinkel beträgt aufgrund der trigonal-planaren Konfiguration ca. 120°. Da das freie Elektronenpaar etwas mehr Platz einnimmt als die Doppelbindungen, ist der Bindungswinkel etwas kleiner.
Auf die gleiche Weise lässt sich die Struktur des Wassermoleküls ableiten. Im H_2O-Molekül sind zwei Wasserstoffatome an das zentrale Sauerstoffatom gebunden. Außerdem befinden sich zwei nicht bindende Elektronenpaare am Sauerstoffatom, sodass das H_2O-Molekül dem „Molekültyp" AB_2E_2 entspricht. Mit vier Elektronenpaaren ist die Grundkonfiguration tetraedrisch mit einem Bindungswinkel von etwa 109°. Die Molekülstruktur ergibt sich aus der Anordnung der Atome und ist ebenfalls gewinkelt. Der Bindungswinkel ist aber deutlich kleiner als der Tetraederwinkel, weil die beiden freien Elektronenpaare mehr Platz beanspruchen als die beiden bindenden Elektronenpaare.

Mit dem Elektronenpaarabstoßungsmodell wird die räumliche Struktur von Molekülen und Molekül-Ionen in folgenden Schritten ermittelt:
1. Aufstellen der Lewis-Formel mit allen Elektronenpaaren
2. Bestimmen der Anzahl der gebundenen Atome (B) und der nicht bindenden Elektronenpaare (E) am Zentralatom (A)
3. Ermitteln des Molekültyps AB_xE_y und der dazugehörigen Grundkonfiguration
4. Ableiten der prinzipiellen räumlichen Struktur
5. Abschätzen des Einflusses der gebundenen Atome und der freien Elektronenpaare auf die Bindungswinkel

Wichtige geometrische Anordnungen nach dem EPA-Modell

Lewis-Modell (Beispiel)	**Anzahl (B + E) Molekültyp**	**Raumstruktur**
⟨O=C=O⟩	B + E = 2 Molekültyp AB_2	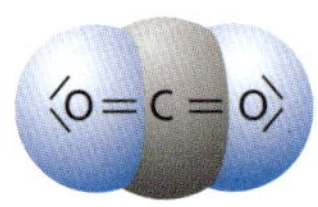 linear
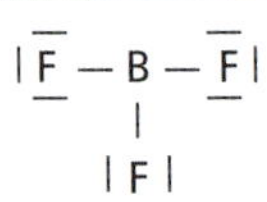	B + E = 3 Molekültyp AB_3	 trigonal-planar

Wichtige geometrische Anordnungen nach dem EPA-Modell

Lewis-Modell (Beispiel)	Anzahl (B + E) Molekültyp	Raumstruktur
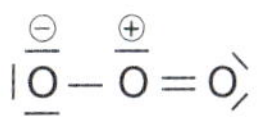	B + E = 3 Molekültyp AB_2E	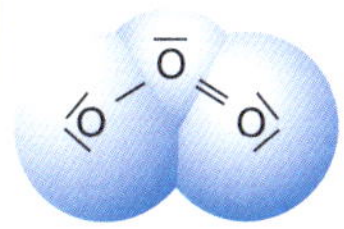 gewinkelt
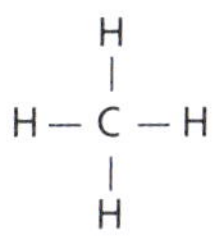	B + E = 4 Molekültyp AB_4	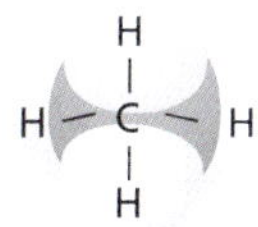 tetraedrisch
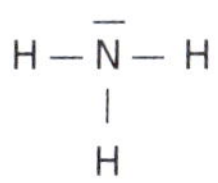	B + E = 4 Molekültyp AB_3E	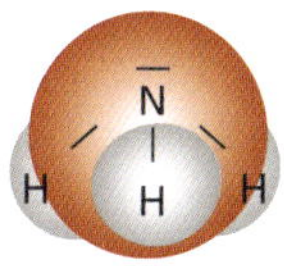 trigonal-pyramidal
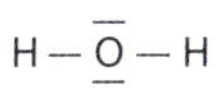	B + E = 4 Molekültyp AB_2E_2	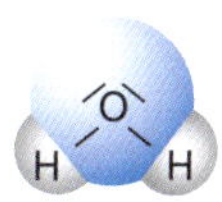 gewinkelt
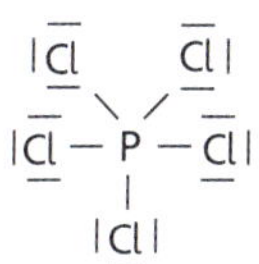	B + E = 5 Molekültyp AB_5	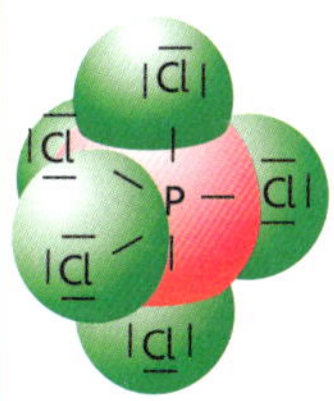 trigonal-bipyramidal
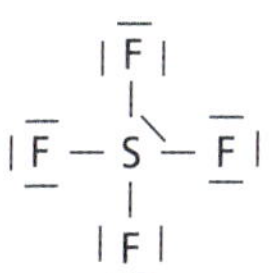	B + E = 5 Molekültyp AB_4E	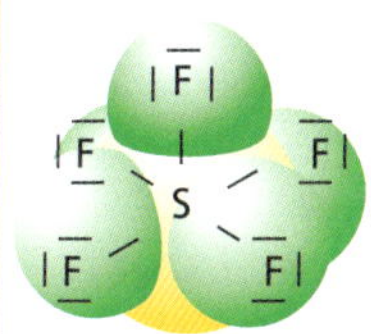 quadratisch pyramidal
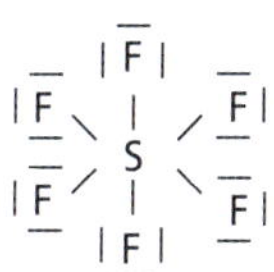	B + E = 6 Molekültyp AB_6	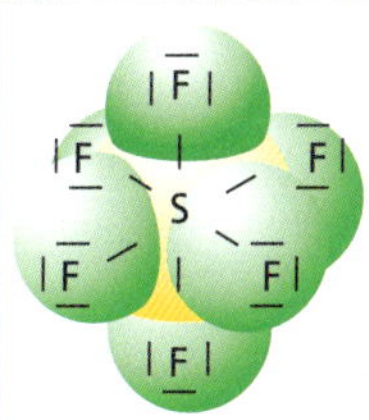 oktaedrisch
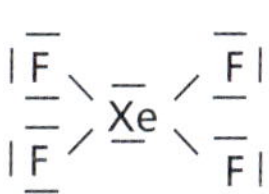	B + E = 6 Molekültyp AB_4E_2	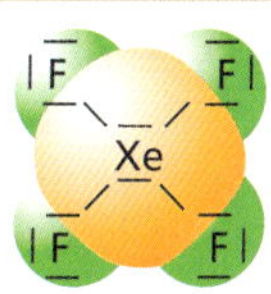 quadratisch-planar

Es gibt noch weitere Molekültypen mit 5 Elektronenpaaren am Zentralatom.

4.1.3 Ionenbindung

Die Bezeichnung *„ionos"* stammt aus dem Griechischen und heißt Wanderer. Damit sind Teilchen gemeint, die im elektrischen Feld wandern.

Ionen sind elektrisch geladene Teilchen, die durch Aufnahme (negative Anionen) bzw. Abgabe (positive Kationen) von Elektronen aus den Atomen entstehen.

$Na_{(g)} \longrightarrow Na^{+}_{(g)} + e^{-}$ ΔE = Ionisierungsenergie

$Cl_{(g)} + e^{-} \longrightarrow Cl^{-}_{(g)}$ ΔE = Elektronenaffinität

Kationen werden besonders einfach von den Elementen der I. und II. Hauptgruppe des Periodensystems gebildet, die nur eine sehr geringe Ionisierungsenergie aufbringen müssen, um eine stabile Edelgaskonfiguration zu erreichen. Die Nichtmetalle der VI. und VII. Hauptgruppe bilden dagegen sehr leicht **Anionen.**

Elektronenkonfigurationen

des Atoms		des Ions		des Edelgases	
Na	$1s^2\,2s^2\,2p^6\,3s^1$	Na^+	$1s^2\,2s^2\,2p^6$	Ne	$1s^2\,2s^2\,2p^6$
Mg	$1s^2\,2s^2\,2p^6\,3s^2$	Mg^{2+}	$1s^2\,2s^2\,2p^6$	Ne	$1s^2\,2s^2\,2p^6$
P	$1s^2\,2s^2\,2p^6\,3s^2\,3p^3$	P^{3-}	$1s^2\,2s^2\,2p^6\,3s^2\,3p^6$	Ar	$1s^2\,2s^2\,2p^6\,3s^2\,3p^6$
Cl	$1s^2\,2s^2\,2p^6\,3s^2\,3p^5$	Cl^-	$1s^2\,2s^2\,2p^6\,3s^2\,3p^6$	Ar	$1s^2\,2s^2\,2p^6\,3s^2\,3p^6$

Die Anzahl der Ionenladungen hängt vom Aufbau der Elektronenhülle der Atome ab. Der Übergang vom atomaren Zustand zum Ionenzustand ist mit einer Volumenänderung oder – was gleichbedeutend ist – mit einer Veränderung des Teilchenradius verbunden.

Um durch Ionenbildung eine Edelgaskonfiguration zu erreichen, müsste Kohlenstoff vier Elektronen aufnehmen bzw. abgeben. Der Energieaufwand dafür ist so hoch, dass Kohlenstoff keine ionischen Bindungen ausbildet.

Vergleich von Atom- und Ionenradien einiger Elemente

Atom	*r* (in pm)	Ion	*r* (in pm)
F	64	F^-	136
Cl	99	Cl^-	181
Br	114	Br^-	195
Na	186	Na^+	95
K	231	K^+	133
Cs	262	Cs^+	169

Negative Ionen sind stets größer als das neutrale Atom, während positive Ionen aufgrund der nicht besetzten äußersten Elektronenschale stets kleiner als das dazugehörige Atom sind.

Bei der **Ionenbindung** findet ein vollständiger Elektronenübergang von den Metallen mit niedriger Ionisierungsenergie zu den Nichtmetallen mit hoher Elektronenaffinität statt. Die elektrostatischen Kräfte der Anionen und Kationen sind ungerichtet und wirken in alle Raumrichtungen. Deshalb werden nicht einzelne Moleküle gebildet, sondern dreidimensionale Anordnungen von Ionen, die festen **Ionenkristalle.**

Die **Ionenbindung** resultiert aus der ungerichteten anziehenden Wechselwirkung zwischen positiv und negativ geladenen Ionen. In ihren Verbindungen bilden die Ionen regelmäßige, dreidimensionale Anordnungen – die **Ionengitter.**

Aufgrund der starken Bindungskräfte zwischen den Ionen sind Ionenkristalle Festkörper mit hohen Schmelztemperaturen.

Im Ionengitter wirken gleichzeitig Anziehungskräfte zwischen den unterschiedlich geladenen Ionen und Abstoßungskräfte zwischen den gleichartig geladenen Ionen. Die Anziehungskräfte überwiegen die Abstoßung jedoch bei Weitem.
Im Kochsalz-Ionengitter ist jedes Natrium-Ion von sechs Chlorid-Ionen umgeben und jedes Chlorid-Ion ebenfalls von sechs Natrium-Ionen. Diese Anzahl wird als **Koordinationszahl** bezeichnet. Beim Natriumchlorid beträgt sie sowohl für die Kationen als auch für die Anionen 6. Bei anderen Salzen kann sie zwischen 4 und 12 variieren.

Vernachlässigt man die relativen Ionengrößen und die realen Bindungsabstände, so kann man Kochsalz mit dem Gittermodell darstellen. Bezieht man die Größenverhältnisse der Ionen und die Abstände zwischen ihnen mit ein, so ergibt sich ein Packungsmodell.

Es existieren auch Ionenverbindungen, die keine Metall-Kationen enthalten, z. B. NH_4Cl.

Modelle der Ionenanordnung beim Natriumchloridkristall

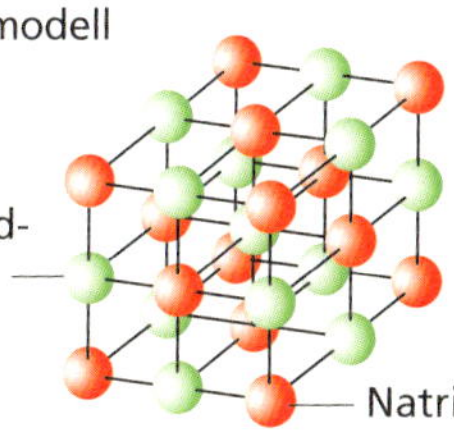

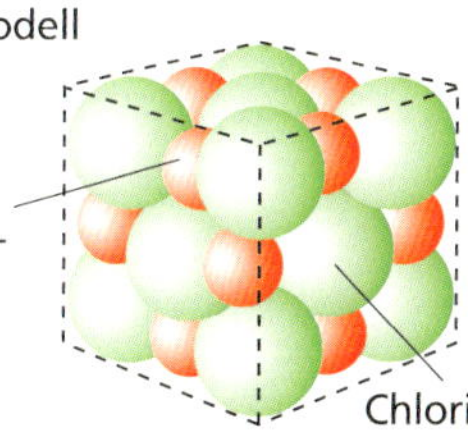

Die Anordnung der Ionen in Ionengittern, die Gitterstruktur, ist von der Ladung und der Größe der beteiligten Ionen abhängig.

Das Verhältnis der Ionenladungen bestimmt das Stoffmengenverhältnis der Anionen und Kationen im Gitter. Da Ionenverbindungen nach außen neutral sind, kommen auf ein zweifach geladenes Kation zwei einfach geladene Anionen. Solche Salze wie $MgCl_2$ oder $CuCl_2$ bezeichnet man als AB_2-Verbindungen, während NaCl oder AgBr zu den AB-Verbindungen gehören.
Die genannten Zusammenhänge zeigen, dass z. B. mit der für das Natriumchlorid gebräuchlichen Formel NaCl, oder genauer Na^+Cl^-, nur das Zahlenverhältnis der Natrium- und Chlorid-Ionen angegeben wird. Über die Koordinationszahl und die Gitterstruktur erfolgt mit der jeweiligen Formel keine Aussage. Für die räumliche Anordnung der Ionen in verschiedenen Gittertypen (↗ S. 99) ist das Größenverhältnis der Anionen und Kationen von entscheidender Bedeutung.

Salze mit mehratomigen Anionen (CO_3^{2-}, NO_3^-, SO_4^{2-}) kristallisieren in nicht ganz so einfachen Gitterstrukturen.

Energieumsätze bei der Bildung von Ionengittern aus den Elementen

Der Born-Haber-Kreisprozess ist eine spezielle Anwendung des Satzes von HESS (↗ S. 118) zur Bestimmung der Energie von Teilschritten einer Reaktion. Dieses Verfahren wurde von **MAX BORN** (1882–1970) und **FRITZ HABER** (1868 bis 1934) angewendet, um die Gitterenergie von Ionenkristallen zu bestimmen.

Die Bildung eines Ionengitters aus den Elementen, beispielsweise vom Kochsalz, kann gedanklich in mehrere Teilschritte zerlegt werden, wobei sowohl die Abläufe auf atomarer Teilchenebene als auch die dabei auftretenden energetischen Veränderungen zu berücksichtigen sind.

1. Überführung der Elemente in freie Atome:
   Zu diesem Zweck muss das feste Natrium verdampft werden, um in der Gasphase Natriumatome zu erhalten. Dieser Vorgang heißt Sublimation und erfordert das Aufbringen der *Sublimationsenthalpie* ΔH_S. Die gasförmigen Chlormoleküle müssen in Chloratome zerlegt werden, wobei die *Bindungsenthalpie* ΔH_B des Chlors aufgebracht werden muss.
2. Zur Ionisierung der freien Atome muss für die Elektronenabgabe (Bildung des Natrium-Kations) die *Ionisierungsenthalpie* ΔH_I bereitgestellt werden. Das Chloratom nimmt das frei werdende Elektron auf und wird zum Chlorid-Anion. Die Energieänderung bei diesem Prozess nennt man *Elektronenaffinität* ΔA_E (↗ S. 69).
3. Aufgrund der Anziehungskräfte zwischen den unterschiedlich geladenen Ionen wird das feste Natriumchlorid als Ionengitter gebildet. Der bei diesem Prozess frei werdende, sehr große Energiebetrag wird als *Gitterenergie* ΔE_G bzw. *Gitterenthalpie* ΔH_G bezeichnet.

Born-Haber-Kreisprozess zur Bestimmung der Gitterenergie von Natriumchlorid

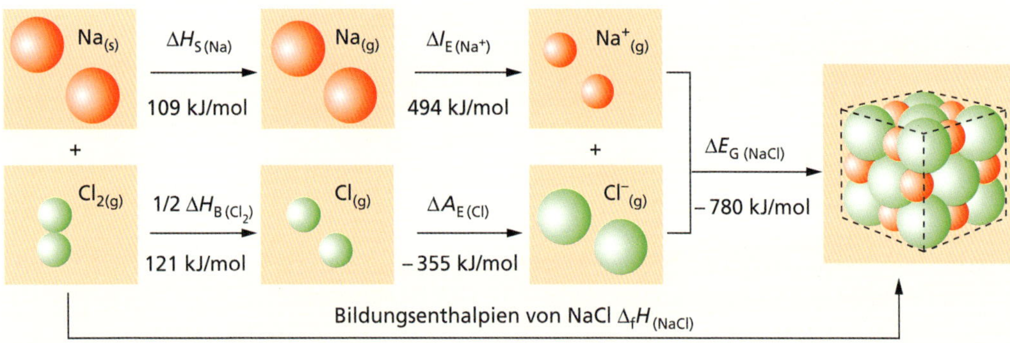

$$\Delta_f H_{(NaCl)} = \Delta H_{S(Na)} + 1/2\ \Delta H_{B(Cl_2)} + \Delta I_{E(Na^+)} + \Delta A_{E(Cl)} + \Delta E_{G\ (NaCl)}$$

$$\Delta_f H_{(NaCl)} = (109 + 121 + 494 - 355 - 780)\ kJ \cdot mol^{-1} = -411\ kJ \cdot mol^{-1}$$

Die Bildung von Ionenkristallen aus den Elementen ist insgesamt ein exothermer Prozess. Die Ursache dafür ist hauptsächlich die Gitterenergie, die auch die Energie für die endothermen Teilschritte der Reaktion aufbringt. Die Gitterenergie kann experimentell nur indirekt, z. B. über den **Born-Haber-Kreisprozess,** bestimmt werden.

Die **Gitterenergie** ist ein Maß für die Stärke der Bindung zwischen den Ionen in einem Kristallgitter. Sie wird bestimmt durch die Ladung und die Größe der Ionen im Gitter.

Die Strukturen, die im Ionengitter gebildet werden, sind durch das stöchiometrische Verhältnis der Anionen und Kationen und die Größe der Ionen bestimmt. Bei Ionenverbindungen mit der Verhältnisformel AB werden – in Abhängigkeit vom Radienverhältnis $r_{Kation} : r_{Anion}$ – drei charakteristische **Gittertypen** ausgebildet. Die großen Anionen bilden bis zu einem Radienverhältnis von 0,73 eine **dichteste Kugelpackung.** Die kleinen Kationen liegen dann in den Lücken dieser Packung. Bis zu einem Radienverhältnis von 0,41 liegen die Kationen in den Tetraederlücken der dichtesten Packung der Anionen und haben demzufolge die Koordinationszahl 4. Kationen mittlerer Größe besetzen die größeren Oktaederlücken und sind von sechs Anionen umgeben.
Sehr große Kationen passen nicht mehr in die Lücken der dichtesten Packung, sodass ab einem Radienverhältnis von 0,73 ein anderes Gitter vom CsCl-Typ aufgebaut werden muss.

▸ Wie für die AB-Gitter sind auch für AB_2-Verbindungen verschiedene **Gittertypen,** z. B. der CaF_2 oder der TiO_2-Typ, bekannt.

Gittertyp	**ZnS-Gitter**	**NaCl-Gitter**	**CsCl-Gitter**
$r_{Kation} : r_{Anion}$	< 0,41	0,41–0,73	> 0,73
Koordinationszahl	4	6	8
Kugel-Stab-Modell	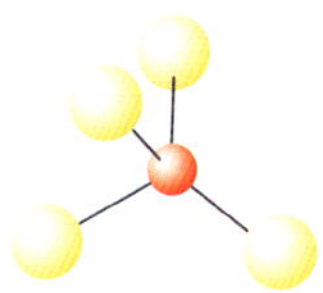	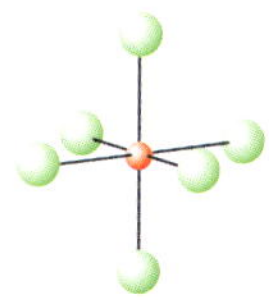	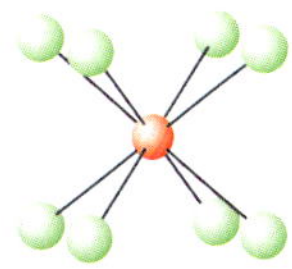
Packungsmodell	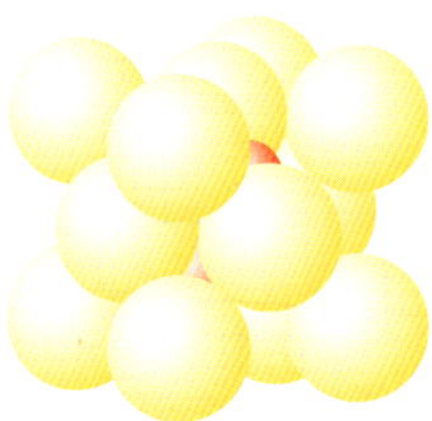	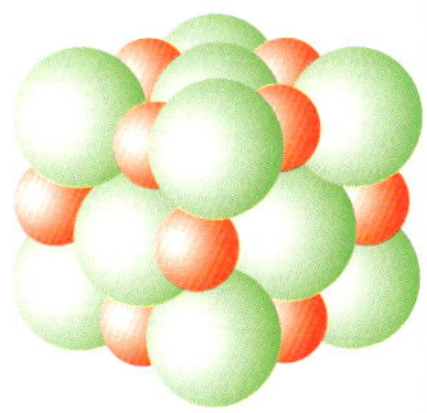	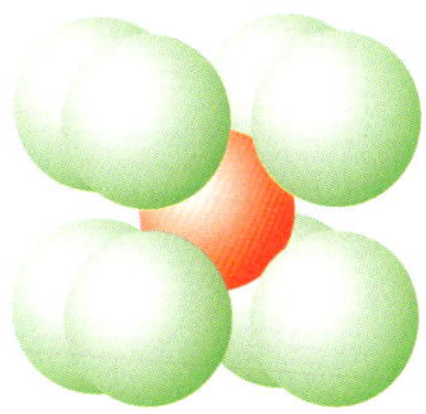

Eigenschaften von Substanzen mit Ionenbindungen

Zu den Substanzen, die Ionengitter bilden, gehören sowohl Salze wie Natriumchlorid, Kupfersulfat und Calciumcarbonat als auch Metalloxide wie Magnesiumoxid und Calciumoxid, aber auch Metallhydroxide wie beispielsweise festes Natriumhydroxid. Diese Substanzen sind alle aus Ionen aufgebaut und man bezeichnet sie deshalb auch als **salzartige Stoffe.**
Substanzen mit Ionengittern leiten den elektrischen Strom nicht, da die Ionen an ihre Gitterplätze gebunden sind. Werden solche Substanzen jedoch geschmolzen oder in Wasser gelöst, so entstehen frei bewegliche Ionen, sodass die Schmelze oder die Lösung elektrische Ladungen transportieren können.
Bei Normaltemperatur schwingen die Ionen um ihre Gitterplätze. Es muss viel Energie aufgebracht werden, damit die Eigenschwingung der Ionen groß genug wird, um die Bindungskräfte zu überwinden, und sie in einer Schmelze gegeneinander beweglich sind.

▸ Durch die Dielektrizitätskonstante ε wird der Einfluss des Mediums, z. B. Luft oder Wasser, zwischen den Ionen berücksichtigt.

Das **coulombsche Gesetz** beschreibt die Kräfte zwischen den Teilchen in einem Ionengitter.

$$F \sim \frac{Q_1 \cdot Q_2}{r^2} \qquad F = \frac{1}{4\pi \cdot \varepsilon} \cdot \frac{Q_1 \cdot Q_2}{r^2}$$

Aus dem Gesetz lässt sich schlussfolgern: Je größer die Ladungen der Ionen sind und je kleiner der Abstand der Ladungsschwerpunkte ist, umso stabiler ist das Gitter. Des Weiteren wird ersichtlich, dass Ionen mit kleinem Radius und hoher Ladungszahl sich stärker anziehen als Ionen mit großem Radius und niedriger Ladungszahl.

	NaF	NaCl	NaBr
Radius des Halogenid-Ions in pm	136	181	195
Abstand der Ladungsschwerpunkte in pm	231	276	290
Gitterenergie in kJ · mol^{-1}	920	780	740
Schmelztemperatur in °C	992	801	747

Die Abhängigkeit der Gitterenergie und der Schmelztemperaturen von den Ionenladungen verdeutlicht die folgende Tabelle:

Gitterenergie und Schmelztemperaturen

	NaF	MgF_2
Kationenladung	1	2
Gitterenergie in kJ · mol^{-1}	920	2949
Schmelztemperatur in °C	992	2239

Die starken Anziehungskräfte in den Ionengittern sind auch eine Erklärung für die relativ große Härte und die Sprödigkeit dieser Stoffe. Mechanisch sind sie kaum verformbar. Wird die mechanische Beanspruchung zu groß, wird das Ionengitter entlang bestimmter Gitterebenen gespalten.

▸ In wässrigen Lösungen liegen Ionen immer hydratisiert vor (↗ Abb.).

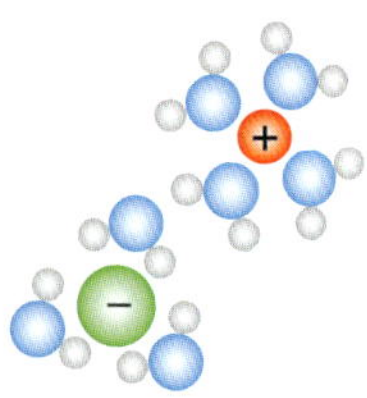

Ionen mit Hydrathülle

Viele Substanzen mit Ionenbindung sind in polaren Lösungsmitteln löslich. Hier soll nur die Lösung in Wasser betrachtet werden. Gelangt z. B. ein Kochsalzkristall ins Wasser, so treten zunächst die randständigen Ionen mit den Dipolmolekülen des Wassers in Wechselwirkung. Dabei werden die Gitterkräfte geschwächt und die Ionen bilden eine aus Wassermolekülen bestehende **Hydrathülle** aus.
Die hydratisierten Ionen lösen sich aus dem Gitterverband und gehen in die wässrige Phase über, wo sie frei beweglich sind.
Alle in wässriger Lösung existierenden Ionen besitzen in Abhängigkeit vom Ionenradius und von der Ionenladung unterschiedlich große Hydrathüllen.

Die Bildung der Hydrathülle wird als **Hydratation** (oder Solvatation) bezeichnet. Der Vorgang ist exotherm und die frei werdende Energie heißt **Hydratationsenthalpie ΔH_H**. Diese wird maßgeblich von der Ladung und dem Radius der hydratisierten Ionen bestimmt.

Hydratationsenthalpie ΔH_H einiger Ionen in $kJ \cdot mol^{-1}$

Kationen				Anionen			
Li^+	−508	Mg^{2+}	−1910	F^-	−511	I^-	−299
Na^+	−399	Ca^{2+}	−1580	Cl^-	−376	OH^-	−365
K^+	−314	Al^{3+}	−4609	Br^-	−342	NO_3^-	−256

Die Energiebilanz des Lösungsvorgangs ergibt sich aus der Differenz zwischen der Summe der Hydratationsenthalpien und der Gitterenergie.

Lösungsenthalpie = Σ Hydratationsenthalpien − Gitterenergie

$$\Delta H_L = \Sigma \Delta H_H - \Delta E_G$$

▶ Beim endothermen Lösungsvorgang kühlt sich die Lösung ab. Man nennt diesen Effekt Lösungskälte.

Ist die Summe der Hydratationsenthalpien größer als die Gitterenergie, wie beispielsweise beim festen Natriumhydroxid, ist der Lösungsvorgang exotherm. Die Salze lösen sich unter Freisetzung der sogenannten Lösungswärme. Im umgekehrten Fall muss die zur Lösung notwendige Energie dem Lösungsmittel entzogen oder von außen zugeführt werden, um die Gitterenergie zu überwinden.
Wenn die Gitterenergie zu groß ist, wie beispielsweise beim Aluminiumoxid, dann können die Ionenverbindungen auch durch Erwärmen nicht in Wasser gelöst werden.

▶ Je kleiner der Ionenradius und je höher die Ionenladung, umso größer die Gitterenergie und umso niedriger ist die Löslichkeit von Ionenverbindungen.

Die **Löslichkeit** von Ionenverbindungen wird im Wesentlichen – jedoch nicht allein – von der Größe der Gitterenergie bestimmt. Ionenverbände mit hoher Gitterenergie sind meist schwerer löslich als solche mit niedriger Gitterenergie.

Zusammenhänge zwischen Atombindung – polarer Atombindung – Ionenbindung

Die bisher behandelten chemischen Bindungsarten unterscheiden sich darin, wie die an der Bindung beteiligten Elektronen zwischen den Bindungspartnern verteilt sind. Die Verschiebung der Elektronendichte zum elektronegativeren Atom kann stark vereinfachend durch die Position des bindenden Elektronenpaars veranschaulicht werden.

Elektronegativitätsdifferenz	Verschiebung des bindenden Elektronenpaars	Art der Bindung
$\Delta EN = 0$	H : H 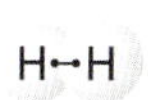	unpolare Atombindung
$\Delta EN \leq 1,7$	$\delta+$ H : $\delta-$ Br 	polare Atombindung
$\Delta EN > 1,7$	K^+ : Br 	Ionenbindung

In der Literatur wird für eine Ionenbindung, einem Vorschlag von L. PAULING (1901 bis 1994) folgend, meist ein Differenzwert von mindestens 1,7 angegeben.

4

1. Bei einer unpolaren Atombindung ($\Delta EN = 0$) wird das Bindungselektronenpaar von keinem der beiden Atomkerne stärker angezogen. Es entsteht ein unpolares Molekül.
2. Bei einer polaren Atombindung ist das Bindungselektronenpaar auf die Seite des Atoms mit der größeren Elektronegativität verschoben. Die Polarität der kovalenten Bindung wird durch Partialladungen gekennzeichnet.
3. Bei Ionenbindungen ist ein vollständiger Übergang von einem oder mehreren Elektronen zwischen den Bindungspartnern erfolgt, sodass positiv und negativ geladene Ionen in der Verbindung vorliegen.

„Reine" Ionenbindungen bilden sich aus, wenn die Elektronegativitätsdifferenz zwischen den potenziellen Bindungspartnern hinreichend groß ist. Daraus ergibt sich, dass zwischen Atombindungen und Ionenbindungen Übergänge existieren müssen, die wir als polare Atombindungen bezeichnen. Die behandelten Bindungsarten stellen also modellartige Grenzfälle dar.

4.1.4 Metallbindung

Aufgrund ihrer niedrigen Ionisierungsenergien (↗ S. 68) geben Metalle ihre Außenelektronen sehr leicht ab.

Metalle zeigen einen metallischen Glanz, besitzen im Allgemeinen eine gute elektrische und Wärmeleitfähigkeit und sind häufig leicht verformbar. Diese Eigenschaften veranschaulicht das **Elektronengasmodell** der chemischen Bindung in Metallen. Quantenchemische Erkenntnisse werden in dieses Modell nicht einbezogen. Modellhaft wird angenommen, dass die Valenzelektronen sich von den Atomen gelöst haben und die sogenannten Atomrümpfe gasartig umgeben. Die positiv geladenen Atomrümpfe bilden die Gitterstruktur der Metalle und werden durch das delokalisierte Elektronengas zusammengehalten.

Als **Metallbindung** werden die Wechselwirkungen zwischen positiv geladenen Metall-Ionen (Atomrümpfen) und delokalisierten Elektronen bezeichnet, die den Zusammenhalt im Gitter gewährleisten.

Die Abnahme der Leitfähigkeit der Metalle mit steigender Temperatur wird durch stärker werdende Gitterschwingungen erklärt. Die zunehmenden Kollisionen der Elektronen mit den Atomen behindern den Elektronenfluss.

Die Existenz der beweglichen Elektronen erklärt auch die Leitfähigkeit der Metalle. Das Modell ist dynamisch aufzufassen. Im **Metallgitter** liegen zu einem Zeitpunkt sowohl Metallatome als auch Ionen vor, die kurzzeitig wieder zu Ionen oder Atomen werden können.

Metallgitter

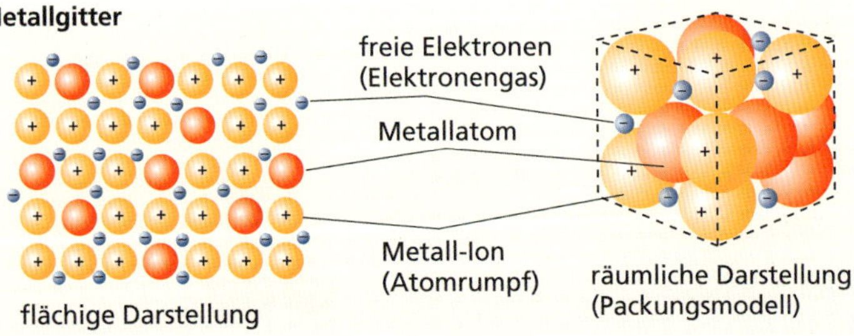

Das Bändermodell

Grundlagen des **Bändermodells** sind die Molekülorbitaltheorie (↗S. 82) und das Pauli-Prinzip (↗S. 61).
Im Metall liegen die Atome in einer dichten, dreidimensionalen Anordnung vor. Geht man zunächst gedanklich von zwei Atomen aus, die ein Molekül bilden, so kombinieren die zwei Atomorbitale zu zwei Molekülorbitalen (MOs) – bindend und antibindend. Aus sehr vielen (n) Atomorbitalen werden genauso viele (n) MOs gebildet. Alle MOs müssen sich nach dem Pauli-Prinzip mindestens in einer quantenchemischen Bedingung – und damit energetisch – unterscheiden. Bei n kombinierten Atomorbitalen wird die Energiedifferenz zwischen den MOs einer Hauptquantenzahl (↗S. 57) so gering, dass zwischen den Energieniveaus der einzelnen MOs nicht mehr differenziert werden kann. Sie werden praktisch ununterscheidbar und bilden ein Energieband.
Das höchste mit Elektronen besetzte Band bezeichnet man als **Valenzband,** während das niedrigste unbesetzte Band **Leitungsband** heißt, weil es eine zentrale Rolle bei der Leitung des elektrischen Stroms spielt. Bei Metallen ist die Energiedifferenz zwischen s- und p-Orbitalen so klein, dass Leitungs- und Valenzband miteinander überlappen.
Lithium ($1s^2\ 2s^1$) besitzt nur ein Valenzelektron, sodass das 2s-Band als Valenzband nur halb besetzt ist. Die Elektronen liegen delokalisiert im Valenzband vor und sind frei beweglich. Sie können freie MOs im Valenz- und im Leitungsband besetzen und so den elektrischen Strom leiten, ohne das Pauli-Prinzip zu verletzen.

▶ Die inneren, kernnahen Elektronen (bei Lithium und Beryllium nur die 1s-Elektronen) liegen lokalisiert an den Metallatomen vor.

Energiebändermodelle für Lithium und Beryllium

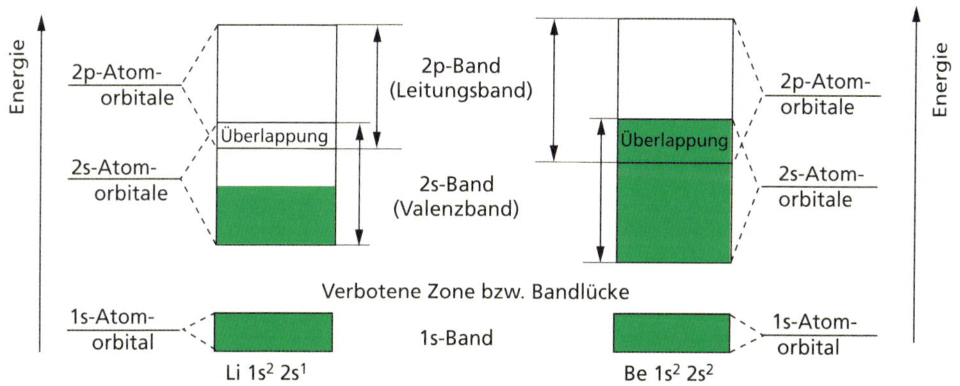

Beim Beryllium dagegen ($1s^2\ 2s^2$) ist das Valenzband voll besetzt, sodass innerhalb dieses Energiebands keine elektrische Leitung möglich wäre. Aufgrund der Überlappung mit dem leeren 2p-Band können die Elektronen jedoch freie MOs im Leitungsband besetzen, in denen sie wieder frei beweglich sind und so den elektrischen Stromfluss ermöglichen.
Es könnte angenommen werden, dass bei Temperaturerhöhung die elektrische **Leitfähigkeit der Metalle** steigt, da Elektronen vermehrt angeregt werden, in energetisch höhere Leitungsbänder zu wechseln. Das ist jedoch nicht der Fall; vielmehr verringert sich die Leitfähigkeit bei Temperaturerhöhung.

Mit dem **Bändermodell** können die elektrischen und Wärmeleiteigenschaften von allen Stoffen anschaulich und ohne Widersprüche erklärt werden.

Das hängt mit der vermehrten Kollision der Elektronen aufgrund ihrer höheren kinetischen Energie zusammen.
Anders verhält es sich bei den Halbleitern, z. B. Silicium, die bei Temperaturerhöhung eine erhöhte Leitfähigkeit zeigen. Bei Halbleitern befindet sich zwischen Valenz- und Leitungsband eine relativ geringe „Bandlücke", die erst bei energetischer Anregung durch die Elektronen übersprungen werden kann. Eine strenge Abgrenzung zwischen Halbleitern und Isolatoren gibt es nicht. Bei Isolatoren ist die **Bandlücke** relativ breit; sie würden bei thermischer Anregung eher zerfallen, als dass die Bandlücke von den Elektronen übersprungen wird.

Energiebändermodelle für metallische Leiter, Halbleiter und Isolatoren

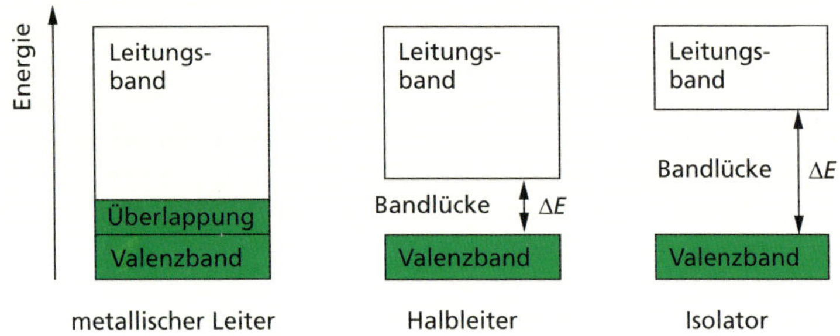

Dichteste **Kugelpackungen** sind schichtweise Anordnungen von gleich großen, kugelförmigen Atomen oder Ionen auf kleinstmöglichem Raum.

Aus der Metallbindung resultieren weitere wichtige Eigenschaften der Metalle. Da in Metallen im Gegensatz zu Ionengittern keine abstoßenden Kräfte gleichartiger Ionen wirksam sind, sondern Bindungen als „Makro-Molekülorbitale", d. h. Bänder, vorliegen, können sich sehr viel dichtere Gitterstrukturen bilden. Man findet in Abhängigkeit von dem Atomdurchmesser nur drei bedeutende **Gittertypen:** die hexagonal dichteste Kugelpackung, die kubisch dichteste Kugelpackung und das kubisch innenzentrierte Gitter.
Metallgitter sind häufig duktil, d. h., sie lassen sich verformen, wobei Atomschichten verschoben werden. Besonders gut verformbar sind Gold, Silber, Blei und Kupfer, die zum Typ der kubisch dichtesten Kugelpackung gehören.

Gittertypen von Metallen

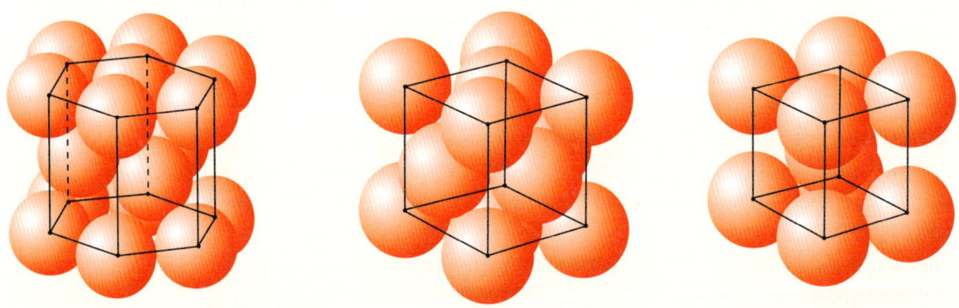

hexagonal dichteste Kugelpackung

kubisch dichteste Kugelpackung

kubisch innenzentriertes Metallgitter

4.2 Besondere Wechselwirkungen zwischen Molekülen

4.2.1 Van-der-Waals-Kräfte

Obwohl Moleküle wie die des Wassers, des Methans, des Monochlormethans, des Chlors oder auch Atome der Edelgase nach außen neutral sind, können sie miteinander in Wechselwirkungen treten, die im Allgemeinen wesentlich schwächer sind als andere chemische Bindungen.

> Die Anziehungskräfte zwischen Molekülen oder Edelgasatomen werden als **Van-der-Waals-Kräfte** bezeichnet.

JOHANNES DIDERIK VAN DER WAALS (1837–1927) war ein niederländischer Physiker.

Hier gibt es nach abnehmender Stärke der Wechselwirkungen Abstufungen:
1. Dipol-Dipol-Wechselwirkungen
2. Wechselwirkungen zwischen einem Dipolmolekül und einem unpolaren Molekül
3. Wechselwirkungen zwischen unpolaren Molekülen oder Atomen

Auch unpolare Moleküle können polare Eigenschaften aufweisen, indem durch die Verschiebung der Elektronenwolken Dipole induziert werden. Wäre das nicht der Fall, könnte z. B. Methan nicht verflüssigt werden.

1. Dipol-Dipol-Wechselwirkungen
Chlorwasserstoff, Wasser und andere kovalente Verbindungen bestehen aus Molekülen, die aufgrund ihrer Struktur polar sind. Solche **permanenten Dipole** richten sich ohne äußeren Einfluss entsprechend der elektrostatischen Anziehung ihrer Partialladungen nacheinander aus.

Wechselwirkungen zwischen permanenten Dipolmolekülen

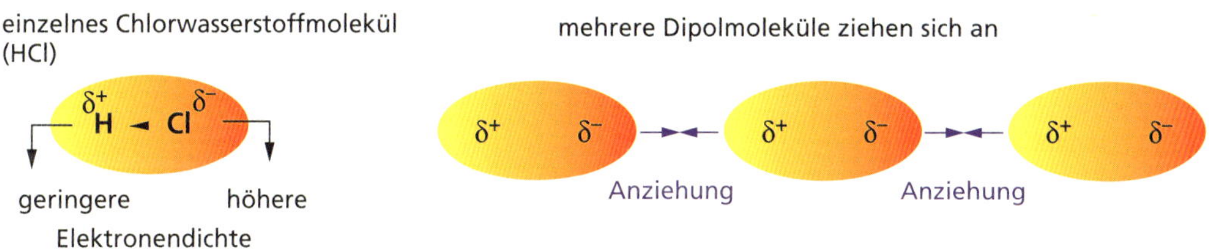

Diese Ausrichtung ist verbunden mit einer Energieminimierung. Bei Übergängen zwischen den Aggregatzuständen muss die Van-der-Waals-Energie entweder aufgebracht werden oder sie wird beim Abkühlen frei.

2. Wechselwirkungen zwischen Dipolmolekül und unpolarem Molekül
Der permanente Dipol verschiebt kurzzeitig das Elektronensystem des unpolaren Moleküls so, dass ein Dipol induziert wird.

Wechselwirkungen zwischen Dipolmolekülen und unpolaren Molekülen

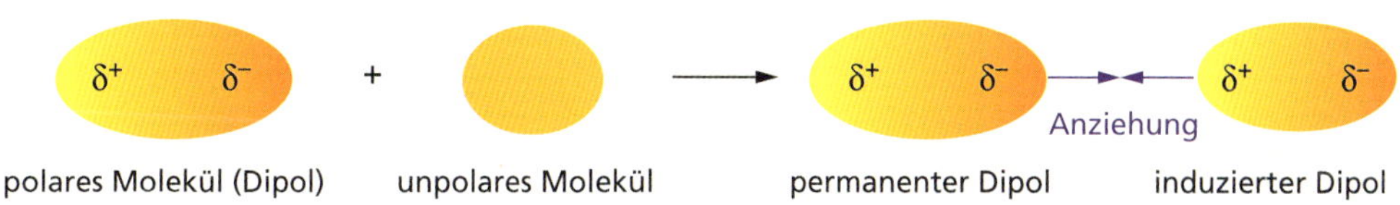

Die Stärke **zwischenmolekularer Kräfte** nimmt mit dem Dipolcharakter der Moleküle zu.

3. Wechselwirkungen zwischen unpolaren Molekülen oder Atomen
Aufgrund der Van-der-Waals-Kräfte zwischen unpolaren Teilchen können selbst Wasserstoff und Helium bei tiefen Temperaturen verflüssigt werden. Ursache der Anziehung ist eine kurzzeitige unsymmetrische Verteilung der Ladungswolken, was zu einem **induzierten temporären Dipol** führt. Ein solcher temporärer Dipol kann wiederum Dipolmomente benachbarter Moleküle oder Atome induzieren. Dies ist ein ständig wechselnder, dynamischer Prozess.
Umfangreiche Elektronensysteme unpolarer Moleküle, z.B. das der mittleren Alkane (↗S.292), sind leichter deformierbar als die kleineren Moleküle. Das trifft auch auf die atomar vorkommenden Edelgase zu. So hat Xenon gegenüber dem Helium nicht nur aufgrund seiner größeren Masse eine höhere Siedetemperatur, sondern auch, weil die größere Elektronenhülle des Xenonatoms wesentlich leichter deformierbar ist.

4.2.2 Wasserstoffbrückenbindungen

H_2S besitzt nur ein geringes Dipolmoment, weil Schwefel elektropositiver als Sauerstoff ist. Außerdem ist das Schwefelatom viel größer als das Sauerstoffatom, sodass die Wasserstoffbrückenbindung wenig effektiv ist. H_2S ist daher anders als H_2O bei Raumtemperatur gasförmig.

Wasser H_2O hat mit der molaren Masse von $18\,g \cdot mol^{-1}$ unter Normaldruck eine Siedetemperatur von 100 °C. Schwefelwasserstoff H_2S siedet bei −53 °C, ist also bei Zimmertemperatur gasförmig – und das bei fast doppelt so großer Molekülmasse.
Dieses Phänomen beruht auf der Ausbildung von **Wasserstoffbrückenbindungen** zwischen den Wasserstoff- und Sauerstoffatomen benachbarter Moleküle. Die stark elektronegativen Sauerstoffatome ziehen die Elektronen der kovalenten O–H-Bindung sehr weit zu sich heran. Dadurch entsteht am Sauerstoff eine negative und am Wasserstoff eine stark positive Partialladung.
Die positivierten Wasserstoffatome lagern sich an die freien Elektronenpaare benachbarter Wassermoleküle, die auf diese Weise große Molekülverbände bilden können. Die Bindungsenergie ist mit $21\,kJ \cdot mol^{-1}$ relativ gering, beeinflusst jedoch die Siedetemperatur bedeutend.

> Die Grundlage der Wasserstoffbrückenbindung ist die starke Polarisierung kovalenter Element-Wasserstoffbindungen. Deshalb werden effektive Wasserstoffbrücken nur zu den elektronegativsten Elementen des PSE (N, O, F) gebildet.

Wasserstoffbrückenbindungen

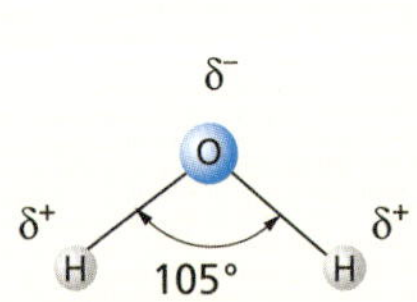

einzelnes Wassermolekül

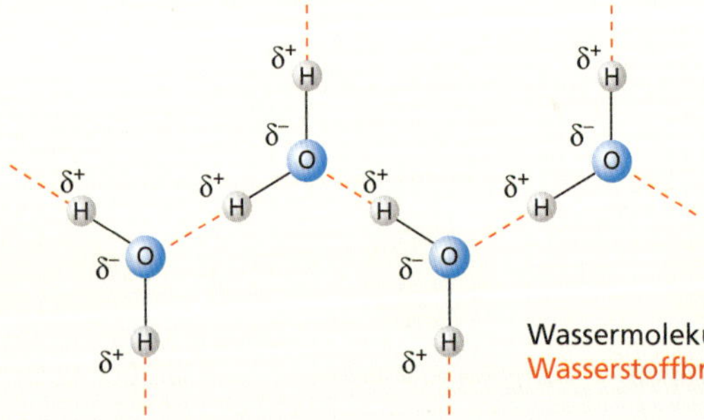

Wassermoleküle mit Wasserstoffbrückenbindungen

Siedetemperaturen von Wasserstoffverbindungen

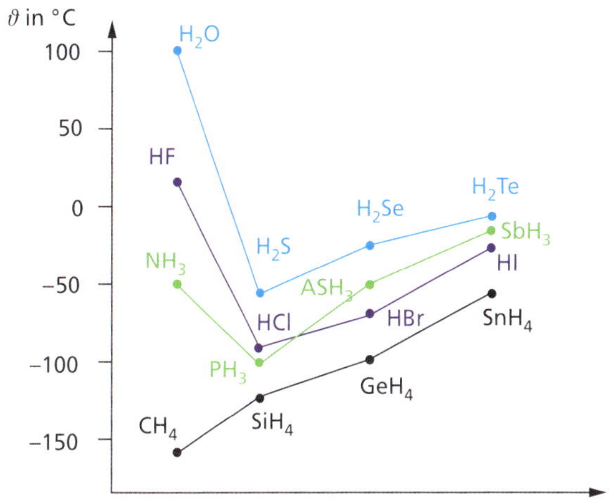

Die besonderen Eigenschaften des Wassermoleküls (Dipolcharakter, Ausbildung der Wasserstoffbrückenbindungen) sind eine wichtige Grundlage für die Existenz des Lebens. Der größte Prozentsatz der Körpermasse von Lebewesen besteht aus flüssigem Wasser.

Bei Temperaturabsenkung unter 0 °C geht Wasser in Eis über, es gefriert. Die Molekülschwingungen sind bei dieser Temperatur so gering, dass jedes Sauerstoffatom tetraedrisch von vier Wasserstoffatomen umgeben ist.

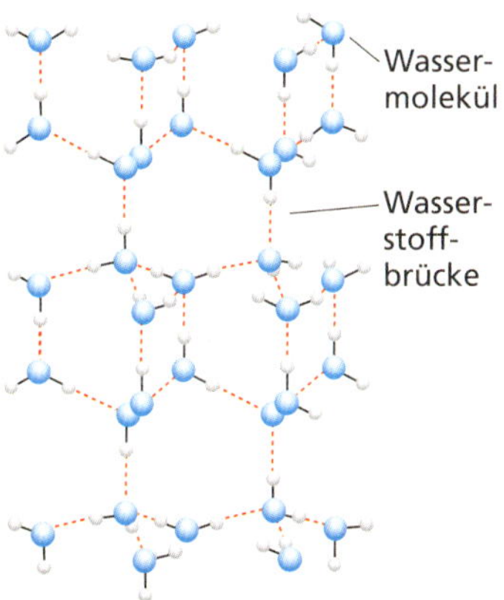

Im **Eis** existieren zwei „normale" Atombindungen zwischen Wasserstoffatomen und Sauerstoffatomen und zwei Wasserstoffbrücken zu benachbarten Wassermolekülen mit etwas größerer Bindungslänge und etwas geringerer Bindungsenergie. Diese Anordnung führt zu einer weitmaschigen Gitterstruktur, sodass die Dichte des Eises geringer ist als die des flüssigen Wassers. Die meisten anderen Stoffe haben im festen Zustand die größte Dichte.

Die Ausbildung von **Wasserstoffbrückenbindungen** führt zur Bildung von Oxonium-Ionen bei der Autoprotolyse des Wassers (↗S. 186).

Wenn das Eis schmilzt, werden die Wasserstoffbrücken teilweise gelöst und es entstehen kleinere Cluster. Bei 4 °C wird die größte Dichte des Wassers erreicht. Wird die Temperatur erhöht, dehnt sich Wasser wie jede andere Flüssigkeit aus. Dieser Dichte-Temperatur-Zusammenhang gehört zu den besonderen Eigenschaften, die man als **Anomalie des Wassers** bezeichnet.

Die Wechselwirkungen zwischen Molekülen beeinflussen maßgeblich den Aggregatzustand und die chemische Reaktivität von Molekülverbindungen. Daraus ergibt sich ihre große Bedeutung für die Entwicklung des Lebens auf der Erde.

Eine wichtige Funktion haben **Wasserstoffbrückenbindungen** beim Aufbau lebender Strukturen. So wird u. a. die räumliche Struktur von Eiweißen durch Wasserstoffbrücken bestimmt (↗S. 344).

4

Chemische Bindung

- Chemische Bindungen werden zwischen Teilchen ausgebildet, um einen energetisch stabilen Zustand, oft eine stabile Edelgaskonfiguration, zu erreichen.

- Die Art und die Stärke der Wechselwirkungen zwischen den Atomen bzw. Ionen einer chemischen Verbindung bestimmen deren Eigenschaften. Zur Beschreibung dieser Wechselwirkungen unterscheidet man drei **Hauptbindungsarten.**

Atombindung (kovalent)	Ionenbindung	Metallbindung
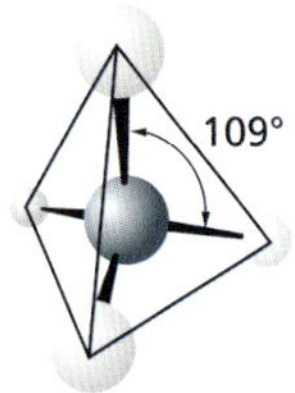	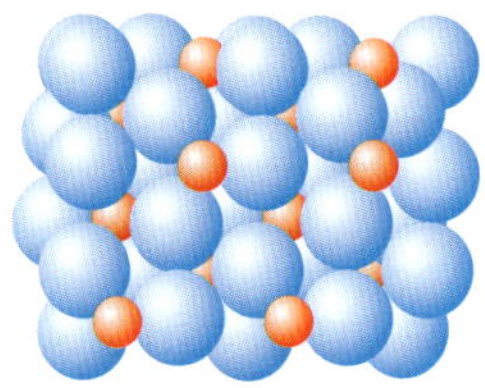	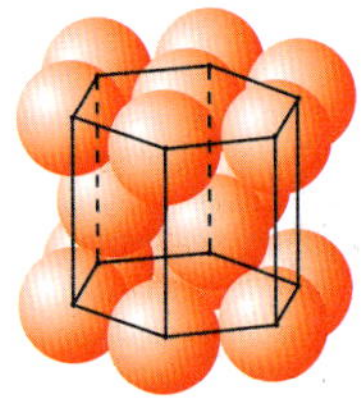
Die Ausbildung **bindender Elektronenpaare** zwischen Atomen durch Überlappung von Atomorbitalen führt zur Bildung von Molekülen.	Die Ionenbindung resultiert aus der **ungerichteten coulombschen Wechselwirkung** zwischen positiv und negativ geladenen Ionen.	Die Metallbindung wird zwischen positiv polarisierten Rümpfen von Metallatomen und in **Energiebändern** delokalisierten Elektronen realisiert.
Durch die gerichtete Wechselwirkung zwischen den Orbitalen der Atome besitzen die einzelnen Moleküle eine definierte **räumliche Struktur.**	Ionenverbindungen sind salzartige Stoffe und kristallisieren in regelmäßigen, dreidimensionalen Anordnungen – den **Ionengittern.**	Metallgitter sind regelmäßige dreidimensionale Anordnungen von Metallatomen in Form außerordentlich **dichter Kugelpackungen.**

- Neben den Hauptbindungsarten existieren noch schwächere Wechselwirkungen zwischen Atomen und/oder Molekülen.

Spezielle Wechselwirkungen zwischen Teilchen

Van-der-Waals-Kräfte	Wasserstoffbrückenbindung
– Dipol-Dipol-Kräfte, z. B. zwischen Wassermolekülen – Ionen-Dipol-Kräfte, z. B. Metall-Ionen in Wasser – Kräfte zwischen ungeladenen Atomen und Molekülen, z. B. zwischen Methanmolekülen	– gerichtete Wechselwirkungen zwischen Wasserstoffatomen und stark elektronegativen Atomen (F, O, N) – können zwischen mehreren Molekülen oder innerhalb eines Moleküls auftreten

Wissenstest 4

5 Grundzüge der physikalischen Chemie

5.1 Chemische Thermodynamik

5.1.1 Energie und Energieerhaltung

Energie ist nicht direkt messbar. Sie macht sich nur in ihren Auswirkungen in der Umgebung bemerkbar. Diese Auswirkungen werden als Formen der Energie bezeichnet. Formen der Energie sind die **Wärme** und die **Arbeit.**

Pflanzen bauen mithilfe der Lichtenergie der Sonne energiereiche chemische Substanzen wie Zucker aus energiearmen einfachen Verbindungen wie CO_2 und H_2O durch **Fotosynthese** auf (↗ S. 355).

Das Leben auf der Erde ist von einer kontinuierlichen Energiezufuhr abhängig. So liefert z. B. die Sonneneinstrahlung die notwendige Wärme, die für viele Prozesse Voraussetzung ist.
Durch chemische Reaktionen kann die in der pflanzlichen Biomasse gespeicherte Sonnenenergie in andere energiereiche Stoffe umgewandelt werden. So entstanden über einen Zeitraum von Millionen von Jahren große Lagerstätten an Kohle, Erdöl und Erdgas.
Die Verbrennung dieser energiereichen Stoffe setzt Wärme frei, die wiederum zur Arbeit in Maschinen oder zur Stromerzeugung genutzt werden kann, um den Menschen das Leben angenehmer zu machen, beispielsweise durch Licht, Kühlanlagen oder Kraftfahrzeuge.

Eine Maschine, die dauernd Arbeit verrichtet, ohne dass ihr dafür Energie zugeführt wird, wird als *Perpetuum mobile* 1. Art bezeichnet.

Der **Energieerhaltungssatz** besagt, dass Energie weder geschaffen noch zerstört werden kann. Sie kann nur von der einen in die andere Form umgewandelt werden.

- Beispielsweise wird bei der Explosion eines Gemischs von Wasserstoff und Sauerstoff die chemische Energie der Ausgangsstoffe teilweise in Wärme (thermische Energie), Licht (Strahlungsenergie) und in mechanische Energie umgewandelt.

Energieumwandlungen bei chemischen Reaktionen

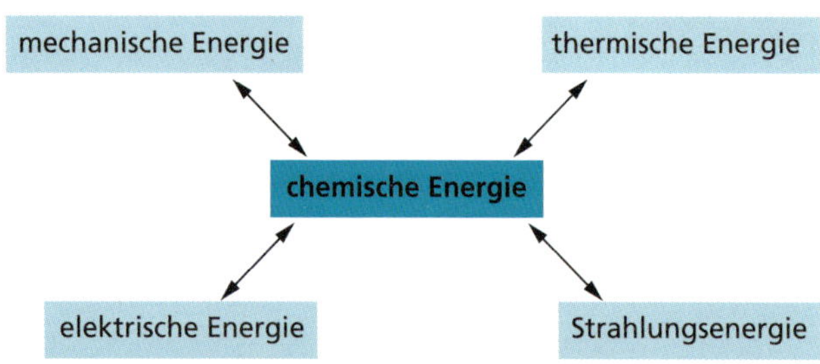

Mithilfe der Thermodynamik kann vorausgesagt werden, ob und unter welchen Bedingungen eine chemische Reaktion freiwillig stattfindet (↗ S. 123 ff.), allerdings nicht, wie schnell sie ablaufen wird.

Die chemische **Thermodynamik** ist die Lehre von der Energieübertragung und -umwandlung bei chemischen Reaktionen. Sie liefert die Grundlage für das Verständnis der Energieumwandlungen sowohl in chemischen als auch in biologischen Systemen.

Arten thermodynamischer Systeme

Ein **thermodynamisches System** ist ein aufgrund seiner Systemgrenze definierter Raumbereich und wird durch diese von seiner **Umgebung** getrennt. Das System kann mit den Größen Teilchenanzahl, Druck, Volumen und Temperatur eindeutig charakterisiert werden.

Für die Betrachtung chemischer Energieumwandlungen ist es notwendig, drei Arten thermodynamischer Systeme zu unterscheiden:

Thermodynamische Systeme	
1. Ein **offenes System** kann sowohl Materie als auch Energie mit seiner Umgebung austauschen.	z. B. Lagerfeuer oder Blätter grüner Pflanzen
2. Ein **geschlossenes System** kann keine Materie, aber Energie mit seiner Umgebung austauschen.	z. B. Solarzelle oder verschlossenes Reagenzglas
3. Ein **abgeschlossenes System** kann weder Materie noch Energie mit seiner Umgebung austauschen.	z. B. verschlossene Thermoskanne oder Kalorimeter (↗ S. 117)

Im Folgenden werden in erster Linie geschlossene und abgeschlossene Systeme behandelt, da sie sich im Rahmen der Thermodynamik einfacher beschreiben lassen.

Wärme und Arbeit

Es existieren nur zwei Möglichkeiten, die Energie eines geschlossenen Systems zu ändern: entweder durch Zufuhr bzw. Abgabe von Wärme oder durch das Verrichten von Arbeit.

Wärme ist ein Energietransfer, der aufgrund einer Temperaturdifferenz zwischen dem System und seiner Umgebung entsteht. **Arbeit** ist ein Energietransfer, der benutzt werden kann, um z. B. ein Gewicht in der Umgebung des Systems zu bewegen.

Bei der Wärmeübertragung unterscheidet man zwischen der Abgabe und Aufnahme von Wärme durch das System: Prozesse, bei denen Wärme vom System an die Umgebung abgegeben wird, werden **exotherme Prozesse** genannt. Der Betrag der vom System abgegebenen Wärme ist negativ ($Q = -n\,\text{kJ}$). Bei **endothermen Prozessen** wird der Umgebung dagegen Wärme entzogen. In diesem Fall ist der Betrag der Wärme positiv ($Q = +n\,\text{kJ}$).

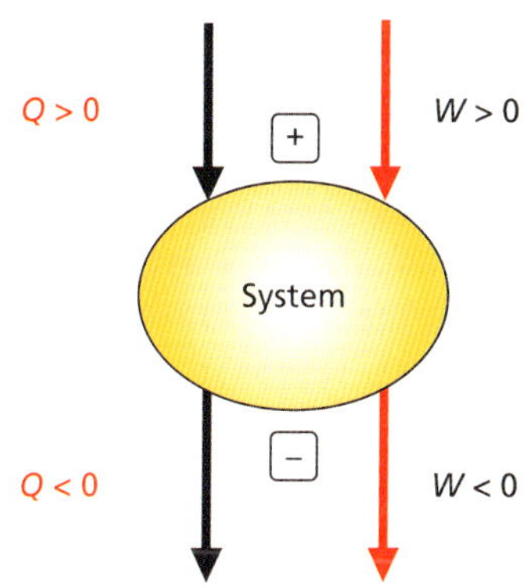

Ähnlich wie bei der Wärme ist auch der Betrag der von einem thermodynamischen System an der Umgebnung verrichteten Arbeit negativ. Die am System verrichtete Arbeit erhält dagegen ein positives Vorzeichen.

Bestimmung von Wärme

> Die **Wärme *Q*** ist eine physikalische Größe, die angibt, wie viel thermische Energie von einem thermodynamischen System auf ein anderes bzw. an die Umgebung übertragen wird.

5

Die Einheit der Wärme ist das Joule, benannt nach dem englischen Physiker J. P. JOULE (1818–1889).

Bei der Neutralisation (↗ S. 198) von Natronlauge mit Salzsäure gleicher Anfangstemperatur, z. B. $T_A = 25\,°C$, wird chemische Energie in Wärme umgewandelt. Findet die Reaktion in einem thermisch isolierten Gefäß, z. B. einem Dewar-Gefäß (↗ Abb.) statt, wird keine Wärme an die Umgebung abgegeben und somit ausschließlich das System aufgeheizt. Im Verlauf der exothermen Reaktion steigt die Temperatur auf eine konstante Endtemperatur T_E.

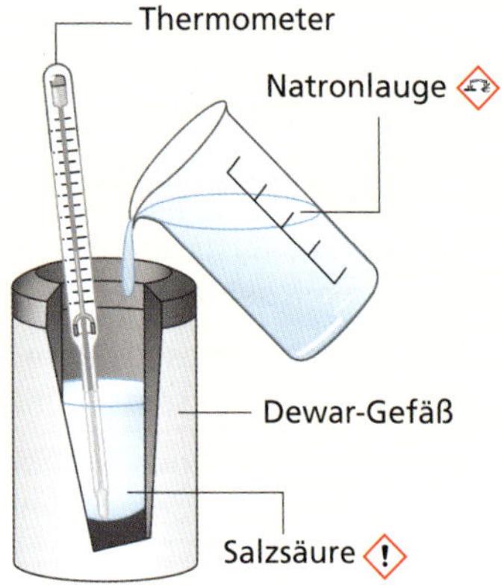

$$NaOH_{(aq)} + HCl_{(aq)} \rightleftharpoons NaCl_{(aq)} + H_2O_{(l)}$$

Bei thermodynamischen Rechnungen wird die absolute Temperaturskala mit der Einheit Kelvin (K) benutzt:

0 °C = 273,15 K.

Dieser Wert wird oft auf 0 °C = 273 K abgerundet.

Die Wärmemenge ist proportional zur gemessenen Temperaturänderung: $\Delta T = (T_E - T_A)$. Die Proportionalitätskonstante wird **Wärmekapazität** genannt und mit dem Symbol *C* bezeichnet.

$$Q \sim \Delta T \quad \text{bzw.} \quad Q \sim (T_E - T_A)$$

$$Q = C \cdot \Delta T \quad \text{bzw.} \quad Q = C \cdot (T_E - T_A)$$

Die Wärmekapazität ist vom jeweiligen Stoff, d. h. dessen Eigenschaften und der vorhandenen Stoffmenge bzw. Masse, abhängig. Deshalb wird für jede Substanz eine **spezifische Wärmekapazität *c*** angegeben, bezogen auf ein Mol oder ein Gramm des Stoffs.
Daraus ergibt sich zwischen der Temperaturänderung eines Systems und der ihm zu- bzw. abgeführten Wärmemenge folgender Zusammenhang, der als **Grundgleichung der Wärmelehre** bezeichnet wird.

$$Q = m \cdot c \cdot \Delta T \quad \text{bzw.} \quad Q = M \cdot n \cdot c \cdot \Delta T$$

Die Einheit der spezifischen Wärmekapazität ist $J \cdot g^{-1} \cdot K^{-1}$ oder $J \cdot mol^{-1} \cdot K^{-1}$. Die Umrechnung zwischen den beiden Einheiten erfolgt durch Multiplikation mit bzw. Division durch die molare Masse.

- Die spezifische Wärmekapazität von Wasser beträgt $4{,}19\,kJ \cdot kg^{-1} \cdot K^{-1}$. Um einen Liter Wasser von 25 °C auf 40 °C zu erwärmen, wird demnach eine Wärmemenge von $Q = 62{,}85\,kJ$ benötigt.

> Die spezifische Wärmekapazität *c* gibt an, wie viel Wärme von einem Gramm oder einem Mol eines Stoffs aufgenommen oder abgegeben werden muss, damit sich die Temperatur um ein Kelvin ändert. Es handelt sich um eine stoffspezifische Größe.

Bestimmung von Volumenarbeit

Die **Volumenarbeit *W*** ist die Arbeit, die ein System leistet, wenn es gegen einen geringeren äußeren Druck expandiert, bzw. die das System aufnimmt, wenn es durch eine äußere Kraft komprimiert wird.

Arbeit und Wärme haben die gleiche Einheit: Joule (J). Bei chemischen Systemen tritt Arbeit in Form von elektrischer Arbeit (↗ S. 166 ff.) bzw. Volumenarbeit auf.

5

Große Änderungen des Volumens können bei chemischen Reaktionen insbesondere dann auftreten, wenn gasförmige Stoffe an der Reaktion beteiligt sind. So verdrängt z. B. der Wasserstoff, der bei der Reaktion von Salzsäure mit Zink gebildet wird, die Flüssigkeit in einem über ein U-Rohr mit dem System verbundenen Reagenzglas. Dabei wird vom System Volumenarbeit an der Umgebung verrichtet.

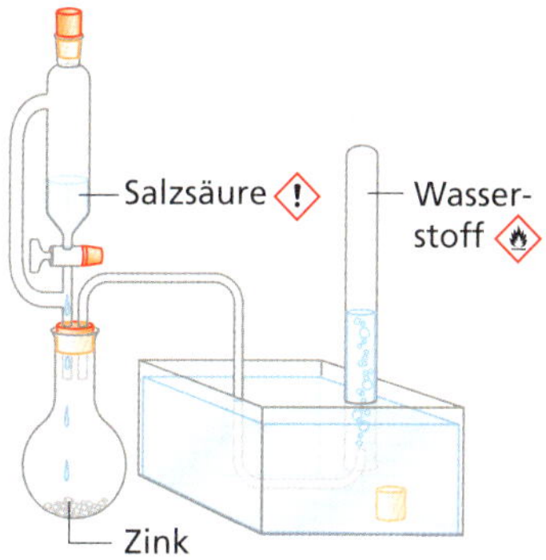

$$Zn_{(s)} + 2\,HCl_{(aq)} \longrightarrow ZnCl_{2\,(aq)} + H_{2\,(g)}$$

Die Volumenarbeit bei konstantem Umgebungsdruck p_{Um} kann nach unten stehender Gleichung berechnet werden. Das Minuszeichen ergibt sich aus der Tatsache, dass Arbeit gegen eine konstante äußere Kraft verrichtet wurde. Dabei verringert sich die Energie des Systems, da es Arbeit an der Umgebung geleistet hat.

$$W = -p_{Um} \cdot \Delta V \qquad \text{bzw.} \qquad W = -p_{Um} \cdot (V_E - V_A)$$

Der Aggregatzustand der an einer Reaktion beteiligten Stoffe wird mit den Buchstaben g, l und s (engl.: *gaseous, liquid* und *solid*) in Klammern hinter dem Stoff gekennzeichnet. Der Index (aq) bedeutet, dass der Stoff in Wasser gelöst vorliegt.

■ *Welche Volumenarbeit leistet das System beim Umsatz von 2 mol Salzsäure mit 1 mol Zink unter Normbedingungen?*

Analyse: Entsprechend der oben stehenden Gleichung entsteht bei dieser Reaktion 1 mol Wasserstoff, das als ideales Gas betrachtet werden kann. Unter Normbedingungen nimmt 1 mol des idealen Gases ein Volumen von 22,4 l ein.
Die Volumenänderungen der an einer Reaktion beteiligten Flüssigkeiten und Feststoffe sind nur sehr gering. Sie können daher bei der Berechnung der Volumenarbeit vernachlässigt werden.

Ges.: W
Geg.: $p = 101{,}3\ \text{kPa}$ $\quad V_A = 0\ \text{l}$
$n(H_2) = 1\ \text{mol}$ $\quad V_E = V(H_2) = 22{,}4\ \text{l}$

Lösung: $W = -p \cdot \Delta V = -p \cdot (V(H_2) - V_A)$
$W = -101{,}3\ \text{kPa} \cdot 0{,}0224\ \text{m}^3$
$\underline{W = -2\,270\ \text{J}}$

Ergebnis: Das System leistet eine Volumenarbeit von 2 270 Joule.

Wenn die äußeren Bedingungen von den Normbedingungen (p = 101,3 kPa, T = 273 K) abweichen, wird das Volumen H_2 nach der **Zustandsgleichung für ideale Gase** ermittelt:

$$p \cdot V = n \cdot R \cdot T$$

Die universelle Gaskonstante R beträgt $8{,}314\ \text{J} \cdot \text{K}^{-1} \cdot \text{mol}^{-1}$.

5

5.1.2 Der erste Hauptsatz der Thermodynamik

Für den Zusammenhang zwischen übertragener Wärmemenge und Energieänderung gilt:

$Q = \Delta E_{therm}$

Innere Energie und Enthalpie

Alle Stoffe besitzen einen definierten Betrag an **innerer Energie *U*.** Diese ergibt sich aus der Summe der Kernenergien der Atome, den Bindungsenergien und den Wechselwirkungen zwischen den Teilchen sowie der thermischen Energie der Stoffportion.

In der chemischen Thermodynamik werden keine Kernumwandlungen betrachtet. Deshalb erfolgen Änderungen der inneren Energie nur durch Umwandlung der chemischen Energie (Bindungen und Wechselwirkungen zwischen den Teilchen) und der thermischen Energie (Bewegung der Teilchen) in andere Energieformen.

Die Änderung der inneren Energie eines Systems erfolgt durch Aufnahme bzw. Abgabe von Wärme Q oder Arbeit W von der bzw. an die Umgebung. Dieser Sachverhalt wird durch folgende Gleichung beschrieben:

$$\Delta U = Q + W$$

Eine Energieaufnahme bzw. Energieabgabe ist nur bei offenen oder geschlossenen Systemen möglich.

Der **erste Hauptsatz der Thermodynamik** ist eine spezielle Form des allgemeinen Energieerhaltungssatzes und lautet: Die innere Energie eines **abgeschlossenen Systems** ist konstant.

Wird eine Messgröße, z. B. der Druck oder das Volumen, konstant gehalten, kennzeichnet man diesen Sachverhalt durch einen tiefgestellten Index. Q_V ist die bei konstantem Volumen ausgetauschte Wärme.

Für chemische Reaktionen, bei denen nur Volumenarbeit verrichtet wird, erhält man folgende mathematische Form des ersten Hauptsatzes:

$$\Delta U = Q - p \cdot \Delta V$$

Ein wichtiger Spezialfall dieser Formel ergibt sich, wenn die Reaktion bei konstantem Volumen durchgeführt wird. Da dann keine Volumenarbeit stattfinden kann ($\Delta V = 0$), entspricht die Änderung der inneren Energie der ausgetauschten Wärme.

$$\Delta U = Q_V = C_V \cdot \Delta T$$

Die meisten chemischen Prozesse in Natur und Technik finden jedoch nicht bei einem konstanten Volumen, sondern bei konstantem Druck (p = 101,3 kPa auf Meereshöhe) statt. Die Wärmebilanz bei konstantem Druck ergibt sich aus der Definition der inneren Energie.

$$Q_p = \Delta U + p \cdot \Delta V$$

Die Enthalpie ist die praktisch am einfachsten handhabbare Größe zur Beschreibung der Energieumwandlung bei chemischen Reaktionen. Die Einheit der Enthalpie ist das Joule.

Aufgrund der großen Bedeutung der Wärme Q_p für chemische Reaktionen wurde für sie die **Enthalpie *H*** als eigene Größe eingeführt.

Die bei konstantem Druck übertragene Wärmemenge entspricht der Enthalpieänderung ΔH eines chemischen Reaktionssystems.

$$\Delta H = Q_p = \Delta U + p \cdot \Delta V = C_p \cdot \Delta T$$

Die innere Energie und die Enthalpie sind **Zustandsgrößen.** Zustandsgrößen beschreiben den aktuellen Zustand eines thermodynamischen Systems. Ihr Wert ist unabhängig davon, auf welche Weise dieser Zustand erreicht wurde.

Weitere wichtige **Zustandsgrößen** sind das Volumen V, der Druck p und die Temperatur T.

Der Wert von Zustandsgrößen hängt nur vom Anfangs- und vom Endzustand des Systems ab. Ihr Wert ist somit unabhängig von der Prozessführung, d.h. vom jeweiligen Weg, auf dem die Zustandsänderung erfolgt. Im Gegensatz dazu beschreiben die **Prozessgrößen** Wärme und Arbeit keine Zustände eines Systems, sondern Austauschprozesse. Durch Zufuhr von Arbeit oder Wärme steigt die innere Energie eines Systems. Der Wert dieser wegabhängigen Größen wird von den äußeren Bedingungen beeinflusst, unter denen der Prozess stattfindet.

Enthalpieänderungen bei chemischen Reaktionen

Weder die Enthalpie noch die innere Energie können als absolute Energiewerte bestimmt werden. Deshalb betrachten Physiker und Chemiker im Allgemeinen die Änderung der Enthalpie bzw. der inneren Energie eines Reaktionssystems.

Die Enthalpieänderung bei einer chemischen Reaktion ist gleich der Wärmemenge, die im Reaktionsverlauf bei konstantem äußeren Druck aufgenommen oder abgegeben wird. Diese **Reaktionsenthalpie $\Delta_R H$** ist die Differenz zwischen den Enthalpien der Produkte und der Edukte bezogen auf den Formelumsatz einer bestimmten Reaktion unter bestimmten Bedingungen (Druck, Temperatur).

In den meisten Fällen bezieht man die Enthalpieänderung auf die Stoffmenge eines Reaktionspartners und erhält so molare Enthalpien.

$$\nu(\mathrm{A})\,\mathbf{A} + \nu(\mathrm{B})\,\mathbf{B} \longrightarrow \nu(\mathrm{C})\,\mathbf{C} + \nu(\mathrm{D})\,\mathbf{D}$$

$$\Delta_R H = \sum \nu \cdot \Delta H(\text{Produkte}) - \sum \nu \cdot \Delta H(\text{Edukte})$$

$$\Delta_R H = [\nu(\mathrm{C}) \cdot \Delta H(\mathrm{C}) + \nu(\mathrm{D}) \cdot \Delta H(\mathrm{D})] - [\nu(\mathrm{A}) \cdot \Delta H(\mathrm{A}) + \nu(\mathrm{B}) \cdot \Delta H(\mathrm{B})]$$

Reaktionsenthalpien sind abhängig von der Temperatur und dem Druck, bei dem die Reaktion stattfindet, und sie hängen außerdem vom Aggregatzustand der beteiligten Komponenten ab.
Um die Enthalpieänderung verschiedener chemischer Reaktionen vergleichen zu können, ist es notwendig, einen Satz von **Standardbedingungen** zu definieren, der als Referenz oder Bezugspunkt dient. Sinnvollerweise verwendet man dazu die Raumtemperatur und den Normaldruck, da unter diesen Bedingungen sehr viele Reaktionen stattfinden.

Für wässrige Lösungen von Stoffen ist zudem noch eine Standardkonzentration von $c^0 = 1\,\mathrm{mol \cdot l^{-1}}$ definiert (↗ S. 146).

1. Standardtemperatur: $T = 25\,°\mathrm{C} = 298{,}15\,\mathrm{K} \approx 298\,\mathrm{K}$
2. Standarddruck: $p = 1013{,}25\,\mathrm{mbar} = 1{,}01325 \cdot 10^5\,\mathrm{Pa} \approx 101{,}3\,\mathrm{kPa}$
3. Der **Standardzustand** ist der energieärmste und damit energetisch stabilste Zustand, in dem eine Substanz bei Standarddruck und der betrachteten Temperatur vorliegt.

Der Index R steht für Reaktion. Das Superscript 0 kennzeichnet Größen, die unter Standardbedingungen der Stoffe bestimmt wurden.

Die **molare Standardreaktionsenthalpie** $\Delta_R H^0$ ist die Änderung der Enthalpie des Systems für den Übergang der Edukte in ihren Standardzuständen zu den Produkten in ihren Standardzuständen, multipliziert mit dem stöchiometrischen Koeffizienten $\nu(i)$.

Da man die absoluten Enthalpien weder bestimmen noch berechnen kann, verwendet man in der Thermodynamik häufig speziell definierte Standardreaktionsenthalpien, die sich auf ein Mol eines bestimmten Stoffs beziehen. Diese molaren Standardreaktionsenthalpien sind experimentell bestimmbar und eignen sich gut für thermodynamische Berechnungen.

- molare Bildungsenthalpien
- molare Verbrennungsenthalpien
- molare Bindungsenthalpien
- molare Schmelz- und Verdampfungsenthalpien

Die Standardbildungsenthalpie (Einheit: $J \cdot mol^{-1}$) ist eine molare Größe. Der Index *f* kommt aus dem Englischen (engl.: *formation* – Bildung).

Die **molare Standardbildungsenthalpie** $\Delta_f H^0$ ist die Enthalpieänderung für die Bildung von **einem Mol einer Verbindung** unter Standardbedingungen aus den entsprechenden Elementen in ihren jeweiligen Standardzuständen.

Die Standardreaktionsenthalpie jeder chemischen Reaktion kann aus der Differenz der Bildungsenthalpien der an der Reaktion beteiligten Produkte und Edukte berechnet werden (↗S. 118). Dabei wird die Bildungsenthalpie der Elemente im Standardzustand vereinbarungsgemäß gleich null gesetzt.

$$H_{2(g)} + \tfrac{1}{2} O_{2(g)} \longrightarrow H_2O_{(l)} \qquad \Delta_f H^0(H_2O) = -285\ kJ \cdot mol^{-1}$$

$$H_{2(g)} + \tfrac{1}{8} S_{8(s)} \longrightarrow H_2S_{(g)} \qquad \Delta_f H^0(H_2S) = -20{,}7\ kJ \cdot mol^{-1}$$

$$\tfrac{1}{2} N_{2(g)} + \tfrac{1}{2} O_{2(g)} \longrightarrow NO_{(g)} \qquad \Delta_f H^0(NO) = +90\ kJ \cdot mol^{-1}$$

$$C_{(s)} + \tfrac{1}{2} O_{2(g)} + 2\,H_{2(g)} \longrightarrow CH_3OH_{(l)} \qquad \Delta_f H^0(CH_3OH) = -238\ kJ \cdot mol^{-1}$$

In den Gleichungen für die Bildungsreaktion können die Ausgangsstoffe auch gebrochene Stöchiometriezahlen aufweisen. Bei den Elementsubstanzen wird immer von der stabilsten Modifikation bei 298 K und 101,3 kPa ausgegangen. Diese ist z. B. beim Kohlenstoff der Grafit, nicht der Diamant!

Damit definieren die Standardzustände der Elemente eine Art „thermodynamische Meereshöhe" für die Bildung von chemischen Verbindungen. Stoffe mit positiver Standardbildungsenthalpie sind endotherm. Sie können unter Freisetzung von Wärme zerfallen. Exotherme Verbindungen weisen eine negative Standardbildungsenthalpie auf. Sie sind thermodynamisch stabil; zu ihrer Zersetzung muss Energie zugeführt werden.

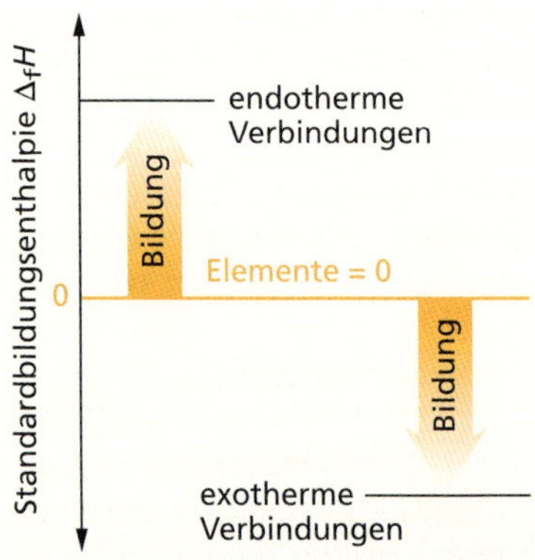

Verbrennungsenthalpien

Die molare **Verbrennungsenthalpie** $\Delta_c H^0$ ist die Änderung der Enthalpie bei der Verbrennung von einem Mol einer Substanz mit Sauerstoff.

Der Index c kommt ebenfalls von einem englischen Begriff (engl. *combustion* – Verbrennung).

Die vollständige Verbrennung von Methan unter konstantem äußeren Druck liefert eine Energie von 890 kJ pro mol Methan.

$$CH_{4(g)} + 2\,O_{2(g)} \longrightarrow CO_{2(g)} + 2\,H_2O_{(l)} \qquad \Delta_c H^0 = -890 \text{ kJ} \cdot \text{mol}^{-1}$$

Bildungsenthalpie und Verbrennungsenthalpie sind stoffspezifische molare Größen. Die Bildungsenthalpie bezieht sich auf ein Mol des aus den Elementen gebildeten Produkts. Dagegen bezieht sich die Verbrennungsenthalpie immer auf ein Mol des verbrannten Ausgangsstoffs. Energiereiche Verbindungen wie Methan oder Glucose verbrennen exotherm unter Abgabe eines hohen Enthalpiebetrags. Verbrennungsenthalpien lassen sich für viele Stoffe kalorimetrisch bestimmen und sind auf diese Weise experimentell leicht zugänglich.

Die stoffspezifischen Standardbildungsenthalpien und Verbrennungsenthalpien findet man tabelliert. Sie sind wichtige Größen für viele thermodynamische Berechnungen (↗ S. 118 ff.).

Kalorimetrie

Die **Kalorimetrie** ist eine physikalische Methode zur quantitativen Bestimmung von Wärme (lat.: *calor* – Wärme).

Es gibt mehrere Arten von Kalorimetern, die sich im Messprinzip oder in der Konstruktion unterscheiden. Verbrennungswärmen bestimmt man häufig in einfachen **Bombenkalorimetern** (V = konstant, ↗ Abb.). Diese bestehen aus einem stabilen Metallzylinder, der von einem Wasserbad umgebenen „Bombe".

Das Kalorimeter ist so aufgebaut, dass weder Energie noch Arbeit mit derUmgebung ausgetauscht werden können, und stellt ein abgeschlossenes System dar. Über einen Zünddraht leitet man die Verbrennung der zu untersuchenden Substanz ein. Die dabei frei werdende Wärme wird von der Bombe an das Wasserbad abgegeben und führt zu einer Erhöhung der Temperatur. Aus der gemessenen Temperaturänderung ΔT und der bekannten Wärmekapazität des Kalorimeters C_K kann man die Reaktionswärme Q_V berechnen:

$$Q_V = \frac{C_K \cdot \Delta T}{n}$$

Daraus lässt sich mathematisch die molare Verbrennungsenthalpie $\Delta_c H$ ermitteln.

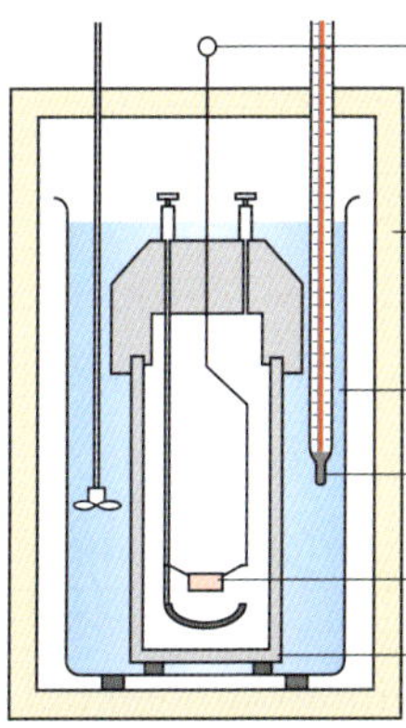

Mittels **Kalorimetrie** können nicht alle Reaktionswärmen bestimmt werden. Die untersuchten Prozesse müssen hinreichend schnell und möglichst vollständig verlaufen. Außerdem muss die Reaktionswärme so groß sein, dass ein deutlicher Temperaturunterschied im Wasserbad messbar ist, da sonst der Messfehler zu groß wird.

5

Gesetz der konstanten Wärmesummen: Satz von HESS

Die molare Reaktionsenthalpie ist eine Zustandsgröße und hängt nur vom Anfangs- und vom Endzustand ab. Sie ist somit vom Reaktionsweg unabhängig. Daraus leitete der Chemiker H. HESS eine wichtige nach ihm benannte Schlussfolgerung ab.

> **Satz von Hess:** Die Reaktionsenthalpie einer Reaktion ist die Summe aller Reaktionsenthalpien der Teilschritte, in die die Reaktion zerlegt werden kann.

Der Born-Haber-Kreisprozess ist ebenfalls eine Form der Anwendung des Satzes von **H. HESS** (1802–1850).

Unter Anwendung dieses Gesetzes können alle Enthalpien chemischer Reaktionen aus den tabellierten Bildungs- oder Verbrennungsenthalpien der beteiligten Stoffe ermittelt werden. So ist z. B. die Bildungsenthalpie von CO nicht direkt messbar, da bei der Verbrennung von Kohlenstoff immer ein Anteil CO_2 gebildet wird.
Betrachtet man die Reaktion als Teil der vollständigen Verbrennung von Kohlenstoff zu CO_2, dann kann man die Enthalpieänderung jedoch leicht berechnen.

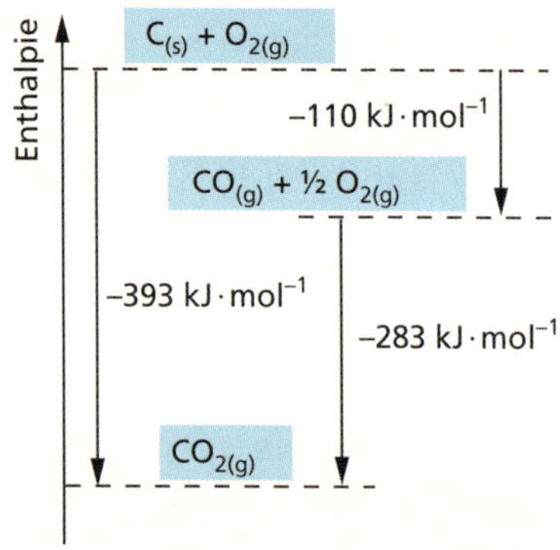

Die Verbrennungsenthalpien von Kohlenstoff und Kohlenstoffmonooxid kann man messen oder aus Tabellen ermitteln.

Mit dem Satz von HESS können auch Reaktionsenthalpien von gedanklich konstruierten Reaktionen berechnet werden, die so in der Praxis gar nicht ablaufen.

■ *Berechnen Sie die Standardreaktionsenthalpie der Verbrennung von Kohlenstoff (Grafit) zu Kohlenstoffmonooxid $\Delta_f H^0(CO)$.*

Analyse: Nach dem Satz von HESS kann $\Delta_f H^0(CO)$ aus der Differenz der Enthalpien der Reaktionen a) und b) berechnet werden.

a) $C_{(s)} + O_{2(g)} \longrightarrow CO_{2(g)}$ $\quad \Delta_f H^0 = -393\ kJ \cdot mol^{-1}$

b) $CO_{(g)} + ½\ O_{2(g)} \longrightarrow CO_{2(g)}$ $\quad \Delta_c H^0 = -283\ kJ \cdot mol^{-1}$

---

a) – b) $C_{(s)} + ½\ O_{2(g)} \longrightarrow CO_{(g)}$ $\quad \Delta_f H^0$ = unbekannt

Ges.: $\Delta_f H^0(CO)$

Geg.: $\Delta_f H^0(CO_2) = -393\ kJ \cdot mol^{-1}$ $\quad \Delta_c H^0(CO) = -283\ kJ \cdot mol^{-1}$

Lösung:

$$\Delta_f H^0(CO) = \Delta_f H^0(CO_2) - \Delta_c H^0(CO)$$

$$\Delta_f H^0(CO) = -393\ kJ \cdot mol^{-1} - (-283\ kJ \cdot mol^{-1})$$

$$\underline{\Delta_f H^0(CO) = -110\ kJ \cdot mol^{-1}}$$

Ergebnis: Die Standardreaktionsenthalpie für die Verbrennung von 1 mol Kohlenstoff zu Kohlenstoffmonooxid beträgt $-110\ kJ \cdot mol^{-1}$.

5.1.3 Der zweite Hauptsatz der Thermodynamik

Die Richtung freiwilliger Prozesse

Mithilfe des ersten Hauptsatzes der Thermodynamik kann die Umwandlung chemischer Energie in Wärme oder Arbeit quantitativ berechnet werden. Er macht jedoch keine Aussagen zur **Richtung,** in die ein Prozess verläuft. Dies ist besonders für die Betrachtung chemischer Reaktionen von Bedeutung, um erkennen zu können, ob eine Reaktion auch zu den gewünschten Produkten führt.
Obwohl chemische Systeme eigentlich nach einem Zustand minimaler innerer Energie streben, können auch endotherme Prozesse freiwillig ablaufen. Die **Freiwilligkeit chemischer Reaktionen** und physikalischer Vorgänge hängt demnach nicht nur vom Betrag der Enthalpieänderung ab.

- So lösen sich viele Salze wie Ammoniumnitrat freiwillig in Wasser; obwohl der Lösungsvorgang endotherm ist.

Freiwillige Prozesse verlaufen in der Regel von einem **Zustand höherer Ordnung** zu einem **Zustand mit niedrigerer Ordnung.** Die jeweils umgekehrten Prozesse sind niemals beobachtet worden, ohne dass dem System aus der Umgebung Arbeit oder Wärme zugeführt wurde.

- Nach dem ersten Hauptsatz der Thermodynamik sind Wärme und Arbeit gleichwertige Formen der Energie. Allerdings ist es nicht möglich, Wärme vollständig in Arbeit umzuwandeln, während Arbeit vollständig in Wärme umgewandelt werden kann.
- Bei allen praktischen Prozessen tritt eine Verringerung der in Form von Arbeit nutzbaren Energie auf, die durch Reibung in Form von Wärme an die Umgebung abgegeben wird.

Tinte und Wasser vermischen sich freiwillig zu einer homogenen Lösung. Eine spontane Entmischung der Lösung ist dagegen sehr unwahrscheinlich.

Diese Beobachtungen machten Naturwissenschaftler im 19. Jh. bei ihren vergeblichen Versuchen, ein *perpetuum mobile* zu konstruieren. Aus ihren Erfahrungen leiteten sie verschiedene Formulierungen des **zweiten Hauptsatzes der Thermodynamik** ab. Für chemische Reaktionen ist die folgende Formulierung am treffendsten:

> Freiwillige Prozesse verlaufen in einem abgeschlossenen System stets in die Richtung, in der die Ordnung des Systems abnimmt.

Wichtige Formulierungen des **zweiten Hauptsatzes der Thermodynamik** gehen auf R. CLAUSIUS (1822–1888), W. THOMSON (1824 bis 1907), M. PLANCK (1858–1947) und W. NERNST (1864–1941) zurück.

Um die experimentellen Beobachtungen, die zur Formulierung des zweiten Hauptsatzes der Thermodynamik führten, quantitativ zu beschreiben, führten CLAUSIUS und THOMSON Mitte des 19. Jh. eine neue thermodynamische Zustandsgröße, die **Entropie *S***, ein.

> Die Entropie beschreibt den **Ordnungszustand eines Systems.** Sie steigt, wenn sich Energie und/oder Teilchen eines Systems gleichmäßig – also ungeordnet – verteilen. Je größer die Unordnung, desto größer die Entropie und umso wahrscheinlicher wird der Zustand des Systems.

Die Einheit der Entropie ist $J \cdot K^{-1}$ oder als molare Größe bezogen auf die Stoffmenge $J \cdot K^{-1} \cdot mol^{-1}$.

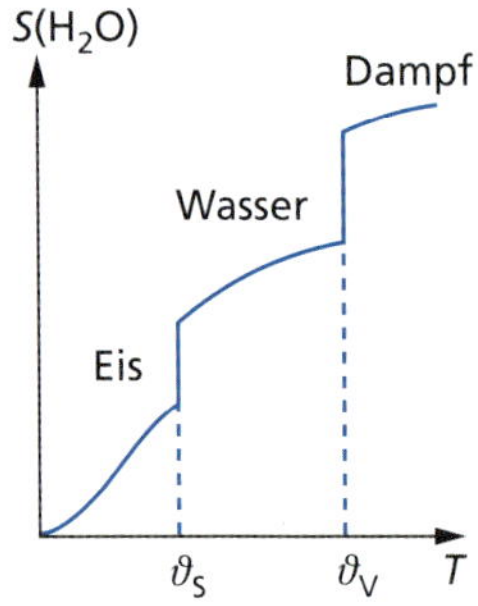

Betrachten wir dies am Beispiel des Systems Wasser: Am **absoluten Nullpunkt** (T = 0 K) befindet sich jedes Wassermolekül an einem definierten Ort, der durch die Kristallstruktur von Eis bestimmt ist. In diesem idealen Zustand besitzt die absolute Entropie den Wert 0, da das System Eis seinen maximalen Ordnungsgrad erreicht hat. Mit steigender Temperatur können die Wassermoleküle um ihren optimalen Ort schwingen.
Die Entropie nimmt mit der Temperatur weiter zu, bis beim Schmelzen (ϑ_S = 0 °C) des Eises die Moleküle ihren Kristallplatz vollständig verlassen. Dies führt zu einem sprunghaften Anstieg der Entropie. Die Wassermoleküle können sich fortan durch die Flüssigkeit bewegen. Die Bewegungsgeschwindigkeit nimmt mit der Temperatur zu und führt somit zu einer weiteren Zunahme der Entropie im flüssigen Wasser.
Während des Siedens (ϑ_V = 100 °C) gehen die Wassermoleküle von einem lockeren Verbund in der Flüssigkeit über in frei bewegliche Moleküle in der Gasphase. Dies führt zu einer weiteren drastischen Abnahme der Ordnung und somit zu einem sprunghaften Anstieg der Entropie. Die weitere Zunahme der Entropie bei noch höherer Temperatur hängt mit der damit verbundenen höheren Molekülgeschwindigkeit zusammen.

Diese Gesetzmäßigkeit wird auch als **dritter Hauptsatz der Thermodynamik** bezeichnet.

Alle Stoffe besitzen bei T = 0 K die Entropie gleich null. Deshalb sind die Standardentropien aller Stoffe unter Normalbedingungen immer größer null und werden als absolute Werte angegeben.

Die Entropie der Stoffe hängt somit von ihrem Aggregatzustand und der Art und der Anzahl von Atomen, Molekülen bzw. Ionen und ihrer Kristallstruktur ab.

Entropieänderungen bei chemischen Reaktionen können anhand der dabei übertragenen Wärme und der Reaktionstemperatur bestimmt werden:

Die **Entropieänderung** bei einem Prozess in einem geschlossenen System ist der Quotient aus der reversibel übertragenen Wärmemenge und der Temperatur, bei der dieser Übertrag stattfindet.

$$\Delta S = \frac{Q_{rev}}{T}$$

So nimmt beim Gefrieren von Wasser unterhalb 0 °C die Entropie des Wassers zwar ab, jedoch führt die beim Erstarren frei werdende Schmelzwärme zu einer Zunahme der Entropie in der Umgebung, sodass die Gesamtentropie insgesamt positiv ist. Somit ist dieser Prozess freiwillig.

In abgeschlossenen Systemen erfolgen Prozesse freiwillig, wenn die Unordnung und damit die Entropie des Systems zunehmen. Bei offenen oder geschlossenen Systemen muss immer die Gesamtentropieänderung, d. h. die Änderung der Entropie des Systems und seiner Umgebung, in Betracht gezogen werden, um Aussagen über die Freiwilligkeit von Prozessen machen zu können (↗ S. 122 ff.).

Physikalische und chemische Prozesse verlaufen nur dann freiwillig, wenn die Gesamtentropie des Systems dabei zunimmt ($\Delta S_{Ges} > 0$).

Entropieänderungen bei chemischen Reaktionen

Die Standardreaktionsentropie ist ähnlich wie die Standardreaktionsenthalpie für eine beliebige chemische Reaktion definiert:

$$\nu(\mathrm{A})\mathbf{A} + \nu(\mathrm{B})\mathbf{B} \longrightarrow \nu(\mathrm{C})\mathbf{C} + \nu(\mathrm{D})\mathbf{D}$$

$$\Delta_R S^0 = \Sigma\nu(\mathrm{i}) \cdot S(\mathrm{Produkte}) - \Sigma\nu(\mathrm{i}) \cdot S(\mathrm{Edukte})$$

$$\Delta_R S^0 = [\nu(\mathrm{C}) \cdot S^0(\mathrm{C}) + \nu(\mathrm{D}) \cdot S^0(\mathrm{D})] - [\nu(\mathrm{A}) \cdot S^0(\mathrm{A}) + \nu(\mathrm{B}) \cdot S^0(\mathrm{B})]$$

Die **Standardreaktionsentropie $\Delta_R S^0$** ist die Änderung der Entropie des Systems für den Übergang der Edukte in ihren Standardzuständen zu den Produkten in ihren Standardzuständen, gewichtet mit dem stöchiometrischen Koeffizienten $\nu(\mathrm{i})$.

- *Berechnen Sie die Standardreaktionsentropie für die Bildung von Wasser aus den Elementen bei 298 K.*

Analyse: Bei 298 K liegen Wasserstoff und Sauerstoff als Gase, Wasser dagegen liegt flüssig vor. Die Standardbildungsentropie kann aus den tabellierten absoluten Standardentropien der Reaktionspartner berechnet werden.

$$H_{2(g)} + \tfrac{1}{2}\, O_{2(g)} \longrightarrow H_2O_{(l)}$$

Ges.: $\Delta_f S^0(H_2O)$

Geg.: $S^0(H_2) = 131\,\mathrm{J \cdot K^{-1} \cdot mol^{-1}}$

$S^0(O_2) = 205\,\mathrm{J \cdot K^{-1} \cdot mol^{-1}}$

$S^0(H_2O_{(l)}) = 70\,\mathrm{J \cdot K^{-1} \cdot mol^{-1}}$

Lösung: $\Delta_f S^0(H_2O) = S^0(H_2O_{(l)}) - (S^0(H_2) + 0{,}5 \cdot S^0(O_2))$

$\Delta_f S^0(H_2O) = (70 - 131 - 102{,}5)\,\mathrm{J \cdot K^{-1} \cdot mol^{-1}}$

$\underline{\Delta_f S^0(H_2O) = -163{,}5\,\mathrm{J \cdot K^{-1} \cdot mol^{-1}}}$

Ergebnis: Die Standardbildungsentropie für Wasser beträgt bei 298 K $-163{,}5\,\mathrm{J \cdot K^{-1} \cdot mol^{-1}}$. Der Wert ist negativ, da 1,5 mol Gase in 1 mol Flüssigkeit übergehen, also von einem weniger geordneten in einen höher geordneten Zustand.

Die Tatsache, dass die Reaktionsentropie negativ ist, steht scheinbar im Widerspruch zum zweiten Hauptsatz der Thermodynamik. Reale chemische Reaktionssysteme sind jedoch offene oder geschlossene Systeme, sodass die durch die Reaktion freigesetzte Wärme immer auch zu einer **Entropieänderung der Umgebung** führt.

▶ Auch die **Standardentropien** der Elemente sind bei 298 K größer als null und wie fast alle Standardentropien in Tabellen zu finden.

▶ Wird die Reaktion z. B. im Kalorimeter geführt, dann sind die Stoffe das betrachtete System, während das Kalorimeterwasser und die Kalorimeterinnenwand die Umgebung bilden. Das Gesamtsystem besteht folglich aus dem Kalorimeter und den reagierenden Stoffen.

Entropie und Freiwilligkeit chemischer Reaktionen

Zur Beantwortung der Frage, ob eine chemische Reaktion freiwillig abläuft, muss man sowohl die Entropieänderung des Reaktionssystems als auch die Entropieänderung der Umgebung ermitteln.
Dabei betrachtet man System und Umgebung zusammen als ein einziges *abgeschlossenes System.* Dessen *Gesamtentropie* muss in Übereinstimmung mit dem zweiten Hauptsatz der Thermodynamik bei einer freiwilligen Reaktion zunehmen:

$$\Delta_R S_{gesamt} = \Delta_R S^0{}_{System} + \Delta_R S^0{}_{Um} > 0$$

▶ Die höhere Entropie von Gasen ergibt sich aus der größeren Unordnung der Teilchen im Gaszustand.

Betrachten wir als Beispiel wieder die Bildung von Wasser aus den Elementen, die in einem Kalorimeter verfolgt wird. Diese **Knallgasreaktion** ist als freiwilliger Prozess bekannt, bei dem Wärme freigesetzt wird.

$$H_{2(g)} \quad + \quad ½\ O_{2(g)} \longrightarrow \quad H_2O_{(l)} \qquad \Delta_f H^0 = -285\ kJ \cdot mol^{-1}$$

Wärmeübergang bei der Knallgasreaktion

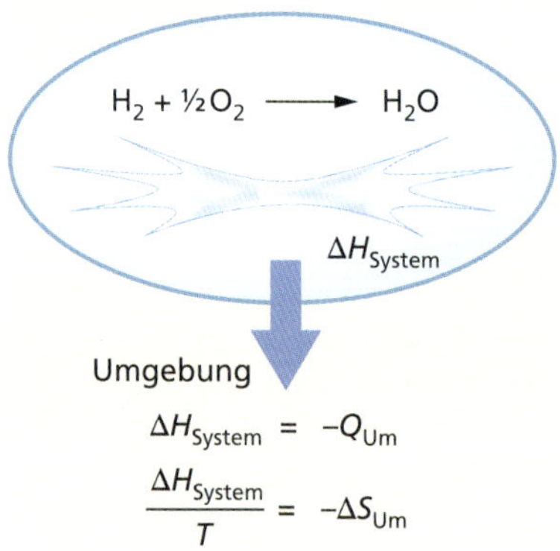

Bei dieser Reaktion werden aus 1,5 mol Gasen 1 mol Wasser im flüssigen Aggregatzustand gebildet. Da ein Gas immer eine höhere Entropie als eine Flüssigkeit besitzt, nimmt die Entropie bei der Knallgasreaktion ab.
Allerdings wird bei der heftigen Reaktion eine große Wärmemenge innerhalb des Reaktionssystems frei und an die Umgebung, z. B. das Kalorimeterwasser, abgegeben. Die Wärmemenge entspricht der Reaktionsenthalpie und führt zur Erhöhung der Entropie der Umgebung bzw. des Kalorimeterwassers.

$$\Delta_R S^0{}_{Um} = -\frac{\Delta_f H^0(H_2O_{(l)})}{T} = -\frac{(-285\ kJ \cdot mol^{-1})}{298\ K}$$

$$\Delta_R S^0{}_{Um} = 956{,}4\ J \cdot K^{-1} \cdot mol^{-1}$$

Die Entropieänderung des gesamten abgeschlossenen Systems ergibt sich aus der Reaktionsentropie und der an die Umgebung abgegebenen Reaktionsenthalpie, bezogen auf die Reaktionstemperatur. Damit erhält man auch für die stark exotherme Knallgasreaktion eine Zunahme der **Gesamtentropie.**

$$\Delta_R S^0{}_{gesamt} = \Delta_R S^0{}_{System} + \Delta_R S^0{}_{Um}$$

$$\Delta_R S^0{}_{gesamt} = (-163{,}5 + 956{,}4)\ J \cdot K^{-1} \cdot mol^{-1}$$

$$\Delta_R S^0{}_{gesamt} = \underline{792{,}9\ J \cdot K^{-1} \cdot mol^{-1}}$$

> Chemische Reaktionen laufen freiwillig ab, wenn die Gesamtentropie von System und Umgebung zunimmt: $\Delta_R S_{gesamt} > 0$

5

5.1.4 Die freie Enthalpie

Ob eine chemische Reaktion freiwillig abläuft, hängt also von der Enthalpie- und der Entropieänderung des betrachteten *Reaktionssystems* ab. Um dieser Tatsache Rechnung zu tragen, wurde eine neue Zustandsgröße, die freie Enthalpie ΔG, eingeführt, die nach der **Gibbs-Helmholtz-Gleichung** berechnet werden kann:

$$\Delta G = \Delta H - T \cdot \Delta S$$

Die Einheit der freien Enthalpie ist J oder als molare, auf die Stoffmenge bezogene Größe, $J \cdot mol^{-1}$.

Die **freie Enthalpie ΔG** ist eine Zustandsgröße, die den Energieanteil eines Reaktionssystems quantitativ beschreibt, der maximal in Arbeit (ohne Volumenarbeit) umgewandelt werden kann.

In einigen Lehrbüchern wird die freie Enthalpie nach **J. W. GIBBS** (1839–1903) auch als gibbssche freie Enthalpie bezeichnet.

Vergleicht man die Gesamtänderung der Entropie von System und Umgebung mit der Änderung der freien Enthalpie des geschlossenen Systems, findet man, dass die beiden Größen sehr eng miteinander zusammenhängen.

$$\Delta S_{gesamt} = \Delta S_{Um} + \Delta S_{System}$$

$$\Delta S_{gesamt} = -\frac{\Delta H_{System}}{T} + \Delta S_{System}$$

$$-T \cdot \Delta S_{gesamt} = \Delta H_{System} - T\Delta S_{System}$$

$$-T \cdot \Delta S_{gesamt} = \Delta G_{System}$$

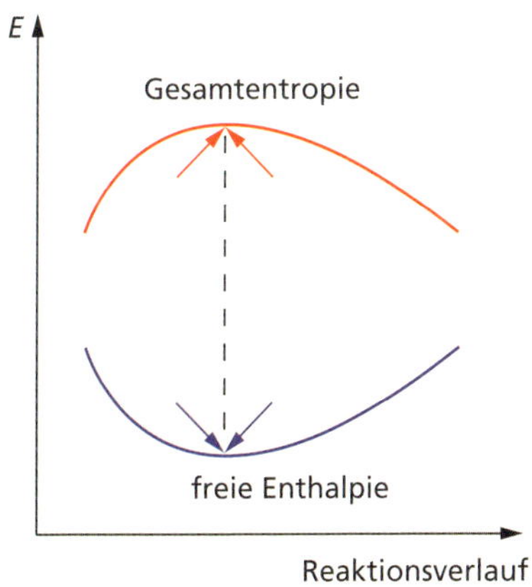

Die freie Enthalpie ist daher umgekehrt proportional zur Gesamtentropie. Nach dem zweiten Hauptsatz der Thermodynamik laufen also alle Prozesse freiwillig ab, bei denen die Änderung der freien Enthalpie negativ ist. Solche freiwilligen Prozesse nennt man **exergonisch.** Wenn $\Delta G > 0$ ist, spricht man von **endergonischen Prozessen.**
Endergonische Prozesse müssen durch Zufuhr von Arbeit, z. B. elektrischer Arbeit wie bei der Elektrolyse von Wasser (↗ S. 162), erzwungen werden.

Für die freie Enthalpie kann, wie schon für die Enthalpie, kein absoluter Bezugswert angegeben werden, sondern immer nur die Änderung der freien Enthalpie ΔG. Da auch die freie Enthalpie eine Zustandsgröße ist, ist ihr Wert vom Weg unabhängig.

Die Änderung der freien Enthalpie eines Stoffsystems berücksichtigt die Enthalpie- und die Entropieänderung des geschlossenen Systems und ist umgekehrt proportional zur Gesamtentropieänderung von System und Umgebung. Bei freiwilligen, d. h. exergonischen Prozessen nimmt die freie Enthalpie des Stoffsystems ab.

5

Änderung der freien Standardenthalpie bei chemischen Reaktionen

Die **freie Standardreaktionsenthalpie $\Delta_R G^0$** ist die zentrale Größe zur Diskussion der Lage chemischer Gleichgewichte und für die Berechnung von Gleichgewichtskonstanten (↗ S. 171).
Bei konstanter Temperatur und konstantem Druck kann aus dem Vorzeichen der freien Enthalpieänderung bei chemischen Reaktionen vorausgesagt werden, ob die Reaktion freiwillig abläuft oder nicht.

Aus der **thermodynamischen Ableitung der Gleichgewichtskonstanten** ergibt sich die Gleichung:
$\Delta_R G^0 = -R \cdot T \ln K$

Die freie Standardreaktionsenthalpie $\Delta_R G^0$ ist die Änderung der molaren freien Enthalpie des Reaktionssystems für den Übergang der Edukte in ihren Standardzuständen zu den Produkten in ihren Standardzuständen:

$$\Delta_R G^0 = \Sigma \nu(i) \Delta G^0(\text{Produkte}) - \Sigma \nu(i) \Delta G^0(\text{Edukte})$$

Da die absoluten freien Enthalpien nicht zugänglich sind, wird die freie Standardreaktionsenthalpie ebenfalls nach der Gibbs-Helmholtz-Gleichung berechnet. Die Standardreaktionsenthalpie $\Delta_R H^0$ und die Standardreaktionsentropie $\Delta_R S^0$ können aus den tabellierten Werten der Bildungsenthalpien bzw. Standardentropien ermittelt werden (↗ S. 121).

$$\Delta_R G^0 = \Delta_R H^0 - T \cdot \Delta_R S^0$$

■ Für die Bildung von Wasser aus den Elementen unter Standardbedingungen bei 298 K ergibt sich folgende freie Standardbildungsenthalpie:

$$H_{2(g)} + \tfrac{1}{2}\, O_{2(g)} \longrightarrow H_2O_{(l)}$$

$$\Delta_f G^0 = \Delta_f H^0 - T \cdot \Delta_f S^0$$

$$\Delta_f G^0 = -285\ \text{kJ} \cdot \text{mol}^{-1} - 298\ \text{K} \cdot (-163{,}5\ \text{J} \cdot \text{K}^{-1} \cdot \text{mol}^{-1})$$

$$\underline{\Delta_f G^0 = -236{,}3\ \text{kJ} \cdot \text{mol}^{-1}}$$

Die freie Standardbildungsenthalpie für die Bildung von Wasser ist negativ, d. h., die Reaktion erfolgt freiwillig und läuft bei Raumtemperatur ohne Aufwand von Arbeit ab.
Die freie Bildungsenthalpie ist ein noch besseres Maß für die thermodynamische Stabilität von Stoffen. Endergonische Verbindungen mit positiver freier Bildungsenthalpie zerfallen freiwillig unter Energiefreisetzung in die Elemente. Dagegen sind exergonische Verbindungen ($\Delta_f G^0 < 0$) thermodynamisch stabil.

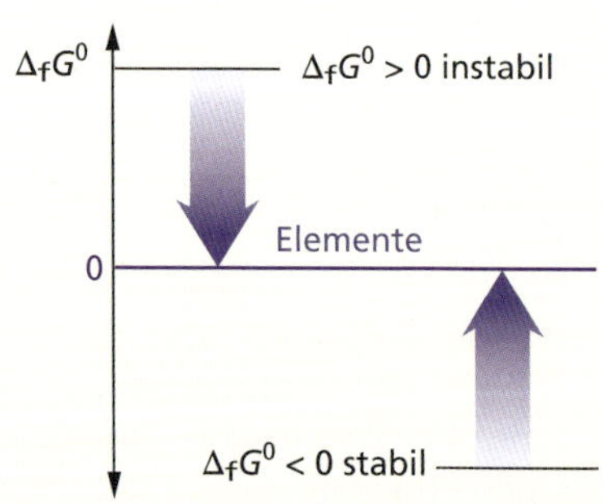

Viele exergonische Reaktionen laufen trotz negativer freier Standardreaktionsenthalpie nur sehr langsam ab. Die Ursache dafür ist jedoch nicht die Thermodynamik, sondern die Kinetik der Reaktion (↗ S. 128 ff.).

Beeinflussung des freiwilligen Ablaufs chemischer Reaktionen

Die freie Reaktionsenthalpie hängt ab von der Reaktionsenthalpie, der Reaktionsentropie und der Temperatur, bei der die Reaktion durchgeführt wird. Somit ist es möglich, den Verlauf von chemischen Reaktionen in gewissen Grenzen zu beeinflussen.

Die Temperaturabhängigkeit der freien Reaktionsenthalpie wird zur Beeinflussung der Lage vieler chemischer Gleichgewichtsreaktionen genutzt.

Wenn $\Delta_R H^0$ negativ und $\Delta_R S^0$ positiv ist, dann verläuft die Reaktion unabhängig von der Temperatur immer freiwillig ($\Delta_R G^0 < 0$). Im umgekehrten Fall ($\Delta_R H^0 > 0$, $\Delta_R S^0 < 0$) kann eine Reaktion aus thermodynamischen Gründen auch durch Temperaturerhöhung nicht erzwungen werden, da $\Delta_R G^0$ immer positiv bleibt. Temperaturabhängig ist dagegen der freiwillige Verlauf solcher Reaktionen, bei denen $\Delta_R S^0$ und $\Delta_R H^0$ die gleichen Vorzeichen aufweisen, weil sie entgegengesetzt auf $\Delta_R G^0$ wirken.

Enthalpie	Entropie	Freie Enthalpie	Diagramm
$\Delta_R H^0 < 0$ exotherm	$\Delta_R S^0 > 0$	$\Delta_R G^0 < 0$ bei allen Temperaturen exergonisch	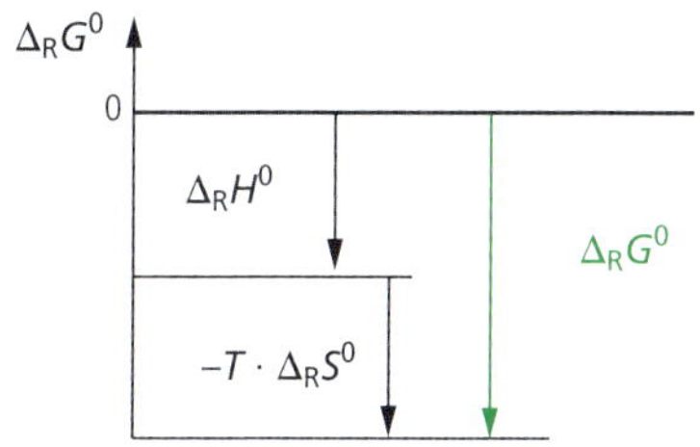
$\Delta_R H^0 < 0$ exotherm	$\Delta_R S^0 < 0$	$\Delta_R G_1{}^0 < 0$ bei niedrigen Temperaturen T_1 exergonisch $\Delta_R G_2{}^0 > 0$ bei hohen Temperaturen T_2 endergonisch	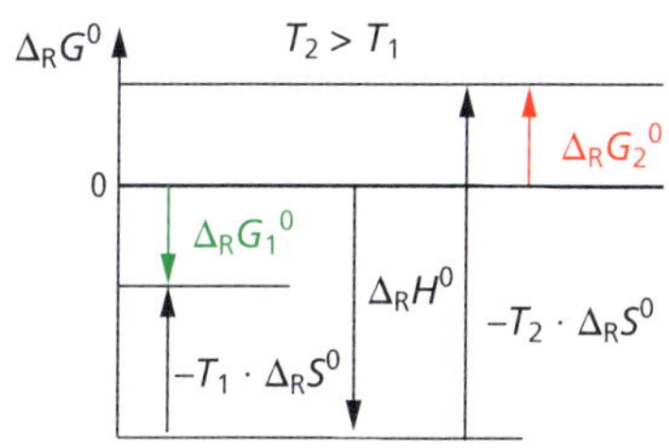
$\Delta_R H^0 > 0$ endotherm	$\Delta_R S^0 > 0$	$\Delta_R G_1{}^0 > 0$ bei niedrigen Temperaturen T_1 endergonisch $\Delta_R G_2{}^0 < 0$ bei hohen Temperaturen T_2 exergonisch	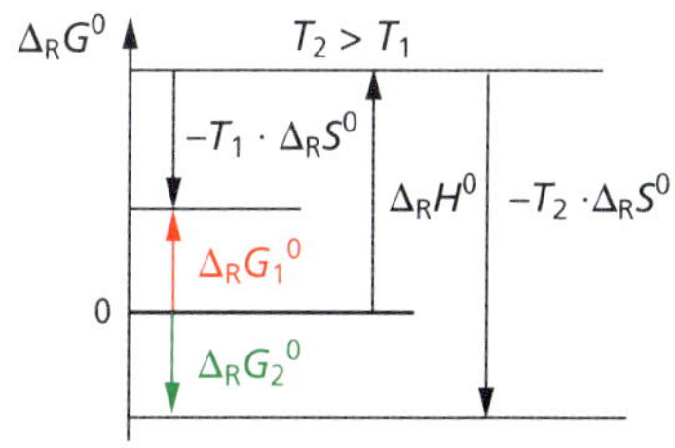
$\Delta_R H^0 > 0$ endotherm	$\Delta_R S^0 < 0$	$\Delta_R G^0 > 0$ bei allen Temperaturen endergonisch	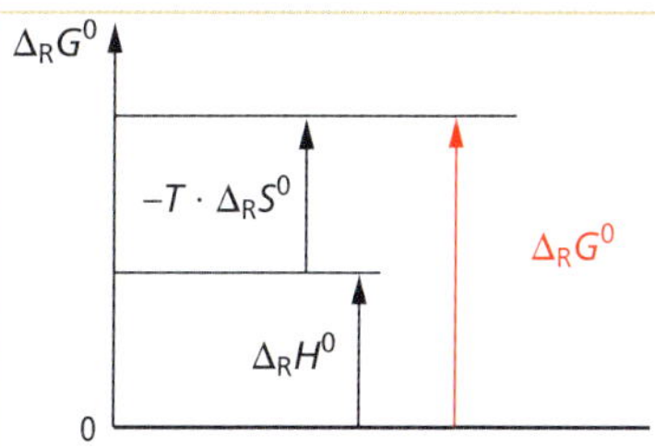

Auch im Labor ist es wichtig zu wissen, ob man eine Reaktion bei Raumtemperatur durchführen kann oder ob zur Erwärmung ein Wasserbad (bis 100 °C) bzw. eine elektrische Heizschlange (bis 250 °C) notwendig ist.

Mithilfe der **Gibbs-Helmholtz-Gleichung** kann man nicht nur voraussagen, ob eine Reaktion freiwillig abläuft oder durch Zufuhr von Arbeit erzwungen werden muss.
Man kann auch die Temperaturen berechnen, bei denen chemische Reaktionen exergonisch werden. Solche Berechnungen sind beispielsweise für technische Prozesse wichtig, bei denen man wissen muss, für welche Temperaturen die Anlagen ausgelegt sein müssen und wie hoch die Energiekosten sein werden.

Berechnen Sie die Temperatur, bei der sich festes Ammoniumchlorid freiwillig zu gasförmigem Ammoniak und Chlorwasserstoff zersetzt.

Analyse:
Zuerst stellt man die Reaktionsgleichung für die thermische Zersetzung auf. Danach berechnet man die Standardreaktionsenthalpie und die Standardreaktionsentropie. Die Zersetzungstemperatur entspricht der Temperatur, bei der $\Delta_R G^0 = 0$ wird. Oberhalb dieser Temperatur wird die Zersetzung exergonisch und findet freiwillig statt. Sie kann durch Umstellen der Gibbs-Helmholtz-Gleichung nach der Temperatur berechnet werden.

$$NH_4Cl_{(s)} \longrightarrow NH_{3(g)} + HCl_{(g)}$$

Ges.: T für $\Delta_R G^0 = 0$

Geg.: tabellierte Werte für $\Delta_f H^0$ und S^0 von $NH_4Cl_{(s)}$, $NH_{3(g)}$ und $HCl_{(g)}$

Lösung:

$$\Delta_R H^0 = \Delta_f H^0(NH_{3(g)}) + \Delta_f H^0(HCl_{(g)}) - \Delta_f H^0(NH_4Cl_{(s)})$$

$$\Delta_R H^0 = (-46{,}1 - 92{,}0 + 314{,}6)\ kJ \cdot mol^{-1}$$

$$\underline{\Delta_R H^0 = 176{,}5\ kJ \cdot mol^{-1}}$$

$$\Delta_R S^0 = S^0(NH_{3(g)} + S^0(HCl_{(g)}) - S^0(NH_4Cl_{(s)})$$

$$\Delta_R S^0 = (192{,}2 + 187{,}0 - 94{,}6)\ J \cdot mol^{-1} \cdot K^{-1}$$

$$\underline{\Delta_R S^0 = 284{,}6\ J \cdot mol^{-1} \cdot K^{-1}}$$

$$\Delta_R G^0 = \Delta_R H^0 - T\Delta_R S^0 = 0$$

$$T = \frac{\Delta_R H^0}{\Delta_R S^0}$$

$$T = \frac{176{,}5\ kJ \cdot mol^{-1}}{284{,}6\ J \cdot mol^{-1} \cdot K^{-1}}$$

$$\underline{T = 620{,}2\ K}$$

Ergebnis:
Die freiwillige Zersetzung von Ammoniumchlorid zu gasförmigem Ammoniak und Chlorwasserstoff beginnt bei einer Temperatur von etwa 620 K bzw. 347 °C.

Für die theoretische Voraussage, ob eine Reaktion abläuft, ermittelt man die freie Standardreaktionsenthalpie $\Delta_R G^0$. Diese kann man einfach aus den tabellierten Werten für die Standardbildungsenthalpien und den Standardentropien der an der Reaktion beteiligten Stoffe berechnen.

Thermodynamik chemischer Reaktionen

- Die Änderung der inneren Energie eines Reaktionssystems wird quantitativ durch den **1. Hauptsatz der Thermodynamik** beschrieben, der sich aus dem Energieerhaltungssatz ergibt.

$$\Delta U = Q + W$$
$$\Delta U = Q - p\Delta V$$
$$\Delta H = \Delta U + p\Delta V$$
(p = konstant)

- Die **molare Reaktionsenthalpie $\Delta_R H^0$** ist eine Zustandsgröße und entspricht der Reaktionswärme bei konstantem Druck. Sie bezieht sich immer auf die Stoffmenge der Formelumsätze in einer bestimmten Reaktionsgleichung.

- Nach dem **Satz von HESS** hängt die Reaktionsenthalpie nur vom Ausgangs- und Endzustand des Systems ab. Es ist also gleichgültig, auf welchem Weg das Produkt gewonnen wird.

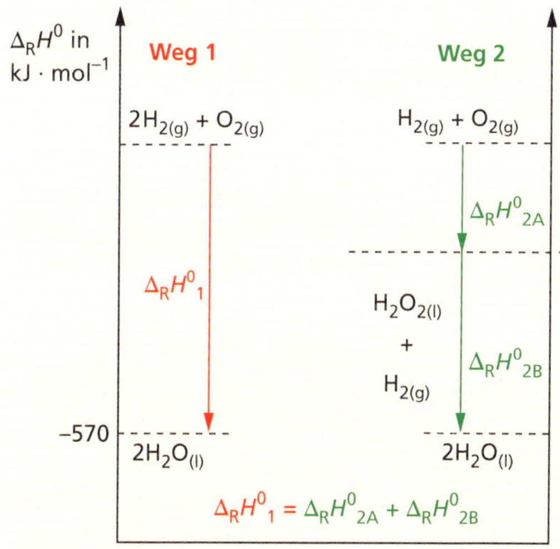

- Nach dem **2. Hauptsatz der Thermodynamik** ist die Entropieänderung für freiwillige Prozesse in einem isolierten System größer oder gleich null.

- Chemische Reaktionen laufen dann freiwillig ab, wenn die Gesamtentropie eines Reaktionssystems und seiner Umgebung zunimmt. Die Gesamtentropie ist umgekehrt proportional zur Änderung der freien Enthalpie des Reaktionssystems.

- Die freie Reaktionsenthalpie $\Delta_R G^0$ kann nach der **Gibbs-Helmholtz-Gleichung** aus der Enthalpie- und der Entropieänderung des Reaktionssystems berechnet werden.

- Reaktionen mit negativer freier Reaktionsenthalpie (exergonische Prozesse) laufen freiwillig ab. Endergonische Prozesse ($\Delta_R G^0 > 0$) finden dagegen nicht freiwillig statt.

$$\Delta_R G^0 = \Delta_R H^0 - T \cdot \Delta_R S^0$$

Exergonische Reaktionen $\Delta_R G^0 < 0$ Reaktion läuft freiwillig ab, wenn:	**Endergonische Reaktionen** $\Delta_R G^0 > 0$ Reaktion läuft nicht freiwillig ab, wenn:
$\Delta_R H^0 < 0$ und $\Delta_R S^0 > 0$	$\Delta_R H^0 > 0$ und $\Delta_R S^0 < 0$
$\Delta_R H^0 < 0$ und $\Delta_R S^0 < 0$, bei niedrigen Temperaturen, wenn $\lvert T \cdot \Delta_R S^0 \rvert < \lvert \Delta_R H^0 \rvert$	$\Delta_R H^0 > 0$ und $\Delta_R S^0 > 0$, bei hohen Temperaturen, wenn $T \cdot \Delta_R S^0 > \Delta_R H^0$

5.2 Chemische Kinetik

5.2.1 Zeitlicher Ablauf chemischer Reaktionen

Reaktionen, die thermodynamisch möglich sind, aber nur mit einer extrem langsamen Geschwindigkeit ablaufen, nennt man kinetisch gehemmt.

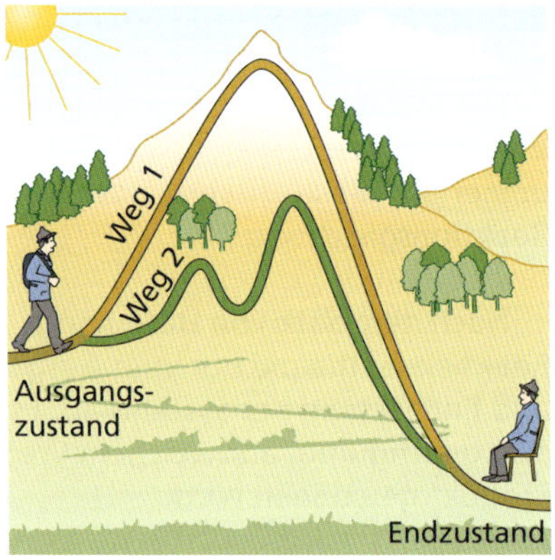

Die chemische Thermodynamik (↗S. 122) erlaubt Voraussagen darüber, ob eine Reaktion zwischen Stoffen aus energetischer Sicht freiwillig abläuft oder ob sie durch Zufuhr von Arbeit bzw. Energie erzwungen werden muss. Aus thermodynamischen Gesetzen können jedoch keine Aussagen darüber abgeleitet werden, wie schnell und auf welchem Weg die Umwandlung der Edukte (Ausgangszustand) in die Produkte (Endzustand) erfolgt.

So ist eine Vielzahl chemischer Reaktionen zwar exergonisch, sie finden aber bei Raumtemperatur nur sehr langsam statt. Ein typisches Beispiel ist die Bildung von Ammoniak (↗S. 178) aus den Elementen Stickstoff und Wasserstoff, die erst bei Temperaturen von mehr als 400 °C mit einer messbaren Geschwindigkeit abläuft.

Die Geschwindigkeit chemischer Reaktionen kann nur untersucht werden, wenn sich das System nicht im thermodynamischen Gleichgewicht befindet.

Der zeitliche Ablauf thermodynamisch möglicher Reaktionen wird in der chemischen **Kinetik** betrachtet. Im Mittelpunkt steht dabei die Messung und Berechnung der Reaktionsgeschwindigkeit, die von verschiedenen Faktoren, z. B. der Temperatur oder den Konzentrationen der Edukte, beeinflusst wird. Damit eng verknüpft ist die Analyse des Reaktionsmechanismus, d. h. der einzelnen Teilschritte oder Teilwege, die bei einer chemischen Reaktion durchlaufen werden. Unterschiedliche Reaktionswege führen zu unterschiedlichen Reaktionsgeschwindigkeiten.

Die chemische Reaktionskinetik ist die Lehre vom zeitlichen Ablauf thermodynamisch möglicher Reaktionen. Dazu gehören die Bestimmung der Geschwindigkeit und die Aufklärung des Mechanismus chemischer Reaktionen.

Geschwindigkeit chemischer Reaktionen

Aus $n(\mathrm{A}) = c(\mathrm{A}) \cdot V$ folgt, dass bei konstantem Volumen des Systems gilt:

$c(\mathrm{A}) \sim n(\mathrm{A})$ und $\Delta c(\mathrm{A}) \sim \Delta n(\mathrm{A})$

Die **Geschwindigkeit einer chemischen Reaktion** entspricht der in einer bestimmten Zeit Δt gebildeten Stoffmenge an Produkten bzw. dem Verbrauch an Ausgangsstoffen (Edukten). Da bei kinetischen Untersuchungen meist die Konzentrationen der Stoffe im Reaktionssystem analytisch bestimmt werden, betrachtet man in der Regel die Konzentrationsänderungen Δc, die den Stoffmengenänderungen Δn proportional sind, als Maß für die Reaktionsgeschwindigkeit v_R:

$$v_\mathrm{R} = -\frac{\Delta c\,(\text{Edukte})}{\Delta t} = \frac{\Delta c\,(\text{Produkte})}{\Delta t}$$

Die **Reaktionsgeschwindigkeit** v_R beschreibt die Änderung der Konzentrationen der an einer chemischen Reaktion beteiligten Stoffe pro Zeiteinheit. Sie ist immer positiv und hat die Einheit $mol \cdot l^{-1} \cdot s^{-1}$.

Bei chemischen Reaktionen erfolgen die Konzentrationsänderungen der Stoffe *immer entsprechend der Reaktionsgleichung.* Um eine vergleichbare Reaktionsgeschwindigkeit durch die Konzentrationsänderung jedes einzelnen Stoffs zu erhalten, müssen die stöchiometrischen Faktoren ν(i) berücksichtigt werden. Dadurch, dass den Stöchiometriezahlen der Edukte negative Vorzeichen zugeordnet werden, bleibt die Reaktionsgeschwindigkeit immer positiv.

- Für die Zersetzung von Distickstoffpentoxid ergibt sich:

$$2\,N_2O_5 \longrightarrow 4\,NO_2 + O_2$$

$$v_R = -\frac{1}{2} \cdot \frac{\Delta c(N_2O_5)}{\Delta t} = \frac{1}{4} \cdot \frac{\Delta c(NO_2)}{\Delta t} = \frac{1}{1} \cdot \frac{\Delta c(O_2)}{\Delta t} = \frac{1}{\nu(i)} \cdot \frac{\Delta c(i)}{\Delta t}$$

Um die Konzentration eines Stoffs zeitlich zu verfolgen, benötigt man analytische Methoden, die kontinuierlich und sehr schnell die Konzentration des entsprechenden Stoffs bestimmen. Dazu zählen z. B. die Fotometrie, die **Potenziometrie** oder **Leitfähigkeitsmessungen.**

Zur experimentellen Bestimmung der Reaktionsgeschwindigkeit genügt es, den zeitlichen Verlauf der Konzentration *eines einzigen Reaktionspartners* zu verfolgen. Diese Werte trägt man in einem **Konzentrations-Zeit-Diagramm** gegeneinander auf.
Daraus kann man die momentane und die durchschnittliche Geschwindigkeit einer chemischen Reaktion bestimmen. Die **Momentangeschwindigkeit** ist die Steigung dc/dt an einem Punkt im Konzentrations-Zeit-Diagramm. Sie nimmt im Verlauf der Reaktion kontinuierlich ab, weil die Konzentration der beteiligten Edukte immer kleiner wird.
Die Momentangeschwindigkeit ist deshalb zu Beginn der Reaktion (Anfangsgeschwindigkeit) am größten. Die **Durchschnittsgeschwindigkeit** über ein längeres Zeitintervall erhält man aus dem Anstieg einer Geraden, die man zwischen zwei Zeitpunkte im Konzentrations-Zeit-Diagramm legt.

Konzentrations-Zeit-Diagramm

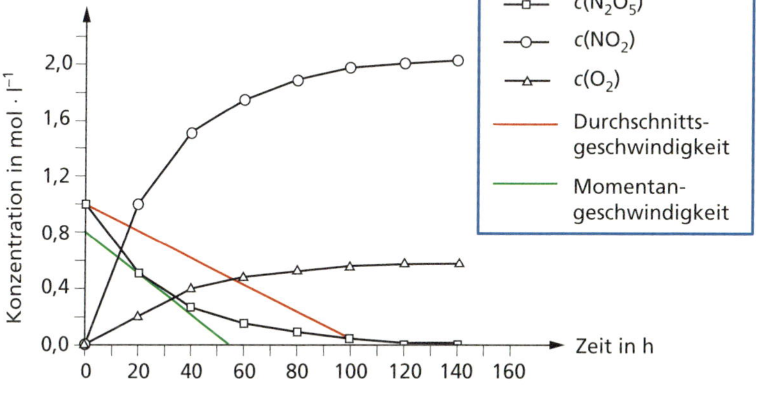

Da sich die Reaktionsgeschwindigkeit ständig ändert, muss man für die Momentangeschwindigkeit ein sehr kleines Intervall $\frac{\Delta c}{\Delta t}$ wählen. Der Grenzwert $\lim_{t \to 0} \frac{\Delta c}{\Delta t} = \frac{dc}{dt}$ ist der Anstieg der Tangente an einem Punkt.

Geschwindigkeitsgesetze und Reaktionsordnung

Der unterschiedliche Verlauf nucleophiler Substitutionen (↗ S. 276) zeigt deutlich die Abhängigkeit der Kinetik von den spezifischen chemischen Eigenschaften der Reaktanten.

Die Reaktionsgeschwindigkeit hängt von vielen Faktoren ab:

1. den spezifischen chemischen Eigenschaften der miteinander reagierenden Stoffe,
2. der Konzentration der Reaktionspartner, die in der Reaktionsgleichung aufgeführt sind,
3. der Temperatur und dem Druck des Systems sowie von der Zufuhr von Energie aus der Umgebung,
4. dem System, in dem die chemische Reaktion abläuft (z. B. dem Lösungsmittel oder der Größe von Phasengrenzflächen, an denen die Reaktion in heterogenen Systemen erfolgt),
5. der Gegenwart weiterer an der Reaktion beteiligter Stoffe, die nicht in der Reaktionsgleichung aufgeführt sind, z. B. Katalysatoren.

Die Geschwindigkeitsgesetze chemischer Reaktionen und der Wert der Geschwindigkeitskonstanten k müssen immer experimentell ermittelt werden. Der Betrag von k hängt auch von der Temperatur ab, bei der die Reaktion stattfindet.

Die Abhängigkeit von der Spezifik der jeweiligen Reaktion und von der Konzentration der Reaktionspartner wird durch Geschwindigkeitsgleichungen der Form $v_R = f(c[1], c[2], \ldots c[x])$ mathematisch beschrieben. Für eine allgemeine chemische Reaktionsgleichung lässt sich folgendes Geschwindigkeitsgesetz formulieren:

$$\mathrm{A} \longrightarrow \mathrm{B} \qquad v_R = -\frac{\Delta c(\mathrm{A})}{\Delta t} = k \cdot c^x(\mathrm{A})$$

Der Proportionalitätsfaktor k zwischen der Reaktionsgeschwindigkeit v_R und dem konzentrationsabhängigen Term $c^x(\mathrm{A})$ ist die **Geschwindigkeitskonstante** der chemischen Reaktion. Sie ist charakteristisch für diese Reaktion bei einer konstanten Temperatur.

Die Geschwindigkeitskonstante wird hauptsächlich durch die Struktur der Reaktionspartner bestimmt. Sie hängt ab von den Bindungseigenschaften der Teilchen, eventuell vorhandenen Ladungen und ihrer räumlichen Struktur.

Manche Reaktionen, wie die Bildung der Patinaschicht auf Kupfer (↗ S. 397), sind so langsam, dass sie mehrere Jahre dauern können.

Besonders schnell laufen Reaktionen zwischen entgegengesetzt geladenen Ionen ab, z. B. Neutralisations- oder Fällungsreaktionen. Auch Reaktionen zwischen Radikalen weisen hohe Geschwindigkeitskonstanten auf und finden in Sekundenbruchteilen statt:

$$CH_3\cdot + Cl\cdot \longrightarrow CH_3Cl$$

Reaktionen zwischen stabilen Molekülen oder zwischen Molekülen und Ionen laufen dagegen wesentlich langsamer ab. So muss ein Gemisch aus Alkohol und Carbonsäure oftmals erst eine gewisse Zeit am Rückfluss gekocht werden, damit sich ein Ester bildet. Die Geschwindigkeitskonstante der Reaktion hängt dabei auch von der räumlichen Struktur der organischen Reste R_1 und R_2 ab und ist für jede Veresterung unterschiedlich.

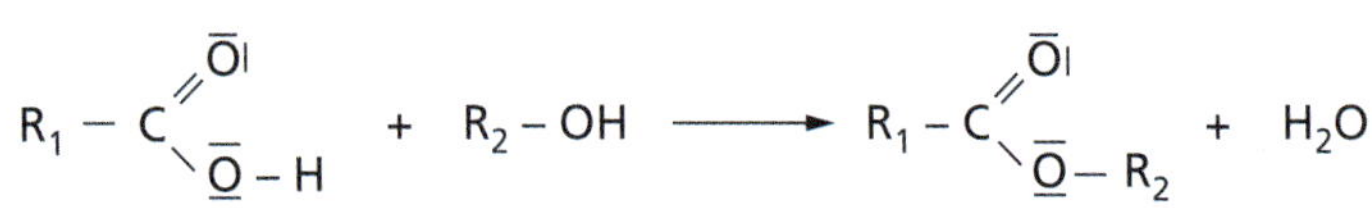

Der konzentrationsabhängige Teil im Geschwindigkeitsgesetz wird im Allgemeinen als Potenzansatz $c^x(A)$ formuliert. Der Exponent x entspricht der **Reaktionsordnung.** Für viele Reaktionen ist x = 1 und man spricht dann von einer **Reaktion 1. Ordnung.**

- Typische Reaktionen 1. Ordnung sind:

$2\,N_2O_5 \longrightarrow 4\,NO_2 + O_2 \qquad v_R = k \cdot c(N_2O_5)$

$2\,H_2O_2 \longrightarrow 2\,H_2O + O_2 \qquad v_R = k \cdot c(H_2O_2)$

$\alpha\text{-Glucose} \longrightarrow \beta\text{-Glucose} \qquad v_R = k \cdot c(\alpha\text{-Glucose})$

${}^{226}_{88}Ra \longrightarrow {}^{222}_{86}Rn + {}^{4}_{2}He \qquad v_R = k \cdot c({}^{226}_{88}Ra)$

Bei Reaktionen 1. Ordnung verdoppelt sich die Reaktionsgeschwindigkeit, wenn die Konzentration des Ausgangsstoffs verdoppelt wird. Die Einheit der Geschwindigkeitskonstanten für Reaktionen 1. Ordnung ist s^{-1}.

Die Reaktionsordnung beschreibt, in welchem Umfang sich die Änderung der Konzentration auf die Reaktionsgeschwindigkeit auswirkt. Sie kann jedoch nicht aus der jeweiligen Bruttoreaktionsgleichung abgeleitet werden, da chemische Reaktionen oftmals in mehreren Schritten ablaufen.

Die Geschwindigkeits- bzw. Zeitgesetze chemischer Reaktionen, d.h. der Wert der Geschwindigkeitskonstanten *k* und die Reaktionsordnung x, müssen immer experimentell ermittelt werden.

Die Geschwindigkeitsgesetze chemischer Reaktionen hängen maßgeblich vom Mechanismus der chemischen Reaktionen ab (↗ S. 137).

Dazu betrachtet man das experimentell bestimmte Konzentrations-Zeit-Diagramm (↗ S. 129) und versucht mathematisch, die exponentielle Abhängigkeit in einen linearen Zusammenhang umzuformen.

- Wird für eine Reaktion 1. Ordnung der Quotient $-\ln\frac{c(A)}{c_0(A)}$ gegen die Zeit *t* aufgetragen, so erhält man eine Gerade, aus deren Anstieg direkt die Geschwindigkeitskonstante *k* bestimmt werden kann.

Linearisierung eines Geschwindigkeitsgesetzes 1. Ordnung

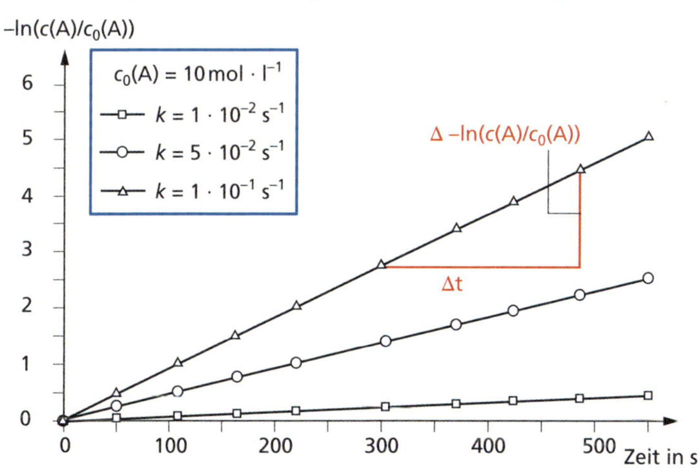

Die Linearisierung von Geschwindigkeitsgesetzen erfolgt mathematisch durch Umformen der Geschwindigkeitsgleichung mit anschließender Integration.

5

Bruttoreaktionsgleichungen und Reaktionsordnung

Auch über die **Halbwertszeit** $t_{1/2}$ oder τ kann man chemische Reaktionen klassifizieren. Die Halbwertszeit gibt an, nach welcher Zeitdauer sich die Anfangskonzentration $c_0(A)$ genau um bzw. auf die Hälfte

$c(A) = \frac{c_0(A)}{2}$

verringert hat. Kleine Halbwertszeiten werden also für schnelle Reaktionen erhalten.

Reaktionsgleichungen beschreiben in der Regel nur den gesamten Stoffumsatz von den Edukten zu den Produkten, ohne Informationen darüber zu liefern, ob die Umsetzung in einem einzigen Schritt oder in einem aus mehreren Schritten bestehenden Reaktionsmechanismus (↗ S. 137) abläuft.

Aus solchen makroskopischen **Bruttoreaktionsgleichungen** kann nicht auf den konzentrationsabhängigen Teil im Geschwindigkeitsgesetz, d. h. auf die kinetische Reaktionsordnung, geschlossen werden.

Bruttoreaktionen mit gleichen stöchiometrischen Faktoren der Ausgangsstoffe in der Reaktionsgleichung können nach völlig verschiedenen Geschwindigkeitsgesetzen ablaufen. Die Ursachen dafür liegen in den detaillierten mikroskopischen Abläufen der chemischen Reaktionen.

Die experimentell ermittelte durchschnittliche Reaktionsgeschwindigkeit kann auch von mehreren Ausgangsstoffen abhängen bzw. die Konzentration eines Ausgangsstoffs kann im **Geschwindigkeitsgesetz** mit einem anderen Exponenten als 1 eingehen. Die allgemeine Form des Zeitgesetzes lautet dann:

$$A + B + C \longrightarrow \text{Produkte}$$

$$v_R = -\frac{\Delta c(A)}{\Delta t} = k \cdot c^x(A) \cdot c^y(B) \cdot c^z(C) \ldots$$

Die einzelnen Exponenten x, y, z usw. nennt man Teilreaktionsordnung bezüglich der jeweiligen Stoffe A, B, C usw.

Aus dieser Form des Geschwindigkeitsgesetzes ergibt sich eine Gesamtreaktionsordnung von $n = x + y + z \ldots$

Die **Reaktionsordnung n** ist die Summe der Exponenten der Konzentrationen der Ausgangsstoffe, die in das Geschwindigkeitsgesetz eingehen und Einfluss auf die Reaktionsgeschwindigkeit haben. Reaktionsordnungen können null sein, können gebrochene Zahlen sein, sind aber in den meisten Fällen 1, 2 oder 3.

Reaktionen mit unterschiedlicher Reaktionsordnung

Reaktion			Zeitgesetz	Reaktionsordnung
$2\,N_2O_5$	$\longrightarrow$	$4\,NO_2 + O_2$	$v_R = k \cdot c^1(N_2O_5)$	1. Ordnung
$H_2 + Br_2$	$\longrightarrow$	$2\,HBr$	$v_R = k \cdot c^1(H_2) \cdot c^{1/2}(Br_2)$	1,5. Ordnung
$2\,NO_2$	$\longrightarrow$	N_2O_4	$v_R = k \cdot c^2(NO_2)$	2. Ordnung
$H_2 + I_2$	$\longrightarrow$	$2\,HI$	$v_R = k \cdot c^1(H_2) \cdot c^1(I_2)$	2. Ordnung
$2\,NO_2 + 4\,H_2$	$\longrightarrow$	$N_2 + 4\,H_2O$	$v_R = k \cdot c^2(NO_2) \cdot c^1(H_2)$	3. Ordnung

Die unterschiedliche Reaktionsordnung der scheinbar gleichen Reaktionen zwischen Wasserstoff und Iod (n = 2) bzw. Wasserstoff und Brom (n = 1,5) ergibt sich aus verschiedenen mikroskopischen Abläufen. Die Bromwasserstoffbildung erfolgt in mehreren Teilreaktionen in einem komplexen Reaktionsmechanismus. Dagegen wird die Bildung von Iodwasserstoff in einem einzigen Reaktionsschritt (↗ S. 134), der der Bruttoreaktionsgleichung entspricht, vollzogen.

Das Durchlaufen verschiedener Elementarreaktionen führt zu teilweise komplexen Reaktionsmechanismen.

Solche einstufigen Reaktionen, die ohne Zwischenschritte verlaufen, nennt man **Elementarreaktionen.** Nur bei Elementarreaktionen entspricht die Reaktionsordnung der Anzahl der Teilchen, die laut Reaktionsgleichung für die Umsetzung erforderlich sind.

- Bei den meisten chemischen Reaktionen sind dagegen mehrere Elementarreaktionen notwendig, um zu den Endprodukten zu gelangen. Bei der **nucleophilen Substitution** von *tert.*-Butylchlorid mit Natronlauge dissoziiert das organische Molekül im ersten Schritt in Ionen. Diese Elementarreaktion erfolgt sehr langsam. Im zweiten Schritt findet die wesentlich schnellere Reaktion zwischen unterschiedlich geladenen Ionen zum *tert.*-Butanol statt. Die Summe der beiden Elementarreaktionen ergibt die Bruttoreaktion:

$$(CH_3)_3CCl \xrightarrow{\text{langsam}} (CH_3)_3C^+ + Cl^- \qquad v_1 = k_1 \cdot c((CH_3)_3CCl)$$

$$(CH_3)_3C^+ + OH^- \xrightarrow{\text{schnell}} (CH_3)_3COH \qquad v_2 = k_2 \cdot c((CH_3)_3C^+) \cdot c(OH^-)$$

$$(CH_3)_3CCl + OH^- \longrightarrow (CH_3)_3COH + Cl^- \quad v_R = v_1 = k_1 \cdot c((CH_3)_3CCl)$$

Aus dem nebenstehenden Reaktionsverlauf resultiert ein Geschwindigkeitsgesetz 1. Ordnung. Nucleophile Substitutionsreaktionen können jedoch auch auf anderen Reaktionswegen erfolgen (↗ S. 277 ff.).

Die langsamste Elementarreaktion ist der **geschwindigkeitsbestimmende Schritt** der Gesamtreaktion.

Aus der Bruttoreaktionsgleichung der nucleophilen Substitution ist im Allgemeinen nicht ersichtlich, ob die Reaktion in einem oder in mehreren Schritten abläuft. Nur in wenigen Fällen erkennt man aus der Bruttoreaktionsgleichung, dass mehrere Schritte notwendig sind, damit die Produkte entstehen.

- In stark sauren Lösungen müssten bei der Oxidation von Zink durch Kaliumpermanganat 23 Teilchen zur gleichen Zeit wechselwirken, um den Reaktionsprozess zu bilden:

$$5\,Zn + 2\,MnO_4^- + 16\,H_3O^+ \longrightarrow 5\,Zn^{2+} + 2\,Mn^{2+} + 24\,H_2O$$

Die Wahrscheinlichkeit dafür ist gleich null, dass so viele Teilchen zum gleichen Zeitpunkt, am gleichen Ort und mit der notwendigen Energie zusammentreffen können, um entsprechend der Bruttoreaktionsgleichung zu reagieren. Dieser Zusammenhang wird klarer, wenn man den Reaktionsverlauf mit der Stoßtheorie analysiert und beschreibt.

5

5.2.2 Temperaturabhängigkeit der Reaktionsgeschwindigkeit

Stoßtheorie

Eine Elementarreaktion erfolgt immer durch das Zusammenstoßen von Teilchen, z. B. bei der Bildung von Iodwasserstoff durch den Zusammenstoß von H_2-Molekülen und I_2-Molekülen. Bei einem **wirksamen Zusammenstoß** werden die H–H-Bindung und die I–I-Bindung aufgebrochen und dafür zwei H–I-Bindungen geknüpft.

Ein wirksamer Zusammenstoß von mehr als drei Teilchen ist unwahrscheinlich. Deshalb ist die Ordnung von Elementarreaktionen x = 1, 2 oder 3. Sie entspricht der Zahl der Stoßpartner bzw. Teilchen in der Elementarreaktion.

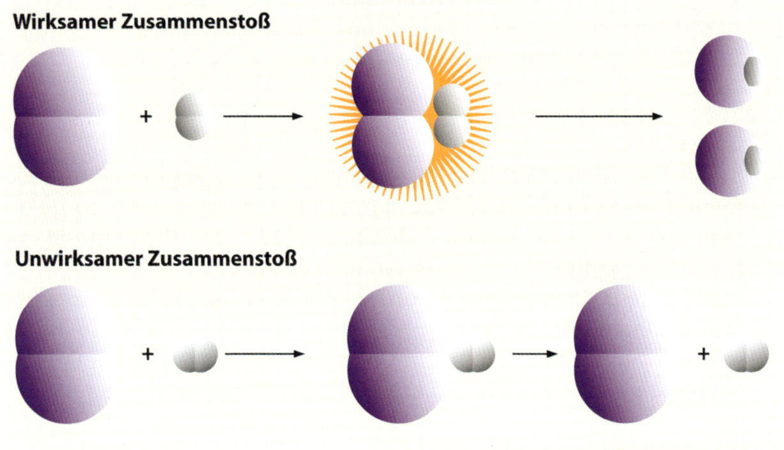

Ein Zusammenstoß führt jedoch nur dann zur Reaktion, wenn die Moleküle in einer günstigen *räumlichen Lage* aufeinandertreffen. Außerdem müssen die Teilchen eine bestimmte *Mindestenergie* aufweisen, damit die bestehenden Bindungen aufgebrochen und neue geknüpft werden können.

Die **Stoßtheorie** wird durch die Temperaturabhängigkeit der Reaktionsgeschwindigkeit bestätigt. Sowohl für endotherme als auch für exotherme Reaktionen steigt die Reaktionsgeschwindigkeit mit der Temperatur.

Die Hauptursache liegt darin, dass sich die Geschwindigkeit der Teilchen und damit ihre kinetische Energie erhöht. Bei höherer Temperatur bringen daher viel mehr Teilchen die für einen wirksamen Zusammenstoß notwendige Mindestenergie auf. Außerdem führt die schnellere Teilchenbewegung auch zu einer insgesamt höheren Zahl von Kollisionen.

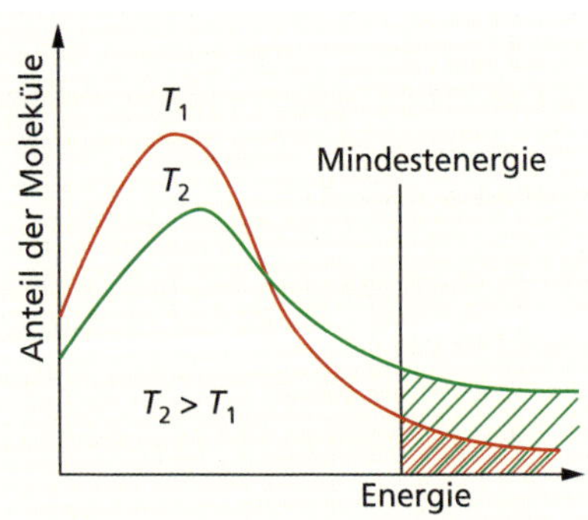

Die kinetische Energie der Teilchen wurde erstmals von L. BOLTZMANN (1844 bis 1906) berechnet. Er fand heraus, dass nicht alle Teilchen eines Stoffs die gleiche Energie besitzen, sondern sich eine bestimmte temperaturabhängige Energieverteilung ergibt.

> Je höher die Temperatur, umso größer ist die Wahrscheinlichkeit wirksamer Zusammenstöße und damit die Geschwindigkeit chemischer Reaktionen.

Arrhenius-Gleichung

J. H. VAN'T HOFF fand experimentell heraus, dass bei einer Temperaturerhöhung von etwa 10 K die Reaktionsgeschwindigkeit vieler Reaktionen auf das Zwei- bis Vierfache ansteigt. Diese Zunahme nach der **RGT-Regel** (**R**eaktions**g**eschwindigkeits-**T**emperatur-Regel) ist zwar mit der Stoßtheorie qualitativ erklärbar, kann aber nur mit der Zahl der erhöhten Kollisionen bei steigender Temperatur nicht quantitativ begründet werden. Auch den Geschwindigkeitsgesetzen ist nicht ohne Weiteres zu entnehmen, weshalb eine Temperaturerhöhung generell zu einer Reaktionsgeschwindigkeitszunahme führt.

S. ARRHENIUS (1859–1927) war ein schwedischer Chemiker, der neben kinetischen Untersuchungen auch die Theorie der elektrolytischen Dissoziation begründete.

S. ARRHENIUS erkannte ebenfalls, dass für jede chemische Reaktion ein Reaktionswiderstand bzw. eine energetische Barriere überwunden werden muss. Diese Barriere ergibt sich aus der Mindestenergie, die Teilchen bei Zusammenstößen benötigen, damit die chemische Reaktion zustande kommt. Sie wurde von ARRHENIUS als **Aktivierungsenergie** (**E_A**) bezeichnet. Aus der kinetischen Gastheorie leitete er einen quantitativen Zusammenhang zwischen der Geschwindigkeitskonstanten und der Aktivierungsenergie ab. Die von ihm formulierte Gleichung ist als Arrhenius-Gleichung bekannt:

$$k = A \cdot e^{-\frac{E_A}{R \cdot T}} \quad \text{bzw.} \quad \ln k = \ln A - \frac{E_A}{R \cdot T}$$

A = Stoßfaktor bzw. Häufigkeitsfaktor
E_A = Aktivierungsenergie
R = Gaskonstante
T = Temperatur

> Die **Arrhenius-Gleichung** beschreibt den Zusammenhang zwischen der Aktivierungsenergie, der Temperatur und der Geschwindigkeitskonstanten einer chemischen Reaktion. Die Temperaturabhängigkeit der Reaktionsgeschwindigkeit ist demnach in der Temperaturabhängigkeit der Geschwindigkeitskonstanten enthalten.

Die Arrhenius-Gleichung bestätigt die empirische RGT-Regel von J. H. VAN'T HOFF (1852–1911). Die Berechnung zeigt allerdings auch, dass die RGT-Regel nur für Reaktionen mit einer Aktivierungsenergie von 50 – 100 $kJ \cdot mol^{-1}$ und in einem bestimmten Temperaturintervall gilt.

Der Stoß- oder Häufigkeitsfaktor A gibt den Anteil der Zusammenstöße an, die aufgrund der günstigen räumlichen Lage der Teilchen zur Reaktion führen können. Der Stoßfaktor hat die gleiche Einheit wie die Geschwindigkeitskonstante und entspricht der größtmöglichen Geschwindigkeitskonstanten bei unendlich hoher Temperatur.

> Die Aktivierungsenergie ist die mindestens erforderliche kinetische Energie, die die Teilchen für einen wirksamen Zusammenstoß aufbringen müssen. Ihr Betrag ist immer positiv und bestimmt maßgeblich die Temperaturabhängigkeit der Reaktionsgeschwindigkeit.

Aktivierungsenergien werden in der Regel als molare Größen angegeben. Sie liegen bei chemischen Reaktionen zwischen 25 und 250 $kJ \cdot mol^{-1}$. Ausgehend von einer Temperatur von 298,15 K = 25 °C und einer Aktivierungsenergie von 58 $kJ \cdot mol^{-1}$ verdoppelt sich der Wert für die Geschwindigkeitskonstante bei einer Temperaturerhöhung um 10 K.

5

Theorie des Übergangszustands

Wenn die kinetische Energie der Moleküle zu niedrig ist, stoßen sich die Elektronenwolken gegenseitig ab, sodass es nicht zu einem genügend engen Kontakt zwischen den Molekülen kommt.

Der Einfluss der Aktivierungsenergie auf den Reaktionsverlauf wird besser verständlich, wenn man speziell die Energieänderung der Teilchen bei einem wirksamen Zusammenstoß betrachtet.

- Bei der Annäherung von H_2- und I_2-Molekülen genügend hoher kinetischer Energie bildet sich ein Übergangszustand (ÜZ) heraus, in dem die H–H- und die I–I-Bindungen bereits geschwächt sind und die H–I-Bindung schon partiell gebildet ist. Dieser Übergangszustand wird auch **aktivierter Komplex** genannt und besitzt eine hohe chemische Energie, da sowohl die Eduktmoleküle als auch die Produktmoleküle energetisch stabiler sind. Wenn sich der aktivierte Komplex unter Rückbildung der H_2- und I_2-Moleküle spaltet, dann findet keine Reaktion statt und die Aktivierungsenergie wird wieder frei. Die Spaltung in zwei HI-Moleküle führt dagegen zur Bildung der Reaktionsprodukte und liefert ebenfalls Energie.

Energiediagramm der Bildung von Iodwasserstoff

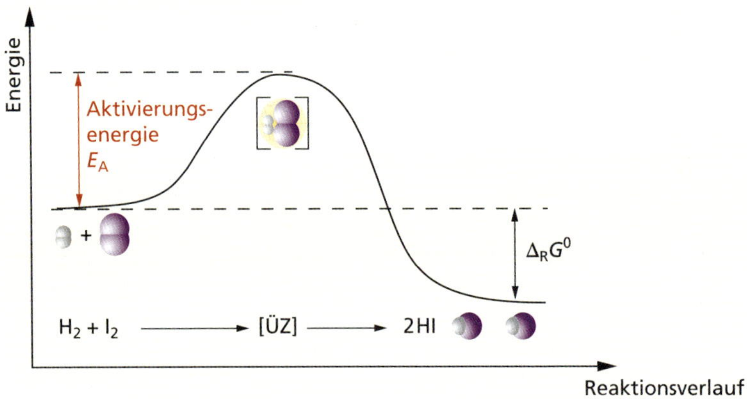

Der energiereiche Übergangszustand ist instabil und sehr kurzlebig (Lebensdauer $<10^{-12}$ s). Er wird mit einem Stern oder mit eckigen Klammern gekennzeichnet.

Schnelle Reaktionen zwischen entgegengesetzt geladenen Ionen oder Radikalen weisen nur eine geringe Aktivierungsenergie auf. Die kinetische Energie, die die Teilchen bei Raumtemperatur besitzen, genügt bereits, um den niedrigen „Aktivierungsberg" zu überwinden.
Oft ist der Übergangszustand jedoch viel energiereicher als die Edukte. In diesem Fall muss selbst bei exergonischen Prozessen, wie der Knallgasreaktion oder der Ammoniakbildung (↗ S. 423), dem System Energie in Form von Wärme oder Licht zugeführt werden, um die Reaktion in Gang zu bringen. Man bezeichnet solche Reaktionen, die thermodynamisch möglich sind, aber mit einer unendlich langsamen Geschwindigkeit ablaufen, als kinetisch gehemmt.

Stoßenergie, Aktivierungsenergie und Energie des aktivierten Komplexes beschreiben den Umstand, dass im Verlauf einer chemischen Reaktion immer eine kinetische Energiebarriere überwunden werden muss.

> Die Aktivierungsenergie muss sowohl bei endothermen als auch bei exothermen Reaktionen aufgebracht werden und stellt einen Reaktionswiderstand bzw. eine Energiebarriere dar, die bei jeder chemischen Reaktion überwunden werden muss.

5.2.3 Mechanismus chemischer Reaktionen

Der **Reaktionsmechanismus** beschreibt den Verlauf einer chemischen Reaktion in allen Teilschritten. Die Aufklärung des Reaktionsmechanismus umfasst die Analyse aller Elementarreaktionen, der Übergangszustände und der gebildeten Zwischenprodukte.

Die Aufklärung von Reaktionsmechanismen beginnt mit der experimentellen Bestimmung des Geschwindigkeitsgesetzes. Dazu überlegt man sich einen Reaktionsverlauf, der diesem empirischen Zeitgesetz gerecht wird. Wenn die Möglichkeit besteht, überprüft man diese Hypothese (↗S. 17) mit geeigneten analytischen Methoden.
Da die Zwischenprodukte und noch mehr die aktivierten Komplexe instabil und damit sehr kurzlebig sind, ist der analytische Nachweis jedoch oft schwierig. Er muss mit sehr schnellen, meist spektroskopischen Analysemethoden geführt werden und erfordert einen hohen Aufwand.
Erst wenn man sämtliche Teilschritte, Zwischenprodukte und Übergangszustände aufgeklärt hat, kann Einfluss auf den geschwindigkeitsbestimmenden Schritt genommen werden, um so zielgerichtet die Geschwindigkeit der Gesamtreaktion zu verändern.

▶ Der wesentliche Unterschied zwischen einem Zwischenprodukt und einem Übergangszustand besteht darin, dass das Zwischenprodukt energetisch stabiler ist als der aktivierte Komplex.

Die experimentelle Bestimmung der Geschwindigkeitsgesetze und die damit verbundene Aufklärung des Mechanismus chemischer Reaktionen sind die wichtigsten Aufgaben der chemischen Kinetik.

Relativ einfach ist diese Aufgabe bei den wenigen Reaktionen, bei denen die Elementarreaktion identisch mit der Bruttoreaktion ist, z. B. bei der nucleophilen Substitution 2. Ordnung (S_N2-Reaktionen ↗S. 276) oder bei einigen einfachen Gasreaktionen.

▶ S_N2-Reaktionen erfolgen anders als S_N1-Reaktionen in einem einzigen Reaktionsschritt.

$$CH_3Br + OH^- \longrightarrow CH_3OH + Br^-$$

$$N_2O + NO \longrightarrow N_2 + NO_2$$

In den meisten Fällen durchlaufen die Reaktanten jedoch mehrere Schritte, die durch ein System von teilweise miteinander gekoppelten Geschwindigkeitsgleichungen beschrieben werden müssen. Grundsätzlich werden drei verschiedene Kombinationen von Elementarreaktionen bzw. kinetische Reaktionstypen beobachtet.

Kinetische Reaktionstypen

Folgereaktion: $A \xrightarrow{k_1} Z \xrightarrow{k_2} B$

Parallelreaktion: $A \xrightarrow{k_1} B$; $A \xrightarrow{k_2} C$

Gleichgewichtsreaktion: $A \underset{k_{Rück}}{\overset{k_{Hin}}{\rightleftharpoons}} B$

5

Folgereaktionen

Die Symbole A, Z und B können auch für mehrere Stoffe stehen.

Folgereaktionen beschreiben die stufenweise Reaktion von Ausgangsstoffen über ein oder mehrere Zwischenprodukte zu den Endprodukten.

$$A \xrightarrow{k_1} Z \xrightarrow{k_2} B$$

Beispiele für Folgereaktionen sind:
1. Kettenreaktionen, z. B. bei Polymerisationsreaktionen (↗ S. 374) oder bei der Bildung von HBr aus den Elementen
2. S_N1-Reaktionen (↗ S. 277), Hydrolyse von Dicarbonsäureestern, Hydrolyse von tertiären Halogenalkanen
3. radioaktive Zerfallsreaktionen (↗ S. 39)

Ein typischer Fall einer Folgereaktion ist die Fluorierung von Stickstoffmonooxid, die nach folgendem Mechanismus abläuft:

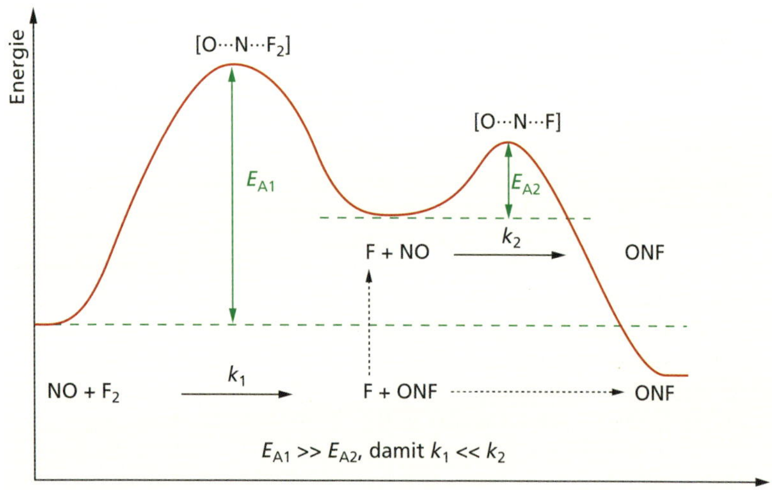

Einen ähnlichen Verlauf nimmt die nucleophile Substitution 1. Ordnung (S_N1-Reaktionen ↗ S. 277). Hier ist der erste Teilschritt eine Gleichgewichtsreaktion. Solche reversiblen Teilreaktionen führen häufig zu noch komplexeren Geschwindigkeitsgesetzen.

Der erste Reaktionsschritt erfolgt relativ langsam, da der aktivierte Komplex $[O\cdots N\cdots F_2]$ sehr energiereich und die Aktivierungsenergie E_{A1} deshalb sehr hoch ist. Die im ersten Schritt gebildeten Fluoratome sind sehr reaktiv und werden sofort mit einem zweiten NO-Molekül zu ONF umgesetzt. Die Aktivierungsenergie der zweiten Elementarreaktion E_{A2} ist sehr klein. Das Geschwindigkeitsgesetz der Gesamtreaktion ergibt sich aus dem Geschwindigkeitsgesetz der ersten Reaktion, die in diesem Mechanismus der geschwindigkeitsbestimmende Schritt ist.

$$NO + F_2 \xrightarrow{\text{langsam}} ONF + F \qquad v_1 = k_1 \cdot c(NO) \cdot c(F_2)$$

$$NO + F \xrightarrow{\text{schnell}} ONF \qquad v_2 = k_2 \cdot c(NO) \cdot c(F)$$

$$2\,NO + F_2 \longrightarrow 2\,ONF \qquad v_{gesamt} \approx k_1 \cdot c(NO) \cdot c(F_2)$$

Unterschiedliche Fälle von Folgereaktionen

$k_1 << k_2$	$k_1 \approx k_2$	$k_1 >> k_2$
– Die 1. Teilreaktion bestimmt die Geschwindigkeit und das Zeitgesetz. – Das Zwischenprodukt wird sofort nach der Bildung verbraucht, sodass $c(Z) \approx 0$ ist.	– Beide Teilreaktionen bestimmen die Geschwindigkeit der Gesamtreaktion über ein komplexes Zeitgesetz. – typisch für radikalische Kettenreaktionen	– Der 2. Teilschritt ist der geschwindigkeitsbestimmende Schritt. – In kurzer Zeit wird viel Zwischenprodukt gebildet ($c(Z) > 0$), das analytisch relativ leicht nachweisbar ist.

Parallelreaktionen

Parallelreaktionen sind mehrere gleichzeitig nebeneinander verlaufende Reaktionen, die von den gleichen Ausgangsstoffen zu verschiedenen Produkten führen. Sie werden auch als Konkurrenzreaktionen bezeichnet. Der Anteil der Komponenten im erhaltenen Gemisch der Reaktionsprodukte ergibt sich aus dem Verhältnis der Geschwindigkeitskonstanten der einzelnen Teilreaktionen.

- Ein Beispiel für den Ablauf mehrerer Parallelreaktionen nebeneinander sind elektrophile Substitutionen am Aromaten. So kann die Nitrierung von Phenol theoretisch an der *ortho-*, *meta-* oder *para-*Position der OH-Gruppe stattfinden. Deshalb erhält man bei der Umsetzung von Phenol mit Salpetersäure ein Produktgemisch aus ca. 75 % *ortho-*, ca. 25 % *para-* und weniger als 0,1 % *meta-*Nitrophenol. Diese Produktverteilung ergibt sich aus der unterschiedlichen Geschwindigkeit der drei Parallelreaktionen.
Die Bildung des *meta*-Produkts findet kaum statt, da die OH-Gruppe als Substituent 1. Ordnung den Angriff des NO_2^+-Kations in der *ortho-* und *para*-Position begünstigt (↗ S. 284).

Nitrierung von Phenol als Parallelreaktion

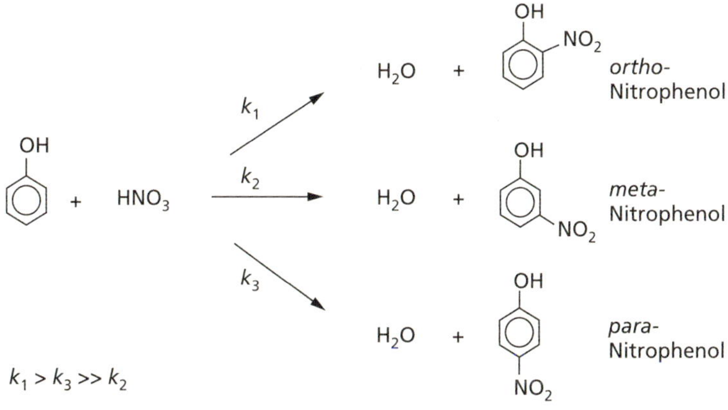

Der Anteil an *ortho*-Nitrophenol ist deshalb so hoch, weil bei der **elektrophilen Substitution** der Angriff des Elektrophils an zwei *ortho*-Positionen, aber nur an einer *para*-Position erfolgt.

5.2.4 Katalysatoren und Katalyse

Katalyse ist die Veränderung der Geschwindigkeit und Lenkung einer Reaktion auf bestimmte gewünschte Reaktionsprodukte durch eine geringe Menge einer Substanz, deren Menge und Natur durch die Reaktion scheinbar nicht verändert werden.

Ein **Katalysator** ist ein Stoff, der durch seine Anwesenheit chemische Reaktionen hinsichtlich ihrer Geschwindigkeit oder ihres Verlaufs beeinflusst, nach der Reaktion aber wieder im ursprünglichen Zustand vorliegt.

Der Begriff Katalyse (griech.: *katalysis* – Auflösung, Umsturz) wurde von J. BERZELIUS (1779–1848) im Sinne von „aufbauend" in die chemische Literatur eingeführt.

Damit ein Katalysator wirken kann, muss er in den Reaktionsablauf eingreifen. Folglich verläuft eine katalysierte Reaktion auf einem anderen Weg und damit nach einem anderen Mechanismus als eine unkatalysierte Reaktion. Wenn beispielsweise eine unkatalysierte Reaktion durch Kollision der Reaktanten A und B direkt unter Bildung von AB erfolgt, kann die entsprechende katalysierte Reaktion davon vollkommen abweichen, indem sie nach einem zweistufigen Mechanismus abläuft.
Dabei kann A zunächst mit dem Katalysator K eine Verbindung AK eingehen, die mit B zum Produkt AB weiter reagiert und dabei den Katalysator zurückbildet. Dieser kann nunmehr erneut mit weiteren Molekülen A denselben Reaktionszyklus beliebig oft wiederholen.

Die heutige Definition des Katalysators geht auf den deutschen Chemiker W. OSTWALD (1853 bis 1932) zurück.

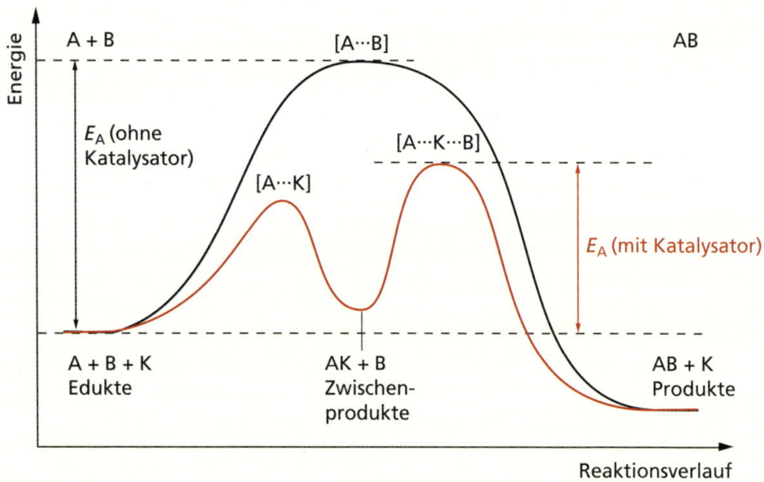

Es gibt auch Fälle einer „negativen Katalyse", in deren Ergebnis Reaktionen verlangsamt werden. Diese Katalysatoren wirken als Inhibitoren und sind z. B. bei der Hemmung biochemischer Prozesse (↗ S. 351 ff.) oder als Antiklopfmittel in Verbrennungsmotoren von Bedeutung.

Der Katalysator eröffnet somit einen neuen Reaktionsweg, bei dem die Aktivierungsenergie niedriger ist. Diese niedrigere Aktivierungsenergie bedingt den schnelleren Ablauf der Reaktion. Ein Katalysator kann jedoch keine Reaktion auslösen, die thermodynamisch nicht möglich ist. Er kann auch die Lage eines chemischen Gleichgewichts nicht beeinflussen (↗ S. 174 ff.).

Neben der Erhöhung der Reaktionsgeschwindigkeit, die ein Maß für die **Aktivität eines Katalysators** darstellt, hat ein Katalysator die Aufgabe, den Reaktionsweg so zu beeinflussen, dass im Idealfall nur das gewünschte Produkt entsteht und die Bildung anderer, meist unerwünschter Produkte von Konkurrenzreaktionen unterdrückt wird. Diese **Selektivität** ist z.B. in der Biokatalyse von besonderer Bedeutung, um die Belastung des Organismus durch Nebenprodukte biochemischer Reaktionen zu vermeiden. Auch in der technischen Chemie ist die Selektivität oft wichtiger als die Aktivität, weil unerwünschte Nebenprodukte teuer entsorgt werden müssen.

Auch deshalb werden etwa 90 % aller industriell genutzten chemischen Reaktionen katalysiert durchgeführt. Selbst eine so einfache Reaktion wie die zwischen Kohlenstoffmonooxid und Wasserstoff liefert je nach Katalysatorwahl und Reaktionsbedingungen unterschiedliche Produkte.

Produktvielfalt durch selektive Katalysatoren

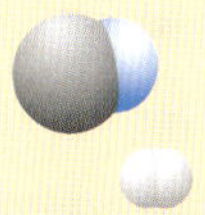

Edukte	Katalysator	Bedingungen	Produkte
Kohlenstoffmonooxid, Wasserstoff	Ni(Metall)	1–30 bar, 250–300 °C	$CH_4 + H_2O$
	Cu/Cr/Zn-Oxid	40 bar, 230–280 °C	CH_3OH
	Cu/Cr/Zn/K-Oxid	40 bar, 250–350 °C	höhere Alkohole
	Fe/Ni/Co	1–20 bar, 250–330 °C	$C_nH_{(2n+2)} + H_2O$ $(n > 5)$

Biokatalysatoren sind Enzyme (↗ S. 352), **Hormone und Vitamine**. Sie katalysieren chemische Vorgänge im Organismus wie bei der Verdauung, Atmung und bei der Synthese von Eiweißen.

Grundsätzlich unterscheidet man zwischen homogener und heterogener Katalyse, je nachdem, ob der Katalysator in der gleichen Phase wie die Reaktanten oder in einer anderen Phase vorliegt.

Homogene Katalysatoren sind chemische Verbindungen oder Komplexe mit definierter molekularer Struktur, die mit den Reaktanten in gleicher Phase vorliegen. Veresterungs- und Verseifungsreaktionen mit Säuren bzw. Basen oder die Dehydrierung von Alkoholen sind bekannte Beispiele homogen katalysierter Reaktionen. Wegen der eingeschränkten thermischen Stabilität sind homogene Katalysatoren auf Reaktionen, die bei niedrigeren Temperaturen (< 150 °C) ablaufen, begrenzt. Dafür sind aber ihre Aktivität und Selektivität häufig sehr hoch.

Heterogene Katalysatoren sind feste Verbindungen, an deren Oberfläche die Reaktanten – meistens Gase, aber auch Flüssigkeiten – miteinander reagieren. Der Vorteil dieser Katalysatoren besteht in der höheren Temperaturbeständigkeit und darin, dass das zumeist gasförmige Reaktionsgemisch am Feststoff vorbeigeführt wird, wodurch eine kontinuierliche Prozessführung möglich wird. Ein weiterer Vorteil ist, dass heterogene Katalysatoren nicht aufwendig vom Reaktionsgemisch abgetrennt zu werden brauchen. Daher sind inzwischen ca. 80 % aller katalytischen Verfahren heterogen katalysiert.

Eine spezielle Form der Katalyse ist die Autokatalyse, bei der die gebildeten Produkte katalytisch aktiv sind und damit die Reaktion immer stärker beschleunigt wird, je mehr Produkte gebildet werden.

Wirkungsweise technischer Katalysatoren

Heute führt man die Oxidation mit Vanadium(V)-oxid als heterogenem Katalysator durch. V_2O_5 wirkt auf die gleiche Weise als Sauerstoffüberträger wie NO_2.

Ein wichtiger technischer Prozess ist die **Herstellung von Schwefelsäure** (↗S. 428). Dabei wird das aus der Schwefelverbrennung gewonnene Schwefeldioxid katalytisch zu Schwefeltrioxid weiter oxidiert und danach zu Schwefelsäure umgesetzt.
Die Oxidation von Schwefeldioxid erfolgte lange Zeit in einem homogen katalysierten Prozess mit Stickstoffdioxid als Sauerstoffüberträger. Der Katalysator (NO_2) wird im zweiten Schritt wieder zurückgebildet und kann den Prozess immer wieder durchlaufen. Dieses bereits 1806 von CLEMENT und DÉSORMES entwickelte Verfahren wurde aber aus wirtschaftlichen Gründen und wegen der Freisetzung umweltschädigender Stickstoffoxide inzwischen eingestellt.

$$SO_2 + NO_2 \longrightarrow SO_3 + NO$$

$$NO + \tfrac{1}{2}\,O_2 \longrightarrow NO_2$$

Bruttoreaktion: $$SO_2 + \tfrac{1}{2}\,O_2 \longrightarrow SO_3$$

Die **Ammoniaksynthese** (↗S. 423) ist ein Beispiel für einen heterogen katalysierten Prozess. Die Gase Stickstoff und Wasserstoff werden zuerst an der Oberfläche eines festen Eisenoxidkatalysators adsorbiert. Die Wechselwirkung zwischen Metall-Ionen und adsorbierten Molekülen führt zur Aufspaltung der Bindungen in beiden Elementmolekülen.
Die nunmehr an der Katalysatoroberfläche gebundenen Wasserstoff- und Stickstoffatome kombinieren schrittweise bis zur Bildung von Ammoniakmolekülen. Unmittelbar nach ihrer Entstehung verlassen die Produktmoleküle die Katalysatoroberfläche. In der Technik laufen diese Teilreaktionen in Bruchteilen von Sekunden bei 400–520 °C ab. Ohne Katalysator müsste die Ammoniaksynthese aufgrund der hohen Aktivierungsenergie bei wesentlich höheren Temperaturen durchgeführt werden. Das würde nicht nur einen ex-trem hohen Energieaufwand erfordern, sondern auch eine sehr niedrige Ausbeute der exothermen Reaktion mit sich bringen.

Ammoniakbildung an der Katalysatoroberfläche

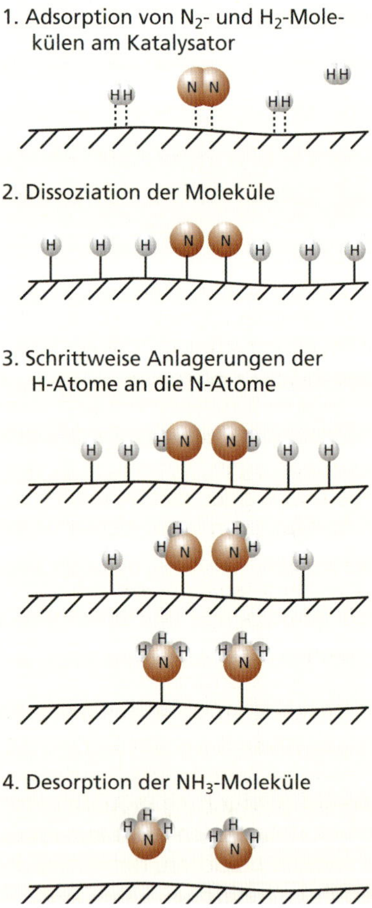

Besondere Bedeutung haben Katalysatoren im Umweltschutz erlangt. Die Abreicherung von Schadstoffen aus Abgasen von Produktionsanlagen wird überwiegend nach katalysierten Prozessen ausgeführt. In Kraftfahrzeugen gehört der **Abgaskatalysator** seit den 1990er-Jahren zur Standardausrüstung.

Geschwindigkeit chemischer Reaktionen

- Die chemische **Kinetik** untersucht den zeitlichen Ablauf thermodynamisch möglicher chemischer Reaktionen. Sie macht Aussagen zu ihrer Geschwindigkeit und zum Mechanismus.

- Die **Reaktionsgeschwindigkeit** beschreibt die Änderung der Konzentration eines an einer chemischen Reaktion beteiligten Stoffs in Abhängigkeit von der Zeit. Die Durchschnittsgeschwindigkeit $\bar{v}_R = \Delta c/\Delta t$ bezieht sich auf ein längeres Zeitintervall Δt. Im Gegensatz dazu charakterisiert die Momentangeschwindigkeit $v_R = dc/dt$ einen bestimmten Zeitpunkt t der Reaktion.

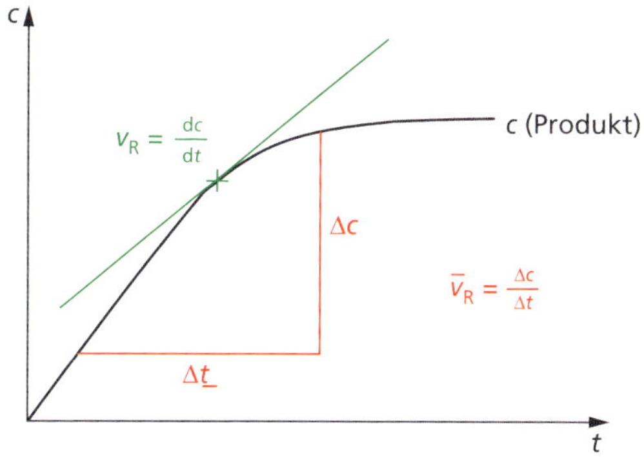

Temperaturabhängigkeit der Reaktionsgeschwindigkeit

- Die Geschwindigkeitskonstante k ist charakteristisch für eine bestimmte Reaktion und hängt entsprechend der **Arrhenius-Gleichung** von der Temperatur ab:

$$k = A \cdot e^{\frac{E_A}{R \cdot T}}$$

- Die **Aktivierungsenergie E_A** ergibt sich aus der kinetischen Mindestenergie, die die an einer Reaktion beteiligten Teilchen für einen wirksamen Zusammenstoß aufbringen müssen. Sie stellt eine Energiebarriere dar, die bei jeder Reaktion überwunden werden muss.

- Je höher die Reaktionstemperatur, desto leichter wird die Aktivierungsenergie aufgebracht, sodass die Reaktionsgeschwindigkeit mit steigender Temperatur zunimmt.

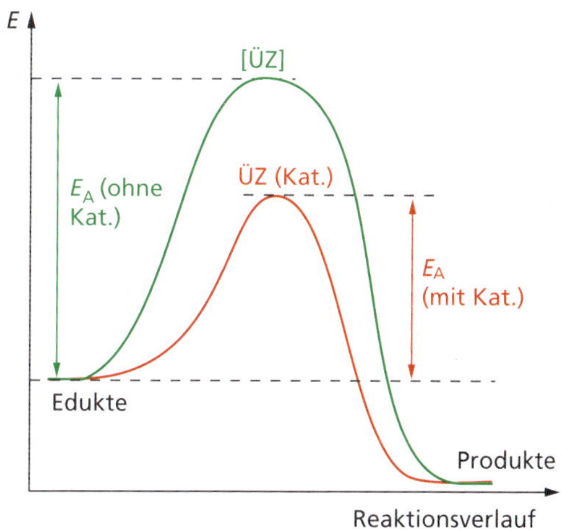

- Der Verlauf chemischer Reaktionen kann durch **Katalysatoren** beschleunigt werden. Diese Stoffe sind an der Bildung von Übergangszuständen beteiligt, die eine geringere Aktivierungsenergie erfordern.

- In Gegenwart solcher Katalysatoren läuft die Reaktion bei tieferen Temperaturen nach einem anderen Reaktionsmechanismus ab. Der Katalysator wird dabei immer wieder zurückgebildet und kann den Reaktionszyklus viele Male wiederholen.

5

5.3 Elektrochemische Prozesse

5.3.1 Elektrische Leitung und Elektrolyte

Die elektrische Leitfähigkeit von festen Stoffen reicht von $10^6\ \Omega^{-1} \cdot cm^{-1}$ (Metalle) bis zu $10^{-18}\ \Omega^{-1} \cdot cm^{-1}$ (Quarz).

Die Leitung des elektrischen Stroms kann durch verschiedene Ladungsträger und nach verschiedenen Mechanismen erfolgen. Die **metallische Leitung** ist sehr viel schneller bzw. größer im Vergleich zur Leitung in **Halbleitern** und zur **ionischen Leitung,** was letztendlich mit den unterschiedlichen Wanderungsgeschwindigkeiten der Elektronen in Metallen und Halbleitern bzw. der Ionen im elektrischen Feld zusammenhängt, die sich um den Faktor von ca. 10^6 unterscheiden.
Während die metallische Leitfähigkeit mit steigender Temperatur abnimmt, steigen die elektrolytische Leitfähigkeit und die Leitfähigkeit in Halbleitern mit Temperaturerhöhung an.

Art der elektrischen Leitung	Ladungsträger für den Stromtransport	Beispiele
metallische Leitung	Elektronen e^- im Leitungsband	Metalle, Metalloxide, Legierungen, Grafit
Leitung in Halbleitern	Elektronen e^- oder Löcher h^+ im Valenzband	Silicium, Germanium, Cadmiumsulfid, Galliumarsenid, Zinkoxid
Ionen- oder elektrolytische Leitung	Kationen oder Anionen	Salze im festen, flüssigen oder gelösten Zustand, Säuren oder Basen

Stoffe, in denen der Stromtransport durch wandernde Ionen erfolgt, bezeichnet man als **Elektrolyte.**

Echte Elektrolyte enthalten bereits im festen Zustand Ionen in ihrem Kristallgitter. Hierzu gehören alle Salze und die meisten Metallhydroxide. Sie leiten den Strom in wässrigen Lösungen und in der Schmelze.

■ $$KCl_{(s)} \xrightleftharpoons{H_2O} K^+{}_{(aq)} + Cl^-{}_{(aq)}$$

In wässriger Lösung liegen die Ionen immer hydratisiert vor und werden häufig mit dem Index (aq) gekennzeichnet.

Potenzielle Elektrolyte liegen im reinen Zustand nicht in der ionischen Form vor. Die Ionen werden erst durch die Reaktion mit einem Lösungsmittel (im einfachsten Fall mit Wasser) gebildet. Beispiele sind Säuren wie Salzsäure und einige Basen wie Ammoniak.

■ $$HCl_{(g)} + H_2O_{(l)} \xrightleftharpoons{H_2O} H_3O^+{}_{(aq)} + Cl^-{}_{(aq)}$$

Elektrolyte dissoziieren in polaren Lösungsmitteln in frei bewegliche Ionen, die als Träger von elektrischen Ladungen zum Stromtransport befähigt sind.
Erfolgt die elektrolytische Dissoziation in die Ionen vollständig, spricht man von **starken Elektrolyten.** Hierzu gehören alle echten Elektrolyte und viele potenzielle Elektrolyte wie Chlorwasserstoff.

Die Dissoziation eines Salzes KA (K: Kation, A: Anion) kann quantitativ durch den **Dissoziationsgrad α** beschrieben werden.

$$KA \rightleftharpoons K^+ + A^-$$

$$\alpha = \frac{c_{GG}(K^+)}{c_0(KA)} = \frac{c_{GG}(A^-)}{c_0(KA)} = \frac{c_0(KA) - c_{GG}(KA)}{c_0(KA)}$$

$c_0(KA)$ – Ausgangskonzentration des Salzes KA

c_{GG} – Konzentrationen im Dissoziationsgleichgewicht

Dissoziiert das Salz vollständig, ist $\alpha = 1$. Ist das Salz unlöslich und dissoziiert in dem betrachteten Lösungsmittel gar nicht, ist $\alpha = 0$. Der Dissoziationsgrad liegt also immer zwischen null und 1. Bei starken Elektrolyten ist der Dissoziationsgrad α nahe 1 und unabhängig von der gewählten Konzentration des Elektrolyten.

Der Dissoziationsgrad α ist der Quotient der Konzentrationen aller dissoziierten Salzteilchen und der Konzentration der ursprünglich in der Lösung vorhandenen Salzteilchen.

Als **schwache Elektrolyte** bezeichnet man Stoffe, deren Dissoziationsgrad α sich mit zunehmender Konzentration stark ändert und bei sehr hohen Konzentrationen sich dem Grenzwert Null nähert. Hierzu gehören viele organische Basen und Säuren sowie einige Schwermetallsalze.

starke Elektrolyte	schwache Elektrolyte
Schwefelsäure	Essigsäure
Natronlauge	Anilin
Kaliumchlorid	Kupfer(II)-hydroxid
Natriumnitrat	Calciumsulfat

Die Dissoziation und damit die „Stärke" von Elektrolyten hängt nicht nur vom Elektrolyten selbst, sondern auch von der Art des Lösungsmittels ab. Die Klassifizierung in starke und schwache Elektrolyte gilt nur für polare Lösungsmittel, z. B. für das bei elektrochemischen Prozessen wichtigste Lösungsmittel Wasser.

5.3.2 Elektroden und Elektrodenpotenziale

Elektroden und elektrochemische Doppelschicht

Eine **Elektrode** ist ein elektrischer Leiter, der im direkten Kontakt mit einem Elektrolyten steht. An der Elektrode erfolgt der Übergang von Ladungsträgern (Elektronen oder Ionen) zwischen der festen Phase und dem Elektrolyten.

Die einfachsten Elektroden sind **Metallelektroden,** bei denen sich das Metall im Kontakt mit seinem in Wasser leicht löslichen Salz befindet. Leicht lösliche Salze dissoziieren vollständig in Metall-Kationen und Anionen ($\alpha = 1$) und es finden Übergänge von Ladungsträgern – bei Metallelektroden von Metall-Ionen – zwischen dem festen Metall und der Elektrolytlösung statt. Man nennt diese Elektroden auch **Elektroden 1. Art** oder **Ionenelektroden.**

Als Symbol für eine Kupferelektrode wird Cu/Cu^{2+} geschrieben, wobei der Schrägstrich die Phasengrenze kennzeichnet, durch die die Ladungsträger durchtreten.

Beispiele für Metallelektroden
Silber mit Silbernitratlösung, Kupfer mit Kupfer(II)-sulfatlösung, Eisen mit Eisen(III)-chloridlösung

5

Die Teilchen ● symbolisieren Wassermoleküle, die die Hydrathülle der Ionen bilden. ⊖ sind Elektronen in der metallischen Phase. Zwischen Elektrolytlösung und metallischer Phase stellt sich ein elektrochemisches Gleichgewicht ein.

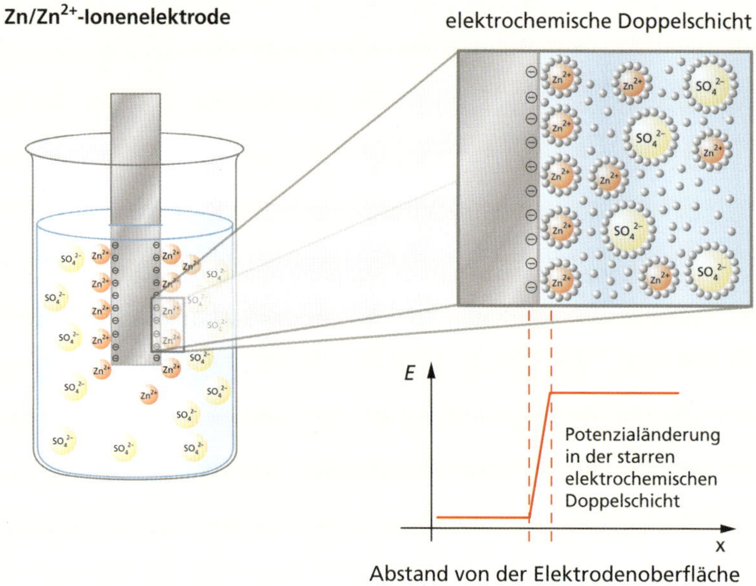

W. H. NERNST (1864–1941) war ein deutscher Physikochemiker, dem es als Erstem gelang, Elektrodenreaktionen durch die nach ihm benannte nernstsche Gleichung quantitativ zu beschreiben.

Taucht man ein Zinkblech in eine verdünnte $ZnSO_4$-Lösung, dann werden an der Metalloberfläche durch Oxidation Zn^{2+}-Ionen gebildet. Diese gehen durch die Phasengrenze in die wässrige Phase über, während die Elektronen im Metall verbleiben.

$$Zn_{(s)} \underset{\text{Reduktion}}{\overset{\text{Oxidation}}{\rightleftarrows}} Zn^{2+}{}_{(aq)} + 2\,e^-$$

Aufgrund der elektrostatischen Anziehung zwischen Elektronen und in der Lösung hydratisierten Kationen bildet sich eine **elektrochemische Doppelschicht** aus. Die unterschiedliche Ladung führt zu einer Potenzialdifferenz *E*, die man Elektrodenpotenzial nennt. Dieses kann man nicht direkt messen, da nur ein Pol vorhanden ist, aber nach WALTHER H. NERNST theoretisch berechnen.

In der nernstschen Gleichung werden den Konzentrationen $c(i)$ immer auf die Standardkonzentration $c^0(i)$ normiert:

$$c(i) = \frac{c(i)}{c^0(i)}$$

Für reine feste und reine flüssige Phasen ist diese normierte Konzentration 1.

Die Potenzialdifferenz an der elektrochemischen Doppelschicht entspricht dem **Elektrodenpotenzial** und wird quantitativ durch die **nernstsche Gleichung** beschrieben:

$$E(M/M^{z+}) = E^0(M/M^{z+}) + \frac{R \cdot T}{z \cdot F} \cdot \ln\frac{c(M^{z+})}{c(M)}$$

E – Elektrodenpotenzial eines Metalls M in einer Metallsalzlösung

E^0 – Standardelektrodenpotenzial von M/M^{z+}

T – Temperatur, bei der das Elektrodenpotenzial bestimmt wird

R – Gaskonstante = $8{,}314\ J \cdot mol^{-1} \cdot K^{-1}$

F – Faraday-Konstante = $96\,485\ A \cdot s \cdot mol^{-1}$ (↗ S. 183)

z – Anzahl der ausgetauschten Elektronen pro Formelumsatz

$c(M^{z+})$ – Konzentration der M^{z+}-Ionen in der Lösung

$c(M)$ – Konzentration des Metalls in der festen Phase

Die Potenzialdifferenz E einer Metallelektrode zwischen der festen Phase und der elektrolytischen Phase wird hauptsächlich durch die Art des Metalls und der Metall-Ionen bestimmt. Das Bestreben der Metallatome, Elektronen abzugeben und als Ionen in die wässrige Lösung überzugehen, hängt in der Regel von ihrer Ionisierungsenergie und der Hydratationsenthalpie der gebildeten Ionen ab.

Dieser Zusammenhang wird durch den ersten Summanden in der nernstschen Gleichung, das Standardelektrodenpotenzial E^0, beschrieben. Das Standardelektrodenpotenzial ist eine thermodynamische Größe, die nicht nur vom Elektrodenmaterial abhängt, sondern sich auch mit der Temperatur und dem Druck ändert. Deshalb hat man **Standardbedingungen** definiert, bei denen man das Standardelektrodenpotenzial bequem bestimmen und vergleichen kann.

Als Standardbedingungen für elektrochemische Prozesse wurden die Temperatur von 298,15 K (25 °C) und der Druck von 101 325 Pa (etwa 101,3 kPa) festgelegt.

Das **Standardelektrodenpotenzial E^0** ist eine stoffspezifische thermodynamische Größe. Sie beschreibt das Bestreben von Metallen und anderen Stoffen, unter Standardbedingungen *(p, T)* Elektronen abzugeben und in wässrige Lösungen überzugehen.

Der zweite Summand in der nernstschen Gleichung beschreibt den Einfluss der Konzentration der Reaktionspartner auf das Elektrodenpotenzial. Je höher die Konzentration an Metall-Ionen in wässriger Lösung ist, umso positiver wird das Elektrodenpotenzial E. Damit steigt die Tendenz zur Abscheidung der Metall-Ionen. Der Zusammenhang zwischen Elektrodenpotenzial und Konzentration ist logarithmisch und ebenfalls temperaturabhängig.
Die Temperatur geht direkt in den konzentrationsabhängigen Summanden mit ein. Gleiches gilt für die Anzahl der bei der Elektrodenreaktion ausgetauschten Elektronen.

- Für eine konstante Temperatur von 298 K vereinfacht sich die nernstsche Gleichung für eine Kupferelektrode, da R und F ebenfalls konstante Größen sind. Außerdem ist die normierte Konzentration des reinen metallischen Kupfers 1 (↗ S. 146):

$$E(\mathrm{Cu/Cu^{2+}}) = E^0(\mathrm{Cu/Cu^{2+}}) + \frac{R \cdot T}{2 \cdot F} \cdot \ln \frac{c(\mathrm{Cu^{2+}})}{c(\mathrm{Cu})}$$

$$E(\mathrm{Cu/Cu^{2+}}) = E^0(\mathrm{Cu/Cu^{2+}}) + \frac{8{,}314\ \mathrm{J} \cdot 298\ \mathrm{K} \cdot \mathrm{mol}}{2\ \mathrm{mol} \cdot \mathrm{K} \cdot 96485\ \mathrm{As}} \cdot \ln c(\mathrm{Cu^{2+}})$$

Der zweite Summand hängt bei konstanter Temperatur nur noch von der Konzentration der Metall-Ionen im Elektrolyten und der Anzahl der ausgetauschten Elektronen ($z = 2$) ab. Durch Umwandlung des natürlichen in den dekadischen Logarithmus erhält man für $T = 298{,}15$ K einen konstanten Faktor von 0,0592 V. Erhöht man die Cu^{2+}-Konzentration um das Zehnfache, dann steigt E um 0,0296 V.

$$E(\mathrm{Cu/Cu^{2+}}) = E^0(\mathrm{Cu/Cu^{2+}}) + \frac{0{,}0257\ \mathrm{V}}{2} \cdot 2{,}303\ \lg c(\mathrm{Cu^{2+}})$$

$$E(\mathrm{Cu/Cu^{2+}}) = E^0(\mathrm{Cu/Cu^{2+}}) + \frac{0{,}0592\ \mathrm{V}}{2} \cdot \lg c(\mathrm{Cu^{2+}})$$

Die Bezeichnung ln kennzeichnet den natürlichen Logarithmus zur Basis e. Der dekadische Logarithmus (log) zur Basis 10 unterscheidet sich um den Faktor 2,303:

$$\ln c(\mathrm{X}) = 2{,}303 \cdot \lg c(\mathrm{X})$$

Den größten Einfluss auf das Elektrodenpotenzial hat das Standardelektrodenpotenzial. Aber auch die Konzentration der an der Elektrodenreaktion beteiligten Stoffe in der Elektrolytlösung sowie die Temperatur des Systems beeinflussen das Elektrodenpotenzial.

Elektroden 2. Art werden als Bezugselektroden eingesetzt, da sie sich durch ein konstantes Elektrodenpotenzial auszeichnen.

- Bilden die Metall-Ionen in der Elektrolytlösung schwer lösliche Salze, dann bezeichnet man die Elektrode als **Elektrode 2. Art.** Das Potenzial der Ag/AgCl-Elektrode wird bei konstanter Temperatur nur von der Konzentration der Chlorid-Ionen in Lösung bestimmt.

$$E(\mathrm{Ag/AgCl}) = E^0(\mathrm{Ag/AgCl}) - \frac{R \cdot T}{z \cdot F} \cdot \ln c(\mathrm{Cl^-})$$

Die Redoxreaktion, die zur Ausbildung der Potenzialdifferenz an der elektrochemischen Doppelschicht führt, wird **potenzialbestimmender Schritt** genannt. Es gibt verschiedene Elektrodenarten, die anhand des potenzialbestimmenden Schritts und der durch die Phasengrenze hindurch tretenden Ladungsträger unterteilt werden.

Klassifizierung und Bezeichnung von Elektroden

Bezeichnung der Elektrode Elektrodensymbol	**Phasengrenze Doppelschicht**	**Ladungsträger**	**potenzialbestimmender Schritt**
Metall/Metall-Ionenelektrode 1. Art **Cu/Cu^{2+}**	Metall und leicht lösliches Salz des Metalls	Metall-Ionen	$Cu \rightleftharpoons Cu^{2+} + 2\,e^-$
Metall/Metall-Ionenelektrode 2. Art **$Ag/AgCl_{(s)}, Cl^-$**	Metall und schwer lösliches Salz des Metalls	Metall-Ionen	$Ag \rightleftharpoons Ag^+ + e^-$ Folgereaktion $Ag^+ + Cl^- \rightleftharpoons AgCl\downarrow$ Gesamtreaktion $Ag + Cl^- \rightleftharpoons AgCl\downarrow + e^-$
Redoxelektrode **$Pt/Fe^{2+}, Fe^{3+}$**	inertes Metall und ein Redoxpaar	Redoxpaare	$Fe^{2+} \rightleftharpoons Fe^{3+} + e^-$
Gaselektrode **$Pt/H_2, 2\,H^+$** oder **$Pt/2\,Cl^-, Cl_2$**	inertes Metall und ein Redoxpaar (mindestens eine Komponente ist ein Gas)	Ionen	$H_2 \rightleftharpoons 2\,H^+ + 2\,e^-$ oder $2\,Cl^- \rightleftharpoons Cl_2 + 2\,e^-$
Ionenselektive Elektroden **Glaselektrode (pH-Elektrode)** oder **Chloridelektrode**	spezifischer Ionenaustausch in bzw. an der festen Phase der Elektrode (meist in einer Membranschicht)	H^+ oder OH^--Ionen Cl^--Ionen	Die Ionen, die durch diese Elektroden detektiert werden, müssen im potenzialbestimmenden Schritt enthalten sein.

Standardwasserstoffelektrode und elektrochemische Spannungsreihe

Die **Standardwasserstoffelektrode** besteht aus einem platinierten Platinblech, das in eine wässrige Lösung von Oxonium-Ionen mit einer Konzentration von 1 mol · l^{-1} taucht und von Wasserstoff mit einem Partialdruck von 101 325 Pa umspült wird.

An dem platinierten Platinblech stellt sich ein elektrochemisches Gleichgewicht zwischen Wasserstoff und Oxonium-Ionen, vereinfacht dargestellt durch Protonen, ein. Die Bedingungen $p(H_2)$ = 101 325 Pa und $c(H^+) = 1$ mol · l^{-1} werden als **Standardbedingungen** für die Bestimmung von Elektrodenpotenzialen definiert.

Die Standardwasserstoffelektrode kann als Vergleichselektrode zur Bestimmung anderer Elektrodenpotenziale in elektrochemischen Zellen (↗ S. 151 ff.) verwendet werden.

Standardwasserstoffelektrode

Pt/H_2 (p = 101 325 Pa),
2 H^+ (c = 1 mol · l^{-1})

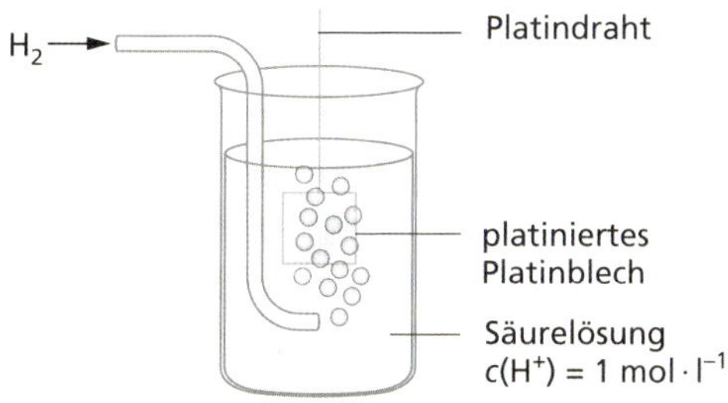

$$H_{2(g)} \rightleftharpoons 2\,H^+_{(aq)} + 2\,e^-$$

$$E(H_2/2\,H^+) = E^0(H_2/2\,H^+) + \frac{R \cdot T}{2 \cdot F} \ln \frac{c^2(H^+)}{p(H_2)}$$

$$E(H_2/2\,H^+) = E^0(H_2/2\,H^+) + \frac{R \cdot T}{2 \cdot F} \ln 1$$

$$\mathbf{E(H_2/2\,H^+) = E^0(H_2/2\,H^+) = 0}$$

Durch die Normierung der Konzentration $c(H^+)$ und des Partialdrucks $p(H_2)$ auf die Standardbedingungen wird der Quotient der beiden Größen 1.

Das Standardelektrodenpotenzial der Wasserstoffelektrode wird laut Konvention null gesetzt. Es dient als Bezugspunkt zum Vergleich und zur Klassifizierung von Standardelektrodenpotenzialen.

Neigen die Metalle stärker dazu, in Lösung zu gehen, besitzen sie ein negatives Standardelektrodenpotenzial. Wird ein solches unedles Metall in eine saure Lösung getaucht, so geht das Metall freiwillig in Lösung und die feste Phase lädt sich negativ gegenüber der Lösung auf. Das Metall wird dabei oxidiert.
Scheiden sich die Metalle dagegen leicht aus der Lösung an der metallischen Phase ab, besitzen sie positive Standardpotenziale. Wird ein solches Metall in die Lösung seines Metallsalzes getaucht, so scheiden sich die Metall-Ionen aus der Elektrolytphase an der festen Phase des Metalls freiwillig ab und die Elektrode lädt sich gegenüber der Lösung positiv auf. Die Metall-Ionen werden reduziert.

Da elektrochemische Reaktionen immer Redoxreaktionen (↗ S. 208 ff.) sind, nennt man die Elektrodenpotenziale auch Redoxpotenziale.

Die elektrochemische Spannungsreihe der Metalle wird auch Redoxreihe der Metalle genannt. Auch andere Redoxpaare kann man in diese Reihe einfügen. Spannungsreihen findet man in vielen Tabellen, z. B. unter *www.tafelwerk.de*.

Entsprechend ihren Standardpotenzialen sind Metalle, Elemente und andere Redoxpaare in **Spannungsreihen** zusammengefasst. Da die Standardpotenziale stoffspezifische Größen sind, kann man aus diesen **Redoxreihen** Aussagen zur Oxidierbarkeit von Verbindungen und Teilchen in wässrigen Lösungen ableiten.

Taucht man z. B. ein Kupferblech in eine Lösung, die Ag^+-Ionen enthält, dann geht das unedlere Metall (Kupfer) in Lösung, die sich mit steigender Cu^{2+}-Konzentration langsam blau färbt. Das edlere Metall (Silber) scheidet sich dagegen elementar am Kupferblech ab.

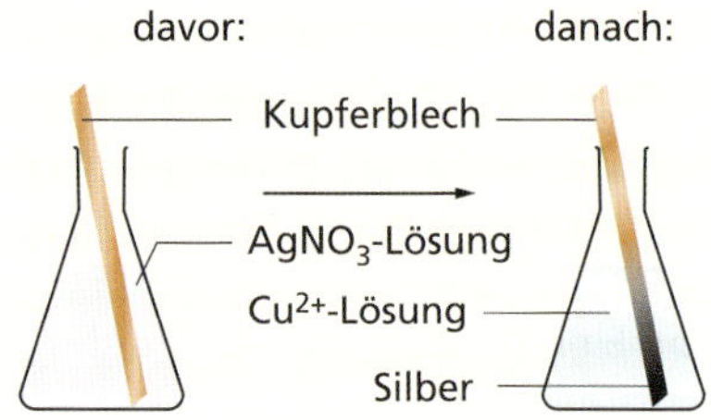

Metalle mit einem negativen Standardpotenzial lassen sich leicht oxidieren und werden als **unedle Metalle** bezeichnet. **Edle Metalle** weisen dagegen ein positives Standardpotenzial auf und lassen sich schwerer elektrochemisch auflösen bzw. oxidieren. Unedlere Metalle werden von Metall-Ionen edlerer Metalle oxidiert.

Redoxpaar (D/A)

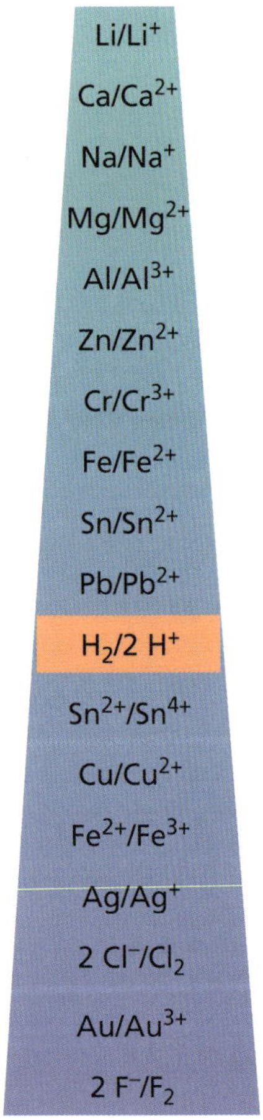

Am oberen Ende stehen die ganz unedlen Elemente, deren Tendenz, Elektronen abzugeben, sehr groß ist, z. B. Natrium und Magnesium. In positive Richtung vom Wasserstoff gesehen, stehen die edleren Metalle wie Kupfer, Silber und Gold.

Standardpotenziale (p = 101 325 Pa; T = 298,15 K)

Redoxpaar	E^0 in V	Redoxpaar	E^0 in V
Li/Li^+	–3,04	$H_2/2\,H^+$	0,00
Ca/Ca^{2+}	–2,87	Sn^{2+}/Sn^{4+}	0,15
Na/Na^+	–2,71	Cu^+/Cu^{2+}	0,15
Mg/Mg^{2+}	–2,36	Cu/Cu^{2+}	0,35
Al/Al^{3+}	–1,66	Cu/Cu^+	0,52
Zn/Zn^{2+}	–0,76	Fe^{2+}/Fe^{3+}	0,77
Cr/Cr^{3+}	–0,74	$2\,Hg/Hg_2^{2+}$	0,80
Cr/Cr^{2+}	–0,56	Ag/Ag^+	0,80
Fe/Fe^{2+}	–0,41	Pt/Pt^{2+}	1,20
Ni/Ni^{2+}	–0,23	$2\,Cl^-/Cl_2$	1,36
Sn/Sn^{2+}	–0,14	Au/Au^{3+}	1,50
Pb/Pb^{2+}	–0,13	$2\,F^-/F_2$	2,87

5.3.3 Elektrochemische Zellen und Zellspannung

Galvanische Zellen

Eine **elektrochemische Zelle** besteht aus der Kombination von zwei Elektroden bzw. von zwei elektrochemischen Halbzellen. Sie kann in Kurzschrift mit einem Zellsymbol charakterisiert werden.

Verbindet man die Standardwasserstoffelektrode (Halbzelle 2) durch einen leitenden Draht mit einer Cu/Cu^{2+}-Elektrode (Halbzelle 1), und verbindet man die beiden **elektrochemischen Halbzellen** über einen **Stromschlüssel**, so kann man mit einem Spannungsmessgerät (Voltmeter) eine Spannungsdifferenz nachweisen und messen.

Der Stromschlüssel enthält die Lösung eines Elektrolyten (z. B. KCl oder KNO_3 in wässriger Lösung). Auch eine halbdurchlässige Membran als Stromschlüssel ermöglicht den Durchtritt der Ionen als Ladungsträger und schließt so den Stromkreis.

Elektrochemische Zelle

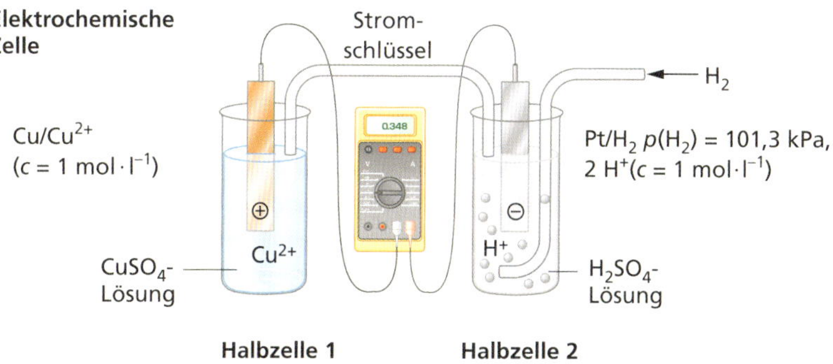

Dies hängt damit zusammen, dass die beiden Elektroden unterschiedliche Elektrodenpotenziale besitzen, deren Ursprung letztendlich in den unterschiedlichen Standardpotenzialen liegt. Durch den Stromschlüssel bleiben die beiden elektrochemischen Halbzellen räumlich voneinander getrennt, sodass folgende elektrochemische Reaktionen an den Elektroden separat ablaufen.

Katode ⊕: $Cu^{2+}_{(aq)} + 2\,e^- \longrightarrow Cu_{(s)}$ Reduktion

Anode ⊖: $H_{2(g)} \longrightarrow 2\,H^+_{(aq)} + 2\,e^-$ Oxidation

In der linken Halbzelle läuft eine Reduktion und in der rechten Halbzelle eine Oxidation ab. Die Kombination beider Elektrodenreaktionen ergibt die **Gesamtreaktion** bzw. die **Zellreaktion.**

$$Cu^{2+}_{(aq)} + H_{2(g)} \longrightarrow Cu_{(s)} + 2\,H^+_{(aq)}$$

Jede elektrochemische Zelle wird in Kurzschreibweise mit einem Zellsymbol charakterisiert. Das Zellsymbol für diese elektrochemische Zelle wäre: Cu/Cu^{2+} (1 mol · l^{-1})// $2\,H^+$ (1 mol · l^{-1}), H_2 (p = 101,3 kPa)/Pt

Bei elektrochemischen Prozessen sind immer Reduktions- und Oxidationsvorgänge kombiniert, die jedoch getrennt in den Halbzellen ablaufen. Als **Anode** wird die Elektrode bezeichnet, an der die Oxidation stattfindet, als **Katode** immer die Elektrode, an der die Reduktion erfolgt.

Bei galvanischen Zellen ist die Katode der Pluspol und die Anode der Minuspol.

5

Die Messung von Zellspannungen erfolgt mit einer speziellen experimentellen Anordnung, der poggendorffschen Kompensationsmethode, oder mit speziellen Voltmetern, die einen hohen Eingangswiderstand besitzen.

Besteht zwischen zwei Elektroden mit unterschiedlichen Elektrodenpotenzialen ein elektrischer Kontakt, dann wird die Potenzialdifferenz durch eine elektrochemische Reaktion ausgeglichen. Aus den unterschiedlichen Elektrodenpotenzialen ergibt sich die **Zellspannung U_Z.**

$$U_Z = E_1 - E_2$$

$$E_1 = E^0(\mathrm{Cu/Cu^{2+}}) + \frac{R \cdot T}{2 \cdot F} \ln c(\mathrm{Cu^{2+}})$$

$$E_2 = E^0(\mathrm{H_2/2\,H^+}) + \frac{R \cdot T}{2 \cdot F} \ln \frac{c^2(\mathrm{H^+})}{p(\mathrm{H_2})}$$

$$U_Z = E^0(\mathrm{Cu/Cu^{2+}}) - E^0(\mathrm{H_2/2\,H^+}) + \frac{R \cdot T}{2 \cdot F} \ln \frac{c(\mathrm{Cu^{2+}}) \cdot p(\mathrm{H_2})}{c^2(\mathrm{H^+})}$$

Freiwillige elektrochemische Reaktionen besitzen negative freie Reaktionsenthalpien:

$\Delta_R G = -z \cdot F \cdot U_Z$

Sie werden nach dem italienischen Arzt L. GALVANI (1737 bis 1798) galvanische Prozesse genannt.

Bei Standardbedingungen mit $p(\mathrm{H_2}) = 101\,325$ Pa und bei gleichen Ionenkonzentrationen $c(\mathrm{Cu^{2+}}) = c(\mathrm{H^+}) = 1\ \mathrm{mol \cdot l^{-1}}$ folgt daraus:

$$U_Z = E^0(\mathrm{Cu/Cu^{2+}}) - E^0(\mathrm{H_2/2\,H^+})$$

$$\mathbf{U_Z = E^0(Cu/Cu^{2+}) = 0{,}35\ V, \quad d.h. \quad U_Z > 0}$$

Die Zellspannung ist positiv, da das Standardelektrodenpotenzial von $\mathrm{Cu/Cu^{2+}}$ größer als das der Standardwasserstoffelektrode ist. Das bedeutet, dass die Zellreaktion zwischen $\mathrm{Cu^{2+}}$-Ionen und Wasserstoff freiwillig abläuft und chemische in elektrische Energie umgewandelt wird.

Elektrochemische Zellen, in denen die Zellreaktion freiwillig unter Umwandlung von chemischer in elektrische Energie abläuft, nennt man **galvanische Zellen.** Die Zellspannung galvanischer Zellen ist positiv. Galvanische Zellen liefern elektrische Energie.

Solange sich die beiden Elektrodenpotenziale voneinander unterscheiden, fließt ein Strom durch die elektrochemische Zelle. Kupfer(II)-Ionen scheiden sich ab, wodurch das Elektrodenpotenzial der Kupferelektrode kleiner wird. Wasserstoff-Ionen werden gebildet, sodass gleichzeitig das Elektrodenpotenzial der Wasserstoffelektrode zunimmt.

Durch die dabei ablaufenden Reaktionen ändern sich die Konzentrationen der Stoffe in den beiden Halbzellen so lange, bis die beiden Halbzellenpotenziale gleich sind. In diesem Moment ist das **elektrochemische Gleichgewicht** erreicht und die Zellspannung wird null. Das Verhältnis der Konzentrationen entspricht der elektrochemischen Gleichgewichtskonstanten.

Die Bedingung $U_Z = E_1 - E_2 = 0$ charakterisiert das elektrochemische Gleichgewicht. Aus der Differenz der Standardpotenziale lässt sich die Lage von elektrochemischen und Redoxgleichgewichten in wässriger Lösung voraussagen (↗ S. 215).

$$U_Z = 0 \qquad E_1 = E_2$$

$$E^0(\mathrm{Cu/Cu^{2+}}) + \frac{R \cdot T}{2 \cdot F} \ln c(\mathrm{Cu^{2+}}) = E^0(\mathrm{H_2/2\,H^+}) + \frac{R \cdot T}{2 \cdot F} \ln \frac{c^2(\mathrm{H^+})}{p(\mathrm{H_2})}$$

$$E^0(\mathrm{Cu/Cu^{2+}}) - E^0(\mathrm{H_2/2\,H^+}) = \frac{R \cdot T}{2 \cdot F} \ln \frac{c^2(\mathrm{H^+})}{c(\mathrm{Cu^{2+}}) \cdot p(\mathrm{H_2})}$$

$$E^0(\mathrm{Cu/Cu^{2+}}) - E^0(\mathrm{H_2/2\,H^+}) = \frac{R \cdot T}{2 \cdot F} \ln K$$

Konzentrationsketten

Kontaktiert man zwei gleiche Metallelektroden, die jeweils in unterschiedliche Konzentrationen ihres leicht löslichen Salzes tauchen, dann erhält man eine Konzentrationszelle bzw. **Konzentrationskette.**

Auch hier kann mit einem Voltmeter eine Zellspannung gemessen werden. Das hängt damit zusammen, dass sich die Elektrodenpotenziale aufgrund der unterschiedlichen Cu^{2+}-Ionenkonzentrationen in den jeweiligen Halbzellen unterscheiden.

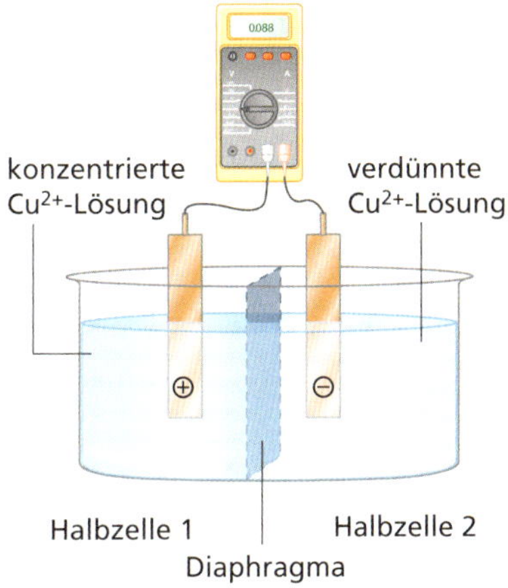

Das Zellsymbol für diese Zelle lautet: $Cu/Cu^{2+}(10^{-3}\,mol \cdot l^{-1})//Cu^{2+}(10^{-6}\,mol \cdot l^{-1})/Cu$

Über das Diaphragma erfolgt kein Austausch von Cu^{2+}-Ionen, sodass die beiden Halbzellen räumlich voneinander getrennt bleiben und die folgenden elektrochemischen Reaktionen separat ablaufen.

Aus der konzentrierten Cu^{2+}-Lösung werden Cu^{2+}-Ionen reduziert und metallisches Kupfer wird an der Elektrode (Katode) abgeschieden.

Katode ⊕: $Cu^{2+}_{(aq)} + 2\,e^- \longrightarrow Cu_{(s)}$

In der rechten Halbzelle (Anode) mit der verdünnten Cu^{2+}-Lösung werden Kupferatome oxidiert und gehen in Lösung:

Anode ⊖: $Cu_{(s)} \longrightarrow Cu^{2+}_{(aq)} + 2\,e^-$

Gesamtreaktion: $Cu_{Anode} + Cu^{2+}_{Katode} \longrightarrow Cu^{2+}_{Anode} + Cu_{Katode}$

Die Zellspannung ergibt sich aus der Differenz der Elektrodenpotenziale der Katode und der Anode. Da die Standardpotenziale in beiden Fällen $E^0(Cu/Cu^{2+})$ sind, wird die Zellspannung allein durch die Konzentration der beiden Cu^{2+}-Salzlösungen in den beiden Halbzellen bestimmt.

$$U_z = E_{Katode} - E_{Anode}$$

$$U_z = \frac{R \cdot T}{2 \cdot F} \cdot \ln \frac{c_K(Cu^{2+})}{c_A(Cu^{2+})}$$

Die Gesamtelektrodenreaktion läuft so lange freiwillig und in die angegebene Richtung ab, bis die Konzentrationen an Cu^{2+}-Ionen in den beiden Halbzellen gleich groß sind. Dann sind die Elektrodenpotenziale in den beiden elektrochemischen Halbzellen ebenfalls gleich groß und die resultierende Zellspannung ist null.

Konzentrationsketten liefern relativ geringe Zellspannungen, da der Potenzialunterschied nur aus dem Konzentrationsunterschied des entsprechenden Metall-Ions in den beiden Halbzellen resultiert.

Konzentrationsketten sind galvanische Zellen, die aus gleichartigen Elektroden bestehen. Die Zellspannung ergibt sich ausschließlich aus der unterschiedlichen Ionenkonzentration der Elektrolyte.

Umkehrbarkeit elektrochemischer Reaktionen

▶ Die Begriffe Standardelektrodenpotenzial, Standardredoxpotenzial oder Normalpotenzial werden als Synonyme für den Begriff Standardpotenzial benutzt (↗ S. 150).

Elektrochemische Reaktionen sind immer Reaktionen mit Elektronenübergang und damit Spezialfälle von **Redoxreaktionen.** Das Elektrodenpotenzial E wird auch Redoxpotenzial genannt und ist ein Maß für das Oxidationsvermögen eines korrespondierenden Redoxpaars (↗ S. 209) *in wässriger Lösung.*

Bei den freiwillig ablaufenden galvanischen Prozessen wird chemische Energie in elektrische Energie umgewandelt. Es ist jedoch auch möglich, die Redoxreaktion umzukehren, d.h. durch Anlegen einer äußeren Gleichspannung eine chemische Reaktion zu erzwingen.
Diese zweite Variante elektrochemischer Reaktionen heißt Elektrolyse (↗ S. 162 ff.) und wird zur Synthese von Stoffen wie Chlor oder Aluminium genutzt, die durch chemische Redoxprozesse nicht oder nur schwer hergestellt werden können.

elektrochemische Prozesse

galvanische Prozesse	elektrolytische Prozesse
– freiwillige Reaktion $\Delta_R G < 0$, $U_Z > 0$ – Umwandlung chemischer in elektrische Energie – z.B. Batterien, Brennstoffzellen, Konzentrationsketten	– erzwungene Reaktion $\Delta_R G > 0$, $U_Z < 0$ – Umwandlung elektrischer in chemische Energie – z.B. Chloralkali-Elektrolyse, Raffination von Metallen

Das Vorzeichen der Katode ist bei einer galvanischen Zelle positiv, weil bei der Reduktion Elektronen aus der metallischen Phase abgezogen werden. Dagegen lädt sich die Anode während der freiwillig ablaufenden Oxidation negativ auf, weil Elektronen auf die metallische Phase übertragen werden.

▶ Nur in Elektrolysezellen wandern die Kationen zur Katode und die Anionen zur Anode und nur bei der Elektrolyse sind die Vorzeichen für die Katode ⊖ und für die Anode ⊕ so, wie in der Physik definiert.

Da die Reduktion an der **Katode** und die Oxidation an der Anode bei einer Elektrolyse nicht freiwillig ablaufen, müssen die Elektronen von außen angeboten bzw. abgezogen werden. Somit müssen zum Ablauf der elektrolytischen Redoxreaktion für den katodischen Teilprozess Elektronen zur Katode geliefert und für den anodischen Teilprozess Elektronen von der **Anode** abgezogen werden. Die Vorzeichen der Elektroden bei einem elektrolytischen Prozess sind daher genau entgegengesetzt zu den Vorzeichen von Katode und Anode beim entsprechenden galvanischen Prozess.

Durch **Elektrolyse** können chemisch nicht freiwillig ablaufende Prozesse erzwungen oder galvanische Prozesse durch Verrichtung elektrischer Arbeit umgekehrt werden. Damit die Zellreaktion abläuft, muss eine äußere Gleichspannung angelegt werden.

Anwendungen galvanischer Zellen

> Das Hauptanwendungsgebiet galvanischer Zellen bzw. Elemente besteht in der Umwandlung von chemischer in elektrische Energie durch die elektrochemische Zellreaktion.

Das klassische Beispiel eines galvanischen Elements zur Energiegewinnung ist das **Daniell-Element.** Es wird aus einem Kupferblech, das in die wässrige Lösung eines Kupfer(II)-salzes taucht (linke Halbzelle Cu/Cu^{2+}), und einem Zinkblech, das in die wässrige Lösung eines Zinksalzes taucht (rechte Halbzelle Zn/Zn^{2+}), gebildet.

▶ **J. F. DANIELL** (1790–1845), ein englischer Physiker und Chemiker, entwickelte 1836 ein galvanisches Element. Dieses lieferte eine Zellspannung von rund 1,1 V und hatte in den Anfängen der Elektro- und Batterietechnik eine sehr große Bedeutung.

Daniell-Element

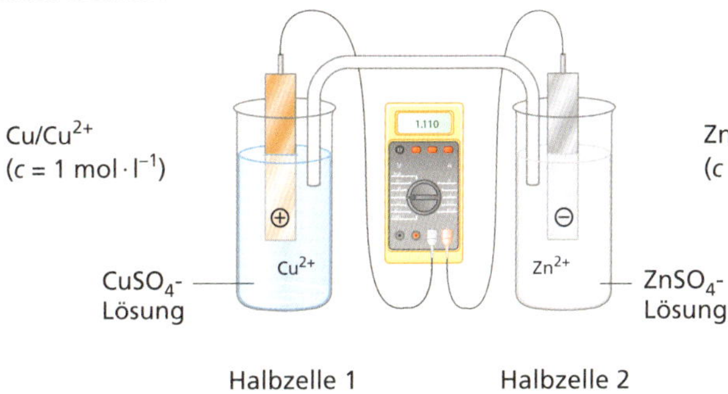

Kupfer-Ionen aus der Cu^{2+}-Salzlösung scheiden sich am Kupferblech ab, während das unedlere Zink mit dem negativeren Standardpotenzial in der anderen Halbzelle in Lösung geht.

Katode ⊕: $Cu^{2+}_{(aq)} + 2\,e^- \longrightarrow Cu_{(s)}$ Reduktion

Anode ⊖: $Zn_{(s)} \longrightarrow Zn^{2+}_{(aq)} + 2\,e^-$ Oxidation

---

Gesamtreaktion: $Zn_{(s)} + Cu^{2+}_{(aq)} \longrightarrow Zn^{2+}_{(aq)} + Cu_{(s)}$

Verwendet man jeweils $CuSO_4$- und $ZnSO_4$-Lösungen gleicher Konzentration, so beträgt die resultierende Zellspannung 1,11 V. Während der Stromentnahme ändern sich die Konzentrationen und die Zellspannung sinkt kontinuierlich.

$$U_Z = E^0(Cu/Cu^{2+}) - E^0(Zn/Zn^{2+}) + \frac{R \cdot T}{2 \cdot F} \ln \frac{c(Cu^{2+})}{c(Zn^{2+})}$$

$$U_Z = E^0(Cu/Cu^{2+}) - E^0(Zn/Zn^{2+}) = 1{,}11\ V$$

> Als **Primärzellen** bezeichnet man elektrochemische Energiequellen, in denen die Zellreaktion nur in eine Richtung läuft. In Primärzellen erfolgt ausschließlich die Umwandlung von chemischer in elektrische Energie. Eine Umkehrung der Zellreaktion und damit ein Wiederaufladen der Zelle ist nicht möglich.

▶ Galvanische Zellen kann man entsprechend der Umkehrbarkeit der Zellreaktion unterscheiden und klassifizieren.

Es gibt verschiedene **Batterietypen.** Als ortsunabhängige Stromquellen sind sie flexibel einsetzbar.

Heute nutzen wir hauptsächlich **Alkali-Mangan-Batterien** für Taschenlampen, Wecker oder Fernbedienungen. Dabei handelt es sich um Zink-Mangandioxid-Zellen mit alkalischen Elektrolyten.

Zellreaktion:

$$Zn_{(s)} + 2\,MnO_{2(s)} + H_2O_{(l)} \longrightarrow ZnO_{(s)} + 2\,MnO(OH)_{(s)}$$

Die aus der Zellreaktion resultierende Nennspannung beträgt 1,5 V. Je nach Belastung sinkt sie nach mehreren Stunden unter 0,8 V. Die Entladung erfolgt jedoch deutlich langsamer als bei Zink-Kohle-Batterien.

Bau einer Alkali-Mangan-Batterie

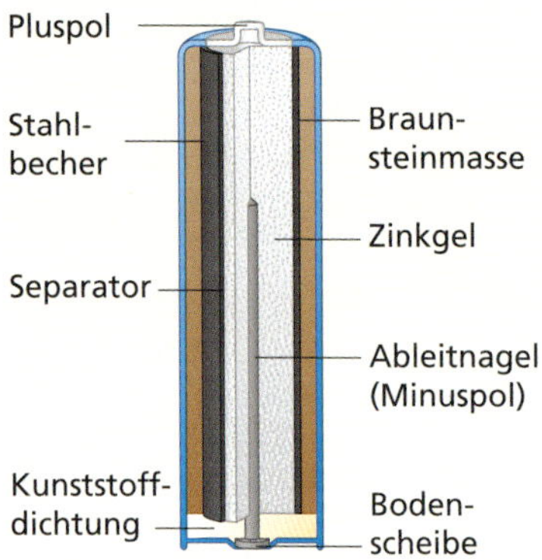

Bau einer Zink-Silberoxid-Batterie

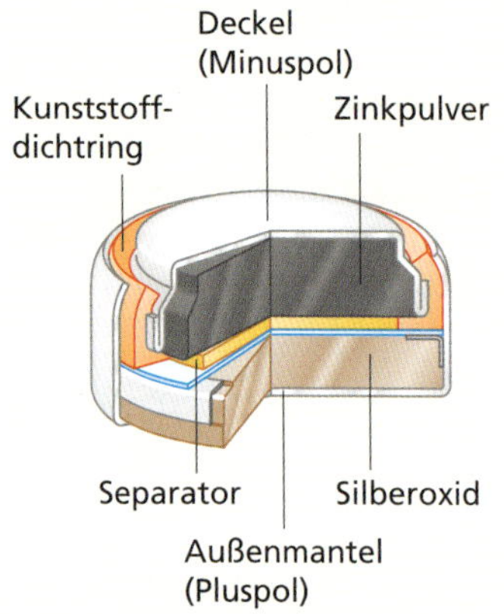

Primärzellen sind nicht wieder aufladbar!

Für kleinere Anwendungen, z. B. in Armbanduhren, verwendet man dagegen **Knopfzellen,** die häufig aus anderen Elektrodenmaterialien bestehen. So finden Zink-Silberoxid-Batterien Verwendung in Taschenrechnern oder Fernbedienungen von Autos.
Als Oxidationsmittel diente früher giftiges Quecksilberoxid, das aber inzwischen durch Silberoxid ersetzt wurde. An der Anode wird ähnlich wie bei der Alkali-Mangan-Batterie Zink oxidiert. Als Elektrolyt verwendet man Kalilauge. Die Zellreaktion liefert eine Spannung von ca. 1,55 V.

Zellreaktion: $$Zn_{(s)} + Ag_2O_{(s)} \longrightarrow ZnO_{(s)} + 2\,Ag_{(s)}$$

Lithiumbatterien enthalten organische Elektrolyte. Der Aufbau und der Elektrolyt variieren mit dem Katodenmaterial.

Lithiumbatterien werden in Fotoapparaten, Computern und sogar in Herzschrittmachern (↗ Abb.) eingesetzt. Lithiumbatterien halten bis zu zehn Jahren und können eine Spannung von mehr als 3,0 V erzeugen. Die Anode besteht immer aus Lithium (E^0(Li/Li$^+$ = −3,04 V); als Katodenmaterial dienen z. B. Mangandioxid, Iod, Kupfersulfid oder Eisensulfid. Die Zellreaktion für die Entladung einer Lithium-Kupfersulfid-Batterie lautet:

Zellreaktion: $$2\,Li_{(s)} + CuS_{(s)} \longrightarrow Li_2S_{(s)} + Cu_{(s)}$$

Hauptsächlich wegen ihres Gehalts an mehr oder weniger giftigen Metallen gehören Batterien nicht in den Hausmüll, sondern müssen separat entsorgt werden. Durch moderne Recycling-Verfahren können die Metalle daraus zurückgewonnen werden.

Akkumulatoren

Auch **Akkumulatoren** sind galvanische Elemente zur Erzeugung elektrischer Energie. Im Gegensatz zu Batterien sind Akkumulatoren mehrfach wieder aufladbare Sekundärzellen.

Weitere Typen von **Akkumulatoren** sind Nickel-Cadmium- und Nickel-Metallhydrid-Akkumulatoren.

Der bekannteste Akkumulator ist der **Bleiakkumulator,** der in vielen Kraftfahrzeugen als **Autobatterie** Verwendung findet. Er besteht im einfachsten Fall aus einer Blei- und einer Blei(IV)-oxidelektrode in verdünnter Schwefelsäure als Elektrolyt.
Beim freiwilligen Entladevorgang werden Bleiatome oxidiert und Blei(IV)-Ionen reduziert (↗ Abb.). Die dabei zwischen den Elektroden fließenden Elektronen betreiben einen angeschlossenen Verbraucher (Starten des Motors usw.), bis der Akkumulator vollständig entladen ist. Um den Akkumulator wieder aufzuladen, müssen die umgekehrten Reaktionen ablaufen. Diese werden durch Anlegen einer äußeren Spannung durch Elektrolyse (↗ S. 162) erzwungen.

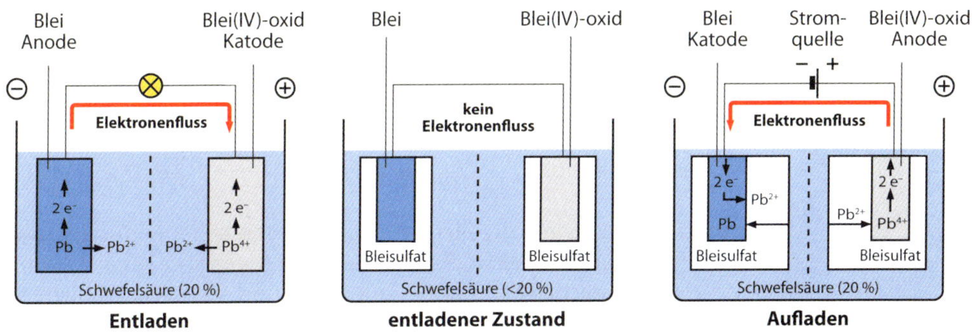

$$Pb_{(s)} + PbO_{2(s)} + 4\,H_3O^+_{(aq)} + 2\,SO_4^{2-}{}_{(aq)} \underset{\text{Laden}}{\overset{\text{Entladen}}{\rightleftharpoons}} 2\,PbSO_{4(s)} + 6\,H_2O_{(l)}$$

Modernere Akkumulatoren sind **Lithium-Ionen-Akkumulatoren.** Sie sind viel leichter als Bleiakkumulatoren und deshalb besser für mobile Anwendungen geeignet. Mit 3,8 V weisen sie eine hohe Nennspannung und eine lange Lebensdauer auf. Der Pluspol besteht aus Mischoxiden wie Li_2MnO_2 oder $LiCoO_2$ und der Minuspol aus Grafit.
An der Redoxreaktion sind nur die Elektrodenmaterialien beteiligt. Die Lithium-Ionen dienen lediglich zum Ladungsausgleich zwischen den Polen.

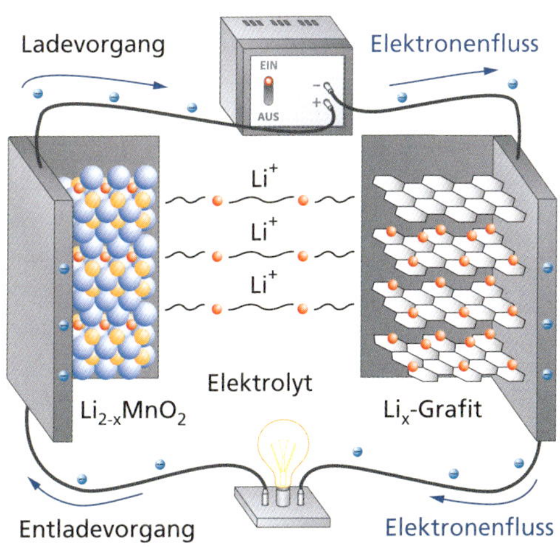

Zellreaktion:

$$Li_2MnO_2 + \text{Grafit} \underset{\text{Laden}}{\overset{\text{Entladen}}{\rightleftharpoons}} LiMnO_2 + \text{Li-Grafit}$$

5

Funktionsprinzip und Arten von Brennstoffzellen

Im 19. Jh. konstruierte WERNER VON SIEMENS (1816 bis 1892) die ersten Dynamomaschinen, die den Brennstoffzellen seinerzeit überlegen waren.

Das **Prinzip der Brennstoffzelle** ist älter als man denkt: Bereits 1839 baute Sir WILLIAM GROVE (1811–1896) eine einfache **galvanische Zelle** mit Platinelektroden in Schwefelsäure. Wenn er diese getrennten Elektroden mit Wasserstoff bzw. Sauerstoff umspülte, konnte er eine Spannung von etwa einem Volt messen.
Die von GROVE *„galvanische Gasbatterie"* genannte Erfindung geriet jedoch bald in Vergessenheit, weil es ihm nicht gelang, daraus eine alltagstaugliche Energiequelle zu entwickeln. Mit dem damaligen Stand der Technik konnte er u.a. die Sicherheitsprobleme bei der Handhabung von Wasserstoff und Sauerstoff (Knallgasbildung!) nicht zufriedenstellend lösen. Zudem erwiesen sich seine Platinelektroden für technische Anwendungen als nicht leistungsfähig genug.
Trotzdem funktionieren moderne Brennstoffzellen noch heute nach dem von GROVE entdeckten Grundprinzip: Wasserstoff und Sauerstoff werden elektrochemisch an getrennten Elektroden kontrolliert zur Reaktion gebracht. Die Gesamtreaktion der galvanischen Zelle entspricht der Knallgasreaktion. Dabei wird die chemische Energie des Wasserstoffs und des Sauerstoffs in elektrische Energie umgewandelt.

Japanische Autobauer bieten bereits Autos mit Brennstoffzellenantrieb an, der bis –20 °C betriebssicher ist und eine Reichweite von mehr als 400 km hat.

Katode ⊕: $O_{2(g)} + 4\,H_3O^+_{(aq)} + 4\,e^- \longrightarrow 6\,H_2O_{(l)}$

Anode ⊖: $2\,H_{2(g)} + 4\,H_2O_{(l)} \longrightarrow 4\,H_3O^+_{(aq)} + 4\,e^-$

Gesamtreaktion: $O_{2(g)} + 2\,H_{2(g)} \longrightarrow 2\,H_2O_{(l)}$

In modernen Brennstoffzellen (↗ Abb.) trennt eine ionendurchlässige Polymermembran die Elektrodenräume. Diese Membran ist ca. 0,1 mm dick und muss gasdicht sein, damit Sauerstoff und Wasserstoff nicht direkt miteinander reagieren. Sie muss jedoch durchlässig für die Oxonium-Ionen bzw. für Protonen sein.

Die Polymermembran ist wasserundurchlässig und muss deshalb auf der Anodenseite ständig befeuchtet werden, damit ausreichend Wasser für die Oxidation zur Verfügung steht.

Prinzip einer Brennstoffzelle

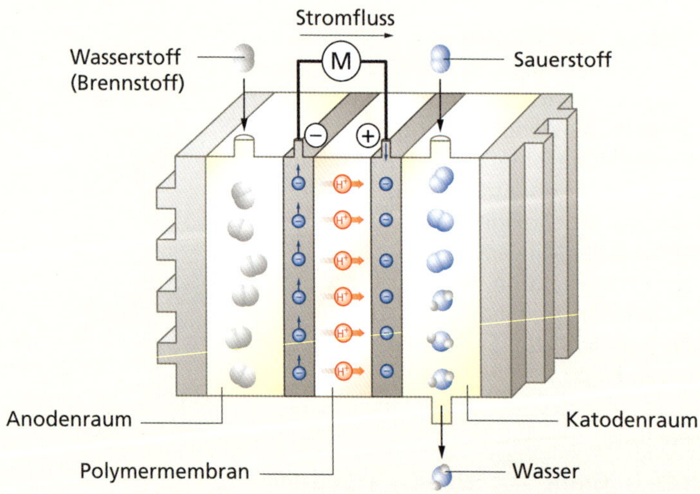

Die Elektroden müssen gegen den Elektrolyten beständig sein und einen hohen elektrochemischen Stoffumsatz gewährleisten. Dazu werden spezielle Kohlenstoff- bzw. Metallplatten mit katalytisch aktivem Palladium bzw. einer Platinlegierung beschichtet. Unter dem Einfluss des Katalysators entstehen an der Anode Oxonium-Ionen. Sie wandern durch die Membran, während die Elektronen über einen Verbraucher zur Katode geführt werden. Dort werden sie von Sauerstoffatomen aufgenommen, die mit den Oxonium-Ionen zu Wassermolekülen reagieren.

5

Brennstoffzellen sind galvanische Zellen, in denen Wasserstoff und Sauerstoff kontrolliert zur Reaktion gebracht werden. Unter kontinuierlicher Zufuhr der Edukte wird chemische Energie bedarfsgerecht in elektrische Energie umgewandelt.

Auf diese Weise erreichen Polymerelektrolyt-Brennstoffzellen (PEMFC) eine Ausgangsleistung von bis zu 500 W, wenn entsprechend viele Elemente zu einem *Stack* (engl.: Stapel) zusammengeschaltet werden. Die PEMFC eignen sich besonders zum Antrieb von Pkws mit Elektromotoren und als Energiewandler in Brennstoffzellen-Heizgeräten, die Einfamilienhäuser mit Strom und Wärme versorgen.

In der kontinuierlichen Zufuhr der Edukte besteht der wesentliche Unterschied zwischen **Brennstoffzellen** und Batterien.

Für weitere Anwendungen wurden verschiedene Typen von Brennstoffzellen entwickelt, die teilweise andere Brennstoffe und andere Elektrolyte nutzen (↗ Tab.). Sie unterscheiden sich deshalb in der Betriebstemperatur und in der Ausgangsleistung.

Vor allem mit Festoxidbrennstoffzellen (SOFC) lassen sich noch höhere Leistungen erzielen als mit den PEMFC. Aufgrund ihrer hohen Betriebstemperatur (> 500 °C) können sie mit Erdgas betrieben werden. Die Abwärme wird ins Fernwärmenetz eingespeist, sodass Brennstoffzellen-Heizkraftwerke einen Gesamtwirkungsgrad von über 90 % erreichen!

Brennstoffzellentyp (Abkürzung)	**Brennstoff**	**Elektrolyt**	**Mobiles Ion**	***P* in kW**	**Anwendungsgebiete**
Alkalische Brennstoffzelle (AFC)	H_2	KOH	OH^-	10 bis 100	Schiffsantrieb, Notstromaggregate, Raumfahrt
Polymerelektrolyt-Brennstoffzelle (PEMFC)	H_2	Polymermembran	H_3O^+	0,1 bis 500	Kfz-Antrieb, Hausenergieversorgung
Direktmethanol-Brennstoffzelle (DMFC)	CH_3OH	Polymermembran	H_3O^+	0,001 bis 100	Kfz-Antrieb, mobile Stromversorgung
Schmelzcarbonat-Brennstoffzelle (MCFC)	H_2, CH_4	Alkalicarbonatschmelze	CO_3^{2-}	< 100 000	Brennstoffzellen-Heizkraftwerke
Festoxid-Brennstoffzelle (SOFC)	H_2, CH_4	ionenleitende Metalloxide	O^{2-}	< 100 000	Brennstoffzellen-Kraftwerke, Hausenergieversorgung

Elektrochemische Korrosion

Elektrochemische Korrosion ist die Auflösung oder Zerstörung einer metallischen Oberfläche durch elektrochemische Reaktionen.

Aus der Stellung der Metalle in der Redoxreihe (↗ S. 150) kann das elektrochemische Verhalten abgeschätzt und beurteilt werden. Unedle Metalle werden leichter oxidiert. Sie korrodieren dadurch stärker als edle Metalle.

Elektrochemische Korrosion kann immer dort auftreten, wo zwei unterschiedliche Metalle im direkten elektrischen Kontakt stehen.
Sind diese unterschiedlichen Metalle direkt miteinander verbunden oder durch einen Elektrolyten miteinander in Kontakt, so bildet sich ein Lokalelement aus.

Lokalelemente sind spezielle galvanische Elemente, die auf einen sehr kleinen Bereich begrenzt sind.

Lokalelement

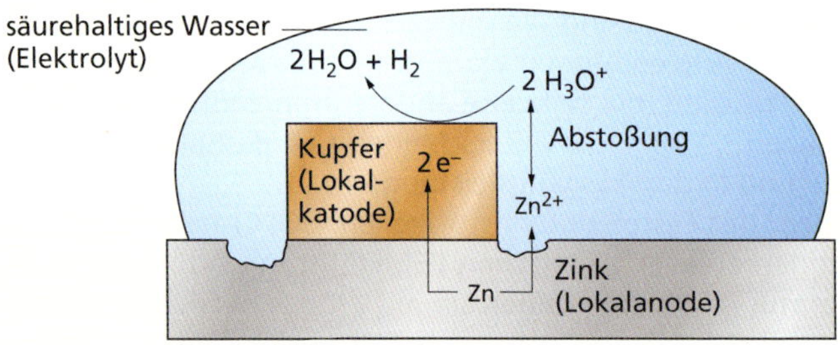

Der Begriff Korrosion (lat.: *corrodere* – zernagen) wird heute auch auf nichtmetallische Werkstoffe angewendet. Häufig werden darunter auch Schädigungen durch physikalische, biologische und chemische Prozesse zusammengefasst.

Ein solches Lokalelement kann beispielsweise entstehen, wenn Zinkrohre mit Kupfer verlötet werden. Das unedlere Zink bildet die Lokalanode. Der anodische Oxidationsprozess führt dazu, dass Zink sich langsam aufzulösen beginnt. Die Elektronen fließen zum Kupfer, das als Lokalkatode fungiert. Da Kupfer ein edles Metall ist, erfolgt an der Lokalkatode als Reduktionsprozess die Abscheidung von Wasserstoff.

Lokalanode ⊖: $Zn_{(s)} \longrightarrow Zn^{2+}_{(aq)} + 2\,e^-$

Lokalkatode ⊕: $2\,H_3O^+_{(aq)} + 2\,e^- \longrightarrow H_{2(g)} + 2\,H_2O_{(l)}$

Besonders stark unterliegen Eisenwerkstoffe der Korrosion. Durch Rosten von Eisen entstehen jährlich Schäden in Milliardenhöhe. Ca. 30 % der Stahlproduktion werden dafür benötigt, Korrosionsschäden zu ersetzen. Ursachen der Rostbildung sind Redoxreaktionen mit Sauerstoff, Wasser, Säuren oder die Bildung von Lokalelementen mit Verunreinigungen des Eisens.
Die elektrochemischen Vorgänge beim **Rosten** sind sehr komplex. Stark vereinfacht laufen folgende Prozesse ab:

Anode ⊖: $Fe_{(s)} \longrightarrow Fe^{2+}_{(aq)} + 2\,e^-$

Katode ⊕: $\frac{1}{2}O_{2(g)} + H_2O_{(l)} + 2\,e^- \longrightarrow 2\,OH^-_{(aq)}$

In einer Folgereaktion wird schwer lösliches Eisen(II)-hydroxid gebildet, das mit weiterem Sauerstoff zu dem umgangssprachlich als Rost bezeichneten Eisen(III)-oxidhydroxid oxidiert wird.

$$Fe^{2+}_{(aq)} + 2\,OH^-_{(aq)} \longrightarrow Fe(OH)_{2(s)}$$

$$2\,Fe(OH)_{2(s)} + \tfrac{1}{2}\,O_{2(g)} \longrightarrow 2\,FeO(OH)_{(s)} + H_2O_{(l)}$$

Im Gegensatz zu anderen Oxidschichten haftet Rost nicht fest an der Oberfläche, sodass die Korrosion immer weiter fortschreiten kann.

Die Geschwindigkeit des Rostens hängt von den äußeren Bedingungen in der Umwelt, z. B. saurer Regen (↗ S. 446), ab.
An trockener Luft oxidert reines Eisen nur sehr langsam. Roheisen, das Verunreinigungen edlerer Metalle enthält, rostet viel schneller, weil sich Lokalelemente herausbilden, an denen das unedle Eisen oxidiert wird. Die Luftfeuchte und der Säuregehalt des Elektrolyten beschleunigen die Rostbildung ebenfalls.

Korrosionsschutz
Angesichts der immensen Schäden durch elektrochemische Korrosion von Metallen, insbesondere von Eisenteilen, hat der **Korrosionsschutz** eine enorme volkswirtschaftliche Bedeutung.
Beim passiven Korrosionsschutz versucht man, durch zusätzlich aufgebrachte Lack- oder Kunststoffüberzüge bzw. andere Beschichtungen das Metall vor dem Angriff von Oxidationsmitteln zu schützen.
Beim aktiven Korrosionsschutz wird die Korrosion dadurch verhindert, dass anstelle der anodischen Oxidation des zu schützenden Metalls Oxidationsprozesse von anderen Metallen ermöglicht bzw. gefördert werden.

Die Vermeidung der Korrosion beginnt bei der Auswahl korrosionsbeständiger Werkstoffe, z. B. Messing oder Edelstahl, die durch ihre Zusammensetzung sehr korrosionsbeständig sind.

passiver Korrosionsschutz	aktiver Korrosionsschutz
Passivierung durch fest haftende Metalloxidschichten, z. B. bei Zink, Aluminium, Nickel	Schutz durch Verbindung des unedlen Metalls mit noch unedleren Opferanoden, z. B. Magnesium bei Schiffskörpern
Emaillieren oder Feuerverzinken	elektrolytische Abscheidung von unedleren Metallen, z. B. Verzinken von Eisen (Galvanisieren)
Erzeugen fest haftender Polymer- oder Phosphatschichten, z. B. Eisenphosphat	Schalten des zu schützenden Metalls als Katode mit einer inerten Anode, z. B. Kohle, durch Anlegen einer Gleichspannung
Aufbringen organischer Lacke, z. B. Öl-, Nitro- oder Alkydharzfarben	Legierungen, die die Bildung einer dichten, korrosionsbeständigen Oxidschicht fördern, z. B. Edelstahl

Die Korrosion von Metallen kann durch Aufbringen korrosionsbeständiger Oberflächenschichten auf das zu schützende Metall verlangsamt werden. Auch durch Legierungsbildung oder durch Opferanoden lassen sich Metalle effektiv vor Korrosion schützen.

Eine der wichtigsten Methoden ist das Galvanisieren, (↗ S. 165) bei dem elektrolytisch unedle Metalle wie Zn oder Cr, z. B. auf Stahl, abgeschieden werden.

5.3.4 Elektrolytische Prozesse

Elektrolytische Prozesse sind elektrochemische Reaktionen, bei denen nicht freiwillig ablaufende Stoffumwandlungsprozesse durch Anlegen einer äußeren Spannung erzwungen werden. Elektrische Energie (Strom) wird in chemische Energie (Stoffe) umgewandelt.

Die Zellspannung für die ablaufenden elektrochemischen Prozesse in den beiden Halbzellen ist negativ. Die freie Reaktionsenthalpie für die Zellreaktion ist somit positiv – die Reaktion läuft energetisch nicht freiwillig ab.

Die Elektrolyse ist die Umkehrung galvanischer Prozesse durch Verrichten elektrischer Arbeit. So kann Wasser elektrolysiert werden, indem man zwei Platinelektroden in verdünnte Schwefelsäure oder Kalilauge taucht und von außen eine entsprechende Mindestspannung anlegt.

Anode ⊕: $4\,OH^-_{(aq)} \longrightarrow 2\,H_2O_{(l)} + O_{2(g)} + 4\,e^-$

Katode ⊖: $4\,H_2O_{(l)} + 4\,e^- \longrightarrow 4\,OH^-_{(aq)} + 2\,H_{2(g)}$

Gesamtreaktion: $2\,H_2O_{(l)} \longrightarrow 2\,H_{2(g)} + O_{2(g)}$

Unter Standardbedingungen muss für die Elektrolyse von Wasser theoretisch eine Zersetzungsspannung von 1,23 V angelegt werden.

$U_{Zers} = |\Delta E|$
$U_{Zers} = |(E_{Kat} - E_{An})|$
$U_{Zers} = |U_Z|$

Die Mindestspannung, die aufgebracht werden muss, um die elektrolytische Reaktion in Gang zu bringen, nennt man theoretische Zersetzungsspannung. Sie ergibt sich aus der Differenz der Elektrodenpotenziale des katodischen und anodischen Prozesses.
In der Praxis stellt man jedoch fest, dass die elektrolytische Zersetzung erst bei einer höheren Spannung als 1,23 V erfolgt. Das hat u. a. damit zu tun, dass die Elektroden und der Elektrolyt einen ohmschen Widerstand aufweisen, der zum Spannungsabfall durch die sogenannte Badspannung U_{Bad} führt.
Noch gravierender wirkt sich die Tatsache aus, dass die Elektrodenpotenziale im stromdurchflossenen Zustand bei der Elektrolyse nicht identisch sind mit den nach der nernstschen Gleichung bestimmbaren Potenzialen im stromlosen Zustand.

Die Differenz zwischen dem Elektrodenpotenzial bei Stromfluss und dem Gleichgewichtselektrodenpotenzial der nernstschen Gleichung bezeichnet man als **Überspannung η**.

$$\eta = E_{Stromfluss} - E_{(I = 0)}$$

Die praktisch notwendige **Zersetzungsspannung U_{Zers}** setzt sich also aus drei Komponenten zusammen:

Die **Überspannung** bei elektrolytischen Prozessen hat hauptsächlich kinetische Ursachen und hängt von vielen Faktoren, z. B. dem Elektrodenmaterial und der Elektrodenreaktion, ab.

$$U_{Zers} = E_{Katode} - E_{Anode} + U_{Bad} + \eta = U_z + U_{Bad} + \eta$$

Speziell Elektrolysen, bei denen Gase als Reaktionsprodukte entstehen, weisen oftmals sehr hohe Überspannungen auf. Bei der Wasserelektrolyse kann die Überspannung je nach Stromfluss und Elektrodenmaterial bis zu 2 V betragen. Somit müssen viel größere Zersetzungsspannungen angelegt werden, als man über die entsprechenden nernstschen Gleichungen aus den jeweiligen Elektrodenpotenzialen berechnet.

5

Faradaysche Gesetze

Der Physiker M. FARADAY erkannte um 1833, dass der bei der Elektrolyse durch die Zelle fließende Strom und die Elektrolysedauer direkt mit dem Stoffumsatz verbunden sind. Er leitete daraus die nach ihm benannten quantitativen Beziehungen zwischen der **Ladungsmenge *Q*** und den **Stoffmengen *n*** der an der Reaktion beteiligten Stoffe ab.

Auf **M. Faraday** (1791–1867) gehen viele Grundbegriffe der Elektrochemie wie Elektrode, Katode, Anode usw. zurück.

Nach dem **1. faradayschen Gesetz** ist die Stoffmenge *n* eines aus einem Elektrolyten abgeschiedenen Produkts proportional zur Ladung.

$n \sim Q$ — Q – Ladungsmenge
$Q = I \cdot t$ — I – Stromstärke
$n \sim I \cdot t$ — t – Elektrolysedauer

Verdoppelt man die Stromstärke oder Zeit bei der Elektrolyse, so scheidet sich die doppelte Stoffmenge bzw. Masse an Reaktionsprodukten ab.

Nach dem **2. faradayschen Gesetz** ist die Stoffmenge *n* bzw. Masse *m* des abgeschiedenen Stoffs proportional zur molaren Masse *M* und umgekehrt proportional zur Zahl der bei der Reaktion ausgetauschten Elektronen *z*.

$$z(A) \cdot n(A) = z(A) \cdot \frac{m(A)}{M(A)} = z(B) \cdot \frac{m(B)}{M(B)} = z(B) \cdot n(B)$$

Demzufolge hängt die bei konstanter Ladung an einer Elektrode umgesetzte Stoffmenge ausschließlich von der Zahl der ausgetauschten Elektronen ab. Alle anderen Größen sind Konstanten, sodass sich aus den faradayschen Gesetzen folgende Gleichung ergibt.

$$Q = I \cdot t = F \cdot n(A) \cdot z(A) = F \cdot n(B) \cdot z(B)$$

F – Faraday-Konstante
z – Zahl der ausgetauschten Elektronen

Daraus folgt: $\frac{m}{M} = \frac{I \cdot t}{F \cdot z}$

Die **Faraday-Konstante *F*** ist ein Proportionalitätsfaktor. Er entspricht der Ladungsmenge von 96 485 As, die benötigt wird, um ein Mol eines einfach bzw. 1/*z*-fach geladenen Ions an einer Elektrode abzuscheiden.

Die Faraday-Konstante *F* verbindet die Elementarladung mit der Stoffmenge:

$F = e \cdot N_A$
$F = 96\,485\ \text{As} \cdot \text{mol}^{-1}$
$F = 26{,}80\ \text{Ah} \cdot \text{mol}^{-1}$

e – Elementarladung
N_A – Avogadro-Konstante

Reaktion	z	Formel	Stoffmenge
$Ag^+ + e^- \longrightarrow Ag$	1	$n = \frac{96\,485\ \text{As}}{F \cdot z}$	1 mol Ag
$Cu^{2+} + 2\,e^- \longrightarrow Cu$	2		0,5 mol Cu
$2\,H_2O \longrightarrow 4\,H^+ + O_2 + 4\,e^-$	4		0,25 mol O_2

Die **faradayschen Gesetze** stellen den quantitativen Zusammenhang zwischen der elektrischen Ladung und dem elektrochemischen Stoffumsatz her. Sie gelten unabhängig von der Art des abgeschiedenen Stoffs.

Anwendungen von Elektrolyseprozessen

Elektrolytische Prozesse finden vielfältige Anwendungen in Alltag und Technik. Sie dienen zum Aufladen von Akkumulatoren und zur industriellen Synthese verschiedener Stoffe. Auch beim Korrosionsschutz und in der chemischen Analytik spielen elektrolytische Verfahren eine Rolle.

Im Alltag lädt die Lichtmaschine des Autos während der Fahrt den Bleiakkumulator auf. Sie wandelt mechanische Energie in elektrische Energie um und leitet sie an den Akku weiter. Dort wird durch Umkehrung der galvanischen Reaktion wieder chemische Energie gespeichert.
Das gleiche Prinzip nutzt man bei den kleineren und leichteren **Akkumulatoren** für Smartphones, Digitalkameras, Notebooks usw. Diese können mit speziellen Ladegeräten an der Steckdose aufgeladen werden.

Industriell sind vor allem **elektrolytische Synthesen** oder großtechnische Reinigungsverfahren von Metallen von Bedeutung. Auf diese Weise werden Stoffe gewonnen, die durch chemische Reduktionsmittel bzw. Oxidationsmittel nur mit extrem hohem Aufwand herstellbar sind.
Dabei unterscheidet man grundsätzlich zwischen der Elektrolyse in wässrigen Lösungen und der Schmelzflusselektrolyse. Die Elektrolyse aus wässrigen Lösungen ist energetisch weniger aufwendig. Sie kann aber nur durchgeführt werden, wenn das erforderliche Potenzial zur Bildung des gewünschten Elektrolyseprodukts kleiner ist als das **Abscheidepotenzial** von Wasserstoff bzw. Sauerstoff aus der wässrigen Elektrolytlösung.

▶ Als Abscheidepotenzial eines Stoffs bezeichnet man das Potenzial, bei dem die Elektrodenreaktion zur Bildung des Stoffs beginnt.

Anwendung	Prinzip	Beispiele
Aufladen von Akkumulatoren	Umkehrung der galvanischen Reaktion durch Zufuhr von elektrischer Energie	– Bleiakkumulator (↗ S. 157) – Nickel-Metallhydrid- und Lithium-Ionen-Akkumulator (↗ S. 157)
technische Synthesen von Elementen und Verbindungen	Zersetzung von Ionenverbindungen durch Zufuhr elektrischer Energie in Elementsubstanzen oder Umwandlung in andere Verbindungen	– Chloralkali-Elektrolyse zur Herstellung von Chlor und Natronlauge (↗ S. 430) – Kupferraffination (↗ S. 235) – Elektrolyse zur Gewinnung von Aluminium (↗ S. 432)
Korrosionsschutz durch Elektrolyse	Aufbringen einer meist metallischen Schutzschicht auf einem Werkstück	– Galvanisieren (↗ S. 163) – Elektrotauchlackierung – Eloxal-Verfahren
elektrolytische Analyseverfahren	Messen der Ladungsmenge und der Masse von elektrolytisch abgeschiedenen Stoffen zur quantitativen Analyse mithilfe der faradayschen Gesetze	– Elektrogravimetrie – Coulometrie

Korrosionsschutz durch Elektrolyse

Galvanisieren ist die elektrolytische Herstellung metallischer Überzüge auf anderen Werkstoffen, meistens auf Metallen.

Das Galvanisieren ist trotz seines Namens ein *elektrolytischer Prozess.* So werden Stahlteile z. B. in einem Tauchbad mit Zinkchloridlösung galvanisiert. Das Werkstück selbst nutzt man als Katode. Als Anode wird eine Zinkplatte im Tauchbad geschaltet. Die anliegende Spannung beträgt dabei ungefähr 20 Volt.

Katode ⊖: $Zn^{2+}_{(aq)} + 2\,e^- \longrightarrow Zn_{(s)}$

Anode ⊕: $Zn_{(s)} \longrightarrow Zn^{2+}_{(aq)} + 2\,e^-$

Bei sorgfältiger Vorbehandlung der Metallteile ist es möglich, eine ca. 5 µm dünne Zinkschicht auf ganze Autokarosserien oder andere große Metallteile zu bringen.

Der Korrosionsschutz durch unedlere Metalle wie Zink ist sehr dauerhaft, weil diese zum einen dichte, korrosionsbeständige Metalloxidschichten bilden. Zum anderen entsteht bei kleinen Beschädigungen ein Lokalelement, an dem das unedlere Metall ($E^0(Zn/Zn^{2+}) = -0{,}76\,V$) oxidiert wird und nicht das edlere Eisen ($E^0(Fe/Fe^{2+}) = -0{,}41\,V$). Bei einer Beschichtung mit edleren Metallen wie Zinn ($E^0(Sn/Sn^{2+}) = -0{,}14\,V$) fungiert Eisen dagegen als Lokalanode und die Korrosion schreitet deutlich schneller voran als bei verzinkten Eisenteilen.

▶ Durch **Galvanisieren** werden auch Armaturen verchromt oder edle Metalle wie Kupfer oder Zinn elektrolytisch auf der Oberfläche unedler Metalle abgeschieden.

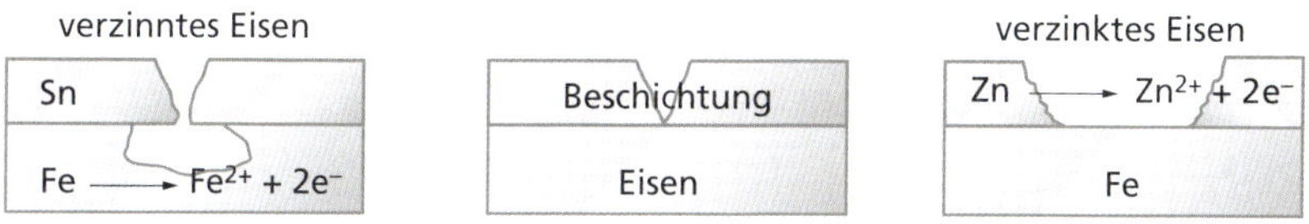

Ein weiteres Verfahren zum direkten Korrosionsschutz ist die **Elektrotauchlackierung** von Metallteilen mit einer organischen Epoxidharzschicht. Die Tauchlackbäder bestehen aus ca. 80 % Wasser und enthalten Pigmente, Säuren oder Basen sowie geringe Mengen an organischen Lösungsmitteln und die Bindemittelharze.

Der Vorteil der Elektrotauchlackierung gegenüber anderen Lackbeschichtungen ist, dass auch schwer zugängliche Teile bzw. Hohlräume bei diesem Verfahren in einem kontinuierlichen Prozess beschichtet werden. Dieses Verfahren wird deshalb speziell zum Korrosionsschutz von ganzen Autokarosserien eingesetzt. Bei der **katodischen Tauchlackierung** werden die zu beschichtenden Metallteile als Katode geschaltet. Der Vorteil des Verfahrens besteht darin, dass metallische Komponenten nicht vom zu schützenden Werkstück beim elektrolytischen Prozess aufgelöst werden können.

▶ Ein Beispiel für die **anodische Oxidation** von Metallen ist das Eloxal-Verfahren (↗ S. 396), mit dem eine korrosionsbeständige Oxidschicht auf der Oberfläche von Aluminium erzeugt wird.

5

Elektrochemische Prozesse

- Elektrochemische Reaktionen sind Reaktionen mit Elektronenübergang und damit spezielle Redoxreaktionen. Das Elektrodenpotenzial für die allgemeine Reaktion eines beliebigen Redoxpaars (Elektronendonator D und Elektronenakzeptor A) wird durch die **nernstsche Gleichung** beschrieben:

$$D \rightleftharpoons A + ze^-$$

$$E = E^0(D, A) + \frac{R \cdot T}{z \cdot F} \ln \frac{c(A)}{c(D)}$$

E^0 – Standardelektrodenpotenzial
T – Temperatur
z – Zahl der ausgetauschten Elektronen
c – Konzentration

- Die **Elektrochemie** untersucht alle Prozesse, bei denen chemische in elektrische Energie (galvanische Prozesse) oder elektrische in chemische Energie (Elektrolyse) umgewandelt werden.

chemische Energie		elektrische Energie
$Cu_{(s)} + Cl_{2(g)}$	galvanisch (freiwillig) → ← elektrolytisch (erzwungen)	$Cu^{2+}_{(aq)} + 2Cl^-_{(aq)}$

Galvanische Prozesse	Elektrolytische Prozesse
galvanische Zelle a) Katode (Akzeptorhalbzelle, Pluspol) Reduktion: $Cl_2 + 2\,e^- \longrightarrow 2\,Cl^-$ b) Anode (Donatorhalbzelle, Minuspol) Oxidation: $Cu \longrightarrow Cu^{2+} + 2\,e^-$	Elektrolysezelle a) Katode (Minuspol) Reduktion: $Cu^{2+} + 2\,e^- \longrightarrow Cu$ b) Anode (Pluspol) Oxidation: $2\,Cl^- \longrightarrow Cl_2 + 2\,e^-$
– Einstellung eines stoffspezifischen elektrochemischen Gleichgewichts an der elektrochemischen Doppelschicht der Elektroden	– Umkehrung der galvanischen Reaktion durch eine entgegengerichtete äußere Spannung
Elektrodenpotenzial (T = 298 K) $E = E^0 + \frac{0{,}0592\,V}{z} \cdot \lg \frac{c(A)}{c(D)}$ **Zellspannung** $U_Z = E_{Katode} - E_{Anode} > 0$ Durch räumliche Trennung der Redoxpartner kann der Elektronenaustausch zur Gewinnung elektrischer Energie genutzt werden.	**Abscheidepotenzial** (T = 298 K, I > 0 A) $E = \left\| E^0 + \frac{0{,}0592\,V}{z} \cdot \lg \frac{c(A)}{c(D)} \right\|$ **Zersetzungsspannung** $U_{zers} = \| U_Z \|$ Diese Formel gilt nur, wenn bei der Elektrolyse keine weiteren Widerstände überwunden werden müssen.

Wissenstest 5C

Chemisches Gleichgewicht und Massenwirkungsgesetz

6

6.1 Das chemische Gleichgewicht

6.1.1 Umkehrbarkeit chemischer Reaktionen

Die Anwesenheit von Iod im Reaktionsgemisch zeigt sich an seiner typischen violetten Farbe.

Setzt man in einem verschlossenen Kolben 1 mol Wasserstoff und 1 mol Iod bei 100 °C um, dann bildet sich Iodwasserstoff. Erhitzt man dagegen in einem anderen Kolben 2 mol Iodwasserstoff auf 100 °C, dann entstehen Iod und Wasserstoff.
Die Analyse der Zusammensetzung der Gasgemische in beiden Kolben zeigt, dass sich absolut gleiche Konzentrationen an HI, I_2 und H_2 eingestellt haben. In beiden Fällen wird der gleiche Zustand erreicht, unabhängig davon, ob die Reaktion von links nach rechts oder von rechts nach links geführt wird.
Wird dieser Zustand von außen nicht weiter beeinflusst, z. B. durch Veränderung der Temperatur, bleiben die Konzentrationen der Reaktanten beliebig lange unverändert.

Üblicherweise stehen die Ausgangsstoffe vor und die Reaktionsprodukte nach dem Reaktionspfeil. Ausgangsstoffe werden auch als Edukte bezeichnet. Reaktionsprodukte nennt man auch Endstoffe oder Produkte.

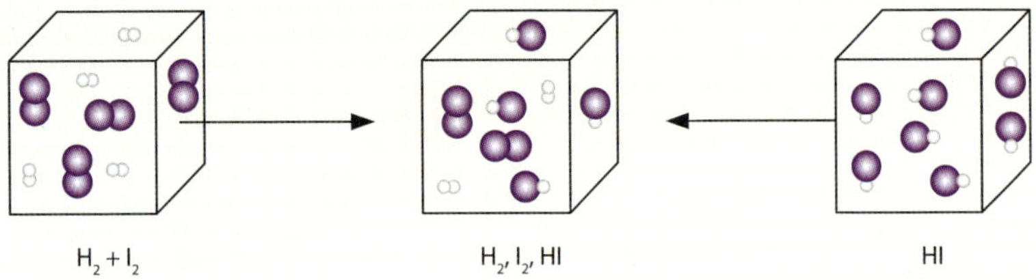

$$H_{2(g)} + I_{2(g)} \rightleftharpoons 2\,HI_{(g)}$$

Es erfolgt nur ein *unvollständiger Stoffumsatz,* da die Hinreaktion und Rückreaktion gleichzeitig ablaufen. Gekennzeichnet wird diese Tatsache durch den Doppelpfeil in der Reaktionsgleichung. Die bereits gebildeten Reaktionsprodukte reagieren unter Rückbildung der Ausgangsstoffe, während gleichzeitig aus den Ausgangsstoffen neue Endprodukte entstehen.

> Reaktionen, bei denen Hin- und Rückreaktion gleichzeitig und ungehemmt erfolgen, nennt man **reversible Reaktionen.**

Bei tiefen Temperaturen lässt sich Wasser auch durch Zufuhr elektrischer Energie zersetzen (↗ S. 162). Dazu muss allerdings mehr Energie aufgewendet werden, als bei der Knallgasreaktion gewonnen wird.

Reaktionen können nur dann reversibel ablaufen, wenn während der Umsetzung kein Reaktionspartner das System verlässt, also in einem **geschlossenen System** (↗ S. 111), das zwar Energieaustausch mit der Umgebung zulässt, jedoch keinen Stoffaustausch.
Auch Reaktionen, wie die **Knallgasreaktion** zwischen Wasserstoff und Sauerstoff, bei denen normalerweise ein vollständiger Stoffumsatz erfolgt, sind unter bestimmten Bedingungen umkehrbar.

$$2\,H_2 + O_2 \rightleftharpoons 2\,H_2O \qquad T \geq 2000\ K$$

Die chemische Zersetzung von Wasser wird jedoch nur im geschlossenen System bei extrem hohen Temperaturen beobachtet. Bei ca. 2000 K liegen 94 Vol.-% Wasser, 4 Vol.-% Wasserstoff und 2 Vol.-% Sauerstoff im Gasgemisch vor.

6.1.2 Einstellung des chemischen Gleichgewichts

Auch die Reaktion von Essigsäure und Ethanol zu Essigsäureethylester und Wasser in einem geschlossenen System (Kolben mit Rückflusskühler) verläuft unvollständig und ist umkehrbar. Zu Beginn ist die **Reaktionsgeschwindigkeit** der Ester- und Wasserbildung (Hinreaktion) groß, weil die Konzentration der beiden Ausgangsstoffe ebenfalls groß ist.
Im weiteren Verlauf nimmt die Geschwindigkeit der Hinreaktion immer mehr ab, während die der Rückreaktion, der Bildung von Säure und Alkohol, aufgrund der steigenden Ester- und Wasserkonzentration im System schneller abläuft.
Nach einer bestimmten Zeit wird ein Zustand erreicht, bei dem in der gleichen Zeit so viel Ester und Wasser gebildet werden, wie aus Ester und Wasser wieder Alkohol und Säure entstehen. Die Geschwindigkeiten der Hin- und Rückreaktion sind jetzt gleich groß.

$$v_{\text{Hin}} = v_{\text{Rück}}; \quad \text{daraus folgt:} \quad v_{\text{Hin}} - v_{\text{Rück}} = 0$$

In diesem Zustand ist makroskopisch keine Reaktion mehr wahrnehmbar, da die Konzentrationen aller beteiligten Stoffe $c_{GG}(i)$ konstant bleiben. Die Reaktion befindet sich im **chemischen Gleichgewicht.**
Dennoch findet auf der Teilchenebene weiterhin eine ständige Umwandlung von Alkohol- und Säuremolekülen zu Ester- und Wassermolekülen statt, während gleichzeitig genauso viele Produktmoleküle die Rückreaktion eingehen.

> Chemisches Gleichgewicht bedeutet nicht, dass gleiche Mengen an Edukten und Produkten vorliegen, sondern dass die Geschwindigkeiten der Hin- und Rückreaktionen gleich sind und folglich keine Konzentrationsänderungen auftreten.

Im chemischen Gleichgewicht laufen Hin- und Rückreaktion in einem geschlossenen System gleichzeitig mit derselben Geschwindigkeit ab. Obwohl die Konzentrationen der Edukte und der Produkte konstant sind, findet auf Teilchenebene ein Stoffumsatz statt, sodass man von einem **dynamischen Gleichgewicht** spricht.

> Die Einstellzeit ist für eine gegebene Reaktion bei konstanter Temperatur spezifisch. Sie kann jedoch durch Katalysatoren (↗ S. 177) verändert werden.

Die Zeit bis zur Einstellung der konstanten Konzentrationen $c_{GG}(i)$ nennt man **Einstellzeit des chemischen Gleichgewichts.** Sie ist abhängig von der Aktivierungsenergie der chemischen Reaktionen. Die Einstellzeiten reichen von wenigen Sekundenbruchteilen bis zu vielen Jahren.

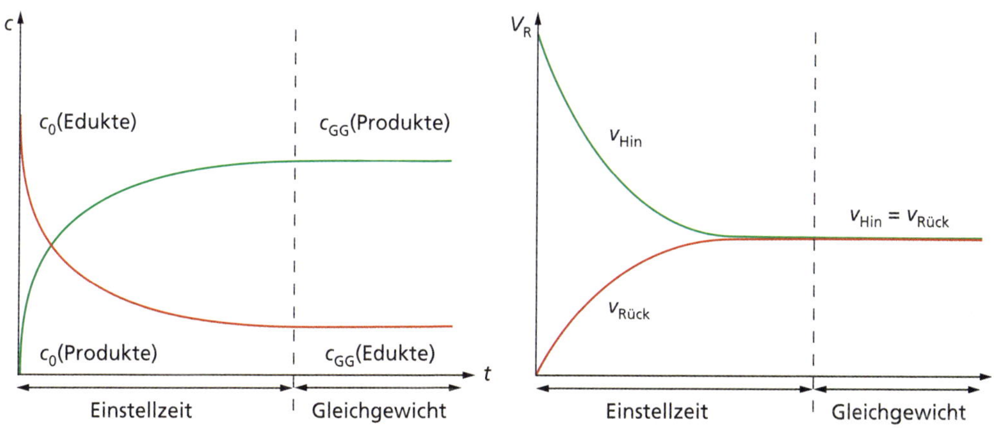

6

6.1.3 Massenwirkungsgesetz und Gleichgewichtskonstante

Die Lage eines chemischen Gleichgewichts wird durch das Konzentrationsverhältnis der Reaktionsteilnehmer charakterisiert. Werden mehr als 50 % der Ausgangsstoffe zu Produkten umgesetzt, so spricht man von einem rechts liegenden Gleichgewicht. Die Lage eines Gleichgewichts wird quantitativ durch das **Massenwirkungsgesetz (MWG)** beschrieben, das am Beispiel des Estergleichgewichts abgeleitet werden soll.

Die hier behandelte Ableitung der Gleichgewichtskonstanten basiert auf kinetischen Zusammenhängen. Die Gleichgewichtskonstante kann auch thermodynamisch abgeleitet werden.

$$\underset{\text{Säure}}{CH_3COOH} + \underset{\text{Alkohol}}{C_2H_5OH} \rightleftharpoons \underset{\text{Ester}}{CH_3COOC_2H_5} + \underset{\text{Wasser}}{H_2O}$$

Im chemischen Gleichgewicht ist $v_{\text{Hin}} = v_{\text{Rück}}$. Nach Einsetzen der Geschwindigkeitsgleichungen (↗S. 130 ff.) für die beiden Reaktionsgeschwindigkeiten ergibt sich:

$$k_{\text{Hin}} \cdot c(\text{Säure}) \cdot c(\text{Alkohol}) = k_{\text{Rück}} \cdot c(\text{Ester}) \cdot c(\text{Wasser})$$

Durch Umstellung erhält man:

$$\frac{k_{\text{Hin}}}{k_{\text{Rück}}} = \frac{c(\text{Ester}) \cdot c(\text{Wasser})}{c(\text{Säure}) \cdot c(\text{Alkohol})}$$

Die beiden Geschwindigkeitskonstanten können zu einer neuen Konstanten – der **Gleichgewichtskonstanten K_c** – zusammengefasst werden.

$$K_c = \frac{c(\text{Ester}) \cdot c(\text{Wasser})}{c(\text{Säure}) \cdot c(\text{Alkohol})}$$

Das **Massenwirkungsgesetz** (MWG) wurde erstmals 1867 von **C. M. GULDBERG** (1836 –1902) und **P. WAAGE** (1833 bis 1900) formuliert. Vereinbarungsgemäß stehen die Produkte immer im Zähler und die Edukte im Nenner.

Unter Berücksichtigung möglicher unterschiedlicher Stöchiometriezahlen $\nu(A)$, $\nu(B)$, $\nu(C)$, $\nu(D)$ bei chemischen Reaktionen kann folgende allgemeine Reaktion formuliert werden:

$$\nu(A)\,\mathbf{A} + \nu(B)\,\mathbf{B} \rightleftharpoons \nu(C)\,\mathbf{C} + \nu(D)\,\mathbf{D}$$

Auf dem gleichen Weg wie für das Estergleichgewicht kann eine allgemeine Formulierung des Massenwirkungsgesetzes abgeleitet werden. Die Konzentrationen $c(i)$ sind die Gleichgewichtskonzentrationen, die sich erst im Verlauf der Reaktion einstellen und nach Erreichen des Gleichgewichtszustands konstant bleiben. Der Quotient dieser Gleichgewichtskonzentrationen ergibt die Gleichgewichtskonstante K_c.

$$K_c = \frac{c(C)^{\nu(C)} \cdot c(D)^{\nu(D)}}{c(A)^{\nu(A)} \cdot c(B)^{\nu(B)}}$$

Die Konzentrationen für die einzelnen Reaktionspartner sind nun nicht mehr willkürlich wählbar, sondern sie sind *ausgehend von den Konzentrationen der Edukte* festgelegt. Die Konzentrationen aller Reaktionspartner bleiben unverändert. Sie werden als **Gleichgewichtskonzentrationen c_{GG}(i)** charakterisiert.

Da es sich im **Massenwirkungsgesetz** immer um Gleichgewichtskonzentrationen handelt, wird dort aus Gründen der Übersichtlichkeit auf den Index GG verzichtet.

> Im chemischen Gleichgewicht ist der Quotient aus dem Produkt der Konzentrationen der Reaktionsprodukte und dem Produkt der Konzentrationen der Ausgangsstoffe bei einer bestimmten Temperatur eine konstante Größe. Die Stöchiometriezahlen treten als Exponenten der jeweiligen Konzentrationen auf.

Aus dem Wert der Gleichgewichtskonstanten K_c kann berechnet werden, wie groß der Umsatz an Ausgangsstoffen bzw. die Ausbeute an Reaktionsprodukten einer chemischen Reaktion ist. Dazu müssen die Konzentrationen der Reaktionsteilnehmer im Gleichgewicht mit geeigneten Analysemethoden bestimmt werden. Aus den experimentellen Werten lässt sich K_c ermitteln.

▶ Die Lage eines Gleichgewichts ist von der Temperatur und bei Reaktionen von Gasen, die unter Volumenänderung verlaufen, auch vom Druck abhängig (↗ S. 175).

■ Bei der Reaktion von 3 mol Essigsäure mit 3 mol Ethanol bilden sich bei 25 °C genau 2 mol Essigsäureethylester und 2 mol Wasser.

a) *Berechnen Sie die Gleichgewichtskonstante K_c.*
b) *Ermitteln Sie die Ausbeute η an Essigsäureethylester.*

Analyse: Für Reaktionen, bei denen die Summe der Stöchiometriezahlen der Edukte gleich der Summe der Stöchiometriezahlen der Produkte ist ($\Delta\nu = 0$), können zur Berechnung von K_c anstelle der Konzentrationen die Stoffmengen verwendet werden.

a) Die Stoffmengen der Edukte und Produkte im Gleichgewicht n_{GG} setzt man mit den Stöchiometriezahlen als Exponenten in das MWG ein. Die Stoffmengen der Edukte im Gleichgewicht lassen sich in diesem Fall ermitteln, indem man die Stoffmengen n_{GG} der Produkte von den ursprünglich vorhandenen Stoffmengen n_0 der Edukte subtrahiert.
b) Um die Ausbeute η zu bestimmen, setzt man die erhaltene Stoffmenge des Esters ins Verhältnis zur Stoffmenge, die theoretisch bei vollständigem Stoffumsatz gebildet werden könnte. Diese ergibt sich aus der Reaktionsgleichung und entspricht im Beispiel der anfangs vorhandenen Stoffmenge n_0 an Säure bzw. Alkohol.

▶ Aus der Gleichung $n = c \cdot V$ ergibt sich, dass für konstante Volumina das Verhältnis der Konzentrationen gleich dem Verhältnis der Stoffmengen ist:

$$\frac{n(A)}{n(B)} = \frac{c(A) \cdot V}{c(B) \cdot V} = \frac{c(A)}{c(B)}$$

Ges.: K_c und η

Geg.:	CH_3COOH	+	C_2H_5OH	$\rightleftharpoons$	$CH_3COOC_2H_5$	+	H_2O
n_0:	3 mol		3 mol		0 mol		0 mol
$n_{GG} = n$:	(3–2) mol		(3–2) mol		2 mol		2 mol

▶ Nur für $\Delta\nu = 0$ gilt: $K_c = K_n$

Lösung: a)
$$K_c = K_n = \frac{n(CH_3COOC_2H_5) \cdot n(H_2O)}{n(CH_3COOH) \cdot n(C_2H_5OH)}$$

$$K_c = \frac{2\text{ mol} \cdot 2\text{ mol}}{1\text{ mol} \cdot 1\text{ mol}}$$

$$\underline{K_c = 4}$$

b)
$$\eta = \frac{n_{GG}(CH_3COOC_2H_5)}{n_0(CH_3COOH)} \cdot 100\,\%$$

$$\eta = \frac{2\text{ mol}}{3\text{ mol}} \cdot 100\,\%$$

$$\underline{\eta = 66{,}7\,\%}$$

Ergebnis: Bei 25 °C beträgt die Gleichgewichtskonstante der Veresterung von Essigsäure mit Ethanol K_c = 4. Daraus ergibt sich im geschlossenen Reaktionssystem eine Esterausbeute von 66,7 %. Das Gleichgewicht liegt aufseiten der Reaktionsprodukte.

▶ Wird das Massenwirkungsgesetz auf das Estergleichgewicht angewendet, ist K_c dimensionslos, da $\Delta\nu = 0$ ist. Bei der Reaktion

$$A \rightleftharpoons B + C$$

hat K_c dagegen die Einheit $mol \cdot l^{-1}$.

Der Partialdruck $p(i)$ ergibt sich aus dem Stoffmengenanteil (↗ S. 28) des Gases $x(i)$ im System:

$p(i) = x(i)\ p_{gesamt}$

$x(i)$ ist der Stoffmengenanteil des Gases i im Reaktionssystem.

Werden die Konzentrationen der Reaktionsteilnehmer im Gleichgewicht in $mol \cdot l^{-1}$, also in der Stoffmengenkonzentration, angegeben, erhält man die Gleichgewichtskonstante K_c.
Bei Reaktionen, bei denen alle Reaktionsteilnehmer im gasförmigen Zustand vorliegen, werden statt der Stoffmengenkonzentrationen zweckmäßigerweise die analytisch leichter zugänglichen Partialdrücke eingesetzt. Als Gleichgewichtskonstante resultiert K_p. Der allgemeine mathematische Ausdruck des MWG hat dann folgende Form:

$$K_p = \frac{p(C)^{\nu(C)} \cdot p(D)^{\nu(D)}}{p(A)^{\nu(A)} \cdot p(B)^{\nu(B)}}$$

($p(i)$ entsprechen im MWG den Partialdrücken im Gleichgewicht $p_{GG}(i)$)

Über die Zustandsgleichung idealer Gase und über die Definition der Stoffmengenkonzentration lässt sich der Zusammenhang zwischen K_c und K_p herstellen.

$$p(i) \cdot V = n(i) \cdot R \cdot T \quad \text{und} \quad n(i) = c(i) \cdot V$$

Durch Einsetzen der Stoffmenge $n(i)$ in die ideale Gasgleichung und Kürzen ergibt sich:

$$p(i) = c(i) \cdot R \cdot T \quad \text{bzw.} \quad c(i) = \frac{p(i)}{R \cdot T}$$

Daraus folgt der Zusammenhang zwischen K_c und K_p:

$$K_p = K_c \cdot (R \cdot T)^{-\Delta\nu(i)}$$

Wenn bei der Reaktion die Summe der Stöchiometriezahlen der gasförmigen Edukte der Summe der Stöchiometriezahlen der gasförmigen Produkte entspricht, ist $\Delta\nu(i) = 0$. Nur in diesem Fall sind die beiden Gleichgewichtskonstanten K_c und K_p identisch, ansonsten unterscheiden sich die Werte.

Bei Berechnungen zum chemischen Gleichgewicht ist es zweckmäßig, in folgenden Schritten vorzugehen:

- Aufstellen der Reaktionsgleichung
- Angabe der Konzentrationen im Ausgangszustand
- Berechnen der Konzentrationen im Gleichgewicht
- Aufstellen des MWG
- Einsetzen der Gleichgewichtskonzentrationen
- Umstellen nach der gesuchten Größe
- Berechnen der gesuchten Größe
- Formulieren des Ergebnisses

Bei 800 °C beträgt die Gleichgewichtskonstante der Konvertierung von Kohlenstoffmonooxid mit Wasser zu Kohlenstoffdioxid und Wasserstoff $K_p = 4{,}05$.

Welche Stoffmenge Wasserstoff wird gebildet, wenn 20 mol Kohlenstoffmonooxid und 30 mol Wasser eingesetzt werden und das Ausgangsgasgemisch bereits 3 mol Kohlenstoffdioxid enthält?

Analyse: Zuerst stellt man die Reaktionsgleichung für das betrachtete Gleichgewicht auf und ermittelt daraus die Partialdrücke aller Komponenten. Da bei der Reaktion $\Delta\nu = 0$ ist, bleibt bei konstantem Volumen der Gesamtdruck des Systems konstant. Damit können zur Berechnung von K_p anstelle der Partialdrücke die Stoffmengen eingesetzt werden.
Die zu ermittelnde Stoffmenge an Wasserstoff im Gleichgewicht ist zunächst unbekannt und wird mit x mol festgelegt: $n(H_2) = x$ mol. Aus der Reaktionsgleichung folgt mit $n(H_2) = n(CO_2) = n(H_2O) = n(CO)$, dass zur Bildung von x mol Wasserstoff auch x mol Kohlenstoffmonooxid und x mol Wasser verbraucht werden müssen. Zwangsläufig entstehen auch x mol Kohlenstoffdioxid. Da die Edukte verbraucht werden, verringert sich ihre Stoffmenge um jeweils x mol und die der Produkte erhöhen sich um x mol.

	CO	+	H_2O	$\rightleftharpoons$	CO_2	+	H_2
n_0:	20 mol		30 mol		3 mol		0 mol
$n_{GG} = n$:	(20 – x) mol		(30 – x) mol		(3 + x) mol		x mol

Man stellt das MWG für die Gleichgewichtsreaktion auf und setzt die Partialdrücke bzw. Stoffmengen der Komponenten im Gleichgewicht ($n_{GG} = n$) ein. Die so erhaltene Gleichung wird nach der gesuchten Größe, hier der Stoffmenge Wasserstoff, umgestellt.
Das Ergebnis wird berechnet und auf seine praktische Sinnfälligkeit geprüft. Aus quadratischen Gleichungen resultieren immer zwei Lösungen, von denen jedoch eine aufgrund chemischer Betrachtungen ausgeschlossen werden kann.

Die Stoffmenge des bei 800 °C gasförmigen Wassers muss bei der Berechnung unbedingt berücksichtigt werden. Anders als bei Säure-Base-Gleichgewichten in wässrigen Systemen (↗ S. 192) liegt es im Konvertierungsgleichgewicht nicht im sehr großen Überschuss gegenüber den anderen Reaktionsteilnehmern vor.

Ges.: $n(H_2) = x$ mol im Gleichgewicht

Geg.: $$K_p = \frac{p(CO_2) \cdot p(H_2)}{p(CO) \cdot p(H_2O)}$$

Lösung: $$K_p = K_n = \frac{n(CO_2) \cdot n(H_2)}{n(CO) \cdot n(H_2O)}$$

$$K_p = \frac{(3 + x) \cdot x}{(20 - x) \cdot (30 - x)} = 4{,}05$$

Durch Ausmultiplizieren der Klammerausdrücke und Umstellen nach x erhält man eine quadratische Gleichung.
Daraus lässt sich x mit der allgemeinen Lösungsformel quadratischer Gleichungen berechnen.

$$\frac{3x + x^2}{600 - 50x + x^2} = 4{,}05$$

$$x^2 - 67{,}38x + 796{,}72 = 0$$

$$x_{1;\,2} = \frac{67{,}38}{2} \pm \sqrt{1\,134{,}92 - 796{,}72}$$

$$x_1 = 52{,}08$$

$$x_2 = 15{,}3$$

Eine quadratische Gleichung hat immer zwei Lösungen:

$x^2 + px + q = 0$

$x_{1;\,2} = -\frac{p}{2} \pm \sqrt{\frac{p^2}{4} - q}$

Von den beiden Lösungen ist x_1 ohne praktische Bedeutung, da aus 30 mol Wasser niemals 52,08 mol Wasserstoff entstehen können. Aus 30 mol Wasser könnten entsprechend der Reaktionsgleichung maximal 30 mol Wasserstoff gebildet werden. Da das andere Edukt (CO) keinen Wasserstoff enthält, ist das Wasser die alleinige Quelle für den Wasserstoff.
Die Lösung $x_2 = 15{,}3$ mol ist dagegen aus chemischer Sicht sinnvoll und ergibt die gesuchte Stoffmenge Wasserstoff.

$$\underline{n(H_2) = 15{,}3 \text{ mol}}$$

Ergebnis:
Im Konvertierungsgleichgewicht werden unter den beschriebenen Bedingungen 15,3 mol Wasserstoff erhalten.

6

6

6.2 Beeinflussung des chemischen Gleichgewichts

6.2.1 Einfluss der Temperatur und des Drucks

Setzt man drei Glaskolben, die jeweils mit dem gleichen Gasgemisch aus Distickstofftetraoxid N_2O_4 und Stickstoffdioxid NO_2 gefüllt sind, drei unterschiedlichen Temperaturen von 0 °C, 25 °C und 100 °C aus, dann beobachtet man Folgendes: Das Gasgemisch im auf 0 °C abgekühlten Kolben zeigt nur eine schwach hellbraune Färbung, während die Erwärmung auf 100 °C zu einer kräftigen rotbraunen Färbung des betrachteten Reaktionsgemischs führt.

Offenbar beeinflusst die Reaktionstemperatur das Konzentrationsverhältnis von farblosem N_2O_4 und dunkelbraunem NO_2. Die beiden Gase liegen in folgendem chemischen Gleichgewicht vor:

▶ Die endotherme Reaktion ist auf die Spaltung der N–N-Bindung im N_2O_4 zurückzuführen. Die Rückreaktion der Dissoziation muss also exotherm sein.

$$N_2O_4 \rightleftharpoons 2\,NO_2 \qquad \Delta_R H^0 = 59\ \text{kJ} \cdot \text{mol}^{-1}$$

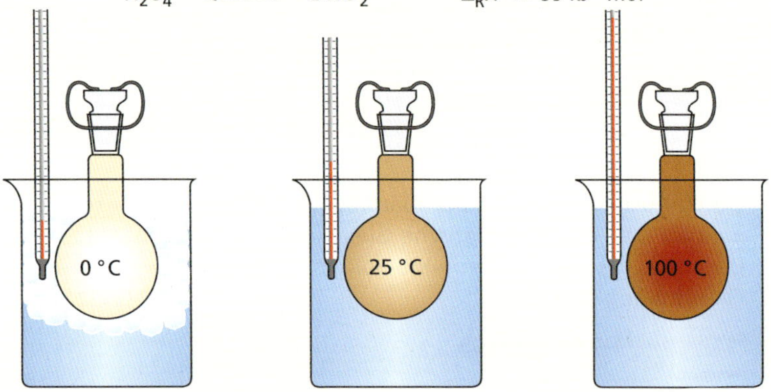

Der positive Betrag der Reaktionsenthalpie zeigt, dass bei der Bildung von NO_2 Energie benötigt wird. Wird dieses chemische Gleichgewicht einer erhöhten Temperatur ausgesetzt, so kann sich mehr NO_2 bilden, wobei Wärmeenergie in chemische Energie umgewandelt wird. Umgekehrt verändert sich die Lage des Gleichgewichts bei Temperaturerniedrigung; es entsteht vermehrt N_2O_4. Diese Rückreaktion ist ein exothermer Vorgang, bei dem Wärme an die Umgebung abgegeben und so die Temperaturerniedrigung teilweise kompensiert wird.

▶ Das **Prinzip des kleinsten Zwangs** wurde 1887 durch **H. LE CHATELIER** (1850 bis 1936) und **K. F. BRAUN** (1850–1918) unabhängig voneinander formuliert. Es erlaubt qualitative, jedoch keine quantitativen Aussagen zur Änderung der Lage des chemischen Gleichgewichts.

Unterwirft man das gleiche chemische Gleichgewicht einem erhöhten Druck, dann steigt der N_2O_4-Anteil. Da aus 2 mol NO_2 nur 1 mol N_2O_4 entsteht, verringert sich die Stoffmenge der an der Reaktion beteiligten Gase. Dementsprechend verringert sich das Volumen des Systems, wenn die Rückreaktion verstärkt abläuft und der N_2O_4-Anteil wächst. Durch die Volumenverringerung wird die Druckerhöhung teilweise kompensiert. Das System weicht dem äußeren Zwang der Druckerhöhung aus.

> Wird auf ein im Gleichgewicht befindliches chemisches Reaktionssystem ein äußerer Zwang durch Temperatur- oder Druckänderung ausgeübt, dann verlagert es sich so, dass es dem Zwang ausweicht.

Der Einfluss von Temperatur und Druck auf die Gleichgewichtslage lässt sich nach dem **Prinzip des kleinsten Zwangs** wie folgt formulieren:

1. Mit steigender Temperatur werden bei exothermen Reaktionen weniger Produkte aus den Edukten gebildet und der Wert der Gleichgewichtskonstanten sinkt. Bei endothermen Reaktionen verschiebt sich die Lage des chemischen Gleichgewichts dagegen mit zunehmender Temperatur zugunsten der Produkte.
2. Bei Reaktionen, die unter Volumenabnahme verlaufen, bewirkt eine Druckerhöhung eine Verschiebung des Gleichgewichts zu den Produkten. Nimmt dagegen bei einer Reaktion das Volumen zu, bewirkt eine Druckerhöhung eine Verschiebung des Gleichgewichts zugunsten der Ausgangsstoffe.

Während alle Gleichgewichtsreaktionen temperaturabhängig sind, beschränkt sich die **Druckabhängigkeit** nur auf wenige Reaktionen. Bei Reaktionen, an denen ausschließlich flüssige oder feste Phasen beteiligt sind, ist die Volumenänderung so klein, dass die Druckabhängigkeit der Gleichgewichtslage vernachlässigbar ist. Nur bei Reaktionen, bei denen die Summe der Stoffmengen der gasförmigen Produkte größer oder kleiner ist als die Summe der Stoffmengen der gasförmigen Edukte, hängt die Lage des Gleichgewichts vom Druck ab.

■ In der Industrie ist das **Boudouard-Gleichgewicht** von großer Bedeutung, insbesondere in der Metallurgie.

$$C_{(s)} + CO_{2(g)} \rightleftharpoons 2\,CO_{(g)} \qquad \Delta_R H^0 = +172\ \text{kJ} \cdot \text{mol}^{-1}$$

Kohlenstoffmonooxid steht im Gleichgewicht mit festem Kohlenstoff und Kohlenstoffdioxid. Für diese endotherme Reaktion wird die Gleichgewichtskonstante K_p mit zunehmender Temperatur immer größer. Das hat zur Folge, dass mit steigender Temperatur der Partialdruck an Kohlenstoffmonooxid wächst, während der Anteil an Kohlenstoffdioxid fällt.

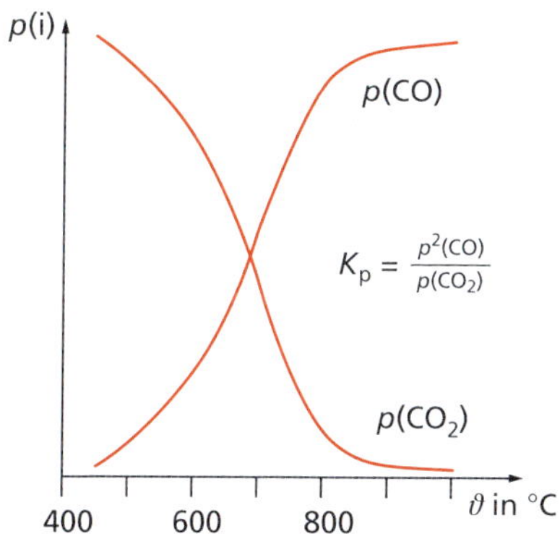

Werden Metalloxide bei tiefen Temperaturen mit Koks umgesetzt, dann entsteht neben dem Metall Kohlenstoffdioxid. Bei hohen Temperaturen überwiegt dagegen Kohlenstoffmonooxid.

$$2\,MO + C \xrightleftharpoons{400\,°C} 2\,M + CO_2 \qquad MO + C \xrightleftharpoons{1\,000\,°C} M + CO$$

Das Boudouard-Gleichgewicht ist auch druckabhängig, da aus 1 mol eines Gases (CO_2) 2 mol eines anderen Gases (CO) entstehen und sich das Volumen somit vergrößert. Deshalb steigt mit zunehmendem Druck der CO_2-Anteil, während bei niedrigen Arbeitsdrücken der CO-Anteil höher ist.

▶ Das Boudouard-Gleichgewicht ist von großer Bedeutung für die Reduktion von Metalloxiden durch Koks, z. B. im **Hochofenprozess** zur Gewinnung von Roheisen.

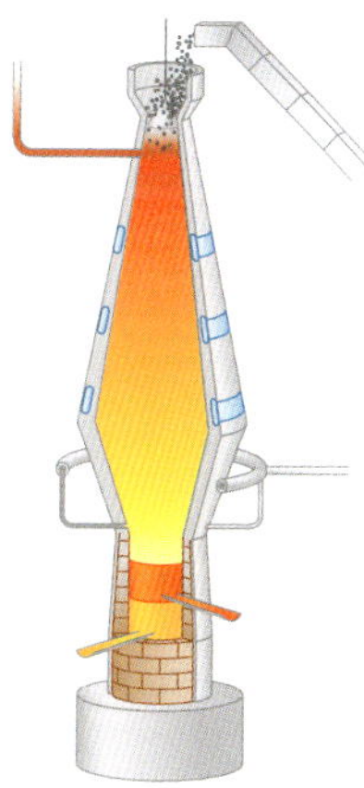

▶ Der Partialdruck des festen Kohlenstoffs kann bei der Aufstellung des MWG unberücksichtigt bleiben.

6

6.2.2 Einfluss weiterer Reaktionsbedingungen

Veränderung der Konzentrationen der Reaktanten

Nach dem Massenwirkungsgesetz hängt die Gleichgewichtskonstante K_c nicht von den Konzentrationen der Reaktionsteilnehmer ab. Erhöht man die Konzentration eines Edukts, muss im Gleichgewicht auch die Konzentration der Produkte zunehmen, weil K_c bei gegebener Temperatur konstant bleibt.

▶ Die theoretisch mögliche Stoffmenge an Produkten lässt sich stöchiometrisch aus der Reaktionsgleichung ableiten. Dabei wird ein vollständiger Stoffumsatz des Edukts angenommen, das im Unterschuss vorliegt. So kann theoretisch aus 1 mol Säure und 10 mol Alkohol maximal 1 mol Ester gebildet werden, weil nur 1 mol Säure eingesetzt wurde.

Obwohl die Lage des chemischen Gleichgewichts konzentrationsunabhängig ist, kann man die **Ausbeute der Reaktion η** durch Veränderungen der Konzentrationen eines oder mehrerer Reaktanten beeinflussen.
Die Ausbeute einer Gleichgewichtsreaktion gibt an, wie viel Prozent der theoretisch – bei vollständigem Umsatz der Edukte – möglichen Stoffmenge an Produkt tatsächlich im Gleichgewicht vorliegen.

$$\eta = \frac{n_{real}(\text{Produkt})}{n_{theor.}(\text{Produkt})} = \frac{n_{GG}(\text{Produkt})}{n_{theor.}(\text{Produkt})}$$

Als Beispiel soll wieder das Estergleichgewicht betrachtet werden:

$$CH_3COOH + C_2H_5OH \rightleftharpoons CH_3COOC_2H_5 + H_2O$$

Bei einem Stoffmengenverhältnis von n_0(Säure) : n_0(Alkohol) = 1 : 1 erhält man eine Ausbeute an Ester von 66,7 % (↗S. 171). In diesem Fall werden sowohl 66,7 % der Säure als auch 66,7 % des Alkohols umgesetzt.

Werden jedoch 1 mol Säure und 10 mol Alkohol zur Reaktion gebracht, erhöht sich die Ausbeute an Ester auf 97,4 % bezogen auf die eingesetzte Säure. Folglich werden zwar 97,4 % der Säure umgesetzt, aber nur 9,74 % des Alkohols.
Dabei verändert sich die Gleichgewichtskonstante ($K_c = K_n = 4$) nicht. Erhöht man die Konzentration der Edukte im Nenner, muss folglich auch die Konzentration der Produkte im Zähler steigen (↗Tab.).

▶ Bei einem Stoffmengenverhältnis der Ausgangsstoffe von 1 mol : 1 mol werden von den 2 mol Edukten insgesamt 1,334 mol umgesetzt. Dagegen ist der Umsatz deutlich schlechter, wenn ein Ausgangsstoff im Überschuss eingesetzt wird. Ein solcher Ansatz ist nur sinnvoll, wenn das andere Edukt teuer ist und möglichst vollständig umgesetzt werden muss.

Stoffmengen der Edukte und Ausbeute im Estergleichgewicht

Stoffmengenverhältnis $n_{0(\text{Säure})} : n_{0(\text{Alkohol})}$	1 : 1	1 : 10	10 : 1
Gleichgewichtskonstante K_c	4	4	4
$n_{GG(\text{Säure})}$ in mol	0,333	0,026	9,026
$n_{GG(\text{Alkohol})}$ in mol	0,333	9,026	0,026
$n_{GG(\text{Ester})}$ in mol	0,667	0,974	0,974
$n_{GG(\text{Wasser})}$ in mol	0,667	0,974	0,974
Esterausbeute, bezogen auf die Säure	66,7 %	97,4 %	9,74 %
Esterausbeute, bezogen auf den Alkohol	66,7 %	9,74 %	97,4 %
$n_{GG(\text{Edukte})}$ in mol	0,666	9,052	9,052
$n_{GG(\text{Produkte})}$ in mol	1,334	1,948	1,948
$n_{GG(\text{Gesamt})}$ in mol	2,000	11,00	11,00

Auf ähnliche Weise kann man die Ausbeute einer reversiblen Reaktion erhöhen, wenn ein Reaktionsprodukt aus dem Gleichgewicht entfernt wird. Infolge des Entzugs eines Produkts ist das System bestrebt, diesen Stoff nachzuliefern, da der Wert von K_c konstant bleibt.

- Auch aus diesem Grund werden viele Reaktionen in der Industrie in offenen Systemen durchgeführt. Beispielsweise wird beim Kalkbrennen das Kohlenstoffdioxid an die Umgebung abgegeben. Dadurch kann der Kalkstein bereits bei Temperaturen von 900–1 000 °C fast vollständig in Branntkalk überführt werden.

$$CaCO_{3(s)} \rightleftharpoons CaO_{(s)} + CO_{2(g)}\uparrow$$

Durch Änderungen der Konzentrationen der an einer umkehrbaren Reaktion beteiligten Stoffe wird das chemische Gleichgewicht gestört. Die Ausbeute an Produkten kann dadurch erhöht werden, dass die Konzentration eines Edukts erhöht oder ein Produkt aus dem Reaktionssystem entfernt wird.

▶ Bei der Veresterung destilliert man die leicht verdampfbaren Ester aus dem Reaktionssystem ab. Durch die Störung des Gleichgewichts wird immer mehr Ester nachgebildet und so die Ausbeute optimiert.

▶ Die Konzentration der Reaktanten kann auch durch Zugabe von Säuren, Basen oder Fällungsmitteln verändert werden. Dann laufen häufig zwei miteinander gekoppelte Gleichgewichtsreaktionen nebeneinander ab (↗ S. 181).

Chemisches Gleichgewicht und Katalyse

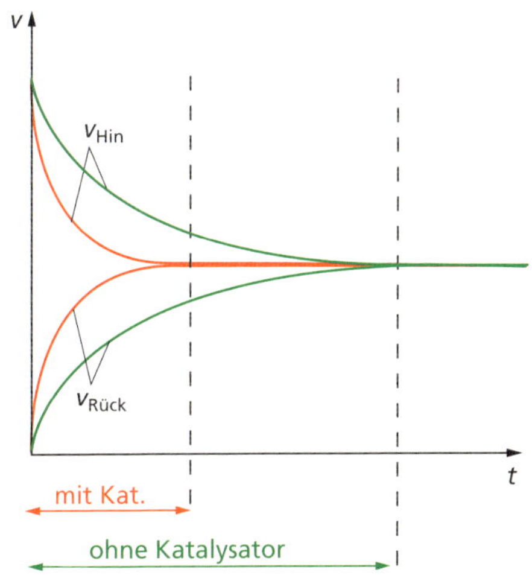

Katalysatoren beschleunigen lediglich die Geschwindigkeit einer chemischen Reaktion (↗ S. 140), indem sie die Aktivierungsenergie herabsetzen. Dadurch, dass die Aktivierungsbarriere kleiner wird, erhöht sich sowohl die Geschwindigkeit der Hinreaktion als auch die Geschwindigkeit der Rückreaktion, bei der diese Energiebarriere von rechts nach links überwunden werden muss. Das Verhältnis der beiden Geschwindigkeitskonstanten zueinander bleibt demzufolge konstant. Damit wird auch die Gleichgewichtskonstante als Quotient der beiden Geschwindigkeitskonstanten nicht verändert(↗ Abb. oben).
Auch auf die Ausbeute der Gleichgewichtsreaktion hat der Katalysator keinen Einfluss. Die Beschleunigung der Hin- und Rückreaktion führt lediglich dazu, dass sich das chemische Gleichgewicht schneller einstellt .

Katalysatoren haben keinen Einfluss auf die Gleichgewichtskonstante und damit auf die Lage des chemischen Gleichgewichts. Sie verringern jedoch die Zeit, die zur Einstellung des chemischen Gleichgewichts erforderlich ist.

6

6.3 Anwendungen des Massenwirkungsgesetzes

6.3.1 Gleichgewichtsreaktionen in der Industrie

Die Bildung von Ammoniak aus den Elementen Stickstoff und Wasserstoff ist eine exotherme Reaktion, die unter Volumenabnahme verläuft. Aus 4 mol gasförmigen Ausgangsstoffen entstehen nur 2 mol gasförmiges Reaktionsprodukt. Die Lage des Gleichgewichts ist demzufolge sowohl temperatur- als auch druckabhängig.

$$N_{2(g)} + 3\,H_{2(g)} \rightleftharpoons 2\,NH_{3(g)}$$

$$K_p = \frac{p^2(NH_3)}{p(N_2) \cdot p^3(H_2)}$$

▶ Die Tabellenwerte sind thermodynamische, aus $\Delta_R G^0$ berechnete Werte. Sie werden praktisch nur bei Temperaturen oberhalb 400 °C unter Verwendung eines Katalysators erreicht, der die Einstellzeit des Gleichgewichts verkürzt.

Volumenanteil Ammoniak im Gleichgewicht in Abhängigkeit von Temperatur und Druck

Temperatur	*p* = 0,1 MPa	*p* = 10 MPa	*p* = 20 MPa	*p* = 100 MPa
200 °C	15,3 %	80,6 %	85,7 %	98,3 %
400 °C	0,44 %	25,1 %	36,3 %	79,8 %
500 °C	0,13 %	10,5 %	17,5 %	57,6 %
600 °C	0,052 %	4,58 %	8,27 %	31,4 %
700 °C	0,022 %	2,47 %	4,43 %	12,9 %

Nach dem Prinzip des kleinsten Zwangs müsste man bei einer niedrigen Temperatur und hohem Druck arbeiten, um einen möglichst hohen Ammoniakanteil im Gleichgewicht zu erzielen. Das ist aber bei der **Ammoniaksynthese** nicht möglich, da unter industriellen Bedingungen nur bei hohen Temperaturen die notwendige Aktivierungsenergie zur Spaltung der Dreifachbindung des Stickstoffmoleküls aufgebracht wird.
Das Gleichgewicht würde sich nur unendlich langsam einstellen, sodass ein Katalysator zur Beschleunigung der Reaktion eingesetzt werden muss. Trotzdem muss die Reaktionstemperatur mindestens 400 °C betragen, damit die Bildung von Ammoniak an der Oberfläche des festen Katalysators (↗ S. 142) stattfinden kann.

▶ Die **technische Herstellung von Ammoniak** stellt die chemische Fixierung von Luftstickstoff dar. Diese Synthese ist die Grundlage für die Produktion vieler **Düngemittel, Kunststoffe,** Sprengstoffe, Farbstoffe und Arzneimittel.

Da einer Druckerhöhung auf mehr als 100 MPa technische und ökonomische Grenzen gesetzt sind, führt man die Ammoniaksynthese bei Temperaturen von 400–520 °C und Drücken von 25–30 MPa durch. Unter diesen Bedingungen liegen theoretisch etwa 50 % Ammoniak im Gleichgewicht vor. Aus wirtschaftlichen Gründen verzichtet man in der Industrie auf die Einstellung des Gleichgewichts.
Dadurch erhält man zwar nur 15–20 % Ammoniak im Gasgemisch. Es ist jedoch kostengünstiger das Reaktionsgemisch kontinuierlich im Kreislauf zu fahren (↗ S. 423) und dabei den Ammoniak aus dem Gemisch zu entfernen. Die nicht umgesetzten Ausgangsstoffe werden anschließend dem Synthesereaktor wieder zugeführt. Auf diese Weise kann ein vollständiger Umsatz der Ausgangsstoffe erzielt werden.

6.3.2 Löslichkeitsgleichgewichte von Salzen

Gleichgewichtsreaktionen spielen, z. B. in Form von Säure-Base-Reaktionen (↗ S. 186 ff.) oder Redoxreaktionen (↗ S. 208 ff.), auch in der Natur eine wichtige Rolle.
Darüber hinaus sind Löslichkeitsgleichgewichte von großer Bedeutung in der Geochemie z. B. bei der Entstehung von Gesteinen wie Kalkstein oder von Erzen wie Bauxit. Die Löslichkeit chemischer Verbindungen ist aber auch in der technischen Chemie und in der analytischen Chemie von Interesse, z. B. beim Arbeiten mit wässrigen Salzlösungen.

Der Transport von Sauerstoff und Kohlenstoffdioxid im Blut sowie der Austausch dieser Gase beruht auf dem Zusammenwirken chemischer Gleichgewichte.

Gibt man zu einer Kochsalzlösung Silbernitratlösung, so fällt ein weißer Niederschlag von festem Silberchlorid aus. Man erhält eine gesättigte Silberchloridlösung mit Bodensatz. Obwohl nach Abschluss der Fällung keine Veränderungen zu beobachten sind, gehen dennoch ständig Silber- und Chlorid-Ionen in gleichem Maße in Lösung, wie sich erneut festes Silberchlorid bildet. Die Ionen der gelösten Phase stehen mit dem Niederschlag in einem dynamischen **Löslichkeitsgleichgewicht.**

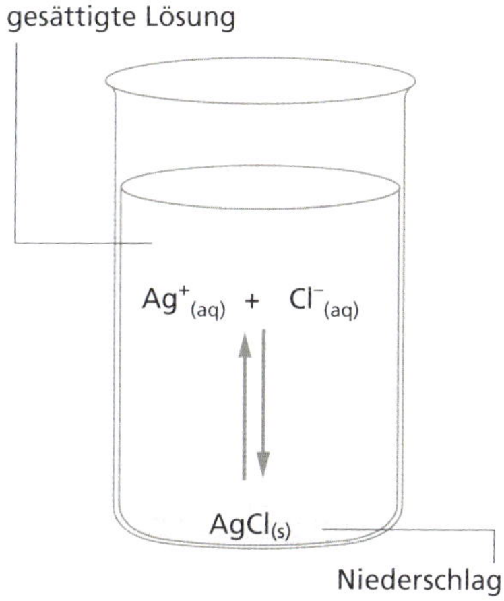

$$AgCl_{(s)} \underset{\text{Fällen}}{\overset{\text{Lösen}}{\rightleftharpoons}} Ag^+_{(aq)} + Cl^-_{(aq)}$$

Der umgekehrte Vorgang zum Fällen ist das Lösen.

$$K_c = \frac{c(Ag^+) \cdot c(Cl^-)}{c(AgCl)}$$

Wird Silberchlorid AgCl in Wasser gelöst, so müssen die Konzentrationen der Ag^+- und der Cl^--Ionen gleich sein. Die Konzentration des Niederschlags hat keinen Einfluss auf die Gleichgewichtskonstante, da es sich um eine reine kondensierte Phase handelt. Damit vereinfacht sich die Aussage des MWG zum Löslichkeitsgleichgewicht zu:

Löslichkeitsprodukt: $K_L(AgCl) = c(Ag^+) \cdot c(Cl^-)$

Löslichkeit: $L(AgCl) = c(Ag^+) = c(Cl^-)$

Die Konstante K_L ist das **Löslichkeitsprodukt** von Silberchlorid. Die jeweils gleichen Ionenkonzentrationen an Ag^+ und Cl^- geben die maximale **Löslichkeit** L(AgCl) des Salzes in Wasser an. Bei weiterer Zugabe des festen Salzes würde sich kein weiteres Silberchlorid lösen, da K_L konstant ist. Man nennt die über einem festen Niederschlag stehende Lösung daher eine **gesättigte Lösung.**

Die Kennzeichnung (aq) für hydratisierte Ionen wird der Übersichtlichkeit halber in den Gleichungen des MWG weggelassen. In Wasser gelöste Ionen sind immer hydratisiert (↗ S. 100).

> Das Löslichkeitsprodukt K_L eines Elektrolyten ist gleich dem Produkt der Konzentrationen seiner Ionen in einer gesättigten Lösung.

Für ein Salz der allgemeinen Zusammensetzung A_xB_y gilt:

$$A_xB_{y(s)} \rightleftharpoons x\,A^{y+}{}_{(aq)} + y\,B^{x-}{}_{(aq)}$$

$$K_L(A_xB_y) = c^x(A^{y+}) \cdot c^y(B^{x-})$$

Die Einheit des Löslichkeitsprodukts ergibt sich aus der stöchiometrischen Zusammensetzung des Salzes:

$[K_L] = mol^{x+y} \cdot l^{-x-y}$

$K_L(AgCl) = 2 \cdot 10^{-10}\,mol^2 \cdot l^{-2}$

$K_L(Fe(OH)_3) = 4 \cdot 10^{-40}\,mol^4 \cdot l^{-4}$

Das Löslichkeitsprodukt darf nicht mit der Löslichkeit eines Stoffs verwechselt werden. Die Löslichkeit eines Salzes entspricht seiner Konzentration in einer gesättigten Lösung. Die Sättigung ist erreicht, wenn ein Bodenkörper des Feststoffs mit der darüber befindlichen Lösung im thermodynamischen Gleichgewicht steht. Zwischen den beiden Größen besteht folgender Zusammenhang:

$$L(A_xB_y) = \sqrt[x+y]{\frac{K_L(A_xB_y)}{x^x \cdot y^y}}$$

Im einfachsten Fall, z. B. beim Silberchlorid, besteht das Salz aus gleichwertigen Ionen (x = y). Die Löslichkeit ist dann gleich der Wurzel des Löslichkeitsprodukts.

$$L(AgCl) = c(Ag^+) = c(Cl^-) = \sqrt{K_L(AgCl)}$$

Löslichkeitsprodukt und Löslichkeit sind temperaturabhängig. Aus diesem Grund sind die tabellierten Werte von Löslichkeitsprodukten für bestimmte Temperaturen angegeben, in der Regel für 25 °C.

Die Lösungsenthalpie ist die Differenz zwischen der Hydratationsenthalpie, die bei der Bildung von hydratisierten Ionen frei wird (↗ S. 101), und der Gitterenergie.

Die meisten Salze, z. B. Kaliumchlorid, lösen sich endotherm in Wasser, sodass ihre Löslichkeit mit steigender Temperatur zunimmt. Kochsalz hat eine sehr geringe Lösungsenthalpie, sodass die Löslichkeit von Natriumchlorid nahezu temperaturunabhängig ist. Nur wenige Löslichkeitsgleichgewichte sind exotherm. Die Löslichkeit solcher Salze wie Calciumchromat $CaCrO_4$ sinkt mit steigender Temperatur.

Die Löslichkeit und das Löslichkeitsprodukt sind praktisch nicht druckabhängig, da die Volumenänderung infolge der Fällung vernachlässigbar ist. Im Gegensatz dazu kann die Löslichkeit von Salzen durch Veränderungen der Konzentration einer der das Salz bildenden Ionenart beeinflusst werden.

Erhöht man die Konzentration der Chlorid-Ionen in einer gesättigten AgCl-Lösung durch Zusatz einer KCl-Lösung, so weicht das Gleichgewicht diesem Zwang aus. Unter Verbrauch der Chlorid-Ionen wird Silberchlorid ausgefällt und die Ag^+-Ionenkonzentration – und damit die Löslichkeit des Salzes – sinkt. Der gleiche Effekt wird beobachtet, wenn man die Konzentration des anderen „Reaktionsprodukts", der Ag^+-Ionen, erhöht. In diesem Fall entspricht die Löslichkeit des Silberchlorids der Cl^--Ionenkonzentration.

Ein großer Überschuss eines gleichionigen Zusatzes kann zur Auflösung des Niederschlags führen, wenn sich leicht lösliche Komplexe bilden (↗ S. 251).

Die Erhöhung der Konzentration einer Ionensorte durch **gleichionige Zusätze** führt zu einer Verringerung der Löslichkeit eines Salzes, weil das Löslichkeitsprodukt konstant bleibt.

Gekoppelte Gleichgewichte

Die Löslichkeit von Stoffen kann durch Zugabe von Säuren oder Komplexbildnern beeinflusst werden. In beiden Fällen liegt neben dem Löslichkeitsgleichgewicht ein weiteres chemisches Gleichgewicht vor und man spricht von **gekoppelten Gleichgewichten.**

Viele schwer lösliche Salze können durch Zugabe von Säuren oder Basen in Lösung gebracht werden. Die Ursache liegt darin, dass eine Ionensorte aus dem Löslichkeitsgleichgewicht gleichzeitig an einem Säure-Base-Gleichgewicht beteiligt ist.

- Die schwer löslichen Sulfide sind die Salze der schwachen Säure Schwefelwasserstoff. Wenn man Eisensulfid durch Zugabe einer Säure auflösen will, liegen folgende Gleichgewichte vor.

$$FeS_{(s)} \rightleftharpoons Fe^{2+}{}_{(aq)} + S^{2-}{}_{(aq)} \qquad K_L = c(Fe^{2+}) \cdot c(S^{2-})$$

$$S^{2-}{}_{(aq)} + 2\,H_3O^+{}_{(aq)} \rightleftharpoons H_2S_{(aq)} + 2\,H_2O_{(l)}$$

$$K(H_2S) = \frac{c(H_2S)}{c(S^{2-}) \cdot c^2(H_3O^+)}$$

  Durch Zugabe der Säure wird die H_3O^+-Konzentration im Säure-Base-Gleichgewicht erhöht und dadurch mehr Schwefelwasserstoff gebildet. Dazu werden dem Löslichkeitsgleichgewicht Sulfid-Ionen entzogen. Diese müssen durch Auflösen des Eisensulfids nachgebildet werden. Da Schwefelwasserstoff eine schwache Säure ist, liegt das Säure-Base-Gleichgewicht weit auf der Seite des Schwefelwasserstoffs und Eisensulfid wird bei hohen H_3O^+-Konzentrationen vollständig aufgelöst.

Die Gleichgewichtskonstante der Protolyse der S^{2-}-Ionen ergibt sich aus den beiden Säurekonstanten der zweiwertigen Säure Schwefelwasserstoff:

$$K(H_2S) = \frac{1}{K_{S(1)} \cdot K_{S(2)}}$$

Die Löslichkeit von H_2S in Wasser ist gering. Dadurch entweicht das Gas aus offenen Systemen, sodass viele Metallsulfide in Säuren vollständig gelöst werden können.

In ähnlicher Weise kann ein schwer löslichen Salzes auch durch Zugabe geeigneter Komplexbildner in Lösung gebracht werden. In diesem Fall wird ein Löslichkeitsgleichgewicht mit einem Komplexbildungsgleichgewicht gekoppelt.

- So löst sich ein Niederschlag von Silberchlorid in Ammoniakwasser, wobei sich der lösliche Silberdiammin-Komplex bildet:

$$AgCl_{(s)} \rightleftharpoons Ag^+{}_{(aq)} + Cl^-{}_{(aq)}$$

$$Ag^+{}_{(aq)} + 2\,NH_{3(aq)} \rightleftharpoons [Ag(NH_3)_2]^+{}_{(aq)}$$

  Dem Löslichkeitsgleichgewicht des Silberchlorids werden die Ag^+-Ionen durch die Komplexbildung entzogen. Diese werden durch Auflösung des festen Niederschlags so lange nachgebildet, bis sich der Niederschlag vollständig aufgelöst hat oder bis sich ein Gleichgewicht zwischen Komplex-Ionen (↗ S. 250) und restlichem Silberchlorid eingestellt hat.

Silberhalogenide sind in Ammoniak unterschiedlich löslich, da sich ihre Löslichkeitsprodukte um mehrere Größenordnungen voneinander unterscheiden. Diese Tatsache macht man sich beim qualitativen Nachweis der Halogenid-Ionen zunutze (↗ S. 460).

Chemisches Gleichgewicht und Massenwirkungsgesetz

■ Ein **chemisches Gleichgewicht** kann sich nur bei einer reversiblen Reaktion in einem geschlossenen oder einem abgeschlossenen thermodynamischen System einstellen. Es ist durch folgende allgemeine **Merkmale** gekennzeichnet:

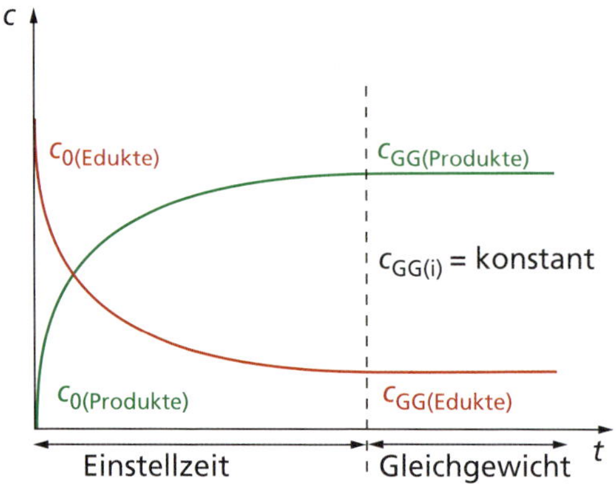

1. Der Stoffumsatz erfolgt unvollständig. Edukte und Produkte liegen nach der Einstellung des Gleichgewichts nebeneinander in einem konstanten Konzentrationsverhältnis vor.
2. Hin- und Rückreaktion laufen gleichzeitig nebeneinander ab. Im Gleichgewicht sind die Beträge der Reaktionsgeschwindigkeiten identisch.
3. Obwohl makroskopisch die Konzentrationen der Reaktanten konstant sind, findet submikroskopisch eine ständige Umwandlung von Teilchen statt.
4. Der Gleichgewichtszustand ist von beiden Seiten (Edukt- bzw. Produktseite) einstellbar.

■ Das Konzentrationsverhältnis der am chemischen Gleichgewicht beteiligten Stoffe, d. h. die Lage des Gleichgewichts, wird durch das **Massenwirkungsgesetz** quantitativ beschrieben.

$$\nu(\mathrm{A})\,\mathbf{A} + \nu(\mathrm{B})\,\mathbf{B} \rightleftharpoons \nu(\mathrm{C})\,\mathbf{C} + \nu(\mathrm{D})\,\mathbf{D} \qquad K_c = \frac{c(\mathrm{C})^{\nu(\mathrm{C})} \cdot c(\mathrm{D})^{\nu(\mathrm{D})}}{c(\mathrm{A})^{\nu(\mathrm{A})} \cdot c(\mathrm{B})^{\nu(\mathrm{B})}}$$

■ Die **Lage chemischer Gleichgewichte** hängt von den Reaktionsbedingungen ab. Sie kann nach dem Prinzip des kleinsten Zwangs durch Änderung des Drucks und der Temperatur gezielt beeinflusst werden.

Einfluss der Reaktionsbedingungen auf die Lage chemischer Gleichgewichte

Reaktionsbedingungen		Auswirkung
Temperatur	Erhöhung	begünstigt **endotherme Reaktionen**
	Verringerung	begünstigt **exotherme Reaktionen**
Druck	Erhöhung	begünstigt Reaktionen, an denen Gase beteiligt sind und die unter **Volumenabnahme** verlaufen
	Verringerung	begünstigt Reaktionen, an denen Gase beteiligt sind und die unter **Volumenzunahme** verlaufen
Konzentration	Erhöhung	begünstigt die Teilreaktion, bei der der zugesetzte Stoff verbraucht wird
	Verringerung	begünstigt die Teilreaktion, bei der der entfernte Stoff gebildet wird

Wissenstest 6

Protonen- und Elektronen-übertragungsreaktionen

7

7

7.1 Säuren und Basen

7.1.1 Säure-Base-Theorie nach Brönsted

Historische Entwicklung des Säure-Base-Begriffs

Der englische Forscher ROBERT BOYLE (1627–1691) unterschied als Erster Säuren, Basen und neutrale Stoffe mithilfe von Pflanzenfarbstoffen wie Lackmus.

Der Begriff der **Säuren** und **Basen** wurde durch **R. BOYLE** bereits im 17. Jh. eingeführt: Säuren färben gewisse blaue Pflanzenfarbstoffe rot, lösen Marmor und scheiden aus Lösungen bestimmter Schwefelverbindungen Schwefel aus.

■ $$Na_2S_2 + 2\,HCl \longrightarrow 2\,NaCl + H_2S + {}^1/_8\,S_8$$

Als Basen wurden Substanzen bezeichnet, die in alkalischen Lösungen enthalten waren und beim Zusammengeben mit sauren Lösungen Salze bilden können.
A. DE LAVOISIER fand, dass beim Lösen gewisser Oxide von Nichtmetallen in Wasser „saure" Lösungen entstehen, und schlussfolgerte: „Sauerstoff ist allen Säuren gemeinsam, dieser bedingt die sauren Eigenschaften."

■ $$SO_3 + H_2O \longrightarrow H_2SO_4$$

1838 erkannte **J. VON LIEBIG**, dass es auch Säuren gibt, die keinen Sauerstoff enthalten, und definierte: „Eine Säure ist eine Substanz, die Wasserstoff enthält, der durch Metalle ersetzbar ist."

■ $$H_2SO_4 + Mg \longrightarrow H_2 + MgSO_4$$

Die Ionentheorie von SVANTE ARRHENIUS (1859–1927) besagt, dass in Lösungen von Elektrolyten frei bewegliche Ionen vorhanden sind, die zu einer höheren elektrischen Leitfähigkeit führen.

Die erste in sich geschlossene Säure-Base-Theorie wurde von **S. ARRHENIUS** entwickelt und beruht auf der von ihm eingeführten Ionentheorie.

Säuren sind nach ARRHENIUS alle Wasserstoffverbindungen, die in wässriger Lösung unter Bildung von Wasserstoff-Ionen dissoziieren. **Basen** sind dagegen Substanzen, die Hydroxid-Ionen enthalten oder beim Lösen in Wasser Hydroxid-Ionen bilden.

■
$$HCl \longrightarrow H^+ + Cl^-$$
$$HNO_3 \longrightarrow H^+ + NO_3^-$$
$$NaOH \longrightarrow Na^+ + OH^-$$
$$Na_2O + H_2O \longrightarrow 2\,Na^+ + 2\,OH^-$$

Die Arrhenius-Theorie war recht leistungsfähig bezüglich der Definition von Säuren, blieb jedoch eingeengt auf wässrige Lösungen von Elektrolyten (↗ S. 144). So war der Begriff Basen nur auf hydroxidhaltige Substanzen anwendbar, sodass die basischen Eigenschaften von Substanzen wie Ammoniak, NH_3, in nicht wässrigen Systemen mit der Arrhenius-Theorie nicht oder nur ungenügend erklärt werden können.
Diese Nachteile wurden mit der Einführung der Brönsted-Lowry-Theorie im Jahr 1923 überwunden, mit der erstmals das **Donator-Akzeptor-Konzept** auf Säure-Base-Reaktionen angewendet wurde.

Das Donator-Akzeptor-Konzept (↗ S. 18) hat sich zur Klassifizierung chemischer Reaktionen bewährt.

Die Brönsted-Lowry-Theorie

Der Begriff Säure kennzeichnet die Eigenschaft eines Teilchens oder einer Verbindung, Protonen abzugeben, d.h. als **Protonendonator** zu wirken. Eine Base besitzt dagegen die Eigenschaft, Protonen aufzunehmen, d. h. als **Protonenakzeptor** zu wirken.

Donatoren (lat.: *donator* – Geber) sind z.B. Teilchen, die Energie oder andere Elementarteilchen abgeben können. Akzeptoren (lat.: *acceptor* – Empfänger) sind das entsprechende Gegenstück.

Mit dieser Definition haben J. BRÖNSTED (1879–1947) und T. LOWRY (1874–1936) unabhängig voneinander eine heute noch gültige Säure-Base-Theorie entwickelt. Im Gegensatz zu ARRHENIUS bezieht sich diese Definition nicht auf bestimmte Stoffklassen, sondern auf bestimmte Eigenschaften von Teilchen.

Durch die Anwendung des **Donator-Akzeptor-Prinzips** ist jede Reaktion, bei der die als Protonen bezeichneten H^+-Ionen zwischen Reaktionspartnern übertragen werden, eine **Säure-Base-Reaktion.** Diese Protonenübertragungsreaktionen nennt man auch **Protolysereaktionen.**

$$\text{Säure} \underset{\text{Protonenaufnahme}}{\overset{\text{Protonenabgabe}}{\rightleftharpoons}} \text{Base} + \text{Proton}$$

Nach BRÖNSTED können aber auch neutrale Moleküle oder Ionen, die selbst keine Protonen enthalten, zu Säuren werden. Solche protonenfreien Teilchen von Nichtmetalloxiden oder Metall-Kationen werden erst durch die Reaktion mit Wassermolekülen in Brönsted-Säuren verwandelt, die dann Protonen abgeben können.

Neben dem bekannten Ammonium-Ion NH_4^+ bilden viele Kationen in wässriger Lösung Kationensäuren durch Bindung von Wasser. Diese Reaktion mit Wasser ist keine Protolyse, sondern eine Hydratisierung.

$$SO_3 + H_2O \rightleftharpoons H_2SO_4$$

$$Fe^{2+} + 6\,H_2O \rightleftharpoons [Fe(H_2O)_6]^{3+}$$

Aus diesem Grund gibt es nicht nur neutrale Säuren und Basen, sondern auch Anionen- und Kationensäuren bzw. Anionen- und Kationenbasen.

Klassifizierung von Brönsted-Säuren und Brönsted-Basen	
Neutralsäuren (Molekülsäuren)	$HCl + H_2O \rightleftharpoons H_3O^+ + Cl^-$ $HNO_3 + H_2O \rightleftharpoons H_3O^+ + NO_3^-$
Anionensäuren	$HSO_4^- + H_2O \rightleftharpoons H_3O^+ + SO_4^{2-}$ $H_2PO_4^- + H_2O \rightleftharpoons H_3O^+ + HPO_4^{2-}$
Kationensäuren	$NH_4^+ + H_2O \rightleftharpoons H_3O^+ + NH_3$ $[Fe(H_2O)_6]^{3+} + H_2O \rightleftharpoons H_3O^+ + [Fe(OH)(H_2O)_5]^{2+}$
Neutralbasen	$NH_3 + H_2O \rightleftharpoons OH^- + NH_4^+$ $CaO + H_2O \rightleftharpoons 2\,OH^- + Ca^{2+}$
Anionenbasen	$SO_4^{2-} + H_2O \rightleftharpoons OH^- + HSO_4^-$ $PO_4^{3-} + H_2O \rightleftharpoons OH^- + HPO_4^{2-}$
Kationenbasen	$[Zn(OH)(H_2O)_5]^+ + H_2O \rightleftharpoons OH^- + [Zn(H_2O)_6]^{2+}$ $[Al(OH)(H_2O)_5]^{2+} + H_2O \rightleftharpoons OH^- + [Al(H_2O)_6]^{3+}$

7.1.2 Säure-Base-Gleichgewichte

Entsprechend den Empfehlungen der IUPAC wird in diesem Buch für H_3O^+-Ionen der Begriff Oxonium-Ionen verwendet.

Das Proton in Wasser und Oxonium-Ionen

Das wichtigste Lösungsmittel für Säure-Base-Reaktionen ist Wasser. Bei der Abgabe eines Protons von einer Säure an Wasser entsteht spontan das **Oxonium-Ion** H_3O^+. Die Ursache liegt darin, dass die Anlagerung der Protonen an die neutralen Moleküle exotherm verläuft. Deshalb treten in den üblichen Lösungsmitteln keine freien Protonen auf, sondern diese werden immer von Lösungsmittelmolekülen gebunden.

Obwohl die Existenz derartiger Oxonium-Ionen in Feststoffen eindeutig nachgewiesen wurde, spiegelt es die wahren Verhältnisse in wässriger Lösung nicht richtig wider. Vielmehr bindet ein H_3O^+-Ion über seine drei Wasserstoffatome drei weitere H_2O-Moleküle über Wasserstoffbrückenbindungen (↗S. 106), wobei Ionen der Zusammensetzung $H_9O_4^+$ entstehen. In Wasser existieren noch andere Formen hydratisierter H_3O^+-Ionen, die in ihrer Gesamtheit auch als **Hydronium-Ionen** bezeichnet werden können.

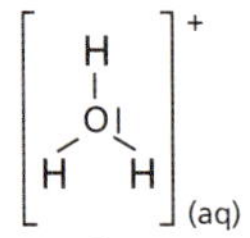

H_3O^+-Ion

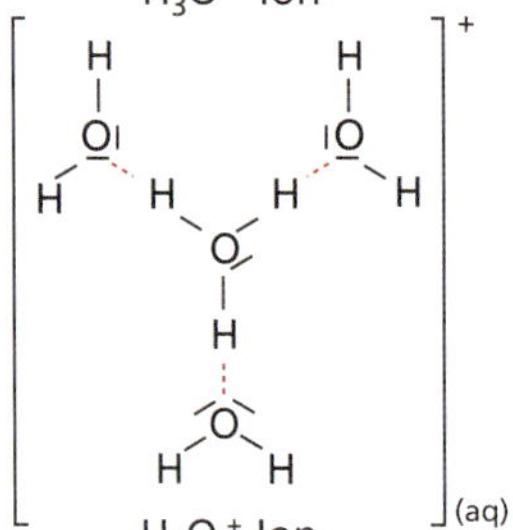

$H_9O_4^+$-Ion

Das Ionenprodukt des Wassers und der *pH*-Wert

Bei einer Autoprotolyse reagiert ein und dieselbe Verbindung gleichzeitig als Säure und als Base:

$$2\,HF \rightleftharpoons H_2F^+ + F^-$$

Wasser leitet den elektrischen Strom, wenn auch nur geringfügig. Die Ursache für diese elektrische Leitfähigkeit liegt in einer sehr geringen Eigendissoziation, die auch als Autoprotolyse bezeichnet wird.

$$H_2O + H_2O \rightleftharpoons H_3O^+ + OH^- \qquad \Delta_R H^0 = 57{,}6\,\text{kJ}\cdot\text{mol}^{-1}$$

$$K_c = \frac{c(H_3O^+)\cdot c(OH^-)}{c(H_2O)\cdot c(H_2O)} = \frac{c(H_3O^+)\cdot c(OH^-)}{c^2(H_2O)}$$

Die Anwendung des Massenwirkungsgesetzes (↗S. 170) auf das Autoprotolysegleichgewicht liefert die temperaturabhängige Gleichgewichtskonstante K_c.

Da die Wasserkonzentration sehr groß im Verhältnis zur Konzentration an H_3O^+ und OH^- ist, kann sie als konstant angesehen und in die Gleichgewichtskonstante (Protolysekonstante) mit einbezogen werden.

$$K_c \cdot c^2(H_2O) = K_W = c(H_3O^+)\cdot c(OH^-)$$

Da nur Zahlenwerte ohne Einheiten logarithmiert werden können, dividiert man die H_3O^+-Ionenkonzentration durch die Einheit $\text{mol}\cdot\text{l}^{-1}$.

Die Konstante K_W wird als Ionenprodukt des Wassers bezeichnet und beträgt bei 22 °C exakt $10^{-14}\,\text{mol}^2\cdot\text{l}^{-2}$.

Um für die Angabe der Konzentration an H_3O^+-Ionen in wässriger Lösung nicht mit sehr kleinen Zahlen arbeiten zu müssen, wurde der *pH*-Wert vom dänischen Chemiker S. SÖRENSEN (1868–1939) folgendermaßen definiert:

$$pH = -\lg c(H_3O^+) \qquad \text{bzw.} \qquad c(H_3O^+) = 10^{-pH}$$

Der ***pH*-Wert** ist der negative dekadische Logarithmus der Oxonium-Ionenkonzentration. Entsprechend ist der *pOH*-Wert der negative dekadische Logarithmus der Hydroxid-Ionenkonzentration.

Das Suffix *p* leitet sich vom lateinischen *potentia* ab und gibt den negativen logarithmischen Anteil der jeweiligen Größe an, die nach dem Suffix steht, hier also den Gehalt an H_3O^+-Ionen.

Für reines Wasser, in dem $c(H_3O^+) = c(OH^-)$ ist, ergibt sich aus dem Ionenprodukt des Wassers ein *pH*-Wert bzw. ein *pOH*-Wert von 7.

$$c(H_3O^+) \cdot c(OH^-) = 10^{-14}\ \mathrm{mol^2 \cdot l^{-2}}$$

$$pH + pOH = pK_W = 14$$

Mit dieser Gleichung kann man über die OH^--Ionenkonzentration auch den *pH*-Wert einer alkalischen Lösung berechnen.
Das heißt, mit steigendem *pH*-Wert fällt der *pOH*-Wert und umgekehrt. Durch Zusatz einer Säure oder Base wird die Konzentration an H_3O^+- bzw. OH^--Ionen erhöht, wodurch der *pH*-Wert fällt bzw. steigt.

pH-Wert	0	1	2	3	4	5	6	7	8	9	10	11	12	13	14
Eigenschaften der Lösung	stark sauer				schwach sauer			neutral	schwach basisch				stark basisch		

Gehalt an Oxonium-Ionen nimmt ab. → ← Gehalt an Hydroxid-Ionen nimmt ab.

pH-Wert und Konzentrationen von Säuren und Basen

pH = $-\lg c(H_3O^+)$		Konzentrationen in $\mathrm{mol \cdot l^{-1}}$		$-\lg c(OH^-)$ = *pOH*
0	1 molare HCl	$c(H_3O^+) = 10^0$	$c(OH^-) = 10^{-14}$	14
1	0,1 molare HCl	$c(H_3O^+) = 10^{-1}$	$c(OH^-) = 10^{-13}$	13
2	0,01 molare HCl	$c(H_3O^+) = 10^{-2}$	$c(OH^-) = 10^{-12}$	12
3	0,001 molare HCl	$c(H_3O^+) = 10^{-3}$	$c(OH^-) = 10^{-11}$	11
⋮				⋮
7	Neutralpunkt, reines Wasser	$c(H_3O^+) = c(OH^-) = 10^{-7}$		7
⋮				⋮
12	0,01 molare NaOH	$c(H_3O^+) = 10^{-12}$	$c(OH^-) = 10^{-2}$	2
13	0,1 molare NaOH	$c(H_3O^+) = 10^{-13}$	$c(OH^-) = 10^{-1}$	1
14	1 molare NaOH	$c(H_3O^+) = 10^{-14}$	$c(OH^-) = 10^0$	0

Korrespondierende Säuren und Basen

Synonym wird für den Begriff *korrespondierendes* auch häufig der Begriff *konjugiertes* Paar genutzt.

Die Übertragung der H^+-Ionen von der Brönsted-Säure zur Brönsted-Base erfolgt in einer reversiblen Reaktion (↗ S. 168). Protonendonator und -akzeptor bilden ein korrespondierendes Säure-Base-Paar.

$$\text{Säure} \underset{\text{Protonenaufnahme}}{\overset{\text{Protonenabgabe}}{\rightleftharpoons}} \text{Base} + \text{Proton}$$

Ein **korrespondierendes Säure-Base-Paar** besteht immer aus einer protonenreicheren und einer protonenärmeren Form derselben Grundverbindung.

Verbindungen oder Teilchen, die wie H_2O entweder als Säure oder als Base reagieren können, bezeichnet man als Ampholyte (↗ S. 197).

In wässrigen Lösungen kann Wasser Protonen aufnehmen oder abgeben und steht damit als Reaktionspartner sowohl für Säuren als auch für Basen zur Verfügung.

$$CH_3COOH + H_2O \rightleftharpoons H_3O^+ + CH_3COO^-$$

$$H_2O + NH_3 \rightleftharpoons OH^- + NH_4^+$$

In der Reaktion mit Essigsäure nimmt Wasser bei der Hinreaktion ein Proton unter Bildung von Oxonium-Ionen H_3O^+ auf, wirkt also im brönstedschen Sinn als Base. In der Rückreaktion ist H_3O^+ eine Brönsted-Säure, da es ein Proton an das Acetat-Anion CH_3COO^- überträgt und dabei die Base H_2O zurückgebildet wird.
Es bilden also nicht nur H_2O und H_3O^+, sondern auch CH_3COOH und CH_3COO^- ein korrespondierendes Säure-Base-Paar, die miteinander im **Säure-Base-Gleichgewicht** stehen.

Ob Wasser als Säure oder Base reagiert, hängt allein vom konkreten Reaktionspartner und dessen sauren bzw. basischen Eigenschaften ab.

korrespondierend (HA → A⁻)

$$HA + H_2O \rightleftharpoons A^- + H_3O^+$$

korrespondierend (H₂O → H₃O⁺)

Das Gleichgewicht zwischen Hin- und Rückreaktion beruht auf der Übertragung eines Protons von der Säure eines korrespondierenden Säure-Base-Paars auf die Base eines anderen korrespondierenden Paars.
Es stellt sich auch bei Säure-Base-Reaktionen in nicht wässrigen Systemen ein und kann durch folgende allgemeine Reaktionsgleichung beschrieben werden:

H^+ (Säure(1) → Base(2))

$$\text{Säure(1)} + \text{Base(2)} \rightleftharpoons \text{Base(1)} + \text{Säure(2)}$$

H^+ (Säure(2) → Base(1))

Die Base(1) ist die korrespondierende Base der Säure(1), Säure(2) ist die korrespondierende Säure der Base(2). Zwischen den beiden miteinander im Gleichgewicht stehenden korrespondierenden Säure-Base-Paaren erfolgt die Übertragung eines Protons.

Die Stärke von Brönsted-Säuren und -Basen

Die Protolyse einer Säure HA in Wasser lässt sich nach dem Massenwirkungsgesetz folgendermaßen beschreiben:

$$HA + H_2O \rightleftharpoons H_3O^+ + A^-$$

$$K_c = \frac{c(H_3O^+) \cdot c(A^-)}{c(HA) \cdot c(H_2O)}$$

Wie beim Autoprotolysegleichgewicht des Wassers wird auch hier die H_2O-Konzentration als konstante Größe in den *K*-Wert einbezogen.

$$K_c \cdot c(H_2O) = \frac{c(H_3O^+) \cdot c(A^-)}{c(HA)} = K_S$$

Das Produkt $K_c \cdot c(H_2O)$ wird als **Säurekonstante** K_S bezeichnet. Auf die gleiche Weise ist die **Basenkonstante** einer Base B definiert:

$$B + H_2O \rightleftharpoons BH^+ + OH^-$$

$$K_c \cdot c(H_2O) = \frac{c(BH^+) \cdot c(OH^-)}{c(B)} = K_B$$

> Je vollständiger die Protonenübertragung erfolgt, desto stärker liegt das Protolysegleichgewicht auf der rechten Seite und umso stärker ist die jeweilige Säure bzw. Base.
> Das heißt, je größer der K_S-Wert einer Säure ist, desto stärker ist die Säure. Analog ist eine Base umso stärker, je größer ihr K_B-Wert ist.

Anstelle des K_S- oder K_B-Werts wird häufiger der pK_S bzw. pK_B-Wert angegeben, der wiederum dem negativen dekadischen Logarithmus des jeweiligen *K*-Werts entspricht. Definitionsgemäß zeigen hier kleine Werte für pK_S bzw. pK_B **starke Säuren** bzw. **Basen** an, während umgekehrt große Werte für pK_S bzw. pK_B **schwache Säuren** bzw. **Basen** kennzeichnen.

Essigsäure ist eine schwache Säure, Ammoniak eine schwache Base, sodass beide in wässriger Lösung nur teilweise protolysieren und die protonierten und deprotonierten korrespondierenden Partner in einem realen Gleichgewicht vorliegen.

Sehr starke Säuren protolysieren in Wasser dagegen *vollständig,* d.h., die Konzentration der H_3O^+-Ionen entspricht exakt der Konzentration der Säure. Da in solchen Fällen *alle Protonen* von der Säure auf Wasser übertragen werden, lässt sich die Stärke der Säuren nicht mehr unterscheiden, sie scheinen alle gleich stark zu sein. In wässriger Lösung ist demnach das Oxonium-Ion die stärkste mögliche Säure.

Umgekehrt gilt für Basen, dass keine Base in Wasser stärker sein kann als das Hydroxid-Ion, da sie vollständig Protonen vom Wasser unter Bildung von OH^--Ionen aufnehmen.

> Diese Wirkung des Lösungsmittels Wasser auf sehr starke Säuren und Basen nennt man den **nivellierenden Effekt des Wassers.**

▶ Für die Säurestärke wird auch häufig der synonyme Begriff Acidität verwendet.

▶ Die **Stärke von Säuren und Basen** ist nicht gleichzusetzen mit ihrer aggressiven Wirkung. So ist Flusssäure HF zwar nur eine schwache, aber dennoch eine der reaktivsten Säuren. Sie zersetzt die meisten Metalle, Mineralien und Kunststoffe und löst sogar Glas auf.

▶ Der *pH*-Wert von Säurelösungen gleicher Konzentration kann unterschiedlich sein, wenn sich die Säurestärke unterscheidet. Wässrige Lösungen *sehr starker* Säuren gleicher Konzentration weisen jedoch aufgrund des nivellierenden Effekts des Wassers den gleichen *pH*-Wert auf.

Wegen der Tendenz einer starken Säure, Protonen abzugeben, ist ihre korrespondierende Base immer eine schwache Base, weil diese kaum dazu neigt, Protonen aufzunehmen.

Die Reaktionen einer beliebigen Säure HA und ihrer korrespondierenden Base A^- mit Wasser können auch getrennt als Gleichgewichtsreaktionen betrachtet werden:

$$HA + H_2O \rightleftharpoons A^- + H_3O^+ \qquad A^- + H_2O \rightleftharpoons HA + OH^-$$

$$K_S = \frac{c(H_3O^+) \cdot c(A^-)}{c(HA)} \qquad K_B = \frac{c(HA) \cdot c(OH^-)}{c(A^-)}$$

Fasst man die Gleichgewichtskonstanten durch Multiplikation zusammen, erhält man das unten stehende Produkt. Daraus ergibt sich durch Kürzen der gleichen Konzentrationen *c*(HA) bzw. $c(A^-)$ das Ionenprodukt des Wassers.

$$K_S \cdot K_B = \frac{c(H_3O^+) \cdot c(A^-)}{c(HA)} \cdot \frac{c(HA) \cdot c(OH^-)}{c(A^-)}$$

$$K_S \cdot K_B = c(H_3O^+) \cdot c(OH^-) = K_W$$

Folglich sind bei korrespondierenden Säure-Base-Paaren die jeweiligen pK_S- und pK_B-Werte miteinander gekoppelt, sodass bei Kenntnis eines dieser Werte sich der andere leicht errechnen lässt.

Die **pK_S-Werte** vieler Säuren bzw. die **pK_B-Werte** von Basen sind in Stofftabellen, z. B. unter *www.tafelwerk.de*, zusammengefasst.

$$\mathbf{pK_S + pK_B = pK_W = 14}$$

Zu jedem korrespondierenden Säure-Base-Paar existieren ein pK_S- und ein pK_B-Wert. Je stärker eine Säure, desto schwächer ist ihre korrespondierende Base. Umgekehrt gilt das Gleiche für eine Base.

Stärke von Säuren und ihren korrespondierenden Basen in wässriger Lösung bei 25 °C

	Säure HA	pK_S	Base A^-	pK_B
Chlorwasserstoff	HCl	≈ −7	Cl^-	≈ 21
Schwefelsäure	H_2SO_4	≈ −3	HSO_4^-	≈ 17
Oxonium-Ion	H_3O^+	−1,74	H_2O	15,74
Salpetersäure	HNO_3	−1,32	NO_3^-	15,32
Hydrogensulfat-Ion	HSO_4^-	1,92	SO_4^{2-}	12,08
Phosphorsäure	H_3PO_4	2,13	$H_2PO_4^-$	11,87
Fluorwasserstoff	HF	3,17	F^-	10,83
Ameisensäure	$HCOOH$	3,75	$HCOO^-$	10,25
Essigsäure	CH_3COOH	4,75	CH_3COO^-	9,25
Kohlensäure	H_2CO_3	6,52	HCO_3^-	7,48
Dihydrogenphosphat-Ion	$H_2PO_4^-$	7,12	HPO_4^-	6,88
Ammonium-Ion	NH_4^+	9,25	NH_3	4,75
Hydrogencarbonat-Ion	HCO_3^-	10,40	CO_3^{2-}	3,60
Hydrogenphosphat-Ion	HPO_4^{2-}	12,32	PO_4^{3-}	1,68
Wasser	H_2O	15,74	OH^-	−1,74

Mehrwertige Säuren enthalten mehrere Protonen, die sie in mehrstufigen Protolysereaktionen übertragen können.

Mehrwertige Säuren können ihre Protonen stufenweise abgeben. Jede Protolysestufe hat ihre eigene Säurekonstante K_S, die mit $K_{S(1)}$, $K_{S(2)}$ usw. gekennzeichnet wird.

Mehrwertige Säuren werden auch häufig als mehrprotonig bezeichnet. Beispiele für soche mehrwertigen Säuren sind Phosphorsäure H_3PO_4, Schwefelsäure H_2SO_4 und Kohlensäure H_2CO_3.

- Phosphorsäure H_3PO_4 protolysiert in drei Stufen:

1. $H_3PO_4 + H_2O \rightleftharpoons H_3O^+ + H_2PO_4^-$

$$K_S = \frac{c(H_3O^+) \cdot c(H_2PO_4^-)}{c(H_3PO_4)} = 7{,}4 \cdot 10^{-3} \qquad pK_{S(1)} = 2{,}13$$

2. $H_2PO_4^- + H_2O \rightleftharpoons H_3O^+ + HPO_4^{2-}$

$$K_S = \frac{c(H_3O^+) \cdot c(HPO_4^{2-})}{c(H_2PO_4^-)} = 7{,}6 \cdot 10^{-8} \qquad pK_{S(2)} = 7{,}12$$

3. $HPO_4^{2-} + H_2O \rightleftharpoons H_3O^+ + PO_4^{3-}$

$$K_S = \frac{c(H_3O^+) \cdot c(PO_4^{3-})}{c(HPO_4^{2-})} = 4{,}8 \cdot 10^{-13} \qquad pK_{S(3)} = 12{,}32$$

Die Abfolge der Zahlenwerte der Säurekonstanten für die Protolysestufen der Phosphorsäure ist typisch für mehrwertige Säuren: $K_{S(1)} > K_{S(2)} > K_{S(3)}$.
Das erste Proton wird am leichtesten abgegeben. Die Abspaltung des nächsten Protons erfolgt weniger leicht, da das $H_2PO_4^-$-Ion als Protonendonator negativ geladen ist.
Noch schwerer erfolgt die Abspaltung des dritten Protons vom doppelt negativ geladenen HPO_4^{2-}-Ion. Der Anteil der jeweiligen Protolysestufe als Funktion des *pH*-Werts wird in sogenannten Verteilungsdiagrammen dargestellt.

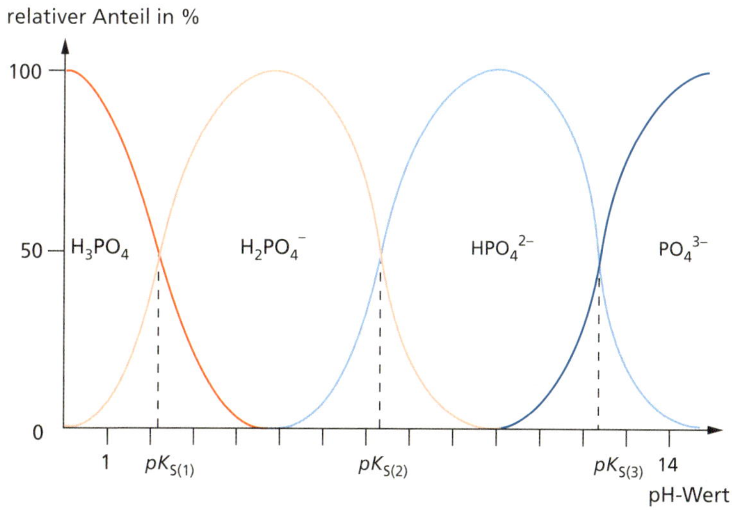

Das Verteilungsdiagramm der Phosphorsäure zeigt, dass bei *pH*-Werten, die kleiner als der $pK_{S(1)}$-Wert sind, hauptsächlich H_3PO_4 vorliegt. Bei *pH*-Werten größer als $pK_{S(3)}$ enthält die Lösung hauptsächlich die vollständig deprotonierte Form PO_4^{3-}. Die beiden anderen Ionen $H_2PO_4^-$ und HPO_4^{2-} dominieren im dazwischen liegenden *pH*-Bereich.

7

Berechnungen von *pH*-Werten wässriger Lösungen

In Abhängigkeit von ihren pK_S- bzw. pK_B-Werten kann man Säuren bzw. Basen folgendermaßen unterteilen:

pK-Wert	Einteilung
$pK < 0$	sehr stark
0–4,5	stark
4,5–9,5	schwach
$pK > 9,5$	sehr schwach

pH-Wert von Lösungen sehr starker Säuren und Basen

Sehr starke Säuren haben negative pK_S-Werte ($pK_S < 0$) und sehr starke Basen dementsprechend pK_B-Werte, die kleiner als null sind. Derartige Säuren und Basen liegen in Wasser praktisch vollständig protolysiert vor. Damit ist die Konzentration an H_3O^+- bzw. OH^--Ionen der Anfangskonzentration c_0 an eingesetzter Säure bzw. Base gleichzusetzen.

Für eine wässrige Lösung einer sehr starken Säure, z. B. Salzsäure der Konzentration von $c_0(HA) = 0{,}01\ mol \cdot l^{-1}$, gilt somit:

$$c(H_3O^+) = c_0(HA) = 0{,}01\ mol \cdot l^{-1} = 10^{-2}\ mol \cdot l^{-1}$$

$$\underline{pH = -\lg c(H_3O^+) = 2}$$

Mithilfe des Ionenprodukts des Wassers kann der *pH*-Wert einer wässrigen Natronlauge ($c_0(B) = 0{,}04\ mol \cdot l^{-1}$) berechnet werden.

$$c(OH^-) = c_0(B) = 0{,}04\ mol \cdot l^{-1} = 4 \cdot 10^{-2}\ mol \cdot l^{-1}$$

$$pOH = -\lg c(OH^-) = 1{,}4$$

$$pH = pK_W - pOH \qquad (pK_W = pH + pOH = 14)$$

$$\underline{pH = 14 - 1{,}4 = 12{,}6}$$

Weitere **Beispiele für die Berechnung von *pH*-Werten** findet man im Internet, z. B. unter *www.swisseduc.ch/chemie/leitprogramme/phberechnen.*

pH-Wert von Lösungen schwacher Säuren und Basen

Schwache Säuren ($4 < pK_S < 10$) und schwache Basen ($4 < pK_B < 10$) protolysieren nicht vollständig. In ihren wässrigen Lösungen stellt sich ein Protolysegleichgewicht ein. Daher kann bei schwachen Säuren nicht mehr davon ausgegangen werden, dass die Anfangskonzentration $c_0(HA)$ gleich der H_3O^+-Konzentration in Lösung ist. Stattdessen muss das Protolysegleichgewicht der Säuren bzw. Basen betrachtet werden:

$$HA + H_2O \rightleftharpoons H_3O^+ + A^-$$

$$K_c = \frac{c(H_3O^+) \cdot c(A^-)}{c(HA) \cdot c(H_2O)}$$

Mit dem Begriff Konzentration und dem Symbol c(i) bezeichnet man bei der *pH*-Wert-Berechnung die Stoffmengenkonzentrationen im Gleichgewicht. Auf den Index GG wird zur besseren Übersichtlichkeit verzichtet.

Da aus einem Teilchen Säure HA jeweils ein Oxonium-Ion H_3O^+ und ein Säurerest-Anion A^- entstehen, ist $c(H_3O^+) = c(A^-)$ und es folgt:

$$K_c \cdot c(H_2O) = \frac{c^2(H_3O^+)}{c(HA)} = K_S$$

$$K_S \cdot c(HA) = c^2(H_3O^+)$$

Um daraus $c(H_3O^+)$ zu berechnen, benötigt man noch die Konzentration der nicht protolysierten Säure $c(HA)$ im Gleichgewicht. Diese ergibt sich aus der Differenz der Anfangskonzentration der Säure $c_0(HA)$ und dem Anteil protolysierter Säure, der der Konzentration $c(A^-)$ entspricht.

$$c_0(HA) = c(HA) + c(A^-) \quad \text{bzw.} \quad c(HA) = c_0(HA) - c(A^-)$$

Da verdünnte schwache Säuren nur geringfügig protolysieren, ist die Konzentration $c(HA)$ viel größer als der protolysierte Anteil $c(A^-)$.

$$c(A^-) << c(HA), \qquad \text{daraus folgt:} \qquad c_0(HA) \approx c(HA)$$

Wenn man die Anfangskonzentration $c_0(HA)$ anstelle von $c(HA)$ in die aus dem MWG abgeleitete Gleichung einsetzt, lässt sich der *pH*-Wert durch mathematische Umformungen leicht ermitteln.

$$K_S \cdot c_0(HA) = c^2(H_3O^+) \qquad \text{folglich ist:} \qquad \mathbf{c(H_3O^+) = \sqrt{K_S \cdot c_0(HA)}}$$

$$pK_S - \lg c_0(HA) = 2\,pH$$

$$pH = \tfrac{1}{2}\,\mathbf{(pK_S - \lg c_0(HA))}$$

▶ Die nebenstehende Formel gilt nur für schwache Säuren in ausreichender Verdünnung. Eine exakte Berechnung des *pH*-Werts schwacher und sehr schwacher Säuren ist nur unter Verwendung des Protolysegrads α möglich.

- Für eine wässrige Lösung von Essigsäure ($pK_S = 4{,}75$) der Konzentration $c_0(HA) = 0{,}01\ mol \cdot l^{-1}$ ergibt sich der *pH*-Wert wie folgt:

$$CH_3COOH + H_2O \rightleftharpoons CH_3COO^- + H_3O^+$$

$$pK_s = 4{,}75 \qquad c_0(HA) = 10^{-2}\ mol \cdot l^{-1}$$

$$pH = \tfrac{1}{2}\,(pK_s - \lg c_0(HA)) = \tfrac{1}{2}\,(4{,}75 - (-2))$$

$$\underline{pH = 3{,}38}$$

Der *pH*-Wert schwacher Basen kann auf ähnliche Weise unter Berücksichtigung der Protolyse berechnet werden.

$$B + H_2O \rightleftharpoons BH^+ + OH^-$$

$$K_B = \frac{c(BH^+) \cdot c(OH^-)}{c(B)}; \qquad \text{mit} \qquad c(BH^+) = c(OH^-) \text{ gilt:}$$

$$K_B = \frac{c^2(OH^-)}{c(B)} \qquad \text{und somit} \qquad 2\,pOH = pK_B - \lg c(B)$$

▶ Bei einwertigen Basen entstehen bei der Protolyse genauso viele OH^--Ionen wie BH^+-Ionen, sodass sich das MWG ähnlich wie bei schwachen Säuren vereinfachen lässt.

Auch für verdünnte schwache Basen gilt – aus den gleichen Gründen wie oben bei den Säuren dargelegt – die Näherung $c(B) \approx c_0(B)$. Da $pH + pOH = 14$ ist, kann die Gleichung weiter umgeformt werden.

$$pOH = \tfrac{1}{2}(pK_B - \lg c_0(B)) \qquad \text{bzw.} \qquad \mathbf{c(OH^-) = \sqrt{K_B \cdot c_0(B)}}$$

$$14 - pH = \tfrac{1}{2}(pK_B - \lg c_0(B)) \qquad \text{bzw.} \qquad pH = \mathbf{14 - \tfrac{1}{2}\,(pK_B - \lg c_0(B))}$$

- Mithilfe der o. g. Formeln kann aus dem *pH*-Wert wässriger Lösungen schwacher Säuren direkt der pK_S-Wert berechnet werden. So ergibt sich für eine Schwefelwasserstofflösung ($c_0(H_2S) = 0{,}1\ mol \cdot l^{-1}$) bei einem *pH*-Wert von 3,96 der pK_S wie folgt:

$$H_2S + H_2O \rightleftharpoons HS^- + H_3O^+$$

$$pK_S = 2\,pH + \lg c_0(HA) = 2 \cdot 3{,}96 + (-1)$$

$$\underline{pK_S = 6{,}92}$$

In Oxosäuren wie der Schwefelsäure sind die Wasserstoffatome an Sauerstoffatome gebunden.

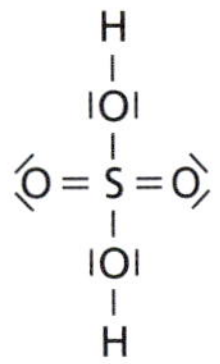

Säurestärke und Molekülstruktur

Die Stärke von Brönsted-Säuren ändert sich entsprechend atomarer Eigenschaften, die aus der Stellung der Elemente im PSE abgeleitet werden können. Dabei unterscheidet man zwischen Säuren, in denen Wasserstoffatome nicht an Sauerstoffatome gebunden sind, und Oxosäuren.

Element-Wasserstoff-Verbindungen

Die Säurestärke von Säuren, in denen die Protonen nicht an Sauerstoffatome gebunden sind, z. B. H_2S oder HCl, wird von zwei Faktoren beeinflusst: der **Elektronegativität** *(EN)* und dem **Atomradius** des Elements, das die Protonen bindet. Diese beiden Einflussgrößen zeigen sich sehr deutlich beim Vergleich der Säurestärke von Element-Wasserstoff-Säuren innerhalb einer Periode (starke Änderung der *EN*) sowie innerhalb einer Hauptgruppe (starke Änderung der Atomgröße).

Die Änderung der Atomgröße innerhalb einer Periode ist unbedeutend im Vergleich zum Einfluss der Elektronegativität.

Die Säurestärke von Element-Wasserstoff-Verbindungen einer Periode im PSE (↗S. 484) nimmt von links nach rechts mit steigender Elektronegativität der Elemente zu.

Wasserstoffsäure	NH_3	H_2O	HF
pK_S**-Wert**	≈23	15,74	3,17

Die Ursache für die Zunahme der Säurestärke vom Ammoniak zur Flusssäure ist, dass mit steigender Elektronegativität des Elements E die gemeinsamen Bindungselektronen der E–H-Bindung stärker zu E gezogen werden. Die daraus resultierende Polarisierung der Atombindung ermöglicht eine leichtere Spaltung der E–H-Bindung durch das polare Lösungsmittel Wasser.

Innerhalb einer Gruppe des PSE (↗S. 484) nimmt die Säurestärke der Element-Wasserstoff-Verbindungen mit steigender Atomgröße und somit steigender Ordnungszahl zu.

Die Abnahme der Elektronegativität ist innerhalb einer Gruppe gegenüber der Änderung der Atomgröße vernachlässigbar.

Säurestärke von Element-Wasserstoff-Verbindungen

VI. HG: $H_2O < H_2S < H_2Se < H_2Te$

VII. HG: $HF < HCl < HBr < HI$

Durch die Zunahme der Atomgröße des Elements, an das die Wasserstoffatome gebunden sind, wird die Überlappung der Atomorbitale geringer. Dadurch wird die E–H-Bindung schwächer und kann einfacher heterolytisch gespalten werden. Folglich kann das Proton leichter abgegeben werden, sodass die Säurestärke der Verbindungen zunimmt.

Oxosäuren

In Oxosäuren sind die Wasserstoffatome direkt an Sauerstoffatome gebunden, deren Größe nahezu konstant ist. Deshalb wird die Säurestärke von Oxosäuren im Wesentlichen von der Elektronegativität des Elements E bestimmt, an das die Sauerstoffatome gebunden sind. Wenn E beispielsweise ein Metall mit geringer Elektronegativität ist, wird das zwischen E und O befindliche Elektronenpaar zum Sauerstoff gehören. Die E–O-Bindung ist stark polar und somit wird das polare Lösungsmittel Wasser diese Bindung und nicht die wenig polare O–H-Bindung spalten. Die Verbindung reagiert als typische Brönsted-Base, wie NaOH oder $Ca(OH)_2$.

▶ Allen Oxosäuren gemeinsam ist die allgemeine Baugruppe:

E – Ō – H

Wenn aber E ein stark elektronegatives Nichtmetallatom ist, dann wird die Elektronendichte der E–O-Bindung zwischen E und O verteilt sein, selbst wenn Sauerstoff elektronegativer ist. Das hat aber zur Folge, dass nunmehr die O–H-Bindung wesentlich polarer und damit leichter durch Wasser spaltbar wird. Die Nichtmetallverbindung zeigt somit das typische Verhalten einer Brönsted-Säure.

▶ Die Bindung zwischen Na und O ist polarer als die zwischen O und H:

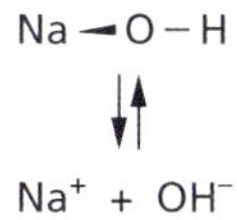

Die Bindung zwischen O und H ist polarer als die zwischen Cl und O:

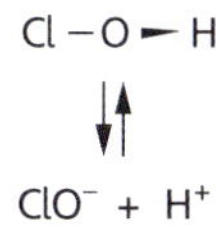

> Je elektronegativer das Elementatom E ist, desto stärker werden der O–H-Bindung Elektronen entzogen und desto leichter lässt sich das Proton abspalten. Mit steigender Elektronegativität des zentralen Atoms E nimmt somit die Säurestärke zu.

- In der Reihe der Oxohalogensäuren steigt z. B. die Säurestärke der hypohalogenigen Säuren HOX mit zunehmender Elektronegativität des Halogenatoms X in folgender Reihenfolge:

  HOI < HOBr < HOCl

In vielen Oxosäuren sind weitere Sauerstoffatome am zentralen Atom E gebunden. Die zusätzlichen Sauerstoffatome entziehen dem Element weitere Elektronendichte und machen es so stärker elektronegativ. Als Konsequenz daraus wird weitere Elektronendichte vom Sauerstoff der OH-Gruppe entzogen, was wiederum zur Elektronendichteverringerung der O–H-Bindung führt. Die damit einhergehende Schwächung der O–H-Bindung und daraus resultierende leichtere Spaltbarkeit hat eine Erhöhung der Acidität zur Folge.

- Die Säurestärke der Oxochlorsäuren nimmt in folgender Reihe zu:

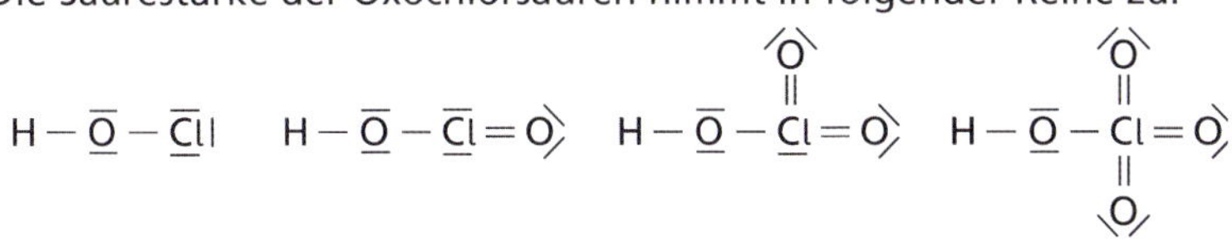

Hypochlorige Säure	Chlorige Säure	Chlorsäure	Perchlorsäure
$pK_S = 7{,}54$	$pK_S = 2{,}0$	$pK_S = -2{,}7$	$pK_S \approx -9$

So steigt in der Reihe der Oxochlorsäuren die OZ des Chlors von I (HOCl) bis VII für Perchlorsäure ($HClO_4$).

Da die Einführung zusätzlicher Sauerstoffatome einer Erhöhung der Oxidationszahl (OZ) des zentralen Atoms E entspricht, folgt daraus, dass mit steigender Oxidationszahl des Atoms E einer Oxosäure deren Säurestärke zunimmt.

Die Säurestärke von Oxosäuren lässt sich relativ einfach aus ihrer allgemeinen Zusammensetzung nach folgenden Regeln abschätzen:

Aus der Formel $(HO)_xEO_y$ lassen sich die pK_S-Werte auf ca. ±1 Einheit genau voraussagen: Neutrale Oxosäuren mit y = 0 haben pK_S-Werte um 8, solche mit einem zusätzlichen Sauerstoffatom (y = 1) haben pK_S-Werte um 3, während Oxosäuren mit y = 2 pK_S-Werte um –2 aufweisen.

1. Für Oxosäuren $(HO)_xEO_y$ beträgt der $pK_{S(1)}$-Wert für die erste Protolysestufe etwa 8 – 5 · y, unabhängig von der Anzahl der OH-Gruppen (x).
2. Bei mehrbasigen Säuren (x > 1) steigen die pK_S-Werte um jeweils fünf Einheiten mit jeder Deprotonierungsstufe.

Für Schwefelsäure ($H_2SO_4 = (HO)_2SO_2$) ist x = 2 und y = 2. Entsprechend der Abschätzung $pK_{S(1)} = 8 - 5 \cdot y$ beträgt der $pK_{S(1)}$-Wert ungefähr –2. Der $pK_{S(2)}$-Wert liegt bei +1,9 und damit nur eine Einheit unter dem nach der 2. Regel abgeleiteten Schätzwert von +3.

Säurestärke von Oxosäuren $(HO)_xEO_y$

y	Säurestärke	Beispiel
0	schwache Säure	$(HO)_4Si$, $(HO)_3B$, HOCl
1	mittelstarke Säure	HONO, $(HO)_3PO$, $(HO)_2SO$, HOClO
2	starke Säure	$HONO_2$, $(HO)_2SO_2$, $HOClO_2$
3	sehr starke Säure	$HOClO_3$, $HOIO_3$

Auch bei organischen Verbindungen tritt der Effekt der Elektronen ziehenden Gruppen auf. Ethanol spaltet in wässriger Lösung kein Proton ab. In der Essigsäure ist formal ein weiteres O-Atom eingeführt worden, wodurch die OH-Gruppe nunmehr sauer regiert.

Wird in Schwefelsäure, $H_2SO_4 = SO_2(OH)_2$, eine OH-Gruppe durch das Fluoratom ersetzt, entsteht Fluorsulfonsäure, $HSO_3F = SO_2(OH)F$. Da Fluor elektronegativer als Sauerstoff ist, wird die O–H-Bindung noch stärker geschwächt und die Protonen können noch leichter abgegeben werden als von der Schwefelsäure.

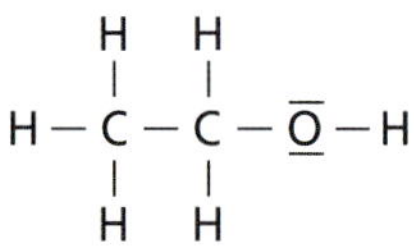

$pK_S \approx 18$
Ethanol

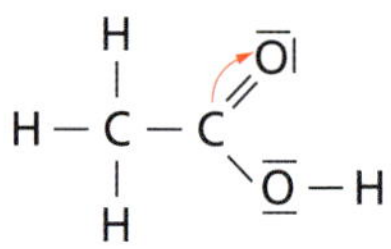

$pK_S = 4{,}75$
Essigsäure

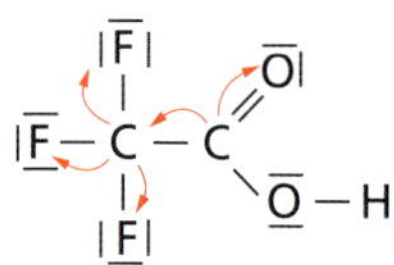

$pK_S \approx -3$
Trifluoressigsäure

Carbonsäuren (↗ S. 322 ff.) enthalten die Carboxy-Gruppe (–COOH) als funktionelle Gruppe. Sie gehören damit zur Klasse der Säuren mit y = 1 und sind mittelstarke Säuren.
Wird im Carbonsäuremolekül R–COOH der Rest R durch eine stark Elektronen ziehende Gruppe wie die $-CF_3$-Gruppe ersetzt, nimmt die Säurestärke beträchtlich zu: Die Trifluoressigsäure ist daher eine wesentlich stärkere Säure als die Essigsäure.

7.1.3 Amphoterie

Ampholyte sind Verbindungen, die sowohl als Säuren (Protonendonator), aber auch als Basen (Protonenakzeptor) reagieren können. Sie werden auch als **amphotere Verbindungen** bezeichnet.

Das Wort amphoter stammt aus dem Griechischen (griech.: *amphoteros* – beiderlei, zwitterhaft).

Ampholyte verhalten sich gegenüber starken Säuren als Basen, aber gegenüber starken Basen als Säuren. Deshalb ist es verständlich, dass sie zwischen den starken Säuren und Basen liegen und darüber hinaus in der Lage sind, sowohl Protonen abzugeben als auch aufzunehmen. Typische amphotere Verbindungen oder Ionen sind daher unter den schwachen Basen und Säuren zu finden.

korrespondierende Base	Ampholyt	korrespondierende Säure
OH^-	H_2O	H_3O^+
NH_2^-	NH_3	NH_4^+
CO_3^{2-}	HCO_3^-	H_2CO_3
PO_4^{3-}	HPO_4^{2-}	$H_2PO_4^-$

Darüber hinaus sind auch die Oxide der leichteren Elemente der II. und III. Hauptgruppe sowie der schwereren Elemente der IV. und V. Hauptgruppe Amphotere. So reagiert z. B. nicht zu hoch erhitztes Al_2O_3 sowohl mit starken Säuren als auch mit starken Basen:

Auch die meisten Übergangsmetalloxide sind in Abhängigkeit von der Oxidationszahl des Metalls Amphotere.

$$Al_2O_3 + 6\,H_3O^+ + 3\,H_2O \rightleftharpoons 2\,[Al(H_2O)_6]^{3+}$$

$$Al_2O_3 + 2\,OH^- + 3\,H_2O \rightleftharpoons 2\,[Al(OH)_4]^-$$

Im ersten Fall reagiert Aluminiumoxid als Base unter Aufnahme von Protonen und bildet dabei die korrespondierende Säure $[Al(H_2O)_6]^{3+}$. Im zweiten Fall reagiert Aluminiumoxid als Säure unter Bildung der korrespondierenden Base $[Al(OH)_4]^-$.

Im Neutralbereich ($pH \approx 7$) sind diese Oxide meistens sehr schwer löslich, lösen sich aber im sauren wie im basischen Milieu unter Bildung ihrer hydratisierten Kationenkomplexe bzw. Bildung ihrer anionischen Hydroxometallate.

In gleicher Form reagieren die anderen amphoteren Elementoxide. Diese trennen die stark basischen Oxide, welche von den elektropositiven Elementen auf der linken Seite des Periodensystems gebildet werden, von den ausgesprochen sauren Oxiden, die von den elektronegativeren Elementen auf der rechten Seite des Periodensystems gebildet werden.

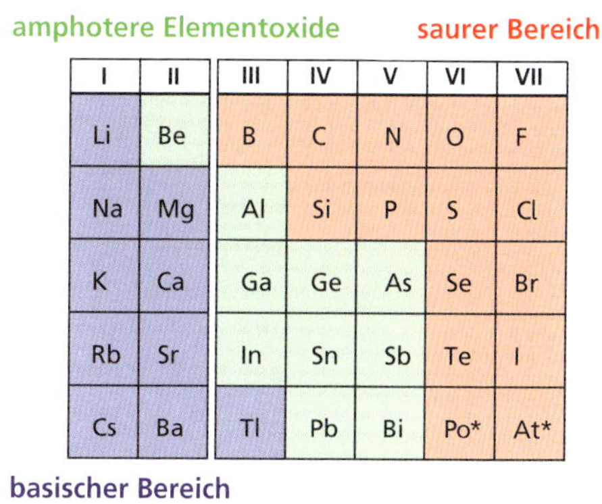

7.1.4 Neutralisationsreaktionen

Neutralisationsreaktionen sind Protolysen, d. h., es erfolgt eine Übertragung eines Protons von der Säure zur Base.

Die Umsetzung einer Säure mit einer Base nennt man **Neutralisation.** Dabei hebt die Base die Wirkung der Säure bzw. die Säure die Wirkung der Base auf. Bei der Neutralisation entsteht Wasser bzw. eine wässrige Salzlösung.

Setzt man beispielsweise äquivalente Stoffmengen an Salzsäure und Natronlauge um, so entsteht eine Lösung, deren *pH*-Wert exakt 7 ist; die Lösung ist neutral.

$$Na^+ + OH^- + H_3O^+ + Cl^- \rightleftharpoons Na^+ + Cl^- + 2\,H_2O$$

Die deprotonierte Säure ist das Säurerest-Anion, die protonierte Base ist das Kation.

Aus der Gleichung erkennt man, dass an der Neutralisation einer Säure und einer Base nur die H_3O^+- und OH^--Ionen beteiligt sind, die Säurerest-Anionen und Base-Kationen bleiben – meist gelöst – zurück.

$$\text{Base} + \text{Säure} \rightleftharpoons \text{protonierte Base} + \text{deprotonierte Säure} + H_2O$$

Die Bildung von Wassermolekülen durch Protonenübertragung von H_3O^+-Ionen auf OH^--Ionen ist die eigentliche Reaktion bei der Neutralisation einer verdünnten starken Säure mit der Lösung einer Base. Da diese Reaktion stets unter starkem Energiegewinn abläuft, sind alle Neutralisationsreaktionen exotherm.

Die bei der Protonenübertragung von H_3O^+-Ionen auf OH^--Ionen freigesetzte Wärme ist die Neutralisationsenthalpie.

An der Neutralisation in wässrigen Lösungen sind – unabhängig von den reagierenden Säuren und Basen – hauptsächlich die OH^-- und H_3O^+-Ionen beteiligt. Deshalb ist die molare Reaktionsenthalpie für Neutralisationsreaktionen in wässrigen Lösungen immer gleich.

$$H_3O^+ + OH^- \rightleftharpoons 2\,H_2O \qquad \Delta H^0 = -57\ \text{kJ}\cdot\text{mol}^{-1}$$

Säure-Base-Titration

Neutralisationsreaktionen lassen sich quantitativ genau verfolgen, indem ***pH*-Diagramme,** sogenannte Neutralisationskurven, bei Säure-Base-Titrationen aufgenommen werden.
Außerdem ist die **Säure-Base-Titration** eine einfache und sehr genaue Methode zur Bestimmung der Konzentration einer Säure bzw. Base. Sie beruht auf der *pH*-Änderung der zu untersuchenden Lösung bei schrittweiser Zugabe einer Säure bzw. Base genau bekannter Konzentration, die **Maßlösung** genannt wird. Trägt man die *pH*-Werte gegen das Volumen an zugesetzter Maßlösung auf, erhält man die Titrationskurve. Der Verlauf der Titrationskurve hängt davon ab, ob man die Konzentration einer starken oder schwachen Säure bzw. Base bestimmt.

Titration einer starken Säure mit einer starken Base

Wird eine starke Säure unbekannter Konzentration mit einer starken Base bekannter Konzentration titriert, so werden die zunächst im Überschuss vorliegenden Oxonium-Ionen die mit der Maßlösung zugegebenen Hydroxid-Ionen unter Bildung von Wassermolekülen vollständig protolysieren. Da hierbei die Konzentration an H_3O^+-Ionen abnimmt, steigt der *pH*-Wert an.

Die Änderung des *pH*-Werts während der Titration kann mit einem *pH*-Meter potenziometrisch verfolgt werden.

Wegen der logarithmischen Beziehung zwischen *pH*-Wert und H_3O^+-Ionenkonzentration ($pH = -\lg c(H_3O^+)$) ist die *pH*-Änderung zunächst sehr gering. Wenn 90 % der ursprünglichen Säure neutralisiert sind, hat sich die H_3O^+-Konzentration auf ein Zehntel des ursprünglichen Werts geändert. Die Verringerung der Konzentration um den Faktor 10 führt zu einer *pH*-Änderung um eine Einheit.

Bei 99 %iger Neutralisation der Säure hat der *pH*-Wert um eine weitere Einheit zugenommen. Bei 99,9 % neutralisierter Säure ist der *pH*-Wert wiederum um eine weitere Einheit gestiegen usw.

Konzentrations- und Stoffmengenänderungen bei der Titration von 100 ml Salzsäure, $c(HCl) = 0{,}05\ mol \cdot l^{-1}$, mit Natronlauge einer Konzentration von $c(NaOH) = 0{,}10\ mol \cdot l^{-1}$

Zugabe NaOH		Rest H_3O^+ *n* in mmol	Menge OH^- *n* in mmol	*V*(Lösung) in ml	$c(H_3O^+)$ in $mol \cdot l^{-1}$	*pH*
V(NaOH) in ml	*n* in mmol					
0,00	0,00	5,00	vernachlässigbar klein gegenüber $n(H_3O^+)$	100	$5{,}00 \cdot 10^{-2}$	1,30
20,00	2,00	3,00		120	$2{,}50 \cdot 10^{-2}$	1,60
40,00	4,00	1,00		140	$7{,}14 \cdot 10^{-3}$	2,15
49,00	4,90	0,10		149	$6{,}71 \cdot 10^{-4}$	3,18
49,90	4,99	0,01		149,9	$6{,}67 \cdot 10^{-5}$	4,17
49,99	4,999	0,001		149,99	$6{,}667 \cdot 10^{-6}$	5,18
50,00	5,00	$1{,}5 \cdot 10^{-5}$	$1{,}5 \cdot 10^{-5}$	150	$1{,}0 \cdot 10^{-7}$	7,00
50,01	5,001	$2{,}27 \cdot 10^{-7}$	0,001	150,01	$1{,}00 \cdot 10^{-9}$	8,82
50,10	5,01	$2{,}25 \cdot 10^{-8}$	0,01	150,1	$1{,}50 \cdot 10^{-10}$	9,82
51,00	5,10	$2{,}28 \cdot 10^{-9}$	0,10	151	$1{,}51 \cdot 10^{-11}$	10,82
60,00	6,00	$2{,}56 \cdot 10^{-10}$	1,00	160	$1{,}60 \cdot 10^{-12}$	11,80
80,00	8,00	$1{,}08 \cdot 10^{-10}$	3,00	180	$6{,}00 \cdot 10^{-13}$	12,22
100,00	10,00	$8{,}00 \cdot 10^{-11}$	5,00	200	$4{,}00 \cdot 10^{-13}$	12,40

Der Punkt, an dem die Stoffmenge an zugegebener Maßlösung exakt der Stoffmenge an unbekannter Säure bzw. Base entspricht, wird als **Äquivalenzpunkt (ÄP)** bezeichnet.

Somit steigt zu Beginn einer Titration der *pH*-Wert zunächst nur langsam an. In der Nähe des Äquivalenzpunkts jedoch ändert er sich bei nur sehr geringer Volumenzugabe an Maßlösung (z. B. NaOH) sehr stark und geht in den basischen Bereich über.

Die weitere Zugabe führt nun wiederum zu immer geringeren Änderungen des *pH*-Werts, weil der zunehmende Überschuss an Natronlauge wegen des ebenfalls logarithmischen Zusammenhangs zwischen OH^--Konzentration und *pH*-Wert zu immer geringeren relativen Änderungen führt.

Logarithmischer Zusammenhang zwischen *pH* und $c(OH^-)$:

$pOH = -\lg c(OH^-)$
$pH = pK_W - pOH$
$pH = pK_W + \lg c(OH^-)$

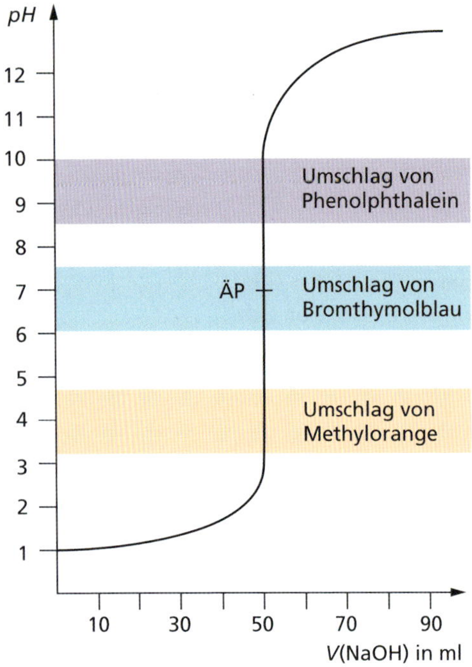

Aus der dargestellten *pH*-Änderung bei der Titration einer starken Säure mit einer starken Base ergibt sich die nebenstehende Titrationskurve. Der Äquivalenzpunkt entspricht dem Wendepunkt der Kurve und fällt mit dem Neutralpunkt (*pH* = 7) zusammen. Folglich ist:

$$c(H_3O^+) = c(OH^-) = 10^{-7}\ mol \cdot l^{-1}$$

Der Äquivalenzpunkt dieser Titration ist durch einen großen ***pH*-Sprung** um mehr als fünf Einheiten gekennzeichnet.
Die Bestimmung des Äquivalenzpunkts kann auf unterschiedliche Weise erfolgen. Mit dem ***pH*-Meter** kann die Änderung des *pH*-Werts mithilfe von H_3O^+-ionenselektiven Elektroden gemessen werden. Das Potenzial solcher Elektroden wie der Glaselektrode (↗ S. 467) hängt dabei nur von der H_3O^+-Konzentration in der Lösung ab, da das Standardelektrodenpotenzial bei konstanter Temperatur ebenfalls konstant ist.

$$E = E^0(\text{Glaselektrode}) + 0{,}0592\ V \cdot \lg c(H_3O^+)$$

Am häufigsten werden zur Erkennung des Äquivalenzpunkts jedoch Säure-Base-Indikatoren eingesetzt.

Anders als bei der **Potenziometrie** wird bei der **konduktometrischen Titration** der Äquivalenzpunkt durch Messung der Leitfähigkeit der Lösung ermittelt (↗ S. 469).

Ein **Säure-Base-Indikator** ist eine schwache organische Säure, bei der das deprotonierte Säurerest-Anion eine andere Farbe aufweist als das neutrale Säuremolekül.

Das Protolysegleichgewicht des Indikators ergibt sich aus der Gleichung:

$$HInd + H_2O \rightleftharpoons H_3O^+ + Ind^-$$

$$\lg \frac{c(Ind^-)}{c(HInd)} = pH - pK_S\ (HInd)$$

Saure Lösungen erscheinen in der Farbe der Säure *HInd,* basische Lösungen in der Farbe des Anions Ind^-. Liegt der *pH*-Wert im Bereich des pK_S des Indikators, ergibt sich eine Mischfarbe von beiden. Die Zugabe der Maßlösung verschiebt das Protolysegleichgewicht des Indikators entsprechend dem Massenwirkungsgesetz (↗ S. 170).
Im *pH*-Bereich in der Nähe des pK_S-Werts wirkt sich diese Konzentrationsänderung besonders stark auf die Farbe der Lösung aus. Diesen *pH*-Bereich bezeichnet man als **Umschlagsbereich des Indikators.** In Abhängigkeit von ihren pK_S-Werten haben Indikatoren unterschiedliche Umschlagsbereiche.
Aber auch bei ein und demselben Indikator hängt der *pH*-Wert des Farbumschlags davon ab, ob eine Säure mit einer Base oder eine Base mit einer Säure titriert wird.

Die meisten **Säure-Base-Indikatoren** sind Farbstoffmoleküle mit delokalisierten π-Elektronen (↗ S. 405). Mehrwertige Indikatoren haben mehrere Umschlagsbereiche.

Titration einer schwachen Säure mit einer starken Base

Titriert man eine schwache Säure mit einer starken Base oder eine schwache Base mit einer starken Säure, sind Neutralpunkt und Äquivalenzpunkt nicht identisch.

Wird eine schwache Base mit einer starken Säure titriert, liegt der Äquivalenzpunkt im sauren Bereich, da die korrespondierende Säure der schwachen Base Protonen freisetzt.

- Betrachten wir als Beispiel die Titration von Essigsäure (pK_S = 4,75) mit der starken Base Natriumhydroxid:

$$CH_3COOH + NaOH \rightleftharpoons Na^+ + CH_3COO^- + H_2O$$

Am Äquivalenzpunkt, dem Wendepunkt der Titrationskurve, sind die Konzentrationen von Na^+-Ionen und CH_3COO^--Ionen gleich. Während Na^+-Ionen nicht merklich mit Wasser protolysieren, reagiert das CH_3COO^--Ion als schwache korrespondierende Base der schwachen Essigsäure mit Wasser:

$$CH_3COO^- + H_2O \rightleftharpoons CH_3COOH + OH^-$$

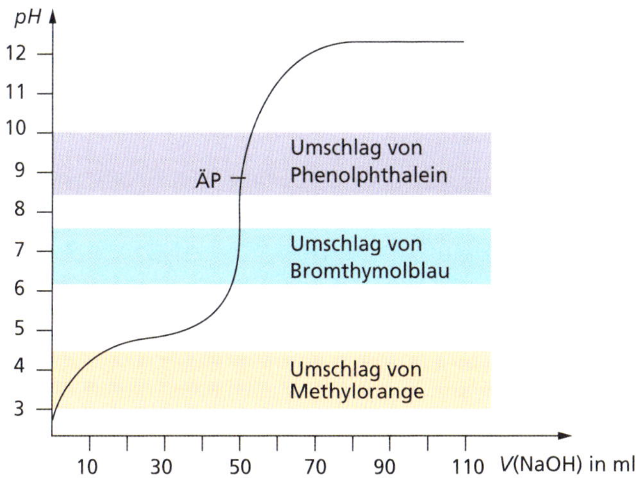

In der Lösung überwiegen dadurch die OH^--Ionen, die Lösung ist am Äquivalenzpunkt alkalisch (*pH* > 7).

Das lässt sich auch quantitativ bestimmen. Geht man von dem in der entsprechenden Titrationskurve gezeigten Beispiel aus, in dem 50 ml Essigsäure ($c_0 = 0{,}1\,mol \cdot l^{-1}$) mit einer Natronlauge gleicher Konzentration titriert wird, so liegt am Äquivalenzpunkt eine Acetat-Ionenkonzentration von $c(CH_3COO^-) = 0{,}05\,mol \cdot l^{-1}$ vor.

Unter Verwendung der Gleichung $pOH = \frac{1}{2}(pK_B - \lg c_0(B))$ ergibt sich durch Einsetzen der Werte für $pK(CH_3COO^-)$ und $c(CH_3COO^-)$:

$pOH = \frac{1}{2}(9{,}26 - \lg 0{,}05) = 5{,}28$ bzw.

$pH = 14 - pOH = 8{,}72$

Folglich wird der Äquivalenzpunkt bei *pH* = 8,72 erreicht. Deshalb muss für die Titration ein Indikator wie Phenolphthalein gewählt werden, der in diesem *pH*-Bereich einen Farbumschlag zeigt.

Bei der **Titration** einer schwachen Säure mit einer starken Base ist auch die Änderung des *pH*-Werts deutlich kleiner als bei einer starken Säure. Das liegt daran, dass Lösungen schwacher Säuren schon zu Beginn höhere *pH*-Werte aufweisen und außerdem Pufferlösungen (↗ S. 202) mit ihren korrespondierenden Basen bilden.

7

Pufferlösungen und Puffersysteme

Es ist leicht, Lösungen mit einem definierten *pH*-Wert herzustellen, jedoch ist es schwieriger, diesen *pH*-Wert über längere Zeit konstant zu halten. Äußere Einflüsse, wie die Aufnahme von Kohlenstoffdioxid aus der Luft oder die Reaktion stark alkalischer Lösungen mit dem Geräteglas, können die Oxonium-Ionenkonzentration verändern. Am stärksten machen sich diese Einflüsse bei verdünnten Lösungen bemerkbar.

Das strikte Einhalten enger *pH*-Bereiche ist in biologischen Systemen und in der chemischen Analytik von großer Wichtigkeit. Dies wird durch **Pufferlösungen** erreicht, die den *pH*-Wert weitgehend konstant halten, sogar wenn starke Säuren oder Basen in begrenzter Menge dazugegeben werden.
Puffergemische müssen stets zwei Substanzen enthalten: eine Base, die mit H_3O^+-Ionen reagiert, und eine Säure, die OH^--Ionen abfängt. Säure und Base der Pufferlösung dürfen dabei nicht im Sinne einer Neutralisationsreaktion miteinander reagieren.

> Ein **Puffersystem** besteht aus einer schwachen Brönsted-Säure bzw. Brönsted-Base und ihrer korrespondierenden Base bzw. Säure.

▶ Andere gebräuchliche Puffer sind z. B. NH_3/NH_4^+- oder $HPO_4^{2-}/H_2PO_4^-$-Lösungen.

Setzt man der Essigsäure als schwacher Säure Acetat-Ionen als korrespondierende Base zu, wird das Protolysegleichgewicht verändert.

$$CH_3COOH + H_2O \rightleftharpoons CH_3COO^- + H_3O^+$$

$$CH_3COONa \rightleftharpoons CH_3COO^- + Na^+$$

Die Acetat-Ionen CH_3COO^- entstammen hauptsächlich der Dissoziation des gelösten Natriumacetats, werden aber auch durch die unvollständige Protolyse der Essigsäure gebildet.
Bei Zugabe einer begrenzten Menge einer anderen Säure zur Pufferlösung wird das Protolysegleichgewicht gestört. Die H_3O^+-Ionen protonieren die in großer Menge enthaltenen Acetat-Ionen unter Bildung von Essigsäure und Wasser, bis sich das **Puffergleichgewicht** neu eingestellt hat. Die dabei gebildete Essigsäure protolysiert kaum, sodass die H_3O^+-Ionenkonzentration der Pufferlösung bzw. ihr *pH*-Wert weitgehend konstant bleibt.
Gibt man eine geringe Menge einer Base zur Pufferlösung, reagieren die OH^--Ionen mit den im Gleichgewicht vorhandenen H_3O^+-Ionen. Diese Störung des Gleichgewichts wird dadurch kompensiert, dass die Essigsäure H_3O^+-Ionen nachbildet. Solange nicht protolysierte Essigsäure im Puffersystem vorhanden ist, ändert sich der *pH*-Wert nur wenig.

▶ Die Störung des Gleichgewichts durch Zugabe anderer Säuren bzw. Basen kann nur so lange kompensiert werden, wie nicht protolysierte Puffersäure bzw. Pufferbase im System vorliegen.

> Ein Puffersystem kann infolge der schwachen Protolyse der Puffersäure und der Pufferbase sowohl H_3O^+-Ionen für die Neutralisation von OH^--Ionen freisetzen als auch überschüssige H_3O^+-Ionen binden. Dadurch bleibt der *pH*-Wert von Pufferlösungen weitgehend konstant.

Prinzip einer Pufferlösung

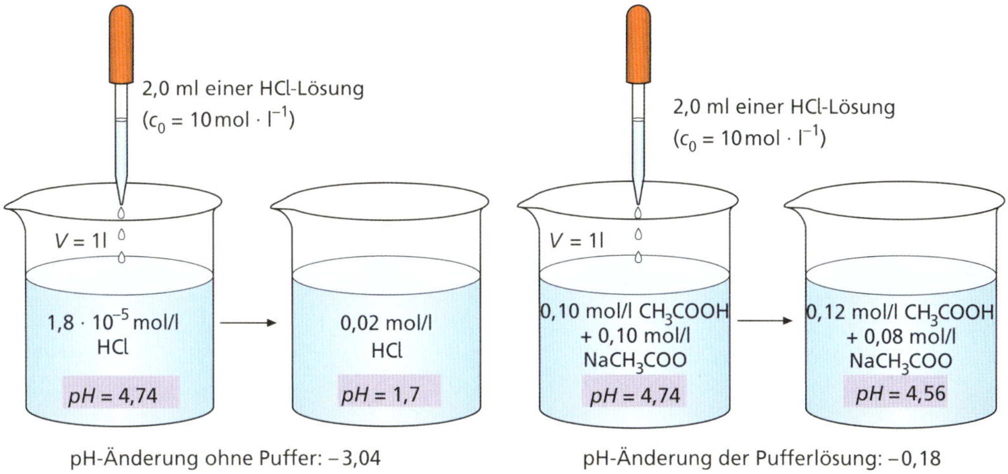

Zur Berechnung des *pH*-Werts einer Pufferlösung wird wieder das Massenwirkungsgesetz für das Protolysegleichgewicht formuliert:

$$HA + H_2O \rightleftharpoons A^- + H_3O^+$$

$$K_S = \frac{c(H_3O^+) \cdot c(A^-)}{c(HA)} \qquad c(H_3O^+) = \frac{K_S \cdot c(HA)}{c(A^-)}$$

Die logarithmierte Form dieser Gleichung ist als Puffergleichung oder als **Henderson-Hasselbalch-Gleichung** bekannt:

$$pH = pK_S - \lg \frac{c(HA)}{c(A^-)} \qquad \text{oder} \qquad pH = pK_S + \lg \frac{c(A^-)}{c(HA)}$$

Versetzt man 1 l einer ungepufferten Säure mit 2 ml konzentrierter Salzsäure, ändert sich der *pH*-Wert um ca. 3 Einheiten. Gibt man dieselbe Menge Säure zu 1 l einer Essigsäure/Acetat-Pufferlösung, dann ändert sich der *pH*-Wert kaum.

Wenn die Konzentrationen an HA und A^- gleich groß sind, wird der Quotient $c(HA)/c(A^-) = 1$ und damit $pH = pK_S$. So ergibt die Berechnung des *pH*-Werts für das zuvor genannte Beispiel eines äquimolaren Essigsäure/Acetatpuffers unter Einsetzen des pK_S-Werts der Essigsäure:

$$pH = 4{,}74 + \lg 1 = 4{,}74$$

Bei gleichen Anteilen an Säure und korrespondierender Base kann eine Pufferlösung relativ große Mengen an H_3O^+- bzw. OH^--Ionen abfangen, ohne dass der *pH*-Wert der Lösung sich dabei wesentlich verändert.

Pufferlösungen haben in der Regel einen *pH*-Wert in der Nähe ihres pK_S-Werts. In diesem *pH*-Bereich besitzen sie das größte Puffervermögen bzw. die höchste **Pufferkapazität.**

Auch der *pH*-Wert des Bluts wird durch ein Puffersystem aus Hydrogencarbonat, Phosphat und Proteinen auf einem Wert von 7,4 gehalten.

Pufferlösungen spielen eine wichtige Rolle in Natur und Technik. Meerwasser hat durch die Pufferwirkung der gelösten Salze einen basischen *pH*-Wert von 8,2. In der Technik ist die Einhaltung konstanter *pH*-Bereiche z. B. beim Galvanisieren (↗ S. 165), Gerben von Leder oder beim Herstellen von Fotografien durch Puffersysteme von Bedeutung.

7.1.5 Säure-Base-Theorie nach Lewis

In der Säure-Base-Theorie nach **GILBERT NEWTON LEWIS** (1875–1946) wird das Proton selbst als Säure betrachtet. Die Brönsted-Säuren H_3PO_4, H_2SO_4, HCl usw. werden nach LEWIS nicht mehr als Säuren bezeichnet.

Nach der Brönsted-Theorie ist saures oder basisches Verhalten eine Folge der Fähigkeit eines Moleküls oder Ions, ein Proton abzuspalten oder aufzunehmen. Das Proton ist damit als Teilchen zur Übertragung von sauren oder basischen Eigenschaften anzusehen.
Da eine Brönsted-Base immer nur dann ein Proton aufzunehmen vermag, wenn es über ein freies Elektronenpaar verfügt, ist der Begriff der Base durch BRÖNSTED allgemeiner gefasst als der Begriff der Säure, die ja an das Proton gebunden ist und somit in gewisser Weise eine Überbetonung der Rolle des Protons zum Ausdruck bringt.
Eine Base jedoch, die ihr Elektronenpaar mit einem Proton teilen kann, kann dieses Elektronenpaar ebenso gut mit anderen als Elektronenpaarakzeptoren wirkenden Spezies teilen. Diese Verallgemeinerung führt zur Säure-Base-Definition nach **G. N. LEWIS.**

Lewis-Säuren sind in der Lage, Elektronenpaare aufzunehmen, sie sind Elektronenpaarakzeptoren. **Lewis-Basen** stellen als Elektronenpaardonatoren Elektronenpaare zur Verfügung.

Eine Lewis-Base verfügt also über ein freies Elektronenpaar, während die Lewis-Säure über ein leeres Atom- oder Molekülorbital verfügt. Damit ist die Voraussetzung zur Ausbildung einer kovalenten Bindung infolge einer Lewis-Säure-Base-Wechselwirkung gegeben.

Wenn die Lewis-Säure mit A und die Lewis-Base mit |B symbolisiert wird, entspricht die grundlegende Reaktion der Bildung eines Komplexes A–B (↗ S. 246).

$$A + |B \rightleftharpoons A{-}B$$

Eine Verbindung, die nach BRÖNSTED eine Base ist, ist auch im Lewis-Konzept eine Base. Typische Lewis-Basen sind Ammoniak, Wasser oder alle Halogenid-Ionen.
Bei den Säuren umfasst die Lewis-Definition jedoch eine wesentlich größere Zahl von Verbindungen bzw. Teilchen. Theoretisch kann jedes Teilchen mit einem unbesetzten Orbital als Elektronenpaarakzeptor wirken und das freie Elektronenpaar einer Lewis-Base aufnehmen. Starke Lewis-Säuren sind daher Verbindungen mit unvollständigem Elektronenoktett wie Bortrifluorid oder Aluminium(III)-chlorid.

Die Lewis-Theorie ist zwar umfassender, aber schwerer handhabbar als die Brönsted-Theorie. Außerdem ist die Stärke der Säuren und Basen viel schwieriger quantifizierbar. Deshalb bleibt ihre Anwendung meistens auf spezielle Fälle beschränkt.

- Eine typische Lewis-Säure-Base-Reaktion, die von keinem anderen Säure-Base-Konzept erfasst wird, ist die Reaktion von Bortrifluorid BF_3 mit Ammoniak NH_3.

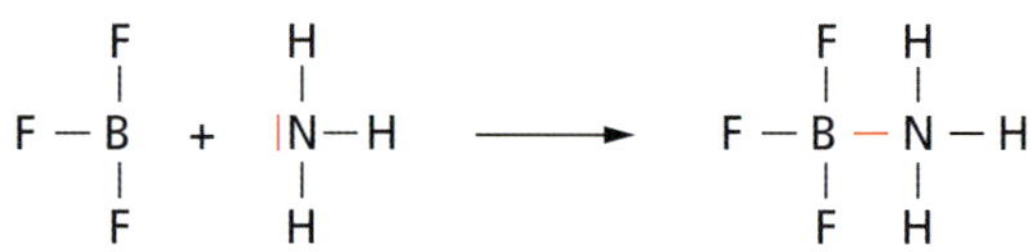

Aber auch die Reaktion eines Protons mit Basen wie OH^- oder NH_3 ist lediglich ein Spezialfall einer Lewis-Säure-Base-Reaktion.

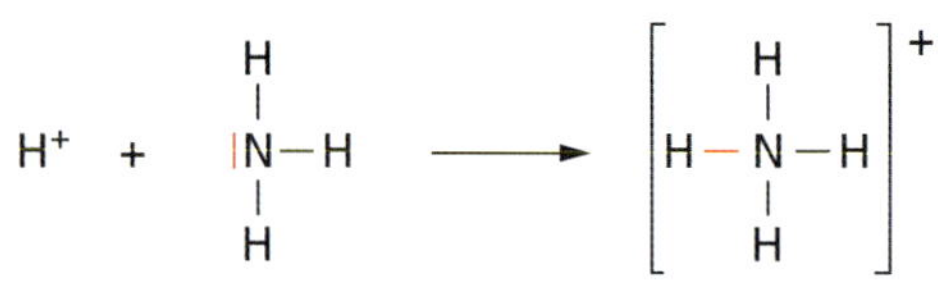

7.1.6 Säuren und Basen im Alltag

Neben ihrer Bedeutung in vielen industriellen Prozessen und im Umweltschutz sind Säure- und Base-Gleichgewichte aus unserem täglichen Leben nicht wegzudenken. Säuren und Basen sind in Wasch- und Reinigungsmitteln, Baustoffen und in vielen Lebensmitteln, z.B. Getränken, vertreten. Die Bedeutung der Säuren und Basen beruht in erster Linie darauf, dass der *pH*-Wert den Ablauf vieler chemischer Reaktionen und physikalischer Prozesse entscheidend beeinflusst. Im Organismus findet man Aminosäuren und Fettsäuren als Bausteine makromolekularer Naturstoffe (↗S. 343 ff.) oder substituierte Carbonsäuren wie Brenztraubensäure, Citronensäure u.a. als Zwischenprodukte im Stoffwechsel (↗S. 360 ff.).

pH-Werte von Flüssigkeiten

pH-Wert	Flüssigkeit
0	3,5%ige Salzsäure
2	Magensaft
2	Zitronensaft
3	Essig
3	Cola
4	Wein
4,5	saure Milch
5	Bier
5,5	Hautoberfläche
6	Mineralwasser
6,4	Speichel
7	reines Wasser
7,4	Blut
8,2	Meerwasser
10	Waschmittellauge
12,6	Baukalklösung
14	3,0%ige Natronlauge

Bereits ab einem *pH*-Wert von 5 sterben die Fische in unseren Gewässern. Die Lebensbedingungen von Grün- und Ackerpflanzen werden durch **sauren Regen** beeinträchtigt, der auch zur Korrosion von Bauwerken führt.

Im Haushalt finden Säuren und Basen in **Reinigungsmitteln** breite Anwendung. Säuren sind in Kalkentfernern zur Reinigung sanitärer Anlagen enthalten. Neutrale Reinigungsmittel werden für empfindliche Oberflächen, z.B. Fenster und lackierte Flächen, genutzt. Schwache Basen setzt man zur Bodenreinigung, Fett- und Ölentfernung ein, während starke Basen zur Grundreinigung bei starker Verschmutzung angewendet werden.

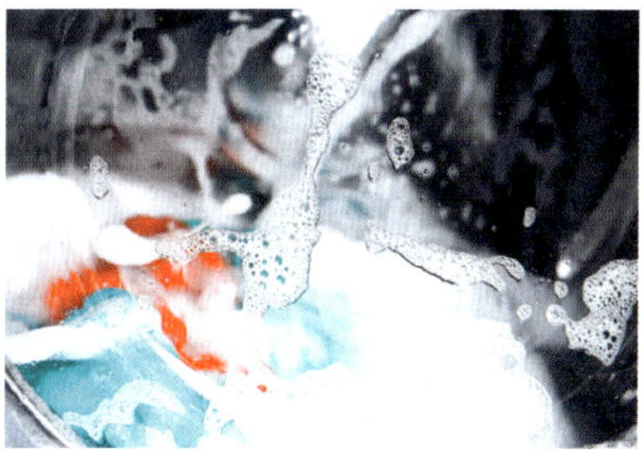

Die heutigen **Seifen und Waschmittel** enthalten überwiegend moderne Tenside (↗S. 412) mit deutlich verbesserten Eigenschaften.

Die ältesten bekannten Waschmittel sind die Seifen, die vom Menschen schon seit Jahrhunderten hergestellt und genutzt werden. Sie werden mittels Verseifung tierischer Fette durch Laugen (↗S. 337) gewonnen. Kernseife ist ein Gemisch aus Natriumsalzen und Schmierseife ein Gemisch aus Kaliumsalzen langkettiger Fettsäuren. Wässrige Lösungen von Seifen reagieren alkalisch, da bei der Hydrolyse die Salze zu wasserunlöslichen Fettsäuren und Hydroxiden reagieren. Deshalb brennen Seifenlaugen, wenn man sie in die Augen bekommt. Außerdem zerstört die Seifenlösung die Säureschutzschicht der Haut.

$$C_{15}H_{31}COONa + H_2O \rightleftharpoons C_{15}H_{31}COOH + NaOH$$

Hartes Wasser enthält Ca^{2+}-Ionen und bindet deshalb die Anionen der Fettsäuren unter Bildung unlöslicher Kalkseifen, wodurch die Waschwirkung der Seifen beeinträchtigt wird. Dies macht sich besonders bei hartem (kalkreichem) Wasser bemerkbar.

Die Reaktion von Basen mit **Fetten** wird in starken Backofenreinigern genutzt, indem Kaliumhydroxid zur Zerstörung der eingebrannten Fette durch Verseifung eingesetzt wird.

Natronlauge ist mit einer Weltjahresproduktion von mehr als 50 Mio. Tonnen eine der wichtigsten **anorganischen Basen**. Sie wird zum Aufschluss von Erzen in der Metallurgie (↗S. 217), zur Herstellung von Papier, Reinigungsmitteln und Farbstoffen eingesetzt.

Auch die Wirkung von Rohrreinigern beruht auf der ätzenden Wirkung von Natriumhydroxid, das Rohrverstopfungen meist organischer Natur (z. B. Haare) auflöst. Beim Gebrauch von Rohrreinigern wird häufig eine Gasentwicklung beobachtet und ein charakteristischer Geruch von Ammoniak wahrgenommen. Das liegt daran, dass in einigen Rohrreinigern neben Natriumhydroxid auch noch Aluminiumgries und Kaliumnitrat enthalten sind. Aluminium wird von starken Laugen unter Bildung von Hydroxoaluminaten und Wasserstoffgas aufgelöst.

$$2\,Al + 2\,OH^- + 6\,H_2O \longrightarrow 2\,[Al(OH)_4]^- + 3\,H_2$$

Aus diesem Grund wird dem Rohrreiniger Kaliumnitrat zugegeben. Dieser Zusatz beugt einer möglichen Knallgasreaktion vor, indem er Wasserstoff durch Bildung von Ammoniak abfängt. Das Ammoniakgas lockert beim Entweichen gleichzeitig den Schmutz auf.

$$8\,Al + 3\,NO_3^- + 5\,OH^- + 18\,H_2O \longrightarrow 8\,[Al(OH)_4]^- + 3\,NH_3$$

Schwefelsäure wird u. a. zur Herstellung von Düngemitteln, Tensiden und **Pigmenten** verwendet. Außerdem werden **anorganische Säuren** vielfach als Katalysatoren technischer Prozesse benötigt. Die Weltjahresproduktion von Schwefelsäure beträgt mehr als 200 Mio. Tonnen.

Auf die Betonverarbeitung haben Säure-Base-Gleichgewichte großen Einfluss. Beton besteht hauptsächlich aus Zement, Wasser, Sand, weiteren Zuschlagstoffen und Luftporen. Im einfachsten Fall besteht Zement aus Calciumoxid und Siliciumdioxid in unterschiedlichen Zusammensetzungen. Zusätzlich können weitere Metalloxide (Al_2O_3, Fe_2O_3) enthalten sein. Dem Erhärten des Zements liegt u. a. der chemische Prozess der Hydratation von Calciumoxid zugrunde:

$$CaO + H_2O \longrightarrow Ca(OH)_2 \rightleftharpoons Ca^{2+} + 2\,OH^-$$

Eine gesättigte $Ca(OH)_2$-Lösung hat einen *pH*-Wert von ca. 12,6. Das im Zement enthaltene Calciumoxid bewirkt daher einen hohen *pH*-Wert im Beton. In dieser alkalischen Umgebung ($pH > 9{,}5$) bilden unlegierte Stahlteile, die zur Stabilisierung in den Beton eingebracht werden, auf ihrer Oberfläche eine wenige Atomlagen dicke Passivierschicht. Diese besteht aus schwer löslichem Eisen(II)-hydroxid und verhindert eine weitere Korrosion des Baustahls:

$$2\,Fe + O_2 + 2\,H_2O \longrightarrow 2\,Fe(OH)_2$$

In „gesundem Beton" wird somit der Baustahl infolge des hohen *pH*-Werts von ca. 12,6 geschützt. Dem weiteren Abbinden des Betons liegt die Reaktion des stark basischen Calciumhydroxids mit dem sauren Gas Kohlenstoffdioxid zugrunde. In deren Ergebnis wird Calciumcarbonat gebildet:

$$Ca(OH)_2 + CO_2 \longrightarrow CaCO_3 + H_2O$$

Die antibakterielle Wirkung der Carbonsäuren ist auch in sauren Reinigungsmitteln, z. B. in Essigreinigern, von Vorteil.

Infolge dieser Carbonatisierung wird der *pH*-Wert der wässrigen Lösung in den Betonporen erniedrigt. Fällt der *pH*-Wert unter 9, dann löst sich die Passivierschicht, sodass die Stabilität des Baustahls durch langsam fortschreitende Korrosion verloren gehen kann.

Säuren zerstören die Struktur von Eiweißen (↗S. 348) und töten deshalb auch Mikroorganismen zuverlässig ab. Darauf beruht der Einsatz von organischen Säuren wie Essigsäure (E 260) oder Citronensäure (E 330) zur Konservierung von Lebensmitteln.

Säure-Base-Reaktionen als Protonenübertragungsreaktionen

- Säureteilchen (HA) reagieren als **Protonendonatoren.** Sie geben Wasserstoff-Ionen ab, die von Baseteilchen als **Protonenakzeptoren** (A^-) aufgenommen werden. Protonenabgabe und -aufnahme sind prinzipiell **reversible Prozesse.**

Säure	Protonenabgabe ⇄ Protonenaufnahme	Base	+	**Wasserstoff-Ion**
HA	⇄	A^-	+	H^+

- Säuren und Basen bilden ein **korrespondierendes Gleichgewicht;** die Base(1) ist die korrespondierende Base der Säure(1); Säure(2) ist die korrespondierende Säure der Base(2).

korrespondierendes Paar: Säure(1) – Base(1)

Säure(1) + Base(2) ⇌ Base(1) + Säure(2)

korrespondierendes Paar: Base(2) – Säure(2)

- Die **Stärke einer Säure** (HA) oder Base (B) wird durch das Ausmaß ihrer Protolyse in Wasser bestimmt, wofür der K_S- bzw. K_B-Wert angegeben wird. Je größer K_S (je kleiner pK_S) bzw. K_B (je kleiner pK_B), desto stärker ist die jeweilige Säure bzw. Base.

$$HA + H_2O \rightleftharpoons H_3O^+ + A^-$$

$$K_S = \frac{c(H_3O^+) \cdot c(A^-)}{c(HA)}$$

$$pK_S = -\lg K_S$$

$$B + H_2O \rightleftharpoons BH^+ + OH^-$$

$$K_B = \frac{c(BH^+) \cdot c(OH^-)}{c(B)}$$

$$pK_B = -\lg K_B$$

- Aus der Gleichgewichtskonstanten der Autoprotolyse des Wassers ergibt sich das temperaturabhängige **Ionenprodukt des Wassers K_W.**

$$H_2O + H_2O \rightleftharpoons H_3O^+ + OH^-$$

$$K_c \cdot c^2(H_2O) = K_W = c(H_3O)^+ \cdot c(OH^-) = 10^{-14}\ mol^2 \cdot l^{-2}$$

Für korrespondierende Säure-Base-Paare gilt:

$K_S \cdot K_B = K_W$ bzw. $pK_S + pK_B = pK_W = 14.$

- Der *pH*-**Wert** ist der negative dekadische Logarithmus der Oxonium-Ionenkonzentration. Der *pOH*-Wert ist der negative dekadische Logarithmus der Hydroxid-Ionenkonzentration.

$$pH = -\lg c(H_3O^+)$$

$$pOH = -\lg c(OH^-)$$

$$pK_W = pH + pOH = 14$$

7.2 Redoxreaktionen

A. DE LAVOISIER (1743–1794) bewies, dass die **Verbrennung** von Stoffen nur in Gegenwart von Sauerstoff erfolgen kann, und widerlegte damit die alchemistische **Phlogistontheorie.**

Unter **Redoxreaktionen** versteht man chemische Reaktionen, bei denen Oxidationsvorgang und Reduktionsvorgang gleichzeitig ablaufen. Der Begriff Oxidation lässt sich auf A. DE LAVOISIER zurückführen und leitet sich vom lateinischen Namen für Sauerstoff Oxygenium ab. Den zur Oxidation umgekehrten Vorgang bezeichnet man als Reduktion (lat.: *reducere* – zurückführen).
Damit waren ursprünglich die Begriffe Oxidation und Reduktion an die Aufnahme und Abgabe von Sauerstoff gebunden. Diese Definition erwies sich jedoch als unzureichend, da man bald erkannte, dass viele Reaktionen einen ähnlichen Verlauf nehmen wie Verbrennungsprozesse, ohne dass Sauerstoff daran beteiligt ist.

7.2.1 Redoxreaktionen als Donator-Akzeptor-Reaktionen

Beim Vergleich der Reaktionen von Metallen mit Sauerstoff und mit Halogenen erkennt man ein gemeinsames wesentliches Merkmal: In beiden Fällen geben die Metalle Elektronen ab, die von den Reaktionspartnern aufgenommen werden.

$$\begin{array}{lrcl} \text{Oxidation:} & 2\,Ca & \longrightarrow & 2\,Ca^{2+} + 4\,e^- \\ \text{Reduktion:} & O_2 + 4\,e^- & \longrightarrow & 2\,O^{2-} \\ \hline \text{Gesamt:} & 2\,Ca + O_2 & \rightleftharpoons & 2\,CaO \end{array}$$

Die Elektronenabgabe führt zur **Oxidation** des Metalls, während Sauerstoff bzw. Chlor diese Elektronen aufnehmen und in einer zweiten Teilreaktion reduziert werden. Da freie Elektronen äußerst reaktiv sind, erfolgen Oxidation und **Reduktion** gleichzeitig, d. h. die beiden Teilreaktionen sind miteinander gekoppelt.

$$\begin{array}{lrcl} \text{Oxidation:} & Ca & \longrightarrow & Ca^{2+} + 2\,e^- \\ \text{Reduktion:} & Cl_2 + 2\,e^- & \longrightarrow & 2\,Cl^- \\ \hline \text{Gesamt:} & Ca + Cl_2 & \rightleftharpoons & CaCl_2 \end{array}$$

Bei Redoxprozessen werden keine Elektronen erzeugt oder vernichtet. Die Zahl der von Calciumatomen abgegebenen Elektronen ist gleich der Zahl der von Sauerstoff- bzw. Chloratomen aufgenommenen Elektronen.

Mit der Definition der Redoxreaktion als Elektronenübertragungsreaktion wird der Redoxbegriff erweitert. Die erweiterte Definition bezieht sich nicht auf Stoffe, sondern auf bestimmte *Atome in Verbindungen,* die die Elektronen abgeben bzw. aufnehmen. An der damit verbundenen Änderung der Oxidationszahl (↗ S. 210) erkennt man, dass es sich bei einer Reaktion um eine Redoxreaktion handelt.

Redoxreaktionen sind **Elektronenübertragungsreaktionen,** bei denen die Teilreaktionen Oxidation und Reduktion miteinander gekoppelt ablaufen. Die Oxidation erfolgt unter Elektronenabgabe, während die Elektronenaufnahme zur Reduktion führt.

Korrespondierende Redoxpaare

Da Chlor in der Redoxreaktion das Calcium oxidiert, wird es als Oxidationsmittel bezeichnet. Das Oxidationsmittel wird selbst während der Redoxreaktion reduziert und wirkt als **Elektronenakzeptor.**
Calcium hingegen reagiert als **Reduktionsmittel,** welches selbst Elektronen abgibt und deshalb **Elektronendonator** genannt wird.

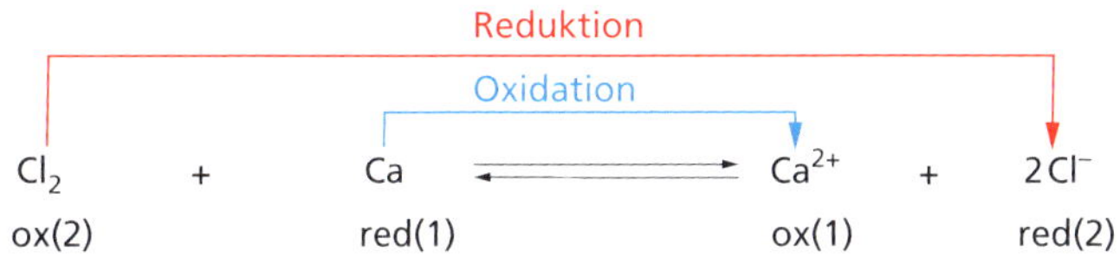

Die oxidierte und die reduzierte Form von Teilchen, die durch Elektronenübertragung ineinander überführt werden können wie Ca/Ca^{2+} oder Cl^-/Cl_2, bilden jeweils ein **korrespondierendes Redoxpaar.** An einer Redoxreaktion sind jeweils zwei korrespondierende Redoxpaare beteiligt, ähnlich wie die beiden korrespondierenden Säure-Base-Paare an einer Säure-Base-Reaktion (↗ S. 188).
Bei Redoxreaktionen stehen Redoxpaare von Elektronendonatoren und Elektronenakzeptoren häufig miteinander im Gleichgewicht.

Redoxgleichgewichte bilden sich häufig zwischen zwei Redoxpaaren aus, die nebeneinander in wässrigen Lösungen vorliegen (↗ S. 213).

Ähnlich wie Säure-Base-Reaktionen sind Redoxreaktionen **Donator-Akzeptor-Reaktionen,** bei denen Teilchen zwischen den Reaktanten übertragen werden. Während bei Säure-Base-Reaktionen das übertragene Teilchen ein Proton ist, werden im Fall der Redoxreaktionen Elektronen übertragen. Beide Reaktionstypen sind Donator-Akzeptor-Reaktionen.

	Säure-Base-Reaktionen	**Redoxreaktionen**
übertragene Teilchen	Protonen	Elektronen
Donator	Säure	Reduktionsmittel
Akzeptor	Base	Oxidationsmittel
korrespondierende Paare	S(1) ⟶ B(1) + H^+ B(2) + H^+ ⟶ S(2)	red(1) ⟶ ox(1) + e^- ox(2) + e^- ⟶ red(2)
Gleichgewicht	B(2) + S(1) ⇌ S(2) + B(1)	ox(2) + red(1) ⇌ red(2) + ox(1)
Gleichgewichtskonstante	$pK = pK_{S(1)} - pK_{S(2)}$	$pK = z \cdot 16{,}95 \cdot (E_2^0 - E_1^0)$
Amphoterie	$HX + H_3O^+ \rightleftharpoons H_2X^+ + H_2O$ $HX + OH^- \rightleftharpoons X^- + H_2O$	$X + e^- \rightleftharpoons X^-$ $X \rightleftharpoons X^+ + e^-$
Abschätzung der Donatorstärke	pK_S-Wert	elektrochemische Spannungsreihe
wässrige Lösung	*pH*-Wert	Redoxpotenzial *E*

7.2.2 Oxidationszahlen

Oxidationszahlen sind formale Größen zur Beschreibung von Redoxreaktionen. Sie werden in römischen Ziffern über die Elementsymbole geschrieben. Die Änderung der Oxidationszahlen ist das charakteristische Merkmal von Redoxreaktionen.

Zur **Bestimmung der Oxidationszahlen** führt man formal eine heterolytische Bindungsspaltung zwischen Atomen unterschiedlicher Elektronegativität durch.

Wasser

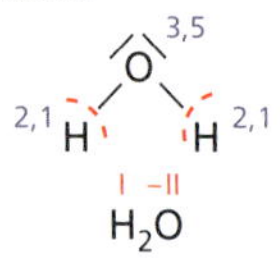

Wasserstoffperoxid

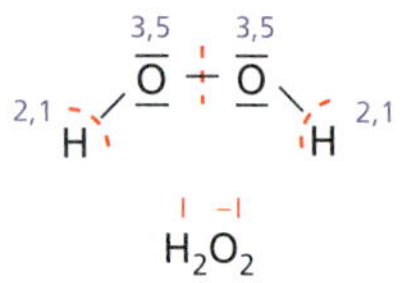

Trichlormethan

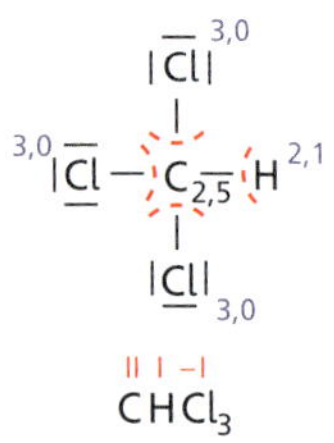

Ethanal

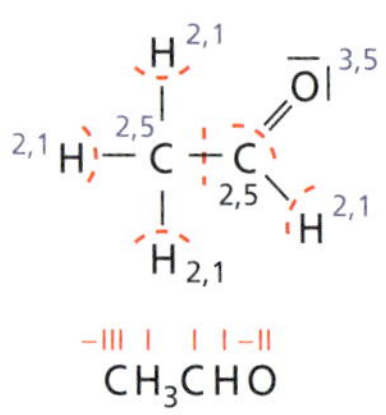

Am Beispiel des Ethanals wird ersichtlich, dass gleiche Elemente in einer Verbindung unterschiedliche OZ haben können.

Bei der Ausbildung chemischer Bindungen findet ein vollständiger Elektronenübergang nur bei Ionenverbindungen statt. Bei kovalenten Verbindungen werden dagegen gemeinsame Elektronenpaare gebildet, die stärker vom elektronegativeren Partner angezogen werden.
Um den Elektronenübergang bei Redoxreaktionen quantitativ zu beschreiben, benutzt man deshalb das Modell der Oxidationszahlen. Dazu geht man formal davon aus, dass alle Stoffe – also auch die kovalenten Verbindungen – aus Atom-Ionen aufgebaut sind. Man stellt die Lewis-Formel (↗S. 80) auf und ordnet in Gedanken beide Elektronen einer polaren Atombindung dem elektronegativeren Partner zu. Das entspricht einer **heterolytischen Bindungsspaltung** (↗S. 272).
Gleiche Bindungspartner teilen sich die Bindungselektronen, also entsprechend einer **homolytischen Bindungsspaltung.** An den Bindungen nicht beteiligte Elektronenpaare (freie Elektronenpaare) verbleiben beim dazugehörigen Atom.

Die **Oxidationszahl** (OZ) eines Atoms in einer Verbindung ist die Differenz aus der Valenzelektronenzahl (VEZ) des neutralen Atoms und der Anzahl der Elektronen des formal gebildeten Atom-Ions (EZA). Negative OZ erhalten ein negatives Vorzeichen. Die Änderung der OZ um eine Einheit entspricht der Aufnahme bzw. Abgabe eines Elektrons.

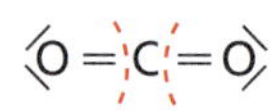

C: 4 – 0 = IV
O: 6 – 8 = –II

OZ = VEZ – EZA

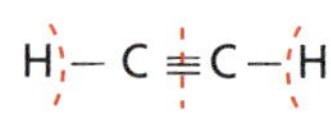

H: 1 – 0 = I
C: 4 – 5 = –I

Im Kohlenstoffdioxid ist Kohlenstoff der elektropositivere Partner gegenüber Sauerstoff. Somit werden dem Sauerstoff alle Bindungselektronen der Doppelbindung zugeteilt, woraus sich formal eine zweifach negative Ladung und die Oxidationszahl von –II ergibt. Kohlenstoff wird zum formalen C^{4+}-Ion mit der Oxidationszahl IV.
Im Ethin werden die Bindungselektronen der C–H-Bindung dem elektronegativeren Kohlenstoff zugeordnet. Die sechs Elektronen der C–C-Dreifachbindung werden auf beide Kohlenstoffatome gleichmäßig verteilt. Damit ergibt sich für Kohlenstoff die Oxidationszahl –I und für Wasserstoff die Oxidationszahl I.
Die nach diesem Formalismus berechneten Oxidationszahlen sind wichtige Hilfsmittel beim Aufstellen von Redoxgleichungen (↗S. 212).

Vereinfachte Regeln zur Ermittlung von Oxidationszahlen (OZ)

Häufig lassen sich Oxidationszahlen der Elemente bereits mithilfe **einfacher Regeln** aus den Summenformeln von Verbindungen ermitteln. Dabei ist zu beachten, dass die Regeln in der angegebenen Reihenfolge gelten und dass **Ausnahmen zu den Regeln** möglich sind.

Eine Ausnahme beim Sauerstoff bilden die Peroxide. In diesen Verbindungen hat Sauerstoff die OZ –I.

1. Atome in Elementsubstanzen haben immer die OZ 0.
   O_2, H_2, P_4, C, N_2, Na, Mg, Zn

2. Bei einfachen Ionen entspricht die Ladung des Ions der OZ.

Ion	Mg^{2+}	Al^{3+}	S^{2-}	Cl^{-}	Fe^{2+}	Fe^{3+}
OZ	II	III	–II	–I	II	III

3. Fluor in Verbindungen hat immer die OZ –I.
   NaF, HF, OF_2, CF_4, PbF_2, BrF_3

4. Wasserstoff in Verbindungen hat die OZ I.
   H_2O, H_2O_2, HCl, CH_4, H_2SO_4, NaOH

5. Sauerstoff in Verbindungen hat die OZ –II.
   Na_2O, CO, CO_2, CH_3OH, H_2CO_3, N_2O, SO_2

6. Die Summe aller OZ der Atome eines Teilchens entspricht der Ladung des betrachteten Teilchens. Bei neutralen Molekülen ist die Summe der OZ immer null, bei Molekül-Ionen entspricht sie der Ionenladung.

Oxidationszahlen organischer Verbindungen werden nach den gleichen Regeln ermittelt.

OZ von mehratomigen Teilchen und deren Ladung

	H	O	weiteres Element	Summe aller OZ
H_2O	2 · I	1 · (–II)		0
H_3O^+	3 · I	1 · (–II)		+1
OH^-	1 · I	1 · (–II)		–1
NH_3	3 · I		N: 1 · (–III)	0
NH_4^+	4 · I		N: 1 · (–III)	+1
H_2SO_4	2 · I	4 · (–II)	S: 1 · VI	0
SO_4^{2-}		4 · (–II)	S: 1 · VI	–2
H_2CO_3	2 · I	3 · (–II)	C: 1 · IV	0
CH_4	4 · I		C: 1 · (–IV)	0
$H_3C{-}CH_3$	6 · I		C: 2 · (–III)	0
$H_2C{=}CH_2$	4 · I		C: 2 · (–II)	0
CH_3OH	4 · I	1 · (–II)	C: 1 · (–II)	0
HCHO	2 · I	1 · (–II)	C: 1 · 0	0

In der Nomenklatur wird die Oxidationszahl auch zur Unterscheidung von Verbindungen gleicher Elemente genutzt:

Blei(II)-oxid:
II –II
PbO

Blei(IV)-oxid:
IV –II
PbO_2

7.2.3 Entwickeln von Redoxgleichungen

Wie alle Reaktionsgleichungen muss auch eine Redoxgleichung die Gesetze von der Erhaltung der Masse und der Erhaltung der Ladung erfüllen. Außerdem ist es notwendig, die Zahl der bei den Teilreaktionen ausgetauschten Elektronen auszugleichen.

Beim **Entwickeln von Redoxgleichungen** geht man nach folgendem Schema vor, das am Beispiel der Oxidation von Sulfit-Ionen mit Sauerstoff zu Sulfat-Ionen erläutert wird.

Im wässrigen System liegen neben H_2O auch H_3O^+ und OH^- vor. Diese Teilchen werden zum Ausgleichen der Teilreaktionen benötigt. Zur besseren Übersicht verwendet man anstelle von H_3O^+ auch nur H^+-Ionen.

1. Aufstellen der Teilgleichungen für die beteiligten Redoxpaare und Ermitteln der Zahl der abzugebenden bzw. aufzunehmenden Elektronen mithilfe der Oxidationszahlen.

$$\text{Oxidation:}\quad \overset{IV}{S}O_3^{2-} + H_2O \longrightarrow \overset{VI}{S}O_4^{2-} + 2e^- + 2H^+$$

$$\text{Reduktion:}\quad \overset{0}{O}_2 + 4H^+ + 4e^- \longrightarrow 2H_2\overset{-II}{O}$$

2. Durch Bildung des kleinsten gemeinsamen Vielfachen und entsprechende Multiplikation wird die Zahl der Elektronen in beiden Teilgleichungen ausgeglichen. Die so erhaltenen Gleichungen werden zu einer Bruttogleichung addiert.

$$(2\times)\quad 2SO_3^{2-} + 2H_2O \longrightarrow 2SO_4^{2-} + 4e^- + 4H^+$$
$$(1\times)\quad O_2 + 4H^+ + 4e^- \longrightarrow 2H_2O$$

$$2SO_3^{2-} + 2H_2O + 4e^- + 4H^+ + O_2 \rightleftharpoons 2SO_4^{2-} + 2H_2O + 4e^- + 4H^+$$

3. Kürzen von Elektronen und Teilchen, die sowohl auf der linken als auch auf der rechten Seite der Bruttogleichung stehen. Auf diese Weise erhält man die **vereinfachte Ionengleichung:**

$$\text{Gesamt:}\quad 2SO_3^{2-} + O_2 \rightleftharpoons 2SO_4^{2-}$$

An der Redoxreaktion sind die Na^+-Ionen nicht beteiligt, da in der wässrigen Lösung sowohl Na_2SO_3 als auch Na_2SO_4 dissoziiert vorliegen und nur SO_3^{2-} zum SO_4^{2-} oxidiert wird.

4. Überprüfen, ob die Gesetze von der Erhaltung der Masse und der Ladung erfüllt sind. Ionen, z. B. Na^+-Ionen, die an der Redoxreaktion nicht beteiligt sind, brauchen nicht berücksichtigt zu werden.

5. Um eine vollständige Stoffgleichung für diese Reaktion zu erhalten, sind zum Ausgleich der Anionenladungen entsprechende Kationen, z. B. Na^+-Ionen, auf beiden Seiten der Gleichung zu addieren.

$$2\,\overset{I}{Na}_2\overset{IV}{S}\overset{-II}{O}_3 + \overset{0}{O}_2 \rightleftharpoons 2\,\overset{I}{Na}_2\overset{VI}{S}\overset{-II}{O}_4$$

Vorgehensweise beim Entwickeln von Redoxgleichungen:
1. Aufstellen der Teilgleichungen für Oxidation und Reduktion
2. Ausgleich der Elektronenanzahl und Addition der Teilreaktionen
3. Kürzen der Bruttoreaktionsgleichung
4. Kontrolle der Erhaltung der Masse und der Ladung
5. Ableiten der vollständigen Stoffgleichung (optional)

7.2.4 Standardredoxpotenziale und Redoxgleichgewichte

In welche Richtung laufen Redoxreaktionen ab? Kann man z. B. aus einer wässrigen $CuSO_4$-Lösung durch Zugabe von Eisenschrott Kupfer ausfällen? Werden Vitamin C oder andere Konservierungsstoffe in Lebensmitteln durch Luftsauerstoff oxidiert?
Solche Fragen lassen sich unter Kenntnis der **Redoxpotenziale** beantworten. Im wässrigen System können die Gleichgewichtskonstanten von Redoxreaktionen mithilfe der **Standardredoxpotenziale** E^0 der korrespondierenden Redoxpaare berechnet werden. Diese sind identisch mit den Standardpotenzialen bzw. Standardelektrodenpotenzialen entsprechend der nernstschen Gleichung (↗ S. 146):

$$E = E^0 + \frac{R \cdot T}{z \cdot F} \cdot \ln \frac{c(\text{ox})}{c(\text{red})} \qquad \text{red} \longrightarrow \text{ox} + z \cdot e^-$$

Reagieren nun zwei korrespondierende Redoxpaare miteinander, dann ändern sich die Konzentrationen der beteiligten Stoffe bis zur Einstellung des chemischen Gleichgewichts (↗ S. 169). Dieser Zustand ist erreicht, wenn die Redoxpotenziale der beiden Redoxpaare den gleichen Wert haben $(E_1 = E_2)$ und damit die thermodynamische Gleichgewichtsbedingung erfüllt ist:

$$\Delta_R G = -z \cdot F \cdot (E_1 - E_2) = 0$$

Die Konzentrationen der Reaktionspartner bleiben konstant und ihr Verhältnis ist durch die Gleichgewichtskonstante K festgelegt.

▶ Die Redoxpotenziale (E) ändern sich mit der Konzentration der Redoxpaare. Standardredoxpotenziale (E^0) sind dagegen konzentrationsunabhängig.

■ Betrachten wir die Fällung von Kupfer durch Zufügen von Eisenschrott zu einer wässrigen Lösung eines Kupfersalzes.

$$\overset{0}{\text{Fe}} + \overset{\text{II}}{\text{Cu}^{2+}} \rightleftharpoons \overset{\text{II}}{\text{Fe}^{2+}} + \overset{0}{\text{Cu}}$$

red(1) ox(2) ox(1) red(2)

Redoxpaar 1: Fe/Fe^{2+} $\qquad E_1 = E^0{}_1 + \frac{R \cdot T}{z \cdot F} \cdot \ln c(Fe^{2+})$

Redoxpaar 2: Cu/Cu^{2+} $\qquad E_2 = E^0{}_2 + \frac{R \cdot T}{z \cdot F} \cdot \ln c(Cu^{2+})$

Im Gleichgewicht ist $E_1 = E_2$ und deshalb:

$$\frac{z \cdot F}{R \cdot T} \cdot (E^0{}_2 - E^0{}_1) = \frac{c(Fe^{2+})}{c(Cu^{2+})} = \ln K$$

Das Gleichgewicht liegt auf der Seite der Reaktionsprodukte Fe^{2+} und Cu, wenn die Gleichgewichtskonstante größer als 1 ist (↗ S. 170 ff.). Mit den in Tabellen zugänglichen Werten für die Standardredoxpotenziale ($E^0{}_1 = -0{,}441$ V und $E^0{}_2 = 0{,}345$ V) ergibt sich bei einer Temperatur von 298 K eine Gleichgewichtskonstante von $K = 4{,}42 \cdot 10^{26}$. Daraus folgt, dass die Reaktion freiwillig und vollständig abläuft.

▶ Die Konzentrationen der festen Metalle werden in der nernstschen Gleichung definitionsgemäß gleich 1 gesetzt (↗ S. 146).

▶ Die Gleichgewichtskonstante von Redoxreaktionen in nicht wässrigen Systemen muss über die freie Standardbildungsenthalpie $\Delta_R G^0$ berechnet werden.

Diese redoxchemische Fällung edler Metalle aus ihren Salzlösungen wird auch als Zementation bezeichnet. Auch die Wiedergewinnung von Wertstoffen (z. B. Kupfer, Silber und Gold) aus den zerkleinerten Elektroschrottabfällen von Handys, Fernsehern u. a. m. verläuft in ähnlicher Weise über Redoxreaktionen.

> Eine Redoxreaktion läuft immer dann freiwillig ab, wenn $E^0{}_2 > E^0{}_1$ ist. Je positiver das Standardredoxpotenzial, umso stärker oxidierend wirkt das Oxidationsmittel des entsprechenden Redoxpaars.

▸ Elektrochemische Prozesse sind spezielle Redoxreaktionen. Die Begriffe Standardpotenzial, Normalpotenzial, Standardelektrodenpotenzial und Standardredoxpotenzial werden als Synonyme verwendet.

Die Standardredoxpotenziale bzw. Standardelektrodenpotenziale sind in elektrochemischen Spannungsreihen (↗S. 150) zusammengefasst. Je negativer das Standardpotenzial eines Redoxpaars, umso stärker reduzierend wirkt das Reduktionsmittel, z. B. Natrium oder Sulfit-Ionen. Positive Standardpotenziale von Redoxpaaren weisen dagegen darauf hin, dass das Oxidationsmittel, z. B. Chlor oder Permanganat-Ionen, relativ stark oxidierend wirkt. Bei freiwilligen Redoxreaktionen reagiert das stärkere Oxidationsmittel mit dem stärkeren Reduktionsmittel zum schwächeren Reduktionsmittel und zum schwächeren Oxidationsmittel.

Redoxamphoterie

Ähnlich wie Ampholyte (↗S. 197), die in Abhängigkeit von ihrem Reaktionspartner als Säure oder Base reagieren, können Atome mit mittleren Oxidationszahlen sowohl oxidiert als auch reduziert werden.

▸ Standardpotenziale wurden experimentell bestimmt und tabelliert. Sie sind leicht zugänglich, z. B. unter: *www.tafelwerk.de.*

So kann der in Wasserstoffperoxid gebundene Sauerstoff (OZ = –I) je nach zur Verfügung stehendem Reaktionspartner entweder als Oxidationsmittel oder als Reduktionsmittel reagieren. Mit stärkeren Oxidationsmitteln entsteht aus Wasserstoffperoxid Disauerstoff (OZ = 0).

$$2\overset{VII\;-II}{MnO_4^-} + 5\overset{I\;-I}{H_2O_2} + 6\overset{I\;-II}{H_3O^+} \rightleftharpoons 2\overset{II}{Mn^{2+}} + 5\overset{0}{O_2} + 14\overset{I\;-II}{H_2O}$$

Stärkere Reduktionsmittel hingegen werden von Wasserstoffperoxid unter Bildung von Sauerstoff mit der OZ = –II oxidiert.

$$2\overset{-I}{I^-} + \overset{I\;-I}{H_2O_2} + 2\overset{I\;-II}{H_3O^+} \rightleftharpoons \overset{0}{I_2} + 4\overset{I\;-II}{H_2O}$$

▸ Die Rückreaktion der Disproportionierung, bei der aus Stoffen höherer und niederer OZ ein Redoxamphoter mit mittlerer OZ entsteht, nennt man Kom- oder Synproportionierung.

Redoxamphotere können auch mit sich selbst reagieren. Solche speziellen Redoxreaktionen, bei denen ein Stoff mit einer mittleren Oxidationszahl in einen Stoff mit einer niedrigeren und einer höheren Oxidationszahl übergeht, bezeichnet man als **Disproportionierung.**
Ein typisches Beispiel ist die Disproportionierung von Iod im alkalischen *pH*-Bereich. Iod oxidert und reduziert sich selbst unter Bildung von Iodat- (IO_3^-) und Iodid-Ionen (I^-).

Oxidation: $\frac{1}{2}I_2 + 6OH^- \longrightarrow IO_3^- + 3H_2O + 5e^-$

Reduktion: $\frac{5}{2}I_2 + 5e^- \longrightarrow 5I^-$

Redoxreaktion: $3\overset{0}{I_2} + 6\overset{-II\;I}{OH^-} \rightleftharpoons 5\overset{-I}{I^-} + \overset{V}{IO_3^-} + 3\overset{I\;-II}{H_2O}$

Die Lage dieses Disproportionierungs-Gleichgewichts ist abhängig vom *pH*-Wert der Lösung. Entsprechend dem Massenwirkungsgesetz (↗S. 170 ff.) liegt es im Basischen auf der Seite des Iodids bzw. Iodats und im Sauren auf der Seite des Iods.

pH-Abhängigkeit von Redoxreaktionen

Die Gleichgewichtskonstanten von Redoxreaktionen ändern sich nach dem Prinzip des kleinsten Zwangs mit der Temperatur und mit dem Druck (nur wenn Gase an der Reaktion beteiligt sind, ↗S. 172).
Bei Redoxreaktionen in wässrigen Systemen kann der Ablauf auch durch die Konzentration der Oxonium- oder Hydroxid-Ionen beeinflusst werden. Dies ist meist der Fall, wenn Oxoanionen (z. B. MnO_4^-, SO_3^{2-}, $Cr_2O_7^{2-}$) an der Redoxreaktion beteiligt sind.

Der Elektronenübergang findet bei Oxoanionen wie MnO_4^- am Zentralatom, in diesem Fall Mangan, statt. Der oxidisch gebundene Sauerstoff wird dabei – ohne seine Oxidationszahl (OZ = –II) zu ändern – durch Oxonium-Ionen in Wasser überführt.

$$\overset{\text{VII}\ -\text{II}}{MnO_4^-} + 8\,\overset{\text{I}\ -\text{II}}{H_3O^+} + 5\,e^- \longrightarrow \overset{\text{II}}{Mn^{2+}} + 12\,\overset{\text{I}\ -\text{II}}{H_2O}$$

Die Konzentration von Wasser in verdünnten wässrigen Lösungen bleibt während der Reaktion fast konstant und wird in der nernstschen Gleichung (↗S. 146) nicht berücksichtigt.

Für das Redoxpaar Mn^{2+}/MnO_4^- gilt folgende nernstsche Gleichung:

$$E = E^0 + \frac{R \cdot T}{z \cdot F} \cdot \ln \frac{c(MnO_4^-) \cdot c^8(H_3O^+)}{c(Mn^{2+})}$$

Durch Umformen der Gleichung lässt sich leicht zeigen, dass das Redoxpotenzial und damit das Oxidationsvermögen (↗S. 214) des Permanganats vom *pH*-Wert der Lösung abhängig ist.

$$E = E^0 + \frac{0{,}059\ \text{V}}{5} \cdot \lg \frac{c(MnO_4^-)}{c(Mn^{2+})} + 8 \cdot \frac{0{,}059\ \text{V}}{5} \cdot \lg c(H_3O^+)$$

$$E = E^0 + 0{,}0118 \cdot \lg \frac{c(MnO_4^-)}{c(Mn^{2+})} + 0{,}0945 \cdot \lg c(H_3O^+)$$

$$E = E^0 + 0{,}0118 \cdot \lg \frac{c(MnO_4^-)}{c(Mn^{2+})} - 0{,}0945 \cdot pH$$

Der Zahlenwert von 0,059 V ergibt sich bei einer Temperatur von 298 K aus den Konstanten *R* und *F* sowie der Umrechnung des natürlichen (ln) in den dekadischen (lg) Logarithmus.

Mit steigendem *pH*-Wert des Systems sinkt das Redoxpotenzial und damit die Stärke des Permanganat-Ions als Oxidationsmittel. Sinkt dagegen der *pH*-Wert, erhöhen sich das Redoxpotenzial und das Oxidationsvermögen. In stark saurer Lösung ist das Permanganat-Ion also ein stärkeres Oxidationsmittel als in schwach saurer Umgebung.

Im neutralen bzw. basischen Milieu werden Permanganat-Ionen nicht mehr zu Mn^{2+}-Ionen reduziert, sondern zum schwer löslichen Mangan(IV)-oxid. Es resultiert ein anderes korrespondierendes Redoxpaar mit einem anderen Standardpotenzial $E^0(MnO_2/MnO_4^-)$.
Bei dieser ebenfalls *pH*-abhängigen Reaktion wird der oxidische Sauerstoff des Permanganat-Ions durch Wasser in Hydroxid-Ionen überführt.

$$\overset{\text{VII}\ -\text{II}}{MnO_4^-} + 2\,\overset{\text{I}\ -\text{II}}{H_2O} + 3\,e^- \longrightarrow \overset{\text{IV}\ -\text{II}}{MnO_2} + 4\,\overset{-\text{II}\ \text{I}}{OH^-}$$

Sind die Potenziale von Redoxpaaren abhängig vom *pH*-Wert, dann müssen es auch die Gleichgewichtskonstanten sein.

Die *pH*-Abhängigkeit der Redoxreaktionen muss auch bei der Tabellierung der Standardredoxpotenziale berücksichtigt werden. Standardpotenziale von Redoxpaaren, an denen Oxonium-Ionen beteiligt sind, gelten für *pH* = 0. Sind dagegen Hydroxid-Ionen beteiligt, gelten die Standardpotenziale für *pH* = 14.

7.2.5 Anwendungen von Redoxreaktionen

Redoxreaktionen sind unser Leben. Wie könnten Tiere ohne Atmung ihre benötigte Energie gewinnen? Wie könnten Pflanzen ohne Assimilation Kohlenhydrate aufbauen? Die Entstehung unserer Atmosphäre mit ihrem Sauerstoffgehalt von ca. 21 % ist auf biochemische Redoxprozesse während der Fotosynthese zurückzuführen (↗ S. 355 f.).

Redoxreaktionen in der Industrie

Auch in der Landwirtschaft gibt es viele praktische **Anwendungen von Redoxreaktionen.** So beruht die Herstellung vieler Düngemittel ebenso auf Redoxprozessen wie die Düngewirkung im Boden.

Redoxreaktionen sind ein sehr wichtiger Reaktionstyp in der chemischen Industrie. So wird die Schwefelsäure über die Oxidation von Schwefel oder Sulfiden zu Schwefeldioxid und anschließender katalytischer Oxidation des SO_2 zu Schwefeltrioxid (↗ S. 428) produziert.
Nahezu alle stickstoffhaltigen Verbindungen (Düngemittel, Farbstoffe, Sprengmittel, Polyamide) werden aus Ammoniak erzeugt. Dieser wird durch die katalytische Reduktion von Stickstoff durch Wasserstoff – die Ammoniaksynthese (↗ S. 423) – hergestellt.
Auch die Synthesen organischer Stoffe (z. B. Alkohole, Aldehyde, Ketone, Carbonsäuren oder PVC) und die technisch bedeutsamen Elektrolyseverfahren (z. B. die Chlor-Alkali-Elektrolyse (↗ S. 430) basieren auf Redoxreaktionen.

Energieerzeugung

Über die Verbrennung von **fossilen Energieträgern** wie Kohle, Erdöl oder Erdgas werden in Wärmekraftwerken Elektroenergie und andere Energieträger erzeugt.

$$\overset{0}{C} + \overset{0}{O}_2 \longrightarrow \overset{IV}{C}\overset{-II}{O}_2 \qquad \Delta H^0 = -393\ kJ \cdot mol^{-1}$$

$$\overset{-IV}{C}\overset{I}{H}_4 + 2\,\overset{0}{O}_2 \longrightarrow \overset{IV}{C}\overset{-II}{O}_2 + 2\,\overset{I}{H}_2\overset{-II}{O} \qquad \Delta H^0 = -890\ kJ \cdot mol^{-1}$$

Die bei der Verbrennung der **Raketentreibstoffe** frei werdende hohe Energie ermöglicht die Luft- und Raumfahrt.

Das Verbrennen von Benzin, Diesel, Kerosin usw. wird zum Betreiben von Kraftfahrzeugen, Flugzeugen und Schiffen genutzt.
Die Energie zum Antrieb von Raketen wird über Redoxreaktionen gewonnen. Allen festen oder flüssigen **Raketentreibstoffen** liegt ein gemeinsames Prinzip zugrunde: Im Ergebnis stark exothermer Redoxprozesse werden sehr heiße, gasförmige Reaktionsprodukte gebildet. Diese besitzen eine sehr hohe kinetische Energie und treiben den Flugkörper über das Rückstoßprinzip an. Ein geeigneter Raketentreibstoff ist flüssiges Hydrazin N_2H_4, das mit flüssigem Sauerstoff unter Energiefreisetzung zu den gasförmigen Produkten Stickstoff und Wasser reagiert.

$$\overset{I}{H}_2\overset{-II}{N} - \overset{-II}{N}\overset{I}{H}_2 + \overset{0}{O}_2 \longrightarrow \overset{0}{N}_2 + 2\,\overset{I}{H}_2\overset{-II}{O} \qquad \Delta H^0 = -622\ kJ \cdot mol^{-1}$$

Explosivstoffe setzen schlagartig in exothermen Redoxreaktionen Gase frei, die sich aufgrund der hohen Temperaturen extrem ausdehnen und damit die Sprengkraft bewirken.

$$2\,\overset{-III}{N}\overset{I}{H}_4\overset{V}{N}\overset{-II}{O}_3 \longrightarrow 2\,\overset{0}{N}_2 + \overset{0}{O}_2 + 4\,\overset{I}{H}_2\overset{-II}{O} \qquad \Delta H^0 = -236\ kJ \cdot mol^{-1}$$

Metallurgie

Die **Metallurgie** erfordert Redoxreaktionen, da die Metalle nur in Ausnahmen elementar (gediegen) in der Natur vorkommen. Sie müssen aus sulfidischen oder oxidischen Metallerzen (z. B. ZnS, Fe_3O_4) durch **Röst- und Reduktionsprozesse** gewonnen werden.

Rösten von Metallsulfiden (M – Metall)

$$M\overset{-II}{S} + \tfrac{3}{2}\overset{0}{O}_2 \longrightarrow M\overset{-II}{O} + \overset{IV}{S}\overset{-II}{O}_2$$

Reduktion der Oxide (z. B. mit Kohlenstoff)

$$\overset{II}{M}\overset{-II}{O} + \overset{0}{C} \longrightarrow \overset{0}{M} + \overset{II}{C}\overset{-II}{O}$$

Gold wird heute noch hydrometallurgisch durch Cyanidlaugerei gewonnen. Dazu wird zuerst goldhaltiger Sand in einer Cyanidlösung aufgeschlämmt und Luft durchgeblasen.

$$4\overset{0}{Au} + 8CN^- + \overset{0}{O}_2 + 2H_2O \longrightarrow 4[\overset{I}{Au}(CN)_2]^- + 4\overset{-II}{O}H^-$$

Das auf diese Weise gelöste Gold kann jetzt einfach vom Sand abgetrennt und mit Zink wieder ausgefällt werden.

$$4[\overset{I}{Au}(CN)_2]^- + 2\overset{0}{Zn} \longrightarrow 2[\overset{II}{Zn}(CN)_4]^{2-} + 4\overset{0}{Au}$$

Die Cyanidlaugerei stellt ein nicht zu unterschätzendes Umweltrisiko dar. Im Fall einer Havarie gelangt die hochgiftige Cyanidlösung in Gewässer, was zum Absterben von Fischen und anderen Lebewesen führt.

Bei der **Herstellung von Eisen und Stahl** spielen Redoxgleichgewichte wie das Boudouard-Gleichgewicht (↗ S. 175)

$$\overset{0}{C} + \overset{IV}{C}O_2 \rightleftharpoons 2\overset{II}{C}O$$

eine wichtige Rolle.

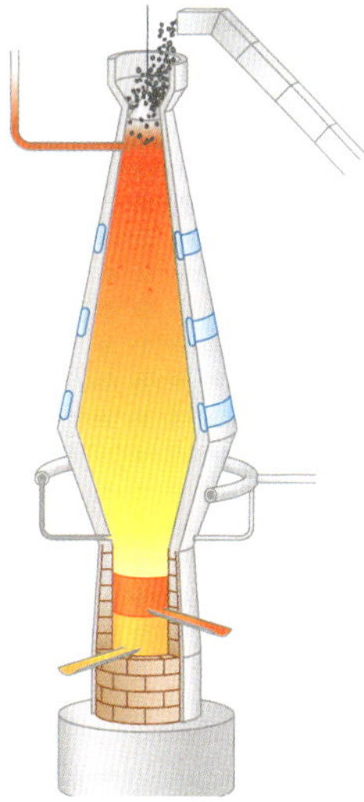

Lebensmittelindustrie

Hier sei als eine wichtige Redoxreaktion die katalytische Hydrierung von Ölen zur Produktion von Margarine erwähnt (↗ S. 339). Viele Konserven enthalten Konservierungsstoffe, darunter Antioxidanzien, die unerwünschte Reaktionen des Luftsauerstoffs mit den Lebensmitteln verhindern sollen. Als Antioxidanzien dienen Salze wie Nitritpökelsalze oder organische Säuren, z. B. Ascorbinsäure.

Pyrotechnische Industrie

Bei vielen Redoxreaktionen wird ein Teil der freigesetzten Energie in Form von Licht emittiert. Das macht man sich zur festlichen Beleuchtung oder bei spektakulären Feuerwerken zunutze. Zur Beleuchtung wurden jahrhundertelang brennende Fackeln oder Kerzen benutzt. Auch in der Pyrotechnik bedient man sich der Redoxreaktionen. So enthalten Wunderkerzen oder Feuerwerk immer Reduktionsmittel und Oxidationsmittel neben anderen Stoffen, die verschiedene Effekte hervorrufen.

Pyrotechnische Erzeugnisse wie **Feuerwerk** enthalten Oxidations- und Reduktionsmittel, die für verschiedene Effekte (z. B. Knalleffekte) sorgen.

Analytik

Zahlreiche chemische Analysemethoden basieren auf Redoxprozessen. Dazu zählen klassische Nachweisreaktionen organischer und anorganischer Stoffe (↗ S. 458 ff.) ebenso wie moderne elektrochemische Analysemethoden (↗ S. 466) und die quantitative **Redoxtitration.**

7

Redoxreaktionen als Elektronenübertragungsreaktionen

- Redoxreaktionen sind **Elektronenübertragungsreaktionen.** Die Oxidation (Elektronenabgabe) und die Reduktion (Elektronenaufnahme) laufen als miteinander gekoppelte Teilreaktionen zwischen zwei **korrespondierenden Redoxpaaren** ab. Dabei wird das stärkere Oxidationsmittel (ox(1) = Elektronenakzeptor A(1)) reduziert und das stärkere Reduktionsmittel (red(2) = Elektronendonator D(2)) oxidiert.

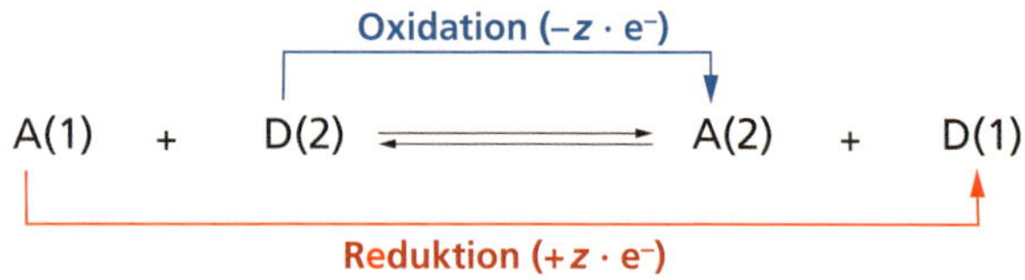

- Bei Redoxreaktionen in wässrigen Systemen ist das Gleichgewicht erreicht, wenn die Redoxpotenziale der beiden Redoxpaare gleich sind ($E_1 = E_2$). Die Gleichgewichtskonstante ergibt sich daraus zu:

$$\ln K = \frac{z \cdot F}{R \cdot T} \cdot (E^0{}_2 - E^0{}_1)$$

- Die **Oxidationszahl** eines Atoms in einer Verbindung gibt an, wie viele Elektronen das Atom formal abgegeben oder aufgenommen hat. Die Änderung der Oxidationszahlen ist das charakteristische Merkmal von Redoxreaktionen. Bei der Oxidation steigt die Oxidationszahl aufgrund der Elektronenabgabe, bei der Reduktion nimmt sie infolge der Elektronenaufnahme ab.

- Oxidationszahlen (OZ) lassen sich nach vereinfachten Regeln bestimmen, die in der hier angegebenen Reihenfolge abzuarbeiten sind:

Regel	Beispiele
1. Atome in Elementsubstanzen haben die OZ 0.	$\overset{0}{C}$, $\overset{0}{O}_2$, $\overset{0}{N}_2$, $\overset{0}{S}_8$, $\overset{0}{Mn}$, $\overset{0}{Cu}$
2. Bei einfachen Ionen ergibt sich die OZ aus der Ionenladung.	$\overset{I}{Cu}{}^+$, $\overset{II}{Mn}{}^{2+}$, $\overset{III}{Fe}{}^{3+}$, $\overset{-I}{Cl}{}^-$, $\overset{-II}{S}{}^{2-}$
3. Fluor hat in Verbindungen die OZ –I.	$\overset{I}{H}\overset{-I}{F}$, $\overset{I}{K}\overset{-I}{F}$, $\overset{II}{O}\overset{-I}{F}_2$, $\overset{IV}{C}\overset{-I}{F}_4$, $\overset{III}{Fe}\overset{-I}{F}_3$
4. Wasserstoff hat in Verbindungen die OZ I.	$\overset{I}{H}_2\overset{-II}{O}$, $\overset{I}{H}_2\overset{-I}{O}_2$, $\overset{-III}{N}\overset{I}{H}_3$, $\overset{-III}{C}_2\overset{I}{H}_6$
5. Sauerstoff hat in Verbindungen die OZ –II.	$\overset{I}{Cu}_2\overset{-II}{O}$, $\overset{II}{Cu}\overset{-II}{O}$, $\overset{IV}{Mn}\overset{-II}{O}_2$, $\overset{VII}{Mn}\overset{-II}{O}_4{}^-$
6. Die Summe der OZ eines Teilchens entspricht seiner Gesamtladung.	$\overset{III}{Fe}\overset{-I}{Cl}_3$, $\overset{III}{Fe}\overset{-I}{F}_6{}^{3-}$, $\overset{-II}{O}\overset{I}{H}{}^-$, $\overset{VI}{S}\overset{-II}{O}_4{}^{2-}$

Wissenstest 7B

Grundzüge der anorganischen Chemie

8

8.1 Hauptgruppenelemente und Verbindungen

> Die **Hauptgruppenelemente** des PSE sind dadurch charakterisiert, dass in ihrer Valenzschale, die das chemische Verhalten maßgeblich bestimmt, nur s- oder s- und p-Energieniveaus mit Elektronen besetzt sind.

Bei chemischen Reaktionen werden die Elektronen dieser Niveaus entweder abgegeben oder bis zum nächsten vollständig besetzten Niveau, der stabilen **Edelgaskonfiguration,** aufgefüllt.

8

8.1.1 Vorkommen und Darstellung der Elemente

Vorkommen und technische Herstellung der Hauptgruppenelemente

Hauptgruppe	**I**	**II**	**III**	**IV**	**V**	**VI**	**VII**	**VIII**
positive OZ (Beispiele)	H_2O, NaCl	$CaCO_3$	Al_2O_3	SiO_2, PbS	Nitrate, Phosphate	Sulfate		
elementar				C	N_2	O_2, S_8		alle
negative OZ (Beispiele)						Oxide, Sulfide	CaF_2, KCl	
Herstellung*	E, C	E	E	C	C	C	E, C	
	* E: elektrochemische Redoxreaktion; C: chemische Redoxreaktion							

Die s- und p-Elemente kommen in der Natur meist an Sauerstoff gebunden und damit in positiven Oxidationszahlen (OZ) vor. Nur wenige Vertreter (O_2, N_2, Edelgase, C, S_8) sind im elementaren Zustand vorhanden.

Die elektropositiven Elemente der I. bis VI. Hauptgruppe und auch Wasserstoff können aus verschiedenen Ausgangsverbindungen (NaCl, SiO_2, Al_2O_3, SiO_2, H_2O) durch **Reduktion** gewonnen werden.
Als chemische Reduktionsmittel dienen dabei hauptsächlich Kohlenstoff, Wasserstoff oder unedle Metalle. Wenn die in den Ausgangsverbindungen vorliegenden Metalle chemisch nicht oder nur sehr aufwendig reduziert werden können, bedient man sich der **Elektrolyse** als elektrochemischem Reduktionsverfahren zur Synthese.

Metalle kommen als Erze – metallhaltige Gesteine und Stoffgemenge – vor. Vor der Reduktion müssen die Ausgangsstoffe erst durch Erzaufbereitung von wertlosem Gestein getrennt werden.

Die elektronegativen Elemente der VI. und VII. Hauptgruppe werden dagegen durch Oxidation der Anionen (z. B. S^{2-}, Cl^-, I^-) gewonnen.

> Die für die Synthese der Hauptgruppenelemente genutzten Verfahren sind von den Eigenschaften der Elemente, von den Ausgangsstoffen (Erze, Mineralien) und deren Verfügbarkeit (Spuren oder große Mengen) abhängig. Der für die Darstellung wichtigste Reaktionstyp ist die Redoxreaktion.

Reduktionsverfahren	Reduktionsmittel und Beispiele
chemische Reduktion	Wasserstoff: $2\,HSiCl_3 + 2\,H_2 \longrightarrow 2\,Si + 6\,HCl$ Kohlenstoff: $MgO + C \longrightarrow Mg + CO$ Kohlenstoffmonooxid: $PbO + CO \longrightarrow Pb + CO_2$
Elektrolyse wässriger Lösungen	Katode: $2\,H_2O + 2\,e^- \longrightarrow H_2 + 2\,OH^-$ Bei der Elektrolyse von Wasser, dem zur Erhöhung der Leitfähigkeit KOH zugesetzt wird, entsteht an der Katode Wasserstoff.
Schmelzflusselektrolyse	Katode: $Na^+ + e^- \longrightarrow Na$ Die stark elektropositiven Alkali- und viele Erdalkalimetalle, aber auch Aluminium (↗ S. 432), müssen aus Salzschmelzen unter hohem Energieaufwand reduziert werden.

Da die metallischen s- und p-Elemente alle ein negatives Standardelektrodenpotenzial (↗ S. 150) besitzen, kann aus wässriger Lösung nur Wasserstoff selbst abgeschieden werden. Die Schmelzflusselektrolyse findet in der Technik nur bei den stark elektropositiven Elementen Anwendung, da die Erzeugung von Oxid- oder Salzschmelzen und deren Elektrolyse außerordentlich energieintensiv und teuer sind.

Die **Schmelzflusselektrolyse** wurde von H. DAVY (1778 bis 1829) entwickelt, der mithilfe dieser Methode die Elemente Na, K, Mg, Ca, Sr und Ba entdeckte.

8

Wenn es möglich ist, werden Metalle wie das in der Mikroelektronik, der Solartechnik und für die Herstellung von Siliconen (↗ S. 398) benötigte **Silicium** durch chemische Reduktion hergestellt. Rohsilicium wird in einem Lichtbogenofen (2 000 °C) durch Reduktion von Siliciumdioxid mit Kohlenstoff erhalten. Das flüssige Silicium wird entnommen und mit Chlorwasserstoff bei 320 °C zu Trichlorsilan, $HSiCl_3$, umgesetzt.

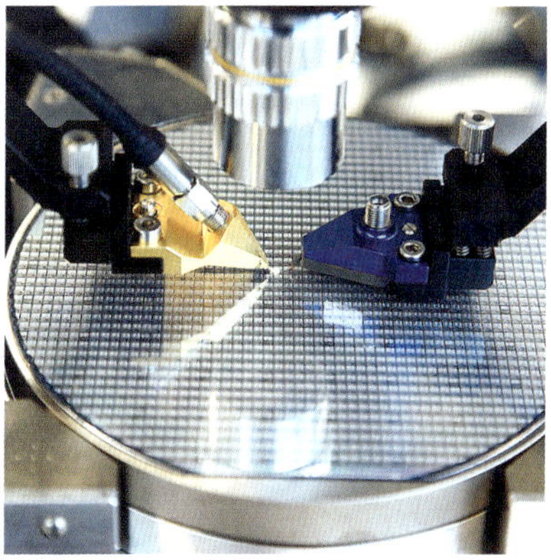

$$SiO_2 + 2\,C \longrightarrow Si + 2\,CO$$

$$Si + 3\,HCl \longrightarrow HSiCl_3 + H_2$$

$$2\,HSiCl_3 + 2\,H_2 \longrightarrow 2\,Si + 6\,HCl$$

Das Zwischenprodukt $HSiCl_3$ kann sofort zur Synthese von Siliconen eingesetzt werden. Um Silicium höherer Reinheit zu erhalten, wird Trichlorsilan zunächst durch Destillation gereinigt und mit Wasserstoff bei 1 000 °C reduziert.
Daraus werden dicke Siliciumstäbe mit einer Reinheit von 99,9 % gewonnen, die aber für die Anwendungen des Halbleiters in der Mikroelektronik bzw. in der Solartechnik immer noch nicht ausreichend ist. Erst durch Raffination des Siliciums mittels Zonenschmelzen wird hochreines Silicium mit einem Reinheitsgrad von über 99,999 % hergestellt, aus dem Waferscheiben oder integrierte Schaltkreise hergestellt werden können.

Zonenschmelzen ist ein spezielles Kristallisationsverfahren, das zur Raffination von Metallen eingesetzt wird. Für Silicium können Reinheiten bis zu 99,9999999 % erreicht werden.

Durch fraktionierte Destillation verflüssigter Luft gewinnt man in der Technik neben den **Edelgasen** auch Sauerstoff und Stickstoff nach dem Linde-Verfahren.

Hauptgruppenelemente mittlerer Elektronegativität kommen in der Natur auch gediegen (Schwefel, Kohlenstoff) oder in Form von Gasen (z. B. Edelgase, Stickstoff) vor. **Kohlenstoff** wird in großen Lagerstätten gefunden, abgebaut und veredelt. In erster Linie wird der Rohstoff in Form von Koks zur Energiegewinnung eingesetzt. Nur ein Teil dient als Reduktionsmittel zur Herstellung von Metallen oder als Ausgangsstoff für die Erzeugung von Synthesegasen.

Ca. 20 % des **Schwefels** werden nach dem Frasch-Verfahren aus den elementaren Vorkommen gewonnen. Dabei wird mit heißem Wasserdampf (155 °C, 25 bar) der Schwefel unter Tage geschmolzen und mit Druckluft an die Erdoberfläche gepresst.

Der so geförderte Schwefel ist bereits sehr rein (ca. 99,5 %). Die Hauptmenge des Schwefels wird heute nach dem Claus-Prozess aus H_2S-haltigen Gasen (z. B. Erdgas) hergestellt.

Da Schwefel hier in der Oxidationsstufe –II vorkommt, muss er oxidiert werden. Ein Teil des Schwefelwasserstoffs wird im ersten Schritt zu Wasserdampf und Schwefeldioxid verbrannt. Die Sauerstoffzufuhr muss so eingestellt werden, dass nur die Hälfte des Schwefelwasserstoffs zu Schwefeldioxid umgesetzt wird, sodass in einem nachgeschalteten Reaktor ein Verhältnis $H_2S : SO_2$ von 2 : 1 vorliegt. Dieses Gemisch setzt man dann zu elementarem Schwefel um.

Frasch-Verfahren

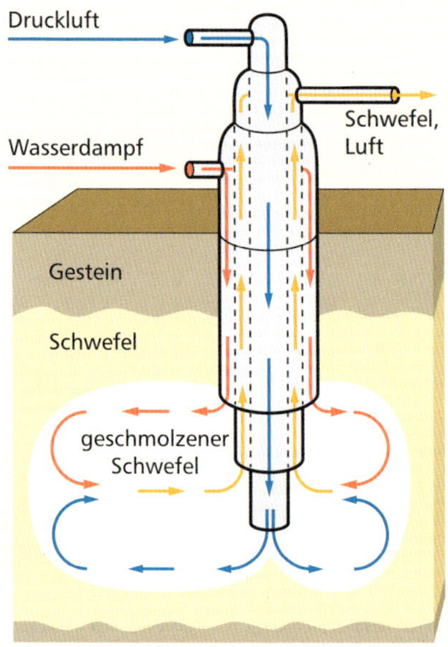

Schwefel und Schwefelverbindungen sind wichtige Ausgangsstoffe zur **Herstellung von Schwefelsäure,** Sprengstoffen, Schwefelfarbstoffen und für die Vulkanisation von Kautschuk.

$$2\,H_2S + 3\,O_2 \longrightarrow 2\,SO_2 + 2\,H_2O$$

$$2\,H_2S + SO_2 \longrightarrow 3\,S + 2\,H_2O$$

Zur Herstellung der anderen elektronegativen Elemente der VI. bis VII. Hauptgruppe ist ebenfalls eine **Oxidation** der Ausgangsstoffe (z. B. NaCl) erforderlich. Auch hier unterscheidet man zwischen chemischer und anodischer Oxidation.

Besonders elektronegative Nichtmetalle wie Fluor oder Chlor werden elektrolytisch, entweder aus Schmelzen (Fluor) oder aus wässrigen Lösungen (Chlor, ↗ S. 430) hergestellt. In der Technik werden aber wegen der hohen Energiekosten der Elektrolyse auch chemische Oxidationsmittel eingesetzt und auf diese Weise z. B. Chlor und Brom gewonnen.

Chlor und Chlorverbindungen dienen als Grundstoffe zur Herstellung vieler Chemieprodukte z. B. halogenierter Kohlenwasserstoffe oder **PVC,** die trotz ökologischer Probleme auch heute noch benötigt werden.

$$4\,HCl + O_2 \longrightarrow 2\,H_2O + 2\,Cl_2$$

$$2\,KBr + Cl_2 \longrightarrow Br_2 + 2\,KCl$$

Eigenschaften und Verwendung ausgewählter s- und p-Block-Elemente

Elemente	Eigenschaften	Jahresproduktion und Verwendung
Wasserstoff	brennbares Gas, reduzierend, bildet mit O_2 Knallgas	– Synthese von NH_3 (mehr als 100 Mt/a) – Hydrierung von Kohle und Erdöl – Reduktionsmittel in der Metallurgie – als Heizgas
Natrium	silberweißes, weiches Metall sehr leicht oxidierbar, reagiert spontan mit Wasser, ϑ_s = 97,8 °C	– ca. 100 kt/a – Synthese von Natriumamid $NaNH_2$ und Natriumperoxid Na_2O_2 – als Kühlmittel in Kernkraftwerken
Magnesium	silberglänzendes, leicht oxidierbares Leichtmetall	– ca. 550 kt/a zur Herstellung von Legierungen für den Fahrzeugbau
Aluminium	Leichtmetall mit hoher mechanischer Festigkeit und korrosionsbeständiger Oxidschicht aus Al_2O_3	– mit 25 Mt/a wichtigstes Nichteisenmetall – Fahrzeug- und Flugzeugbau – Bestandteil vieler Legierungen – Bauindustrie
Silicium	reaktionsträges, hochschmelzendes Halbmetall, elektrisch halbleitend	– 4 Mt/a, davon ca. 20 kt/a Reinstsilicium – Halbleiter und Solarzellentechnologie – überwiegend als Legierungsbestandteil von Ferrosilicium und zur Synthese von Siliconen (↗ S. 398)
Stickstoff	reaktionsträges Gas, stabile N_2-Moleküle	– mehr als 100 Mt/a zur Ammoniaksynthese – Grundstoff zur Herstellung von Stickstoffdüngemitteln, z. B. Kalkstickstoff $CaCN_2$ – als Schutzgas und flüssiges Kühlmittel
Sauerstoff	oxidierendes Gas, stabile O_2-Moleküle, Ozon (O_3) als zweite Modifikation	– über 100 Mt/a – Erzeugung hoher Temperaturen, z. B. in der Stahlindustrie – wichtigstes chemisches Oxidationsmittel
Schwefel	brennbares Nichtmetall, bildet SO_2, das mit weiterem O_2 zu SO_3 reagiert	– ca. 55 Mt/a – Herstellung von Schwefelsäure H_2SO_4 – zur Vulkanisation und im Straßenbau
Halogene	oxidierend wirkende Nichtmetalle, bestehen aus reaktiven X_2-Molekülen (X = F, Cl, Br, I)	– mehr als 35 Mt/a Chlor und 20 kt/a Fluor – zur Herstellung von Kunststoffen, z. B. PVC oder PTFE (Teflon®) – chemische Oxidationsmittel, z. B. zur Synthese halogenorganischer Verbindungen – als Bleich- und Desinfektionsmittel
Edelgase	reaktionsträge Gase mit geringer Dichte	– Inert- und Schutzgas im Labor (Ar), Füllgases für Lampen (Ne), Füllgas für Ballone (He)

8.1.2 Verbindungen der Hauptgruppenelemente

So wie sich atomare, physikalische und chemische Eigenschaften der Elemente im PSE (↗ S. 67 ff.) periodisch ändern, wird auch bei den Verbindungen der s- und p-Elemente ein periodischer Gang der physikalischen und chemischen Eigenschaften festgestellt. Das soll anhand der Wasserstoff-, Sauerstoff- und Halogenverbindungen gezeigt werden.
Die Eigenschaften der Verbindungen ergeben sich aus ihrer Struktur und damit letztlich der **Valenzelektronenkonfiguration** der Elemente. Die Zahl der möglichen kovalenten Bindungen, die von einem Element ausgehen, entspricht der Zahl der halbbesetzten Atomorbitale. Durch Entkopplung gepaarter Elektronen und Einbau derselben in leere, energetisch höher liegende Orbitale derselben Hauptquantenzahl (Promotion, ↗ S. 85) werden angeregte Valenzzustände erzeugt.
Diese Promotion der Elektronen bedarf jedoch einer zusätzlichen Energie, die durch die dadurch möglichen zusätzlichen E–X-Bindungen mindestens aufgebracht werden muss. Deshalb erfolgt die Entkopplung nur dann, wenn das jeweilige Element mit einem Bindungspartner genügend starke Bindungen ausbildet.

▶ Die nebenstehende Betrachtung lässt Aussagen zur Wertigkeit der Elemente in kovalenten Verbindungen zu. Aber auch in salzartigen Verbindungen entspricht die maximale Wertigkeit der Kationen der Elemente der I. bis III. Hauptgruppe exakt ihrer Hauptgruppennummer.

Hauptgruppe	Valenzelektronenbesetzung s	Valenzelektronenbesetzung p	mögliche Valenzzustände s	mögliche Valenzzustände p	mögliche Valenzzustände d	Stöchiometrie der Oxide, Hydride und Halogenide (X)
I	[↑]	[| |]	[↑]	[| |]		E_2O, EH, EX
II	[↑↓]	[| |]	[↑]	[↑| |]		EO, EH_2, EX_2
III	[↑↓]	[↑| |]	[↑↓] [↑]	[↑| |] [↑|↑|]		E_2O, EH, EX E_2O_3, EH_3, EX_3
IV	[↑↓]	[↑|↑|]	[↑↓] [↑]	[↑|↑|] [↑|↑|↑]		EO, EH_2, EX_2 EO_2, EH_4, EX_4
V	[↑↓]	[↑|↑|↑]	[↑↓] [↑]	[↑|↑|↑] [↑|↑|↑]	[| | | |] [↑| | | |]	E_2O_3, EH_3, EX_3 E_2O_5, EX_5*
VI	[↑↓]	[↑↓|↑|↑]	[↑↓] [↑↓] [↑]	[↑↓|↑|↑] [↑|↑|↑] [↑|↑|↑]	[| | | |] [↑| | | |] [↑|↑| | |]	EO, EH_2, EX_2 EO_2, EX_4* EO_3, EX_6*
VII	[↑↓]	[↑↓|↑↓|↑]	[↑↓] [↑↓] [↑↓] [↑]	[↑↓|↑↓|↑] [↑↓|↑|↑] [↑|↑|↑] [↑|↑|↑]	[| | | |] [↑| | | |] [↑|↑| | |] [↑|↑|↑| |]	E_2O, EH, EX E_2O_3, EX_3 E_2O_5, EX_5* E_2O_7, EX_7*

* Diese Zusammensetzungen sind nur mit Elementen ab der III. Periode und bevorzugt mit den jeweils schwersten Elementen der Gruppe für X = F möglich.

Das trifft für die kleinen Sauerstoffatome sowie die Halogene, insbesondere das kleine Fluoratom, zu. Deshalb bildet ein Element die höchste Zahl von kovalenten Bindungen entweder mit Sauerstoff- oder Fluoratomen aus. Mit Wasserstoff und den größeren Halogenen sind die Bindungen schwächer, sodass die höchste Wertigkeit eines Elements in solchen Verbindungen zunehmend unwahrscheinlicher wird.

Element-Wasserstoff-Verbindungen

> **Element-Wasserstoff-Verbindungen** der Zusammensetzung EH_x (E – Element) sind binäre Verbindungen, in denen Wasserstoff unterschiedlich an die Elemente gebunden sein kann.

Element-Wasserstoff-Verbindungen werden auch Hydride genannt. Das gilt aber streng genommen nur für die Verbindungen, in denen der Wasserstoff der elektronegativere Bindungspartner ist und eine negative Oxidationszahl aufweist.

Mit den elektropositiven Metallen der I. bis II. Hauptgruppe bildet Wasserstoff salzartige Feststoffe und liegt im Ionengitter in Form von negativ geladenen Hydrid-Ionen (H^-) vor.
Die Mehrzahl der Hauptgruppenelemente ist jedoch etwas elektronegativer als Wasserstoff und bildet Molekülverbindungen wie Methan, Ammoniak oder die Halogenwasserstoffe. Die Bindungen zwischen den Atomen sind polar kovalent, wobei die Wasserstoffatome positive Partialladungen tragen.
Allerdings kann kein Element mehr als vier Wasserstoffatome binden. Das liegt zum einen daran, dass die Elemente der 2. Periode (Hauptquantenzahl $n = 2$) ohnehin maximal vier kovalente Bindungen ausbilden können. Die Elemente der höheren Perioden stellen aber auch nur die ungepaarten p-Elektronen für die Element-Wasserstoff-Bindung zur Verfügung. Die Entkopplung und Promotion der Elektronen der doppelt besetzten Orbitale erfordert Energie, die durch die Bildung der Element-Wasserstoff-Bindung nicht wieder zurückgewonnen wird.
Die Wechselwirkungen (↗S. 105) zwischen den Molekülen der kovalenten Element-Wasserstoff-Verbindungen sind oft schwach, sodass viele dieser Verbindungen leicht flüchtig (H_2S, CH_4) sind.

Nach den Nomenklaturrichtlinien tragen gesättigte Wasserstoffverbindungen die Endung „-an“.

ausgewählte Element-Wasserstoff-Verbindungen

Formel	**LiH**	**CH_4**	**H_2O**	**HF**
Name	Lithiumhydrid	Methan	Wasser	Fluorwasserstoff
Bindungsart	ionisch	kovalent	polar-kovalent	polar-kovalent
Struktur	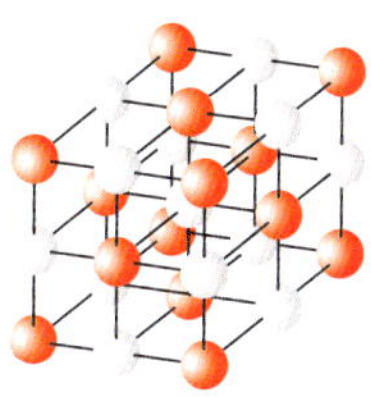	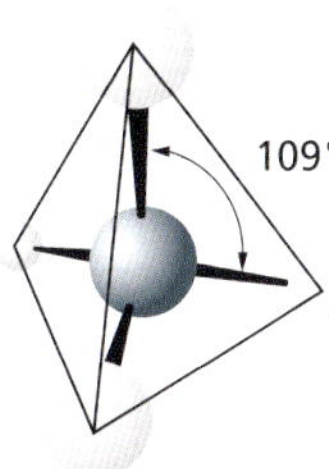	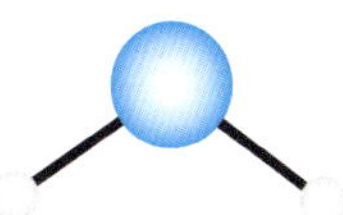	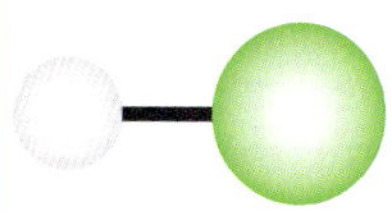

Besondere Bindungsverhältnisse liegen in den Boranen vor. Da Bor mit seinen drei Valenzelektronen nur drei H-Atome binden kann, liegt am Bor kein Elektronenoktett vor. Man spricht von Elektronenmangelverbindungen.

Bei den Wasserstoffverbindungen der stark elektronegativen Elemente (HF, H_2O und NH_3) ist die Flüchtigkeit deutlich geringer, weil Wasserstoffbrückenbindungen (↗S. 106) die intermolekularen Wechselwirkungen erhöhen.
Viele Element-Wasserstoff-Verbindungen sind gegen Wasser nicht beständig. Ionische Hydride zersetzen sich in einer Redoxreaktion unter Freisetzung von Wasserstoff und Bildung basischer Lösungen.

$$Ca\overset{-I}{H}_2 + 2\,\overset{I}{H}_2O \longrightarrow Ca^{2+} + 2\,O\overset{I}{H}^- + 2\,\overset{0}{H}_2$$

Polar-kovalente Element-Wasserstoff-Bindungen werden durch Wasser gespalten. Bei dieser **Hydrolyse** lagert sich die OH-Gruppe des Wassermoleküls an das Atom mit der positiven Partialladung und das Wasserstoffatom an das Atom mit der negativen Partialladung. Je größer die Polarität der kovalenten Bindung, desto leichter erfolgt die Hydrolyse. Die schwach polaren Bindungen im Methan werden durch Wasser erst bei 1400 °C, mit Nickel als Katalysator bei 800 °C gespalten.

$$CH_4 + H_2O \longrightarrow CO + 3\,H_2 \qquad \Delta_R H^0 = +206\ kJ \cdot mol^{-1}$$

Element-Wasserstoff-Verbindungen gehen in Abhängigkeit von der Polarität der E–H-Bindung unterschiedliche **Reaktionen mit Wasser** ein.

Außerdem können die Wasserstoffverbindungen der Nichtmetalle der s- und p-Block-Elemente als Protonenakzeptoren oder -donatoren reagieren. Im Ergebnis unterschiedlicher Protolysereaktionen (↗S. 185) können saure oder basische wässrige Lösungen gebildet werden. Bei der Protolyse ändern sich die Oxidationszahlen nicht.

$$HCl + H_2O \longrightarrow H_3O^+ + Cl^- \quad \text{(saure Reaktion)}$$

$$NH_3 + H_2O \longrightarrow NH_4^+ + OH^- \quad \text{(basische Reaktion)}$$

Element-Sauerstoff-Verbindungen

> **Oxide** sind binäre **Element-Sauerstoff-Verbindungen** der Zusammensetzung E_xO_y (E – Element) mit Sauerstoff als elektonegativerem Bestandteil der Verbindung.

Fluor ist das elektronegativste Element im PSE (↗S. 484). Deshalb werden Fluor-Sauerstoff-Verbindungen als Sauerstofffluoride aufgefasst.

Bei den **ionischen Oxiden** der elektropositiven Metalle der I. bis III. Hauptgruppe bilden die Oxid-Ionen ein dicht gepacktes Gitter (↗S. 97). In die Lücken dieser Anionenpackung werden die kleineren Kationen eingebaut. Infolge der starken ionischen Bindung und der dichten Packung sind die Festkörperstrukturen sehr stabil.

Korundstruktur von Al_2O_3

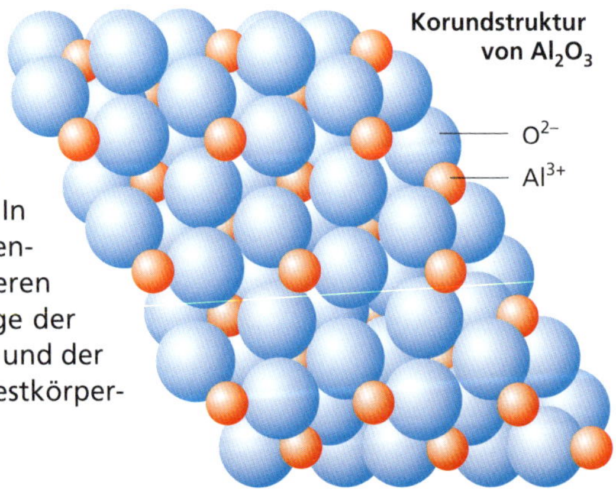

Ein Beispiel ist der **Korund,** eine Modifikation des Aluminiumoxids, die sich durch eine große Härte und chemische Beständigkeit auszeichnet. Korund dient als Ausgangsmaterial für feuerfeste Keramiken und zur Herstellung von Schleif- und Poliermitteln.
Die Metalloxide der I. und II. Hauptgruppe reagieren mit Wasser ausschließlich basisch, weil die Bindung zwischen den Metall-Ionen und Oxid-Ionen polarer ist als die O–H-Bindung der bei der Protolyse gebildeten Hydroxid-Ionen (↗ S. 195).

Mit den Elementen der I. und II. Hauptgruppe werden außer den normalen Oxiden auch Peroxide gebildet mit Sauerstoff in der Oxidationsstufe –I.
z. B. $\overset{\mathrm{I}}{H}_2\overset{\mathrm{-I}}{O}_2$, $\overset{\mathrm{II}}{Ba}\overset{\mathrm{-I}}{O}_2$

■ $CaO + H_2O \longrightarrow Ca^{2+} + 2\,OH^-$

$Na_2O + H_2O \longrightarrow 2\,Na^+ + 2\,OH^-$

Die Basizität der Oxide und der Ionencharakter der chemischen Bindung nehmen mit der innerhalb einer Periode des PSE ansteigenden Elektronegativität der s- und p-Elemente ab. Viele Sauerstoffverbindungen der Elemente der III. bis V. Hauptgruppe sind amphoter, d. h., sie können sowohl als Säuren als auch als Basen reagieren.

■ $SiO_2 + 4\,HF \longrightarrow SiF_4 + 2\,H_2O$

$SiO_2 + 2\,NaOH \longrightarrow Na_2SiO_3 + H_2O$

Viele schwerere Elemente der III. bis V. Hauptgruppe bilden wie SiO_2 feste Oxide mit stabilen polymeren Strukturen.

Kovalente Oxide werden dagegen überwiegend von den Nichtmetallen der IV. bis VII. Hauptgruppe gebildet. Sie zeigen oft nur geringe intermolekulare Wechselwirkungen und kommen deshalb meist gasförmig (CO, SO_2) und nur selten als Feststoffe (P_4O_{10}) vor.
Viele kovalente Oxide verfügen über Element-Sauerstoff-Mehrfachbindungen oder es liegen Sauerstoffbrücken zwischen den Atomen der Elemente vor. Ihre Stabilität hängt von der Polarität der E–O-Bindung und dem Oxidationszustand des Elements ab. Da sie bei der Umsetzung mit Wasser Säuren bilden, werden diese Oxide auch als saure Oxide oder **Säureanhydride** bezeichnet.

■ $SO_3 + 3\,H_2O \longrightarrow 2\,H_3O^+ + SO_4^{2-}$

$Cl_2O_7 + 3\,H_2O \longrightarrow 2\,H_3O^+ + 2\,ClO_4^-$

Um die stabile Edelgaskonfiguration des Neons zu erreichen, nimmt Sauerstoff als Element der VI. Hauptgruppe fast immer 2 Elektronen auf und ist deshalb zweiwertig. Ein und dasselbe Hauptgruppenelement kann jedoch mehrere Oxide unterschiedlicher Struktur und Eigenschaften bilden. Die höchste Oxidationsstufe, die s- und p-Elemente in ihren Oxiden erreichen, entspricht ihrer Hauptgruppennummer.

Auch das wichtigste aller Oxide, das Wasser, ist ein amphoteres Oxid (↗ S. 197). Die außergewöhnlichen Eigenschaften des Wassers sind auf den Dipolcharakter des Wassermoleküls und die Ausbildung von Wasserstoffbrückenbindungen (↗ S. 106) zurückzuführen.

■ **Oxide des Stickstoffs**

$\overset{\mathrm{I}}{N}_2\overset{\mathrm{-II}}{O}$	$\overset{\mathrm{II}}{N}\overset{\mathrm{-II}}{O}$	$\overset{\mathrm{IV}}{N}\overset{\mathrm{-II}}{O}_2$	$\overset{\mathrm{V}}{N}_2\overset{\mathrm{-II}}{O}_5$
Distickstoffmonooxid	Stickstoffmonooxid	Stickstoffdioxid	Distickstoffpentoxid

8

Eigenschaften und Bedeutung ausgewählter Oxide

Oxid	Eigenschaften	Bedeutung
Wasser H_2O	– farblose Flüssigkeit – polare Molekülstruktur mit Wasserstoffbrückenbindungen – Anomalie des Wassers, größte Dichte bei 4 °C – amphoter, unterliegt der Autoprotolyse (↗ S. 186)	– wichtigstes Lösungsmittel in der Chemie, unterschiedliche Reaktionen mit Stoffen – als Nahrungsmittel (Trinkwasser) notwendig für biochemische Reaktionen – ökologisch bedeutsam als Lebensraum von Organismen – natürliches Treibhausgas (Klimafaktor)
Calciumoxid CaO	– hoch schmelzendes Oxid – löst sich exotherm unter Bildung von $Ca(OH)_2$ in Wasser	– erhältlich durch Brennen von $CaCO_3$ – in der Baustoffindustrie Umsetzung zu $Ca(OH)_2$ (Löschkalk)
Aluminiumoxid Al_2O_3	– hoch schmelzender Feststoff – große Härte und Stabilität – amphoteres Oxid	– Ausgangsstoff zur Herstellung von Aluminium – Schleif- und Poliermittel – wichtiger Grundstoff für viele Keramiken (↗ S. 402) – Einsatz als Katalysator
Kohlenstoff-monooxid CO	– farbloses, giftiges Gas – Redoxamphoter im Boudouard-Gleichgewicht: $\overset{0}{C} + \overset{IV}{C}O_2 \rightleftharpoons 2\overset{II}{C}O$	– Reduktionsmittel in der Technik – Ausgangsstoff zur Darstellung organischer Verbindungen
Kohlenstoffdioxid CO_2	– farbloses Gas – unter Druck löslich in Wasser – schwach saure wässrige Lösung – sublimiert bei –70 °C	– entsteht bei der Atmung, Gärung und Verbrennung fossiler Brennstoffe – Luftbestandteil, Treibhausgas – Feuerlöschmittel und Kältemittel
Siliciumdioxid SiO_2	– farbloser Feststoff, mehrere Modifikationen – amphoteres Oxid	– Ausgangsmaterial zur Herstellung von Glas und anderen Baustoffen – Einsatz als Katalysator
Stickstoffdioxid NO_2	– braunes, toxisches Gas – saure Reaktion mit Wasser – radikalische Molekülstruktur – wirkt oxidierend	– in Abgasen von Kraftfahrzeugen und Flugzeugen – Treibhausgas und Ozonkiller – Herstellung von Salpetersäure und organischen Nitroverbindungen
Schwefeldioxid SO_2	– farbloses, giftiges, stechend riechendes Gas – reduzierende Wirkung – bildet saure wässrige Lösungen	– Ausgangsstoff zur Herstellung von Schwefelsäure und Gips – als Industrieabgas Bestandteil des sauren Regens

Element-Halogen-Verbindungen

> Verbindungen der Elemente der VII. Hauptgruppe mit stärker elektropositiven Elementen nennt man **Halogenide.**

Bei den Metallfluoriden ist die Gitterenergie ΔE_G höher als bei den anderen Metallhalogeniden:

NaF:	909 $kJ \cdot mol^{-1}$
NaCl:	788 $kJ \cdot mol^{-1}$
NaBr:	737 $kJ \cdot mol^{-1}$
NaI:	687 $kJ \cdot mol^{-1}$

Halogenatome nehmen bei der Verbindungsbildung fast immer ein Elektron auf und sind deshalb meist einwertig. Im elementaren Zustand wirken Halogene als Oxidationsmittel, sodass s- und p-Block-Elemente bei der Bildung von Halogeniden – insbesondere Fluor – ihre höchste, der Hauptgruppennummer entsprechende Wertigkeit erreichen.
Wie schon bei den Element-Wasserstoff-Verbindungen und den Oxiden hängen Struktur und Eigenschaften der Halogenide maßgeblich von der Elektronegativitätsdifferenz zwischen Hauptgruppenelement und Halogen ab. Die elektropositiven s- und p-Elemente der I. und II. Hauptgruppe bilden hauptsächlich ionische Verbindungen, z. B. NaCl oder CaF_2. Infolge der starken ionischen Bindung sind die Salze fest und schwer flüchtig. Besonders stabil sind die Fluoride, da die Fluorid-Ionen die kleinsten Halogenid-Ionen sind und deshalb die **Gitterenergie** (↗S. 98) besonders hoch ist. So kommt z. B. kristallines Calciumfluorid, CaF_2, in beträchtlichen Mengen in der Natur vor und hat eine Schmelztemperatur von 1418 °C.

CaF_2-Kristall

Das Verhalten gegenüber Wasser ist unterschiedlich. Viele Chloride, Bromide und Iodide sind gut in Wasser löslich (z. B. KBr, NaCl, $CaCl_2$), wobei sich von Wassermolekülen umgebene hydratisierte Kationen und Anionen bilden.
Andere Ionenkristalle besitzen eine hohe Gitterenergie, sodass die bei der **Hydratation** der Ionen frei werdende Energie (Hydratationsenthalpie, ↗S. 100) nicht ausreicht, um das Ionengitter zu zerstören. Solche Halogenide wie CaF_2 oder AlF_3 sind in Wasser schwer löslich.

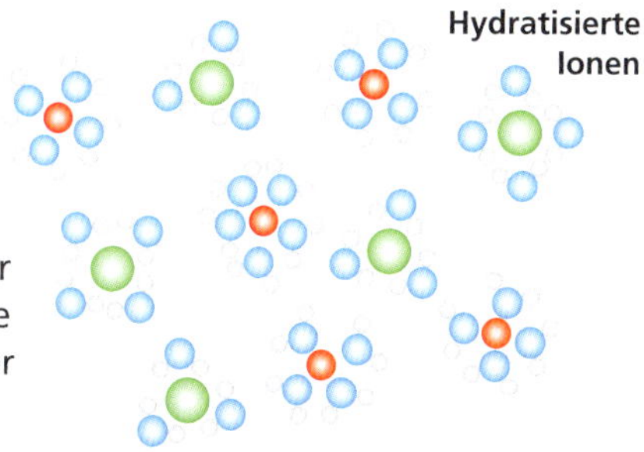

Die Hydratation ist eine weitere **Reaktion mit Wasser.** Manche Halogenide kristallisieren aus der wässrigen Lösung in Form von Hydraten aus, d. h., dass im festen Aggregatzustand Wassermoleküle meist an den Kationen gebunden sind.

Halogenverbindungen der s- und p-Block-Elemente

Hauptgruppe	H	I	II	III	IV	V	VI	VII
Valenzelektronenkonfiguration	s^1	s^1	s^2	$s^2\,p^1$	$s^2\,p^2$	$s^2\,p^3$	$s^2\,p^4$	$s^2\,p^5$
Beispiele	HF HCl	LiF NaI KCl	$MgCl_2$ CaF_2 BaF_2	BCl_3 AlF_3 $AlCl_3$	CCl_4 SiF_4 $SiCl_4$ $SnCl_2$	NF_3 PCl_5 $BiCl_3$	OF_2 SCl_2 SF_4 SF_6	BrCl ClF_3 IF_5 IF_7

Die räumliche Molekülstruktur ermittelt man mithilfe des **Elektronenpaarabstoßungsmodells** oder der VB-Theorie.

Kovalente Halogenverbindungen werden vor allem von den elektronegativeren Elementen der IV. bis VII. Hauptgruppe gebildet. Ähnlich wie bei den Oxiden kann ein und dasselbe Element kovalente Halogenide unterschiedlicher Zusammensetzung EX_n bilden. Die räumliche Molekülstruktur ergibt sich aus der Hybridisierung des Elementatoms und der Anzahl der gebundenen Halogenatome.

Hybridisierung und Molekülstruktur

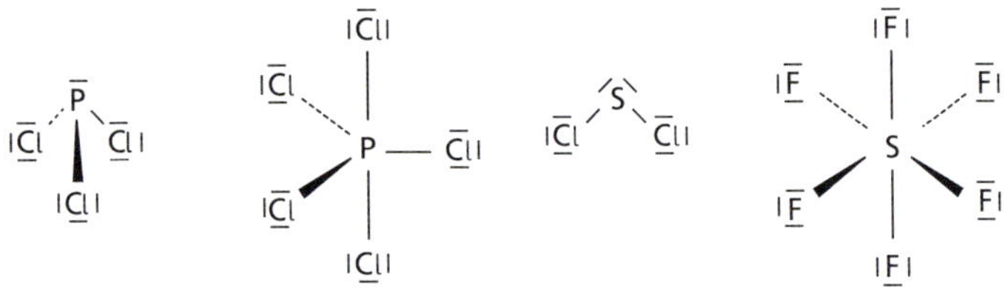

sp³	sp³d	sp³	sp³d²
trigonal-pyramidal	trigonal-bipyramidal	gewinkelt	oktaedrisch

Die Stabilität dieser Molekülverbindungen hängt hauptsächlich von der Stärke der E–X-Bindung, von ihrer Polarität und vom Oxidationszustand des Elements ab. Besonders stabil sind Element-Fluorverbindungen, da die Überlappung der Atomorbitale zur Bindungsbildung mit den kleinen Fluoratomen besonders effektiv ist.

Bindungsenthalpien kovalenter E–X-Bindungen in $kJ \cdot mol^{-1}$

E \ X	F	Cl	Br	I
C	489	339	285	214
H	567	431	366	297

Werden die Element-Halogen-Bindungen durch die Halogenatome abgeschirmt, so erfolgt die Hydrolyse langsam oder erst bei höheren Temperaturen (CCl_4, SF_6).

Je polarer die kovalenten E–X-Bindungen sind, umso größer ist ihre Hydrolyseanfälligkeit. Dipolmoleküle des Wassers greifen am Elementatom mit der positiven Partialladung an. Es entsteht eine Element-Sauerstoff-Bindung und ein Halogenwasserstoffmolekül wird abgegeben. Bei der Hydrolyse der polar-kovalenten Halogenverbindungen ändern sich die Oxidationszahlen der Atome nicht.
Im Ergebnis der Bildung von Halogenwasserstoffen reagieren hydrolysierbare Halogenverbindungen in Wasser sauer.

$$BCl_3 + 3\,H_2O \longrightarrow H_3BO_3 + 3\,HCl$$

$$SiCl_4 + 2\,H_2O \longrightarrow SiO_2 + 4\,HCl$$

$$PCl_5 + 4\,H_2O \longrightarrow H_3PO_4 + 5\,HCl$$

Im Gegensatz zu den festen Metallsalzen liegen kovalente Halogenverbindungen bei Raumtemperatur als Gase (z. B. SF_6, HCl) oder als Flüssigkeiten (z. B. CCl_4, $SiCl_4$) vor. Die Ursache liegt darin, dass die Wechselwirkungen zwischen den jeweiligen Molekülen meist relativ schwach sind.

Vorkommen und technische Bedeutung der Halogenide

Die ionischen Halogenide sind in großen Mengen in der Natur als Rohstoffe verfügbar. Alkali- und Erdalkalimetallhalogenide sind in riesigen Salzlagerstätten vorhanden und können in fast reiner Form abgebaut werden.
Auch das Salzwasser der Ozeane enthält Natrium- und Magnesiumchlorid in hoher Konzentration.

1 Tonne Meerwasser enthält im Durchschnitt 27 kg NaCl, sodass Kochsalz auch durch Meerwasserentsalzung gewonnen werden kann.

Die technische Bedeutung der leicht verfügbaren Halogenide ist groß, werden doch aus diesen wichtige Folgeprodukte der chemischen Industrie gewonnen.

Vorkommen und technische Bedeutung der Halogenide

Mineral	Folgeprodukte
NaCl (Steinsalz)	Natrium, Chlor, Natriumhydroxid, Wasserstoff, Chlorate, Perchlorate, Bleichlaugen, Natriumcarbonat (Soda), chlorhaltige organische Verbindungen
KCl (Sylvin)	Kalium, Kalidünger, Kaliumcarbonat (Pottasche)
CaF_2 (Flussspat)	Fluorwasserstoff, Fluor, fluorhaltige anorganische und organische Verbindungen
$KBr \cdot MgBr_2 \cdot 6\,H_2O$ (Bromcarnallit)	Brom und bromhaltige Folgeprodukte

Fluorapatit, $Ca_5(PO_4)_3(F)$, ist gegen die im Mund entstehende Milchsäure beständig. Fluoridhaltige Zahnpasten oder Speisesalze bilden diese Verbindung aus dem im Zahnschmelz vorhandenen Hydroxylapatit, $Ca_5(PO_4)_3(OH)$, und beugen so der Entstehung von Karies vor.

Auch kovalente Halogenverbindungen der s- und p-Elemente werden in der Praxis vielfältig genutzt. So dienen halogenierte Kohlenwasserstoffe ($CHCl_3$, CCl_4) als Lösungsmittel. Wegen ihrer Toxizität müssen sie in geschlossenen Kreisläufen eingesetzt werden. Polytetrafluorethen (Teflon®) ist ein hochwertiges Polymer (↗ S. 377), das als Bau- und Werkstoff Verwendung findet.
Wegen ihrer ozonzerstörenden Wirkung (↗ S. 448) ist die Anwendung von Fluorchlorkohlenwasserstoffen (FCKW) als Kältemittel, als Zusatzstoff in der Baustoffindustrie und als Treibgas weltweit verboten. Die FCKW wurden durch weniger gefährliche, nur teilweise fluorierte Kohlenwasserstoffe oder durch Gemische von Kohlenwasserstoffen (Alkane oder Alkene) ersetzt.
Andere Halogenide wie XeF_2, PCl_5 oder ClF_3 dienen in Labor und Technik als Halogenüberträger bei der Synthese oder als Katalysatoren in der organisch-chemischen Industrie (z. B. BF_3, $AlCl_3$, ↗ S. 303).
Schwefel(VI)-fluorid, SF_6, wird aufgrund seiner thermischen und elektrischen Eigenschaften als Isolator in Hochspannungsschaltanlagen und zur thermischen Isolierung verwendet.

Interhalogene sind Verbindungen verschiedener Halogene untereinander. Auch von **Edelgasen** sind Halogenverbindungen und Oxide bekannt, die jedoch in Natur und Technik nur von geringer Bedeutung sind.

Hauptgruppenelemente und Verbindungen

- Hauptgruppenelemente besitzen ausschließlich s- und p-Elektronen als Valenzelektronen, die die chemischen Eigenschaften der Elementsubstanzen bestimmen.

- Die maximale Zahl an möglichen Bindungen entspricht der Hauptgruppennummer. Da sie nur über vier Valenzorbitale verfügen, können Elemente der zweiten Periode maximal vier Bindungen ausbilden.

- Die wichtigsten Verbindungen der Hauptgruppenelemente sind die verschiedenen Wasserstoff-, Sauerstoff- und Halogenverbindungen.

- Der ionische Charakter der Verbindungen nimmt von der I. zur VIII. Hauptgruppe ab. Innerhalb einer Hauptgruppe nimmt der ionische Charakter der Verbindungen mit der Ordnungszahl der Elemente zu.

8

Stoffklasse	Ionische Verbindungen	Kovalente Verbindungen
Element-Wasserstoff-Verbindungen EH_x	Hydride der I. und II. Hauptgruppe – salzartige Feststoffe – reagieren mit Wasser unter Freisetzung von Wasserstoff	Molekülverbindungen der III. bis VII. Hauptgruppe – Gase oder relativ leicht flüchtige Flüssigkeiten – können mit Wasser sauer oder basisch reagieren
Element-Sauerstoff-Verbindungen E_xO_y	– Oxide der I. bis III. Hauptgruppe (Ausnahme Wasser) – salzartige, stabile Feststoffe – reagieren mit Wasser basisch	– Oxide der IV. bis VII. Hauptgruppe – meist gasförmig, selten fest – bilden mit Wasser häufig Säuren, der saure Charakter nimmt mit der Hauptgruppennummer zu
Element-Halogen-Verbindungen EX_y X: F, Cl, Br, I	– Halogenide der I. bis III. Hauptgruppe (Ausnahme: Halogen-Wasserstoff-Verbindungen) – salzartige, stabile Feststoffe – unterscheiden sich in ihrer Löslichkeit in Wasser	– Molekülverbindungen der III. bis VII. Hauptgruppe – können gasförmig, flüssig oder fest sein – hydrolysieren in Wasser unter Bildung saurer Element-Wasserstoff-Verbindungen

Wissenstest 8A abrufbar auf **www.lernhelfer.de** oder mit der Lernhelfer-App

8.2 Chemie der Nebengruppenelemente

8.2.1 Vorkommen und Darstellung der d-Block-Elemente

Die d-Block-Elemente sind Metalle, die in der Natur meist an Sauerstoff (oxidische Erze) oder an Schwefel (sulfidische Erze) gebunden vorkommen. Nur wenige edle Metalle wie Gold, Quecksilber oder Platin liegen auch in elementarer Form (gediegen) vor.
Der Metallgehalt der Erze ist sehr unterschiedlich, nur einige Nebengruppenelemente wie Eisen oder Kupfer bilden reichhaltige Vorkommen. Die Erze enthalten fast immer große Mengen Sand oder wertloses Nebengestein, das Gangart genannt wird und vor der eigentlichen Synthese durch Erzaufbereitung abgetrennt werden muss.

Die Erzaufbereitung umfasst die Trennung der Metalloxide bzw. -sulfide von der Gangart hauptsächlich durch physikalische Trennmethoden.

Die Gewinnung der Nebengruppenmetalle aus ihren Erzen erfolgt in drei Stufen:
1. der Anreicherung durch Erzaufbereitung
2. der Synthese des Rohmetalls
3. der Raffination oder Veredelung des Rohmetalls

Prinzipiell sind zur Synthese der Rohmetalle die gleichen Verfahren einsetzbar wie bei den Hauptgruppenelementen. Da die Nebengruppenmetalle in Sulfiden und Oxiden positive Oxidationszahlen aufweisen, basieren alle Syntheseverfahren auf Reduktionsprozessen. Die Rohmetalle gewinnt man in der Regel durch chemische Reduktion, d.h. durch Umsetzung mit Kohlenstoff, Wasserstoff oder unedleren Metallen.

Da die natürlichen Ressourcen mit Ausnahme des Eisens begrenzt sind, gewinnt die Wiederaufarbeitung metallhaltiger Abfälle, z.B. von Elektronikschrott, immer mehr an Bedeutung.

Synthese von Nebengruppenelementen

chemische Reduktion

- mit Kohlenstoff bzw. Kohlenstoffmonooxid
  $NiO + C \longrightarrow Ni + CO$
- mit Wasserstoff
  $WO_3 + 3\,H_2 \longrightarrow W + 3\,H_2O$
- mit unedleren Metallen
  $V_2O_5 + 5\,Ca \longrightarrow 2\,V + 5\,CaO$

elektrochemische Reduktion

- aus wässrigen Lösungen, z.B. Kupferelektrolyse
  $Cu^{2+} + 2\,e^- \longrightarrow Cu$
- aus Halogenidschmelzen, z.B. Scandium
  $Sc^{3+} + 3\,e^- \longrightarrow Sc$

Die teure elektrochemische Reduktion nutzt man nur in wenigen Fällen zur Synthese der Rohmetalle. Da bei der Elektrolyse jedoch sehr reines Metall erhalten wird, kommt ihr bei der **Raffination** der Metalle, z.B. beim Kupfer (↗S. 235), eine besondere Bedeutung zu.
Die abschließende Reinigung der Rohmetalle ist unbedingt notwendig, da diese noch bis zu 5 % Verunreinigungen enthalten können. Für viele Anwendungen der Nebengruppenmetalle, z.B. von Kupfer in der Elektronik oder Titanium in der Medizin, ist jedoch eine viel höhere Reinheit erforderlich.

Einige Metalle werden nicht nur gereinigt, sondern veredelt. Die Metallveredelung umfasst Verfahren zur Verbesserung der Werkstoffeigenschaften von der Legierungsbildung bis zur Oberflächenveredelung, z.B. durch **Galvanisieren.**

8

Synthese durch chemische Reduktion

Durch Umsetzung mit chemischen Reduktionsmitteln werden hauptsächlich die Metalle gewonnen, die in der Natur in Form ihrer Oxide oder Sulfide vorkommen. Der wichtigste zur Reduktion verwendete Rohstoff ist Kohlenstoff in Form von Koks. Er ist für technische Verfahren als Reduktionsmittel meist leichter zugänglich und preiswerter als Wasserstoff oder unedle Metalle.

Das Prinzip wird am Beispiel des Hochofenprozesses zur Herstellung von Eisen aus Eisenoxiden erläutert, nach dem weltweit jährlich mehr als 600 Mt Roheisen hergestellt werden. Nach dem gleichen Grundprinzip werden auch die Metalle Nickel, Chrom und Rohkupfer gewonnen.

Sulfide und Oxide des Eisens müssen aus den Erzen abgetrennt und die Sulfide zunächst durch *Oxidation*, sogenanntes **Rösten,** in Eisen(III)-oxid überführt werden.

$$4\,FeS_2 + 11\,O_2 \longrightarrow 2\,Fe_2O_3 + 8\,SO_2$$

Zuschläge wie SiO_2 überführen immer noch vorhandene Beimengungen (z. B. CaO) in Hochofenschlacke, $CaSiO_3$, die als Nebenprodukt in der Zementindustrie verwendet wird.

Das Oxid wird gemeinsam mit Zuschlagstoffen wie Siliciumdioxid in einem Hochofen bei ca. 1 600 °C umgesetzt. Bei diesen hohen Temperaturen reagiert Kohlenstoff mit dem bei der vollständigen Verbrennung entstandenen Kohlenstoffdioxid zu Kohlenstoffmonooxid entsprechend dem Boudouard-Gleichgewicht (↗ S. 175).

$$C + CO_2 \rightleftharpoons 2\,CO \qquad \text{(Boudouard-Gleichgewicht)}$$

Das eigentliche Reduktionsmittel bei der Reduktion von Metalloxiden mit Koks bei hohen Temperaturen ist Kohlenstoffmonooxid.

$$3\,Fe_2O_3 + CO \longrightarrow 2\,Fe_3O_4 + CO_2$$

$$Fe_3O_4 + CO \longrightarrow 3\,FeO + CO_2$$

$$FeO + CO \longrightarrow Fe + CO_2$$

Der Hochofenprozess ist nur ein Teilprozess einer Folge mehrerer Verfahren zur **Herstellung von Eisen und Stahl** aus eisenhaltigen Erzen.

Das entstehende Roheisen hat einen Kohlenstoffgehalt von bis zu 4 % und wird von der leichteren, ebenfalls flüssigen Schlacke getrennt aus dem Hochofen entnommen (Abstich). Nur einen Teil des Roheisens verwendet man als Gusseisen. Bei mehr als 80 % wird der Kohlenstoffgehalt durch Oxidation und Zugabe von Eisenschrott gesenkt und das Roheisen so in Stahl (<1,7 % C) überführt. Ein Teil des Stahls wird mit weiteren Metallen legiert (↗ S. 395).

Synthese durch elektrochemische Reduktion

Durch **Elektrolyse** werden vor allem die edlen Nebengruppenmetalle dargestellt, da diese aus wässriger Lösung abgeschieden werden können. Technisch wird das Verfahren meist zur Reinigung bzw. **Raffination** von Metallen eingesetzt.

Kupfererze enthalten oft auch Silber und Gold. Sie sind jedoch arm an Metallen (< 1 % Cu) und müssen durch Erzaufbereitung angereichert (ca. 30 % Cu) werden.

Zur Elektrolyse müssen die in den Erzen enthaltenen Ausgangsverbindungen zuerst abgetrennt und in eine wasserlösliche Form überführt werden. In der Technik nutzt man das Verfahren hauptsächlich zur **Raffination von Kupfer** und anderen Edelmetallen wie Silber und Gold.

Rohkupfer muss zunächst auf chemischem Wege aus sulfidischen Kupferverbindungen hergestellt werden. Für die Synthese wird hauptsächlich Kupferkies $CuFeS_2$ eingesetzt. Diesen überführt man in mehreren Oxidationsschritten in metallisches Rohkupfer mit einem Cu-Gehalt von 94–98 %. Das Rohkupfer wird durch eine Raffinationsschmelze gereinigt, bei der unerwünschte Verunreinigungen wie Zn, Fe, Ni etc. entfernt werden. Das aus der Schmelze erhaltene Garkupfer (ca. 99 % Cu) enthält als Beimengungen noch die Edelmetalle Silber und Gold.

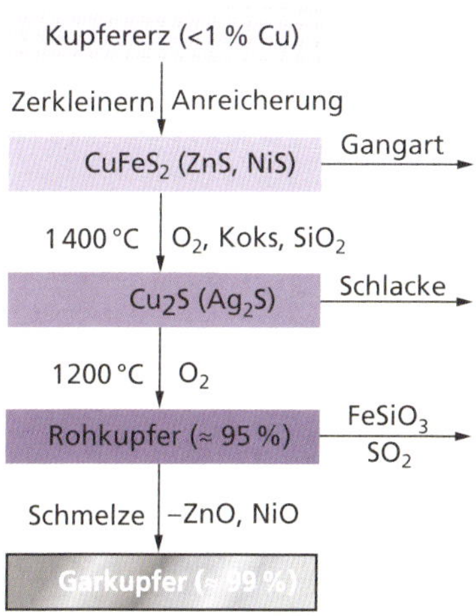

Rohkupfer kann nach verschiedenen Methoden hergestellt werden. Aufgrund der begrenzten Kupfervorkommen gewinnt das Recycling von **Kupfer** zunehmend an Bedeutung.

Zur Raffination schaltet man dieses Garkupfer als Anode in einer Elektrolysezelle. Als Katode dient ein Reinkupferblech, als Elektrolyt eine schwefelsaure $CuSO_4$-Lösung. Die Elektrolyse wird bei einer Spannung von 0,25–0,4 V durchgeführt, bei der anodisch zwar Kupfer, jedoch nicht die anderen Edelmetalle oxidiert werden. An der Katode scheidet sich dagegen hochreines Kupfer aus der Elektrolytlösung wieder ab.

Durch das Auflösen der Anode fallen die Edelmetalle auf den Boden der Zelle und können aus dem Anodenschlamm ebenfalls elektrolytisch gewonnen werden.

Elektrolytische Kupferraffination

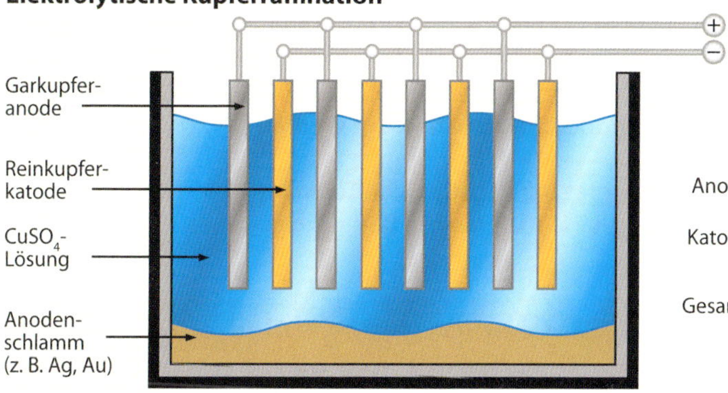

Anode: $Cu_{roh} \longrightarrow Cu^{2} + 2e^-$

Katode: $Cu^{2} + 2e^- \longrightarrow Cu_{rein}$

Gesamt: $Cu_{roh} \longrightarrow Cu_{rein}$

8

8.2.2 Eigenschaften und Verwendung von d-Block-Elementen

Elemente der 3. Gruppe (Sc, Y, La, Ac)

Die Elektronenkonfiguration der d-Block-Elemente wird durch die Nummerierung der Gruppen im Langperiodensystem (↗ S. 66) wesentlich logischer wiedergegeben als bei der veralteten Kurzperiodendarstellung.

Die Elemente der 3. Gruppe sind in der Natur weitverbreitet, aber selten angereichert. Aufgrund ihrer Valenzelektronenkonfiguration von $(n-1)d^1 ns^2$ sind sie fast immer dreiwertig, da durch Abgabe von einem d- und zwei s-Elektronen leicht die Edelgaskonfiguration erreicht wird. Die Darstellung erfolgt oft aus den Oxiden, z. B. durch **Metallothermie:**

$$Y_2O_3 + 3\,Ca \longrightarrow 3\,CaO + 2\,Y$$

Die technische Bedeutung beschränkt sich auf Spezialanwendungen wie La_2O_3 in Gläsern, Yttriumverbindungen in Farbbildröhren oder metallisches Yttrium in der Reaktortechnik.

Elemente der 4. Gruppe (Ti, Zr, Hf)

Metallothermie ist ein Verfahren zur Herstellung von Elementen durch Reduktion mit geeigneten unedleren Metallen.

Die hochschmelzenden, chemisch sehr beständigen Metalle weisen eine Valenzelektronenkonfiguration von $(n-1)d^2 ns^2$ auf und sind demzufolge meist vierwertig. Die Darstellung von **Titanium,** dem zehnthäufigsten Element der Erdkruste, erfolgt durch Metallothermie aus Titanium(IV)-chlorid und nachfolgende aufwendige Raffination.

$$TiCl_4 + 4\,Na \longrightarrow Ti + 4\,NaCl$$

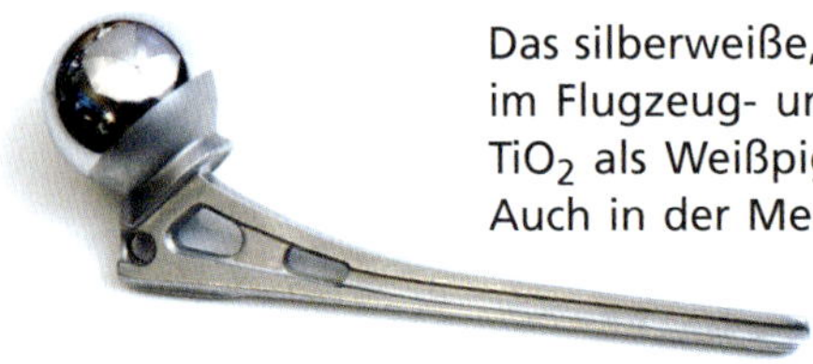

Das silberweiße, gut formbare Leichtmetall ist ein wertvoller Werkstoff im Flugzeug- und Schiffsbau. In der Farben- und Papierindustrie dient TiO_2 als Weißpigment mit einer Jahresproduktion von mehr als 15 Mt. Auch in der Medizintechnik – u. a. für die Anfertigung von Gelenkprothesen (↗ Abb.) bzw. als Zahnersatz – und im Gerätebau findet Titan viele Anwendungen.

Elemente der 5. Gruppe (V, Nb, Ta)

Beginnend mit der 4. Gruppe bilden die d-Elemente keine einfachen, hoch geladenen Kationen wie Ti^{4+} oder V^{5+}, sondern Molekülionen wie VO_4^{3-}. Hier liegen sie kovalent gebunden in hohen Oxidationsstufen vor.

Die allgemeine Valenzelektronenkonfiguration $(n-1)d^3 ns^2$ führt dazu, dass die Metalle in Verbindungen sehr oft die Oxidationszahl V aufweisen. **Vanadium** (V) kann jedoch leicht reduziert werden und dabei alle Oxidationsstufen von IV bis II durchlaufen. Die unterschiedliche Farbigkeit der dabei entstehenden Vanadiumverbindungen beruht darauf, dass die beim Vanadium verbleibenden d-Elektronen durch sichtbares Licht zu Elektronenübergängen angeregt werden.

- Wird eine schwefelsaure Lösung von Vanadat(V)-Ionen mit Zink versetzt, so erfolgt eine stufenweise Reduktion.

$$\overset{V}{[VO_2(H_2O)_4]^+} \longrightarrow \overset{IV}{[VO(H_2O)_5]^{2+}} \longrightarrow \overset{III}{[V(H_2O)_6]^{3+}} \longrightarrow \overset{II}{[V(H_2O)_6]^{2+}}$$

farblos — blau — grün — blauviolett

Vanadium wird zur Veredelung von Bau- und Federstählen eingesetzt. In der Biochemie hat es als essenzielles Spurenelement Bedeutung für einige Pflanzen und Tiere. Der Mensch benötigt täglich ca. 0,04 mg, größere Mengen wirken jedoch toxisch, weil die VO_4^{3-}-Ionen die PO_4^{3-}-Ionen ersetzen und damit den Phosphatstoffwechsel stören.

Wegen der Fähigkeit des Vanadiums, mehrere Oxidationsstufen zu durchlaufen, wird V_2O_5 als Katalysator bei der Herstellung von Schwefelsäure (↗ S. 428) verwendet.

Elemente der 6. Gruppe (Cr, Mo, W)

Auch die Metalle dieser Gruppe haben das Bestreben, durch Abgabe aller Valenzelektronen (Konfiguration: $(n{-}1)d^4ns^2$) eine Edelgaskonfiguration zu realisieren. Deshalb treten **Molybdän** und **Wolfram** überwiegend in der Oxidationsstufe VI auf. **Chrom** kann in verschiedenfarbigen Verbindungen alle Oxidationszahlen zwischen II und VI aufweisen. Die stabilste Oxidationszahl ist III, Chrom(VI)-Verbindungen wie CrO_3 und $K_2Cr_2O_7$ sind starke Oxidationsmittel und dadurch giftig.
Chrom ist ein unedles Metall ($E^0(Cr/Cr^{3+}) = -0{,}74\,V$), das sich in verdünnter Chlorwasserstoffsäure löst. Dabei entstehen zuerst Cr(II)-Ionen, die in wässriger Lösung zu Cr(III)-Ionen oxidiert werden.

$$\overset{0}{Cr} + 2\,\overset{I}{H}Cl \longrightarrow \overset{II}{Cr}{}^{2+} + 2\,Cl^- + \overset{0}{H}_2$$

$$2\,\overset{II}{Cr}{}^{2+} + 2\,\overset{I}{H}_3O^+ \longrightarrow 2\,\overset{III}{Cr}{}^{3+} + \overset{0}{H}_2 + 2\,H_2O$$

Die Darstellung von Chrom erfolgt aus Chromit, $FeO \cdot Cr_2O_3$, durch Reduktion mit Kohle in Elektroöfen. Dabei erhält man Ferrochrom, eine Legierung aus Chrom und Eisen, die zur Stahlveredelung genutzt wird:

$$FeO \cdot Cr_2O_3 + 4\,C \longrightarrow Fe + 2\,Cr + 4\,CO$$

Als Spurenelement kommt Chrom in mehreren Enzymen vor. Chrom(III)-oxid ist ein wichtiges grünes Farbpigment und wird außerdem als Katalysator bei organischen Synthesen eingesetzt. Zum Korrosionsschutz können Metallteile elektrolytisch verchromt werden (↗ S. 165).
Molybdän und Wolfram sind außerordentlich hitzebeständig. Wolfram hat mit 3412 °C die höchste Schmelztemperatur aller Metalle und wird deshalb u. a. für die Herstellung von Glühlampenwendeln verwendet.

Die Elemente der 6. Gruppe sind wichtige Legierungselemente in der Stahlindustrie (Edelstahl, ↗ Abb. unten links), man benutzt sie zur Beschichtung metallischer Oberflächen oder zur Herstellung widerstandsfähiger Metallkeramiken (Cermets).

Ohne das Spurenelement Molybdän können Knöllchenbakterien nicht die Enzyme synthetisieren, die ihnen die chemische Bindung des Luftstickstoffs ermöglichen.

Elemente der 7. Gruppe (Mn, Tc, Re)

Die Darstellung von reinem Mangan erfolgt durch Elektrolyse von $MnSO_4$-Lösung. Für die Stahlindustrie wird Ferromangan aus Mangan- und Eisenoxiden mit Koks gewonnen.

Aufgrund der Elektronenkonfiguration $(n-1)d^5ns^2$ können die Elemente der 7. Gruppe sehr unterschiedliche Oxidationszahlen aufweisen. In Verbindungen mit Sauerstoff oder Halogenen wird die höchst mögliche Oxidationszahl VII erreicht. Solche Verbindungen sind jedoch starke Oxidationsmittel, von denen Kaliumpermanganat, $KMnO_4$, vielfältige Anwendungen in Labor und Technik findet. So kann z. B. Chlor aus Salzsäure und Kaliumpermanganat hergestellt werden.

$$2\overset{\text{VII}}{Mn}O_4^- + 10\overset{\text{-I}}{Cl^-} + 16H^+ \longrightarrow 2\overset{\text{II}}{Mn^{2+}} + 5\overset{0}{Cl_2} + 8H_2O$$

Aufgrund der Halbbesetzung (↗ S. 68) der d-Orbitale sind die Mn^{2+}-Ionen ($3d^5\,4s^0$) besonders stabil. In alkalischer Lösung fällt jedoch schwer lösliches Mangan(IV)-oxid aus, sodass im basischen Milieu **Mangan** in der Oxidationsstufe IV vorliegt. Manganverbindungen sind wegen der unvollständig besetzten d-Orbitale farbig. Die Farbunterschiede zwischen den einzelnen Oxidationsstufen werden vielfach für analytische Nachweisreaktionen genutzt.

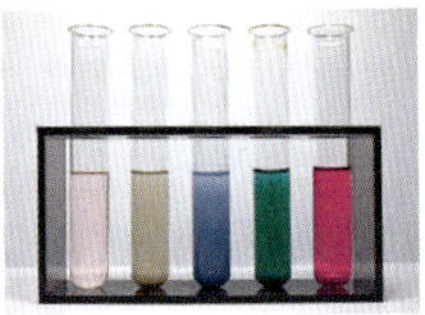

- Farben von Manganverbindungen in wässriger Lösung (↗ Abb.):

II	IV	V	VI	VII
$[Mn(H_2O)_6]^{2+}$	MnO_3^{2-}	MnO_3^-	MnO_4^{2-}	MnO_4^-
blassrosa	braun	tiefblau	türkis	violett

Die Metalle der 7. Gruppe sind von sehr unterschiedlicher Häufigkeit. Während Mangan weit verbreitet und Rhenium selten ist, kommt Technetium nur in Spuren vor. Dementsprechend sind auch nur Mangan und Manganverbindungen in der Technik von Bedeutung.

Mangan dient ebenfalls zur Veredelung von Stählen. Ein für Baumaschinen genutzter schlag- und verschleißfester Stahl enthält 13 % Mangan.

Elemente der 8. Gruppe (Fe, Ru, Os)

Die Elemente Fe, Co, Ni, Ru, Rh, Pd, Os, Ir, Pt werden im Kurzperiodensystem als VIII. Nebengruppe zusammengefasst und neben die VIII. Hauptgruppe gestellt. Die Ähnlichkeit beschränkt sich hier auf den edlen Charakter (Edelgase, Edelmetalle) und die maximale Wertigkeit 8.

Das wichtigste Element dieser Gruppe und das häufigste Metall in der Erdkruste ist das seit über 3500 Jahren hergestellte Eisen, das bei der Entwicklung der menschlichen Gesellschaft, nicht nur in der Eisenzeit, sondern auch heute noch, eine große Bedeutung hat.
Als typisches Übergangsmetall bildet auch Eisen viele Oxidationsstufen aus, besonders stabil sind jedoch nur Fe^{2+}-Ionen ([Ar] $3d^6$) und Fe^{3+}-Ionen ([Ar] $3d^5$) mit halbbesetzen d-Orbitalen. Die höchste Wertigkeit von VIII wird nur in Ausnahmefällen in Osmiumverbindungen wie OsO_4 erreicht. In basischer Lösung wirken Fe^{2+}-Ionen wegen der Bildung des schwer löslichen Eisen(III)-hydroxids als starke Reduktionsmittel. Sie werden bereits durch den in Wasser gelösten Sauerstoff oxidiert:

$$4\overset{\text{II}}{Fe^{2+}} + 8OH^- + \overset{0}{O_2} + 2H_2O \longrightarrow 4\overset{\text{III}}{Fe}(\overset{\text{-II}}{O}H)_3$$

Als unedles Metall wird Eisen ($E^0(Fe/Fe^{2+}) = -0{,}41\,V$) von verdünnten Säuren, z. B. von saurem Regen und von feuchter Luft, angegriffen. Diese Sauerstoffkorrosion erfolgt stufenweise, wobei sich zunächst Fe^{2+}-Ionen bilden, die durch Sauerstoff zu Fe(III)-Ionen oxidiert werden und schließlich ein Eisenoxid-Hydroxid, FeO(OH), Rost, bilden.

$$Fe \xrightarrow[-H_2]{H_3O^+} Fe^{2+} \xrightarrow{OH^-} Fe(OH)_2 \xrightarrow{O_2} FeO(OH)$$

Die chemische Reaktion von Metallen mit Reaktanten der Umwelt nennt man **Korrosion.** Das Rosten ist ein komplexer Vorgang, der durch die nebenstehenden Reaktionen nur vereinfacht dargestellt wird.

Im Unterschied zu vielen anderen Metallen wie Chrom oder Nickel, bei denen die Oxidschicht fest an der Metalloberfläche haftet, löst sich der Rost in Schuppen und legt darunter neues Eisen frei, sodass die **Sauerstoffkorrosion** immer weiter fortschreitet.
Zum Schutz vor Korrosion werden Eisenteile mit Metallüberzügen oder Farbanstrichen versehen (↗S. 161). Aufgrund der sehr breiten Nutzung von Eisenmetallen in Alltag und Technik hat der Korrosionsschutz eine enorme volkswirtschaftliche Bedeutung.

In reiner Form wird Eisen nur selten verwendet, z. B. in der Magnettechnik. In Form von Legierungen mit anderen Metallen und Nichtmetallen, vor allem mit Kohlenstoff, ist Eisen jedoch mit einer Weltjahresproduktion von mehr als 600 Mt das mit Abstand wichtigste Gebrauchsmetall.
Gusseisen und Stahl haben aufgrund des unterschiedlichen Kohlenstoffanteils verschiedene Eigenschaften und damit andere Anwendungen als Werkstoffe (↗S. 394). Die Eigenschaften von **Stahl** können durch eine Vielzahl von Legierungsmetallen variiert werden. Dabei ändert sich auch die Struktur des Stahls, sodass die Stahllegierungen deutlich korrosionsbeständiger und mechanisch belastbarer als normaler Stahl sind.

Unter den vielen Eisenverbindungen sind Oxide technisch als magnetische Materialien von Bedeutung. Eisenoxide werden auch als Katalysatoren, z. B. bei der Ammoniaksynthese (↗S. 423), eingesetzt. Daneben bildet das Element – ähnlich wie die anderen d-Block-Elemente – eine Vielzahl von Komplexverbindungen (↗S. 250).
Eisenkomplexe spielen auch in der Biosphäre eine wichtige Rolle. Eisen ist essenzieller Bestandteil des roten Blutfarbstoffs **Hämoglobin** (↗S. 256). Die Gesamtmasse des Eisens im menschlichen Organismus beträgt ca. 4,5 g. Eisenmangel kann schwerwiegende Folgen für die Sauerstoffaufnahme haben. Eisen ist außerdem notwendiger Bestandteil einiger Enzyme, z. B. der Katalase, die die Zersetzung des im Stoffwechsel entstehenden und zellschädigenden Wasserstoffperoxids katalysiert.

Legierungen (lat.: *ligare* – vereinigen) sind metallische Gemische aus mindestens 2 Komponenten, von denen eine ein Metall ist. Stähle enthalten als Legierungsmetalle Ti, Cr, V, Ni, Mn und viele andere Elemente.

8

Elemente der 9. Gruppe (Co, Rh, Ir)

Die Darstellung von Cobalt erfolgt aus Cobalt(II,III)-oxid (Co_3O_4) durch Reduktion mit Aluminium.

Auch in dieser Gruppe ist das leichteste Element **Cobalt** das häufigste. Cobalt tritt überwiegend in der Oxidationsstufe II ([Ar] $3d^7$) oder III ([Ar] $3d^6$) auf, wobei Co^{3+}-Ionen starke Oxidationsmittel sind und bevorzugt in Komplexverbindungen vorliegen.
Rote Cobalt(II)-Hydrate lassen sich leicht zu wasserfreien Verbindungen unter Blaufärbung entwässern und dienen deshalb als Feuchtigkeitsindikatoren. Das weitgehend korrosionsbeständige Metall wird als Legierungsbestandteil, z. B. für Schnelldrehstähle, verwendet. Cobalt ist ebenfalls ein wichtiges Spurenelement und tritt als Metallkomponente in Enzymen und im Vitamin B 12, einem dem Chlorophyll ähnlichen Porphyrin-Komplex, auf. Iridium ist das Element mit der größten Dichte von $\rho = 22{,}65\,g \cdot cm^{-3}$.

Elemente der 10. Gruppe (Ni, Pd, Pt)

Nickelerze müssen durch Erzaufbereitung in NiO überführt werden. Daraus stellt man durch Reduktion mit Koks Nickel her. Feinnickel hoher Reinheit wird durch Raffination nach dem Mond-Verfahren erhalten.

Nickel ist in seinen chemischen und physikalischen Eigenschaften den Elementen Cobalt und Eisen ähnlicher als den schwereren Elementen der 10. Gruppe. In seinen chemischen Verbindungen tritt Nickel meist zweiwertig ([Ar] $3d^8$) auf, obwohl es auch andere Oxidationszahlen (von –II bis IV) annehmen kann. Das zähe, dehnbare Nickel ist gegen Feuchtigkeit und Luft beständig und wird deshalb zum Korrosionsschutz von Metalloberflächen durch Vernickeln und in zahlreichen Legierungen genutzt.

Palladium und **Platin** gehören zu den edelsten Metallen im PSE. Chemisch ähneln sie mehr den 4d- und 5d-Elementen der 8. und 9. Gruppe als Nickel. Sie sind außerordentlich beständig gegen Säuren und Sauerstoff. Die wichtigsten Oxidationsstufen sind II und IV. Sie bilden hauptsächlich Komplexverbindungen.
Alle Metalle der 10. Gruppe können Wasserstoff chemisch binden und dadurch aktivieren. Auf dieser Eigenschaft beruht die wichtigste Anwendung der Metalle als Katalysator von Hydrierungsreaktionen, z. B. bei der Fetthärtung (Nickel, ↗ S. 339) oder dem Hydrocracken in der Petrochemie (Palladium, ↗ S. 438). Platinkatalysatoren nutzt man beim Reformieren von Benzin (↗ S. 437).
Auch der **Abgaskatalysator** zur Verringerung des Schadstoffgehalts in Autoabgasen enthält u. a. Platin und Palladium. Die Edelmetalle katalysieren den Abbau von Stickoxiden (NO_x), Kohlenstoffmonooxid und unverbrannten Kohlenwasserstoffen und verringern den Ausstoß dieser Schadstoffe auf unter 10 %. Ein Auto produziert auf 100 000 km ca. 20 000 m^3 Abgase, die von nur ca. 1–2 g Metall katalytisch entgiftet werden. Dabei werden geringe Mengen Platin an die Umwelt abgegeben.

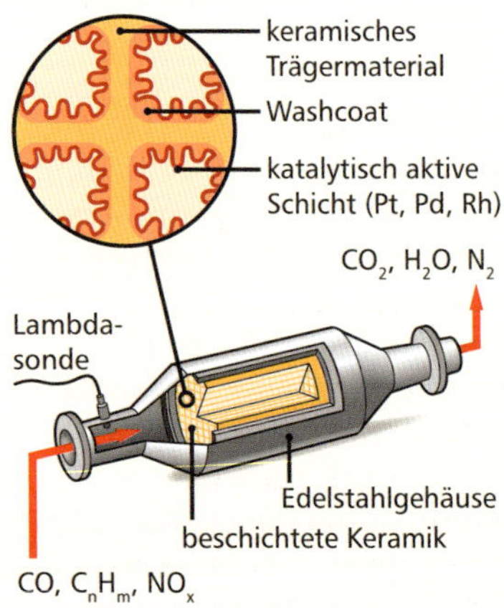

Da die Platinmetalle sehr wertvoll sind, werden sie vor der Verschrottung der Autos aus den **Abgaskatalysatoren** wieder zurückgewonnen.

Elemente der 11. Gruppe (Cu, Ag, Au)

Die Elemente der 11. Gruppe gehören zu den edelsten Elementen innerhalb ihrer Perioden und kommen deshalb auch als reine Metalle vor. Aus diesem Grund sind sie trotz ihrer relativ geringen Häufigkeit schon seit dem Altertum als Münzmetalle bekannt.
Aufgrund ihrer Valenzelektronenkonfiguration $(n-1)d^{10}ns^1$ bilden alle Elemente stabile einfach geladene Kationen wie Ag^+. In wässrigen Lösungen sind infolge der Hydratation Cu^{2+} bzw. Au^{3+} stabiler als die einwertigen Ionen.
Kupfer ($E^0(Cu/Cu^{2+}$ = 0,35 V) löst sich in verdünnten oxidierenden Säuren, das edlere **Silber** ($E^0(Ag/Ag^+$ = 0,80 V) in konzentrierter Salpetersäure, während sich **Gold** ($E^0(Au/Au^+$ = 1,68 V) nur in Königswasser, einem Gemisch aus Salzsäure und Salpetersäure, auflösen lässt.
An feuchter Luft oxidiert Kupfer langsam über dunkelrotes Kupfer(I)-oxid zu schwarzem Kupfer(II)-oxid. Unter Einwirkung von Kohlenstoffdioxid und/oder Schwefeldioxid sowie Wasser bildet sich nach und nach eine grüne Patinaschicht aus basischem Kupfercarbonat $CuCO_3 \cdot Cu(OH)_2$ bzw. basischem Kupfersulfat $CuSO_4 \cdot Cu(OH)_2$, die das darunter liegende Metall vor weiterer Korrosion schützt.

Kupfer und Silber werden auch in Form sulfidischer Erze gefunden, z. B. Kupferkies $CuFeS_2$ oder Silberglanz Ag_2S.

Die Darstellung von Kupfer erfolgt aus Erzen oder durch Recycling von Altkupfer mit anschließender elektrolytischer Raffination (↗ S. 235).

Wasserfreies Kupfersulfat ist weiß, nimmt unter Blaufärbung Wasser auf und kann deshalb zum Nachweis von Wasser, z. B. in organischen Lösungsmitteln, genutzt werden (↗ Abb. oben rechts).

$$CuSO_4 + 5\,H_2O \longrightarrow CuSO_4 \cdot 5\,H_2O$$

Die Oxidationsbeständigeit, die hohe Wärmeleitfähigkeit sowie die elektrische Leitfähigkeit machen das Kupfer zu einem wichtigen Werkstoff (↗ S. 397) zur Herstellung von Dachabdeckungen, Kühlgeräten und elektrischem Leitungsmaterial. Außerdem ist Kupfer Bestandteil zahlreicher Legierungen, z. B. Messing oder Bronze.
Silber und Gold werden vorrangig als Schmuckmetalle eingesetzt. Da sie in reiner Form zu weich sind, legiert man sie mit anderen Metallen. Durch galvanisches Versilbern von Gebrauchsgegenständen wird deren Korrosionsbeständigkeit erhöht. Allerdings reagiert Silberbesteck mit in Eiweißen enthaltenem Schwefel unter Bildung von schwarzem Silbersulfid.

Gold wird auch in der Mikroelektronik und in der Zahntechnik verwendet.

8

Elemente der 12. Gruppe (Zn, Cd, Hg)

Die Darstellung der Metalle Zn, Cd und Hg erfolgt durch Rösten und Reduzieren der Oxide.

Die Elektronenkonfiguration ([Ar] $(n-1)d^{10}ns^2$) mit voll besetzten Energieniveaus bewirkt, dass die Metalle der 12. Gruppe mehr den Erdalkalimetallen als den Übergangsmetallen ähneln. Die Chemie des Zinks und des Cadmiums ist mit der des Magnesiums vergleichbar. Die Metalle treten fast ausschließlich in der Oxidationsstufe II auf und bilden farblose Salze, da zwischen den voll besetzten d-Orbitalen keine Elektronenübergänge möglich sind.
Die Standardpotenziale für Zink ($E^0(Zn/Zn^{2+})$ = –0,76 V), Cadmium ($E^0(Cd/Cd^{2+})$ = –0,40 V) und Quecksilber ($E^0(Hg/Hg^{2+})$ = 0,85 V) liegen jedoch beträchtlich höher als die der Erdalkalimetalle. Die unedlen Metalle werden von allen Säuren angegriffen, während das edle Quecksilber nur durch oxidierende Säuren in Lösung gebracht werden kann.

Alle Metalle der 12. Gruppe weisen relativ niedrige Schmelztemperaturen auf:
Zn: ϑ_s = 419 °C
Cd: ϑ_s = 321 °C
Hg: ϑ_s = –38,9 °C.

Zink und Cadmium überziehen sich an der Luft mit einer fest haftenden Oxidschicht, sodass eine weitere Korrosion kaum erfolgt. Diese Eigenschaft wird in Form von Zink- und Cadmiumüberzügen zum Korrosionsschutz genutzt. Das Verzinken von Eisenteilen, z. B. durch Galvanisieren (↗S. 165), ist das Hauptanwendungsgebiet von Zink.
Nennenswerte Mengen des Metalls werden auch zur elektrochemischen Stromerzeugung in galvanischen Elementen (↗S. 155), wie Knopfzellen für Armbanduhren (Zink-Silberoxid-Batterien), verwendet. Zink ist eines der wichtigsten essenziellen Spurenelemente und am Aufbau von über 200 Enzymen beteiligt. Cadmium und Quecksilber sind dagegen giftig, sowohl in elementarer Form, aber noch mehr in Form löslicher Verbindungen.

Wegen der Giftigkeit des Quecksilbers wird das Metall heute kaum noch zur Füllung von Thermometern oder Barometern eingesetzt. Aus dem gleichen Grund ist auch die Verwendung von Amalgamfüllungen heftig umstritten.

Quecksilber weist einige spezielle Eigenschaften auf und unterscheidet sich von den anderen beiden Metallen. Es ist flüssig (ϑ_s = –38,8 °C) und deutlich schwerer (ρ = 13,5 g · cm^{-3}) als die beiden anderen Elemente. Obwohl es erst bei 356,6 °C siedet, gibt Quecksilber schon bei tiefen Temperaturen Dämpfe ab, die beim Einatmen stark gesundheitsschädlich sind. Das korrosionsbeständige Quecksilber bildet sowohl ionische als auch kovalente Verbindungen. Außerdem kann es mit einer Vielzahl von Metallen legiert werden.

Die bekannteste von diesen als **Amalgamen** bezeichneten Legierungen ist das chemisch sehr beständige Silberamalgam, das Zahnärzte als Material für Zahnfüllungen benutzen. Im frisch bereiteten Zustand ist das Amalgam plastisch formbar, härtet jedoch innerhalb von etwa 2 Stunden aus.

8.2.3 Nanotechnologie

Der **Nanotechnologie** wird eine ähnlich große Bedeutung als Schlüsseltechnologie zugeschrieben wie der Mikroelektronik. Nanomaterialien zeichnen sich dadurch aus, dass ihre Dimensionen zwischen der von Atomen bzw. Molekülen und festen Stoffen liegen.
Das ist typischerweise der Bereich zwischen 5 und 100 nm. Dabei kann es sich um einzelne Teilchen, dünne Drähte, Röhren, Poren oder auch dünne Schichten handeln, die in zumindest einer Dimension (z. B. Dicke der Schicht) in diesem Bereich liegen. Aber es ist nicht die Dimension, sondern es sind die Eigenschaften, die Nanomaterialien auszeichnen.

Die besonderen Eigenschaften von Nanomaterialien beruhen im Wesentlichen auf zwei Effekten: dem Oberflächen- und dem Volumeneffekt.

In einem 1 nm großen Partikel sind mehr als 90 % aller Atome koordinativ nicht abgesättigt. In klassischen makroskopischen Systemen mit Teilchendurchmessern von mehreren Mikrometern ist der Anteil der in der Oberfläche liegenden Atome vernachlässigbar klein.

8

Der **Oberflächeneffekt** bringt die Tatsache zum Ausdruck, dass die Zahl an Oberflächenatomen mit abnehmendem Radius exponentiell zunimmt. Da Atome in der Oberfläche – im Unterschied zu Teilchen im Inneren eines Partikels – koordinativ nicht abgesättigt sind, weisen sie in der Regel deutlich höhere chemische Reaktivitäten auf. D. h., je kleiner ein Teilchen wird, umso mehr unterscheidet es sich im chemischen Verhalten von größeren Teilchen gleicher chemischer Zusammensetzung.

Partikelgröße in nm	Atomanzahl insgesamt	Atome in der Oberfläche in %	Oberfläche in $m^2 \cdot g^{-1}$
500	345 109	1	5
50	34 106	3,5	48
5	3 430	32	480
1	34	94	2 400

Der **Volumeneffekt** beschreibt die Veränderung elektronischer Eigenschaften von Festkörpern mit abnehmender Partikelgröße. In Nanopartikeln sind so wenige Atome agglomeriert, dass sich die Zahl der Elektronen gegenüber grobkörnigen Partikeln deutlich verkleinert. Dadurch verändert sich die Bandstruktur der Festkörper (↗ S. 103), weil sich der Abstand zwischen den Energieniveaus vergrößert bzw. sich sogar diskrete Energieniveaus herausbilden. Im Ergebnis dessen ändern sich nicht nur die elektrischen Eigenschaften des Materials (↗ Tab.).

Eigenschaftsänderung	Folgen
Verringerung der Schmelztemperatur	bessere Sintereigenschaften und größere Härte von Nanomaterialien
Abnahme des Brechungsindex	bessere Lichtausbeuten und Transparenz von Nanoschichten (z. B. Brillen, Solarzellen)
Verbesserung elektrischer und magnetischer Eigenschaften	leistungsfähigere Magneten und schnellere optische Schalter

Die Synthese von **Nanomaterialien** definierter Größe und Form ist eine große Herausforderung, da die Thermodynamik eigentlich größere Baueinheiten energetisch bevorzugt. Deshalb sind völlig neue Synthesekonzepte für Nanowerkstoffe entwickelt worden.

Die schon jetzt absehbaren potenziellen Anwendungen für Nanomaterialien sind enorm, wenngleich sich viele Anwendungen noch im Entwicklungsstadium befinden.

▶ Laborergebnisse zeigen, dass aus Eisenpulvern hergestellte nanokristalline Werkstoffe eine Härtesteigerung um den Faktor 3 bis 7 erreichen, wenn der Partikeldurchmesser auf etwa 10 nm reduziert wird.

- So werden durch den Einsatz nanoskaliger Sinterhilfsmittel keramische Werkstoffe mit deutlich verbesserter Härte und größerer optischer Transparenz erhalten. Nanobeschichtungen tragen auch dazu bei, Dachziegel und Mauerwerk schmutz- und wasserabweisend zu machen (Lotuseffekt, ↗ Abb. oben links).
  Für optische Beschichtungen von Architekturglas, Fotovoltaikmodulen, optischen Linsensystemen usw. werden ebenfalls Nanomaterialien eingesetzt (↗ Abb. oben rechts). Dadurch können u. a. die Lichtausbeuten von Antireflexbeschichtungen verbessert werden.
  Schon jetzt werden Nanopartikel z. B. in Sonnenschutzcremes (TiO_2-Partikel als UV-Absorber) oder in Farblacken (Al_2O_3, SiO_2) verwendet. Der Einbau dieser Nanopartikel in organische Polymersysteme führt zu verbesserten mechanischen Eigenschaften (Härte, Verringerung des Schrumpfens) und zu besserer thermischer Beständigkeit. Aber auch die optische Transparenz oder die elektrische Leitfähigkeit von Polymeren lassen sich deutlich verbessern. Diese Anwendungen setzen jedoch voraus, dass die anorganischen Nanopartikel an der Oberfläche modifiziert werden, um sie kompatibel mit den organischen makroskopischen Systemen zu machen.

▶ Bei aller Euphorie über die Innovationen der Nanotechnologie müssen damit einhergehende Gefahren berücksichtigt werden. So ist bisher z. B. nicht absehbar, welche Folgen Nanopartikel in der Blutbahn für Lebewesen haben können. Deshalb laufen umfangreiche Forschungen, um die Risiken der Nanotechnologie zu minimieren.

Große Hoffnungen werden im Einsatz nanotechnologischer Forschungsergebnisse im Bereich der Medizin gesehen. Beispiele dafür sind völlig neue Ansätze der Wundheilung, neue Materialien für Knochen- bzw. Knorpelersatz. Zudem werden Erfolg versprechende neue Wege der Wirkstoffverabreichung *(drug delivery)* erprobt. Dabei wird versucht, hohle Nanoteilchen als „Container" für Arzneistoffe zu verwenden. Wie in einem Science-Fiction-Film würden derartige Nano-Container über die Blutbahn an den Ort der Verabreichung dirigiert werden, um dort von außen initiiert, den Wirkstoff freizusetzen.

> Die Ergebnisse nanotechnologischer Forschung werden viele Bereiche unseres Lebens grundlegend verändern.

Eigenschaften und Darstellung der Nebengruppenelemente

- **Nebengruppenelemente** weisen die allgemeine **Valenzelektronenkonfiguration $ns^2\ (n-1)d^{1-10}$** auf. Die ähnlichen Eigenschaften gehen hauptsächlich darauf zurück, dass zuerst die s-Elektronen als Valenzelektronen abgegeben werden und dass die Nebengruppenelemente über unvollständig besetzte d-Orbitale verfügen.

- Geringfügige Unterschiede der Eigenschaften ergeben sich aus der unterschiedlichen d-Elektronenanzahl der Elemente. Deshalb zeigen die Nebengruppenelemente nur eine schwach ausgeprägte Periodizität.

Atome und Ionen der 3d-Reihe	Stoffeigenschaften der 3d-Elemente
– Atome: [Ar] $4s^2\ 3d^{1-10}$ – Bildung zweiwertiger Ionen durch Abgabe der 4s-Elektronen: [Ar] $4s^0\ 3d^{1-10}$ – schrittweise Abgabe der einzelnen d-Elektronen möglich – stabile Konfiguration von Atomen und Ionen mit halb oder voll besetzten d-Niveaus: z. B. $4s^0\ 3d^5$ oder $4s^1\ 3d^{10}$	– typisch metallische Eigenschaften – bilden meist farbige Salze – treten in verschiedenen Oxidationsstufen auf – Verbindungen gehen unterschiedliche Redoxreaktionen ein – bilden in Wasser schwer lösliche Metallhydroxide – bilden Komplexverbindungen (↗ S. 246 ff.)

- Nebengruppenelemente sind ausschließlich Metalle. Sie kommen in der Natur meist in gebundener Form vor. Nach der Aufbereitung der Erze werden aus den Verbindungen die Rohmetalle gewonnen und anschließend durch Raffination gereinigt.

- Die Synthese erfolgt durch verschiedene Verfahren, die jeweils auf Redoxreaktionen beruhen.

Synthese von Nebengruppenelementen

chemisch	elektrochemisch
– Reduktion mit Kohlenstoff, Wasserstoff oder unedleren Metallen	– Reduktion durch Elektrolyse aus wässrigen Lösungen oder Salzschmelzen

8.3 Komplexchemie

8.3.1 Aufbau und Nomenklatur von Komplexen

ALFRED WERNER bezeichnete die Komplexe (lat.: *complexus* – Umarmung) auch als Koordinationsverbindungen (lat.: *coordinare* – zuordnen).

Komplexverbindungen wurden 1892 vom Wiener Chemiker ALFRED WERNER (1866–1919) entdeckt. Er erkannte als Erster, dass diese Stoffklasse sich durch ihren Aufbau von anderen, einfach aufgebauten Salzen unterscheidet und deshalb spezielle Eigenschaften aufweist.

Komplexverbindungen sind chemische Verbindungen, die aus einem **Zentralatom** oder **-ion** (Z) und anderen Ionen oder Molekülen, den **Liganden** (L), gebildet werden.

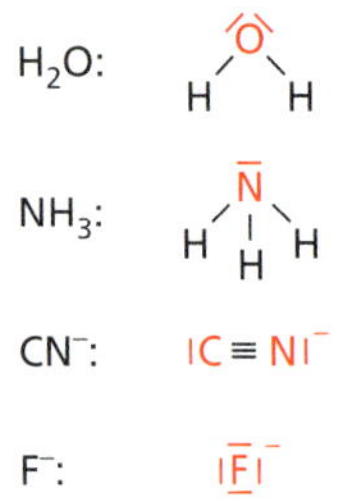

Als Zentralteilchen fungieren häufig Metall-Ionen und seltener Metallatome. Liganden (lat.: *ligare* – binden) sind Moleküle oder Anionen mit freien Elektronenpaaren (↗ Abb. links). Die Liganden sind um das Zentralteilchen herum so angeordnet bzw. koordiniert, dass sich eine energetisch stabile räumliche Struktur des Komplexes ergibt. Häufig werden sechs Liganden gebunden, was zu einer oktaedrischen Struktur führt.

Da sowohl die Zentralteilchen als auch die Liganden Ionen sein können, ergibt sich die *Gesamtladung* des Komplexes aus der Summe der Ladungen des Zentralteilchens und der Liganden. In Abhängigkeit von der Gesamtladung unterscheidet man zwischen neutralen, kationischen (↗ Abb.) und anionischen Komplexen. Die ionischen Komplexverbindungen enthalten ein oder mehrere Gegenionen zur Ladungskompensation.

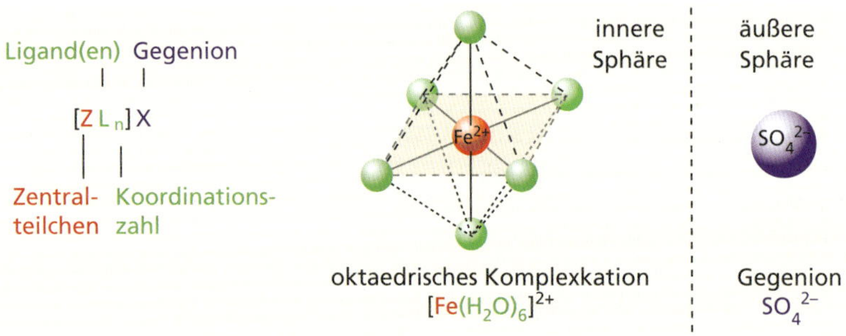

Die direkt an das Zentralteilchen gebundenen Liganden befinden sich in der inneren Koordinationssphäre, die Gegenionen in der äußeren Koordinationssphäre. Die Komplexbindung innerhalb der inneren Sphäre ist sehr stabil und bedingt die charakteristischen Eigenschaften der Komplexe (↗ S. 250).

Die Zahl der direkt an das Zentralatom bzw. -ion gebundenen Haftatome der Liganden bezeichnet man als **Koordinationszahl** (KZ) des Zentralteilchens.

Die direkt an das Zentralteilchen gebundenen Atome der Liganden nennt man auch **Haftatome.** Die Haftatome verfügen über freie Elektronenpaare, die freie Koordinationsstellen an den Zentralteilchen besetzen. Einzähnige Liganden besetzen eine Koordinationsstelle am Zentralatom bzw. -ion.

Nomenklatur von Komplexverbindungen

In Formeln werden Komplexteilchen im Allgemeinen in eckige Klammern gesetzt. Die Nomenklatur nach den Regeln der IUPAC unterscheidet sich geringfügig für kationische, anionische und neutrale Komplexe.

Komplex	Reihenfolge	Nomenklatur
Kationischer Komplex **$[Cu(NH_3)_4]$ SO_4**	1. Zahl der Liganden 2. Art der Liganden 3. Name des Zentralions mit Oxidationszahl 4. Art des Anions	1. Vier: griech.: – *tetra* 2. Ammoniak lat.: – *ammin* 3. Cu^{2+} – *Kupfer(II)* 4. SO_4^{2-} – *Sulfat* **Tetraamminkupfer(II)-sulfat**
Anionischer Komplex **$K_4[Fe(CN)_6]$**	1. Name des Kations 2. Zahl der Liganden 3. Art der Liganden 4. Zentralion mit Endsilbe „-at“ 5. Oxidationszahl des Zentralteilchens	1. K^+ – *Kalium* 2. Sechs: griech.: – *hexa* 3. CN^- – *cyano* 4. Eisen lat.: – *ferrum* wird zu *ferrat* 5. Oxidationszahl = *II* **Kaliumhexacyanoferrat(II)**
Neutraler Komplex **$Ni(CO)_4$**	1. Zahl der Liganden 2. Art der Liganden 3. Name des Zentralteilchens	1. Vier: griech.: – *tetra* 2. CO – *carbonyl* 3. Ni – *Nickel* **Tetracarbonylnickel**

Bei der Nomenklatur von Komplexverbindungen greift man vielfach auf lateinische oder griechische Namen zurück, wie bei der Bezeichnung der Zentralionen in anionischen Komplexen (z. B. Ferrat, Plumbat).

Die Anzahl der Liganden in einem Komplex wird immer durch griechische Zahlwörter (di-, tri-, tetra-) bezeichnet. Anionische Liganden bekommen in der Regel die Endung „-o“, neutrale Liganden haben keine einheitliche Endung. Sind verschiedene Liganden in einem Komplex enthalten, so erfolgt die Benennung in alphabetischer Reihenfolge.
Manche Liganden verfügen wie OCN^--Ionen über mehrere Haftatome und werden je nach Art des Haftatoms unterschiedlich benannt.

- Mit Sauerstoff als Haftatom bilden OCN^--Ionen Cyanate. Erfolgt die Bindung über das Elektronenpaar am Stickstoffatom, heißen die Komplexe Isocyanate.

Cyanat Isocyanat

Liganden	Name	Liganden	Name
F^-	*fluoro*	CN^-	*cyano*
Cl^-	*chloro*	OCN^-	*cyanato*
Br^-	*bromo*	SCN^-	*thiocyanato*
I^-	*iodo*	H_2O	*aqua*
OH^-	*hydroxo*	NH_3	*ammin*
SO_4^{2-}	*sulfato*	NO_2^-	*nitro*
$S_2O_3^{2}$	*thiosulfato*	CO	*carbonyl*

In Formeln gilt ebenfalls die alphabetische Reihenfolge. Dabei ist jedoch die Formel des Liganden und nicht der Name maßgebend! So werden Ammin-Liganden (NH_3) im Namen vor und in der Formel nach Chloro-Liganden (Cl^-) angeführt. Deshalb hat Diammintetrachlorochromat(III) die Formel: $[CrCl_4(NH_3)_2]^-$.

8.3.2 Struktur und Eigenschaften von Komplexverbindungen

Komplexe – Verbindungen höherer Ordnung?

Aufgrund dieser „Oktettaufweitung" bezeichnet man Komplexe auch als „Verbindungen höherer Ordnung".

Die Struktur von Komplexteilchen ergibt sich aus dem besonderen Bindungscharakter der Wechselwirkung zwischen Liganden und Zentralteilchen in der inneren Sphäre.
Von einem Zentralteilchen können bis zu zwölf Liganden gebunden werden, d. h., es müssen teilweise mehr als acht Elektronen für die Bindungsbildung genutzt werden **(Oktettaufweitung).**

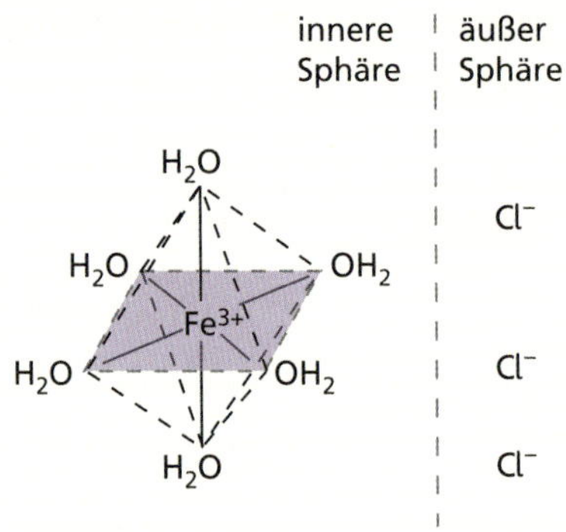

Die Komplexbindung wird auch koordinative Bindung oder dative Bindung genannt.

Warum ein Eisen(II)- oder ein Eisen(III)-Ion mehr als vier Liganden binden kann, wird erst bei einer genaueren Betrachtung des Atombaus und der Elektronenkonfiguration der Zentralteilchen verständlich.

Viele Nebengruppenelemente verfügen über nicht vollständig besetzte nd-Niveaus. Diese unterscheiden sich energetisch nur wenig von den $(n+1)$s- und $(n+1)$p-Niveaus. Auf diese Weise stehen für die Aufnahme von Elektronen der Liganden mehr als vier unvollständig besetzte Orbitale ähnlicher Energie zur Verfügung. Die Liganden stellen für die Bildung der Komplexbindung ihre freien Elektronenpaare zur Verfügung.

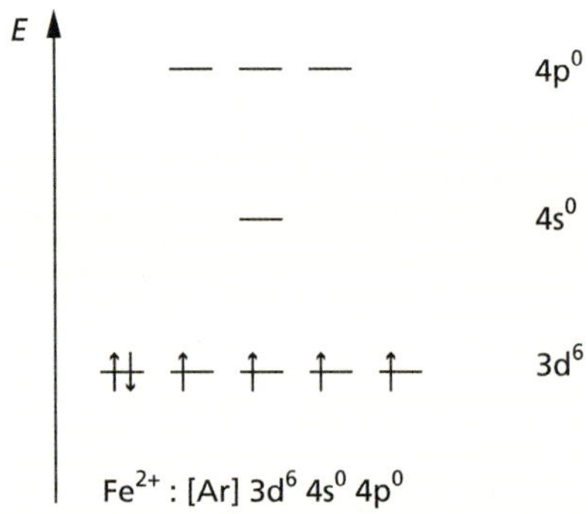

V. N. SIDGWICK (1874–1952) postulierte 1923 die 18-Elektronenregel zur Beschreibung der Bindungsverhältnisse in Komplexen.

> Zentralteilchen sind Ionen oder Atome mit freien Orbitalen, d. h. **Elektronenpaarakzeptoren.** Liganden sind Ionen oder Moleküle mit nicht bindenden Elektronenpaaren, d. h. **Elektronenpaardonatoren.** Die Komplexbindung ist eine besondere Form der Donator-Akzeptor-Wechselwirkung.

Bei der Bindungsbildung streben die Zentralteilchen danach, eine stabile Edelgaskonfiguration zu erreichen. Bei den Hauptgruppenelementen ist dies im Allgemeinen die Achterschale. Bei den Nebengruppenelementen sind dagegen **18 Valenzelektronen** erforderlich, um die Elektronenkonfiguration des nächsthöheren Edelgases zu realisieren. Dazu müssen alle neun nd- bzw. $(n+1)$s- und $(n+1)$p-Niveaus vollständig unter Beachtung der hundschen Regel und des Pauli-Prinzips mit Elektronen besetzt werden.

Name des Komplexions	Tetracyanocuprat(I)	Hexafluoroferrat(II)
Formel	$[Cu(CN)_4]^{3-}$	FeF_6^{4-}
Valenzelektronen im Atom	Cu: $3d^{10}\ 4s^1\ 4p^0$	Fe: $3d^6\ 4s^2\ 4p^0$
Valenzelektronen im Zentralion	Cu^+: $3d^{10}\ 4s^0\ 4p^0$ 10 Valenzelektronen	Fe^{2+}: $3d^6\ 4s^0\ 4p^0$ 6 Valenzelektronen
Elektronen der Liganden	$4 \cdot 2 = 8$	$6 \cdot 2 = 12$
Summe der Valenzelektronen	$10 + 8 = 18$	$6 + 12 = 18$
Gesamtelektronenzahl	36 (Krypton)	36 (Krypton)

Die beiden in der Tabelle angeführten Zentralionen verfügen neben den 4s- und 3d-Energieniveaus noch über die unbesetzten 4p-Niveaus zur Aufnahme der Elektronenpaare der Liganden. Beim Kupfer(I)-Ion werden die freien 4s- und 4p-Orbitale durch die vier Elektronenpaare der Liganden besetzt.
Beim Eisen(II)-Ion können dagegen noch zwei 3d-Orbitale zur Verfügung gestellt werden, indem die sechs d-Elektronen des Eisens nur drei 3d-Orbitale besetzen. Auf diese Weise erreichen beide Komplexe bei unterschiedlicher Koordinationszahl die Elektronenkonfiguration des Kryptons.

Auch die Bildung zahlreicher anderer Komplexe, wie $[Co(NO_2)_6]^{3-}$, $[Fe(H_2O)_6]^{2+}$, $Ni(CO)_4$ oder $[CoF_6]^{3-}$, lassen sich mit der 18-Valenzelektronenregel erklären.

In Abhängigkeit von der Koordinationszahl weisen Komplexteilchen unterschiedliche Strukturen auf. Besonders häufig sind Komplexe mit zwei, vier oder sechs Liganden. Mit zwei Liganden ist die **räumliche Struktur** linear, die Koordinationszahl sechs führt immer zur sehr stabilen oktaedrischen Anordnung.
Bei vier Liganden kann die Struktur dagegen unterschiedlich sein, entweder tetraedrisch oder quadratisch-planar. Die **oktaedrische Struktur** ist auch deshalb stabil, weil das Zentralteilchen von allen Seiten räumlich abgeschirmt ist und nur schwer mit weiteren Liganden reagieren kann.

KZ = 2 | KZ = 4 | KZ = 4 | KZ = 6

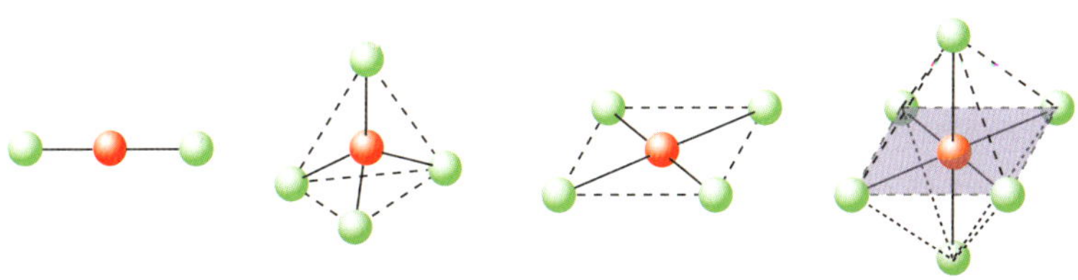

linear z. B. $[Ag(CN)_2]^-$ | tetraedrisch z. B. $[Al(OH)_4]^-$ | quadratisch-planar z. B. $[Cu(NH_3)_4]^{2+}$ | oktaedrisch z. B. $[Fe(H_2O)_6]^{3+}$

Einige Komplexe sind sogar stabil, obwohl die Zentralteilchen nicht über 18 Valenzelektronen verfügen. Die Komplexbindung wird daher umfassender durch weiterführende Bindungsmodelle beschrieben.

Bei der Komplexbindung streben die Nebengruppenelemente danach, durch Aufnahme von Elektronenpaaren der Liganden die Elektronenkonfiguration des nächsthöheren Edelgases zu erreichen. Je nach Koordinationszahl bilden die Komplexteilchen unterschiedliche räumliche Strukturen aus.

Eigenschaften von Komplexen

Wasserfreies Kupfersulfat ist weiß. Durch Zugabe von Wasser färbt es sich blau (↗ Abb. links). Fügt man zu einer blassblauen Kupfer(II)-salzlösung einige Tropfen Ammoniak, vertieft sich die Farbe.

$$CuSO_4 + 5\,H_2O \rightleftharpoons CuSO_4 \cdot 5\,H_2O$$

$$CuSO_4 \cdot 5\,H_2O \overset{(H_2O)}{\rightleftharpoons} [Cu(H_2O)_4]^{2+} + H_2O + SO_4^{2-}$$

$$[Cu(H_2O)_4]^{2+} + 4\,NH_3 \rightleftharpoons [Cu(NH_3)_4]^{2+} + 4\,H_2O$$

In festem Kupfer(II)-sulfat-Pentahydrat sind vier der fünf Wassermoleküle koordinativ als Kristallwasser gebunden. In Wasser lösen sich Tetraaquakupfer(II)-Ionen, die für die hellblaue Farbe verantwortlich zeichnen.
Mit Ammoniakmolekülen findet ein **Ligandenaustausch** statt, der nicht nur zur Vertiefung der blauen Farbe führt. Das fünfte Wassermolekül ist über Wasserstoffbrücken in der Kristallstruktur gebunden. Der Tetraamminkupfer(II)-Komplex ist so stabil, dass die typischen Reaktionen von Kupfer(II)-Ionen nicht mehr stattfinden.
Aus der ammoniakalischen Lösung fällt weder schwer lösliches Kupfer(II)-hydroxid aus, noch lässt sich metallisches Kupfer durch unedle Metalle wie Eisen ausfällen (↗ S. 213).

> Die Ausbildung des Komplexes ZL_n führt dazu, dass die ursprünglichen individuellen Eigenschaften des Zentralions Z und der Liganden L im Komplex nicht mehr vorliegen. Der Komplex ZL_n weist neue spezifische Eigenschaften auf.

Die **Farbigkeit, hohe Stabilität** und gute **Wasserlöslichkeit** vieler Komplexverbindungen führen zu vielfältigen Anwendungen in der chemischen Analytik. Charakteristisch gefärbte Komplexe wie Tetraamminkupfer(II), Triaquatrithiocyanatoeisen(III) u. v. a. dienen zum charakteristischen Nachweis der Metall-Ionen. Die Farbe hängt von der Art und dem Oxidationszustand des Zentralteilchens und der Art der Liganden ab.

$[Cr(H_2O)_6]^{3+}$	$[Mn(H_2O)_6]^{2+}$	$[Ni(H_2O)_6]^{2+}$	$[Cu(H_2O)_4]^{2+}$	$[Zn(H_2O)_4]^{2+}$
$[Fe(H_2O)_6]^{3+}$	$[Fe(H_2O)]^{2+}$	$[Fe(CN)_6]^{3-}$	$[Fe(CN)_6]^{4-}$	$Fe(SCN)_3(H_2O)_3$

Durch die Komplexierung ändert sich häufig die Ladung der Ionen, z. B., wenn neutrale Liganden durch Anionen ersetzt werden.

Nebengruppenmetall-Ionen bilden in Wasser **Aquakomplexe.** Diese sind jedoch oft weniger stabil als Komplexe mit anderen Liganden, sodass die Wassermoleküle durch andere Liganden ausgetauscht werden.

$$[Fe(H_2O)_6]^{3+} + 6\,CN^- \rightleftharpoons [Fe(CN)_6]^{3-} + 6\,H_2O$$

$$[Fe(H_2O)_6]^{3+} + 3\,SCN^- \rightleftharpoons Fe(SCN)_3(H_2O)_3 + 3\,H_2O$$

Die tiefrote Färbung des Thiocyanat-Komplexes zeigt die Gegenwart von Eisen(III)-Ionen sogar in Trinkwasser an. Setzt man der Lösung jedoch Fluorid-Ionen zu, entfärbt sich die Probe.
Die Ursache liegt darin, dass der farblose Hexafluoroferrat(III)-Komplex stabiler ist als der Thiocyanat-Komplex. Man nennt diesen Effekt auch **Maskierung** der Ionen.

$$Fe(SCN)_3(H_2O)_3 + 6\,F^- \rightleftharpoons FeF_6^{3-} + 3\,SCN^- + 3\,H_2O$$

Das **Komplexgleichgewicht** liegt auf der Seite der stabileren Verbindung. Aufgrund der hohen Stabilität von Komplexen lassen sich sogar schwer lösliche Niederschläge wie Silberchlorid durch Komplexierung der Silber-Ionen mit Ammoniak auflösen.
In ammoniakalischer Silbernitratlösung sind die Silber-Ionen maskiert, sodass in umgekehrter Richtung keine Chloridfällung erfolgt.

Die unterschiedliche Löslichkeit der Silberhalogenide wird in der Analytik zur Trennung von Chlorid-, Bromid-, und Iodid-Ionen genutzt.

$$AgCl + 2\,NH_3 \rightleftharpoons [Ag(NH_3)_2]^+ + Cl^-$$

Komplexe weisen aufgrund ihrer stabilen Bindung eine Reihe charakteristischer Eigenschaften auf, in denen sie sich von einfachen Salzen unterscheiden. Sie sind meist farbig, gut wasserlöslich und energetisch stabil. Diese Eigenschaften führen zu vielen Anwendungen in der chemischen Analytik.

Die Anordnung der Liganden um das Zentralteilchen kann sich bei gleicher Zusammensetzung unterscheiden, sodass Komplexe gleicher Summenformel eine unterschiedliche Struktur und damit andere Eigenschaften aufweisen.

- Die Angabe $CrCl_3 \cdot 6\,H_2O$ (Chrom(III)-chlorid-6-Wasser) bringt zwar die richtige Summenformel zum Ausdruck, es können aber drei unterschiedliche Komplexverbindungen vorliegen. Diese unterschiedliche Ligandenanordnung ist ein Beispiel für die **Isomerie** (↗ S. 265ff.), in diesem Fall die Hydratisomerie von Komplexen.

Die Hydratisomerie ist ein Spezialfall der **Isomerie von Komplexverbindungen.**

Hydratisomerie

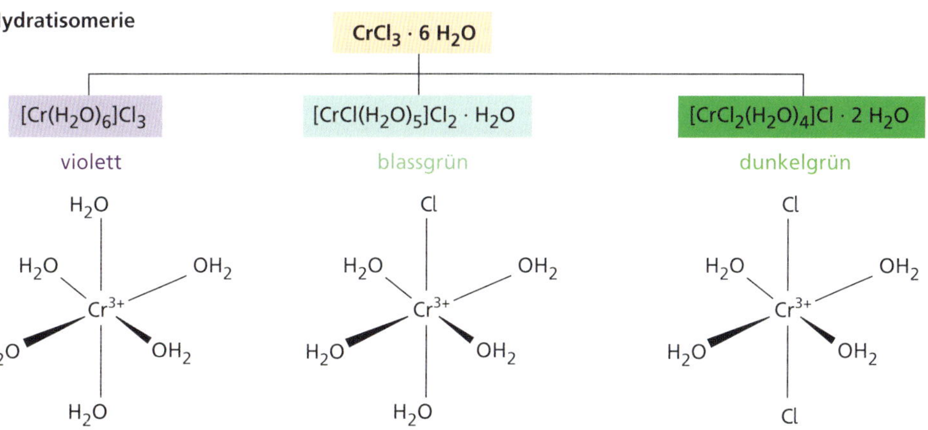

8

8.3.3 Stabilität von Komplexverbindungen

Die Wassermoleküle sind Bestandteil der Hydrathülle des Kations (↗ S. 100). Vielfach, z. B. bei den Alkalimetallen, lässt sich die genaue Koordinationszahl jedoch nicht bestimmen.

In wässrigen Lösungen liegen Metall-Ionen häufig als Aquakomplexe vor, d. h. Wassermoleküle sind als Liganden gebunden. Typische Aquakomplexe sind z. B. $[Mg(H_2O)_6]^{2+}$, $[Ni(H_2O)_6]^{2+}$ oder $[Cu(H_2O)_4]^{2+}$.
Die Wassermoleküle sind jedoch meist nicht besonders fest an das Zentralwion gebunden und können durch **Ligandenaustauschreaktionen** ersetzt werden. Ob Ligandenaustauschreaktionen stattfinden, hängt von der **Stabilität der Komplexe** ab.

- Die Bildung von $[Ag(NH_3)_2]^+$ kann in wässriger Lösung durch Teilreaktionen beschrieben werden:

Bei Reaktionen in wässriger Lösung bleibt die Konzentration des Wassers fast konstant und wird in die Gleichgewichtskonstante einbezogen (↗ S. 192).

$$[Ag(H_2O)_2]^+ + NH_3 \longrightarrow [Ag(H_2O)(NH_3)]^+ + H_2O$$

$$k_1 = \frac{c([Ag(H_2O)(NH_3)]^+)}{c([Ag(H_2O)_2]^+) \cdot c(NH_3)}$$

$$[Ag(H_2O)(NH_3)]^+ + NH_3 \longrightarrow [Ag(NH_3)_2]^+ + H_2O$$

$$k_2 = \frac{c([Ag(NH_3)_2]^+)}{c([Ag(H_2O)(NH_3)]^+ \cdot c(NH_3)}$$

Die Bruttoreaktion der Komplexbildung lautet:

$$[Ag(H_2O)_2]^+ + 2\,NH_3 \longrightarrow [Ag(NH_3)_2]^+ + 2\,H_2O$$

$$K_K = \frac{c([Ag(NH_3)_2]^+)}{c([Ag(H_2O)_2]^+) \cdot c^2(NH_3)} = k_1 \cdot k_2$$

Die Dissoziation ist die Umkehrung der Komplexbildung, wobei gilt:

$$K_K = \frac{1}{K_D}$$

Besonders stabil sind Komplexe mit sehr großer Bildungskonstante K_B und somit kleiner Dissoziationskonstante K_D.

Das Produkt der aus dem Massenwirkungsgesetz ermittelten Gleichgewichtskonstanten der Teilreaktionen k_1 und k_2 wird als **Komplexbildungskonstante** K_K bezeichnet. Sie ist ein Maß für die **thermodynamische Stabilität** eines Komplexes ZL_n:

$$Z + nL \rightleftharpoons ZL_n \qquad K_K = \frac{c(ZL_n)}{c(Z) \cdot c(L)}$$

Die thermodynamische Stabilität wird vor allem durch die Stärke und Art der Bindungen zwischen dem Zentralteilchen und den Liganden beeinflusst. Diese hängt von vielen Faktoren ab, z. B. von:
1. der Größe und der Oxidationszahl des Zentralteilchens
2. der Größe und der Polarisierbarkeit der Liganden
3. der Anzahl der Haftatome der Liganden

Da das Zusammenwirken dieser Faktoren sehr komplex und schwer überschaubar ist, wird zur Beschreibung der Stabilität von Komplexen das **Modell der harten und weichen Säuren und Basen** benutzt.
Zentralteilchen sind als Elektronenpaarakzeptoren Lewis-Säuren.
Liganden sind Elektronenpaardonatoren und fungieren damit als Lewis-Basen (↗ S. 204).

	hart	weich
Säuren	Mg^{2+}, Al^{3+}, Fe^{3+}, Cr^{3+}	Cu^{+}, Ni^{0}, Ag^{+}, Cs^{+}
Basen	F^{-}, Cl^{-}, OH^{-}, H_2O	I^{-}, CN^{-}, CO, S^{2-}
stabile Komplexe	$[AlF_6]^{3-}$, $[Cr(H_2O)_6]^{3+}$	$Ni(CO)_4$, $[Cu(CN)_4]^{3-}$

Das Konzept der harten und weichen Säuren und Basen wurde vom amerikanischen Chemiker R. G. PEARSON (geb. 1919) entwickelt.

Zentralteilchen sind harte Säuren, wenn es sich um kleine, wenig polarisierbare Teilchen handelt. Mit zunehmender Größe werden die Teilchen leichter polarisierbar und damit weicher.
Nach den gleichen Kriterien können die Liganden in harte und weiche Basen eingeteilt werden. Thermodynamisch stabile Komplexe bilden sich bevorzugt bei der Wechselwirkung weicher Säuren mit weichen Basen und bei der Wechselwirkung harter Säuren mit harten Basen.

Unterschieden werden muss zwischen der thermodynamischen Stabilität, die durch die Komplexbildungskonstante K_K ausgedrückt wird, und der **kinetischen Stabilität** eines Komplexes.

Ein Komplex ist kinetisch stabil, wenn Ligandenaustauschreaktionen mit sehr langsamer **Reaktionsgeschwindigkeit** ablaufen, obwohl die Reaktion thermodynamisch möglich ist.
Die kinetische Stabilität ergibt sich hauptsächlich aus der Abschirmung des Zentralteilchens durch die Liganden. Wenn die Liganden um das Zentralion eine Hülle mit hoher negativer Ladungsdichte bilden, können andere Elektronenpaardonatoren nur schwer zum Zentralion gelangen. Ligandenaustauschreaktionen laufen in diesem Fall langsam oder gar nicht ab, obwohl sie thermodynamisch möglich sind. Darin liegt auch ein Grund für das häufige Auftreten oktaedrischer Komplexe, die in alle Raumrichtungen durch Liganden abgeschirmt sind.

- Die außerordentliche Stabilität von Komplexen mit mehrzähnigen Liganden, der sogenannte **Chelateffekt,** hat thermodynamische und kinetische Ursachen.
Thermodynamisch ergibt sich ein hoher Energiegewinn durch die Bindung eines Liganden mit mehreren Haftatomen. Außerdem wird die Entropie (↗S. 120) des Systems durch die Bildung des Chelatkomplexes erhöht, da die Anzahl der Teilchen und somit die „Unordnung" zunehmen.

Die mehrzähnigen Chelatlinganden (lat.: *chelae* – Krebsscheren) sind in der Regel **organische Komplexbildner.**

$$[Cu(NH_3)_4]^{2+} + 2\,H_2N{-}(CH_2)_2{-}NH_2 \rightleftharpoons [Cu(en)_2]^{2+} + 4\,NH_3$$

Für *Ethylendiammin* wird in Formeln oft die Abkürzung *en* verwendet.

Aus kinetischer Sicht ist die Wahrscheinlichkeit, dass ein Zentralteilchen mit einem zweiten Haftatom eines bereits gebundenen Liganden reagiert, viel größer als die Wahrscheinlichkeit, dass sich ein anderer, weiter entfernter Ligand an ein Zentralteilchen anlagert.
Die Komplexbildungskonstante K_K ist für Chelatkomplexe wesentlich höher als für stabile Komplexe mit einzähnigen Liganden:

$[Cu(NH_3)_4]^{2+}$ $K_K = 4 \cdot 10^{12}$ $[Cu(en)_2]^{2+}$ $K_K = 2 \cdot 10^{20}$

8.3.4 Darstellung und Bedeutung von Komplexen

Das tiefblaue Tetraamminkupfer(II)-chlorid erhielt ANDREAS LIBAVIUS (1540–1615) zufällig schon um 1600 bei Experimenten in Messinggefäßen.

Die wichtigsten Syntheseprinzipien für Komplexverbindungen sind:
1. Addition von Liganden an Zentralatomen bzw. -ionen
2. Substitution von Liganden an Zentralatomen bzw. -ionen
3. Redoxreaktionen an Zentralteilchen oder Liganden
4. Kondensation

Reaktionstyp	Prinzip (Beispiel)
Addition	Die Addition ist die Anlagerung von Liganden an freie Koordinationsstellen des Zentralteilchens. So lösen sich wasserfreie Metallsalze in Wasser oft unter Bildung von Aquakomplexen. Dabei erfolgt die Hydratation der Metall-Ionen (↗ S. 100). ■ $Ni^{2+} + 6\,H_2O \longrightarrow [Ni(H_2O)_6]^{2+}$
Substitution	Bei der Substitution werden Liganden am Zentralteilchen durch andere Liganden ersetzt. Diese Reaktion wird auch als Ligandenaustauschreaktion (↗ S. 252) bezeichnet. ■ $[Cu(H_2O)_4]^{2+} + 4\,NH_3 \longrightarrow [Cu(NH_3)_4]^{2+} + 4\,H_2O$
Redoxreaktion	Redoxreaktionen (↗ S. 208 ff.) werden oft für die Synthese von Komplexverbindungen genutzt. Der Elektronenübergang erfolgt in der Regel am Zentralion, da speziell Nebengruppenelemente relativ leicht ihre Oxidationszahl ändern können. ■ $2\,[\overset{II}{Cu}(H_2O)_4]^{2+} + 10\,\overset{II}{C}N^- \longrightarrow$ $2\,[\overset{I}{Cu}(CN)_4]^{3-} + 8\,H_2O + (\overset{III}{C}N)_2$
Kondensation	Bei der Kondensation zwischen zwei Molekül-Anionen reagieren diese unter Abspaltung kleiner Moleküle, z. B. H_2O oder NH_3, zu einem größeren Molekül-Anion. ■ $CrO_4^{2-} + H_3O^+ \longrightarrow CrO_3(OH)^- + H_2O$ $2\,CrO_3(OH)^- \longrightarrow [O_3Cr{-}O{-}CrO_3]^{2-} + H_2O$ 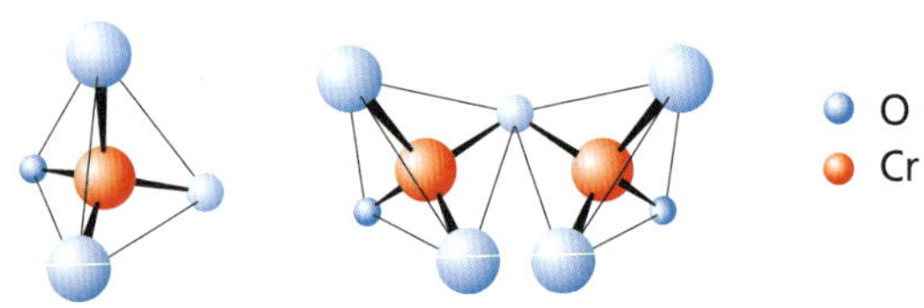 CrO_4^{2-}-Ion $Cr_2O_7^{2-}$-Ion

Chromat(VI)-Ionen und Dichromat(VI)-Ionen liegen in einem pH-abhängigen chemischen Gleichgewicht vor.

Bedeutung von Komplexverbindungen

Komplexverbindungen sind nicht nur in der Analytik, sondern auch in der **Medizin** von großer Bedeutung. Beispielsweise nutzen Ärzte ihre Kenntnisse über Komplexgleichgewichte, um Menschen mit einer Kohlenstoffmonooxidvergiftung zu retten. Sie beatmen den Vergifteten mit reinem Sauerstoff, sodass Kohlenstoffmonooxid aus dem Häm-Komplex verdrängt wird und wieder Sauerstoff im Blut transportiert werden kann.

$$[\text{Häm-Fe-CO}] + O_2 \rightleftharpoons [\text{Häm-Fe-}O_2] + CO$$

Aufgrund der hohen Variabilität der Zentralteilchen und Liganden sowie der stabilen Bindung spielen Komplexverbindungen in verschiedenen Lebensbereichen eine wichtige Rolle (↗Tab.) und stellen auch in vielen Industriebereichen wichtige Stoffe dar.

Anwendung	Prinzip	Beispiel
klassische Fotografie	Nicht belichtetes Silberhalogenid wird durch Fixiersalz ($Na_2S_2O_3$) komplexiert und aus der Gelatineschicht des Films herausgelöst. Auf diese Weise wird das Bild lichtbeständig gemacht. $AgBr + 2\,Na_2S_2O_3 \rightleftharpoons Na_3[Ag(S_2O_3)_2] + NaBr$	
Wasserenthärtung	Durch Komplexbildung werden die Calcium-Ionen und Magnesium-Ionen im Wasser maskiert, sodass sie mit den Carbonat-Ionen und Sulfat-Ionen keine schwer löslichen Salze bilden. Die Abscheidung von Calciumcarbonat beim Erhitzen von hartem Wasser (↗Abb.) kann durch Zusatz von Komplexbildnern wie Nitrilotriessigsäure $N(CH_2COOH)_3$ verhindert werden. Die Calcium-Ionen bilden thermisch beständige, lösliche Komplexe.	
Katalyse industrieller Reaktionen	Metallorganische Komplexe werden häufig als technische Katalysatoren eingesetzt. Dabei wird die Fähigkeit dieser Komplexe zum schnellen Ligandenaustausch genutzt. In anderen Fällen spielt das flexible Redoxverhalten der Übergangsmetallverbindungen eine wichtige Rolle. Bei der Synthese von Niederdruckpolyethylen wird ein Mischkatalysator aus $TiCl_4$ und $Al(C_2H_5)_3$ eingesetzt.	Ziegler-Natta-Katalysator 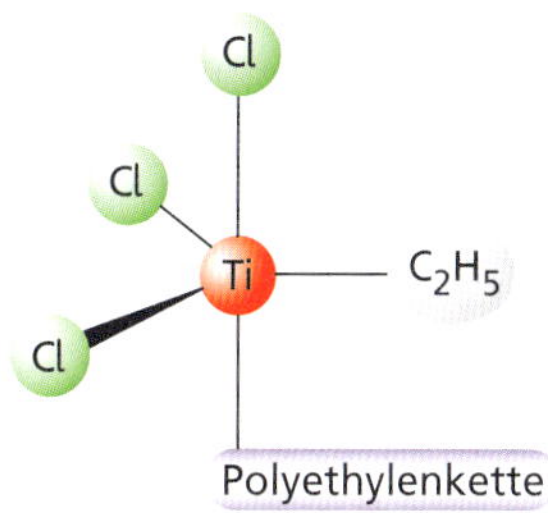

Anwendung	Prinzip	Beispiel
Biokatalyse	Zahlreiche Enzyme enthalten komplex gebundene Metall-Ionen zur Stabilisierung der Struktur. Die katalytische Aktivität in biochemischen Prozessen beruht ähnlich wie bei den technischen Katalysatoren auf Redoxreaktionen oder Säure-Base-Reaktionen der Metallkomplexe. Die hohe Selektivität wird in erster Linie durch die organischen Liganden erzielt.	Allein mit dem Zentralatom Zink sind über 200 Enzyme bekannt. Zur Unterstützung der Bildung Zink enthaltender Enzyme benutzt man Salben auf der Basis von Zinkoxid. 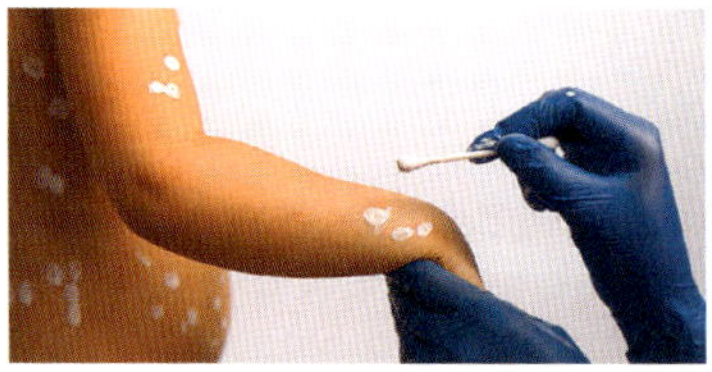
Medizin	In der Therapie werden u. a. Komplexverbindungen eingesetzt, die die Zellteilung, z. B. von Krebszellen, behindern. Einer der ersten Wirkstoffe gegen Karzinome war *cis*-Diammindichloroplatin(II).	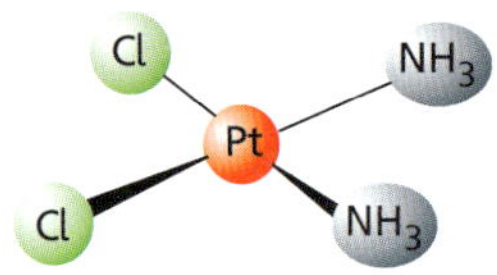
Blutkreislauf	Der rote Blutfarbstoff der Wirbeltiere **Hämoglobin** ist ein Protein mit dem Häm-Komplex als zentralem Bestandteil. Dieser Komplex besteht aus einem Porphyringerüst und Fe^{2+} als Zentralion. An eine der beiden noch freien Koordinationsstellen des Fe^{2+}-Ions kann ein O_2-Molekül reversibel gebunden werden. Ein Hämoglobinmolekül enthält vier Häm-Gruppen. Es kann daher vier O_2-Moleküle zu den Zellen transportieren und dort für die Zellatmung zur Verfügung stellen.	Häm 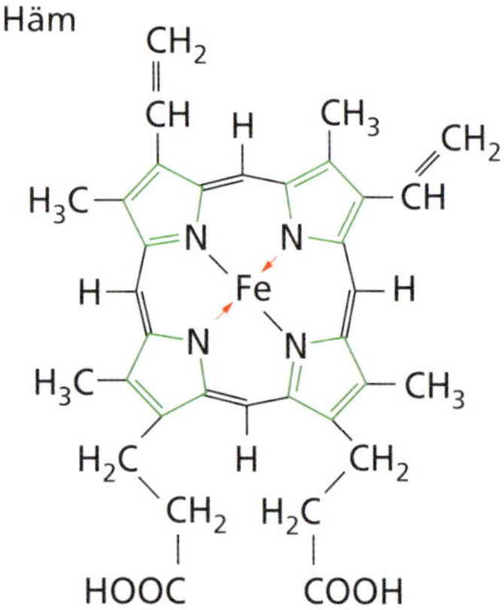
Stoffwechsel	**Chlorophyll** enthält im Porphyrin-Liganden-Gerüst Mg^{2+} als Zentralion. Dieser Komplex ermöglicht die Fotosynthese durch Absorption von Licht der Wellenlänge $\lambda = 680–700$ nm. Die Energie wird für die Redoxprozesse der CO_2-Assimilation genutzt. Andere ähnlich strukturierte Porphyrine enthalten z. B. Fe^{2+}-Ionen (Hämoglobin) oder Co^{2+}-Ionen (Vitamin B 12) als Zentralion. Für die Färbung von Urin, Stuhl und Galle sind offenkettige Abbauprodukte des roten Blutfarbstoffs im Körper verantwortlich.	Chlorophyll a 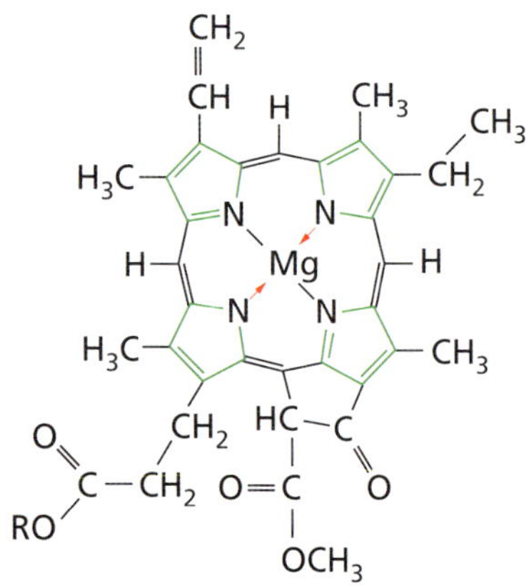

8.3.5 Komplexometrie

Die **Komplexometrie** ist ein quantitatives Analyseverfahren, bei dem die zu bestimmenden Metall-Ionen mit Komplexbildnern in stabile Chelate überführt werden.

Die **Komplexometrie** heißt in älteren Büchern auch Chelatometrie und wurde von G. K. SCHWARZENBACH (1904–1978) um 1950 entwickelt.

Der am häufigsten verwendete Komplexbildner ist **Ethylendiamintetraacetat** (EDTA). EDTA ist ein sechszähniger Ligand, mit dem Metall-Ionen oktaedrisch koordiniert werden und Komplexe im Stoffmengenverhältnis $n(\text{Metall}):n(\text{EDTA})$ von 1 : 1 bilden.
Der Ligand EDTA wird als Y^{4-} abgekürzt. Eingesetzt wird der Komplexbildner in Form des Dihydrats des Dinatriumsalzes $Na_2H_2Y \cdot 2\,H_2O$. Das zugrunde liegende Gleichgewicht und die Komplexbildungs- bzw. Stabilitätskonstante können vereinfacht wie folgt formuliert werden:

$$M^{z+} + Y^{4-} \rightleftharpoons MY^{z-4} \qquad K_K = \frac{c(MY^{z-4})}{c(M^{z+}) \cdot c(Y^{4-})}$$

Bildung des Calcium-EDTA-Komplexes

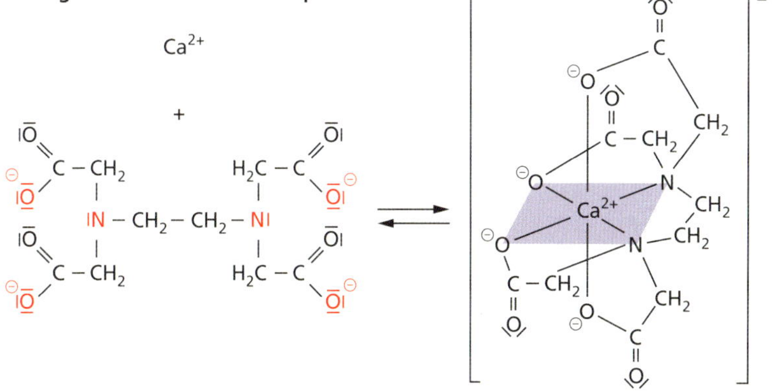

EDTA wird in wässriger Lösung in Abhängigkeit vom pH-Wert stufenweise zur Ethylendiamintetraessigsäure protoniert, sodass bei sinkendem pH-Wert der Ligand aus dem Komplexgleichgewicht entfernt wird. Aus diesem Grund sind Metall-EDTA-Komplexe in sauren Lösungen weniger stabil als in basischen.
Die Titration kann aber nur für einige Metalle im Basischen durchgeführt werden, da viele Metalle schwer lösliche Hydroxide bilden. Deshalb ist die Einstellung eines geeigneten pH-Bereichs außerordentlich wichtig für die komplexometrische Titration.

Der Äquivalenzpunkt der Titration wird durch spezielle Metallindikatoren angezeigt, deren Farbe sich bei der Komplexierung von Metall-Ionen ändert.

Mittels Komplexometrie können zahlreiche mehrwertige Metall-Ionen (z. B. Ca^{2+}, Zn^{2+}, Pb^{2+}) quantitativ bestimmt werden. Eine der wichtigsten Anwendungen ist die Bestimmung der **Wasserhärte.** Die Härte des Wassers wird von Härtebildnern, den Carbonat- und Sulfat-Salzen des Calciums und Magnesiums, verursacht. Für viele Anwendungen, z. B. in Brauereien, Kraftwerken und im Waschprozess (↗S. 412), ist eine große Wasserhärte störend und eine Wasserenthärtung notwendig.

8

Chemie von Komplexverbindungen

- **Komplexverbindungen** sind aus kationischen, anionischen oder neutralen Komplexteilchen und Gegenionen zur Kompensation der Ladung aufgebaut.

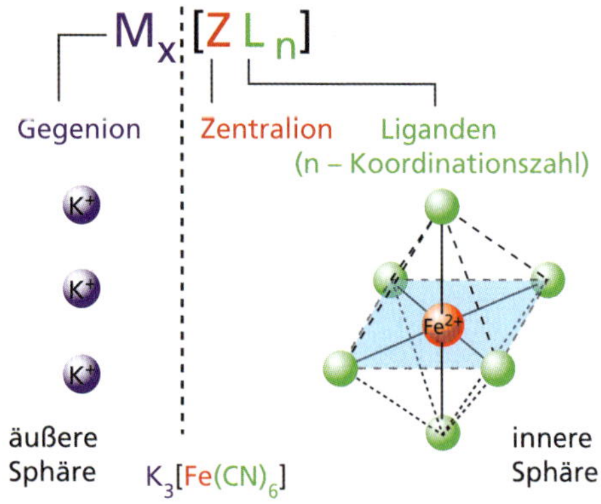

- In der inneren Koordinationssphäre sind mehrere **Liganden** über koordinative Bindungen an ein **Zentralteilchen** gebunden. Die Zahl der direkt an das Zentralteilchen gebundenen Atome der Liganden ist die Koordinationszahl.

- Die **Komplexbindung** ist eine spezielle Donator-Akzeptor-Wechselwirkung, bei der die gemeinsamen Elektronenpaare von den Liganden stammen.

Zentralteilchen	Liganden
Elektronenpaarakzeptoren	Elektronenpaardonatoren
Atome oder Kationen mit freien 4s-, 3d- und 4p-Orbitalen	Moleküle oder Anionen mit freien Elektronenpaaren
Mn^{2+}, Fe^{3+}, Ni, Cu^{2+}, Zn^{2+}, Al^{3+}	H_2O, CO, Cl^-, CN^-, NH_3

- Besonders stabil sind Komplex-Ionen, deren Zentralteilchen durch die Bindungsbildung über **18 Valenzelektronen** verfügen. Aufgrund der **Oktettaufweitung** nennt man Komplexe auch Verbindungen höherer Ordnung.

KZ = 6

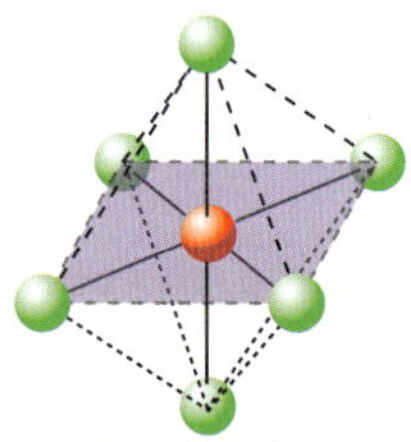

oktaedrisch

KZ = 4

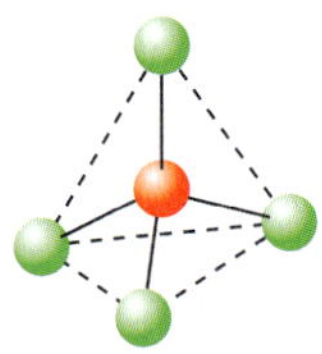

tetraedrisch

- Die räumliche Struktur von Komplexteilchen heißt **Konfiguration.** Besonders stabil sind oktaedrische und tetraedrische Konfigurationen. Bei der Komplexbildung gehen die ursprünglichen Eigenschaften des Zentralteilchens und der Liganden verloren. Die Komplexe weisen neue **charakteristische Eigenschaften** auf, die zu einem breiten Anwendungsspektrum führen.

Wissenstest 8C

Strukturen und Reaktionen organischer Verbindungen

9

9.1 Allgemeine Grundlagen der organischen Chemie

9.1.1 Namen, Formeln und Strukturen

Die Namensgebung der Verbindungen wird durch die IUPAC eindeutig geregelt. Häufig benutzt man auch **Trivialnamen,** die entweder aus der Historie resultieren oder verwendet werden, wenn der IUPAC-Name zu lang wird. Auf die Regeln zur Nomenklatur organischer Verbindungen wird in den Kapiteln 9.2 und 9.4 näher eingegangen.

Die organische Chemie umfasst alle Kohlenstoffverbindungen mit Ausnahme der Oxide und Sulfide des Elements Kohlenstoff, z.B. CO, CS_2, sowie ihrer Derivate. Die Zusammensetzung und der räumliche Aufbau werden durch verschiedene Modelle – **Summenformeln** oder **Strukturformeln** – veranschaulicht.

Summenformeln

Die Summenformel gibt die Zusammensetzung der organischen Verbindung aus den einzelnen Elementen an. Sie wird zur Berechnung der Molmasse benötigt, gibt aber keinen Hinweis auf die Struktur oder die funktionellen Gruppen der Verbindung.

- $C_4H_{10}O$ – dies könnte eines der Isomere von Butanol sein. Es könnte aber auch Diethylether oder Methylpropylether sein.

Vereinfachte Strukturformeln

Sie zeigen wichtige Bindungen und funktionelle Gruppen an.

- $CH_3{-}CH_2{-}CH_2{-}CH_2{-}OH$ besagt, dass es sich um einen gesättigten Alkohol mit vier Kohlenstoffatomen handelt. Entsprechend der Stellung der OH-Gruppe heißt die Verbindung Butan-1-ol.

Strukturformeln

Die vollständige Strukturformel zeigt alle Bindungen zwischen den einzelnen Atomen und die freien Elektronenpaare an.

- 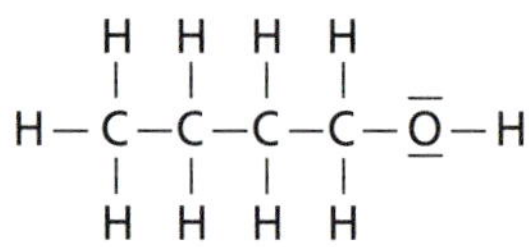 Butan-1-ol

Räumliche Darstellung als Skelettformeln

Mit der Skelettformel kann auch die Art und Position von Mehrfachbindungen angegeben werden.

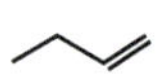

But-1-en

Die räumliche Darstellung gesättigter Kohlenwasserstoffe ist schwierig, da das Kohlenstoffatom tetraedrisch koordiniert ist. Stark vereinfachte Strukturformeln zeigen deshalb meist nur die „Zick-Zack-Struktur" des Kohlenstoffskeletts und die funktionellen Gruppen (↗S. 307). Die Wasserstoffatome, Kohlenstoff-Wasserstoff-Bindungen und freie Elektronenpaare werden in diesen **Skelettformeln** weggelassen.

- 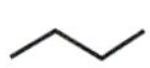 Butan 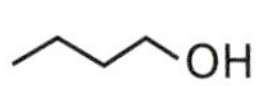 Butan-1-ol 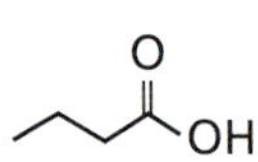 Butansäure

Für die räumliche Darstellung entlang einer C–C-Bindung werden zwei Möglichkeiten genutzt: die **Sägebockschreibweise** und die **Newman-Projektion.** Die Sägebockschreibweise zeigt eine räumliche Anordnung, bei der Newman-Projektion sieht man auf das Kohlenstoffatom C_1, entlang der Bindung $C_1–C_2$, welches das C_2-Atom verdeckt.

Sägebockschreibweise

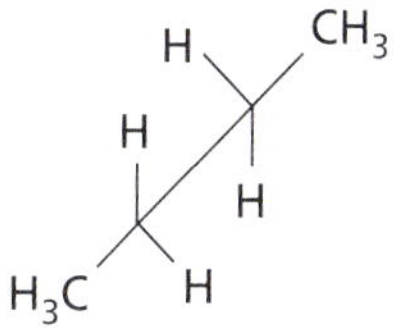

Newman-Projektion

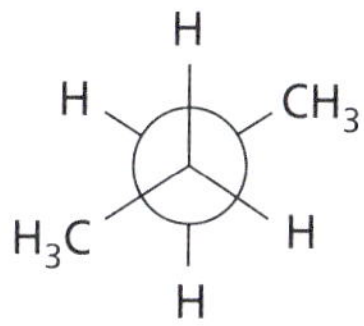

Insbesondere für Kohlenhydrate (↗ S. 330) und Aminosäuren hat sich die **Fischer-Projektion** durchgesetzt. Es ist eine „Einebnung der räumlichen Struktur". Sie wird verwendet, um die Konfiguration an einem Kohlenstoffatom, an dem vier unterschiedliche Substituenten gebunden sind (↗ S. 268), eindeutig darzustellen. Die beiden horizontalen Bindungen am betrachteten Kohlenstoffatom zeigen aus der Papierebene auf den Betrachter zu, die beiden vertikalen hinter die Papierebene. Das zentrale Kohlenstoffatom wird dabei in der Regel nur als Kreuz geschrieben.

Die Verwendung von Keilstrichen bei der Darstellung organischer Moleküle hat zwei Bedeutungen:

1. Polarisierung einer Bindung, man kennzeichnet also die Verschiebung der Bindungselektronen zum Atom mit höherer Elektronegativität.

$$\overset{\delta^+}{H_3C} \leftarrow \overset{\delta^-}{Br}$$

2. Bei der Darstellung geometrischer Verhältnisse besagt der Keil, dass dieser Substituent aus der Papierebene auf den Betrachter zeigt.

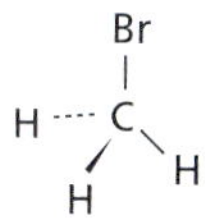

Fischer-Projektion

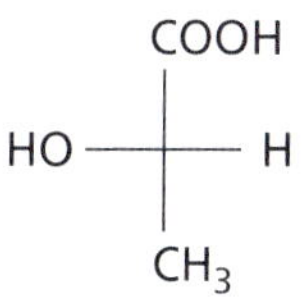

Übersetzung in die räumliche Struktur

L-Milchsäure

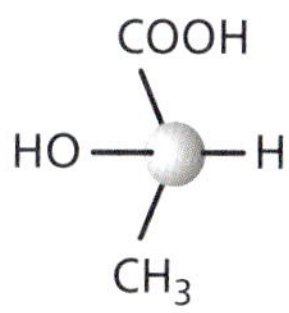

Bezeichnung der Kohlenstoffatome

Unverzweigte Kohlenstoffketten werden durchgehend nummeriert. Das Kohlenstoffatom einer Carboxy- oder einer Aldehyd-Gruppe erhält immer die Zahl 1. Bei allen anderen Verbindungen erhält das Kohlenstoffatom mit der funktionellen Gruppe die kleinstmögliche Nummer.
Häufig findet man Bezeichnungen mit griechischen Buchstaben. Das Kohlenstoffatom neben der funktionellen Gruppe wird als α-Kohlenstoffatom bezeichnet. Enthält die funktionelle Gruppe selbst kein Kohlenstoffatom, ist das Kohlenstoffatom C_1 auch das α-Kohlenstoffatom. Enthält die funktionelle Gruppe selbst ein Kohlenstoffatom (COOH-Gruppe, CHO-Gruppe), ist das α-Kohlenstoffatom das Kohlenstoffatom C_2. Die α-Aminosäuren sind also 2-Aminocarbonsäuren.

Die Nummerierung der Kohlenstoffatome ringförmiger oder verzweigter Verbindungen (↗ S. 290) ist durch die IUPAC eindeutig festgelegt.

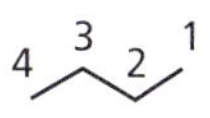

Butan

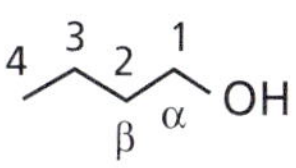

Butan-1-ol

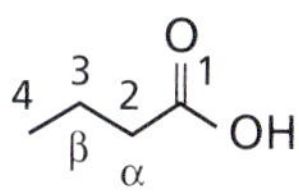

Butansäure (Buttersäure)

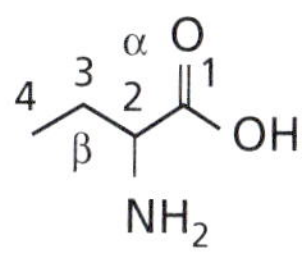

2-Aminobutansäure (α-Aminobuttersäure)

9.1.2 Elektronische Effekte in organischen Verbindungen

Atombindung im Ethanmolekül

EN: 2,5 2,5

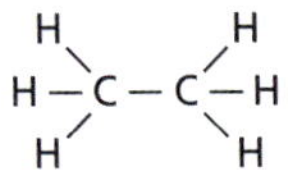

Methanolmolekül

EN: 2,5 3,5 2,1

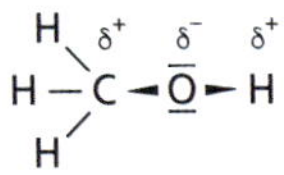

Induktive Effekte

Der **induktive Effekt** ist ein elektronischer Effekt, den Substituenten aufgrund ihrer **Elektronegativität *(EN)*** auf die Reaktivität organischer Moleküle ausüben. Durch Verschiebung von Elektronendichte entstehen innerhalb des Moleküls **Partialladungen.**

Die Wirkung induktiver Effekte lässt sich experimentell z. B. anhand der pK_S-Werte der Alkansäuren (↗ S. 324), Alkohole (↗ S. 313 und Amine nachweisen.

Ausgangspunkt für diese Betrachtung ist die chemische Bindung (↗ S. 79 ff.). Das Elektronenpaar einer kovalenten Bindung bewegt sich in dem Raum, der von beiden Atomen zur Verfügung gestellt wird. Würde es sich an allen Stellen des Raums gleich oft aufhalten, hätten wir die klassische, unpolare Atombindung, wie sie z. B. im Wasserstoff oder der C–C-Bindung im Ethanmolekül vorliegt.

Bindungspolarisierungen im Ethanol

Im Ethanol sind Atome unterschiedlicher Elektronegativität verbunden. So hält sich das Bindungselektronenpaar zwischen dem Kohlenstoffatom und dem Sauerstoffatom weit häufiger am Sauerstoffatom auf. Es kommt zu einer Ladungspolarisierung. Daraus resultiert auch eine partielle Ladungsverteilung in dem nach außen neutralen Molekül. Das Sauerstoffatom ist partiell negativ (δ^-), das Kohlenstoff- sowie das Wasserstoffatom dagegen sind partiell positiv (δ^+) geladen. Diesen Effekt bezeichnet man als induktiven Effekt.

Regel für induktive Effekte: Verglichen wird die Elektronegativität des Substituenten gegenüber Wasserstoff.

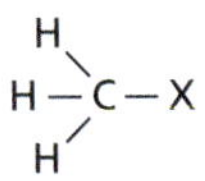

EN < H: +I-Effekt

EN > H: −I-Effekt

Zieht ein Substituent das Bindungselektronenpaar an, hat er einen −I-Effekt, schiebt er das Bindungselektronenpaar zum anderen Partner, hat er einen +I-Effekt. Entscheidend für die Richtung des induktiven Effekts ist die Elektronegativität im Vergleich zu Wasserstoff. Ist die Elektronegativität des Substituenten größer als die von Wasserstoff, besitzt er einen −I-Effekt, ist sie kleiner, hat er einen +I-Effekt.

Eine Ausnahme von dieser Regel sind die Alkylgruppen, wie die CH_3-Gruppe. Alle Alkylgruppen, die nur über C–C- und C–H-Bindungen (Einfachbindungen) verfügen, weisen einen +I-Effekt auf.

Induktiver Effekt	Atome/Atomgruppen
+I-Effekt	C (Alkylgruppen), Na, Li, Mg (Metalle)
−I-Effekt	N (Amino-, Nitro-Gruppe), O (Hydroxy-, Ether-Gruppe), F, Cl, Br, I (Halogene)

Der Mesomerieeffekt

> Der **Mesomerieeffekt** ist ein elektronischer Effekt, den Substituenten mit Mehrfachbindungen und/oder Heteroatomen ausüben. Dabei werden Elektronen in sich überlappenden p-Orbitalen verschoben bzw. delokalisiert. Man kann für die Verbindungen **mesomere Grenzstrukturen** mit Formalladungen formulieren.

Mesomere Grenzstrukturen sind keine stabilen Strukturen der Moleküle, sondern nur Modelle zur Darstellung der Verteilung der Elektronen. Der reale Zustand der Moleküle liegt zwischen den Grenzstrukturen.

Mesomerieeffekte treten immer an **π-Elektronensystemen** auf, z. B. am Carboxylat-Ion (↗S. 324) oder an aromatischen π-Systemen (↗S. 299), an denen sich dieser **Substituenteneffekt** gut erklären lässt.
Besitzt der Substituent selbst eine π-Bindung wie die Aldehyd- und die Nitro-Gruppe, kann sich diese am π-System des Aromaten beteiligen. Es entsteht ein größeres konjugiertes π-System (↗S. 88), über das die Elektronen verteilt bzw. delokalisiert sind. Diese Verteilung wird mithilfe des Modells der mesomeren Grenzstrukturen veranschaulicht.

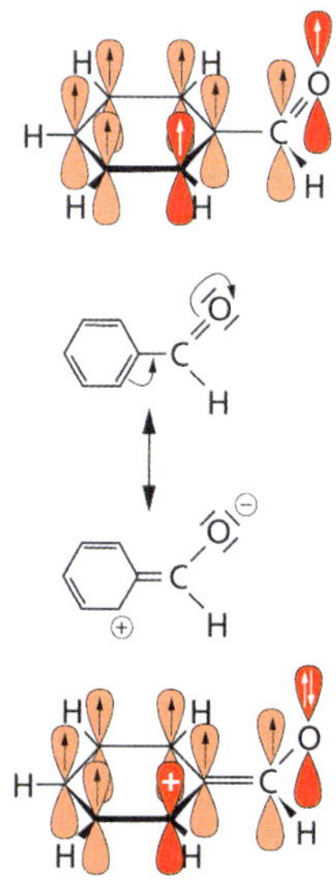

−M-Effekt der Aldehyd-Gruppe im Benzaldehyd. Durch Überlappung der p-Orbitale können die Elektronen ihren Aufenthaltsraum ändern.

Am Beispiel Nitrobenzen erkennt man, dass durch Substituenten mit eigener π-Bindung die Elektronendichte an den *ortho*- und *para*-Positionen des Rings verringert wird. Der Substituent erhält selbst eine negative Formalladung, er übt einem **−M-Effekt** aus.
Auch das freie Elektronenpaar von Substituenten mit Heteroatomen wie der Amino-Gruppe wird in das π-System des Benzenrings einbezogen. In diesem Fall zeigen die Grenzstrukturen, dass die Elektronendichte im Aromaten erhöht wird. Der Substituent erhält eine positive Formalladung, er besitzt einen **+M-Effekt.**
Mesomere Effekte wirken über einen größeren Molekülbereich als induktive Effekte und beeinflussen die Reaktivität meist stärker.

Grenzstrukturen des Nitrobenzens (−M-Effekt)

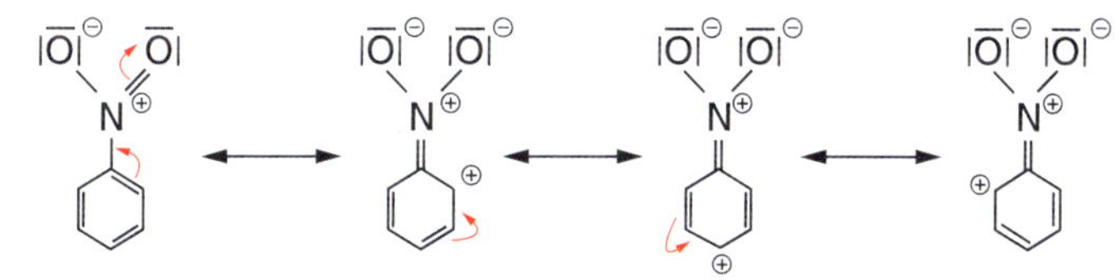

Grenzstrukturen des Anilins (+M-Effekt)

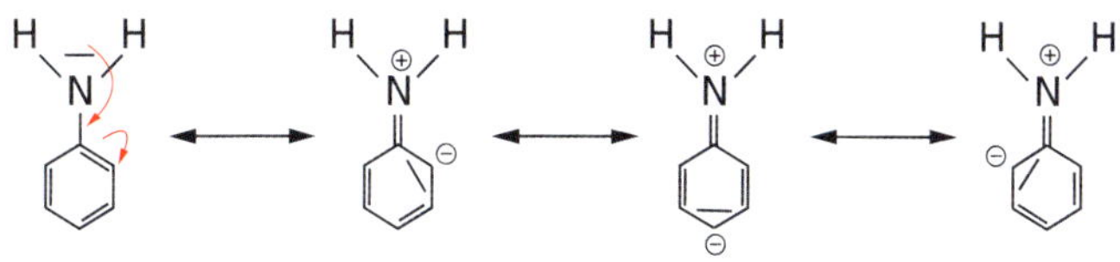

Mesomerie-Effekt	Funktionelle Gruppen/Atome
+M-Effekt	$-NH_2$, $-OH$, $-OCH_3$, $-Cl$, $-Br$, $-I$, $-O^-$
−M-Effekt	$-NO_2$, $-COOH$, $-CHO$, $-CN$, $-SO_3H$

Modellhafte Darstellung organischer Moleküle

- Es gibt mehrere **Modelle zur Darstellung von Molekülen.** Die Nutzung der unterschiedlich stark vereinfachten Darstellungsformen richtet sich nach dem Ziel, das mit der Darstellung verfolgt wird. Neben den aufgeführten Strukturformeln gibt es noch das Kugel-Stab- und das Kalottenmodell zur Darstellung der räumlichen Struktur (↗S. 15).

Darstellung	Beispiel	Charakterisierung
Summenformel	C_3H_6O	Sie gibt nur die atomare Zusammensetzung des Moleküls an, enthält jedoch keine Aussagen zur Struktur der Verbindung.
vereinfachte Strukturformel	$CH_3 - CH_2 - CHO$	Bei dieser rationellen Darstellung werden wichtige Bindungen und funktionelle Gruppen gezeigt.
Strukturformel (Lewis-Formel)	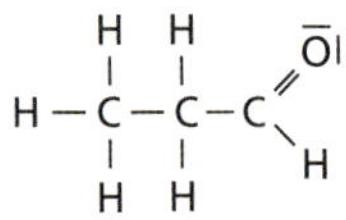	Alle Bindungen zwischen den Atomen, freie Elektronenpaare und funktionelle Gruppen werden sichtbar. Die räumliche Struktur und die realen Bindungswinkel sind nicht erkennbar.
Skelettformel	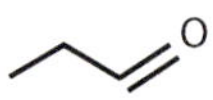	Die Struktur des Moleküls wird als „Kohlenstoffskelett" ohne Darstellung der C- und H-Atome angedeutet. Heteroatome und funktionelle Gruppen werden an ihrem Bindungsort angegeben.
Fischer-Projektion	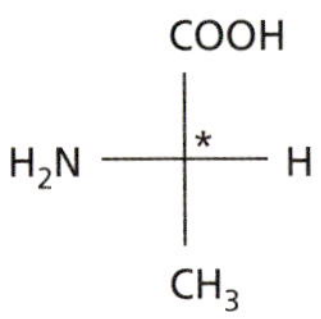	In einer Ebene liegende Darstellung der unterschiedlichen Raumstrukturen spiegelbildlich-isomerer (chiraler) Moleküle. Das Chiralitätszentrum C* liegt in der Zeichenebene, die mit ihm oben und unten verbundenen Atome zeigen hinter die Zeichenebene, die rechts und links stehenden Substituenten liegen vor der Zeichenebene.
Haworth-Projektion	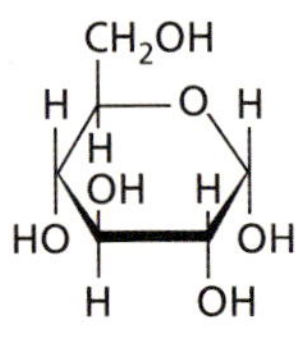	Die Haworth-Projektion spiegelt Monosaccharidmoleküle als ebenes Sechseck mit ihren Substituenten wider. Das Sauerstoffatom im Ring steht hinten rechts. Die Bindungen der Substituenten werden an den Enden senkrechter Linien abgebildet. Die Darstellung ermöglicht die Unterscheidung der Anomere (↗S. 331).
Sessel- und Wannenform	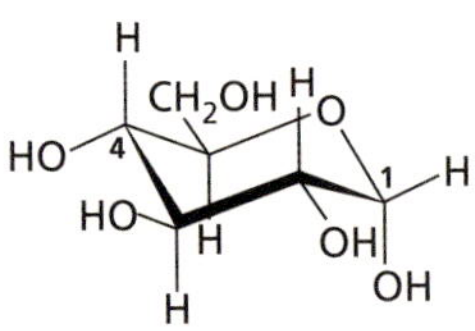	Die Formel vermittelt einen Eindruck von der räumlichen Struktur durch die Andeutung der Bindungswinkel im Molekül. Die Stellung der äquatorialen und axialen Substituenten wird angezeigt und damit werden die Unterschiede zwischen den verschiedenen isomeren Kohlenhydraten hervorgehoben.

Wissenstest 9A

9.1.3 Isomerie organischer Verbindungen

Isomere Verbindungen sind Verbindungen mit gleicher Summenformel, also gleicher atomarer Zusammensetzung, aber unterschiedlicher Struktur. Man unterscheidet mehrere Isomeriearten.

Die unterschiedliche Struktur der Isomere führt zu unterschiedlichen Eigenschaften der Verbindungen.

Wichtige Isomerieformen

Konstitutions- oder Strukturisomerie
Moleküle mit gleicher Summenformel, aber unterschiedlicher Verknüpfung der Atome bzw. Atomgruppen

Stellungsisomerie
unterschiedliche Verknüpfungsstellen von gleichen Atomen bzw. Atomgruppen

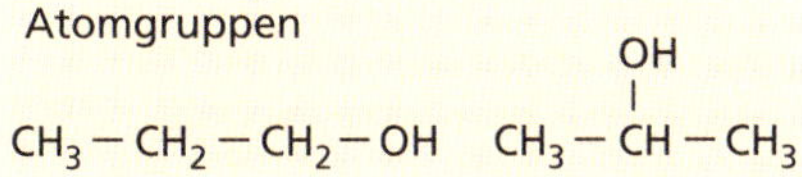

Funktionsisomerie
unterschiedliche funktionelle Gruppen im Molekül

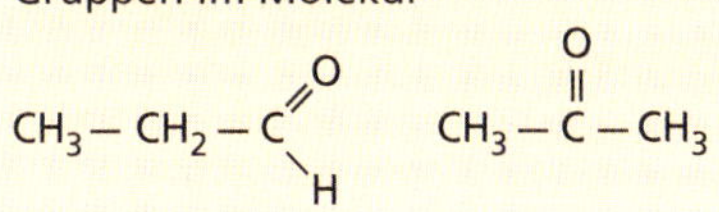

Tautomerie
unterschiedliche Position eines Wasserstoffatoms im Molekül

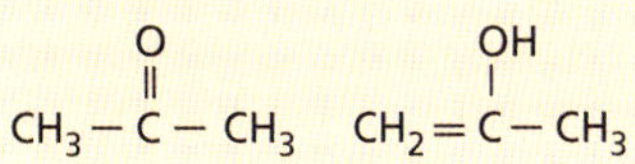

Valenzisomerie
unterschiedliche Anzahl von Einfach- und Mehrfachbindungen im Molekül

Stereoisomerie
Moleküle mit gleicher Konstitution, aber unterschiedlicher räumlicher Anordnung der Atome

Spiegelbildisomerie
unterschiedliche Anordnung von vier verschiedenen Substituenten am asymmetrischen Kohlenstoffatom

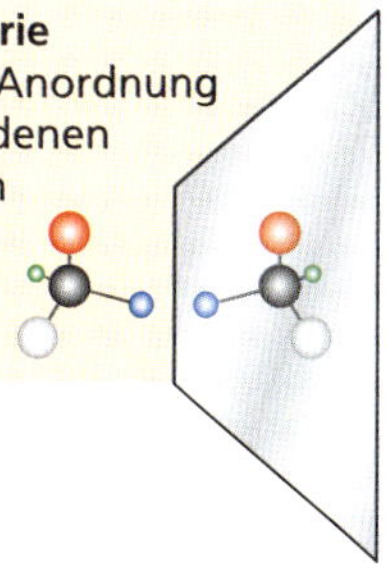

Diastereomerie
Moleküle mit mindestens zwei asymmetrischen Kohlenstoffatomen, von denen sich nur eines wie Bild und Spiegelbild verhält.

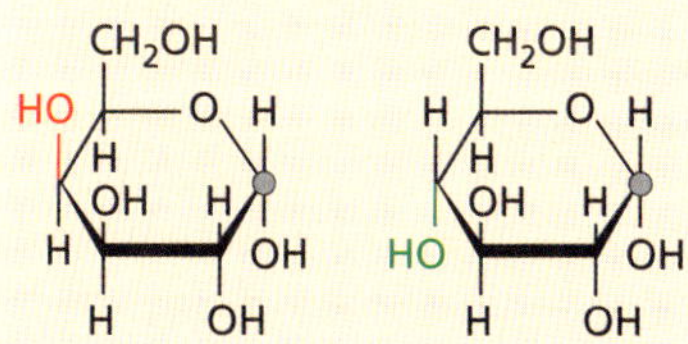

Isomerie an Doppelbindungen
unterschiedliche Lage von Atomen bzw. Atomgruppen an Doppelbindungen oder Ringstrukturen

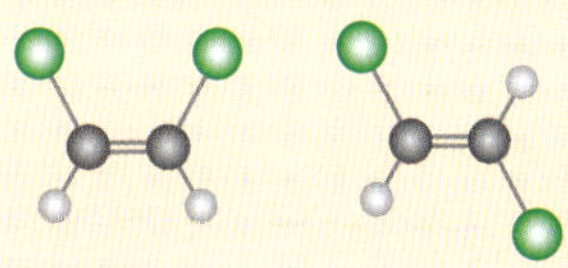

Konstitutionsisomerie (Strukturisomerie)

Auch die Isomere bei mehrfach substituierten Aromaten sind Konstitutionsisomere. Sie werden häufig als Stellungsisomere bezeichnet.

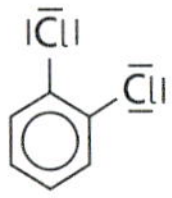

1,2-Dichlorbenzen

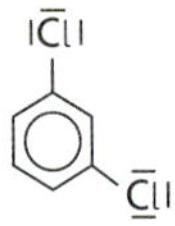

1,3-Dichlorbenzen

1,4-Dichlorbenzen

Konstitutionsisomere sind Verbindungen mit gleicher Summenformel, aber einer unterschiedlichen Verknüpfung von Atomgruppen oder Atomen im Molekül.

Stellungsisomerie

Die Summenformel C_4H_{10} gilt für zwei isomere Verbindungen, zum einen bezeichnet sie das Butan, zum anderen das 2-Methylpropan (Isobutan). Obwohl die Anzahl der Atome in beiden Verbindungen gleich ist, unterscheiden sie sich in der Art der Verknüpfung. Da die Atome bzw. Atomgruppen an **unterschiedlichen Stellen im Molekül** stehen, nennt man diese Isomerieart **Stellungsisomerie.**

$H_3C-CH_2-CH_2-CH_3$

Butan $\vartheta_S = -138{,}4\ °C$ $\vartheta_V = -0{,}5\ °C$

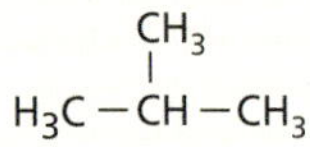

2-Methylpropan $\vartheta_S = -159{,}6\ °C$ $\vartheta_V = -11{,}7\ °C$

Die physikalischen Eigenschaften der Verbindungen unterscheiden sich, das chemische Reaktionsverhalten ist aber sehr ähnlich. Bei den Alkanen können Isomere erst bei Verbindungen mit vier Kohlenstoffatomen auftreten. Die Anzahl möglicher isomerer Verbindungen steigt mit der Anzahl der Kohlenstoffatome drastisch an.

Funktionsisomerie

Propanal (C_3H_6O) und Propanon (Aceton C_3H_6O) sind Konstitutionsisomere, deren Moleküle **unterschiedliche funktionelle Gruppen** tragen. Es handelt sich daher um **Funktionsisomere.**

Die physikalischen Eigenschaften der Verbindungen unterscheiden sich, weil sich die Stärke der zwischenmolekularen Kräfte unterscheidet. Außerdem zeigen die Verbindungen ein unterschiedliches Reaktionsverhalten. Propanal wirkt aufgrund der Aldehyd-Gruppe im Molekül reduzierend und lässt sich mit der fehlingschen Probe nachweisen (↗ S. 332). Aceton zeigt dagegen keine reduzierende Wirkung, da seine chemischen Eigenschaften von der Keto-Gruppe geprägt werden.

Die gleiche Funktionsisomerie findet man bei der Glucose und der Fructose wieder, die beide die Summenformel $C_6H_{12}O_6$ aufweisen. Die Glucose verfügt über eine Aldehyd-Gruppe die Fructose über eine Keto-Gruppe (↗ S. 333).

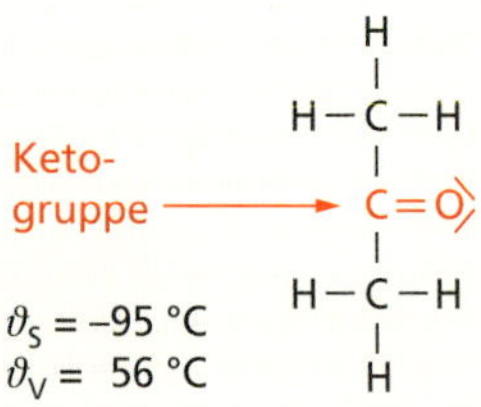

$\vartheta_S = -95\ °C$
$\vartheta_V = 56\ °C$

C_3H_6O

Propanon

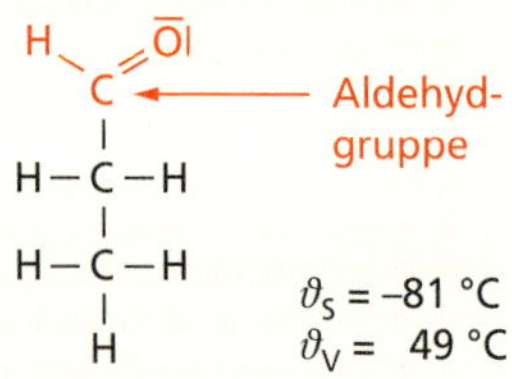

$\vartheta_S = -81\ °C$
$\vartheta_V = 49\ °C$

C_3H_6O

Propanal

Keto-Enol-Tautomerie

Die **Keto-Enol-Tautomerie** ist eine Verschiebung der Bindungselektronen mit gleichzeitiger Wanderung eines Wasserstoffatoms vom α-Kohlenstoffatom zum Sauerstoffatom. Die Lage des Gleichgewichts ist abhängig von der Struktur des Ketons und weiteren funktionellen Gruppen. So liegt Aceton nur zu 0,0002 % als Enol vor. Dagegen liegt Pentan-2,4-dion zu 80 % als Enol vor. In diesem Fall kann durch die Wasserstoffbrückenbindung ein Sechsring gebildet und die Struktur auf diese Weise stabilisiert werden.

Die Tautomerie ist eine Form der **Isomerie,** bei der zwei Isomere nebeneinander im Gleichgewicht vorliegen und sich ineinander umwandeln können. Anders als die mesomeren Grenzstrukturen (↗ S. 263) sind Tautomere stabile, real existierende Strukturen, die experimentell nachgewiesen werden können.

Keto-Enol-Tautomerie

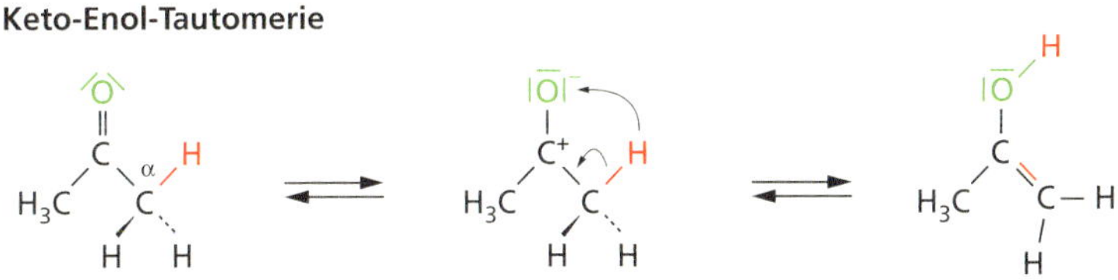

Keton Enol

Tautomerie-Gleichgewicht im Pentan-2,4-dion

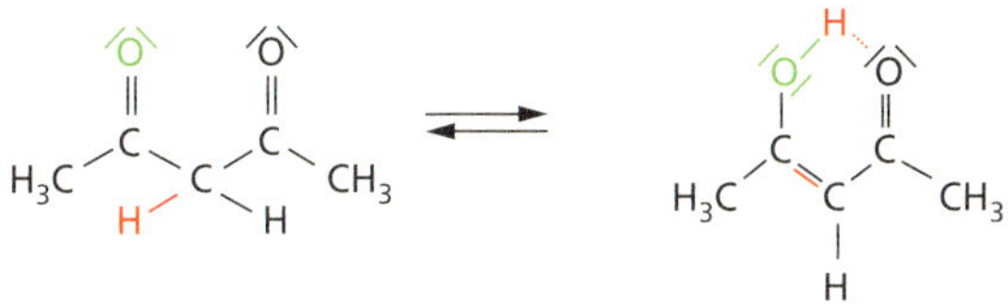

Valenzisomerie

Valenzisomere sind Konstitutionsisomere, die sich in der Anzahl der Einfach- und Doppelbindungen im Molekül unterscheiden.
So sind beispielsweise Pent-1-en und Cyclopentan Valenzisomere mit der Summenformel C_5H_{10}. Im Pent-1-enmolekül sind die fünf Kohlenstoffatome durch eine Einfachbindung und zwei zusätzlich durch eine Doppelbindung verbunden. Im Cyclopentan dagegen findet man ausschließlich Einfachbindungen.
Zu einem Alken mit mindestens 3 Kohlenstoffatomen in einer Kette gibt es immer ein isomeres Cycloalkan. Durch die Ringbildung unterscheiden sich Valenzisomere deutlich in ihrem chemischen Reaktionsverhalten.
Die bevorzugte Reaktion der Alkane ist die radikalische Substitution (↗ S. 274). Die ungesättigten Alkene gehen dagegen bevorzugt Additionsreaktionen ein (↗ S. 285). Aufgrund der unterschiedlichen Van-der-Waals-Kräfte zwischen den Molekülen unterscheiden sich auch die physikalischen Eigenschaften.

$CH_2=CH-CH_2-CH_2-CH_2$

Pent-1-en $\vartheta_S = -165{,}2\ °C$
$\vartheta_V = 30{,}0\ °C$

Cyclopentan $\vartheta_S = -93{,}9\ °C$
$\vartheta_V = 49{,}3\ °C$

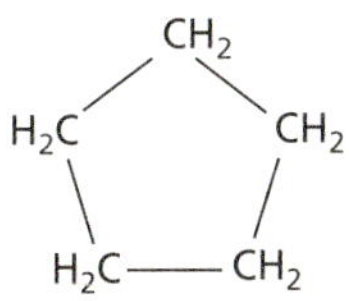

Es gibt insgesamt sogar zehn verschiedene Kohlenwasserstoffe mit der Summenformel C_5H_{10}. Davon sind 4 Valenzisomere und 5 Stellungsisomere. Dazu kommt noch ein *cis-trans*-Isomeres.

Stereoisomerie

Stereoisomere sind Moleküle mit gleicher Konstitution, aber einer unterschiedlichen räumlichen Anordnung der Atome.

Stereoisomere spielen eine wichtige Rolle in der Biochemie (↗S. 352). So werden in die körpereigenen Eiweiße des Menschen nur bestimmte Stereoisomere, die L-Aminosäuren, eingebaut. Die *cis-trans*-Isomerie (↗S. 269) bildet die Grundlage unseres Sehprozesses.

Konfigurationsisomerie

▶ Zur Unterscheidung der Enantiomere muss die absolute Konfiguration, d. h. die räumliche Anordnung der Substituenten am chiralen Kohlenstoffatom, bestimmt werden.

Befindet sich in einem Molekül ein Kohlenstoffatom mit vier unterschiedlichen Substituenten **(asymmetrisches Kohlenstoffatom)**, können Bild und Spiegelbild nicht zur Deckung gebracht werden. Solche Verbindungen, die zwei **Spiegelbildisomere** bzw. **Enantiomere** besitzen, nennt man **chirale Verbindungen.**

D,L-Nomenklatur, Fischer-Projektion

Die **Fischer-Projektion** ist die Darstellung der räumlichen Struktur tetraedrisch koordinierter Kohlenstoffatome in der Ebene. Chirale Verbindungen können so eindeutig als D- oder L-Enantiomer identifiziert werden. Folgende Regeln wurden von EMIL FISCHER am Glycerinaldehyd als Stammverbindung für die Fischer-Projektion aufgestellt:

- Die längste Kohlenstoffkette steht vertikal, das am höchsten oxidierte Kohlenstoffatom steht oben.
- Die beiden horizontalen Bindungen am betrachteten Kohlenstoffatom zeigen aus der Papierebene auf den Betrachter zu, die beiden vertikalen hinter die Papierebene.
- Steht die OH-Gruppe am chiralen Kohlenstoffatom rechts, gehört das Molekül in die D-Reihe – steht sie links, gehört es in die L-Reihe.

▶ Wendet man die **Fischer-Projektion** auf Moleküle mit mehreren chiralen Kohlenstoffatomen an (z. B. Glucose, ↗S. 331), dann bestimmt das am weitesten vom C_1-Atom entfernte Chiralitätszentrum die Nomenklatur.

Spiegelbildisomere des Glycerinaldehyds

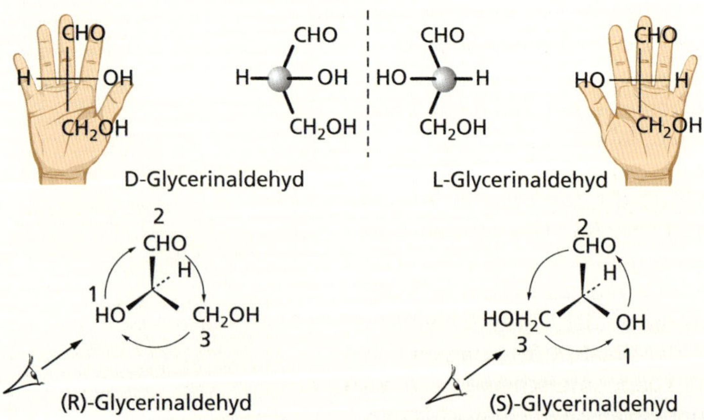

▶ Chiralität heißt „Händigkeit“. Der Begriff erklärt sich dadurch, dass die rechte und die linke Hand Spiegelbildisomere sind. Die Enantiomere unterscheiden sich nur im Vorzeichen des **optischen Drehwerts.**

R,S-Nomenklatur

Mit der Fischer-Nomenklatur wird nur die absolute Konfiguration eines Kohlenstoffatoms eindeutig festgelegt. Die Festlegung der **absoluten Konfiguration nach CAHN, INGOLD und PRELOG** ermöglicht die Zuordnung für alle Chiralitätszentren in einem Molekül.
Dabei werden den Substituenten am asymmetrischen C-Atom Prioritäten zugeordnet (Regeln). Blickt man jetzt auf das Kohlenstoffatom in Richtung des Substituenten mit der kleinsten Priorität, ordnen sich die anderen in (R) oder gegen den Uhrzeigersinn (S) an (↗ Abb. auf S. 268).

Diastereomerie

> **Diastereomere** können auftreten, wenn ein Molekül über mindestens zwei asymmetrische Kohlenstoffatome verfügt. Zwei Moleküle sind diastereomer, wenn ein Asymmetriezentrum gleich ist, das zweite aber unterschiedlich.

Im Beispiel der Tetrosen (↗ Abb. rechts) sieht man, dass die Konfiguration am Kohlenstoffatom C_3 gleich bleibt. Folglich gehören beide Monosaccharide in die D-Reihe. Die Konfiguration am Kohlenstoffatom C_2 ist aber spiegelbildlich.
Diastereomere Verbindungen unterscheiden sich praktisch in allen physikalischen Eigenschaften, das chemische Reaktionsverhalten ist dagegen sehr ähnlich.

Diasteromere Tetrosen

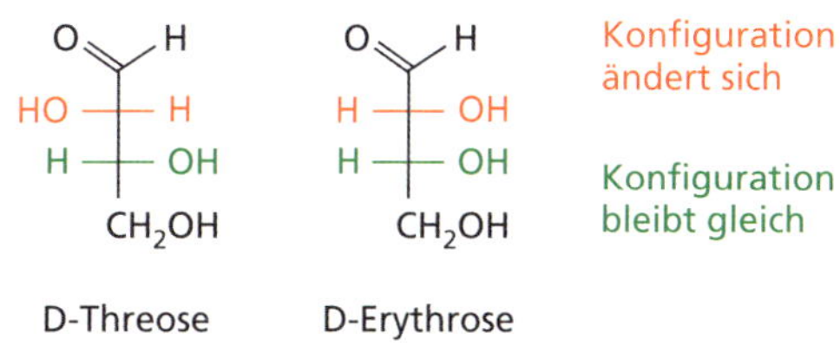

Eine spezielle Form der Diastereomerie beobachtet man bei den ringförmigen Zuckermolekülen. So kann die D-Glucose in der Ringform als α-D- oder als β-D-Glucose vorliegen (↗ S. 331). Auch hier unterscheidet sich die absolute Konfiguration nur an einem der insgesamt fünf asymmetrischen Kohlenstoffatome. Das Kohlenstoffatom C_1 bezeichnet man als anomeres Kohlenstoffatom, die beiden Diastereomere werden daher **Anomere** genannt.

▶ Durch die Ringbildung entsteht bei den Zuckermolekülen ein neues Chiralitätszentrum.

Isomerie an Doppelbindungen

> Die ***cis-trans*-Isomerie** ist eine Form der **Konfigurationsisomerie,** die auftritt, wenn an beiden Enden der C=C-Doppelbindung je zwei verschiedene Substituenten gebunden sind. Die größeren Substituenten können entgegengesetzt, *trans*, oder auf einer Seite der Doppelbindung, *cis*, angeordnet sein.

Im Gegensatz zur C–C-Einfachbindung ist die C=C-Doppelbindung nicht frei drehbar (↗ S. 88). Daraus folgt, dass in ungesättigten Verbindungen die Substituenten der Kohlenstoffatome an der C=C-Doppelbindung einen festen nicht veränderbaren Platz haben.

Wenn sich, wie beim 1,2-Dichlorethen, an jedem dieser beiden Kohlenstoffatome unterschiedliche Substituenten befinden, kommt es zur *cis-trans*-Isomerie. Stehen die beiden Chloratome auf den gegenüberliegenden Seiten der Doppelbindung, ist dies die *trans*-Verbindung. Bei der *cis*-Verbindung stehen die Chloratome auf der gleichen Seite.

trans-1,2-Dichlorethen 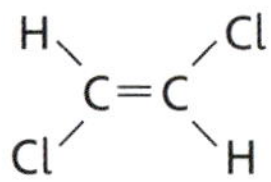 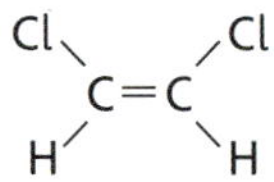 *cis*-1,2-Dichlorethen

▶ 1,1-Dichlorethen und 1,2-Dichlorethen sind Konstitutionsisomere, da die Atome unterschiedlich verknüpft sind. Im *cis*- und *trans*-1,2-Dichlorethen ist die Verknüpfung gleich. Es handelt sich daher nicht um Konstitutions-, sondern um Konfigurationsisomere.

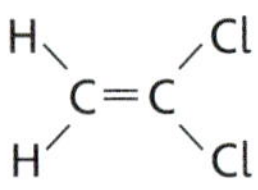

1,1-Dichlorethen

Konformationsisomerie

Konformationsisomere sind Isomere, die durch Rotation um die C–C-Einfachbindung entstehen.

Konformationsisomere sind normalerweise nicht zu unterscheiden, da diese Rotation ständig und mit hoher Geschwindigkeit stattfindet. Betrachtet wird die Stellung von je einem Substituenten (● oder ●) an zwei benachbarten C-Atomen. Sind die Substituenten sehr groß, wird die Rotation behindert, sodass einzelne Zustände experimentell nachweisbar sind.

▶ Konformationsisomere lassen sich auch anschaulich in der Sägebockschreibweise darstellen.

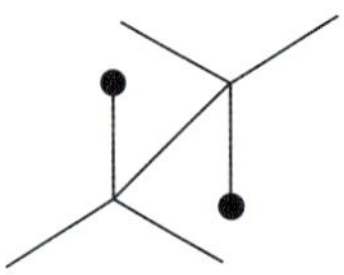

gestaffelt, *anti*

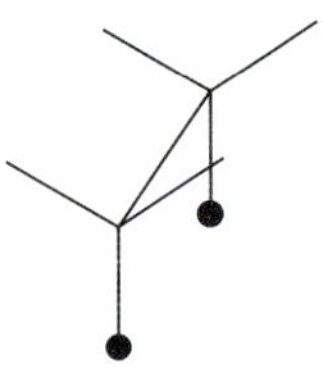

verdeckt, *eclipsed*

Konformationsisomerie (Newman-Projektion)

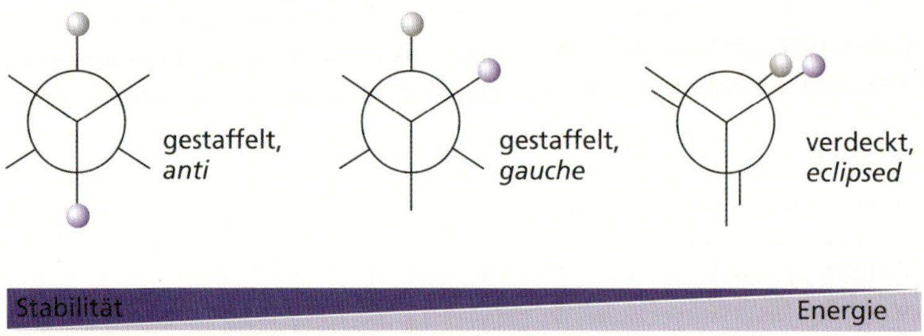

Zu den Konformationsisomeren zählt man aber auch die einzelnen Zustände des Cyclohexanrings, die durch das sogenannte Durchschwingen entstehen (Sessel – Wanne – Sessel). Zu beachten ist dabei, dass bei diesem „Durchschwingen" äquatoriale (e) und axiale (a) Substituenten die Plätze tauschen.

Konformationsisomerie bei Cyclohexan (C_6H_{12})

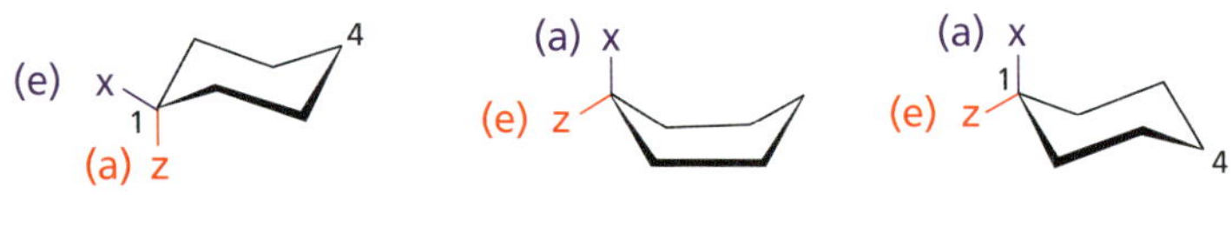

$_1$Sessel^4 Wanne ^{1}Sessel$_4$

9.1.4 Reagenzien, Substrate, Reaktionen

Das Reagenz (Agenz)

Als **Reagenz** (Agenz) bei einer chemischen Reaktion bezeichnet man den Stoff, der eine chemische Reaktion hervorrufen kann. Durch den Angriff auf den Reaktionspartner, das **Substrat,** verändert er dieses chemisch. Nach ihren elektronischen Eigenschaften werden die Reagenzien in zwei Hauptgruppen unterteilt, in **Nucleophile** und **Elektrophile.**

Nucleophile

Nucleophile sind Reagenzien, die über mindestens ein freies Elektronenpaar verfügen. Mit diesem Elektronenpaar greifen sie am Kohlenstoffatom an und verdrängen einen anderen Substituenten.

Nucleophile sind „kernliebende" Reagenzien (griech.: *nucleus* – Kern). Mit „Kern" ist hierbei das partiell positive Kohlenstoffatom im Substrat gemeint.

Nucleophile Reagenzien			
Anionen	OH^-, I^-, Br^-, Cl^-, RO^-	Moleküle	H_2O, ROH, RNH_2

Nucleophil oder Base
Nucleophile verfügen über ein freies Elektronenpaar, mit dem sie am Kohlenstoffatom angreifen. Basen sind nach BRÖNSTED Reagenzien, die in wässriger Lösung ein Proton durch Bindung an ein freies Elektronenpaar aufnehmen (↗S. 185). Demzufolge kann das gleiche Reagenz sowohl als Nucleophil als auch als Base reagieren.
Ein typisches Beispiel ist das Hydroxid-Ion (↗Abb. unten). Es kann als Base am Wasserstoffatom angreifen und dieses als Proton abspalten. Durch die gleichzeitige Abgabe des Chlorid-Ions bildet sich ein Alken. Es findet eine Eliminierung (↗S. 286) statt. Das Hydroxid-Ion kann aber auch als Nucleophil das partiell positive Kohlenstoffatom angreifen. Es verdrängt das Chlorid-Ion, man beobachtet eine nucleophile Substitution (↗S. 276).

Reaktion des Hydroxid-Ions als Base oder Nucleophil

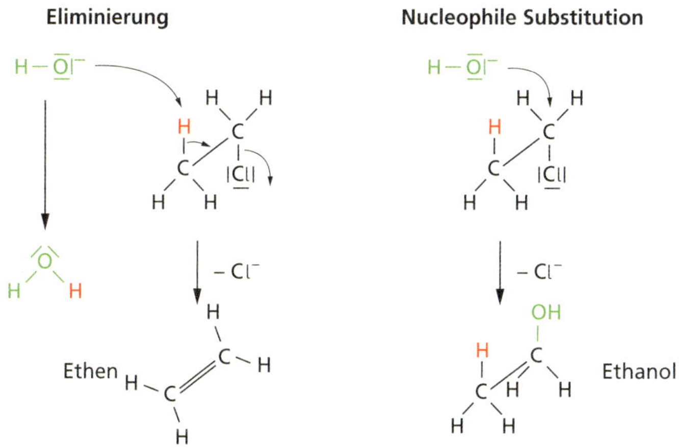

Ob eine nucleophile Substitution oder eine Eliminierung stattfindet, hängt entscheidend von den Reaktionsbedingungen ab.

Elektrophile

Elektrophile sind „Elektronen liebende" Reagenzien, die meist positiv geladen sind oder eine Elektronenlücke haben. Sie greifen vorwiegend Substrate mit π-System oder freien Elektronenpaaren an.

> Halogene reagieren als Elektrophile im Komplex mit Lewis-Säuren (↗S. 303), die als Katalysatoren für elektrophile Reaktionen genutzt werden.

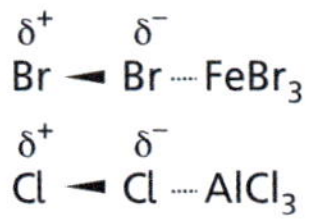

Elektrophile Reagenzien					
Kationen	H^+, NO_2^+	Moleküle	BF_3, SO_3	Radikale	Br·, Cl·

Substrate

> Radikale gehören aufgrund ihrer elektronischen Eigenschaften zu den **Elektrophilen.** Sie gehen jedoch andere Reaktionsmechanismen ein.

Als **Substrate** werden die Stoffe bezeichnet, die durch den Angriff eines Reagenz chemisch verändert werden. Bei der Reaktion zwischen Chlorethan und Natronlauge (↗S. 271) ist Chlorethan das Substrat. Durch den −I-Effekt des Chloratoms ist das Kohlenstoffatom partiell positiviert. An diesem Kohlenstoffatom greift das Nucleophil OH^- als Reagenz an und tauscht das Chloratom aus, wobei Ethanol entsteht.

Reaktionen in der organischen Chemie

Organische Reaktionen verlaufen immer über eine **Bindungsspaltung** im Substrat und eine **Bindungsneubildung** mit dem Reagenz. Die Bindungsspaltung kann homolytisch oder heterolytisch erfolgen.

Homolytische Bindungsspaltung

Die Bindung zwischen zwei Atomen wird so gespalten, dass jedes Atom ein Elektron aus der Bindung erhält. Es entstehen Radikale.

> Homolytische Bindungsspaltungen beobachtet man bei der radikalischen Substitution (↗S. 274 ff.). Heterolytische Bindungsspaltungen sind typisch für die nucleophile Substitution (↗S. 276 ff.) und die Eliminierung (↗S. 286).

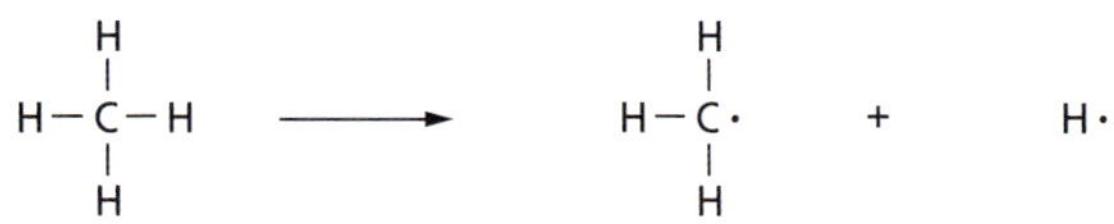

Methan — Methylradikal — Wasserstoffradikal

Heterolytische Bindungsspaltung

Die Bindung zwischen zwei Atomen wird so gespalten, dass das elektronegativere Atom das gesamte Elektronenpaar mitnimmt. Dabei entstehen Ionen, von denen das Anion Abgangsgruppe genannt wird.

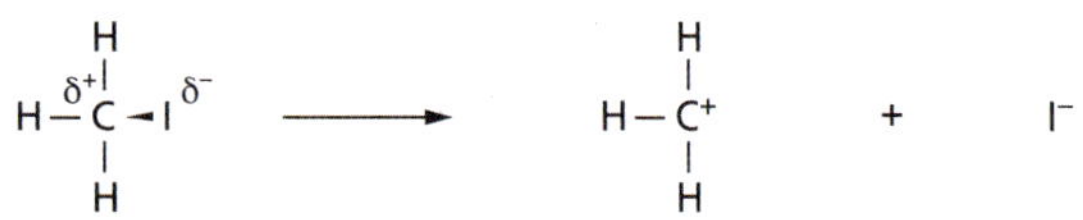

Iodmethan — Methyl-Kation — Iodid-Anion

9.1.5 Reaktionstypen in der organischen Chemie

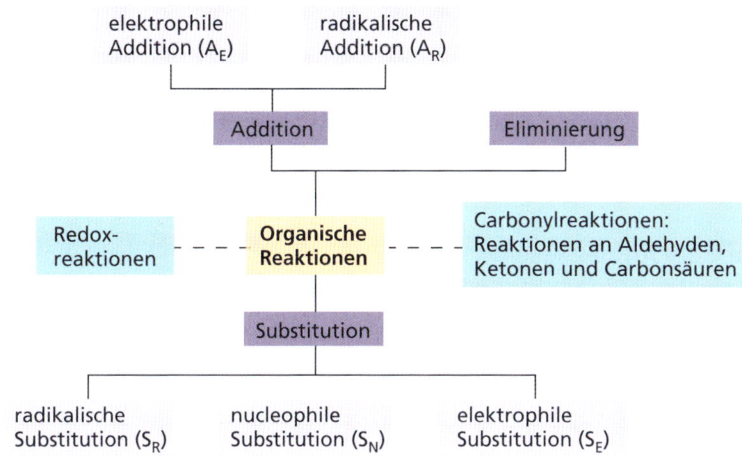

Carbonylreaktionen (↗S. 287) nehmen eine Sonderstellung ein, da diese Reaktionen eine Kombination mehrerer Mechanismen sind. Die Veresterung (↗S. 325) ist eine Reaktionsfolge aus Addition, Protonenübertragung und Eliminierung.

Chemische Reaktionen lassen sich nach verschiedenen Gesichtspunkten klassifizieren, z.B. nach dem Aggregatzustand der Reaktionspartner oder der Art der während der Reaktion übertragenen Teilchen.
In der organischen Chemie ist die letztere Unterteilung weniger zweckmäßig, da die große Mehrzahl der Reaktionen Elektronenübertragungsprozesse und damit **Redoxreaktionen** (↗S. 208 ff.) sind.

Bei organischen Reaktionen steht vielmehr der **Mechanismus der Reaktion,** d.h. der Reaktionsweg und die Art der Umgruppierung der Bindungen sowie die kinetische Ordnung (↗S. 131), im Mittelpunkt des Interesses. Nach dem Reaktionsweg unterscheidet man zwischen Addition, Substitution und Eliminierung.
Die Art der Bindungsumgruppierung bezieht sich auf das Reagenz und klassifiziert die Reaktionen danach, ob das Reagenz nucleophiler, elektrophiler oder radikalischer Natur ist.
Die weitere Unterteilung nach der kinetischen Ordnung betrachtet die Anzahl der beim geschwindigkeitsbestimmenden Reaktionsschritt beteiligten Moleküle.

Redoxreaktionen in der organischen Chemie sind auch wichtige Nachweisreaktionen funktioneller Gruppen (↗S. 462).

Als Redoxreaktionen bezeichnet der organische Chemiker Verbrennungsprozesse von Kohlenwasserstoffen (↗S. 292) und insbesondere oxidative und reduktive Veränderungen von **funktionellen Gruppen**.
Typische Beispiele sind die Oxidation eines Alkohols zur Carbonsäure oder die Reduktion der Nitro-Gruppe zur Amino-Gruppe als Möglichkeit zur Synthese von Aminen.

Reduktion von Nitrobenzen zu Anilin

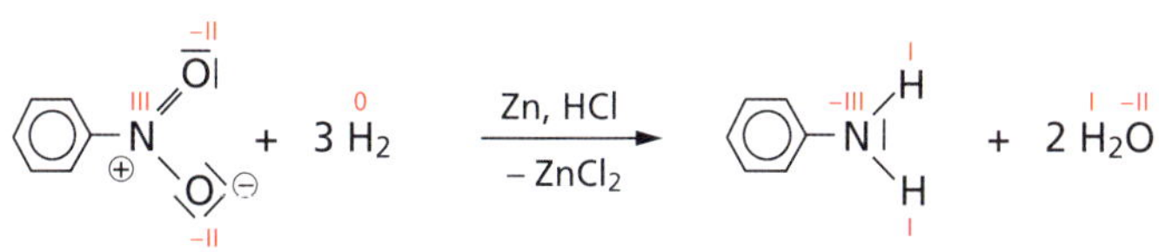

Der für die nebenstehende Reaktion benötigte reaktive Wasserstoff wird durch Umsetzung von Zink mit Salzsäure direkt im Reaktionsgefäß erzeugt.

9

Substitutionen

> Bei **Substitutionsreaktionen** reagieren zwei Ausgangsstoffe zu zwei Reaktionsprodukten. Dabei werden Atome oder Atomgruppen in den Molekülen ausgetauscht. Im Unterschied zur Addition oder Eliminierung ändert sich bei Substitutionen der Hybridisierungszustand der Kohlenstoffatome im Molekül nicht.

Je nach der Art des Reagenz unterteilt man in radikalische, nucleophile oder elektrophile Substitutionen.

Radikalische Substitutionen (S_R)

- Bruttoreaktion der Chlorierung von Methan:

$$CH_4 + Cl_2 \longrightarrow CH_3Cl + HCl \qquad \Delta H = -105 \text{ kJ} \cdot \text{mol}^{-1}$$

Die **radikalischen Substitutionen** bestehen aus mehreren Einzelschritten. Obwohl die Reaktion zwischen Chlor und Methan exotherm ist, würde man beim Mischen der beiden Gase keine Reaktion beobachten. Der Grund ist die sehr hohe Aktivierungsenergie E_A (↗ S. 135), die in Form von Wärme oder Lichtenergie aufgebracht werden muss.

Deshalb ist den radikalischen Substitutionen eine **Startreaktion** a) vorgelagert, in der Radikale erzeugt werden (↗ Abb. auf S. 275). Die eigentliche Reaktion besteht aus einer zweiteiligen **Kettenfortpflanzungsreaktion** b) und c). In der ersten Reaktion b) reagiert das Chlorradikal mit dem Methanmolekül zu einem Methylradikal und Chlorwasserstoff.
Im zweiten Teilschritt c) reagiert das gebildete Methylradikal mit einem Chlormolekül zum Chlormethan und einem Chlorradikal, das für die erste Reaktion benötigt wird. Theoretisch reicht also ein Startradikal, um die Reaktion immer wieder ablaufen zu lassen. Deshalb nennt man diesen Schritt auch Kettenfortpflanzungsreaktion.

Durch die **Kettenabbruchreaktionen** muss die Startreaktion ständig wiederholt werden. Abbruchreaktionen sind immer Kombinationen von Radikalen. Die Reaktion d) ist eine Rekombination der Chlorradikale. Reaktion e) führt zwar zum gewünschten Produkt, unterbricht aber die Kette. Ungünstig ist Reaktion f), bei der mit Ethan ein unerwünschtes Nebenprodukt entsteht.

Enthalpien (ΔH) der Kettenfortpflanzungsreaktion bei der Halogenierung von Methan in $\text{kJ} \cdot \text{mol}^{-1}$

	F	Cl	Br	I
Teilreaktion a)	–125	+8	+75	+142
Teilreaktion c)	–306	–113	–105	–88
Bruttoreaktion	–431	–105	–30	+54

▶ Ab dem Molekül Propan sind im Teilschritt b) die Bildungen mehrerer Alkylradikale möglich.

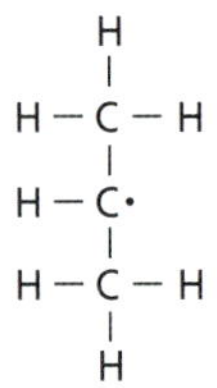

Prop-2-yl-Radikal

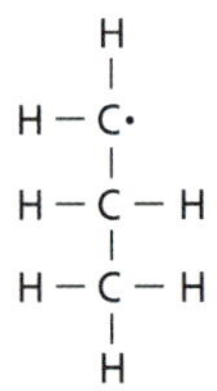

Prop-1-yl-Radikal

Bevorzugt wird immer das stabilere Radikal gebildet. Die Stabilität wächst mit der Anzahl der Alkyl-Gruppen am radikalischen Kohlenstoffatom. Der Grund ist der + I-Effekt der Alkyl-Gruppen.

Energiediagramm der Chlorierung von Methan

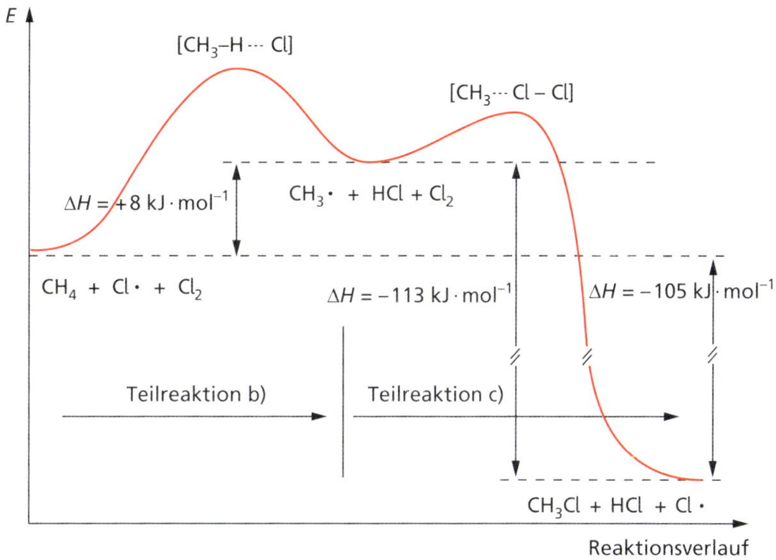

> Die kinetischen und thermodynamischen Veränderungen während einer Reaktion können in Energiediagrammen veranschaulicht werden.

Mechanismus der radikalischen Substitution (S_R)

Startreaktion

a) $|\overline{\underline{Cl}}-\overline{\underline{Cl}}|$ $\xrightarrow{\text{Energie}}$ $2\,|\overline{\underline{Cl}}\cdot$

Chlormolekül → Chlorradikal

Kettenfortpflanzungsreaktionen

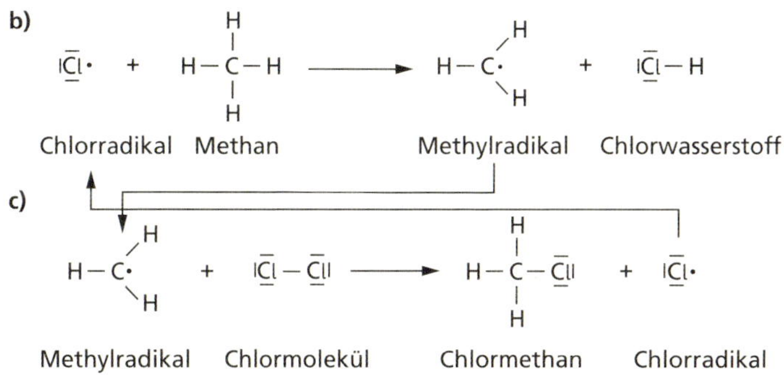

Kettenabbruchreaktionen

d) $2\,|\overline{\underline{Cl}}\cdot \longrightarrow |\overline{\underline{Cl}}-\overline{\underline{Cl}}|$

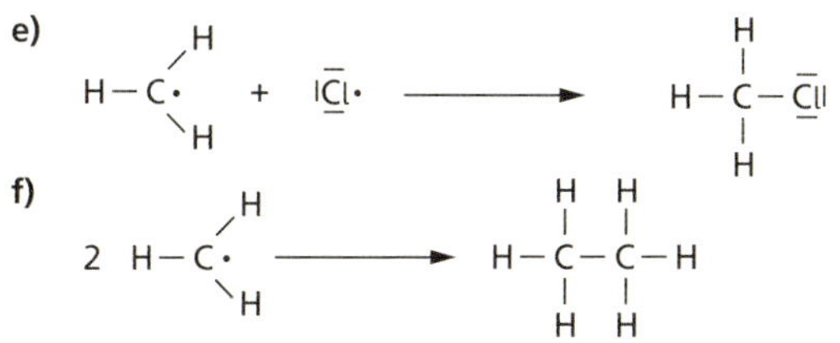

> Aus thermodynamischer Sicht ist für die gesamte Reaktion nur ein Chlorradikal notwendig. Deshalb geht die Energie der homolytischen Spaltung des Chlormoleküls nicht in die Energiebilanz der Gesamtreaktion ein.

> Iod kann nicht für radikalische Substitutionen eingesetzt werden. Die Kettenfortpflanzungsreaktion ist endotherm. Aus diesem Grund wirkt Iod als Radikalfänger.

9

Nucleophile Substitution (S_N)

Nucleophile Substitutionen finden an Substraten statt, die an einem gesättigten, sp^3-hybridisierten Kohlenstoffatom eine polare Atombindung besitzen. Das Nucleophil tauscht eine an diesem sp^3-Kohlenstoffatom gebundene funktionelle Gruppe aus.

▶ Die Zahlen 1 und 2 stehen für die kinetische Ordnung der Reaktion. Reaktionen erster Ordnung bezeichnet man als monomolekulare Reaktionen. Reaktionen zweiter Ordnung sind bimolekular.

Die bimolekulare nucleophile Substitution (S_N2)

Das nucleophile Reagenz (Nu) greift von der „Rückseite" des Tetraeders an und drängt den ehemaligen Substituenten heraus. Dabei gibt es einen „quasi fünfbindigen" Übergangszustand. Bindungsspaltung und Bindungsneubildung laufen gleichzeitig ab. Die Kinetik der Reaktion ist zweiter Ordnung (↗ S. 132).

Das **Energiediagramm** der S_N2-Reaktion zeigt, dass während der Reaktion keine stabilen Zwischenstufen gebildet werden. Die Edukte durchlaufen einen reaktiven Übergangszustand (ÜZ) und bilden die Produkte.

Energiediagramm einer S_N2-Reaktion

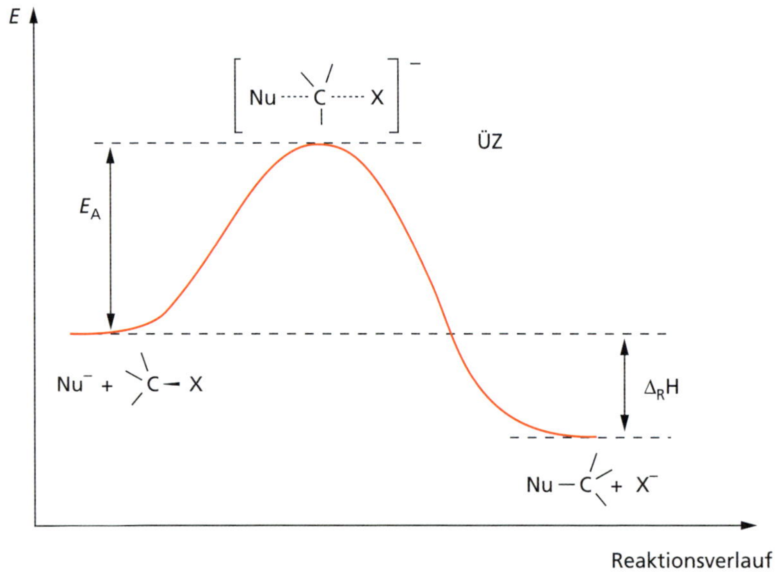

▶ Kinetische Untersuchungen zeigen eindeutig, dass die S_N2-Reaktion in einem Schritt abläuft. Deshalb gehen sowohl die Konzentration des Substrats als auch die Konzentration des Nucleophils in das Geschwindigkeitsgesetz ein.

Mechanismus von S_N2-Reaktionen

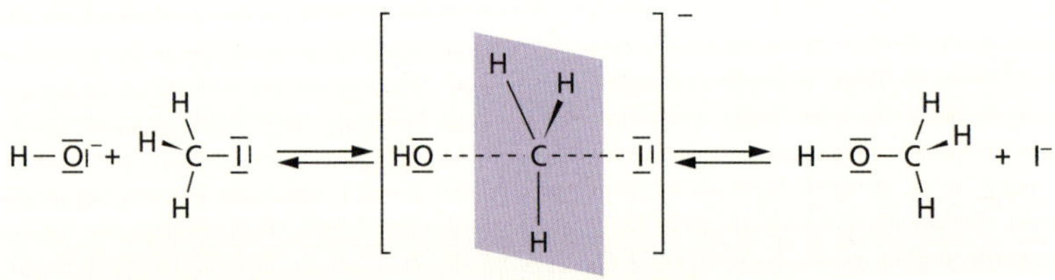

$v = k_1 \cdot c(CH_3I) \cdot c(OH^-)$ k_1 = Geschwindigkeitskonstante

Die monomolekulare nucleophile Substitution (S_N1)

Anders als S_N2-Reaktionen finden S_N1-Reaktionen in zwei Schritten statt. Zuerst erfolgt in einer Gleichgewichtsreaktion die heterolytische Spaltung der polarisierten Atombindung. Durch den Austritt der Abgangsgruppe als Anion wird ein Carbo-Kation gebildet.
Damit verbunden ist eine vorübergehende Änderung der Hybridisierung. Das Kohlenstoffatom im Substrat ist sp^3-hybridisiert, das Kohlenstoffatom im planaren Carbo-Kation ist sp^2-hybridisiert.
In einem zweiten Reaktionsschritt reagiert das nucleophile Reagenz mit dem Carbo-Kation zum Produkt. Der zweite Schritt läuft mit sehr hoher Geschwindigkeit ab. Die Bildungsgeschwindigkeit des Carbo-Kations ist im Vergleich dazu viel geringer. Deshalb geht in die Geschwindigkeit der Bruttoreaktion nur die Geschwindigkeitskonstante der ersten Reaktion ein, die Kinetik der Reaktion ist erster Ordnung (↗ S. 131).
Das Energiediagramm der S_N1-Reaktion zeigt die Bildung des Carbo-Kations als stabile Zwischenstufe (Energieminimum). Außerdem erkennt man, dass die Aktivierungsenergie des ersten Übergangszustands deutlich größer ist als die des zweiten.

▶ Die experimentelle Bestimmung des Geschwindigkeitsgesetzes beweist, dass die Geschwindigkeit von S_N1-Reaktionen nicht von der Konzentration des Nucleophils abhängt.

9

Energiediagramm einer S_N1-Reaktion

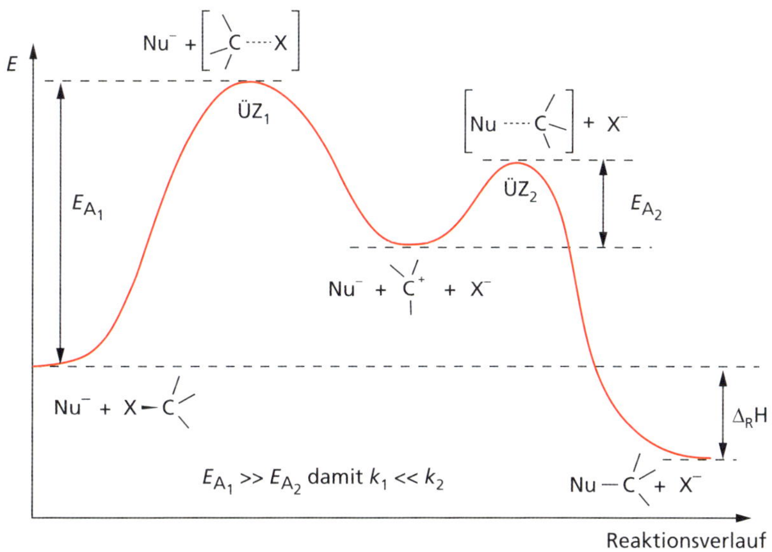

▶ $k = A \cdot e^{-\frac{E_A}{R \cdot T}}$
Entsprechend der Arrhenius-Gleichung bestimmt die Aktivierungsenergie E_A maßgeblich die Geschwindigkeit einer Reaktion (↗ S. 135).

Mechanismus von S_N1-Reaktionen

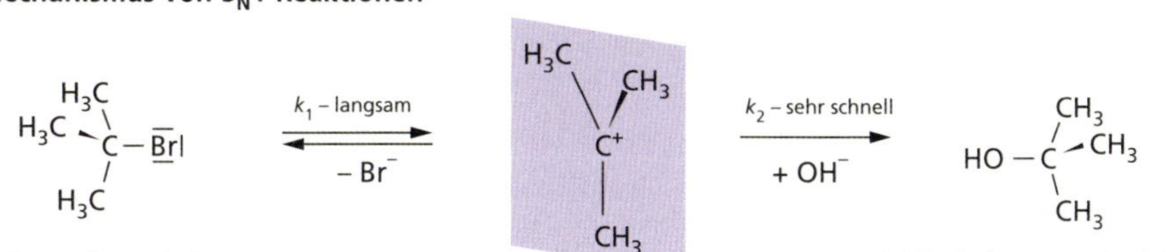

2-Brom-2-methylpropan

2-Methylpropan-2-ol (*tert.*-Butanol)

Carbo-Kation

$k_1 << k_2$ $v = k_1 \cdot c(C_4H_9Br)$ k_1, k_2 = Geschwindigkeitskonstanten

Inversion der Konfiguration bedeutet die Umkehrung der Stereochemie am tetraedrischen Kohlenstoffatom. Aus chiralen Verbindungen (↗ S. 268) erhält man bei S_N2-Reaktionen das Spiegelbild. Der Vorgang wird auch als Walden-Umkehr bezeichnet.

Stereochemie bei S_N1- und S_N2-Reaktionen

Bisher wurde nur gezeigt, dass sich die S_N1- und S_N2-Reaktionen in ihrer kinetischen Reaktionsordnung unterscheiden. Der unterschiedliche Reaktionsmechanismus hat jedoch unmittelbare Auswirkungen auf die räumliche Struktur, d. h. die **Stereochemie** der Reaktionsprodukte.

Bei **S_N2-Reaktionen** greift das Nucleophil von der Rückseite der C–X-Bindung über die Grundfläche des Tetraeders am sp^3-Kohlenstoffatom an. Dadurch kommt es zu einer Geometrieänderung. Im Produkt zeigen die drei anderen Substituenten genau in die entgegengesetzte Richtung als im Ausgangsstoff. Es findet eine **Inversion** der Konfiguration statt.

Stereochemie von S_N2-Reaktionen

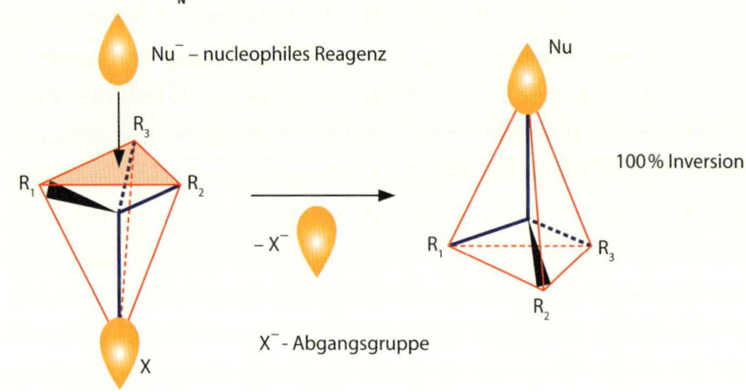

Retention der Konfiguration bedeutet den Erhalt der Stereochemie des Ausgangsstoffs. Chirale Verbindungen ändern ihre Konfiguration nicht. Bei S_N1-Reaktionen entsteht daher ein Gemisch der Enantiomere, das Racemat genannt wird.

Das als Zwischenprodukt bei **S_N1-Reaktionen** entstehende Carbo-Kation ist planar. Das Kohlenstoffatom ist sp^2-hybridisiert, das p-Orbital ist leer. Im Unterschied zur S_N2-Reaktion kann das nucleophile Reagenz von beiden Seiten angreifen, sodass man zu 50 % Inversion und zu 50 % **Retention** der stereochemischen Konfiguration des Substrats erhält.

Stereochemie von S_N1-Reaktionen

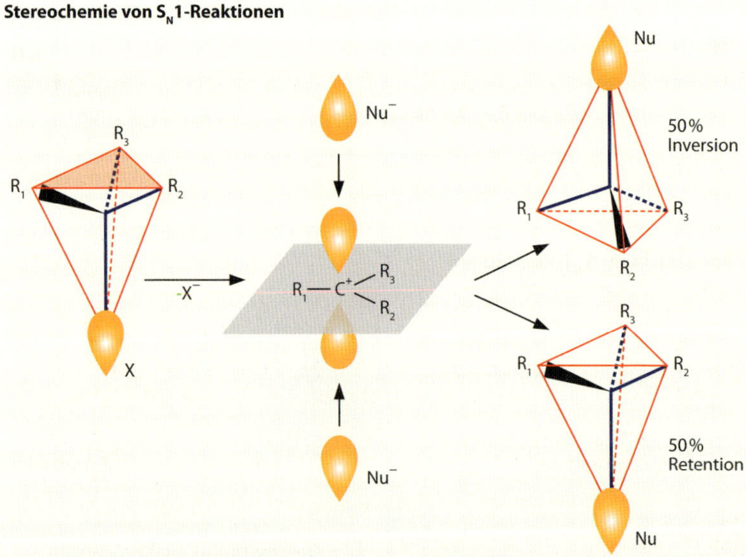

Einflussfaktoren auf die S_N-Reaktion

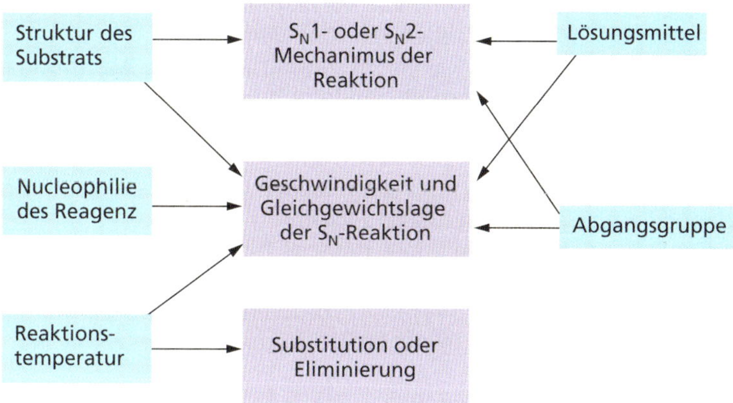

Einfluss des Substrats auf die S_N-Reaktion
Bei unverzweigten Substraten befindet sich die Abgangsgruppe an einem primären Kohlenstoffatom. Die S_N-Reaktion läuft hier bevorzugt nach einem S_N2-Mechanismus ab. Das liegt vor allem daran, dass die beiden Wasserstoffatome klein sind und dadurch das Kohlenstoffatom gut vom Nucleophil angegriffen werden kann.
Ist die Abgangsgruppe an ein tertiäres Kohlenstoffatom im Substrat gebunden, beobachtet man vorwiegend einen S_N1-Mechanismus. Das im ersten Schritt entstehende Carbo-Kation wird durch den +I-Effekt der drei Alkylgruppen gut stabilisiert. Noch stärker stabilisieren Phenyl-Gruppen aufgrund ihres +M-Effekts das Carbo-Kation. In diesem Fall wird der Angriff eines Nucleophils erst durch Bildung des planaren Carbo-Kations (↗ Abb.) ermöglicht, da die drei Phenylsubstituenten das ursprünglich sp^3-hybridisierte Kohlenstoffatom räumlich völlig abschirmen.

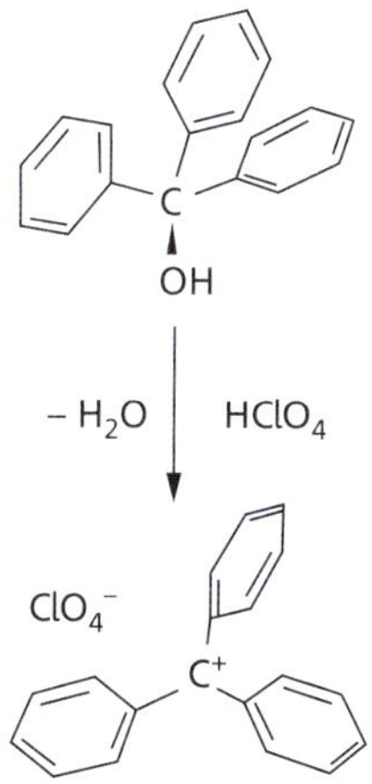

▶ Triphenylmethanol bildet mit starken Säuren stabile Carbo-Kationen. Die Stabilisierung kommt durch die Mesomeriestabilisierung der Aromaten (↗S. 299) und die räumliche Abschirmung des zentralen Kohlenstoffatoms zustande.

Einfluss des Lösungsmittels auf die S_N-Reaktion
Polare **Lösungsmittel** begünstigen einen S_N1-Mechanismus, sie stabilisieren zum einen das als Zwischenstufe entstehende Carbo-Kation und zum anderen solvatisieren sie das Anion der Abgangsgruppe. Umgekehrt fördern unpolare Lösungsmittel einen S_N2-Mechanismus, da hier keine geladenen Zwischenprodukte auftreten.

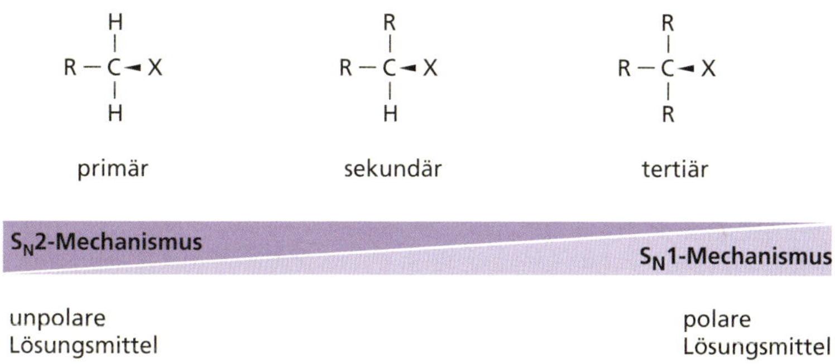

Lösungsmittel, die Wasserstoffbrückenbindungen zum Nucleophil ausbilden, schwächen dessen Reaktivität.

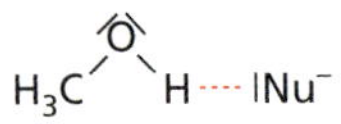

Einfluss des Reagenz auf die S_N-Reaktion

Die Abstufung der Reaktivität der Reagenzien bezeichnet man als Nucleophilie. Neben der Basizität bestimmt die Polarisierbarkeit die nucleophile Reaktivität. Eine hohe Nucleophilie haben stark basische und leicht polarisierbare Reagenzien. Das Verhältnis von Basizität und Polarisierbarkeit hängt stark vom Lösungsmittel ab. Die Abstufung der Reagenzien ist also nicht absolut, sondern muss im Zusammenhang mit den Reaktionsbedingungen betrachtet werden.
Leicht polarisierbare Reagenzien haben auch in Lösungsmitteln, die Wasserstoffbrückenbindungen (↗ S. 106) ausbilden können, eine relativ hohe Nucleophilie (z. B. Iodid- oder Cyanid-Ionen).
Schwach polarisierbare, aber stark basische Ionen (z. B. Hydroxid- oder Fluorid-Ionen) entfalten ihre nucleophile Kraft besonders in polaren Lösungsmitteln, die keine Wasserstoffbrücken ausbilden können. Die Nucleophile sind hier nur schwach solvatisiert und liegen „nackt" vor.

Dimethylformamid ist ein Carbonsäureamid. Das polare Lösungsmittel kann aber keine Wasserstoffbrückenbindungen zum Nucleophil ausbilden.

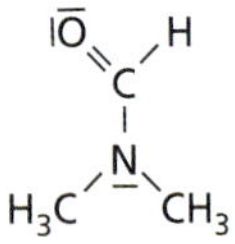

Abstufung einiger Nucleophile in Wasser oder Methanol

$$H_2O < F^- < Cl^- < Br^- < C_6H_5O^- < OH^- < SCN^- < CN^- < I^-$$

Abstufung einiger Nucleophile in Dimethylformamid

$$I^- < Br^- < Cl^- < C_6H_5O^- < OH^- < CN^-$$

Einfluss der Abgangsgruppe auf die S_N-Reaktion

Gute Abgangsgruppen müssen leicht polarisierbar sein (z. B. das Iodid-Ion). In der Reihe der Halogenide ergibt sich folgende Abstufung: $I^- > Br^- > Cl^-$. Fluoride können in einer S_N2-Reaktion gar nicht als Abgangsgruppe fungieren. Die Hydroxy-Gruppe selbst ist eine schlechte Abgangsgruppe.
Die nucleophile Substitution von Alkoholen mit Halogenwasserstoffsäuren funktioniert sehr gut, weil die OH-Gruppe protoniert und dann als Wasser abgespalten werden kann. Generell gilt: Ist das abzuspaltende Anion eine schwache Base, dann ist es eine gute Abgangsgruppe.

Einflüsse auf die nucleophile Substitution

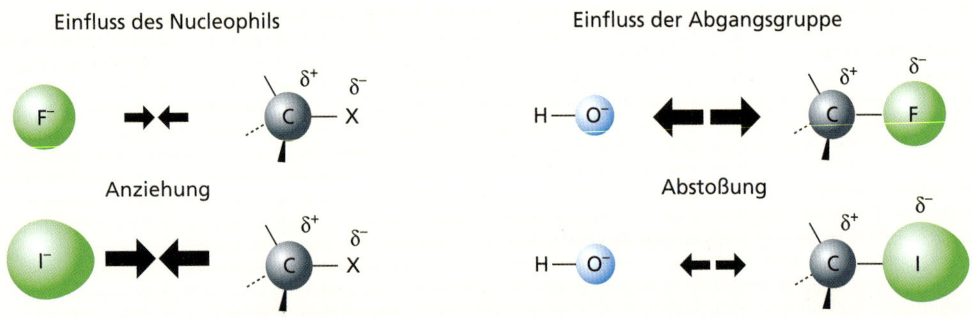

Je größer die Polarisierbarkeit ist, umso leichter greift das Nucleophil an.

Je größer ihre Polarisierbarkeit ist, umso leichter tritt die Abgangsgruppe aus.

Konkurrenzreaktionen in der organischen Chemie

Häufig beobachtet man bei chemischen Reaktionen die Bildung mehrerer Produkte. Das ist ein Zeichen dafür, dass zwischen den gleichen Ausgangsstoffen unterschiedliche Reaktionen in Konkurrenz zueinander ablaufen können.

> Die Produktverteilung hängt von der Kinetik der Reaktionen ab, wenn sich die Übergangszustände der Konkurrenzreaktionen und damit die Aktivierungsenergie unterscheiden.

Die **Produktverteilung,** d.h. der Anteil der gebildeten Konkurrenzprodukte, wird durch die Thermodynamik und die Kinetik der einzelnen **Konkurrenzreaktionen** bestimmt.

Bildung des thermodynamisch stabileren Zwischenprodukts

Die Produktverteilung wird thermodynamisch bestimmt, wenn sich die Zwischen- oder die Endprodukte von Konkurrenzreaktionen energetisch unterscheiden.

Addiert man Wasser an Propen, kann Propan-1-ol oder Propan-2-ol entstehen. Dabei wird im ersten Schritt ein Carbo-Kation als Zwischenprodukt gebildet. Dieses ist bei der Bildung von Propan-2-ol durch den +I-Effekt von zwei CH_3-Gruppen stabilisiert. Die Bildung von Propan-1-ol verläuft dagegen über ein weniger stabiles Carbo-Kation, sodass bevorzugt Propan-2-ol als Endprodukt der Reaktion entsteht.

> Auch bei der Halogenierung von Alkanen mit mindestens drei Kohlenstoffatomen mittels S_R wird die Produktverteilung über die Stabilität der radikalischen Zwischenprodukte entschieden (↗S. 274).

Addition von Wasser an Propen

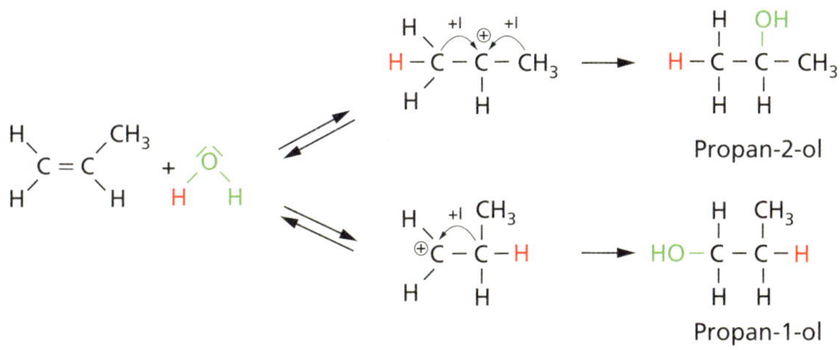

Einfluss der Reaktionsbedingungen auf die Produktverteilung

Die Produktverteilung von Konkurrenzreaktionen kann über die Reaktionstemperatur, den Einsatz von Katalysatoren (↗S. 141) oder das verwendete Lösungsmittel gesteuert werden. Auch über die Einstellung des pH-Werts der Lösung kann die Lage von Reaktionsgleichgewichten beeinflusst werden.

> Selbst die Einstellung eines chemischen Gleichgewichts kann als Konkurrenz zwischen Hin- und Rückreaktion betrachtet werden.

$$C_2H_5Br + OH^- \underset{\text{HBr, saures Milieu}}{\overset{\text{NaOH, basisches Milieu}}{\rightleftharpoons}} C_2H_5OH + Br^-$$

Die elektrophile Substitution am Aromaten (S_EAr)

Aromatische Verbindungen (↗ S. 298) sind durch das π-Elektronensystem elektronenreiche Verbindungen, die mit Elektrophilen reagieren. Bei der **elektrophilen Substitution** wird der aromatische Zustand durch die Abgabe eines Protons wiederhergestellt.

Mechanistisch verläuft die elektrophile Substitution über drei Einzelschritte. Vorgelagert ist häufig die Bildung des elektrophilen Reagenz.

1. Das positive Brom-Ion (Bromonium-Ion) nähert sich dem π-Elektronensystem, es besteht eine Wechselbeziehung, der Komplex heißt **π-Komplex.**
2. Das Bromonium-Ion bildet eine Bindung zu einem Kohlenstoffatom des Aromaten aus. Dies geschieht auf Kosten eines Elektronenpaars aus dem π-Elektronensystem. Die positive Ladung im Aromaten (Phenonium-Ion) wird über die fünf sp^2-hybridisierten Kohlenstoffatome verteilt. Der Komplex heißt **σ-Komplex.**
3. Der σ-Komplex stabilisiert sich durch Abgabe eines Protons. Das ehemalige Bindungselektronenpaar der C–H-Bindung wird in das π-Elektronensystem zurückgegeben.

▶ Die **elektrophile Substitution** an Aromaten ist die wichtigste Reaktion zur Synthese substituierter Benzene. **Benzen** kann als Rohstoff aus Erdöl (↗ S. 439) gewonnen werden.

Durch die Verteilung der positiven Ladung über 5 Kohlenstoffatome ist der σ-Komplex ein Energieminimum. Die Aktivierungsenergie zur Deprotonierung ist relativ klein. Der Energiegewinn bei der Produktbildung resultiert aus der Wiederherstellung des aromatischen Zustands.

Katalytische Bromierung von Benzen

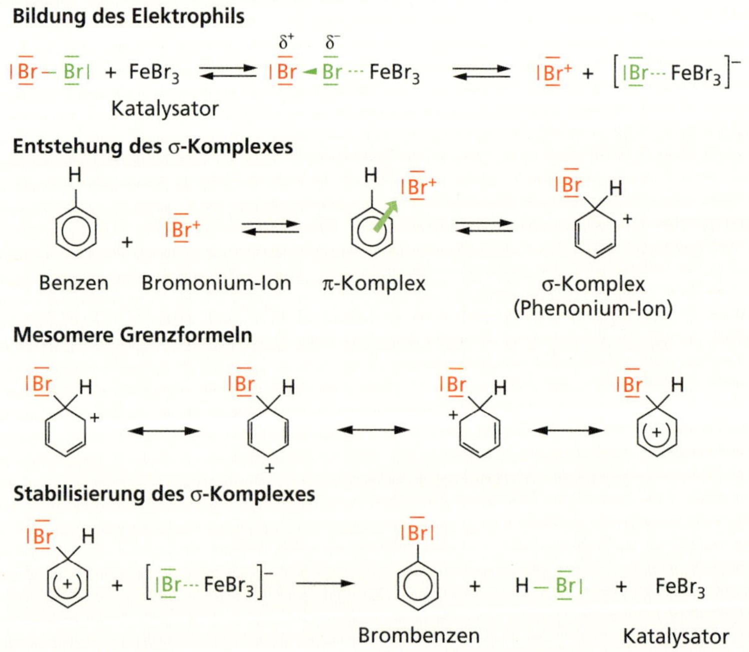

▶ Durch die Elektronenlücke im Eisen(III)-bromid (Lewis-Säure) kann noch ein Elektron aufgenommen werden. Molekulares Brom wird heterolytisch gespalten und liegt im Gleichgewicht als Br^+ und $FeBr_4^-$ vor.

Energiediagramm S_EAr

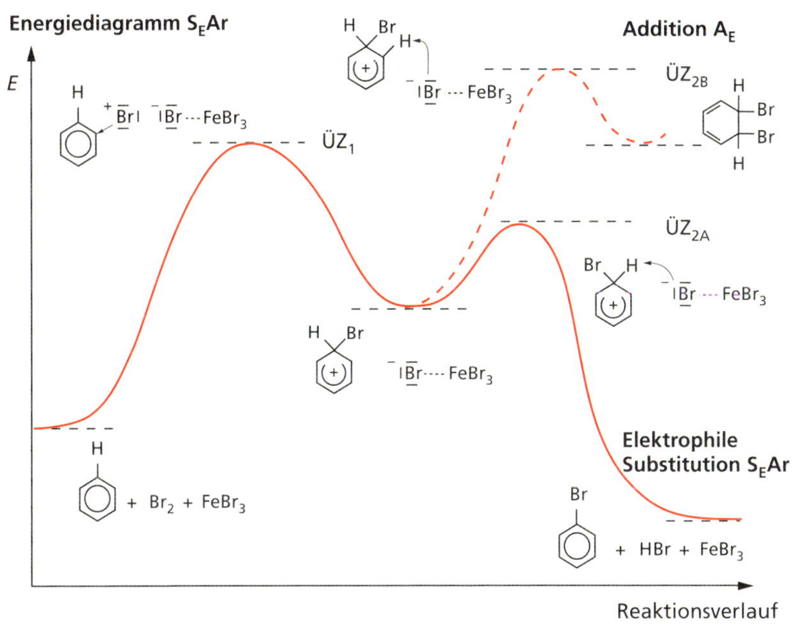

Die elektrophile Addition (↗S. 285) ist als Konkurrenzreaktion zur elektrophilen Substitution zu betrachten. Sie findet aber nicht statt, da erstens die Aktivierungsenergie zu hoch ist und zweitens die Mesomerieenergie des Aromaten (↗S. 299) nicht zurückgewonnen wird.

Die elektrophile Zweitsubstitution am Aromaten (S_EAr)

Bei der Einführung eines zweiten Substituenten am Benzenkern können drei stellungsisomere Verbindungen (↗S. 266) entstehen. Das Beispiel zeigt die Einführung eines zweiten Bromatoms.

Die IUPAC-Nomenklatur bezeichnet die entsprechenden Stellungen durch arabische Ziffern. Gebräuchlich sind aber auch die Bezeichnungen *ortho-*, *meta-* oder *para-*Dibrombenzen.

Sowohl die Reaktivität des Aromaten als auch der Ort der Zweitsubstitution sind abhängig von der elektronischen Struktur des Erstsubstituenten. Wird durch den Substituenten die Elektronendichte am Aromaten und damit dessen Reaktivität erhöht, spricht man von der **aktivierenden Wirkung des Substituenten.** Zieht der Substituent Elektronendichte aus dem Aromaten, wird dieser deaktiviert.

Elektrophile Zweitsubstitution am Brombenzen

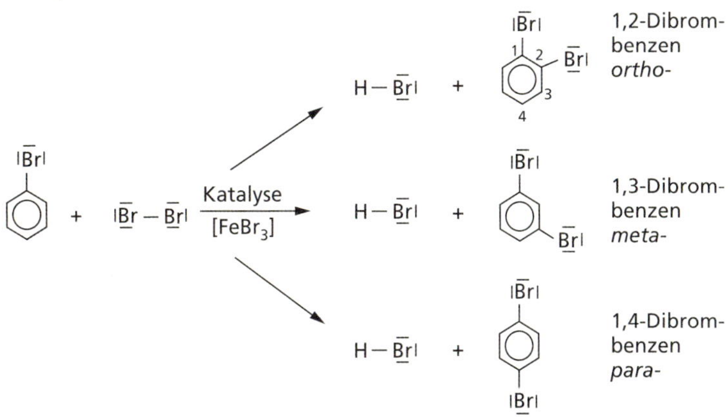

Substituenten mit +M-Effekt erhöhen die Elektronendichte in *ortho-* oder *para-*Stellung.

Die Ursache liegt darin, dass die Bildung des σ-Komplexes (↗ S. 282) auf einem elektrophilen Angriff auf das aromatische System beruht, der durch die Erhöhung der Elektronendichte im Aromaten beschleunigt wird. Deshalb erhöhen alle Substituenten mit einem +I- bzw. +M-Effekt die Reaktivität gegenüber unsubstituiertem Benzen, da durch sie die Elektronendichte im Aromaten zunimmt. Alle Substituenten mit einem –I- bzw. –M-Effekt senken die Reaktivität gegenüber Benzen.

Substituenten mit +I-Effekt stabilisieren den σ-Komplex in *ortho-* oder *para-*Position des Aromaten.

Wirkung des Erstsubstituenten auf die Reaktivität des Aromaten	
Reaktivität wird gesenkt –I, –Br, –Cl, $-NO_2$, –COOH, –CHO,	Reaktivität wird erhöht –Alkyl, $-NH_2$, –OH, –OR

Einfluss des Substituenten auf Reaktivität und Zweitsubstitution

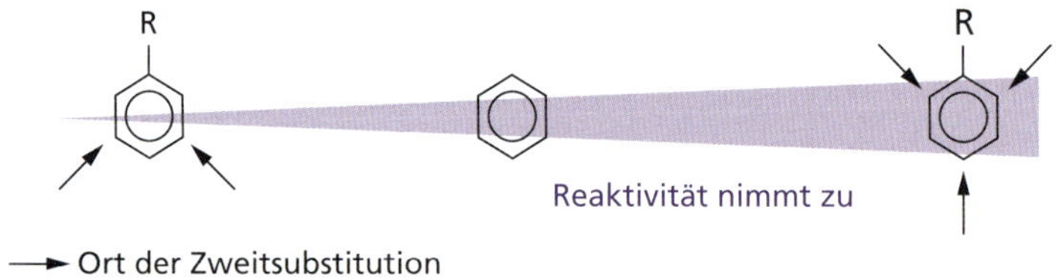

Substituenten mit –M- oder –I-Effekten wie die Nitro-Gruppe führen zu einer verringerten Elektronendichte in *ortho-* oder *para-*Position des Aromaten. Deshalb erfolgt ein elektrophiler Angriff nur in der *meta-*Position.

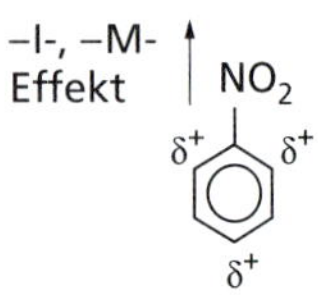

Wirkung des Erstsubstituenten auf den Ort der Zweitsubstitution	
Substituenten zweiter Ordnung *meta-*Position	Substituenten erster Ordnung *ortho-* bzw. *para-*Position
$-NO_2$, –COOH, –CHO, –CN, $-SO_3H$	–Alkyl, $-NH_2$, –OH, –OR, –I, –Br, –Cl

Nitrierung am Nitrobenzen

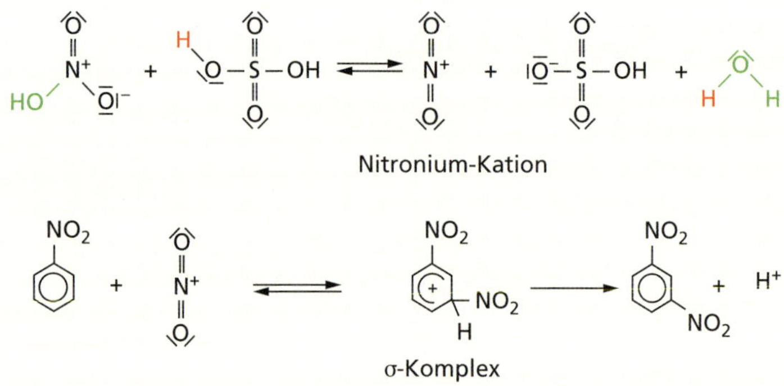

In einem vorgelagerten Gleichgewicht bildet sich das Nitronium-Kation als elektrophiles Reagenz. Dies geschieht durch die Abspaltung der OH-Gruppe aus der Salpetersäure als Wasser. Der elektrophile Angriff des Nitronium-Ions in *meta-*Stellung führt zum σ-Komplex. Die abschließende Deprotonierung ergibt das nitrierte Produkt.

Additionen

> **Additionen** sind Anlagerungen von Reagenzien an Substrate, die über mindestens eine Mehrfachbindung verfügen. Auf Kosten der Mehrfachbindung werden zwei neue σ-Bindungen gebildet.

Elektrophile Additionen (A_E) sind wesentlich häufiger als radikalische Additionen (A_R), die nach einem anderen Mechanismus ablaufen.

Aufgrund ihrer p-p-π-Bindungen (↗ S. 88) sind ungesättigte Verbindungen elektronenreiche Substrate und werden durch Elektrophile angegriffen. Anders als bei den Aromaten ist mit der Ausbildung der neuen σ-Bindungen ein Energiegewinn verbunden, sodass die **elektrophile Addition (A_E)** die bevorzugte Reaktion der Alkene und Alkine ist.

Elektrophile Addition (A_E) von Halogenwasserstoffen

Die elektrophile Addition verläuft in zwei Schritten:

1. Angriff des Protons als Elektrophil auf die Doppelbindung unter Bildung des Carbo-Kations. Dabei lagert sich das Proton immer an dem Kohlenstoffatom der Doppelbindung an, an dem die meisten Wasserstoffatome gebunden sind **(Markovnikov-Regel).**
2. Das Bromid-Ion reagiert mit dem Carbo-Kation zum 2-Brompropan.

Markovnikov-Regel: Im ersten Reaktionsschritt wird das durch viele Alkylgruppen stabilisierte Carbo-Kation gebildet.

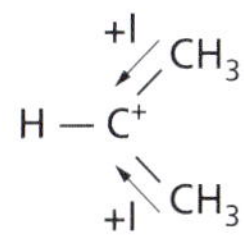

Hydrobromierung von Propen

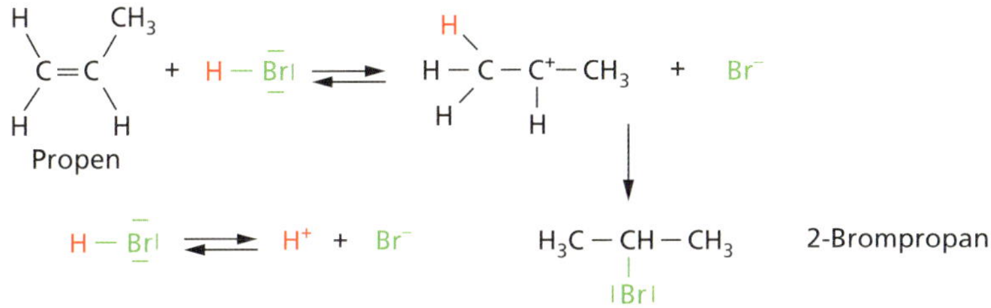

Elektrophile Addition (A_E) von Brom

Die elektrophile Addition verläuft in drei Schritten:

1. Das Brommolekül nähert sich der elektronenreichen Doppelbindung und bildet einen π-Komplex. Dabei wird die Atombindung im Brommolekül polarisiert.
2. Das Brommolekül wird heterolytisch gespalten, es bildet sich ein Bromonium-Ion und ein Bromid-Anion.
3. Das Bromid-Ion greift das Bromonium-Ion von der Rückseite nucleophil an, es entsteht ein 1,2-Dibromalkan.

Nur durch die Bildung des π-Komplexes mit der C=C-Doppelbindung wird das Brommolekül zum Elektrophil.

Bromierung von Ethen

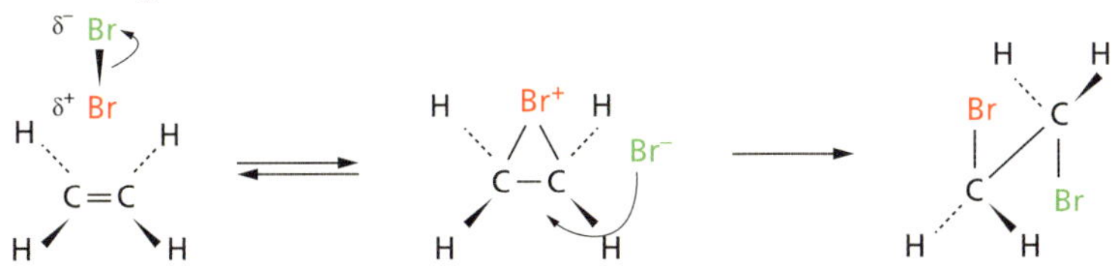

π-Komplex — Bromonium-Ion — 1,2-Dibromethan

9

Eliminierungen

Bei der **Eliminierung** werden aus einem Substrat Atome oder Atomgruppen unter Bildung einer Mehrfachbindung abgespalten. Sie ist damit die Rückreaktion der Addition. Ähnlich wie bei den S_N-Reaktionen gibt es einen E1- und einen E2-Mechanismus.

Basische Dehydrochlorierung von Chlorethan (E2)

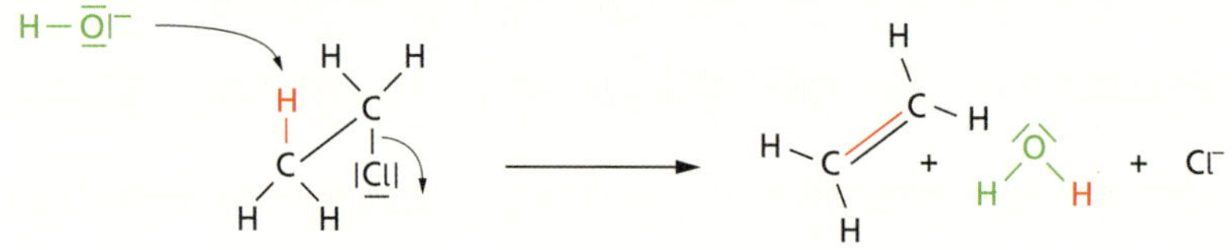

Chlorethan Ethen

Als Konkurrenzreaktion zur bimolekularen Eliminierung ist die nucleophile Substitution S_N2 zu beobachten (↗S. 281).

Das Hydroxid-Ion greift als Base am Wasserstoffatom des benachbarten Kohlenstoffatoms (C_2) an und spaltet dieses unter Bildung von Wasser ab. Am Kohlenstoffatom verbleibt das ehemalige Bindungselektronenpaar. Dieses bildet eine Doppelbindung zum C_1-Kohlenstoffatom aus und drückt dabei das Chlorid-Ion als Abgangsgruppe heraus.

Saure Dehydratisierung von Alkoholen zu Alkenen (E1)

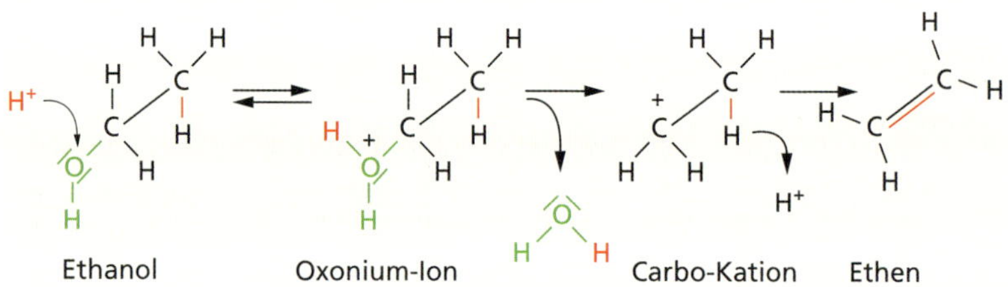

Ethanol Oxonium-Ion Carbo-Kation Ethen

Unter stark sauren Bedingungen können Alkohole zu Alkenen dehydratisiert werden. Dabei findet eine monomolekulare Reaktion (E1) statt, die über das Carbo-Kation als Zwischenstufe verläuft.
Protonen aus der meist schwefelsauren Lösung können sich mit einem freien Elektronenpaar am Sauerstoffatom der Hydroxy-Gruppe verbinden. Unter Mitnahme des Bindungselektronenpaars wird Wasser abgespalten und es verbleibt ein Carbo-Kation. Dieses stabilisiert sich durch Abspaltung eines Protons unter Ausbildung der Doppelbindung.
Es wird kaum eine Konkurrenzreaktion (S_N1) beobachtet, da das entstehende Wasser durch Schwefelsäure zum Oxonium-Ion H_3O^+ protoniert wird und so als Nucleophil nicht zur Verfügung steht. Auch das Hydrogensulfat-Anion zeigt keine nucleophile Aktivität.

Dehydrierung heißt Abspaltung von molekularem Wasserstoff. **Dehydratisierung** heißt Abspaltung von Wasser. Beide Reaktionen sind Eliminierungen.

Die **Dehydrierung** ist ein Spezialfall der Eliminierung. Technisch wird diese durch Katalysatoren beschleunigte Reaktion zur Synthese von Alkenen aus Alkanen benutzt (↗S. 292).

$$H_3C{-}CH_3 \xrightarrow{\text{Kat.}} H_2C{=}CH_2 + H_2$$

Reaktionen an der Carbonyl- bzw. Carboxy-Gruppe

Die Carbonyl- und die Carboxy-Gruppe sind **funktionelle Gruppen,** die über zwei reaktive Zentren verfügen. Der Sauerstoff ist elektronenreich – hier können Elektrophile angreifen. Am positivierten Kohlenstoffatom ist ein nucleophiler Angriff möglich.

Da die Reaktionen der Carbonyl-Verbindungen oft sehr speziell sind, werden die Reaktionen im Kapitel 9.4 ausführlicher besprochen.

Der Angriff eines Protons als Elektrophil auf den Sauerstoff führt nur zu einer Aktivierung des Carbonylkohlenstoffatoms. Deshalb werden viele Carbonyl-Reaktionen unter saurer Katalyse durchgeführt.

Reaktion mit einem Elektrophil

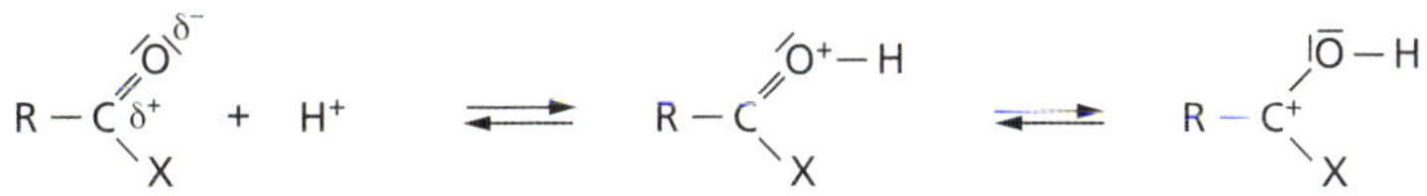

X = R: Ketone, X = OH: Carbonsäuren, X = H: Aldehyde

Alle Carbonyl- und Carboxy-Verbindungen reagieren mit Nucleophilen. Der erste Reaktionsschritt an einer Carbonyl-Gruppe (Aldehyde und Ketone) und an einer Carboxy-Gruppe (Carbonsäuren und Carbonsäurederivate) ist gleich.
Die Umsetzung von Aldehyden mit einem Alkohol führt in einer **nucleophilen Addition** zu den stabilen Halbacetalen. Monosaccharide wie Glucose (↗S. 330) bilden durch diese Reaktion ringförmige Strukturen aus, da die offenkettige Form der Glucose sowohl über Hydroxy-Gruppen als auch über die Aldehyd-Gruppe verfügt.
Bei der Umsetzung einer Carbonsäure entsteht bei der nucleophilen Addition ein ähnliches Produkt, allerdings sind am gesättigten Kohlenstoffatom zwei Hydroxy-Gruppen gebunden. Dieses Zwischenprodukt ist instabil und erst durch die Abspaltung von Wasser wird in einem zweiten Schritt der stabile Ester gebildet. Aufgrund der Wasserabspaltung bezeichnet man die **Veresterung** (↗S.325) auch als **Kondensation.**

An Carbonyl- und Carboxy-Gruppen sind auch Redoxreaktionen möglich, z. B. die Oxidation von Aldehyden (↗S. 320).

Reaktion mit einem Nucleophil

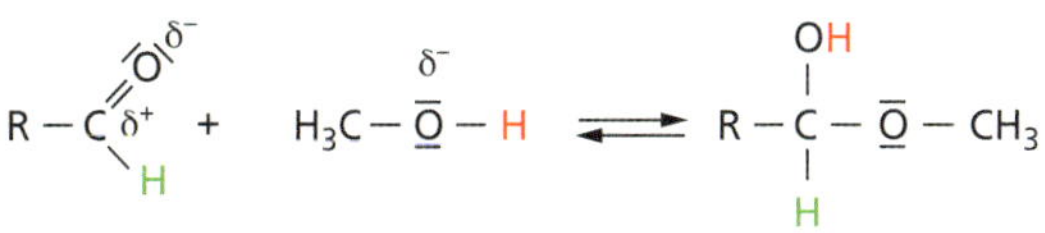

Aldehyd Alkohol Halbacetal

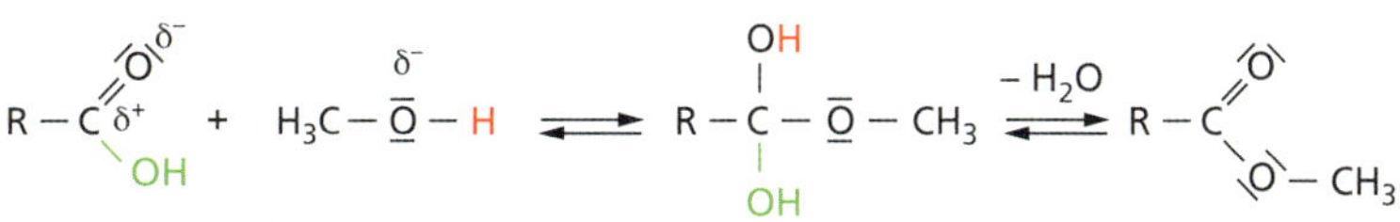

Carbonsäure Alkohol Carbonsäureester

Polymerisationen, Polyadditionen und **Polykondensationen** sind spezielle Reaktionstypen zur Synthese von makromolekularen Stoffen (↗S. 371 ff.).

Reaktionstypen in der organischen Chemie

■ Organische Reaktionen können nach dem **Reaktionstyp** (Addition, Substitution, Eliminierung) und nach der **Art der reaktiven Teilchen** (Radikale, Elektrophile, Nucleophile), die den Umbau der chemischen Bindungen bewirken, klassifiziert werden.

Reaktionstyp	Beispiel	Merkmale
radikalische Substitution (S_R)	$CH_4 + Br_2 \xrightarrow{h \cdot \nu} CH_3Br + HBr$	– typische Reaktion der Alkane – komplexer Mechanismus – oft durch Strahlung angeregt
nucleophile Substitution (S_N)	S_N1-Reaktion: $(CH_3)_3CBr + OH^- \longrightarrow (CH_3)_3COH + Br^-$ S_N2-Reaktion: $CH_3Br + OH^- \longrightarrow CH_3OH + Br^-$	– typisch für Halogenalkane und Alkohole – Mechanismus hängt von der Struktur des Substrats, dem Reagenz, der Abgangsgruppe und der Art des Lösungsmittels ab
elektrophile Substitution am Aromaten (S_EAr)	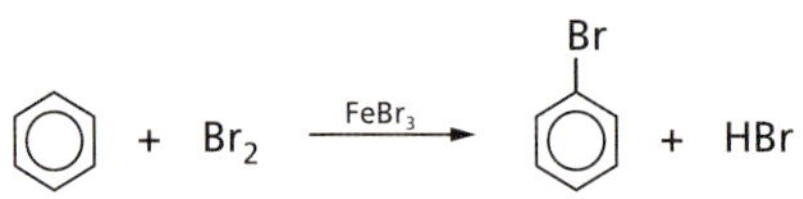	– typische Reaktion der Aromaten, zu der oft Katalysatoren erforderlich sind – Substituenten bestimmen den Ort der Zweitsubstitution
elektrophile Addition (A_E)	$H_2C{=}CH_2 + Br_2 \longrightarrow BrH_2C{-}CH_2Br$	– typisch für ungesättigte, aliphatische Verbindungen – Mechanismus hängt von der Art des Elektrophils ab
nucleophile Addition (Carbonylreaktion)	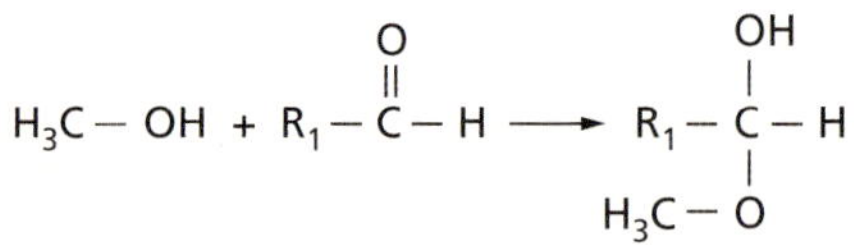	– typisch für Aldehyde, Ketone und Carbonsäurederivate – Grundlage der Veresterung und Acetalbildung
Eliminierung (E)	E2-Reaktion: $H_3C{-}CH_2Br \xrightarrow{OH^-} H_2C{=}CH_2 + HBr$	– typisch für gesättigte Verbindungen (Alkane, Alkohole usw.) – sowohl E1- als auch E2-Mechanismus ist möglich
spezielle Redoxreaktion	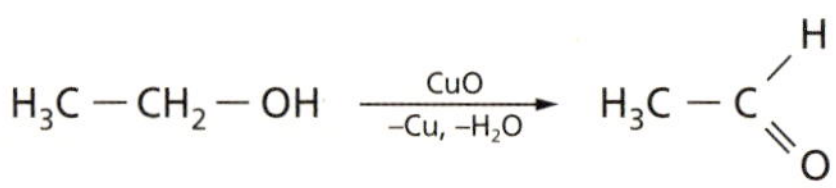	– typisch für Aldehyde, Alkohole, Amine u. a. Verbindungen – Elektronenübertragung an der funktionellen Gruppe

Wissenstest 9B

9.2 Aliphatische Kohlenwasserstoffe

9.2.1 Nomenklatur aliphatischer Kohlenwasserstoffe

Kohlenwasserstoffe sind organische Verbindungen, die aus den Elementen Kohlenstoff und Wasserstoff bestehen. Je nach Art der Verknüpfung der Kohlenstoffatome unterscheidet man verschiedene Gruppen von Kohlenwasserstoffen. **Aliphatische Kohlenwasserstoffe** ist die Sammelbezeichnung für kettenförmige, verzweigte und unverzweigte Kohlenwasserstoffe.

Der Name aliphatisch kommt aus dem Griechischen (*aleiphar* – Salbenöl, Fett).

Einteilung ausgewählter Kohlenwasserstoff-Gruppen

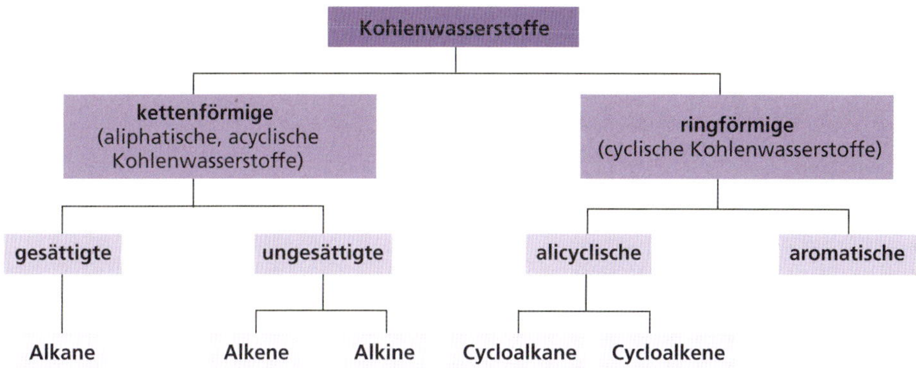

Namensbildung bei gesättigten Kohlenwasserstoffen

Unverzweigte Alkane

Bei **gesättigten Kohlenwasserstoffen** sind die Kohlenstoffatome ausschließlich über **Einfachbindungen** miteinander verknüpft (↗ S. 86). Die Namensbildung erfolgt aus dem Stamm eines Zahlworts und der Endsilbe „-an". Das Zahlwort bezeichnet die Anzahl der Kohlenstoffatome in einer durchgehenden, unverzweigten Kette und das Suffix „-an" besagt, dass die Verbindung keine Mehrfachbindung enthält. Diese gesättigten kettenförmigen Kohlenwasserstoffe heißen **Alkane,** z. B. Methan CH_4 oder Ethan C_2H_6.

Die verschiedenen Möglichkeiten der Verknüpfung der vierbindigen Kohlenstoffatome führt zu einer Vielzahl von Kohlenwasserstoffen. Um aus dem Namen der Verbindung die Struktur ermitteln und so z. B. **Isomere** (↗ S. 265) unterscheiden zu können, wurden von der IUPAC verbindliche **Regeln zur Nomenklatur der Kohlenwasserstoffe** eingeführt.

n	Name	n	Name	n	Name
1	Methan	5	Pentan	9	Nonan
2	Ethan	6	Hexan	10	Decan
3	Propan	7	Heptan	11	Undecan
4	Butan	8	Octan	12	Dodecan

(n = Gesamtzahl der Kohlenstoffatome in der Kette)

Die vollständigen Nomenklaturregeln der IUPAC findet man im Internet unter *www.acdlabs.com* oder *www.iupac.com.*

Die entsprechenden, durch den Wegfall eines Wasserstoffatoms entstandenen Gruppen der gesättigten kettenförmigen Kohlenwasserstoffe tragen anstelle der Endsilbe „-an" das Suffix „-yl" (Alkyl-Gruppe).

n	Name	Summenformel	n	Name	Summenformel
1	Methyl	$-CH_3$	5	Pentyl	$-C_5H_{11}$
2	Ethyl	$-C_2H_5$	11	Undecyl	$-C_{11}H_{23}$

Verzweigte Alkane

Verzweigte Alkane werden als Substitutionsprodukte unverzweigter Alkane betrachtet und die Seitenkette wird als Alkylsubstituent angesehen, der an ein bestimmtes Kohlenstoffatom der Hauptkette gebunden ist. Als Hauptkette wird zuerst die durchgehende Kette mit den meisten Kohlenstoffatomen bestimmt.

Existieren zwei Ketten mit der gleichen Anzahl von Kohlenstoffatomen, dann ist die Hauptkette:
- die Kette mit den meisten Seitenketten oder
- die Kette mit den niedrigsten Ziffern für die Seitenketten oder
- die Kette mit den am wenigsten verzweigten Seitenketten.

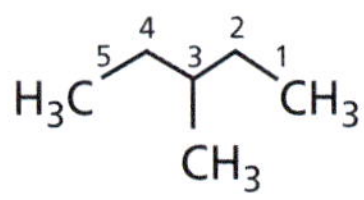

3-Methylpentan

Die Seitenketten werden mit ihren Gruppennamen in alphabetischer Reihenfolge vor dem Stammnamen genannt. Der Ort der Verzweigung wird mit arabischen Ziffern angegeben und steht vor dem dazugehörigen Substituenten. Jede Seitenkette erhält ihre eigene Ziffer.

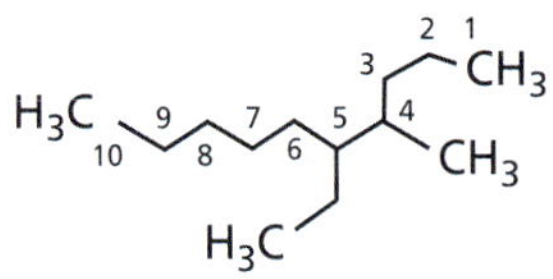

5-Ethyl-4-methyldecan

Die alphabetische Reihenfolge der Seitenketten im Molekülnamen wird durch den ersten Buchstaben des Gruppennamens bestimmt, Präfixe wie „di-", „tri-" usw. werden nicht berücksichtigt.

Tritt eine Seitenkette mehrmals im Molekül auf, wird dieses durch die Präfixe „di-", „tri-", „tetra-" usw. angezeigt.

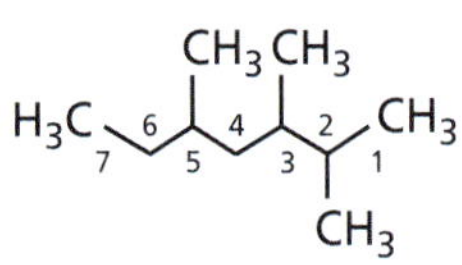

2,3,5-Trimethylheptan

Die Nummerierung der Hauptkette wird so gewählt, dass sich für die Seitenketten möglichst niedrige Stellenangaben ergeben.

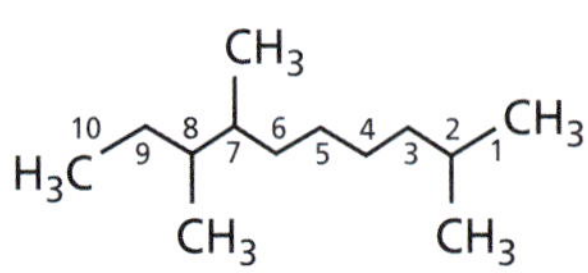

2,7,8-Trimethyldecan
(nicht 3,4,9-Trimethyldecan)

Namensbildung bei ungesättigten Kohlenwasserstoffen

Bei **ungesättigten Kohlenwasserstoffen** sind zwei oder mehrere Kohlenstoffatome durch Mehrfachbindungen verbunden (↗S. 88). Bei den **Alkenen** ist dies eine C=C-Doppelbindung, die durch die Endsilbe „-en" im Namen des Kohlenwasserstoffs gekennzeichnet wird.

> Vor einem Konsonanten wird zwischen Stamm und vervielfachendem Zahlwort der Buchstabe „a" eingeschoben: „-adien", „-atrien", „-atetraen" usw.

■ $H_2C=CH_2$ Ethen (Ethylen)

Kommen im Molekül zwei oder mehr Doppelbindungen vor, wird das durch das vervielfachende Zahlwort vor der Endsilbe „-en" verdeutlicht.

■ 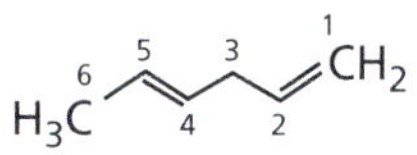
Hexa-1,4-dien

Die Lage der Doppelbindung wird durch eine Zahl angegeben. Diese bezeichnet das jeweils erste Kohlenstoffatom in den Doppelbindungen. Die Zahl steht direkt vor dem Suffix. Die Nummerierung erfolgt so, dass die Doppelbindung eine möglichst niedrige Stellenangabe erhält.

> Wahl der Hauptkette bei Alkenen und Alkinen (Reihenfolge):
> - die Kette mit der größten Anzahl an Doppel- und Dreifachbindungen oder
> - die Kette mit der größten Zahl an C-Atomen oder
> - die Kette mit den meisten Seitenketten

■ 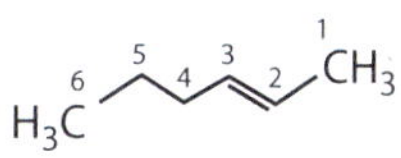
Hex-2-en

Analog zu den Alkanen werden verzweigte ungesättigte Kohlenwasserstoffe als Derivate von unverzweigten Alkenen benannt.

■ 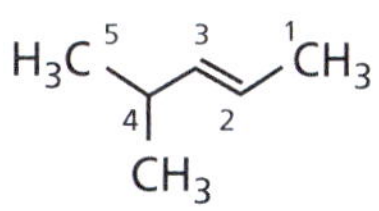
4-Methylpent-2-en

Die Dreifachbindung als Strukturmerkmal der **Alkine** wird durch die Endsilbe „-in" gekennzeichnet, die an den Stammnamen des entsprechenden Kohlenwasserstoffs angehängt wird.

> Enthalten Kohlenwasserstoffe sowohl Doppel- als auch Dreifachbindungen, erfolgt die Benennung so, dass die Silbe „-an" im Namen des entsprechenden Alkans durch „-enin", „-adienin" usw. ersetzt wird.

■ $HC\equiv CH$ Ethin

Kommen im Molekül zwei oder mehr Dreifachbindungen vor, wird das durch das vervielfachende Zahlwort vor der Endsilbe „-in" verdeutlicht. Die Lage der Dreifachbindung wird durch eine Zahl angegeben, die jeweils das erste Kohlenstoffatom der Dreifachbindungen bezeichnet. Die Nummerierung erfolgt auch hier so, dass die Dreifachbindung eine möglichst niedrige Stellenangabe erhält.

■ 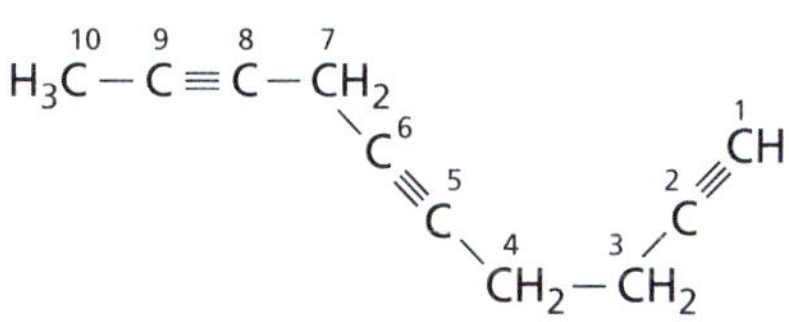
Deca-1,5,8-triin

9.2.2 Gesättigte kettenförmige Kohlenwasserstoffe

Alkane sind die Hauptbestandteile des **Erdöls.** Sie werden durch Erdölraffination in hochwertiges Benzin und andere Erdölprodukte umgewandelt.

Kohlenwasserstoffe, die in ihren Molekülen zwischen den Kohlenstoffatomen ausschließlich Einfachbindungen besitzen, nennt man **gesättigte Kohlenwasserstoffe** bzw. **Alkane.** Unverzweigte Alkane bilden eine **homologe Reihe** der Zusammensetzung C_nH_{2n+2}.

Eine homologe Reihe ist eine Folge von Verbindungen einer Stoffklasse, bei der sich die Molekülformeln zweier aufeinanderfolgender Glieder in der Reihe durch eine bestimmte Gruppe, meist die $-CH_2$-Gruppe, unterscheiden.

Chemische Reaktionen der Alkane

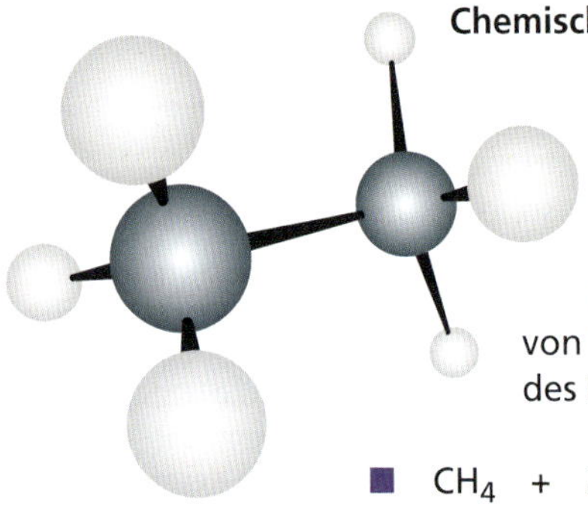

Kugel-Stab-Modell des Ethanmoleküls

Aufgrund der relativ starken Atombindung zwischen den Kohlenstoff- und Wasserstoffatomen sind die Alkane sehr reaktionsträge. Ein deutlicher Energiegewinn durch die Neubildung einer Bindung ergibt sich aber bei der Reaktion mit Sauerstoff. Diese findet bei der Verbrennung von Erdgas und Erdöl (↗S. 434) statt und deckt mehr als 60 % des Energiebedarfs in Deutschland.

■ $CH_4 + 2\,O_2 \longrightarrow CO_2 + 2\,H_2O \qquad \Delta_cH^0 = -890\ \text{kJ} \cdot \text{mol}^{-1}$

Ein weiterer Grund für die Reaktionsträgheit der Alkane ist die geringe Polarität der kovalenten Bindung zwischen Kohlenstoff (*EN* = 2,5) und Wasserstoff (*EN* = 2,1). Außerdem verfügt Kohlenstoff als Element der 2. Periode nicht über freie d-Orbitale, an die sich eine Lewis-Base anlagern könnte, sodass ein Angriff polarer Reagenzien sehr schwierig ist.

Daher ist eine hohe Aktivierungsenergie (↗S. 135) zur Lösung der C–H-Bindungen erforderlich. Diese wird u. a. bei der Reaktion mit reaktiven Halogenen wie Chlor oder Brom aufgebracht.
Die **Halogenierung** der Alkane verläuft nach dem Mechanismus der **radikalischen Substitution S_R** (↗S. 274).

■ $CH_4 + Cl_2 \longrightarrow CH_3Cl + HCl$ Substitution

Bei der Halogenierung entstehen Halogenalkane (↗S. 308) wie die Fluorchlorkohlenwasserstoffe.

Eine weitere Möglichkeit, die Alkane zur Reaktion zu bringen, besteht darin, die Aktivierungsenergie durch den Einsatz von Katalysatoren zu senken. Diese Möglichkeit nutzt man bei der **katalytischen Dehydrierung** und der **Isomerisierung** von Alkanen.

■ $CH_3-CH_3 \xrightarrow{\text{Kat.}} CH_2{=}CH_2 + H_2$ Eliminierung

$CH_3-CH_2-CH_2-CH_3 \xrightarrow{\text{Kat.}} CH_3-\underset{\underset{CH_3}{|}}{CH}-CH_3$ Isomerisierung

Eigenschaften und Verwendung

Infolge ihrer unpolaren Struktur sind Alkane in Wasser praktisch unlöslich, in anderen Alkanen und unpolaren Lösungsmitteln wie Toluen jedoch gut löslich. Aufgrund ihrer schlechten Wasserlöslichkeit bezeichnet man die gesättigten Kohlenwasserstoffe als **hydrophob,** d.h. Wasser meidend.
Mit Fetten sind die unpolaren aliphatischen Verbindungen jedoch gut mischbar und zählen deshalb zu den **lipophilen,** d.h. Fett liebenden Substanzen (griech.: *lipos* – fett).
Zwischen den Molekülen wirken Van-der-Waals-Kräfte (↗S. 105). Diese nehmen mit steigender Elektronenanzahl der Moleküle zu, sodass auch die Siedetemperaturen der Alkane innerhalb der homologen Reihe zunehmen. Aus dem gleichen Grund steigt auch die **Viskosität** der Alkane mit wachsender Kettenlänge. Deshalb werden Gemische mittlerer und höherer Alkane als Schmieröle oder Schmierfette verwendet.

Alkane werden technisch aus Erdöl (↗S. 434 ff.) oder durch **Kohleveredlung** gewonnen. Das Verfahren der Kohleverflüssigung wurde 1927 von **FRIEDRICH BERGIUS** (1884–1949) entwickelt.

Höhere Alkane mit mehr als 16 Kohlenstoffatomen sind fest und werden als Vaseline, Grundlagen für pharmazeutische Produkte oder Kerzenwachse genutzt. Die flüssigen mittleren Alkane (C_5 bis C_{16}) sind Hauptbestandteile von Vergaserkraftstoffen, Diesel- und Heizölen.
Die niederen Alkane (C_1 bis C_4) sind bei Raumtemperatur gasförmig und werden in erster Linie als Heizgase zur Energiegewinnung genutzt. Der wichtigste Vertreter ist Methan, das außerdem ein wertvoller Rohstoff für viele großtechnische Synthesen ist.

Methan ist der Hauptbestandteil von **Erdgas** mit einem Anteil von bis zu 99 %.

Alkan	Eigenschaften	Vorkommen	Verwendung
Methan CH_4 $\vartheta_V = -161{,}5\,°C$	– bei Zimmertemperatur gasförmig – farblos – geruchlos – brennen mit schwach leuchtender Flamme – bilden mit Luft explosive Gemische – in Wasser kaum löslich – löslich in Ether und Ethanol – chemisch relativ reaktionsträge	– im Erdgas der Erdölquellen – als Grubengas – als Einschlüsse in Steinkohleflözen – in Darmgasen von Wiederkäuern und im Sumpfgas	– Heiz- und Stadtgas – Herstellung von Wasserstoff und Synthesegas – Ausgangsstoff zur Herstellung von Methanol, Methanal, Ethin u.a. – Herstellung von Ruß für die Kautschukindustrie
Ethan CH_3-CH_3 $\vartheta_V = -88{,}6\,°C$		– im Erdgas – in Abgasen der Erdölverarbeitung	– Heizgas – Herstellung von Ethen
Propan $CH_3-CH_2-CH_3$ $\vartheta_V = -42{,}1\,°C$		– im Erdgas – als Produkt bei der Erdölraffination	– Ausgangsstoff in der Petrochemie – Treibmittel für Aerosole – Brenngas (Flüssiggas)

Kalottenmodelle der Isomere des Butans

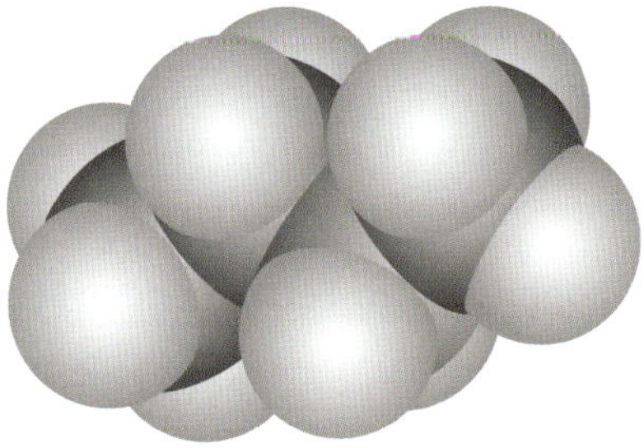

n-Butan

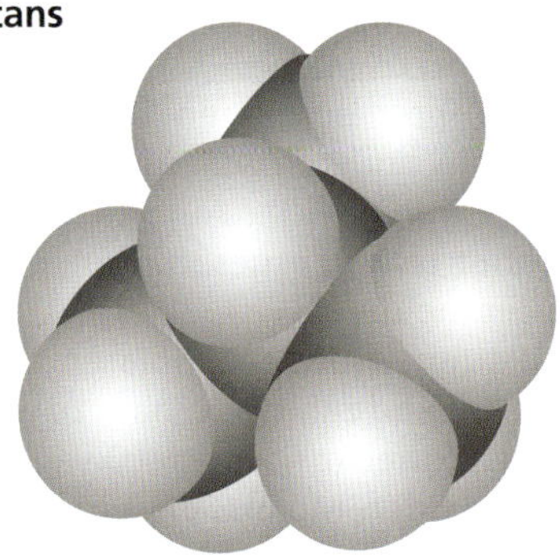

2-Methylpropan

Eine besondere Gruppe der Alkane sind die **Cycloalkane.** Diese ringförmigen gesättigten Kohlenwasserstoffe bilden eine homologe Reihe der Zusammensetzung C_nH_{2n}.

In den Alkanen liegt das Kohlenstoffatom ausschließlich sp^3-hybridisiert vor. Aufgrund des Bindungswinkels von 109° bilden die höheren Alkane längere Zick-Zack-Ketten aneinandergereihter Tetraeder (↗ S. 87).
Mit zunehmender Molekülgröße ergeben sich jedoch viele unterschiedliche Möglichkeiten der Verknüpfung der Kohlenstoffatome.
Für Butan existieren zwei Verbindungen gleicher Summenformel mit unterschiedlicher Struktur: das n-Butan und das 2-Methylpropan. Bei höheren Homologen steigt die Zahl dieser **Isomere** rasch an. So lassen sich vom Dodecan bereits 355 Konstitutionsisomere (↗ S. 266) ableiten. Aufgrund ihrer unterschiedlichen Struktur sind die chemischen und physikalischen Eigenschaften der einzelnen Isomere zwar ähnlich, aber nicht völlig identisch.
Die unterschiedlichen chemischen Eigenschaften der Isomere sind z. B. für die Qualität von Kraftstoffen (↗ S. 437) von großer Bedeutung.

Eigenschaften und Verwendung der Isomere des Pentans

Isomer	Eigenschaften	Verwendung
n-Pentan $CH_3-CH_2-CH_2-CH_2-CH_3$	– $\vartheta_S = -130\,°C$; $\vartheta_V = 36\,°C$ – farblos, brennbar – wasserunlöslich	– Lösungsmittel – Füllmittel zur Herstellung von Tieftemperaturthermometern
2-Methylbutan (Isopentan) $CH_3-CH_2-CH(CH_3)-CH_3$	– $\vartheta_S = -160\,°C$; $\vartheta_V = 28\,°C$ – farblos, brennbar – wasserunlöslich	– Herstellung von Chlorkohlenwasserstoffen – Benzinherstellung
2,2-Dimethylpropan $CH_3-C(CH_3)_2-CH_3$	– $\vartheta_S = -17\,°C$; $\vartheta_V = 9{,}4\,°C$ – farblos – brennbar – wasserunlöslich – typischer Benzingeruch	– Vergleichssubstanz in der NMR-Spektroskopie

9.2.3 Ungesättigte kettenförmige Kohlenwasserstoffe

Alkene

Ungesättigte Kohlenwasserstoffe enthalten in ihren Molekülen mindestens eine C–C-Mehrfachbindung. Kettenförmige Kohlenwasserstoffe mit einer oder mehreren Doppelbindungen heißen **Alkene.** Sie bilden eine **homologe Reihe** der Summenformel C_nH_{2n}.

Kohlenwasserstoffe mit mehreren Doppelbindungen nennt man Diene und Polyene. Direkt benachbarte Doppelbindungen bezeichnet man als kumulierte, miteinander wechselnde Doppel- und Einfachbindungen als konjugierte Doppelbindungen (↗ S. 88).

Chemische Reaktionen der Alkene
In Alkenen liegen die Kohlenstoffatome, zwischen denen die Doppelbindung besteht, sp^2-hybridisiert in einer Ebene vor. Die π-Elektronen bilden senkrecht dazu eine Ladungswolke, die von einem elektrophilen Reagenz angegriffen werden kann.
Die für Alkene charakteristische Reaktion ist deshalb die **elektrophile Addition A_E** (↗ S. 285). Diese erfordert nicht die Bildung energiereicher Radikale und läuft im Gegensatz zur radikalischen Substitution bei den Alkanen auch im Dunkeln ab. Trotzdem müssen einige Reaktionen wie die Hydrierung durch geeignete Katalysatoren, z. B. metallisches Nickel, beschleunigt werden.
Mit der Neubildung von zwei σ-Bindungen auf Kosten einer Doppelbindung bei Additionsreaktionen ist ein Energiegewinn verbunden, sodass Alkene mit vielen Reagenzien, z. B. Halogenwasserstoffen oder Wasser, thermodynamisch stabilere Produkte bilden.

- Halogenierung
$$CH_2{=}CH_2 \quad + \quad Br_2 \longrightarrow CH_2Br{-}CH_2Br$$
Hydrohalogenierung
$$CH_2{=}CH_2 \quad + \quad HCl \longrightarrow CH_3{-}CH_2Cl$$
Hydrierung
$$CH_3{-}CH{=}CH{-}CH_3 \quad + \quad H_2 \xrightarrow{\text{Ni, 500 °C}} CH_3{-}CH_2{-}CH_2{-}CH_3$$

Im Unterschied zu den Alkanen, die nur mit reinem Brom reagieren können, entfärben die **Alkene** sehr einfach Bromwasser. Diese Reaktion wird als Nachweisreaktion für ungesättigte Kohlenwasserstoffe genutzt (↗ S. 462).

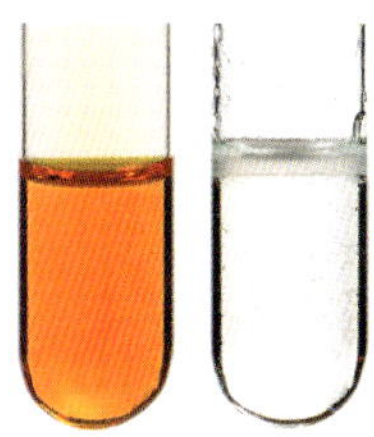

Eine besondere Reaktion der Alkene ist die **Polymerisation** (↗ S. 374) bei der makromolekulare Verbindungen entstehen, die als Kunststoffe vielfältig verwendet werden.

Eigenschaften und Verwendung
Da die Alkene ebenfalls unpolare Kohlenwasserstoffe sind, sind das Lösungsverhalten in Wasser, die Brennbarkeit und die physikalischen Eigenschaften denen der Alkane sehr ähnlich.
Hauptsächlich unterscheiden sich die Alkene in ihrem chemischen Reaktionsverhalten von den Alkanen. Durch Addition oder Polymerisation kommt man leicht zu vielen chemischen Produkten, sodass die Alkene wichtige Ausgangsstoffe für viele großtechnische Synthesen sind.
Sie werden petrochemisch aus Erdöldestillaten durch **Pyrolyse** von Alkanen oder **katalytisches Cracken** hergestellt (↗ S. 436).

Verwendung		
Ethen	**Propen**	**Buten**
– zur Herstellung von Kunststoffen, Klebstoffen, Lösungsmitteln – in der pharmazeutischen Industrie – in der Lebensmittelindustrie zum Nachreifen von Obst	– zur Kunststoffherstellung, z. B. Polypropylen, Polyacrylnitril – in der Benzinherstellung	– Kunststoff- und Synthesekautschukherstellung (Buta-1,3-dien)

Ethen ist ein Phytohormon und hat Einfluss auf verschiedene Stoffwechselvorgänge in Pflanzen. In der Lebensmittelindustrie wird es zur Regulierung von Reifeprozessen bei Obst eingesetzt.

Alkene als Ausgangsstoffe der chemischen Industrie

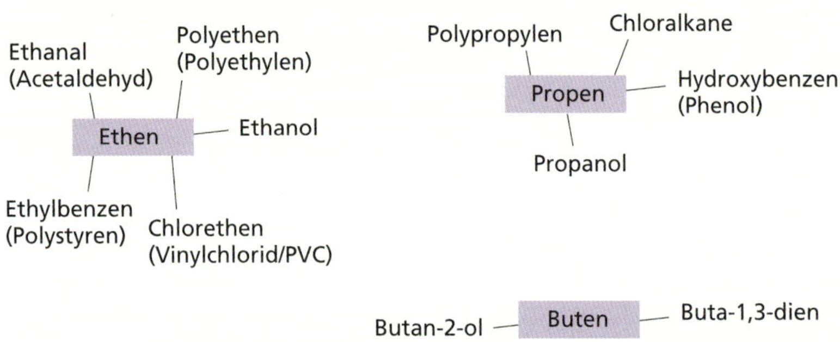

Die *cis-trans*-Isomerie ist ein Spezialfall der Stereoisomerie (↗ S. 269). Sie wird in der Fachliteratur gelegentlich auch als *Z-E*-Isomerie bezeichnet.

Auch die Alkene bilden Isomere mit geringfügig verschiedenen Eigenschaften. Zusätzlich zu den **Konstitutionsisomeren**, wie But-1-en, But-2-en und Methylpropen, werden bei den Alkenen noch die ***cis-trans*-Isomere** beobachtet. Diese haben die gleiche Konstitution und unterscheiden sich nur in der Anordnung der Substituenten zur Doppelbindung. Bei *trans*-But-2-en stehen die Methyl-Gruppen entgegengesetzt, bei *cis*-But-2-en auf einer Seite der Doppelbindung.

Physikalische Eigenschaften der Isomere des Butens	
But-1-en $\vartheta_S = -185\ °C$ $\vartheta_V = -6,3$ $\varrho = 0,626\ g \cdot cm^{-3}$ 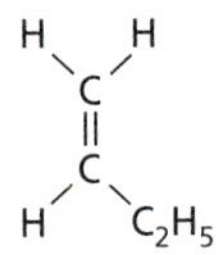	***cis*-But-2-en** $\vartheta_S = -139\ °C$ $\vartheta_V = 3,7\ °C$ $\varrho = 0,621\ g \cdot cm^{-3}$ 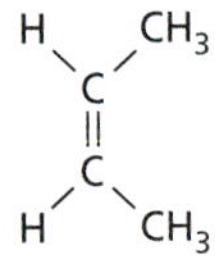
Methylpropen (Isobuten) $\vartheta_S = -140\ °C$ $\vartheta_V = -6,9\ °C$ $\varrho = 0,588\ g \cdot cm^{-3}$ 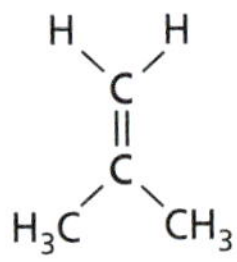	***trans*-But-2-en** $\vartheta_S = -106\ °C$ $\vartheta_V = 0,9\ °C$ $\varrho = 0,604\ g \cdot cm^{-3}$ 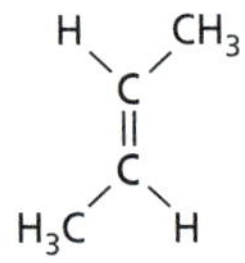

Alkine

Alkine sind kettenförmige Kohlenwasserstoffe, die in ihrem Molekül mindestens eine Dreifachbindung enthalten. Alkine bilden eine **homologe Reihe** mit der allgemeinen Summenformel C_nH_{2n-2}.

Die C–H-Bindung beim Ethin ist polarer als bei anderen Kohlenwasserstoffen, sodass Ethin Protonen abgeben kann und in Wasser schwach sauer reagiert ($pK_S = 22$).

Eigenschaften und Reaktionsverhalten

Der einfachste und technisch wichtigste Vertreter der Alkine ist Ethin. Aufgrund seiner **Dreifachbindung** (↗ S. 89) verfügt Ethin über eine hohe Elektronendichte und reagiert hauptsächlich in **elektrophilen Additionsreaktionen A_E** (↗ S. 285).
Die sp-Hybridorbitale sind wegen ihres höheren s-Anteils kleiner als sp^2- bzw. sp^3-Hybridorbitale. Deshalb ist sowohl die Bindungslänge zwischen den Kohlenstoffatomen als auch die C–H-Bindung kürzer als im Ethen- und im Ethanmolekül. Die π-Elektronen werden stärker von den Kernen der Kohlenstoffatome angezogen, sodass elektrophile Additionen, z. B. die Bromierung, langsamer ablaufen als bei den Alkenen.

	$H_3C{-}CH_3$	$H_2C{=}CH_2$	$HC{\equiv}CH$
Hybridisierung des Kohlenstoffatoms	sp^3	sp^2	sp
C–C-Bindungsenergie in $kJ \cdot mol^{-1}$	348	614	839
C–C-Bindungslänge in pm	154	134	120
H–C–C-Bindungswinkel in Grad	109	121	180

Verwendung und Herstellung

Die Möglichkeit der Addition wird vielfach zur Herstellung von Ausgangsstoffen für die Kunststoffindustrie genutzt. Die Bedeutung der technischen Synthesen aus Ethin nimmt jedoch infolge der Verwendung billigerer Erdölprodukte ab.

Bei der Verbrennung von Ethin (Acetylen) werden Temperaturen bis 3000 °C erzeugt. Deshalb kann dieses Alkin als Schweißgas eingesetzt wird.

Vinylierungen:

$$HC{\equiv}CH + HCl \longrightarrow CH_2{=}CH{-}Cl \quad \text{Vinylchlorid}$$

$$HC{\equiv}CH + HCN \longrightarrow CH_2{=}CH{-}CN \quad \text{Acrylnitril}$$

Carbonylierungen, z. B. zu Acrylsäure:

$$HC{\equiv}CH + CO + H{-}OH \longrightarrow H_2C{=}CH{-}COOH$$

Hergestellt wird Ethin heute hauptsächlich aus Erdgas, entweder durch partielle Oxidation des Methans mit Sauerstoff oder durch Hochtemperaturpyrolyse des Methans.

$$4\,CH_4 + 3\,O_2 \xrightarrow{\text{Kat.}} 2\,HC{\equiv}CH + 6\,H_2O$$

$$2\,CH_4 \xrightarrow{1500\,°C} HC{\equiv}CH + 3\,H_2$$

9.3 Aromatische Kohlenwasserstoffe

9.3.1 Der aromatische Zustand

ERICH HÜCKEL (1894–1973) zeigte durch quantenmechanische Berechnungen, dass ebene cyclische Verbindungen besonders stabil sind, wenn die Zahl der delokalisierten Elektronen der Formel 4n+2 (n = 0, 1, 2 usw.) entspricht.

Unter den ungesättigten Kohlenwasserstoffen findet man eine Reihe ringförmiger Verbindungen, die sich in ihren Eigenschaften deutlich von den aliphatischen und cyclischen Alkenen und Alkinen unterscheiden. Diese oft aromatisch riechenden Verbindungen reagieren mit Elektrophilen bevorzugt in einer Substitution (S_EAr ↗ S. 282) und nicht wie erwartet werden könnte, in einer elektrophilen Addition.

Strukturmerkmale aromatischer Verbindungen:
- **Aromaten** sind cyclische Verbindungen.
- Alle Atome des Rings sind sp^2-hybridisiert und liegen somit in einer Ebene (↗ S. 87).
- Die mit einem Elektron besetzten p-Orbitale stehen senkrecht zu dieser Ebene und überlappen oberhalb und unterhalb der Ebene.
- Die Anzahl der Elektronen in diesen p-Orbitalen muss der **Hückel-Regel** entsprechen und beträgt **4n + 2.**
- Die Elektronen der p-Orbitale sind in einem **π-System** delokalisiert, d. h. über den gesamten Ring verteilt. Die Delokalisierung führt zu einer Energieabsenkung, der **Mesomerieenergie.**

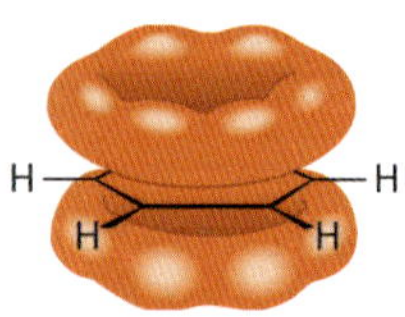

Geometrie des Benzenrings

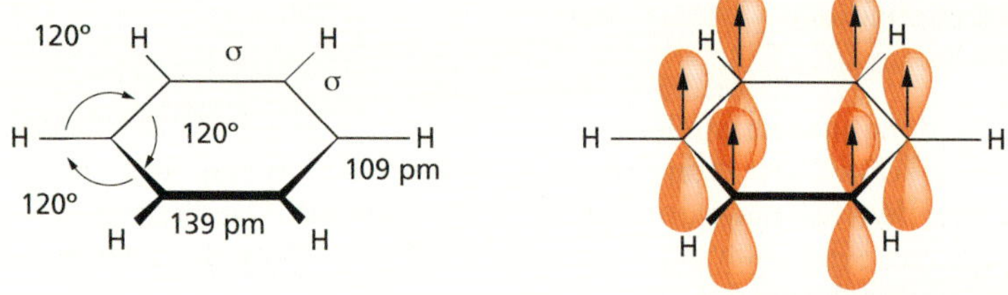

Zur Gruppe der Aromaten gehört als Grundkörper das **Benzen (Benzol).** Die sechs sp^2-hybridisierten Kohlenstoffatome sind in einem planaren Sechseck angeordnet. Alle Bindungswinkel betragen 120°. Die Bindungslänge der C–C-Bindung im Ring liegt mit 139 pm im Bereich der Alkene (134 pm), ist aber kleiner als in Alkanen (154 pm). Es sind sechs ungepaarte Elektronen im Ring, entsprechend der Hückel-Regel (4n + 2) ist n = 1. Durch die C–C-σ-Bindung überlappen auch die p-Orbitale und bilden eine π-Elektronenwolke, das sogenannte **Elektronensextett.**

Die Strukturformel von **AUGUST VON KEKULÉ** (1829–1896) ist nur eine mesomere Grenzstruktur von **Benzen.** Sie beschreibt den aromatischen Bindungszustand des Benzens nicht exakt, ist aber trotzdem heute noch gebräuchlich.

Strukturvorschläge für Benzen

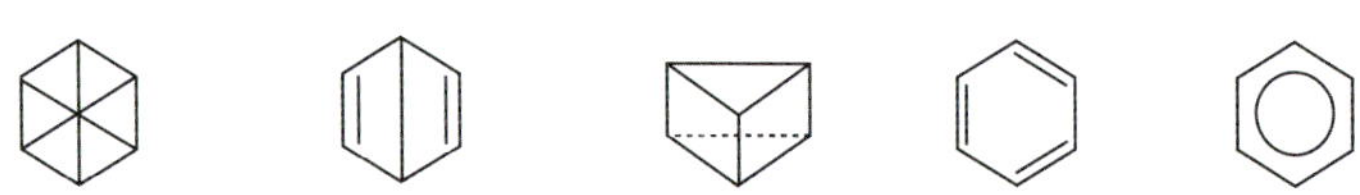

CLAUS (1867)	DEWAR (1867)	LADENBURG (1869)	KEKULÉ (1872)	Heute

Die gegenseitige Überlappung der p-Orbitale führt zu einem gemeinsamen π-System, in dem die Elektronen über den gesamten Ring delokalisiert sind. Daraus resultiert eine Energieabsenkung in Form der **Mesomerie- oder Resonanzenergie**.

Einen experimentellen Beweis dieser Stabilisierung liefert die Hydrierungswärme von Benzen. Berechnet man die Hydrierungswärme für das hypothetische Cyclohexa-1,3,5-trien und vergleicht diese mit der experimentell bestimmten Hydrierungswärme von Benzen, findet man eine Energiedifferenz von 151 $kJ \cdot mol^{-1}$.

▶ Hydriert man eine C=C-Doppelbindung, wird die Hydrierungswärme von ca. 120 $kJ \cdot mol^{-1}$ frei. Bei 3 Doppelbindungen ergibt sich daraus eine theoretische Hydrierungswärme von $\Delta_H H^0 = -360\,kJ \cdot mol^{-1}$.

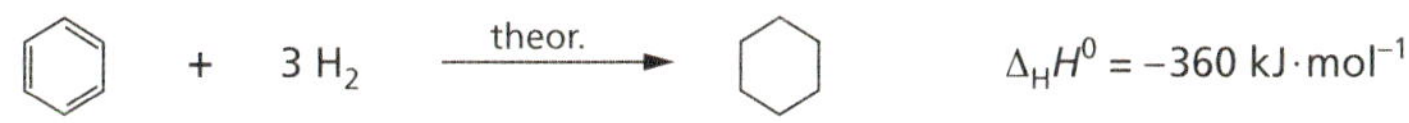

Cyclohexa-1,3,5-trien Cyclohexan

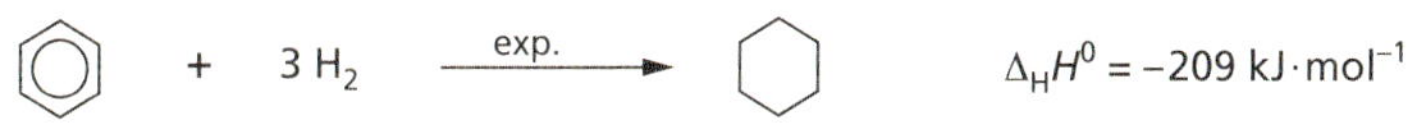

Benzen Cyclohexan

Diese Stabilisierung beeinflusst stark die chemischen Eigenschaften der Aromaten und ist die Ursache dafür, dass elektrophile Reagenzien bevorzugt substituieren und nicht wie bei den Alkenen addiert werden (↗ S. 285). Bei der elektrophilen Substitution am Aromaten (S_EAr) wird das π-System durch den elektrophilen Angriff vorübergehend zerstört, sodass zum Erreichen des Übergangszustands zusätzlich die Mesomerieenergie aufgebracht werden muss.

Führt man wie bei den aliphatischen ungesättigten Kohlenwasserstoffen Doppelbindungen ein, sind zwei **mesomere Grenzstrukturen** denkbar: das Cyclohexa-1,3,5-trien **A** und das Cyclohexa-2,4,6-trien **B**.
Da im Benzenmolekül alle Substituenten Wasserstoffatome sind, sind beide Strukturen gleich, der stabile Zustand des aromatischen Benzenmoleküls liegt also zwischen den beiden hypothetischen mesomeren Grenzstrukturen.

▶ Die Verteilung der Elektronen über das **aromatische System** wird durch den Kreis in der Strukturformel besser dargestellt als durch die Kekulé-Struktur. Die Delokalisierung der Elektronen führt in allen mesomeren Systemen zu einem Energiegewinn und damit zur Mesomeriestabilisierung.

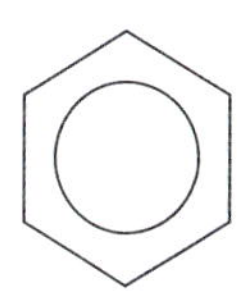

Energiebetrachtung

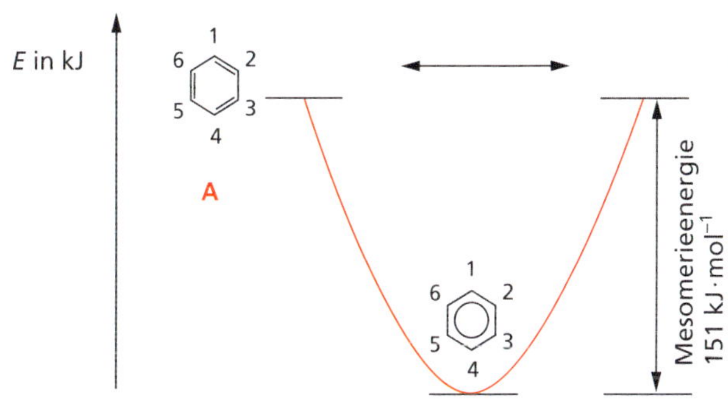

Kondensierte aromatische Kohlenwasserstoffe und Heteroaromaten

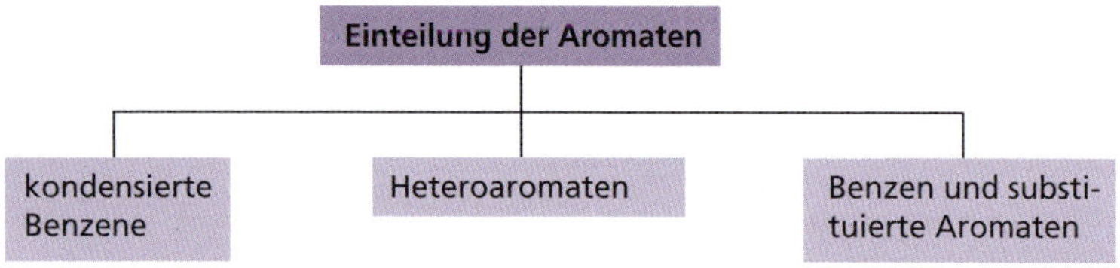

Kondensierte Aromaten sind aus mehreren Benzenringen aufgebaut, die entlang der Seiten verknüpft sind. Dadurch werden zwei Kohlenstoffatome von beiden Ringen benutzt. Sie werden auch **p**olycyclische **a**romatische **K**ohlenwasserstoffe **(PAK)** genannt.

Ein anderer Vertreter der PAK mit mutagener und kanzerogener Wirkung ist **Benzpyren** $C_{20}H_{12}$. Benzpyren wird im Körper zu einem Alkohol abgebaut. Dieser reagiert mit der DNA, sodass die Erbsubstanz verändert werden kann.

Polycyclische aromatische Kohlenwasserstoffe

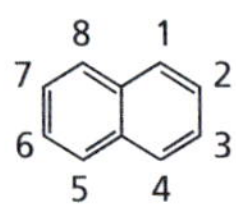

Naphthalin $C_{10}H_8$
10 π-Elektronen

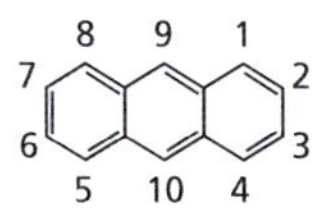

Anthracen $C_{14}H_{10}$
14 π-Elektronen

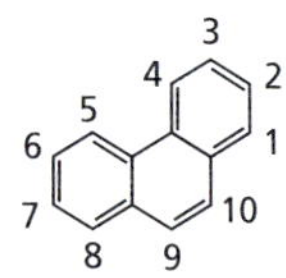

Phenanthren $C_{14}H_{10}$
14 π-Elektronen

Die kondensierten aromatischen Kohlenwasserstoffe sind wasserunlösliche Feststoffe, deren Schmelztemperatur mit der Anzahl der kondensierten Ringe steigt. Verwendung findet **Naphthalin** bei der Herstellung von Farbstoffen, Insektiziden und Pharmazeutika.

PAK sind u. a. im Steinkohlenteer, in Bitumenklebern und im Tabakrauch enthalten. Sie entstehen außerdem bei unvollständigen Verbrennungsprozessen organischer Stoffe, z. B. durch Waldbrände oder Verbrennungsmotoren. Einige Vertreter sind nachweislich krebserregend, sodass die Anwendung PAK-haltiger Kleber und Holzschutzmittel (Carbolineum) strengen Richtlinien unterliegt.

Heteroaromaten sind aromatische Verbindungen, bei denen ein oder mehrere Kohlenstoffatome im Ringsystem durch Stickstoff-, Sauerstoff- oder Schwefelatome (Heteroatome) ersetzt sind.

Bei den 5-gliedrigen **Heteroaromaten** gehört ein freies Elektronenpaar des Heteroatoms zum π-Elektronensextett.

Heteroaromaten

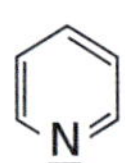

Pyridin

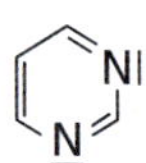

Pyrimidin

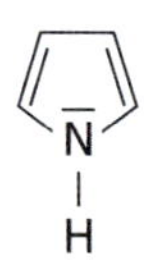

Pyrrol

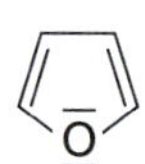

Furan

Thiophen

Benzen

Eigenschaften

Benzen ist eine farblose, leicht bewegliche Flüssigkeit. Durch den hohen Kohlenstoffanteil im Molekül brennt es mit stark rußender Flamme. Mit organischen Lösungsmitteln (Hexan, Ether, Alkoholen, Aceton) ist es beliebig mischbar. In Wasser ist das unpolare Benzen fast unlöslich. Benzen ist giftig und erwiesenermaßen kanzerogen.

Vorkommen und Verwendung

Benzen kommt im Erdöl in unterschiedlichen Prozentsätzen vor und wird durch Extraktion und anschließende Destillation, z. B. aus Pyrolysebenzin, abgetrennt (↗ S. 439). Es entsteht außerdem bei der Verkokung von Steinkohle. Benzen ist Lösungsmittel und Ausgangsstoff für viele Verbindungen, z. B. Farbstoffe, Insektizide oder Pharmaka. Es dient u. a. zur Herstellung von Kunststoffen.

Reaktionen des Benzens

Die typische Reaktion des Benzens ist die **elektrophile Substitution am Aromaten S_EAr** (↗ S. 282). Um die Elektrophilie der Reagenzien zu erhöhen, benutzt man unterschiedliche Katalysatoren. Bei **Halogenierungen** sind das Lewis-Säuren wie Aluminiumchlorid und Eisen(III)-bromid, die mit den Halogenen elektrophile Komplexe bilden (↗ S. 303).
Für die **Nitrierung** verwendet man Nitriersäure, ein Gemisch aus konzentrierter Salpeter- und Schwefelsäure, die das Nitronium-Kation als elektrophiles Reagenz enthält.
Die Umsetzung von Benzen mit einem Moläquivalent Nitriersäure in der Kälte führt zum Nitrobenzen. Die Zweifachsubstitution ergibt ausschließlich das *meta*-Dinitrobenzen.

▶ Die Nitro-Gruppe ist ein Substituent zweiter Ordnung. Die Zweitsubstitution führt nur zu *meta*-Produkten (↗ S. 284).

Elektrophile Substitutionen am Benzen

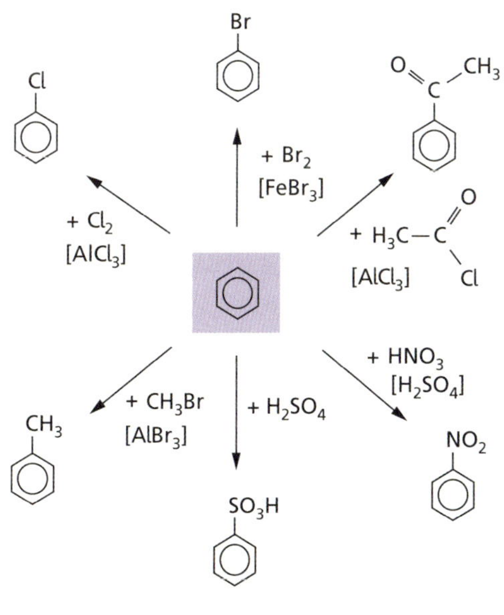

9.3.2 Substituierte Benzene

Toluen (Methylbenzen)

Das **Toluen** gehört in die Gruppe der **Alkylbenzene**, da es am Benzenring eine Methyl-Gruppe besitzt. Aufgrund dieser Struktur kann Toluen – in Abhängigkeit von den Reaktionsbedingungen – unterschiedliche chemische Reaktionen eingehen.

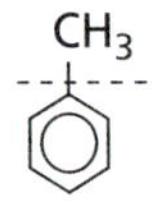

typische Reaktionen an der Alkylgruppe (z. B. S_R)

typische Reaktionen am aromatischen Kern (z. B. S_EAr)

Benzene, die einen Alkylrest als Seitenkette tragen, heißen **Alkylbenzene**, z. B. Cumen (Isopropylbenzen), das als Ausgangsstoff für die Phenolsynthese dient (↗ S. 316).

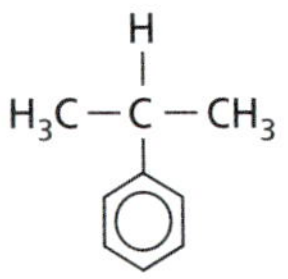

Isopropylbenzen (Cumen)

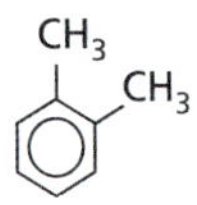

1,2-Dimethylbenzen (*ortho*-Xylen)

Reaktionen des Toluens

Die Reaktionsprodukte der **Halogenierung** sind stark abhängig von den gewählten Reaktionsbedingungen. Die Umsetzung von Toluen mit Brom und Eisen(III)-bromid als **K**atalysator in der **K**älte führt zur Substitution am aromatischen **K**ern (S_EAr). Es entsteht ein Gemisch aus *para*- und *ortho*-Bromtoluen.

Wird die gleiche Reaktion ohne Katalysator in der **S**iedehitze unter intensiver Lichtbestrahlung, z. B. durch **S**onnenlicht, durchgeführt, erhält man im Ergebnis einer radikalischen Substitution (S_R) an der **S**eitenkette Benzylbromid.

Bromierung von Toluen

Regel für SSS (für S_R)
Sonnenlicht, **S**iedehitze, **S**eitenkette

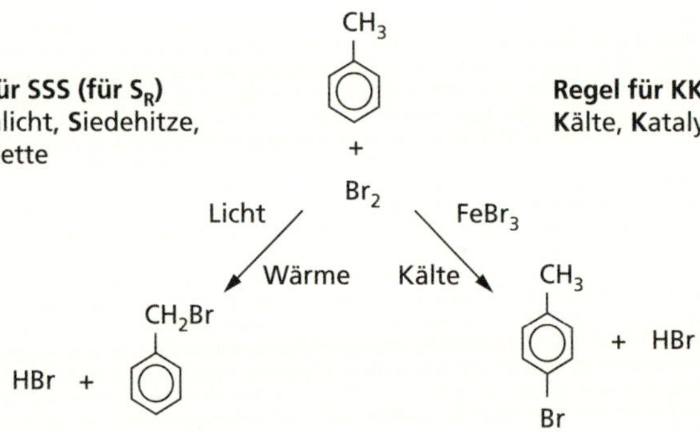

Regel für KKK (für S_EAr)
Kälte, **K**atalysator, **K**ern

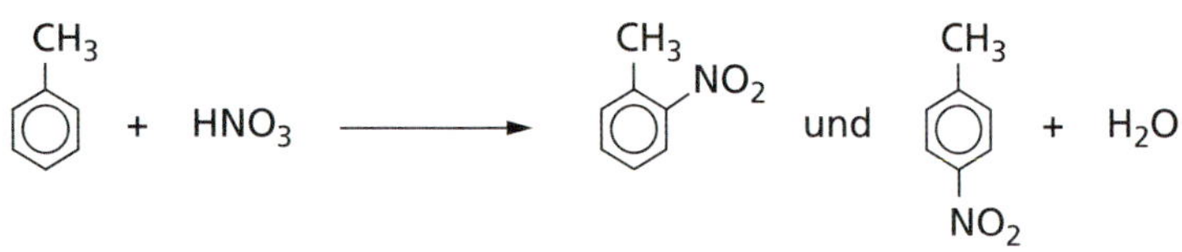

Die **Nitrierung** mit einem Moläquivalent Salpetersäure führt zu einem Gemisch aus 60 % *ortho*- und 40 % *para*-Nitrotoluen. Aus der Umsetzung mit drei Moläquivalenten Salpetersäure erhält man das 2,4,6-**T**ri**n**itro**t**oluen (TNT).

TNT ist der wichtigste konventionelle Sprengstoff. Er ist handhabungssicher und stoßunempfindlich. Die Sprengwirkung von Atombomben wird in der äquivalenten Sprengwirkung von Megatonnen TNT ausgedrückt.

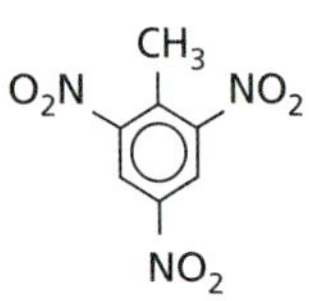

2,4,6-Trinitrotoluen

Synthese

Toluen kann durch die Umsetzung von Benzen mit Chlormethan in Gegenwart von Aluminiumtrichlorid als Katalysator synthetisiert werden. Die Reaktion heißt nach ihren Entdeckern **Friedel-Crafts-Alkylierung.** Nach diesem Prinzip kann eine Vielzahl von Alkylbenzenen aus Benzen und Halogenalkanen hergestellt werden.

Tauscht man das Halogenalkan gegen ein Carbonsäurechlorid aus, erhält man aromatische Ketone (↗ S. 321).

Im ersten Reaktionsschritt bildet sich ein elektrophiler Komplex aus dem Halogenalkan und der Lewis-Säure $AlCl_3$. Die Kohlenstoff-Chlor-Bindung wird noch stärker polarisiert, sodass die Alkyl-Gruppe als Elektrophil am Aromaten angreifen kann. Im typischen Verlauf der elektrophilen Substitution am Aromaten (↗ S. 282) entstehen der π-Komplex und der σ-Komplex als Zwischenprodukte.
Durch Abspaltung des Protons aus dem σ-Komplex werden das Alkylbenzen und Chlorwasserstoff erhalten. Dabei wird Aluminiumtrichlorid zurückgebildet und kann das Reaktionsschema von Neuem durchlaufen.

Synthese von Alkylbenzen

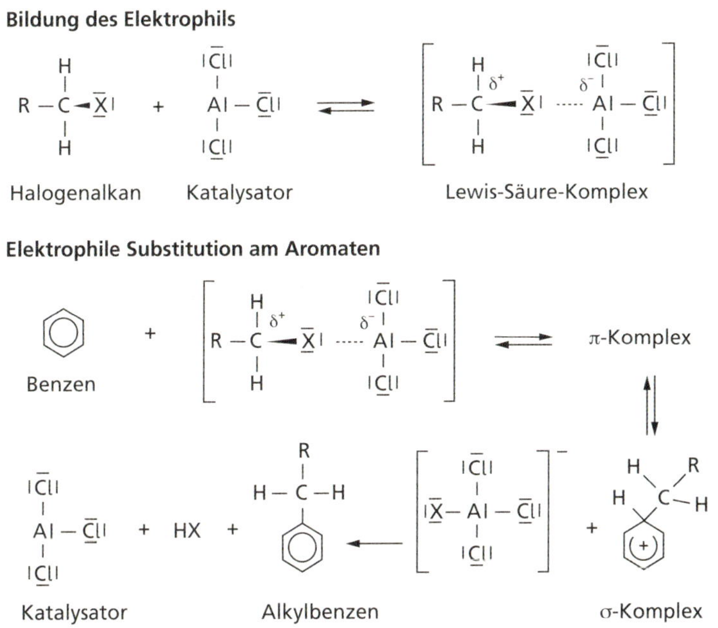

Eigenschaften

Die physikalischen Eigenschaften und das Verhalten gegenüber Lösungsmitteln sind dem des Benzens sehr ähnlich. Im Gegensatz zu Benzen ist Toluen nicht krebserregend. Im Organismus wird es durch Oxidation sofort zu Benzoesäure (↗ S. 326) umgewandelt.

Vorkommen und Verwendung

Toluen kommt im Erdöl vor. Es entsteht bei der Verkokung von Steinkohle. Toluen ist Lösungsmittel und Ausgangsstoff für viele Verbindungen. Da es nicht kanzerogen ist, wird es als Lösungsmittel für Lacke, Fette und Öle benutzt.

Ausgehend vom Benzen können durch elektrophile Substitution auf unterschiedliche Weise Aromaten mit funktionellen Gruppen hergestellt werden. Die Eigenschaften und Reaktionen dieser Derivate des Benzens werden im Kapitel 9.4 beschrieben.

9

Der Farbstoff und **Indikator** Methylorange ist das Natriumsalz einer Benzensulfonsäure.

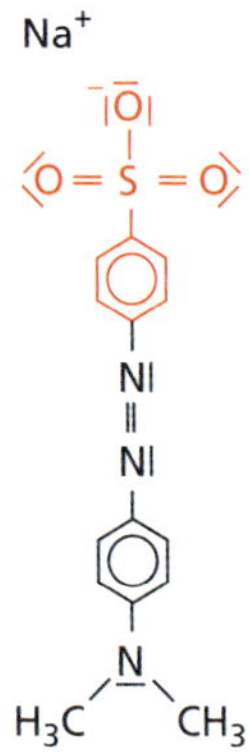

Methylorange

Benzensulfonsäuren

Ein Beispiel für Aromaten mit funktionellen Gruppen ist die Stoffklasse der **Benzensulfonsäuren,** deren Eigenschaften stark von der Sulfonsäure-Gruppe ($-SO_3H$) geprägt sind. Sulfonsäuren sind die organischen Derivate der Schwefelsäure. Sie sind gut wasserlöslich und reagieren infolge der Protonenabgabe in wässrigen Lösungen sauer. Durch Neutralisation mit Laugen werden Sulfonate gebildet.

Synthese und Verwendung

Benzensulfonsäuren werden durch die Umsetzung eines Aromaten mit hochkonzentrierter Schwefelsäure hergestellt. Das eigentliche Reagenz für die elektrophile Substitution ist das Schwefeltrioxid.

$$H_2SO_4 \rightleftharpoons SO_3 + H_2O$$

Benzen Benzensulfonsäure

Von Bedeutung ist die *para*-Aminobenzensulfonsäure, sie ist Bestandteil der chemotherapeutisch wirksamen Sulfonamide. Unterschiedlich substituierte Benzensulfonsäuren dienen außerdem als Zwischenprodukte zur Herstellung vieler Farbstoffe und Waschmittel (↗ S. 411).

9.3.3 Biologische Aktivität aromatischer Verbindungen

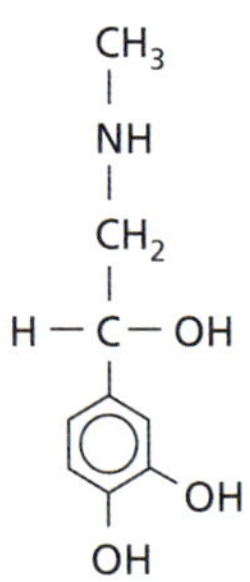

Adrenalin

Spricht man über Aromaten, fallen schnell Schlagwörter wie Dioxin, DDT und Krebs. Es gibt aber auch in der Natur viele aromatische Verbindungen, die lebensnotwendig sind.
Die biogenen Aminosäuren Phenylalanin und Tyrosin (↗ S. 341) haben einen Benzenring im Molekül. Das Schilddrüsenhormon Thyroxin ist eine aromatische Verbindung und die Hormone Adrenalin und Noradrenalin sind ebenfalls substituierte Benzene.
Es sind also nicht alle aromatischen Verbindungen gesundheitsschädlich. Trotzdem mussten Chemiker im Laufe der Jahre erkennen, dass einige Vertreter (Benzen, Benzpyren) hochtoxisch sind.

DDT – ein Insektizid

Das **DDT** (**D**ichlor-**d**iphenyl-**t**richlorethan) wurde viele Jahre als wirkungsvolles Insektizid eingesetzt. Inzwischen ist der Einsatz von DDT in der Landwirtschaft verboten, da der Stoff in der Natur nur sehr langsam abgebaut wird. Deshalb gelangt er über die Nahrungskette in den menschlichen Körper.

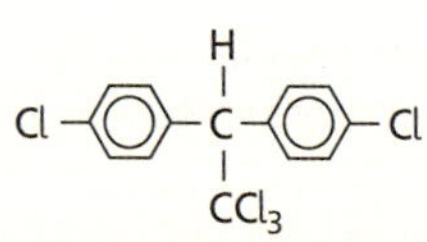

DDT
1,1,1-Trichlor-2,2-bis(4-chlorphenyl)ethan

Dioxine

Unter dem Begriff **Dioxine** werden umgangssprachlich mehrfach chlorierte Dibenzo-*para*-dioxine zusammengefasst. Sie entstehen bei der unvollständigen Verbrennung von Kohlenwasserstoffen in Gegenwart von „Chlorquellen". Um die Freisetzung der außerordentlich stabilen Dioxine aus Müllverbrennungsanlagen zu verhindern, müssen Altchemikalien und Müll bei Temperaturen über 1200 °C verbrannt werden.

Dioxine sind technisch nie gezielt hergestellt worden, sondern treten ausschließlich als unerwünschte Nebenprodukte auf.

Im Ergebnis der Überhitzung eines Reaktors für die Herstellung von Trichlorphenol wurde 1976 in der italienischen Ortschaft Seveso das extrem giftige 2,3,7,8-Tetrachlordibenzo-1,4-dioxin (TCDD) freigesetzt. Nach dem Störfall starben in der Umgebung Vögel und Kleintiere. In der Folge wurden ca. 22000 Menschen ärztlich behandelt und 70000 Tiere notgeschlachtet. Da es keine geeignete Methode zur Entgiftung gibt, mussten Häuser abgerissen, die oberen Bodenschichten abgetragen und deponiert werden.

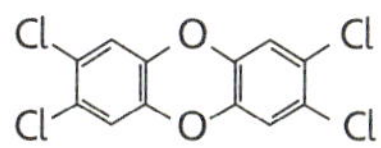

Dioxin (2,3,7,8-Tetrachlordibenzo-1,4-dioxin)

Dioxine sind chemisch beständig, hochtoxisch und krebserregend. Der giftigste Vertreter ist das Seveso-Gift TCDD. Es ist giftiger als Cyanid und die chemischen Kampfstoffe Tabun und Sarin.

Immer wieder gelangen die hochgiftigen Dioxine in Nahrungsmittel, z. B. waren durch die Verunreinigung von Futtermitteln 2012 in Deutschland Eier betroffen.

PCB – polychlorierte Biphenyle

Polychlorierte Biphenyle (PCB) wurden 1929 erstmalig synthetisiert. Sie zeichnen sich durch eine hohe Hitzeverträglichkeit und Brandfestigkeit aus und sind elektrische Isolatoren. PCB sind farb- und geruchsneutral und chemisch sehr beständig. Aus diesen Gründen wurden PCB vielen Werkstoffen beigefügt, das Einsatzgebiet war sehr breit.

PCB sind jedoch für den Menschen giftig. Sie führen zu Nervenschädigungen und stehen im Verdacht, Krebs zu erzeugen. Im Organismus werden PCB im Fettgewebe angereichert. Durch PCB-verunreinigtes Reisöl kam es 1968 in Yusho (Japan) zur Vergiftung von etwa 1600 Menschen, von denen viele starben. Obwohl es eine starke Vereinfachung ist, zeigt sich, dass insbesondere **hochchlorierte aromatische Verbindungen** stark gesundheitsschädigend sind. Eine Ursache ist häufig die Wasserunlöslichkeit, die lipophilen Verbindungen werden deshalb im Fettgewebe abgelagert und führen hier zu irreversiblen Schädigungen.

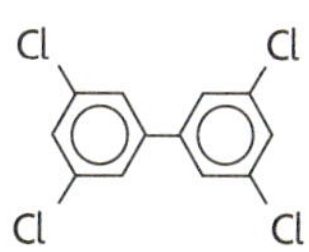

3,5,3',5'-Tetrachlorbiphenyl

Wegen ihrer toxischen Wirkung dürfen **polychlorierte Biphenyle** seit 1983 in der Bundesrepublik nicht mehr hergestellt werden.

Aliphatische und aromatische Kohlenwasserstoffe

■ **Kohlenwasserstoffe** sind unpolare organische Verbindungen, deren Moleküle ausschließlich Kohlenstoff- und Wasserstoffatome enthalten. Die Atome sind durch Atombindungen miteinander verknüpft.

■ Unverzweigte kettenförmige **Alkane, Alkene** und **Alkine** bilden jeweils **homologe Reihen,** deren Glieder sich um jeweils eine $-CH_2$-Gruppe unterscheiden. Sie weisen innerhalb der Reihen ähnliche Eigenschaften auf. Aus der Zunahme der Molekülmassen resultieren abgestufte Unterschiede in den physikalischen Eigenschaften.

Stoffgruppe	Alkane	Alkene	Alkine
Strukturmerkmal	nur Einfachbindungen	mindestens eine Doppelbindung	mindestens eine Dreifachbindung
Summenformel	C_nH_{2n+2}	C_nH_{2n}	C_nH_{2n-2}
typische Reaktion	Oxidation, Substitution, Eliminierung	Oxidation, Addition, Eliminierung	Oxidation, Addition
Beispiel	Ethan C_2H_6 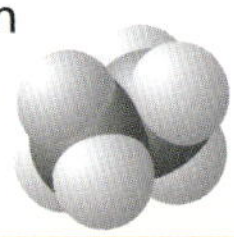	Ethen C_2H_4 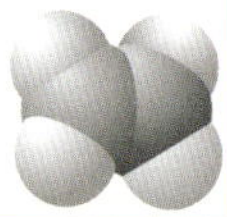	Ethin C_2H_2 

■ **Aromatische Kohlenwasserstoffe** sind ringförmige ungesättigte organische Verbindungen. Die Delokalisierung des aromatischen Elektronensystems führt zu einer Energiestabilisierung, die durch die Mesomerieenergie beschrieben wird.

■ Dadurch sind Aromaten reaktionsträger als andere ungesättigte Verbindungen. Sie gehen bevorzugt Substitutionsreaktionen und keine Additionsreaktionen ein.

Benzen C_6H_6

■ Vom Benzen leiten sich unzählige weitere aromatische Verbindungen ab. Am bekanntesten sind die Benzenderivate, bei denen ein oder mehrere Wasserstoffatome des Benzenmoleküls durch andere Substituenten ersetzt sind.

Aromatische Verbindungen

- kondensierte Aromaten
- Heteroaromaten
- Benzen und substituierte Benzene

Wissenstest 9C

9.4 Organische Verbindungen mit funktionellen Gruppen

9.4.1 Funktionelle Gruppen

Funktionelle Gruppen sind Atome oder Atomgruppen in den Molekülen organischer Verbindungen. Sie bestimmen maßgeblich die chemischen und physikalischen Eigenschaften der Verbindungen.

Substanzen, deren Moleküle die gleiche funktionelle Gruppe tragen, bilden eine Stoffklasse. Unterscheiden sich die Moleküle der Stoffklasse nur in der Kettenlänge des Alkylrests, bilden sie eine homologe Reihe.

Moleküle mit zwei funktionellen Gruppen bezeichnet man als bifunktionelle Verbindungen.

- Viele organische Moleküle tragen nur eine funktionelle Gruppe, z. B. die Hydroxy-Gruppe bei den verschiedenen Alkoholen. Es gibt aber auch Verbindungen, die über mehrere funktionelle Gruppen verfügen. So enthalten beispielsweise Aminosäuren eine Carboxy-Gruppe und eine Amino-Gruppe im Molekül, die beide die Eigenschaften der Verbindungen beeinflussen.

Funktionelle Gruppe		Stoffklasse	Reaktion als Reagenz	Reaktion am Substrat
Name	Struktur			
Halogen	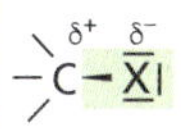	Halogenalkane	keine	S_N-Reaktion am Kohlenstoffatom; Eliminierung von HX
Amino-Gruppe	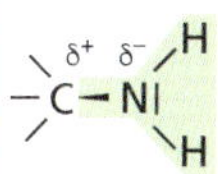	Amine	Das Stickstoffatom reagiert als Nucleophil.	keine
Hydroxy-Gruppe	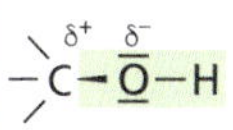	Alkohole, Phenole	Das Sauerstoffatom reagiert als Nucleophil.	S_N-Reaktion am Kohlenstoffatom; Eliminierung von Wasser
Ether-Gruppe	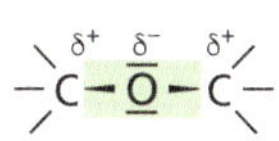	Ether	keine	nur unter drastischen Bedingungen S_N-Reaktion
Aldehyd-Gruppe	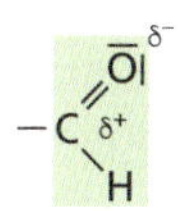	Aldehyde	reduzierende Wirkung	Angriff von Nucleophilen auf das Kohlenstoffatom
Keto-Gruppe	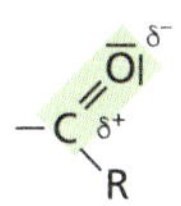	Ketone	keine	Angriff von Nucleophilen auf das Kohlenstoffatom
Carboxy-Gruppe	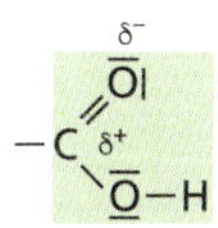	Carbonsäuren, Carbonsäurederivate	keine	Angriff von Nucleophilen auf das Kohlenstoffatom

9.4.2 Halogenalkane

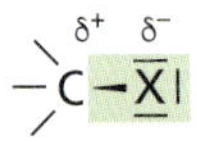

X – Halogenatom
(X = F, Cl, Br, I)

Halogenalkane leiten sich von den Alkanen durch Ersatz eines oder mehrerer Wasserstoffatome durch Halogenatome ab.

Nomenklatur

Der Stammname leitet sich vom entsprechenden Alkan ab, sodass grundsätzlich die für Alkane gültigen Regeln gelten (↗ S. 289 f.). Die Halogenatome werden als Substituenten betrachtet und ihre Position wird mit der kleinstmöglichen Nummerierung angegeben.
Enthält ein Molekül mehrere gleiche Halogenatome, wird die Anzahl durch die Vorsilben „di-", „tri-" oder „tetra-" angegeben. Bei unterschiedlichen Halogenatomen im Molekül oder verzweigten Alkanen werden alle Substituenten alphabetisch geordnet.

9

Reaktionen

Die nucleophile Substitution und die Eliminierung sind Konkurrenzreaktionen. Die Wahl der Reaktionsbedingungen bestimmt, welche Reaktion die Halogenalkane eingehen.

Die elektronegativen Halogenatome üben einen –I-Effekt auf das benachbarte Kohlenstoffatom aus. Dieses wird somit partiell positiv polarisiert und kann – anders als bei den Alkanen – durch Nucleophile angegriffen werden.
Das Halogenatom übernimmt das gemeinsame Elektronenpaar und fungiert als Abgangsgruppe. Neben der nucleophilen Substitution (S_N) können auch Eliminierungen (E) stattfinden. Obwohl Halogenalkane deutlich mehr Reaktionen als Alkane eingehen, sind sie sehr stabile, relativ reaktionsträge Verbindungen.

$$CH_3-CH_2-Br + OH^- \longrightarrow CH_3-CH_2-OH + Br^-$$

$$CH_3-CH_2-Br \xrightarrow{\text{NaOH, Wärme}} H_2C=CH_2 + HBr$$

Synthese

Durch Umsetzung der Halogenalkane mit Magnesium erhält man reaktive metallorganische Verbindungen, die nach ihrem Entdecker **V. GRIGNARD** (1871–1935) als Grignard-Verbindungen bezeichnet werden.

Die direkte Umsetzung von Alkanen mit den entsprechenden Halogenen (S_R) eignet sich nur zur Herstellung von Chlor- und Bromalkanen. Andere Halogenalkane werden durch elektrophile Addition an Alkenen (A_E), z. B. durch Hydrohalogenierung, oder durch Halogenaustauschreaktionen (S_N) erhalten.

$$C_2H_6 + Br_2 \longrightarrow C_2H_5Br + HBr$$

$$CH_4 + 4\,Cl_2 \longrightarrow CCl_4 + 4\,HCl$$

$$C_2H_5OH + HI \longrightarrow C_2H_5I + H_2O$$

$$CH_3Cl + HF \longrightarrow CH_3F + HCl$$

Eigenschaften

Halogenalkane haben aufgrund ihrer größeren molaren Massen höhere Schmelz- und Siedetemperaturen als die Alkane. Dieser Effekt wird dadurch verstärkt, dass viele Halogenalkane aufgrund der polaren Halogen-Kohlenstoff-Atombindung Dipole sind.
Trotzdem lösen sich Halogenkohlenwasserstoffe nicht oder nur wenig in Wasser, dafür aber in Alkanen, Toluen und anderen unpolaren oder schwach polaren Lösungsmitteln. Viele Halogenalkane sind giftig oder krebserregend.

Der Dipolcharakter der Halogenalkane hängt von der Struktur der Moleküle ab (↗S. 91). So ist z.B. Tetrachlormethan kein Dipol.

Bedeutung

Bis in die 1990-er Jahre fanden Halogenalkane und aromatische Halogenkohlenwasserstoffe sehr viele Anwendungen. Insbesondere die chlorhaltigen Verbindungen weisen jedoch ein hohes umwelt- (↗S. 448) oder gesundheitsschädigendes Potenzial auf (↗S. 305).

Aus diesem Grund nimmt die industrielle Bedeutung der **Chlorkohlenwasserstoffe** immer weiter ab. Trotzdem werden diese noch immer als Zwischenprodukte der chemischen Industrie genutzt. Sie dienen als Ausgangsstoffe für die Herstellung von Aminen (↗S. 310), Alkoholen (↗S. 312 ff.) und Kunststoffen wie PVC.

Weltweit verboten ist inzwischen die Verwendung von **Fluorchlorkohlenwasserstoffen (FCKW)** als Kühlmittel und Treibgase in Deosprays. Für die Zerstäubung von Aerosolen setzt man heute in Spraydosen ein leicht zu verflüssigendes Gemisch aus Propan und Butan ein.
Als Kühlmittel dienen ebenfalls Gemische aus Alkanen oder chlorfreie Fluorkohlenwasserstoffe (FKW). Letztere sind zwar keine Ozonkiller, tragen aber trotzdem zur Verstärkung des Treibhauseffekts bei (↗S. 446).

Bei der Entsorgung alter Kühlschränke gelangen immer noch **FCKW** in die Atmosphäre. Die chemisch beständigen Verbindungen bleiben viele Jahre in der Stratosphäre und tragen dort zum Abbau der Ozonschicht bei.

Verbindungen	Verwendung	Umweltproblem
Fluorchlorkohlenwasserstoffe (FCKW)	– Kühlmittel in Klimaanlagen – Treibgase in Sprays	– Ozonabbau in der Stratosphäre – Treibhausgase
Chlorkohlenwasserstoffe (CKW)	– Lösungsmittel, Feuerlöscher – Herstellung von Aminen, Ethern, Kunststoffen	– giftig oder kanzerogen – Ozonabbau in der Stratosphäre
Fluorkohlenwasserstoffe (FKW)	– Kühlmittel – Feuerlöscher	– Treibhausgase
aromatische Chlorkohlenwasserstoffe	– Unkraut- oder Schädlingsbekämpfungsmittel – Herstellung von Alkylbenzenen, Arzneistoffen	– giftig oder kanzerogen – Bildung hochgiftiger Dioxine und polychlorierter Biphenyle
Polyvinylchlorid (PVC)	– Kunststoff für Rohrleitungen – Fensterprofile, Fahrzeugbau	– biologisch nicht abbaubar – Bildung von Dioxinen bei Entsorgung

9.4.3 Amine

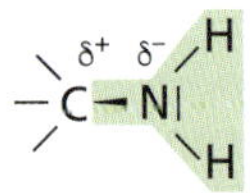

Amino-Gruppe

Amine sind vom Ammoniak abgeleitete organische Verbindungen, bei denen die Wasserstoffatome teilweise oder völlig durch organische Reste ersetzt sind.

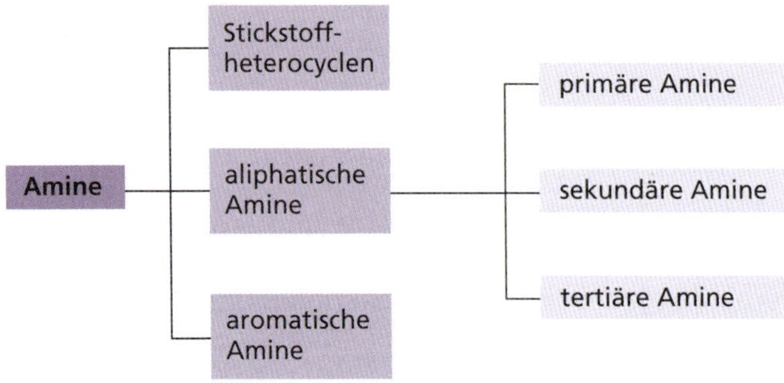

Nomenklatur

Die Einteilung der **Amine** erfolgt nach Art und Anzahl der Substituenten. Primäre Amine haben einen, sekundäre zwei und tertiäre drei organische Reste.

Für alle Verbindungen ist der Stammname „-amin". Der Substituent wird entsprechend den Regeln für Alkane benannt. Statt der Endung „-an" erhält er als Substituent die Endung „-yl", z. B. Ethylamin. Ist die Amino-Gruppe direkt an den Kern eines Benzenrings gebunden, heißt die Verbindung Phenylamin (Anilin).

Reaktionen der Amine

Aufgrund des freien Elektronenpaars am Stickstoff reagieren Amine als Basen oder Nucleophile. Substituenten mit +I- und +M-Effekten führen zu einer Erhöhung der Elektronendichte am Stickstoffatom, sodass die **Basizität** im Vergleich zu Ammoniak größer wird. Substituenten mit −I- bzw. −M-Effekt verringern die Elektronendichte am Stickstoffatom. Diese Amine sind deutlich geringer basisch als Ammoniak. Deshalb ist Anilin (pK_B = 9,4) eine schwächere Base als Ammoniak (pK_B = 4,8). Aliphatische Amine sind basischer als Ammoniak, da die Alkylgruppen einen +I-Effekt auf den Stickstoff ausüben (z. B. Methylamin: pK_B = 3,4).

Zu den Stickstoffheterocyclen gehören z. B. Pyridin und Pyrrol (↗ S. 300).

Basizität von Aminen

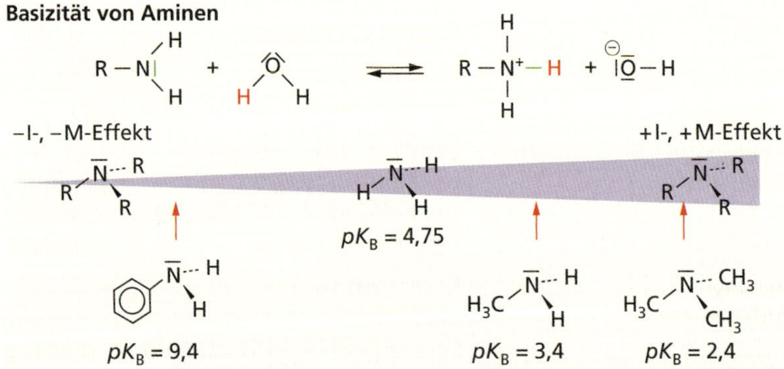

- Bei der Reaktion mit Säuren werden Ammoniumsalze gebildet.

$$H_3C-CH_2-NH_2 + H-Cl \rightleftharpoons H_3C-CH_2-NH_3^+ + Cl^-$$

Ethylamin — Ethylammoniumchlorid

Die Reaktion von Anilin mit Säure führt zu Aniliniumsalzen.

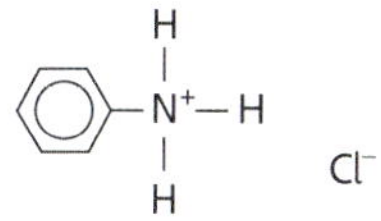

Aniliniumchlorid

Synthese und Verwendung

Amine werden aus Halogenalkanen und Ammoniak durch nucleophile Substitution (S_N) hergestellt.

$$R-\overset{\delta+}{CH_2} \leftarrow \overset{\delta-}{Br} + NH_3 \longrightarrow R-CH_2-NH_2 + HBr$$

Amine sind meist nur Zwischenprodukte in der chemischen Industrie. So wird das Hexan-1,6-diamin zur Herstellung von Nylonfasern (↗ S. 373) benötigt. Physiologisch wichtige Amine werden im menschlichen Körper gebildet. Sie entstehen durch Decarboxylierung (CO_2-Abspaltung) aus den Aminosäuren (↗ S. 342).

Anilin gehört in die Gruppe der aromatischen Amine. Diese setzen sich aus dem aromatischen Ringsystem (hier: Benzen) und der Amino-Gruppe (NH_2-Gruppe) zusammen. Synthetisiert werden kann Anilin durch Reduktion von Nitrobenzen mit Zink und Salzsäure.

Die Umsetzung eines primären Amins mit einem Halogenalkan ergibt ein sekundäres Amin.

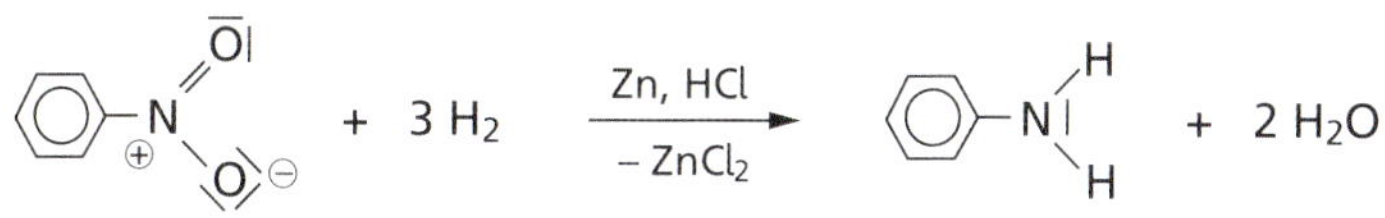

Anilin als Ausgangsstoff

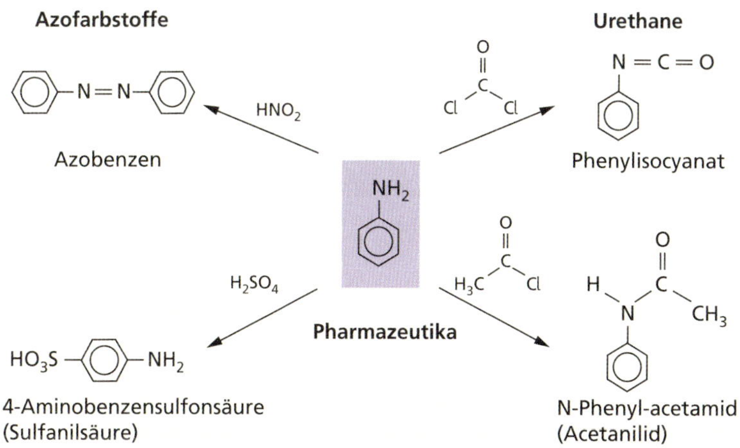

9.4.4 Alkohole und Phenole

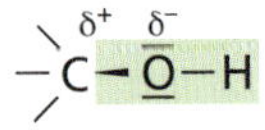

Hydroxy-Gruppe

Alkohole sind Verbindungen, die ein oder mehrere sp^3-hybridisierte Kohlenstoffatome mit je einer Hydroxy-Gruppe enthalten. Nach der Anzahl der Hydroxy-Gruppen unterteilt man in einwertige und mehrwertige Alkohole. Einwertige gesättigte Alkohole nennt man **Alkanole.** Bei **Phenolen** ist die Hydroxy-Gruppe an den Benzenring gebunden.

Verbindungen mit Hydroxy-Gruppen

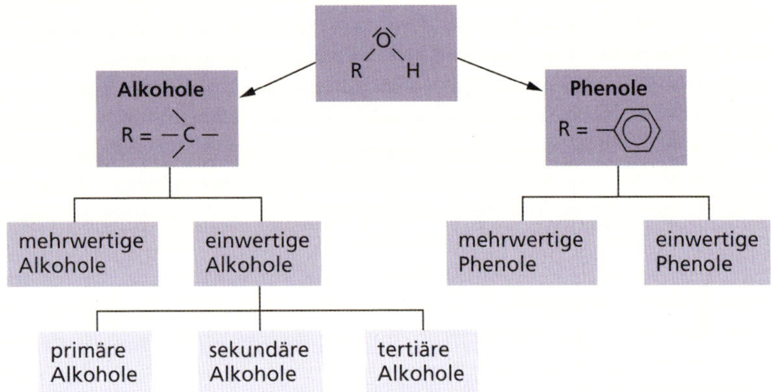

Verbindungen mit einer OH-Gruppe an einer C=C-Doppelbindung heißen Enole. Sie treten als Tautomere von Ketonen auf (↗ S. 267). Enole sind keine Alkohole.

Auch **Phenole** sind keine Alkohole. Sie leiten sich vom Hydroxybenzen ab (↗ S. 315 ff.).

Alkohole

Nomenklatur

Die aliphatischen Alkohole tragen die Endung „-ol". Sind mehrere Hydroxy-Gruppen im Molekül enthalten, wird dies durch die griechischen Vorsilben „di", „tri" usw. unmittelbar vor der Endung angegeben. Für das Kohlenstoffgerüst gelten die Regeln für Alkane (↗ S. 289).

Primäre Alkohole enthalten eine endständige OH-Gruppe im Molekül. Bei sekundären Alkoholen ist die OH-Gruppe nicht an einem endständigen Kohlenstoffatom gebunden. Tertiäre Alkohole sind verzweigt, die OH-Gruppe befindet sich an einem Kohlenstoffatom, das mit drei Alkylresten verbunden ist.

Einwertige Alkohole am Beispiel der isomeren Butanole C_4H_9OH

Primär		Sekundär	Tertiär
$H_3C-(CH_2)_3-OH$	$(H_3C)_2CH-CH_2-OH$	$H_3C-CH_2-CH(OH)-CH_3$	$H_3C-C(OH)(CH_3)-CH_3$
Butan-1-ol *n*-Butanol	2-Methylpropan-1-ol *iso*-Butanol	Butan-2-ol *sek.*-Butanol	2-Methylpropan-2-ol *tert.*-Butanol

Reaktionen der Alkohole

Kurzkettige Alkohole sind in Wasser infolge der Ausbildung von Wasserstoffbrückenbindungen gut löslich. Die Löslichkeit nimmt jedoch mit der Kettenlänge der Alkylgruppe ab.

In den Phenolen übt das Sauerstoffatom einen +M-Effekt aus. Dadurch wird Elektronendichte in den Aromaten verschoben und gleichzeitig die O–H-Bindung geschwächt. Die Folge ist eine leichtere Abgabe des Protons und damit eine Zunahme der Säurestärke.

Bei den Alkoholen ist nur der +I-Effekt der Alkyl-Gruppen wirksam und führt zu einer Stabilisierung der O–H-Bindung. Deshalb verhalten sich nur Phenole in Wasser wie schwache Brönsted-Säuren, während aliphatische Alkohole fast gar nicht protolysieren.

Schwächung der O–H-Bindung im Phenol

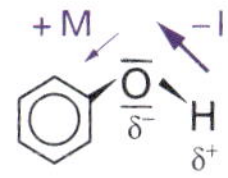

Stabilisierung der O–H-Bindung im Methanol

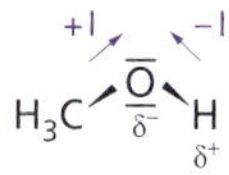

Acidität der Hydroxy-Gruppe

$$R-\overline{O}-H + H_2O \rightleftharpoons R-\overline{O}|^- + H_3O^+$$

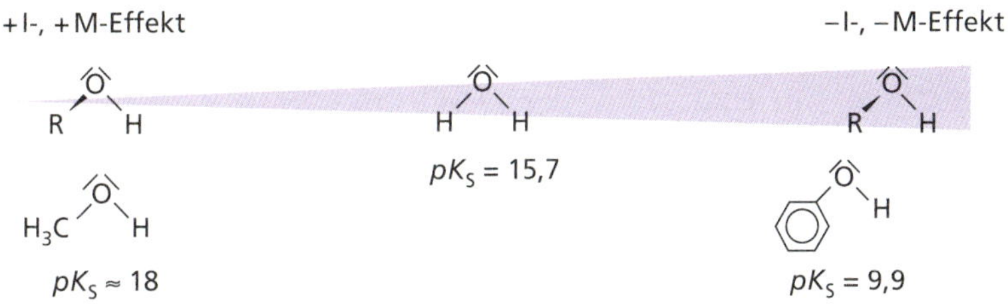

Alkohole können mit dem Sauerstoffatom der Hydroxy-Gruppe als nucleophiles Reagenz reagieren. Sie können aber auch als Substrate in chemischen Reaktionen auftreten. Bei diesen Reaktionen, wie bei der Synthese der Halogenalkane (↗S. 308), wird das α-Kohlenstoffatom durch Nucleophile angegriffen.

Die Salze der **Alkohole** bzw. **Phenole** heißen Alkoholate bzw. Phenolate. An den vollständigen Namen des Alkohols wird die Endung „-at" angehängt, das Kation wird vorangestellt, z. B. Natriumethanolat.

Reaktion von Alkoholen mit Alkalimetallen

$$\underset{\text{Alkohol}}{R-\overline{O}-\overset{\text{I}}{H}} + \overset{0}{Na} \longrightarrow \underbrace{R-\overline{O}|^- + \overset{\text{I}}{Na^+}}_{\text{Natriumalkoholat}} + \tfrac{1}{2}\overset{0}{H_2}$$

Reaktion von zwei Molekülen Alkohol (S_N) zu einem Ether

$$\underset{\text{Methanol}}{H_3C-\overline{O}-H} + H-\overline{O}-CH_3 \xrightarrow{\text{Kat.}} \underset{\text{Dimethylether}}{H_3C-\overline{O}-CH_3} + H_2O$$

Synthese von Olefinen (Eliminierung, Dehydratisierung)

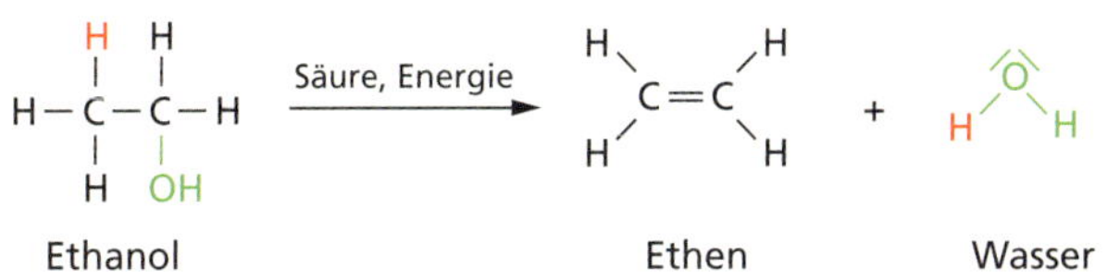

Die Kondensation von Alkoholen mit Carbonsäuren nennt man Veresterung (↗S. 325).

Im Labormaßstab erhält man primäre **Alkohole** häufig durch Reduktion von Carbonsäuren und sekundäre Alkohole durch Reduktion von Ketonen.

Synthese und Verwendung

Es gibt eine Reihe technischer Verfahren zur Herstellung von Alkoholen. **Methanol** ist mit ca. 1,2 Milliarden Liter das am meisten produzierte organische Zwischenprodukt. Spezielle Mikroorganismen können aus Methanol Eiweiße synthetisieren.

Ethanol wird in Deutschland zum größten Teil biologisch produziert (ca. 1 Mrd. Liter pro Jahr). Technisch synthetisiert werden nur ca. 150 Mio. Liter. Der größte Teil des produzierten Gärungsalkohols wird zur Herstellung alkoholischer Getränke benutzt (↗ S. 363).
Die Oxidation von Ethanol ergibt Essigsäure. Durch Veresterung (↗ S. 325) werden Aromastoffe und Lösungsmittel hergestellt.

■ Ethanolsynthese durch alkoholische Gärung von Kohlenhydraten

$$C_6H_{12}O_6 \xrightarrow{\text{Enzyme}} 2\,C_2H_5OH + 2\,CO_2$$

Addition von Wasser an Alkene zu Alkoholen (A_E)

$$H_2C{=}CH_2 + H_2O \xrightarrow{\text{Kat.}} H_3C{-}CH_2{-}OH$$

Umsetzung von Halogenalkanen mit Natronlauge zu Alkoholen (S_N)

$$H_3C{-}I + OH^- + Na^+ \longrightarrow H_3C{-}OH + I^- + Na^+$$

Methanol-Hochdrucksynthese ($2 \cdot 10^7$ Pa, 370 °C)

$$CO + 2\,H_2 \underset{}{\overset{ZnO/Cr_2O_3}{\rightleftharpoons}} H_3C{-}OH$$

Die unverzweigten Alkanole bilden eine homologe Reihe.

$$H_3C\left[CH_2\right]_n OH$$

$n = 0, 1, 2, \ldots$

Verwendung von Alkoholen

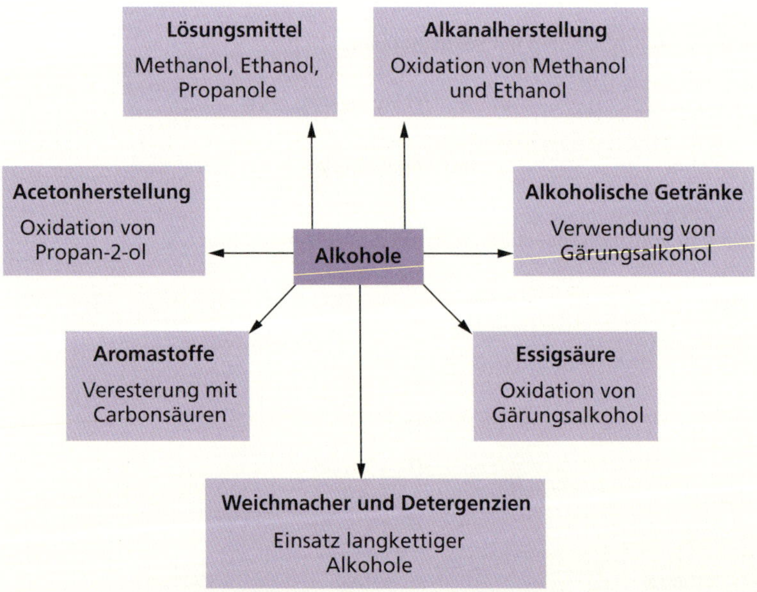

In der Natur kommen die **Alkohole** meist in Form ihrer Ester vor. Bienenwachs besteht aus Estern des Myricylalkohols, eines langkettigen Alkohols mit der Summenformel $C_{30}H_{61}OH$.

Mehrwertige Alkohole

Mehrwertige Alkohole tragen mindestens zwei OH-Gruppen an unterschiedlichen Kohlenstoffatomen. Ethan-1,2-diol wird als Frostschutzmittel verwendet. Propan-1,2,3-triol ist die Alkoholkomponente der Fette (↗ S. 337). Es wird vor allem in der Kosmetikindustrie verwendet. Der sechswertige Alkohol D-Sorbit entsteht bei der Reduktion von Glucose (↗ S. 330), z. B. durch katalytische Hydrierung des Zuckers.

Mehrwertige Alkohole

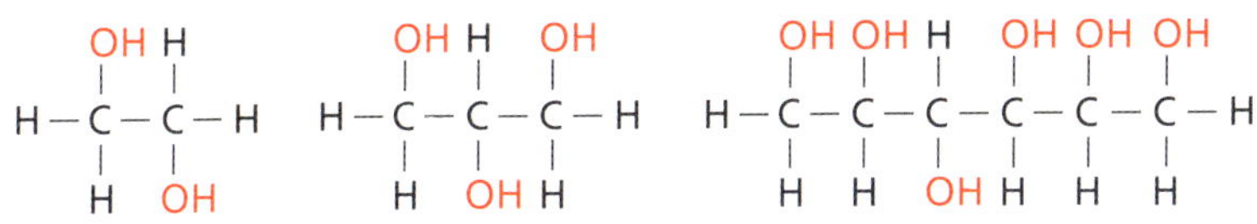

Ethan-1,2-diol (Ethylenglykol) | Propan-1,2,3-triol (Glycerol) | Hexan-1,2,3,4,5,6-hexaol (Sorbit)

Phenole

Phenole bestehen aus einem Benzenring, der mindestens eine OH-Gruppe als funktionelle Gruppe trägt. Die Hydroxy-Gruppe ist direkter Substituent am aromatischen Ring. Die Stoffklasse der Phenole umfasst auch mehrfach substituierte Hydroxybenzene.

Phenylmethanol (Benzylalkohol) ist kein **Phenol,** da die OH-Gruppe nicht direkt am Benzenring substituiert ist.

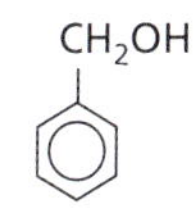

Benzylalkohol

Reaktionen und Eigenschaften von Phenol (Hydroxybenzen)

Auch am Phenol sind Reaktionen am aromatischen Kern (S_EAr) und an der funktionellen Gruppe möglich. Die Reaktionen der OH-Gruppe sind die typischen Reaktionen der Alkohole (↗ S. 313).
Die Hydroxy-Gruppe ist ein Substituent erster Ordnung, da der +M-Effekt wesentlich stärker wirkt als der −I-Effekt. Bei elektrophilen Substitutionen am Aromaten (↗ S. 284) erhält man daher *ortho*- und *para*-Produkte. So ergibt z. B. die Nitrierung von Phenol mit einem Moläquivalent Salpetersäure ein Gemisch aus etwa 75 % *ortho*-Nitrophenol und 25 % *para*-Nitrophenol.
Der Umsatz mit drei Moläquivalenten Salpetersäure führt zum 2,4,6-Trinitrophenol, der **Pikrinsäure.** Pikrinsäure ist keine Carbonsäure, sondern ein Phenol. Da sie aber in Wasser sehr leicht das Proton der Hydroxy-Gruppe abgibt, trägt die Verbindung den Trivialnamen Pikrinsäure. Die hohe Säurestärke des 2,4,6-Trinitrophenols ($pK_S = 0{,}38$) erklärt sich aus dem starken −M-Effekt der drei Nitro-Gruppen.

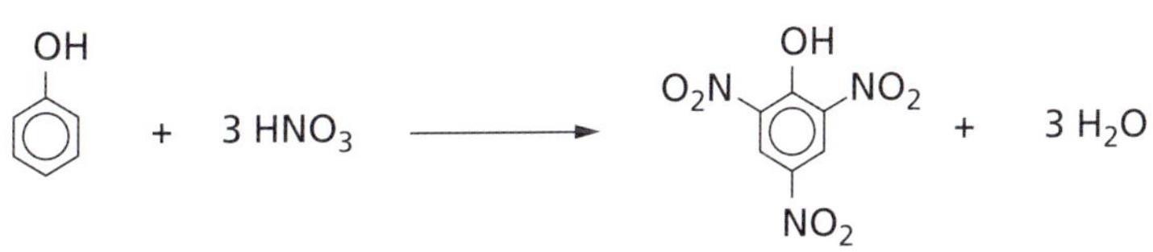

Pikrinsäure

Pikrinsäure wurde früher in erheblichem Umfang als Farbstoff und bei der Herstellung von Sprengstoffen verwendet.

Cumenhydroperoxid ist ein Zwischenprodukt bei der Phenolsynthese nach dem Hock-Verfahren.

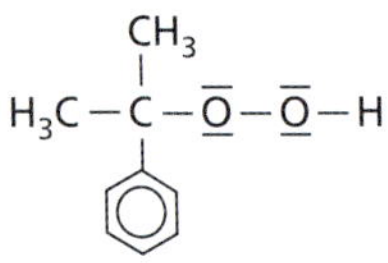

Synthese von Phenol

Die Synthese geht vom Benzen aus, das in einer elektrophilen Substitution mit Propen und Schwefelsäure als Katalysator zum Isopropylbenzen (Cumen) umgesetzt wird. In einer zweiten Reaktion wird das Cumen durch Sauerstoff zum Hydroperoxid oxidiert. Durch den Zusatz von Schwefelsäure als Katalysator findet eine Umlagerung zum Phenol und zum Aceton statt. Sowohl Phenol als auch Aceton sind bedeutende chemische Grundstoffe.

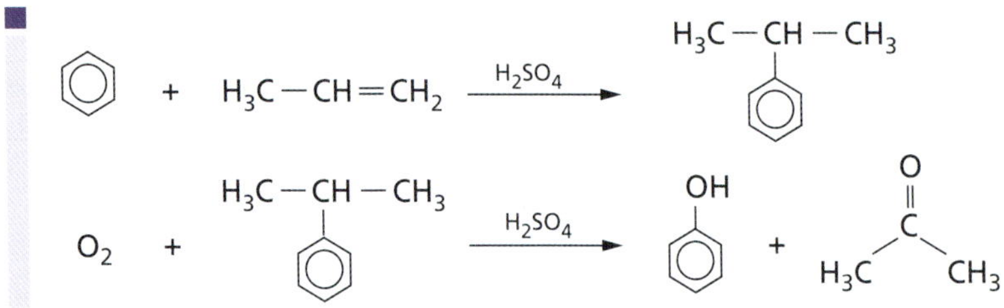

Phenol kristallisiert in farblosen Nadeln (ϑ_S = 43 °C), die sich durch Oxidation an der Luft rötlich färben und zerfließen. Es ist ein starkes Zellgift und wirkt auf der Haut stark ätzend.

Eigenschaften von Phenol

Phenol löst sich sowohl in wenig als auch in viel Wasser. Dazwischen tritt eine sogenannte Mischungslücke auf. Es ist gut in Alkohol und Ether, aber nicht in Alkanen löslich. Die unterschiedliche Löslichkeit im Vergleich zu Benzen und Toluen entsteht durch die funktionelle Gruppe. Die polare Hydroxy-Gruppe kann Wasserstoffbrückenbindungen (↗S. 106) ausbilden. Dadurch steigt die Löslichkeit in polaren Lösungsmitteln. Die wässrigen Lösungen von Phenol sind schwach sauer (↗S. 313).

Vorkommen und Verwendung

Phenol kommt u. a. im Steinkohlenteer vor. Es ist Bestandteil vieler Naturstoffe, z. B. der Gallussäure, des Tetrahydrocannabinols (psychoaktiver Inhaltsstoff von *Cannabis*) und verschiedener Blütenfarbstoffe.
Phenol ist Ausgangsstoff für viele chemische Produkte, z. B. Kunststoffe, Farbstoffe und Pharmazeutika. Stark verdünnte Lösungen werden als Desinfektionsmittel eingesetzt.

Verwendung von Phenolen

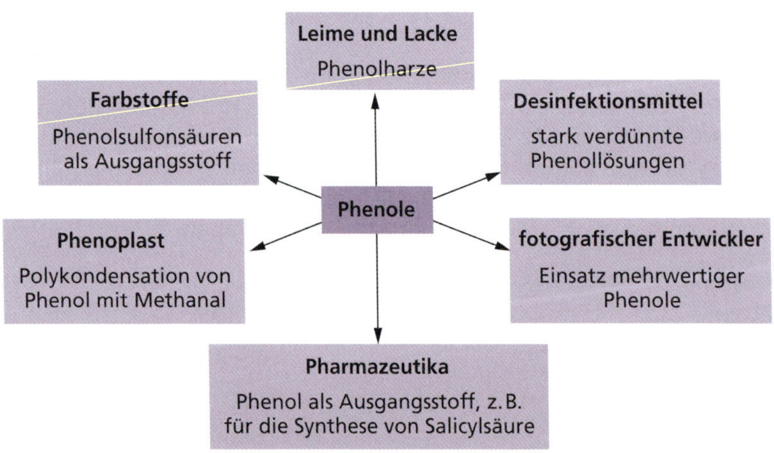

Zweiwertige Phenole (Dihydroxybenzene)

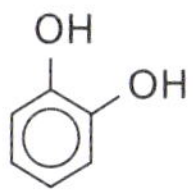

1,2-Dihydroxybenzen
Brenzkatechin
ϑ_S = 104–106 °C

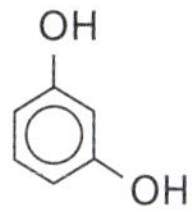

1,3-Dihydroxybenzen
Resorcin
ϑ_S = 110–112 °C

1,4-Dihydroxybenzen
Hydrochinon
ϑ_S = 172–175 °C

Mit einer 1%igen $FeCl_3$-Lösung geben die Phenole intensive Farbreaktionen.

Brenzkatechin wirkt in alkalischer Lösung stark reduzierend und wird deshalb als fotografischer Entwickler verwendet. In der Natur findet man Brenzkatechinabkömmlinge, die zur Mobilisierung von Eisen im Stoffwechsel dienen.

Resorcin ist Ausgangsstoff zur Herstellung von Phenoplasten durch Polykondensation mit Formaldehyd. Je nach Vernetzungsgrad werden die Kondensationsprodukte als Spezialklebstoffe oder plastische Werkstoffe eingesetzt. Resorcin findet ebenfalls Verwendung als Antiseptikum in der Medizin und als mildes Ätzmittel. Eine stark saure Resorcinlösung wird zum Nachweis von Kohlenhydraten, z. B. Fructose, genutzt.

Hydrochinon ist ein Reduktionsmittel. In einer Redoxreaktion mit einem Substrat bildet sich aus dem Hydrochinon unter Abgabe von zwei Elektronen und zwei Protonen das Benzochinon. In lebenden Organismen tritt das Chinon/Hydrochinon-System als Redoxsystem auf. Die entsprechenden Substanzen gehören zur Gruppe der Coenzyme Q. Auch das Vitamin K enthält das Benzochinonsystem.

Hydrochinon 1,4-Benzochinon

Dreiwertige Phenole (Trihydroxybenzene)

Pyrogallol (1,2,3-Trihydroxybenzen) entsteht beim Erhitzen der Gallussäure. Es dient ebenfalls als fotografischer Entwickler. Alkalische Pyrogallollösungen binden Sauerstoff.

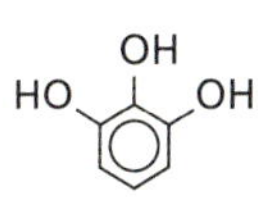

Pyrogallol

Phloroglucin (1,3,5-Trihydroxybenzen) entsteht als Abbauprodukt der Flavonfarbstoffe. Es wird zum Nachweis von Lignin im Holz benutzt und gibt mit diesem eine purpurrote Färbung.

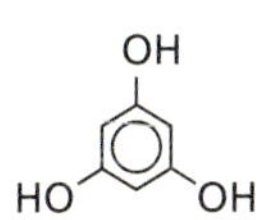

Phloroglucin

9.4.5 Ether

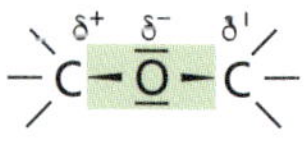

Ether-Gruppe

In **Ethern** sind zwei organischen Reste über ein Sauerstoffatom verbunden. Bei den symmetrischen Ethern sind die organischen Reste gleich, bei unsymmetrischen Ethern unterschiedlich.

Nomenklatur

Die Stoffklasse wird durch die Endung „-ether" gekennzeichnet. Die organischen Reste werden nach den Regeln für Alkane oder Aromaten bezeichnet und haben als Substituenten die Endung „-yl". Symmetrische Ether tragen die Vorsilbe „di-". Bei cyclischen Ethern ist das Sauerstoffatom Bestandteil des Rings.

Es gibt eine Vielzahl offenkettiger und cyclischer **Ether.**

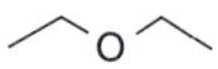

Diethylether

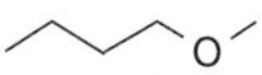

Butyl-methylether

Oxiran (Epoxid)

Tetrahydrofuran

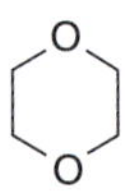

Dioxan

Reaktionen

Wie alle organischen Verbindungen verbrennen Ether exotherm zu Kohlenstoffdioxid und Wasser. Ansonsten sind Ether reaktionsträge, sodass sie kaum Substitutions- oder andere chemische Reaktionen eingehen. Die Spaltung in die entsprechenden Alkohole gelingt erst beim Sieden mit Iodwasserstoffsäure. Deshalb wird z.B. Diethylether als inertes Lösungsmittel bei chemischen Reaktionen eingesetzt.

Synthesen

Ether lassen sich durch Kondensation zweier Alkohole (↗S.313) oder durch Umsetzung eines Alkoholats mit einem Halogenalkan (Williamson-Synthese) durch nucleophile Substitution (S_N) herstellen.

$$\overset{\delta^+}{H_3C} - Br \; + \; ^{-}|\overline{O} - CH_3 \; + \; Na^+ \longrightarrow H_3C - \overline{O} - CH_3 \; + \; NaBr$$

Auch die elektrophile Addition eines Alkohols an ein Alken wird zur Synthese von Ethern wie Methyl-*tert.*-butylether (MTBE) genutzt. MTBE wird Kraftstoffen zur Erhöhung der Klopffestigkeit (↗S.437) zugesetzt.

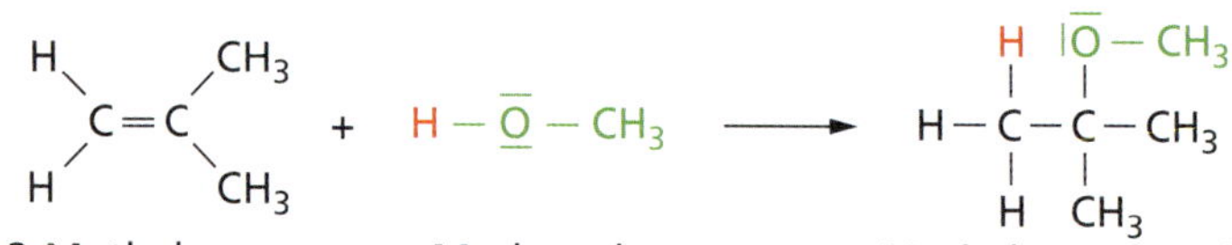

2-Methylpropen Methanol Methyl-*tert.*-butylether

Eigenschaften und Verwendung

Die Siedetemperaturen niedermolekularer Ether sind sehr niedrig. Die Dämpfe sind sehr leicht entflammbar. Luft und Etherdämpfe bilden explosive Gemische. Bei Lichteinstrahlung können Ether mit Sauerstoff Peroxide bilden, die hochexplosiv sind. Deshalb ist beim Umgang mit Ethern höchste Vorsicht geboten.

Die reaktionsträgen Ether sind hervorragende Lösungs- und Extraktionsmittel. Höhermolekulare Ether dienen als Weichmacher für Kunststoffe. Diethylether wurde früher als Narkosemittel eingesetzt.

9.4.6 Carbonylverbindungen

Aldehyde

Aldehyde sind organische Verbindungen, die die Aldehydgruppe als funktionelle Gruppe tragen. Der organische Rest kann aliphatisch oder aromatisch sein. Der Name leitet sich von *Alcoholus **de**hy**d**rogenatus* (dehydrierter Alkohol) ab.

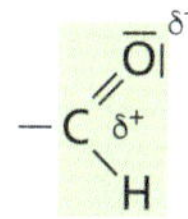

Aldehyd-Gruppe

Nomenklatur
Die aliphatischen Aldehyde tragen die Endung „-al". Für das Kohlenstoffgerüst gelten die Regeln für Alkane (↗ S. 289). Das Kohlenstoffatom der Aldehyd-Gruppe geht in den Namen des Alkans ein (z. B. Ethanal). Die aromatischen Aldehyde heißen Benzaldehyde. Trägt der Benzenring weitere Substituenten, gelten für diese die Regeln für die Nomenklatur der Benzene.

▶ Die Aldehyd-Gruppe und die Keto-Gruppe werden zusammenfassend als Carbonyl-Gruppe bezeichnet.

Reaktionen
Im Gegensatz zu den Alkoholen und Aminen gehört das Kohlenstoffatom mit zur funktionellen Gruppe. Durch den Elektronenzug des Sauerstoffatoms (–I-Effekt) ist das Kohlenstoffatom partiell positiv geladen. Es kann also durch Nucleophile angegriffen werden, sodass viele **nucleophile Additionsreaktionen** möglich sind.
Aufgrund der reduzierenden Wirkung der funktionellen Gruppe werden Aldehyde sehr leicht zu Carbonsäuren oxidiert. Die reduzierende Wirkung der Aldehydgruppe ist die Grundlage vieler Nachweisreaktionen, z. B. des Glucosenachweises mit fehlingscher Lösung (↗ S. 332).

▶ Methanal und Ethanal liegen in Wasser fast vollständig als Hydrat vor. Bei höheren Homologen der Alkanale liegt das Gleichgewicht auf der Seite des Aldehyds.

Nucleophile Additionen an die Aldehyd-Gruppe

Reaktion mit Wasser unter Bildung von Hydraten

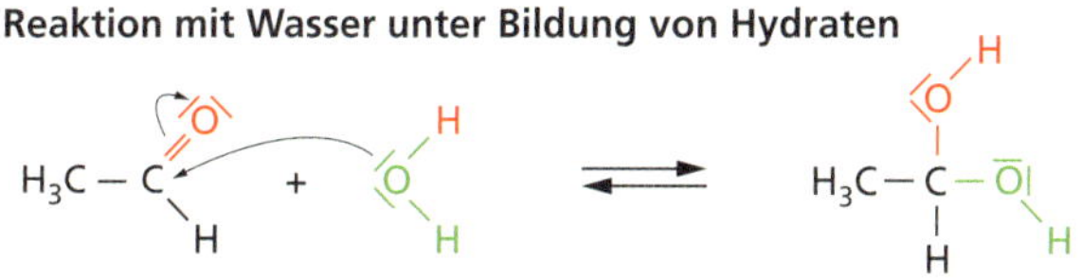

Reaktion mit Alkoholen unter Bildung von Halbacetalen

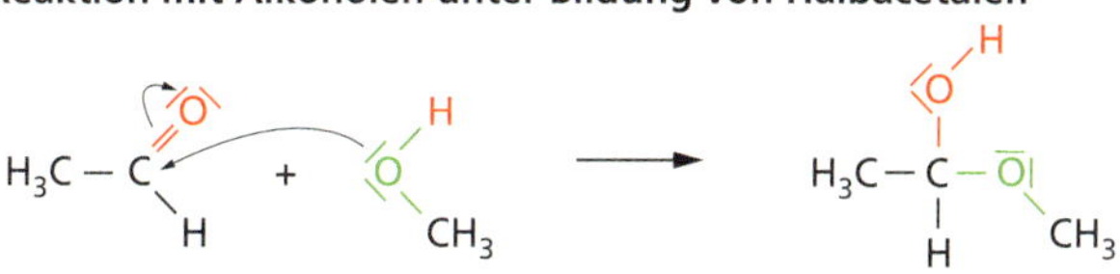

Bildung von Vollacetalen bei saurer Katalyse

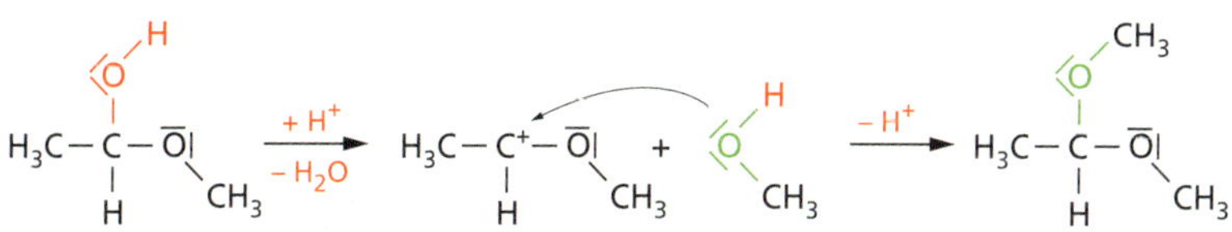

▶ Ist die OH-Gruppe mit der Aldehyd-Gruppe wie bei der Glucose über eine Kohlenstoffkette verbunden, werden cyclische Halbacetale gebildet. Die Mehrfachzucker sind dagegen Vollacetale.

Vanillin (4-Hydroxy-3-methoxybenzaldehyd) ist ein natürlicher Aromastoff. Außer der Aldehyd-Gruppe trägt es noch eine Hydroxy- und eine Methoxy-Gruppe. Es ist also ein Aldehyd, ein Phenol und ein Ether.

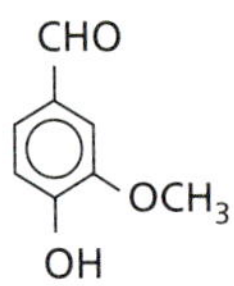

Synthese und Verwendung

Technisch werden Aldehyde entweder durch katalytische Oxidationsreaktionen oder durch Carbonylierung von Ethen hergestellt.

Technische Synthesen

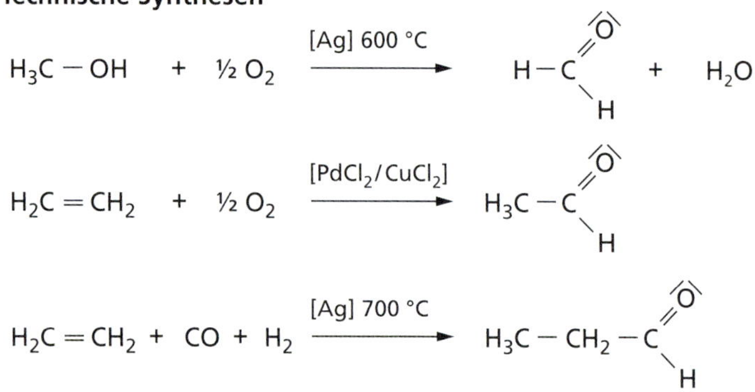

Aldehyd	Eigenschaften	Verwendung
Methanal (Formaldehyd)	stechend riechendes, giftiges Gas, liegt in Wasser als Hydrat vor, Bestandteil des Tabakrauchs, krebserregend	Ausgangsstoff zur Herstellung von Phenoplast
Ethanal (Acetaldehyd)	stechend riechendes Gas (ϑ_V = 20,2 °C), gut in Wasser und Diethylether löslich	Herstellung von Essigsäure, Acrolein und Butadien
Propanal (Propionaldehyd)	erstickend riechende Flüssigkeit	als Zwischenprodukt z. B. in der Kunststoffindustrie

Benzaldehyd ist der einfachste Vertreter der aromatischen Aldehyde, die die Aldehyd-Gruppe als direkten Substituenten am aromatischen Kern tragen. Benzaldehyd ist eine farblose, ölige, nach bitteren Mandeln riechende Flüssigkeit, die das Licht stark bricht (ϑ_V = 179 °C). Es wird beim Backen als Bittermandelersatz verwendet.

Wie alle Aldehyde ist Benzaldehyd ein Reduktionsmittel und wird schon durch Luftsauerstoff zur Benzoesäure oxidiert. Die reduzierende Wirkung kann mit ammoniakalischer Silbernitratlösung oder mit Fuchsinlösung nachgewiesen werden.

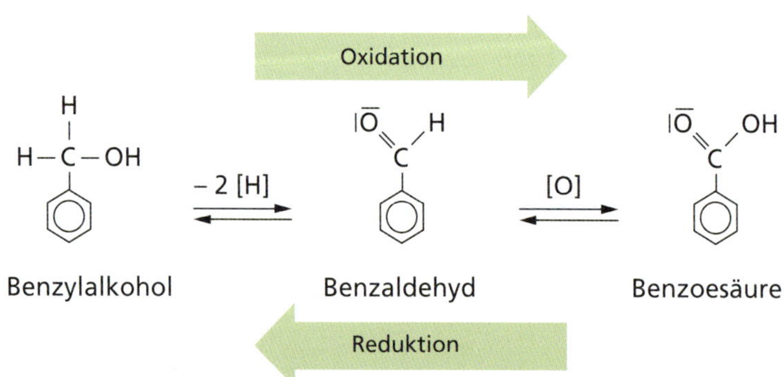

Ketone

Bei der Stoffklasse der **Ketone** ist das Wasserstoffatom der Aldehyd-Gruppe durch einen weiteren organischen Rest ersetzt. Die funktionelle Gruppe ist die Keto-Gruppe.

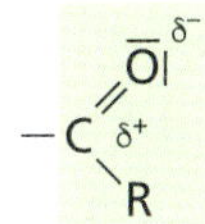

Keto-Gruppe

Nomenklatur

Aliphatische und aromatische Ketone tragen die Endung „-on", z.B. Propanon. Für die beiden organischen Reste an der Keto-Gruppe gelten die Regeln für Alkane bzw. Benzene. Eine besondere Klasse der Ketone sind die Chinone, bei denen zwei Keto-Gruppen entweder in 1,2-*(ortho)*- oder 1,4-*(para)*-Position direkt am Benzenring gebunden sind.

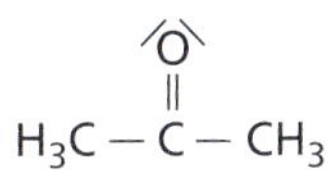

Propan-2-on (Aceton)

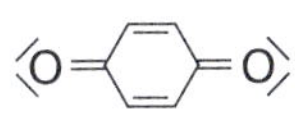

p-Benzochinon

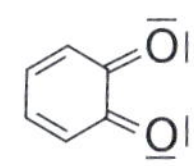

o-Benzochinon

Reaktionen

Die Ähnlichkeit der Ketone und Aldehyde zeigt sich im Reaktionsverhalten. Auch bei den Ketonen findet eine **nucleophile Addition** statt. Im Gegensatz zu den Aldehyden wirken Ketone jedoch nicht reduzierend.

Synthese

Neben dem Hock-Verfahren (↗ S. 316) gibt es für Aceton eine zweite Synthesevariante. Propen aus Crackgasen wird durch elektrophile Addition von Wasser zum Propan-2-ol. Die nachfolgende Oxidation zum Aceton erfolgt mit Kupfer(II)-oxid.

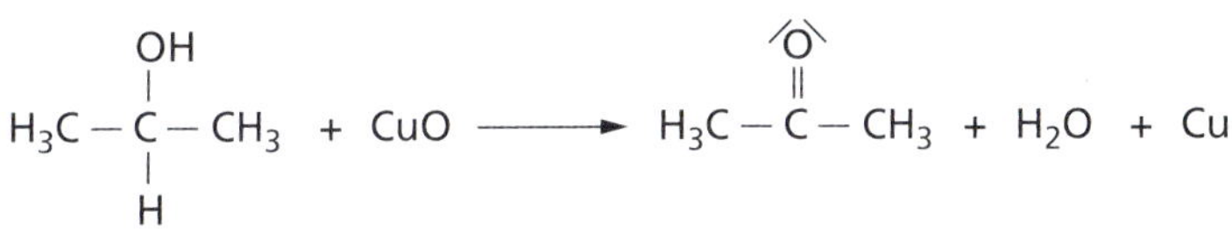

Propan-2-ol Kupfer(II)-oxid Aceton Wasser Kupfer

Beim Hock-Verfahren werden mit Aceton und Phenol zwei wichtige Grundstoffe der chemischen Industrie gewonnen.

Vorkommen und Verwendung

Ketone bzw. Ketoverbindungen wie das Hormon Testosteron und der Pflanzeninhaltsstoff Campher kommen gar nicht so selten in der Natur vor. Ketoverbindungen treten oft als Zwischenstufen biochemischer Prozesse oder organischer Synthesen auf. In der Industrie dient insbesondere Aceton als universelles Lösungsmittel. Es ist auch in Klebstoffen sowie Nagellack- und Fleckenentfernern enthalten.

Ist mindestens einer der Kohlenstoffreste an der Keto-Gruppe ein Aromat, spricht man von aromatischen Ketonen. Sie entstehen bei der Reaktion eines Aromaten mit einem Carbonsäurechlorid und Aluminiumtrichlorid als Katalysator.

9.4.7 Carbonsäuren und Carbonsäurederivate

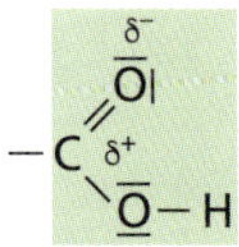

Carboxy-Gruppe

Carbonsäuren sind organische Verbindungen, die mindestens eine Carboxy-Gruppe im Molekül besitzen. Es gibt Monocarbonsäuren, aber auch mehrwertige Di- und Tricarbonsäuren. Die gesättigten aliphatischen unverzweigten Monocarbonsäuren bilden die **homologe Reihe** der Alkansäuren.

Als **Carbonsäurederivate** werden Substanzen bezeichnet, bei denen die OH-Gruppe der Carboxy-Gruppe gegen ein anderes Heteroatom oder gegen einen Alkoholrest ausgetauscht wurde. Die Oxidationszahl des Carboxy-Kohlenstoffatoms bleibt erhalten.

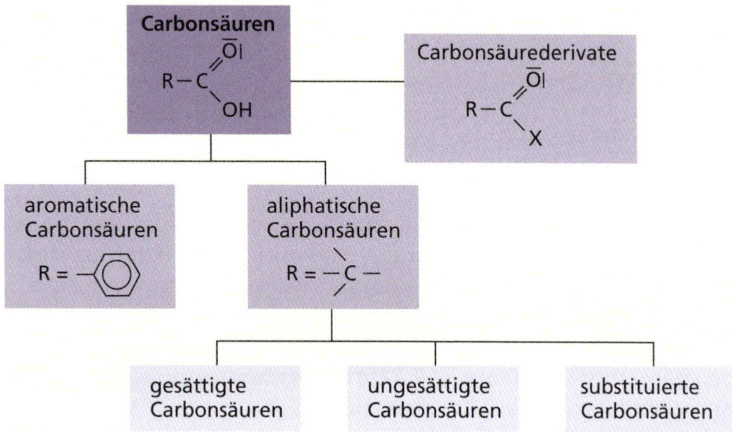

Nomenklatur

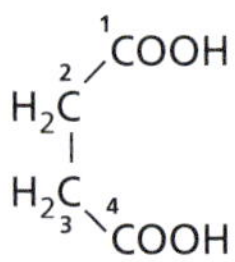

Butan-1,4-disäure (Bernsteinsäure)

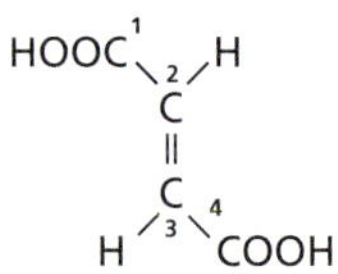

trans-But-2-en-1,4-disäure (Fumarsäure)

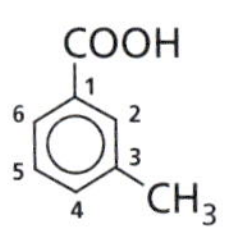

3-Methylbenzencarbonsäure

Befindet sich in einem Molekül eine Carboxy-Gruppe, wird diese Substanz als Carbonsäure bezeichnet, da dies die am „höchsten oxidierte" funktionelle Gruppe ist. Das Kohlenstoffatom der Carboxy-Gruppe erhält die Nummer 1.

Bei gesättigten Verbindungen setzt sich der Name aus dem Alkan (einschließlich dem Kohlenstoffatom der Carboxy-Gruppe) und der Endung „-säure" zusammen. Für Dicarbonsäuren gilt die gleiche Regel, die Stellung der Säure-Gruppen wird durch arabische Ziffern angegeben. Bei ungesättigten Carbonsäuren muss zusätzlich noch die Lage der Doppelbindung angegeben werden.

Fettsäuren sind Carbonsäuren mit einer geraden Zahl von Kohlenstoffatomen im Molekül. Es gibt gesättigte und ungesättigte Fettsäuren.

Ist die Carboxy-Gruppe direkt an einen Benzenring gebunden, nennt man die Verbindung Benzencarbonsäure (Benzoesäure). Die Nummerierung des Benzenrings erfolgt so, dass das Kohlenstoffatom mit der Carboxy-Gruppe die Nummer 1 erhält. Weitere Substituenten werden alphabetisch vorangestellt.

Aliphatische gesättigte Carbonsäuren – Alkansäuren

Die einfachste und zugleich stärkste Alkansäure ist **Methansäure (Ameisensäure).** Man gewinnt sie technisch durch die Umsetzung von Kohlenstoffmonooxid und Natriumhydroxid. Als saures Gewürzmittel und Stoffwechselprodukt bekannt ist die **Ethansäure (Essigsäure).** Sowohl Ameisensäure (E 236) als auch Essigsäure (E 260) sind wichtige **Konservierungsstoffe für Lebensmittel.** Letztere dient auch als Ausgangsstoff für die technische Herstellung verschiedener Ester.
Essigsäure entsteht bei der enzymatischen Oxidation von Ethanol mit Sauerstoff in Gegenwart von Essigsäurebakterien. Neben der biotechnologischen Herstellung wird Ethansäure wie andere Alkansäuren mit zwei bis sechs Kohlenstoffatomen auch synthetisch durch katalytische Oxidation der entsprechenden Aldehyde gewonnen.
Die höhermolekularen **Fettsäuren** können durch die Verseifung von Fetten isoliert werden (↗ S. 337).

Ameisensäure hat in der homologen Reihe der Alkansäuren eine Sonderstellung. Sie verfügt sowohl über die Aldehyd- als auch über die Carboxy-Gruppe und ist eine reduzierende Säure.

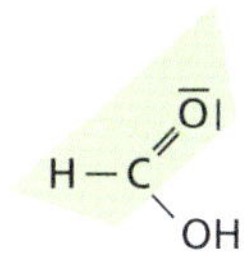

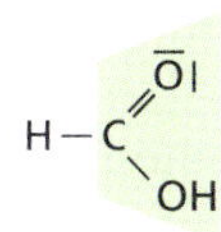

$$CO + NaOH \longrightarrow HCOO^- + Na^+ \xrightarrow[-\,Na_2SO_4]{+\,H_2SO_4} HCOOH$$

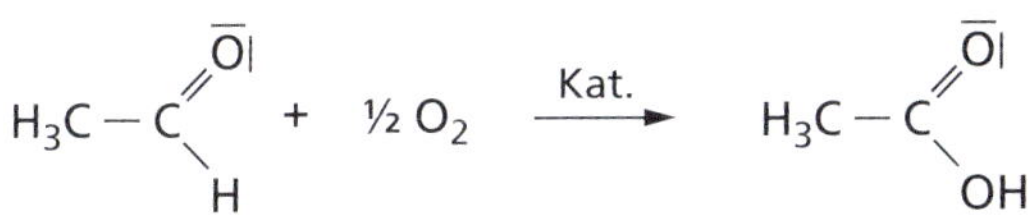

Aliphatische ungesättigte Carbonsäuren

Für die Ernährung sind die ungesättigten Fettsäuren (↗ S. 338) essenziell. Technisch produziert wird in großem Umfang die Propensäure (Acrylsäure). Sie polymerisiert zu einer glasklaren Masse, der Polyacrylsäure. Malein- und Fumarsäure sind die *cis-trans*-isomeren Butendisäuren.

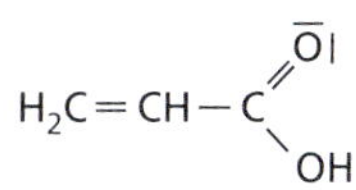

Propensäure (Acrylsäure)

Substituierte Carbonsäuren

Amino-, Hydroxy- und Ketocarbonsäuren erfüllen wichtige Aufgaben im Stoffwechsel (↗ S. 360). Die **2-Hydroxypropansäure (Milchsäure)** entsteht bei der Vergärung von Kohlenhydraten durch Bakterien. Die Milchsäuregärung wird bei der Herstellung von Joghurt und Sauerkraut, aber auch für Viehfutter in Silagen benutzt. Die Halogencarbonsäuren sind nur Werkzeuge der Synthesechemiker.

Substituierte Carbonsäuren

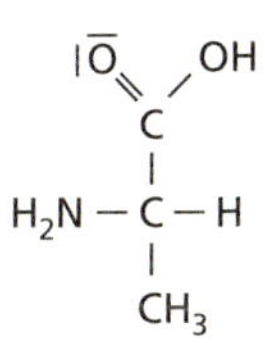

2-Aminopropansäure (L-Alanin)

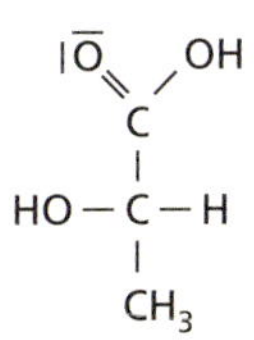

2-Hydroxypropansäure (L-Milchsäure)

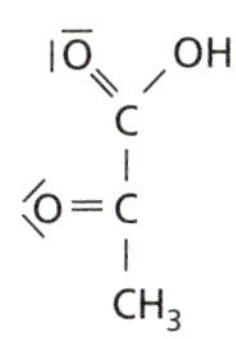

2-Oxopropansäure (Brenztraubensäure)

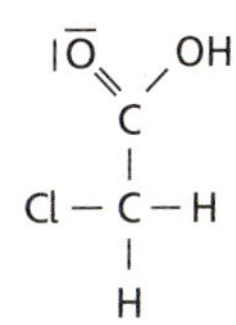

2-Chloressigsäure

Reaktionen von Carbonsäuren

Die Salze der **Carbonsäuren** (Carboxylate) werden mit der Endung „-at" gekennzeichnet, z. B. Formiat, Acetat. Das Carboxylat-Ion ist mesomeriestabilisiert (↗ S. 299).

Protolyse einer Carbonsäure in Wasser

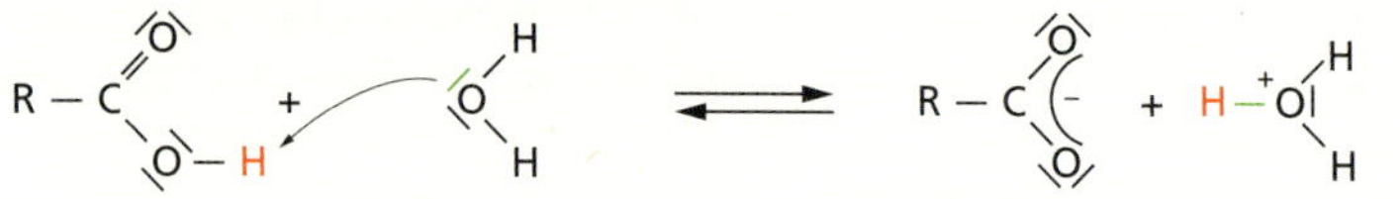

Neutralisation einer Carbonsäure mit Natronlauge

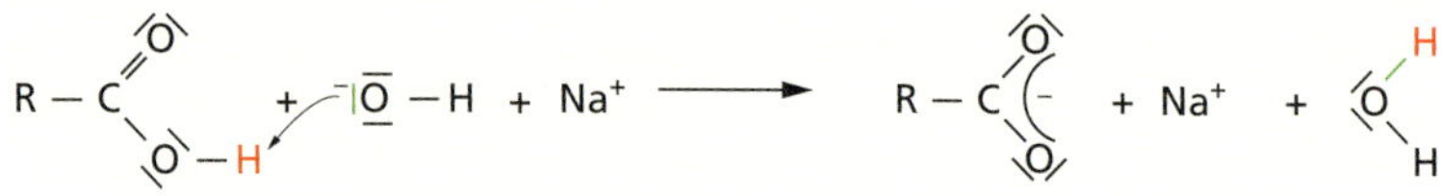

Wässrige Lösungen von Carbonsäuren reagieren sauer. Alle Carbonsäuren sind schwache Säuren. Da die Carboxy-Gruppe bei allen Säuren gleich ist, muss die Abstufung der pK_S-Werte mit den **elektronischen Effekten** der Substituenten erklärt werden.

Veränderung der Säurestärke durch induktive Effekte

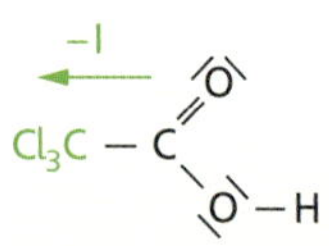

Trichloressigsäure
$pK_S = 1{,}25$

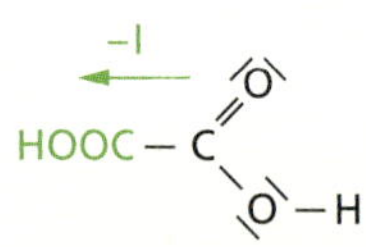

Oxalsäure
$pK_S = 1{,}25$

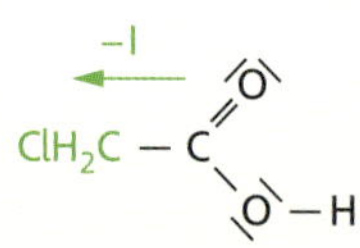

Chloressigsäure
$pK_S = 2{,}87$

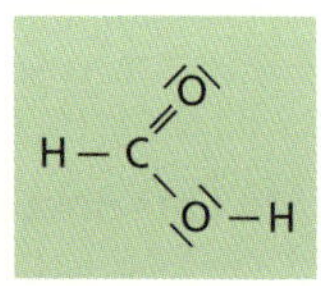

Ameisensäure
$pK_S = 3{,}75$

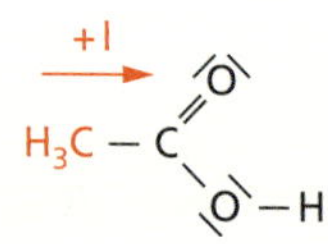

Essigsäure
$pK_S = 4{,}75$

Eine ähnliche Abstufung beobachtet man bei den Mesomerieeffekten. Die absoluten Unterschiede im Beispiel der Benzoesäuren sind deutlich kleiner, da der Mesomerieeffekt der Substituenten (z. B. der NO_2-Gruppe oder der NH_2-Gruppe) nur indirekt über den Aromaten die Elektronendichte am Carboxy-Kohlenstoffatom verändert. Der Vergleich zwischen Ameisensäure und Benzoesäure zeigt, dass der Benzenring Elektronen zur Carboxy-Gruppe verschiebt.

Veränderung der Säurestärke durch mesomere Effekte

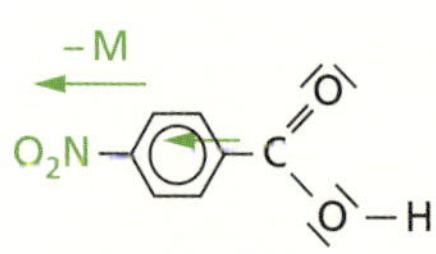

4-Nitrobenzoesäure
$pK_S = 3{,}45$

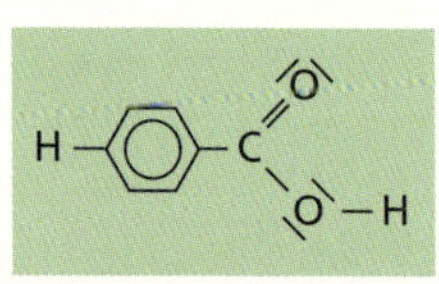

Benzoesäure
$pK_S = 4{,}20$

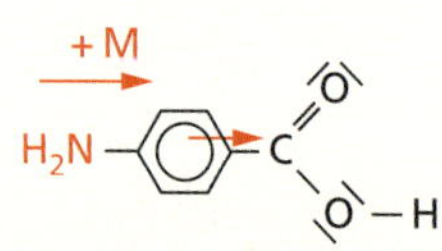

4-Aminobenzoesäure
$pK_S = 4{,}65$

Esterbildung und Esterspaltung

Die **Veresterung** ist eine typische, auch technisch vielfach genutzte Reaktion der Carbonsäuren. Im ersten Schritt findet eine nucleophile Addition des Sauerstoffatoms vom Alkohol an das Carboxy-Kohlenstoffatom statt. Im entstehenden Zwischenprodukt hat das Sauerstoffatom des Alkohols eine positive Ladung. Durch die Auflösung der Doppelbindung übernimmt das Carbonyl-Sauerstoffatom das gesamte Elektronenpaar und ist negativ geladen.
Der Ladungsausgleich erfolgt durch eine Protonenwanderung im zweiten Reaktionsschritt. Die zweite Zwischenstufe ist energetisch sehr ungünstig, da drei Sauerstoffatome mit einem –I-Effekt an einem sp^3-Kohlenstoffatom gebunden sind. Durch die Abspaltung von Wasser und die Rückbildung der Doppelbindung entsteht der Carbonsäureester.
Nach dem gleichen Schema läuft auch die Bildung der Carbonsäureamide und -anhydride ab. Unter sauren oder neutralen Bedingungen ist die Esterbildung umkehrbar (reversibel) und liegt mit der Esterspaltung im Gleichgewicht vor.

Die Veresterung ist eine Gleichgewichtsreaktion.
Die Ausbeute an Ester kann erhöht werden durch:
- Einsatz des Alkohols im Überschuss,
- Entfernung des Esters oder des Wassers aus dem System,
- Arbeiten mit konzentrierter Schwefelsäure als wasserentziehendem Reagenz.

Mechanismus der Carbonsäureesterbildung

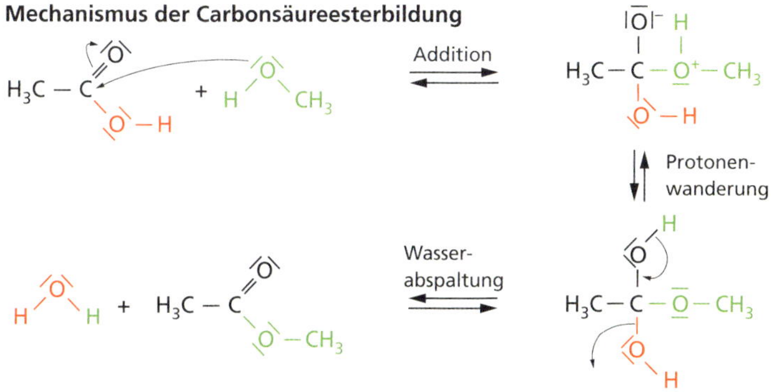

Im Gegensatz zur Esterbildung ist die basische **Esterhydrolyse** irreversibel. Sie beginnt mit der nucleophilen Addition des Hydroxid-Ions. Im zweiten Schritt wird der Alkohol als Alkoholat abgespalten. Da das Alkoholat-Ion deutlich basischer ist als das Carboxylat-Ion, findet eine Protonenwanderung statt. Die Bildung des Carboxylat-Anions ist der Grund für die Irreversibilität. Da das Carboxylat-Ion keine Carbonylaktivität mehr besitzt, kann die Rückreaktion nicht stattfinden.

Die Tricarbonsäureester des Glycerins (Propan-1,2,3-triol) bilden die Stoffklasse der **Fette** (↗ S. 337). Die alkalische Esterspaltung führt zu den Salzen der Fettsäuren, die eine Wirkung als Seife zeigen. Deshalb wird die Esterhydrolyse häufig Verseifung genannt.

Mechanismus der Carbonsäureesterhydrolyse

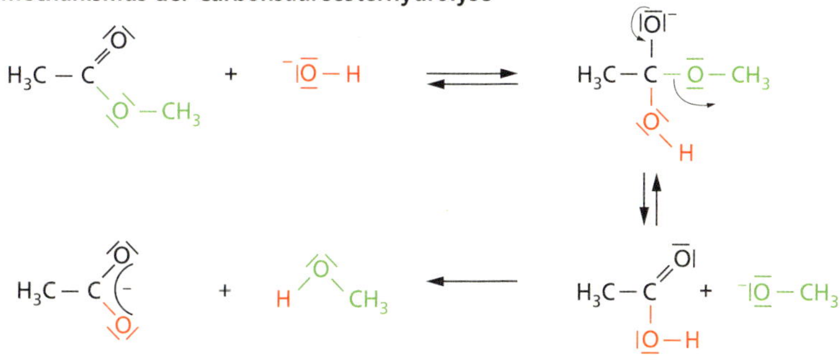

Aromatische Carbonsäuren

Benzoesäure und ihre Derivate werden unter der Kennzeichnung E214 – E219 wie andere **Carbonsäuren als Konservierungsstoffe** eingesetzt.

Aromatische Carbonsäuren sind organische Säuren, die mindestens eine Carboxy-Gruppe als Substituenten am Benzenring tragen.

Benzoesäure (Benzencarbonsäure) ist der einfachste Vertreter der aromatischen Carbonsäuren. Synthetisiert werden kann Benzoesäure durch Oxidation von Toluen mit Kaliumpermanganat oder von Benzaldehyd mit Luftsauerstoff.

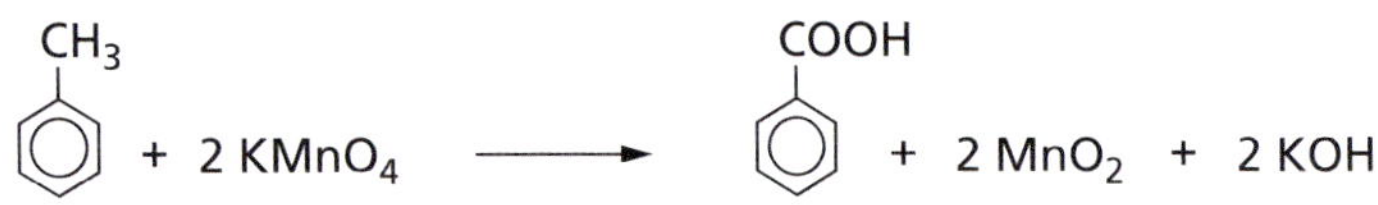

Eigenschaften

Benzoesäure ist ein farbloser Feststoff mit einer Schmelztemperatur von 122 °C. Sie ist in heißem Wasser gut, in kaltem Wasser nur wenig löslich. Die Reaktion von Benzoesäure mit Alkoholen führt zu den Benzoesäureestern. Die schwache Säure (pK_S = 4,20) bildet bei der Neutralisation mit Laugen Benzoate.

Vorkommen und Verwendung

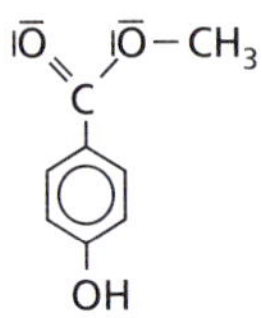

PHB-Ester

Benzoesäure kommt frei oder in Form ihrer Ester in vielen tropischen Pflanzenharzen vor. Im europäischen Raum findet man die Benzoesäure in Preiselbeeren und Vogelbeeren. Benzoesäure und ihre Natriumsalze werden in der Nahrungsmittelherstellung als **Konservierungsmittel** zur Verhinderung von Schimmelbildung, Fäulnis und Gärung eingesetzt. Der ***p**ara*-**H**ydroxy-**b**enzoesäuremethylester, **PHB-Ester,** ist laut Lebensmittelgesetz ebenfalls als Konservierungsstoff zugelassen.

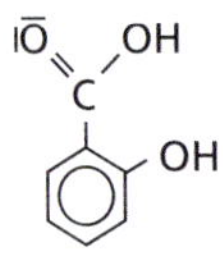

Salicylsäure

Salicylsäure (*ortho*-Hydroxybenzoesäure) ist ein Derivat der Benzoesäure. Sie kommt in der Weidenrinde und als Methylester im Wintergrünöl und Gewürznelkenöl vor. Sie wird zur Herstellung von Farbstoffen, Riechstoffen und Pharmazeutika verwendet. Salicylsäure ist der Ausgangsstoff zur Synthese des Arzneistoffs Aspirin® (↗S. 422).

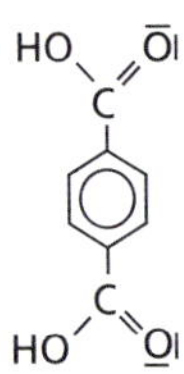

Terephthalsäure

Phthalsäure (1,2-Benzendicarbonsäure), Isophthalsäure (1,3-Benzendicarbonsäure) und Terephthalsäure (1,4-Benzendicarbonsäure) sind die drei isomeren Benzendicarbonsäuren. Die beiden Carboxy-Gruppen geben die Protonen nacheinander ab, man findet dementsprechend zwei Stufen bei der Titration.
Isophthalsäure ist Ausgangsstoff für die Synthese von Alkydharzen, Terephthalsäure wird für die Herstellung von Polyestern (↗S. 371) verwendet. Die Derivate der Phthalsäure (Phthalsäureanhydrid bzw. Phthalsäuredichlorid) sind wichtige Zwischenprodukte bei der Produktion von Farbstoffen und Kunststoffen. Phthalsäureester finden vielfältige Anwendungen als Weichmacher (↗S. 385) in synthetischen Polymeren und in der Kosmetikindustrie.

Carbonsäurederivate

Zu den **Carbonsäurederivaten** gehören die Carbonsäureester, -anhydride, -amide und -halogenide. Die ersten drei Stoffklassen treten auch in der belebten Natur auf, die Carbonsäurehalogenide sind Zwischenprodukte in der Synthesechemie.

Carbonsäurederivate

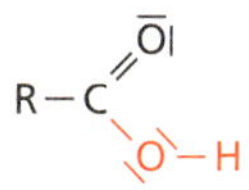

Carbonsäure

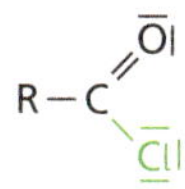

Carbonsäurechlorid

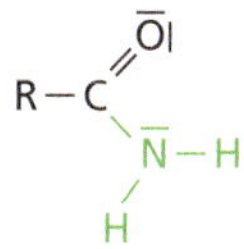

Carbonsäureamid

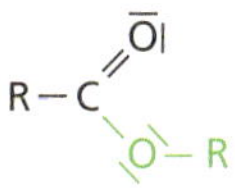

Carbonsäureester

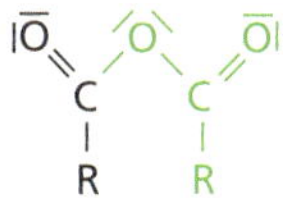

Carbonsäureanhydrid

Die **Carbonylaktivität** gibt an, wie schnell ein Nucleophil mit dem Carbonyl-Kohlenstoffatom reagiert, und ist abhängig von der elektronischen Struktur der beiden Substituenten am Kohlenstoffatom.
Allen Carbonylverbindungen gemeinsam ist die C=O-Doppelbindung. Durch die Übernahme des Bindungselektronenpaars aus der p-p-π-Bindung ermöglicht das Sauerstoffatom den nucleophilen Angriff auf das sp^2-Kohlenstoffatom.

Saure Reaktionsbedingungen führen zu einer Aktivierung des Carbonyl-Kohlenstoffatoms, da im Gleichgewicht eine Protonierung des Sauerstoffatoms zu beobachten ist.

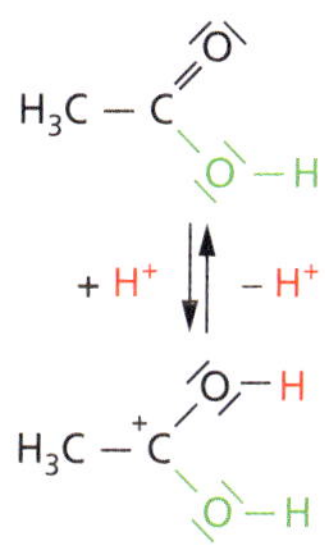

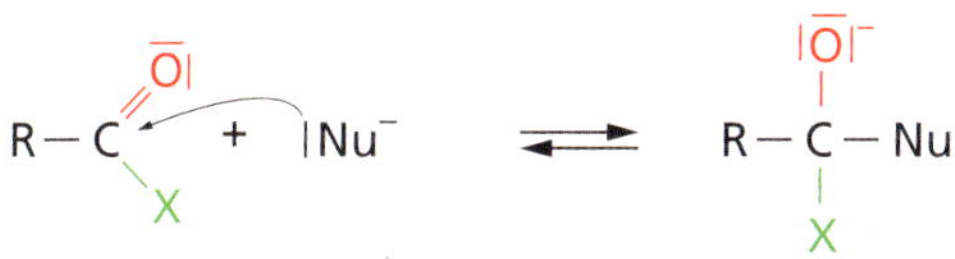

Der Substituent X kann durch einen −I- bzw. −M-Effekt die partiell positive Ladung am Carbonyl-Kohlenstoffatom verstärken und die nucleophile Addition beschleunigen.
Ein Substituent X mit einem +I- bzw. +M-Effekt kann die Positivierung des Carbonyl-Kohlenstoffatoms kompensieren und somit die Reaktionsgeschwindigkeit verringern.

Abstufung der Carbonylaktivität

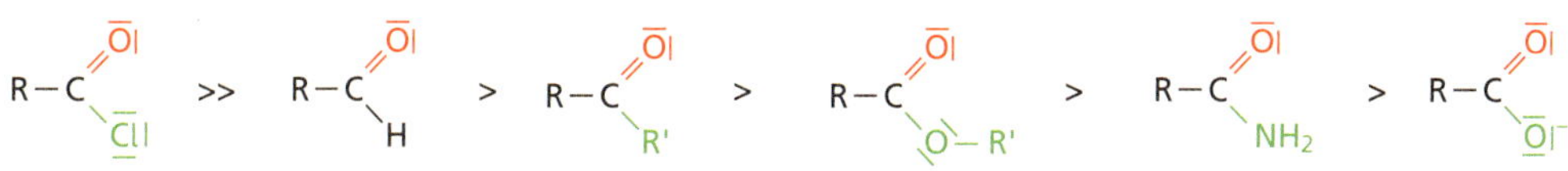

Carbonsäurechlorid	Aldehyd	Keton	Carbonsäureester	Carbonsäureamid	Carboxylat-Anion
−I >> +M		+I	+M > −I	+M >> −I	+I, +M

Reaktionen organischer Verbindungen mit funktionellen Gruppen

- Funktionelle Gruppen bestimmen die physikalischen Eigenschaften und das chemische Reaktionsverhalten organischer Verbindungen.

Verbindung	Reaktionen	Beispiele (Bruttoreaktionsgleichung)
Halogen-alkane	nucleophile Substitution	$H_3C-CH_2Cl + OH^- \longrightarrow H_3C-CH_2-OH + Cl^-$
	Eliminierung	$H_3C-CH_2Cl \longrightarrow H_2C=CH_2 + HCl$
Amine	nucleophile Substitution	$H_3C-NH_2 + H_3C-Cl \longrightarrow (CH_3)_2-NH + HCl$
	Protolyse (basisch)	
	Bildung von Ammoniumsalzen	
Alkohole	Veresterung	$H_3C-OH + H_3C-COOH \rightleftharpoons H_3C-CO-O-CH_3 + H_2O$
	partielle Oxidation	$H_3C-CH_2-OH \xrightarrow[-Cu,\ -H_2O]{CuO} H_3C-CHO$
		$H_3C-CHOH-CH_3 \xrightarrow[-Cu,\ -H_2O]{CuO} H_3C-CO-CH_3$
	Eliminierung	$H_3C-CH_2-OH \longrightarrow H_2C=CH_2 + H_2O$
	Bildung von Alkoholaten (Reduktion)	$H_3C-CH_2-OH + Na \longrightarrow H_3C-CH_2-O^-Na^+\ \tfrac{1}{2}H_2$
Phenole	Reaktion als Säure	
	Veresterung	
	elektrophile Substitution am aromatischen Kern	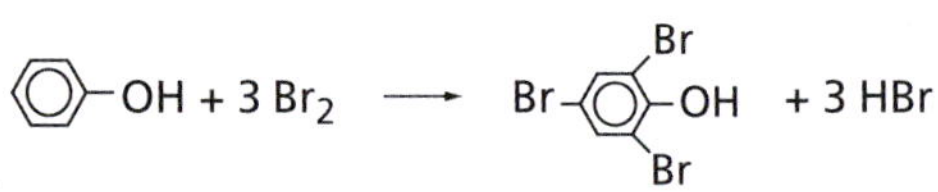
Alkanale (Aldehyde)	partielle Oxidation	$H_3C-CHO + CuO \longrightarrow H_3C-COOH + Cu$
	nucleophile Addition	$H_3C-CHO + CH_3OH \longrightarrow H_3C-CHOH-OCH_3$
Carbon-säuren	Reaktion als Säure	$H_3C-COOH + H_2O \rightleftharpoons H_3C-COO^- + H_3O^+$
	Salzbildung mit Basen	$H_3C-COOH + NaOH \longrightarrow H_3C-COO^-Na^+ + H_2O$
	Veresterung	$H_3C-COOH + H_3C-OH \rightleftharpoons H_3C-CO-O-CH_3 + H_2O$

Wissenstest 9D

9.5 Naturstoffe

9.5.1 Kohlenhydrate

Zur Stoffklasse der **Kohlenhydrate** gehören beispielsweise Traubenzucker und Rohrzucker, aber auch Cellulose und Stärke. Die unterschiedlichen Eigenschaften der genannten Stoffe werden maßgeblich durch die Molekülgrößen bestimmt. Während die Molmasse von Glucose nur 180 $g \cdot mol^{-1}$ beträgt, ist sie bei der Cellulose ca. 10 000 $g \cdot mol^{-1}$. Deshalb unterteilt man die Kohlenhydrate in drei Hauptgruppen.

Aus der allgemeinen Formel $C_n(H_2O)_m$ leitet sich der Name Kohlenhydrate ab. Entzieht man den Kohlenhydraten Wasser durch Erhitzen oder durch konzentrierte Schwefelsäure, bleibt elementarer Kohlenstoff zurück.

Kohlenhydrate

Monosaccharide	Oligosaccharide	Polysaccharide
Einfachzucker der allgemeinen Summenformel $C_n(H_2O)_m$, z. B. Glucose, Fructose	2 bis 10 über Sauerstoffbrücken verbundene Monosaccharide, z. B. Rohrzucker	durch Verknüpfung vieler Monosaccharide gebildete, hochmolekulare Naturstoffe, z. B. Stärke, Glykogen

Kohlenhydrate (Saccharide) sind **Polyhydroxycarbonylverbindungen,** die neben Kohlenstoff noch Wasserstoff und Sauerstoff im Stoffmengenverhältnis 2 : 1 enthalten. Die allgemeine Summenformel der Kohlenhydrate lautet $C_n(H_2)_mO_m$ bzw. $C_n(H_2O)_m$. Mono- und Oligosaccharide werden als **Zucker** bezeichnet.

Monosaccharide

Monosaccharide sind die einfachsten Kohlenhydrate. Sie bestehen aus einem Kohlenstoffgerüst mit 3 bis 7 Kohlenstoffatomen, an das neben mehreren Hydroxy-Gruppen eine Aldehyd-Gruppe oder eine Keto-Gruppe gebunden sind. Sie sind damit **Polyhydroxycarbonylverbindungen.** Nach der Anzahl der Kohlenstoffatome unterteilt man die Monosaccharide in Triosen, Tetrosen, Pentosen usw. Durch die unterschiedliche Anzahl der Kohlenstoffatome und Hydroxy-Gruppen unterscheiden sich diese Zucker in ihren Schmelztemperaturen und ihrer Löslichkeit in Wasser voneinander.

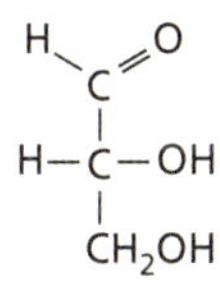

$C_3H_6O_3$ Glycerinaldehyd

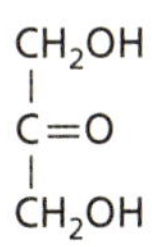

$C_3H_6O_3$ Dihydroxyaceton

Bei gleicher Summenformel $C_n(H_2O)_m$ bilden die Zucker jedoch verschiedene Strukturen und damit **Isomere** (↗ S. 265) mit unterschiedlichen Eigenschaften aus. Sowohl Glycerinaldehyd als auch Dihydroxyaceton sind Triosen der Summenformel $C_3H_6O_3$, sie haben jedoch unterschiedliche Funktionen im Stoffwechsel.

Alle Monosaccharide werden mit Trivialnamen bezeichnet und tragen die Endung „-ose". Die Bezeichnung nach IUPAC ist unüblich, Glucose ist z. B. nach IUPAC ein 2,3,4,5,6-Pentahydroxyhexanal. Die Struktur kann mithilfe der Fischer-Projektion (↗ S. 268) dargestellt werden.

Konstitutions- und Stereoisomerie der Monosaccharide

Ähnlich den homologen Reihen der Alkanole bzw. Alkanale bilden Kohlenhydrate Familien. Geht man vom D-Glycerinaldehyd aus und fügt nach dem C_1-Atom immer eine H–C–OH-Gruppierung ein, kommt man zur Familie der D-Aldosen.

Das chemische Reaktionsverhalten der Monosaccharide wird maßgeblich durch die Art der Carbonyl-Gruppe beeinflusst. Man unterteilt sie daher in **Aldosen,** die eine Aldehyd-Gruppe am C_1-Atom tragen, und in **Ketosen,** bei denen sich eine Keto-Gruppe am C_2-Atom befindet.

Aldosen und Ketosen können auch als Oxidationsprodukte mehrwertiger Alkohole betrachtet werden. So führt die Oxidation von D-Sorbit am C_1-Atom zur D-Glucose. Die Oxidation am C_2-Atom ergibt die D-Fructose. Glucose und Fructose sind **Konstitutionsisomere** (↗ S. 266). Häufig kombiniert man die Unterteilung nach der Carbonyl-Gruppe mit der Unterteilung nach der Anzahl der Kohlenstoffatome. Glucose ist demzufolge eine Aldohexose, die Fructose eine Ketohexose.

Chemisch unterscheiden sich Aldosen und Ketosen vor allem in ihrer reduzierenden Wirkung (↗ S. 332).

Oxidation von D-Sorbit zu D-Glucose und D-Fructose

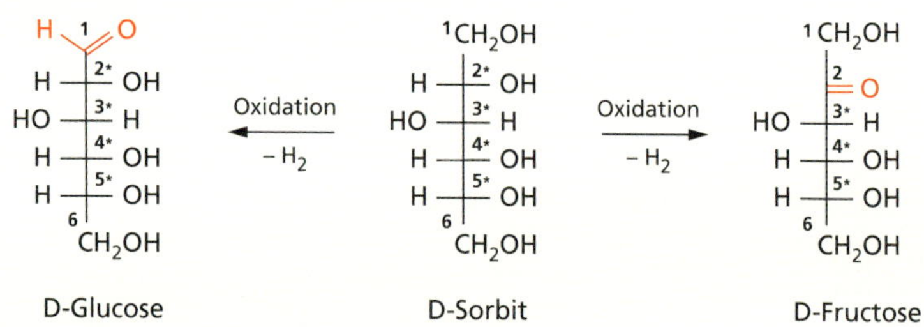

* chirales Kohlenstoffatom

Dadurch, dass ein oder mehrere Kohlenstoffatome im Molekül vier unterschiedliche Substituenten tragen, können sich verschiedene räumliche Anordnungen herausbilden. Von gleichartigen Aldosen bzw. Ketosen existieren daher verschiedene **Stereoisomere,** die geringfügig unterschiedliche Eigenschaften aufweisen. Zur Unterscheidung dieser Isomere muss die Stellung der OH-Gruppe des asymmetrischen Kohlenstoffatoms betrachtet werden, das am weitesten vom C_1-Atom entfernt ist. Bei der Fructose und der Glucose ist es das C_5-Atom. Steht die OH-Gruppe an diesem chiralen Kohlenstoffatom in der Fischer-Projektion rechts (↗ S. 268), gehört der Zucker zur D-Reihe.

Es gibt 16 stereoisomere **Aldohexosen** mit der Summenformel $C_6H_{12}O_6$. Die Anzahl ergibt sich aus der Stellung der OH-Gruppen an den vier chiralen Kohlenstoffatomen. Acht der Zucker gehören in die D-Reihe, acht in die L-Reihe.

Da die Stereoisomere sich strukturell weit mehr ähneln als Aldosen und Ketosen, unterscheiden sich ihre Eigenschaften nur geringfügig. Trotzdem spielen beispielsweise die L-Enantiomere in der Natur keine Rolle. Für den Menschen physiologisch bedeutsam sind die D-Glucose, die D-Galactose und die D-Mannose.

Wenn ein Molekül *n* chirale Kohlenstoffatome enthält, dann gibt es 2^n Stereoisomere, die anhand ihres **optischen Drehwerts** unterschieden werden können.

D-Glucose, Traubenzucker (Glc)

Glucose ist eine Aldohexose, die in mehreren isomeren Formen auftreten kann. Entsprechend den funktionellen Gruppen beobachtet man Reaktionen, die für Aldehyde und für Alkohole typisch sind.
Alkohole reagieren mit Aldehyden unter Bildung von **Halbacetalen** (↗S. 287). Die Halbacetalbildung ist bei Monosacchariden mit mehr als vier Kohlenstoffatomen innerhalb des Moleküls möglich. Besonders stabil ist die aus der offenkettigen Aldehydform gebildete Ringform der Glucose, wenn die Hydroxy-Gruppe am C_5-Atom mit der Aldehyd-Gruppe reagiert. Dieses cyclische Halbacetal ist ein Sechsring mit einem Sauerstoffatom und wird als **Pyranose** bezeichnet.
Da beim Ringschluss ein neues chirales Kohlenstoffatom am C_1-Atom entsteht, können sich zwei Stereoisomere, die α- und die β-Glucose, bilden. Die β-Form mit der äquatorialen OH-Gruppe am C_1-Atom ist mit $1\,kJ \cdot mol^{-1}$ thermodynamisch stabiler als die α-Form mit der axialen OH-Gruppe am C_1-Atom. Da hier eine besondere Art der Stereoisomerie vorliegt, nennt man die α- und β-Form **Anomere.** Das acetalische Kohlenstoffatom heißt anomeres Kohlenstoffatom.
Löst man reine α-D-Glucose in Wasser, stellt sich ein Gleichgewicht aus 36 % α-D-Glucose und 64 % β-D-Glucose ein. Die Gleichgewichtseinstellung ist nur über die offenkettige Form möglich, die in Wasser aber nur zu 0,1 % vorliegt. Eine Bestätigung der Gleichgewichtseinstellung findet man durch die Messung der optischen Aktivität. Der optische Drehwert von $[\alpha]_D = +52{,}5°$ der wässrigen Lösung ergibt sich aus den prozentualen Anteilen der reinen α- und β-Isomere im Gleichgewicht.

α-D-Glucose
$\vartheta_s = 146\,°C$, $[\alpha]_D = +112{,}2\,°$ (H_2O)

β-D-Glucose
$\vartheta_s = 150\,°C$, $[\alpha]_D = +18{,}7°$ (H_2O)

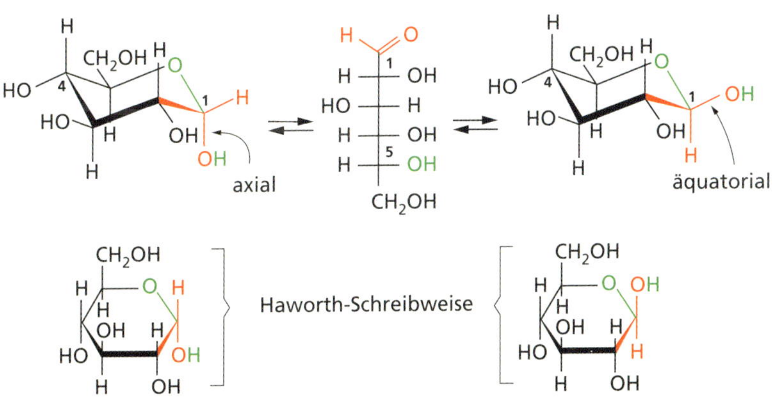

> Glucose ist eine Aldohexose und kann in einer offenkettigen sowie in zwei ringförmigen Strukturen auftreten. Die ringförmigen Glucosen sind cyclische Halbacetale, die als Pyranose bezeichnet werden. Die α- und β-Glucose unterscheiden sich nur durch die Stellung der Hydroxy-Gruppe am anomeren Kohlenstoffatom. Die Veränderung des optischen Drehwerts bei der Umwandlung von α-Glucose über die offenkettige Form in β-Glucose nennt man **Mutarotation.**

▶ Mit dem Namen Glucose ist die Stellung der OH-Gruppe am 2. bis 4. C-Atom festgeschrieben. Steht eine der OH-Gruppen auf der anderen Seite, hat der Zucker einen anderen Namen!

▶ Der Name Pyranose kommt von der Ringstruktur, dem Pyran. Das Pyran ist ein Heterocyclus.

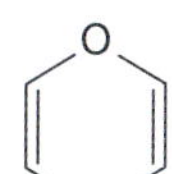

Pyran

Spricht man von α- oder β-D-Glucose, wird damit die cyclische Form bezeichnet. Der vollständige Name lautet α-D-Glucopyranose.

▶ Die Haworth-Schreibweise ist ähnlich wie die Fischer-Projektion die Einebnung einer räumlichen Struktur. Mit der Haworth-Formel wird die Ringform vereinfacht dargestellt. Am besten wird die Molekülstruktur durch die Sesselkonformation beschrieben.

> Als zentraler Bestandteil des Kohlenhydratstoffwechsels ist D-Glucose in der Natur weit verbreitet. In freier Form findet man D-Glucose im Blut zu etwa 0,1 % (Blutzucker) und zusammen mit D-Fructose in vielen Früchten und im Honig.

Reduzierende Wirkung der Zucker

Zucker wirken immer dann reduzierend, wenn sich die offenkettige Form bilden kann und diese über eine Aldehyd-Gruppe verfügt. Demzufolge wirken die Aldosen wie Glucose reduzierend, die in der Redoxreaktion zur Zucker-Säure oxidiert werden.

Nachweis der reduzierenden Wirkung von Glucose mit fehlingscher Lösung

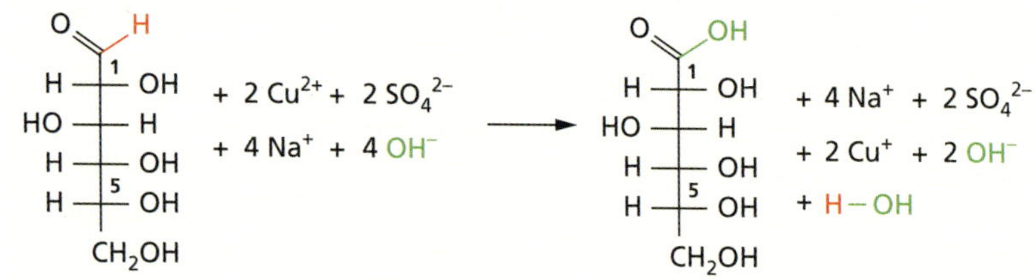

Folgereaktion: $2\,Cu^{+} + 2\,OH^{-} \longrightarrow 2\,CuOH \longrightarrow Cu_2O\downarrow + H_2O$

ziegelroter Niederschlag

D-Fructose, Fruchtzucker (Fru)

> Die Furanoseform der Fructose kommt als Baustein im **Disaccharid** Saccharose (↗ S. 334) vor. Der Name der Furanosen leitet sich vom Heterocyclus Furan ab.

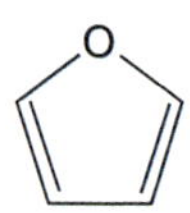

Furan

Fructose ist eine Ketohexose, die neben der offenkettigen Form zwei ringförmige Isomere mit unterschiedlicher Ringgröße bilden kann. D-Fructose ist die physiologisch wichtigste Ketose.

Wird Fructose in Wasser gelöst, stellt sich ein Gleichgewicht aus 0,8 % der offenkettigen Ketoform, 67,5 % β-D-Fructopyranose und 31,7 % β-D-Fructofuranose ein. Das Gleichgewicht in Wasser hat einen Drehwert von $[\alpha]_D = -92{,}4°$.

Die Halbacetalbildung (Halbketalbildung) mit der OH-Gruppe am C_6-Atom führt zur **Pyranose**form. Die Ringbildung mit der OH-Gruppe am C_5-Atom ergibt die **Furanose**form. Als reine Substanz konnte bisher nur die β-D-Fructopyranose isoliert werden. Die OH-Gruppen am C_2- und C_5-Atom dieser isomeren Form stehen axial.

Bildung der β-D-Fructopyranose und der β-D-Fructofuranose

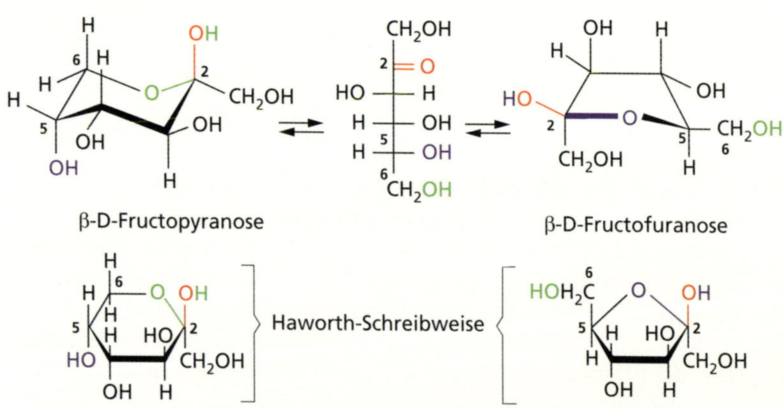

> β-D-Fructopyranose bildet farblose Kristalle mit einer Schmelztemperatur von 103–105 °C und einem spezifischen Drehwert in Wasser von $[\alpha]_D = -132°$.

Isomerisierung der Fructose zu Glucose

Ketosen wirken normalerweise nicht reduzierend, da Ketone nicht zur Carbonsäure oxidiert werden können. Führt man den Nachweis mit fehlingscher Lösung und Fructose (Ketose) durch, erhält man überraschenderweise dennoch einen roten Niederschlag.
Ursache für diesen scheinbar falschen Nachweis ist die Isomerisierung der Fructose in Glucose. Die **Keto-Enol-Tautomerie** (↗ S. 267) der Fructose ist die Grundlage für diese Umwandlung. Den Transport der Wasserstoffatome als Protonen übernehmen Wassermoleküle. Sie wirken dabei sowohl als Protonenakzeptoren (Base) als auch als Protonendonatoren (Säure). Die Reaktion wird durch die in fehlingscher Lösung enthaltenen Hydroxid-Ionen katalysiert.

Isomerisierung der Fructose zu Glucose

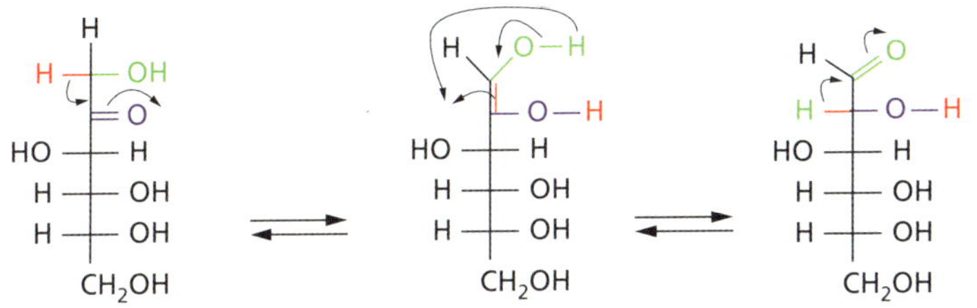

D-Ribose und 2-Desoxy-D-ribose (Rib und dRib)

D-Ribose und D-Desoxyribose sind Aldopentosen und die Zuckerbausteine der **Nucleinsäuren** RNA bzw. DNA. Beide Zucker liegen als Halbacetal in der Furanoseform vor.

Bedeutung wichtiger Monosaccharide

Monosaccharid	Bedeutung
Glycerinaldehyd	– wichtiges Stoffwechselprodukt bei der Glykolyse (↗ S. 359)
Ribose, Desoxyribose	– Zuckerkomponenten der Nucleinsäuren RNA und DNA sowie der Zellkern-Nucleoside
D-Glucose	– Baustein vieler Oligo- (z. B. Saccharose) und Polysaccharide (z. B. Cellulose), spezieller Lipide und Proteine – Energielieferant im Kohlenhydratstoffwechsel (↗ S. 357 ff.) – Traubenzucker, Dextrose als Nahrungsmittel für Sportler oder Kleinkinder
D-Fructose	– Baustein höherer Kohlenhydrate (z. B. Saccharose) – Fruchtzucker als Nahrungsmittel, Süßstoff oder als Zuckeraustauschstoff für Diabetiker

Für die Desoxyribose $C_5H_{10}O_4$ ist die allgemeine Summenformel $C_n(H_2O)_m$ der Monosaccharide nicht mehr gültig. Man bezeichnet diese Stoffe als abgewandelte Zucker.

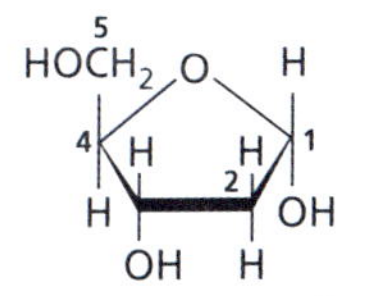

2-Desoxy-α-D-ribofuranose

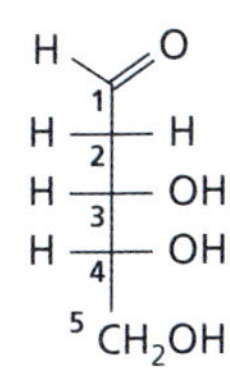

Die Desoxyribose ist formal das Reduktionsprodukt der Ribose am C_2-Atom.

Disaccharide

Auch **Disaccharide** können reduzierend wirken, wenn ein Monosaccharid-Baustein noch als Halbacetal vorliegt und im Gleichgewicht eine Aldehydform bildet.

Die Verbindung von zwei Monosacchariden führt unter Abspaltung von Wasser (Kondensation) zu **Disacchariden.** Natürliche Disaccharide haben die Summenformel $C_{12}H_{22}O_{11}$ und können je nach Art der Monosaccharidbausteine und deren Verknüpfung eine Vielzahl von Isomeren mit unterschiedlichen Eigenschaften bilden.

Bei der Verknüpfung reagiert eine alkoholische OH-Gruppe des ersten Zuckers mit dem halbacetalischen Kohlenstoffatom des zweiten Zuckers. Dabei entsteht ein Acetal (↗ S. 319), das im Falle der Zucker den Namen Glykosid trägt. Die entsprechende Bindung wird als **glykosidische Bindung** bezeichnet. Steht das Sauerstoffatom der glykosidischen Bindung axial, liegt eine α-glykosidische Bindung vor, steht es äquatorial, liegt eine β-glykosidische Bindung vor.

9

Bildung von Maltose

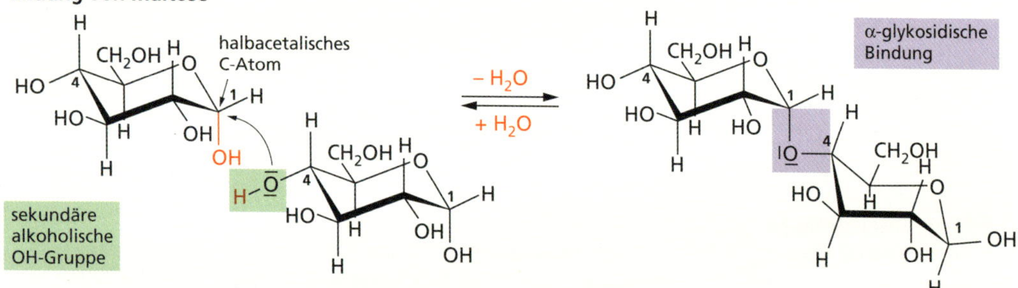

$$C_6H_{12}O_6 + C_6H_{12}O_6 \longrightarrow C_{12}H_{22}O_{11} + H_2O$$

α-D-Glucose + α-D-Glucose ⟶ Maltose + Wasser

Die häufigsten Disaccharide im Überblick

reduzierend

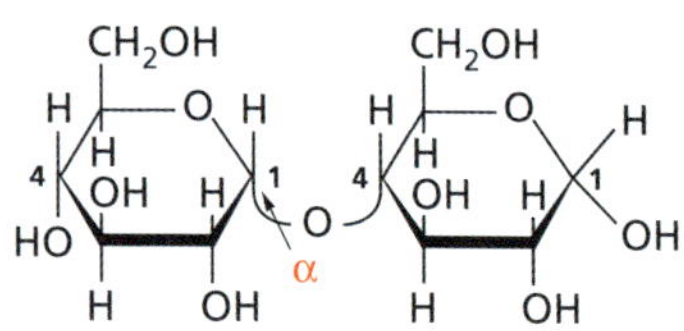

Maltose (Malzzucker)
[α-Glc(1,4)Glc]

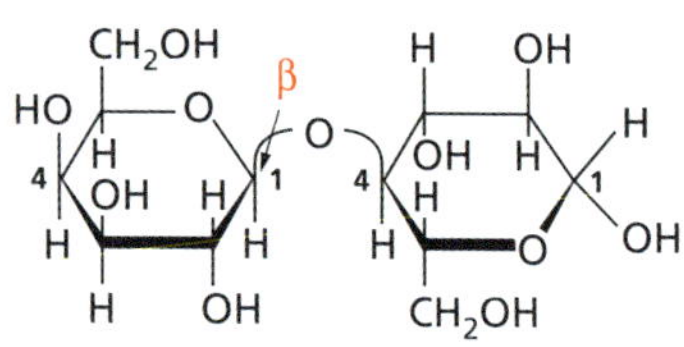

Lactose (Milchzucker)
[β-Gal(1,4)Glc]

nicht reduzierend

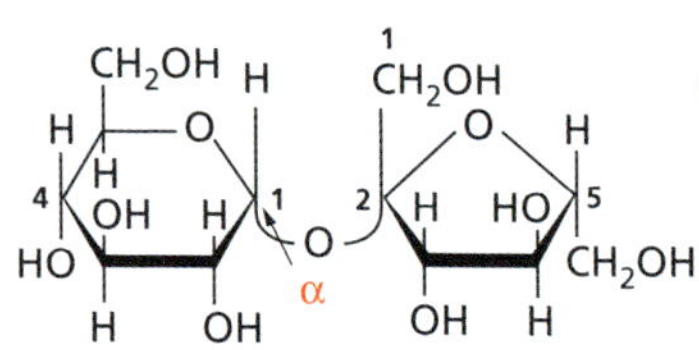

Saccharose (Rohrzucker)
[α-Glc(1,2)β-Fru]

Polysaccharide

Polysaccharide sind makromolekulare Naturstoffe, die durch die Kondensation vieler Moleküle eines Monosaccharids entstehen.

Stärke bildet sich aus α-glykosidisch verknüpften α-D-Glucose-Einheiten. Es handelt sich um ein Stoffgemisch, das etwa 25 % Amylose und 75 % Amylopektin enthält.
Amylose besteht aus α-(1,4)-glykosidisch verknüpften α-D-Glucose-Einheiten. Die makromolekulare Kette wickelt sich zu einer Schraube mit einem Hohlraum auf, in dem andere Moleküle, z. B. Iod, eingeschlossen werden können. Die dabei zu beobachtende typisch blaue Färbung wird zum Stärkenachweis genutzt. Amylose ist wasserlöslich.

Amylopektin wird aus α-(1,4)- und α-(1,6)-glykosidisch verknüpften α-D-Glucose-Einheiten gebildet. Dieser Stärkebestandteil hat deshalb eine verzweigte Struktur. Amylopektin ist nur in heißem Wasser löslich.
Durch die Spaltung der glykosidischen Bindungen kann im Organismus die α-D-Glucose gebildet werden. Aus diesem Grund dient Stärke in vielen Pflanzen als Reservekohlenhydrat zur Speicherung chemischer Energie. Bei der Ethanolherstellung aus Getreide wird die enthaltene Stärke durch Enzyme in Maltose und dann in Glucose gespalten. Die Glucosegärung ergibt dann den Alkohol (↗ S. 362).

Die wichtigsten in der Natur vorkommenden Polysaccharide sind Stärke, Glykogen und Cellulose. Sie weisen die allgemeine Summenformel $(C_6H_{10}O_5)_n$ auf, haben jedoch aufgrund ihrer Struktur unterschiedliche Eigenschaften.

Strukturen der Stärkebestandteile

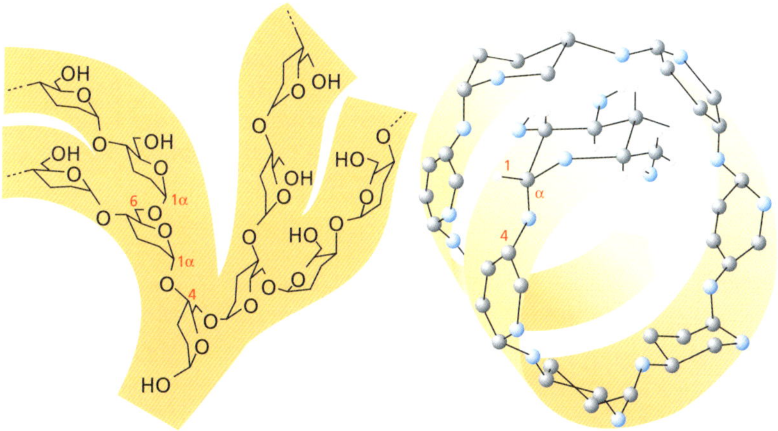

Amylopektin

Amylose

Die schraubenförmige bzw. Helixstruktur tritt bei vielen Naturstoffen auf, z. B. bei den Eiweißen (↗ S. 344) und den **Nucleinsäuren** (griech.: *helix* – Windung).

Glykogen besteht aus α-(1,4)- und α-(1,6)-glykosidisch verknüpften α-D-Glucose-Einheiten. Die Struktur ist dem Amylopektin ähnlich, aber der Verzweigungsgrad ist deutlich höher. Durch die hohe Verzweigung können auf relativ kleinem Raum viele „potenzielle" Glucosemoleküle gespeichert werden. Glykogen ist das Reservekohlenhydrat der Säugetiere, bei kurzfristigem hohem Glucosebedarf werden die glykosidischen Bindungen enzymatisch gespalten.

Den Abbau von aus Glykogen oder Stärke gebildeter D-Glucose zu Pyruvat nennt man **Glykolyse.** Dabei wird chemische Energie in Form von ATP gewonnen (↗ S. 359).

Jährlich werden ca. $10 \cdot 10^{12}$ kg Cellulose durch Pflanzen synthetisiert.

Cellulose ist der Gerüststoff der Pflanzen. Um diese Funktion erfüllen zu können, muss das Polysaccharid eine andere Struktur aufweisen als Stärke bzw. Glykogen.
Cellulose besteht aus β-(1,4)-glykosidisch verknüpften β-D-Glucose-Einheiten, die eine lang gestreckte Polysaccharidkette mit mehreren Tausend Glucosemolekülen bilden. Durch **Wasserstoffbrücken** zu benachbarten Ketten entsteht ein unlösliches faseriges Material.
Die Spaltung von Cellulose in Glucosemoleküle ist in der Natur nur durch das Enzym Cellulase möglich. Im Gegensatz zu den Säugetieren verfügen einige Bakterien und Pilze über Cellulase. Im Verdauungssystem der Wiederkäuer leben solche Cellulase produzierenden Bakterien, sodass diese Säugetiere Cellulose zu Glucose abbauen und danach zur Energiegewinnung nutzen können.

Struktur der Cellulose

Chemisch kann Cellulose durch Kochen mit wässriger Säure gespalten werden. Dabei entstehen auch Oligosaccharide, hauptsächlich aber das Disaccharid Cellobiose.

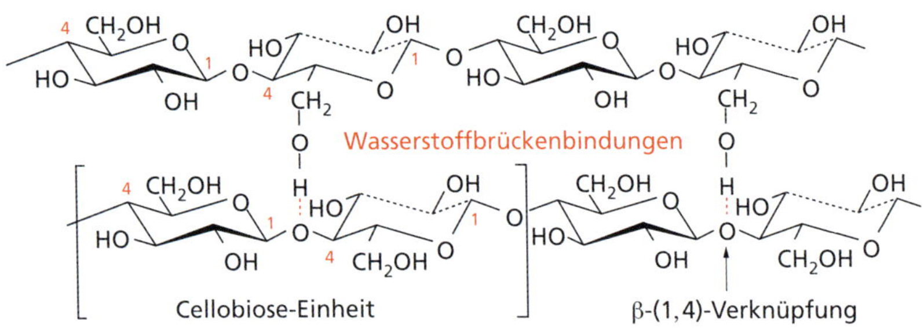

Cellulose ist der Ausgangsstoff für die Zellstoff- und Papierherstellung. Etwa 50 % der Trockenmasse von Holz ist Cellulose.
Cellulose ist auch der Grundbaustein der Textilfasern Baumwolle (ca. 90 %) und Leinen (ca. 70 %). Durch das Verspinnen der Fasern und die zugrunde liegende kettenförmige Struktur der Makromoleküle erreicht man eine hohe Reißfestigkeit der Textilien.

Wichtige Polysaccharide im Überblick

Polysaccharid	Monomer	Glykosidbindung	Vorkommen	Struktur	Anzahl der Monomere
Amylose	α-D-Glucose	α-(1,4)	Bestandteile von Stärke, z. B. in Getreide, Kartoffeln usw.	Helix	300–200
Amylopektin	α-D-Glucose	α-(1,4) α-(1,6)		verzweigt	1 500 – 12 000
Glykogen	α-D-Glucose	α-(1,4) α-(1,6)	im Muskelgewebe und in der Leber	stark verzweigt	6 000 – 100 000
Cellulose	β-D-Glucose	β-(1,4)	pflanzlicher Gerüststoff (Holz, Baumwolle)	linear	2 500 – 10 000

9.5.2 Fette

Fette sind Stoffgemische, die aus Estern des Propan-1,2,3-triols (Glycerin) mit drei langkettigen organischen Säuren bestehen. Diese unverzweigten **Fettsäuren** mit gerader Anzahl von Kohlenstoffatomen bestimmen maßgeblich die Eigenschaften der Fette.

Bei der Hydrolyse von Olivenöl entdeckte C. W. SCHEELE (1742–1786) das Propan-1,2,3-triol. Es erhielt den Namen Glycerin, wird aber auch als Glycerol bezeichnet, um es als Alkohol zu kennzeichnen.

In der Natur findet man Fettmoleküle in vielen Zellen pflanzlicher, tierischer und menschlicher Gewebe. Im Gegensatz zu den Pflanzen nutzen tierische Organismen Fette als Energiespeicher. Die vollständige Verbrennung der Palmitinsäure setzt beispielsweise eine Energie von knapp 10 000 kJ · mol^{-1} frei.

$$C_{15}H_{31}COOH + 23\ O_2 \longrightarrow 16\ CO_2 + 16\ H_2O \qquad \Delta_c H^0 \approx -10\ MJ \cdot mol^{-1}$$

Bedenkt man, dass in einem Fettmolekül drei Fettsäuren gebunden sind, ist diese Form der Energiegewinnung sehr effektiv. Der Auf- und Abbau der Fettsäuren erfolgt über C_2-Einheiten. Deshalb enthalten die Fettsäuren eine gerade Anzahl von Kohlenstoffatomen.

Fette und Öle mischen sich aufgrund ihrer unpolaren Molekülstruktur nicht mit Wasser, sind aber in vielen polaren Lösungsmitteln löslich.
Durch Natron- oder Kalilauge können die Fette in Glycerin und die Salze der Fettsäuren gespalten werden. Die Reaktion entspricht einer alkalischen Esterhydrolyse und wird **Verseifung** genannt. Die Ursache liegt darin, dass die Natriumsalze der Fettsäuren seit Jahrhunderten als Kernseife und die Kaliumsalze als Schmierseife genutzt werden.

Nach ihrer Löslichkeit in Fetten unterscheidet man *lipophile* (griech.: Fett liebend) und *lipophobe* (griech.: Fett meidend) Stoffe.

Verseifung eines Fetts

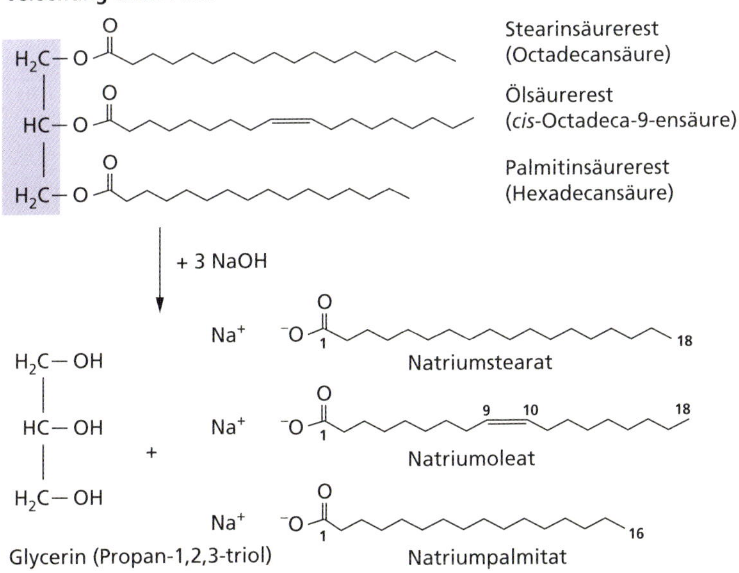

Durch den lipophoben Kopf und den lipophilen Schwanz bilden die Salze der Fettsäuren Micellen und können so Schmutz und Fettpartikel einschließen (↗ S. 412).

Ungesättigte Fette bzw. Öle sind Triglyceride von Fettsäuren, die eine oder mehrere Doppelbindungen enthalten. Diese ungesättigten Fettsäuren werden auch **Omega-Fettsäuren** genannt.

▶ Ungesättigte Fette und Öle werden durch die Iodzahl (IZ) charakterisiert. Sie gibt an, wie viel Gramm Iod an 100 g Fett addiert werden können. Die chemische Grundlage der Reaktion ist die Addition eines Iodmoleküls an eine C=C-Doppelbindung (↗ S. 285).

Entsprechend der Benennung mit griechischen Buchstaben bedeutet ω endständig, die ω-Position befindet sich also immer am Ende der Kohlenstoffkette. Nach der Lage der Doppelbindung wird unterschieden in Omega-3-Fettsäuren (z. B. Linolensäure), in Omega-6-Fettsäuren (z. B. Linolsäure) und Omega-9-Fettsäuren (z. B. Ölsäure).
Die meisten ungesättigten Fettsäuren sind **essenziell.** Sie müssen mit der Nahrung aufgenommen werden, da sie im Körper nicht produziert werden können. Natürliche Fette haben keine definierte Schmelztemperatur, da es Gemische unterschiedlicher Triglyceride sind. Je nach der Kettenlänge und dem Hydrierungsgrad der Fettsäuren sind die Fette fest oder flüssig **(Öle).** Je höher der Anteil ungesättigter Fettsäuren ist, umso niedriger ist der Schmelzbereich.

Fette	Erstarrungsbereich in °C	Anteil der Fettsäuren in %			Iodzahl IZ
		gesättigt	einfach ungesättigt	mehrfach ungesättigt	
Tierische Fette					
Schmalz	22 bis 32	43	49	8	52 – 58
Talg	20 bis 38	54	43	3	45 – 50
Milchfett		60	37	3	38 – 44
Pflanzliche Fette					
Kokosfett	14 bis 25	92	6	2	4 – 10
Olivenöl	0 bis – 9	14	76	10	80 – 88
Rapsöl	0 bis –15	5	65	30	120 – 136
Sojaöl	–8 bis –18	15	21	64	90 – 103
Sonnenblumenöl	–16 bis –18	12	24	64	130 – 145
Leinöl	–16 bis –27	10	18	72	170 – 190

Ungesättigte Fettsäuren (Omega-Fettsäuren)

Ölsäure,
Octadeca-9-ensäure,
$C_{18}H_{34}O_2$

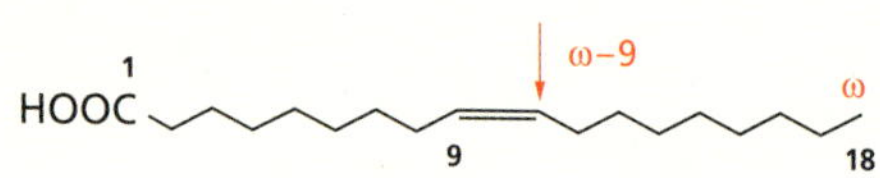

Linolsäure,
Octadeca-9,12-diensäure,
$C_{18}H_{32}O_2$

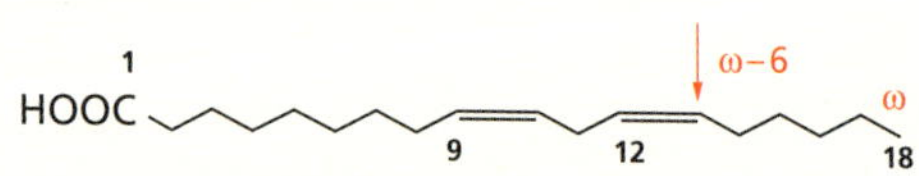

Linolensäure,
Octadeca-9,12,15-triensäure,
$C_{18}H_{30}O_2$

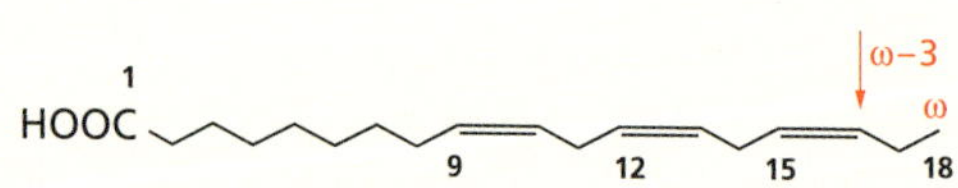

▶ Die Zählweise nach IUPAC beginnt am C_1-Atom der Carboxy-Gruppe und damit genau entgegengesetzt vom endständigen ω-C-Atom.

Fetthärtung

Bei der **Fetthärtung** werden flüssige pflanzliche Öle in feste Fette umgewandelt. Dies geschieht durch eine teilweise Hydrierung der in den pflanzlichen Fetten enthaltenen ungesättigten Fettsäuren.

Die Fetthärtung wird bei der Herstellung von Margarine industriell angewendet.

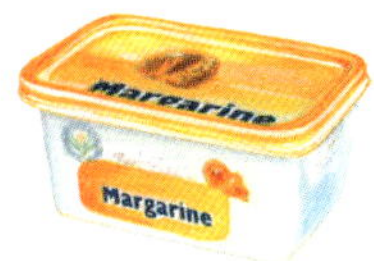

Die Grundreaktion der Fetthärtung ist die Hydrierung der C=C-Doppelbindungen, ähnlich der Hydrierung eines Alkens (↗ S. 295). Veranschaulichen kann man dies, wenn man die Schmelztemperatur der ungesättigten Carbonsäuren mit denen der gesättigten vergleicht.

Hydrierung einer Fettsäure

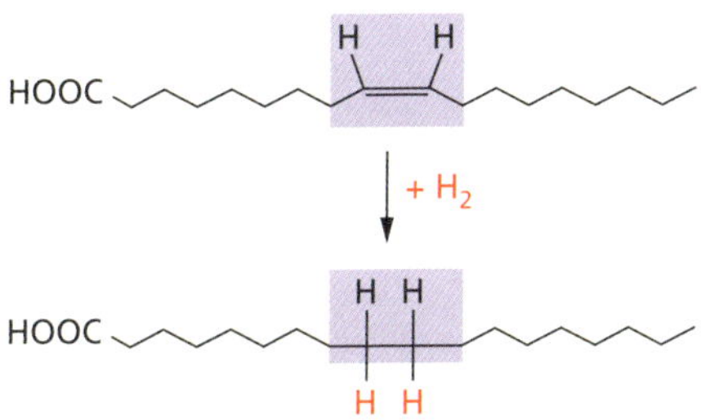

Ölsäure, $C_{17}H_{33}COOH$
ϑ_S = 14 °C, flüssig

Stearinsäure, $C_{17}H_{35}COOH$
ϑ_S = 69,4 °C, fest

Lipide

Lipide sind organische Stoffe, die in organischen Lösungsmitteln gut und in Wasser unlöslich sind. Sie werden in hydrolysierbare Lipide wie Ester, Fette, Wachse und Phospholipide sowie in nicht hydrolysierbare Lipide wie Alkane, langkettige Alkanole, Steroide und Fettsäuren unterteilt.

Der Begriff Lipide wird häufig mit **Fetten** gleichgesetzt. Das ist falsch. Mit den Lipiden wird eine übergeordnete Stoffklasse bezeichnet und die Fette sind nur eine Unterklasse der Lipide. Das im Eigelb enthaltene Lecithin ist ein Phospholipid.

Die **Phospholipide** sind den Fetten sehr ähnlich. Sie basieren ebenfalls auf Glycerin, doch im Gegensatz zu den Fetten sind nur zwei OH-Gruppen mit langkettigen Carbonsäuren verestert. Die dritte OH-Gruppe ist mit einem Phosphorsäureester verknüpft. Die Phospholipide haben somit einen lipophilen Schwanz und einen hydrophilen Kopf. Die Zellmembran wird zum größten Teil aus Phospholipid-Doppelschichten gebildet. Dadurch wird das wässrige Zellinnere, die cytoplasmatische Seite, vom wässrigen Zelläußeren, der extrazellulären Seite, getrennt. Verbindungen zu den beiden Systemen sind nur über Kanäle in der Zellmembran möglich. Kontakte mit der „Außenwelt" stellt die Zelle über Rezeptoren her, die sich auf der Zelloberfläche befinden.

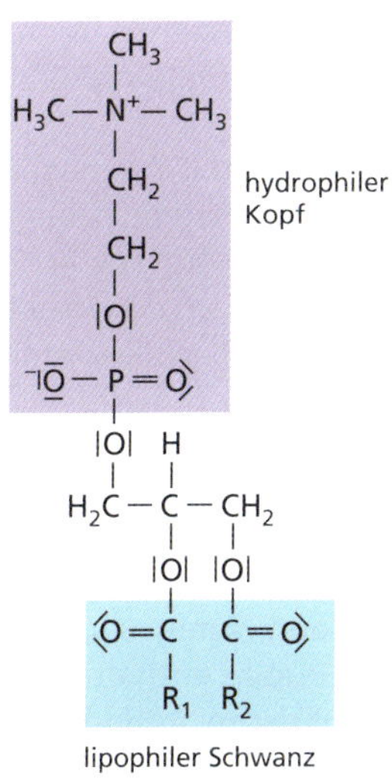

9.5.3 Aminosäuren, Peptide und Proteine

Aminosäuren

Durch die Verknüpfung vieler Aminosäuren werden Peptide (↗ S. 343) gebildet. Im menschlichen Körper werden nur L-Aminosäuren in die **Proteine** eingebaut. Die häufigste Aminosäure in menschlichen Proteinen ist Alanin.

> **Aminosäuren** sind organische Verbindungen mit zwei funktionellen Gruppen, der Amino- und der Carboxy-Gruppe. Damit besitzen sie zwei entgegengesetzte reaktive Zentren. Die Amino-Gruppe reagiert als Nucleophil, die Carboxy-Gruppe als Elektrophil.

Die in den menschlichen Eiweißen (Proteinen) vorkommenden Aminosäuren sind α-Aminosäuren (2-Aminocarbonsäuren). Wir benötigen aber auch β- und γ-Aminosäuren im Stoffwechsel, z. B. β-Alanin als Baustein des Coenzyms A (↗ S. 359) und γ-Aminobuttersäure (GABA) für die Signalübertragung im Prozess der Reizleitung. Mithilfe der DNA werden 22 α-Aminosäuren kodiert (↗ S. 366), die als **biogene Aminosäuren** bezeichnet werden. Von diesen sind 8 Aminosäuren essenziell.

α-Aminosäure	β-Aminosäure	γ-Aminosäure
$CH_3-\underset{\alpha}{CH}(NH_2)-COOH$	$NH_2-\underset{\beta}{CH_2}-\underset{\alpha}{CH_2}-COOH$	$NH_2-\underset{\gamma}{CH_2}-\underset{\beta}{CH_2}-\underset{\alpha}{CH_2}-COOH$
2-Aminopropansäure (Alanin)	3-Aminopropansäure (β-Alanin)	4-Aminobutansäure (γ-Aminobuttersäure)

Nomenklatur
Alle α-Aminosäuren werden mit Trivialnamen benannt. Die Bezeichnung L- bzw. D-Aminosäure erfolgt nach den Regeln der Fischer-Projektion. Im Unterschied zu den Zuckern wird bei den Aminosäuren die Stellung der Amino-Gruppe am asymmetrischen α-Kohlenstoffatom betrachtet. Für die biogenen Aminosäuren gibt es eine dreibuchstabige und eine einbuchstabige Abkürzung, z. B. Alanin = Ala = A.

Die kleinste α-Aminosäure ist das Glycin (R = H). Alle anderen biogenen Aminosäuren haben mindestens ein chirales Kohlenstoffatom. Die D,L-Nomenklatur (↗ S. 268) wird auf α-Aminosäuren übertragen und dabei die Stellung der NH_2-Gruppe betrachtet.

Aufbau der α-Aminosäuren
Alle Aminosäuren haben die gleiche Grundstruktur und unterscheiden sich nur im Rest R, der als Seitenkette bezeichnet wird. Nach den Strukturelementen in dieser Seitenkette unterteilt man die α-Aminosäuren in vier Gruppen:

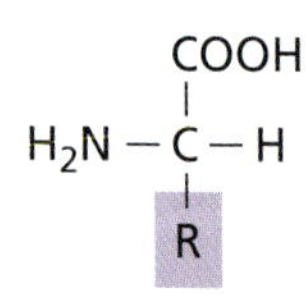

1. **unpolare Aminosäuren,** deren Seitenkette nur aus den Elementen Wasserstoff und Kohlenstoff besteht,
2. **polare Aminosäuren,** die in der Seitenkette ein Heteroatom (O, S, Se oder N) enthalten,
3. **saure Aminosäuren,** die in der Seitenkette eine zusätzliche Carboxy-Gruppe enthalten, und
4. **basische Aminosäuren** mit einer zusätzlichen Amino-Gruppe in der Seitenkette.

Biogene Aminosäuren

Unpolare Aminosäuren

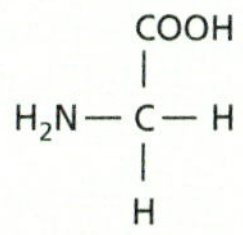
Glycin Gly

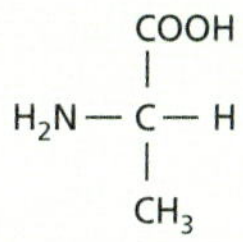
Alanin Ala

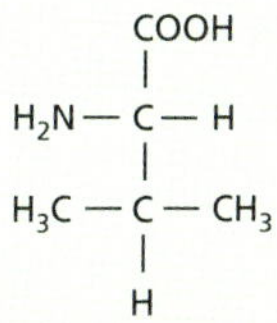
Valin Val

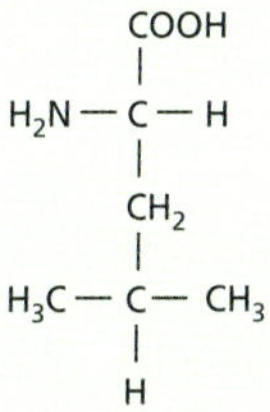
Leucin Leu

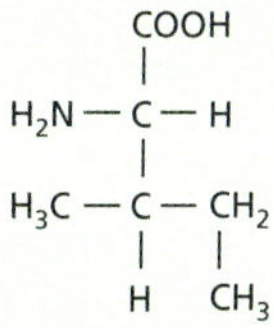
Isoleucin Ile

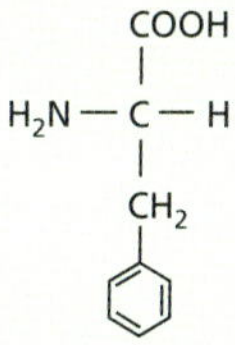
Phenylalanin Phe

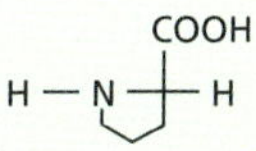
Prolin Pro

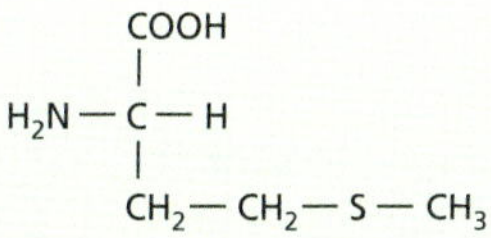
Methionin Met

Saure Aminosäuren

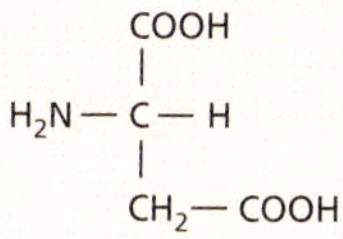
Asparaginsäure Asp

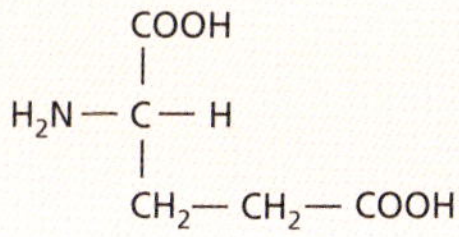
Glutaminsäure Glu

Polare Aminosäuren

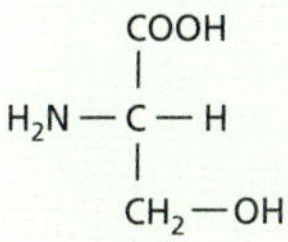
Serin Ser

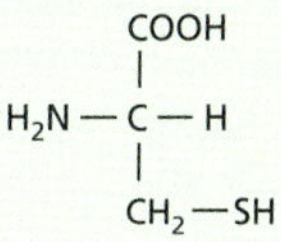
Cystein Cys

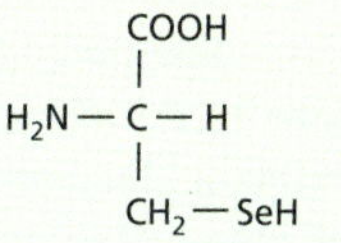
Selenocystein Sec

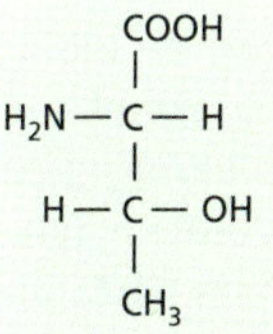
Threonin Thr

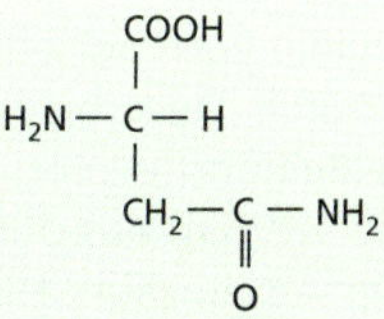
Asparagin Asn

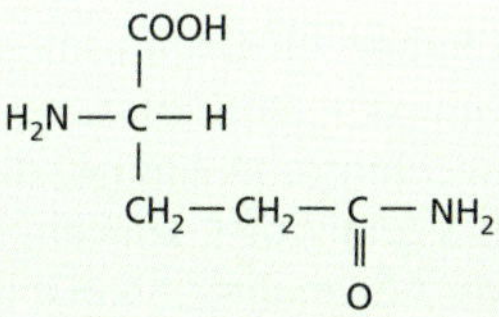
Glutamin Gln

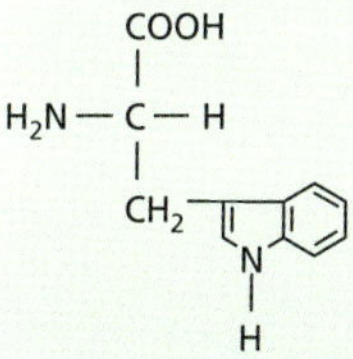
Tryptophan Trp

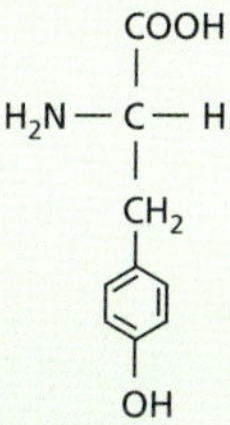
Tyrosin Tyr

essenzielle Aminosäuren

Basische Aminosäuren

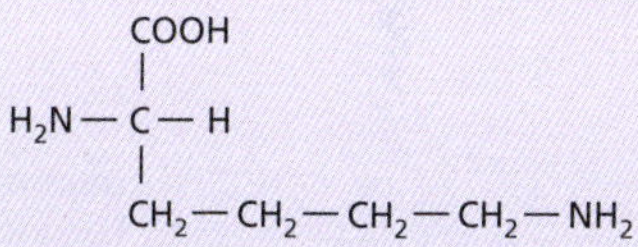
Lysin Lys

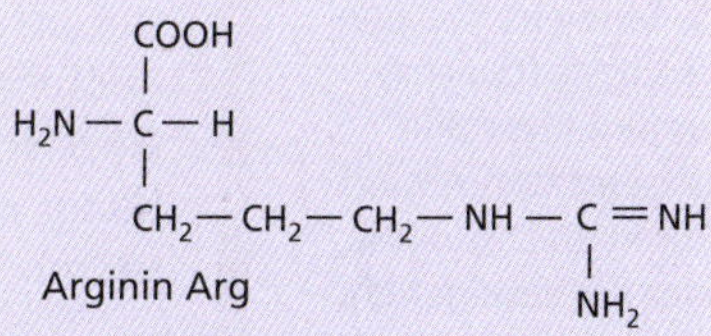
Arginin Arg

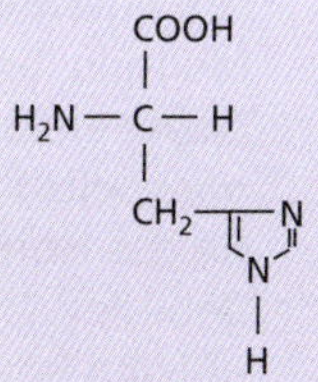
Histidin His

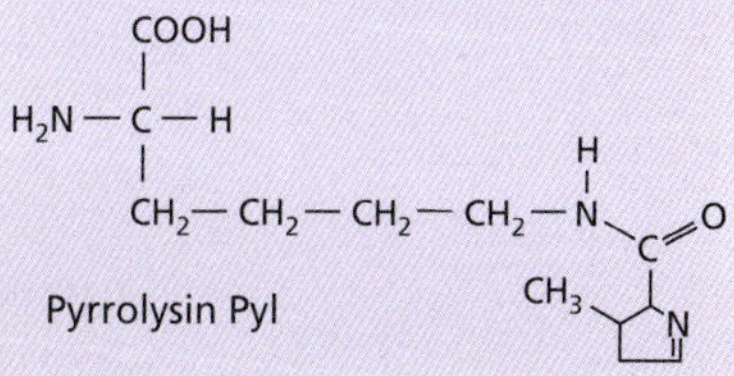
Pyrrolysin Pyl

Mit Salzsäure bilden sich die Hydrochloride der **Aminosäuren.** Dies ist auch die übliche Handelsform, da die reinen Aminosäuren oxidationsempfindlich sind.

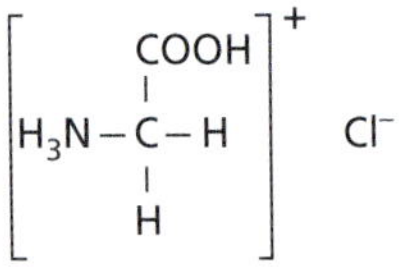

Glycinhydrochlorid

Reaktionen der Aminosäuren

Aminosäuren reagieren an der Amino-Gruppe als Base und nehmen ein Proton auf. Die saure Carboxy-Gruppe kann dagegen ein Proton abgeben. Aufgrund dieses amphoteren Reaktionsverhaltens liegen Aminosäuren in wässriger Lösung und als Feststoffe in einer **zwitterionischen Struktur** vor, in der das Stickstoffatom eine positive und die Carboxylat-Gruppe eine negative Ladung trägt.

Protolyse von Aminosäuren in Wasser

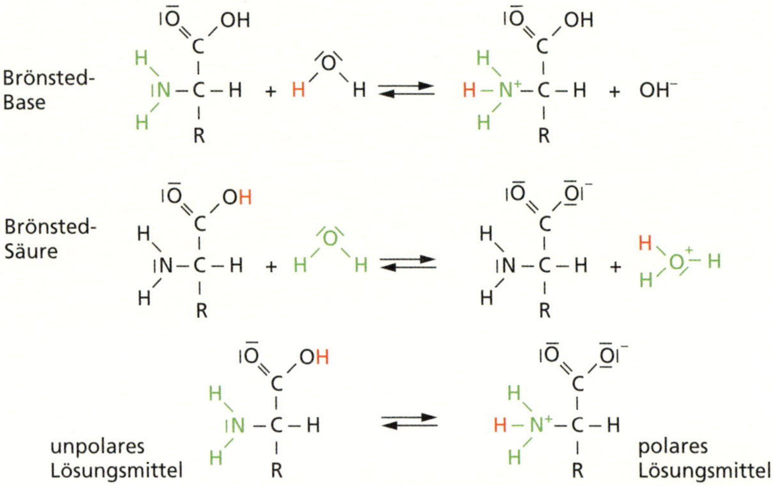

Teilweise werden die im Stoffwechsel aus den **Eiweißen** freigesetzten Aminosäuren zu D-Glucose oder körpereigenen Fetten umgesetzt. Der Abbau der Aminosäuren beginnt mit der Umwandlung der Amino-Gruppe in eine Keto-Gruppe. Diese Reaktion heißt Transaminierung.

Der *pH*-Wert, bei dem die höchstmögliche Konzentration von Aminosäureteilchen in wässrigen Lösungen als Zwitterionen vorliegt, wird **isoelektrischer Punkt (IEP oder pH_{iso})** genannt. Der pH_{iso}-Wert hängt von der Struktur der Seitenkette ab und ist für alle Aminosäuren unterschiedlich.

Aminosäuren haben im Organismus viele Funktionen. So werden kleine Mengen bestimmter Aminosäuren durch Decarboxylierung abgebaut. Dabei entstehen **biogene Amine,** die Bestandteil von Biomolekülen sind oder selbst als Signalstoffe wirken. So werden aus der Aminosäure Tyrosin das Hormon Adrenalin und aus der Aminosäure Histidin das Histamin gebildet, ein Mediator (Überträger) im Immunsystem, der u. a. bei allergischen Reaktionen des Körpers eine wichtige Rolle spielt.

L-Histidin

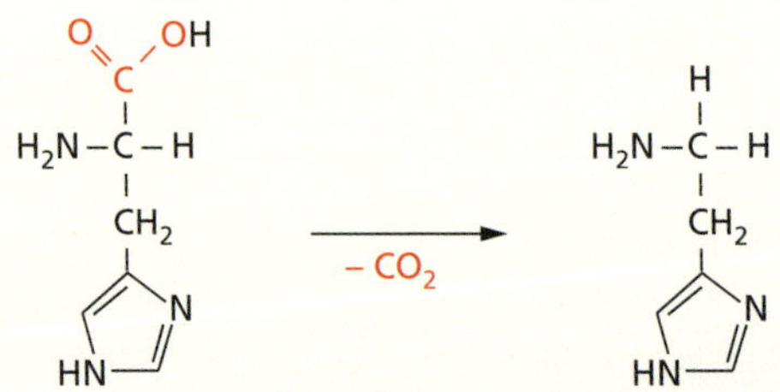

Histamin

Peptide und Proteine

Die Verknüpfung von Aminosäuren führt zu kettenförmigen **Peptiden.** Diese unterteilt man nach der Anzahl der Aminosäurereste in der Peptidkette in Oligopeptide (2 bis 9), Polypeptide (10 bis 100) und die makromolekularen **Proteine bzw. Eiweiße** (mehr als 100).

Der Name **Proteine** (griech. *proteuein* – der Erste sein) geht auf **J. J. BERZELIUS** (1779 –1848) zurück.

Formal erfolgt die Verknüpfung durch die Reaktion der Carboxy-Gruppe der Aminosäure 1 mit der Amino-Gruppe der Aminosäure 2 unter Abspaltung eines Wassermoleküls. Die entstehende Carbonsäureamid-Gruppe nennt man **Peptidbindung.**

Bildung eines Dipeptids

Peptidbindung

Aminosäure 1 Aminosäure 2 Dipeptid Wasser

Der Begriff *Peptidbindung* ist etwas irritierend, da damit die *gesamte Gruppierung* gemeint ist. Durch die Analyse der Struktur hat man festgestellt, dass die Amid-Gruppe starr in einer Ebene liegt. Der Grund ist die Delokalisierung des π-Systems über die gesamte Gruppierung, da das Sauerstoff-, das Kohlenstoff- und das Stickstoffatom jeweils sp^2-hybridisiert sind. Das Sauerstoffatom der ehemaligen Carboxy-Gruppe und das Wasserstoffatom der ehemaligen Amino-Gruppe stehen einander gegenüber, man sagt, sie sind *trans*-ständig. Eine freie Drehbarkeit beobachtet man nur bei den Bindungen zu den α-Kohlenstoffatomen.
Diese Struktur der Peptidbindung ist die Grundlage für die relative chemische Beständigkeit der Proteine und die Erfüllung ihrer vielfältigen Funktionen im Stoffwechsel.

Grenzstrukturen und Geometrie der Peptidbindung

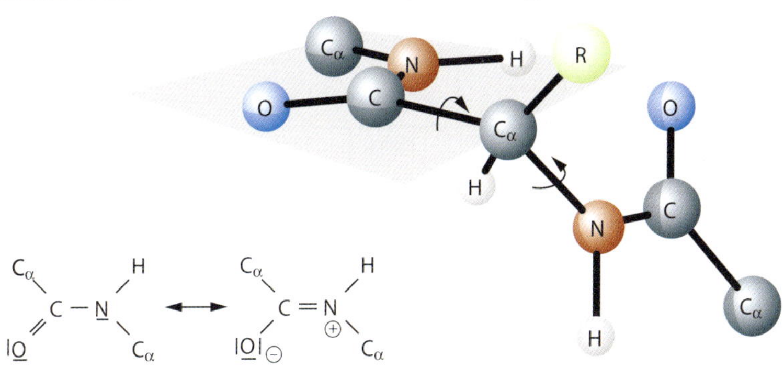

mesomere Grenzformeln

Das delokalisierte π-System der Peptidbindung entsteht durch die Überlappung der p-Orbitale der drei sp^2-hybridisierten, in einer Ebene liegenden Atome (↗ S. 87 f.).

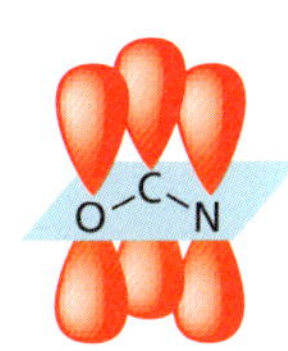

Struktur der Proteine

> Die makromolekularen Proteine weisen eine **komplexe Struktur** auf. Um die Strukutr besser beschreiben zu können, unterteilen Chemiker die Struktur der Proteine modellhaft in vier Ebenen, die Primär-, Sekundär-, Tertiär- und Quartärstruktur genannt werden.

Die Struktur von Peptiden wird mithilfe der **Röntgenstrukturanalyse** bestimmt. Damit wurde u. a. nachgewiesen, dass die Sekundärstruktur auf Wasserstoffbrückenbindungen zwischen verschiedenen Peptidbindungen beruht.

Die **Primärstruktur** gibt die **Aminosäuresequenz,** also die Art, Anzahl und Reihenfolge der einzelnen Aminosäuren im Peptidmolekül wieder. Die Verknüpfung der Aminosäurebausteine erfolgt durch die Peptidbindung.

Die **Sekundärstruktur** erklärt die räumliche Anordnung einzelner Abschnitte eines Peptids. Diese können entweder die Form einer α-Helix- oder einer β-Faltblattstruktur annehmen. In der **α-Helixstruktur** windet sich die Peptidkette zu einer rechtsgängigen Spirale auf. Dabei stehen die NH-Gruppe einer Windung und die CO-Gruppe der vierten darauffolgenden Aminosäure übereinander. Die unterschiedlichen Reste der Aminosäuren stehen strahlenförmig nach außen.

Die **β-Faltblattstruktur** kann mit einem Leporello verglichen werden. Durch die Geometrie der Peptidbindung knicken die einzelnen Ebenen (Seiten des Leporellos) immer an den α-Kohlenstoffatomen ab. Die Reste der Aminosäuren stehen abwechselnd oberhalb und unterhalb der Faltblattebene. Beide Formen der Sekundärstruktur werden durch **Wasserstoffbrücken** zwischen Peptidbindungen stabilisiert.

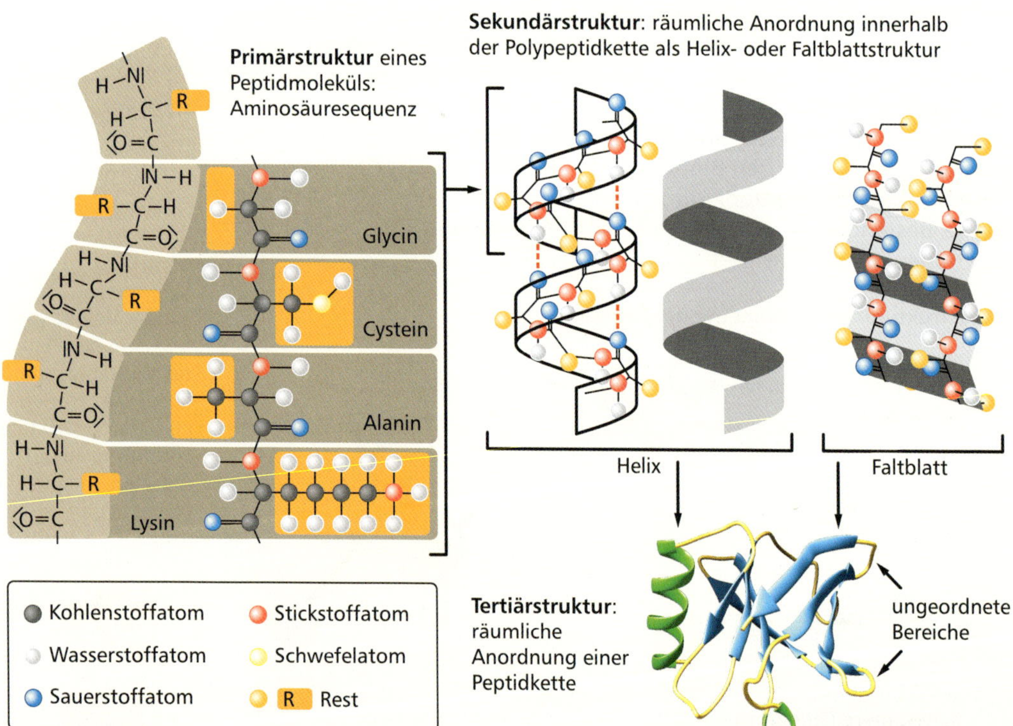

Die **Tertiärstruktur** beschreibt die gesamte räumliche Struktur einer Peptidkette. Die Struktur wird häufig mit einer Achterbahn verglichen, da einzelne Bereiche als α-Helix, andere als Faltblatt oder auch ungeordnet vorliegen. Neben **Wasserstoffbrücken** oder **Ionenbindungen** (↗ Abb.) beobachtet man **Van-der-Waals-Wechselwirkungen** zwischen unpolaren Seitenketten, die auch als hydrophobe Wechselwirkungen bezeichnet werden.
Eine weitere Bindungsart, die die Tertiärstruktur maßgeblich prägt, sind **Disulfidbrücken.** Sie werden unter Abgabe von Wasserstoffatomen (Oxidation) zwischen den Seitenketten zweier gegenüberstehender Cysteinreste gebildet. Die Tertiärstruktur orientiert sich in wässrigen Systemen so, dass polare Seitenketten nach außen ragen, unpolare Seitenketten befinden sich dagegen häufig im „Innern" der räumlichen Struktur.

Die gezielte Synthese von Peptiden im Labor ist eine schwierige Aufgabe, da alle Aminosäuren über mindestens zwei Reaktionszentren verfügen. Ließe man z. B. 100 Aminosäuren ungesteuert miteinander reagieren, dann würde man ein Gemisch aus 10^{130} verschiedenen Peptiden erhalten.

Besteht ein Protein aus mehreren Peptidketten oder hat zusätzlich Bindungen zu Kohlenhydraten oder anderen Molekülen aufgebaut, spricht man von der **Quartärstruktur.** Diese Raumstruktur des gesamten Makromoleküls wird prinzipiell durch die gleichen Bindungsarten wie die Tertiärstruktur stabilisiert.

9

Die Stabilisierung der Sekundär-, Tertiär- und Quartärstruktur der Proteine erfolgt durch Wasserstoffbrücken, ionische und Van-der-Waals-Wechselwirkungen sowie Disulfidbrücken.

Disulfidbrücken in Eiweißen werden nur zwischen den Aminosäureresten des Cysteins gebildet.

Bindungsarten bei Peptiden und Proteinen

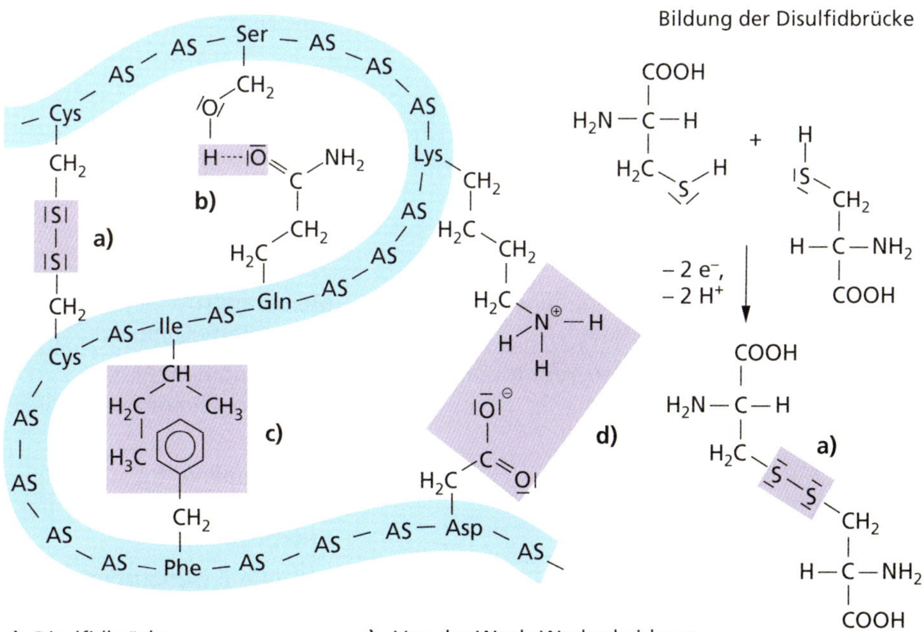

a) Disulfidbrücke
b) Wasserstoffbrücke
c) Van-der-Waals-Wechselwirkung
d) Ionenbindung

Einteilung und Bedeutung der Proteine

Alle als Biokatalysatoren wirksamen **Enzyme** (↗S. 352) sind **Proteine.** Der rote Blutfarbstoff der Wirbeltiere Hämoglobin (↗S. 256) ist ein Transportprotein.

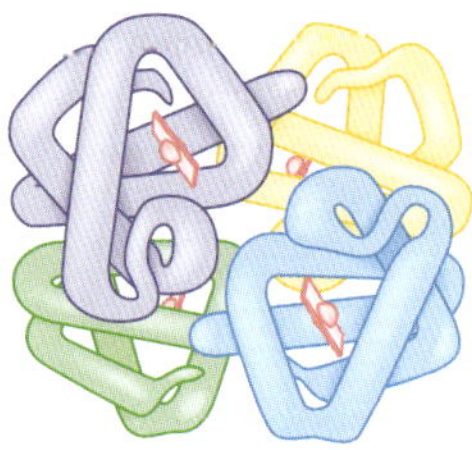

Eine Einteilung der Proteine ist unter zwei Gesichtspunkten sinnvoll. Die erste Variante ist eine Unterteilung nach der Funktion, die das Protein im Stoffwechselprozess übernimmt. Danach werden die Proteine in sieben Hauptgruppen unterteilt.

Unterteilung der Proteine nach ihrer Funktion

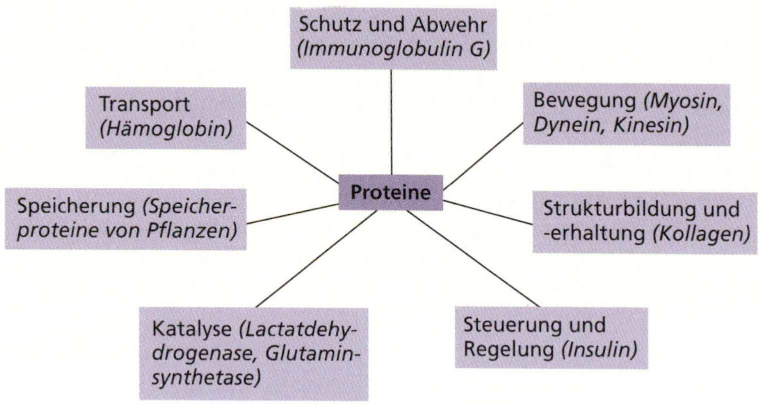

Eine zweite Variante stellt die Struktur des Proteins in den Vordergrund und unterteilt nach den Bestandteilen der Proteine. Neben den Proteinen, die nur aus Polypeptidketten bestehen, findet man auch häufig Proteine, die aus Polypeptiden und nichtpeptidischen Bestandteilen (z. B. Kohlenhydraten, Metall-Ionen oder Nucleinsäuren ↗Tab.) zusammengesetzt sind.

Unterteilung der Proteine nach ihrer Struktur

Bezeichnung	Nichtpeptidkomponente	Vorkommen, Beispiel
reine Proteine	keine	Enzyme, z. B. Lysozym, Hormone, z. B. Insulin
Lipoproteine	Lipide 1. kovalent gebunden 2. Aggregate	Membranproteine Lipoprotein-Komplexe
Metallproteine	Metall-Ionen oder Metall-Komplexe	Hämoglobin im Blut, Chlorophyll in grünen Pflanzenzellen
Glyko- und Mucoproteine	Kohlenhydrate	Blutgruppenantigene, Zellmembran z. B. Magenschleimhaut, Knorpel
Chromoproteine	Farbstoffe	Rhodopsin (Sehpurpur) im Auge
Phosphorproteine	Phosphorsäure	Casein in der Milch
Nucleoproteine	Nucleinsäuren	im Zellkern

Strukturbildende Proteine

Kollagen ist das häufigste **Faserprotein** in tierischen Organismen. Es kommt in den Sehnen, Knochen, der Haut und anderen Festigungsgeweben vor. Entsprechend seiner Funktion muss es über eine hohe Reißfestigkeit verfügen. Außerdem darf es nur wenig dehnbar sein. Die Primärstruktur ist eine Wiederholung der Dreiersequenz–Pro–AS–Gly–, also nur die mittlere Aminosäure variiert. Prolin ist die einzige biogene Aminosäure, bei der die Amino-Gruppe in einen Fünfring integriert ist. Dadurch wird die Drehbarkeit des α-Kohlenstoffatoms stark eingeschränkt. Konsequenzen hat dies auf die Sekundärstruktur: die Windungen der α-Helix sind enger, sodass nur ca. drei Aminosäuren auf eine Windung kommen. Drei dieser helikalen Polypeptidketten wickeln sich zu einer Tripelhelix, vergleichbar mit einem Seil, auf. So entsteht ein Kollagenstäbchen. Viele dieser Stäbchen bilden feste, quer vernetzte Kollagenfibrillen, die eine typische Bandstruktur zeigen.

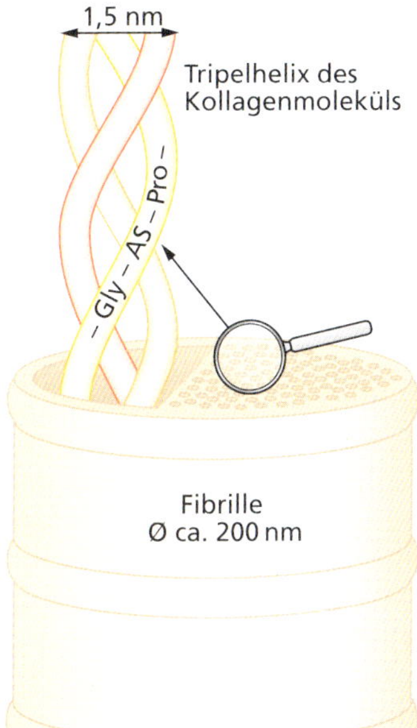

Für die bei jeder Bewegung erforderliche Muskelkontraktion ist das Myosin als Bewegungsprotein unabdingbar.

α-Keratin ist das **Strukturprotein** unserer Haare. Die Sekundärstruktur besteht aus einer α-Helix; zwei dieser helikalen Polypeptidketten bilden eine Doppelhelix. Die zwei Doppelhelices umwickeln sich zu einem sogenannten Protofilament. Jeweils acht Protofilamente bilden eine Mikrofibrille, die wiederum die Basis der menschlichen Haare darstellt. Im Gegensatz zu Kollagen ist Keratin stark schwefelhaltig. Es enthält also viel Cystein als Monomerbaustein. So können die einzelnen Helices durch die Bildung von Disulfidbrücken quer vernetzt werden.

Bei der **Dauerwelle** wird die Quartärstruktur des Keratins verändert, indem die Disulfidbrücken mit einem Reduktionsmittel aufgebrochen werden.
Die Reduktion ist die Rückreaktion der Bildung der Disulfidbrücken (↗S. 345). Nach der Reduktion gibt man dem glatten Haar durch Lockenwickler eine Struktur vor. Dann werden die Haare mit einem Oxidationsmittel, z.B. Wasserstoffperoxid, behandelt und dadurch in der vorgegebenen Struktur neue Disulfidbrücken gebildet. Nach dem Neutralisieren mit Citronensäure und Auswaschen der Chemikalien sind die Disulfidbrücken stabil.

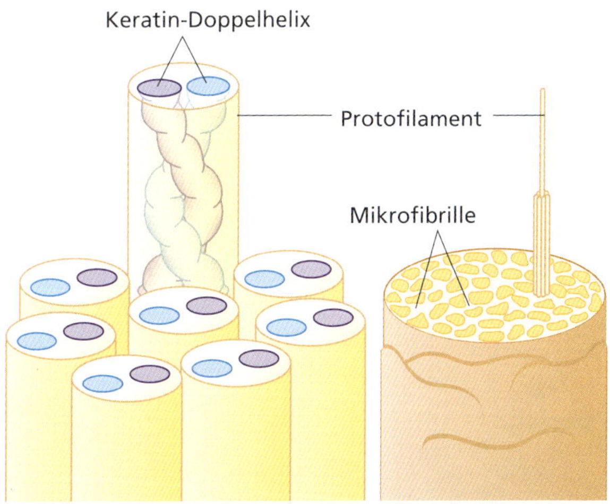

Die Synthese von Proteinen in biologischen Systemen erfolgt aus den 22 bekannten biogenen Aminosäuren (↗ S. 358).

Denaturierung von Proteinen

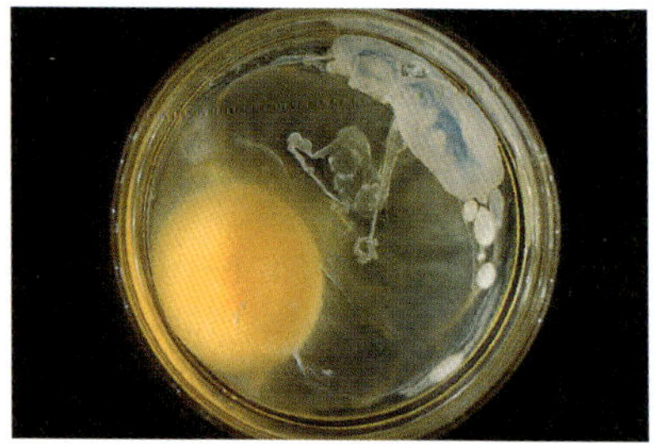

Die komplexe Struktur der Proteine ist unter physiologischen Bedingungen stabil. Andrerseits ist die Struktur empfindlich gegenüber Umwelteinflüssen, z. B. dem Kontakt mit Säuren, Laugen, Schwermetallsalzen oder Lösungsmitteln (↗ Abb.). Auch beim Erhitzen auf Temperaturen über 42 °C werden die Sekundär-, Tertiär- und die Quartärstruktur irreversibel zerstört. Diesen Vorgang, der auch beim Braten von Eiern zu beobachten ist, nennt man **Denaturierung**. Infolge der Zerstörung der räumlichen Anordnung der Peptidketten werden die Eiweiße biologisch inaktiv. Die Strukturveränderung von Eiweißen kann die Ursache schwerer Erkrankungen sein, z. B. für die **Rinderseuche BSE** oder das Creutzfeldt-Jakob-Syndrom beim Menschen.
Der Ausgangspunkt bei beiden Erkrankungen ist eine Veränderung in der Sekundärstruktur eines Proteins. Im erkrankten Protein ist ein Segment, welches normalerweise als α-Helix vorliegt, in eine β-Faltblattstruktur umgewandelt worden. Die Folge ist eine Funktionsunfähigkeit dieses Proteins. Da das veränderte Protein auch nicht mehr durch körpereigene Enzyme abgebaut werden kann, führt es zu den typischen Krankheitsbildern.

Bewusste Ernährung

Kohlenhydrate, Fette und Eiweiße sind die Grundlagen unserer **Ernährung.** Kohlenhydrate und Fette sind dabei die Hauptenergielieferanten, während Eiweiße die Aminosäuren zum Aufbau körpereigener Proteine und anderer Substanzen liefern.

Vitamine und die anderen **Ergänzungsstoffe** sind vor allem in Obst und Gemüse enthalten. Einzig Vitamin B12 muss der Mensch mit tierischen Produkten zu sich nehmen.

Bewusste Ernährung heißt die ausgewogene Aufnahme von Kohlenhydraten, Fetten, Eiweißen, Vitaminen, Mineral- und Ballaststoffen. Die täglich mit der Nahrung aufgenommene Gesamtenergiemenge sollte sich in Abhängigkeit von Geschlecht, Alter und Tätigkeit eines Menschen in einem Bereich von 8800 bis 10000 kJ bewegen. Auch Wasser muss dem Organismus täglich in ausreichender Menge zugeführt werden.
Einen Hinweis für eine gesunde Zusammenstellung der täglichen Nahrungsmittel gibt die **Ernährungspyramide,** die in den Jahren 2001/02 von Wissenschaftlern an der amerikanischen Harvard-Universität grundlegend überarbeitet wurde (↗ Abb. auf S. 349). Im Gegensatz zur alten Ernährungspyramide unterscheidet sie zwischen gesunden und ungesunden Fetten und Kohlenhydraten.
So wird der Verzehr pflanzlicher Öle mit einem hohen Anteil an ungesättigten Fettsäuren empfohlen. Die Aufnahme tierischer Fette, die gesättigte Fettsäuren enthalten, sollte eingeschränkt werden. Dabei muss jedoch auch der Gesamtfettgehalt der Nahrungsmittel beachtet werden. Dieser liegt z. B. bei Milch mit 1,5–3,5 % viel niedriger als bei Kartoffelchips mit 22–36 %. Die in Backwaren oder Pommes frites versteckten tierischen Fette sind weitaus gefährlicher als die natürlichen Fette in der Milch.

Ernährungspyramide

Eiweiße, Kohlenhydrate, Fette und die **Ergänzungsstoffe** (Vitamine, Ballaststoffe, Mineralstoffe und Spurenelemente) bilden die Säulen der Ernährung. Besonders wichtig ist die ausgewogene Aufnahme der Nähr- und Ergänzungsstoffe, wie sie in der nebenstehenden Ernährungspyramide aufgezeigt ist.

Ein weiterer essenzieller Bestandteil der Nahrung sind die **Vitamine.** Dabei handelt es sich um verschiedene Stoffe, die für physiologische Prozesse notwendig sind, vom Körper aber nicht selbst synthetisiert werden können.

Obwohl Vitamine nur in relativ geringen Mengen benötigt werden, erfüllen sie viele Funktionen im Organismus, z. B. bei der Steuerung des Stoffwechsels und beim Aufbau körpereigener Substanzen. Vitamine sind keine einheitliche Stoffklasse. Die Strukturen sind völlig unterschiedlich und mitunter sehr komplex. Die Vitamine werden mit Buchstaben bezeichnet und sind teilweise noch durch arabische Ziffern untergruppiert, z. B. Vitamin B12. Eine generelle Unterteilung kann man in wasserlösliche und fettlösliche Vitamine vornehmen.
Die fettlöslichen Vitamine können für eine bestimmte Zeit in den Fettzellen des Organismus gespeichert werden. Die wasserlöslichen Vitamine wie **Vitamin C** werden dagegen mit dem Urin ausgeschieden und müssen immer wieder mit der Nahrung zugeführt werden.

Nur die Menschen, die Primaten und die Meerschweine sind nicht in der Lage, selbst das Vitamin C zu produzieren.

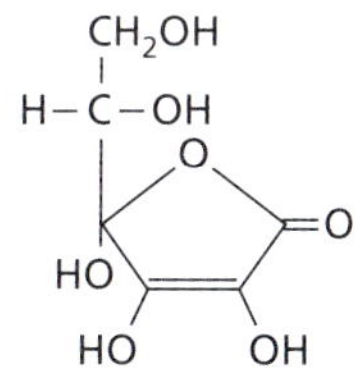

L-Ascorbinsäure (Vitamin C)

Vitamine

Fettlösliche Vitamine	Wasserlösliche Vitamine
Vitamin A (Retinol)	*Vitamin B1, B2, B6, B12*
Vitamin E (Tocopherol)	*Vitamin-B-Komplex*
Vitamin K	*Vitamin C (L-Ascorbinsäure)*
Vitamin D	*Vitamin H (Biotin)*

Naturstoffe

■ **Naturstoffe** sind alle organischen Stoffe, die im Stoffwechsel von Organismen, also durch biochemische Prozesse, gebildet werden.

■ **Eiweiße (Proteine)** sind makromolekulare Stoffe, die aus vielen Aminosäureresten bestehen. Diese sind über Peptidbindungen verknüpft. Die Eiweiße besitzen eine komplizierte räumliche Struktur.

Grundbausteine	Bedeutung	Vorkommen	Nachweis
Aminosäurereste	Gerüstsubstanz, Enzyme, Hormone	Ei, Milch, Fleisch, Hülsenfrüchte	Xanthoproteinreaktion, Biuretreaktion

■ **Fette** sind Gemische aus unterschiedlichen Glycerolestern, wobei Glycerol jeweils mit verschiedenen ungesättigten und gesättigten **Carbonsäuren** verestert sein kann.

Grundbausteine	Bedeutung	Vorkommen	Nachweis
Glycerolreste und Fettsäurereste	Energiereserve, Wärmeisolation, Schutzfunktion	feste Fette wie Butter, Schmalz; fette Öle wie Olivenöl	Fettfleckprobe

■ **Kohlenhydrate** sind organische Stoffe, die aus den Elementen Kohlenstoff, Wasserstoff und Sauerstoff zusammengesetzt sind. Sie werden nach der Anzahl ihrer Grundbausteine in **Mono-, Di-, Oligo- und Polysaccharide** eingeteilt.

Stoff	Grundbausteine	Bedeutung	Vorkommen	Nachweis
Glucose (Monosaccharid)	–	Energielieferant	Obst, Produkt der Fotosynthese	fehlingsche Probe, Tollens-Probe
Saccharose (Disaccharid)	Glucose, Fructose	Haushaltszucker	Zuckerrohr, Zuckerrübe	kein spezifischer Nachweis
Stärke (Polysaccharid)	Glucosereste	Speicherstoff, Energiereserve	Getreide, Kartoffel	Blaufärbung bei Zugabe von Iod-Kaliumiodid-Lösung

Wissenstest 9E

9.6 Chemie in Biosystemen

9.6.1 Stoffwechsel und Biokatalyse

Der **Stoffwechsel** (Metabolismus) eines Organismus umfasst alle Prozesse der Stoff- und Energieaufnahme, -umwandlung und -abgabe im Austausch mit der Umwelt. Die Stoffwechselvorgänge gliedern sich in Assimilation und Dissimilation.

Bei der **Assimilation** werden aus der Umwelt aufgenommene Stoffe unter Energiezufuhr in körpereigene Stoffe umgewandelt (z. B. Fotosynthese). **Autotrophe Assimilation** ist die Aufnahme energiearmer, anorganischer Stoffe und deren Umwandlung in körpereigene, energiereiche organische Stoffe. Als **heterotrophe Assimilation** bezeichnet man die Aufnahme körperfremder organischer Stoffe und deren Umwandlung in körpereigene Stoffe.

Durch **Dissimilation** werden körpereigene Stoffe unter Energiefreisetzung abgebaut (z. B. Atmung oder Gärung).

Lebende Systeme befinden sich in einem ständigen Fließgleichgewicht. Ein erwachsener Mensch nimmt im Verlauf von 40 Jahren ca. 100 t Nährstoffe und mehr als 20 000 l Wasser zu sich. Trotzdem bleibt sein Gewicht nahezu konstant.

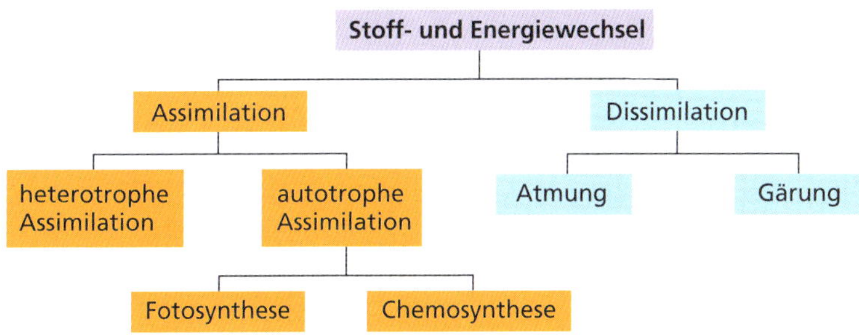

Assimilation und Dissimilation laufen bei allen Organismen gleichzeitig ab und sind durch zahlreiche Überschneidungen der Stoffwechselprodukte eng miteinander verbunden.

Durch die Stoffwechselreaktionen sind auch die autotrophen und heterotrophen Organismen verbunden. Die **Fotosynthese** (↗ S. 355) liefert die Grundlage für die Erhaltung des Lebens auf der Erde.

Der durch Atmung der Organismen verbrauchte Sauerstoff wird durch Fotosynthese der Pflanzen zurückgewonnen. Die im Stoffwechsel der Pflanzen produzierten Kohlenhydrate, Fette und Eiweiße sind Bestandteile der Nahrung von Tieren und Menschen. In unseren Zellen werden die Nährstoffe durch Oxidation (↗ S. 359 ff.) abgebaut und die chemisch gespeicherte Energie wird dadurch verfügbar. Die Endprodukte dieser Reaktionen sind wiederum Kohlenstoffdioxid und Wasser, die erneut von Pflanzen durch Fotosynthese umgesetzt werden können.

Biokatalyse durch Enzyme

Damit eine Zelle am Leben erhalten wird, müssen z. B. im Stoffwechsel oder bei der Reizleitung Tausende von chemischen Reaktionen mit hoher Geschwindigkeit ablaufen. Deshalb besitzt jede Zelle biologische Katalysatoren, sogenannte Enzyme, die diese Reaktionen millionenfach, manchmal sogar milliardenfach, beschleunigen.

Die **Benennung der Enzyme** erfolgt nach einer Einteilung in die Reaktionstypen oder die Substrate.

Enzyme sind Proteine, die eine spezifische dreidimensionale Struktur besitzen und als **Biokatalysatoren** wirken. Durch Absenken der Aktivierungsenergie E_A lassen sie biochemische Reaktionen schneller ablaufen. Als typische Katalysatoren werden Enzyme jedoch nicht bei der Reaktion verbraucht.

Im Vergleich zu gewöhnlichen Katalysatoren, die man aus der Chemie kennt, sind Enzyme in der Lage, die Aktivierungsenergie E_A so weit zu senken, dass biochemische Reaktionen schon bei Körpertemperatur von ca. 37 °C sehr schnell ablaufen. Bei höheren Temperaturen (>42 °C) verlieren sie ihre Aktivität aufgrund der für Eiweiße charakteristischen Zerstörung der Tertiärstruktur durch Denaturierung (↗ S. 348).

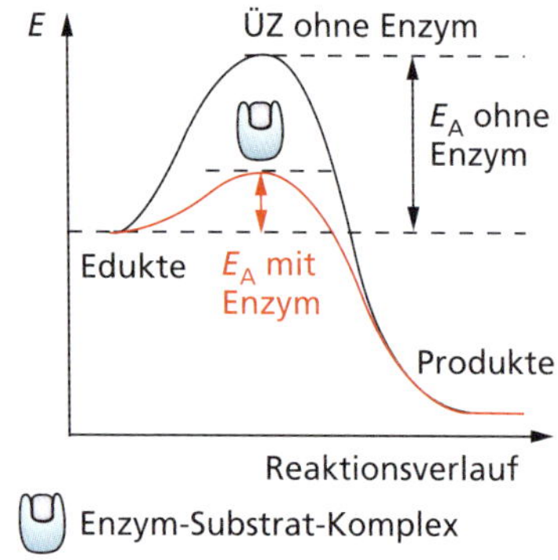

Das Schlüssel-Schloss-Prinzip geht auf EMIL FISCHER (1852–1919) zurück. Die modernere Theorie beschreibt die Wirkungsweise von Enzymen nach dem Induced-Fit-Modell.

Aufgrund ihrer besonderen Struktur wirken Enzyme mit hoher Spezifität. Sie besitzen ein **aktives Zentrum,** das aus räumlich benachbarten Aminosäureresten der Proteinstruktur gebildet wird und die katalytisch wirksame Region des Enzyms darstellt. Dieses aktive Zentrum ist so vorgeformt, dass es ein Substrat nur in einer ganz bestimmten Orientierung binden kann, so wie ein Schlüssel zum Schloss passt. Die Passgenauigkeit zwischen Substrat und Enzym nach dem **Schlüssel-Schloss-Prinzip** ist die Ursache der **Substratspezifität** von Enzymen.

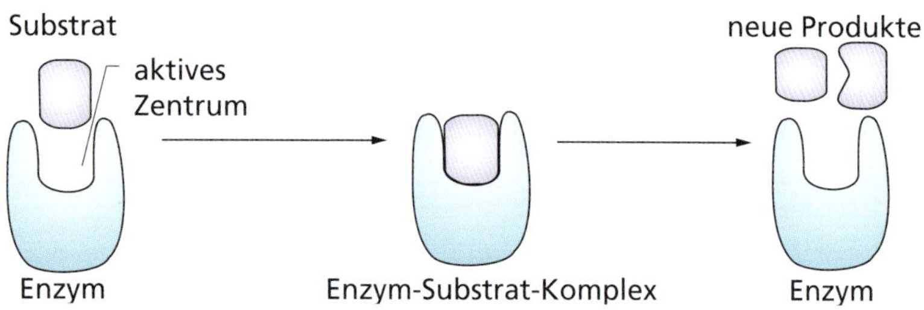

Außerdem katalysiert ein bestimmtes Enzym in Abhängigkeit von den Eigenschaften des aktiven Zentrums nicht jede beliebige Reaktion, sondern setzt das Substrat zu ganz bestimmten Produkten um. Diese Eigenschaft nennt man **Wirkungsspezifität.**

Neben NAD^+ reagiert auch Nicotinsäureamiddinucleotidphosphat ($NADP^+$) als Wasserstoff übertragendes **Coenzym.**

Viele Enzyme sind nur in Anwesenheit von **Coenzymen** aktiv. Coenzyme können komplexe organische Moleküle, z. B. Adenosintriphosphat (ATP) und Nicotinsäureamiddinucleotid (NAD^+) sein, aber auch Metall-Ionen (z. B. Fe^{3+}, Zn^{2+}, K^+) oder -atome (z. B. Mo, Se). Sie werden durch die Enzymreaktionen, an denen sie beteiligt sind, chemisch verändert. Oft dienen sie als Elektronendonator oder -akzeptor in Redoxreaktionen bzw. als Donator oder Akzeptor (↗ S. 361 ff.) in Gruppentransferprozessen. Weil sich die Coenzyme direkt an der Reaktion beteiligen, nennt man sie auch **Cosubstrate oder Cofaktoren.**

NAD^+ ist an biochemischen Redoxreaktionen als Elektronenakzeptor beteiligt. Es übernimmt bei der Oxidation zwei Elektronen und zwei Protonen und wird dabei zu $NADH + H^+$ reduziert. An anderer Stelle können die Elektronen und Protonen wieder abgegeben werden. $NADH + H^+$ wird dabei oxidiert.

Neben den Enzymen kennt man heute auch Ribozyme als Biokatalysatoren.

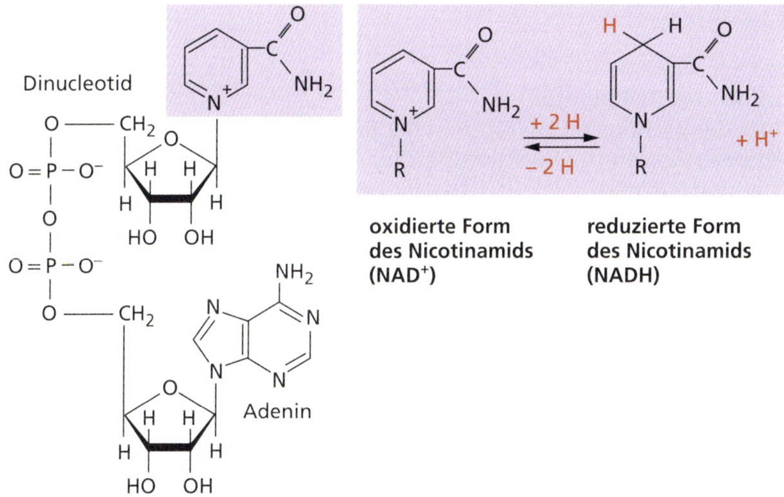

ATP dient in den Zellen aller Lebewesen als universeller Transport- und Speicherstoff für Energie. Es wird täglich in großer Menge produziert und verbraucht. In den chemischen Bindungen der Triphosphateinheit ist Energie gespeichert, die bei der hydrolytischen Spaltung der Bindungen freigesetzt wird. Für die Hydrolyse von Adenosintriphosphat zu Adenosindiphosphat und Phosphat sind das ca. 30 kJ pro mol ATP.

Bei der Umwandlung chemischer Energie im Organismus produziert und verbraucht ein Mensch täglich ca. 80 kg ATP!

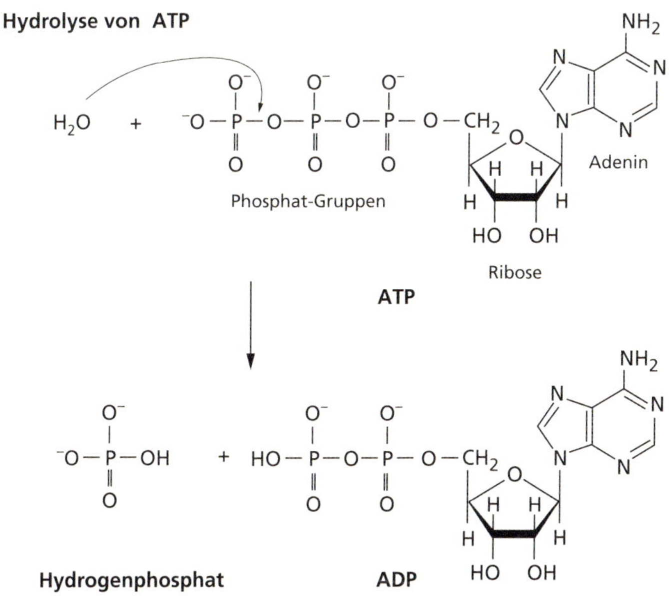

Die in Biomolekülen wie ATP enthaltenen Phosphatreste werden in der Biochemie häufig vereinfacht mit dem Symbol (P) dargestellt.

PO_3^- = (P)

Enzymaktivität

Enzyme dürfen nicht ständig aktiv sein, sondern nur, wenn ihre Wirkung gebraucht wird. Hemmung und Steigerung der Enzymaktivität stellen einen wichtigen Kontrollmechanismus der Enzymregulation dar.

> Die **Aktivität eines Enzyms,** d.h. die Wirksamkeit als Katalysator, wird durch die konkreten Bedingungen der biochemischen Reaktion (Temperatur, pH-Wert und Konzentrationen der Reaktanten) entscheidend beeinflusst.

Einfluss der Temperatur

Einer der wichtigsten Faktoren ist die **Temperatur.** Steigende Temperaturen beeinflussen die Reaktionsgeschwindigkeit positiv, weil sich die Enzym- und Substratmoleküle schneller bewegen. Bei zu hoher Temperatur denaturieren die Enzyme jedoch wie alle Proteine (↗ S. 348), sodass jedes Enzym ein **Temperaturoptimum** besitzt.

Temperaturoptimum von Enzymen

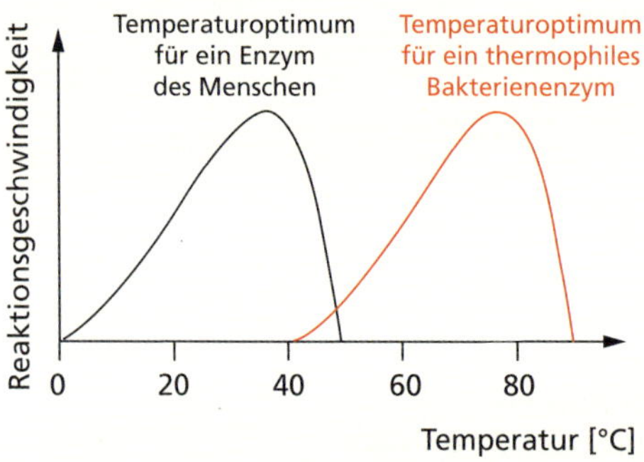

pH-Wert-Optimum von Pepsin und Trypsin

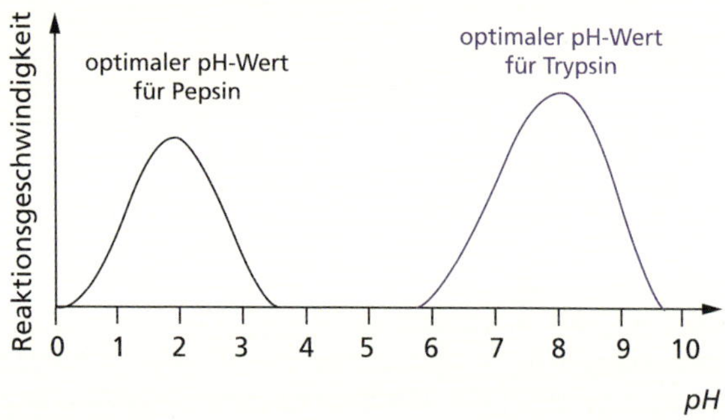

Einfluss des pH-Werts

Jedes Enzym ist bei einem bestimmten pH-Wert am aktivsten. Bei den meisten Enzymen liegt der Optimalwert zwischen 6 und 8 (neutrales Milieu). Pepsin, das Eiweiß verdauende Enzym des Magens, benötigt ein saures Milieu. Es reagiert bereits bei einem pH-Wert von 2. Das Trypsin dagegen, das im Dünndarm wirkt, benötigt ein alkalisches Milieu.

Die Kinetik enzymkatalysierter Reaktionen kann durch die **Michaelis-Menten-Gleichung** quantitativ beschrieben werden.

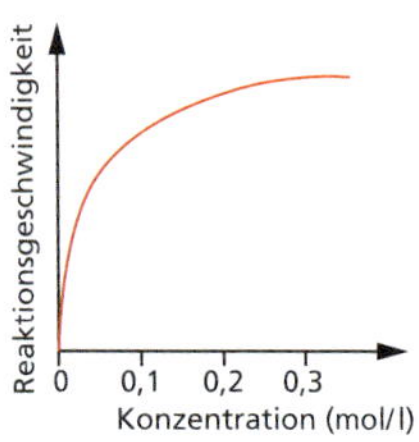

Konzentration des Substrats

Jede Enzymreaktion kann durch Erhöhung der Konzentration des Substrats beschleunigt werden. Wenn mehr Moleküle des Substrats zur Verfügung stehen, stoßen sie auch öfter mit aktiven Zentren zusammen und reagieren. Bei gleichbleibender Menge des Enzyms erhöht sich die Reaktionsgeschwindigkeit aber nicht beliebig. Sobald alle Enzymmoleküle besetzt sind, steigt die Reaktionsgeschwindigkeit nicht weiter an.

Enzymaktivität

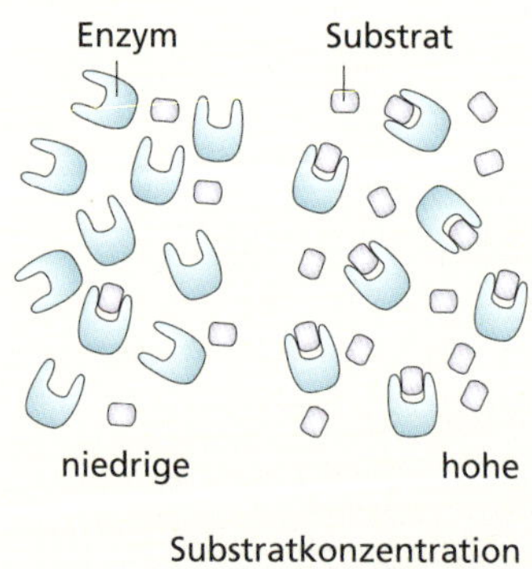

9.6.2 Autotrophe Assimilation – Fotosynthese

Durch **Fotosynthese** wird in Pflanzenzellen mithilfe von Sonnenenergie Glucose aus Kohlenstoffdioxid und Wasser synthetisiert. Die Fotosynthese ist ein endothermer Prozess. Die Lichtenergie wird verbraucht und in Form von chemischer Energie gespeichert.

Die **Fotosynthese** ist eine Form der Assimilation, da unter Verbrauch von Energie aus körperfremden Stoffen körpereigene organische Stoffe aufgebaut werden.

Die Kohlenstoffatome des Kohlenstoffdioxids werden reduziert und aus dem Wasser wird elementarer Sauerstoff freigesetzt. Im Stoffwechsel der Pflanze kann die gebildete Glucose weiter zu anderen Kohlenhydraten sowie zu Fetten und Proteinen umgebaut werden.
Der komplizierte Mechanismus der Fotosynthese ist noch nicht in allen Einzelheiten aufgeklärt. Der Gesamtprozess kann durch folgende Bruttoreaktionsgleichung beschrieben werden:

$$6\,CO_2 + 6\,H_2O \xrightarrow{h \cdot \nu} C_6H_{12}O_6 + 6\,O_2$$

Die Fotosynthese verläuft in zwei eng miteinander verbundenen Abschnitten, den lichtabhängigen Primärprozessen und den lichtunabhängigen Sekundärprozessen. Die über viele Einzelschritte verlaufenden Teilprozesse finden in den Chloroplasten statt, die den Farbstoff **Chlorophyll** enthalten. Chlorophyll ist ein organischer Komplex mit π-Elektronensystem, bei dem Magnesium als Zentralatom ein aus vier verknüpften Pyrrolringen aufgebautes Porphyringerüst stabilisiert (↗ S. 256).
Bei der **lichtabhängigen Reaktion** absorbieren Chlorophyllmoleküle Licht und geben die so angeregten Elektronen ab. Diese energiereichen Elektronen durchlaufen eine Kette von Redoxreaktionen (Elektronentransportketten) und werden schließlich auf $NADP^+$ übertragen. Unter Beteiligung von Protonen, die aus der **Fotolyse des Wassers** stammen, entsteht $NADPH + H^+$. Der zweite Teilprozess beinhaltet die Bildung von ATP aus ADP und Phosphat durch den Enzymkomplex ATP-Synthase. Diese Reaktion wird **Fotophosphorylierung** genannt.
Die Bildung von $NADH + H^+$ und auch die sich anschließende Bildung von ATP sind endotherme Reaktionen, die Produkte sind energiereich. Die erforderliche Energie für beide Prozesse liefert das durch **Fotosynthesepigmente** absorbierte Sonnenlicht. In sogenannten Reaktionszentren sind die für die Fotosynthese erforderlichen Strukturen akkumuliert. Antennenpigmente fangen die energiereichen Lichtquanten ein und leiten sie zu den Reaktionszentren weiter.

Der deutsche Chemiker RICHARD WILLSTÄTTER (1872 bis 1942) erhielt 1915 den Nobelpreis für Chemie für seine Erforschung des Blattfarbstoffs Chlorophyll. Sein Kollege HANS FISCHER (1881 bis 1945) war an diesen Arbeiten beteiligt und erkannte die Ähnlichkeit der Strukturen von Chlorophyll und Hämoglobin.

Lichtabhängige Reaktionen	Lichtunabhängige Reaktionen
Lichtabsorption durch Fotosynthesepigmente (Chlorophyll) und Bildung von $NADPH + H^+$	Anlagerung von CO_2 an einen Akzeptor und anschließende Reduktion von Glycerinsäurephosphat
Freisetzung von Sauerstoff aus Wasser und Synthese von ATP	Synthese energiereicher organischer Stoffe und Regeneration des CO_2-Akzeptors

Neben Chlorophyll als wichtigstem Fotosynthesepigment gibt es noch weitere Hilfspigmente, die aufgrund ihrer Struktur Lichtenergie absorbieren und Elektronen auf andere Moleküle übertragen können.

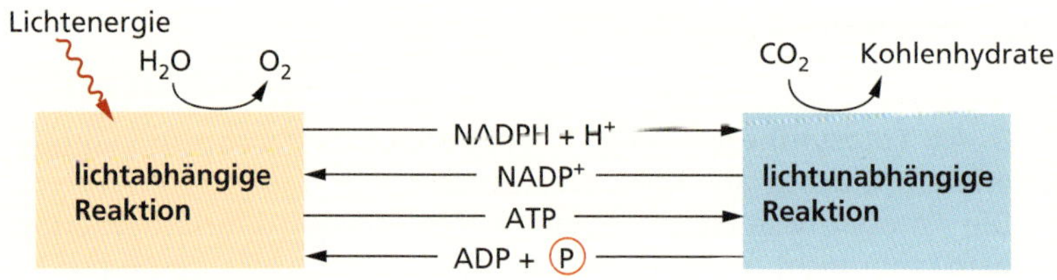

Die einzelnen Schritte der lichtunabhängigen Reaktion wurden von M. CALVIN (1911 bis 1997) aufgeklärt.

Das gebildete $NADPH + H^+$ und ATP werden in der **lichtunabhängigen Reaktion** wieder verbraucht. Durch Addition von CO_2 an Ribulose-1,5-diphosphat entsteht ein instabiles Zwischenprodukt, das spontan in zwei Moleküle Glycerinsäurephosphat zerfällt.
Unter Verbrauch von $NADPH + H^+$ und ATP wird Glycerinsäurephosphat zu Glycerinaldehydphosphat reduziert. Aus zwei Molekülen Glycerinaldehydphosphat entsteht Fructose-1,6-diphosphat, das dann weiter zu Glucosephosphat umgesetzt wird. Ribulosediphosphat dient als CO_2-Akzeptor und wird im **Calvin-Zyklus** laufend zurückgebildet.

Calvin-Zyklus

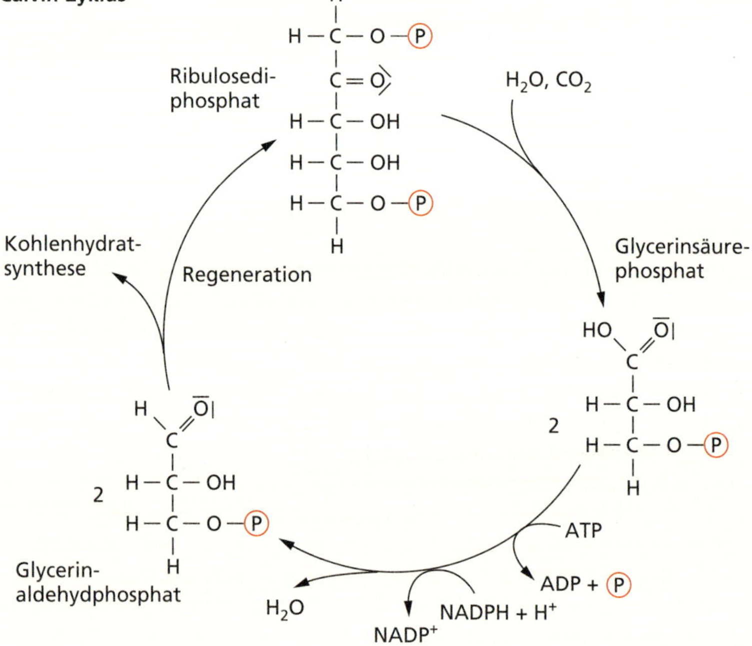

Einige Bakterien gewinnen die Energie für den Calvin-Zyklus nicht aus dem Sonnenlicht, sondern durch Oxidation anorganischer Verbindungen, die Chemosynthese.

Zur Neusynthese eines Glucosemoleküls sind 6 CO_2-Moleküle erforderlich. In der lichtabhängigen Reaktion werden 12 Moleküle ($NADPH + H^+$) und 18 ATP-Moleküle gebildet:

$$12\,NADP^+ + 12\,H_2O + 18\,ADP + 18\,Ⓟ \longrightarrow 12\,(NADPH + H^+) + 6\,O_2 + 18\,ATP$$

Diese werden in der lichtunabhängigen Reaktion wieder verbraucht:

$$6\,CO_2 + 18\,ATP + 12\,(NADPH + H^+) \longrightarrow C_6H_{12}O_6 + 18\,ADP + 18\,Ⓟ + 12\,NADP^+ + 6\,H_2O$$

9.6.3 Heterotrophe Assimilation

Wie fast alle chlorophylllosen Lebewesen gewinnt der Mensch die Energie für den Stoffwechsel aus der aufgenommenen Nahrung durch **heterotrophe Assimilation.** Dabei werden körperfremde organische Nährstoffe abgebaut und unter Nutzung der in ihnen enthaltenen chemischen Energie in körpereigene Stoffe umgewandelt.

Die Nahrung des Menschen (↗ S. 349) besteht aus Nährstoffen (Kohlenhydraten, Eiweißen, Fetten), Vitaminen, Mineral- und Ballaststoffen und aus Wasser. Die aufgenommene Nahrung wird zunächst verdaut. Dabei werden die hochmolekularen, wasserunlöslichen Nahrungsbestandteile in niedermolekulare, wasserlösliche Bausteine aufgespalten, die vom Körper aufgenommen werden können.
Hierbei spielen Enzyme (↗ S. 352) eine wichtige Rolle. In den Zellen werden aus den über Blut und Lymphe transportierten niedermolekularen Bausteinen körpereigene Stoffe synthetisiert.

Die Aufnahme von Stoffen aus dem Dünn- und Dickdarm in Blut, Lymphe oder Zellplasma nennt man Resorption.

Kohlenhydrate

Die aufgenommenen **Kohlenhydrate** werden zunächst in Glucoseeinheiten zerlegt und dann in Form von **Glykogen** hauptsächlich in Leber- und Muskelzellen gespeichert. Bei Bedarf wird das körpereigene Glykogen wieder zu Glucose abgebaut und in der **Glykolyse** (↗ S. 359) unter Energiefreisetzung zu Acetyl-Coenzym A umgesetzt.

Etwa zwei Drittel des Glykogens sind im Muskel gespeichert und ein Drittel in der Leber. Die Speicherform der Glucose bei Pflanzen ist Stärke (↗ S. 335).

Fette

Die mit der Nahrung aufgenommenen **Fette** werden als wichtigstes Energiereservoir des Menschen in wasserfreiem Zustand gespeichert oder nach Spaltung in Glycerol und Fettsäuren durch β-Oxidation zu Acetyl-Coenzym A abgebaut. Der Fettaufbau erfolgt in umgekehrter Reihenfolge zu den Abbaureaktionen, ausgehend von Acetylresten und Dihydroxyaceton aus der Glykolyse.

Zusammenhang zwischen Kohlenhydrat- und Fettstoffwechsel

Der Fettstoffwechsel ist eng mit dem Kohlenhydratstoffwechsel verbunden. Das durch Spaltung von Fettsäuren gebildete Glycerin kann nach Phosphorylierung in den Glykolyseweg eingeschleust werden. Ebenso wird das durch β-Oxidation gebildete Acetyl-Coenzym A im Citronensäurezyklus (↗ S. 360) abgebaut.

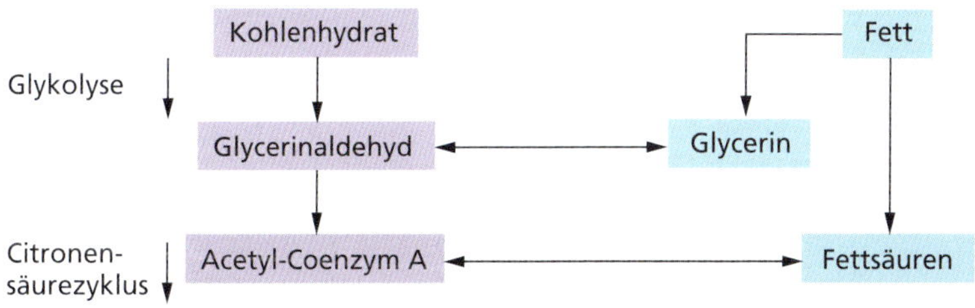

Das bei der Desaminierung frei werdende Ammoniak wird in den **Harnstoffzyklus** eingespeist.

Eiweiße

Eiweiße werden durch Enzyme in ihre Grundbausteine, die **Aminosäuren,** zerlegt. Die Aminosäuren werden entweder zur Synthese körpereigener Proteine verwendet oder nach Abspaltung stickstoffhaltiger Molekülreste (NH_2-Gruppen, NH_3) über den Kohlenhydratstoffwechsel weiter abgebaut. Die Abspaltung der Amino-Gruppen aus den Aminosäuren bezeichnet man als **Desaminierung.**
Die zum Aufbau von Proteinen notwendigen Aminosäuren können auch im Körper neu synthetisiert werden (aus Kohlenstoffverbindungen, die aus der Glykolyse oder dem Citronensäurezyklus stammen) oder werden durch **Transaminierung** ineinander umgewandelt. Diese Reaktion entspricht einer Übertragung von Amino-Gruppen von einem Substrat, z. B. einer Aminosäure, auf ein anderes.

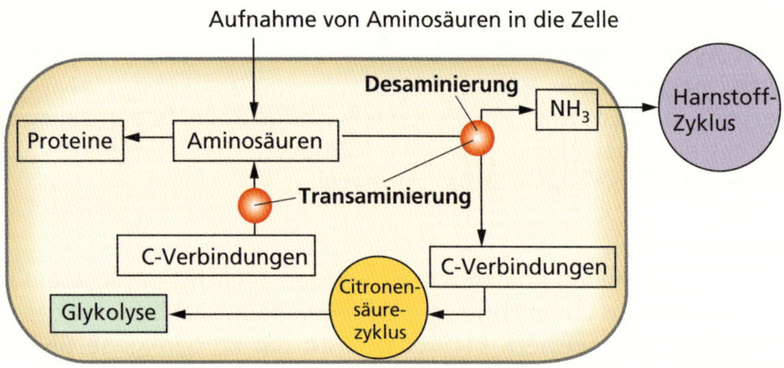

Die Biosynthese von Proteinen erfolgt im Ribosom aus den 22 biogenen **Aminosäuren** (↗S. 341).

Biosynthese von Proteinen

Bei der **Proteinbiosynthese** werden die einzelnen Aminosäuren durch Peptidbindungen miteinander verknüpft. Die Aminosäuren sind durch Veresterung mit der endständigen OH-Gruppe einer Transfer-RNA (tRNA) aktiviert. Die Amino-Gruppe einer Aminosäure kann so nucleophil den aktivierten Carbonylkohlenstoff der anderen Aminosäure angreifen und eine Bindung knüpfen. Die tRNA wird als Abgangsgruppe entlassen.

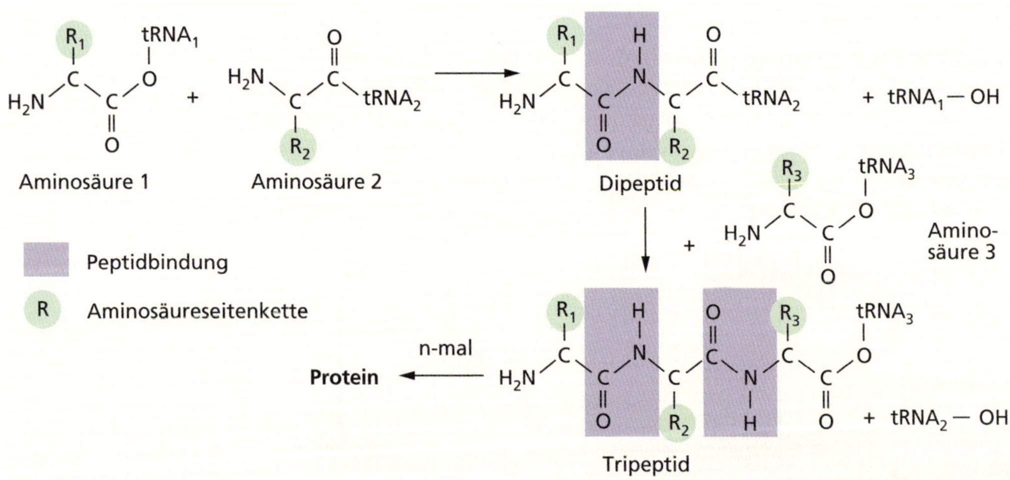

9.6.4 Dissimilation – Atmung

Die **Atmung** ist die Hauptform der **Dissimilation** der Lebewesen. Dabei werden energiereiche körpereigene Stoffe durch Reaktion mit molekularem Sauerstoff zu Kohlenstoffdioxid und Wasser abgebaut und chemische Energie wird in Form von ATP gewonnen. Die **Zellatmung** vollzieht sich in drei Teilschritten: der Glykolyse, dem Citronensäurezyklus und der biologischen Oxidation.

ATP wird in lebenden Zellen bei der Oxidation von Glucose und Fettsäuren zu CO_2 und H_2O gewonnen. Deshalb dienen vorrangig Kohlenhydrate und Fette als Atmungssubstrate.

Glykolyse

Die **Glykolyse** hat eine Schlüsselfunktion im Energiestoffwechsel. Sie steht am Anfang einer Kette verschiedener Prozesse, die den Organismen die benötigte Energie liefern.
Bei der Glykolyse wird Glucose enzymatisch über mehrere Zwischenstufen zum **Pyruvat,** dem Säurerest-Anion der Brenztraubensäure, abgebaut. Dabei entstehen pro Glucosemolekül 2 mol ATP.
Zunächst wird Glucose unter Bildung von Glucose-6-phosphat phosphoryliert. Durch eine zweite Phosphorylierung und enzymatische Isomerisierung entsteht 1,6-Fructosediphosphat. Dieses wird in Dihydroxyacetonphosphat und Glycerinaldehydphosphat gespalten. Das gebildete Dihydroxyacetonphosphat lagert in einem Folgeschritt ebenfalls zu Glycerinaldehydphosphat um. Glycerinaldehydphosphat durchläuft nun eine Folge von Phosphorylierungs- und Dephosphorylierungsschritten. Dabei wird es zuerst unter Bildung von NADH+H^+ zu 1,3-Diphosphatglycerat oxidiert.
Durch Wasserabspaltung entsteht Phosphoenolpyruvat, das zum Endprodukt der Glykolyse, dem Pyruvat, umgesetzt wird. Das Pyruvat wandert in die Mitochondrien und reagiert dort mit Coenzym A zum Acetyl-Coenzym A, das dann im Citronensäurezyklus (↗ S. 360) weiter umgesetzt wird.

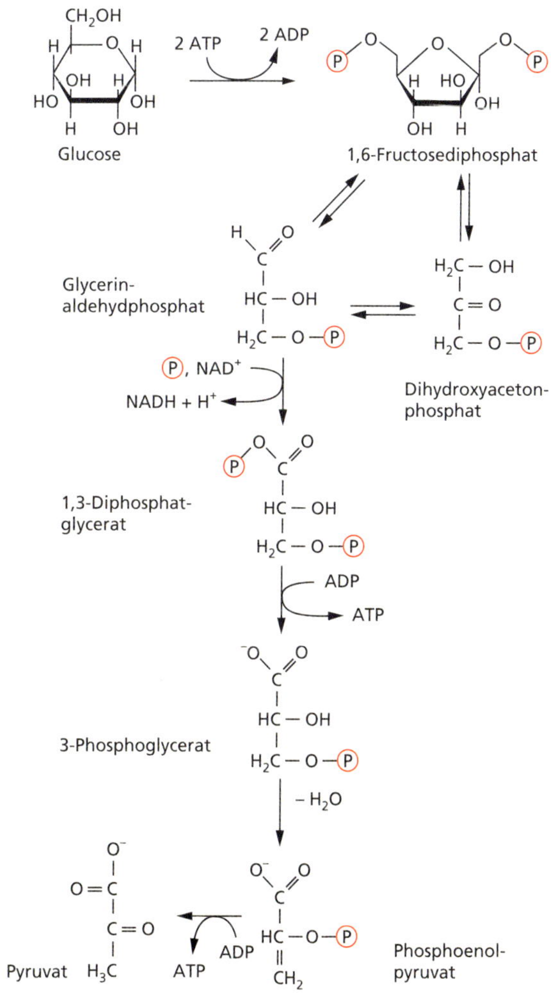

Insgesamt betrachtet, erfolgt der Prozess der Gewinnung von 2 mol ATP aus 1 mol Glucose bei der Glykolyse nach folgender Bruttogleichung:

$$C_6H_{12}O_6 + 2\,ADP + 2\,Ⓟ + 2\,NAD^+ \longrightarrow 2\,CH_3{-}CO{-}COO^- + 2\,ATP + 2\,NADH + 4\,H^+$$

Citronensäurezyklus

Der 1937 von H. KREBS (1900–1981) postulierte **Citronensäurezyklus** ist die „Drehscheibe" des Stoffwechselsystems.

> Der **Citronensäurezyklus** liefert wichtige Synthesebausteine für körpereigene Substanzen. Die wichtigste Funktion des Citronensäurezyklus ist die Produktion von chemisch gebundenem Wasserstoff für die Atmungskette.

FAD, Flavinadenindinucleotid, ist ähnlich wie NAD^+ ein **Coenzym,** das in biochemischen Redoxreaktionen als Wasserstoffakzeptor wirkt.

Im Verlauf des Prozesses wird die Acetylgruppe des aus dem Abbau von Kohlenhydraten, Fetten und Eiweißen entstandenen Acetyl-Coenzyms A zu CO_2 oxidiert und Energie in Form von ATP erzeugt. Acetyl-CoA wird an Oxalessigsäure gebunden und unter Aufnahme von Wasser bzw. Abgabe von Kohlenstoffdioxid und Wasserstoff stufenweise in verschiedene organische Säuren umgewandelt.
Der Prozess verläuft zyklisch, Oxalessigsäure wird als Akzeptor für neues Acetyl-CoA immer wieder zurückgebildet. Im Verlauf dieser komplizierten, von Enzymen katalysierten Folge chemischer Reaktionen werden aus 2 mol Pyruvat 2 mol ATP nach folgender Bruttogleichung erhalten:

$$2\,CH_3{-}CO{-}CoA + 6\,NAD^+ + 2\,FAD + 2\,ADP + 2\,Ⓟ + 6\,H_2O \longrightarrow 4\,CO_2 + 6\,(NADH + H^+) + 2\,FADH_2 + 2\,ATP + 2\,CoA$$

Citronensäurezyklus

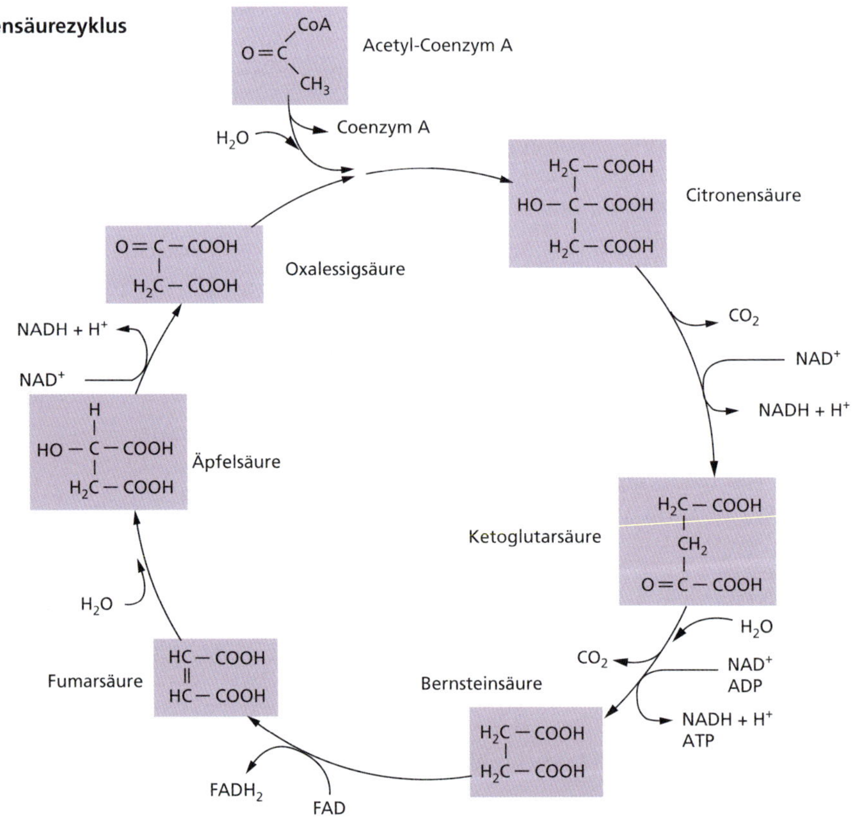

Biologische Oxidation

Bei der **biologischen Oxidation** wird der chemisch gebundene Wasserstoff in den Mitochondrien mit molekularem Sauerstoff zu Wasser oxidiert. Die dabei frei werdende Energie wird zur ATP-Synthese genutzt. Dieser auch als **oxidative Phosphorylierung** bezeichnete Vorgang ist der effizienteste ATP-produzierende Prozess.

Bruttogleichung der biologischen Oxidation:

$$12\,(NADH + H^+) + 6\,O_2 + 34\,ADP + 34\,Ⓟ \longrightarrow 12\,H_2O + 12\,NAD^+ + 34\,ATP$$

Bei der vollständigen Oxidation eines Moleküls Glucose entstehen insgesamt 38 Moleküle ATP, zwei in der Glykolyse, zwei im Citronensäurezyklus und 34 in der oxidativen Phosphorylierung.
Die Atmung bildet das Schlussglied einer Kette von Stoffwechselreaktionen, die alle miteinander verknüpft sind. Die während der Atmung freigesetzte Energie wird nur zum Teil in ATP gebunden. Der verbleibende Teil wird zur Aufrechterhaltung der Körpertemperatur benutzt oder in Form von Wärme an die Umwelt abgegeben.
Dabei gilt der erste Hauptsatz der Thermodynamik (↗S. 114) bzw. der Energieerhaltungssatz: Die in den umgesetzten Nährstoffen gespeicherte Energie ist gleich der Summe aus im ATP gebundener Energie, produzierter Wärmeenergie und der in den gebildeten Endprodukten gespeicherten Energie.

▶ Fette, insbesondere die darin enthaltenen Fettsäuren (↗S. 338), sind hervorragende Energiespeicher. Der Abbau der Fettsäuren durch β-Oxidation erfolgt in den Mitochondrien und ist eine weitere wichtige Form der biologischen Oxidation.

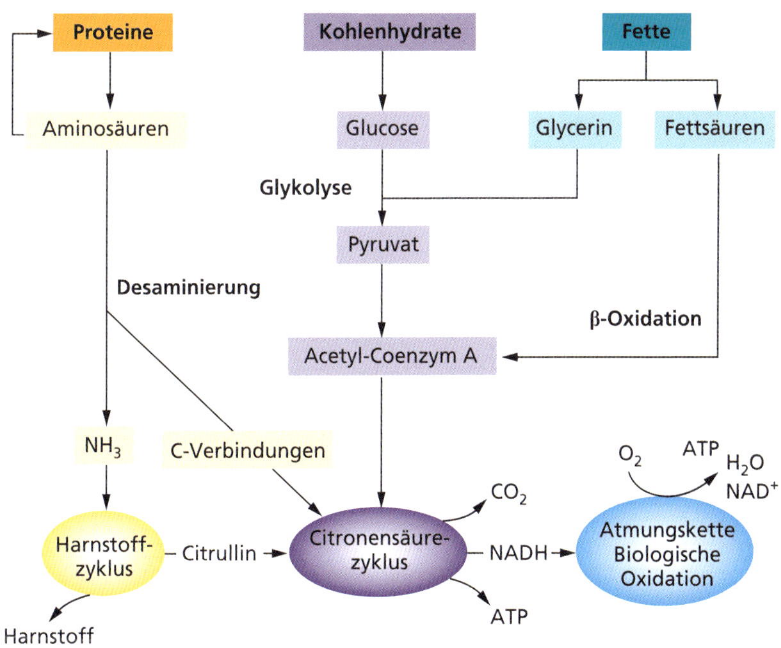

▶ Die Aufnahme von O_2 aus der Umwelt und die Abgabe von CO_2 sowie den Transport der Atemgase bezeichnet man als äußere Atmung. Die biochemischen Vorgänge in der Zelle und in den Mitochondrien nennt man innere Atmung oder **Zellatmung**.

9.6.5 Dissimilation – Gärung

▶ Anaerob bedeutet unter Sauerstoffausschluss und kommt aus dem Griechischen (*aer* – Luft, Vorsilbe *an* – ohne).

Gärung ist die Form der Dissimilation, die unter anaeroben Bedingungen abläuft. Energiereiche organische Stoffe werden zu energieärmeren organischen Stoffen abgebaut.

Die Gärung beginnt wie die Atmung mit dem Abbau organischer Substrate durch Glykolyse. Unter **anaeroben Bedingungen** ist jedoch kein molekularer Sauerstoff für die Oxidation verfügbar. Das in der Glykolyse gebildete Pyruvat kann daher nicht wie bei der Atmung weiterverabeitet werden. Es wird direkt zu energieärmeren Folgeprodukten reduziert. Nach der Art der Endprodukte werden verschiedene Gärungstypen unterschieden:

Gärungsart	Ausgangsstoff	Produkte	Nutzung
alkoholische Gärung	Glucose	Ethanol, Kohlenstoffdioxid	Wein und Bier brauen, Backen
Milchsäuregärung	Glucose	Milchsäure (Lactat)	Käsereifung
Essigsäuregärung	Ethanol	Essigsäure	Speiseessigherstellung
Fäulnis	Eiweiß	Schwefelwasserstoff, Ammoniak	Zersetzung von Tier- und Pflanzenresten
Verwesung	Eiweiß	Kohlenstoffdioxid, Wasser, Ammoniak	Humusbildung

Alkoholische Gärung

Bei der **alkoholischen Gärung** wird das bei der Glykolyse gebildete Pyruvat unter anaeroben Bedingungen decarboxyliert. Es entsteht Ethanal, der enzymatisch weiter zu Ethanol reduziert wird. Dabei wird $NADH + H^+$ zu NAD^+ oxidiert.

▶ Durch die schnell ablaufende Gärungsreaktion wird das reaktive Pyruvat abgebaut und dabei das für die **Glykolyse** benötigte NAD^+ wieder regeneriert.

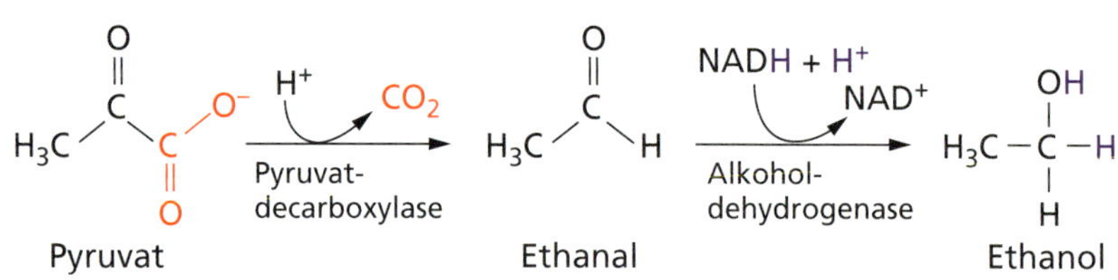

Der Energiegewinn bei der alkoholischen Gärung beschränkt sich auf die 2 mol ATP, die bei der Glykolyse der Kohlenhydrate anfallen. Die Gleichung für den Gesamtprozess lautet:

$$C_6H_{12}O_6 + 2\,ADP + 2\,Ⓟ \longrightarrow 2\,CO_2 + 2\,C_2H_5OH + 2\,ATP$$

Die alkoholische Gärung dient einzelligen Hefepilzen und anderen Mikroorganismen zur Energiegewinnung aus Kohlenhydraten. Sie besitzen die dazu notwendigen Enzyme, z. B. Pyruvatdecarboxylase oder Aldehyddehydrogenase. Die Gärung erfolgt unter Sauerstoffausschluss überall, wo die Mikroorganismen geeignete Bedingungen vorfinden. Der Mensch nutzt die alkoholische Gärung zur biotechnischen Synthese von Ethanol. Daraus werden hauptsächlich alkoholische Getränke wie **Bier, Wein oder Spirituosen** hergestellt.

Bier wird heute noch nach dem **deutschen Reinheitsgebot** von 1516 aus Gerste bzw. Malz, Hopfen und Wasser gebraut. Die Getreidekörner werden zuerst mit Wasser zum Keimen gebracht. Dabei wird im Korn das Enzym Amylase angereichert, das zur Stärkespaltung benötigt wird. Nach fünf Tagen wird der Keimvorgang durch Erhitzen (Darren) abgebrochen. Das so erhaltene **Malz** wird durch Schroten zerkleinert (↗ Abb.).

Die Herstellung von Bier und Wein hat eine mehrere tausend Jahre alte Tradition.

Pro-Kopf-Verbrauch Deutschland 2010

Bier	108 l
Wein	21 l
Spirituosen	5,5 l

Bierherstellung

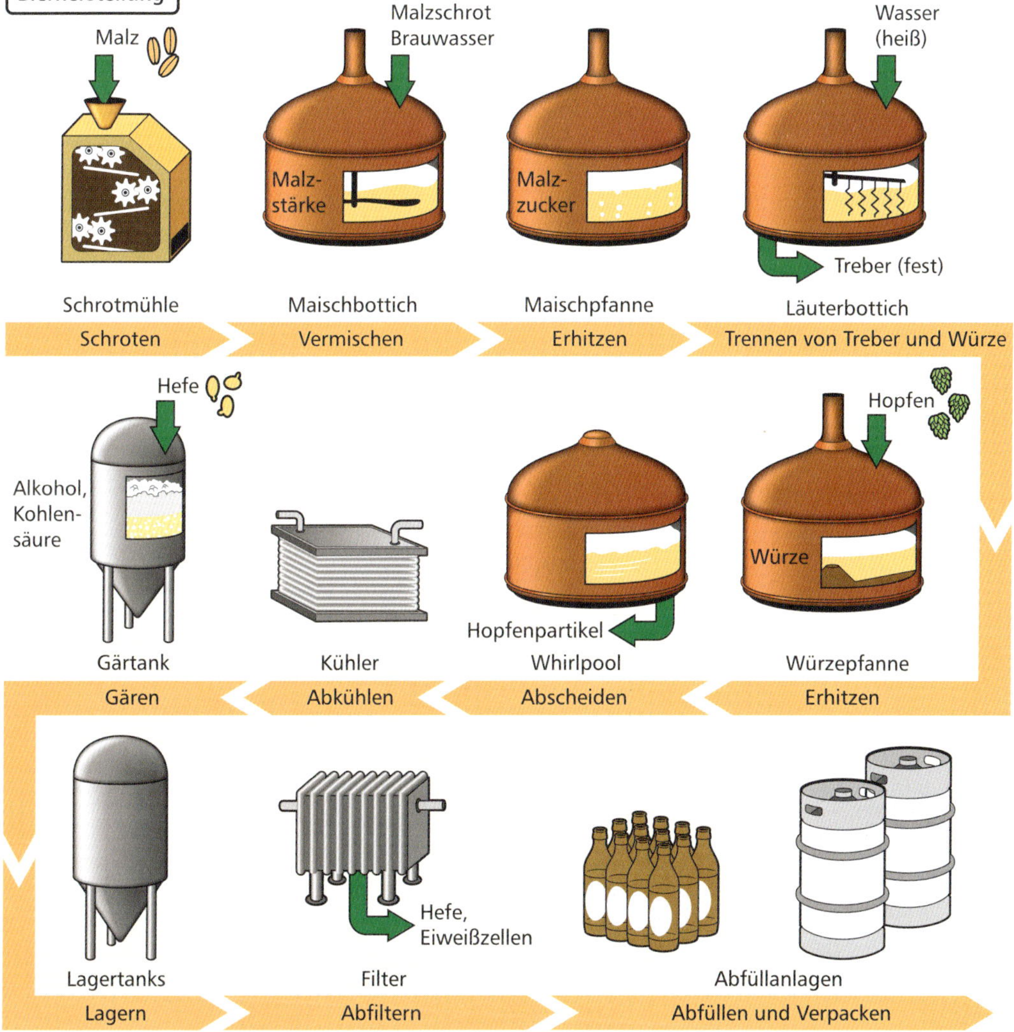

Der als Kraftstoffzusatz hergestellte Bioethanol wird auf ähnliche Weise aus Zuckerrohr oder Mais gewonnen. Der Nutzen von **Biokraftstoffen** als Alternativen zu Benzin und Diesel wird außerordentlich kontrovers diskutiert.

Bei Menschen mit einer **Alkoholintoleranz** ist das Enzym ALDH-2 inaktiv.

Beim anschließenden **Maischen** wird das Malz bei etwa 50 °C mit Wasser vermischt. Das Enzym Amylase spaltet die Stärke in vergärbaren Malzzucker. Nach Abtrennung der Feststoffe wird in der Sudpfanne mit Hopfen als wesentlichem Geschmacksstoff bei über 80 °C die Würze gekocht. Bei dieser Temperatur denaturieren die Eiweiße. Durch verdampfendes Wasser wird die Lösung aufkonzentriert. Nicht gelöste Bestandteile und ausgefallene Eiweiße werden entfernt.

Die erhaltene Würze wird auf 5 bis 20 °C gekühlt und durch die Zugabe der Hefe der **Gärprozess** eingeleitet. Während der nächsten fünf bis acht Tage werden 60–70 % des Malzzuckers zu Ethanol vergoren. Bei der folgenden Lagerung in Drucktanks wird der restliche Zucker vergoren und das entstehende Kohlenstoffdioxid löst sich im Bier. In Abhängigkeit von der Biersorte dauert dieser Prozess zwei bis zwölf Wochen. Nach der Filtration kann das fertige Bier abgefüllt werden (↗ Abb. auf S. 363).

Abbau von Ethanol im Stoffwechsel

Der unkontrollierte und dauerhafte Genuss alkoholischer Getränke kann zur Abhängigkeit von der „Volksdroge Alkohol" und zu schweren gesundheitlichen Schäden führen.

Der getrunkene Alkohol wird über das Verdauungssystem in die Blutgefäße abgegeben. In den Leberzellen erfolgt der oxidative **Abbau zu Essigsäure** bzw. Acetat-Ionen. In dem zweistufigen Prozess entsteht unter Beteiligung des Enzyms ADH (Alkoholdehydrogenase) **Ethanal** als giftiges Zwischenprodukt (↗ Abb. unten). Der Aldehyd verursacht die als „Kater" bekannten Kopfschmerzen. Er führt auch dazu, dass Nerven- und Leberzellen absterben und begünstigt die Ausbildung einer lebensbedrohlichen Leberzirrhose.

Im zweiten Schritt muss das giftige Ethanal möglichst schnell in Essigsäure umgewandelt werden. Die Reaktion wird durch das Enzym ALDH (Aldehyddehydrogenase) katalysiert, von dem es zwei Varianten gibt. In den Mitochondrien der Leberzelle befindet sich ALDH2, die den Aldehyd viel schneller abbauen kann als ALDH1 im Cytoplasma der Leberzelle.

$$C_2H_5OH + NAD^+ \xrightarrow{ADH} CH_3CHO + NADH + H^+$$

$$CH_3CHO + NAD^+ + H_2O \xrightarrow{ALDH} CH_3COOH + NADH + H^+$$

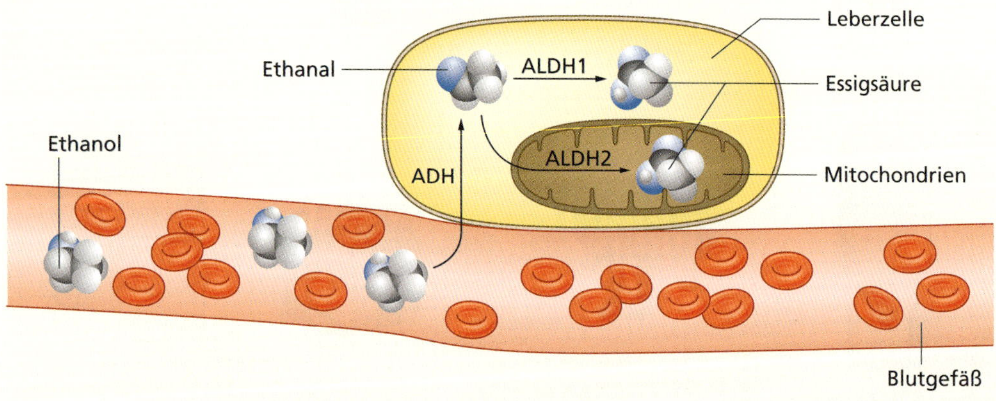

Milchsäuregärung

Die **Milchsäuregärung** läuft unter anaeroben Bedingungen in der Muskelzelle ab. Dabei wird Pyruvat enzymatisch unter Verbrauch von NADH + H^+ zu Milchsäure bzw. Lactat abgebaut.

Pyruvat

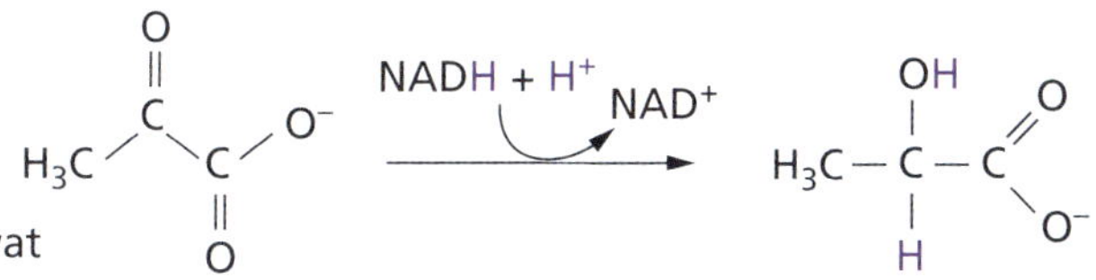

Lactat

Auch bei der Milchsäuregärung ergibt sich der Energiegewinn der Bruttoreaktion aus den 2 mol ATP, die bei der Glykolyse gebildet werden:

$$C_6H_{12}O_6 + 2\,ADP + 2\,\textcircled{P} \longrightarrow 2\,CH_3-CHOH-COOH + 2\,ATP$$

Im Vergleich zur Atmung unter aeroben Bedingungen verbraucht die anaerobe Gärung Glucose sehr verschwenderisch: Sowohl bei der alkoholischen Gärung als auch bei der Milchsäuregärung werden pro Molekül Glucose nur insgesamt zwei Moleküle ATP produziert. Dagegen liefert der Gesamtprozess der oxidativen Phosphorylierung 38 Moleküle ATP pro Glucosemolekül.

Allerdings läuft die anaerobe Umsetzung des Pyruvats und die damit verbundene Regeneration des NAD^+ bis zu 100-mal schneller ab als die entsprechenden Prozesse bei der Zellatmung. Daher wird ATP bei hohem Energiebedarf im Gewebe (z. B. während des Sporttreibens) hauptsächlich durch anaerobe Oxidation des Pyruvats zu Lactat gewonnen.

Die Milchsäuregärung läuft im Muskel vor allem bei hoher Aktivität und damit verbundenem hohen ATP-Bedarf ab und wurde lange Zeit als Ursache des **„Muskelkaters"** angesehen. Nach neueren Erkenntnissen lässt sich der Muskelkater sehr viel wahrscheinlicher auf kleine Risse im Gewebe durch Überbelastung zurückführen.

Lactat ist das Säurerest-Anion der Milchsäure.

Milchsäure

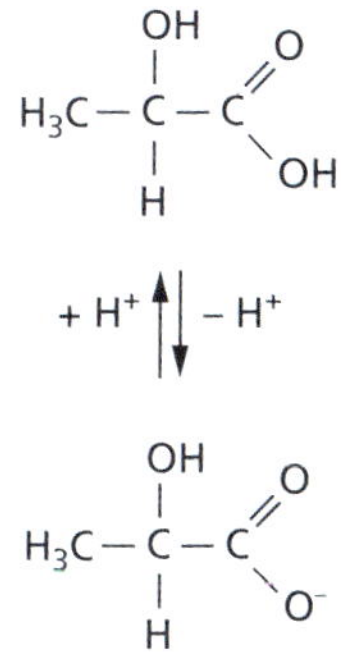

Lactat

Der finnische Chemiker **A. I. VIRTANEN** (1895–1973) klärte die Abläufe bei der Milchsäuregärung auf und erhielt 1945 den **Nobelpreis** für Chemie.

Energiegewinnung aus Glucose durch Dissimilation

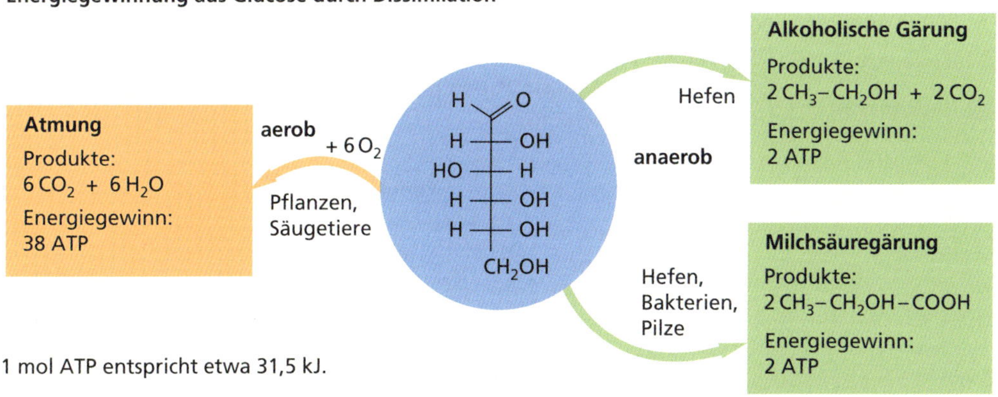

1 mol ATP entspricht etwa 31,5 kJ.

9.6.6 Nucleinsäuren

Die Aufklärung der chemischen Struktur der DNA gelang 1952 den amerikanischen Forschern J. WATSON (geb. 1928) und F. CRICK (1916–2004).

Nucleinsäuren bestehen aus makromolekularen Molekülketten, die aus **Nucleotiden** als Monomereinheiten aufgebaut sind.

In den Zellen von Lebewesen kommen zwei Formen der Nucleinsäuren vor: **Desoxyribonucleinsäure (DNA)** und **Ribonucleinsäure (RNA).** Die DNA ist Träger der Erbinformation. Verschiedene RNA-Formen befinden sich im Cytoplasma. Mit ihrer Hilfe wird die Erbinformation umgesetzt, sie spielen eine wichtige Rolle bei der **Proteinbiosynthese.**
Die Primärstruktur der Nucleinsäuren wird durch die Reihenfolge der Nucleotidbausteine bestimmt. Die einzelnen Nucleotide sind aus einem Phosphatrest, einem Zuckermolekül (Ribose bei der RNA bzw. Desoxyribose bei der DNA) und einer von jeweils vier möglichen organischen stickstoffhaltigen Basen (Nucleobasen) aufgebaut.
Da jedes Nucleotid (↗ Abb.) im Phosphatrest noch ein Wasserstoffatom enthält, das als Proton abgespalten werden kann, reagieren die Makromoleküle trotzdem als Protonendonatoren. Auf der schwach sauren Reaktion mit Wasser beruht der Name der Nucleinsäuren.

Aufbau eines Nucleotids

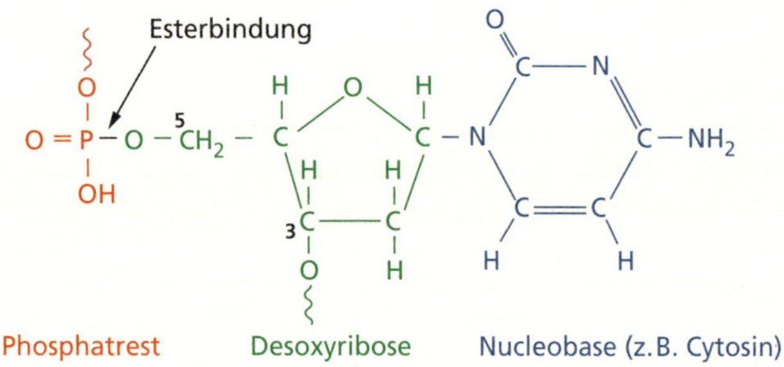

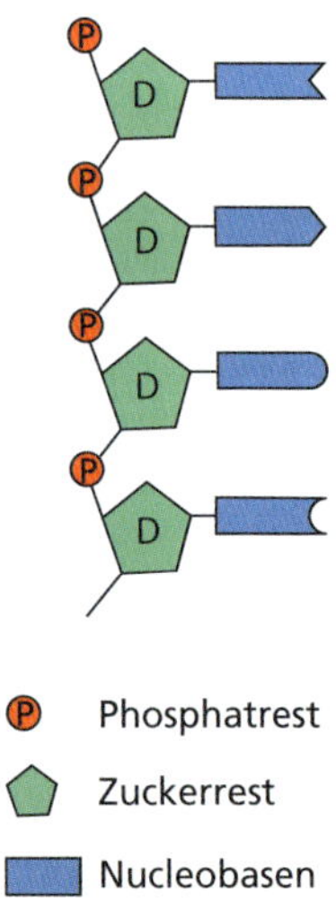

Die Nucleotide sind untereinander durch Esterbindungen zwischen den Phosphorsäureresten und den beiden Hydroxylgruppen am C_3- und C_5-Atom des jeweiligen Zuckermoleküls verbunden. Dadurch entsteht eine Polynucleotidkette mit der nebenstehenden schematischen Struktur.
DNA-Moleküle enthalten die vier Nucleobasen Adenin (A), Thymin (T), Guanin (G) und Cytosin (C). In RNA-Molekülen ist das Thymin gegen das Uracil (U) ausgetauscht.

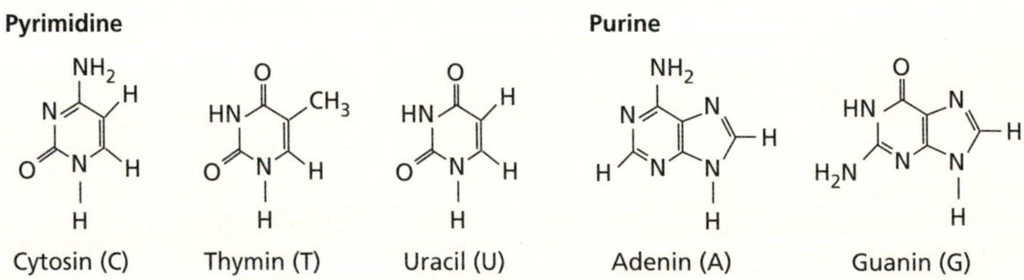

Basenpaare der DNA

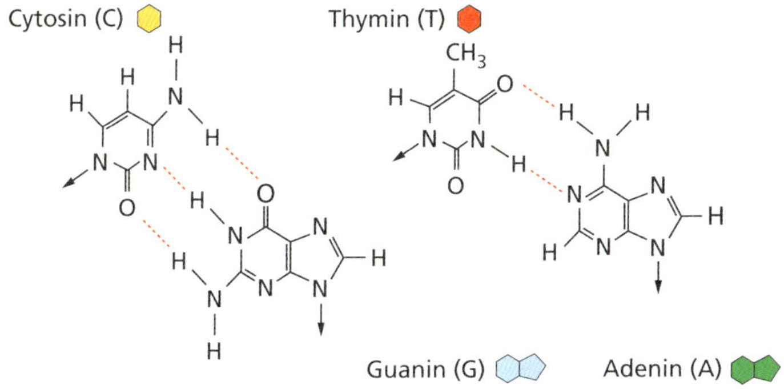

Die schwache Basizität der Heterocyclen (↗ S. 300) rührt daher, dass die Stickstoffatome über freie Elektronenpaare verfügen, an die sich Protonen anlagern können.

Durch die Bindungswinkel im Phosphatrest und im Zuckermolekül windet sich die Molekülkette rechtsgängig um die eigene Achse. Über Wasserstoffbrücken zwischen den Nucleobasen verbinden sich zwei Molekülstränge zu einer **Doppelhelix.**

Aufgrund ihrer Struktur können je zwei Basen untereinander Wasserstoffbrücken ausbilden und so die Sekundärstruktur der DNA stabilisieren. Das Basenpaar Thymin-Adenin ist durch zwei und das Basenpaar Cytosin-Guanin durch drei Wasserstoffbrücken miteinander verbunden (↗ Abb. oben). Dadurch ist die Reihenfolge der Nucleotide und somit die Erbinformation sicher gespeichert.

Abgegrenzte Abschnitte der DNA codieren bestimmte Proteine. Dabei bilden jeweils drei aufeinanderfolgende Basen ein Basentriplett (Codon) und codieren eine der 22 biogenen Aminosäuren.

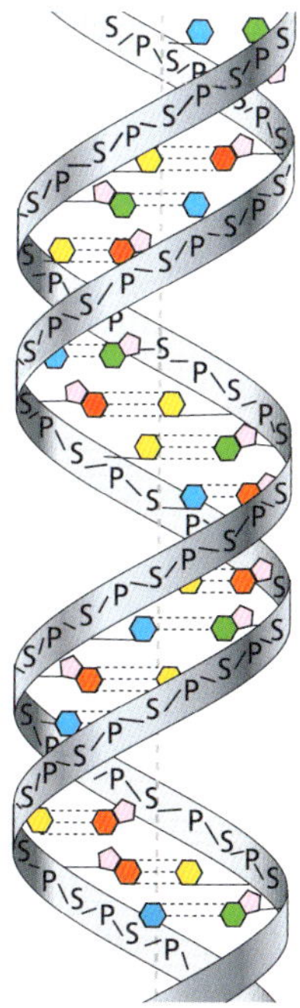

P – Phosphatgruppe
S – Zuckermolekül (engl.: *sugar*)

Für die 22 biogenen Aminosäuren stehen 64 Codierungen zur Verfügung, sodass für viele Aminosäuren mehrere Verschlüsselungen möglich sind. So wird Leucin mit sechs verschiedenen Codonen verschlüsselt, während es für Methionin nur einen Code (AUG) gibt. Außer den Tripletts für jede einzelne Aminosäure gibt es noch weitere Codone, z. B. ein Triplett für den Start und drei für das Ende der zu bildenden Peptidkette.

Die **Nucleotidsequenz** in der DNA-Doppelhelix beinhaltet die **Erbinformation** und bestimmt den **genetischen Code** der Zelle.

Bei der Zellteilung muss die Mutterzelle die komplette Erbinformation an die Tochterzelle übermitteln. In einem Vorgang, der als **Replikation** bezeichnet wird, stellt die Mutterzelle deshalb vor der eigentlichen Mitose in der Synthesephase eine Kopie der DNA her. Die Wasserstoffbrücken der Doppelhelix werden durch Enzyme aufgebrochen. Dadurch entstehen aus dem codogenen und dem Komplementärstrang zwei Einzelstränge. Das Enzym DNA-Polymerase synthetisiert nun an beide Einzelstränge einen dazu komplementären Strang. Durch die vorgegebenen Basenpaarungen A–T und C–G ist dieser Vorgang eindeutig. In der Zelle befinden sich nach der Replikation zwei identische DNA-Moleküle.

Chemische Reaktionen in biologischen Systemen

- Ein wesentliches Merkmal lebender Organismen ist ihr **Stoffwechsel,** d. h. die Stoff- und Energieaufnahme, -umwandlung und -abgabe im Austausch mit der Umwelt.

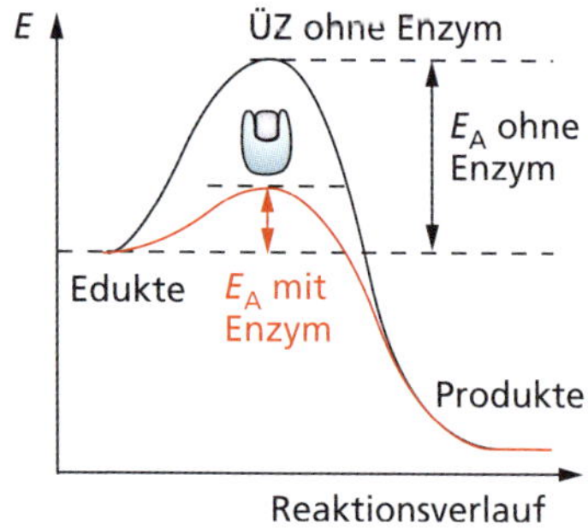

- Fast alle Stoffwechselprozesse werden durch **Enzyme** katalysiert. Enzyme sind Proteine mit einer speziell ausgeprägten Molekülstruktur, die ein aktives Zentrum enthält. Durch Anlagerung eines passenden Substrats nach dem **Schlüssel-Schloss-Prinzip** beschleunigen die Biokatalysatoren biochemische Reaktionen. Enzyme setzen nur ein ganz bestimmtes Substrat zu ganz bestimmten Produkten um.

- Die Grundformen des Stoffwechsels sind die **Assimilation** (Umwandlung körperfremder in körpereigene Stoffe mithilfe von Energie) und die **Dissimilation** (Oxidation organischer Stoffe zum Energiegewinn).

Formen der Assimilation	
autotrophe Assimilation	**heterotrophe Assimilation**
– Umwandlung energiearmer anorganischer Stoffe in energiereiche organische Stoffe – Energiequellen: Lichtenergie (Fotosynthese), chemische Energie (Chemosynthese)	– Aufnahme energiereicher organischer Stoffe über die Ernährung – Umwandlung in körpereigene organische Stoffe

Formen der Dissimilation		
Gärung (ohne Sauerstoff)	**Energiebilanz**	**Atmung (mit Sauerstoff)**
1. Glykolyse: Oxidation der Glucose zum Pyruvat 2. Pyruvat wird durch Gärung in Ethanol, Milchsäure u. a. Stoffe umgewandelt.	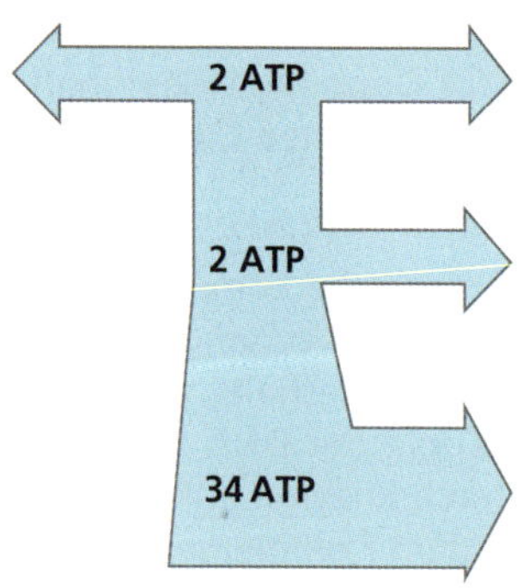	1. Glykolyse: Oxidation der Glucose zum Pyruvat 2. Citronensäurezyklus: oxidativer Abbau des Pyruvats zu verschiedenen Produkten 3. biologische Oxidation chemisch gebundenen Wasserstoffs mit Sauerstoff zu CO_2

Wissenstest 9F

Ausgewählte Anwendungen in der Chemie

10

10.1 Werkstoffe

Werkstoffe sind feste Materialien wie Holz, Stein, Metalle oder Kunststoffe, die zur handwerklichen oder industriellen Herstellung von Gegenständen oder Bauwerken genutzt werden.

Bis zu 25 Masseprozent werden **Kunststoffe in modernen Kraftfahrzeugen** verbaut.

Die Orientierung wird durch Einteilung in Werkstoffklassen erleichtert.
Heute geht es vorrangig darum, Werkstoffe so fortzuentwickeln, dass sie den speziellen Anforderungen der Ingenieure und Verbraucher entsprechen und gleichzeitig möglichst umweltschonend in Produktion und Nutzung sind. Dabei spielt die chemische Modifikation synthetischer und natürlicher Werkstoffe eine zentrale Rolle.

Anorganisch	Natürlich		Organisch
	– Edelmetalle – Tonerden	– Holz – Wolle	
	Verbundwerkstoffe: – Stahlbeton – faserverstärkte Kunststoffe		
	– Glas – Keramik – Metalle	– Kunststoffe – Lacke	
	Synthetisch		

Die synthetischen organischen makromolekularen Werkstoffe werden im weiteren Sinn auch als **Plaste, Kunstfasern und Elastomere** bezeichnet.

10.1.1 Aufbau und Bildung synthetischer organischer Polymere

Synthetische und natürliche (↗ S. 334 ff.) Polymere bestehen aus Makromolekülen mit Molekülmassen von mehr als $10\,000\,g \cdot mol^{-1}$. Sie werden aus kleinen Molekülen **(Monomeren)** synthetisiert, sodass in der Struktur eines Polymers immer wiederkehrende gleichartige Bausteine auftreten.
Je nach Art der verwendeten Monomere können kettenförmige oder vernetzte Makromoleküle entstehen.
Als ein Ordnungsprinzip für die ungeheure Vielfalt der Makromoleküle bietet sich der **Reaktionstyp** an, nach dem diese Bausteine chemisch miteinander verbunden sind.

HERMANN STAUDINGER (1881–1965), der Begründer der makromolekularen Chemie, erkannte die Bindungsprinzipien der Polymere als Erster.

Einteilung nach der Syntheseart

Polymerisation	**Polykondensation**	**Polyaddition**
ein einziger Ausgangsstoff, der mindestens eine Doppelbindung enthält	Ausgangsstoffe, die zwei kondensationsfähige funktionelle Gruppen oder Atome enthalten	Ausgangsstoffe, die beide zwei funktionelle Gruppen enthalten; mindestens eines der Monomere besitzt eine Doppelbindung
	Die funktionellen Gruppen können auch in einem Ausgangsstoff auftreten.	
Polymer ohne Nebenprodukte	Polykondensat und Nebenprodukt (z. B. H_2O)	Polyaddukt ohne Nebenprodukte

Eine Ordnung hinsichtlich der **Werkstoffeigenschaften** unterscheidet:
- die weichen **Thermoplaste,** die bei Erwärmung zähflüssig oder flüssig werden und so leicht formbar sind
- die harten, mechanisch gut belastbaren **Duroplaste,** die sich bei Erwärmung zersetzen
- die weichen, elastisch verformbaren **Elastomere**

Polykondensation

Verbindendes Merkmal der **Polykondensation** ist die Verknüpfung von Monomeren, die mindestens zwei reaktionsfähige funktionelle Gruppen tragen, zu einem Makromolekül. Dabei werden einfache, niedermolekulare Nebenprodukte wie Wasser, Alkohole, Ammoniak oder Chlorwasserstoff abgespalten.

Die ersten synthetisch hergestellten Kunststoffe waren Phenoplaste. Sie wurden 1909 von L. H. BAEKELAND (1863–1944) durch **Polykondensation** hergestellt. Man fertigte daraus u. a. Radiogehäuse und Telefone.

Werden bifunktionelle Monomere mit zwei funktionellen Gruppen eingesetzt, so entstehen lineare, unverzweigte Polymere (Thermoplaste). Bei der Verwendung von polyfunktionellen Monomeren mit mehr als zwei reaktiven Gruppen erhält man dagegen verzweigte oder gar dreidimensional vernetzte Polymere (Duroplaste, ↗S. 381).

Polyester

Ausgangsstoffe sind im einfachsten Fall eine beliebige Dicarbonsäure und ein Diol. Daraus entsteht zunächst ein bifunktioneller Ester mit einer Hydroxy- und einer Carboxy-Gruppe. Durch vielfache Wiederholung der Veresterung (↗S. 325) an diesen beiden funktionellen Gruppen bildet sich ein linearer **Polyester**, wobei Wasser als Nebenprodukt anfällt.

Aus Terephthalsäure (↗S. 326) und Ethandiol erhält man Polyterephthalsäureethylester bzw. **Polyethylenterephthalat (PET).** Für die Synthese nutzt man den Methylester der Terephthalsäure und setzt diesen mit Ethandiol um. Als Nebenprodukt dieser Umesterung genannten Reaktion fällt Methanol an. Anstelle der Ester kann man auch die reaktiveren Carbonsäurechloride verwenden und diese mit einem Diol umsetzen. In diesem Fall entsteht Chlorwasserstoff als Nebenprodukt. Letztlich kommt es bei der Polyestersynthese nur darauf an, Monomere mit zwei reaktiven funktionellen Gruppen immer wieder miteinander durch eine Esterbindung zu verknüpfen.

Da es sich bei der Veresterung um eine Gleichgewichtsreaktion handelt, kommt der Entfernung des flüchtigen Nebenprodukts aus dem System große Bedeutung zu, um hohe Umsatzraten zu erzielen.

1. Veresterung

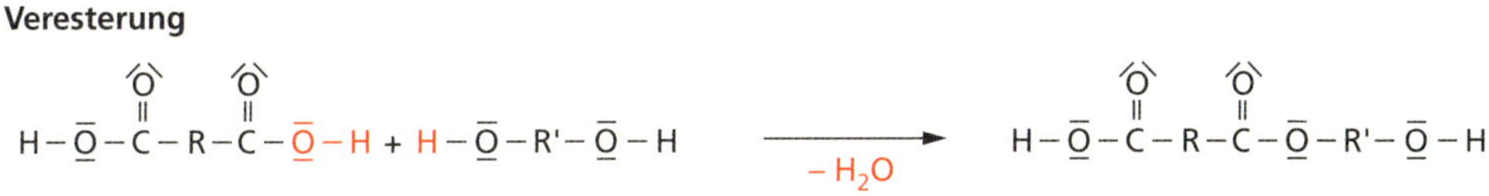

2. Vielfache Wiederholung der Veresterung

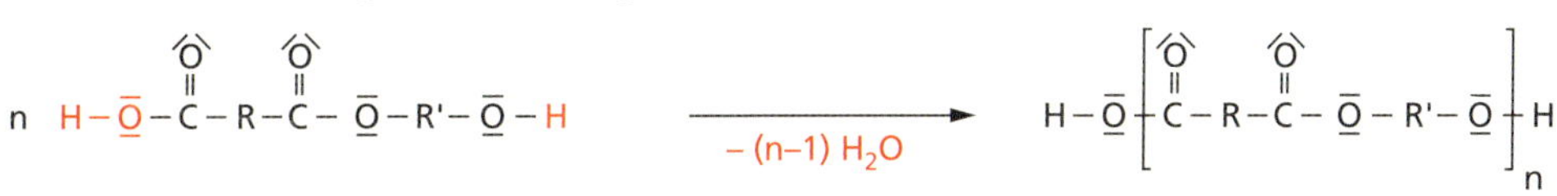

Reaktive Polymere werden oft aus cis-Butendisäure (Maleinsäure)

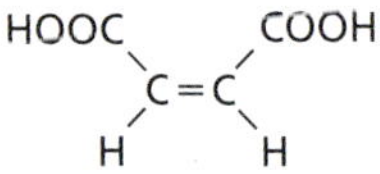

oder 1,2-Benzendicarbonsäure (Phthalsäure)

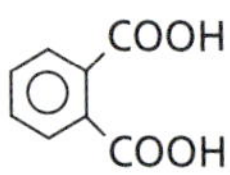

bzw. deren Anhydriden synthetisiert.

Große Bedeutung haben auch lineare Polyester aus Kohlensäureestern wie Diphenylcarbonat und aromatischen Diolen wie dem 2,2-Di-(4-hydroxyphenyl)propan, die z. B. unter dem Handelsnamen **Makrolon®** bekannt sind. Aus Makrolon® können praktisch unzerbrechliche transparente Platten hergestellt werden, die sich als Werkstoff für Brillengläser und Motorradhelme ebenso eignen wie für die Datenspeicherung auf einer CD.

Makrolon®

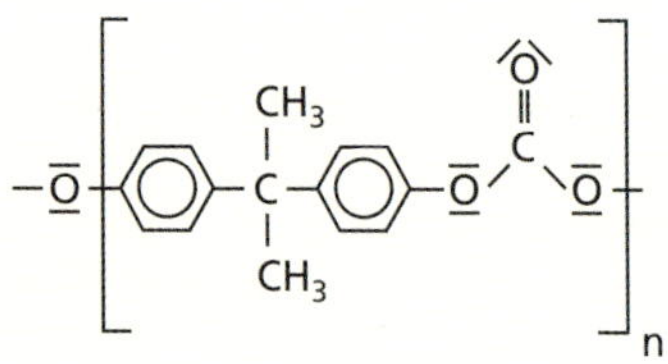

Verwendet man ungesättigte Monomere, so bilden sich bei der Kondensation ungesättigte Polyester, die als Rohstoffe für Lack- und Gießharze oder in faserverstärkter Form als Werkstoffe dienen können. Entscheidend ist das Vorliegen von Doppelbindungen im Polymer, sodass eine Polymerisation (↗ S. 374 ff.) als Folgereaktion ablaufen kann.

Der Kunststoff **Polyethylenterephthalat (PET)** wurde in den Jahren 1939 bis 1946 von WHINFIELD und DICKSON in England entwickelt.

Polyethylenterephthalat

Polyethylenterephthalat (PET) ist ein Polyester der Terephthalsäure. Großtechnisch erfolgt die Synthese meist durch Schmelzkondensation von sehr reiner Terephthalsäure mit Ethandiol (12-Dihydroxyethan) in einer Stickstoffatmosphäre unter erhöhtem Druck. Das entstehende Wasser wird bei einer Temperatur zwischen 220 und 260 °C aus dem Reaktionsgemisch abdestilliert, wodurch die Ausbeute nach dem Prinzip von LE CHATELIER auf die Seite des Polyesters verschoben wird.

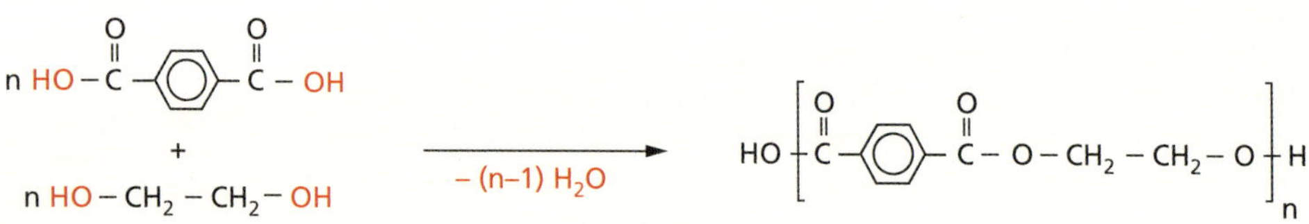

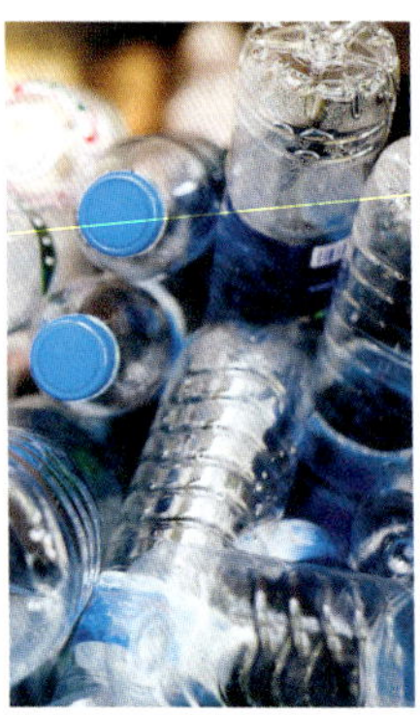

Weltweit werden heute rund 40 Mio. t PET produziert. Hauptverwendungszweck ist die Erzeugung von Fasern, Folien und die Produktion von Flaschen aller Art (↗ Abb.). Der Polyester verdankt seinen Siegeszug in der Lebensmittelindustrie der Tatsache, dass er farblos und von hoher Lichtdurchlässigkeit ist. Sortenreines PET ist sehr gut recyclingfähig und wird hauptsächlich zu Textilfasern verarbeitet.

Textilien auf PET-Basis sind knitterfrei, scheuerfest, form- und chemikalienbeständig, wetterfest sowie lichtecht. Unter verschiedenen Handelsnamen werden PET-Fasern für Ober- und Unterbekleidung ebenso eingesetzt wie als Füllmaterial von Jacken, Schlafsäcken, oder für Zelte und Markisen. Auch bei der Herstellung von Sicherheitsgurten oder als Trägermaterial für Kinofilme findet der vielseitige Polyester Verwendung.

Polyamide

Polyamide wie **Nylon** und **Perlon®** werden in vielfältiger Weise als Synthesefasern und als technische Thermoplaste genutzt. Aus den Fasern stellt man Freizeitbekleidung, Bodenbeläge oder Taue her. Aber auch Maschinenbauteile, Folien oder Heizöltanks werden aus Polyamiden mit thermoplastischen Eigenschaften gefertigt.
Analog zu den Polyestern werden die Polyamide durch Polykondensation von Dicarbonsäuren mit Diaminen gewonnen. Genau wie bei den Proteinen (↗S. 343 ff.) sind die Monomere hier über **Amidbindungen (–CO–NH–)** miteinander verknüpft.
Das älteste synthetische Polyamid, Nylon, wird aus 1,6-Diaminohexan und Hexandisäure – oder auch dem reaktiveren Hexandisäurechlorid – hergestellt. Da Monomere mit 6 Kohlenstoffatomen im Molekül eingesetzt werden, weist das Produkt auf beiden Seiten der Amidbindung jeweils 6 Kohlenstoffatome auf. Daher spricht man von einem Polyamid 6,6.

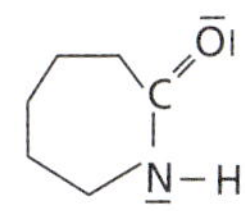

ε-Caprolactam

Die Synthese von Perlon® erfolgt aus einem einzigen Monomer, dem cyclischen ε-Caprolactam, das beide funktionellen Gruppen enthält.

1. Bildung des Carbonsäureamids bei der Nylonsynthese

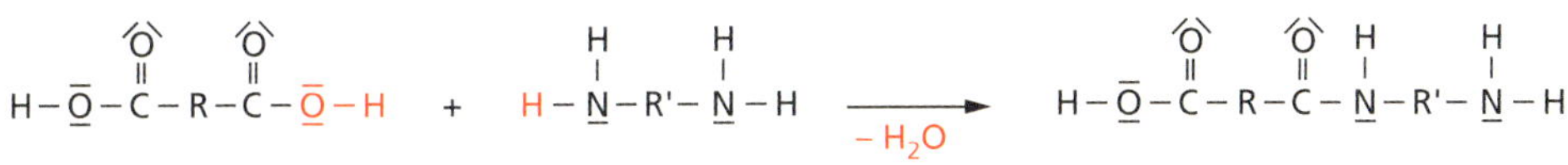

2. Vielfache Wiederholung der Carbonsäureamidbildung

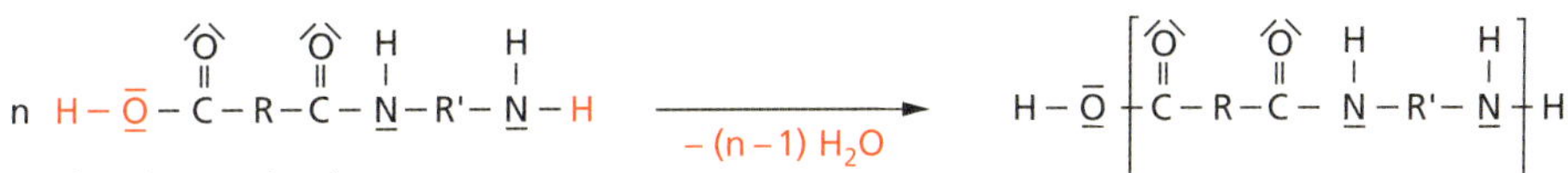

Da die Diamine und Dicarbonsäuren oft nicht mischbar sind, nutzt man die **Grenzflächenkondensation.** Dabei verläuft die Polykondensation an der Kontaktfläche der Lösungen der beiden Monomere. Das Produkt kann mit einem Glasstab oder einer geeigneten Spule direkt als Faden bzw. Faser ausgezogen werden. Eine alternative Methode zur Erzeugung von Fasern ist das **Schmelzspinnen.**

Nylonseiltrick

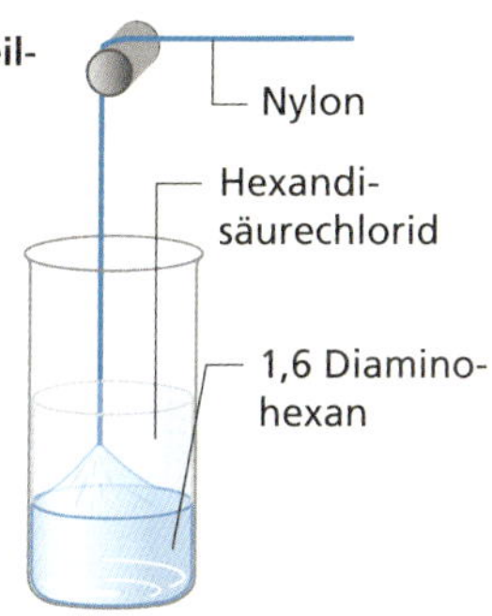

Zwischen den Amidbindungen der einzelnen Makromoleküle bilden sich leicht Wasserstoffbrücken. Daher enthält Nylon – insbesondere nach dem Verstrecken der Fäden – große kristalline und wenig amorphe Bereiche. Aufgrund dieser Struktur sind Nylonfäden extrem reißfest und kaum elastisch.

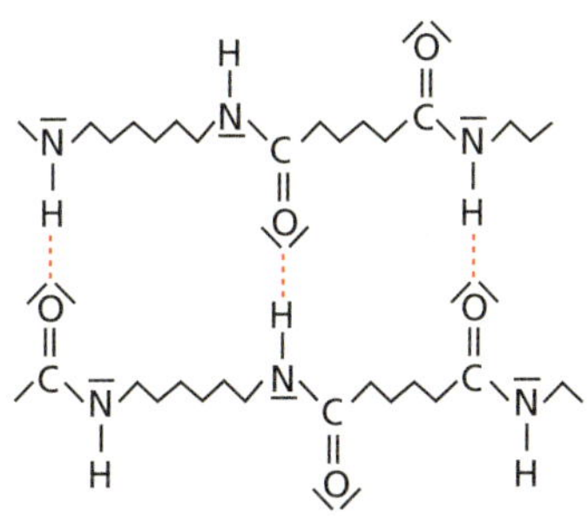

Angelsehne besteht aus Nylon.

Polymerisation

Polymerisationen sind immer exotherm. Um die thermische Zersetzung des Polymers zu vermeiden, muss die Reaktionswärme abgeführt werden. Meist polymerisiert man deshalb in Lösungen oder Emulsionen.

> Unter einer **Polymerisation** versteht man eine sich vielfach wiederholende gleichschrittige Reaktionsfolge – **Kettenreaktion** genannt, bei der sich einfache Ausgangsstoffe (Monomere) über reaktive Doppelbindungen miteinander verbinden. In der stark exothermen Reaktion werden keine Nebenprodukte abgespalten.

Die Aktivierung der Doppelbindung kann auf verschiedenen Wegen erreicht werden, so z. B. durch Energiezufuhr (Wärme, Bestrahlung, Ultraschall) oder durch Verwendung stofflicher Initiatoren, die sich leicht zu Radikalen oder reaktiven Ionen umsetzen lassen und so die Polymerisation starten. Von technischem Interesse sind insbesondere radikalbildende Initiatoren, wie Peroxide und Azoverbindungen, sowie ionische Initiatoren. Zunehmend gewinnen Metall-Komplex-Initiatoren an Bedeutung, da sich mit ihrer Hilfe eine ausreichende Kontrolle der stereochemischen Abläufe erreichen lässt (↗ S. 383).

Radikalische Polymerisation

Radikale, also reaktive Teilchen, die ein freies, ungepaartes Elektron besitzen, sind die Initiatoren der radikalischen Polymerisationen. Solche Radikale werden in der Regel in einem der eigentlichen Reaktion vorgelagerten Schritt durch Einwirkung von sichtbarem Licht oder anderer energiereicher Strahlung bzw. Wärme auf leicht spaltbare Peroxide oder Azoverbindungen gewonnen. Im Labor greift man dafür häufig auf Dibenzoylperoxid (DBO) oder Azobisisobutyronitril (AIBN) zurück, während im industriellen Maßstab aus wirtschaftlichen Gründen preiswertere Verbindungen verwendet werden.

In Abhängigkeit von den Bedingungen der Synthese ist **Polyethylen ein vielseitiger Werkstoff.**

Bildung von Startradikalen

Azobisiso-butyronitril

Dibenzoyl-peroxid

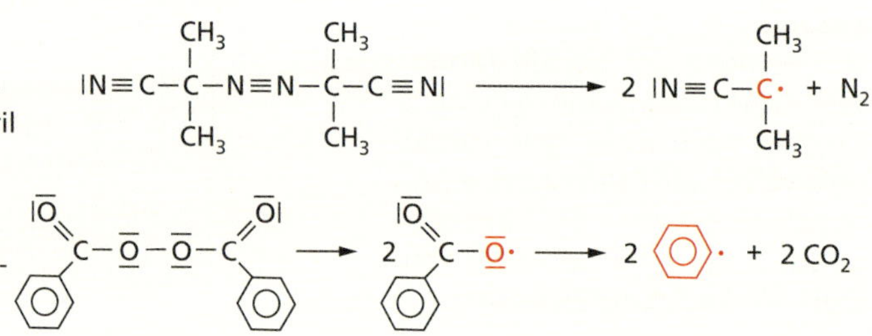

Monomere mit reaktiven Doppelbindungen neigen zur Autopolymerisation und werden daher für Transport und Lagerhaltung durch Zusatz geeigneter Stabilisatoren (Radikalfänger) geschützt.

Das gebildete Startradikal löst in der Folge eine Kettenreaktion aus, die im Wesentlichen durch drei Schritte gekennzeichnet ist:

1. In der **Startreaktion** (auch als **Kettenstart** bezeichnet) spaltet das Startradikal die Doppelbindung des Monomers, indem es sich an dieselbe addiert und so ein neues Radikal bildet.
2. Dieses neue Radikal reagiert in der folgenden **Kettenwachstumsreaktion** mit einem weiteren Monomer, wobei wieder ein Radikal entsteht, das erneut mit einem Monomer reagiert. Der Wachstumsprozess endet erst, wenn

3. in der **Abbruchreaktion** entweder zwei Radikale miteinander kombinieren oder aber durch **Disproportionierung** (d.h. Bildung eines Alkans und eines Alkens durch Übergang eines Wasserstoffatoms) ihre Radikaleigenschaft verlieren und so keine weitere Wachstumsreaktion mehr möglich ist. Da die Abbruchreaktionen rein statistisch erfolgen, bilden sich Makromoleküle unterschiedlicher Kettenlänge.

Ablauf der radikalischen Polymerisation

Startreaktion: Bildung von Monomerradikalen

Kettenwachstum (n-mal):

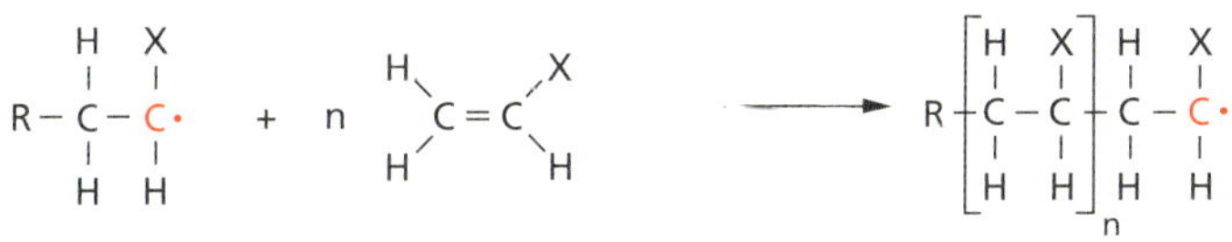

X	Werkstoff
H	PE
Cl	PVC
CN	PAN
	PS

Abbruchreaktionen:

a) Rekombination von Radikalen

2 Startradikale: R• + •R ⟶ R–R

Startradikal mit wachsender Kette:

2 wachsende Ketten:

b) Disproportionierung

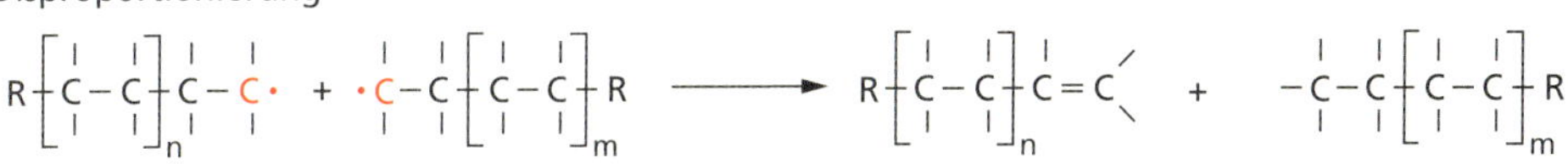

Mit X=H erhält man als Produkt das **Polyethylen (PE),** mit X=Cl das **Polyvinylchlorid (PVC),** mit X=CN das **Polyacrylnitril (PAN)** und X=C_6H_5 liefert das **Polystyrol (PS).** Der Ablauf bleibt prinzipiell gleich, sodass eine Vielzahl von Ethenderivaten polymerisierbar ist. Man kann auch verschiedene Monomere miteinander umsetzen, woraus dann Copolymere oder Mischpolymere (↗S. 381) entstehen.

Bei der Polymerisation erfolgt die Kettenwachstumsreaktion in der Regel so, dass sich das stabilere Kettenradikal bildet. D.h. die Addition von Monomeren, wie Monochlorethen oder Propen (mit unsymmetrisch substituierten Doppelbindungen) erfolgt normalerweise in der sogenannten Kopf-Schwanz-Stellung (1,3-Stellung der Substituenten X im Produkt), da das substituierte C-Atom im Kettenwachstumsschritt immer das freie Elektron trägt (s.o. und ↗S. 382). Der Verlauf der Polymerisation wird in hohem Maße durch den Einsatz spezieller Katalysatoren beeinflusst, aber auch die Temperatur der exothermen Reaktion steuert die Eigenschaften des Polymers.

Die unterschiedliche Zusammensetzung und Struktur (↗S. 380) der Polymere eröffnet vielfältige Anwendungsmöglichkeiten.

Insbesondere bei höheren Reaktionstemperaturen sind **Kettenübertragungsreaktionen** häufig. Das wachsende Radikal spaltet aus einer anderen Kette ein Wasserstoffatom ab, sodass ein neues tertiäres Radikal entsteht, das die Kettenreaktion fortführen kann. Dadurch entstehen unerwünschte Verzweigungen im Polymer.

Kettenverzweigung durch Bildung eines tertiären Radikals

Die gewellten Linien ~ in den Strukturformeln symbolisieren die wachsende Polymerkette.

Regelung der Kettenlänge bei der Polymerisation

Die Kettenlänge der gebildeten Polymere kann durch die Menge der verwendeten Startersubstanz ebenso wie durch die Temperatur beeinflusst werden. Je höher die Temperatur ist bzw. je mehr Startradikale zur Verfügung stehen, umso schneller verläuft die Reaktion, entsprechend kürzer werden die gebildeten Ketten.

Werden die Ketten zu lang, besteht die Gefahr eines explosiven Verlaufs der Polymerisation, da die Reaktionswärme in dem mit wachsender Kettenlänge zunehmend viskosen Polymerisat nur schlecht abgeführt werden kann.

Regler sind Stoffe, die als Ladungsüberträger wirken. So können Thiole ein Wasserstoffatom auf eine wachsende Kette übertragen und das Wachstum stoppen. Dabei entsteht ein neues Radikal, das wiederum eine Kette starten kann.

Durch Zusatz geeigneter **Inhibitoren** oder **Regler** kann die Kettenlänge ebenfalls gezielt beeinflusst werden. Generell eignen sich ungesättigte Substanzen mit hoher Elektronendichte (insbesondere aromatische Systeme) als Inhibitoren, da der Elektronenmangel eines entstehenden Radikals durch mesomere oder induktive Effekte (↗S. 262 f.) stabilisiert wird. Inhibitoren sind Stoffe wie Amine, Phenole und Chinone, die relativ stabile und damit reaktionsträge Radikale bilden, die die wachsende Kette nicht fortpflanzen können. Durch Disproportionierung (↗S. 375) oder Rekombination werden die Inhibitoren weiter stabilisiert.

Thiole als Regler des Kettenwachstums

Ionische Polymerisation

Bei der Hydrolyse der Lewis-Säuren Bortrifluorid und Aluminiumtrichlorid werden Oxonium-Ionen, H_3O^+, gebildet.

Eine Polymerisation kann auch durch Ionen initiiert werden. Man unterscheidet zwischen **kationischer** und **anionischer Polymerisation.**

Für die kationische Polymerisation können als Initiatoren starke Brönsted-Säuren wie Perchlorsäure $HClO_4$ eingesetzt werden. Meist werden die Kationen jedoch aus Lewis-Säuren wie Aluminiumtrichlorid $AlCl_3$ gewonnen. Die Säuren binden zunächst ein Wassermolekül, wobei ein Proton freigesetzt wird. Bei der Startreaktion wird das Proton an die Doppelbindung des Monomers addiert. Dabei entsteht ein Carbo-Kation, das mit einem weiteren Alkenmolekül reagiert und so das Kettenwachstum sichert. Durch Abspaltung eines Protons oder durch Anlagern eines Anions (aus dem Startkatalysator) wird das Kettenwachstum abgebrochen. Man setzt dazu auch Basen oder geeignete Anionen zu. Ein wichtiges Produkt der kationischen Polymerisation ist **Butylkautschuk,** ein Copolymer (↗S. 381) aus 2-Methylpropen und 2-Methylbuta-1,3-dien.

Kationische Polymerisation:

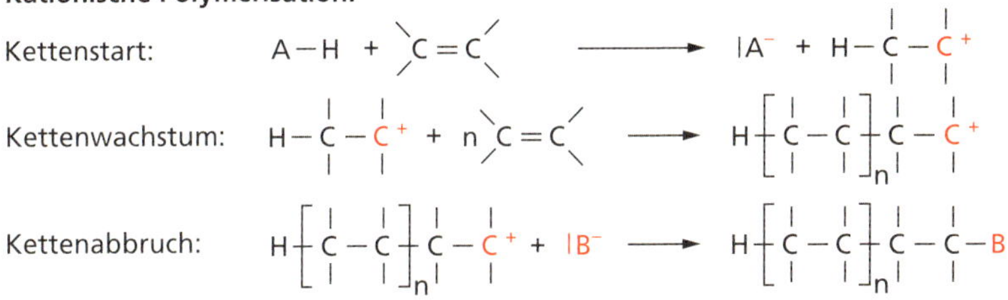

Anionische Polymerisation:

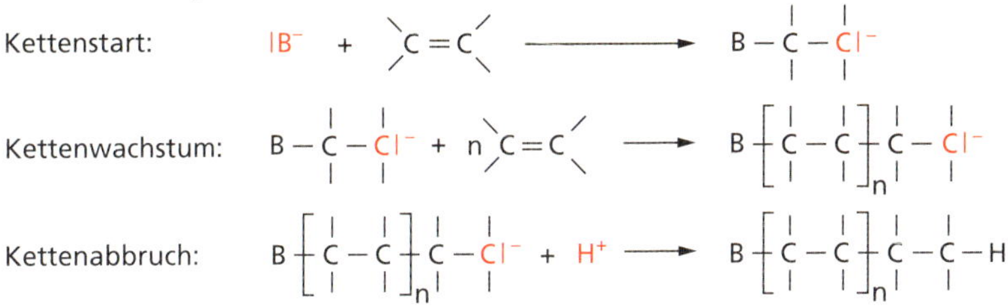

Die Brönsted-Säure A–H überträgt ihr Proton an das Monomer unter Bildung eines Kations. Die starke Base B^- reagiert mit dem Monomer zu einem Carbanion.

10

Die anionische Polymerisation wird durch Addition einer starken Base oder eines reaktionsfähigen Metalls wie Natrium ausgelöst, wobei ein Carbanion entsteht, welches die Kettenreaktion fortsetzt. Man muss folglich mit extrem reinen Substanzen arbeiten, da schon kleinste Verunreinigungen (z. B. Wasser oder Alkanol) ein Proton freisetzen können, das zum Kettenabbruch führt.

Weitere **technisch wichtige Kunststoffe** sind z. B. Silicone (↗ S. 398), Kautschuk (↗ S. 382) und Harze mit vielfältigen Anwendungen.

Wichtige Polymere

Monomer (Syntheseart)	Polymerkette (Ausschnitt)	Verwendung
Ethen (R′ = H) Propen (R′ = CH_3) (R, Z) 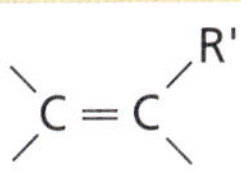	Polyethylen (PE) Polypropylen (PP) 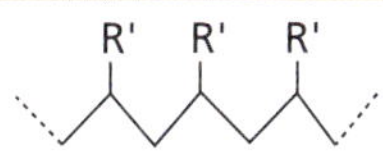	Rohre, Flaschen, Folien, Kfz-Teile
Chlorethen (R) 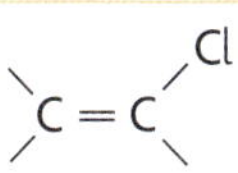	Polyvinylchlorid (PVC) 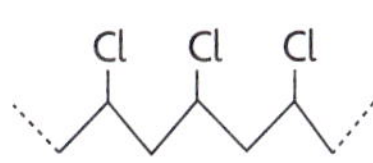	Fußböden, Rohre, Kunstleder, Fasern
Tetrafluorethen (R) 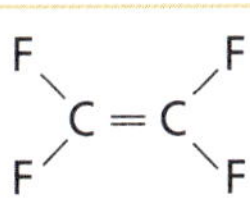	Polytetrafluorethen (PTFE) 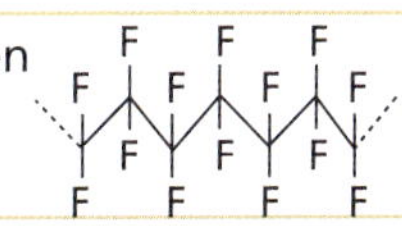	chem. Apparate, Dichtungen, Isolierungen
Acrylnitril (R, A) 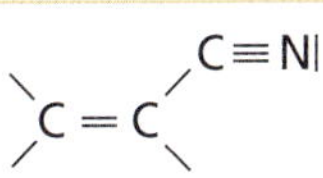	Polyacrylnitril (PAN) 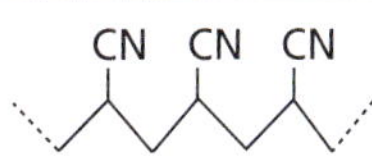	Textilfasern
Styren (R) 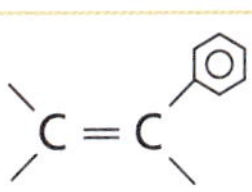	Polystyren/Polystyrol (PS) 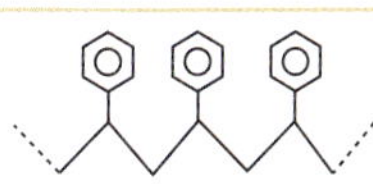	Haushaltsgeräte, Verpackungen
Methacrylsäuremethylester (R) 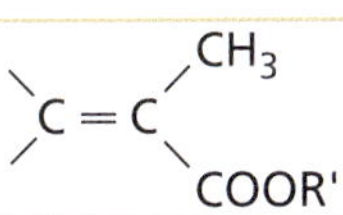	Polymethacrylsäuremethylester (PMMA) 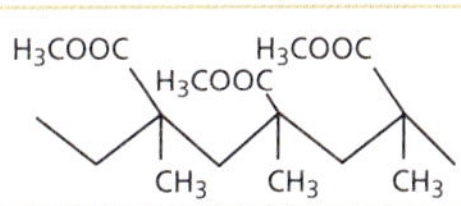	Gebrauchsgegenstände, Glasersatz (Plexiglas®)

R = radikalisch; A = anionisch; Z = Metallkomplexkatalysator

Polyaddition

Zwei große Kunststoffgruppen werden heute durch **Polyaddition** nach diesem Verfahren hergestellt: die Polyurethane und die Epoxidharze.

> Die **Polyaddition** ist gekennzeichnet durch die Addition einer bi- oder polyfunktionellen Verbindung an ein anderes Molekül, das als reaktives Strukturelement Doppelbindungen oder cyclische Gruppen aufweist. Dabei kommt es immer zur **Wanderung eines Wasserstoffatoms** von der funktionellen Gruppe der addierten Verbindung zu einem Atom des ungesättigten bzw. cyclischen Monomers. Bei der Polyaddition entstehen keine Reaktionsnebenprodukte.

Polyurethanschaumstoffe kann man in verschiedenen Härtegraden gewinnen.

Polyurethane

Urethane sind Amide der Kohlensäure. Bei der Polyaddition werden **Urethanbindungen** (Ester-Amid-Bindungen: –NH–CO–O–) während der Reaktion zwischen Diisocyanaten und Diolen gebildet. Dabei wird die Hydroxylgruppe an die Isocyanat (–N=C=O)-Gruppe addiert, und zwar ausschließlich an die Kohlenstoff-Stickstoff-Bindung.
Das Wasserstoffatom wandert anschließend vom Sauerstoffatom der Hydroxylgruppe zum Stickstoffatom der Isocyanatgruppe. Da Isocyanate mit Wasser zu Kohlenstoffdioxid reagieren, kann man durch Wasserzugabe ein Aufschäumen der **Polyurethane** erreichen.

Bildung eines Polyurethans durch Polyaddition

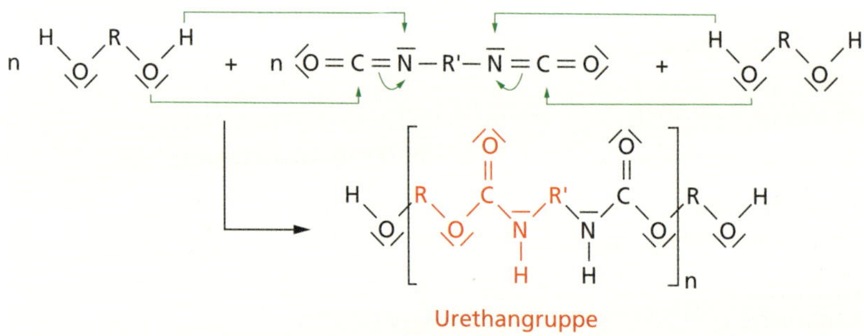

Die „elastische" Stoßstange eines Autos kann ebenso aus Polyurethan gefertigt werden, wie eine dünne Kabelummantelung.

Hydrolyse führt zur CO_2-Bildung (Aufschäumen)

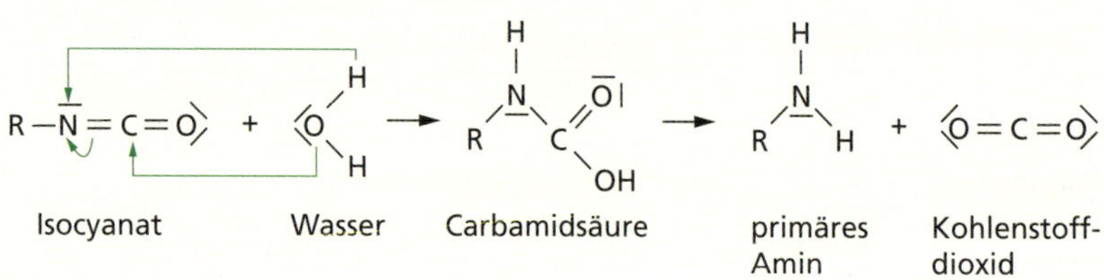

Genau wie die Hydroxylgruppe der Alkohole kann auch die Aminogruppe von Aminen an das Isocyanat addiert werden. Dabei entstehen als Reaktionsprodukte **Polyharnstoffe** bzw. Kohlensäurediamide (R–NH–CO–NH–R'). Diese Reaktion wird für die gezielte Vernetzung der Polyurethane genutzt, indem man bei der Synthese einen Überschuss Diisocyanat zufügt, das mit der reaktiven Aminogruppe eines linearen, kettenförmigen Polyurethans reagiert.

Vernetzung eines Polyurethans durch überschüssiges Diisocyanat

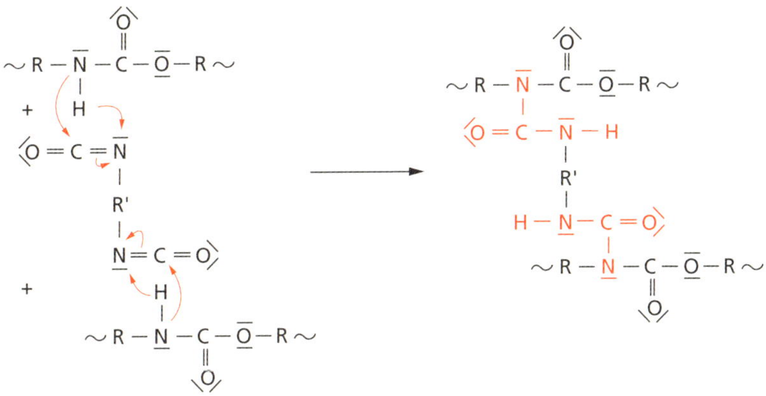

Kaum eine andere Kunststoffgruppe eröffnet so vielfältige Einsatzgebiete. Je nach verwendetem Ausgangsstoff kann man lineare (Diol und Diisocyanat) oder vernetzte (mindestens eine Komponente ist trifunktionell) Polyurethane erhalten, die für viele Anwendungen in Schaumstoffen, Elastomeren, Lacken, Klebstoffen, Fasern usw. eingesetzt werden. Ob weich, hart, offen- oder geschlossenporig, sogar mit einer Porengröße nach Wunsch können sie gefertigt werden, abhängig von der Beschaffenheit und dem Mengenverhältnis der eingesetzten Monomere.

Für Armaturenabdeckungen oder Armlehnen in Pkws werden schäumungsfähige Reaktionsgemische (Diisocyanat und Diol unter Wasserzusatz) in temperierten Formwerkzeugen unter Druck ausgehärtet. Dabei entsteht ein Werkstück aus Polyurethan, dessen Dichte infolge des Schäumdrucks von innen nach außen stetig zunimmt. Diese Integralschaum-Formstücke besitzen sofort eine feste, schützende Außenhaut und haben gleichzeitig einen energieabsorbierenden, elastischen Kern. Hautnah spürt jeder von uns die Vorteile dieser Werkstoffe, etwa wenn man an die hochabriebsfeste Schuhsohle denkt, die direkt an den Schaft des Sportschuhs geschäumt wurde.
Überhaupt sind die Polyurethane aus der Welt des Sports nicht mehr wegzudenken, sei es für die Konstruktion eines Bootsrumpfs oder den Kern eines Skis, dem der Polyurethan-Schaumstoff erst die erforderliche Dämpfungseigenschaft bei geringem Gewicht verleiht.

Ein weiteres Produkt der **Polyaddition** sind die Epoxidharze. Diese haben sich bei der Herstellung glasfaserverstärkter Formteile ebenso bewährt wie für **Klebstoffe** oder Anstrichstoffe.

Selbst ein moderner Fußball verdankt seine präzise Flugbahn einer Oberfläche aus Millionen von elastischen, gasgefüllten Mikrokügelchen auf Polyurethanbasis.

10.1.2 Struktur und Eigenschaften von Kunststoffen

Die Auswirkung der zwischenmolekularen Kräfte auf die Sekundär- und Tertiärstruktur ist am eingehendsten bei den **Eiweißen** (↗ S. 346) untersucht.

Die Feststellung, aus welchen Atomen ein Makromolekül aufgebaut ist, sagt noch nichts über seinen wirklichen Aufbau aus. Polyethylen, Polypropylen, Kautschuk, Polystyren und andere bestehen alle nur aus Kohlenstoff- und Wasserstoffatomen, haben jedoch durchaus unterschiedliche Eigenschaften. Entscheidend ist, wie und in welchem Verhältnis die verschiedenen Atome miteinander verbunden sind.
Zur besseren Veranschaulichung des Zusammenhangs zwischen **Struktur und Eigenschaften der Makromoleküle** betrachtet man verschiedene Strukturebenen, indem man das komplexe Polymer gedanklich zerlegt.

> Die **Primärstruktur** erfasst die elementaren atomaren Bausteine und deren chemische Verknüpfung. Die **Sekundärstruktur** beschreibt die regelmäßige räumliche Anordnung der Makromoleküle, die durch zwischenmolekulare Kräfte bewirkt wird. Wie sich mehrere Makromoleküle zu mikroskopisch oder gar mit bloßem Auge sichtbaren Aggregaten zusammenfinden, stellt die **Tertiärstruktur** dar.

Primärstruktur

Monomere im Makromolekül

Sperrige Seitengruppen in den Monomermolekülen beeinträchtigen den Zusammenhalt der Polymerketten. So ist z. B. Polyisobutylen

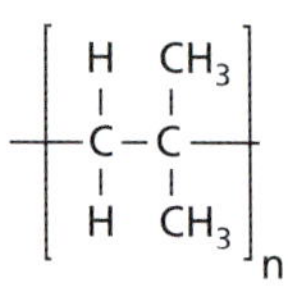

wesentlich weicher als Polyethylen.

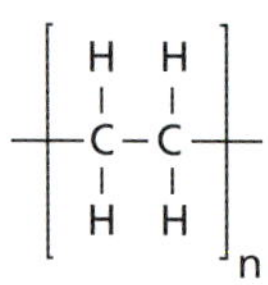

Die Anzahl, Art und Anordnung der **Monomere** beeinflussen die Werkstoffeigenschaften wesentlich. Die Anzahl der Monomere bestimmt die Größe der Makromoleküle und ermöglicht enorme Variationsmöglichkeiten ihrer Gestalt und Ordnung.
Unterschiedliche Substituenten an gleichartigen Monomeren beeinflussen maßgeblich das chemische Verhalten und damit die Materialeigenschaften. So hängt die chemische Beständigkeit von Kunststoffen davon ab, ob nur relativ stabile C–C-Bindungen im Makromolekül vorliegen oder z. B. hydrolyseanfällige Ester- bzw. Amidbindungen.
Auch die Polarität der funktionellen Gruppen der Monomere beeinflusst die Eigenschaften. So weist z. B. Polyvinylchlorid infolge der zwischen dem negativ polarisierten Chlor- und dem positiv polarisierten Kohlenstoffatom wirkenden Dipolkräfte eine deutlich höhere Erweichungstemperatur auf als Polyethylen und ist zudem auch spröder.

Beim Polyacrylnitril ist die C–CN-Bindung noch stärker polarisiert, sodass hier besonders starke Dipolwechselwirkungen (↗ S. 105) auftreten. Daraus resultiert die Ausbildung einer Leiterstruktur, die für die große Festigkeit verantwortlich ist. Der Kunststoff ist daher nicht schmelzbar, die Zersetzungstemperatur liegt mit 350 °C knapp über der Glasübergangs- bzw. Glastemperatur (↗ S. 383).

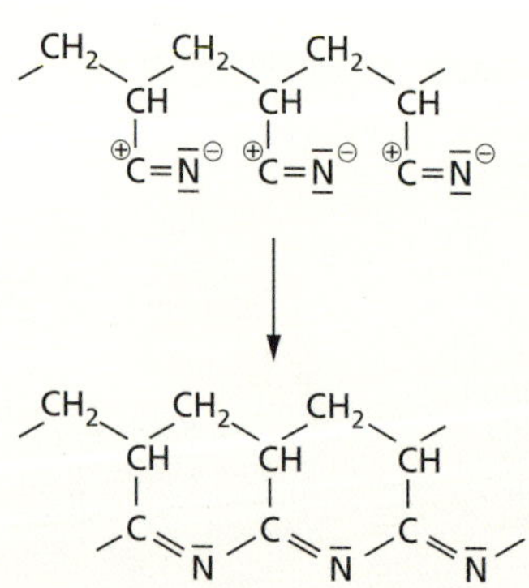

Thermoplaste, z. B. Fasern	Elastomere	Duroplaste
– lineare oder wenig verzweigte Moleküle	– weitmaschig, zweidimensional vernetzte Moleküle	– dreidimensional vernetzte Moleküle
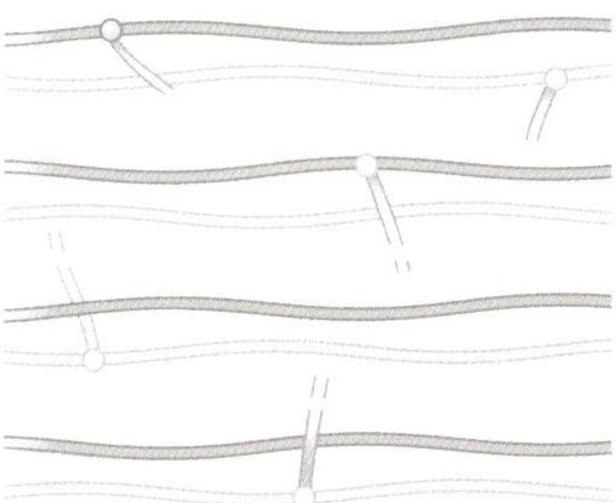	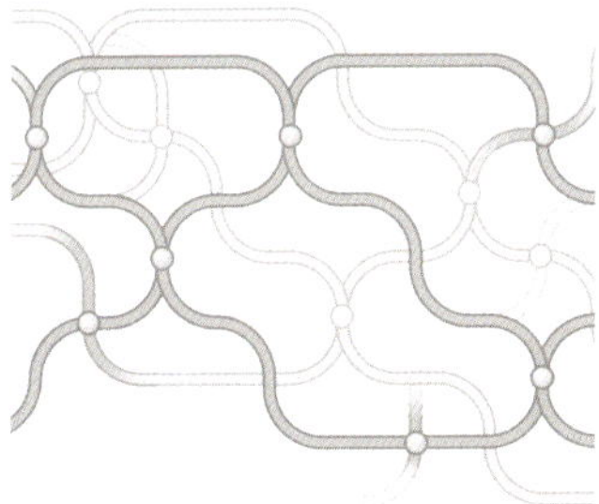	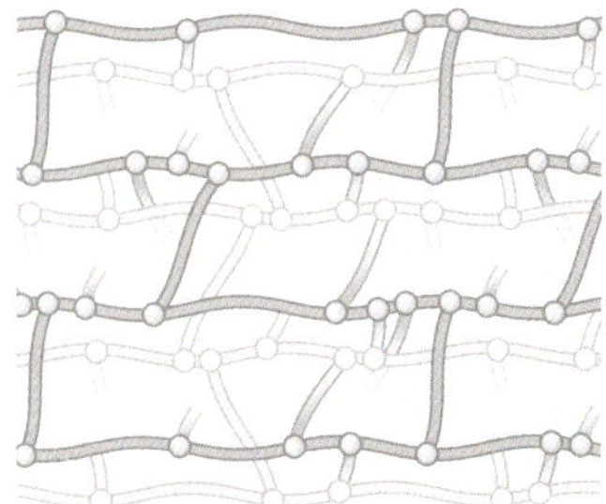

Der Grad der Verzweigung in der Polymerstruktur hängt sowohl von der Art der verwendeten Monomere als auch von den Bedingungen der Synthese ab. Aus Monomeren mit zwei reaktiven Gruppen erhält man **lineare** oder **verzweigte Makromoleküle.** Tri- oder höherfunktionelle Monomere, die auch als Vernetzer bezeichnet werden, führen zu dreidimensional **vernetzten Makromolekülen.** Vernetzte Polymere quellen bei Lösungsmittelkontakt nur an, sind jedoch immer unlöslich.

Der Grad der Verzweigung und die zwischenmolekularen Wechselwirkungen (↗ S. 105) bestimmen die thermischen und mechanischen Eigenschaften der **Plaste, Kunstfasern und Elastomere.**

Copolymere

> **Copolymere** oder Mischpolymere entstehen, wenn zwei oder mehr unterschiedliche Monomere in eine Polymerkette eingebaut sind.

Meist werden Monomere mit ganz unterschiedlichen Strukturen verknüpft. Auf diese Weise lassen sich die günstigen Eigenschaften von Polymeren, die nur aus einem Monomer aufgebaut sind, kombinieren. Abhängig von der Abfolge (Sequenz) der im Makromolekül enthaltenen Monomere A und B unterscheidet man zwischen verschiedenen Arten von Copolymeren.

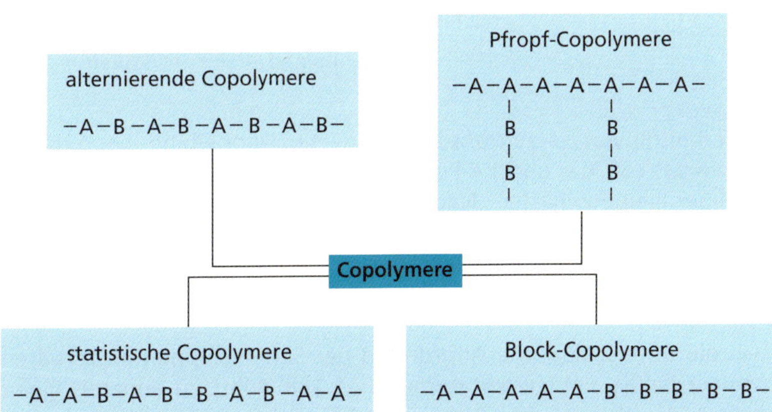

Die meisten Bausteine aus Kunststoff werden aus ABS, einem Copolymer aus Acrylnitril, Buta-1,3-dien und Styren, hergestellt. ABS ist formstabil, extrem hart und dauerhaft einfärbbar.

Isomerie und Werstoffeigenschaften

Die Primärstruktur und damit die Werkstoffeigenschaften der Kunststoffe werden auch durch die Konstitution und Konfiguration der Moleküle (↗S. 265) wesentlich geprägt.

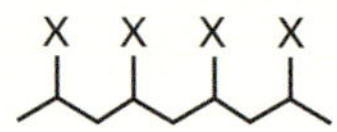

Kopf-Schwanz-Struktur
1,3-Stellung der Substituenten X

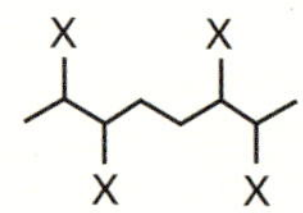

Kopf-Kopf-Struktur
1,2-Stellung der Substituenten X

Als **Kautschuk** wird heute oft Synthesekautschuk anstelle von Naturkautschuk eingesetzt. Durch Vulkanisation wird das Produkt gummielastisch und vielseitig einsetzbar.

Ein Beispiel ist die infolge der symmetrischen Anordnung energetisch stabilere 1,3-Stellung der Substituenten in einem Ethenpolymer. Noch offensichtlicher wird die Auswirkung der **Isomerie** für die Bildung von kristallinen Strukturen im Feststoff am Beispiel von 1,3-Dienen.

Isomerie in Polybutadienderivaten

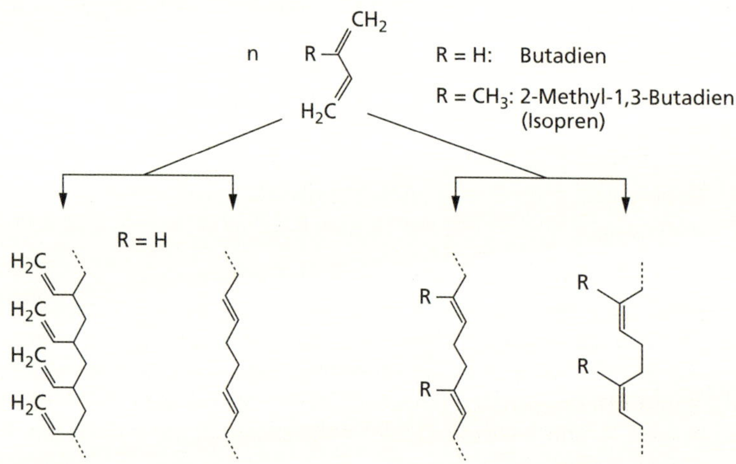

1,2-Polybutadien | *trans*-1,4-Polybutadien | *trans*-1,4-Polybutadien bzw. -isopren | *cis*-1,4-Polybutadien bzw. -isopren

Guttapercha dient zur Isolierung von Unterseekabeln und zur Herstellung chemikalienbeständiger Kitte.

Das Verhältnis von *cis*- zu *trans*-konfigurierten Doppelbindungen hat genau wie das von 1,2- und 1,4-Polymerisaten entscheidenden Einfluss auf die Materialeigenschaften. **Naturkautschuk** entspricht dem ausschließlich *cis*-konfigurierten Polyisopren, daher rühren auch dessen elastische Eigenschaften. Demgegenüber findet man im kristallinen unelastischen **Guttapercha** ausschließlich das *trans*-1,4-Polyisopren.

Auch die unterschiedliche Anordnung der Seitengruppen an tertiären, asymmetrischen Kohlenstoffatomen (↗S. 268) führt zu anderen Eigenschaften der Kunststoffe. Diese Form der **Stereoisomerie** von Makromolekülen bezeichnet man als **Taktizität.**

Normalerweise entstehen bei einer Polymerisation (↗S. 374 ff.) bei hohen Temperaturen und Drücken **ataktische** Produkte ohne regelmäßige sterische Anordnung. Diese Hochdruckpolymere haben geringe Dichten, sind weich, elastisch oder gummiartig.
Die katalytisch bei geringen Temperaturen und Drücken erzeugten **iso-** und **syndiotaktischen** Polymere wie Polypropylen weisen ein hohes Maß an Kristallinität und damit auch eine höhere Dichte auf. Erst dadurch wird eine Verarbeitung zu Rohren, Folien oder Fasern möglich.

▶ Die stereospezifische Niederdrucksynthese wurde erst durch die Entdeckung spezieller metallorganischer Katalysatoren durch K. W. ZIEGLER (1898–1973) und G. NATTA (1903 bis 1979) möglich.

Taktizität von Makromolekülen

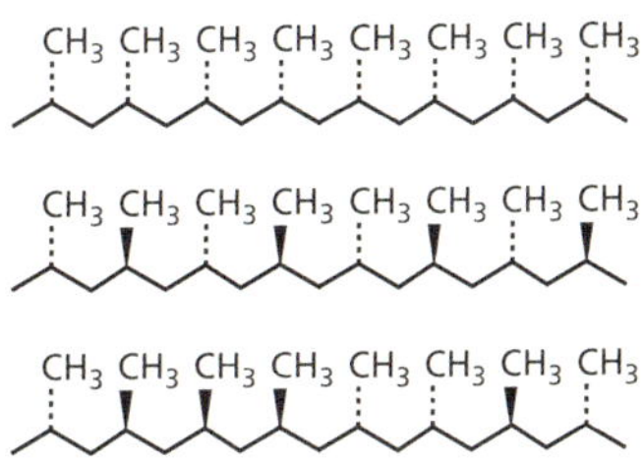

isotaktisch: alle Seitenketten zeigen in die gleiche Richtung

syndiotaktisch: alternierende Anordnung der Seitenketten

ataktisch: unregelmäßige Anordnung der Seitenketten

Sekundärstruktur

Zwischen den Molekülen der Makromoleküle bilden sich je nach Art der in den Monomeren vorliegenden Atomgruppen Van-der-Waals-Kräfte, Dipol-Dipol-Wechselwirkungen (↗S. 105) oder Wasserstoffbrückenbindungen (↗S. 106) aus. Die zwischenmolekularen Kräfte wachsen mit der Größe und dem **Ordnungsgrad der Moleküle.** Allerdings schwanken die Molekülgrößen und Ordnungsgrade und damit auch die zwischenmolekularen Kräfte stark.

▶ Ein Maß für die Molekülgröße ist der **Polymerisationsgrad,** der die Anzahl der Monomere in einem Makromolekül angibt.

> Die Stärke der Sekundärbindungen und damit die Bedeutung der **Sekundärstruktur** für die Eigenschaften der Werkstoffe hängt von der Größe der Moleküle, dem Ordnungsgrad, der Molekülart sowie den äußeren Bedingungen ab.

▶ Die **Tertiärstruktur** der Kunststoffe beschreibt den Zusammenhang zwischen der Kristallinität und den Eigenschaften der Kunststoffe.

Dies führt beim Erwärmen dazu, dass die Anziehungskräfte in einem mehr oder weniger breiten Temperaturfenster überwunden werden und Kunststoffe daher keine definierte Schmelztemperatur aufweisen. Die Temperatur, bei der ein Kunststoff in den weichen plastischen Zustand übergeht, bezeichnet man als **Glasübergangs-** bzw. **Glastemperatur.**

Sekundärstruktur verzweigter und unverzweigter Moleküle

gestreckte Kette | ungeordnetes Knäuel | gefaltete Kette | Helix

▶ Gefaltete Ketten und die Helix erfordern starke Dipol-Wechselwirkungen bzw. Wasserstoffbrückenbindungen zwischen den Seitengruppen.

10.1.3 Verarbeitung von Kunststoffen

Thermoplaste erinnern sich beim Erwärmen an ihre ursprüngliche Form.

Thermoplaste, die meist als Pulver oder Granulat vorliegen, werden zur Verarbeitung über den Erweichungspunkt hinaus erwärmt und dann in Formen gegossen, wo sie zu Festkörpern erstarren. **Duroplaste** müssen schon bei der Synthese in die gewünschte Form gebracht werden.

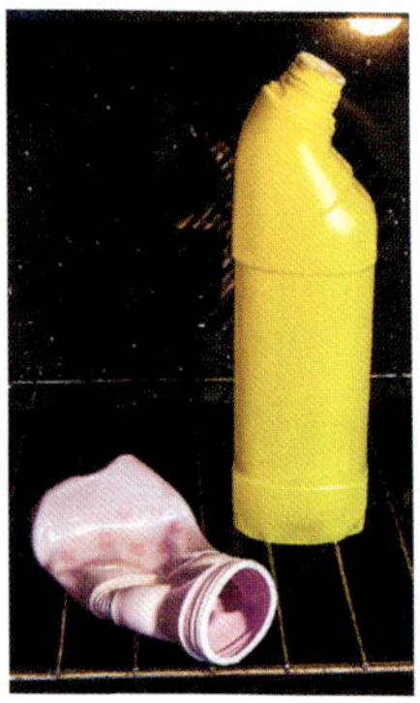

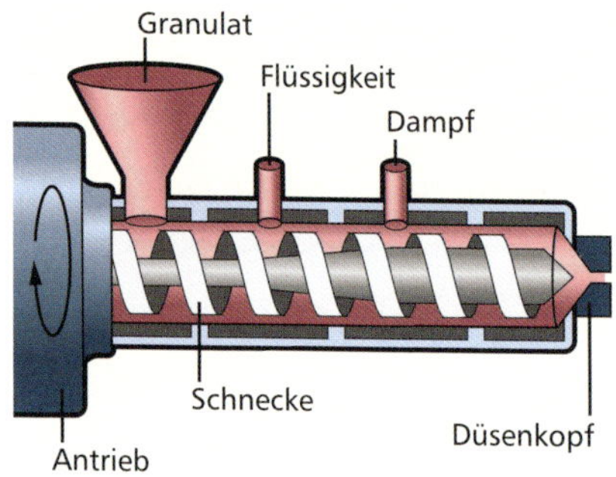

Um einen kontinuierlichen Nachschub an Plast sicherzustellen, wird ein **Extruder** eingesetzt, der im Prinzip wie ein Fleischwolf arbeitet. Eine sich drehende beheizte Schnecke schmilzt den Kunststoff auf, homogenisiert und verdichtet ihn. An der Spitze tritt dieser in ein angeschlossenes Werkzeug (Form) aus, dessen Konstruktion typisch für das jeweilige Verfahren ist. Das Werkstück behält durch Kühlung die gewünschte Form. Beim **Extrudieren** wird das geschmolzene Material durch Düsen gepresst. Mit ringförmigen Düsen entstehen Rohre bzw. Schläuche. Aus schlitzförmigen Düsen werden Platten extrudiert. Man kann auch direkt Fertigprodukte wie Elektrokabel oder Fensterprofile mit Hohlräumen in einem einzigen Arbeitsgang herstellen.

Kalandrieren, Schäumen und Schmelzspinnen sind weitere wichtige **Verfahren der Kunststoffverarbeitung.**

Duroplaste sind nach der Synthese nicht mehr formbar. Sie werden daher aus Vorprodukten unmittelbar zum Werkstück synthetisiert.

Das **Spritzgießen** erlaubt die Herstellung auch komplizierter Formteile mit hoher Qualität. Die Maschine besteht aus einer Spritzeinheit (Extruder mit beweglicher Schnecke), die die Polymerschmelze durch die Vorwärtsbewegung der Schnecke in das Werkzeug ausstößt, und einer Schließeinheit. Letztere öffnet und schließt das Werkzeug, in dessen Hohlraum das Polymermaterial eingespritzt wird. Während die Schnecke zurückfährt, öffnet sich das Werkzeug und das Formteil wird entnommen.
Beim **Blasformen** wird zunächst ein Schlauchstück in ein Werkzeug extrudiert, in welches dann Druckluft eingeblasen wird. So können Hohlkörper wie Flaschen oder Kanister und sogar Folien hergestellt werden.

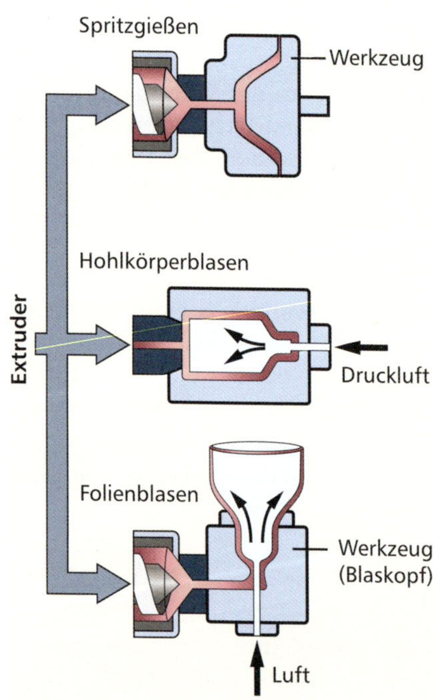

10.1.4 Maßgeschneiderte synthetische Polymere

Hilfsstoffe zur Optimierung der Werkstoffeigenschaften

Hilfsstoffe sind Stoffe, die den reinen Polymermaterialien zugesetzt werden, um deren technische Eigenschaften zu optimieren. Man unterscheidet zwischen Weichmachern, Stabilisatoren, Füllstoffen und anderen Zusatzstoffen.

Typische **Weichmacher** sind Adipinsäureester (Hexandisäureester), Sulfonsäure- bzw. Phthalsäureester oder auch Copolymerisate wie Polybutadienacrylnitril oder Ethylenvinylacetat.

Reines PVC ist ein hartes und sprödes Material. Erst die Tatsache, dass es durch Zusatz von **Weichmachern** zu Werkstoffen unterschiedlichster Eigenschaften modifiziert werden kann, macht es so vielseitig. Setzt man dem harten und trüben PVC z. B. Dioctylphthalat zu, so kann es zu einer geschmeidigen, klaren Folie verarbeitet werden.
Dies beruht darauf, dass sich die Moleküle des Weichmachers mit ihren polaren Gruppen (meist Estergruppen) zwischen die Polymerketten lagern, mit diesen in Wechselwirkung treten und so deren Abstand vergrößern. Dadurch werden die durch die stark polaren Chloratome bewirkten zwischenmolekularen Kräfte zwischen den PVC-Molekülen geschwächt, da diese mit dem Abstand der Ketten kleiner werden.

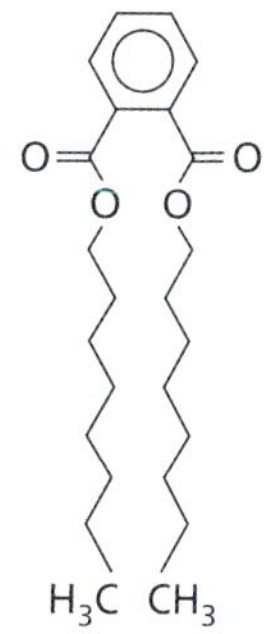

Dioctylphthalat

Viele Kunststoffe sind trotz ihrer makromolekularen Struktur nicht dauerhaft beständig gegen Umwelteinflüsse. Durch die UV-Strahlung der Sonne werden Atombindungen in Polymeren gespalten, sodass UV-Stabilisatoren zugesetzt werden müssen.
Außerdem zersetzen sich einige Kunststoffe leicht bei Temperaturen oberhalb von 100 °C. Die chemische Reaktion kann durch Eisenspuren katalysiert werden. **Stabilisatoren,** die Eisen-Ionen binden, verhindern die thermische Zersetzung bei vergleichsweise tiefen Temperaturen.
Andere Stoffe wirken als Antioxidanzien und tragen durch ihre Reaktion mit Sauerstoff dazu bei, die mechanische Festigkeit und die ursprüngliche Farbe der Kunststoffteile dauerhaft zu erhalten. Füllstoffe sind feste Zusätze, z. B. Silicate oder Synthesefasern, die u. a. die Zugfestigkeit der Kunststoffe verbessern.

Andere Zusatzstoffe optimieren den Flammschutz, die antistatischen Eigenschaften oder die Schimmelresistenz der Kunststoffe.

Additive	Funktion	Beispiele
Weichmacher	Optimierung von Flexibilität, Elastizität und Härte	– Carbonsäureester – Phosphorsäureester – Alkohole, Ketone
Stabilisatoren	Verlängerung der Lebensdauer durch Schutz vor Umwelteinflüssen	– Antioxidanzien – Wärmestabilisatoren – Lichtschutzmittel
Farbmittel	Erhöhung der optischen Attraktivität	– Pigmente – organische Farbstoffe
Füllstoffe	Verbesserung mechanischer Eigenschaften und Kostensenkung	– Gesteinsmehl – Ruß, Grafit – Synthesefasern

10

Anwendungen von Kunststoffen

▶ Zur Müllreduzierung werden auch **biologisch abbaubare Polymere,** die z. B. aus Stärke hergestellt werden, für Verpackungen genutzt.

Verpackungen

Verpackungen nehmen neben dem Baubereich mit ca. 32 % der Gesamtmenge aller in Deutschland verbrauchten Kunststoffe den größten Anteil ein. Sie müssen bei geringem Gewicht optimalen Schutz der verpackten Ware sichern. Im Lebensmittelbereich werden heute keine weichmacherhaltigen PVC-Folien mehr verwendet, da fettlösliche Stoffe während der Lagerung in das Lebensmittel gelangen können. Als Ersatz stehen z. B. Polyethylenfolien, Becher aus Polystyren oder das expandierte Polystyren (EPS) mit seiner offenporigen Struktur (Fleischschalen u. a.) zur Verfügung. EPS entsteht durch Aufschäumen, wenn man Styren in Gegenwart von Pentan und Wasser polymerisiert. Da das leicht flüchtige Pentan bereits durch die Reaktionswärme verdampft, wird es im Polymergranulat eingeschlossen. Solche Schaumstoffe werden auch zum Transportschutz (Styropor®) von Verpackungsgütern eingesetzt. Außerdem werden große Mengen reißfeste Folien und Bänder aus den Massenkunststoffen PE, PP und PVC genutzt. Ein ernsthaftes Problem stellt die Entsorgung solcher „Einwegverpackungen" dar (↗ S. 389).

Einsatzgebiete von Kunststoffen (Deutschland 2017, Quelle Statista 2019)

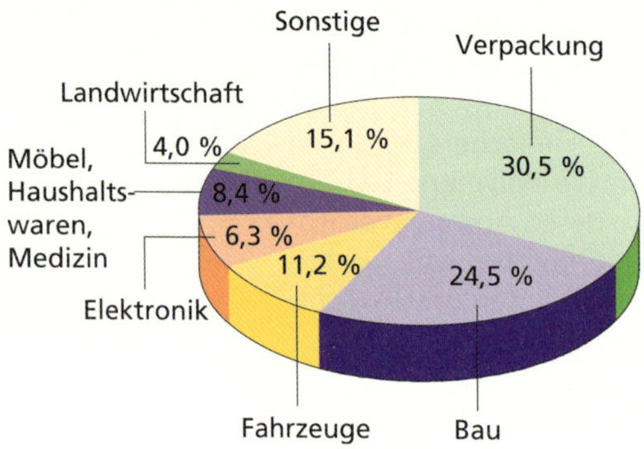

Kunststoffe in der Medizin

▶ **Kunststoffe in der Medizin,** die z. B. für Implantate genutzt werden, müssen besonders bioverträglich sein und dürfen nicht vom Körper abgestoßen werden.

Die Anwendungspalette ist ungeheuer vielseitig und reicht von künstlichen Gliedmaßen, Herzklappen, Blutgefäßen, Geweben über Kontaktlinsen oder Hornhautimplantate bis hin zu Hilfsmitteln wie Spritzen, Kanülen und Arzneimittelverpackungen.

Bahnbrechend ist die Anpassung von Kunststoffoberflächen für Implantate zur Überlistung der Immunabwehr. Knochengewebe wird beispielsweise von knochenauf- und -abbauenden Zellen, „Osteoblasten" und „Osteoklasten" genannt, ständig umgeformt. Diese Zellen kann man heute an die Oberfläche eines Werkstoffs locken, indem man spezielle Proteine, die eine „Andockstelle" für Knochenbildungszellen besitzen, über kurze Kettenmoleküle an der Oberfläche von Implantaten aus dem Kunststoff PMMA (Polymethylmethacrylat) befestigt. So wird das Implantat fest in der Knochenstruktur verankert.

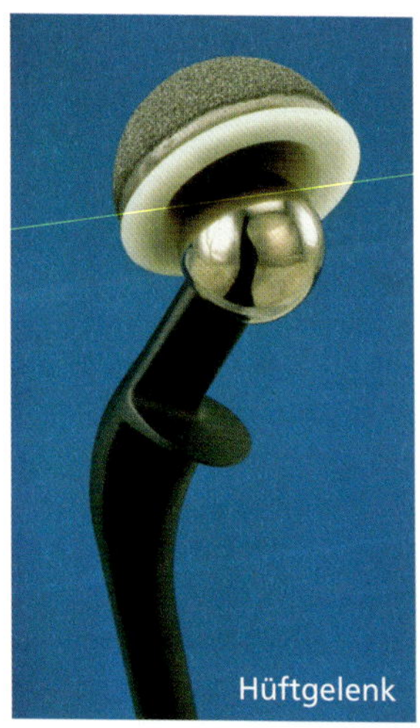
Hüftgelenk

Biologisch abbaubare Kunststoffe sind ein anderes Beispiel. Dabei handelt es sich z. B. um Polyesterfäden aus Polymilchsäure, Polyglykolsäure oder Polydioxan. Diese Stoffe werden im Organismus hydrolytisch abgebaut, eine erneute Operation zum Entfernen der Fäden entfällt.

▶ **Polymere in der Elektroindustrie** werden als Isolatoren eingesetzt. Neuerdings verwendet man auch elektrisch leitende Polymere für elektronische Bauelemente.

Lacke

Lacke bestehen in der Hauptsache aus Bindemitteln (Kunstharzen), die das Trägermaterial für den Oberflächenfilm darstellen, Pigmenten zur Farbgebung, Additiven und Lösungsmitteln. Die kunststoffbasierten Bindemittel sind meist Harze, also dreidimensional vernetzte Duroplaste. Sie müssen bei einer hohen Anforderung an Elastizität und Härte gleichzeitig eine gute Haftung auf verschiedenen Untergründen haben. Wichtig sind die Acrylharze, die durch Polymerisation von Estern der Propensäure (Acrylsäure) gewonnen werden, Alkydharze (vernetzte Polyester), die Phenol-Formaldehydharze und Polyurethanharze. Die Harze werden in Rührwerken extrem fein vermahlen, die Pigmente und Additive zugemischt und mit den Lösungsmitteln in Suspension gerührt.

Nach dem Streichen verdampft das Lösungsmittel und es bleibt eine schützende Harzschicht, in die die farbgebenden Pigmente eingelagert sind, zurück. Zunehmend werden organische Lösungsmittel durch Wasser ersetzt. Dies erfordert eine Gratwanderung in der Kunstharzentwicklung, da die fertigen Lackschichten wasserabweisend, die Bindemittel aber gleichzeitig in der Lösung mit Wasser mischbar sein müssen. Daher setzt man Wasserlacken Emulgatoren und Tenside (↗S. 410 ff.) zu.

▶ **Klebstoffe** werden ähnlich wie Lacke fein auf Oberflächen verteilt und verbinden diese durch Adhäsionskräfte.

▶ Wasserlacke enthalten bis zu 65 % Wasser und nur 12 % organische Lösungsmittel, während konventionelle Lacke bis zu 87 % organische Lösungsmittel enthalten. Umweltfreundliche Pulverlacke sind völlig lösungsmittelfrei.

Fasern

Die wichtigsten **Chemiefasern** sind die Polyester, Polyamide und Polyacrylnitrile. Sie bestehen alle aus unverzweigten Ketten, die häufig kristalline Bereiche enthalten (↗S. 373).

Fasern aus synthetischen Polymeren werden vorwiegend durch Schmelzspinnverfahren aus thermoplastischen Polyestern, Polyamiden bzw. Polypropylen gewonnen und haben besonders glatte Oberflächen. Durch Nachbehandlung werden die Eigenschaften für die Herstellung von Textilien, Teppichen, Polsterbezügen usw. modifiziert.

Neben den vollsynthetischen Fasern und den natürlichen Fasern (Baumwolle, Wolle, Seide) gibt es auch halbsynthetische Fasern. Ein Beispiel ist die durch Veresterung von Cellulose mit Essigsäure erzeugte Acetatseide.

▶ Es gibt noch viele weitere Anwendungen von Kunststoffen – von Superabsorbern in Babywindeln über Dämmmaterialien in der Bauindustrie bis hin zu den Verbundwerkstoffen.

Faserverbundwerkstoffe

Nach dieser Definition zählen auch Beton (↗ S. 401) oder Laminat zu den Verbundwerkstoffen.

Verbundwerkstoffe sind Werkstoffe aus mehreren durch Stoffschluss oder Formschluss verbundenen Materialien. Sie werden nach der Art des Verbunds unterteilt in Teilchenverbundwerkstoffe, Schichtverbundwerkstoffe, Durchdringungsverbundwerkstoffe und Faserverbundwerkstoffe.

Geeignete Kombinationen mehrerer Komponenten wie Kunststoffe, Gläser, Keramiken oder Metalle übertreffen oft die Eigenschaften der einzelnen Werkstoffe.

Das Prinzip der **faserverstärkten Werkstoffe** ist von der Natur abgeschaut: Wer ein Stück Holz genauer betrachtet, entdeckt Fasern, die von Harzen zusammengehalten werden. Ingenieure und Chemiker haben dieses Prinzip auf industriell hergestellte Verbundwerkstoffe übertragen, indem sie synthetische Fasern (z. B. Glas-, Kohlenstoff- oder verschiedene Kunststofffasern) mit geeigneten Kunststoffharzen (z. B. Polyester- oder Epoxidharz) in eine Polymermatrix eingebettet haben.

Faserverstärkte Werkstoffe können die Festigkeit und Steifigkeit von Stahl aufweisen, wiegen aber fünf- bis sechsmal weniger. Diese eigentlich widersprüchlichen Eigenschaften machen Verbundwerkstoffe besonders dort, wo hohe Anforderungen an das Material gestellt werden, zu einem beliebten Werkstoff. So bestehen Rumpf, Deck und Segel von Hochseeyachten ausschließlich aus Verbundwerkstoffen. Unmittelbar finden wir sie auch als Bestandteil der Konstruktion von Autokarossen oder Flugzeugteilen.

Bor- und Siliciumcarbid sowie Aluminiumoxidfasern sind extrem hitzebeständig und werden zunehmend in der Raumfahrt und im Automobilbau eingesetzt.

Die Forderung nach geringem Gewicht erfüllen am ehesten **Glas- und Kohlenstofffasern,** die zudem noch relativ zugfest sind. Entscheidend für die hohe Festigkeit und Steifigkeit eines Verbundwerkstoffs ist die Orientierbarkeit der Verstärkungsfasern in eine Zugrichtung bei gleichzeitiger Minimierung von Fehlstellen (Risse, Poren). Diese Voraussetzung erfüllen am ehesten Fasern mit geringen Durchmessern (5 bis $20 \cdot 10^{-6}$ m).

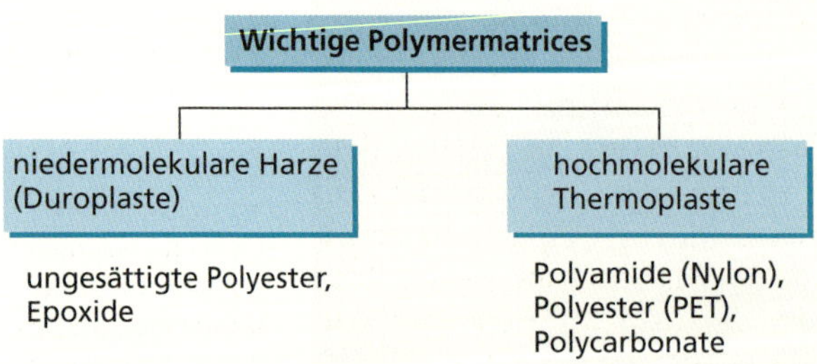

Die chemischen Eigenschaften der Verbundwerkstoffe hängen von der **Polymermatrix** ab. Duroplastische Reaktionsharze sind besonders leicht zu verarbeiten und erhalten ihre finalen Eigenschaften direkt bei der Herstellung des Werkstücks durch chemische oder thermische Härtung. Demgegenüber weist eine thermoplastische Polymermatrix eine höhere Bruchfestigkeit auf.

Fasern werden in Form von Geweben, Geflechten, Vliesen oder Fasersträngen (Gelegen) in die Polymermatrix eingebettet. Neben der Kombination der Materialien kommt dabei insbesondere auch dem geometrischen Werkstoffaufbau besondere Bedeutung zu. Liegen alle Fasern parallel, erhält man zwar in dieser Richtung optimale Festigkeit, jedoch deutliche Schwächen bei Belastungen unter anderen Winkeln. Optimale Festigkeit ergibt sich erst durch eine Anordnung mehrerer Faserschichten mit unterschiedlicher Ausrichtung übereinander.

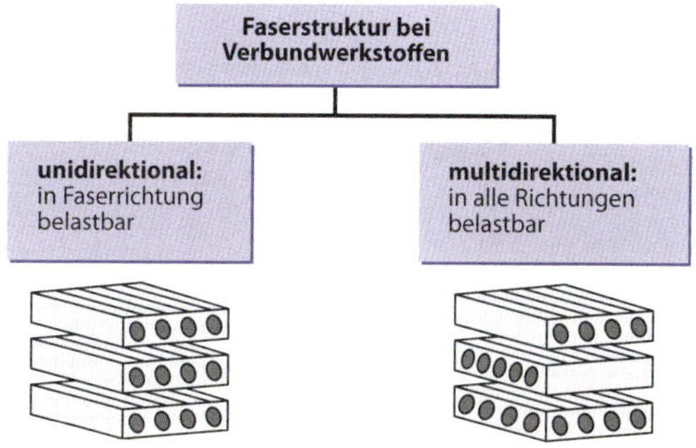

10.1.5 Verwertung von Kunststoffen

Jährlich fallen allein in Deutschland mehr als 5 Mio. Tonnen biologisch nicht abbaubare **Kunststoffabfälle** an. Diese Mengen können unmöglich auf **Deponien** gelagert werden, zumal dort die Gefahr besteht, dass Umweltgifte ins Grundwasser gelangen. Da der Müll zudem noch wertvolle Rohstoffe enthält, ist es nicht nur aus ökologischer Sicht, sondern auch aus wirtschaftlichen Gründen geboten, die Kunsstoffabfälle mit geeigneten Verfahren wiederzuverwerten.

Die beste Strategie zur Lösung des Müllproblems besteht darin, möglichst wenig Kunststoffe zu verbrauchen oder auf biologisch abbaubare Polymere (↗ S. 391 f.) zurückzugreifen.

Kunststoffverwertung

werkstofflich	rohstofflich	energetisch
– Makromoleküle bleiben erhalten – Produkt: Recycling-Kunststoff	– Makromoleküle werden zerlegt – Produkte: Rohstoffe, Monomere	– Makromoleküle werden verbrannt – Produkt: Energie

Werkstoffliche Verwertung ist die Aufbereitung von Thermoplasten zu neuen Rohstoffen oder direkt zu neuen Formteilen. Der chemische Aufbau der Makromoleküle bleibt dabei erhalten.

Bei der werkstofflichen Verwertung werden hauptsächlich aus sortenreinen Abfällen von Thermoplasten durch **Umschmelzen** neue Formteile gewonnen. Das Umschmelzen ist jedoch problematisch, wenn es sich nicht um sortenreine Produktionsabfälle (z. B. Fensterprofile) handelt. Bei Abfällen aus lange gebrauchten Kunststoffteilen können die chemischen Strukturen möglicherweise durch Oxidation mit Luftsauerstoff, UV-Strahlung bzw. Wärme geschädigt sein. Dies schränkt die Qualität des gewonnenen Rohstoffs und damit der daraus gefertigten Produkte erheblich ein **(Downcycling)** und macht sie aufgrund des hohen Aufwands bei der Wiederverwertung auch noch teurer.

In der Praxis werden die gesammelten Abfälle sortiert und zu Granulat verarbeitet. Daraus werden durch Umschmelzen Kunststoffe für „Low-Tech-Anwendungen", z. B. für Komposter, Klappboxen oder Rohre, hergestellt.

Grundbedingung für die werkstoffliche Wiederverwertung ist ein funktionierendes System für Erfassung und Sortierung der Thermoplaste. Im industriellen Maßstab ist dies oft sortenrein (etwa bei PVC-Fensterprofilen) oder sortenähnlich (gleichartige Stoffgruppe, z. B. PE) möglich. Die Verbraucher finanzieren in Deutschland das Sammelsystem für Verpackungen im Haushaltsbereich über den **Grünen Punkt.**

Rohstoffliche Verwertung ist die Umwandlung von Kunststoffen in niedermolekulare Produkte (Monomere oder hochwertige Öle und Flüssiggas), die als Ersatz für fossile Rohstoffe (Erdöl, Kohle oder Erdgas) zum Einsatz kommen.

Ein Kilogramm Altkunststoff kann als Brennstoff bis zu 0,5 Liter Heizöl ersetzen. Weitere Informationen zur Verwendung und **Verwertung von Kunststoffen** findet man unter *www.plasticseurope.de*

Dort, wo die werkstoffliche Verwertung nicht möglich ist, insbesondere wenn es sich um Produkte unterschiedlicher Zusammensetzung handelt, versucht man, die niedermolekularen Bestandteile der Kunststoffe als Rohstoffe zurückzugewinnen.
Thermische Verfahren (Pyrolyse und Hydrolyse – auch Hydrocracken bzw. spaltendes Hydrieren genannt) liefern Kohlenwasserstoffgemische. Solvolytische Verfahren, bei denen Thermoplaste und wenige Duroplaste durch ein geeignetes Lösungsmittel gespalten werden, führen zu Monomeren. Beim Einsatz im Hochofenprozess liefert der Kunststoffabfall anstelle von Schweröl Kohlenstoffmonooxid als Synthesegas zur Reduktion von Eisenoxiden.

Energetische Verwertung ist die Verbrennung mit dem Ziel der energetischen Nutzung bei gleichzeitiger Zerstörung umweltschädlicher Stoffe und Abscheidung problematischer Substanzen im Verbrennungsrückstand.

Bei der Entsorgung von Altkunststoffen bleibt trotz aller Anstrengungen ein erheblicher Anteil übrig, der aus technischen, wirtschaftlichen oder auch ökologischen Gründen weder werkstofflich noch rohstofflich verwertbar ist. Polymere sind jedoch sehr energiereiche Verbindungen, da die bei ihrer Produktion aufgewandte Energie in erheblichem Umfang in Form von chemischer Energie gespeichert ist.
Für duroplastische Kunststoffe und viele Elastomere ist die energetische Verwertung häufig die einzig wirtschaftliche Recyclingmethode. Die Verbrennung erfolgt im Wesentlichen in Industriefeuerungen, in Öfen der Zementindustrie, wo ein Teil der Schadstoffe dauerhaft in die Zementmatrix eingebunden wird, und in speziellen Müllverbrennungsanlagen, die die Abwärme ins Fernwärmenetz einspeisen.
Ein Problem stellen jedoch die bei der **Verbrennung** der Kunststoffabfälle entstehenden umweltschädlichen Stoffe dar. Moderne Filteranlagen absorbieren die bei der Verbrennung von halogenhaltigen Kunststoffen entstehenden sauren Gase (Fluor-, Chlor- bzw. Bromwasserstoff). Thermisch stabile Metallsalze verbleiben in der Schlacke, andere werden durch nachgeschaltete Wäscher weitgehend absorbiert. Die Konzentration organischer Gifte wie Dioxine (↗ S. 305) und Furane wird in modernen Anlagen auf weniger als 0,1 ng pro m^3 Abgas reduziert.

Unter ökologischen und ökonomischen Gesichtspunkten ist auch zukünftig ein Verwertungsmix, bestehend aus allen drei Verwertungsverfahren – werkstofflich, rohstofflich, energetisch – am sinnvollsten.

Verwertung von Kunststoffabfällen in Deutschland 2009

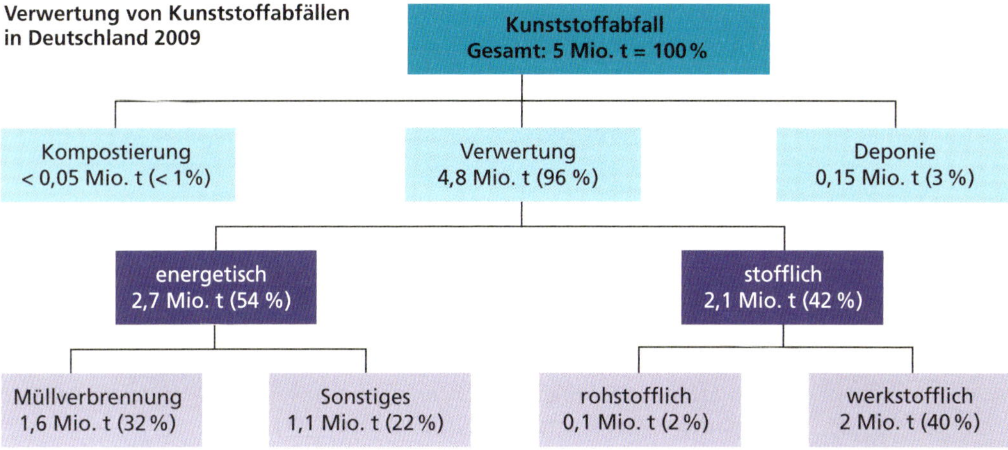

In Deutschland werden mehr als 40 % aller Kunststoffabfälle in neue Werkstoffe umgewandelt. Trotzdem muss immer noch etwa die Hälfte der Abfälle verbrannt werden. Dabei gehen die Rohstoffe, aus denen die Plaste hergestellt wurden, unwiederbringlich verloren und es entstehen große Mengen an Treibhausgasen (CO_2 und H_2O, ↗ S. 445). Daher arbeiten Wissenschaftler und Ingenieure daran, den Anteil des stofflichen Recyclings weiter zu erhöhen.

Außerdem gehen die Bestrebungen dahin, Kunststoffe auf petrochemischer Basis durch **biologisch abbaubare Polymere** zu ersetzen. Die Biopolymere bieten nicht nur den Vorteil, dass sie auf natürliche Weise zu ungiftigen Produkten abgebaut werden. Sie lassen sich größtenteils aus **nachwachsenden Rohstoffen** gewinnen. Dadurch werden auch die knappen Erdölressourcen geschont.

Biologisch abbaubare Werkstoffe müssen zwei Grundvoraussetzungen erfüllen:
1. Es liegen chemische Bindungen mit „Sollbruchstellen" vor, die enzymatisch spaltbar sind. Das sind z. B. Esterbindungen, Amidbindungen oder Acetalbindungen.
2. Die entstehenden Produkte sind im Stoffwechsel von Bakterien und/oder Pilzen verwertbar.

▶ Moderne **Biopolymere** sind in wenigen Tagen biologisch abbaubar.

Copolymer aus Hexandisäure und Terephthalsäure

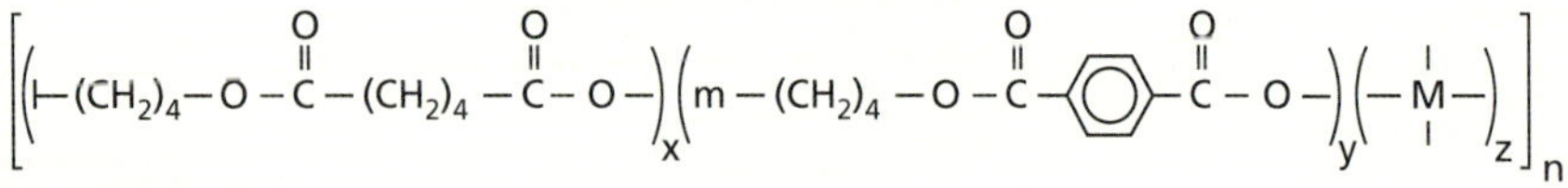

Mulchfolie auf Stärkebasis

Einweggeschirr aus Polymilchsäure

Einige **Polyester aus Naturstoffen,** wie Stärke, Milchsäure oder Cellulose, bzw. petrochemischen Rohstoffen, wie Copolymere aus Ethandiol, Hexandisäure (Adipinsäure) und 1,4-Benzendicarbonsäure (Terephthalsäure), erfüllen diese Kriterien. Gleiches gilt für **Polyhydroxyfettsäuren (PHF),** die durch die Einwirkung von Bakterien oder Pilzen auf Zucker oder Stärke gewonnenen werden, deren bekannteste Vertreter Polyhydroxybutyrat (PHB) und Polyhydroxyvalerat (PHV) sind.

Durch Kombination von Eigenschaftsprofilen werden anwendungstaugliche Produkte erhalten. Aliphatische Polyester wie Polycaprolacton (PCL) oder Polybutylenadipat (PBA) sind zwar gut biologisch abbaubar, aber aufgrund ihrer Schmelztemperaturen von ca. 60 °C für viele Anwendungen nicht einsetzbar. Sie werden mit aromatischen Polyestern wie Polyethylenterephthalat (PET) oder Polybutylenterephthalat (PBT), die hohe Schmelzpunkte über 200 °C und sehr gute Materialeigenschaften aufweisen, aber in reiner Form nicht biologisch abbaubar sind, kombiniert.

Leider sind die Preise derartiger Polymere immer noch höher als die der herkömmlichen Kunststoffe, sodass ihr Marktanteil noch sehr gering ist. Dennoch finden sie zunehmend Verwendung als Verpackungen und Cateringartikel, als Mulchfolie in der Landwirtschaft oder bei der Herstellung bestimmter Hygieneartikel.
Bei allem Optimismus ist es jedoch fraglich, ob Polymere auf Basis nachwachsender Rohstoffe jemals den weltweit ständig wachsenden Bedarf an Kunststoffen decken können.

Biopolymere in Westeuropa 2008

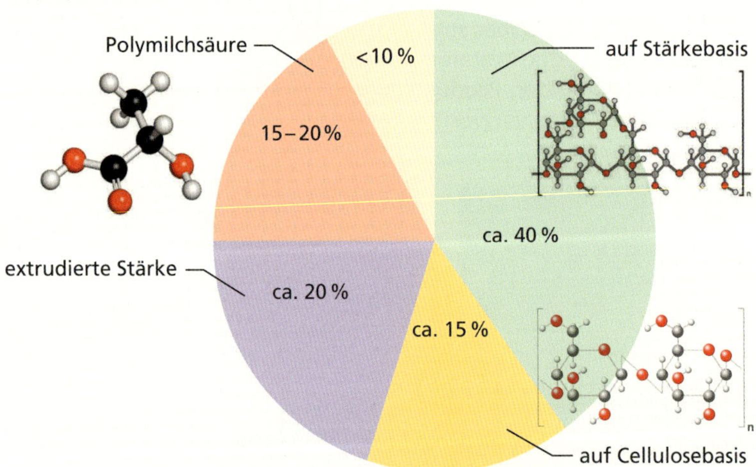

Kunststoffe

■ **Kunststoffe** sind synthetische makromolekulare Stoffe, die anhand ihrer thermischen und mechanischen Eigenschaften in Thermoplaste, Duroplaste und Elastomere unterteilt werden:

	Thermoplaste	Duroplaste	Elastomere
Monomere	enthalten eine Doppelbindung oder zwei funktionelle Gruppen im Molekül	enthalten zwei Doppelbindungen oder drei funktionelle Gruppen im Molekül	enthalten zwei oder drei funktionelle Gruppen im Molekül
Struktur	– lineare, kaum verzweigte Makromoleküle – Van-der-Waals-Kräfte und Wasserstoffbrücken – amorphe und kristalline Bereiche	– engmaschig vernetzte Makromoleküle – intermolekulare Atombindungen	– weitmaschig vernetzte Makromoleküle – intermolekulare Atombindungen
Eigenschaften	– erweichen bei moderater Erwärmung – plastische Verformung möglich – zähelastisch	– zersetzen sich bei starker Erwärmung – keine plastische Verformung möglich – hart und spröde	– zersetzen sich bei starker Erwärmung – keine plastische Verformung möglich – gummielastische Verformung bei Krafteinwirkung
Beispiele	Polyethylen, Polystyrol, Polyamide und Polyester	Phenoplaste, engmaschig vernetzte Polyurethane	Kautschuk, weitmaschig vernetzte Polyurethane

■ Nach dem **Reaktionstyp ihrer Synthese** ergibt sich folgende Einteilung der Kunststoffe:

Polymerisation	Polykondensation	Polyaddition
– ein einziger Ausgangsstoff, der mindestens eine Doppelbindung enthält – Monomere enthalten ausschließlich Kohlenstoffatome in der Grundkette	– Ausgangsstoffe, die zwei kondensationsfähige funktionelle Gruppen oder Atome enthalten – Monomere können auch Heteroatome in der Grundkette enthalten	– Ausgangsstoffe, die beide zwei funktionelle Gruppen enthalten – mindestens ein Monomer besitzt eine Doppelbindung
	Die funktionellen Gruppen können auch in einem Ausgangsstoff auftreten.	
Polymer ohne Nebenprodukte	Polykondensat und Nebenprodukt (z. B. H_2O)	Polyaddukt ohne Nebenprodukte

Wissenstest 10A

10.1.6 Metallische Werkstoffe

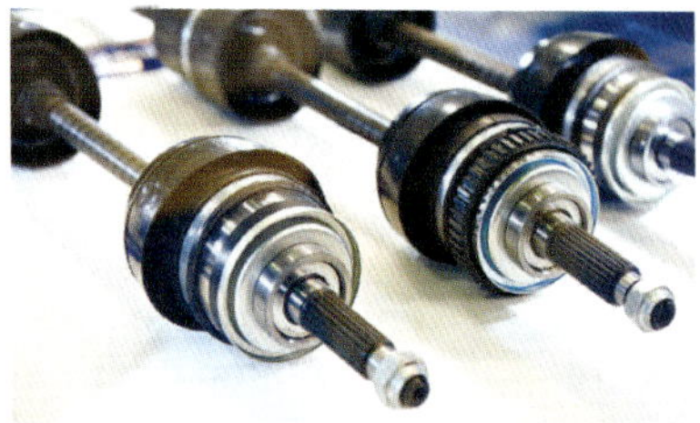

Trotz der Vielfalt und mitunter spektakulärer Eigenschaften der modernen Kunststoffe gehören die seit Jahrtausenden bekannten **Metalle** immer noch zu den unentbehrlichen Werkstoffen unserer Zeit. Sie weisen glänzende Oberflächen, gute mechanische Eigenschaften (Formbarkeit, Festigkeit usw.) sowie eine hohe Wärme- und elektrische Leitfähigkeit auf. Metalle besitzen die Fähigkeit zur Bildung von **Legierungen.** Legierungen sind Stoffgemische aus zwei oder mehr Elementen, die die günstigen Eigenschaften der einzelnen Komponenten kombinieren können.

Eisen und Stahl

10

Die meisten der technisch bedeutsamen Gebrauchsmetalle findet man in der Natur nur in Form ihrer Erze. So wird z. B. Roheisen aus Eisenerz im Hochofenprozess gewonnen und dann zu Rohstahl weiterverarbeitet.

Eisen und Stahl sind mit rund 95 % die mit Abstand bedeutendsten vom Menschen verwendeten metallischen Werkstoffe. Ursachen sind die breite Verfügbarkeit, die Eisen zu einem preiswerten Rohstoff macht, sowie die Zähigkeit und Festigkeit von Eisenlegierungen. Daher können Eisen und Stahl im Auto-, Schiff-, Maschinen- oder Hochbau ebenso eingesetzt werden wie im Alltag für einen Kochtopf oder ein Besteck.

Eisen ist eines der drei ferromagnetischen Metalle (neben Cobalt und Nickel). Diese Eigenschaft ermöglicht den großtechnischen Einsatz des Elektromagnetismus (Elektromotoren, Transformatoren und Generatoren).

Weltweit werden ca. 500 Mio. Tonnen **Roheisen** pro Jahr erzeugt, von denen etwa 10 % unmittelbar zu Gusseisen weiterverarbeitet werden. Typische Produkte aus Gusseisen sind Rohre, Heizkörper, Maschinenteile oder maßgenaue Formteile. Der überwiegende restliche Anteil des Roheisens (90 %) wird zu Stahl weiterverarbeitet, das Roheisen selbst ist nur ein Zwischenprodukt ohne bedeutende Anwendungen.

Für Werkstücke aus Gusseisen wird das geschmolzene Eisen direkt in eine Form gegossen.

Gusseisen besteht zu 96–98 % aus Eisen. Es hat einen Kohlenstoffgehalt von 2–4 %, ist hart, spröde, gießbar, aber nicht schmiedbar. **Stahl** enthält dagegen nur 0,2 % bis zu 2 % Kohlenstoff. Er ist schmiedbar, lässt sich walzen, pressen und ziehen. Stahl kann durch Wärmebehandlung gehärtet werden und ist zäh.

Man kennt heute nahezu 2000 verschiedene **Stahlsorten.** Diese werden in unlegierte und legierte Stähle unterteilt.
Unlegierte Stähle enthalten neben Eisen und Kohlenstoff nur geringste Restmengen der bei der Produktion gebildeten Begleitmetalle wie Nickel, Cobalt, Kupfer, Mangan, Silicium usw. Sie werden für den Bau von Brücken- oder Fahrzeugrahmenkonstruktionen, aber auch für Fahrzeugbleche oder im Stahlbau eingesetzt.
Legierte Stähle enthalten neben Eisen und Kohlenstoff noch weitere Elemente. Die wichtigsten Legierungsbestandteile sind Cobalt, Chrom, Mangan, Molybdän, Nickel, Silicium, Aluminium, Titan, Vanadium und Wolfram. Die Legierungsbestandteile haben großen Einfluss auf die Eigenschaften des Stahls, da sie im Eisen-Kohlenstoff-Kristallgefüge eingelagert werden.

Umfangreiche Informationen zur **Stahlerzeugung,** den Eigenschaften von Stählen und deren Einsatzgebieten findet man unter: *www.stahl-online.de.*

Einfluss von Legierungselementen auf die Stahleigenschaften

Element	Härte	Elastizität	Festigkeit	Verschleißfestigkeit	Warmfestigkeit	Korrosionsbeständigkeit
Chrom	++	+	++	+	+	+++
Nickel	+	/	+	–	+	++
Vanadium	+	+	+	++	++	+
Mangan	+	+	+	–	/	/
Molybdän	+	/	+	++	++	+
Cobalt	+	/	+	+++	++	+
Wolfram	+	/	+	+++	+++	+

Chrom macht den Stahl rostfrei, Nickel macht ihn widerstandsfähig gegenüber Säuren und erhöht die Zähigkeit. Vanadium verfeinert die Legierung und erhöht ihre Verarbeitungsfähigkeit (etwa die Schmiedbarkeit), Wolfram oder Molybdän steigern die Härte und Widerstandsfähigkeit. Molybdän verstärkt zudem die Wirkung von Chrom. Mit zunehmender Härte werden die **Edelstähle** meist spröder. Je nach Anforderungen können die mechanischen Eigenschaften des Stahls durch Kombination von Wärmebehandlung, plastischer Umformung oder spezieller Einstellung der Legierungsbestandteile in weiten Grenzen variiert werden.

Im Bereich der Werkzeugstähle nutzt man niedriglegierte Stähle für wenig belastete Handwerkzeuge, hochlegierte Stähle (>5 % Legierungsmetalle) für handgeführte Elektrowerkzeuge, höher belastbare Schnellarbeitsstähle (bis 12 % Legierungsmetalle) und hochlegierte, sehr harte Schnellarbeitsstähle (>12 % Legierungsmetalle) zur industriellen Metall- oder Kunststoffbearbeitung.

Hochlegierte Stähle mit mehr als 12 % Fremdmetall werden auch als Edelstähle bezeichnet. V2A-Stahl ist ein Chrom-Nickel-Stahl mit 18 % Cr, 8 % Ni und je 0,2 % Zusatz an Si und Mn.

Aluminium

Der Werkstoff Aluminium wird unter hohem Energieaufwand gewonnen (↗S. 432), daher kommt dem Recycling besondere Bedeutung zu.

Aluminium weist ein geringes spezifisches Gewicht auf, ist sehr fest und dennoch leicht formbar. Es besitzt eine hohe Leitfähigkeit für Wärme und elektrischen Strom. An der Luft überzieht sich das unedle Metall mit einer dünnen, durchsichtigen Oxidschicht, die das darunter liegende Metall vor weiterer Korrosion schützt.

Duraluminium ist eine leichte, besonders harte Legierung aus 93,5 % Al, 4,5 % Cu, 1 % Mg, 1 % Si und Mn, die besonders im Flugzeugbau Verwendung findet.

Anwendungsbereiche

Aluminium ist nach Eisen das wichtigste Gebrauchsmetall. Große Bedeutung haben Profile, Rohre und Bleche aus Aluminium bzw. dessen Legierungen im Hochbau und im Fahrzeugbau.
Gewichtseinsparung trotz hoher Beanspruchbarkeit reduziert die Energiekosten und erhöht die Beschleunigungszeiten. Der Airbus oder der ICE sind Beispiele dafür. Im Baubereich dienen dünne Folien als Dampfsperre, Profile für Fenster- oder Metallkonstruktionen (z. B. Wintergarten). In der Elektroindustrie findet man Aluminium in Motoren, Schaltschränken, Kabeln oder Stromschienen. Aluminium ist ein weit verbreitetes **Verpackungsmaterial** (leicht, korrosionsbeständig, gas- und wasserundurchlässig sowie hygienisch unbedenklich). Das Spektrum reicht von der Getränkedose bis zur Medikamentenverpackung, vom Flaschenverschluss bis zur Folie.

Eloxal-Verfahren

Das **Eloxal-Verfahren** ist eine elektrolytische Oxidation des Aluminiums zur Verstärkung der natürlichen Oxidschicht.

Die eloxierte Oberfläche besteht aus dicht nebeneinanderliegenden Poren und hat eine wabenartige Struktur. Sie ist leicht einfärbbar.

Das Werkstück aus Aluminium wird dazu in einer Elektrolyseapparatur als Anode geschaltet, die Katode besteht aus Blei oder ebenfalls Aluminium. An der Oberfläche des Aluminiums werden dabei Al^{3+}-Ionen gebildet, die durch feine Poren in der natürlichen Oxidschicht in Kontakt mit der Elektrolytlösung (z. B. Oxalsäure) gelangen. Dort bilden sie mit Wasser zunächst Aluminiumhydroxid und reagieren dann über mehrere Stufen weiter zu Aluminiumoxid, wodurch sich die Dicke der Oxidschicht um den Faktor 10 auf ca. 0,03 mm erhöht:

$$Al \longrightarrow Al^{3+} + 3\,e^-$$

$$2\,Al^{3+} + 3\,H_2O \longrightarrow Al_2O_3 + 6\,H^+$$

Weitere metallische Werkstoffe

Kupfer ist ein weiches, rötliches, sehr dehnbares, gut schmiedbares Schwermetall. Es lässt sich zu hauchdünnen Folien und zu Draht formen und besitzt eine hohe elektrische Leitfähigkeit.

Es gibt viele Kupferlegierungen, z. B. Bronze, die aus Kupfer und Zinn (10–20 %) besteht. Messing ist eine Legierung von Kupfer mit bis zu 50 % Zink.

Reines, elektrolytisch erzeugtes (↗S.235) Kupfer wird als elektrischer Leiter für die Herstellung von Kabeln ebenso eingesetzt wie für die Produktion von Leiterplatten. Ungefähr 50 % des weltweit produzierten Kupfers verbraucht die Elektroindustrie.
Wegen seiner chemischen Beständigkeit, Wärmeleitfähigleit und guten Verarbeitungseigenschaften findet Kupfer noch viele weitere Anwendungen. Aus Kupfer werden Trinkwasserleitungen, Kühlschlangen, Braukessel und Maschinenteile hergestellt. Auch als Baustoff z. B. für Dachrinnen oder Dacheindeckungen und im Schiffsbau ist das korrosionsbeständige Metall verbreitet.

An feuchter Luft oxidiert Kupfer langsam über dunkelrotes Kupfer(I)-oxid zu schwarzem Kupfer(II)-oxid. Unter Einwirkung von Kohlenstoffdioxid und/oder Schwefeldioxid bildet sich allmählich eine grüne Patinaschicht aus $CuCO_3 \cdot Cu(OH)_2$ bzw. $CuSO_4 \cdot Cu(OH)_2$, die das darunterliegende Metall vor weiterer Korrosion schützt.

Werkstoff/Eigenschaften	**Anwendungen**
Zink – bläulich glänzendes, bei Raumtemperatur recht sprödes Schwermetall mit relativ niedriger Schmelztemperatur – oberhalb von 120 °C weich und dehnbar, also zu Blechen und Drähten walzbar – bildet an feuchter, CO_2-haltiger Luft $Zn_5(OH)_6(CO_3)_2$, daher Korrosionsschutz	– Verzinken von Eisenblechen für den Fahrzeug- bzw. Maschinenbau, für Dachrinnen, Eimer, Drähte und Rohre meist durch Feuerverzinken oder Galvanisierung (↗S. 165) – Zinkmantel in Trockenbatterie (Leclanché-Element)
Zinn – silberweiß glänzendes und relativ weiches Schwermetall – zu hauchdünnen Folien walzbar (Stanniol)	– Verzinnen von Eisenblech (z. B. Weißblech für Konservendosen) – Lötzinn (64 % Sn, 36 % Pb) – Gebrauchsgegenstände
Nickel – silberweiß glänzendes Schwermetall, lässt sich wie Stahl relativ gut schmieden, zu Blechen walzen oder zu Draht ausziehen – schwach ferromagnetisch	– überwiegend zur Stahlveredelung, z. B. zum Korrosionsschutz – Legierungen zur Münzherstellung – Alpaka oder Neusilber (58–67 % Cu, 10–26 % Ni, 12–26 % Zn)
Silber – weiß glänzendes, weiches, meistgebrauchtes Edelmetall – beste elektrische und thermische Leitfähigkeit, sehr gut dehnbar	– Herstellung von elektrischen Kontakten, Elektroden oder elektronischen Bauteilen – Zahnfüllungen (Hg-Legierung) – Münzen und Schmuck

10.1.7 Silicone, Silicate und Gläser

Silicone

Die Anwendung von Siliciumverbindungen blieb lange Zeit auf die oxidischen Verbindungen (Keramiken, Gläser, Baustoffe) beschränkt. Erst die Entdeckung der Methylchlorsilane während des 2. Weltkriegs bereitete den Weg der Silicone.

Silicone sind siliciumorganische Kunststoffe, in denen die Siliciumatome noch organische Reste tragen. Sie ähneln in ihrer Struktur organisch modifiziertem Quarz (↗S. 400), weisen eine ähnliche Beständigkeit auf und haben zudem die Flexibilität von Kunststoffen.

Silicone werden auch als Polysiloxane bezeichnet. Dabei steht „Sil" für Silicium, „ox" für Sauerstoff und „an", um die gesättigte Struktur der Verbindung zu kennzeichnen.

Herstellung von Siliconen

Die **Herstellung der Silicone** erfolgt in zwei Schritten:
1. der Synthese der Organochlorsilane
2. der Hydrolyse bzw. Methanolyse der Organochlorsilane mit anschließender Polykondensation (↗S. 371)

Durch Einsatz anderer Chloralkane anstelle von Chlormethan können andere Organochlorsilane erhalten werden.

Die technisch wichtigsten Organochlorsilane sind die Methylchlorsilane. Zur Synthese wird ein fein vermahlenes Silicium/Kupfer-Gemisch mit gasförmigem Chlormethan CH_3Cl bei ca. 280 °C umgesetzt. Unter katalytischer Wirkung von Kupfer entsteht ein Gemisch von Silanen.

$$3n\,Si + 6n\,CH_3Cl \rightarrow \begin{cases} n\,CH_3SiCl_3 \\ n\,(CH_3)_2SiCl_2 \\ n\,(CH_3)_3SiCl \\ \text{(weitere Silane)} \end{cases}$$

Maßgeblich für die Wirtschaftlichkeit der Synthese ist eine möglichst hohe Ausbeute des bifunktionellen Dimethyldichlorsilans, da es Ausgangsstoff für alle Siliconöle, -emulsionen und -kautschuke ist. Aufgrund der geringen Siedetemperaturunterschiede der Silane, erfordert ihre Trennung einen hohen destillativen Aufwand.
Im zweiten Schritt werden zunächst die Organochlorsilane mit Wasser oder Methanol umgesetzt. Bei der **Hydrolyse** von 1 kg Dimethyldichlorsilan entstehen 350 Liter HCl, daher ist beim Umgang größte Vorsicht geboten. Die entstehenden Silanole reagieren anschließend in einer **Polykondensation** zu den Polysiloxanen bzw. Siliconen.

Die Reaktion mit Methanol führt zur Bildung von Chlormethan CH_3Cl, das zu Chlormethylsilan umgesetzt und so im Kreislauf gefahren werden kann.

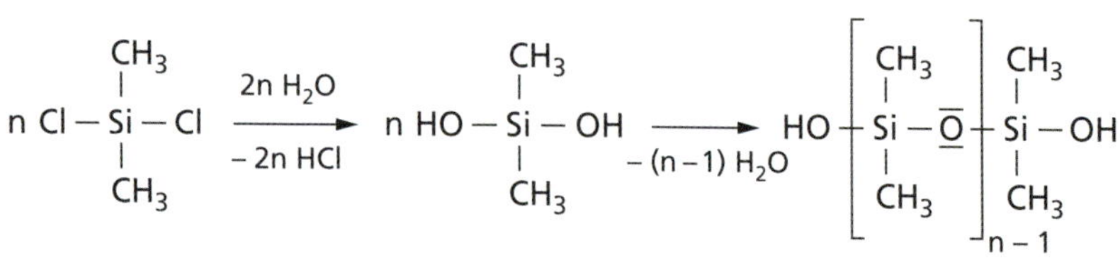

Die Zahl der Chloratome im Silanmolekül bestimmt die Produkteigenschaften des Polymers, da mono-, di-, tri- oder gar tetrafunktionelle Siloxane mit Si–O-Bindungen und damit unterschiedlichen Vernetzungsmöglichkeiten der Siloxaneinheiten entstehen können:

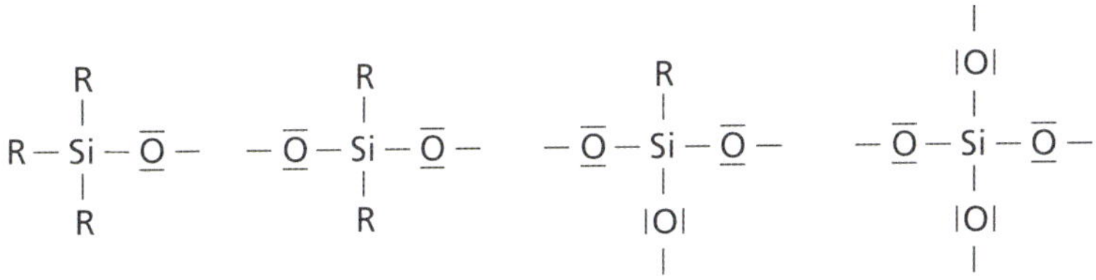

Von der gesamten Siliconproduktion (weltweit mehr als 2 Mio. t) sind etwa 45 % Siliconöle, 25 % Silicondichtstoffe, 25 % sonstige Silicon-Elastomere und etwa 5 % Siliconharze.

Siliconöle sind lineare Polysiloxane, deren Kettenlänge die Viskosität bestimmt. Der Abbruch des Kettenwachstums erfolgt in der Regel durch Zugabe von monofunktionellem Trimethylchlorsilan. Vernetzte **Siliconharze** entstehen aus trifunktionellem Methyltrichlorsilan. **Siliconkautschuke** erhält man durch Vulkanisation linearer Silicone, d. h. durch Vernetzung mit geeigneten Reaktionspartnern.

Es gibt unterschiedliche Methoden zur Bildung von Siliconkautschuk.

Vernetzung zum Siliconkautschuk mit Kieselsäureester

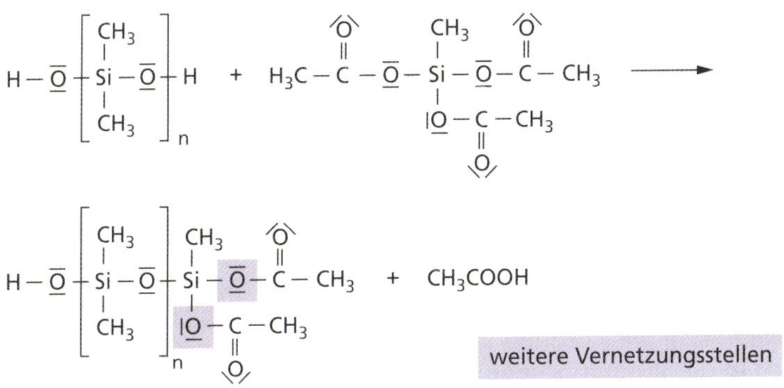

In Haarshampoos stabilisieren Silicone den Schaum. Auch Sonnenschutzmittel enthalten Silicone. Das Spektrum der Anwendungen von Siliconen ist nahezu unbegrenzt.

Eigenschaften und Anwendungen der Silicone

Silicone weisen eine für Kunststoffe hohe Thermostabilität bis ca. 250 °C und tiefe Glasübergangstemperaturen (↗ S. 383) von –120 °C auf. Ursache ist die sehr feste Si–O-Bindung. Sie sind zudem chemikalienbeständig, unempfindlich gegen oxidierende Stoffe und Strahlung sowie hervorragende Isolatoren und wegen der unpolaren organischen Seitengruppen stark hydrophob (↗ S. 410).

Silicone finden sich heute in allen Bereichen der Industrie und des täglichen Lebens. Unmittelbar begegnen sie uns wegen ihrer Wasser abweisenden und dauerelastischen Gebrauchseigenschaften als Dichtungsmittel im Sanitärbereich und als Imprägnierungsmittel für Textilien. Im Baubereich dienen sie zum Fassadenschutz, in der Elektroindustrie nutzt man sie für Kabelummantelungen oder den Bau von Freiluftisolatoren.

Siliciumdioxid und Silicate

Siliciumdioxid und Gläser

Im Quarz finden wir ein Atomgitter, in dem jedes Siliciumatom tetraedrisch von vier Sauerstoffatomen umgeben ist, die wieder mit einem anderen Siliciumatom verbunden sind.

Siliciumdioxid ist ein kristalliner Feststoff mit einer starren, regelmäßigen Kristallstruktur, der in seiner reinsten Form als Quarz, meist jedoch etwas verunreinigt als Sand, vorkommt.

Als Werkstoff wird Siliciumdioxid hauptsächlich als Zuschlagstoff in Form von Sand in der Bauindustrie oder als Schleifmittel eingesetzt. Beim Schmelzen (1705 °C) von Quarz verändert sich jedoch die starre, wenig variable Struktur: Einige Si–O–Si-Bindungen brechen auf und beim raschen Abkühlen bildet sich dann eine unterkühlte Schmelze von amorphem Siliciumdioxid, das **Quarzglas.**

Gläser sind meist oxidische, nichtmetallische, anorganische Festkörper. Sie gehen in einem bestimmten Temperaturintervall vom kristallinen in den glasartigen (nichtkristallinen bzw. amorphen) Zustand über.

Die Glasherstellung ist sehr energieaufwendig, daher kommt dem **Recycling von Glas** große Bedeutung zu.

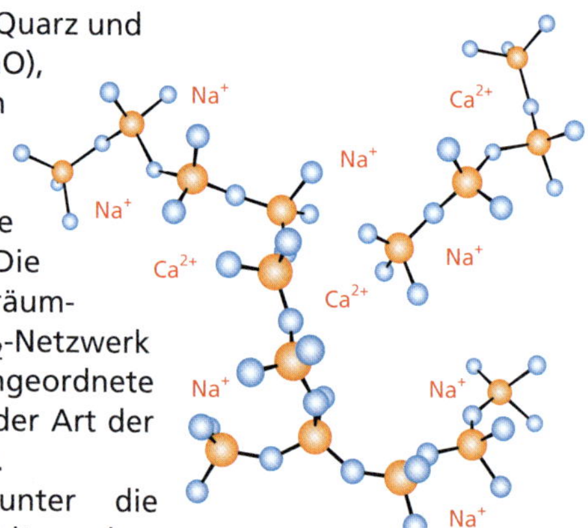

Schmilzt man ein Gemisch aus Quarz und anderen Metalloxiden (z. B. CaO), entstehen Silicatgläser. Bei den hohen Temperaturen werden Oxid-Ionen aus den Metalloxiden freigesetzt, die die Si–O–Si-Bindung aufbrechen. Die Metall-Kationen ordnen sich räumlich in das aufgebrochene SiO_2-Netzwerk ein. Es bilden sich räumlich ungeordnete Netzwerke, deren Größe von der Art der verwendeten Zusätze abhängt.
Eine Glasschmelze kann unter die Schmelztemperatur ϑ_s abgekühlt werden, ohne dass es dabei zu einer deutlichen Volumenverringerung wie bei der Kristallisation kommt. Bei weiterer Abkühlung weisen die meisten technischen Gläser eine typische Veränderung des Volumen-Temperatur-Verhaltens auf, der als **Glasübergang** bezeichnet wird. In diesem Temperaturintervall weisen die Gläser die höchste Verformbarkeit auf. Die Glasübergangstemperatur ϑ_G ist von der Abkühlgeschwindigkeit abhängig. Das bedeutet, dass die **Eigenschaften und Struktur des Glases** von seiner thermischen Vergangenheit mitbestimmt werden.
Glas zeichnet sich durch sehr gute Beständigkeit gegenüber Wasser, Salzlösungen, Säuren und organischen Substanzen aus, ist jedoch anfällig gegenüber starken Laugen. Glas ist zudem spröde, ein schlechter Wärmeleiter, guter Isolator und lichtdurchlässig. Die Eigenschaften lassen sich durch die Zusammensetzung und die Abkühlung der Glasschmelze steuern, sodass sich ein großes Anwendungsfeld erschließt.

Glas kann aus reinen Oxiden bestehen wie Quarzglas SiO_2 oder auch aus mehreren Komponenten gebildet werden wie Silicatgläser. Diese sind keine Metallsilicate, sondern „feste Lösungen“ unterschiedlicher Metalloxide.

Beispiele für einige wichtige Glasarten		
Natron-Kalk-Gläser (Normalglas)	70–75 % SiO_2; 10,8–16 % Na_2O (oder K_2O); 8–17 % CaO	– gewöhnliches Bruchglas, Architekturglas
Borosilicatgläser	75–80 % SiO_2; 4–6 % Na_2O; 8–25 % B_2O_3	– chemisch-technische Apparate und Laborgeräte – Rohrleitungen
Bleigläser	55–57 % SiO_2; 10–13 % K_2O; 5–25 % PbO_2	– Gläser – Kronleuchter und Linsen mit starker Lichtbrechung
Quarzgläser	100 % SiO_2	– Mikrochips, Nachrichten- und Lasertechnik – optische Geräte

Glas ist ein vielseitiger Werkstoff. Das Spektrum reicht vom einfachen Bauglas oder Flaschenglas bis hin zu optischen Gläsern, z. B. für Ferngläser, Mikroskope oder Laser, und Anwendungen in der Medizin- oder Vermessungstechnik.

Silicate

Silicate sind Salze der Kieselsäure. Sie leiten sich formal vom Quarz ab und bestehen aus unterschiedlich miteinander verknüpften SiO_4-Tetraedern. Uverknüpfte Tetraederecken sind mit Metall-Kationen koordiniert.

Da sowohl die Art und Mengenverhältnisse der enthaltenen Metall-Kationen sehr unterschiedlich sein kann als auch die Struktur der Kieselsäurereste, gibt es eine Vielzahl unterschiedlicher Silicate. Aufgrund der Vielfältigkeit der Strukturen sind die Eigenschaften und damit die Einsatzgebiete der Silicate außerordentlich variabel. Viele wichtige Baustoffe enthalten Silicate in unterschiedlicher Form.

Baustoff	Verwendung	enthaltene Silicate
Ton	– Fertigung von Töpferwaren, Skulpturen – Rohstoff für Herstellung von Porzellan, Zement, Fliesen und Ziegeln – Füllstoff in der Papierindustrie	– Schichtsilicate – vorwiegend Magnesium- oder Alumosilicate
Zement	– Mischung mit Zuschlagstoffen zu Beton – wichtigster Baustoff für Gebäude, Straßen, Brücken usw.	– Calciumsilicate unterschiedlicher Zusammensetzung und Struktur – fein verästelte Monocalciumsilicate bewirken die Härte des Zements
Gläser	– Handy-Displays – Substrate für Fotovoltaikanlagen – Laborgeräte, thermisch beanspruchte Gläser	– Alumosilicate – Borosilicate

Silicate dienen nicht nur als Baustoffe, sondern als **Spezialgläser**, Katalysatoren, Wasserenthärter u. v. a. m.

Keramische Werkstoffe

Bereits vor 7 000 Jahren wurden Keramikgefäße aus gebranntem Ton hergestellt. Porzellankeramiken werden seit dem 7. Jahrhundert in China gefertigt.

Keramische Werkstoffe sind anorganisch und nichtmetallisch. Man unterscheidet klassische silicatische Keramiken und nichtsilicatische Keramiken, die aus hochreinen synthetischen Carbiden, Nitriden, Boriden, Titanaten oder Oxiden bestehen.

Silicatkeramik	Hochleistungskeramiken	
	Oxidkeramik	Nichtoxidkeramik
– Porzellan – Steatit (Speckstein) – Cordierit	– Oxide, z. B. Al_2O_3, MgO, ZrO_2, u. a. – Titanate, z. B. Bleizirkonattitanat (Piezokeramik)	– Carbide, z. B. SiC, B_4C – Nitride, z. B. Si_3N_4, AlN – Boride, z. B. TiB_2

Der Hitzeschutzschild des Space-Shuttles besteht aus einer Siliciumcarbidkeramik, das Ceranfeld von Küchenherden aus einer Glas-Keramik-Kombination.

Keramiken werden aus einer Rohmasse mit genau definierter Zusammensetzung, Teilchenform und -größe gewonnen. Diese wird zu feinen Pulvern mit einer Partikelgröße von wenigen Tausendstel Millimetern Durchmesser vermahlen, mit Wasser zu einem Teig verrührt und geformt. Ihre typischen Werkstoffeigenschaften erhalten sie nach dem Trocknen durch einen Sintervorgang bei hohen Temperaturen (> 1 000 °C). Dabei wird die Temperatur so gewählt, dass die Rohstoffe lediglich an der Oberfläche miteinander verbacken, nicht aber schmelzen.

Die neuen Hightech-Werkstoffe erzielen extrem hohe Festigkeiten, vergleichbar mit denen von Metallen wie Stahl, Guss oder Nichteisenmetallen. Sie übertreffen fast alle Polymere – sogar die faserverstärkten. Keramik hat sich bereits in einer Vielzahl von Anwendungen bewährt, bei denen hohe Härte, große Verschleißfestigkeit, hohe Korrosionsbeständigkeit und gute Hochtemperaturstabilität – verbunden mit niedrigem spezifischen Gewicht – benötigt werden. Daher begegnet uns technische Keramik auf Schritt und Tritt.

Keramische Implantate wie künstliche Hüftgelenke in der Medizin, keramische Isolierteile in Haushaltsgeräten oder im Stromversorgungsnetz, keramische Bauteile in allen Bereichen der Elektronik, im Maschinen- und Anlagenbau, bei Gleit- und Regelelementen, bei Industrieöfen, in der Hochtemperaturtechnik als Konstruktions- und Isolationswerkstoff, bei Düsen, Wärmetauschern, Pumpen, Ventilkomponenten, Dichtungen und Lagern.

Keramiken stellen die Konstrukteure vor besondere Herausforderungen, da sie zwar sehr hohem Druck standhalten, aber wenig zug- und biegebelastbar sind. Aufgrund ihrer Härte kann man sie kaum mechanisch nachbearbeiten und heute noch nicht preisgünstig untereinander bzw. mit Metallen verbinden. Da sie kaum verformbar sind, können sie bei kleinsten konstruktiven Baufehlern Belastungsspitzen nicht ausgleichen. All dies führt dazu, dass keramische Werkstoffe nicht unbegrenzt einsetzbar sind.

10.2 Farbstoffe

10.2.1 Grundlagen der Farbigkeit

Das menschliche Auge ist in der Lage, einen bestimmten Bereich elektromagnetischer Wellen – den VIS-Bereich von 390 bis 780 nm – wahrzunehmen. Das **sichtbare Licht** setzt sich aus vielen Farben, den Spektralfarben, unterschiedlicher Wellenlänge zusammen.
Dass uns Stoffe farbig erscheinen, liegt an der Fähigkeit dieser Verbindungen, einzelne Spektralfarben im VIS-Bereich zu absorbieren. Der nicht absorbierte Teil des Lichts bildet die sogenannte **Komplementärfarbe,** in der wir den betrachteten Stoff sehen.

▶ Scheint weißes Sonnenlicht durch ein Prisma, wird es in die Spektralfarben aufgespalten.

Absorbiertes Licht		Farbe der Verbindung	Absorbiertes Licht		Farbe der Verbindung
λ in nm	**Farbe**		**λ in nm**	**Farbe**	
390–430	Violett	Gelbgrün	560–580	Gelbgrün	Violett
430–480	Blau	Gelb	580–595	Gelb	Blau
480–490	Grünblau	Orange	595–605	Orange	Grünblau
490–500	Blaugrün	Rot	605–750	Rot	Blaugrün
500–560	Grün	Purpur	750–780	Purpur	Grün

Dieses Phänomen lässt sich mithilfe der Molekülorbitaltheorie (↗S. 82) erklären. Die kovalenten Bindungen in einem Molekül entstehen jeweils durch die Bildung energiearmer bindender Molekülorbitale (MOs) und dazugehöriger antibindender MOs höherer Energie.
Da die antibindenden MOs nicht voll besetzt sind, können Elektronen aus den tiefer liegenden Orbitalen in antibindende MOs übergehen, indem sie genau das dafür nötige Energiequantum absorbieren.
Die für die Anregung von derartigen **Elektronenübergängen** benötigte Energie und damit die Wellenlänge der absorbierten Strahlung werden von der Struktur der chemischen Verbindungen bestimmt.
So ist für den $\sigma \rightarrow \sigma^*$-Übergang einer Einfachbindung erheblich mehr Energie nötig als für einen $\pi \rightarrow \pi^*$-Übergang (Doppel- bzw. Dreifachbindung) oder einen $n \rightarrow \pi^*$-Übergang (freies Elektronenpaar).
Gesättigte organische Verbindungen sind farblos, da die Energiebeträge für $\sigma \rightarrow \sigma^*$-Übergänge sehr hoch sind. Der Absorptionsbereich liegt außerhalb des sichtbaren Lichts im Ultraviolett-Bereich (200 nm < λ < 390 nm).

▶ Einige Moleküle geben die aufgenommene Energie auch wieder ab. Die Lichtemission erfolgt in Form von Fluoreszenz, Phosphoreszenz oder Chemolumineszenz.

Elektronenübergänge durch Lichtabsorption

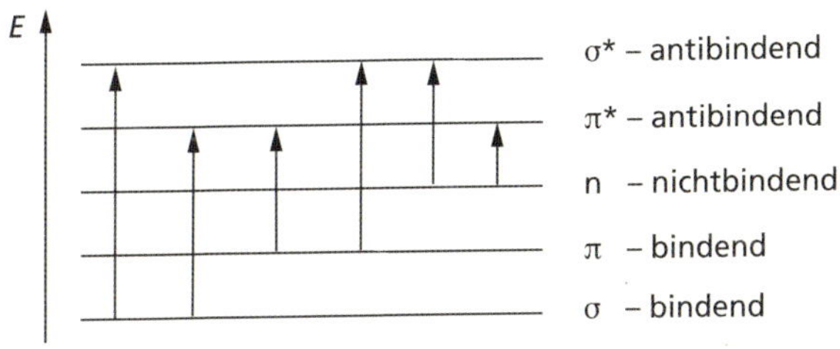

$\Delta E = h \cdot \nu = h \cdot c \cdot \lambda^{-1}$

h – plancksches Wirkungsquantum
ν – Frequenz der absorbierten Strahlung
c – Lichtgeschwindigkeit
λ – Wellenlänge der absorbierten Strahlung

Struktur und Farbigkeit organischer Farbstoffe

> Farbige Verbindungen, mit denen man andere Materialien wie Textilien, Leder oder Papier färben kann, werden **Farbmittel** genannt. Man unterteilt sie in lösliche **Farbstoffe** und unlösliche **Pigmente.**

Pigmente werden vor allem zur Herstellung von Lacken und Dispersionsfarben verwendet.

Die löslichen Farbstoffe sind überwiegend ungesättigte organische Verbindungen. Deren Moleküle enthalten ein aromatisches System oder mehrere **konjugierte Doppelbindungen.** Dadurch sind $\pi \rightarrow \pi^*$-Übergänge und $n \rightarrow \pi^*$-Übergänge von Elektronen möglich, deren Energiebeträge im Bereich des sichtbaren Lichts liegen. In welcher Farbe wir die Stoffe sehen, hängt von der Größe des π-Elektronensystems und den funktionellen Gruppen ab, die die organischen Moleküle tragen.

In Molekülen, die konjugierte Doppelbindungen enthalten, sind die π-Elektronen delokalisiert und verteilen sich gleichmäßig über den gesamten konjugierten Bereich (↗S. 88). Die „beweglichen" **delokalisierten Elektronen** lassen sich besonders leicht anregen und absorbieren relativ energiearme Strahlung. Je ausgedehnter das konjugierte π-System der **Polyene** ist, umso weiter liegt die Absorption im sichtbaren Bereich. So sind Polyene mit mehr als sieben Doppelbindungen farbig wie das im blau/violetten Spektralbereich absorbierende **β-Carotin.**

Farbige Stoffe wie anorganische **Komplexverbindungen** (↗S. 248) zählt man nicht zu den Farbstoffen, da sie nicht über die Fähigkeit verfügen, andere Materialien zu färben.

Cyanine sind Polyene, die zwei stickstoffhaltige funktionelle Gruppen enthalten. Die freien Elektronenpaare des Stickstoffatoms sind am konjugierten Elektronensystem beteiligt, sodass Cyanine schon farbig erscheinen, wenn sie mehr als zwei Doppelbindungen aufweisen. Die Ursache dafür ist die stärkere Delokalisierung der π-Elektronen.

Polyen

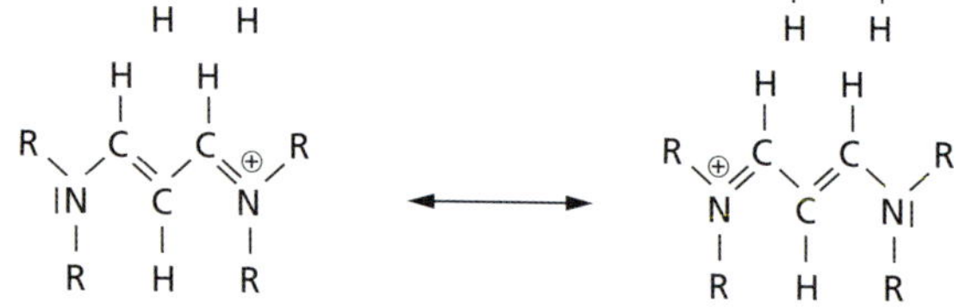

Cyanin

Die Amino-Gruppen verlängern nicht nur das π-System der Cyanine, sondern stabilisieren es zusätzlich. Durch die freien Elektronenpaare werden die Ladungen gleichmäßig über das gesamte mesomere System verteilt.

Bei den nicht substituierten Polyenen weist eine **mesomere Grenzstruktur** (↗S. 299) eine positive und eine negative Ladung auf. Diese Grenzstruktur ist im Vergleich zur ungeladenen Grenzstruktur etwas energiereicher. Es sind also nicht alle Grenzstrukturen gleichrangig und dadurch die π-Elektronen auch nicht vollkommen frei beweglich bzw. delokalisiert.

Die mesomeren Strukturen der Cyanine sind dagegen energetisch völlig gleichwertig und werden in gleicher Häufigkeit durchlaufen. Dadurch bedingt sind die π-Elektronen beweglicher und lassen sich leichter zu Elektronenübergängen anregen als bei den Polyenen.

Funktionelle Gruppen, die Heteroatome mit freien Elektronenpaaren oder selbst Mehrfachbindungen besitzen, nennt man **chromophore Gruppen** (griech.: *chroma* – Farbe, *phoros* – Träger).
Durch die Einführung chromophorer Gruppen – wie der Amino-Gruppen bei den Cyaninen – verringert sich die Energiedifferenz zwischen den bindenden und antibindenden Molekülorbitalen. Daraus resultiert eine Verschiebung des Absorptionsbereichs zu höheren Wellenlängen, die man als **bathochrome Verschiebung** bezeichnet. Eine Verschiebung zu kürzeren Wellenlängen nennt man hypsochrome Verschiebung.
Elektronen liefernde Gruppen (Elektronendonatoren, +M-Effekt) heißen **Auxochrome,** Elektronen ziehende Gruppen (Elektronenakzeptoren, –M-Effekt, ↗ S. 262) dagegen **Antiauxochrome.**
Die Ladungsstabilisierung und damit die bathochrome Verschiebung ist am höchsten, wenn ein mesomeres System sowohl Donator- als auch Akzeptorgruppen enthält.

Chromophore Gruppen	
Elektronendonatoren (+M-Effekt)	$-NH_2$, $-NR_2$, –OH, –OR, $-O^-$
Elektronenakzeptoren (–M-Effekt)	$-NO_2$, –COOR, –N=N–, Keto- und Aldehyd-Gruppen

▶ Die Farbe eines Moleküls wird durch die Art der chromophoren Gruppen stärker beeinflusst als durch die Anzahl der konjugierten Doppelbindungen.

Wenn Farbstoffe in Lösungen vorliegen, wird die Verteilung der π-Elektronen im Molekül auch vom pH-Wert der Lösung beeinflusst. An die freien Elektronenpaare der Heteroatome lagern sich leicht Protonen an, sodass diese nicht mehr am mesomeren System beteiligt sind.
Phenolphthalein ist bei *pH* < 8,5 ein farbloses Polyen, bei dem nur wenige π-Elektronenpaare miteinander konjugiert sind. Durch die Deprotonierung entsteht in alkalischer Lösung ein wesentlich längeres mesomeres System, an dem insgesamt 8 π-Elektronenpaare beteiligt sind.

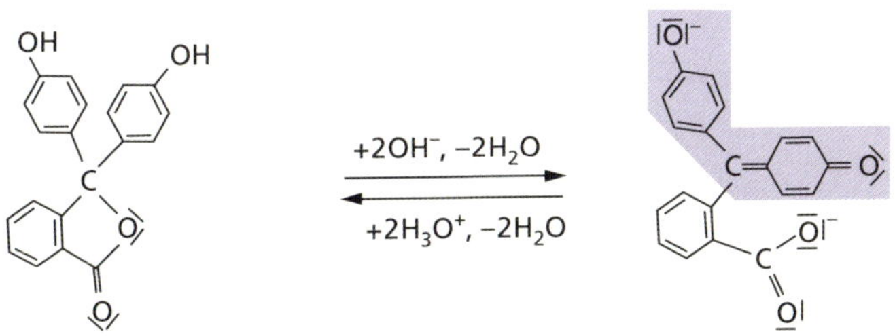

Phenolphthalein, farblos, *pH* < 8,5

deprotoniertes Anion rot, *pH* > 8,5

▶ Wegen ihrer pH-abhängigen Farbigkeit werden viele Farbstoffe als **Indikatoren** z. B. für Säure-Base-Titrationen eingesetzt.

Die Farbigkeit organischer Verbindungen wird bestimmt von der Verteilung der Elektronen im Molekül und ist somit abhängig von:
1. der Länge des konjugierten π-Systems
2. der Substitution durch chromophore Gruppen
3. dem pH-Wert der Lösungen des Farbstoffs
4. der Art des Lösungsmittels (Solvatochromie)

10

10.2.2 Natürliche Farbstoffe

Viele natürliche Farbstoffe finden heute als **Lebensmittelfarbstoffe** Verwendung.

Der wohl bekannteste natürliche Farbstoff **Indigo** (Jeansfarbstoff) wird schon seit über 6000 Jahren verwendet. Indigo kann aus der Indigopflanze *(Indifofera anil L.)* oder dem europäischen Färberwaid *(Isatis tinctoria L.)* gewonnen werden. Die Blätter werden zuerst gewässert und anschließend einem Gärprozess unterworfen.
Bei dieser Gärung spaltet sich das Zuckermolekül von der farblosen Vorstufe Indican ab und es entsteht das immer noch farblose Indoxyl. Durch den Sauerstoff in der Luft werden zwei Moleküle Indoxyl unter Wasserabspaltung zu einem Molekül Indigo oxidiert.

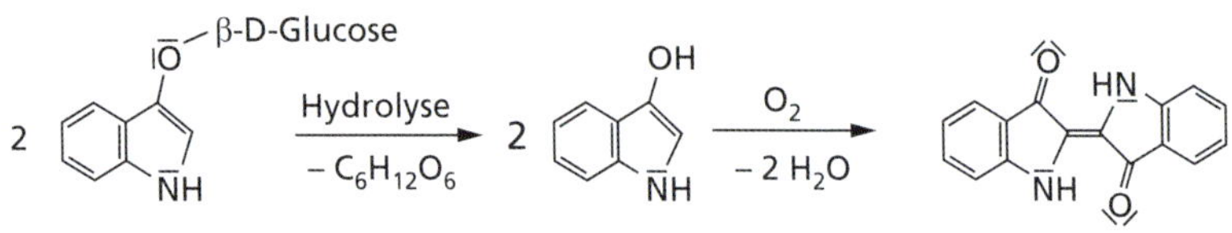

Indican Indoxyl Indigo

Die erste komplette Indigosynthese ließ sich **A. VON BAEYER** (1835–1917) patentieren. Da diese Synthese nicht wirtschaftlich war, wurden in der Folgezeit weitere Verfahren entwickelt.

Heutzutage wird der Naturstoff Indigo auf synthetischem Wege billiger hergestellt. Bei einem von mehreren genutzten Verfahren setzt man Anilin und Chloressigsäure zu N-Phenylglycin um. Dieses wird anschließend in einer alkalischen Schmelze mit Natriumamid zu Indoxyl cyclisiert. Aus Indoxyl erhält man mit Luftsauerstoff wie oben beschrieben vollsynthetisches Indigo.

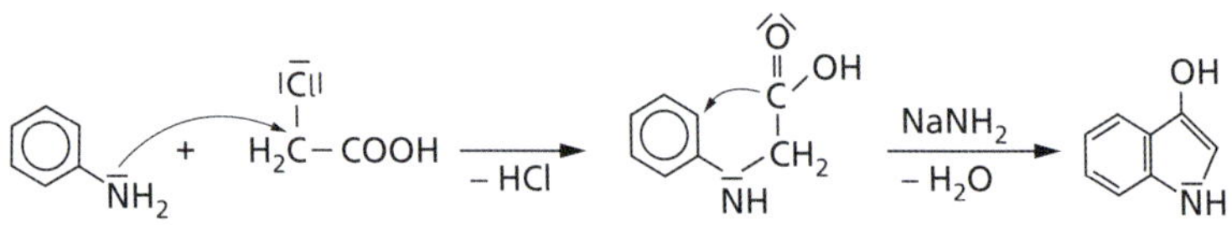

Anilin Chloressigsäure N-Phenylglycin Indoxyl

Indigo zeichnet sich durch eine hohe Lichtechtheit aus, verblasst aber leicht bei stärkerer Beanspruchung. Daher kommt das typische Aussehen von „Jeans".

Purpur ist der kostbarste Farbstoff der Welt. Um 1 g Purpur zu erhalten, musste man 12000 Purpurschnecken verwenden.

Ein weiterer natürlicher Farbstoff ist **Purpur.** Es wird aus der Purpurschnecke, die im Mittelmeerraum heimisch ist, gewonnen. Chemisch ist es ein Derivat des Indigos.

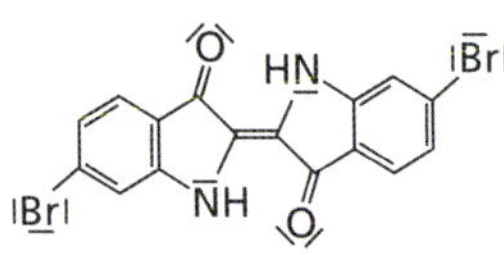

Purpur

„Normale" Rottöne wie Krapp wurden z. B. aus der Wurzel der Färberröte erhalten. Um einen gelben Farbstoff zu erlangen, wurde aus der Pflanze Färberwau **Luteolin** extrahiert. Vermengt man Luteolin mit einer Zinnchloridlösung, erhält man einen gelben Metallkomplex als Farbstoff.

Luteolin

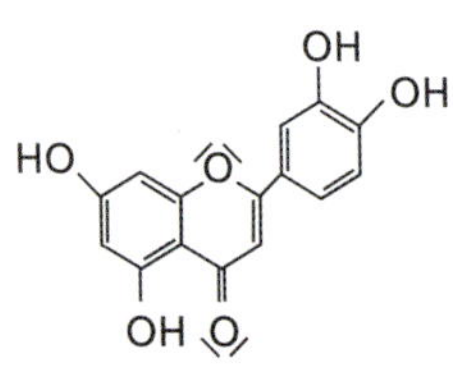

10.2.3 Synthetische Farbstoffe

Die größte Farbstoffgruppe sind die **Azofarbstoffe.** Ihr gemeinsames Strukturmerkmal ist die Azogruppe –N≡N–. Sie wurden bereits im 19. Jh. hergestellt. Damals verwendete man das aus Steinkohlenteer gewonnene Anilin als Ausgangskomponente. Dieses wurde zuerst der Diazotierung und anschließend der **Azokupplung** unterworfen.

> Die Kupplungsreaktion ist eine elektrophile Zweitsubstitution am Aromaten. Um die *para*-Position ausreichend zu aktivieren, muss die Kupplungskomponente einen Substituenten mit +M-Effekt (↗ S. 263) tragen.

1. Diazotierung

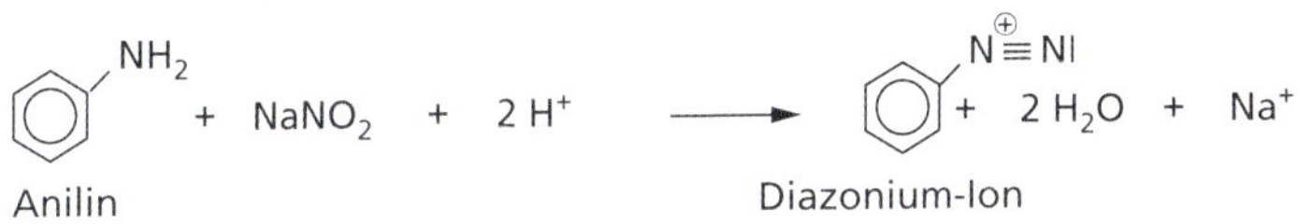

2. Azokupplung

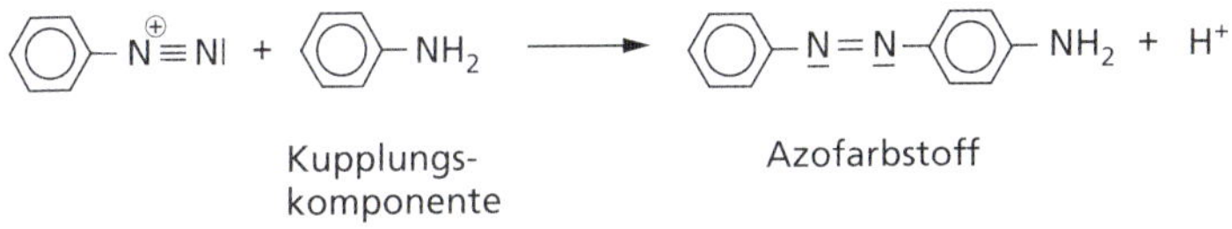

10

Durch weitere Substituenten (chromophore Gruppen) an den beiden Aromaten lassen sich eine Vielzahl von verschiedenen Azofarbstoffen herstellen. Durch Protonierung eines Azostickstoffs bei saurem pH-Wert verändert sich das mesomere System und damit die Farbigkeit, sodass sich viele Azofarbstoffe als **Indikatoren** eignen. Das wichtigste Anwendungsgebiet dieser Farbstoffe ist aber die Textilfärbung.

Eine weitere Farbstoffgruppe sind die **Triphenylmethanfarbstoffe.** Als gemeinsames Strukturelement besitzen sie den Triphenylmethan-Grundkörper.
In *para-* oder *ortho*-Stellung tragen die Phenylringe mindestens einen aktivierenden Substituenten, z. B. Amino-Gruppen. Die bekanntesten Vertreter dieser Farbstoffklasse sind **Phenolphthalein** (↗ S. 405), Kristallviolett und Malachitgrün. Da die Verbindungen nicht waschecht sind, haben sie in der Textilfärbung keine Bedeutung. Sie werden als Lebensmittelfarben, in der Kosmetik, in der Papier- und Druckindustrie eingesetzt.

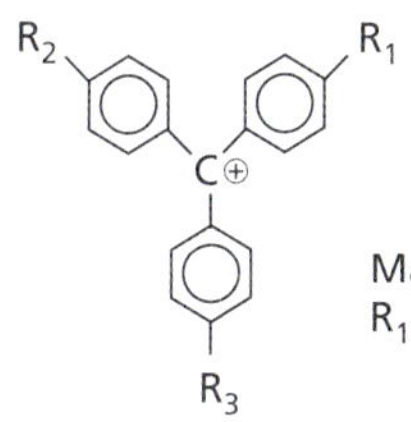

Malachitgrün
R_1, R_2: $N(CH_3)_2$; R_3: H

Kristallviolett
R_1, R_2, R_3: $N(CH_3)_2$

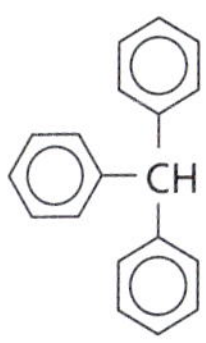

Triphenylmethan

Ausgehend von Anthrachinon als Grundkörper bilden die **Anthrachinonfarbstoffe** die dritte wichtige Gruppe der Farbstoffe.
Durch Einführung von Hydroxy- und Amino-Gruppen als chromophore Gruppen am Aromaten lässt sich fast jede beliebige Farbe erzeugen.

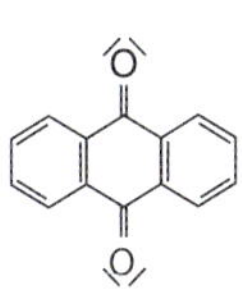

Anthrachinon

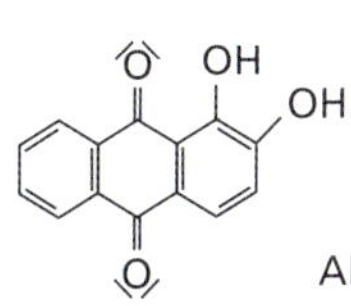

Alizarin

10.2.4 Färbeverfahren

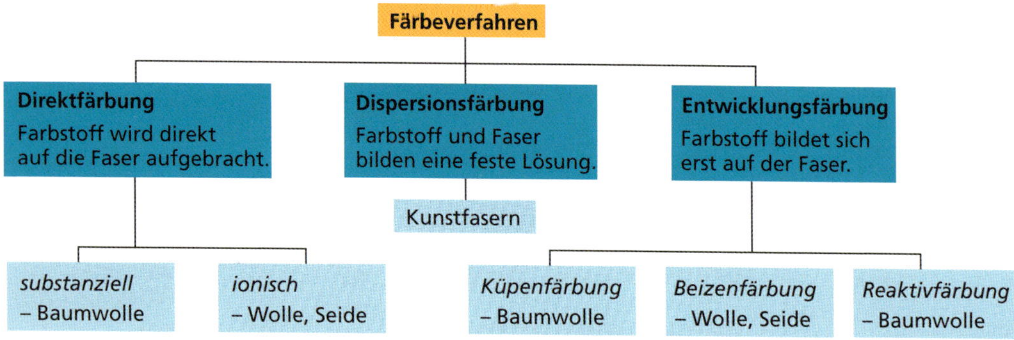

In der Textilindustrie wendet man verschiedene Färbetechniken an. Bei der **Direktfärbung** unterscheidet man zwischen der substanziellen Direktfärbung und der ionischen Direktfärbung. Gemeinsam ist beiden Verfahren, dass der wasserlösliche Farbstoff direkt aus dem Färbebad auf die Faser aufzieht. Es ist keine Vorbehandlung der Textilien nötig.
Bei der **substanziellen Direktfärbung,** die bei Baumwolle und Cellulosefasern angewendet werden kann, haftet der Farbstoff nur durch Van-der-Waals- und Wasserstoffbrückenbindungen (↗S. 106) an der Faser. Daher ist diese Färbemethode nicht sehr waschecht. Zu den substanziellen Farbstoffen zählen vor allem Azo- und Anthrachinonfarbstoffe.
Tragen die Farbstoffmoleküle eine Ladung, wie z. B. Kristallviolett (positiv geladen) oder Methylorange (negativ geladen), können sie mit entgegengesetzt geladenen Atomgruppen der Fasern Ionenbindungen eingehen. Proteinfasern wie Wolle oder Seide können mit dieser **ionischen Direktfärbung** gefärbt werden.

▶ Welches Färbeverfahren man nutzt, hängt von den Eigenschaften der Farbstoffe und der Textilfasern ab.

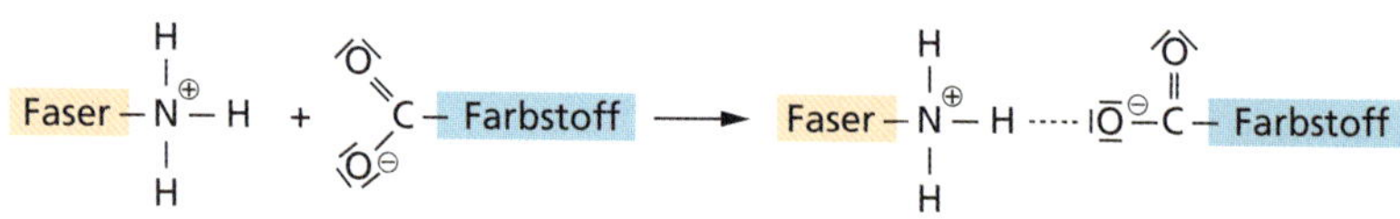

Die **Küpenfärbung** ist eine besondere Art der **Entwicklungsfärbung.** Küpenfarbstoffe wie **Indigo** sind wasserunlöslich und können daher nicht direkt auf die Fasern aufgebracht werden. Man überführt sie zunächst mit einem Reduktionsmittel (z. B. Natriumdithionit $Na_2S_2O_4$) in eine wasserlösliche Form. Da die reduzierte Form meist nicht mehr farbig ist, wird sie Leukoform (griech.: *leukos* – weiß) genannt.
Die Lösung wird auf die Faser aufgebracht und dort der Farbstoff „entwickelt“: Während der Trocknung des Färbeguts wird die Leukoform des Farbstoffs durch den Luftsauerstoff wieder oxidiert und erhält seine Farbigkeit zurück. Dieser Vorgang lässt sich natürlich durch die Behandlung mit Oxidationsmitteln beschleunigen.

▶ Die hohe Farbechtheit der Küpenfarbstoffe ergibt sich u. a. aus der Wasserunlöslichkeit der Farbstoffmoleküle.

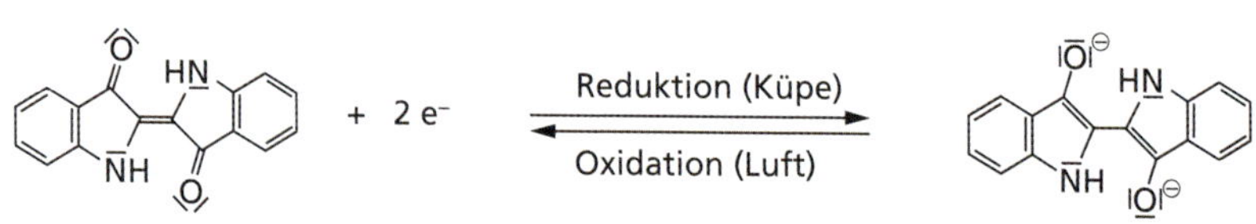

Indigo, blau

Leukoindigo, farblos

Auch Azofarbstoffe werden häufig direkt auf der Faser entwickelt, indem man dort die Kupplungsreaktion ablaufen lässt. Die Kupplungskomponente wird im basischen wässrigen Medium gelöst. Die Fasern, meistens handelt es sich um Cellulosefasern, werden damit durchtränkt und dann getrocknet. Anschließend werden sie mit der Lösung des Diazoniumsalzes behandelt. Die Kupplungsreaktion findet somit auf der Faser statt.

Als Kupplungskomponente wird häufig Naphthol AS verwendet, weswegen man auch von Naphthol-AS-Farbstoffen spricht. Wie auch die Küpenfarbstoffe sind die Azofarbstoffe nicht wasserlöslich und daher waschecht. Die verwendeten Diazoniumsalze werden deshalb als Echtfärbesalze bezeichnet.

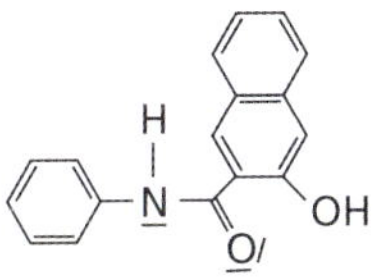

Naphthol AS

Eine besondere Art der Entwicklungsfärbung ist die **Beizenfärbung.** Hierbei werden die Fasern vor der Behandlung mit dem Farbstoff „gebeizt“, d. h. mit metallsalzhaltigen Lösungen vorbehandelt. Die Metallsalze lagern sich in die Fasern ein und bilden mit den Farbstoffmolekülen stabile Chelatkomplexe (↗ S. 253). Die Beizenfärbung findet vor allem bei Wolle Anwendung, weil Amino-Gruppen der Proteinfaser Wolle als Liganden in den Farbkomplex eingebunden werden.

Beim Färben werden die vorgebeizten Wollbahnen in den heißen Farbstoffextrakt getaucht. Am Boden des Färbetrogs sorgen Rührwerke für eine gleichmäßige Durchmischung. So können mehrere Zentner Wolle in einem Arbeitsgang, z. B. mit Krapp, gefärbt werden.

Eine relativ neue Färbemethode ist die **Reaktivfärbung.** Der Farbstoff besitzt eine reaktive Gruppe, die mit der Farbigkeit selbst nichts zu tun hat. Diese reaktive Gruppe ist in der Lage, mit den Hydroxy-Gruppen von Cellulosefasern eine Atombindung einzugehen. Eine wichtige reaktive Gruppe ist der Dichlortriazinrest. Er reagiert unter Abspaltung von Chlorwasserstoff mit der Cellulosefaser. Durch die Ausbildung der kovalenten Bindung ist der Farbstoff besonders fest mit der Faser verknüpft, sodass eine sehr haltbare Färbung entsteht.

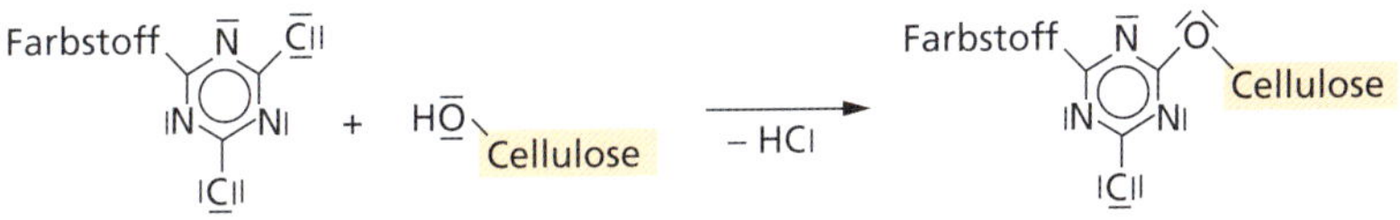

Die **Dispersionsfärbung** wird bei unpolaren Fasern, z. B. der Polyesterfaser, angewandt. Die wasserunlöslichen Farbstoffe (Azofarbstoffe) werden mit Hilfsstoffen zu einer Suspension verarbeitet. Die Fasern „extrahieren“ die Farbstoffmoleküle sozusagen aus der Suspension. Sie diffundieren in die Faser hinein, wodurch ebenfalls eine sehr waschechte Färbung entsteht.

Vielfache Anwendungen finden Farbstoffe in der **Kosmetik,** z. B. in Lippenstiften oder Haartönungen.

10.3 Tenside und Waschmittel

10.3.1 Tenside als grenzflächenaktive Stoffe

Gießt man Speiseöl auf Wasser, bilden sich zwei durch eine Berührungsfläche bzw. **Grenzfläche** getrennte Schichten aus, die man **Phasen** nennt. Durch Schütteln entstehen vorübergehend Öltröpfchen in Wasser. Das trübe Gemisch ist eine aus zwei Phasen bestehende Öl-in-Wasser-(O/W)-**Emulsion,** die sich rasch wieder trennt. Triebkraft für die Trennung der Phasen ist ihre Grenzflächenspannung.

Im Fall der Phasengrenze zwischen Flüssigkeit bzw. Festkörper einerseits und Gas andererseits nennt man die Kraft Oberflächenspannung.

> Die **Grenzflächenspannung** ist die Kraft, die an der Berührungsfläche zwischen zwei Phasen dahingehend wirkt, dass die ausgebildete Grenzfläche so klein wie möglich ist.

Um eine Emulsion zu stabilisieren, d.h. die Entmischung zu verzögern, muss die Grenzflächenspannung erniedrigt werden. Dies geschieht durch Zugabe von Verbindungen, die mit beiden Phasen mischbar sind und sich an der Grenzfläche anreichern. Solche Verbindungen nennt man **grenzflächenaktive Stoffe** oder **Tenside.**
Tensidmoleküle bestehen aus einem **lipophilen** (Fett liebenden) und einem **hydrophilen** (Wasser liebenden) Teil. In der Regel ist der lipophile Teil ein langkettiger unpolarer Alkylrest, während der hydrophile Teil eine polare Endgruppe, z.B. eine Carboxy-Gruppe sein kann.
Aufgrund dieser Struktur sind Tenside bifunktionelle (amphiphile) Verbindungen, die Gegensätze Lipophilie und Hydrophilie sind nebeneinander im selben Molekül ausgeprägt. Sie können sich daher mit Wasser und Öl mischen und an der Grenzfläche anreichern.

Lipophile Substanzen sind hydrophob (Wasser meidend) und hydrophile Substanzen lipophob (Fett meidend). Die chemische Struktur des hydrophilen Anteils in Tensiden ist sehr variabel.

Struktur eines Tensids

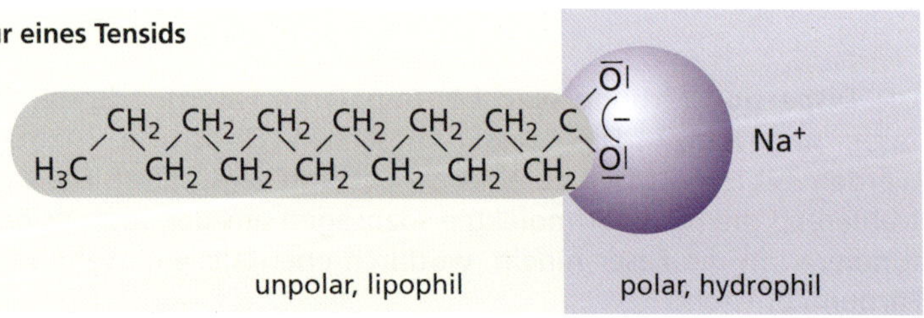

Durch Kochen von Fetten mit Holzasche wird schon seit Jahrtausenden eine Klasse von grenzflächenaktiven Verbindungen mit der dargestellten typischen Struktur gewonnen: die **Seifen.** Sie entstehen durch Hydrolyse von Fetten, z. B. mit Natronlauge (↗S. 337). Dabei bilden sich die Natriumsalze der Fettsäuren wie das als Hauptbestandteil der Kernseife bekannte Natriumstearat.
Als Waschmittel und zur Hautreinigung ist das klassische Tensid Seife nur bedingt geeignet. Seifen sind Salze schwacher Säuren und starker Basen. Sie reagieren daher alkalisch und greifen die Haut ebenso an wie das zu reinigende Gewebe. Durch Bildung schwer löslicher Salze mit im Waschwasser gelösten Ca^{2+}- und Mg^{2+}-Ionen werden zudem Kalk- bzw. Magnesiumseifen gebildet. Diese schlagen sich auf der Wäsche nieder und führen zu Wäschestarre, Vergrauung und einem unangenehmen Geruch. Schon nach kurzer Zeit müssen Textilien ersetzt werden.
Aufgrund dieser Nachteile wurden nach dem Strukturprinzip der Seifen eine Reihe von synthetischen Tensiden mit unpolarem Alkylrest und polarer Endgruppe entwickelt. Neben den klassischen, **anionischen Tensiden** kennt man heute **kationische, nichtionische und zwitterionische Tenside.** Diese haben gegenüber den klassischen Seifen den Vorteil, dass sie mit Ca^{2+}- und Mg^{2+}-Ionen keine schwer löslichen Salze bilden.

Die historische Verknüpfung von **Seifen und Waschmittel** ist überholt. In modernen Waschmitteln werden Seifen nicht mehr eingesetzt.

10

Einteilung und typischer Aufbau von Tensidmolekülen

Tensid-Typ	**lipophiler Anteil**	**hydrophiler Anteil**
anionisch, anionenaktiv 	Alkylketten	Sulfat-Anion $CH_3-(CH_2)_n-O-SO_3^-$
	Alkylarylketten	Sulfonat-Anion 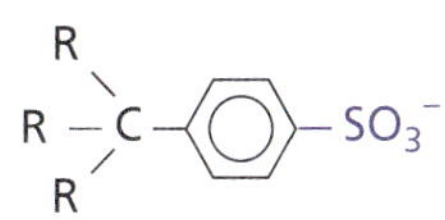
kationisch, kationenaktiv 	Alkylketten	Ammonium-Kation $CH_3-(CH_2)_n-N^+(CH_3)_2-CH_3$
nichtionisch 	Alkylketten	Polyether (Zucker) $CH_3-(CH_2)_n-O-(CH_2-CH_2-O)_n-H$
ampholytisch, zwitterionisch, z. B. Betaine 	Alkylketten n = 10 … 20	Ammonium-Kation $CH_3-(CH_2)_n-N^+(CH_3)_2-CH_2-COO^-$ neben Carboxylat-Anion

10.3.2 Anwendungen von Tensiden

Tenside als waschaktive Substanzen

Textilgewebe, insbesondere aus **Chemiefasern,** haben oft einen stark hydrophoben Charakter. Fetthaltiger Schmutz haftet fest auf den lipophilen Fasern und kann mit Wasser allein nicht entfernt werden.

Durch die Verringerung der Grenzflächen- bzw. Oberflächenspannung des Wassers erleichtern Tenside das Eindringen der Waschlauge ins Gewebe und somit die **Benetzung** der Fasern. Der lipophile Teil lagert sich an fettige Verunreinigungen und unpolare Fasern an und vermindert so die Schmutzhaftung.

Benetzung und Anlagerung von Tensiden

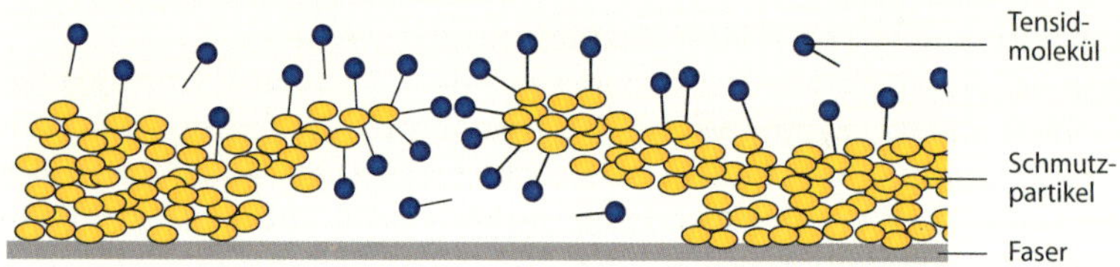

Da der hydrophile Anteil in die Wasserphase ragt, befinden sich außen an den Schmutzpartikeln hydrophile Tensidanteile, die sich gegenseitig abstoßen. Dadurch wird das Zusammenfließen fettiger Verunreinigungen zurückgedrängt und der Schmutz in kleinere Partikel zerlegt.
Anionische Tenside führen nun zu einer negativen Aufladung von Schmutz und Faser und stoßen die Schmutzpartikel effektiv ab. Bei Textilfasern mit polaren Gruppen, wie der Hydroxy-Gruppe bei **Baumwolle,** muss diese Abstoßung durch Einstellen eines alkalischen pH-Werts der Waschmittel erzielt werden, bei dem sich Hydroxid-Ionen an die polaren Fasern anlagern können.

Schmutzablösung

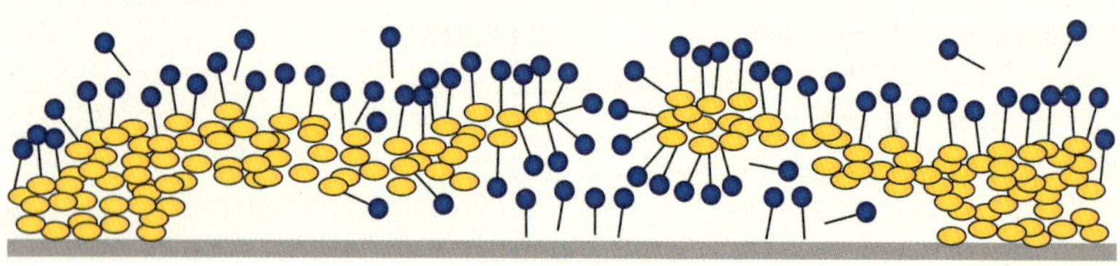

Zur Stabilisierung dispergierter Systeme dienen Tenside als Emulgatoren. Die Dispersion einer Flüssigkeit in einer anderen Flüssigkeit heißt Emulsion. Werden Feststoffe in einer Flüssigkeit verteilt, nennt man dieses Zweiphasensystem Suspension.

Tenside fördern aber nicht nur die Benetzbarkeit von Schmutz und seine Ablösung. Unter Aufwendung von mechanischer Energie und Wärme in der Waschmaschine lassen sich abgelöste Feststoffe in wässriger Lösung **dispergieren,** d.h. fein verteilen.

Micellbildung und Dispersion

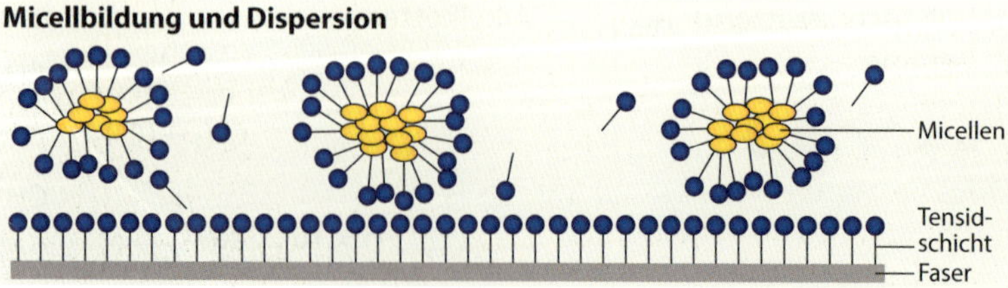

Eine wichtige Rolle spielt dabei das **Emulgiervermögen** der Tenside. Werden mehr Tensidmoleküle in Wasser gelöst, als sich an die Grenzfläche anlagern können, dann lagern sich die hydrophoben Alkylreste zusammen. Es entstehen spezielle Assoziate, die **Micellen,** die nach außen hin hydrophil sind und deshalb in der Waschlösung fein verteilt vorliegen. Die Micellen führen nicht mehr zu einer weiteren Abnahme der Grenzflächenspannung. Sie können jedoch Schmutzteilchen (z. B. Öl, Fett) in ihrem Innern aufnehmen.

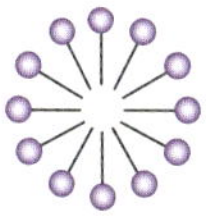

Kugelmicelle

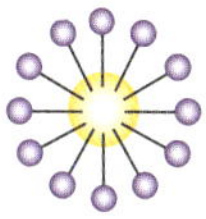

eingelagertes Fett, Öl

Die Schmutzpartikel werden dadurch in der Waschlösung gehalten und können sich nicht mehr an die Fasern anlagern. Verstärkt wird das Ablösen der Schmutzteilchen durch die mechanische Bewegung und die erhöhte Temperatur in der Waschmaschine. Der in den Micellen eingelagerte Schmutz wird letztendlich mit der Waschlauge abtransportiert.

Micellen (lat.: *mica* – Körnchen) können unterschiedliche Formen (z. B. Kugel- oder Stabmicellen) annehmen und erreichen eine Partikelgröße von 1–1 000 nm. Lösungen, die solche kolloiden Teilchen enthalten, weisen den sogenannten Tyndall-Effekt auf.

> Die überragende wirtschaftliche Bedeutung von Tensiden liegt heute in der Verwendung in Wasch- und Reinigungsmitteln. Die **Waschwirkung der Tenside** beruht auf mehreren Effekten:
> 1. der Verringerung der Grenzflächenspannung und der damit verbundenen Erhöhung der Benetzbarkeit der Fasern
> 2. dem Dispergier- und dem Emulgiervermögen der Tenside

Tensidlösungen neigen zur Schaumbildung. Für die Waschwirkung ist der Schaum aber fast ohne Bedeutung. Er ist bei Badezusätzen nur aus ästhetischen Gründen erwünscht.

Weitere Anwendungen von Tensiden

Als **Emulgatoren** finden Tenside vielfältige Anwendungen im Alltag. Sie sind nicht nur Bestandteile von Waschmitteln, sondern auch von Haarshampoos, Körperlotionen und vielen **Kosmetika.**

Eine jedermann bekannte Bedeutung haben Emulgatoren schon seit alters her bei der Zubereitung von **Speisen.** Die berühmte Sauce **Mayonnaise** ist eine durch den in Eigelb enthaltenen Emulgator Lecithin stabilisierte Öl-Wasser-Mischung. Komplexere Systeme werden erhalten, wenn eine gasförmige Phase in eine Emulsion eingearbeitet wird, wie beim Schlagen von Schlagsahne.

Mit neuen Emulsionstypen können Rezepte planmäßig entwickelt werden. Die **molekulare Gastronomie** untersucht dabei u. a. die Funktion der Tenside.

Besonders gut untersucht sind Emulsionen, die als **Salben** auf der menschlichen Haut angewendet werden sollen, um Arzneistoffe (↗ S. 419 ff.) auf erkrankte Haut aufzubringen oder durch die Haut zu transportieren.

Auch Salben ohne Wirkstoffe können durch physikalische Effekte der Tenside zur Wundheilung oder zum Schutz und zur Regeneration der Haut beitragen.

10.3.3 Waschmittel

Zusammensetzung moderner Waschmittel

Auch ökologische Gesichtspunkte (↗ S. 416) müssen bei der Zusammensetzung von Waschmitteln berücksichtigt werden.

Der Waschvorgang ist ein komplizierter Prozess. Die Verschmutzungen der Wäsche können sehr unterschiedlicher Natur sein und wie Eiweiße von Tensiden nur schlecht gelöst werden. Auch die Textilfasern **Wolle, Cellulose** und **Kunstfasern** (↗ S. 387) haben unterschiedliche Strukturen und Eigenschaften. Daneben hängt das Waschergebnis von der **Härte des Wassers** und einigen optischen Effekten wie der Stabilität des Wäschefarbstoffs oder der Weißtönung der Wäsche ab.
Waschmittel sind daher ein komplexes Stoffgemisch, wobei sich die Zusammensetzung von Universal- und Spezialwaschmitteln unterscheidet. Als waschaktive Substanzen sind 15–25 % **anionische** und **nichtionische Tenside** enthalten.

Kationische und ampholytische Tenside haben in Waschmitteln praktisch keine Bedeutung.

Klassische anionische Tenside sind z. B. **Schwefelsäuremonoalkylester**, die sich wie die Seifen (↗ S. 337) ebenfalls aus Fettsäuren gewinnen lassen. Durch Reduktion entstehen zunächst Fettalkohole, die sich unter Einwirkung von Schwefelsäure verestern lassen. Mit Natronlauge erhält man daraus neutrale **Monoalkylsulfate** mit hoher Waschkraft, die mit Ca^{2+}- und Mg^{2+}-Ionen kaum schwer lösliche Salze bilden.

■ **Natriumdodecylsulfat**

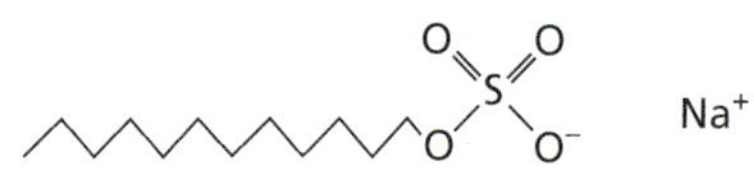

Nichtionische Tenside sind noch weniger härteempfindlich und hautfreundlicher. Moderne Vertreter wie **Alkylpolyglucoside** (Plantaren®) sind die waschaktiven Verbindungen der nächsten Generation: Sie werden aus nachwachsenden Rohstoffen (Fettalkoholen und Kohlenhydraten) hergestellt, sind nicht toxisch und vollständig biologisch abbaubar.

■ **Alkylpolyglucosid**

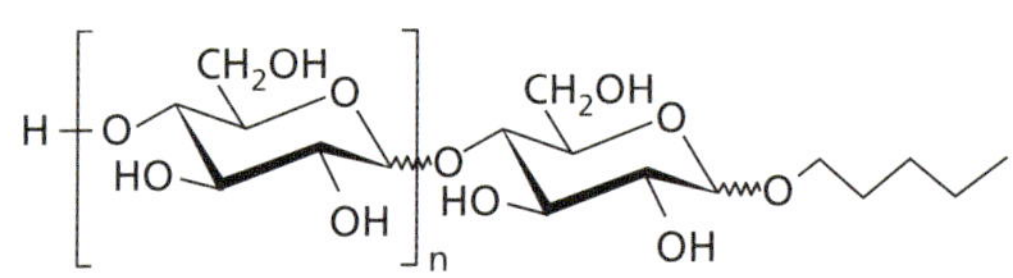

Der zweite Hauptbestandteil der Waschmittel mit einem Anteil von bis zu 30 % sind **Wasserenthärter** bzw. Builder. Ein multifunktioneller Enthärter ist **Pentanatriumtriphosphat.** Es bildet mit Ca^{2+}- und Mg^{2+}-Ionen stabile Chelatkomplexe (↗ S. 253), stellt einen günstigen pH-Wert von 9,5 in der Waschlauge ein, unterstützt die Schmutzablösung bei polarem Schmutz und erleichtert das Ausspülen der Wäsche.
Phosphate sind jedoch nicht unbegrenzt als Rohstoffe verfügbar. Außerdem belasten phosphathaltige Waschlaugen die Gewässer, da sie zur Eutrophierung beitragen (↗ S. 416).
Deshalb werden heute in Waschmitteln hauptsächlich **Zeolithe** (z. B. Sasil®: $Na_{12}(AlO_2)_{12}(SiO)_{12} \cdot 27\,H_2O$) zur Wasserenthärtung verwendet. Diese sind ökologisch unbedenklich, unterstützen aber, anders als das Pentanatriumtriphosphat, nicht die Schmutzablösung.

Bleichmittel wie Natriumperborat entwickeln bei erhöhter Temperatur Wasserstoffperoxid. Dieses oxidiert Verschmutzungen wie Obstflecken oder Tinte und wirkt der Vergrauung der Fasern entgegen. Tetraacetylethylendiamin **(TAED)** ist ein **Bleichmittelaktivator,** der schon bei niedriger Temperatur das wirksame Bleichmittel Peressigsäure bildet. Die Wäsche wird dadurch schon bei unter 60 °C sauber.
Natürliche oder modifizierte **Enzyme** wie Proteasen, Lipasen oder Cellulase beschleunigen die Entfernung schwer löslicher Verschmutzungen von Eiweißen, Fetten und Kohlenhydraten. Die Enzyme sind aber nur bei Waschtemperaturen bis 60 °C wirksam.
Neue **biologisch abbaubare Polymere** unterstützen die Dispersionswirkung der Tenside und tragen dazu bei, die erneute Anlagerung von Schmutz an die Faser zu verhindern. Dadurch werden weniger anionische Tenside in den Waschmitteln benötigt.
Darüber hinaus enthalten Waschmittel eine Vielzahl weiterer Bestandteile, um neben hygienischer Sauberkeit auch für Farbbrillanz, Langlebigkeit und angenehme Griffigkeit der Wäsche zu sorgen.

Wäscheschmutz besteht aus vielen verschiedenen Bestandteilen. Die **Tenside in Waschmitteln** können daher keine ausreichende Reinigung gewährleisten.

Typische Zusammensetzung eines Vollwaschmittels

Bestandteil	Funktion
anionische/nichtionische Tenside	Ablösen des Schmutzes vom Gewebe, Verhinderung der Wiederanlagerung an die saubere Faser
Enzyme (↗S. 352)	Spaltung von Eiweißen, Fetten und Kohlenhydraten aus Nahrungsresten, Hautfett, -schuppen und Blut
Bleichmittel	oxidative Zerstörung von im Schmutz enthaltenen Farb- und Geruchsstoffen, Abtöten von Mikroorganismen
Bleichaktivatoren	Herabsetzung der notwendigen Temperatur der Waschlauge für eine gute Aktivität des Bleichmittels
Enthärter (Builder)	Herabsetzung der Wasserhärte durch Bindung der Ca^{2+}- und Mg^{2+}-Ionen
Stabilisatoren	Komplexbildner für Schwermetall-Kationen
Vergrauungsinhibitoren	Verhinderung der Verschmutzung der gesäuberten Faser während der Wäsche
Schauminhibitoren	Begrenzung der Schaumbildung (Schaum ist für den Waschvorgang ohne Bedeutung)
Verfärbungsinhibitoren	Verhinderung der Anlagerung von gelösten Wäschefarbstoffen auf andere Wäschestücke
optische Aufheller (Weißtöner)	Kompensation des natürlichen Gelbstichs durch teilweise Umwandlung von UV-Strahlung in sichtbares blaues Licht
Verschmutzungsinhibitoren	Beschichtung der Faser zur Verzögerung der erneuten Verschmutzung der Wäsche beim Tragen
Trägerstoffe (Stellmittel)	Verbesserung der Handhabung durch feste Füllstoffe für Pulver bzw. Wasser und Alkohole für Flüssigwaschmittel
Duftstoffe	Verbesserung des Geruchs der Wäsche
Farbstoffe	Verbesserung des Aussehens des Waschmittels an sich

Ökologie der Waschmittel

> Die Inhaltsstoffe der Waschmittel gelangen mit der Waschlauge ins Abwasser und von da ins Oberflächenwasser. Sie besitzen größtenteils noch ihre Funktion als grenzflächenaktive Stoffe oder als Komplexbildner und belasten die Umwelt hauptsächlich aufgrund:
> 1. der **biologischen Aktivität der Tenside** und
> 2. der **Eutrophierung** der Gewässer durch Phosphate.

Auch die **Eutrophierung** führt zum Sterben der Fische und Pflanzen.

Tenside haben antibakterielle Eigenschaften. Dies wird Verbrauchern von Geschirrspülmitteln heute als Vorteil angepriesen, ist aber weder notwendig noch sinnvoll. Gelangen Tenside in Gewässer, kann dies zum Absterben der Fische und Wasserpflanzen führen. Bei den Fischen wird z. B. die Kiemenatmung gestört, da Zellmembranen durch die Tenside zerstört werden. Es kommt zur Hämolyse, d. h., Hämoglobin (↗ S. 256) tritt aus den Erythrozyten aus.

Gelangt zu viel Phosphat in Seen und Flüsse, kommt es zu einem Überangebot von Nährstoffen (↗ S. 451), weil Phosphate das Wachstum von Pflanzen und Mikroorganismen fördern. Das damit verbundene Massenwachstum der Wasserpflanzen (↗ Abb. unten) führt zu einer starken Sauerstoffzehrung und zur Störung des ökologischen Gleichgewichts.

Komplexbildner mobilisieren z. B. giftige Schwermetalle aus dem Sediment.

Auch der zu hohe pH-Wert basischer Waschlaugen oder der Eintrag von Komplexbildnern in die Gewässer kann Umweltschäden verursachen. Entscheidend für die Folgen des Schadstoffeintrags sind immer folgende Dinge: erstens die Menge bzw. *Konzentration der Schadstoffe* und zweitens ihre *biologische Abbaubarkeit*.

Ein weiterer positiver Effekt bei der Verwendung von Spezialwaschmitteln besteht darin, dass der Energieverbrauch minimiert wird, weil bei tieferen Temperaturen gewaschen werden kann.

Im Wasch- und Reinigungsmittelgesetz von 2007 wird der Minimierung des Chemikalieneinsatzes der Vorrang eingeräumt. Anstatt die Abwässer aufwendig chemisch zu reinigen (↗ S. 453), ist es viel sinnvoller, die Waschmittel effektiv und dosiert einzusetzen. Im Alltag bedeutet das, **Spezialwaschmittel** (↗ Abb. oben) zu verwenden, und so – je nach Anwendung für Wolle oder Buntwäsche – auf nicht benötigte Waschmittelbestandteile wie Bleichmittel zu verzichten oder nur so viel Wasserenthärter einzusetzen wie nötig. Weiterhin wird im Waschmittelgesetz festgelegt, dass die waschaktiven Substanzen in der Natur innerhalb von drei Wochen zu 80 % biologisch abgebaut sein müssen. Die modernen Tenside wie die Alkylpolyglucoside sind vollständig biologisch abbaubar.

Farbstoffe und Tenside

Struktur organischer Farbstoffe

- weisen ein Grundgerüst mit ausgedehntem **delokalisiertem π-Elektronensystem** auf
- tragen Substituenten mit mesomerem Effekt (+M-Effekt: Auxochrome, –M-Effekt: Antiauxochrome), die das chromophore System beeinflussen und so eine Verschiebung der Absorption zu größeren (Bathochromie) oder kleineren (Hypsochromie) Wellenlängen bewirken
- Substituenten verbessern oft die Wasserlöslichkeit der Farbstoffmoleküle

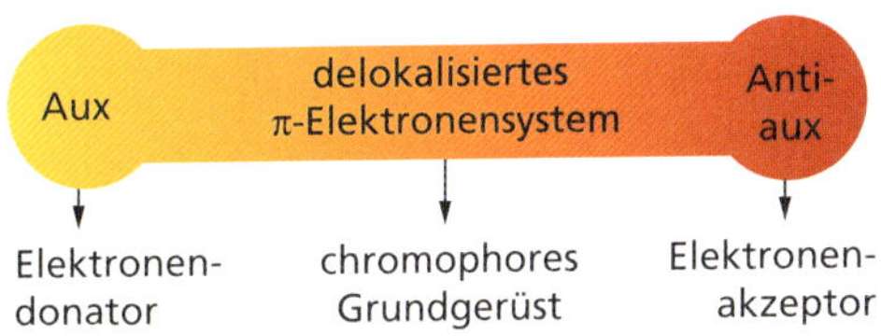

Beispiele wichtiger Farbstoffklassen

- Polyene (z. B. β-Carotin)

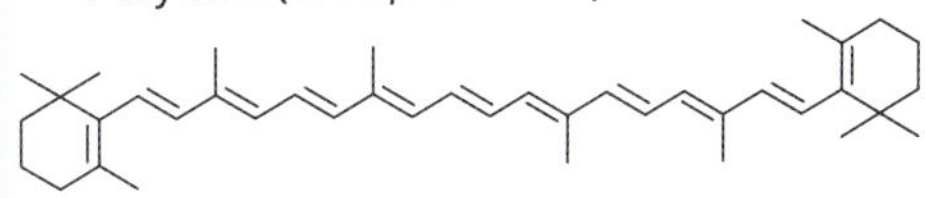

- Azofarbstoffe (z. B. Anilingelb)

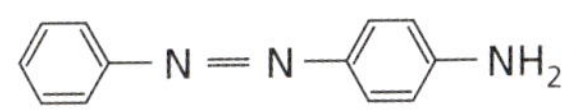

- Anthrachinonfarbstoffe (Alizarin S)

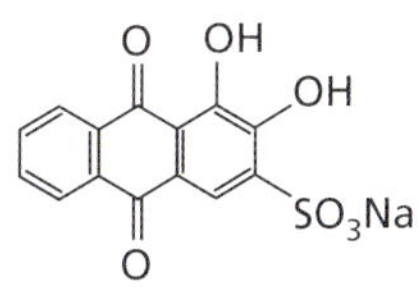

Tenside sind aufgrund ihrer Struktur **grenzflächenaktive Stoffe,** die in Wasch- und Reinigungsmitteln, aber auch als Emulgatoren in Kosmetika, Lebensmitteln oder Arzneimitteln Verwendung finden.

Struktur von Tensiden

- weisen eine polare (hydrophile) Endgruppe und eine meist große unpolare (hydrophobe) organische Restgruppe auf

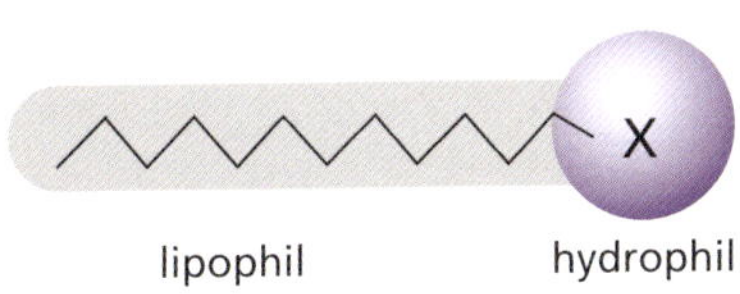

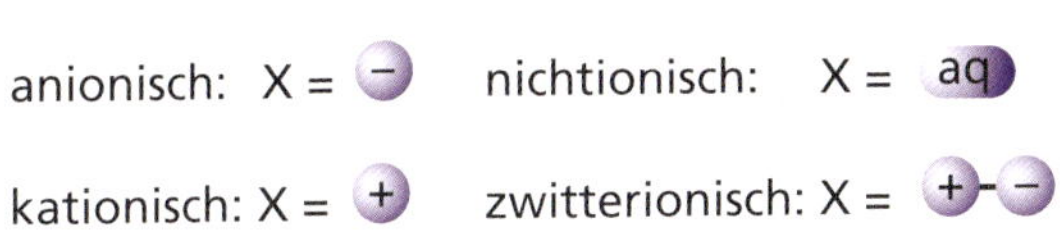

Eigenschaften

- sind mit wässrigen und fettartigen Phasen mischbar, reichern sich an der Phasengrenze an und reduzieren an der Wasseroberfläche die Oberflächenspannung
- bilden in polaren und unpolaren Lösungsmitteln **Micellen,** worauf auch ihre emulgierende und dispergierende Wirkung beruht

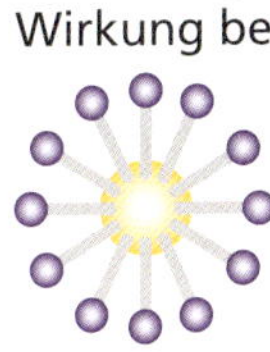

Micelle: von Tensidmolekülen umgebene Fetttröpfchen

Wissenstest 10B

10.4 Arzneimittel

Hilfreiche Arzneistoffe oder Nahrungsmittel können bei zu hoher Dosierung giftige Wirkung zeigen. Der berühmte Arzt THEOPHRASTUS PARACELSUS (1493–1541) erkannte schon im 16. Jh.: „Die Dosis macht das Gift."

Seit Urzeiten versuchen Menschen, Krankheiten mithilfe von **Arzneimitteln** zu behandeln.
Ursprünglich verwendete man Tier- und Pflanzenteile als Ganzes.
Im Laufe der Zeit entwickelte man aus diesen Materialien Zubereitungen, die einerseits die Einnahme erleichtern und andererseits die Wirksamkeit verbessern sollten. Dazu gehören z. B. Tees, Extrakte, Pillen und Pflaster.

Begriff	Definition	Beispiele
Wirkstoff	Substanz, die in einem Organismus eine Wirkung hervorruft	Coffein
Arzneistoff	Wirkstoff, der zur Vorbeugung, Linderung, Heilung oder Erkennung einer Krankheit dient	Acetylsalicylsäure, Penicillin G, Morphinhydrochlorid
Gift	Wirkstoff, der im Organismus eine schädliche Wirkung auslöst	Kaliumcyanid, Strychnin, Dioxin
Arzneiform	Bestimmte Zubereitungsform eines Arzneistoffs	Tabletten, Kapseln, Zäpfchen, Tropfen, Cremes, Ampullen
Arzneimittel	Arzneistoff in einer bestimmten Zubereitung	Aspirintablette, Penicillinampulle, Morphinzäpfchen

10.4.1 Entwicklung von Arzneimitteln

Im Jahr 1804 entdeckte der Apotheker FRIEDRICH SERTÜRNER (1783–1841) den Wirkstoff Morphin im Opium und konnte ihn isolieren.

Im 19. Jh. setzte sich immer mehr die Idee durch, die wirksamen Bestandteile aus den pflanzlichen und tierischen Materialien zu isolieren und so besser wirksame Arzneimittel zu erhalten.
Durch die Entfernung von unwirksamen bzw. nebenwirkungsträchtigen Begleitstoffen verbesserte sich oft die Verträglichkeit der Arzneimittel. Zudem schwankt der Wirkstoffgehalt von Arzneipflanzen und daher ist beim Einsatz eines reinen Arzneistoffs eine präzisere Dosierung möglich. Die Gefahr der Über- bzw. Unterdosierung sinkt.
Heute werden Arzneistoffe meist gezielt entwickelt, indem man versucht, einen Zusammenhang zwischen der chemischen Struktur und der erwünschten Wirkung herzustellen. Anschließend werden Stoffe synthetisiert, welche die passenden Strukturmerkmale **(Leitstruktur)** besitzen.

Eine zweite häufig angewandte Methode zur Arzneistoffentwicklung ist das sogenannte **Screening.** Dazu entwickelt man einen einfachen und preiswerten Test, der automatisiert durchzuführen ist, um die gewünschte Wirksamkeit zu überprüfen. Diejenigen Wirkstoffe, die in diesem Test die beste Wirkung zeigen, werden weiter untersucht und weiterentwickelt.

Bevor ein Wirkstoff als Arzneimittel in den Handel kommt, muss er zunächst die präklinischen Prüfungen bestehen. Dabei wird in Tierversuchen getestet, inwieweit der Wirkstoff giftig (toxisch), erbgutschädigend (mutagen) oder krebserregend (kanzerogen) ist oder Missbildungen bei Embryonen (teratogen) hervorruft. Hat der Stoff bei den genannten Prüfungen gute Ergebnisse erzielt, wird eine geeignete Darreichungsform entwickelt. Nun beginnen die klinischen Prüfungen, die in verschiedene Phasen eingeteilt werden.

▶ Um einen neuen Wirkstoff zu finden und zur Marktreife zu bringen, müssen mehrere Tausend Substanzen getestet werden.

Phase 1	Verträglichkeitsprüfung an gesunden Testpersonen
Phase 2	Testung an ausgesuchten Krankenhauspatienten
Phase 3	Erforschung der Wirkungen und Nebenwirkungen am großen Kollektiv stationärer und ambulanter Patienten
Markteinführung	Arzneimittel unter einem Handelsnamen (z. B. Aspirin®) in Apotheken auf Rezept erhältlich
Phase 4	Überwachung des Arzneimittels bezüglich des Auftretens von bisher nicht erkannten Wirkungen und Nebenwirkungen

10

10.4.2 Wirkungsweise von Arzneistoffen

Damit ein Wirkstoff eine Wirkung auf Körperfunktionen ausüben kann, muss er erst in Wechselwirkung mit körpereigenen Strukturen treten. Dafür gibt es verschiedene Möglichkeiten:

▶ Agonisten imitieren die Wirkung natürlicher Überträgerstoffe und stimulieren so die Rezeptoren. Antagonisten dagegen blockieren die Wirkung oder verkehren sie ins Gegenteil.

1. An der Oberfläche der Körperzellen befinden sich Proteine **(Rezeptoren),** an die bestimmte körpereigene Wirkstoffe (Hormone oder Überträgerstoffe des Nervensystems) nach dem **Schlüssel-Schloss-Prinzip** (↗S. 352 f.) binden können. Durch diese Bindung wird ein Effekt, z. B. die Weiterleitung eines Nervenreizes, ausgelöst. Einige Arzneistoffe können ebenfalls an solche Rezeptoren binden. Dadurch kann der gleiche Effekt ausgelöst werden wie durch den natürlichen Überträgerstoff, d. h., es erfolgt eine **Stimulation des Rezeptors** durch den Arzneistoff. Im anderen Fall, der **Blockade des Rezeptors** durch den Arzneistoff, bleibt der natürliche Effekt, z. B. Fieber, aus.
2. An vielen Funktionen im Organismus sind **Enzyme** beteiligt. Arzneistoffe, die in der Lage sind, Enzyme zu hemmen oder zu aktivieren, können die entsprechenden Funktionen beeinflussen. So hemmt **Acetylsalicylsäure** ein Enzym, das an der Prostaglandinsynthese beteiligt ist. Prostaglandine sind für die Schmerzweiterleitung und die Entzündungsbildung im Körper mit verantwortlich. Durch Hemmung des Enzyms werden weniger Prostaglandine produziert und somit die Schmerzen und die Entzündung gelindert

Die Entwicklung der **Penicilline** beruht auf der Entdeckung **ALEXANDER FLEMINGS** (1881–1955), der erkannte, dass bestimmte Bakterien durch Schimmelpilze in ihrem Wachstum gehemmt werden.

3. Eine weitere Gruppe von Arzneimitteln, z. B. die **Antibiotika** und **Chemotherapeutika,** greift in die Biosynthese von Mikroorganismen ein. So hemmen β-Lactam-Antibiotika (z. B. Penicilline und Cephalosporine) die Synthese der Zellwand wachsender Bakterien, sodass neu entstehende Keime nicht mehr lebensfähig sind.
Andere Antibiotika behindern die Proteinbiosynthese (Tetracycline) oder den Aufbau oder die Funktion der Nucleinsäuren (Sulfonamide, Gyrasehemmer) der Bakterien.
Das erste verfügbare **Penicillin** „Penicillin G" kann nur intravenös gespritzt werden, da sonst die Amid-Gruppe durch die Magensäure gespalten und das Antibiotikum unwirksam wird. Es gibt mittlerweile zahlreiche Weiterentwicklungen von Penicillin G mit verbesserter Wirkung, die oral eingenommen werden können.

Penicillin G

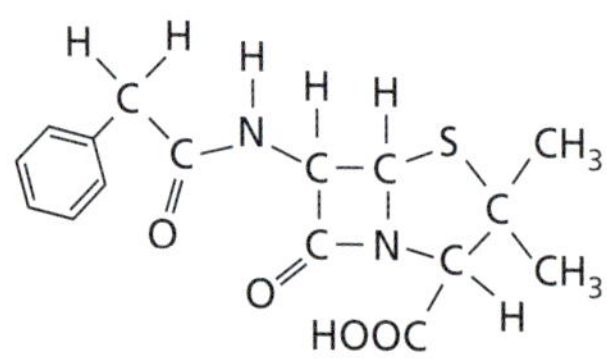

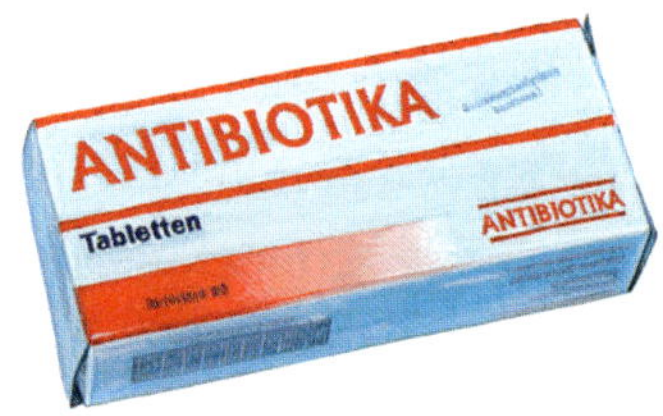

4. Schließlich gibt es Arzneistoffe, die fehlende Hormone, Elektrolyte oder Substrate ersetzen **(Substitution)** sollen. So haben z. B. Menschen, die an Diabetes leiden, einen Mangel an **Insulin,** welches zur Glucoseverwertung im Körper notwendig ist. Diese Menschen erhalten biotechnologisch hergestelltes Insulin als Injektion.

Art des Mechanismus	**Beispiele**
Rezeptorstimulation	Morphin aktiviert die Opioidrezeptoren, dadurch werden Schmerzen gestillt.
Rezeptorblockade	Atropin (Wirkstoff der Tollkirsche) blockiert Rezeptoren im Nevensystem, das erzeugt Herzrasen, Fieber und Halluzinationen.
Enzymaktivierung	Stickstoffmonooxid (Wirkform von Glyceroltrinitrat) aktiviert ein Enzym, das an der Gefäßerweiterung beteiligt ist, dadurch lässt sich ein *Angina-pectoris*-Anfall (Herzinfarkt) beenden.
Enzymhemmung	Allopurinol hemmt das Enzym Xanthinoxidase. Es senkt so den Harnsäurespiegel und wird deshalb bei Gichterkrankungen eingesetzt.
Beeinflussung der Biosynthese von Mikroorganismen	Penicillin G hemmt die Zellwandsynthese und damit das Wachstum von bestimmten (grampositiven) Bakterien.
Substitution	Das Schilddrüsenhormon Levothyroxin gibt man Patienten mit Schilddrüsenunterfunktion z. B. in Form von Tabletten.

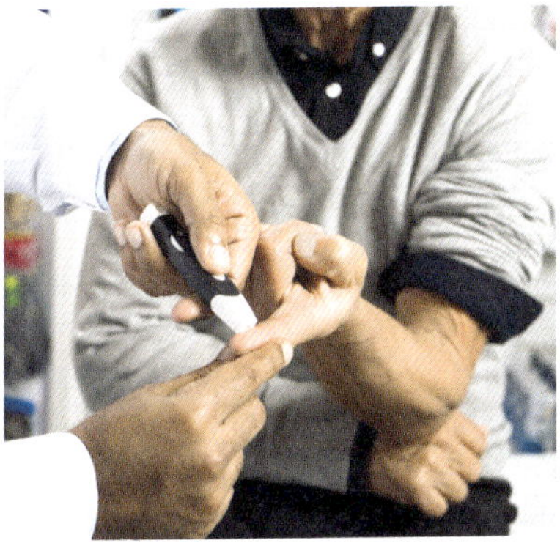

Die Wirkungen eines Arzneistoffs auf den Körper werden auch als **Pharmakodynamik** des Arzneistoffs bezeichnet. Im Gegensatz dazu versteht man unter der **Pharmakokinetik** eines Arzneistoffs, welchen Einflüssen der Wirkstoff im Körper ausgesetzt ist.

Diese Einflüsse müssen bei der Entwicklung eines Arzneimittels beachtet werden, damit der Arzneistoff seine Wirkung entfalten kann. Bevor der Arzneistoff vom Körper aufgenommen werden kann, muss er z. B. im Magen- bzw. Darmsaft gelöst sein. Daher werden in der Regel leicht lösliche Salze des eigentlichen Wirkstoffs eingesetzt.
In welchem Ausmaß der gelöste Wirkstoff vom Körper aufgenommen wird, hängt von verschiedenen Eigenschaften ab. Lipophile Stoffe werden besser resorbiert als hydrophile, kleine Moleküle besser als große. Nach der **Resorption** wird der Wirkstoff mit dem Blut im Körper verteilt und gelangt wegen des Konzentrationsgefälles ins Gewebe, also auch zum Wirkort. Einige Gewebe besitzen allerdings eine „Schranke", z. B. die Bluthirnschranke oder die Plazentaschranke, die nur sehr lipophile Stoffe überwinden können.
In der Leber findet die **Metabolisierung,** d. h. der Abbau der Wirkstoffe, statt. Dabei werden die Stoffe durch verschiedene chemische Reaktionen, z. B. Oxidation, Reduktion, Hydrolyse etc. in besser wasserlösliche und damit besser ausscheidbare Produkte überführt.
Die meisten Arzneistoffe werden nach dem Abbau renal über die Niere ausgeschieden. Es gibt aber auch andere Ausscheidungswege: biliär (über die Galle mit dem Stuhl), pulmonal (über die Lunge mit dem Atem), transdermal (über die Haut mit dem Schweiß), bei stillenden Frauen über die Muttermilch. Auf welchem Weg ein Arzneistoff aus dem Körper eliminiert wird, hängt von seinen chemischen und physikalischen Eigenschaften ab.

▸ Die Resorption (lat.: *resorbere* – aufsaugen) ist die pharmakologische Bezeichnung für die Aufnahme von Stoffen in die Blut- und Lymphbahnen.

▸ Metabolisierung umfasst die chemischen Veränderungen von Substanzen im biologischen Stoffwechsel.

▸ Arzneistoffe müssen besondere Qualitätsanforderungen erfüllen. Diese sind im Europäischen Arzneibuch (EuPharm) als Vorschriften gesetzlich festgelegt und werden durch spezielle Verfahren der **Arzneistoffanalyse** kontrolliert.

Das Schicksal des Wirkstoffs im Körper

Lösen	im Speichel, Magensaft, Darmsaft
Absorption	im Magen-Darmtrakt
Distribution	durch Blut oder Lymphflüssigkeit
Metabolismus	in der Leber
Elimination	renal, biliär, pulmonal, transdermal

10.4.3 Arzneistoffsynthese

> Bei der **Synthese von Arzneistoffen** wird besonderes Augenmerk auf die bei den Reaktionen entstehenden Nebenprodukte gelegt. Diese müssen entweder vollständig abtrennbar sein oder, falls dies nicht möglich ist, dürfen sie keinen Einfluss auf die Wirksamkeit und Verträglichkeit des Arzneimittels haben.

Wie bei vielen heute gebräuchlichen Arzneistoffen leitet sich auch die **Acetylsalicylsäure (ASS, Aspirin®)** von einem Naturstoff ab. Schon griechische und römische Ärzte empfahlen Abkochungen aus Weidenrinde gegen rheumatische Schmerzen. Der wirksame Bestandteil dieser Extrakte sind Salze der Salicylsäure (↗S. 326).
Salicylsäure wird seit 1874 fast ausschließlich industriell durch Carboxylierung von Phenol gewonnen. In einer elektrophilen Substitutionsreaktion setzt man Kohlenstoffdioxid bei 130 °C und 5–6 bar mit Natriumphenolat um. Dabei entsteht Natriumsalicylat, das durch Zugabe von Säure in sehr reine Salicylsäure überführt wird.
Salicylsäure wird heute kaum noch innerlich verwendet. An ihre Stelle ist wegen der besseren Schleimhautverträglichkeit die Acetylsalicylsäure getreten. Diese erhält man durch Veresterung der phenolischen Hydroxy-Gruppe der Salicylsäure mit Essigsäureanhydrid unter katalytischer Wirkung von Wasserstoff-Ionen.

Synthese von Salicyl- und Acetylsalicylsäure

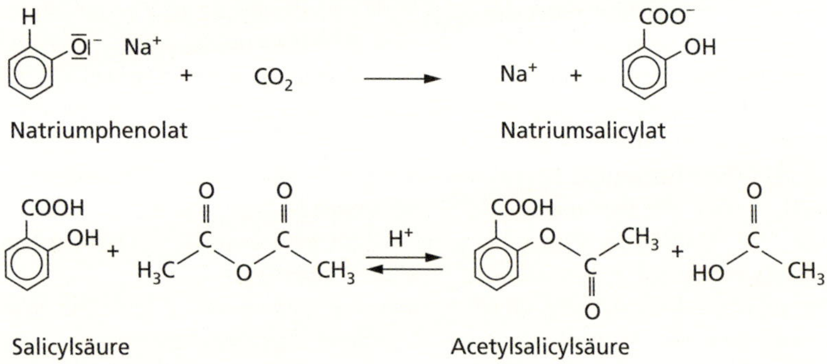

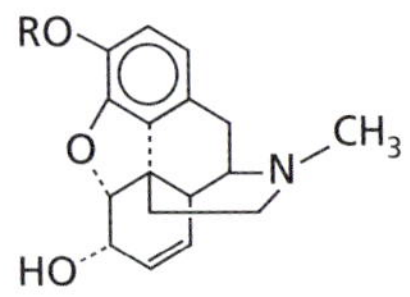

R = H Morphin
R = CH_3 Codein

Häufig werden Arzneistoffe nicht vollkommen synthetisch hergestellt, sondern ausgehend von einem Naturstoff aufgebaut. So ist z. B. das gegen Husten wirksame **Codein** ein Methylether des Morphins.
Da die Synthese von **Morphin** sehr aufwendig ist, extrahiert man es aus Opium, in dem zwischen 0,3 und 6,5 % Morphin enthalten sind. Anschließend erfolgt eine selektive Methylierung, z. B. mit Benzensulfonsäuremethylester.
Morphin ist ein starkes Schmerzmittel und kann bei unsachgemäßer Anwendung zur Abhängigkeit führen. Codein wirkt schwächer schmerzlindernd, ist jedoch ein wirksames Mittel gegen Reizhusten und hat ein viel geringeres Suchtpotenzial als Morphin.

10.5 Ausgewählte chemisch-technische Verfahren

10.5.1 Technische Herstellung von Ammoniak

Ammoniak ist die wichtigste Stickstoffverbindung in der chemischen Industrie, aus der alle anderen Stickstoffverbindungen hergestellt werden. Ammoniak wird hauptsächlich zu Stickstoffdüngemitteln, Salpetersäure, Kunststoffen, Sprengstoffen u. v. a. m. weiterverarbeitet.

Die technische Synthese von Ammoniak aus den Elementen Stickstoff und Wasserstoff beruht auf der Gleichgewichtsreaktion:

$$3\,H_{2(g)} + N_{2(g)} \rightleftharpoons 2\,NH_{3(g)} \qquad \Delta_R H^0 = -92\,kJ$$

Um aus dieser scheinbar einfachen Reaktion ein wirtschaftliches Industrieverfahren zu entwickeln, musste eine Vielzahl unterschiedlicher chemischer und technischer Probleme gelöst werden.
Die Bildung von Ammoniak aus den Elementen ist exotherm und verläuft unter Volumenabnahme. Nach dem **Prinzip des kleinsten Zwangs** (↗ S. 174) begünstigen niedrige Temperaturen und hohe Drücke die Entstehung von Ammoniak. Die Untersuchung des Gleichgewichts ergab, dass es nur bei Temperaturen unter 200 °C und einem Druck von weit über 10 MPa weitgehend auf der Seite des Ammoniaks liegt (↗ Abb.).
Bei diesen Temperaturen ist aber die **Reaktionsgeschwindigkeit** extrem gering, da der Stickstoff so außerordentlich reaktionsträge ist. Durch Einsatz eines Katalysators lässt sich die Gleichgewichtseinstellung zwar beschleunigen, die technisch geeigneten Katalysatoren sind aber erst über 400 °C ausreichend wirksam. Man arbeitet daher in der Technik bei 400 bis 520 °C und Drücken von 25 bis 30 MPa.

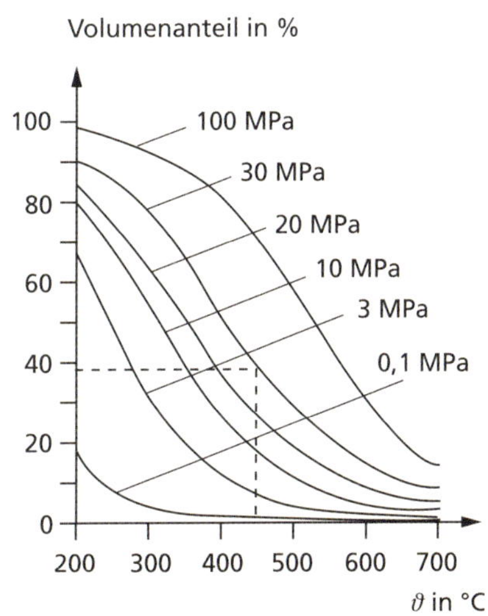

Unter diesen Bedingungen verschiebt sich das Gleichgewicht wieder auf die Seite der Ausgangsstoffe, sodass man theoretisch einen Anteil von 35–40 % Ammoniak erzielen könnte. Da die Verweilzeit der Ausgangsstoffe im Reaktor aber nicht zur vollständigen Einstellung des Gleichgewichts ausreicht, beträgt der Umsatz bei einmaligem Durchgang durch den Reaktor jedoch maximal 20 %. Um die Ausgangsstoffe vollständig umzusetzen, trennt man den Ammoniak aus dem erhaltenen Reaktionsgemisch ab und führt die nicht umgesetzten Ausgangsstoffe kontinuierlich wieder dem Reaktor zu (**Kreislaufprinzip,** ↗ S. 425).

▶ Die wissenschaftlichen Grundlagen für die Ammoniaksynthese legte FRITZ HABER. Die großtechnische Umsetzung des Verfahrens leitete CARL BOSCH bei der BASF in Ludwigshafen. Beide erhielten für ihre Forschungen den **Nobelpreis** für Chemie.

▶ FRITZ HABER (1868–1934)

▶ CARL BOSCH (1847–1940)

ALWIN MITTASCH (1869–1953)

Industrielle Verfahren wie die Ammoniaksynthese lassen sich nur unter Anwendung grundlegender technischer Arbeitsprinzipien (Prinzip des kleinsten Zwangs, kontinuierliche Fahrweise, Kreislaufprinzip usw.) wirtschaftlich und umweltverträglich gestalten.

Von entscheidender Bedeutung für die Wirtschaftlichkeit des Verfahrens war die Entwicklung eines preiswerten **Katalysators** hoher Lebensdauer. Nach über 20 000 Versuchen mit 3 000 Katalysatoren fand A. MITTASCH einen besonders geeigneten Eisenkatalysator. Der Kontakt entsteht durch Reduktion von Magnetit Fe_3O_4 und enthält Zusätze von Aluminium-, Calcium- und Kaliumoxid zur Aktivierung und Temperaturstabilisierung.

Der Mechanismus der katalytischen Reaktion wurde erst in den 1970er-Jahren durch den deutschen Chemiker GERHARD ERTL (* 1936) aufgeklärt. Er konnte nachweisen, dass das adsorbierte Stickstoffmolekül an der Oberfläche des Katalysators dissoziiert und dann schrittweise Wasserstoffatome angelagert waren (↗ S. 142). Für seine Forschungsergebnisse wurde GERHARD ERTL 2007 der Nobelpreis verliehen.

Als problematisch erwies sich auch die Auswahl geeigneter Werkstoffe für Rohrleitungen und den Reaktor der Ammoniaksynthese. Unter hohem Druck und bei hohen Temperaturen reagiert Wasserstoff mit dem Kohlenstoff herkömmlicher Stähle, sodass diese verspröden. Um zu verhindern, dass Rohre und Reaktor platzen, entwickelte BOSCH seinerzeit doppelwandige Spezialrohre. Heute verwendet man wasserstoffbeständige Edelstähle als Werkstoffe für die Anlagen.

Der eigentlichen Synthese vorgelagert ist das sogenannte **Steamreforming,** bei dem das Synthesegas ($N_2 : H_2 = 1 : 3$) aus den Rohstoffen Erdgas (Methan), Wasserdampf und Luft hergestellt wird.

Synthesegaserzeugung für die Ammoniaksynthese

Abschnitt	Vorgänge
Primärreformer (1)	Katalytische Umsetzung von Methan mit Wasserdampf bei 750 °C $CH_4 + H_2O \rightleftharpoons CO + 3\,H_2$
Sekundärreformer (2)	Katalytische Oxidation von nicht umgesetztem Methan mit Luft (Sauerstoff) bei 1 100 °C $CH_4 + \frac{1}{2}O_2\ (+\ 2\,N_2) \rightleftharpoons CO + 2\,H_2\ (+\ 2\,N_2)$
CO-Konverter (3)	Konvertierung von Kohlenstoffmonooxid zu Kohlenstoffdioxid bei 250–350 °C $CO + H_2O \rightleftharpoons CO_2 + H_2$
CO_2-Wäscher (4)	Auswaschen des Kohlenstoffdioxids mit Methanol oder Kaliumcarbonatlösung aus dem Gasgemisch

Die Teilschritte der **Synthesegaserzeugung** müssen so aufeinander abgestimmt sein, dass genau das benötigte Stoffmengenverhältnis von Wasserstoff und Stickstoff entsteht.

Prozessablauf bei der Ammoniaksynthese

Abschnitt	Vorgänge
Kompressor (5)	– Verdichtung des Synthesegases auf den technisch optimalen Druck von 25–30 MPa
Wärmetauscher (6)	– Vorheizen auf Arbeitstemperatur des Katalysators von ca. 400 °C
Kontaktofen (7)	– die günstigste Arbeitstemperatur des Kontakts liegt bei 400–520 °C – die Ammoniakbildung ist exotherm, daher heizt sich das Gasgemisch ständig auf – hohe Temperaturen sind ungünstig für den Katalysator und den Umsatz; daher erfolgt die Anordnung des Kontakts in Schichten, zwischen denen mit kaltem Synthesegas gekühlt wird – am Ausgang des Reaktors liegen 15–20 % Ammoniak im Gleichgewicht vor
Wärmetauscher (6) und Tiefkühler (8)	– das Reaktionsgemisch (NH_3, N_2 und H_2) wird in mehreren Stufen auf etwa −10 °C abgekühlt
Abscheider (9)	– das bei dieser Temperatur flüssige Ammoniak wird von den nicht umgesetzten gasförmigen Ausgangsstoffen abgetrennt
Kreislaufgebläse (10)	– nicht umgesetzte Ausgangsstoffe werden zusammen mit eingespeistem Frischgas über den Wärmetauscher zum Kontaktofen zurückgeführt

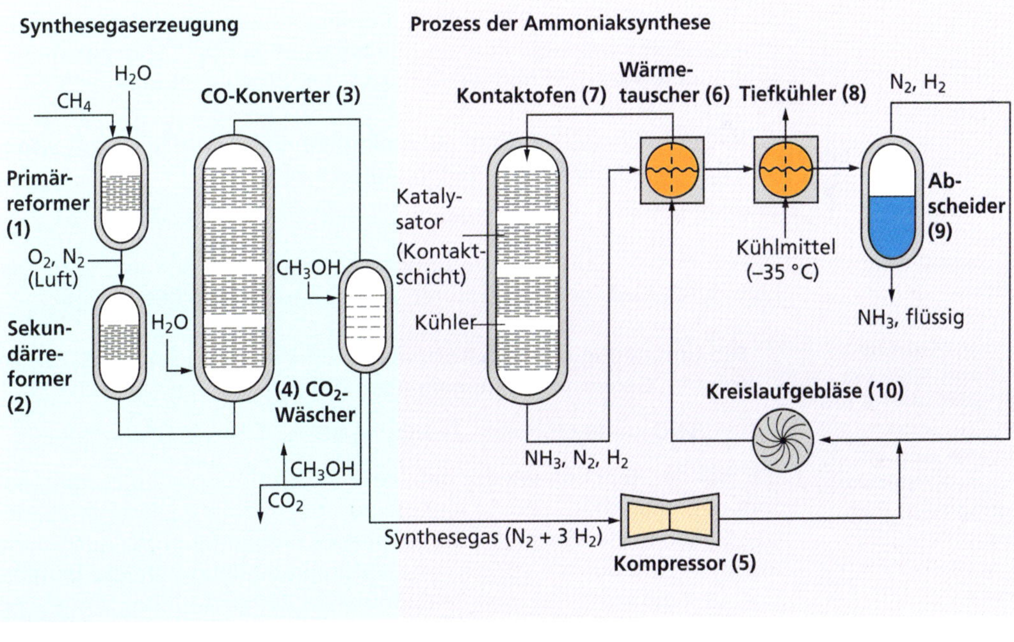

10

10.5.2 Technische Herstellung von Salpetersäure

Der deutsche Chemiker **WILHELM FRIEDRICH OSTWALD** (1853–1932) untersuchte 1901 erstmals diese Reaktion systematisch.

Salpetersäure ist eine der drei wichtigsten Säuren in der chemischen Industrie. Sie wird hauptsächlich zur Herstellung von **Stickstoffdüngemitteln** verwendet.
Etwa 10–15 % nutzt man zur Herstellung von organischen Verbindungen, die zur Produktion von Fasern und Kunststoffen dienen. Weitere Anwendungen sind die Herstellung von **Sprengstoffen** und der Einsatz als Ätzmittel für Metalle.

> Salpetersäure wird nach dem **Ostwald-Verfahren** kontinuierlich in drei Teilschritten hergestellt:
> 1. Oxidation von Ammoniak mit Luft zu Stickstoffmonooxid
> 2. Umsetzung des Stickstoffmonooxids mit Luft zu Stickstoffdioxid
> 3. Umsetzung des Stickstoffdioxids mit Wasser zu Salpetersäure

1. Die Oxidation von Ammoniak liefert verschiedene Produkte, aber nur die Bildung von Stickstoffmonooxid ist erwünscht.

$$4\,NH_3 + 5\,O_2 \longrightarrow 4\,NO + 6\,H_2O \qquad \Delta_R H^0 = -904\ kJ$$

$$4\,NH_3 + 4\,O_2 \longrightarrow 2\,N_2O + 6\,H_2O \qquad \Delta_R H^0 = -1\,105\ kJ$$

$$4\,NH_3 + 3\,O_2 \longrightarrow 2\,N_2 + 6\,H_2O \qquad \Delta_R H^0 = -1\,268\ kJ$$

Die beiden Konkurrenzreaktionen sind sogar aus thermodynamischer Sicht bevorzugt. Darum verwendet man Platinnetze als **Katalysator,** an denen die Bildung von Stickstoffmonooxid schneller abläuft als die unerwünschten Nebenreaktionen.
Bei Temperaturen von 820–950 °C und sehr kurzen Reaktionszeiten von 0,001 s erhält man so ein Reaktionsgemisch aus 94–98 % Stickstoffmonooxid, 2–6 % Stickstoff und weniger als 0,1 % Distickstoffmonooxid.

2. Nach Abkühlung der Gase auf Raumtemperatur wird Stickstoffmonooxid zu Stickstoffdioxid weiteroxidiert.

$$2\,NO + O_2 \longrightarrow 2\,NO_2 \qquad \Delta_R H^0 = -114\ kJ$$

Die exotherme Reaktion erfolgt unter Volumenabnahme und wird deshalb durch niedrige Temperaturen und höhere Drücke begünstigt.

Die mit dem Ostwald-Verfahren hergestellte Salpetersäure hat eine Konzentration von 50–70 %, die für die meisten Anwendungen ausreicht. Für die Herstellung von Sprengstoffen braucht man aber eine 98–99 %ige Säure.

3. Die Umsetzung des Stickstoffdioxids mit Wasser zu Salpetersäure erfolgt im **Gegenstrom** in einem Absorptionsturm.

$$3\,NO_2 + H_2O \longrightarrow 2\,HNO_3 + NO \qquad \Delta_R H^0 = -73\ kJ$$

Das bei der Reaktion wieder gebildete Stickstoffmonooxid reagiert sofort mit überschüssigem Sauerstoff zu Stickstoffdioxid (Schritt 2), das dann wieder mit Wasser zu Salpetersäure umgesetzt wird. Auch diese Reaktion wird durch niedrige Temperaturen und höhere Drücke begünstigt. Deshalb kühlt man den Reaktor auf die Temperatur der Umgebung und arbeitet bei Drücken von bis zu 1 MPa.

Infolge der ständigen Neubildung von Stickstoffmonooxid bei der Reaktion zu Salpetersäure ist kein 100%iger Umsatz der Stickstoffoxide erreichbar. Das Abgas enthält am Ende des Absorptionsturms noch Reste von 0,02–0,05 % Stickstoffoxide. Durch **Reinigung des Abgases** wird der Gehalt an umweltschädlichen Stickoxiden weiter vermindert.

Ablauf der Salpetersäureherstellung

Abschnitt	Vorgänge
Rohstoffzufuhr (1)	– Mischen von Ammoniak und Luft im Verhältnis 1:10 und Einleiten in den Verbrennungsofen (Kontaktofen)
Kontaktofen (2)	– Oxidation von Ammoniak mit Luft am Katalysator (Platinnetz) zu Stickstoffmonooxid (NO) – kurze Verweilzeiten am Katalysator (0,001 s) verhindern die unerwünschte Ammoniak-Oxidation zu N_2 und N_2O
Abhitzekessel (3)	– Nutzung der entstehenden Wärme im nachgeschalteten Abhitzekessel zur Erzeugung von Wasserdampf
Oxidationsturm (4)	– Reaktion des gebildeten Stickstoffmonooxids mit dem Sauerstoff der zugeführten Luft zu Stickstoffdioxid
Absorptionskolonne (5)	– Umsetzung des Stickstoffdioxids mit Wasser unter Disproportionierung (↗S. 214) im Gegenstrom zu Salpetersäure – gleichzeitige Oxidation des parallel gebildeten Stickstoffmonooxids mit überschüssigem Sauerstoff zu Stickstoffdioxid, das wieder mit Wasser zu Salpetersäure reagiert
Austritt des Restgases (6)	– das Restgas enthält 95–97 % Stickstoff, 2–4 % Sauerstoff, 1 % Edelgase und bis zu 0,05 % nicht umgesetzte Stickstoffoxide

Salpetersäureherstellung

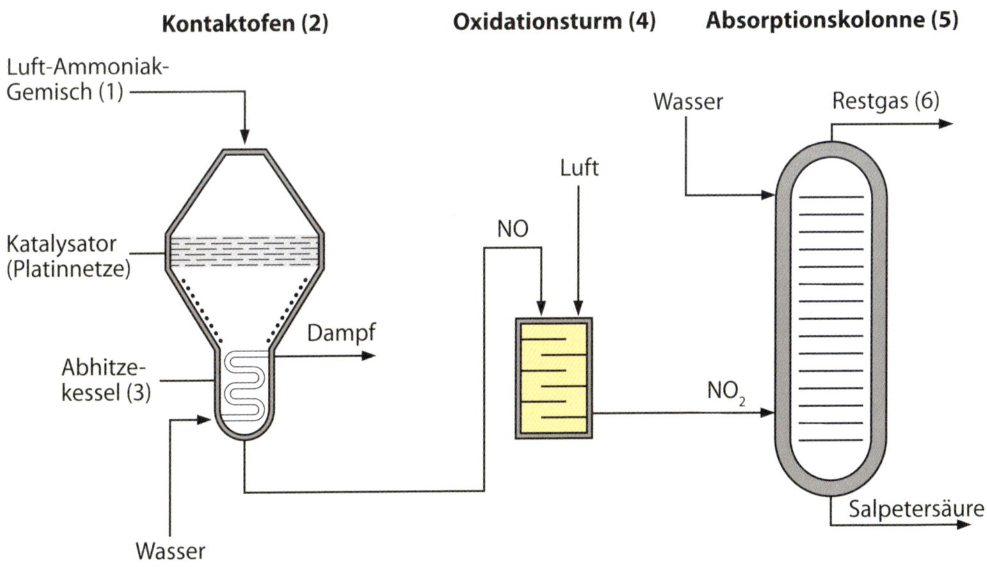

10.5.3 Technische Herstellung von Schwefelsäure

Moderne Schwefelsäureanlagen produzieren bis zu 3000 t Säure am Tag.

Schwefelsäure ist mit einer Menge von mehr als 200 Mio. Tonnen pro Jahr die am meisten produzierte Chemikalie auf der Welt. Die **Verwendung von Schwefelsäure** ist äußerst vielfältig, der Hauptanteil von etwa 65 % dient der Herstellung von Phosphatdüngemitteln, der Rest verteilt sich auf viele Zweige der chemischen und nichtchemischen Industrie.
Als Rohstoffe für die Herstellung von Schwefelsäure dienen hauptsächlich der natürlich vorkommende Elementarschwefel und Schwefel, der bei der Verarbeitung von Erdöl und Erdgas anfällt. Das Rösten sulfidischer Erze (↗ S. 217) hat heute nur noch geringe Bedeutung.

Die Herstellung von Schwefelsäure erfolgt im kontinuierlichen Prozess und umfasst drei Teilschritte:
1. Gewinnung von Schwefeldioxid (z. B. durch Verbrennung von Schwefel mit Luft)
2. Katalytische Oxidation von Schwefeldioxid zu Schwefeltrioxid
3. Absorption des Schwefeltrioxids zu Schwefelsäure

Da der zweite Reaktionsschritt in der Regel an einem Feststoffkatalysator (Kontakt) abläuft, wird die Synthese als **Kontaktverfahren** bezeichnet.

1. Schwefel wird in einer sehr stark exothermen Reaktion mit Luft verbrannt.

$$S + O_2 \longrightarrow SO_2 \qquad \Delta_R H^0 = -297\ \text{kJ}$$

2. Die Weiteroxidation von SO_2 zu SO_3 ist eine exotherme Gleichgewichtsreaktion, die an Vanadium(V)-oxid als Katalysator abläuft.

$$SO_2 + \tfrac{1}{2} O_2 \rightleftharpoons SO_3 \qquad \Delta_R H^0 = -99\ \text{kJ}$$

Bei der unteren Arbeitstemperatur des Kontakts von ca. 400 °C liegt das Gleichgewicht fast vollständig beim SO_3. Durch die exotherme Reaktion erhöht sich die Temperatur und damit verschiebt sich das Gleichgewicht wieder zu den Ausgangsstoffen, sodass man den Katalysator in mehreren Schichten anordnet und die Reaktionsgase nach jeder Schicht wieder auf etwa 450 °C zwischenkühlt. Man erzielt auf diese Weise einen Umsatz von 97–98 % des SO_2 zum SO_3.

Schwefelsäure mit gelöstem SO_3 wird als Oleum bezeichnet. Fügt man dem Oleum wieder Wasser zu, reagiert das SO_3 damit zu Schwefelsäure.

3. Gasförmiges SO_3 kann nicht direkt in Wasser absorbiert werden, die Reaktion ist zu stark exotherm.

$$SO_{3(g)} + H_2O_{(l)} \longrightarrow H_2SO_{4(l)} \qquad \Delta_R H^0 = -130\ \text{kJ}$$

Unter diesen Bedingungen bilden sich kleinste Schwefelsäuretröpfchen, die den Absorber passieren. Man absorbiert daher das SO_3 in konzentrierter (96–98 %) Schwefelsäure, worin es sich löst (Oleum), und gibt anschließend Wasser dazu, um die Konzentration aufrechtzuerhalten.
In modernen Anlagen wird das Abgas nach der ersten Absorption noch einmal über eine weitere Katalysatorschicht geleitet. Dadurch wird das restliche SO_2 zu SO_3 oxidiert. Nach der Absorption in einem zweiten Absorptionsturm beträgt der Umsatz beim **Doppelkontaktverfahren** 99,5 %.

Ablauf der technischen Herstellung von Schwefelsäure	
Abschnitt	**Vorgänge**
Verbrennungsofen (1)	– Schwefel wird mit Luftüberschuss verbrannt, wobei ein Gemisch mit ca. 10 % SO_2, 11 % O_2, 79 % N_2 entsteht
Kühler (2)	– Reaktionswärme aus dem Verbrennungsofen (1) wird zur Erzeugung von Dampf und Elektroenergie genutzt
Wärmetauscher (3)	– Reaktionswärme aus dem Kontaktofen (4) heizt das Gasgemisch auf untere Arbeitstemperatur des Kontakts von ca. 420 °C auf
Kontaktofen (4)	– katalytische Oxidation von SO_2 zu SO_3 an einem Vanadium(V)-oxid-Kontakt mit Zusätzen – durch die exotherme Reaktion erhitzt sich das Gas, bei höherer Temperatur liegt aber weniger SO_3 im Gleichgewicht vor – der Kontakt ist daher in mehreren Schichten angeordnet, nach jeder Schicht wird im außen liegenden Wärmetauscher auf ca. 450 °C wieder abgekühlt – nach der 4. Kontaktschicht erhält man Umsätze von ca. 98 % des SO_2 zu SO_3
Absorber (5)	– SO_3 wird im **Gegenstrom** in ca. 96 %iger Schwefelsäure absorbiert und Oleum gebildet, das dann durch Wasserzugabe (5a) wieder auf die Ausgangskonzentration gebracht wird
Restgase (6) zur Abgasreinigung	– im Abgas sind noch 0,05–0,2 % nicht umgesetztes SO_2, welches über die **Abgasreinigung** zurückgewonnen wird

Schwefelsäuresynthese

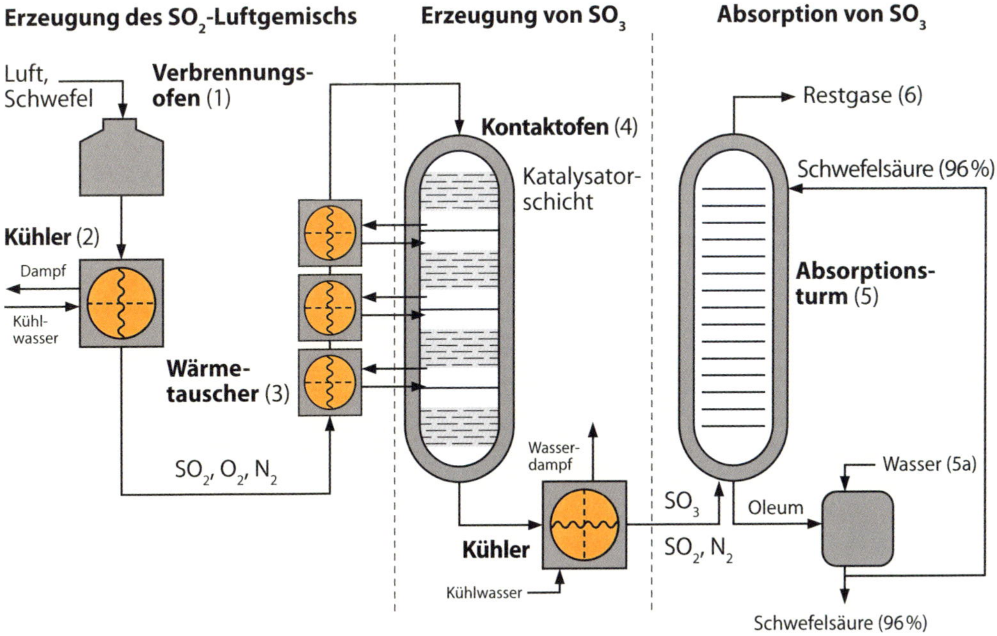

10.5.4 Technische Herstellung von Chlor und Natronlauge – Chloralkali-Elektrolyse nach dem Membranverfahren

Als Rohstoff für die Elektrolyse wird hauptsächlich Natriumchlorid aus Salzlagerstätten oder aus der Meerwasserentsalzung verwendet.

Chlor und Natronlauge (Natriumhydroxid) entstehen zusammen mit Wasserstoff als Koppelprodukte bei der Elektrolyse einer wässrigen Natriumchloridlösung.

Chlor und Natriumhydroxid werden fast ausschließlich nach elektrolytischen Verfahren hergestellt. Die **Verwendung von Chlor und Natronlauge** als Grundstoffe der chemischen Industrie ist sehr vielseitig.
75–80 % des Chlors dienen der Herstellung organischer Verbindungen (z. B. Chloralkane, PVC, Insektizide), der Rest verteilt sich auf viele Anwendungen in der chemischen und nichtchemischen Industrie. Chlor ist zu 50–60 % direkt oder indirekt am Umsatz der Chemieindustrie beteiligt. Natronlauge wird u. a. als Neutralisationsmittel, bei der Aluminiumherstellung aus Bauxit (↗S. 432), für Waschmittel und Seifen (↗S. 337) sowie in der Zellstoff- und Papierindustrie gebraucht.

10

Neben Chlor kann an der Anode auch Sauerstoff aus der wässrigen Lösung gebildet werden. Die Überspannung für diese zweite Elektrodenreaktion ist aber so hoch, dass nur sehr wenig Sauerstoff entsteht.

Die in der Praxis ablaufenden Hauptreaktionen an den Elektroden bei der Elektrolyse einer wässrigen Lösung von Natriumchlorid nach dem hier beschriebenen Verfahren sind:

Anode: $2\,Cl^- \longrightarrow Cl_2 + 2\,e^-$ $E^0 = 1{,}35\ V$

Katode: $2\,H_2O + 2e^- \longrightarrow H_2 + 2\,OH^-$ $E^0 = -0{,}83\ V$

Die gleichzeitige Bildung von Chlor und Wasserstoff erfordert eine strikte Trennung von Anoden- und Katodenraum, um die Bildung von Chlor-Knallgas zu vermeiden. Die in den Katodenraum gelangenden Natrium-Ionen aus dem NaCl und die hier elektrolytisch gebildeten OH^--Ionen ergeben Natronlauge, die aus dem Katodenraum entnommen wird.
Die notwendige Zellspannung ergibt sich aus den **Redoxpotenzialen** (↗S. 145) der an den Elektroden ablaufenden Prozesse und den jeweils zu überwindenden **Überspannungen.** Je nach Verfahren arbeitet man mit Zellspannungen zwischen 3,2 und 4,2 V.
Daraus ergibt sich ein erheblicher Energieaufwand für die Elektrolyse. Pro Tonne Chlor werden bis zu 3 500 kWh Elektroenergie benötigt. In Deutschland verbraucht die Chloralkali-Elektrolyse mehr als 2 % der bundesweit erzeugten Elektroenergie.

Industriell werden drei Varianten der Chloralkali-Elektrolyse betrieben: das Amalgam-, das Diaphragma- und das Membranverfahren.

Es gibt verschiedene technische Varianten für die Durchführung des Elektrolyseprozesses und zur Trennung der Elektrodenräume.
Alle arbeiten im **kontinuierlichen Durchflussbetrieb.** Dabei wird jeweils eine konzentrierte, von störenden Fremd-Ionen gereinigte NaCl-Lösung ständig in den Anodenraum gepumpt. Hier wird ein Teil der Chlorid-Ionen zu Chlor oxidiert, die äquivalente Menge Natrium-Ionen gelangt in den Katodenraum, aus dem die Natronlauge entnommen wird.
Die verbrauchte NaCl-Lösung fließt aus dem Anodenraum ab. Sie wird durch Zugabe von festem NaCl wieder auf die Ausgangskonzentration gebracht und erneut eingesetzt **(Kreislaufprinzip).**

Ablauf des Membranverfahrens der Chloralkali-Elektrolyse

Von den drei technisch genutzten Verfahren der Elektrolyse ist das Membranverfahren das modernste Verfahren mit den zugleich niedrigsten Baukosten und dem niedrigsten Energieverbrauch.

Abschnitt	Vorgänge
Soleaufbereitung (1)	– Sättigung der Sole durch Lösen von festem NaCl – Entfernung störender Fremd-Ionen (Ca^{2+}, Mg^{2+}, Fe^{3+}) aus dieser Sole
Anodenraum (2) mit Anode aus Titan (3)	– kontinuierlicher Zufluss einer konzentrierten NaCl-Lösung (ca. 300 g/l) in den Anodenraum – an der Anode wird ein Teil der Chlorid-Ionen zu Chlor oxidiert $2\,Cl^- \longrightarrow Cl_2 + 2\,e^-$ – aus dem Anodenraum fließt NaCl-Lösung geringerer Konzentration (ca. 200 g/l) ab – sie wird mit festem Salz auf die Ursprungskonzentration gebracht und im Kreislauf geführt
Membran (4)	– Anoden- und Katodenraum sind durch eine Membran getrennt, die nur für Wasser und Na^+-Ionen durchlässig ist – Na^+-Ionen gelangen durch die Membran in den Katodenraum und bilden dort NaOH
Katodenraum (5) mit Katode (6) aus Eisen	– es wird kontinuierlich verdünnte Natronlauge eingeleitet – Wasser wird an der Katode zu Wasserstoff reduziert $2\,H_2O + 2e^- \longrightarrow H_2 + 2\,OH^-$ – durch den Katodenprozess konzentriert sich die Lauge auf und fließt als 32–35 % NaOH ab – bei Bedarf wird die Lauge auf ω(NaOH) = 50 % eingedampft

Membranverfahren

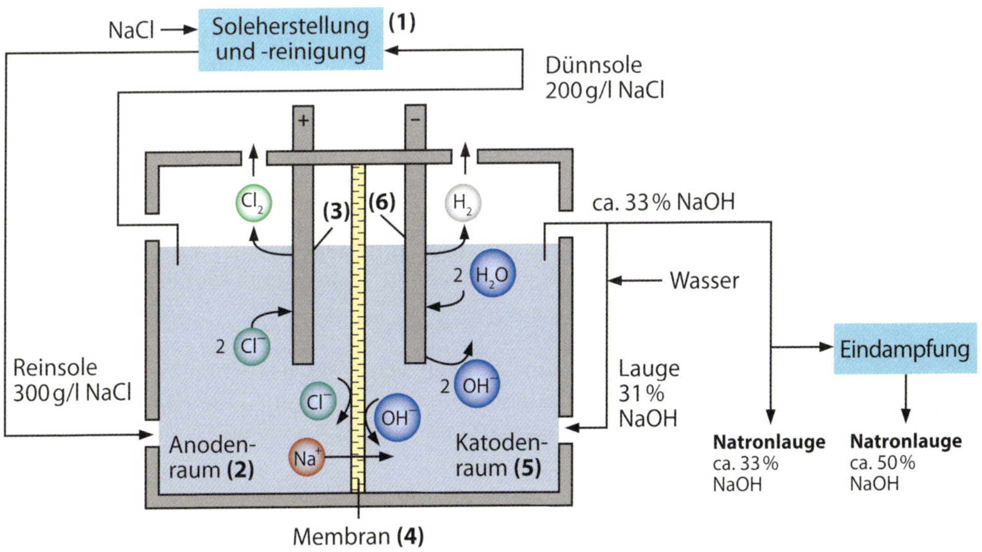

10.5.5 Aluminiumgewinnung durch Schmelzflusselektrolyse

▶ Der wichtigste Rohstoff für die Gewinnung von Aluminium ist Bauxit, er enthält etwa 60 % Aluminiumhydroxid und außerdem noch Eisen-, Silicium- und Titanverbindungen.

Nach Eisen ist **Aluminium** das zweitwichtigste technische Metall mit vielfältigen Anwendungen (↗ S. 396). In Deutschland kommen etwa 40 % dieses Leichtmetalls im Fahrzeug- und Flugzeugbau zum Einsatz, 20–25 % im Bauwesen, der Rest verteilt sich auf den Einsatz im Maschinenbau, in der Elektro- und in der Verpackungsindustrie.

> Die Herstellung von Aluminium erfolgt in zwei Prozess-Stufen:
> 1. Gewinnung von reinem Aluminiumoxid aus Bauxit
> 2. Gewinnung von Aluminium aus dem Oxid durch Elektrolyse in einer Schmelze

10

Gewinnung von Aluminiumoxid durch den Bayer-Prozess

▶ Da Aluminium sehr unedel ist, kann man das Oxid nicht chemisch mit Kohle oder Wasserstoff, sondern nur elektrochemisch zum Metall reduzieren.

Zur Abtrennung der Begleitstoffe aus dem **Bauxit** nutzt man die Eigenschaft aus, dass Aluminiumhydroxid im Gegensatz zu den Begleitstoffen in heißer konzentrierter Natronlauge als Hydroxokomplex löslich ist.

$$Al(OH)_3 + OH^- \longrightarrow [Al(OH)_4]^-$$

Die unlöslichen Oxide des Eisens, Siliciums und Titans werden aus der heißen Lösung abfiltriert. Nach Abkühlung der Lösung fällt reines Aluminiumhydroxid aus und kann ebenfalls abfiltriert werden. Das Hydroxid wird dann bei ca. 1 200 °C zum Oxid Al_2O_3 entwässert. Die Natronlauge wird erneut zum Bauxitaufschluss verwendet.

Gewinnung von Aluminium durch Schmelzflusselektrolyse

Die **Reduktion von Aluminiumoxid** zum Metall erfolgt elektrolytisch in einer Schmelze. Da die Schmelztemperatur des reinen Oxids über 2 000 °C liegt, löst man 5–10 % Al_2O_3 in einer Schmelze aus **Kryolith** Na_3AlF_6 mit weiteren Zusätzen. Dadurch kann man bei 940–980 °C arbeiten.
Die Elektrolysezelle ist eine feuerfest ausgemauerte Stahlblechwanne. Das Oxid liegt in der Schmelze in Form seiner Ionen als Al^{3+} und O^{2-} vor. An der Katode aus Kohle werden Al^{3+}-Ionen zum Metall reduziert.

▶ Aus wässriger Lösung ist die elektrolytische Abscheidung nicht möglich, da wegen der Redoxpotenziale (↗ S. 145) zuerst Wasserstoff aus Wasser katodisch abgeschieden wird.

$$Al^{3+} + 3\,e^- \longrightarrow Al$$

Das flüssige Aluminium sammelt sich unter der Schmelze und wird periodisch durch Vakuum abgesaugt. An der Kohleanode werden die Oxid-Ionen zu Sauerstoff oxidiert, der mit der Anode zu CO und CO_2 reagiert.

$$2\,O^{2-} \longrightarrow O_2 + 4\,e^-$$

$$2\,C + 1\tfrac{1}{2}\,O_2 \longrightarrow CO + CO_2$$

Da die Kohleanode durch die Reaktion mit Sauerstoff verbraucht wird, muss sie ständig nachgeschoben werden. Durch die Abscheidung von Aluminium und Sauerstoff verarmt die Schmelze an Aluminiumoxid, daher wird in regelmäßigen Abständen Oxid zugesetzt, um die gewünschte Konzentration zu halten.
Der Energiebedarf für die Schmelzflusselektrolyse von Aluminium ist sehr hoch. Beim **Aluminiumrecycling** werden nur etwa 5–10 % der Energie benötigt, sodass Aluminium zunehmend wiederverwertet wird.

Ablauf der Aluminium-Schmelzflusselektrolyse

Abschnitt	Vorgänge
Rohstoffzufuhr (1)	– die Schmelztemperatur des reinen Al_2O_3 liegt bei über 2000 °C, daher löst man 5–10 % Oxid in einer Schmelze aus Kryolith Na_3AlF_6 und Zusätzen – Aluminiumoxid wird periodisch zugegeben
Schmelze (2)	– Elektrolyse bei 940–980 °C und einer Zellspannung von etwa 5 V – formal liegt Aluminiumoxid in der Schmelze in Form von Al^{3+}-Ionen und Oxid-Ionen (O^{2-}) vor
Katode (3)	– Katode besteht aus Kohlenstoff (Grafit) – Reduktion von Aluminium-Ionen zum Metall
Anode (4)	– Anoden aus Grafit tauchen in die Schmelze ein – Oxidation der O^{2-}-Ionen an der Anode zu Sauerstoff – sofortige Reaktion des Sauerstoffs mit dem Anodenmaterial zu CO und CO_2 (Anodengas) – Anodengas wird abgeleitet und gereinigt – da die Anode verbraucht wird, muss man sie periodisch erneuern
Abstich (5)	– das schwerere Aluminium sammelt sich flüssig (ϑ_s = 660 °C) unter der Schmelze und wird von dort in bestimmten Abständen abgesaugt

Schmelzflusselektrolyse

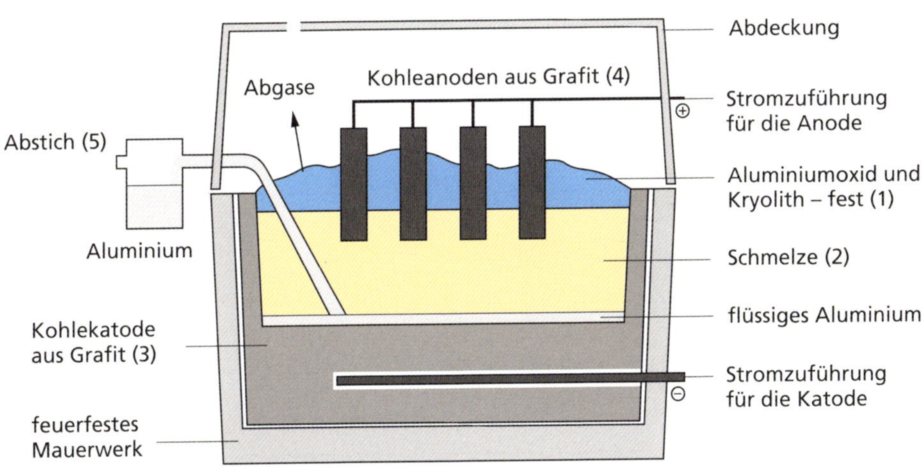

10.5.6 Erdölverarbeitung – Gewinnung von Treibstoffen und Rohstoffen für die chemische Industrie

Erdöl, Erdgas und **Kohle** sind fossile Rohstoffe,deren Vorkommen begrenzt sind. Die **Zusammensetzung von Erdöl** variiert von Lagerstätte zu Lagerstätte.

Das aus Meeresorganismen entstandene Erdöl ist ein komplexes Stoffgemisch, das hauptsächlich aus verschiedenen kettenförmigen, ringförmigen und aromatischen **Kohlenwasserstoffen** besteht.
Erdölprodukte werden in erster Linie zur Energieerzeugung, z. B. als Heiz- und Kraftstoffe, genutzt. Weniger als 10 % dienen als Rohstoffe für die chemische Industrie, z. B. als Ausgangsverbindungen für die Synthese von Kunststoffen.
Aufgabe der Erdölraffinerie ist es, die unterschiedlichen Produkte diesem Bedarf entsprechend herzustellen und so den kostbaren Rohstoff Erdöl effektiv zu nutzen.

Die **Erdölverarbeitung** erfolgt stufenweise in großen **Raffinerien:**
1. Rohöldestillation
2. Weiterverarbeitung bzw. Veredelung
3. Petrochemie

Bei der **Rohöldestillation** (↗ S. 435) wird das Vielstoffgemisch Erdöl in verschiedene Siedefraktionen aufgetrennt. Viele Erdölsorten enthalten jedoch einen hohen Anteil hochsiedender Kohlenwasserstoffgemische, für die nur ein geringer Bedarf besteht.
In der **Weiterverarbeitung** werden die höher siedenden Fraktionen durch Cracken (↗ S. 436) in die benötigten Treibstoffe umgewandelt. Die Qualität der Kraftstoffe wird durch Reformieren (↗ S. 437) und Entschwefelung verbessert.
Die **Petrochemie** (↗ S. 438) stellt anschließend aus verschiedenen Siedefraktionen Verbindungen wie Aromaten und Alkene her und isoliert sie. Diese Stoffe dienen als Rohstoffe für viele chemische Produkte.

Siedefraktionen sind Kohlenwasserstoffgemische aus der Destillation mit vorgegebenen Siedegrenzen.

Schema der Erdölverarbeitung

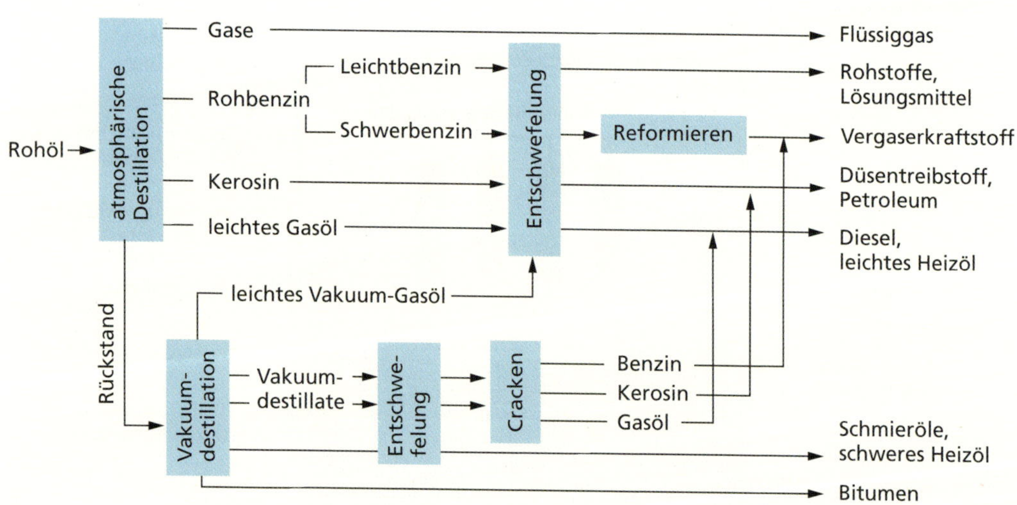

Rohöldestillation

Ziel der Rohöldestillation ist es, das Rohöl, ein sehr komplexes Gemisch verschiedener Kohlenwasserstoffe, in einer **Rektifikationskolonne** in Fraktionen mit definierten Siedebereichen zu zerlegen.

Die mehrfache Wiederholung der Destillation wird als Rektifikation bezeichnet.

Abschnitt	Vorgänge
Röhrenofen (1)	– Erhitzen des Rohöls auf ca. 360 °C
Fraktionierkolonne (2) bei Normaldruck (atmosphärische Destillation)	– Verdampfen der unter 360 °C siedenden Anteile unter Normaldruck in der Kolonne – Abkühlung des Dampfs bis zur Kondensation beim Aufsteigen – kontinuierliche Entnahme der einzelnen flüssigen Fraktionen in verschiedenen Höhen der Kolonne
atmosphärischer Rückstand (3)	– die über 360 °C siedenden Anteile werden flüssig als atmosphärischer Rückstand entnommen
Vakuum-Fraktionierkolonne (4a)	– Zerlegung des atmosphärischen Rückstands im Vakuum (schonende Bedingungen) in weitere Fraktionen (verschiedene Öle) – Vakuumrückstände sind >500 °C siedende Bestandteile (Bitumen)
thermisches Cracken (4b)	– alternativ zur Vakuumfraktionierung kann der Rückstand der atmosphärischen Destilation gecrackt werden – dabei werden wertvolle niedrigsiedende Fraktionen gewonnen

Rohöldestillation

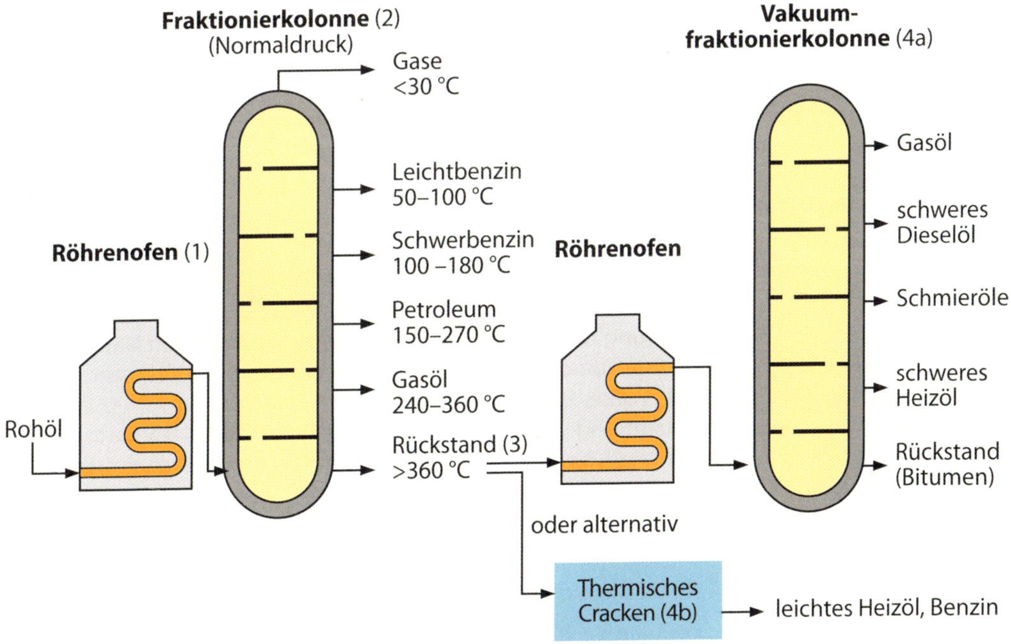

Mehr Benzin durch Cracken

Der Begriff Cracken kommt aus dem Englischen (*to crack* – brechen, spalten).

Die Rohöldestillation liefert oft nur etwa 20 % Benzine und weitere 30 % Produkte im Siedebereich unter 360 °C, aber große Mengen hochsiedender **Schweröle.** Der Bedarf an **Benzin** und **Dieselöl** ist aber höher, sodass die langkettigen Kohlenwasserstoffe aus den Schwerölen in kürzerkettige Kohlenwasserstoffe umgewandelt werden müssen.

> Die **Konversion** der weniger benötigten über 360 °C siedenden Anteile des Erdöls in niedrigsiedende Fraktionen erfolgt durch **Cracken.**

Das Fluid Catalytic Cracking (FCC) ist ein Crackprozess mit bewegtem Katalysator. Es ist das wichtigste katalytische Crackverfahren.

Werden langkettige Kohlenwasserstoffe auf Temperaturen über 400 °C erhitzt, spalten die C–C-Bindungen und es entstehen kürzerkettige Verbindungen. Diese Konversion der Vakuumdestillate kann unterschiedlich erfolgen: rein thermisch ohne Katalysator, unter Zusatz von Wasserstoff (Hydrocracken) oder mittels Katalysatoren (z. B. FCC).
Beim **katalytischen Cracken** gewinnt man hochwertige Benzine.

Katalytisches Cracken

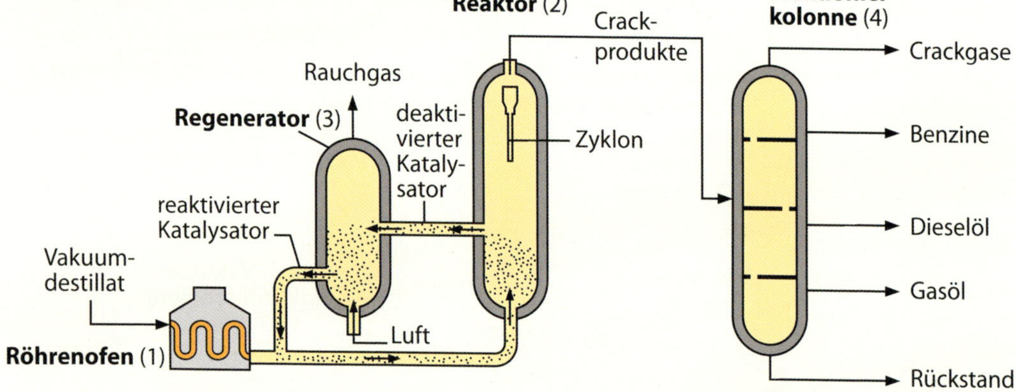

Ablauf des katalytischen Crackens (FCC-Prozess)

Abschnitt	Vorgänge
Röhrenofen (1)	– Verdampfen des Vakuumdestillats bei 500–600 °C
Reaktor (2)	– Spaltung der großen Moleküle am aufgewirbelten Katalysator (Aluminiumoxid/Siliciumdioxid) in ein Gemisch kleinerer Moleküle (Gase, Benzin, Petroleum) – Entstehung von etwas Koks, der sich auf dem Katalysator ablagert und ihn so innerhalb von Minuten unwirksam macht
Regenerator (3)	– Einleiten des koksbeladenen Katalysators in einen Regenerator – durch Überleiten von Luft wird der Koks abgebrannt und der Katalysator so reaktiviert – Rückführung des reaktivierten Katalysators in den Reaktor
Fraktionierkolonne (4)	– destillative Trennung der Crackprodukte in die Siedefraktionen

Besseres Benzin durch Reformieren

Die Benzine aus der Rohöldestillation haben eine schlechte Qualität als **Vergaserkraftstoff** (VK), sie neigen zum „Klopfen". Das Klopfen entsteht im Motor durch vorzeitige Entzündung des Benzin-Luft-Gemischs beim Verdichten. Dabei spielt die Struktur der im Benzin enthaltenen Kohlenwasserstoffe eine entscheidende Rolle.

Oktanzahlen von Kohlenwasserstoffen

n-Hexan: 25	*n*-Octan: 0	Cycloalkane: 70 – 90	Benzen: 106
n-Heptan: 0	*iso*-Octan: 100	*iso*-Alkane: 70 – >100	Toluen: 115

Die unverzweigten *n*-Alkane entzünden sich schneller als die verzweigten *iso*-Alkane, ringförmige Cycloalkane und die Aromaten. Der Anteil der *n*-Alkane im Rohbenzin ist oftmals zu hoch, sodass diese in die anderen Kohlenwasserstoffe umgewandelt werden müssen. Eine Maßzahl für die **Klopffestigkeit** von Vergaserkraftstoffen ist die **Oktanzahl (ROZ – Research Oktanzahl)**.

Das **Reformieren** ist ein katalytischer Prozess, bei dem Kohlenwasserstoffe geringerer Klopffestigkeit (Oktanzahl) in solche mit höherer umgewandelt werden.

Beim Reformieren wird die Struktur der Kohlenwasserstoffe umgewandelt, ohne dass sich die Molekülgröße wesentlich ändert. Dabei laufen verschiedene Reaktionen neben- und nacheinander ab, wie z. B.:
- Isomerisierung von *n*-Alkanen zu *iso*-Alkanen
- Cyclisierung von kettenförmigen zu ringförmigen Alkanen
- Dehydrierung von Cycloalkanen zu Aromaten

Der Prozess wird kontinuierlich bei 450–550 °C und ca. 1 MPa Druck unter Zusatz von Wasserstoff an einem **Katalysator** aus fein verteiltem Platin auf Aluminiumoxid durchgeführt.
Die Isomerisierung und die Cyclisierung der Kohlenwasserstoffe wird durch Aluminiumoxid katalysiert. Für die Dehydrierung der Alkane dient Platin als Katalysator.

Schema der Reaktionen beim Reformieren

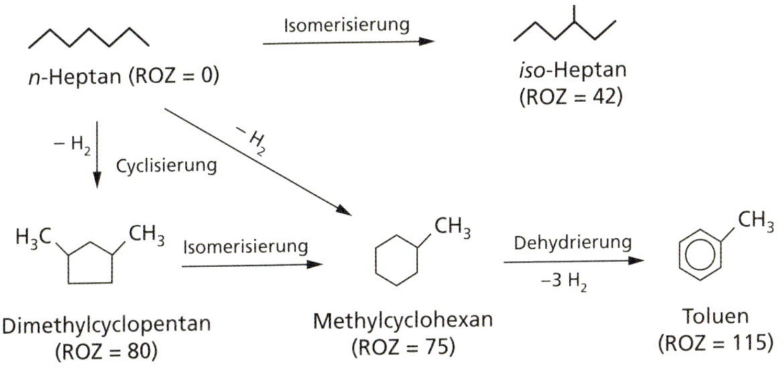

Zur Erhöhung der Klopffestigkeit eines Benzins werden Antiklopfmittel zugemischt, früher nutzte man dazu organische Bleiverbindungen.

Erdöl enthält organisch gebundenen Schwefel, der die Katalysatoren beim **Reformieren** und Cracken vergiftet. Zudem entsteht beim Verbrennen schwefelhaltiger Kraftstoffe umweltschädliches Schwefeldioxid. Deshalb ist eine Entschwefelung der Erdöldestillate nötig.

Der Zusatz von Wasserstoff beim Reformieren unterdrückt die Bildung von Koks aus unerwünschten Crackreaktionen.

Petrochemie – Gewinnung von Alkenen und Aromaten

Die Pyrolyse ist ein Crackprozess, der bei 700–950 °C abläuft. Dabei werden in den Ausgangsmolekülen sowohl C–C- als auch C–H-Bindungen gespalten. Die Pyrolyse erfolgt in langen Rohren, die von außen beheizt werden.

Zur Herstellung von organischen Kunststoffen und Synthesefasern (↗ S. 387 werden große Mengen an **Alkenen** (Ethen, Propen, Butadien) und **Aromaten** als Rohstoffe benötigt. Die **Petrochemie** gewinnt diese Rohstoffe aus verschiedenen Raffinerieprodukten.

Gewinnung von Alkenen durch Pyrolyse

Alkene werden meist aus Benzinkohlenwasserstoffen durch **Pyrolyse** (thermische Spaltung) bei 700–950 °C hergestellt.

Die Pyrolyse läuft unter Zusatz von Wasserdampf ab, daher rührt auch die Bezeichnung **Steamcracken** für diesen Prozess.
Das dabei entstehende Produktgemisch ist reich an Alkenen und Aromaten. In einer anschließenden mehrstufigen destillativen Trennanlage erhält man daraus das Pyrolysebenzin sowie die reinen Alkene. Das aromatenreiche Pyrolysebenzin (enthält Kohlenwasserstoffe mit 5 und mehr Kohlenstoffatomen) wird als hochwertiger Kraftstoff verwendet.

Bei der Pyrolyse fällt ein Produktgemisch an, das 12–15 % Methan, 28–35 % Ethen, 14–17 % Propen, 3–5 % Butadien und ca. 25 % Pyrolysebenzin enthält. Das Pyrolysebenzin ist reich an Aromaten.

Pyrolyse

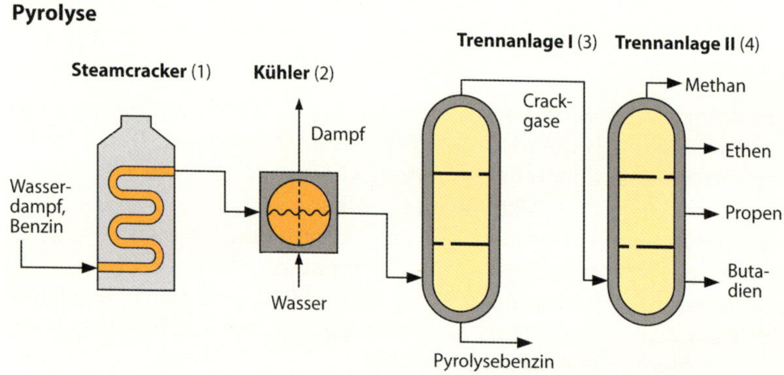

Ablauf der Pyrolyse

Abschnitt	Vorgänge
Steamcracker (1)	– ganz kurzes Erhitzen (0,1–1 s) des Benzins auf 700–950 °C unter Zusatz von Wasserdampf – Spaltung der Kohlenwasserstoffketten in kurze Bruchstücke und Abspaltung von Wasserstoff (Dehydrierung) – Bildung verschiedener Alkene und Aromaten
Kühler (2)	– schnelle Abkühlung der Reaktionsprodukte unter 350 °C zur Verhinderung ihres weiteren Zerfalls
Trennanlage I (3)	– Trennung des Produktgemischs in seine flüssigen (Pyrolysebenzin) und gasförmigen (Alkene) Bestandteile
Trennanlage II (4)	– Gewinnung reiner Alkene durch Tieftemperaturdestillation

Gewinnung von Aromaten durch Extraktion

In der Erdölverarbeitung fallen Gemische an, die reich an Aromaten sind. So enthält Reformatbenzin 40–60 % der sogenannten **BTX-Aromaten,** im Pyrolysebenzin sind 65–85 % Aromaten enthalten.
Aus diesen Gemischen lassen sich die Aromaten aber nicht destillativ durch Rektifikation gewinnen, da die Siedepunktdifferenz zu nichtaromatischen Verbindungen im Gemisch zu gering ist.

Die Aromaten werden aus diesen Gemischen durch Extraktion abgetrennt und dann destillativ in die reinen Komponenten zerlegt.

Das Gemisch aus Benzen, Toluen und den Xylenen wird als BTX-Aromaten-Gemisch bezeichnet und wurde früher ausschließlich durch **Kohleveredlung** gewonnen.

Bei der **Flüssig-Flüssig-Extraktion** wird ein selektives Lösungsmittel zugesetzt, in dem sich nur die Aromaten lösen, das sich aber nicht mit den Nichtaromaten mischt. Es bilden sich zwei flüssige Schichten. Die schwere Schicht aus Extraktionsmittel mit Aromaten wird unten entnommen. Daraus gewinnt man die Aromaten durch zweifache Rektifikation.

Als Selektivlösungsmittel (Extraktionsmittel) wird z. B. ein Gemisch aus Ethandiol und Wasser verwendet.

Aromatengewinnung aus Pyrolysebenzin

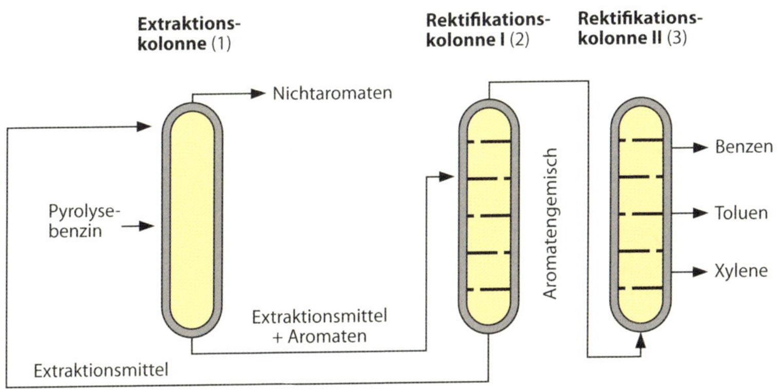

Ablauf der Extraktion von z. B. Pyrolysebenzin	
Abschnitt	**Vorgänge**
Extraktionskolonne (1)	– Kontinuierliche Zugabe des Lösungsmittels oben in der Extraktionskolonne – ständige Zugabe des Pyrolysebenzins in der Mitte der Kolonne – Lösungsmittel ist spezifisch schwerer, sinkt nach unten und nimmt dabei nur die Aromaten auf **(Gegenstromprinzip)** – Aromatenhaltiges Lösungsmittel wird unten aus der Kolonne entnommen – Nichtaromaten des Benzins werden aus der Kolonne entnommen
Rektifikationskolonne I (2)	– destillative Abtrennung des Aromatengemischs vom Lösungsmittel – Rückführung des aromatenfreien Lösungsmittels in die Extraktionskolonne
Kolonne II (3)	– destillative Trennung des Aromatengemischs

10

Besonderheiten chemisch-technischer Verfahren

- Die industrielle Gewinnung chemischer Produkte muss aus **wirtschaftlichen und ökologischen Gründen** wesentlich effektiver erfolgen als die entsprechenden Synthesen im Labor.

- Großtechnische Verfahren müssen bei minimalem Energieverbrauch einen möglichst vollständigen Stoffumsatz realisieren. Dazu wurden spezielle **technische Arbeitsprinzipien** und Anlagen entwickelt, die weit über einfache Synthesereaktoren hinausgehen.

Problem	technisches Arbeitsprinzip	Beispiel
Qualität und Verfügbarkeit von Rohstoffen	– Aufbereitung der Rohstoffe, Abtrennung störender Begleitstoffe – Verwendung von Nebenprodukten anderer Verfahren **(Kopplung großtechnischer Verfahren)**	– Gewinnung von reinem Al_2O_3 aus Bauxiterz für die Elektrolyse von Aluminium – Erdölentschwefelung und Schwefelsäureherstellung
Lage des thermodynamischen Gleichgewichts	– Temperatur- und Druckoptimierung nach dem **Prinzip von LE CHATELIER** – Trennung der Reaktionsprodukte von nicht umgesetzten Ausgangsstoffen und Rückführung in den Reaktor **(Kreislaufprinzip)**	– Synthese von Ammoniak bei niedrigen Temperaturen und hohen Drücken – vollständiger Umsatz von Stickstoff und Wasserstoff durch Kreislaufprinzip
Reaktionsgeschwindigkeit und Konkurrenzreaktionen	– **technische Katalyse** zur Beschleunigung der gewünschten Reaktion – Trennung von Haupt- und Nebenprodukten, Reinigungsverfahren – Temperatur entspricht mindestens der Arbeitstemperatur des Katalysators	– Unterdrückung von unerwünschten Nebenreaktionen bei der Herstellung von Salpetersäure – Optimierung der Reaktionstemperatur, z. B. bei Crackprozessen
Umweltschutz	– **geschlossene Stoffkreisläufe** – schadlose Entsorgung von Nebenprodukten oder nicht umgesetzten Ausgangsstoffen	– Abgasreinigung bei der Herstellung von Schwefel- oder Salpetersäure (z. B. $DeNO_x$-Verfahren)
hoher Aufwand beim Anfahren großtechnischer Anlagen	– **kontinuierliche Arbeitsweise** – konstante Reaktionsbedingungen – hohe Zuverlässigkeit und geringer Wartungsaufwand der Anlagen	– Elektrolysen, z. B. die Chloralkali-Elektrolyse oder die Kupferraffination – zweistufige Destillation von Erdöl
hohe Reaktortemperaturen und Abwärme exothermer Reaktionen	– Vorheizen der Ausgangsstoffe und Kühlen der Produkte im **Gegenstromprinzip** – Kopplung endothermer und exothermer Prozesse	– Wärmetauscher in fast allen technischen Anlagen – Kohlevergasung und Hochofenprozess

Wissenstest 10 C

10.6 Umweltbezogene Chemie

10.6.1 Der Kreislauf des Kohlenstoffs

Auf der Erde läuft ständig eine unvorstellbar große Zahl chemischer Reaktionen ab, sowohl in der unbelebten Natur als auch in allen Lebewesen. Dazu kommen die chemischen Prozesse in der Industrie, in der Landwirtschaft und im Alltag.

Stoffkreisläufe kann man rein qualitativ, aber auch quantitativ mit Angabe der Austauschmengen und Reservoire betrachten.

- Diese Reaktionen können lokal begrenzt sein, etwa das Abbinden von Kalk. Laufen die Reaktionen dagegen im großen Maßstab ab, wie bei einem Vulkanausbruch (↗ Abb.), sind großflächige oder sogar globale Wirkungen die Folge.

Auch die ständige Verbrennung fossiler Rohstoffe zur Energiegewinnung beeinflusst global die natürlichen Stoffkreisläufe.

Großflächige und globale Prozesse zeigen meist auch Wirkungen in den natürlichen Stoffkreisläufen, da die Stoffe zwischen den verschiedenen **Umweltbereichen,** der Atmosphäre, der Hydrosphäre, der Geosphäre und der Biosphäre ausgetauscht werden.

Betrachtung von Stoffkreisläufen

- **Austausch einer Verbindung** zwischen Umweltbereichen z.B. Wasserkreislauf
- **Umwandlung eines Elements** in verschiedene Verbindungen z.B. Stickstoffkreislauf

Wichtige Stoffkreisläufe sind die Kreisläufe von Wasser (↗ S. 450), Kohlenstoff, Stickstoff (↗ S. 443), Phosphor und Schwefel.

> **Stoffkreisläufe** beschreiben den regionalen oder globalen Haushalt einer bestimmten Verbindung oder eines Elements in den vier Umweltbereichen.

Der Kohlenstoffkreislauf

Das Element **Kohlenstoff** ist in allen vier Umweltbereichen in unterschiedlichen Verbindungen enthalten. Der Hauptanteil, etwa 99,8 % der Gesamtmenge befindet sich in Form von anorganischem Gestein (Carbonate) und organischen Stoffgemischen (Kohle, Erdöl, Erdgas) in der Lithosphäre. Die Atmosphäre enthält als kleinster Speicher nur ca. 0,001 % der Gesamtmenge an Kohlenstoff, hauptsächlich als Kohlenstoffdioxid.

In der Hydrosphäre sind Carbonate, Hydogencarbonate und CO_2 gelöst. Die Biosphäre enthält Kohlenstoff in Form organischer Naturstoffe in lebender und toter Biomasse.

> Die chemischen Umwandlungen kohlenstoffhaltiger Verbindungen und den Austausch dieser Verbindungen zwischen den vier genannten Umweltbereichen bezeichnet man als globalen **Kohlenstoffkreislauf.** Der Austausch erfolgt hauptsächlich über Kohlenstoffdioxid.

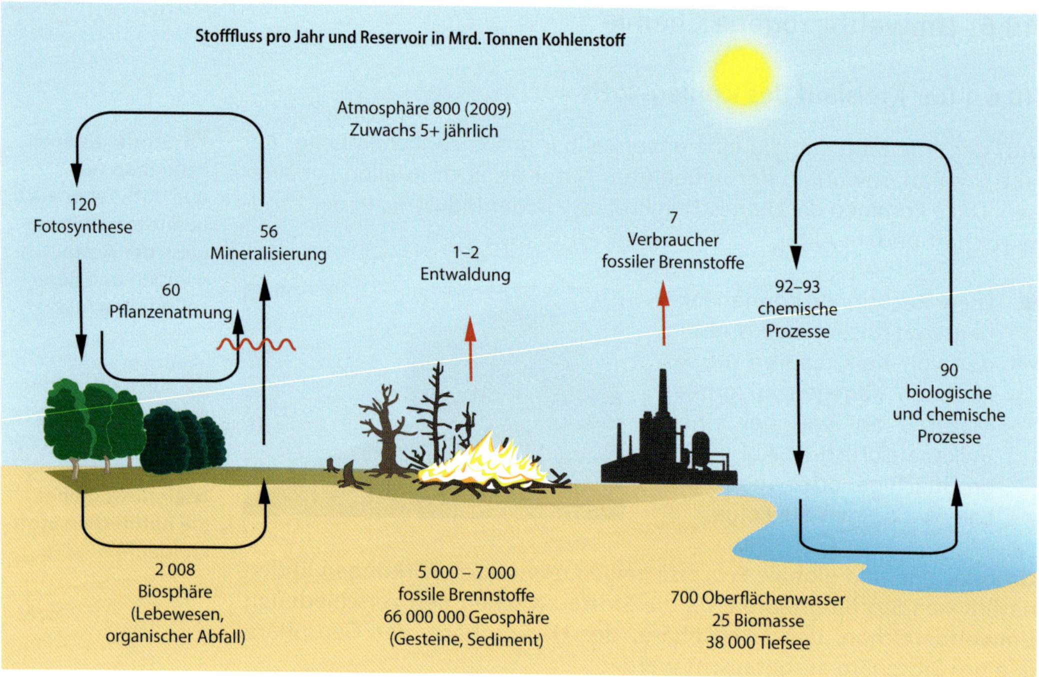

Die Zahlen zum Kohlenstofffluss zwischen den Umweltbereichen basieren auf Modellrechnungen.

Der Kohlenstoffkreislauf besteht aus mehreren Teilkreisläufen, die miteinander verbunden sind.
Im **kurzfristigen Teilkreislauf zwischen der Biosphäre und der Atmosphäre** wird Kohlenstoffdioxid durch biochemische Prozesse (Fotosynthese, Atmung, Verdauung, Mineralisierung) ausgetauscht. Der Kohlenstoffkreislauf zwischen Landlebewesen und Atmosphäre ist geschlossen und fast ausgewogen (↗ Abb. oben links).

Der **kurzfristige Teilkreislauf zwischen Hydrosphäre und Atmosphäre** (↗ Abb. oben rechts) ist ebenfalls geschlossen und nahezu ausgeglichen. Die ausgetauschte Stoffmenge beinhaltet die Absorption von Kohlenstoffdioxid in Wasser und dessen Entweichen daraus. Dazu kommt die Aufnahme von Kohlenstoffdioxid durch Fotosynthese von Algen und Pflanzen in den Meeren und die Abgabe des Gases durch die Atmung von Meeresorganismen.

Abgestorbene Biomasse sinkt auf den Meeresboden und wird dem kurzfristigen Kreislauf entzogen. Im **langfristigen organischen Kreislauf** entstehen aus verschiedenen Arten von Biomasse unter Sauerstoffabschluss Erdöl, Erdgas und Kohle. Durch Verbrennung der fossilen Energieträger gelangt der Kohlenstoff wieder in die Atmosphäre zurück.

Der Volumenanteil von Kohlenstoffdioxid in der Atmosphäre beträgt gegenwärtig etwa 400 ppm (0.04 %). Zu Beginn der industriellen Revolution in der Mitte des 19. Jh. betrug der Wert etwa 300 ppm.

Im **langfristigen anorganischen Kreislauf** verteilt sich der Kohlenstoff in Form verschiedener Verbindungen, hauptsächlich Kohlenstoffdioxid und Carbonate, zwischen der Atmosphäre, Hydrosphäre und Geosphäre. Durch Fällung der schwer löslichen Carbonate ist der Kohlenstoff dem Kreislauf dauerhaft entzogen.

10.6.2 Der Kreislauf des Stickstoffs

Das Element **Stickstoff** ist in allen vier Umweltbereichen in Form unterschiedlicher Verbindungen enthalten. Etwa 99 % der Gesamtmenge, befindet sich als molekularer Stickstoff N_2 in der Atmosphäre.

|N≡N|

> Im **Stickstoffkreislauf** wird der Weg des Elements Stickstoff sowie seiner anorganischen und organischen Verbindungen durch die vier Umweltbereiche auf der Erde betrachtet.

Der Stickstoffkreislauf besteht aus mehreren Teilkreisläufen. Darin wird der außerordentlich reaktionsträge Stickstoff aus der Atmosphäre durch unterschiedliche Prozesse in reaktivere Stickstoffverbindungen überführt. Durch diese **Fixierung** kann der Stickstoff von Organismen aufgenommen werden und für die Synthese von Biomasse genutzt werden.

Der Mensch beeinflusst den **Stickstoffkreislauf** über den Einsatz von **Stickstoffdüngemitteln.**

Biologische Fixierung	Atmosphärische Fixierung	Industrielle Fixierung
– biochemische Reduktion von Stickstoff zu Ammoniak durch einige spezielle Bakterienarten $N_2 \xrightarrow[\text{Bakterien}]{+6\,H} 2\,NH_3$ – Oxidation von Ammoniumsalzen durch Sauerstoff zu Nitriten bzw. Nitraten **(Nitrifikation)**	– Umwandlung von Stickstoff und Sauerstoff in Stickstoffoxide bei hohen Temperaturen (Blitze) $N_2 + O_2 \longrightarrow 2\,NO$ $2\,NO + O_2 \longrightarrow 2\,NO_2$ $NO_2 + H_2O \longrightarrow HNO_2 + HNO_3$	– technische Synthese von Ammoniak (↗ S. 423) $N_2 + 3\,H_2 \longrightarrow 2\,NH_3$ – technische Synthese von Salpetersäure (↗ S. 426) $NH_3 + 2\,O_2 \longrightarrow HNO_3 + H_2O$ – Herstellung und Ausbringung von Stickstoffdüngemitteln

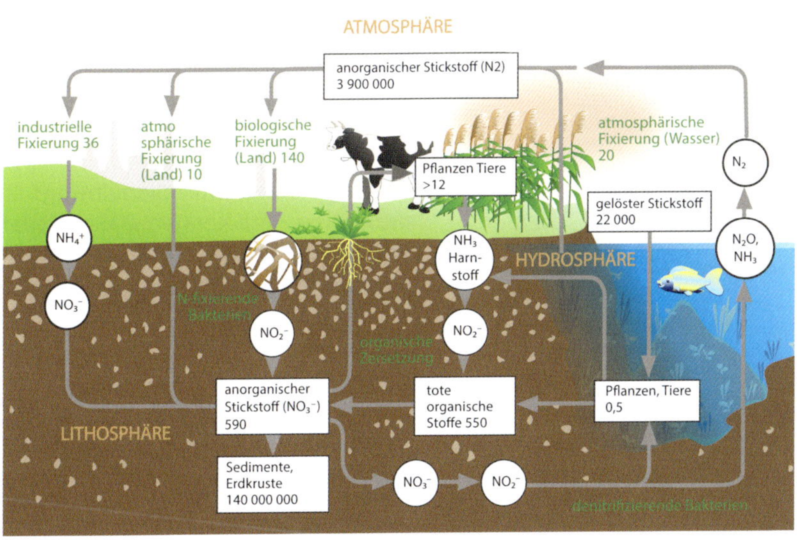

10.6.3 Belastungen der Atmosphäre

Aufbau der Atmosphäre

Die Zusammensetzung der Atmosphäre hat sich in der Erdgeschichte stark geändert. Größere Mengen Sauerstoff wurden erst durch die Fotosynthese der Pflanzen gebildet.

Luft ist ein Stoffgemisch, sie enthält 78,1 % Stickstoff, 21,0 % Sauerstoff, 0,9% Argon und zahlreiche **Spurengase** wie Kohlenstoffdioxid, Ozon, Neon u. a. m. Verschiedene Spurengase haben große Bedeutung für bestimmte Eigenschaften der Atmosphäre.

> Die **Atmosphäre** ist die Lufthülle der Erde. Sie besitzt eine ausgeprägte vertikale Temperaturverteilung und wird dadurch in verschiedene Schichten gegliedert.

Diese Schichtung ergibt sich durch verschiedene physikalische und chemische Prozesse in der Atmosphäre und ist von großer Bedeutung für die Verteilung der Stoffe in der Atmosphäre.
Die bis etwa 10 km reichende unterste Schicht ist die **Troposphäre,** in der sich fast das gesamte Wettergeschehen abspielt. In dieser Schicht sinkt die Temperatur mit zunehmender Höhe. In der darüberliegenden **Stratosphäre** steigt die Temperatur wieder an.

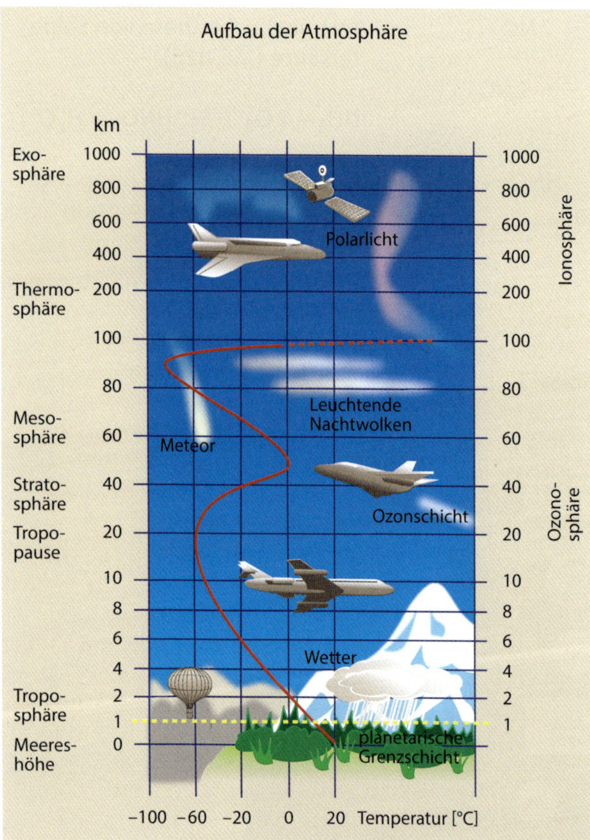

Das wird durch das dort gebildete Ozon verursacht, welches das energiereiche Sonnenlicht im UV-Bereich absorbiert. Der Bereich des Temperaturminimums zwischen beiden Schichten, die **Tropopause,** hat große Bedeutung. Sie erschwert den ungehinderten Stoffaustausch zwischen diesen beiden Schichten. Durch menschliche Aktivitäten gelangen natürliche Gase wie Kohlenstoffdioxid, aber auch naturfremde wie Halogenkohlenwasserstoffe in die Atmosphäre. Dadurch werden die Eigenschaften der Lufthülle und natürliche Gleichgewichte beeinflusst.
Als Folge des Chemikalieneintrags in die Atmosphäre können sich regional und global schwerwiegende Veränderungen der Umwelt ergeben, weil:

- Schadstoffe als Gase, Dämpfe und Stäube weit transportiert werden,
- die Masse der Atmosphäre vergleichsweise klein ist und sie daher empfindlich bereits auf kleine Schadstoffmengen reagiert,
- nachhaltige Veränderungen schon in kurzen Zeiträumen stattfinden.

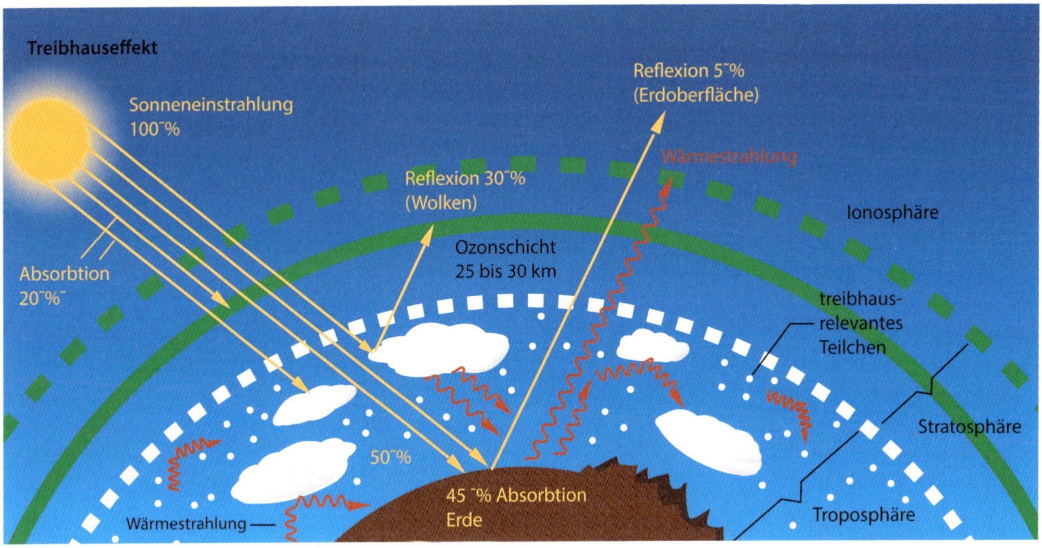

Die Sonnenstrahlung umfasst den Wellenlängenbereich von 200 bis 3 000 nm. Kurzwelliges UV-Licht ($\lambda < 300$ nm) wird in der Stratosphäre fast vollständig absorbiert. Langwelliges UV- und sichtbares Licht können die Atmosphäre dagegen passieren. Diese Strahlung erwärmt die Erdoberfläche und wird hauptsächlich als Wärmestrahlung im Infrarotbereich ($\lambda > 780$ nm) wieder reflektiert. Die IR-Strahlung wird in der Atmosphäre von einigen Spurengasen, z. B. Wasserdampf, Kohlenstoffdioxid, Methan, teilweise absorbiert. Daraus resultiert eine Erwärmung der Erde um ca. 33 °C, die als **natürlicher Treibhauseffekt** bezeichnet wird.

▶ Gase, die infrarote Strahlung absorbieren und so die Luft erwärmen, nennt man Treibhausgase. Ohne die natürlichen Treibhausgase in der Atmosphäre würde die mittlere Oberflächentemperatur der Erde nur –18 °C betragen.

> Die Erwärmung der unteren Atmosphäre infolge Energieabsorption durch klimarelevante Spurengase nennt man **Treibhauseffekt.**

Durch die Verbrennung fossiler Brennstoffe wird jedoch der Kohlenstoffkreislauf (↗ S. 442) gestört. Die Konzentration an Kohlenstoffdioxid in der Atmosphäre ist in den letzten hundert Jahren um ca. 25 % gestiegen. Die Konzentration anderer **Treibhausgase** in der Luft hat durch menschliche Einflüsse ebenfalls zugenommen, z. B. hat sich die CH_4-Konzentration im gleichen Zeitraum etwa verdoppelt. Dadurch wird mehr Infrarotstrahlung in der Atmosphäre absorbiert und der natürliche Treibhauseffekt anthropogen verstärkt.

Da sich die Emissionen von Treibhausgasen fortsetzen, steigen auch ihre atmosphärischen Konzentrationen künftig weiter an. Zudem haben einige anthropogene Treibhausgase wie Distickstoffmonooxid eine viel stärkere Wirkung als z. B. Kohlenstoffdioxid. Somit ist eine weitere globale Erwärmung kaum zu verhindern, falls keine Gegenmaßnahmen erfolgen.

▶ Der Name **Treibhauseffekt** ist abgeleitet vom Treibhaus, in diesem ist das Glas durchlässig für eingestrahltes sichtbares Licht, aber undurchlässig für reflektierte Infrarotstrahlung.

> Der Anstieg der weltweiten Jahresdurchschnittstemperatur um ca. 0,7 °C in den letzten hundert Jahren wird als **anthropogene Verstärkung des Treibhauseffekts** angesehen.

Emissionen der säurebildenden Gase SO_2 und NO_x

Die Summe aus den Stickstoffoxiden NO und NO_2 bezeichnet man als Stickoxide bzw. NO_x.

> Bei der Verbrennung **fossiler Brennstoffe** werden u.a. Schwefeloxide und Stickstoffoxide freigesetzt, die selbst schädlich sind. Da sie in der Atmosphäre Säuren bilden, nennt man sie **saure Gase.**

Industrie, Gewerbe, Verkehr und Haushalte benötigen fossile Brennstoffe, die organisch gebundenen Schwefel und Stickstoff enthalten. Dadurch entstehen bei der Verbrennung neben Kohlenstoffdioxid CO_2 auch Schwefeldioxid SO_2 und Stickstoffoxide wie NO bzw. NO_2. Zusätzlich bilden sich oberhalb 1000 °C Stickstoffoxide aus Stickstoff und Sauerstoff der Verbrennungsluft.
Die in den Abgasen enthaltenen Gase Schwefeldioxid und Stickstoffdioxid wirken direkt schädigend auf lebende Organismen.

Entstehung und Wirkung saurer Gase

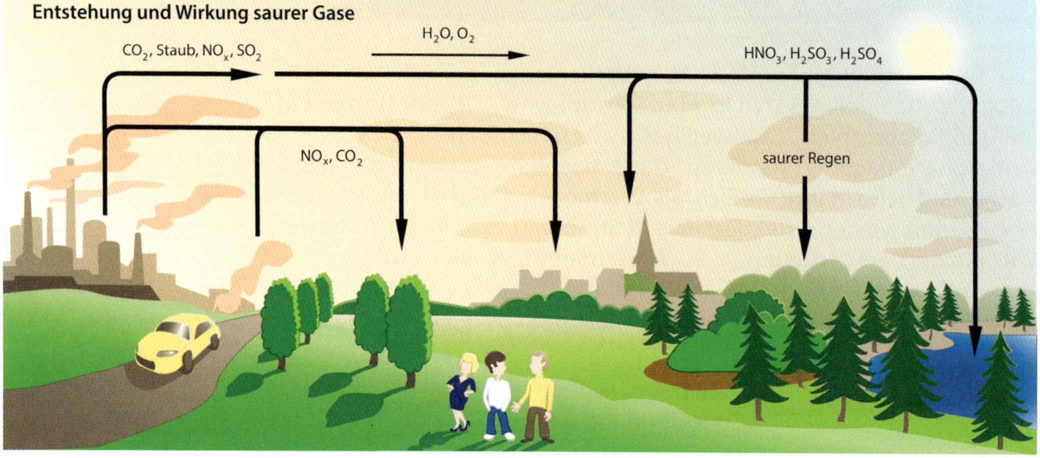

10

In Deutschland wurden in den 1990er-Jahren pH-Werte des Regens zwischen 4,0 und 4,5 gemessen. Das entspricht der 10- bis 40-fachen Protonenkonzentration des Normalwerts. Oft tritt saurer Regen nicht am Ort der Schadstofffreisetzung, sondern in weit entfernten Gebieten auf. Ursache ist die Verteilung durch den Wind.

Schon aufgrund des natürliches CO_2-Gehalts der Luft nimmt Regenwasser Kohlenstoffdioxid auf. Daraus entstehen Spuren von Kohlensäure H_2CO_3, die zu einem schwach sauren pH-Wert von 5,6 von „sauberem" Regenwasser führen. Die zusätzlich eingetragenen Schwefel- und Stickstoffoxide bilden mit der Luftfeuchtigkeit weitere **Säuren** (H_2SO_3, H_2SO_4 bzw. HNO_3). Daraus ergibt sich eine weitere Verringerung des pH-Werts (↗ S. 187). Der **saure Regen** führt zur Versauerung der Gewässer und Böden, zur Korrosion von Bauwerken und zu Schädigungen des Ökosystems Wald.

Um Schäden an der Umwelt möglichst gering zu halten, müssen Abgase von diesen Schadstoffen weitgehend befreit werden. Dies geschieht bei der Rauchgasreinigung in Kraftwerken und durch **Abgaskatalysatoren** bei Autos.

Rauchgasreinigung in Kraftwerken

Die Hauptschadstoffe im Rauchgas eines Kraftwerks sind Kohlenstoffdioxid, Schwefeldioxid, Stickstoffoxide und Staub. Sie müssen durch **Rauchgasreinigung** weitgehend entfernt werden.

Typische Rauchgaszusammensetzung eines Kohlekraftwerks: 78 % N_2, 16 % CO_2, 6 % O_2, 0,1 % SO_2 (2 g/m^3), 0,05–0,1 % NO_x (0,8–1,5 g/m^3), 6–50 g Staub/m^3.

Es gibt in vielen Ländern gesetzliche Vorgaben über zulässige Höchstmengen an Schadstoffen im Rauchgas. In Deutschland gelten für große Kraftwerke mit über 300 MW Leistung u.a. folgende Abgasgrenzwerte: Staub <50 mg/m^3; Schwefeldioxid <400 mg/m^3, Stickstoffoxide <200 mg/m^3. Vergleicht man diese Vorgaben mit den Ausgangswerten, so erfordert das Mindestabscheidungsgrade von ca. 99,9 % bei Staub, 98 % bei Schwefeldioxid und 80 % bei den Stickstoffoxiden.

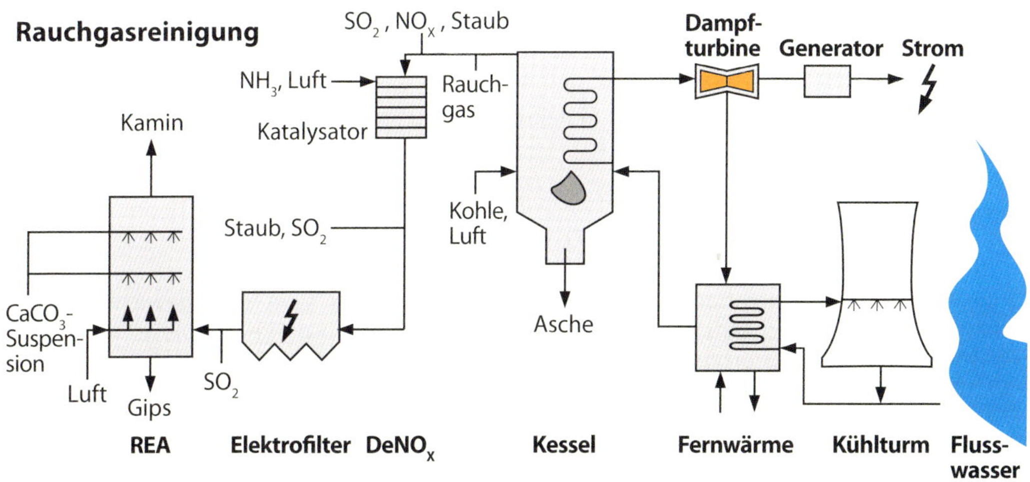

Meist werden zuerst die Stickstoffoxide in der **$DeNO_x$-Anlage** entfernt. Sie werden an einem Katalysator bei 300–400 °C mit zu dosiertem Ammoniak zu 80–90 % in Stickstoff und Wasserdampf umgesetzt.

$$6\,NO + 4\,NH_3 \longrightarrow 5\,N_2 + 6\,H_2O$$

$$6\,NO_2 + 8\,NH_3 \longrightarrow 7\,N_2 + 12\,H_2O$$

Dann wird das Gas in einem Elektrofilter, das mit 50–80 kV arbeitet, entstaubt. Dabei werden die Staubteilchen negativ aufgeladen und scheiden sich an der positiv geladenen Filterwand ab.
In der **Rauchgasentschwefelungsanlage (REA)** wird anschließend das Schwefeldioxid weitgehend entfernt. Dafür gibt es verschiedene Möglichkeiten. In den meisten Fällen sprüht man eine wässrige Suspension von fein gemahlenem Kalkstein $CaCO_3$ in das Rauchgas ein. Dabei entsteht aus Schwefeldioxid, Kalk und Sauerstoff der eingeblasenen Luft Gips $CaSO_4 \cdot 2\,H_2O$, der in der Baustoffindustrie verwendet werden kann.

$$SO_2 + CaCO_3 + \tfrac{1}{2}O_2 + 2\,H_2O \longrightarrow CaSO_4 \cdot 2\,H_2O + CO_2$$

Bei der Rauchgasreinigung in Kraftwerken werden die Schadstoffe nacheinander entfernt. Der Bau eines Steinkohle-Kraftwerks mit einer Leistung von 700 MW kostet insgesamt ca. 750 Mio. €, davon die Rauchgasreinigung allein ca. 25 %.

Abbau von Ozon in der Stratosphäre

In der Stratosphäre wird durch **fotochemische Spaltung** von molekularem Sauerstoff **Ozon** gebildet. Dieses absorbiert UV-Strahlung und verhindert so, dass biologisch schädliche Strahlung zur Erdoberfläche gelangt.

Die bei der Ozonbildung frei werdende Energie wird von einem anderen Molekül M, das als Stoßpartner fungiert, aufgenommen.

Die **energiereiche UV-Strahlung** der Sonne spaltet in der **Stratosphäre** Sauerstoffmoleküle in Atome, die mit weiteren Sauerstoffmolekülen Ozon bilden. Da die Spaltung durch Einwirkung von Strahlung angeregt wird, spricht man von einer fotochemischen Reaktion oder **Fotolyse.**

Ozonbildung:

$$O_2 \xrightarrow{h \cdot \nu} 2\,O \qquad \lambda < 242\text{ nm}$$
$$O + O_2 + M \longrightarrow O_3 + M$$

Das fotochemisch gebildete Ozon wird ebenfalls durch Strahlung unter Rückbildung von molekularem Sauerstoff wieder gespalten.

Ozonzerfall:

$$O_3 \xrightarrow{h \cdot \nu} O + O_2 \qquad \lambda < 310\text{ nm}$$
$$O + O_3 \longrightarrow 2\,O_2$$

Die Reaktionspartner X sind Radikale. Sie werden auch fotolytisch aus verschiedenen Spurengasen in der Stratosphäre, z. B. H_2O, NO_x oder FCKW, gebildet.

Zwischen Ozonbildung und -zerfall stellt sich ein Gleichgewicht und folglich eine ständige **Ozonschicht** in der Stratosphäre ein. Diese Ozonschicht absorbiert UV-Strahlung und verhindert, dass der biologisch schädliche Teil dieser Strahlung $\lambda < 300$ nm auf die Erdoberfläche gelangt; sie ist damit notwendig für das Leben auf der Erde.
Das stratosphärische Ozon kann aber durch verschiedene Stoffe auch chemisch abgebaut werden. Dabei läuft eine Reaktionskette ab, in der diese Stoffe wieder zurückgebildet werden und somit katalytisch weitere Ozonmoleküle spalten können.

Chemischer Ozonabbau:

$$O_3 + X \longrightarrow XO + O_2$$
$$XO + O \longrightarrow O_2 + X \qquad (X = OH, NO, Cl)$$
$$\overline{O_3 + O \longrightarrow 2\,O_2}$$

Die Verwendung der FCKW ist inzwischen weltweit verboten. Es wird jedoch über 100 Jahre dauern, bis sich die Ozonschicht wieder vollständig regeneriert hat.

Die Ozon zerstörenden Stoffe, z. B. in die Stratosphäre gelangtes Wasser, sind teilweise natürlichen Ursprungs. Der chemische Ozonabbau wird aber anthropogen besonders durch die Emission von **Fluorchlorkohlenwasserstoffen** verstärkt. Die FCKW, z. B. CF_2Cl_2, werden in der Troposphäre nicht abgebaut und wandern langsam in die Stratosphäre. Dort werden sie durch UV-Strahlung fotolytisch gespalten. Die dabei gebildeten Chloratome (Radikale) spalten nun zusätzlich Ozon. Die stratosphärische Ozonschicht wurde dadurch in den letzten 30 Jahren zwischen 60° Süd und 60° Nord um etwa 10 % reduziert, sodass entsprechend mehr biologisch schädliche UV-Strahlung auf die Erdoberfläche gelangt.

Die Bildung von bodennahem Ozon (Fotosmog)

Im Gegensatz zum stratosphärischen Ozon ist **bodennahes Ozon** schädlich. Es bildet sich zusammen mit anderen Reizgasen durch fotochemische Reaktionen aus Vorläufermolekülen speziell im Sommer. Das Gemisch dieser Reizgase nennt man **Fotosmog.**

Ozon ist natürlicher Bestandteil der bodennahen Atmosphäre, es gelangt z. B. aus der Stratosphäre in die Troposphäre. Der natürliche Gehalt von 10–30 $\mu g/m^3$ in Bodennähe ist viel kleiner als in der Stratosphäre.
Durch menschliche Aktivitäten wird die Ozonkonzentration besonders im Sommer stark erhöht. Ozon wird nicht direkt freigesetzt, sondern bildet sich unter Einfluss der Sonnenstrahlung fotochemisch aus Vorläufersubstanzen wie Stickstoffoxiden, Kohlenstoffmonooxid und Kohlenwasserstoffen. Neben Ozon entstehen dabei auch andere Schadstoffe, die zusammen den schädlichen Fotosmog bilden.
Die Reaktionswege bei der Umwandlung der Vorläufersubstanzen zum Fotosmog sind sehr komplex. Auf einem dieser Wege wird Sticktstoffmonooxid zu Stickstoffdioxid oxidiert. Das Sonnenlicht spaltet entstandenes Stickstoffdioxid wieder in Stickstoffmonooxid und atomaren Sauerstoff. Dieser bildet dann mit molekularem Sauerstoff Ozon.

▶ Autoabgase sind Quelle von Vorläufermolekülen des Ozons. Sie enthalten bis 10 000 ppm CO, 100–8 000 ppm NO_x, 200 ppm CH_4 und C_2H_6, bis 500 ppm Olefine, 20–50 ppm Aromaten, bis 400 ppm Aldehyde (10 000 ppm = 1 %).

$$CO + NO + O_2 \longrightarrow CO_2 + NO_2$$

$$NO_2 \xrightarrow{h \cdot \nu} NO + O \qquad \lambda < 430\ nm$$

$$O + O_2 \longrightarrow O_3$$

In einem zweiten Weg werden aus Kohlenwasserstoffen und Sauerstoff unter Beteiligung von Stickstoffdioxid **Aldehyde** und Ozon gebildet. Die Aldehyde unterliegen z. T. noch weiteren Folgereaktionen.

▶ Aldehyde und ihre Folgeprodukte sind ebenfalls Reizgase im **Fotosmog.**

Der Fotosmog tritt besonders an warmen Sommertagen auf. Dabei durchläuft die Konzentration der Schadstoffe charakteristische Tageszyklen (↗ Abb.).
Durch Reaktion z. B. mit NO und Kohlenwasserstoffen wird Ozon nachts wieder abgebaut. Der Wind transportiert NO_2 und Ozon aber auch vom Bildungsort in sogenannte Reinluftgebiete. Da dort wenig Autoverkehr ist und deshalb weniger Stickstoffoxide und Kohlenwasserstoffe in der Luft vorhanden sind, ist nachts der Ozonabbau geringer. Die Ozonkonzentration ist dann in den Reinluftgebieten höher als in den Ballungsgebieten.

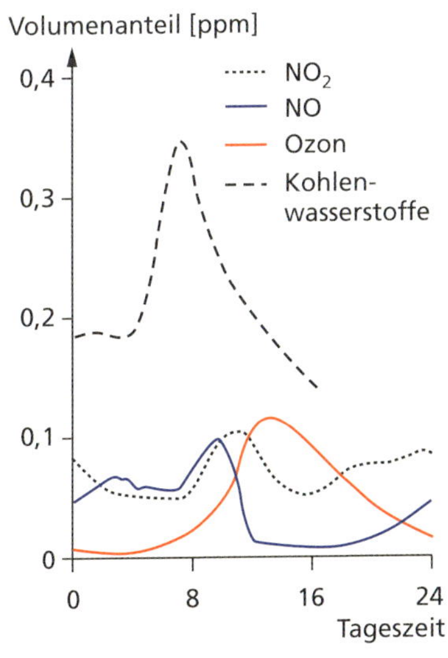

▶ Zum Schutz von menschlicher Gesundheit und der Vegetation gibt es gesetzliche Schwellenwerte für Ozon. In letzter Zeit wurde der für Menschen kritische Schwellenwert von 180 $\mu g/m^3$ seltener überschritten, die für Pflanzen kritische Konzentration von 80 $\mu g/m^3$ aber häufiger.

10.6.4 Belastungen der Gewässer

Der Kreislauf des Wassers

Wasser mit einem Gesamtsalzgehalt unter 1 g/l nennt man Süßwasser. Dieses ist als Trinkwasser geeignet. Die Trinkwasseraufbereitung ist ein aufwendiger Prozess.

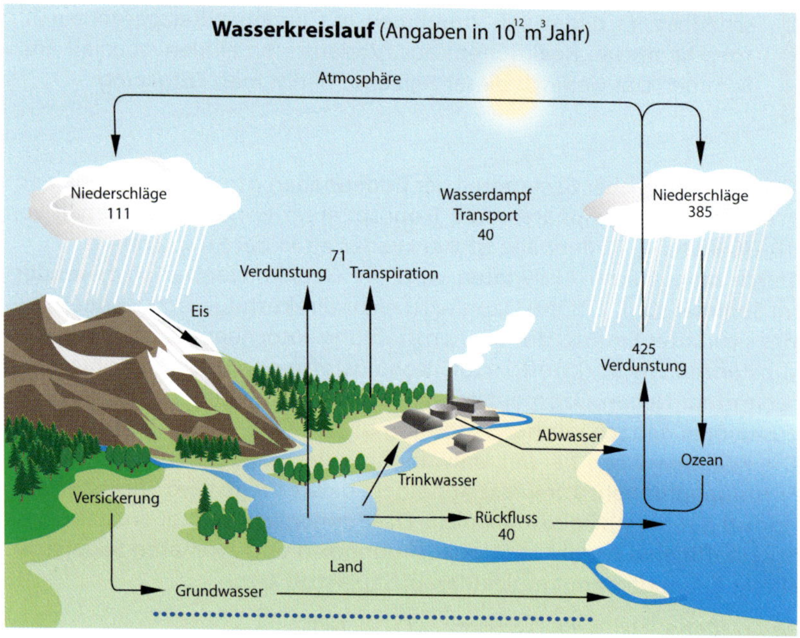

Ein Volumen von 1,4 Mrd. km^3 entspricht einem Würfel der Kantenlänge 1100 km, etwa der Distanz von Flensburg bis Venedig.

Die Gesamtwassermenge der Erde wird auf 1,4 Mrd. km^3 geschätzt, davon sind 97,5 % Salzwasser und nur 2,5 % **Süßwasser.** Der größte Teil davon ist im Polareis gebunden, sodass nur etwa 0,5 % des Gesamtwassers als **Grundwasser** und Wasser in Seen und Flüssen zur Gewinnung von Trink- und Brauchwasser zur Verfügung stehen.

> Der Erhalt des Süßwasserbestands auf der Erde ist durch den globalen **Wasserkreislauf** gegeben. Der Wasserkreislauf beschreibt die Zustands- und Ortsveränderung des Wassers.

Aus Gewässern, vom Boden und durch Transpiration der Pflanzen verdunstet Wasser und kommt in verschiedenen Niederschlagsformen zur Erde zurück. Es fließt oberirdisch in Flüssen und unterirdisch im Grundwasser ins Meer zurück. Im Meer, in den Seen, in Polareis und Gletschern sowie im Grundwasser ist das Wasser zeitweise gespeichert.

Trinkwasser ist das wichtigste Lebensmittel. Es wird durch Aufbereitung aus Grundwasser, aus Seen und Talsperren sowie aus dem Uferfiltrat von Flüssen gewonnen.

Ein Problem neben der Verunreinigung ist auch die Erwärmung der Flüsse durch Kühlwasser von Kraftwerken.

Die Wasserqualität der Trink- und Brauchwasserquellen kann durch den Eintrag von Chemikalien aus Landwirtschaft (z. B. Düngemittel), Industrie und ungeklärte Haushaltsabwässer (z. B. Fäkalien) beeinträchtigt werden. Dadurch wird die Aufbereitung des Wassers erschwert und im Extremfall die Wassernutzung unmöglich. Auch die Lebensbedingungen der Wasserorganismen verschlechtern sich durch die Chemikalieneinträge.

Eutrophierung von Gewässern

Als **Eutrophierung** wird der Übergang eines Gewässers vom nährstoffarmen in den nährstoffreichen Zustand bezeichnet. Zur Verhinderung der Eutrophierung muss man die Nährstoffzufuhr insbesondere von Phosphat und Nitrat reduzieren.

Die Makronährstoffe der Wasserpflanzen und Algen sind **Stickstoff** und **Phosphor.**

In Gewässern sind Algen und Wasserpflanzen die Nährstoffe verarbeitenden Primärproduzenten. In den meisten Fällen ist das Angebot an Phosphat der begrenzende Faktor für das Wachstum.
Zusätzlich zugeführte Nährstoffe, wie Phosphat aus Exkrementen und Waschmitteln in unzureichend gereinigten Abwässern oder aus abgeschwemmtem Dünger der Landwirtschaft, verursachen somit ein Massenwachstum an Algen. Abgestorbene Algen sinken zum Boden des Gewässers, wo zu ihrer Zersetzung große Mengen an Sauerstoff verbraucht werden, es herrscht eine starke **Sauerstoffzehrung.**

Die Algen lassen wenig Licht ins Wasser eindringen, wodurch die **Fotosynthese** der grünen Wasserpflanzen behindert wird.

10

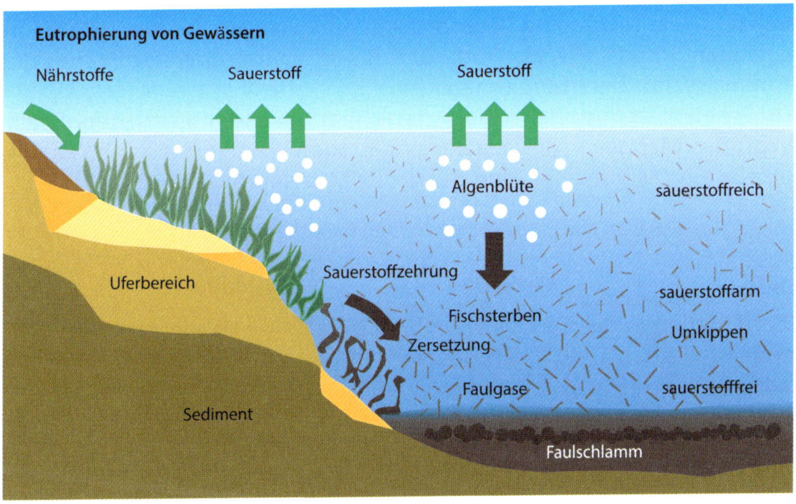

In Seen und langsam fließenden Gewässern kann der erforderliche Sauerstoff aber wegen fehlender Durchmischung nicht in ausreichender Menge von der Oberfläche in die Tiefe gelangen.
In sauerstoffarmem Wasser können auch keine Fische mehr leben. Wenn der Sauerstoff im Tiefenwasser ganz verbraucht ist, läuft der Abbau der Biomasse durch anaerobe Bakterien ab, man spricht vom „Umkippen des Sees". Unter diesen Bedingungen bilden sich Methan sowie die toxischen Stoffe **Schwefelwasserstoff** und **Ammoniak.**
Der schädliche Phosphateintrag kann durch eine zusätzliche Phosphatreinigungsstufe bei der Abwasserbehandlung (↗S. 453) sowie durch die Verwendung von Phosphatersatzstoffen in Wasch- und Reinigungsmitteln (↗S. 416) vermindert werden. Es ist auch möglich, eutrophierte Gewässer wieder zu sanieren. Dazu muss man die Nährstoffe wieder aus dem See entfernen oder den Nährstoffkreislauf unterbinden. Die **Sanierung von Gewässern** ist ein sehr aufwendiger Prozess.

Grund für die fehlende Durchmischung ist die Temperaturschichtung im Sommer, da kaltes Tiefenwasser schwerer ist als warmes. Durch den Temperaturausgleich des Wassers im Herbst und im Frühjahr wird der See wieder durchmischt und Nährstoffe gelangen wieder ins Oberflächenwasser und in den Kreislauf.

10

Gefährdungen von Oberflächengewässern und Trinkwasser

Anthropogen freigesetzte Stoffe werden durch direkte Einleitung mit Abwässern, durch Abschwemmungen von Böden oder auf dem Luftweg in Flüsse, Seen und Meere eingetragen.

Die Schwermetalle Blei und Kupfer können aus Wasserleitungsrohren ins Trinkwasser gelangen.

Viele dieser Stoffe können durch direkte Giftwirkung die Lebensbedingungen der Wasserorganismen beeinträchtigen. Weiterhin unterscheiden sich zahlreiche anthropogene Chemikalien, z. B. polychlorierte Insektizide wie DDT (↗ S. 304), in der Struktur stark von jeglichen natürlichen Verbindungen. Sie können daher in der Umwelt, z. B. von Mikroorganismen, oft nur langsam abgebaut werden. Wenn die Schadstoffe zudem noch gut fettlöslich sind, kommt es zur **Bioakkumulation:** Die Stoffe werden im Fettgewebe gespeichert und in der Nahrungskette angereichert. So können sie bei den Gipfelgliedern der Nahrungspyramide gefährlich hohe Konzentrationen im Körper erreichen.
Durch Versickerung des Oberflächenwassers können leicht lösliche Substanzen wie Nitrate ins Grundwasser eingetragen werden. Dadurch gelangen Schadstoffe ins Trink- und Brauchwasser und erschweren die **Trinkwasseraufbereitung** erheblich.
Ein Problem ist auch der biologisch nicht abbaubare Kunststoffmüll, der in großen Mengen in die Ozeane eingetragen wird. So hat sich im Pazifik bereits ein „Müllstrudel" von der Größe Mitteleuropas gebildet.

Weitere Wasserschadstoffe und deren Wirkung

Stoffe	Herkunft	Wirkung	Abhilfe
Nitrate	– Überdüngung in der Landwirtschaft – saurer Regen	– Umwandlung in giftiges Nitrit im Körper	– Vermeidung von Überdüngung – Verringerung der NO_x-Emission
Schwermetalle (speziell Pb, Cd und Hg)	– Industrieprozesse – Abfallbeseitigung – Deponieabwässer – Landwirtschaft	– chronische Vergiftung durch Blockierung von Enzymen	– Vermeidung der Nutzung – Emissionsminderung – gesicherte Deponien
Biozide	– Landwirtschaft (Eintrag ins Grundwasser und Lufttransport)	– toxisch für andere Organismen – Gefahr der Bioakkumulation	– Minderung der Einsatzmenge – alternative Schädlingsbekämpfung
Öle	– illegales Ablassen – Tankerunfälle	– direkte Schädigung von Organismen	– verstärkte Kontrollen und verbesserte Sicherheit
Salze	– Rohstoffgewinnung – Streusalz	– direkte Schädigung von Organismen	– alternative Technik
Kunststoffmüll	– unkontrollierte Müllentsorgung im Meer	– Tod von Tieren durch Verwechslung mit Nahrung	– sachgerechte Entsorgung und Recycling von Kunststoffen

Reinigung kommunaler Abwässer

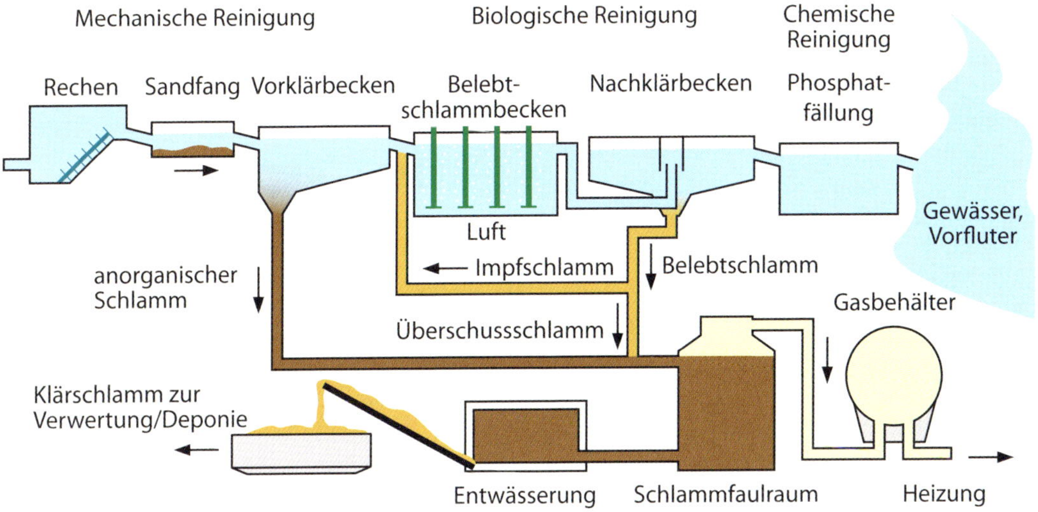

Kommunale Abwässer sind häusliche und gewerbliche Abwässer, die häufig auch mit Regenwasser vermischt sind. Wenn sie unbehandelt in die Flüsse gelangen, gefährden sie die Trinkwasserversorgung und die im Wasser lebenden Organismen.

Hauptbelastungen kommunaler Abwässer:
- suspendierte Feststoffe (Sand, biologisches Material)
- Nährstoffe (Stickstoffverbindungen und Phosphate)
- abbaubare organische Verbindungen (z. B. Eiweiße, Tenside)
- teilweise kritische Schwermetallgehalte
- teilweise biologisch wirksame Stoffe (z. B. Pharmaka)

Industrielle Abwässer müssen in besonderen **Kläranlagen** gereinigt werden.

Das Hauptziel **kommunaler Kläranlagen** besteht in der Abtrennung der Feststoffe, der organischen Inhaltsstoffe sowie der Nährstoffe. Diese erfolgt in mehreren Stufen:
In der **mechanischen Reinigungsstufe** werden die Feststoffe abgetrennt.
In der **biologischen Reinigungsstufe** bauen Mikroorganismen unter Belüftung die organischen Verbindungen größtenteils ab. Dabei werden auch die Nährstoffe weitgehend umgesetzt.
Die Mikroorganismen fallen als Klärschlamm aus, der Überschuss wird abgetrennt. Am Klärschlamm können aber z. B. Schwermetalle oder giftige organische Schadstoffe adsorbiert werden.
In die Kläranlage kann noch eine Phosphatfällung als **chemische Reinigungsstufe** integriert sein, um das Risiko der Gewässereutrophierung durch Phosphate (↗ S. 451) zu reduzieren.
Verschiedene Stoffe werden aber in Kläranlagen kaum abgebaut, z. B. bestimmte **Pharmaka** bzw. **Antibiotika.** Das stellt ein Risiko dar, da sie negativ auf Lebewesen in Gewässern wirken oder über das Grundwasser wieder in das Trinkwasser gelangen können.

Klärschlamm ist ein wertvoller Dünger in der Landwirtschaft, allerdings nur, wenn er nicht mit Schadstoffen belastet ist.

10.6.5 Belastungen des Bodens

Zusammensetzung des Bodens

> Der **Boden** ist ein Stoffgemisch aus verschiedenen festen, flüssigen und gasförmigen Stoffen.

Boden setzt sich aus Bodenteilchen, Bodenwasser und Bodenluft zusammen. Im Boden leben sehr viele Organismen, insbesondere Bodenbakterien. Die Hauptmenge der festen Bestandteile sind anorganische Mineralien wie Silicate oder andere Salze, die auch die Hauptnährstoffe wie Nitrat-, Phosphat-, Magnesium-, oder Kalium-Ionen enthalten. Auch organische Stoffe, z. B. Humus, sind im Boden zu finden.

Die **chemischen Eigenschaften des Bodens** sind von der Bodenart, dem Wassergehalt und der Zusammensetzung der organischen Stoffe abhängig. Entscheidend für chemische Reaktionen im Boden sind die zu den Bodenteilchen gehörenden Tonmineralien und Huminstoffe (Humus). Sie besitzen funktionelle Gruppen, an die sich Kationen oder Schadstoffmoleküle anlagern können. Anionen wie Nitrat-Ionen werden dagegen nicht gebunden und leicht ausgewaschen.

▶ Herbizide sind Unkrautbekämpfungsmittel, Insektizide wirken gegen Schadinsekten und Fungizide gegen unerwünschten Pilzbefall. Alle gemeinsam werden als Biozide zusammengefasst.

Schadstoffe im Boden

> Der Boden kann durch in Wasser gelöste Luftschadstoffe, Schwermetalle, Düngemittel, Biozide oder Substanzen aus Deponien belastet werden.

Belastungen des Bodens

Luftschadstoffe	Schwermetall-Ionen	Düngemittel	Biozide (Pestizide)	Stoffe aus Deponien (Altlasten)
Säure bildende Gase, die in den Boden gelangen, z. B. SO_2; NO_x	aus Stäuben, Klärschlamm, Abwasser, z. B. Hg^{2+}; Pb^{2+}	aus der Landwirtschaft, z. B. PO_4^{3-}; NO_3^-	aus der Landwirtschaft, z. B. Herbizide, Insektizide, Fungizide	aus Industrie und Haushalt, z. B. Säuren, Mineralöle

Schwermetalle und ihre Wirkung

Metall	Herkunft	Wirkung
Blei	– Nahrungsmittel (Leber, Nieren von Tieren) – Bleirohre von Trinkwasserleitungen – Bleistaub aus der Industrie	– Schäden bei ständiger Aufnahme – wird in den Knochen gespeichert – schädigt das Nervensystem – schädigt bereits den Embryo – hemmt geistige Entwicklung bei Kindern – Müdigkeit, Kopfschmerzen, Muskelschwäche
Cadmium	– Nahrungsmittel (Leber, Nieren von Tieren) – Tabakrauch – in Klärschlamm	– wird in den Nieren gespeichert – schädigt die Nieren – hemmt Enzyme – führt zur Skelettschrumpfung – kann Krebs auslösen
Quecksilber	– Nahrungsmittel (Leber, fettreiche Fische) – Bakterien wandeln anorganische Quecksilberverbindungen in hochgiftige organische Quecksilberverbindungen um – Amalgamfüllungen – Goldschürfer in Afrika	– auch als Dämpfe beim Einatmen giftig – fettlösliche organische Quecksilberverbindungen überwinden die Blut-Hirn-Schranke – schädigt Nervensystem und Nieren – hemmt Enzyme – leichte Erregbarkeit, Zittern, Gedächtnisverlust

Wirkung von Düngemitteln, Bioziden und Altlasten

1. **Düngemittel** enthalten vor allem Phosphate und Nitrate. Sie werden entweder im Boden gespeichert oder von den Pflanzen aufgenommen. Besonders Nitrate werden auch ausgewaschen, da die Bodenteilchen sie nicht anlagern können. Dadurch gelangen sie ins Grundwasser und führen zu einer Eutrophierung der Gewässer (↗S. 451).
2. **Biozide** werden von der Landwirtschaft eingesetzt, um Schädlinge zu bekämpfen. Es sind sehr verschiedene Stoffgruppen, von denen besonders die chlororganischen Verbindungen für die Umwelt gefährlich sind. Viele Substanzen gelangen in den Boden und werden ins Grundwasser gespült. Damit belasten sie die Gewässer und den Wasserkreislauf (↗S. 450).
3. Stoffe aus Deponien **(Altlasten)** stammen von Industriebetrieben, aus dem Hausmüll, von Militärstandorten oder auch aus wilden Deponien. Es können Säuren, Salze, Laugen, Mineralöle, Farbstoffe, Treibstoffe und viele andere Stoffe sein. Je nach Herkunft und Zusammensetzung ist die Wirkung dieser als Altlasten bezeichneten Stoffe sehr unterschiedlich.

Umweltbereiche und Chemikalieneintrag

- Unsere **Umwelt** besteht aus vier Umweltbereichen, in denen durch natürliche Prozesse chemische Stoffumwandlungen stattfinden.

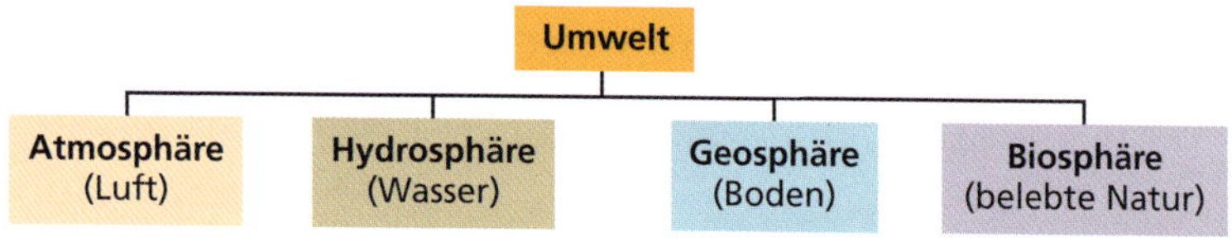

- Infolge **menschlicher Aktivitäten** in Haushalten, Verkehr, Industrie und Landwirtschaft gelangen zusätzlich natürlich vorkommende Stoffe und speziell synthetisierte Stoffe in die Umwelt.

- Sowohl durch natürliche als auch durch den Menschen verursachte Chemikalieneinträge verändert sich die Zusammensetzung der vier Umweltbereiche.

Stoffe und anthropogene Quelle	Auswirkungen auf die Umwelt
Kohlenstoffdioxid CO_2 aus Verbrennung, Methan CH_4 aus diversen Quellen	Verstärkung des natürlichen Treibhauseffekts
Schwefel- und Stickstoffoxide (SO_2 und NO_x) aus Verbrennungsprozessen	saurer Regen, Versauerung von Gewässern, mitverantwortlich für Waldsterben
Stickstoff- und Kohlenstoffoxide sowie Kohlenwasserstoffe aus Autoabgasen	Bildung von bodennahem Ozon und Fotosmog im Sommer
Feinstaub aus Verbrennung von Festbrennstoffen in Hausfeuerungsanlagen und Dieselkraftstoff	Gesundheitsschäden beim Einatmen
Fluorchlorkohlenwasserstoffe aus heute verbotenen Kühlanlagen und Feuerlöschern	Ozonabbau in der Stratosphäre, Verstärkung des Treibhauseffekts
Phosphate aus Düngemitteln und Fäkalien	Eutrophierung der Gewässer
Schwermetalle (z. B. Blei) aus Industrieprozessen	Gesundheitsschäden durch Aufnahme mit der Nahrung
Nitrate aus Düngemitteln und Fäkalien	Auswaschen ins Grundwasser, Gesundheitsrisiken, Eutrophierung der Gewässer
chlorierte Kohlenwasserstoffe aus verschiedenen Quellen	Bioakkumulation, Störung des Immunsystems und der Fortpflanzungsfähigkeit bei Lebewesen
Kunststoffmüll aus Verpackungen und anderen Kunststoffprodukten	riesiger Teppich aus Kunststoffmüll im Pazifik, der giftige Chemikalien speichert; angeschwemmte Kunststoffteile verunreinigen Strände und töten Meerestiere

Wissenstest 10D

Analyseverfahren 11

11.1 Klassische Analyseverfahren

11.1.1 Qualitative anorganische Analyse

Die analytische Chemie befasst sich mit der Identifizierung der Bestandteile und der Ermittlung der Zusammensetzung von Stoffen oder Stoffgemischen. Durch die Anwendung geeigneter Analysemethoden sind folgende grundsätzliche Fragestellungen zu beantworten:

1. Welcher Stoff liegt vor?
2. Welche Zusammensetzung hat der Stoff oder das Gemisch?
3. Wie ist die Substanz aufgebaut?

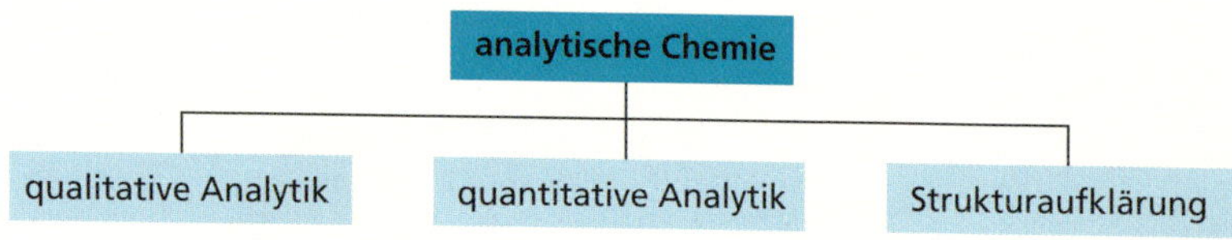

11

Es gibt eine Vielzahl weiterer instrumenteller Methoden zur qualitativen Analyse (↗ S. 466 ff.).

Bei der **qualitativen Analyse** wird die Art der Bestandteile eines reinen Stoffs oder eines Stoffgemischs mithilfe chemischer, chromatografischer oder spektroskopischer Methoden bestimmt.

Vorproben

Analytische Fragestellungen ergeben sich in allen Teildisziplinen der Chemie, von der Kernchemie über die organische Chemie bis hin zur Umweltchemie. Das Ziel der anorganischen qualitativen Analyse besteht in der Identifizierung anorganischer Substanzen, d. h. Elementen, Ionenverbindungen oder Molekülverbindungen.
Im einfacheren Fall liegen die Substanzen als reine Stoffe vor. Stoffgemische müssen für die qualitative Analyse oft getrennt werden. Aber auch die Identifizierung reiner Stoffe ist eine schwierige Aufgabe, wenn man bedenkt, dass heute mehr als 500 000 verschiedene anorganische Verbindungen bekannt sind.
Bevor man die unendliche Palette spezieller Nachweisreaktionen durchführt, betrachtet man die Stoffprobe zunächst genauer und analysiert die ohne Hilfsmittel sichtbaren Stoffeigenschaften, wie Aggregatzustand, Farbe oder andere auffällige Eigenschaften.

Bei der **Trennung von Stoffgemischen** nutzt man die unterschiedlichen physikalischen oder chemischen Eigenschaften der Komponenten, z. B. unterschiedliche Löslichkeiten in Wasser oder Säuren.

Betrachten wir als Beispiel die Analyse einer Stoffprobe, die in Form fester rötlicher Späne vorliegt.
Bei näherem Hinsehen stellt man fest, dass die einzelnen Partikel relativ groß sind und metallisch glänzen. Es handelt sich also wahrscheinlich um ein Metall oder um eine metallartige Verbindung.

Vorprobe	Information
Löslichkeit in Wasser und pH-Wert	– lösliche Ionenverbindung, z. B. KBr, $CuSO_4$, oder schwer löslicher Stoff, z. B. S_8, I_2, AgCl, Fe_2O_3 – saure oder basische Verbindung, z. B. HNO_3 oder $Ca(OH)_2$
Löslichkeit in Säuren oder Laugen	– schwer lösliche saure oder basische Salze, Oxide oder Hydroxide, z. B. $CaCO_3$, Cr_2O_3, PbO_2, $Mg(OH)_2$
Flammenfärbung	– Gruppe von Metall-Ionen mit spezieller Flammenfärbung, z. B. Alkali- und Erdalkalimetalle

Der nächste Schritt besteht darin, durch Vorproben weitere Informationen über die Stoffprobe zu sammeln. Durch Untersuchungen der **Löslichkeit** kann man die Stoffklasse, der die Analysensubstanz angehört, weiter eingrenzen. In Wasser lösliche Substanzen, die eine deutliche Farbreaktion mit Säure-Base-Indikatoren geben, sind Säuren bzw. Basen, können aber auch Oxide oder Salze sein.
Schwer in Wasser lösliche Carbonate, Oxide und Hydroxide lösen sich häufig in Säuren. Nach dieser Säure-Base-Reaktion können die Kationen in der Lösung nachgewiesen werden.

H_3O^+- und OH^--Ionen werden mit **Säure-Base-Indikatoren** nachgewiesen.

Die **Flammenfärbung** ist eine Vorprobe, mit der man Hinweise auf bestimmte Metalle bzw. Metall-Ionen erhält. In gasförmigem Zustand senden alle Elemente und Ionen elektromagnetische Strahlung einer bestimmten Wellenlänge aus, wenn sie elektrisch oder thermisch angeregt werden. Bei Alkali- und Erdalkalimetall-Ionen reicht schon die Wärme der Bunsenbrennerflamme aus, um eine Emission von sichtbarem Licht zu erzeugen.

■ Der in unserem Beispiel untersuchte metallische Feststoff löst sich nicht in Wasser, aber dafür unter Bildung rotbrauner nitroser Gase (NO_x) in verdünnter Salpetersäure. Taucht man ein Magnesiastäbchen in diese Lösung und hält es in die Bunsenbrennerflamme, beobachtet man eine grüne Flammenfärbung.

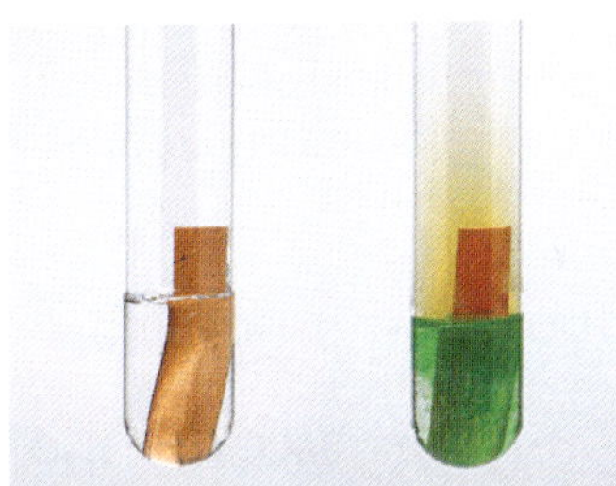

Metall	Element-symbol	Flammenfarbe	λ in nm (emittiertes Licht)
Barium	Ba	Gelbgrün	524,2 / 513,7
Calcium	Ca	Ziegelrot	622,0 / 553,5
Kalium	K	Hellviolett	769,9 / 766,5 / 404,5
Kupfer	Cu	Grün	515,3 / 510,5
Lithium	Li	Karminrot	670,8
Natrium	Na	Gelb	589,3
Strontium	Sr	Rot	605,0 / 460,8

Besonders intensiv ist die Flammenfärbung durch Natrium. Da die **Elemente der I. Hauptgruppe** nur schwer durch Fällungsreaktionen nachweisbar sind, nutzt man die Flammenfärbung auch als Nachweis für die Alkalimetalle.

Nachweisreaktionen anorganischer Ionen

Viele Nachweisreaktionen werden durch andere Ionen gestört. Zur Trennung der nachzuweisenden Ionen von störenden Begleitstoffen entwickelte C. R. FRESENIUS (1818–1897) im 19. Jh. den Kationentrennungsgang.

Nachweisreaktionen sind chemische Reaktionen, die durch Farbänderungen, Fällung schwer löslicher Salze oder Bildung von Gasen die Gegenwart von Ionen in Stoffen anzeigen.

Wenn die Farbänderung, Gasbildung oder Fällung nur mit einer ganz bestimmten Ionensorte zu beobachten ist, spricht man von **spezifischen Nachweisreaktionen.** Um den Nachweis eindeutig durchzuführen, müssen die jeweiligen Reaktionsbedingungen (z. B. pH-Wert, Temperatur) genau eingehalten werden.

Beim Lösen unserer untersuchten Stoffprobe in Salpetersäure wurde eine hellblaue Lösung erhalten. Wenn man diese nun vorsichtig tropfenweise mit konzentrierter Ammoniaklösung versetzt, dann beobachtet man die charakteristische tiefblaue Färbung des $[Cu(NH_3)_4]^{2+}$-Komplexes (↗ Abb. auf S. 461). Die Stoffprobe ist dadurch eindeutig als Kupfer identifiziert.

Man unterscheidet zwischen Anionen- und Kationennachweisen. Die Anionen weist man meist durch Fällungs- und seltener durch Farbreaktionen in wässriger Lösung nach.

Wichtige Nachweisreaktionen anorganischer Anionen

Anion	Nachweis	Bemerkung
Cl^- Br^- I^-	$X^- + Ag^+ \longrightarrow AgX\downarrow$ Ausfällung eines Niederschlags, der je nach Halogenid-Ion in NH_3-Lösung unterschiedlich löslich ist	AgCl: weißer Niederschlag; löslich in verdünnter NH_3-Lösung AgBr: gelblicher Niederschlag; löslich in konzentrierter NH_3-Lösung AgI: gelber Niederschlag; löst sich nicht in konzentrierter NH_3-Lösung
CO_3^{2-}	$CO_3^{2-} + 2\,H_3O^+ \longrightarrow 3\,H_2O + CO_2\uparrow$ $CO_2 + Ba(OH)_2 \longrightarrow BaCO_3\downarrow + H_2O$	Bei der Behandlung von Carbonaten mit verdünnter Salzsäure entwickelt sich CO_2. Dieses leitet man in Barytwasser $Ba(OH)_2$ ein. Dabei entsteht ein weißer, in Säuren leicht löslicher Niederschlag.
SO_4^{2-}	$SO_4^{2-} + Ba^{2+} \longrightarrow BaSO_4\downarrow$ Der weiße Niederschlag ist in Säuren praktisch unlöslich.	Die Reaktion wird zum Nachweis von SO_4^{2-}- und von Ba^{2+}-Ionen genutzt. Störungen, z. B. durch CO_3^{2-}-Ionen, werden durch Ansäuern mit verdünnter Salzsäure verhindert.
NO_3^-	$2\,NO_3^- + 6\,Fe^{2+} + 8\,H_3O^+ \longrightarrow 2\,NO + 6\,Fe^{3+} + 12\,H_2O$ $NO + [Fe(H_2O)_6]^{2+} \longrightarrow [Fe(H_2O)_5(NO)]^{2+} + H_2O$	Die Probelösung wird erst mit $FeSO_4$-Lösung versetzt und danach mit konzentrierter H_2SO_4 unterschichtet. In Gegenwart von NO_3^--Ionen erfolgt die Bildung eines braunen Nitrosokomplexes.

Wichtige Nachweisreaktionen anorganischer Kationen

Kation	Nachweis, Bemerkung	Beobachtung
NH_4^+	$NH_4^+ + NaOH \longrightarrow NH_3\uparrow + Na^+ + H_2O$ Durch Zugabe einer starken Base wird gasförmiges NH_3 ausgetrieben, das mit Wasser OH^--Ionen bildet. Diese können mit Indikatorpapier nachgewiesen werden.	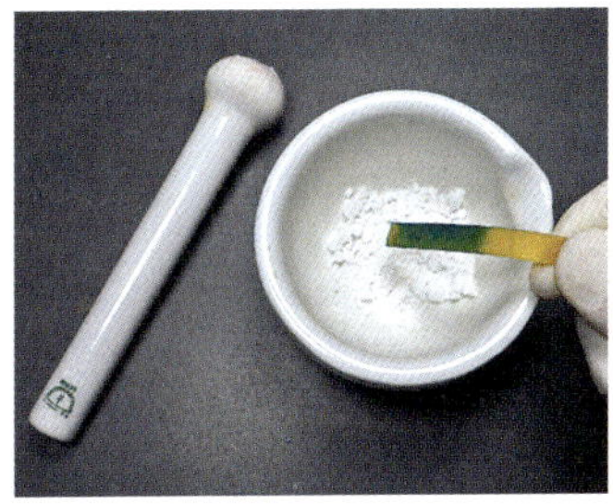
Pb^{2+}	$Pb^{2+} + CrO_4^{2-} \longrightarrow PbCrO_4\downarrow$ Der gelbe Niederschlag ist in Essigsäure und NH_3-Lösung schwer, in Salzsäure dagegen gut löslich. Für Pb^{2+}-Ionen gibt es noch weitere Nachweisreaktionen, z. B. die Fällung von schwarzem PbS oder von weißem $PbSO_4$.	
Ag^+	$Ag^+ + Cl^- \longrightarrow AgCl\downarrow$ Der weiße Niederschlag lässt sich in verdünnter NH_3-Lösung einfach auflösen. Ag^+-Ionen können auch als schwarzes Ag_2S oder als rotbraunes Ag_2CrO_4 ausgefällt werden. Dagegen wird mit SO_4^{2-}-Ionen kein Niederschlag erhalten.	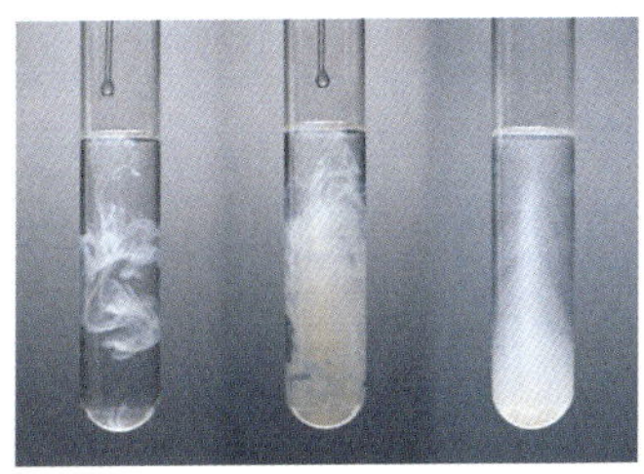
Cu^{2+}	$[Cu(H_2O)_4]^{2+} + 4\,NH_3 \longrightarrow [Cu(NH_3)_4]^{2+} + 4\,H_2O$ Durch Ligandenaustausch entsteht ein chrarakteristisch gefärbter tiefblauer Komplex. Der Nachweis ist für Cu^{2+}-Ionen spezifisch, da kein anderer Komplex diese typische Färbung aufweist. Auch Cu^{2+}-Ionen bilden mit H_2S in saurer Lösung ein schwer lösliches, schwarzes Sulfid.	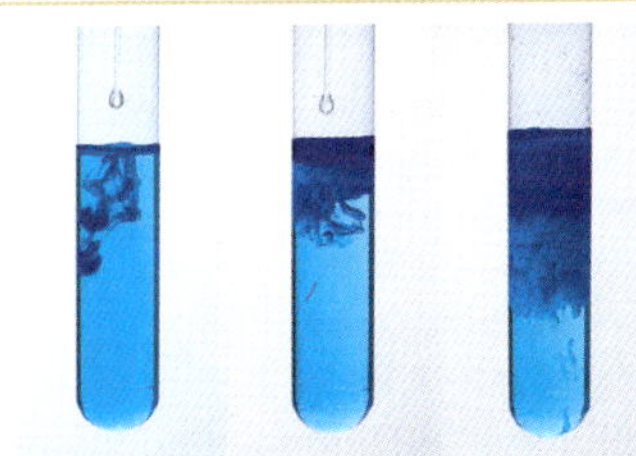
Zn^{2+}	$Zn^{2+} + H_2S + 2\,H_2O \longrightarrow ZnS\downarrow + 2\,H_3O^+$ Der Nachweis ist für Zn^{2+} spezifisch, da ZnS das einzige weiße von vielen schwer löslichen Sulfiden ist.	Die Fällung des weißen Niederschlags erfolgt im neutralen pH-Bereich, da ZnS in Säuren löslich ist.
Fe^{3+}	$Fe^{3+} + 3\,SCN^- \longrightarrow Fe(SCN)_3$ Es bildet sich ein tiefroter, stabiler Komplex von Eisen(III)-thiocyanat. Der Nachweis ist außerordentlich empfindlich, sodass sehr kleine Fe^{3+}-Mengen nachgewiesen werden können. Auch für Eisen gib es eine Vielzahl weiterer Nachweisreaktionen.	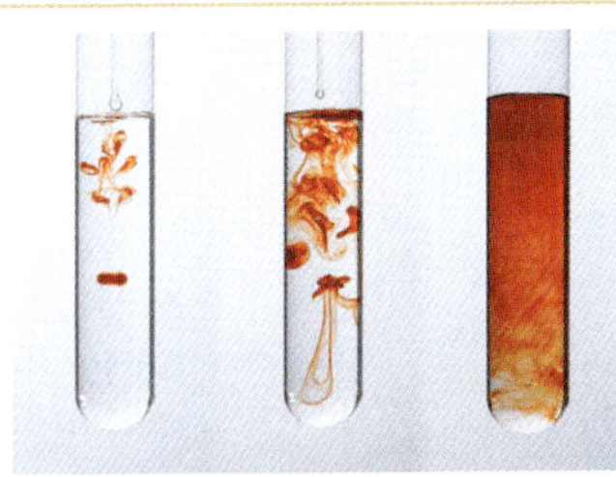

11.1.2 Analyse organischer Verbindungen

Nachweisreaktionen ausgewählter funktioneller Gruppen

▶ In der modernen Chemie weist man funktionelle Gruppen schneller und zuverlässiger mittels spektroskopischer Methoden (↗ S. 481) nach, die außerdem noch weitere Informationen zur Struktur der untersuchten Verbindung liefern.

Das Reaktionsverhalten organischer Verbindungen wird maßgeblich durch die in den Molekülen enthaltenen funktionellen Gruppen (↗ S. 307) bestimmt. Um die zu identifizierenden reinen Verbindungen einer Stoffklasse zuordnen zu können, führt man einfache Nachweisreaktionen durch, die ebenfalls auf Fällungs- oder Farbreaktionen beruhen.

Der Nachteil der meisten einfachen Nachweisreaktionen funktioneller Gruppen besteht darin, dass diese meist wenig stoffspezifisch sind, sondern nur Hinweise auf die entsprechenden Stoffklassen geben.

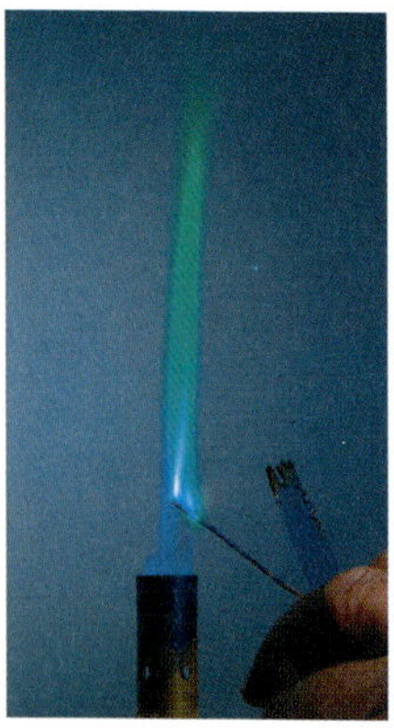

▶ Halogenverbindungen können auch mittels Flammenfärbung identifiziert werden. Dazu wird ein sauberer Kupferdraht in die Substanz getaucht und anschließend in die Bunsenbrennerflamme gehalten. Durch Bildung von Kupfer(II)-halogeniden färbt sich die Flamme grün.

Nachweis von Halogenverbindungen
Eine Möglichkeit besteht darin, die kovalent gebundenen Halogenatome in Halogenid-Ionen zu überführen und als Silbersalze auszufällen. Dazu erhitzt man die Analysensubstanz vorsichtig mit wenig Kaliumnitrat KNO_3 in der Bunsenbrennerflamme. Nach dem Abkühlen wird der Rückstand in verdünnter Salpetersäure aufgenommen und mit einigen Tropfen Silbernitratlösung versetzt.
Die Fällung schwer löslicher Silberhalogenide zeigt die Gegenwart der Halogenide an, die durch ihre Löslichkeit in Ammoniak voneinander unterschieden werden können (↗ S. 181).

$$Ag^+ + X^- \longrightarrow AgX\downarrow \qquad (X = Cl, Br, I)$$

Nachweis ungesättigter Verbindungen
Die Doppel- und Dreifachbindungen ungesättigter Kohlenwasserstoffe oder Fettsäuren können durch elektrophile Addition von Halogenen nachgewiesen werden. Für den qualitativen Nachweis gibt man einige Tropfen Bromwasser (3 % Brom in Wasser gelöst) zur Analysenlösung, die sich bei Anwesenheit ungesättigter Verbindungen entfärbt.

$$H_2C{=}CH_2 + Br_2 \longrightarrow Br{-}CH_2{-}CH_2{-}Br$$

Ungesättigte Verbindungen reagieren außerdem noch mit 2%iger alkalischer $KMnO_4$-Lösung (Baeyer-Reagenz) zu Diolen. Permanganat wird dabei zu Braunstein MnO_2 reduziert, sodass sich die violette Lösung braun färbt. Diese Redoxreaktion wird von vielen anderen reduzierenden Substanzen, z. B. Aldehyden, gestört.
Aromatische Verbindungen zeigen diese Reaktionen nicht. Sie können nur spektroskopisch eindeutig nachgewiesen werden.

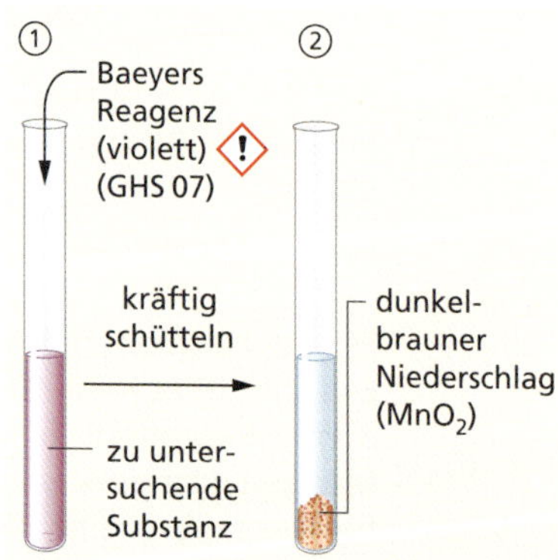

Nachweis von Aldehyden

Zum Nachweis der Aldehyd-Gruppe nutzt man in erster Linie ihre reduzierende Wirkung. Die klassische Reaktion ist die Fällung von ziegelrotem Kupfer(I)-oxid mit fehlingscher Lösung, die auch die Aldehyd-Gruppe der Zucker anzeigt (↗S. 332). Bei der Zugabe ammoniakalischer Silbernitratlösung (Tollens-Reagenz) zu einem Aldehyd wird die Fällung von schwarzem, elementarem Silber oder die Abscheidung eines metallischen Silberspiegels beobachtet.

$$2\,[Ag(NH_3)_2]^+ + R{-}CHO + 3\,OH^- \longrightarrow 2\,Ag\downarrow + R{-}COO^- + 2\,H_2O + 4\,NH_3$$

Beide Reaktionen werden auch von allen reduzierenden Zuckern, z. B. den Aldosen, und anderen reduzierend wirkenden Substanzen, eingegangen. Mit fuchsinschwefliger Säure (Schiffs´ Reagenz) wird schon in Gegenwart kleinster Mengen Aldehyde eine rotviolette Färbung beobachtet, die durch die Anlagerung der Aldehyde an das chromophore System (↗S. 405) des Fuchsins entsteht. Reduzierende Zucker gehen diese Reaktion nicht ein.

Die chemischen **Nachweise funktioneller Gruppen organischer Verbindungen** sind oft nur wenig spezifisch. Man bestimmt deshalb zur Identifizierung häufig noch physikalische Eigenschaften wie die Schmelztemperatur oder die Dichte.

Nachweis von Alkoholen, Phenolen und Carbonsäuren

Hinweise auf Alkohole oder Säuren erhält man z. B. durch den Geruch der Proben (z. B. bei Essigsäure oder Ethanol) sowie ihre Löslichkeit in Wasser und den pH-Wert der wässrigen Lösungen.

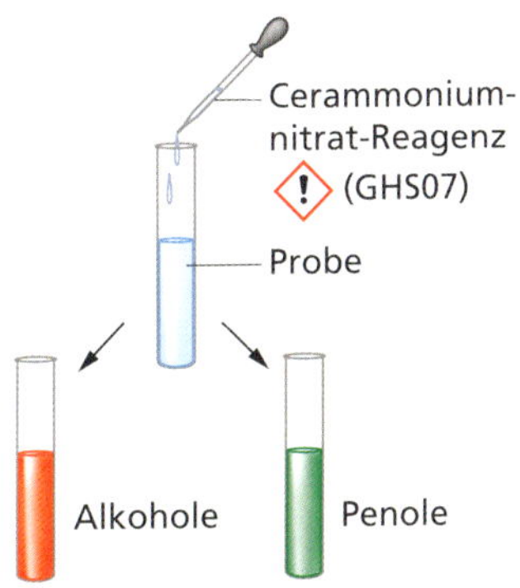

Alkohole reagieren neutral (*pH* = 7), Phenole sind schwach sauer (*pH* = 3–7), während Carbonsäuren je nach Säurestärke und Konzentration pH-Werte von 0–6 aufweisen können.

Nachweisen lassen sich Alkohole und Phenole durch Farbreaktionen mit Cerammoniumnitrat-Reagenz oder mit Eisen(III)-chloridlösung. Mit Cerammoniumnitrat bilden Alkohole rote und Phenole grüne Komplexe (↗ Abb. oben). Mit Eisen(III)-chlorid gehen Alkohole dagegen keine Farbreaktion ein, während Phenole unterschiedlich farbige Eisen(III)-Komplexe bilden (↗S. 317).

Weniger gut als Nachweisreaktion geeignet ist die Veresterung, weil sich dabei keine sofort sichtbaren Veränderungen ergeben. Allerdings kann die Änderung des pH-Werts während der Umsetzung, z. B. mit Methanol oder mit Benzoesäure, verfolgt werden. Da der gebildete Ester neutral ist, lässt sich aus der Änderung des pH-Werts ableiten, zu welcher der drei Stoffklassen die Analysensubstanz gehört.

Die **Nachweisreaktionen von Naturstoffen** wie Eiweißen und Kohlenhydraten sind meist spezifischer als die typischen Reaktionen der funktionellen Gruppen.

	Alkohol	**Phenol**	**Carbonsäuren**
***pH*-Wert wässriger Lösungen**	*pH* ≈ 6–7	*pH* ≈ 3–7	*pH* ≈ 0–6
Umsetzung mit Methanol	keine Reaktion *pH* ≈ konstant	keine Reaktion *pH* ≈ konstant	Esterbildung *pH* steigt an
Umsetzung mit Benzoesäure	Esterbildung *pH* steigt an	Esterbildung *pH* steigt an	keine Reaktion *pH* ≈ konstant

Die quantitative organische Elementaranalyse

Das Prinzip der **organischen Elementaranalyse** wurde bereits 1831 von **J. VON LIEBIG** (1803 bis 1873) entwickelt.

Da die Identifizierung organischer Verbindungen mit einfachen Nachweisreaktionen in der Regel nicht eindeutig ist, analysieren organische Chemiker die Zusammensetzung der Substanzen. Dies ist wesentlich einfacher als in der Anorganik, da die meisten organischen Moleküle aus den Elementen Kohlenstoff, Wasserstoff, Sauerstoff und Stickstoff bestehen und die Verbindung dann eine Molekülformel $C_wH_xO_yN_z$ besitzt.

Bei der quantitativen **Elementaranalyse** oder **CHN-Analyse** werden die Massenanteile der chemischen Elemente in organischen Verbindungen bestimmt und daraus wird die Verhältnisformel berechnet. Obwohl es sich um eine quantitative Analysemethode handelt, wird sie zur Identifizierung organischer Substanzen ebenso genutzt wie zur Reinheitsprüfung von Stoffen.

Unabdingbar für richtige Ergebnisse ist die sehr genaue Massebestimmung, die mit **Analysenwaagen** bis auf 0,001 mg genau erfolgen kann.

Zur CHN-Analyse wird eine genau abgewogene Menge Substanz im Sauerstoffstrom an glühendem Kupfer(II)-oxid als Katalysator verbrannt. Dabei geht Kohlenstoff in Kohlenstoffdioxid und Wasserstoff in Wasser über. Wasser wird zuerst an Calciumchlorid und Kohlenstoffdioxid in einem zweiten Absorptionsgefäß an Natronkalk, einem Gemisch aus Natrium- und Calciumhydroxid, gebunden. Die Absorption der Gase führt zu einer experimentell leicht bestimmbaren Massezunahme, aus der man die Stoffmengen der gebildeten Oxide ermittelt.
Der Stickstoffanteil wird mit der gleichen Methode bestimmt. Bei der Verbrennung bilden sich molekularer Stickstoff N_2 und unterschiedliche Mengen an Stickstoffoxiden NO_x. Um auch diese zu molekularem Stickstoff umzuwandeln, werden sie an glühendem Kupfer reduziert, das gleichzeitig den Sauerstoff aus dem Gasgemisch absorbiert. Die Stoffmenge an entstandenem Stickstoff kann nun volumetrisch ermittelt werden. Bei der Verbrennung im Sauerstoffüberschuss (a >> b) läuft formal folgende Bruttoreaktion ab:

$$C_wH_xO_yN_z + a\,O_2 \longrightarrow w\,CO_2 + \tfrac{x}{2}H_2O + \tfrac{z}{2}N_2 + b\,O_2$$

Schematischer Aufbau der CHN-Analyse

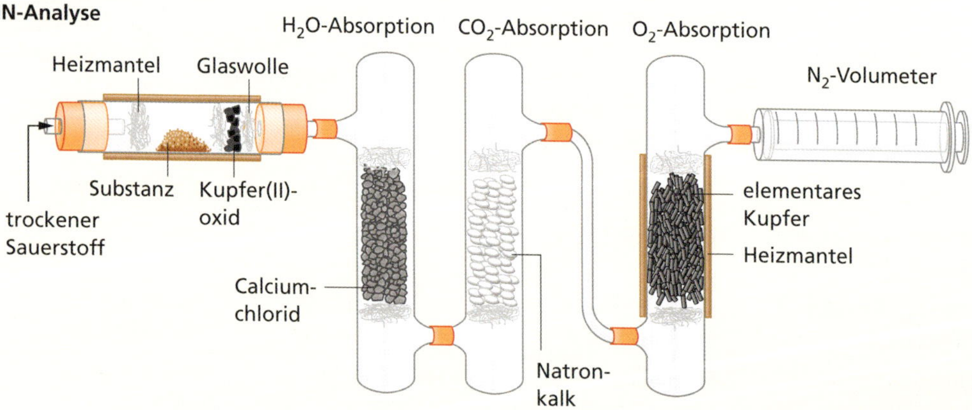

■ Bei der Elementaranalyse von 168,7 mg einer ausschließlich aus den Elementen Kohlenstoff, Wasserstoff und Sauerstoff bestehenden organischen Verbindung wurden 301,0 mg Kohlenstoffdioxid und 123,1 mg Wasser erhalten.
Ermitteln Sie daraus die Verhältnisformel der Verbindung.

Analyse:
Zur Berechnung der Verhältnisformel $C_xH_yO_z$ ermittelt man schrittweise die Stoffmengen aller Elemente, aus denen die Verbindung besteht. Diese Stoffmengen setzt man so ins Verhältnis, dass sich eine Formel $C_xH_yO_z$ mit ganzzahligen Koeffizienten ergibt.

Ges.: Verhältnisformel $C_xH_yO_z$
Geg.: $m(CO_2) = 301{,}0\,mg$
$m(H_2O) = 123{,}1\,mg$
$m(\text{Probe}) = 168{,}7\,mg$

Lösung: $C_xH_yO_z + a\,O_2 \longrightarrow x\,CO_2 + \frac{y}{2}H_2O + b\,O_2$

1. Stoffmenge und Masse an Kohlenstoff

$$n(C) = n(CO_2) = \frac{m(CO_2)}{M(CO_2)} = \frac{301{,}0\text{ mg}}{44\text{ g}\cdot\text{mol}^{-1}} = 6{,}84\text{ mmol}$$

$$m(C) = n(C)\cdot M(C) = 6{,}84\text{ mmol}\cdot 12\text{ g}\cdot\text{mol}^{-1} = 82{,}1\text{ mg}$$

2. Stoffmenge und Masse an Wasserstoff

$$n(H) = 2\cdot n(H_2O) = \frac{2\cdot m(H_2O)}{M(H_2O)} = \frac{2\cdot 123{,}1\text{ mg}}{18\text{ g}\cdot\text{mol}^{-1}} = 13{,}68\text{ mmol}$$

$$m(H) = n(H)\cdot M(H) = 13{,}68\text{ mmol}\cdot 1{,}01\text{ g}\cdot\text{mol}^{-1} = 13{,}7\text{ mg}$$

3. Masse und Stoffmenge an Sauerstoff

$$m(O) = m(\text{Probe}) - m(C) - m(H) = 72{,}9\text{ mg}$$

$$n(O) = \frac{m(O)}{M(O)} = \frac{72{,}9\text{ mg}}{16\text{ g}\cdot\text{mol}^{-1}} = 4{,}556\text{ mmol}$$

4. Stoffmengenverhältnis der Elemente

$$n(C) : n(H) : n(O) = 6{,}84\text{ mol} : 13{,}68\text{ mol} : 4{,}556\text{ mol}$$
$$x : y : z = 3 : 6 : 2$$

Ergebnis: Die Verhältnisformel der Verbindung lautet $C_3H_6O_2$.

Die so erhaltene **Verhältnisformel** kann, muss aber nicht identisch sein mit der Summenformel des analysierten Stoffs. Die Summenformel könnte auch $C_6H_{12}O_4$ oder andere ganzzahlige Vielfache der Verhältnisformel betragen.
Zur Identifizierung muss daher zunächst die molare Masse bestimmt werden und die Erkenntnisse der Nachweisreaktionen der funktionellen Gruppen müssen in die Überlegungen einbezogen werden.

▶ Die Probemengen in modernen Apparaturen, in denen die Produkte automatisch bestimmt werden, liegen nur bei ca. 2 mg.

▶ Die Berechnung bei stickstoffhaltigen Substanzen ist etwas aufwendiger. Hier muss zusätzlich die Stoffmenge an Stickstoff aus dem Volumen $V(N_2)$ mithilfe der Zustandsgleichung idealer Gase ermittelt werden.

$$n(N_2) = \frac{p\cdot V(N_2)}{R\cdot T}$$

▶ Zur Berechnung der ganzzahligen Koeffizienten x, y und z dividiert man durch den kleinsten Wert, im Beispiel ist das $n(O) = 4{,}556$ mmol.

11.2 Instrumentelle Analyseverfahren

11.2.1 Elektrochemische Analysemethoden

Bei der instrumentellen Analyse werden Stoffe anhand bestimmter, meist physikalischer Eigenschaften mit relativ hohem gerätetechnischen Aufwand untersucht.

Elektrochemische Analysemethoden beruhen auf physikalischen oder chemischen Vorgängen, die in elektrochemischen Zellen unter Ladungsaustausch an den Elektroden ablaufen. Sie werden meist zur quantitativen Analyse wässriger Lösungen genutzt.

Bei allen Verfahren werden elektrische Größen, z. B. die Zellspannung, Leitfähigkeit oder die Wanderungsgeschwindigkeit von Teilchen, gemessen. Diese stehen in Zusammenhang mit der Art und der Konzentration der zu bestimmenden Substanz, die **Analyt** genannt wird. Die elektrische Messgröße kann entweder direkt oder im Rahmen einer Titration zur Äquivalenzpunktbestimmung herangezogen werden.

Potenziometrie

Die **Potenziometrie** beruht auf der Messung der Zellspannung im stromlosen Zustand und entspricht damit der Potenzialdifferenz zwischen zwei Elektroden, von denen eine die Indikatorelektrode und die andere die Bezugselektrode darstellt.

Die Messung der Zellspannung muss bei der Potenziometrie stromlos erfolgen.

Die zu bestimmende Substanz muss bei der Potenziometrie an der Elektrodenreaktion der Indikatorelektrode beteiligt sein. Nach der nernstschen Gleichung (↗ S. 146) hängt die Größe des Elektrodenpotenzials von der Konzentration des Analyten ab.

$$E = E^0 + \frac{0{,}0592\ \text{V}}{z} \cdot \lg \frac{c(\text{Ox})}{c(\text{Red})}$$

konzentrationsabhängiger Teil

Das Vorzeichen des konzentrationsabhängigen Terms ergibt sich aus der Art des Analyten. Handelt es sich um ein Oxidationsmittel (z. B. Ag^+), dann ist das Vorzeichen positiv. Bei Reduktionsmitteln (z. B. Cl^-) ergibt sich ein negatives Vorzeichen.

Als Indikatorelektrode verwendet man hauptsächlich **ionenselektive Elektroden,** wie die Silberchlorid-Elektrode. Deren Potenzial hängt bei konstanter Temperatur ausschließlich von der Konzentration einer einzigen Ionensorte, z. B. der Cl^--Ionen, ab. Da auch das Potenzial der Bezugselektrode unter den Messbedingungen konstant ist, ergibt sich die gemessene Zellspannung nach folgender Gleichung. Darin fasst K die Summe aller konstanten Größen zusammen.

$$U_z = K \pm \frac{0{,}0592\ \text{V}}{z} \cdot \lg c(\text{Analyt})$$

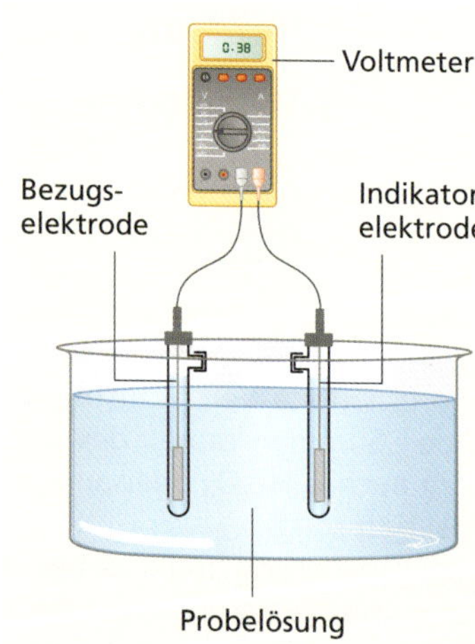

Direktpotenziometrie

Bei der **Direktpotenziometrie** wird die Konzentration einer Ionensorte direkt aus dem Wert des Elektrodenpotenzials der Indikatorelektrode bestimmt. Jede Ionensorte erfordert spezielle ionenselektive Elektroden.

Heute sind ionenselektive Elektroden für eine Vielzahl von Ionen erhältlich (H_3O^+, F^-, S^{2-}, Cl^-, Ag^+, Cu^{2+}, Pb^{2+} usw.).

Bei direktpotenziometrischen Messungen genügt es, für jede Probe nur einen Wert für die Zellspannung aufzunehmen. Da die Zellspannung proportional zum Logarithmus der Analytkonzentration ist, könnte man diese theoretisch direkt mithilfe der tabellierten Standardpotenziale berechnen. Die Messbedingungen (Temperatur, Lösungsmittel) sind jedoch nicht immer gleich, sodass man zur Erhöhung der Genauigkeit eine **Kalibrierung** der Indikatorelektrode durchführen muss. Dazu nimmt man mit Standardlösungen bekannter Analytkonzentration eine Kalibriergerade auf, indem die Zellspannung gegen den Logarithmus der Konzentration aufgetragen wird. Auf der Basis dieser Kalibriergeraden kann die genaue Probenkonzentration aus dem Messwert sehr einfach grafisch bestimmt werden.

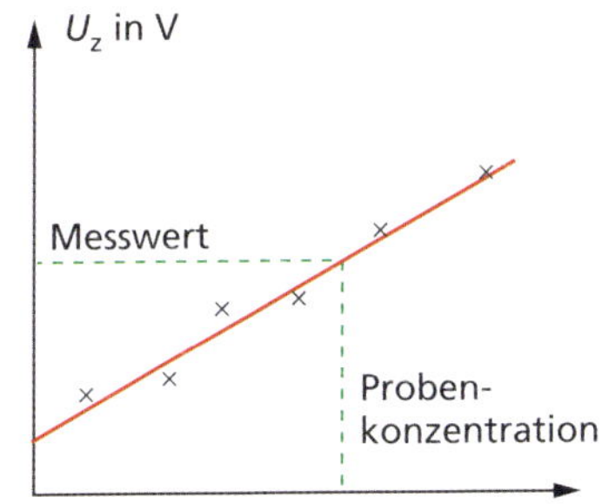

Mit der Glaselektrode als Einstabmesskette können *pH*-Werte zwischen 2 und 14 direkt bestimmt werden, da nur in diesem Bereich die Glasmembran stabil ist.

Die wichtigste Anwendung ist die Messung des pH-Werts mit einem **pH-Meter.** Als ionenselektive Indikatorelektrode verwendet man dazu fast ausschließlich die Glaselektrode.

Die **Glaselektrode** enthält eine spezielle Glasmembran, deren Potenzial proportional zum negativen dekadischen Logarithmus der Konzentration von H_3O^+-Ionen – und damit dem pH-Wert – ist. In der Praxis wird diese pH-sensitive Elektrode gleich mit einer Bezugselektrode in einer „Einstabmesskette" kombiniert. Dazu verbindet man einen Silberdraht, der in eine gepufferte KCl-Lösung konstanter Konzentration eintaucht, elektrisch leitend mit der Glasmembran. Die Zellspannung dieser eigentlich aus zwei Elektroden bestehenden „Einstabmesskette" hängt bei konstanter Temperatur nur vom pH-Wert ab.

Glaselektrode (Einstabmesskette)

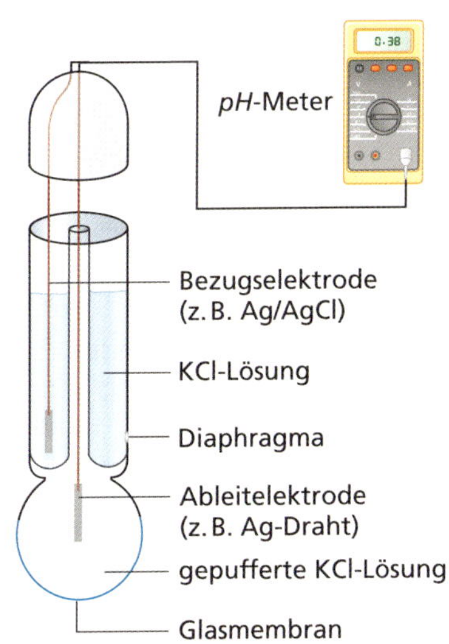

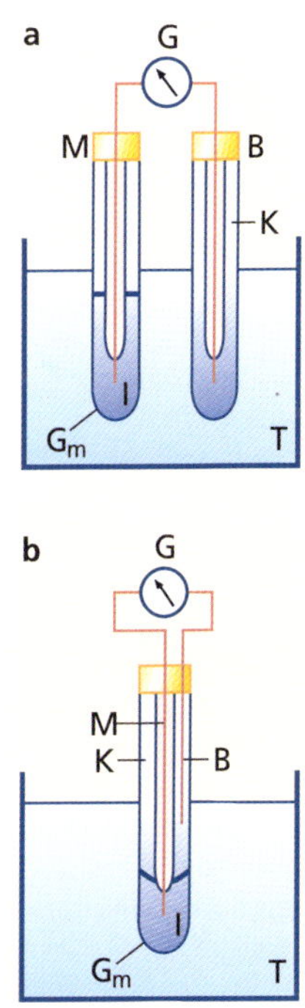

Potenziometrische Titration

Der Äquivalenzpunkt ist der Wendepunkt der Titrationskurve (↗ S. 199).

Bei der **potenziometrischen Titration** wird die Analysenlösung über den Äquivalenzpunkt hinaus titriert und die sich verändernde Zellspannung als Funktion des Volumens der zugegebenen Maßlösung zur Aufstellung einer Titrationskurve gemessen.

Aus der Titrationskurve wird grafisch der Äquivalenzpunkt ermittelt und daraus das Volumen an Maßlösung bis zum Äquivalenzpunkt sowie die Konzentration des Analyten berechnet. Aus diesem Grund ist es nicht erforderlich, eine Kalibrierung durchzuführen.

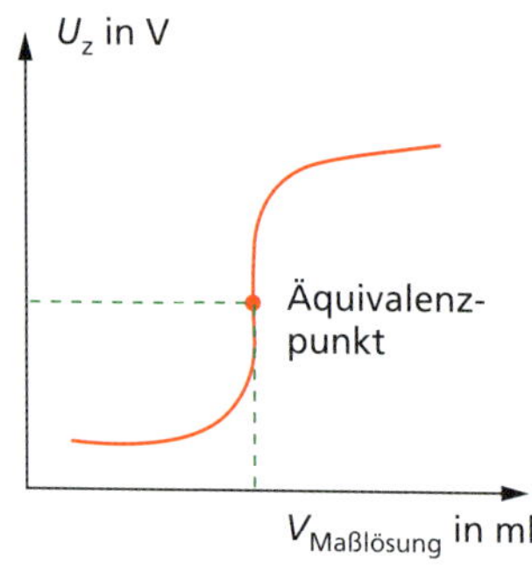

Ein Vorteil gegenüber klassischen Titrationen (↗ S. 198) besteht darin, dass kein Farbindikator verwendet werden muss, sodass gefärbte oder trübe Lösungen titriert werden können.

Beim Kurvenverlauf potenziometrischer Titrationen besteht über die nernstsche Gleichung (↗ S. 146) ein logarithmischer Zusammenhang.

Durch die mathematische Differenzierung der Titrationskurve und sehr kleine Volumenzugabe an Maßlösung in der Nähe des Äquivalenzpunkts wird eine größere Genauigkeit als bei klassischen Titrationen erreicht. Moderne Titrierautomaten arbeiten fast ausschließlich nach dem Prinzip der potenziometrischen Titration. Sie wird häufig bei Säure-Base-, Redox-, Komplex- und Fällungstitrationen angewendet.

Eine der klassischen Anwendungen der potenziometrischen Titration ist die gleichzeitige Bestimmung von Iodid- und Chlorid-Ionen in wässrigen Lösungen, z. B. bei der Bestimmung des Iodidgehalts in Speisesalz. Als Indikatorelektrode verwendet man eine Silberelektrode, deren Potenzial unter den Messbedingungen ausschließlich von der Konzentration der Ag^+-Ionen abhängt (↗ S. 148). Man titriert die Analysenlösung mit $AgNO_3$-Lösung (c = 0,1 mol · l^{-1}) und misst dabei die Zellspannung U_Z.

$$Ag^+_{(aq)} + I^-_{(aq)} \longrightarrow AgI_{(s)} \qquad K_L = 8 \cdot 10^{-17}\ mol^2 \cdot l^{-2}$$

$$Ag^+_{(aq)} + Cl^-_{(aq)} \longrightarrow AgCl_{(s)} \qquad K_L = 2 \cdot 10^{-10}\ mol^2 \cdot l^{-2}$$

$$U_Z = K - 0{,}0592\ V \cdot \lg c(X^-) \qquad K = \text{konst.}$$

Die **Potenziometrie** eignet sich besonders gut für die gleichzeitige Bestimmung mehrerer Ionenkonzentrationen durch Simultantitration.

Durch die großen Unterschiede im Löslichkeitsprodukt fällt zuerst Silberiodid aus. Die Ag^+-Konzentration und damit die Zellspannung bleiben während der Iodidfällung lange Zeit konstant. Zum Ende der Fällung steigt die Zellspannung jedoch deutlich an, weil sich die Ag^+-Konzentration um mehrere Größenordnungen ändert. Bei weiterer Zugabe von $AgNO_3$-Lösung beginnt die Fällung von Silberchlorid. Zum Ende der zweiten Fällung steigt die Ag^+-Konzentration erneut an, sodass man zwei Stufen in der Titrationskurve beobachtet, aus denen sich die Äquivalenzpunkte ermitteln lassen.

Konduktometrie

Die **Konduktometrie** ist eine quantitative Analysemethode, bei der man den elektrischen Leitwert L bzw. den ohmschen Widerstand R als Maß für die Konzentrationsänderung der Probelösung verfolgt.

Der elektrische Leitwert (Einheit: Siemens) ist dem elektrischen Widerstand (Einheit: Ohm) umgekehrt proportional:

$L = \frac{1}{R}$

Die elektrische Leitfähigkeit einer Elektrolytlösung hängt sowohl von der Konzentration als auch von der Art der gelösten Ionen ab. So hat z. B. eine Lösung zweifach positiv geladener Ca^{2+}-Ionen einen höheren Leitwert als eine Natriumsalzlösung gleicher Konzentration. Besonders hoch ist der Leitwert saurer und basischer Lösungen, da Oxonium- und Hydroxid-Ionen eine drei- bis fünffach höhere Leitfähigkeit aufweisen als andere hydratisierte Ionen.

Durch diesen Effekt kann man bei der konduktometrischen Säure-Base-Titration den Äquivalenzpunkt besonders gut ermitteln. Der Leitwert wird bei der Konduktometrie gemessen, indem man zwei gleiche inerte Elektroden in die Analysenlösung taucht und eine Wechselspannung anlegt. Dadurch wird die elektrolytische Abscheidung des Analyten verhindert. Durch Auftragen des Leitwerts gegen das Volumen an verbrauchter Maßlösung erhält man die Titrationskurve.

Da sich die Leitfähigkeit von Elektrolyten im Verlauf fast jeder Titration ändert, können Säure-Base-, Komplex- und Fällungstitrationen, jedoch keine Redoxtitrationen, konduktometrisch verfolgt werden.

a) konduktometrische Titration einer starken Säure mit einer starken Base: $H_3O^+ + Cl^- + Na^+ + OH^- \longrightarrow Na^+ + Cl^- + 2\,H_2O$

Bis zum Äquivalenzpunkt werden H_3O^+-Ionen verbraucht und durch Na^+-Ionen ersetzt. Da Na^+-Ionen eine geringere Leitfähigkeit besitzen als H_3O^+-Ionen, sinkt der Leitwert des Elektrolyten insgesamt. Nach dem Äquivalenzpunkt läuft keine chemische Reaktion mehr ab. Die weitere Zugabe von NaOH lässt die Leitfähigkeit steigen.

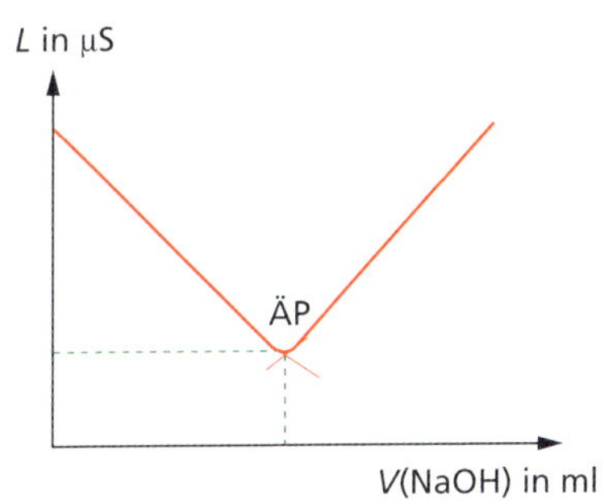

b) konduktometrische Titration einer schwachen Säure mit einer starken Base: $H_3O^+ + CH_3COO^- + Na^+ + OH^- \longrightarrow Na^+ + CH_3COO^- + 2\,H_2O$

Essigsäure und die bei der Titration gebildeten Acetat-Ionen bilden eine Pufferlösung, sodass bis zum Äquivalenzpunkt die H_3O^+-Konzentration und damit der Leitwert nahezu konstant bleiben. Nach dem Äquivalenzpunkt erhöht sich der Leitwert durch die weitere Zugabe der OH^--Ionen.

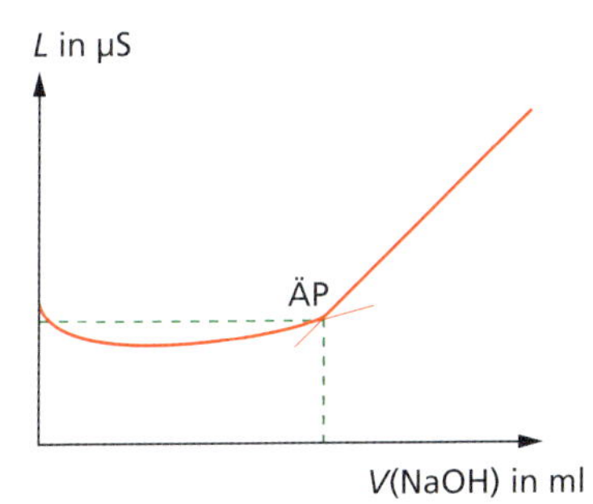

Im Gegensatz zur Potenziometrie haben direktkonduktometrische Messungen kaum praktische Bedeutung. Das Hauptanwendungsgebiet ist die **konduktometrische Titration.**

Elektrophoretische Verfahren

> Die **Elektrophorese** ist ein analytisches Trennverfahren, das auf der Wanderung (Migration) geladener Teilchen in einer Elektrolytlösung unter Einwirkung eines elektrischen Felds beruht. Die geladenen Teilchen können in gelöster oder in disperser Form vorliegen.

Die Viskosität charakterisiert die Zähigkeit einer Lösung. Öl oder Sirup sind z. B. sehr viskos.

Durch den unterschiedlichen Aufbau der Teilchen (Ladung, Größe, Solvatation) ist die Kraftwirkung des elektrischen Felds verschieden. Die Beweglichkeit bzw. Wanderungsgeschwindigkeit von Teilchen hängt daher hauptsächlich von ihrer Ladung, der auf sie einwirkenden Feldstärke und der Viskosität des Elektrolyten ab. Je höher die Ladung und je kleiner ein Teilchen ist, desto größer ist seine Wanderungsgeschwindigkeit im elektrischen Feld.

$$v = \frac{E \cdot z \cdot e}{6\pi \cdot r \cdot \eta}$$

v = Wanderungsgeschwindigkeit der Teilchen
E = elektrische Feldstärke
e = Elementarladung
z = Ladung
r = Teilchenradius
η = Viskosität der Lösung

11

Neben den Parametern aus der Gleichung haben u. a. der pH-Wert des Elektrolyten, die Temperatur sowie die Oberflächeneigenschaften des Trägermaterials Einfluss auf die Trennung.

Aufgrund ihrer unterschiedlichen Beweglichkeiten lassen sich in Lösungen ionisch vorliegende bzw. ionisierbare Stoffe trennen. In der Praxis nutzt man dazu bevorzugt das Prinzip der **Trägerelektrophorese.**
Das Trägermaterial, z. B. Papier, Celluloseacetat oder ein gelartiges Material, wird mit einer Pufferlösung getränkt und zwischen zwei Elektroden gebracht. Die Analysenlösung wird an einer Startlinie aufgetragen und eine Gleichspannung angelegt, sodass die Ionen in der Lösung mit unterschiedlicher Geschwindigkeit zur entgegengesetzt geladenen Elektrode wandern.
Nach Auftrennung des Gemischs kann man auf dem Trägermaterial die einzelnen Komponenten des Stoffgemischs mithilfe geeigneter Reagenzien sichtbar machen. Aus diesem Elektropherogramm kann man die Anzahl der Komponenten und – nach vorheriger Kalibrierung – auch ihre Art bestimmen (↗ Abb.).

Farblose Proteine werden z. B. durch Anfärben mit dem Reagenz Coomassie-Brillant-Blau sichtbar gemacht.

Prinzip der Trägerelektrophorese **Elektropherogramm**

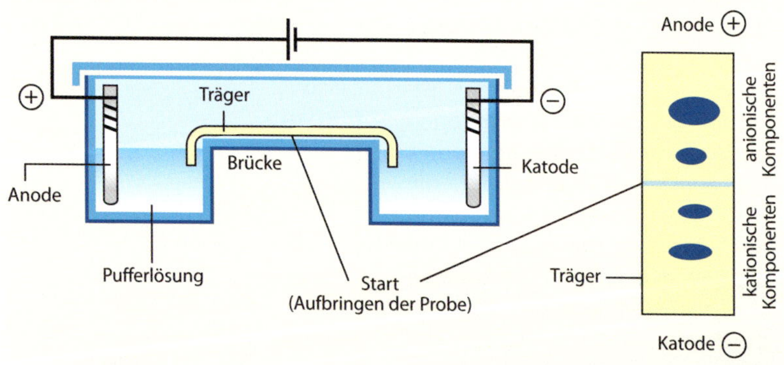

Als Trägermaterialien werden heute hauptsächlich gelartige Stoffe, z. B. Polyacrylamidgele oder Stärkegele, eingesetzt. Gele haben eine hohe Viskosität, sodass sich hier die Größe und Gestalt der zu trennenden Teilchen viel stärker auswirkt als bei der klassischen Trägerelektrophorese.

Das Stoffgemisch, z. B. Proteine, wird direkt auf das Gel aufgetragen. Nach Anlegen der Spannung wirkt das Gel wie ein molekulares Sieb, das die größeren Moleküle bzw. Ionen zurückhält und die kleineren passieren lässt. Auf diese Weise erfolgt die Trennung chemisch sehr ähnlicher Substanzen anhand ihrer Größe, also letztlich nach ihrer molaren Masse. Die Maschenweite des „molekularen Siebes" kann man durch die Änderung der Konzentration des Polyacrylamids variieren.

Mit einem 30 %igen Gel trennt man Peptide mit bis zu 100 Aminosäureresten, mit einem 10 %igen Gel dagegen Proteine, die aus bis zu 1 000 Aminosäureresten aufgebaut sind. Unter gleichen Analysebedingungen erhält man von einer bestimmten Probe immer wieder das gleiche charakteristische Elektropherogramm, den sogenannten „Fingerabdruck" der Probe. So beruht der in der Kriminaltechnik durchgeführte „genetische Fingerabdruck" zur Überführung von Straftätern auf der gelelektrophoretischen Trennung von Nucleinsäuren. Für die DNA-Analyse, Identitäts- und Reinheitsprüfungen von Arzneistoffen sowie umweltanalytische und medizinische Anwendungen ist die trägergebundene Elektrophorese von überragender Bedeutung.

▶ Die Gelelektrophorese ist eine sehr häufig angewendete Trennmethode zur Trennung von Proteinen, Peptiden, Enzymen und Nucleinsäuren in der biochemischen Analytik.

Besonders geeignet sind elektrophoretische Verfahren zur Trennung von Aminosäuren und Eiweißgemischen. Aminosäuren haben in wässrigen Lösungen eine zwitterionische Struktur (↗ S. 342). In Abhängigkeit von ihrem isoelektrischen Punkt liegen sie bei niedrigen pH-Werten ($pH < pH_{iso}$) hauptsächlich in kationischer und bei höheren pH-Werten ($pH > pH_{iso}$) hauptsächlich in anionischer Form vor.

Wenn man ein Aminosäuregemisch bei einem bestimmten pH-Wert der Pufferlösung auf die Mitte des Trägers aufbringt, wandern die anionisch vorliegenden Aminosäuren mit $pH < pH_{iso}$ zur Anode und die kationisch vorliegenden Aminosäuren mit $pH > pH_{iso}$ wandern zur Katode.

▶ Die Kapillarelektrophorese ist eine Weiterentwicklung der klassischen Trägerelektrophorese. Hier erfolgt die Trennung von kleinsten Substanzmengen in einer dünnen Quarzglaskapillare. Das hochmoderne Verfahren kann vollautomatisch durchgeführt werden.

Elektrophoretische Trennung eines Aminosäuregemischs

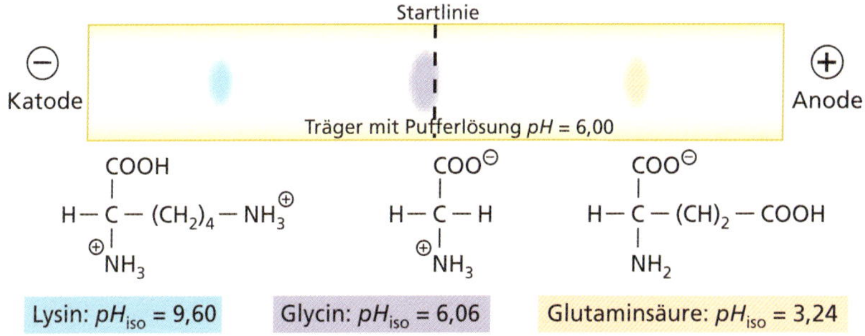

11.2.2 Chromatografische Analysemethoden

Grundprinzip der Chromatografie

Die **Chromatografie** bezeichnet physikalische Trennverfahren, bei denen die Stofftrennung auf der unterschiedlichen Verteilung zwischen einer **stationären** und einer **mobilen Phase** beruht, die nicht miteinander mischbar sind. Chromatografische Verfahren dienen zur qualitativen und quantitativen Analyse.

Teilchen werden als polar bezeichnet, wenn sie ein Dipolmoment besitzen. Polare Phasen enthalten besondere Strukturelemente, wie OH-Gruppen, an denen sich polare Teilchen anlagern.

Allen Arten der Chromatografie ist gemeinsam, dass das zu analysierende Stoffgemisch von einer beweglichen (mobilen) Phase, z. B. einem Lösungsmittel, aufgenommen und zu einer ruhenden (stationären) Phase transportiert wird.
Aufgrund ihrer unterschiedlichen Wechselwirkungen mit der mobilen und der stationären Phase gehen die Komponenten entweder an die stationäre Phase über oder verbleiben in der mobilen Phase. Die Trennwirkung beruht auf Adsorptions-, Austausch- und Verteilungsvorgängen, die sich gegenseitig beeinflussen.
Von Bedeutung ist dabei besonders die **Polarität** der einzelnen Phasen und der zu analysierenden Stoffe. Ein polarer Analyt geht mit einer polaren stationären Phase stärkere Wechselwirkungen ein als ein unpolarer Analyt und wird dementsprechend länger zurückgehalten.

HPLC ist die Abkürzung für die Hochleistungsflüssigkeitschromatografie (engl. *high performance liquid chromatography*).

mobile Phase	stationäre Phase	Verfahren
gasförmig	flüssig oder fest	Gaschromatografie
flüssig	fest	Dünnschichtchromatografie (DC) Säulenchromatografie (HPLC)
flüssig	flüssig	Papierchromatografie

Die Verteilung des Analyten zwischen der stationären und der mobilen Phase wird durch das **Verteilungsgleichgewicht** beschrieben. Je größer der Verteilungskoeffizient K_V zwischen der stationären und der mobilen Phase ist, umso stärker wird der Analyt an der stationären Phase zurückgehalten.
Bei konstanter Temperatur und konstantem Druck hängt der Verteilungskoeffizient K_V von den Eigenschaften aller drei Stoffe (Analyt, stationäre und mobile Phase) und den sich daraus ergebenden Wechselwirkungen ab.

Der Verteilungskoeffizient K_V bzw. der Verteilungssatz

$K_V = \frac{c_1}{c_2}$

wurde von **W. NERNST** (1864–1941) formuliert. Er gilt streng genommen nur für ideal verdünnte Lösungen.

Verteilung des Analyten

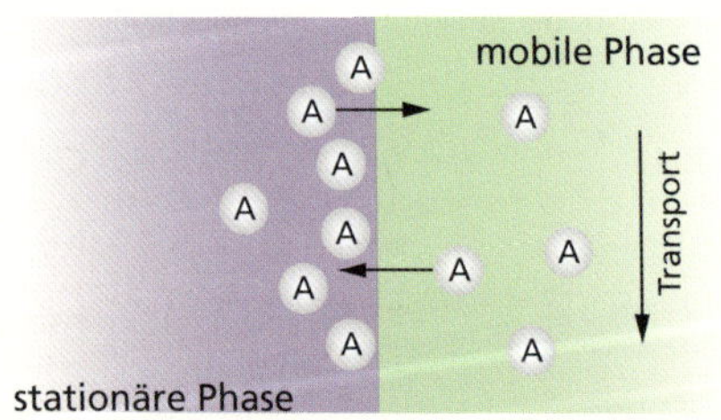

$$K_V = \frac{c(A)_{stat}}{c(A)_{mobil}}$$

Dünnschichtchromatografie (DC)

Bei der **Dünnschichtchromatografie** erfolgt die Trennung durch mehrstufige Verteilungsprozesse zwischen einer festen stationären Phase und einer mobilen flüssigen Phase hauptsächlich aufgrund von Adsorptions-Desorptions-Wechselwirkungen.

Die Desorption ist die Rückreaktion der Adsorption. Bei der DC spielen aber auch Verteilungsgleichgewichte durch Absorption im Volumen der festen Phase eine Rolle.

Adsorption (lat.: *adsorbere* – ansaugen) ist die Anreicherung von Stoffen an den Grenzflächen fester Phasen. Sie unterscheidet sich von der **Absorption** (lat.: *absorbere* – verschlucken), bei der der Stoff nicht an der Phasengrenzfläche angereichert, sondern in der gesamten stationären Phase verteilt wird. Die stationäre Phase, das Adsorptionsmittel bzw. Sorbens, wird auf einen Träger (Aluminium-, Kunststoff- oder Glasplatte) aufgebracht und in die mobile Phase, die hier auch Fließmittel genannt wird, eingetaucht. Als Sorbenzien verwendet man am häufigsten Kieselgel, Aluminiumoxid, Cellulose oder Polyamid.
Das Fließmittel wird durch Kapillarkräfte entlang der Sorbenzienschicht transportiert. Dabei wird die Wanderungsgeschwindigkeit des Analyten umso langsamer, je stärker die Adsorption an der stationären Phase ist.

Die mobile Phase kann ähnlich wie bei der Elektrophorese auch punktförmig an einer Startlinie aufgetragen werden.

DC-Apparatur

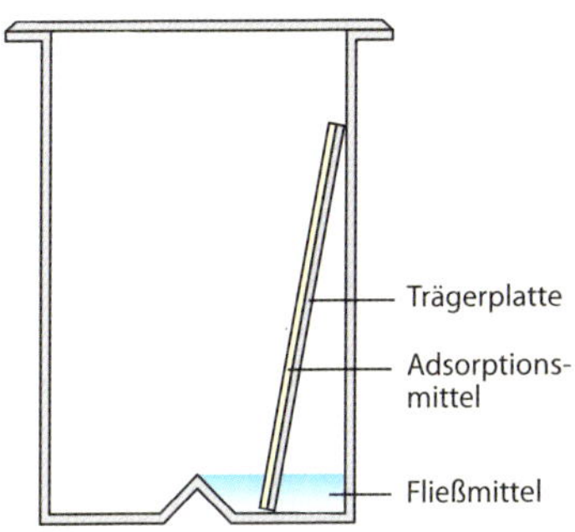

Dünnschichtchromatogramm

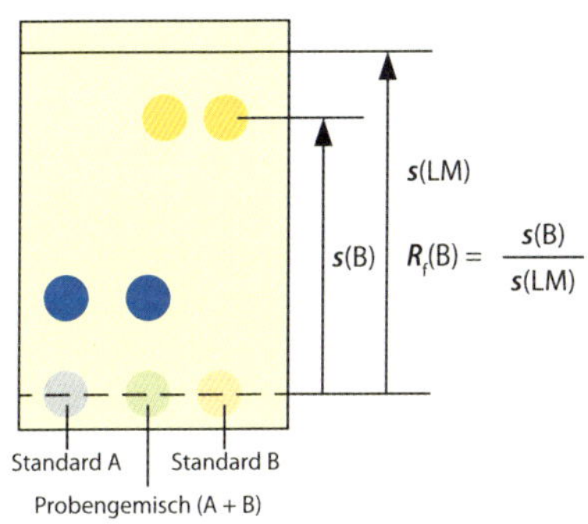

s(LM) entspricht der maximal möglichen Wanderungsstrecke des Fließmittels.

Im Ergebnis der Trennung erhält man auf der Dünnschichtplatte ein Chromatogramm mit mehreren Substanzflecken. Im abgebildeten Chromatogramm hat die Substanz A eine stärkere Wechselwirkung mit der stationären Phase als Substanz B. Sie befindet sich folglich nicht so lange in der mobilen Phase wie Substanz B und wird nicht so weit von ihr transportiert, wandert also nicht so weit wie B.

Die einzelnen Substanzen A und B lassen sich über den R_f-Wert identifizieren, wenn dieser mit einer Vergleichssubstanz übereinstimmt.

Das Verhältnis der Wanderungsstrecke der Substanz zur Wanderungsstrecke des Fließmittels wird Rückhaltefaktor oder **Retentionsfaktor R_f** genannt. Er kann nur Werte zwischen 0 und 1 annehmen. Da der R_f-Wert von über 20 Parametern beeinflusst wird, ist er als stoffspezifische Konstante ungeeignet. Deshalb müssen bei der Dünnschichtchromatografie immer Vergleichssubstanzen zur Identifizierung der Komponenten mit aufgetragen werden.

Mit der **Dünnschichtchromatografie** trennt man schnell und einfach Gemische von Farbstoffen oder unterschiedliche aromatische Kohlenwasserstoffe, die in einem Stoffgemisch vorliegen.

Die Trennung ist jedoch nur erfolgreich, wenn die R_f-Werte der zu trennenden Stoffe weit genug auseinanderliegen. Da die Anzahl der stationären Phasen für die DC begrenzt ist, wird in der Regel die Polarität des Fließmittels variiert, um die Auflösung zu verbessern. Zu diesem Zweck setzt man Gemische verschiedener Lösungsmittel als mobile Phase ein.

Die Dünnschichtchromatografie erlaubt die Trennung vieler Substanzgemische innerhalb kurzer Zeit mit einem geringen apparativen Aufwand. Mithilfe von UV-Licht oder geeigneten Fluoreszenz- und Sprühreagenzien lassen sich der größte Teil organischer Verbindungen nicht nur trennen, sondern auch sichtbar machen.
Die Dünnschichtchromatografie wird häufiger zur qualitativen als zur quantitativen Analyse eingesetzt, weil die quantitative Auswertung der Substanzflecken nicht besonders genau ist.

Säulenchromatografie (SC, HPLC)

In der **Säulenchromatografie** ist die feste stationäre Phase in einem langen, meist senkrecht stehenden Rohr als Säule angeordnet. Das zu trennende Gemisch wird oben auf die Säule gegeben und fließt mit der flüssigen mobilen Phase infolge der Schwerkraft oder angetrieben durch eine Pumpe durch die Säule.

Anhand der verschiedenen Trennprinzipien kann man die chromatografischen Verfahren weiter unterteilen in Verteilungs-, Adsorptions- oder Ionenaustauschchromatografie.

In Abhängigkeit von der Art der zu analysierenden Stoffe und der dazu benutzten stationären Phase erfolgt die Trennung durch Adsorptions-, Verteilungs- oder Austauschprozesse, die auch durchaus gleichzeitig in einem System ablaufen können.
Je nach Säulendurchmesser, Teilchengröße der stationären Phase und Arbeitsdruck unterscheidet man zwischen der klassischen Säulenchromatografie (SC) und der modernen **Hochleistungsflüssigkeitschromatografie** (HPLC). Bei der HPLC ist die Teilchengröße der stationären Phase deutlich kleiner als bei der klassischen Säulenchromatografie. Dadurch wird die zur Verfügung stehende Oberfläche der stationären Phase vergrößert und die Trennleistung der Säule entscheidend verbessert, sodass man mit der HPLC Stoffgemische trennen kann, bei denen die einfache Säulenchromatografie versagt.
Die kleineren Teilchen sind jedoch so dicht gepackt, dass die mobile Phase mit einer speziellen Pumpe durch die HPLC-Säule gepumpt werden muss. Die Pumpe muss einen kontinuierlichen, gleichmäßigen Stofffluss gewährleisten, um reproduzierbare Analysenergebnisse zu erhalten.

In der präparativen HPLC werden viel größere Säulen mit einem Durchmesser von bis zu 1 000 mm verwendet. Die Teilchengröße der stationären Phase liegt hier zwischen 10 µm und 10 mm.

	SC	HPLC
Säulendurchmesser	> 1 cm	2–6 mm
Teilchengröße	100–200 µm	2–5 µm
Säulenmaterial	Glas	Stahl
Arbeitsdruck	< 5 bar	5–200 bar

Aufbau einer HPLC-Anlage

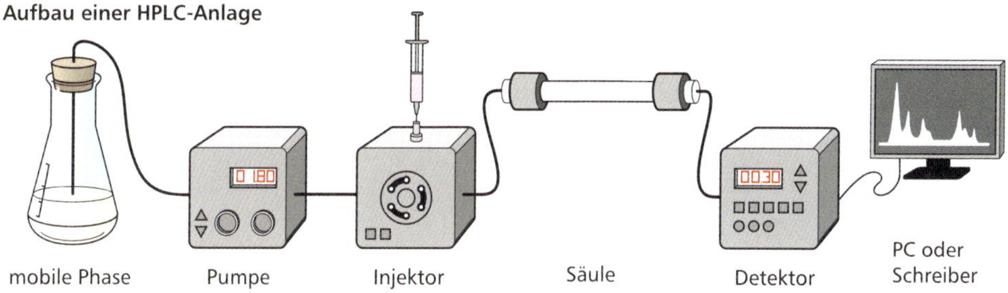

Die Aufgabe der flüssigen Probe erfolgt mit einer Spritze in den Injektor, wo sie von der mobilen Phase aufgenommen wird. Nach der Trennung in der Säule erreichen die einzelnen Substanzen nacheinander den Detektor, der die Zusammensetzung der mobilen Phase misst und so anzeigt, zu welchem Zeitpunkt ein Stoff die Säule verlassen hat. Für jede Komponente erhält man einen „Peak". Das Chromatogramm besteht aus mehreren Peaks, aus denen man die Art und die Konzentration der getrennten Stoffe bestimmen kann.

Der qualitative Nachweis wird über die **Retentionszeit** geführt, die sich aus der Verzögerung ergibt, mit der ein Analyt die Trennstrecke zwischen Injektor und Detektor passiert. Wie bei der Dünnschichtchromatografie arbeitet man mit Standards, um die Retentionszeiten für alle Komponenten zu ermitteln. Die Konzentration der Analyten wird aus der Fläche unter dem Peak berechnet. Je größer der Anteil der Komponente in der Probe ist, desto größer wird der Peak. Um die quantitative Bestimmung so genau wie möglich zu führen, kalibriert man die Methode mit Standards bekannter Zusammensetzung.

Auswertung des Chromatogramms

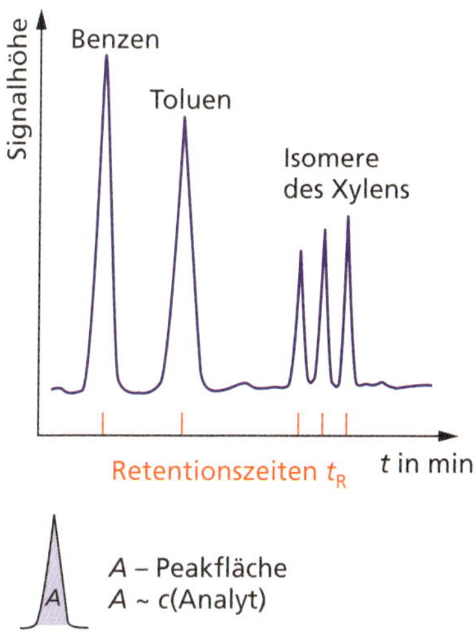

Detektoren bei der Säulenchromatografie können UV-VIS-Fotometer (↗ S. 478), Konduktometer (↗ S. 469) und noch viele weitere Geräte sein, mit denen die Zusammensetzung der mobilen Phase gemessen werden kann.

Auf diese Weise kann man speziell mit der HPLC eine sehr genaue und zuverlässige qualitative und quantitative Analyse durchführen, die automatisierbar und für viele analytische Zwecke einsetzbar ist.
Mithilfe der HPLC können Spuren von Dioxinen in Bodenproben oder in Lebensmitteln nachgewiesen werden. Die Konzentration von Dopingmitteln, wie Erythropoietin (Epo) im Blut von Sportlern, wird ebenfalls mittels HPLC bestimmt.
Die Methode findet auch in der Arzneistoffanalytik viele Anwendungen. So kann z. B. die Alterung von Aspirin® untersucht werden, indem man das Verhältnis von Acetylsalicylsäure (↗ S. 422) und der Salicylsäure chromatografisch analysiert. Auch andere Verunreinigungen und Abbauprodukte des Präparats werden auf diese Weise zuverlässig nachgewiesen.

Gaschromatografie (GC)

Als mobile Phase (Trägergas) eignen sich He, N_2, Ar, H_2 und CO_2.

> Die **Gaschromatografie** ist ein Trennverfahren für Stoffgemische, die gasförmig sind oder sich unzersetzt in die Gasphase als mobile Phase überführen lassen. Als stationäre Phase dient ein Feststoff oder eine flüssige Phase.

Die gaschromatografische Trennung beginnt mit dem Einspritzen der Probe in den Injektor. Flüssige Proben werden dort verdampft und vom Trägergasstrom durch die Trennsäule transportiert. Die Trennung der Komponenten erfolgt hauptsächlich aufgrund ihrer unterschiedlichen Siedetemperaturen und gegebenenfalls ihrer Polarität.
Auf diese Weise getrennt, erreichen die einzelnen Substanzen nacheinander das Säulenende. Dort befindet sich ein Detektor, der z. B. durch Messung der Wärmeleitfähigkeit Änderungen der Zusammensetzung der mobilen Phase anzeigt und diese an eine Auswerteeinheit, in der Regel einen Computer, weitergibt. Aus der unterschiedlichen Retentionszeit der Komponenten ergibt sich ein Gaschromatogramm. Anhand der Fläche unterhalb der Peaks kann man die Anteile der einzelnen Komponenten im Probengemisch ermitteln.

Die Siedetemperaturen der analysierten Stoffe sollten zwischen 40 und 300 °C liegen. Viele schwerer flüchtige Verbindungen wandelt man in leichter flüchtige Derivate um, um sie gaschromatografisch zu untersuchen.

11

Aufbau eines Gaschromatographen

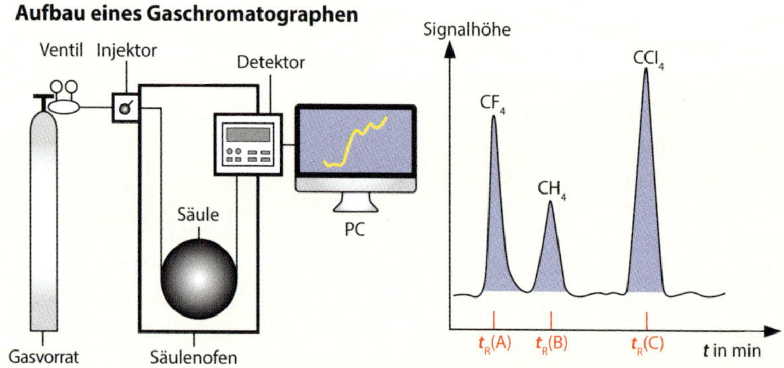

Gepackte Säulen enthalten einen Feststoff als stationäre Phase. Sie sind 0,5–10 m lang und haben einen Durchmesser von 1–5 mm. Die Trennleistung ist deutlich schlechter als bei Kapillarsäulen.

Man verwendet heute hauptsächlich leistungsfähige Kapillarsäulen für die Trennung der Gase. Kapillarsäulen sind 15–300 m lang und haben einen Innendurchmesser von nur 0,1–1 mm. Sie sind innen mit einem sehr dünnen Film (0,1–5 µm) einer Trennflüssigkeit, z. B. Siliconöle oder Paraffine, als stationärer Phase beschichtet. An solchen Säulen können sogar Isomere (↗ S. 265) getrennt werden, deren Siedetemperaturen sehr dicht beieinanderliegen.
Mithilfe der Kapillar-GC können in der Umweltanalytik Gemische aus mehr als 20 verschiedenen aliphatischen oder aromatischen Kohlenwasserstoffen (z. B. PCBs, PAKs, ↗ S. 300) getrennt werden. Die Anwendungsbreite der Gaschromatografie reicht von der organischen Elementaranalyse (↗ S. 464), wo die Anteile an CO_2, H_2O und N_2 in der Gasphase chromatografisch bestimmt werden, bis zur Analyse des Blutalkoholgehalts. Auch Drogen wie Cannabis oder Kokain lassen sich noch lange Zeit nach ihrer Konsumierung gaschromatografisch nachweisen.

11.2.3 Spektroskopische Analysemethoden

Bei **spektroskopischen Analysemethoden** wird die Wechselwirkung von elektromagnetischer Strahlung mit Materie, d. h. den Teilchen (Atomen, Molekülen oder Ionen) der Analysenprobe, gemessen.

Prinzipiell sind folgende Wechselwirkungen zwischen Materie und Strahlung möglich:

- Durch **Absorption** von Strahlung einer bestimmten Wellenlänge wird ein Übergang in ein höheres Energieniveau angeregt (↗ S. 53), z. B. UV-VIS- oder Atomabsorptionsspektroskopie.
- Bei der **Emission** sendet eine angeregte Probe beim Übergang in ein tieferes Energieniveau selbst elektromagnetische Strahlung aus, z. B. Flammenfotometrie, Fluoreszenz und Phosphoreszenz.
- Streuung der Strahlung geeigneter Wellenlänge
- Reflexion, Brechung oder Änderung der Polarisation (Polarimetrie)

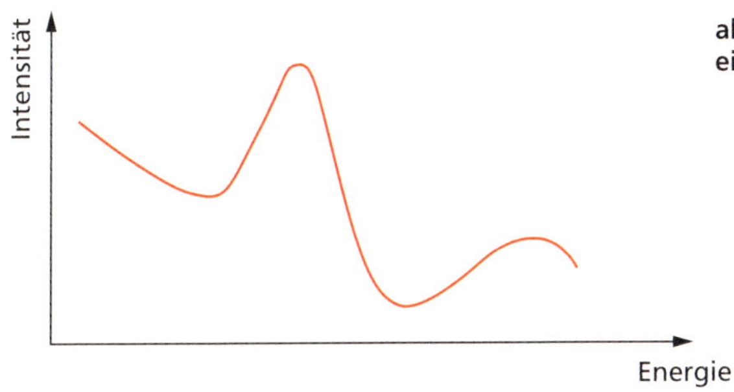

allgemeine Form eines Spektrums

Absorptions- und Emissionsmessungen über einen bestimmten Energiebereich haben gemeinsam, dass durch Wechselwirkung von Materie mit elektromagnetischer Strahlung ein Spektrum erhalten wird. Durch Absorption wird die Intensität der Strahlung bei einer oder mehreren Wellenlängen verringert. Dagegen wird Strahlung emittiert, wenn Elektronen die durch Absorption aufgenommene Energie in Form von Licht wieder abgeben. Aus der Intensität und der Wellenlänge der absorbierten bzw. emittierten Strahlung kann man Schlussfolgerungen zur quantitativen Zusammensetzung und Struktur der Probe ziehen.

Die Energie E der elektromagnetischen Strahlung hängt von ihrer Wellenlänge λ bzw. Frequenz ν ab.

$E = h \cdot \nu$

$c = \lambda \cdot \nu$

Spektrum der elektromagnetischen Strahlung

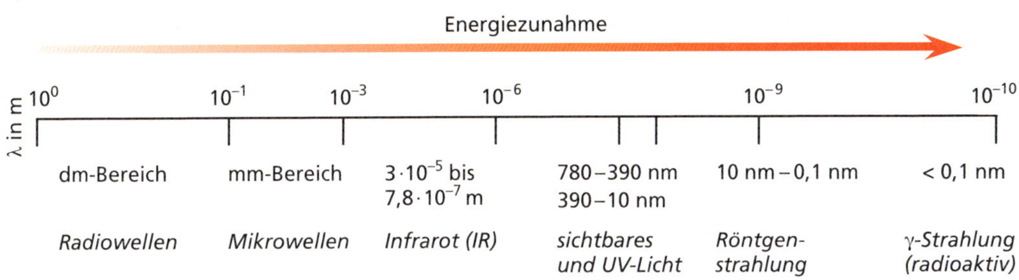

UV-VIS-Spektroskopie

In UV-VIS-Spektren sind nur Übergänge aus den π- in die π*- oder aus den n- in die π*-MOs gut zu sehen.

Ein kleiner Ausschnitt der elektromagnetischen Strahlung sind das ultraviolette Licht (UV: $\lambda = 10-390\,nm$) und der sichtbare Bereich (VIS: $\lambda = 380-790\,nm$). Strahlung dieser Wellenlänge kann durch viele organische Moleküle absorbiert werden, u.a. durch alle farbigen Verbindungen. Im UV-VIS-Bereich werden nur die Bindungselektronen von Molekülen zu Übergängen angeregt, da sie am weitesten vom Atomkern entfernt sind. Dadurch wird Licht einer bestimmten Wellenlänge absorbiert und im Spektrum eine Absorptionsbande erhalten. Den für die Absorption verantwortlichen Teil eines Moleküls nennt man Chromophor. Je mehr Chromophore ein Molekül enthält, desto langwelliger wird das Absorptionsmaximum der Verbindung.
Wird das chromophore System eines Moleküls durch äußere Einflüsse verändert, so verschieben sich die Absorptionsbanden. Einfluss haben beispielsweise der pH-Wert und das verwendete Lösungsmittel. Man spricht dann von bathochromer (längerwellig, Richtung Rot) bzw. hypsochromer Verschiebung (kurzwellig, Richtung Blau).

Die **UV-VIS-Spektroskopie** ist eine elektronenspektroskopische Methode, bei der die Absorption von sichtbarem und UV-Licht hauptsächlich durch organische Moleküle gemessen wird. Sie wird zur qualitativen und zur quantitativen Analyse eingesetzt.

Licht einer einzigen definierten Wellenlänge nennt man monochromatisches Licht. Strahlt man Licht über einen Wellenlängenbereich ein, so spricht man von polychromatischem Licht.

Es werden zwei unterschiedliche Gerätetypen benutzt:
- Mit einem Spektrometer wird Licht über einen Wellenlängenbereich von 200–850 nm eingestrahlt und Absorptionsspektren werden aufgenommen. Man unterscheidet Ein- und Zweistrahlgeräte. Bei Letzteren wird geichzeitig ein Strahl durch die Probe und ein zweiter durch ein Gefäß, das nur das Lösungsmittel enthält, gestrahlt. Der so erhaltene Blindwert wird vom Messwert abgezogen, sodass auch Elektronenübergänge geringer Intensität detektiert werden.
- Mit einem Fotometer vermisst man nur ganz bestimmte Wellenlängen, bei denen man eine Absorption vermutet. Da keine Spektren aufgenommen werden können, wird dieses Gerät hauptsächlich zur quantitativen Analyse eingesetzt. Prinzipiell sind mit geeigneten Filtern Messungen im gesamten UV-VIS-Bereich möglich.

Aufbau eines UV-VIS-Spektrometers

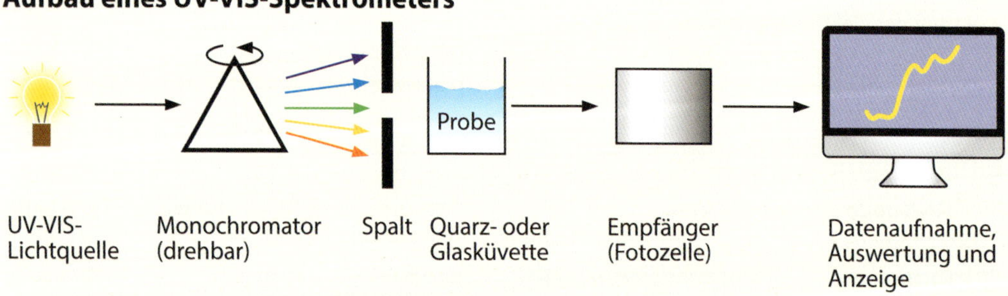

Da die Spektren im UV-Bereich in der Regel nur wenige Banden aufweisen und eine Spektroskopie im sichtbaren Bereich nur bei farbigen Substanzen möglich ist, wird die UV-VIS-Spektroskopie seltener für qualitative Nachweise genutzt. Sehr genau und zuverlässig sind aber quantitative Bestimmungen durch **Fotometrie,** insbesondere von farbigen Substanzen, durchführbar.
Durchdringt ein Lichtstrahl eine homogene Probelösung, so verliert er infolge Absorption A an Intensität. Die Intensitätsabnahme ist nach dem Lambert-Beer-Gesetz proportional zur Konzentration der Lösung und der Schichtdicke der Probe, die das Licht durchdringen muss.

Als Probengefäße werden Küvetten eingesetzt. Die Schichtdicke d ergibt sich aus der Breite der inneren Küvette.

Lambert-Beer-Gesetz

$$E = \lg \frac{I_0}{I} = \varepsilon \cdot c \cdot d$$

E = Extinktion
I_0 = Intensität des eingestrahlten Lichts
I = Intensität des Lichts nach Durchstrahlung der Probe
c = Konzentration der Probelösung
ε = molarer Extinktionskoeffizient
d = Schichtdicke der Küvette

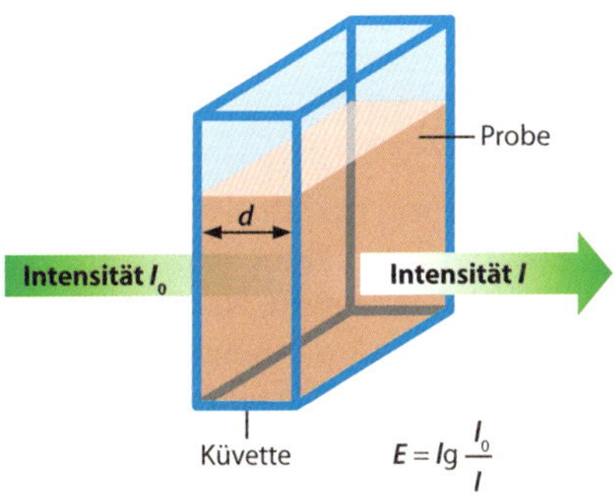

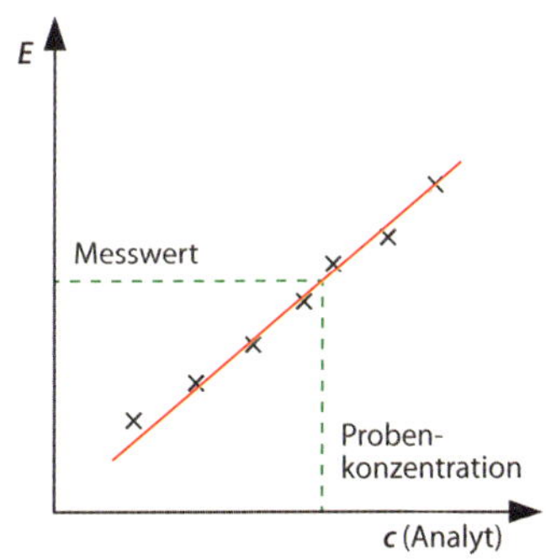

Bei Messungen im UV-Bereich müssen Küvetten aus Quarz benutzt werden, da normales Glas selbst UV-Licht absorbiert.

Das Lambert-Beer-Gesetz gilt bei Verwendung monochromatischen Lichts und für klare verdünnte Lösungen in einem Extinktionsbereich von etwa 0,2 bis 0,8. Durch Aufnahme einer Kalibriergeraden ermittelt man grafisch die zu jeder Konzentration gehörende Extinktion. Der Anstieg der Geraden entspricht dem Extinktionskoeffizienten ε und ist bei einer bestimmten Temperatur, Lösungsmittel und Wellenlänge des eingestrahlten Lichts eine stoffspezifische Konstante.

Die fotometrisch analysierten Stoffe müssen gar nicht selbst farbig sein, sondern können auch mit einem Reagenz zum Farbstoff umgesetzt werden, dessen Konzentration dann bestimmt wird.

Die Fotometrie kann zur Analyse aller farbigen, löslichen Substanzen, z. B. Farbstoffe, anorganische und organische Komplexverbindungen, eingesetzt werden. Aufgrund ihrer hohen Genauigkeit und Reproduzierbarkeit nutzt man sie vielfach in der Lebensmittel-, Arzneistoff- und Umweltanalytik, z. B. zur quantitativen Bestimmung von Riboflavin (Vitamin B 2) in Multivitamingetränken.
Mithilfe eines UV-Fotometers kann man auch farblose Molekülverbindungen, die Absorptionen zwischen 200 und 400 nm aufweisen, quantitativ analysieren. So wird z. B. der Benzoesäuregehalt (Konservierungsstoff E210) in Lebensmitteln mit dieser Methode bestimmt.

Wichtige strukturanalytische Methoden

Bei der **Strukturanalyse** wird die räumliche Anordnung von Atomen, Molekülen und Ionen in chemischen Verbindungen und die Wechselwirkungen zwischen den Teilchen untersucht. Dazu nutzt man verschiedene spektroskopische, röntgenografische oder andere physikalische Analysemethoden.

Die **Röntgenstrukturanalyse** und die **Massenspektrometrie** sind im Gegensatz zur Infrarot- und zur **NMR-Spektroskopie** keine spektroskopischen Analysemethoden.

Mithilfe spektroskopischer Methoden erhält man beispielsweise Informationen zum Bau organischer Moleküle, ihrer Geometrie und den Bindungsverhältnissen. Die Röntgenstrukturanalyse liefert dagegen Daten zur Struktur kristalliner organischer und anorganischer Feststoffe.
Die Ergebnisse strukturanalytischer Untersuchungen werden in großen Datenbanken zusammengefasst und gespeichert. Durch Vergleich ihrer experimentell erhaltenen Spektren bzw. Röntgenanalysen mit den gespeicherten Daten können Chemiker schnell und einfach fast alle bekannten Reinstoffe eindeutig identifizieren.
Darüber hinaus können mithilfe der verschiedenen physikalischen Analyseverfahren noch viele weitere Erkenntnisse gewonnen werden (↗ Tab.).

Wichtige strukturanalytische Verfahren

Verfahren	Prinzip	Informationen
Röntgenstrukturanalyse (Einkristall- oder Pulveranalyse)	– Bestrahlung von kristallinen Feststoffen mit Röntgen-, Neutronen- oder Synchrotronstrahlung definierter Wellenlänge – Beugung der Strahlen am Kristallgitter und Aufnahme eines für die Struktur des Festkörpers charakteristischen Beugungsmusters – Auswertung des Beugungsmusters anhand physikalischer Gesetzmäßigkeiten und Ableiten von Schlussfolgerungen zur Struktur, Reinheit und Kristallinität des Feststoffs	– Aufklärung der Struktur unbekannter kristalliner Feststoffe, z. B. von Eiweißen, Nucleinsäuren oder anorganischen Verbindungen, hauptsächlich durch Analyse von Einkristallen – Berechnung der Elementarzelle (Gitterkonstanten, Symmetrie) und der geometrischen Anordnung der Atome und/oder Ionen in Einkristallen oder pulverförmigen Feststoffen – Identifizierung von kristallinen Stoffen auch in Stoffgemischen durch Vergleich experimentell erhaltener Beugungsmuster mit tabellierten Daten (Phasenanalyse) – Bestimmung der quantitativen Anteile verschiedener Feststoffe in Phasengemischen – Ermittlung von Partikelgrößen und Materialfehlern in Werkstoffen, z. B. bei der Qualitätskontrolle in der Metallurgie und der Bauindustrie

Verfahren	Prinzip	Informationen
Massenspektrometrie	– Verdampfung und Ionisierung hauptsächlich von Molekülverbindungen im Hochvakuum – Beschuss der Moleküle mit Elektronen zur Erzeugung verschiedener Molekül-Ionen (Bruchstücke bzw. Fragmente) – Auftrennung der geladenen Fragmente im Magnetfeld und Aufnahme eines für die Verbindung charakteristischen Fragmentierungsmusters („Massenspektrum") – Ableiten von Schlussfolgerungen zur Molekülstruktur aus dem Fragmentierungsmuster	– exakte Bestimmung der Molekülmasse von Verbindungen und der Atommasse von Isotopen – Aufklärung der Struktur von organischen Molekülen durch Nachweis von „Schlüsselbruchstücken", die z. B. speziellen funktionellen Gruppen zugeordnet werden können – Identifizierung von Reinstoffen durch Vergleich der experimentellen „Massenspektren" mit Daten in Spektrenbibliotheken – Nachweis und quantitative Analyse von Substanzen in Stoffgemischen, z. B. in der Kriminalistik
Kernresonanzspektroskopie (NMR: *nuclear magnetic resonance*) **und Kernspintomografie (MRT: Magnetresonanztomografie)**	– Einbringen geeigneter Flüssigkeiten, Lösungen oder Feststoffe in ein starkes äußeres Magnetfeld – magnetische Wechselwirkungen NMR-aktiver Atomkerne (ungerade Ordnungs- bzw. Massenzahl) mit dem äußeren Feld – Absorption hochfrequenter elektromagnetischer Strahlung in Abhängigkeit von der elektronischen Umgebung der Atomkerne – Aufnahme eines für die Verbindung charakteristischen NMR-Resonanzspektrums – Auswerten des NMR-Spektrums und Ableiten von Schlussfolgerungen zur Struktur von Molekülen bzw. Feststoffen	– Aufklärung der Struktur hauptsächlich von organischen Molekülen mithilfe der ^{1}H- und ^{13}C-NMR-Spektroskopie durch Nachweis von Mehrfachbindungen und funktionellen Gruppen – Identifizierung von Reinstoffen durch Vergleich mit Daten in Spektrenbibliotheken – Untersuchung der elektronischen Umgebung von NMR-aktiven Atomen in anorganischen Festkörpern – Erzeugung von Schnittbildern eines Körpers in der Magnetresonanztomografie (MRT) durch Analyse des Wassergehalts im Gewebe; Diagnose von Krebserkrankungen usw. in der Medizin
Infrarot-Spektroskopie (IR-Spektroskopie)	– Bestrahlung hauptsächlich von Molekülverbindungen mit IR-Strahlung ($780\ nm < \lambda < 1000\ \mu m$) – Anregung von Molekülschwingungen durch Absorption von Strahlung – Aufnahme eines für die Verbindung charakteristischen Absorptionsspektrums – Ableiten von Schlussfolgerungen zur Struktur der Verbindungen aus der Wellenlänge und Intensität der absorbierten IR-Strahlung	– Aufklärung der Struktur von IR-aktiven Molekülen durch Nachweis von Mehrfachbindungen oder funktionellen Gruppen – Identifizierung von Reinstoffen durch Vergleich der experimentellen IR-Spektren mit Daten in Spektrenbibliotheken – Identifizierung von Kunststoffen und Abfällen in Recyclinganlagen anhand der IR-Reflexion

Chemische Analytik

■ Die **chemische Analytik** beschäftigt sich mit der Identifizierung der Bestandteile und der Bestimmung der Zusammensetzung von Reinstoffen und Stoffgemischen sowie der Aufklärung der Struktur von Verbindungen. Dementsprechend unterscheidet man drei Teilgebiete der analytischen Chemie.

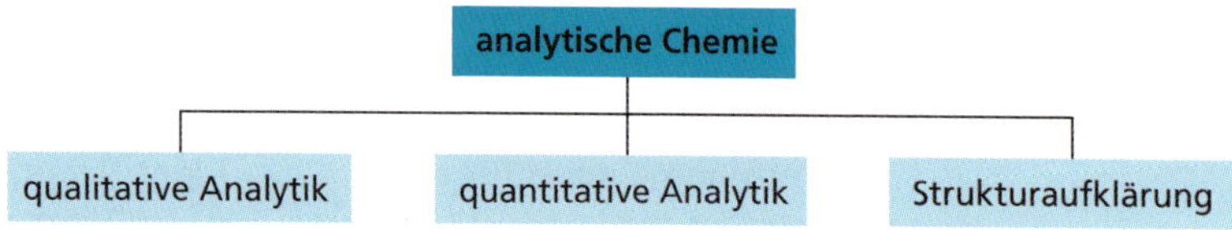

Teilgebiet	Ziel	Wichtige Methoden
Qualitative Analytik	– Identifizierung von Elementen (Atome oder Ionen) bzw. funktionellen Gruppen in reinen Stoffen – Trennung von Stoffgemischen und Identifizierung aller oder nur einzelner Bestandteile des Gemischs	– Vorproben – Fällungsreaktionen – Farbreaktionen – chromatografische Methoden (z. B. DC, SC, HPLC) – Elektrophorese – Röntgenbeugung (Phasenanalyse) – Massenspektrometrie – IR- und NMR-Spektroskopie
Quantitative Analytik	– genaue Bestimmung der quantitativen Zusammensetzung von Reinstoffen – genaue Gehaltsbestimmung eines oder mehrerer Bestandteile eines Stoffgemischs	– quantitative Elementaranalyse organischer und anorganischer Stoffe – Säure-Base-, Redox- oder Komplextitration – elektrochemische Verfahren (z. B. Potenziometrie, Konduktometrie) – chromatografische Methoden (z. B. GC, HPLC) – Fotometrie – Massenspektrometrie – IR-Spektroskopie
Strukturaufklärung	– Bestimmung der räumlichen Anordnung von Atomen, Ionen und Molekülen in chemischen Verbindungen – Ableiten von Schlussfolgerungen zu den Eigenschaften der Verbindungen	– Nachweis von Strukturelementen und funktionellen Gruppen – spektroskopische Verfahren – Röntgenstrukturanalyse von kristallinen Feststoffen

Wissenstest 11

Anhang A

Periodensystem der Elemente

H [1] : Gas
Br [1] : Flüssigkeit
Mg [1] : Feststoff
(rosa) : Nichtmetall
(grün) : Halbmetall
(blau) : Metall
* : Alle Isotope dieses Elements sind radioaktiv.

Protonenzahl (Ordnungszahl): 5
Elektronegativität: 2,0
Elementname: Bor
Atommasse in u ($u = 1{,}66 \cdot 10^{-27}$ kg): 10,81
Elementsymbol: B

Periode	Hauptgruppe I	Hauptgruppe II	Nebengruppe III	Nebengruppe IV	Nebengruppe V	Nebengruppe VI	Nebengruppe VII	Nebengruppe VIII	Nebengruppe VIII	Nebengruppe VIII	Nebengruppe I	Nebengruppe II	Hauptgruppe III	Hauptgruppe IV	Hauptgruppe V	Hauptgruppe VI	Hauptgruppe VII	Hauptgruppe VIII
1	1 H 1,008 2,1 Wasserstoff																	2 He 4,00 Helium
2	3 Li 6,94 1,0 Lithium	4 Be 9,01 1,5 Beryllium											5 B 10,81 2,0 Bor	6 C 12,01 2,5 Kohlenstoff	7 N 14,007 3,0 Stickstoff	8 O 15,999 3,5 Sauerstoff	9 F 18,998 4,0 Fluor	10 Ne 20,18 Neon
3	11 Na 22,99 0,9 Natrium	12 Mg 24,31 1,2 Magnesium											13 Al 26,98 1,5 Aluminium	14 Si 28,09 1,8 Silicium	15 P 30,97 2,1 Phosphor	16 S 32,06 2,5 Schwefel	17 Cl 35,45 3,0 Chlor	18 Ar 39,95 Argon
4	19 K 39,10 0,8 Kalium	20 Ca 40,08 1,0 Calcium	21 Sc 44,96 1,3 Scandium	22 Ti 47,90 1,5 Titanium	23 V 50,94 1,6 Vanadium	24 Cr 51,996 1,6 Chromium	25 Mn 54,94 1,5 Mangan	26 Fe 55,85 1,8 Eisen	27 Co 58,93 1,8 Cobalt	28 Ni 58,70 1,8 Nickel	29 Cu 63,55 1,9 Kupfer	30 Zn 65,38 1,6 Zink	31 Ga 69,72 1,6 Gallium	32 Ge 72,59 1,8 Germanium	33 As 74,92 2,0 Arsen	34 Se 78,96 2,4 Selen	35 Br 79,90 2,8 Brom	36 Kr 83,80 Krypton
5	37 Rb 85,47 0,8 Rubidium	38 Sr 87,62 1,0 Strontium	39 Y 88,91 1,3 Yttrium	40 Zr 91,22 1,4 Zirconium	41 Nb 92,91 1,6 Niobium	42 Mo 95,94 1,8 Molybdän	43 Tc* [97] 1,9 Technetium	44 Ru 101,07 2,2 Ruthenium	45 Rh 102,91 2,2 Rhodium	46 Pd 106,4 2,2 Palladium	47 Ag 107,87 1,9 Silber	48 Cd 112,41 1,7 Cadmium	49 In 114,82 1,7 Indium	50 Sn 118,69 1,8 Zinn	51 Sb 121,75 1,9 Antimon	52 Te 127,60 2,1 Tellur	53 I 126,90 2,5 Iod	54 Xe 131,30 Xenon
6	55 Cs 132,91 0,7 Caesium	56 Ba 137,33 0,9 Barium	57–71 Lanthanoide	72 Hf 178,49 1,3 Hafnium	73 Ta 180,95 1,5 Tantal	74 W 183,85 1,7 Wolfram	75 Re 186,21 1,9 Rhenium	76 Os 190,2 2,2 Osmium	77 Ir 192,22 2,2 Iridium	78 Pt 195,09 2,2 Platin	79 Au 196,97 2,4 Gold	80 Hg 200,59 1,9 Quecksilber	81 Tl 204,37 1,8 Thallium	82 Pb 207,2 1,8 Blei	83 Bi 208,98 1,9 Bismut	84 Po* [209] 2,0 Polonium	85 At* [210] 2,2 Astat	86 Rn* [222] Radon
7	87 Fr* [223] 0,7 Francium	88 Ra* [226] 0,9 Radium	89–103 Actinoide	104 Rf* [261] Rutherfordium	105 Db* [262] Dubnium	106 Sg* [262] Seaborgium	107 Bh* [262] Bohrium	108 Hs* [262] Hassium	109 Mt* [266] Meitnerium	110 Ds* [281] Darmstadtium	111 Rg* [283] Roentgenium	112 Cn* [285] Copernicium						

Lanthanoide														
57 La 138,91 1,1 Lanthan	58 Ce 140,12 1,1 Cerium	59 Pr 140,91 1,1 Praseodymium	60 Nd 144,24 1,1 Neodymium	61 Pm* [145] 1,1 Promethium	62 Sm 150,35 1,2 Samarium	63 Eu 151,96 1,2 Europium	64 Gd 157,25 1,2 Gadolinium	65 Tb 158,92 1,2 Terbium	66 Dy 162,50 1,2 Dysprosium	67 Ho 164,93 1,2 Holmium	68 Er 167,26 1,2 Erbium	69 Tm 168,93 1,2 Thulium	70 Yb 173,04 1,2 Ytterbium	71 Lu 174,97 1,2 Lutetium

Actinoide														
89 Ac* [227] 1,1 Actinium	90 Th* 232,04 1,3 Thorium	91 Pa* 231,04 1,5 Protactinium	92 U* 238,03 1,4 Uranium	93 Np* 237,05 1,3 Neptunium	94 Pu* [244] 1,3 Plutonium	95 Am* [243] 1,3 Americium	96 Cm* [247] 1,3 Curium	97 Bk* [247] 1,3 Berkelium	98 Cf* [251] 1,3 Californium	99 Es* [254] 1,3 Einsteinium	100 Fm* [257] 1,3 Fermium	101 Md* [258] 1,3 Mendelevium	102 No* [259] 1,3 Nobelium	103 Lr* [260] 1,3 Lawrencium

[ ] Die umklammerten Werte für die Atommasse geben die Massenzahl des Isotops mit der größten Halbwertszeit an.

1) Aggregatzustand bei 25 °C (298 K) und 1013,25 hPa

Register

F

G

A

A

A

T

U

V

A

A

Bildquellenverzeichnis

Legende: Ol = Oben links, Om = Oben mittig, Or = oben rechts, Ml = Mitte links, Mm = Mitte mittig, Mr = Mitte rechts, Ul = Unten links, Um = Unten mittig, Ur = Unten rechts

Hinweis: Die Seitenzahl steht immer an erster Stelle, danach folgt die Positionsangabe (z. B. 075Or = Seite 75 Oben rechts). Falls keine konkrete Position angegeben ist, stammen alle urheberrechtlich relevanten Abbildungen vom selben Urheber.

Adobe: nehopelon/stock.adobe.com 9; Kay Ransom/stock.adobe.com 49; Swapan/stock.adobe.com 156Ul; fineart-collection/stock.adobe.com 206; taviphoto/stock.adobe.com 231; by-studio/stock.adobe.com 241Ur; Flad & Flad Communication Group/stock.adobe.com 244Ol; drubig-photo/stock.adobe.com 305; Kirill/stock.adobe.com 334Or; Cozine/stock.adobe.com 334Ur; Thomas Aumann/stock.adobe.com 364Ol; digitalstock/stock.adobe.com 369; Akova/stock.adobe.com 373Ur; Nomad_Soul/stock.adobe.com 374; PhotoSG/stock.adobe.com 375; vulcanus/stock.adobe.com 387Or; Udo Werner/stock.adobe.com 387Ur; SENTELLO/stock.adobe.com 390Ol; Slavko Sereda/stock.adobe.com 392Ol; Stocksnapper/stock.adobe.com 394Ul; Esther Hildebrandt/stock.adobe.com 395; Stefan_Weis/stock.adobe.com 402Ul; Kaspars Grinvalds/stock.adobe.com 409; Tanguy de Saint Cyr/stock.adobe.com 441; PhotoSG/stock.adobe.com 413; suzannmeer/stock.adobe.com 483;

Morphat/stock.adobe.com 56Or;

akg-images: De Agostini Picture Lib./M. Caffo/akg-images 8Ml; akg-images 43; Werner Forman/akg-images 10Or;

Z. Arghan, Berlin: 400;

Bibliographisches Institut GmbH: 406, 467;

Bibliographisches Institut GmbH/Jürgen Cullmann, Schwollen: 242Or;

Bibliographisches Institut GmbH/Harald Lange: 452, 455;

Bibliographisches Institut GmbH/Evelyn Knörr: 403;

Bibliographisches Institut GmbH/Heinrich Kordecki: 446Ur;

Renate Diener/Wolfgang Gluszak: 367;

Christine Gebreyes, Berlin: 52, 152, 442, 443, 444, 446Mm, 450, 451;

Christiane Gottschlich: 216Ol, 339, 420Ol;

Marcel Grewe: 38, 48, 50Ur, 51Ml, 51Ur, 58, 63Or, 63Mr, 90Mr, 90Ml, 134, 157Ml, 168, 235, 265Ur, 278, 317, 389Or, 391, 412, 427, 429, 431, 435, 436, 438, 439, 445, 447, 453, 470, 473, 476, 478, 479;

Dr. Guido Hegasy: 222, 240, 344, 363, 384Or, 384Ur, 475;

imago images: imago images/Achim Duwentäster/teamwork 8Or, imago images/UPI Photo 47, imago images/UPI Photo/NASA 216Ul;

Gerlinde Keller, München: 14, 39, 50Ol, 53, 54, 56Ml, 64Ol, 85, 105, 123, 135Or, 135Ur, 140, 155Mr, 163, 204, 208, 356, 370Ul, 418Ml, 420Or, 423Mr, 423Ur, 424, 426;

Dr. R. König, Preetz: 219;

A

Meyer, L., Potsdam: 394 Mr;

NASA: 8Or, 47, 216Ul;

picture alliance: picture alliance/blickwinkel/M. Henning 417Ml;

Walther-Maria Scheid: 23, 112, 113, 122, 146, 149, 151, 153, 155Ml, 156Ml, 156Mr, 157Ur, 158, 165, 175, 179, 217Or, 165Or, 346, 364Um, 373Mm, 381Ol, 381Om, 381Or, 462, 463, 464, 466

Science Photo Library: Science Photo Library/Andy Davies 84; Science photo Library/Camazine, Scott 241; Science Photo Library/Chris Martin-Bahr 441; Science Photo Library/Emilio Segre Visual Archives/American Institut of Physics 64Ur; Science Photo Library/Graham J. Hills 18Ur; Science Photo Library/Library of Congress 41; Science Photo Library/Martyn F. Chillmaid 384Ol; Science Photo Library/Mikkel Juul Jensen 47; Science Photo Library/Molekuul 392Mm; Science Photo Library/Omikron 85; Science Photo Library/PEKKA PARVIAINEN 396; Science Photo Library/Siu 390;

Shutterstock: 3Dsculptor/Shutterstock.com 402Ml; Africa Studio/Shutterstock.com 217; Africa Studio/Shutterstock.com 350Or; Africa Studio/Shutterstock.com 402; Africa Studio/Shutterstock.com 416Mr; ajt/Shutterstock.com 217Ur; Akin Ozcan/Shutterstock.com 56Ol; Alter-ego/Shutterstock.com 334Mr; Anna Jurkovska/Shutterstock.com 242Ur; Borisov/Shutterstock.com 241Ml; chinahbzyg/Shutterstock.com 239; chromatos/Shutterstock.com 392Mr; chromatos/Shutterstock.com 392Ur; Cristina Romero Palma/Shutterstock.com 436; Denis Belyaevskiy/Shutterstock.com 255Mr; Dirk Ercken/Shutterstock.com 483; Dmitry Galaganov/Shutterstock.com 216; Fedorov Oleksiy/Shutterstock.com 280; homydesign/Shutterstock.com 379Ul; ifong/Shutterstock.com 356; ImYanis/Shutterstock.com 401Ur; Jesus Cervantes/Shutterstock.com 392Ml; Kzenon/Shutterstock.com 421Or; Linda_K/Shutterstock.com 346; lola1960/Shutterstock.com 354; Luciano Mortula – LGM/Shutterstock.com 402; MarkoBr/Shutterstock.com 350Ur; Matej Kastelic/Shutterstock.com 423; Melica/Shutterstock.com 406Ol; Microgen/Shutterstock.com 10; MikroKon/Shutterstock.com 259; MNStudio/Shutterstock.com 372Or; moreimages/Shutterstock.com 461; multiart/Shutterstock.com 350Mr; olrat/Shutterstock.com 390Ml; s_oleg/Shutterstock.com 432; SARA-L/Shutterstock.com 461; Sasa Prudkov/Shutterstock.com 335; science photo/Shutterstock.com 244Or; science photo/Shutterstock.com 33; Sergey Ryzhov/Shutterstock.com 394Or; sspopov/Shutterstock.com 234; Teerasak Ladnongkhun/Shutterstock.com 372Ul; Teun van den Dries/Shutterstock.com 10Ul; Thongsuk Atiwannakul/Shutterstock.com 10Ml; topseller/Shutterstock.com 379Ur; Tyler Olson/Shutterstock.com 421Ol; vinap/Shutterstock.com 378Ur; vipman/Shutterstock.com 18Mr; vladwel/Shutterstock.com 381Ur; Volkova Vera/Shutterstock.com 255Or; Wang An Qi/Shutterstock.com 401Or; weerasak saeku/Shutterstock.com 306; zhao jiankang/Shutterstock.com 242; Zhou Eka/Shutterstock.com 122;

Thomas Seilnacht: 72, 238, 329, 459Mm, 461;

Volkswagen AG: 165Ul

A